Piezotronics and Piezo-Phototronics

压电电子学与压电光电子学

（第 2 版）

王中林　张　岩　胡卫国　著

科 学 出 版 社

北　京

内 容 简 介

王中林研究组分别在2007年和2010年引入创立了压电电子学和压电光电子学的基本概念。当具有非中心对称性的纤锌矿结构材料（如氧化锌、氮化镓和氮化铟等）受到外加应力时，由于晶体中离子的极化而在材料内产生压电电势（亦称压电势）。由于同时具有压电和半导体特性，所以晶体中产生的压电势可显著影响界面/结处的载流子传输。压电电子学器件是利用压电势作为“门”电压调节/控制接触处或结区载流子传输过程的电子器件。压电光电子学器件则利用了压电势来控制载流子的产生、分离、传输和/或复合过程，从而提高诸如光电探测器、太阳能电池和发光二极管等光电器件的性能。压电电子学和压电光电子学器件提供的功能是对传统硅基互补金属-氧化物-半导体（CMOS）技术的补充。压电电子学和压电光电子学器件与硅基技术的有效集成可望在人机接口、纳米机器人的传感和驱动、智能化与个性化的电子签名、智能微纳机电系统、纳米机器人和能源科学等领域提供独特的应用。本书将介绍压电电子学和压电光电子学的基本理论、原理和器件。第2版相较第1版增加了压电电子学量子器件、量子压电基础科学及与压电电子学相关的挠曲电效应等内容。

本书是一部系统性强、深入浅出、图文并茂的专业著作，可供相关领域的科研工作者参考使用，同时也可以用作高年级本科生和研究生专业课程的教科书。

图书在版编目（CIP）数据

压电电子学与压电光电子学 / 王中林，张岩，胡卫国著. -- 2 版. 北京 : 科学出版社，2025. 6. -- ISBN 978-7-03-080989-6

Ⅰ. TN01；TN201

中国国家版本馆 CIP 数据核字第 2024H19S34 号

责任编辑：李明楠　孔晓慧 / 责任校对：杨　赛
责任印制：徐晓晨 / 封面设计：润一文化

科学出版社 出版

北京东黄城根北街 16 号
邮政编码：100717
http://www.sciencep.com

北京中科印刷有限公司印刷

科学出版社发行　各地新华书店经销

*

2012 年 10 月第　一　版　开本：787×1092　1/16
2025 年 6 月第　二　版　印张：30 1/2
2025 年 6 月第九次印刷　字数：722 000

定价：268.00 元

（如有印装质量问题，我社负责调换）

第 2 版前言

Preface to the Second Edition

压电电子学和压电光电子学是近年来快速发展的前沿领域，分别于 2007 年和 2010 年由我们团队提出。这两个领域的研究基于第三代半导体材料（如纤锌矿结构的氧化锌、氮化镓、氮化铟等）的独特性质，这些材料在被施加应力时会产生压电电势（压电势），从而显著影响材料的电学和光学性能。压电电子学和压电光电子学的提出为新型功能器件的设计和应用提供了全新的思路，尤其是在应力调控、光电转换和能源管理等领域。

压电电子学的基本原理与应用：压电电子学的核心在于利用压电势作为“栅极”电压来调控半导体器件中载流子的传输行为。由于第三代半导体材料同时具备压电性和半导体特性，当材料受到机械应力时，晶体内部会产生压电势，这种电势可以显著改变器件界面或结处的载流子分布和传输特性。压电电子学器件在应力传感器、纳米发电机、柔性电子学等学科领域具有广泛的应用前景。例如：

- **应力传感器：**利用压电电子学效应，可以实现高灵敏度的应力传感器，用于健康监测、结构健康监测等领域。
- **纳米发电机：**通过机械能到电能的转换，压电电子学器件可以用于自供能系统，为物联网设备提供能源。
- **柔性电子学：**压电电子学器件可以与柔性基底结合，用于可穿戴设备和智能皮肤等领域。

压电光电子学的基本原理与应用：压电光电子学则进一步扩展了压电效应的应用范围，利用压电势调控光生载流子的产生、分离、传输和复合过程，从而提升光电子器件的性能。压电光电子学在光子探测器、太阳能电池、发光二极管（LED）等器件中具有重要应用。例如：

- **光子探测器：**通过压电势调控载流子的传输，可以提高光子探测器的响应速度和灵敏度。
- **太阳能电池：**压电光电子学效应可以优化光生载流子的分离和收集效率，从而提高太阳能电池的光电转换效率。
- **发光二极管（LED）：**压电势可以调控载流子的复合过程，提升 LED 的发光效率。

压电电子学与压电光电子学的展望：随着研究的深入，压电电子学和压电光电子学的应用领域不断扩展，尤其是在与传统硅基互补金属-氧化物-半导体（CMOS）技术的集成方面展现出巨大的潜力。通过将压电电子学和压电光电子学器件与传统的硅基技术结合，可以实现更多功能集成的智能系统。以下是一些未来的应用方向：

（1）**人机交互：**压电电子学器件可以用于开发高灵敏度的触觉传感器，提升人机交互的自然性和效率。

（2）**纳米机器人传感与驱动：**压电电子学和压电光电子学器件可以为纳米机器人提供高效的传感和驱动机制，推动纳米机器人在医疗、环境监测等领域的应用。

（3）**智能电子签名：**利用压电电子学器件的应力敏感性，可以开发个性化的电子签名系统，提升安全性和用户体验。

（4）**智能 MEMS/NEMS：**压电电子学和压电光电子学器件可以与微机电系统（MEMS）和纳机电系统（NEMS）结合，开发高性能的传感器和执行器。

（5）**能源科学：**压电电子学和压电光电子学在能源收集、存储和管理方面具有重要应用，尤其是在自供能系统和高效能源转换器件中。

总之，压电电子学和压电光电子学作为新兴的研究领域，具有广阔的应用前景和巨大的发展潜力。随着技术的不断进步，这些领域将为电子学、光电子学和能源科学带来更多创新和突破。

本书的更新与扩展：本书的第 1 版于 2012 年出版，受到了广泛关注。过去十几年中，全球 40 多个国家和地区的超过 4000 位科学家在这一领域开展了大量研究，取得了显著进展。为了反映这些最新研究成果，本书的第 2 版从第 1 版的 11 章扩展至 18 章，内容涵盖了压电电子学和压电光电子学的基础理论、材料、器件设计、应用及未来发展方向。本书不仅适合作为研究人员的参考书，还可以作为研究生和高年级本科生的教科书，帮助读者全面了解这一领域的最新动态和未来趋势。

我们要感谢许多为压电电子学和压电光电子学发展做出贡献的团队成员和合作者，特别是（排名不分先后）：周军、武文倬、胡又凡、杨青、刘颖、王旭东、潘曹峰、何志浩、高一凡、温晓楠、翟俊宜、王龙飞、朱来攀、秦勇、韩卫华、周玉胜等多位教授和博士。

王中林 首席科学家，讲席教授
中国科学院北京纳米能源与系统研究所
美国佐治亚理工学院

张　岩 教授
电子科技大学

胡卫国 教授
中国科学院北京纳米能源与系统研究所

2025 年 5 月

第1版前言

Preface to the First Edition

我的研究组分别在 2007 年和 2010 年引入创立了压电电子学和压电光电子学的基本概念。当具有非中心对称性的纤锌矿结构材料（如氧化锌、氮化镓和氮化铟等）受到外加应力时，由于晶体中离子的极化而在材料内产生压电电势（亦称压电势）。由于压电半导体材料同时具有压电和半导体特性，所以晶体中产生的压电势可显著影响界面/结区的载流子传输。压电电子学器件是利用压电势作为“门”电压调节/控制接触处或结区载流子传输过程的电子器件。压电光电子学器件则利用了压电势来控制载流子的产生、分离、传输和/或复合过程，从而提高诸如光电探测器、太阳能电池和发光二极管等光电器件的性能。压电电子学和压电光电子学器件提供的功能是对传统互补金属-氧化物-半导体（CMOS）技术的补充。压电电子学和压电光电子学器件与硅基技术的有效集成可望在人机接口、纳米机器人的传感和驱动、智能化与个人化的电子签名、智能微纳机电系统、纳米机器人和能源科学等领域提供独特的应用。本书将介绍压电电子学和压电光电子学的基本理论、原理和器件。本书的英文版由施普林格出版社同步出版。

压电电子学已成为目前纳米科学和技术研究的前沿和热点，引起了国际学术界以至企业界的广泛关注。2009 年，美国著名的《麻省理工学院技术综述》（*MIT Technology Review*）期刊把压电电子学评选为十大新兴科技之一。美国材料研究学会 2013 年春天近万人的会议把压电电子学作为一个分会的主题（http://www.mrs.org/s13-cfp-w/）。今年秋季香山会议将专题讨论该领域的发展和应用。

在本书中文版出版之际，我要感谢那些对压电电子学和压电光电子学发展做出贡献的我的研究组的成员和合作者，包括（排名不分先后）：周军、武文倬、胡又凡、杨青、张岩、刘莹、王旭东、潘曹峰、何志浩、高一凡、温肖楠、韩卫华、周瑜昇、王思泓、吴志明、刘卫华、薛欣宇及其他研究者。同时我也感谢来自下列机构慷慨的财政支持，包括：DARPA、NSF、DOE、NASA、美国空军、NIH、三星、MANA、中国科学院和中国国家留学基金管理委员会。此外，我还要感谢佐治亚理工学院和纳米结构表征中心在设备和基础设施方面提供的支持。

最后也是最重要的，我要感谢我的妻子和女儿们多年来对我的支持和理解。没有她们的支持，我不可能完成这些研究。

王中林

美国佐治亚理工学院

中国科学院北京纳米能源与系统研究所（筹）

目录

Contents

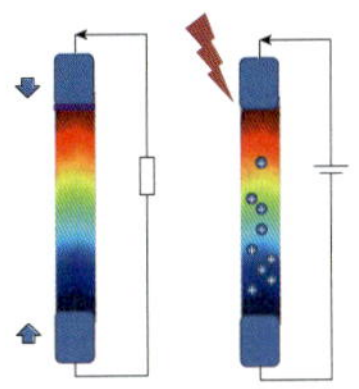

第 1 章

引言与基础知识

摘　要

从电子学发展路线图来看，未来电子产品的重心放在个性化、便携化、柔性、多传感和自供能等功能多样性的实现上。这些特性与摩尔定律所指向的中央处理器（CPU）速度提升和器件密度增加的方向有机结合，将推动智能系统和自驱动系统的发展。本章首先从能带理论出发介绍压电电子学和压电光电子学的物理原理，然后描绘了压电电子学和压电光电子学的未来影响和应用蓝图。在“后摩尔定律”时代，压电电子学正如生理学中的机械感受所扮演的角色，为人类与 CMOS 技术交互提供直接的“接口”，这是开发基于力/压力触发/控制的电子器件、传感器、微机电系统（MEMS）、人机交互界面、纳米机器人、触摸板、太阳能电池、光子探测器和发光二极管等革命性技术的范式转变。

1.1　以多样性和多功能性超越摩尔定律

过去几十年来，摩尔定律作为半导体技术的路线图一直在成功地指引和驱动着信息科技的发展。随着单个硅芯片上的器件密度每十八个月就增加一倍，提升 CPU 速度以及集成片上系统功能成为信息技术（IT）的主要发展方向。然而随着微电子工艺的不断进步，当器件中的最小线宽尺度趋近 10nm 时，人们不禁会问，在维持大规模工业化生产的前提下，器件还能做得多小？如此之小的器件尺寸对于器件的稳定性和可靠性有哪些利弊和影响？晶体管的运算速度是否还能作为我们所追求的衡量判断器件性能优异性的唯一驱动性指标？随着晶体管等器件的尺寸趋近物理极限，终究有一天摩尔定律会遇到瓶颈甚至失效，这只是个时间的问题。那么，问题的关键是我们如何才能超越摩尔定律的局限。

传感器网络和个性化医疗服务预计将成为近期产业界的主要驱动力。正如我们在当前的电子产品中所观察到的，电子设备正朝着个人电子产品、便携式电子设备和有机柔性电子器件等方向不断发展。人们正在探索具备功能集成化和多样化的电子设备。以手机为例，在手机中添置运算处理速度超快的处理器也许不会成为将来市场的主流推动力。相比之下，消费者更关心产品是否具备更多的功能，比如在手机中集成用于监测血压、体温和血糖浓度的医护传感器，或者是与环境接口的检测气体、紫外线和有害化学物质的传感器。如图 1.1 中横轴所示，在这种情况下，信息科技将沿着新的方向发展以满足“后摩尔定律”时代对于个人和便携式电子设备的多样性和多功能性的需求。更快的运算速度和更多样化的集成功能之间的有机结合与协调发展，将会是未来电子技术发展的趋势。通过将多功能传感系统和自供能技术紧密结合，电子技术应用正在朝着实现个人化、便携化和基于聚合物（有机柔性电子材料）的电子器件等方向发展，以期在不远的将来实现电子器件系统与人体自身或者人所处的环境直接交互作用的目标。CPU 的运算处理速度、存储器的容量和逻辑单元的功能性之间的有机结合与发展，将推动智能化系统和自供能系统的发展和实现，这将成为电子技术发展的重要技术路线。

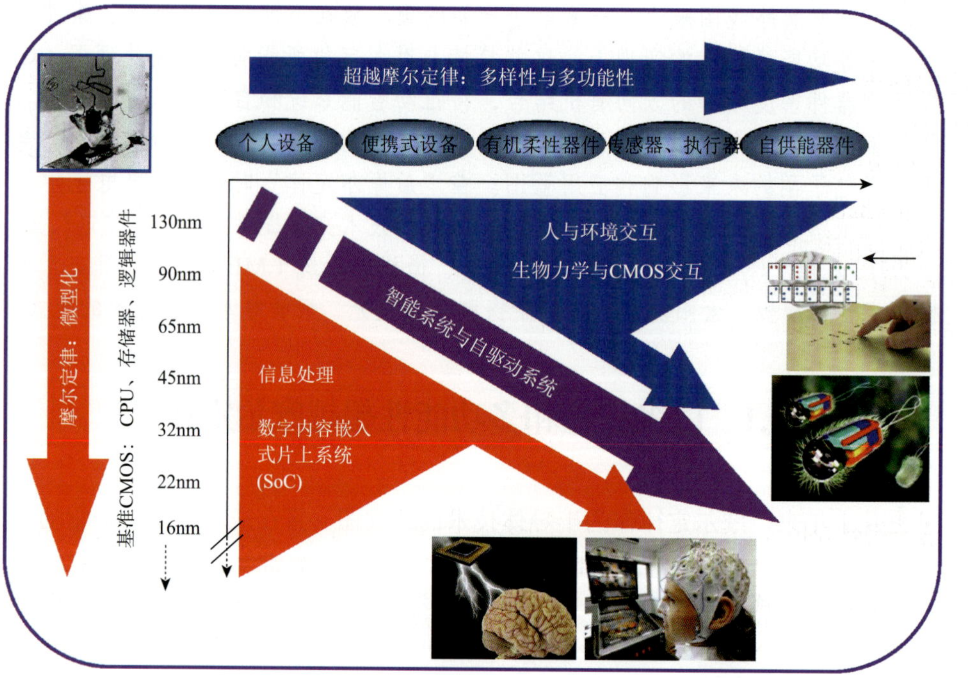

图 1.1 “后摩尔定律”时代的电子学发展展望。竖轴方向代表延续摩尔定律的电子学发展。随着器件的小型化，器件密度、CPU 速度和存储器的容量得到不断提升。横轴代表“后摩尔定律”时代个人和便携式电子设备的多样性和多功能性。未来电子学的发展需要将 CPU 的速度和器件的功能多样性有机集成。预计通过压电电子学器件将机械激励信号集成到电子系统中将是未来人与 CMOS 接口技术的重要方面

1.2　人机交互界面

当人与电子器件通过接口设备连接进行交互时，不可避免地需要考虑人的动作以及由人体的动作产生的相关信号和电子器件间的交互作用。人体产生的这些信号大多是机械运动信号，也有少部分是电信号。过去几十年里对神经系统中电信号传输的研究已经取得显著的进展。在应用硅基场效应晶体管（FET）探测神经元细胞电信号等技术领域也已经获得诸多成果。然而如果没有革新性的设计和方法，现有的硅工艺器件很难直接与机械信号交互作用。传统上最为常见的方法是利用传感器来探测机械应变的变化。传感器中由应变引起的信号变化可以被传统电子设备监测和记录，这是一个被动式的监测过程，并且这些由机械应变产生的信号不能被用来进一步控制硅电子器件。目前柔性电子学的研究重点之一是致力于减少或者消除基底的机械应变对集成于基底上的电子器件性能的影响，因此可以称之为被动式柔性电子学。另一方面，也可以利用基底形变引入的机械应变所产生的电信号来直接控制硅基电子器件。为了实现这类机械应变和电子器件之间的直接交互功能，需要一个“中介传递器件”或“信号转译器”将生物机械运动与硅基电子器件关联起来。压电电子学与压电光电子学的发明和研究就是为了实现上述目的和应用。与传统的柔性电子学器件不同的是，压电电子学与压电光电子学器件是主动式的柔性电子学（active flexible electronics）器件和生物信号（衍生）驱动的电子学（bio-driven electronics）器件，这类器件可以利用机械信号来直接产生数字控制信号。

压电电子学器件在未来电子系统中扮演的角色类似于生理学中的机械感受器[1]。机械感受（mechanosensation）是一种感受机械刺激的生理响应机制。触觉、听觉、身体平衡感知和痛觉的生理学基础是将机械刺激转换为神经信号；前者是机械激励，后者是电信号激发。皮肤中的机械应激感受器对触觉的产生具有重要的作用，内耳的微小神经细胞（一种机械应激感受器）则负责听觉和身体的平衡能力。

1.3　第一代半导体

第一代半导体是硅和锗。硅是地球上存在的最丰富的元素之一。硅原子有 14 个电子，最外层价电子占据了 3s 轨道和两个 3p 轨道，失去价电子的硅离子由 Si^{4+}表示。硅容易形成共价键结构。硅单晶由金刚石结构的立方晶胞组成，其布拉维晶格为面心立方结构。晶格用于描述晶体中原子重复的模式，对于金刚石结构的立方晶体，晶格由每个原胞中的两套正四面体共价原子沿着原胞对角线位移 1/4 套构而成。金刚石结构的立方晶格可以看作是一对套构的面心立方晶格，沿着空间对角线位移 1/4 空间对角线长度套构而成（图 1.2（a））。

室温条件下硅的直接带隙为 1.12eV，与其他半导体相比较窄。单晶硅熔点高达 1414℃，需要较高能量克服其较强的共价键，才能使其熔化，因此相对稳定。锗单晶具有与硅相同的晶体结构，带隙为 0.67eV，可以用作晶体管和其他电子器件中的半导体材料。从历史上看，半导体电子学的第一个十年基本基于锗。

第一代半导体的重要特征之一是基于同种元素的单质，晶体结构为立方金刚石结构，具有较高的晶体对称性。材料的 a、b、c 方向对称且相同，从而表现出独特的电子特性。因其具有较窄的带隙，第一代半导体广泛应用于微纳电子学和光电子学传感领域。

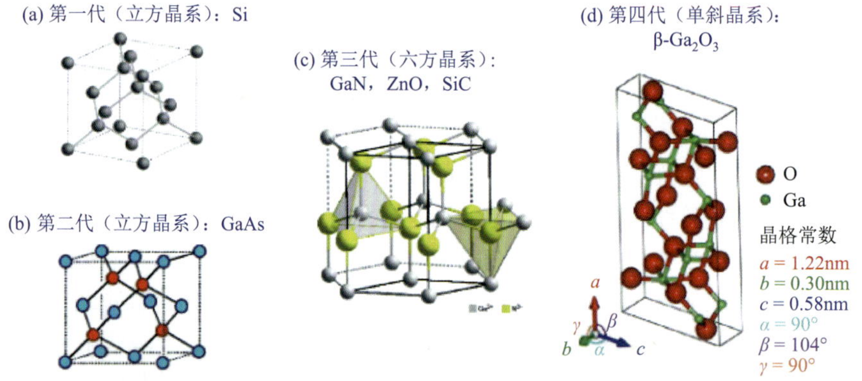

图 1.2　根据晶体对称性的不同对不同代半导体进行分类。(a) 金刚石结构的第一代半导体；(b) 闪锌矿结构的第二代半导体；(c) 六方晶系结构的第三代半导体；(d) 单斜晶系结构的第四代半导体

1.4　第二代半导体

砷化镓是最重要的第二代半导体之一，其带隙为 1.424eV。砷化镓可用作微波电路、单片微波集成电路、红外发光二极管、激光二极管、太阳能电池和光学窗口等器件。砷化镓也常用作其他Ⅲ-Ⅴ族半导体外延生长的衬底材料，包括砷化铟镓、砷化铝镓等。砷化镓的某些电子特性优于硅，例如砷化镓具有更高的电子饱和漂移速率和电子迁移率，使得基于砷化镓晶体管的工作频率能够超过 250GHz。

砷化镓是一种Ⅲ-Ⅴ族直接带隙半导体，具有闪锌矿结构（图 1.2（b）），其中闪锌矿结构的原子排列与金刚石结构相同，但不同晶格位点的原子类型交替。闪锌矿结构具有四面体配位：每个原子的最近邻居由四个相反类型的原子组成，其位置类似于正四面体的四个顶点。

第二代半导体的重要特征之一是具有两种元素，晶体结构为闪锌矿结构，较第一代半导体晶体对称性降低。材料的 a、b、c 方向对称且相同，从而表现出良好的电子和光电特性。由于带隙相对较大，第二代半导体大多广泛应用于纳米电子学、光子学和太阳能电池等领域。

1.5　第三代半导体

第三代半导体最重要的特征是其晶体结构为六方晶体结构，这是一种非中心对称的六方晶系结构（图 1.2（c））。其中典型的代表是纤锌矿结构的氮化镓、氧化锌和 α-碳化硅（图 1.3）。纤锌矿结构是六方晶体结构的一员，由以 ABABAB 层状图案堆叠的四面体配位的锌原子和氧原子组成。氧化锌的晶格常数为：$a = 3.2495Å$，$c = 5.2069Å$，带隙为 3.2eV；氮化镓的晶格常数为：$a = 3.186Å$，$c = 5.186Å$，带隙为 3.4eV。它们通常被称为宽带隙半导体材料。

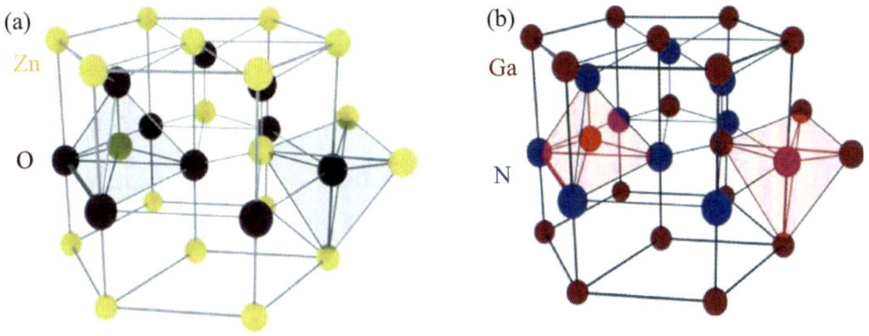

图 1.3　两种最常用的第三代半导体的晶体结构：（a）氧化锌和（b）氮化镓

第三代半导体最重要的特征之一是缺乏中心对称性，四面体配位的阳离子和阴离子受到机械应变可表现出压电效应。对极性的方向沿着晶体结构 c 轴情况，如晶体施加均匀应变，则表面上会出现静态极化电荷。如果应变不均匀，极化电荷则可在晶体内部产生。由闪锌矿型结构材料制成的器件在制造过程中会由于材料不匹配而引入应变。因此，在这些材料中不可避免地会产生压电效应，这将会影响氮化镓和氧化锌中的输运行为和光电特性，从而诞生了两个新的领域——压电电子学和压电光电子学，这是第三代半导体所特有的。

第三代半导体因其优异的材料特性，如高耐压、高开关频率、高温和抗辐射等，在消费类电子产品、5G 通信系统、电动汽车、光电子和国防应用等新兴技术中引起了广泛关注。此类材料具有宽禁带特性和较强的压电特性，表明可以存在非常显著的压电电子学与压电光电子学效应，这为探索压电性与高频传输、强场调控、二维电子气（2DEG）等相关器件结构中的许多有趣过程之间的耦合提供了理想的研究平台[2]。通过开展这些机制的探索，将提高相关器件性能和效率，对相关器件设计和开发产生深远的影响，例如进一步大幅提升高电子迁移率晶体管（HEMT）[3]和绝缘栅双极晶体管（IGBT）的性能，这对于已经广泛应用的技术至关重要。除了相关的基础研究和潜在的技术应用，预计第三代半导体中压电电子学、压电光电子学和压电光子学效应的研究和开发工作，也将随实际应用的日益增长而大幅推进，并且随着相关材料的制造和集成技术的进一步成熟而得到不断推动[4]。

1.6　第四代半导体

氧化镓（$\beta\text{-}Ga_2O_3$）通常被归类为宽带隙半导体，其带隙为 4.7～4.9eV。关于氧化镓（III）在激光器、深紫外器件、磷光体、高功率晶体管和发光材料中的应用已有研究。$\beta\text{-}Ga_2O_3$ 具有单斜结构（图 1.2（d）），这是一种扭曲的立方密堆积排列，镓（III）离子占据扭曲的四面体和八面体位点，镓原子和氧原子键距分别为 1.83Å 和 2.00Å。考虑到 $\beta\text{-}Ga_2O_3$ 独特的晶体结构以及相对前述结构而言更低的晶体对称性，可被称为第四代半导体。

1.7 压 电 势

压电效应是材料在所受应力改变时产生电势差的效应，对于这一效应的认识和研究可以追溯到几个世纪前。最常见的压电材料是具有钙钛矿结构的锆钛酸铅（PZT）（$Pb(Zr, Ti)O_3$），锆钛酸铅被广泛应用于机电传感器、执行器和能量采集设备。然而锆钛酸铅是绝缘体，因此不适合电学器件应用。传统意义上，对于压电材料和压电效应的研究主要局限于陶瓷材料领域。另一方面，纤锌矿结构材料如氧化锌（ZnO）、氮化镓（GaN）、氮化铟（InN）和硫化锌（ZnS），也具有压电性质，但是由于这些材料的压电系数相对较小，因此在压电传感和执行驱动等方面的应用不如锆钛酸铅那么普遍和广泛。由于这些纤锌矿结构半导体材料具有半导体和光激发等性质，所以一直以来对于它们的研究主要集中在电子学和光学领域。

硅基 CMOS 器件是通过外加电场驱动器件中载流子传输这一过程来实现操作的。为了能够利用机械信号来直接调控硅基 CMOS 器件的工作，我们需要将机械信号转换成电信号，最自然的选择是利用压电效应。为了实现上述目的，我们选择同时具有压电性质和半导体性质的纤锌矿结构半导体材料，如氧化锌、氮化镓、氮化铟和硫化锌等。以氧化锌为例，氧化锌具有非中心对称的晶体结构，在受到外加应力作用下将自然表现出压电效应。纤锌矿结构晶体具有六角结构，在 c 轴方向和垂直于 c 轴方向存在明显的各向异性。简单地说，Zn^{2+}阳离子和相邻的 O^{2-}阴离子组成以阳离子为中心的正四面体结构。在没有外应力作用时，阳离子和阴离子的电荷中心互相重合。如图 1.4（a）所示，加在正四面体的顶点时，阳离子和阴离子的电荷中心会发生相对位移并产生一个偶极矩。晶体中所有单元产生的偶极矩叠加后，会在宏观上产生沿应力方向的电势分布。这就是压电电势（亦称压电势，piezopotential）（图 1.4（b））[5]。当施加机械形变时，具有压电性质的材料内产生的压电电势可以驱动外电路负载中的电子流动，这就是纳米发电机的基本原理[6-9]。

当不考虑氧化锌材料中的掺杂时，沿 c 轴生长的氧化锌纳米线（NW）受外应力作用时的压电势分布可以利用李普曼（Lippman）理论计算得到[10-12]。例如，对一根沿着 $+c$ 方向生长的长度为 1200nm 且横截面六角形边长为 100nm 的氧化锌纳米线，当其受到 85nN 的拉伸应力时，纳米线两端产生的压电势差大约为 0.4V，且此时纳米线 $+c$ 端的压电势为正（图 1.4（b））。当所加应力变为同样大小的压缩应力时，纳米线内的压电势分布正负极性反转，但两端之间的压电势差仍为 0.4V，且此时纳米线 $-c$ 端的压电势为正。晶体中这个内电势的产生是压电电子学的核心所在。

对于压电晶体内压电势的研究和利用已经开创了很多新的领域。其中，纳米发电机被用来将机械能转换成为电能[13-16]。当形变的压电晶体的两个极性面被接到外电路负载上时，压电势使得两端接触电极处的费米能级间产生差异，因此为了“屏蔽”局域的压电势，外电路中自由电子从低电势端被驱动流向高电势端以达到新的平衡。负载中产生的电流是受压电势驱动的电子瞬态流动的结果。如果动态应力作用于压电晶体，则压电势的连续变化可以产生交变的电子流动。这意味着如果外界施加的应力是变化的，即外力连续做功，那么纳米发电机将可以连续输出电能（图 1.5（a））。对于纳米发电机的研究和应用已经获得了很大进展，目前电压输出已经达到了 58V，输出功率也在不断得到提升，并可以驱动液

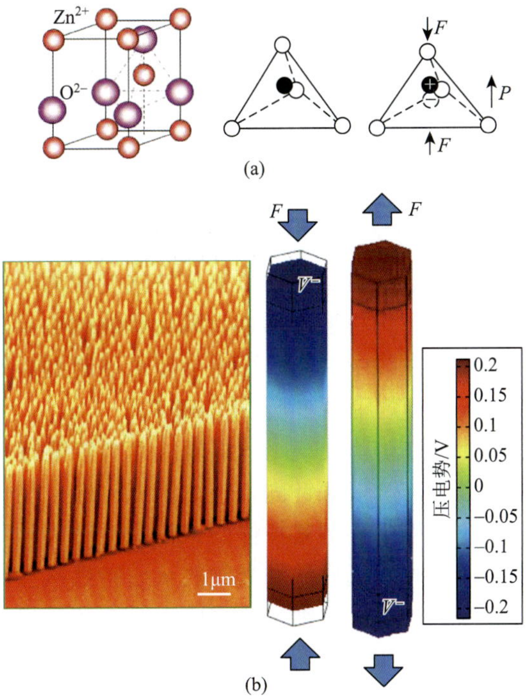

图 1.4　纤锌矿晶体中的压电势分布。(a) 纤锌矿结构氧化锌晶体的原子结构模型；(b) 溶液法合成的竖直氧化锌纳米线阵列，受轴向应变的氧化锌纳米线内压电势分布的数值计算结果。纳米线生长沿 c 轴方向，纳米线长度为 600nm，边长为 25nm，外力 $F = 80$nN

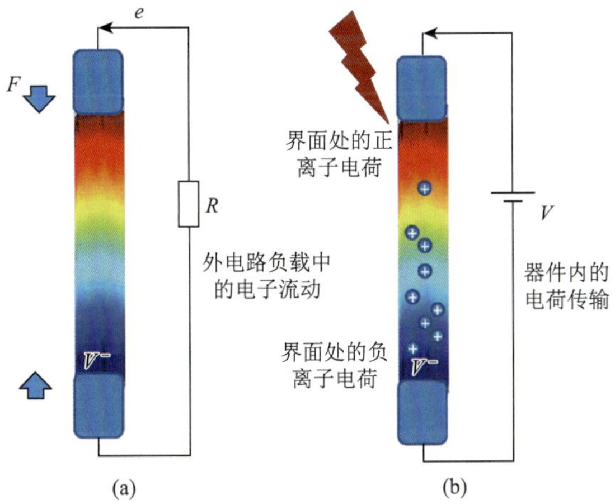

图 1.5　由彩色色标表示的纳米结构中产生的压电势。这是纳米发电机和压电电子学的物理基础。(a) 纳米发电机是基于压电势驱动外电路负载中电子流动的过程。(b) 压电电子学器件的工作是利用压电势在金属-半导体界面或是 p-n 结区域对载流子传输性质进行调节和控制。压电光电子学器件则是利用压电势在界面或结区对载流子产生、分离、传输以及复合过程进行调控

晶显示器、发光二极管和激光二极管等小型电子元件[17-20]。作为适用于微/纳系统的可持续自供给能源，纳米发电机将在能源收集等研究与技术领域扮演十分重要的角色。

1.8 压电电子学效应

2006 年，王中林研究组完成了两个相互独立的实验。第一个实验是在扫描电子显微镜（SEM）中对两端完全被电极包裹封装的长氧化锌线受应力弯曲时的电传输性质进行了测量[21]。实验观察到，随着弯曲程度的增加，氧化锌线的电导急剧下降。这个现象可以解释为，当氧化锌线弯曲时在线中产生的压电势差可以起到控制载流子传输的门极电压的作用。这类器件称为压电场效应晶体管（PE-FET）。

第二个实验是用双探针操作对单根氧化锌纳米线的电传输特性进行了测量[22]。实验中纳米线被平放在绝缘基底上，一根探针固定住纳米线一端，另一根探针则推动纳米线的自由端并在纳米线弯曲的过程中接触其拉伸面。钨探针针尖与纳米线之间形成欧姆接触。当增大纳米线的弯曲程度时，氧化锌纳米线的伏安特性从直线型变为具有整流特性的曲线。此现象可以解释为，当氧化锌纳米线受应力时在接触界面区域产生了正的压电势，这个压电势作为势垒起到了单向导通电子流动的作用。这就是压电二极管(PE-diode)。

压电场效应晶体管和压电二极管的工作都是基于纳米线中由应变导致的压电势。通过压电势引起外电路的电子流动是一个能量采集和转换的过程。压电势的存在也可以显著地改变基于纳米线的场效应晶体管中的电流传输特性。为了系统地表述这类体系中压电与半导体特性的耦合性质，王中林在 2006 年 11 月 24 日引入了纳米压电电子学的概念，并于几天后在美国波士顿进行的美国材料学会（MRS）秋季会议上对这一概念进行了公开阐释[23]。随后王中林在 2007 年发表的一篇短文中为此领域新创了 piezotronics（压电电子学）这一术语[24, 25]。压电电子学的基础就是应用压电势来调节和控制纳米线中的载流子传输性质（图 1.5（b））。自此，压电电子学的研究和应用取得了大量引人注目的进展，这些将在随后的章节中详细阐述。

一个最简单的纳米线场效应晶体管是一根两端被电极包裹的半导体线。线两端的电接触构成器件的源极和漏极，门极电压既可以通过上门电极加在纳米线上，也可以通过器件底部的基底施加。通过施加源极到漏极驱动电压 V_{DS}，半导体器件中的载流子传输过程可以由外界施加的门极电压 V_G 来调节与控制。

另外，门极电压也可以由产生于晶体中的压电势（内电势）来代替，从而使场效应晶体管中的载流子传输过程由器件所受的应力来调节和开关[20]。这种由机械形变动作触发驱动的器件被称为压电电子学器件。当一根氧化锌纳米线受到沿其长度方向的轴向应变时，可以观察到两种典型的效应。一种是压阻效应（piezoresistance effect），此效应与半导体材料的带隙以及可能的导带（CB）态密度的改变有关。由于压阻效应没有极性，因此纳米线场效应晶体管源漏极受压阻效应的影响是相同的。另一种情况，压电势是沿着纳米线长度方向分布的。对受到轴向应变的纳米线，压电势从纳米线一端连续下降到另一端，这意味着对应的电子能量从纳米线一端连续增加到另一端。与此同时，当纳米线在没有外加电场作用达到平衡时，整个纳米线内的费米能级持平不变。这导致氧化锌和金属电极之间的等效势垒高度和/或宽度将在纳米线的一端升高而在另外一端下降。因此，压电势对源漏极处势垒高度的影响呈非对称效应。综上所述，压电电子学效应就是利用压电势调节和控制界面或结区载流子传输性质的效应[22, 26]。

1.8.1 压电电子学效应对金属-半导体接触的作用

对压电电子学效应更好的理解可以通过将其与半导体器件中肖特基接触和 p-n 结这两种最为基本的结构比较而得。当金属和 n 型半导体形成接触时，如果金属的功函数明显大于半导体的电子亲和势，则界面处将形成肖特基势垒（SB）（$e\phi_{SB}$）（图 1.6（a））。只有当金属-半导体接触处外加的电压大于阈值（ϕ_i）且金属一端所接电势为正时（对 n 型半导体而言），电流才能单向通过此势垒。若引入合适的光激发，则新生的光生电子-空穴对不仅能大幅增强结区的局域导电性，而且电荷在界面附近的重新分布将使得结区等效势垒高度被降低（图 1.6（b））。

如图 1.6（c）所示，当具有压电性质的半导体材料受到应变时，半导体材料内的负压电势将使肖特基势垒高度（SBH）增高到 $e\phi'$，而正压电势将降低肖特基势垒高度。压电势的极性由氧化锌纳米线的 c 轴方向决定。压电势扮演的角色是通过内建电场来有效地改变接触区域的导电特性，从而调节或控制金属-半导体接触区域的载流子传输过程。考虑到压电势的极性可以通过控制应变类型从拉伸到压缩的转换来改变，因而接触结区的导电特性可以由应变的大小和极性类型来调控，这就是压电电子学的核心所在。

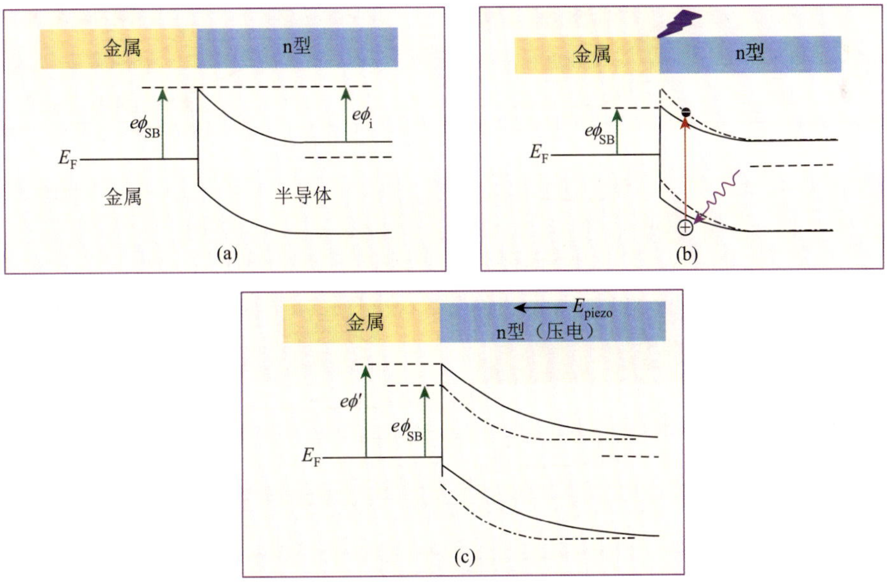

图 1.6 金属-半导体肖特基接触界面处在激光激发和压电电场共同作用下的能带图。(a) 金属-半导肖特基接触的能带图；(b) 受到光子能量大于半导体材料带隙的激光激发的金属-半导体肖特基接触的能带图，其中等效肖特基势垒高度降低；(c) 半导体受应变时的金属-半导体肖特基接触能带图，半导体中产生的压电势具有极性，此处与金属接触端为低压电势端

压电材料在应变作用下就产生压电极化电荷，而这些电荷是以不能流动的离子电的形式分布在表面或界面处一极小范围。因为压电材料是介电质而非良导体，极化电荷只能被部分地屏蔽，而不能被完全中和。当然极化电荷也可在金属一边产生镜像电荷。正的极化电荷可以降低金属-半导体的接触势垒，而负的极化电荷可以升高金属-半导体的接触势垒（图 1.7（b）和（c））。极化电荷所产生的压电电场的作用就是根据晶体的极化方向和局域极化的符号来改变局域接触处的性能，进而对载流子在金属-半导体界面的输运过程进行调制或控制。因为压电电场的极性可以由所加外应变的符号来控制，局域的输运性能就可以自如来控制。

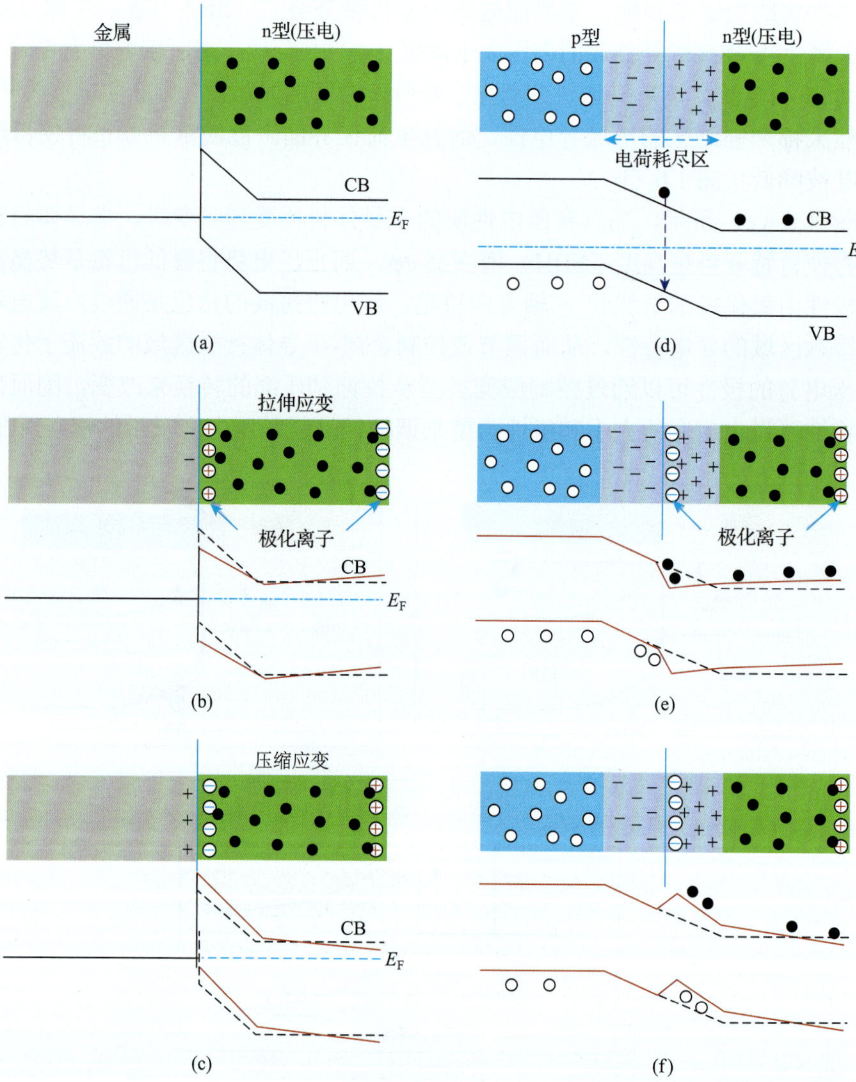

图 1.7 （a）～（c）能带图，压电极化电荷对金属-半导体（n 型）接触处肖特基势垒能带结构的影响，表面处正极化电荷降低势垒高度，而负极化电荷升高势垒高度；（d）～（f）用能带图来说明压电效应对由两种类似带隙材料构成的 p-n 结的影响

1.8.2　压电电子学效应对 p-n 结的作用

当 p 型和 n 型半导体形成 p-n 结时，界面附近 p 型半导体中的空穴和 n 型半导体中的电子会重新分布以平衡局域电势。结区电子和空穴的互扩散和复合最终在结区形成电荷耗尽区（图 1.7（a））。当在 n 型半导体侧外加正电压时，结区的耗尽层宽度会增大，使得只有极少数的载流子可以流过结区；而当在 p 型半导体侧外加的正电压高到可以克服耗尽区势垒时，载流子可以流过结区。这就是 p-n 结二极管的工作原理。耗尽层的存在可以增强压电电荷的局部作用（图 1.7（d）），如果 p 区是一压电材料，应变产生的正的压电电荷可以降低局域的能带，因而形成能带的局部下弯（图 1.7（e）），应变产生的负的压电电荷可以升高局域的能带，因而形成能带的局部上弯（图 1.7（f））。能带的局部弯曲可以改变和调制载流子的产生、输运、分离或复合，进而影响太阳能电池、光探测器或发光二极管的工作效率。另外，压电电场所产生的能带的倾斜可以影响载流子的输运。

如图 1.8 所示，若 p-n 结中一侧的半导体材料由于应变产生了压电势，p-n 结区附近的局域能带结构会发生变化。为了易于理解，我们在讨论中也考虑了载流子对压电势的屏蔽效应。这意味着 n 型半导体内的正压电势端将几乎被电子完全屏蔽，而负压电势端

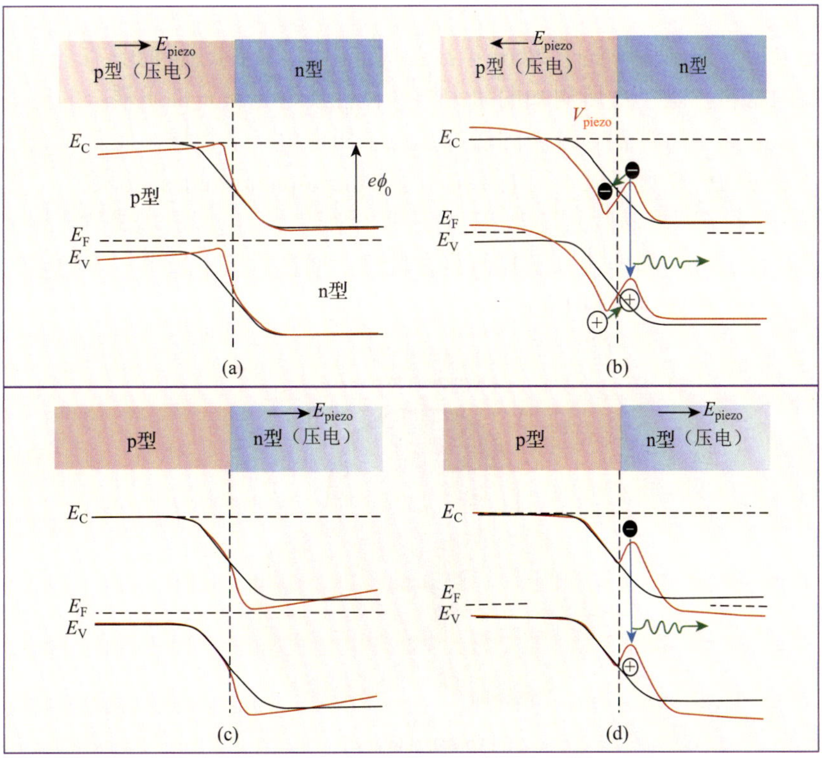

图 1.8　由两种带隙相近的半导体材料形成的 p-n 结受压电电场作用下的能带图。图中给出了四种可能的能带变化，其中黑色和红色曲线分别代表结区不存在和存在压电电场的情况。假设 n 型和 p 型半导体材料的带隙相等。能带图中也显示了极性反转的效应

则几乎不受影响。基于同样的原因，p 型半导体中的负压电势端将几乎被空穴完全屏蔽，而正压电势端则几乎不受影响。图 1.8（b）中给出了压电势对于 p-n 结区能带的影响，其中 p 型半导体具有压电性质并且受到应变，相应产生的压电势给结区能带带来明显改变，并显著影响流经结区的载流子传输特性。这就是压电电子学的基础。

此外，当 p 型半导体中的空穴受压电电场影响漂移到 n 型半导体中并与其导带上的电子复合时，也可能导致光子辐射，这是由压电势引发的光子辐射过程，即压电光子学效应[25]。观测压电光子学过程可能需要满足以下条件：首先，压电势要明显大于ϕ_i，从而使得局域压电电场足够强以驱动空穴漂移穿越过 p-n 结；其次，为产生压电势所施加的应变变化率需要足够大，从而使得载流子穿越界面的时间小于载流子复合的时间，耗尽层宽度需要足够小，使得在压电势的作用区域内有足够的载流子；最后，选择直接带隙半导体材料将有利于此现象的观测。

p-n 结和肖特基接触的基本工作原理是界面处存在的等效势垒使得载流子可以被分离到界面两侧。势垒的高度和宽度是器件的特征参数。在压电电子学中，压电势起到的作用是通过压电效应来有效地调节 p-n 结势垒的宽度或者肖特基势垒的高度。

1.9 压电光电子学效应

压电光电子学的学科研究于 2010 年被首次提出[27-29]。对于同时具有半导体、光激发和压电性质的材料，除了众所周知的研究半导体性质与光激发性质耦合的光电子学领域外，对半导体与压电特性耦合效应的研究形成了压电电子学领域，而对压电特性和光激发特性耦合效应的研究则形成了压电光电子学（piezo-phototronics）领域[25]。这成为构建新型压电-光子-电子纳米器件的基础。压电光电子学效应应用压电势调节和控制界面或结区载流子的产生、分离和传输以及其他复合过程，通过对压电光电子学的研究可以实现高性能的新型光电子器件（图 1.9）。

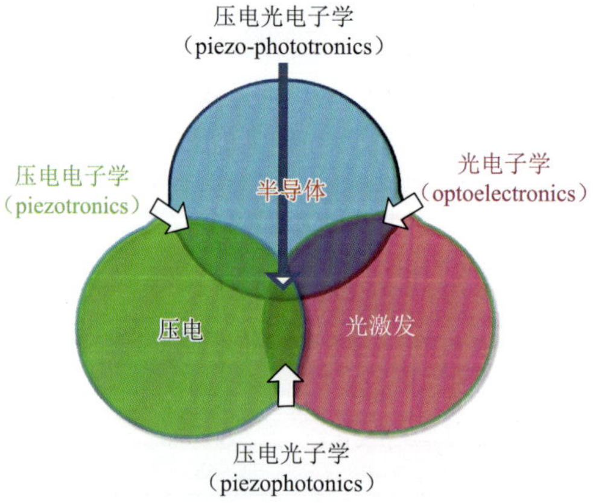

图 1.9　压电、光激发和半导体性质的三元耦合是研究和应用压电电子学（压电与半导体性质耦合）、压电光子学（压电与光激发性质耦合）、传统光电子学（半导体性质与光激发性质耦合）和压电光电子学（压电、半导体与光激发性质耦合）的基础。上述各种耦合的核心依赖于压电材料中受应变产生的压电势

1.10　压电光子学效应

在第三代半导体中，可以利用压电效应来调节光子发射过程以实现耦合，称为压电光子学效应[6, 30, 31]。典型的例子之一是在发光上使用锰掺杂的硫化锌，其中通过硫化锌的压电效应来调节杂质产生的发光。这可用于使用光信号来量化机械性能。

1.11　展　　望

目前电子学和光电子学的应用研究主要集中在硅（Si）材料、二-六族（Ⅱ-Ⅵ族）和三-五族（Ⅲ-Ⅴ族）化合物半导体材料的 CMOS 技术、发光二极管（LED）、光电探测器和太阳能电池等领域。而对于压电效应的研究和应用则主要集中于锆钛酸铅类型的钙钛矿材料，而这类材料很少被应用于电子学和光电子学器件中。由于所用材料性质上的巨大差别，传统上对于压电效应与光电子学的交叉研究十分有限。通过利用同时具有压电特性和半导体特性的纤锌矿结构材料，如氧化锌、氮化镓和氮化铟等，我们对这些材料的压电性质和光电子激发过程的耦合特性进行了研究和利用，并开创了一系列全新的研究领域（图 1.10）[8]。

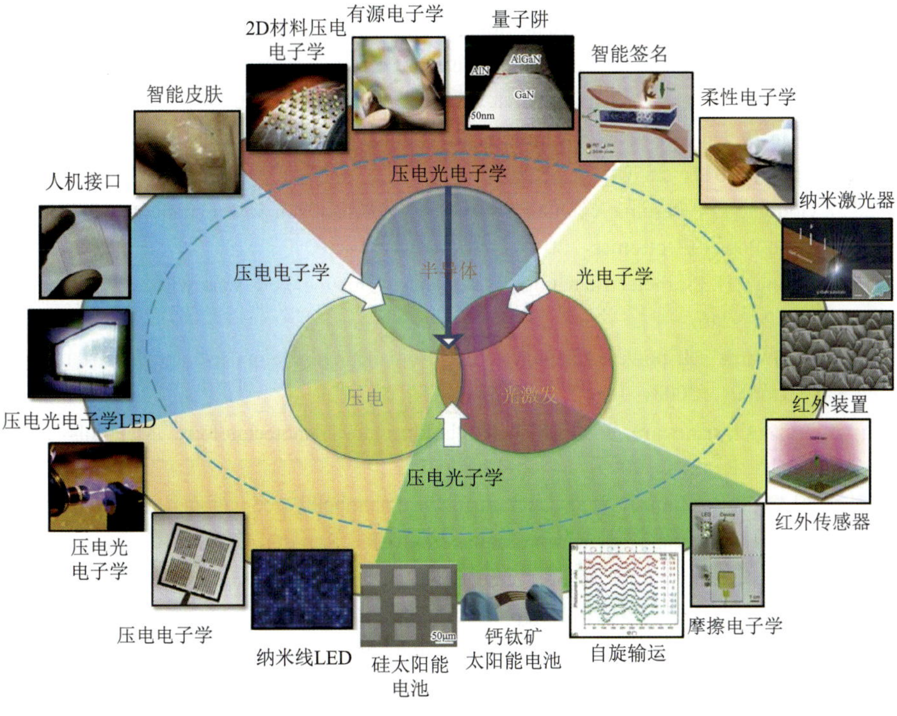

图 1.10　压电电子学和压电光电子学为基础研究和技术突破提供了丰富的机会。压电半导体材料中的压电、光激发和半导体性质三元耦合是压电电子学、压电光子学、传统光电子学和压电光电子学的基本过程。这幅图展示了压电电子学效应和压电光电子学效应在各个领域的潜在应用

这些研究和应用的核心都是基于压电材料受应力时晶体中离子极化产生的压电势。压电电子学就是利用压电势作为门极门信号来调控载流子在结区的传输过程以研究应用新电子器件的学科。压电光电子学效应，则是应用压电势来控制载流子的产生、分离、传输和复合等过程，以改善诸如光电探测器、太阳能电池和发光二极管之类光电子应用器件性能的效应。

压电电子学和压电光电子学是通过第三代半导体基于主动耦合应变所引起的极化电势与移动电荷载流子传输行为而创造的两个新领域。这两种新的基本效应将会有助于机械传感、人机接口、机器人、人工智能、传感器、发光二极管、太阳能电池和催化等电子和光子器件的设计和制造（图 1.10）。这些领域的进步需要基础物理研究、量子力学计算，以及压电电子学器件和压电光电子学器件的技术实现；需要复杂的表征方法，例如直接探测界面动力学和确定压电极化电荷的分布，这是为了对基本材料和结构特性提供可靠的解释。此外，还需要优化和探索具有优良压电性能的材料，以及基于这些材料的压电器件阵列的设计、制造和表征，这对于促进该领域从单一器件到实际可行的应用至关重要。根据目前的研究进展和发展趋势，我们预计，压电电子学和压电光电子学效应和器件与当前电子学、光电子学和量子器件的集成，将为传感器、人工智能、能源、人机一体化技术带来革命性的影响。

参 考 文 献

[1] http://en.wikipedia.org/wiki/Mechanosensation[2012-09-10].

[2] Wang X F，Yu R M，Jiang C Y，et al. Piezotronic effect modulated heterojunction electron gas in AlGaN/AlN/GaN heterostructure microwire. Advanced Materials，2016，28（33）：7234-7242.

[3] Jiang C Y，Liu T，Du C H，et al. Piezotronic effect tuned AlGaN/GaN high electron mobility transistor. Nanotechnology，2017，28（45）：455203.

[4] Millán J，Godignon P，Perpiñà X，et al. A survey of wide bandgap power semiconductor devices. IEEE Transactions on Power Electronics，2013，29（5）：2155-2163.

[5] Wang Z L，Song J H. Piezoelectric nanogenerators based on zinc oxide nanowire arrays. Science，2006，312（5771）：242-246.

[6] Wang Z L. Towards self-powered nanosystems：from nanogenerators to nanopiezotronics. Advanced Functional Materials，2008，18（22）：3553-3567.

[7] Wang Z L. ZnO nanowire and nanobelt platform for nanotechnology. Materials Science and Engineering：R：Reports，2009，64（3-4）：33-71.

[8] Wang Z L，Yang R S，Zhou J，et al. Lateral nanowire/nanobelt based nanogenerators，piezotronics and piezo-phototronics. Materials Science and Engineering：R：Reports，2010，70（3-6）：320-329.

[9] Wang Z L. Nanogenerators for self-powered devices and systems. Georgia Institute of Technology. SMARTech Digital Repository，2011. http://hdl.handle.net/1853/39262.

[10] Gao Y F，Wang Z L. Electrostatic potential in a bent piezoelectric nanowire. The fundamental theory of nanogenerator and nanopiezotronics. Nano Letters，2007，7（8）：2499-2505.

[11] Gao Z Y，Zhou J，Gu Y D，et al. Effects of piezoelectric potential on the transport characteristics of metal-ZnO nanowire-metal field effect transistor. Journal of Applied Physics，2009，105（11）：113707.

[12] Sun C L，Shi J，Wang X D. Fundamental study of mechanical energy harvesting using piezoelectric nanostructures. Journal of Applied Physics，2010，108（3）：034309.

[13] Wang X D，Song J H，Liu J，et al. Direct-current nanogenerator driven by ultrasonic waves. Science，2007，316（5821）：102-105.
[14] Qin Y，Wang X D，Wang Z L. Microfibre-nanowire hybrid structure for energy scavenging. Nature，2008，451（7180）：809-813.
[15] Yang R S，Qin Y，Dai L M，et al. Power generation with laterally packaged piezoelectric fine wires. Nature Nanotechnology，2009，4（1）：34-39.
[16] Xu S，Qin Y，Xu C，et al. Self-powered nanowire devices. Nature Nanotechnology，2010，5（5）：366-373.
[17] Zhu G，Yang R S，Wang S H，et al. Flexible high-output nanogenerator based on lateral ZnO nanowire array. Nano Letters，2010，10（8）：3151-3155.
[18] Xu S，Hansen B J，Wang Z L. Piezoelectric-nanowire-enabled power source for driving wireless microelectronics. Nature Communications，2010，1（1）：93.
[19] Hu Y F，Zhang Y，Xu C，et al. Self-powered system with wireless data transmission. Nano Letters，2011，11（6）：2572-2577.
[20] Li Z T，Wang Z L. Air/liquid-pressure and heartbeat-driven flexible fiber nanogenerators as a micro/nano-power source or diagnostic sensor. Advanced Materials，2011，23（1）：84-89.
[21] Wang X D，Zhou J，Song J H，et al. Piezoelectric field effect transistor and nanoforce sensor based on a single ZnO nanowire. Nano Letters，2006，6（12）：2768-2772.
[22] He J H，Hsin C H，Chen L J，et al. Piezoelectric gated diode of a single ZnO nanowire. Advanced Materials，2007，19（6）：781-784.
[23] Halford B. Materials science stars in Boston：action-packed presentations feature wasps，spiders，and nanotech. Chemical and Engineering News，2008，85（3）：46-49.
[24] Wang Z L. Nanopiezotronics. Advanced Materials，2007，19（6）：889-892.
[25] Wang Z L. The new field of nanopiezotronics. Materials Today，2007，10（5）：20-28.
[26] Wang Z L. Piezopotential gated nanowire devices：piezotronics and piezo-phototronics. Nano Today，2010，5（6）：540-552.
[27] Hu Y F，Chang Y L，Fei P，et al. Designing the electric transport characteristics of ZnO micro/nanowire devices by coupling piezoelectric and photoexcitation effects. ACS Nano，2010，4（2）：1234-1240.
[28] Yang Q，Wang W H，Xu S，et al. Enhancing light emission of ZnO microwire-based diodes by piezo-phototronic effect. Nano Letters，2011，11（9）：4012-4017.
[29] Yang Q，Guo X，Wang W H，et al. Enhancing sensitivity of a single ZnO micro-/nanowire photodetector by piezo-phototronic effect. ACS Nano，2010，4（10）：6285-6291.
[30] Wong M C，Chen L，Tsang M K，et al. Magnetic-induced luminescence from flexible composite laminates by coupling magnetic field to piezophotonic effect. Advanced Materials，2015，27（30）：4488-4495.
[31] Wang X D，Zhang H L，Yu R M，et al. Dynamic pressure mapping of personalized handwriting by a flexible sensor matrix based on the mechanoluminescence process. Advanced Materials，2015，27（14）：2324-2331.

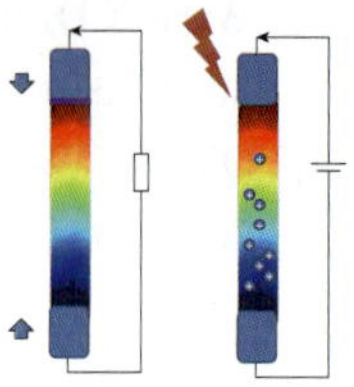

第 2 章

压电电子学和压电光电子学材料

摘　要

压电、光激发和半导体特性的双向或多向耦合催生了新的研究领域，如压电电子学和压电光电子学。这些新效应已在多种半导体中得到了实验验证，例如纤锌矿结构半导体（ZnO、GaN 等）、钙钛矿、二维材料等。这些用于压电电子学和压电光电子学的材料使我们大幅拓宽了对半导体物理的理解，并在能量收集、人机交互、健康和医疗等方面表现出巨大的研究与应用潜力。在本章中，我们简要介绍这些新型压电电子学和压电光电子学材料的合成工艺和物理特性，并讨论合成机理、技术特点和优点。该研究将为新型压电电子学/压电光电子学材料的选择、工艺优化和科学探索提供有益的指导。

2.1　纤锌矿结构半导体

GaN 和 ZnO 等典型的第三代半导体材料的稳定晶体结构通常是纤锌矿结构，这种结构是平行于 c 轴和垂直于 c 轴呈现非对称特性的六方晶体体系。当沿其 c 轴施加外应力时，阴离子和阳离子的电荷中心发生相对位移，从而形成了偶极矩。在所有晶胞中生成的偶极矩叠加后，宏观上会形成沿应力方向的电势分布，即所谓的压电势。这种压电势可用于有效调节载流子的输运、光激发和复合，即压电电子学效应和压电光电子学效应。2006 年，王中林教授首次预测并证实了纤锌矿 ZnO 中的压电电子学效应。纤锌矿结构半导体的主要生长技术综述如下。

2.1.1　纳米线材料的生长

一维纳米材料（例如，纳米线和纳米带）是研究压电电子学效应和压电光电子学效应的理想结构之一，这种结构的材料可以承受相对较大的外部机械应变/应力。湿法化学合成、化学物理气相沉积，以及自上而下制备是纳米线材料的主要生长技术。

湿法化学法是指液相参与化学反应制备材料的合成方法，例如化学液相沉积、电化学沉积、溶胶-凝胶工艺和水热合成等技术。湿法化学法的原理是选择一种或几种所需的可溶性金属盐或氧化物，并根据目标材料配制成溶液[1-3]。在溶液中，元素处于离子或分子状态。在施加合适的沉淀剂或通过蒸发、升华或水解诱导结晶后，金属离子均匀沉淀或结晶形成纳米材料。对于纳米材料的湿法化学合成，有几种关键技术可用于控制纳米材料的尺寸。第一种是将成核过程与生长过程分开，根据晶粒形成情况控制溶液浓度，从而加速成核、产生异质核、添加螯合剂和/或使用饱和淬灭等技术予以控制。第二种是抑制团聚。在液相反应阶段，可以通过形成双电层或添加保护剂来抑制团聚。此外，喷雾干燥、冷冻干燥或超临界气体干燥等技术可以有效防止干法工艺中的晶粒生长。第三种技术是选择合适的化学反应体系控制离子的扩散和纳米材料的生长速度。

电化学沉积是一种典型的湿法化学合成方法，主要特征是通过施加外部电场驱动化学反应过程，是低成本大量生长均匀纳米线的强力手段，如图 2.1（a）所示[4-6]。然而，这种方法要求基材具有导电性，并且沉积的材料不溶于酸性环境。ZnO 的电化学沉积通常使用 $ZnCl_2$/KCl 溶液作为电解质，Pt 作为对电极，Ag/AgCl 作为参比电极。此外，为了维持电解质的氧饱和度，需要持续引入 O_2[7]。纳米线生长期间的电流-电压（*I-V*）特性曲线通常使用标准三端功率器件进行控制。由于合成温度低，电化学沉积可以将 ZnO 纳米线沉积到多种衬底上，例如 Si、Cu（图 2.1（b））甚至导电聚合物[8]。除 Cl^-外，人们也研究了其他种类的共存阴离子（SO_4^{2-}、NO_3^-和 CH_3COO^-）去还原 O_2。不同的阴离子与 ZnO 纳米线的晶面表现出不同的配位能力，这意味着在电化学沉积过程中，通过选择合适的共存阴离子，可以控制 ZnO 纳米线的生长速率、形貌和长径比。此外，在电化学沉积过程中，通过控制 Zn 前驱体浓度，可以轻易地改变 ZnO 纳米线的带隙。

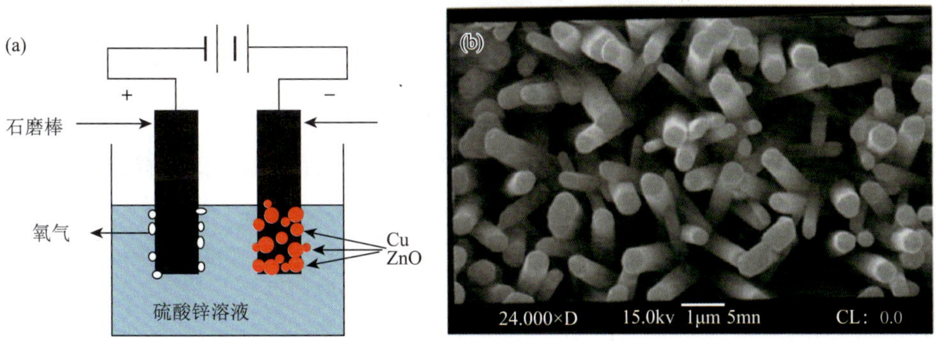

图 2.1 （a）电化学沉积方法的示意图，以及（b）在 Cu 衬底上通过电化学沉积生长的 ZnO 纳米线

水热合成法是另一种常见的湿法化学合成工艺，它是在合适温度或高压下在水溶液或蒸汽等流体中发生化学反应。水热合成的基本原则是氢氧化物在水中的溶解度高于相应的氧化物在水中的溶解度，从而导致氢氧化物溶解在水中，同时沉淀出氧化物。预制备的氢氧化物在相对高温高压下通过化学反应（例如水解反应）转化为氧化物。水热合成的纳米材料分散性好，团聚少，结晶性好[9]。ZnO 纳米线可由六水合硝酸锌和六亚甲

基四胺水热合成[10, 11]。这里六水合硝酸锌提供 Zn^{2+}阳离子，溶液中的 H_2O 在 ZnO 纳米线生长过程中提供 O^{2-}阴离子[12-15]。然而，六亚甲基四胺在化学反应中的工作机理尚不完全清楚。一种可能的解释是，六亚甲基四胺使溶液具有弱碱度。六亚甲基四胺在水中能缓慢水解，并在化学反应过程中不断释放 OH^-，这个条件对 ZnO 纳米线沿择优取向生长非常重要。如果溶液中 OH^-的生成太快，溶液的 pH 过高，则 Zn^{2+}阳离子会迅速沉积，这将导致合成的 ZnO 纳米线不均匀地排列和结晶。此外，随着溶液中 Zn^{2+}阳离子的快速消耗，化学反应将很快终止，也造成 ZnO 纳米线长度较短。为制备有序排列、图案化的 ZnO 纳米线阵列，制备工艺需要满足以下基本要求：首先，必须采用低温合成，这使得纳米线可以在所有类型的基质上生长；其次，纳米线必须沿着预先设计的模板生长，该模板可以调节 ZnO 纳米线的尺寸、生长方向、均匀性和可能的形状；最后，催化剂必须是可去除的，以便于 ZnO 纳米线器件与硅基器件相集成。通过在低温下使用电子束蒸发和水热方法，可以在 100℃以下无需催化剂地在多种无机衬底（包括硅和 GaN）（图 2.2）上制备高度取向、垂直排列、图案化 ZnO 纳米线阵列[16]。

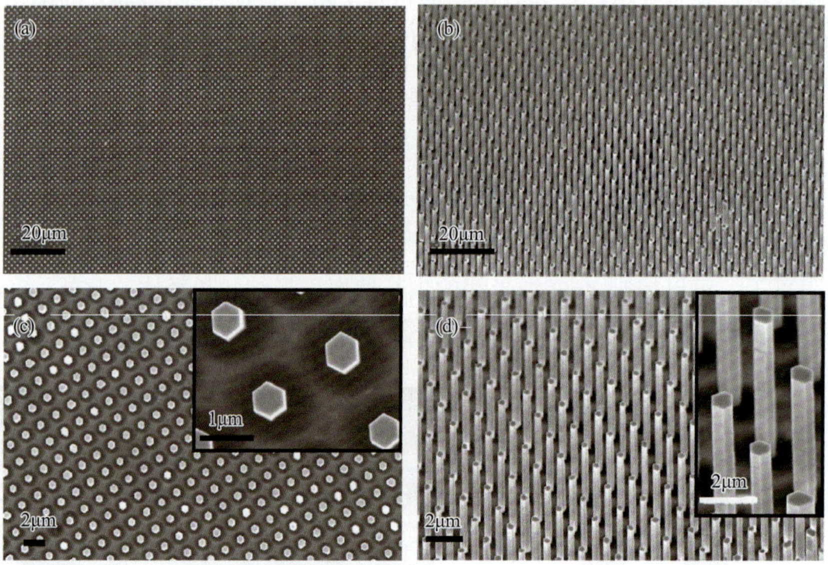

图 2.2 单晶 GaN 衬底上水热合成的垂直排列的 ZnO 纳米线的 SEM 图像。（a）和（c）为不同放大倍率下的 ZnO 纳米线阵列的俯视图；（b）和（d）为小倍率和大倍率下有序排列的 ZnO 纳米线阵列的 45°斜视图

气相沉积是利用气相中发生的物理或化学过程将高质量材料沉积在基板上的方法。根据成膜机理，气相沉积技术可分为化学气相沉积（CVD）、物理气相沉积（PVD）等。与湿法化学合成不同，气相沉积技术通常需要高温环境、昂贵的仪器和复杂的工艺，但这些方法可用于制造湿法化学合成无法合成的各种类型的材料，例如 GaN。此外，通过改变沉积条件可以很好地控制纳米线的合成。目前有多种化学气相沉积和物理气相沉积技术，在这里，我们重点介绍两种沉积方法，即化学气相沉积和脉冲激光沉积（PLD）。

化学气相沉积可用于生长高质量的超长 ZnO 纳米线[17-19]。氧化物粉末在管式炉中加热，然后，氧化物蒸发产生的蒸气通过流动的氩气吹到基体的上表面，在特定的温度、压力、气氛等下合成所需的材料。纳米线的相结构和形貌由多种因素决定，例如，源材料、衬底、气体流速、生长温度、温度梯度和压力等参数[20]。通过化学气相沉积，可以在单晶蓝宝石衬底上制造高取向度、垂直生长的 ZnO 纳米线。此外，金纳米颗粒可用作诱导 ZnO 纳米线生长的催化剂，如图 2.3 所示。ZnO 和蓝宝石的晶格参数非常接近，这使得纳米线在蓝宝石衬底顶部垂直生长、有序排列。在反应过程中，金纳米颗粒逐渐熔化，形成合金并逐渐沉积；ZnO 纳米线随之生长在蓝宝石衬底上。降低生长温度可以降低蒸气浓度，从而精准调控纳米线的生长速率。化学气相沉积后，金纳米颗粒将形成于 ZnO 纳米线的顶部[21]。

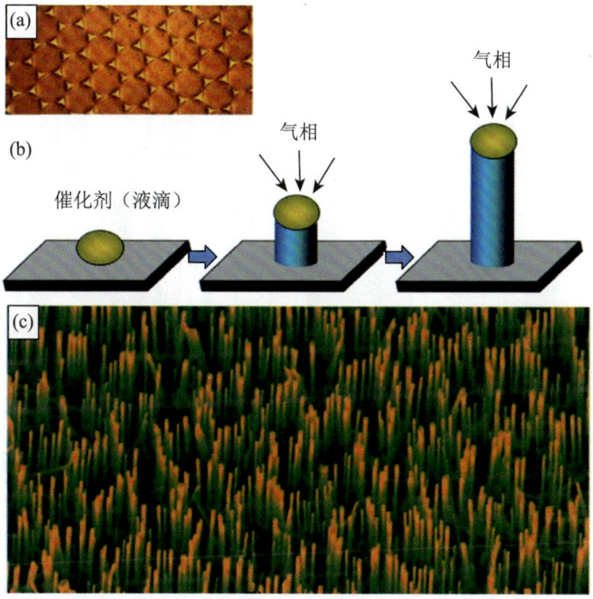

图 2.3　利用 Au 纳米点催化剂在单晶蓝宝石衬底上化学气相沉积 ZnO 纳米线。(a) ZnO 纳米线的 SEM 俯视图；(b) Au 催化剂辅助的化学气相沉积过程示意图；(c) 蜂窝状 ZnO 纳米线阵列的 SEM 45°倾斜视图

脉冲激光沉积可用于沉积多种类型的薄膜，例如复杂氧化物、氮化物、金属和多层超晶格。当采用脉冲激光沉积法生长 ZnO 纳米线时，KrF 准分子激光器作为激发源轰击陶瓷靶（ZnO 陶瓷靶）。激光的高能量将 ZnO 陶瓷转化为等离子体，最终沉积在单晶衬底的顶面上（图 2.4（a））。在生长纳米线之前，需要在单晶衬底上制备纹理化的 ZnO 缓冲层，这是制备垂直取向 ZnO 纳米线的关键[22-25]。纳米线阵列的形态可以通过以下参数进行调控：基板温度、生长过程中的气体压强、气体成分、气体流速，以及激光的脉冲频率和强度。图 2.4 显示了在 5Hz 的激光脉冲频率、6∶1 的氩气和氢气混合物，以及 5Torr（1Torr = 100Pa）的总气体压强下，在不同衬底温度下制备的 ZnO 纳米线的 SEM 图像[26]。当衬底温度为 700℃时，生长出表面粗糙的 ZnO 薄膜；当温度升高到 750℃时，形成典型长度约为 800 nm 的 ZnO 纳米线；更长（2～3μm）的 ZnO 纳米线在 800℃下制备；当温度进一步升高到 850℃时，一些纳米线合并在一起。人们研究了衬底温度 800℃下，气体压强对纳米线长径比的影响。当气体压强提高到 6Torr 时，获得更纤薄的纳米线；相反，当气体压力降至 4Torr 时，可以形成更大直径的纳米线。因此，纳米线的长度和高宽比可以通过基质温度和生长气体压强精准地调控。

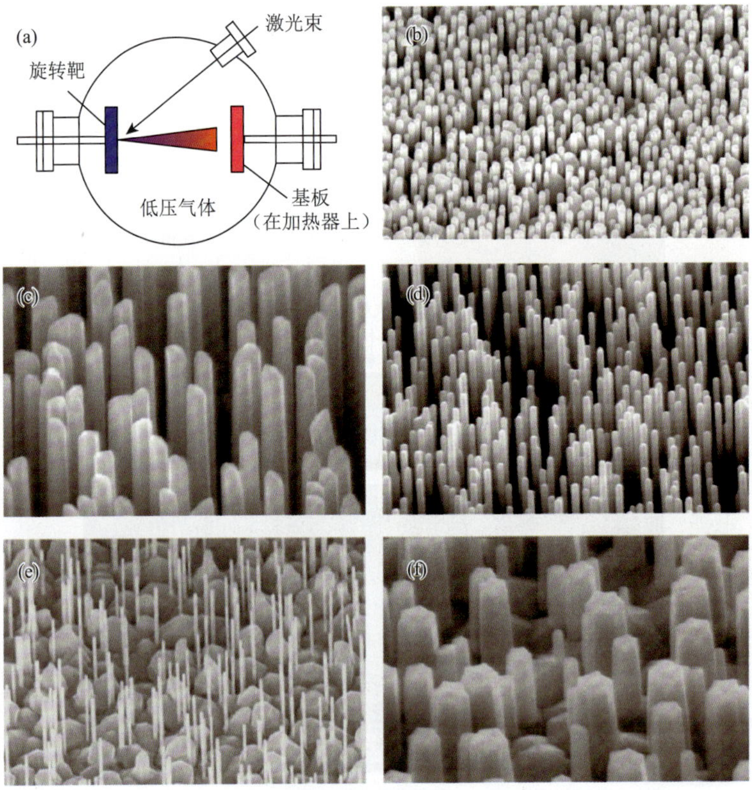

图 2.4 （a）脉冲激光沉积法生长 ZnO 纳米线的示意图；（b）750℃、（c）800℃和（d）850℃的衬底温度下生长的 ZnO 纳米线的图像，其中生长压强固定在 5Torr；（e）6.0Torr 和（f）4.0Torr 的气体压强下生长的 ZnO 纳米线的图像，其中衬底温度为 800℃

上述制造方法都可以归类为自下而上的生长方法。然而，大规模纳米线自下而上的生长存在一些缺点，例如高度、直径和成分不均匀。对于应用而言，制造具有相同性能的纳米线非常重要。与自下而上的方法相比，另一种方法是自上而下的方法，该方法在半导体行业中得到了很好的应用。如图 2.5 所示[27-30]，人们通过采用光刻掩模和电感耦合等离子体（ICP）刻蚀技术，在高质量的外延单晶薄膜上制备了高均匀性、高取向性的纳米线。首先，人们采用金属有机化学气相沉积（MOCVD）技术在 C 面单晶蓝宝石衬底上沉积了 InGaN/GaN 多量子阱（MQW）薄膜。该薄膜从下到上是由 2μm GaN 缓冲层、3μm n 型 GaN 层、InGaN/GaN（3nm/12nm）MQW 层和 100nm 的 p 型 GaN 盖层组成。随后，为了生长图案化的纳米线，采用光刻技术制备了直径 800nm、周期 4μm、大面积的 Ni 点阵的掩模板。接下来，使用 ICP 蚀刻技术对 Ni 点阵掩模板下的 MQW 薄膜进行蚀刻，Ni 金属掩模下的 MQW 薄膜保留，而暴露部分被蚀刻。蚀刻 MQW 柱的高度为 1.2μm。残留的 Ni 点阵可以很容易地被硫酸去除。最后，旋涂 2.5μm 厚的聚甲基丙烯酸酯（PMMA）层以填充 MQW 柱周围的区域。通过使用自上而下技术，每根柱子的高度、直径和组成几乎完全一致[31]。

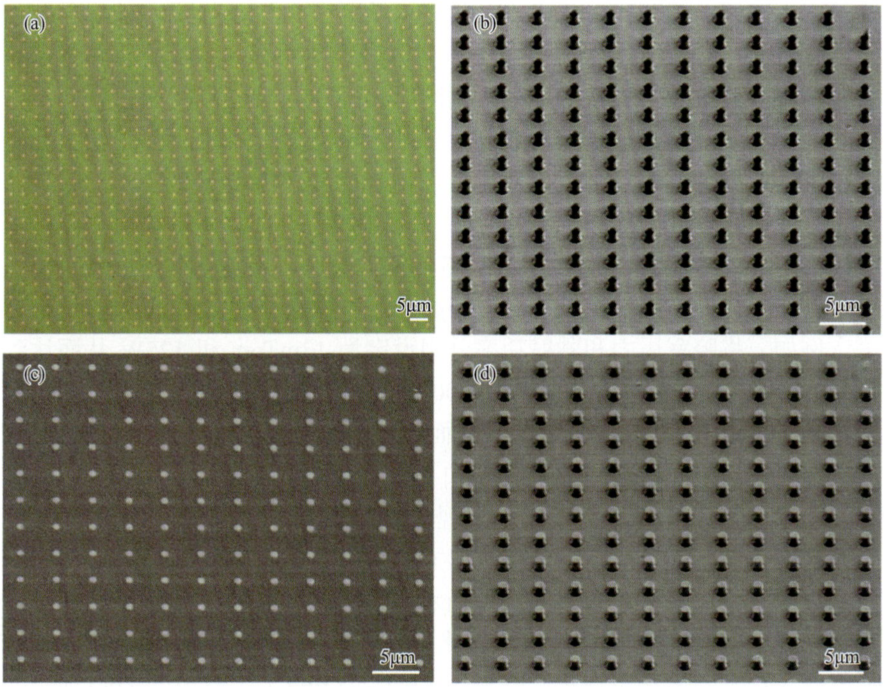

图 2.5　自上而下的制造工艺。(a) 大面积 Ni 点阵；(b) ICP 刻蚀 Ni 点阵掩模下的 MQW 薄膜；(c) 去除 Ni 点阵后的 MQW 纳米线阵列；(d) 透明 PMMA 填充阵列间隙

这里介绍了三类合成方法。其中，湿法化学合成无论从设备还是材料上都是最便宜的方法。制造温度为室温或低于 100℃，这对于节能和在柔性聚合物基材上直接制造非常重要。此外，在不同的合成条件下，合成的纳米线的形貌可以被广泛修饰。然而，由于存在大量缺陷，与高温合成的纳米线相比，这些低温合成的纳米线的结晶质量可能较差。化学气相沉积方法通常需要较高的合成温度，适用于实验室或工业连续制造。化学气相沉积的生长速度快，有利于长纳米线的生长。脉冲激光沉积是一种典型的实验室生长方法，其生长区域的大小有限，纳米线晶体质量好，在固定生长条件下易于重现；但是，成本相对较高。自上而下的制造是最昂贵的方法，因为它需要多种类型的大型设备和复杂的技术。然而，这种方法与最先进的半导体制造工艺兼容，适合于大规模制造。该方法制备的纳米线的质量和均匀性非常好，可实现几乎相同的高度、直径和周期性纳米线阵列，因此是制造高质量纳米线基电子或光电器件阵列的最佳方法之一。

2.1.2 薄膜的生长

压电效应普遍存在于多种形式的半导体材料体系，而不仅仅是纳米结构的单晶材料。当前半导体技术的成功是基于薄膜工艺的，利用薄膜器件中的压电电子学效应可能是克服纳米材料的某些局限性的（例如，大规模生产的困难、不均匀性和可靠性）途径。多种多样的工艺，例如，物理气相沉积[32, 33]、湿化学沉积[16, 34]、射频（RF）溅射[35, 36]、分子束外延（MBE）[37, 38]和 MOCVD[39, 40]等，被开发用于生长压电半导体薄膜。在这里，我们简要介绍两种典型的生长技术——射频溅射和 MOCVD。

2013 年，人们首次尝试研究了薄膜材料中的压电电子学效应，利用溅射 ZnO 柱状晶粒中极化轴的同向排列诱发了多晶薄膜中的压电极化和压电电子学耦合效应[41]。主要工艺简述如下。首先，在柔性聚对苯二甲酸乙二醇酯（PET）衬底上通过射频溅射生长出具有极化可控性的 ZnO 薄膜，并分析了其晶格特性。随后，通过系统地控制反应腔室的压力、溅射功率、气体混合比以及溅射温度等参数，以优化溅射 ZnO 薄膜的压电特性和载流子密度。例如，将腔室压力和溅射功率分别设定为 12mTorr 和 125W 从而达到合理的生长速率。在生长过程中将样品架加热到 100℃以提高溅射薄膜的结晶度。在电极制造之前，用氧等离子体处理生长的 ZnO 薄膜从而改善电接触性能。生长薄膜的 X 射线衍射（XRD）结果（图 2.6（a））中的主衍射峰中心在 $2\theta = 34.3°$附近，对应于纤锌矿 ZnO 的（0002）平面。在（25°，40°）范围内另一个可观察到的衍射峰是由非平衡生长产生的（10–11）峰。这表明与纤锌矿 ZnO 的 c 轴相对应的〈0001〉晶相是择优生长方向，生长的薄膜由多个柱状晶粒组成。如图 2.6（a）的插图所示，这些柱状晶粒内 c 轴的同向排列产生了宏观下观察到的 ZnO 多晶薄膜中的压电极化。为了更深入地分析晶体结构，人们使用透射电子显微镜（TEM）检测了在柔性基板（本例中为 PET）上溅射的 ZnO 薄膜。人们采用如图 2.6（b）所示的转移技术，解决了柔性基板与 TEM 截面样品托不相容的问题。在后续 ZnO 薄膜生长之前，将作为牺牲层的光刻胶层（NR9）均匀旋涂到 PET 基板上，溅射参数如上文所述。随后，用环氧树脂凝胶将硅衬底附着在生长的 ZnO 薄膜上，紧接着将样品在 85℃下烘烤 1h，以提高环氧树脂对溶剂的耐受性。最后，将样品放入丙酮中溶解牺牲层，ZnO 薄膜成功从 PET 衬底转移到硅衬底，从而兼容 TEM 样品托。TEM 表征结果如图 2.6（c）所示。转移的 ZnO 薄膜的明场和暗场截面 TEM 图像如图 2.6（c1）所示，证实了溅射薄膜是柱状晶粒结构。电子衍射图如图 2.6（c2）所示，（0002）的弧形衍射光斑进一步证明了生长的 ZnO 薄膜柱状晶粒沿着 c 轴有序排列。光斑相对于图案中心的 24°扩散角表明，大多数晶粒的 c 轴位于相对于基板法线方向的–12°～12°范围内。图 2.6（c3）和图 2.6（c4）显示了沿边界的两个不同位置的高分辨率透射电子显微镜（HRTEM）图像，这清楚地表明，两个晶粒的 c 面平行于边界。此外，从两个插图中的衍射斑点可以看出，虽然它们的 c 轴沿同一方向对齐，但相对彼此有 30°的平面内旋转。这表明，溅射薄膜在垂直于 c 轴的方向上没有优选的晶体取向，因此导致了垂直于 c 轴的压电效应被抵消。上述结果完全支持了以下结论：PET 衬底上的溅射 ZnO 薄膜具有优选 c 轴取向的柱状晶粒，因此平行于 c 轴方向具有压电电子学效应。

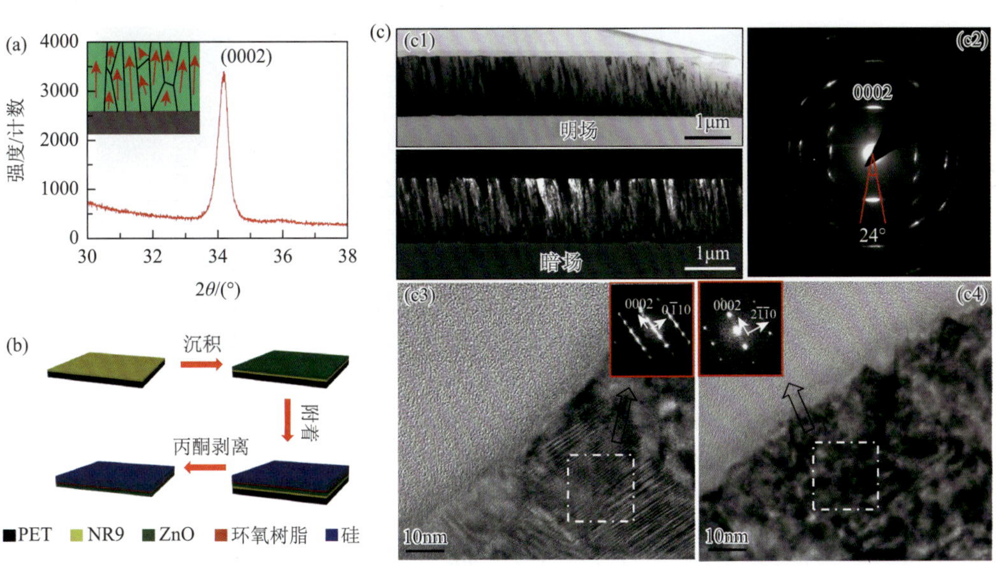

图 2.6　PET 衬底上射频溅射生长的多晶 ZnO 薄膜的晶体结构特性。(a) ZnO 薄膜的 XRD 光谱；(b) 将 ZnO 薄膜从 PET 衬底转移到硅衬底上的 TEM 样品制备的示意图；(c) TEM 表征结果，(c1) 显示了 ZnO 薄膜的明场和暗场截面 TEM 图像，(c2) 为 ZnO 薄膜的衍射图，(c3) 和 (c4) 分别为沿边界的两个不同位置的 HRTEM 图像和插图中的衍射图

MOCVD 是另一种典型的生长技术，用于生长半导体薄膜，促进了电子/光电器件的大规模工业化制造。MOCVD 的基本机制是将Ⅴ族金属有机化合物蒸气（例如 $Ga(CH_3)_3$）和氨气输送到反应室中，通过调节压强和温度来控制置换反应，并最终合成固体Ⅴ族-氮化物。主要工艺参数为生长温度、反应室压强、载气流量和Ⅴ族/III族摩尔比。通过优化生长参数，MOCVD 可以生长出超高质量的镶嵌晶体，其相邻晶粒取向良好，仅有非常小的倾斜和扭曲。此外，MOCVD 还可以实现单原子层生长和多合金结构，因此可用于制备超精细器件结构，如 Mg 掺杂 p 型 GaN 薄膜、AlGaN/AlN/GaN 异质结、InGaN/GaNMQW 等，如图 2.7 所示[42, 43]。压电电子学效应在 AlGaN/AlN/GaN 异质聚界面诱导了高密度、高迁移率的二维电子气体，此外，压电光电子学效应可以有效调控 Mg 掺杂 p 型 GaN 薄膜和 InGaN/GaNMQW 的光激发特性。

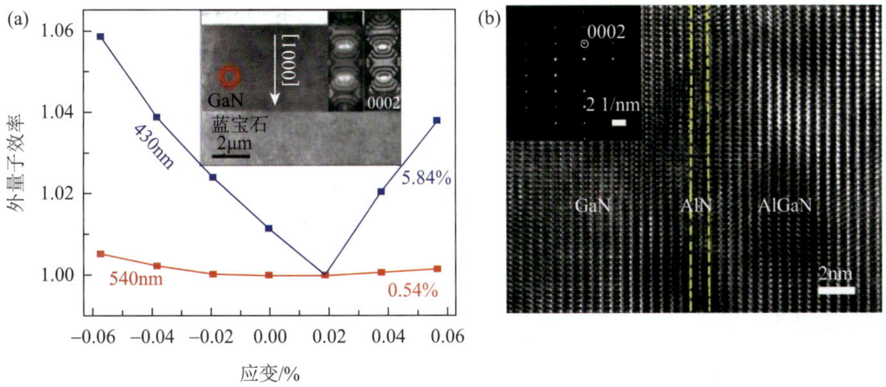

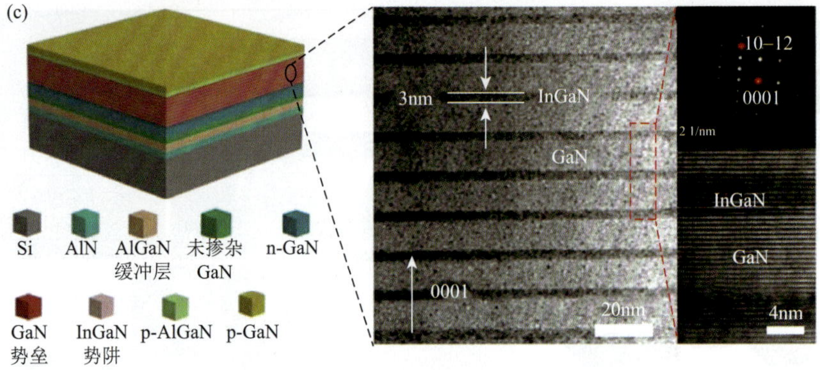

图 2.7　MOCVD 生长的纤锌矿半导体薄膜。（a）p 型 GaN 薄膜的应变-外量子效率变化曲线；（b）AlGaN/AlN/GaN 异质结；（c）InGaN/GaNMQW

2.2 钙　钛　矿

卤化物钙钛矿因其优异的光电特性而引起了极大的关注，在太阳能电池、光电探测器、发光二极管和激光器等方向有很好的应用潜力。无机 $CsPbX_3$ 量子点中压电电子学效应的发现和研究，对研制高性能光电器件有重要意义。已有研究表明，由于有机分子（如甲基铵（MA））偶极子的排列，有机-无机卤化铅钙钛矿显示出很强的压电性。压电光电子学效应可以调制基于阳离子混合有机-无机钙钛矿纳米线的极性敏感的光电探测器，并增强钙钛矿 $CsPbBr_3$ 量子点的自旋轨道耦合光致发光[44, 45]。水热合成被广泛用于合成多种钙钛矿材料。图 2.8（a）显示了典型的合成有机-无机 $Cs_xMA_{1-x}PbI_3$ 钙钛矿纳米线的两步溶液合成法的主要过程。特别是，通过引入无机阳离子 Cs^+代替有机阳离子 MA^+，从而诱导一定程度的内部应变，这有利于在纳米线中引入自发的压电极化。制备的纳米线具有从紫外（400nm）到近红外（825nm）的宽光吸收光谱，并显示出良好的光致发光（PL）特性，峰值强度约为 740nm，插图显示了平均直径为 2μm 的 $Cs_xMA_{1-x}PbI_3$ 纳米线的 SEM 图像（图 2.8（b））。图 2.8（c）展现了 375nm 激光激发的时间分辨光致发光（TRPL）谱，结果表明，PL 的衰减时间约为 10.7ns，这归因于自由激子复合过程。图 2.8（d）中的粉末 XRD 谱表明，$Cs_xMA_{1-x}PbI_3$ 钙钛矿纳米线具有 $CsPbI_3$ 和 $MAPbI_3$ 的双相结构。图 2.8（e）中的能量色散 X 射线（EDX）谱清晰地显示了 C、Cs、Pb 和 I 元素的存在，Cs 和 C 的比例约为 0.6/0.4，这意味着阳离子 Cs^+和 MA^+的比例约为 0.6/0.4。图 2.8（f）～（h）显示了纳米线的低倍 TEM 图像、HRTEM 图像，以及分别沿[0 1 –2]和[0 0 1]晶向的选择区域电子衍射（SAED）图谱。

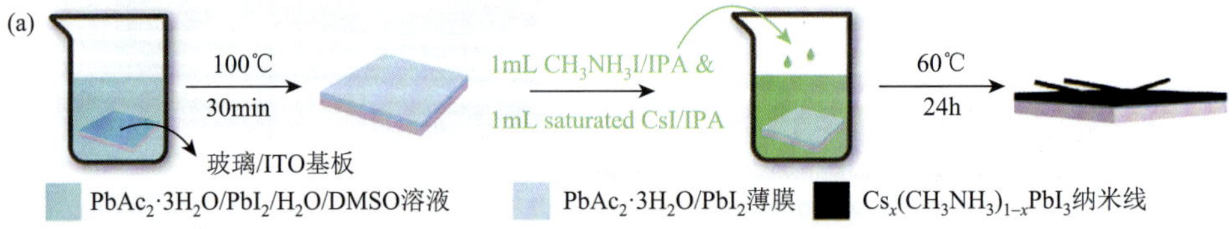

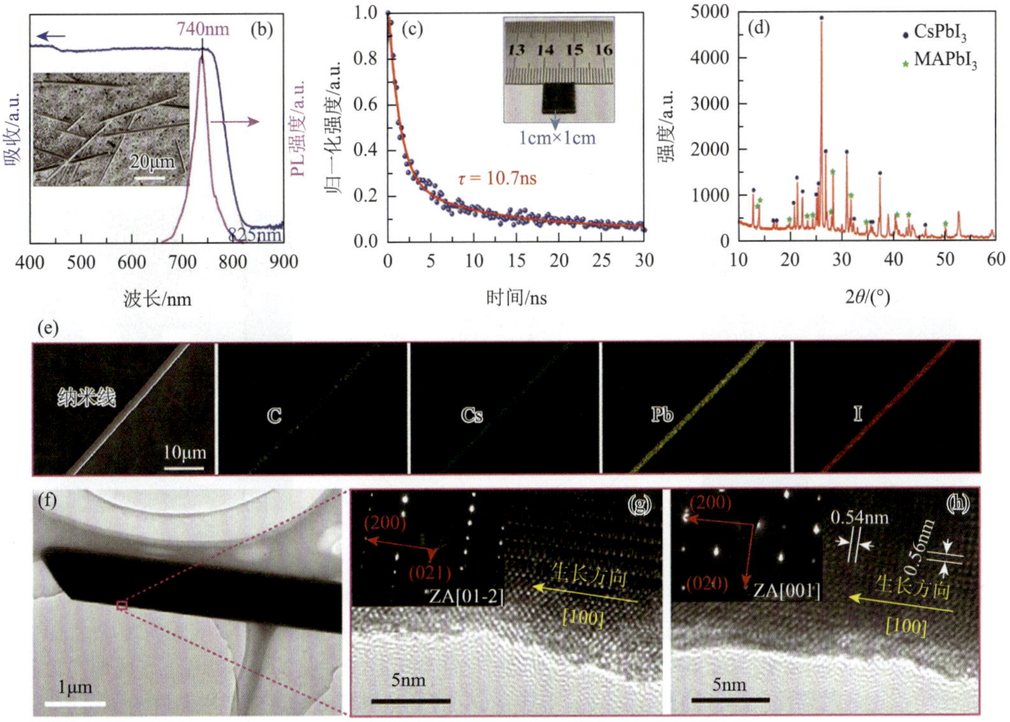

图 2.8　阳离子混合钙钛矿纳米线的制备和表征。（a）有机-无机杂化的钙钛矿纳米线的制备；（b）制备样品的光吸收谱和 PL 谱，插图是纳米线的 SEM 图像；（c）375nm 脉冲激光激发后的时间分辨光致发光谱，插图是玻璃/ITO 衬底上 1cm×1cm 尺寸的钙钛矿纳米线的光学照片；（d）制备样品的粉末 XRD 谱；（e）对应于其中一根制备纳米线的 EDX 元素分布图；（f）低倍 TEM 图像；（g）沿[0 1 –2]晶向的 SAED 谱；（h）[0 0 1]晶向的 SAED 图谱

2.3　二 维 材 料

层状材料，如石墨、六方氮化硼（h-BN）和许多过渡金属硫族化合物，在块体状的三维形态下是中心对称的；但是，当它们被减薄到单个原子层时，可能会表现出不同的对称性。理论预测表明，单原子层 h-BN、MoS_2、$MoSe_2$ 和 WTe_2 材料可以通过应变引起的晶格畸变和离子电荷极化而显示出压电性。2013 年，王中林教授在单原子层 MoS_2 中证实了压电电子学效应[46]。二维材料具有高结晶度、超高应变韧性，以及与表面加工技术兼容等优点，二维材料的压电电子学/压电光电子学效应的研究随之成为当前科学领域的前沿热点[47-50]。二维材料的第一次成功制备是通过机械剥离实现的。随后，人们开发了范德瓦耳斯外延来实现多种二维材料的制备。水-气法也被开发，成功制备了 c 轴垂直于液面的 ZnO 纳米片[49]。在图 2.9 中，将 MoS_2 薄片机械剥离到由水溶性聚乙烯醇和 PMMA 组成的聚合物基底上[46]。在光学显微镜下观察到少层 MoS_2 薄片，原子力显微镜（AFM）测量薄层厚度（图 2.9（a）插图）。图 2.9（b）显示了单层 MoS_2 薄片的拉曼光谱的二次谐波（SH）信号强度随晶体方位角变化的极坐标图。随后，人们将薄片转移到 PET

柔性基材上，并沉积 Cr/Pd/Au（1nm/20nm/50nm）金属制成的电触点，从而制备了二维 MoS_2 压电电子学器件。二维材料的优异品质可以克服一维纳米结构的限制，并充分利用最先进的微纳制造技术。

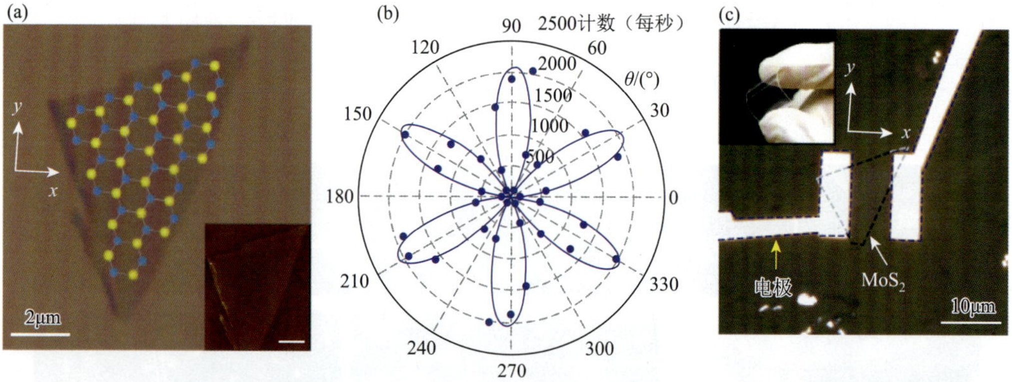

图 2.9 单层 MoS_2 压电电子学器件和工作机制。（a）单原子层 MoS_2 薄片的光学图像，二次谐波发生（SHG）谱确认其叠加晶格取向特征，蓝色和黄色球体分别代表 Mo 和 S 原子，插图为薄片的 AFM 图像，比例尺 2mm；（b）单层 MoS_2 薄片的二次谐波信号随晶体方位角变化的极坐标图，点线是实验数据，实线是文中描述的对称性所拟合的曲线；（c）单层 MoS_2 薄片和锯齿形边缘的电极组层的柔性压电电子学器件，插图是柔性器件的光学图像

2.4 总　　结

压电电子学和压电光电子学是一种普遍的物理效应，在纤锌矿结构半导体（ZnO、GaN 等）、钙钛矿、二维材料等中得到了广泛的证实。一维纳米材料，如纳米线和纳米带，是研究压电电子学和压电光电子学效应的理想结构之一，因为它们可以承受相对较大的外部机械应变/应力。湿法化学合成、化学物理气相沉积，以及自上而下的制备是一维纳米线材料的主要生长技术。湿法化学合成主要包括电化学沉积法和水热法合成，为生长多种一维半导体（ZnO、ZnS 等）提供了一种简单、可行、低成本的方法。化学物理气相沉积（如化学气相沉积和脉冲激光沉积）进一步拓宽了可制备的半导体材料的范围，特别是在高温高压下合成的半导体材料（GaN、InN、AlN 等）。此外，自上而下的工艺被开发出来用于制备超高质量、高精度、大规模的一维阵列，该工艺与微电子技术具有良好的兼容性。当前的半导体器件通常采用薄膜结构。射频溅射、分子束外延[37, 38]和 MOCVD 已被用于制造基于薄膜材料的压电电子学/压电光电子学器件。

卤化物钙钛矿是新兴的电子/光电器件的材料。水热合成被广泛用于制造各种钙钛矿材料。通过精心设计有机分子的排列，许多钙钛矿材料可以获得显著的压电电子学和压电光电子学特性。

二维材料也是最受期待的电子信息材料之一。层状材料，如石墨、六方氮化硼和许多过渡金属硫族化合物，在其块体状三维形态时是中心对称的，但当减薄到单个原子层时，可能会表现出不同的对称性从而获得压电电子学特性。人们利用机械剥离法、范德瓦耳斯外延法和水-空气法制备了二维压电电子学和压电光电子学器件。

综上所述，合成工艺的发展极大地扩展了压电电子学/压电光电子学器件的种类、功能和优势。这些新型的压电电子学和压电光电子学器件将在未来的物联网、人工智能、大数据、医疗健康等领域将得到广泛的应用。

参考文献

[1] Jana N R，Gearheart L，Murphy C J. Wet chemical synthesis of high aspect ratio cylindrical gold nanorods. Journal of Physical Chemistry B，2001，105（19）：4065-4067.

[2] Caswell K K，Bender C M，Murphy C J. Seedless，surfactantless wet chemical synthesis of silver nanowires. Nano Letters，2003，3（5）：667-669.

[3] Jana N R，Gearheart L，Murphy C J. Wet chemical synthesis of silver nanorods and nanowires of controllable aspect ratio. Chemical Communications，2001，7：617-618.

[4] Zheng M J，Zhang L D，Li G H，et al. Fabrication and optical properties of large-scale uniform zinc oxide nanowire arrays by one-step electrochemical deposition technique. Chemical Physics Letters，2002，363（1-2）：123-128.

[5] Elias J，Tena-Zaera R，Lévy-Clément C. Electrochemical deposition of ZnO nanowire arrays with tailored dimensions. Journal of Electroanalytical Chemistry，2008，621（2）：171-177.

[6] Elias J，Tena-Zaera R，Lévy-Clément C. Electrodeposition of ZnO nanowires with controlled dimensions for photovoltaic applications：role of buffer layer. Thin Solid Films，2007，515（24）：8553-8557.

[7] Tena-zaera R，Elias J，Wang G，et al. Role of chloride ions on electrochemical deposition of ZnO nanowire arrays from O_2 reduction. Journal of Physical Chemistry C，2007，111（45）：16706-16711.

[8] Yu L G，Zhang G M，Li S Q，et al. Fabrication of arrays of zinc oxide nanorods and nanotubes in aqueous solution under an external voltage. Journal of Crystal Growth，2007，299（1）：184-188.

[9] Liu B，Zeng H C. Hydrothermal synthesis of ZnO nanorods in the diameter regime of 50 nm. Journal of the American Chemical Society，2003，125（15）：4430-4431.

[10] Xu S，Wang Z L. One-dimensional ZnO nanostructures：solution growth and functional properties. Nano Research，2011，4（11）：1013-1098.

[11] Vayssieres L. Growth of arrayed nanorods and nanowires of ZnO from aqueous solutions. Advanced Materials，2010，15（5）：464-466.

[12] Tak Y，Yong K. Controlled growth of well-aligned ZnO nanorod array using a novel solution method. Journal of Physical Chemistry B，2005，109（41）：19263-19269.

[13] Greene L E，Law M，Goldberger J，et al. Low-temperature wafer-scale production of ZnO nanowire arrays. Angewandte Chemie International Edition，2003，42（26）：3031-3034.

[14] Wang Z L. Zinc oxide nanostructures：growth，properties and applications. Journal of Physics：Condensed Matter，2004，16（25）：R829-R858.

[15] Xu S，Lao C，Weintraub B，et al. Density-controlled growth of aligned ZnO nanowire arrays by seedless chemical approach on smooth surfaces. Journal of Materials Research，2011，23（8）：2072-2077.

[16] Wei Y G，Wu W Z，Guo R，et al. Wafer-scale high-throughput ordered growth of vertically aligned ZnO nanowire arrays. Nano Letters，2010，10（9）：3414-3419.

[17] Xiang B，Wang P W，Zhang X Z，et al. Rational synthesis of p-type zinc oxide nanowire arrays using simple chemical vapor deposition. Nano Letters，2007，7（2）：323-328.

[18] Wu J J，Liu S C. Low-temperature growth of well-aligned ZnO nanorods by chemical vapor deposition. Advanced Materials，2002，14（3）：215-218.

[19] Bae S Y，Seo H W，Park J. Vertically aligned sulfur-doped ZnO nanowires synthesized via chemical vapor deposition. Journal of Physical Chemistry B，2004，108（17）：5206-5210.

[20] Lyu S C，Zhang Y，Ruh H，et al. Low temperature growth and photoluminescence of well-aligned zinc oxide nanowires. Chemical Physics Letters，2002，363（1-2）：134-138.

[21] Huang M H，Mao S，Feick H，et al. Room-temperature ultraviolet nanowire nanolasers. Science，2001，292（5523）：1897-1899.

[22] Lorenz M，Kaidashev E M，Rahm A，et al. $Mg_xZn_{1-x}O$（$0<x<0.2$）nanowire arrays on sapphire grown by high-pressure pulsed-laser deposition. Applied Physics Letters，2005，86（14）：143113.

[23] Cao B Q，Lorenz M，Rahm A，et al. Phosphorus acceptor doped ZnO nanowires prepared by pulsed-laser deposition. Nanotechnology，2007，18（45）：455707.

[24] Tien L C，Pearton S J，Norton D P，et al. Synthesis and microstructure of vertically aligned ZnO nanowires grown by high-pressure-assisted pulsed-laser deposition. Journal of Materials Science，2008，43（21）：6925-6932.

[25] Okada T，Agung B H，Nakata Y. ZnO nano-rods synthesized by nano-particle-assisted pulsed-laser deposition. Applied Physics A，2004，79（4-6）：1417-1419.

[26] Lin S S，Hong J I，Song J H，et al. Phosphorus doped $Zn_{1-x}Mg_xO$ nanowire arrays. Nano Letters，2009，9（11）：3877-3882.

[27] Park I，Li Z Y，Pisano A P，et al. Top-down fabricated silicon nanowire sensors for real-time chemical detection. Nanotechnology，2010，21（1）：015501.

[28] Elibol O H，Morisette D，Akin D，et al. Integrated nanoscale silicon sensors using top-down fabrication. Applied Physics Letters，2003，83（22）：4613-4615.

[29] Hobbs R G，Petkov N，Holmes J D. Semiconductor nanowire fabrication by bottom-up and top-down paradigms. Chemistry of Materials，2012，24（11）：1975-1991.

[30] Koleske D D，Wang G T，Figiel J J，et al. Optical performance of top-down fabricated InGaN/GaN nanorod light emitting diode arrays. Optics Express，2011，19（25）：25528-25534.

[31] Peng M Z，Li Z，Liu C H，et al. High-resolution dynamic pressure sensor array based on piezo-phototronic effect tuned photoluminescence imaging. ACS Nano，2015，9（3）：3143-3150.

[32] McMurran J，Kouvetakis J，Smith D J. Development of a low-temperature GaN chemical vapor deposition process based on a single molecular source H_2GaN_3. Applied Physics Letters，1999，74（6）：883-885.

[33] Lu J G，Kawaharamura T，Nishinaka H，et al. ZnO-based thin films synthesized by atmospheric pressure mist chemical vapor deposition. Journal of Crystal Growth，2007，299（1）：1-10.

[34] Ilican S，Caglar Y，Caglar M. Preparation and characterization of ZnO thin films deposited by sol-gel spin coating method. Advanced Materials，2008，10（10）：2578-2583.

[35] Tominaga K，Umezu N，Mori I，et al. Transparent conductive ZnO film preparation by alternating sputtering of ZnO：Al and Zn or Al targets. Thin Solid Films，1998，334（1-2）：35-39.

[36] Carcia P F，McLean R S，Reilly M H，et al. Transparent ZnO thin-film transistor fabricated by rf magnetron sputtering. Applied Physics Letters，2003，82（7）：1117-1119.

[37] Chen Y F，Bagnall D M，Zhu Z Q，et al. Growth of ZnO single crystal thin films on c-plane（0001）sapphire by plasma enhanced molecular beam epitaxy. J Crystal Growth，1997，181（1-2）：165-169.

[38] Hughes W C，Rowland W H，Johnson M A L，et al. Molecular beam epitaxy growth and properties of

GaN films on GaN/SiC substrates. Journal of Vacuum Science & Technology B：Microelectronics and Nanometer Structures Processing，Measurement，and Phenomena，1995，13（4）：1571-1577.

[39] Emanetoglu N W，Gorla C，Liu Y，et al. Epitaxial ZnO piezoelectric thin films for saw filters. Materials Science in Semiconductor Processing，1999，2（3）：247-252.

[40] Nakamura S，Harada Y，Seno M. Novel metalorganic chemical vapor deposition system for GaN growth. Applied Physics Letters，1991，58（18）：2021-2023.

[41] Wen X N，Wu W Z，Ding Y，et al. Piezotronic effect in flexible thin-film based devices. Advanced Materials，2013，25（24）：3371-3379.

[42] Hu Y F，Zhang Y，Lin L，et al. Piezo-phototronic effect on electroluminescence properties of p-type GaN thin films. Nano Letters，2012，12（7）：3851-3856.

[43] Sha W，Hua Q L，Wang J W，et al. Enhanced photoluminescence of flexible InGaN/GaN multiple quantum wells on fabric by piezo-phototronic effect. ACS Applied Materials & Interfaces，2022，14（2）：3000-3007.

[44] Zhu L P，Lai Q S，Zhai W C，et al. Piezo-phototronic effect enhanced polarizationsensitive photodetectors based on cation-mixed organic-inorganic perovskite nanowires. Materials Today，2020，37：56-63.

[45] Zhu L P，Wang Y C，Li D，et al. Enhanced spin-orbit coupled photoluminescence of perovskite $CsPbBr_3$ quantum dots by piezo-phototronic effect. Nano Letters，2020，20（11）：8298-8304.

[46] Wu W Z，Wen X N，Wang Z L. Taxel-addressable matrix of vertical-nanowire piezotronic transistors for active and adaptive tactile imaging. Science，2013，340（6135）：952-957.

[47] Blonsky M N，Zhuang H L L，Singh A K，et al. Ab initio prediction of piezoelectricity in two-dimensional materials. ACS Nano，2015，9（10）：9885-9891.

[48] Hinchet R，Khan U，Falconi C，et al. Piezoelectric properties in two-dimensional materials：simulations and experiments. Materials Today，2018，21（6）：611-630.

[49] Wang L W，Liu S H，Zhang Z D，et al. 2D piezotronics in atomically thin zinc oxide sheets：interfacing gating and channel width gating. Nano Energy，2019，60：724-733.

[50] Nan Y，Tan D，Shao J，et al. 2D Materials as effective cantilever piezoelectric nano energy harvesters. ACS Energy Letters，2021，6（6）：2313-2319.

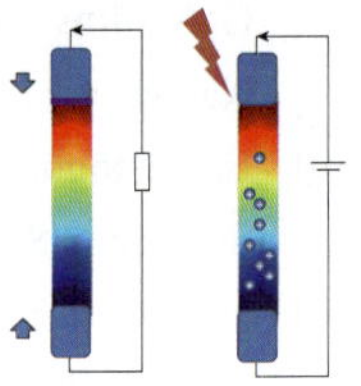

第3章

纤锌矿结构半导体材料中的压电势

摘　要

压电电子学和压电光电子学的核心是在同时具有压电、半导体和光电子特性的材料中由压电效应产生的压电势（piezotential）。纤锌矿结构半导体材料（如氧化锌、氮化镓和氮化铟等）是进行这些领域研究的理想材料体系。我们将首先介绍压电理论，并给出压电势的推导计算过程。现有的研究文献中已经提出了大量基于一维纳米结构的压电理论，其中包括第一性原理计算[1, 2]、分子动力学模拟[3]和连续模型[4]。然而，由于纳米压电电子学材料体系中通常包含数量巨大的原子（这类体系的常见特征尺度为直径约50nm，长度约 2μm），第一性原理计算和分子动力学模拟很难被应用到这类体系的研究中。由 Michalski 等[4]提出来的连续模型给出了区别体系是以力学为主还是以静电为主的判据，因此在对压电电子学的理论计算和模拟中具有重要的意义。在本章中我们会提出横向弯曲纳米线中压电势分布的连续模型。微扰技术被用来求解相应的耦合微分方程，所求得的解析解和用数值方法得出的解之间的误差在6%以内。这个理论奠定了先前提出来的纳米压电电子学和纳米发电机的直接的物理基础[1]。

3.1　支配方程

本节理论分析的目标是推导出纳米线中电势分布与纳米线的尺度和加载到纳米线顶端的应力之间的关系。为了实现这一目标，我们从静态压电材料的支配方程出发，它包括以下几个部分：力学平衡方程（式（3.1）），本构方程（式（3.2）），几何相容性方程（式（3.3）），以及电场的高斯方程（式（3.4））。当没有体力加载到纳米线时（$\boldsymbol{f}_{\mathrm{e}}^{(\mathrm{b})}=0$），力学平衡方程为

$$\nabla\cdot\boldsymbol{\sigma}=\boldsymbol{f}_{\mathrm{e}}^{(\mathrm{b})}=0 \tag{3.1a}$$

其中，$\boldsymbol{\sigma}$是应力张量，它通过本构方程与应变$\boldsymbol{\varepsilon}$、电场$\boldsymbol{E}$和电位移$\boldsymbol{D}$相关联：

$$\begin{cases}\sigma_p = c_{pq}\varepsilon_q - e_{kp}E_k \\ D_i = e_{iq}\varepsilon_q + \kappa_{ik}E_k\end{cases} \tag{3.1b}$$

这里，c_{pq} 是线性弹性系数；e_{kp} 是线性压电系数；κ_{ik} 是介电常数。必须指出的是，式（3.1b）并没有包含由分别位于纳米线顶端和底端±（0001）极化面上的极化电荷引起的自发极化[5]。关于这个近似的合理性将在接下来的章节中进行详细阐述。为了保持标记符号的紧凑性，我们使用所谓的 Nye 双下标[6]。考虑到氧化锌晶体（纤锌矿结构）的 C_{6v} 对称性，c_{pq}、e_{kp} 和 κ_{ik} 可以被写成

$$c_{pq} = \begin{pmatrix} c_{11} & c_{12} & c_{13} & 0 & 0 & 0 \\ c_{12} & c_{11} & c_{13} & 0 & 0 & 0 \\ c_{13} & c_{13} & c_{33} & 0 & 0 & 0 \\ 0 & 0 & 0 & c_{44} & 0 & 0 \\ 0 & 0 & 0 & 0 & c_{55} & 0 \\ 0 & 0 & 0 & 0 & 0 & \dfrac{c_{11}-c_{12}}{2} \end{pmatrix} \tag{3.2a}$$

$$e_{kp} = \begin{pmatrix} 0 & 0 & 0 & 0 & e_{15} & 0 \\ 0 & 0 & 0 & e_{15} & 0 & 0 \\ e_{31} & e_{31} & e_{33} & 0 & 0 & 0 \end{pmatrix} \tag{3.2b}$$

$$\kappa_{ik} = \begin{pmatrix} \kappa_{11} & 0 & 0 \\ 0 & \kappa_{11} & 0 \\ 0 & 0 & \kappa_{33} \end{pmatrix} \tag{3.2c}$$

相容性方程是应变 ε_{ij} 必须满足的几何限制条件：

$$e_{ilm}e_{jpq}\frac{\partial^2 \varepsilon_{mp}}{\partial x_l \partial x_q} = 0 \tag{3.3}$$

在式（3.3）中使用的是通常的下标而并不是 Nye 下标。式中 e_{ilm} 和 e_{jpq} 是莱维-齐维塔（Levi-Civita）反对称张量。为了推导的简明性，我们假定纳米线的弯曲量很小。

最后，假定纳米线内没有自由电荷，$\rho_{\mathrm{e}}^{(\mathrm{b})}$ 则需要满足高斯方程：

$$\nabla \cdot \boldsymbol{D} = \rho_{\mathrm{e}}^{(\mathrm{b})} = 0 \tag{3.4}$$

这个假定使得支配方程（式（3.4））只能适用于绝缘压电材料。然而对于进一步发展更精细的模型而言，这是一个好的起点。

3.2　前三阶微扰理论

对于垂直压电纳米线的一个典型设定是受到一个施加于顶部的力而发生横向偏转。式（3.1）～式（3.4）再配合适当的边界条件可以给出一个关于静止压电系统的完备描述。然而这些方程的解形式相当复杂，并且在大多数情况下并不存在相应的解析解。即使对于一个二维系统来说，也需要解一个六阶的偏微分方程[7]。为了得到这些方程的一个近似

解，我们通过微扰展开来简化这些线性方程的解析解[8]。然后，我们通过与有限元法计算所得精确结果做比较来检验微扰理论的精确度。

为了得出不同力-电耦合效应阶数下纳米线中的压电势分布，我们在本构方程中引入一个微扰参数 λ 并定义它为 $\tilde{e}_{kp}=\lambda e_{kp}$，引入这个参数是为了追踪不同阶数的效应对总的电势的贡献大小。考虑一个虚拟的材料，其具有线性的弹性常数 c_{pq}、介电常数 κ_{ik} 和压电系数 $\tilde{e}_{kp}$。当 $\lambda=1$ 时，这种虚拟的材料就变成了真实的氧化锌。当 $\lambda=0$ 时，它对应于应力场和电场没有耦合的情形。对于 λ 介于 0 和 1 之间的虚拟材料，应力场和电场都是参数 λ 的函数且可以写成下述扩展形式：

$$\begin{cases}\sigma_p(\lambda)=\sum\limits_{n=0}^{\infty}\lambda^n\sigma_p^{(n)}\\ \varepsilon_q(\lambda)=\sum\limits_{n=0}^{\infty}\lambda^n\varepsilon_q^{(n)}\\ E_k(\lambda)=\sum\limits_{n=0}^{\infty}\lambda^n E_k^{(n)}\\ D_i(\lambda)=\sum\limits_{n=0}^{\infty}\lambda^n D_i^{(n)}\end{cases}\tag{3.5}$$

式中，上标“(n)”代表微扰阶数。对于一个具有压电系数 $\tilde{e}_{kp}$ 的虚拟材料，如果把式（3.5）代入式（3.2），然后比较方程中参数 λ 具有相同阶数的项，可以得到前三阶的微扰方程如下：

零阶：
$$\begin{cases}\sigma_p^{(0)}=c_{pq}\varepsilon_q^{(0)}\\ D_i^{(0)}=\kappa_{ik}E_k^{(0)}\end{cases}\tag{3.6}$$

一阶：
$$\begin{cases}\sigma_p^{(1)}=c_{pq}\varepsilon_q^{(1)}-e_{kp}E_k^{(0)}\\ D_i^{(1)}=e_{kq}\varepsilon_q^{(0)}+\kappa_{ik}E_k^{(1)}\end{cases}\tag{3.7}$$

二阶：
$$\begin{cases}\sigma_p^{(2)}=c_{pq}\varepsilon_q^{(2)}-e_{kp}E_k^{(1)}\\ D_i^{(2)}=e_{kq}\varepsilon_q^{(1)}+\kappa_{ik}E_k^{(2)}\end{cases}\tag{3.8}$$

因为式（3.1）、式（3.3）和式（3.4）中不存在明显的耦合，所以在寻找微扰解的时候不需要对它们做退耦合处理。

现在我们考虑前三阶的解。对于零阶（式（3.6）)，它是一个没有压电效应的弯曲纳米线的解，即使有弹性应变也没有电场。这里我们忽略了来自自发极化的贡献。对于氧化锌纳米线来说，通常它的 c 轴是平行于它的生长方向的。位于纳米线的顶端和底端的±（0001）面分别对应二价锌离子面和二价氧离子面。基于以下两个原因，由±（0001）面上的电荷的自发极化所导致的电场可以被忽略。首先，因为纳米线有很大的长径比，在绝大多数情况下位于纳米线顶端和底端±（0001）极化面上的极化电荷通常可被视为两个点电荷。因此可以认为它们没有在纳米线内部引入一个可观的本征内电场。其次，纳米线底端面的极性电荷会被导电电极所中和。而当纳米线暴露在空气中时，顶端的极性电荷则会被表面吸附的外来分子所中和。退一步来说，即使来自两端面的极性电荷引入了一个静电势，由于不管纳米线如何弯曲，这些极性电荷的数量始终保持恒定，因此这个静电势只会使电势基线平移一个常量而不会对输出功率造成影响，可被归入背景噪声信号。基于此，我们可以令 $E_k^{(0)}=0$，$D_i^{(0)}=0$。所以由式（3.7）和式（3.8），可得 $\sigma_p^{(1)}=0$，$\varepsilon_p^{(1)}=0$，$D_p^{(2)}=0$，$E_p^{(2)}=0$。式（3.6）～式（3.8）则相应地变为

零阶：
$$\sigma_p^{(0)}=c_{pq}\varepsilon_q^{(0)} \tag{3.9}$$

一阶：
$$D_i^{(1)}=e_{kq}\varepsilon_q^{(0)}+\kappa_{ik}E_k^{(1)} \tag{3.10}$$

二阶：
$$\sigma_p^{(2)}=c_{pq}\varepsilon_q^{(2)}-e_{kp}E_k^{(1)} \tag{3.11}$$

关于这些方程的物理意义可以做如下解释。在不同阶的近似下，这些方程对应着电场和力学形变的退耦合与耦合：零阶解是一个没有压电效应的纯力学形变，一阶解则对应于纳米线中的正压电效应，此时应变-应力可以在纳米线中产生一个电场，二阶解显示了材料中压电场对应变的第一次反馈（或耦合）。

在我们的研究中，当纳米线被原子力显微镜（AFM）探针弯曲时，材料的力学形变行为几乎不受纳米线中压电场的影响。因此，对于计算纳米线中的压电势，一阶近似已经足够了。而这个近似解的精确度将通过与耦合方程（式（3.1）～式（3.4））的数值解做比较来检验。

3.3　垂直纳米线的解析解

为了简化解析解，我们假定纳米线是一个具有均匀截面（直径为 $2a$）、长度为 l 的圆柱体。为了进一步简化推导，我们用各向同性的杨氏模量 E 和泊松比 ν 来近似代替材料的弹性常数。研究表明，这是对氧化锌的一个很出色的近似。为了计算上的方便，我们定义 $a_{pq}^{\text{isotropic}}$ 是 $c_{pq}^{\text{isotropic}}$ 的逆矩阵。应变和应力的关系如下：

$$\begin{pmatrix}\varepsilon_{xx}\\ \varepsilon_{yy}\\ \varepsilon_{zz}\\ 2\varepsilon_{yz}\\ 2\varepsilon_{zx}\\ 2\varepsilon_{xy}\end{pmatrix}=\sum_q a_{pq}^{\text{isotropic}}\sigma_q=\frac{1}{E}\begin{pmatrix}1 & -\nu & -\nu & 0 & 0 & 0\\ -\nu & 1 & -\nu & 0 & 0 & 0\\ -\nu & -\nu & 1 & 0 & 0 & 0\\ 0 & 0 & 0 & 2(1+\nu) & 0 & 0\\ 0 & 0 & 0 & 0 & 2(1+\nu) & 0\\ 0 & 0 & 0 & 0 & 0 & 2(1+\nu)\end{pmatrix}\begin{pmatrix}\sigma_{xx}\\ \sigma_{yy}\\ \sigma_{zz}\\ \sigma_{yz}\\ \sigma_{zx}\\ \sigma_{xy}\end{pmatrix} \tag{3.12}$$

在纳米发电机的结构中，纳米线的根部被固定在一个导电的基底上，同时顶端被一个侧向力 f_y 推动。我们假定力 f_y 被均匀地施加在顶部端面，因此纳米线不存在由扭矩造成的扭转。由圣维南弯曲理论可以推出纳米线中的应力为[9]

$$\sigma_{xz}^{(0)}=-\frac{f_y}{4I_{xx}}\frac{1+2\nu}{1+\nu}xy \tag{3.13a}$$

$$\sigma_{yz}^{(0)}=\frac{f_y}{I_{xx}}\frac{3+2\nu}{8(1+\nu)}\left(a^2-y^2-\frac{1-2\nu}{3+2\nu}x^2\right) \tag{3.13b}$$

$$\sigma_{zz}^{(0)} = -\frac{f_y}{I_{xx}} y(l-z) \tag{3.13c}$$

$$\sigma_{xx}^{(0)} = \sigma_{xy}^{(0)} = \sigma_{yy}^{(0)} = 0 \tag{3.13d}$$

其中，$I_{xx} = \int_{\text{CrossSection}} x^2 \mathrm{d}A = \frac{\pi}{4} a^4$ 。

式（3.13）是式（3.1）、式（3.3）和式（3.12）的零阶力学解。因为使用了圣维南原理简化了边界条件，式（3.13）只是在远离纳米线固定端的区域才有效。这里“远离”意味着该距离和纳米线的直径相比要足够大。后续的全数值计算表明，当这段距离大于纳米线直径的两倍时，可以安全地使用式（3.13）。式（3.4）和式（3.10）给出了直接的压电行为。通过定义如下的残余电位移 $\boldsymbol{D}^{\mathrm{R}}$ ：

$$\boldsymbol{D}^{\mathrm{R}} = e_{kq} \varepsilon_q^{(0)} \hat{i}_k \tag{3.14}$$

得到

$$\nabla \cdot (D_i^{\mathrm{R}} + \kappa_{ik} E_k^{(1)}) = 0 \tag{3.15}$$

由式（3.14）、式（3.13）、式（3.12）和式（3.2b），残余电位移为

$$\boldsymbol{D}^{\mathrm{R}} = \begin{pmatrix} -\dfrac{f_y}{I_{xx}E}\left(\dfrac{1}{2}+\nu\right) e_{15} xy \\ \dfrac{f_y}{I_{xx}E}\left(\dfrac{3}{4}+\dfrac{\nu}{2}\right) e_{15}\left(a^2 - y^2 - \dfrac{1-2\nu}{3+2\nu} x^2\right) \\ \dfrac{f_y}{I_{xx}E}(2\nu e_{31} - e_{33}) y(l-z) \end{pmatrix} \tag{3.16}$$

应该指出，是 $\boldsymbol{D}^{\mathrm{R}}$ 的散度而不是 $\boldsymbol{D}^{\mathrm{R}}$ 本身诱导了 $E_k^{(1)}$ 。如果我们简单地认为 $E_k^{(1)} = (\kappa_{ik})^{-1} D_i^{\mathrm{R}}$ ，那么就会得出一个旋度不为零的电场，这是不合理的。相反，通过定义一个残余体电荷

$$\rho^{\mathrm{R}} = -\nabla \cdot \boldsymbol{D}^{\mathrm{R}} \tag{3.17}$$

和残余面电荷

$$\Sigma^{\mathrm{R}} = -\boldsymbol{n} \cdot (0 - \boldsymbol{D}^{\mathrm{R}}) = \boldsymbol{n} \cdot \boldsymbol{D}^{\mathrm{R}} \tag{3.18}$$

式（3.15）将转换为一个基本的静电学泊松方程：

$$\nabla \cdot (\kappa_{ik} E_k^{(1)} \boldsymbol{i}_i) = \rho^{\mathrm{R}} \tag{3.19}$$

其中纳米线圆柱面上的电荷由式（3.18）给出。由式（3.17）和式（3.16），可以得到

$$\rho^{\mathrm{R}} = \frac{f_y}{I_{xx}E}[2(1+\nu)e_{15} + 2\nu e_{31} - e_{33}] y \tag{3.20}$$

$$\Sigma^{R} = 0 \tag{3.21}$$

需要特别指出的是，在式（3.20）和式（3.21）中，残余电荷不依赖于垂直高度 z 。因此，电势 $\phi = \phi(x,y) = \phi(r,\theta)$ （在柱坐标系中）也不依赖于 z （为简明起见，从这里开始我们

将去掉用来标志一阶近似的上标“$^{(1)}$”)。从物理上看，它表明除了非常靠近纳米线底端的区域外，纳米线内其他区域内的电势在沿着 z 轴方向是相同的。

注意到$\kappa_{11}=\kappa_{22}=\kappa_{\perp}$，所以式（3.19）～式（3.21）的解为

$$\phi=\begin{cases}\dfrac{1}{8\kappa_{\perp}}\dfrac{f_y}{I_{xx}E}[2(1+\nu)e_{15}+2\nu e_{31}-e_{33}]\left(\dfrac{\kappa_0+3\kappa_{\perp}}{\kappa_0+\kappa_{\perp}}\dfrac{r}{a}-\dfrac{r^3}{a^3}\right)a^3\sin\theta, & r<a\\ \dfrac{1}{8\kappa_{\perp}}\dfrac{f_y}{I_{xx}E}[2(1+\nu)e_{15}+2\nu e_{31}-e_{33}]\left(\dfrac{2\kappa_{\perp}}{\kappa_0+\kappa_{\perp}}\dfrac{a}{r}\right)a^3\sin\theta, & r\geqslant a\end{cases}\tag{3.22}$$

其中，κ_0 是真空的介电常数。式（3.22）是纳米线里面和外面的电势。

从式(3.22)，我们得到电势的极值分别在纳米线表面($r=a$)的拉伸(T)端($\theta=-90°$)和压缩（C）侧（$\theta=90°$），其具体表达式为

$$\phi_{\max}^{(\mathrm{T,C})}=\pm\frac{1}{\pi}\frac{1}{\kappa_0+\kappa_{\perp}}\frac{f_y}{E}[e_{33}-2(1+\nu)e_{15}-2\nu e_{31}]\frac{1}{a}\tag{3.23}$$

由基本的弹性理论可知，在小形变下侧向力 f_y 和纳米线顶端最大偏移 $\nu_{\max}=\nu(z=l)$ 的关系为[10]

$$\nu_{\max}=\frac{f_y l^3}{3EI_{xx}}\tag{3.24}$$

因此纳米线表面电势的极值是

$$\phi_{\max}^{(\mathrm{T,C})}=\pm\frac{3}{4(\kappa_0+\kappa_{\perp})}[e_{33}-2(1+\nu)e_{15}-2\nu e_{31}]\frac{a^3}{l^3}\nu_{\max}\tag{3.25}$$

这意味着静电势直接与纳米线的长径比而非具体尺寸有关。对于一条长径比固定的纳米线，产生的压电势与纳米线顶端的最大偏离量成正比。

3.4　横向弯曲纳米线的压电势

首先，我们选取的纳米线的直径（d）为 50nm，长度（l）为 600nm，原子力显微镜探针施加的侧向力是 80nN。为了进一步确认分析推导过程中略去高阶项的合理性，我们利用式（3.1）～式（3.4）对一个具有简化各向同性弹性系数张量的圆柱形材料中的完全耦合力电体系进行了有限元方法（FEM）计算。对应的边界条件假定纳米线的底部是固定的。纳米线底部的电学边界条件是基底具有理想的导电性。氧化锌被看作一个电介质。图 3.1（a）和（b）是分别由完全有限元方法计算弯曲纳米线所得到的压电势分布的侧面图和截面图，清晰地表明，压电势在除了纳米线底部之外的其他区域内的分布呈现平行板电容电势模型。对于纳米发电机和纳米压电电子学器件等应用，只有纳米线上部的电势分布才起作用。如图 3.1（c）所示，当一根纳米线受到 80nN 力而发生 145nm 横向偏移时，压电势在纳米线横截面上的分布可由解析方程（式（3.22））计算得到，其中纳米线的两个侧面分别具有压电势−0.28V 和+ 0.28V。需要再一次强调的是，除了接近顶端和底部的区域，在等式（3.22）中电势是不依赖于 z_0 的。

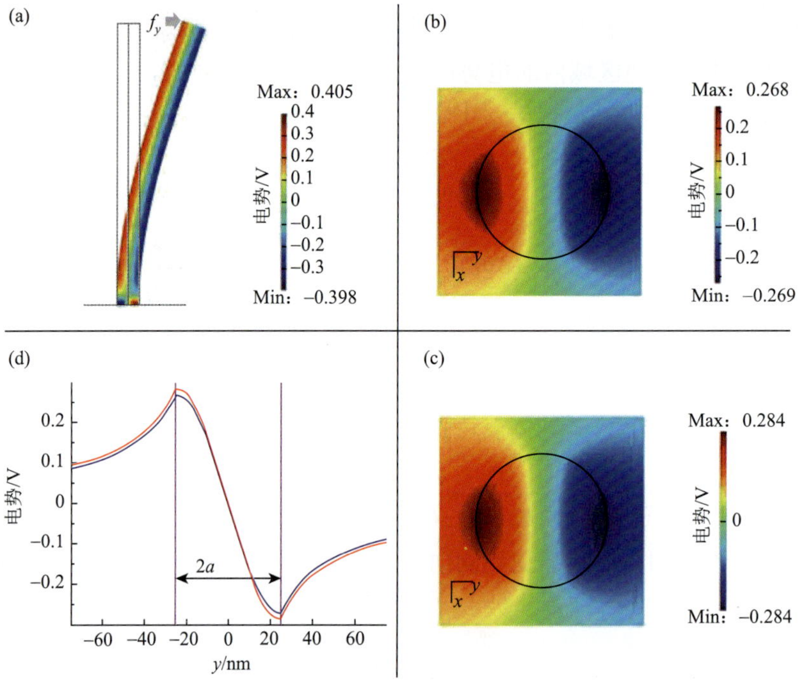

图 3.1 直径 $d = 50\mathrm{nm}$、长度 $l = 600\mathrm{nm}$ 的氧化锌纳米线受到 80nN 横向弯曲力后的压电势分布。（a）和（b）分别是使用完全有限元方法求解耦合方程式（3.1）～式（3.4）后得出的压电势分布的侧向和顶部（在 $z_0 = 300\mathrm{nm}$）截面图，而（c）是由解析方程（3.22）给出的压电势分布。因为底部反转区的电势大于上部“平行板电容器区”内的电势，所以（b）中的电势最大值小于（a）中的电势最大值。（d）给出了（b）和（c）的对比图（蓝线对应完全有限元方法计算的结果，红线对应式（3.22））以显示式（3.22）的精确度和导出式（3.22）所做近似的合理性[8]

接下来我们对一根直径 $d = 300\,\mathrm{nm}$，长度 $l = 2\,\mu\mathrm{m}$，横向力为 1000nN 的大尺寸纳米线做相似的计算（图 3.2）。对推力的估计是基于实验上观测到的横向偏移。类似小尺寸纳米线的图 3.1 的计算结果，大尺寸纳米线在它的截面上也具有±0.59V 的电势分布。此外，解析解和完全有限元方法的数值解的误差在 6%以内，有力地说明了我们的解析解的合理性。由此可见，我们所展示的微扰论是计算横跨纳米线压电势的一个很好的方法，式（3.22）～式（3.25）给出来的解可以定量地解释实验上测得的结果。上面的计算结果显示，在受机械弯曲的过程中，纳米线和原子力显微镜探针间产生了 0.3V 的电势差。

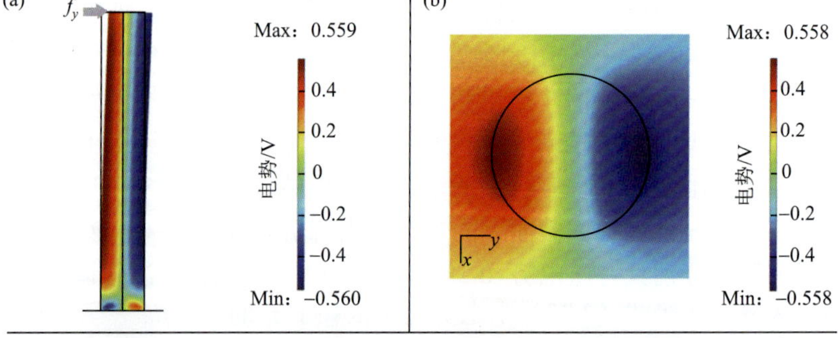

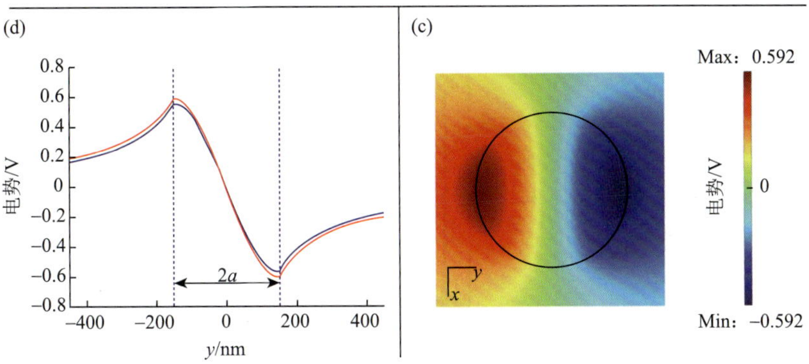

图 3.2　直径 $d = 300$nm 、长度 $l = 2\mu$m 的纳米线受到 1000nN 横向弯曲力时的压电势分布。(a) 和 (b) 分别是使用完全有限元方法求解耦合方程 (式 (3.1) ～式 (3.4)) 得出的压电势分布的侧向和顶部 (在 $z_0 = 300$nm) 截面图，而 (c) 是由解析方程 (式 (3.22)) 给出的压电势输出分布的截面图。(b) 中的最大电势和 (a) 中的最大电势几乎一样。(d) 中给出了 (b) 和 (c) 中行扫描分布的对比图 (蓝线对应完全有限元方法计算的结果，红线对应式 (3.22)) 以显示式 (3.22) 的精确度和导出式 (3.22) 所做近似的合理性[8]

3.5　横向弯曲纳米线的压电势测量

当纳米线由于空气的吹动而偏离时，压电细线拉伸面和压缩面的压电势通过一个与拉伸面或者压缩面接触的金属探针来测量[11]。当氧化锌线受到一个周期性的气流脉冲作用发生弯曲时，通过一个与纳米线压缩面相连的外电路可以探测出具有与气流脉冲相应周期性的负电压输出（图 3.3（a））。这里检测到的电压输出是−25mV。相应地，当氧化锌线被一根镀金的探针周期性推动时，从氧化锌线的拉伸面上也可以检测出周期性的正电压输出（图 3.3（b））。这些测量是通过使用一个电压放大器来完成的。

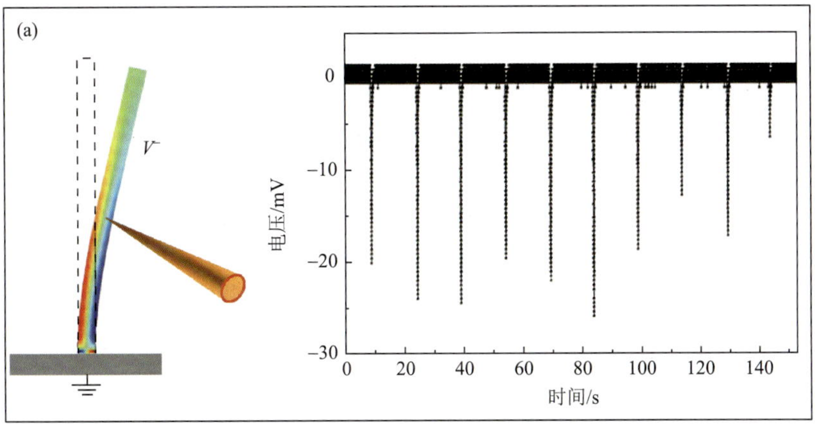

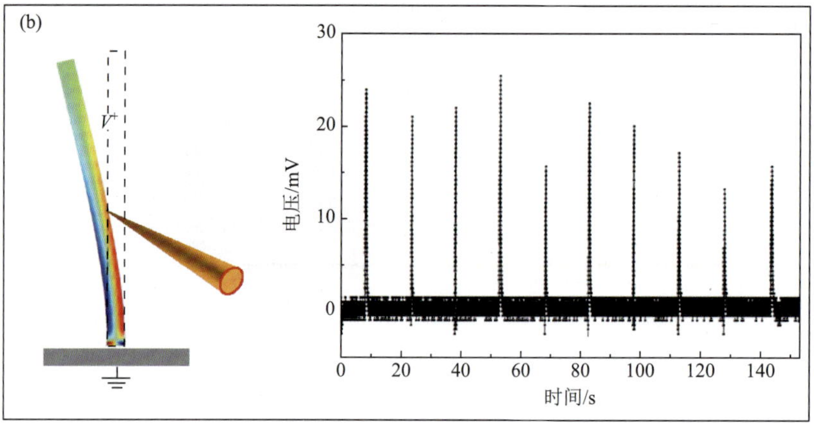

图 3.3　氧化锌线拉伸侧表面和压缩侧表面上非对称电压分布的直接测量。（a）实验中在右侧放置一个金属探针，并从左侧加入氩气流脉冲。当气流脉冲开启的时候，可以观测到约–25mV 的电压峰；（b）通过右侧的金属探针来快速地推放线，我们可以在每个形变周期中观测到一个约为 + 25mV 的电压峰，形变的频率是每隔 15s 一次

3.6　轴向应变纳米线的压电势

一个典型的双端纳电子器件的主要部分是一根两端及端面邻近部分被电极完全包裹的沿 c 轴生长的氧化锌纳米线，作用到纳米线上的力包括拉伸力、压缩力、扭转力等几种类型的力以及它们之间的组合。首先我们将计算在这几种力作用下纳米线内的压电势分布[12]。为了简化整个体系并将重点集中在研究压电势随不同外加应变的变化，我们假定纳米线不受体力影响且线中没有自由电荷，忽略它的导电性。完全耦合的方程（式（3.1）～式（3.4））可以通过有限元方法求解。为了简明地阐释提出的物理模型，氧化锌中的载流子被忽略掉了，这大大简化了相应的数值计算过程。图 3.4（a）显示的是一根不受外力的氧化锌纳米线。纳米线的总长是 1200nm，两端部接的电极接触区域长度为 100nm，端面六边形的边长为 100nm。

当向一个被电极包裹的纳米线端面均匀施加一个平行于 c 轴的 85nN 的力时，纳米线的长度将增长 0.02nm，这将在线中产生一个 2×10^{-5} 的拉伸应变。如图 3.4（b）所示，它在纳米线的两端产生了一个约 0.4V 的电势降，$+c$ 这段有较高的电势。当换成一个压缩力时，电势会反转但是两端仍会有 0.4V 的电势降，但这时$-c$ 端有一个较高的电势。如图 3.4（c）所示，在这种情况下纳米线缩短了 0.02nm，因此线内产生大小为-2×10^{-5} 的压缩应变。值得注意的是，为了产生相同大小的压电势，此时所需要的形变远小于先前讨论的利用横向力使纳米线弯曲的情况。因此施加沿着极化方向（c 轴）的力更容易在氧化锌纳米线中产生较高的压电势。

不论纳米线所受的是拉伸应变还是压缩应变，产生的压电势都是连续地从纳米线的一端分布到另一端，这意味着电子的能量从纳米线的一端到另一端连续地增加。同时，在没有外加电场、处于平衡时，纳米线内的费米能级是平的。因此，氧化锌和两端金属

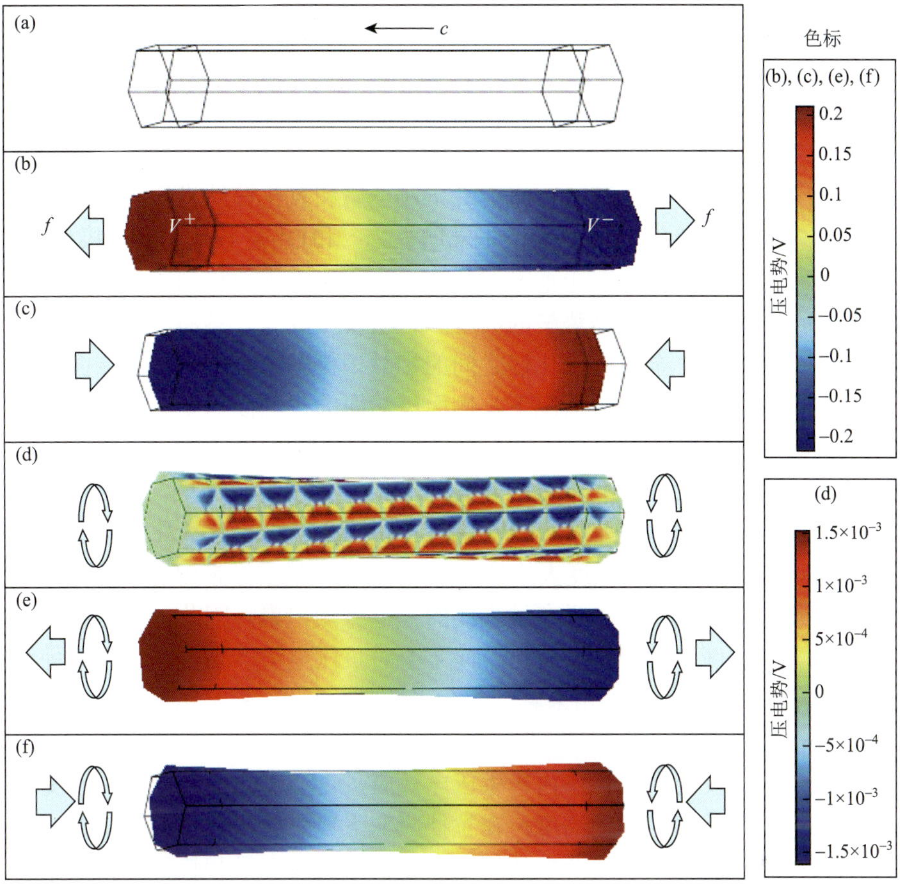

图 3.4　无掺杂氧化锌纳米线内压电势分布的数值计算结果。（a）一根无形变的沿 *c* 轴生长的纳米线，其长度为 1200nm，端面六角形的边长为 100nm，假定纳米线的两端被一段长为 100nm 的电极所包裹。纳米线压电势分布和形变的三维视图：（b）受到一个 85nN 的拉伸力；（c）受到一个 85nN 的压缩力；（d）受到一对 60nN 的扭转力；（e）同时受到一个 85nN 的拉伸力和 60nN 的扭转力；（f）同时受到一个 85nN 的压缩力和 60nN 的扭转力。假定拉伸力和压缩力均匀施加在纳米线的端面和被电极包裹区域的侧面，并且扭转力均匀地施加在纳米线被电极包裹的侧面。红色的部分是正电势侧，蓝色的部分是负电势侧。电势差约为 0.4V。注：（b）、（c）、（e）和（f）的色标是一样的，但是（d）中的色标标尺要小得多

电极间的势垒高度会在一端升高而在另一端降低，这可由实验中观测到的器件非对称伏安特性形象地示出。这是理解接下来一系列实验结果的一个指导原理。由于无法避免在制备过程中引入纳米线的应变，所以在诸多制得的纳米线器件中（即使这些器件两端使用完全一样的电极），都观测到了整流传输行为[13]。

扭力是一种在操作纳米线时不能被忽略的力。图 3.4（d）中显示的是当纳米线的两端被沿相反方向扭转时产生的压电势的模拟结果。模拟结果表明，沿着纳米线的生长方向没有产生电势降。值得注意的是，所产生的局部电势在毫伏量级，远小于纳米线受到拉伸或压缩应变时的情况。当电极和纳米线端面接触时，纳米线两端金属电极和氧化锌间的势垒高度是相等的，因此，在该纳米线电子器件两端将会出现对称的接触。

在大多数的实际应用中，纳米线受到的力是扭转和拉伸应力或者是扭转和压缩应力的复合。如图 3.4（e）和（f）所示，这类情况下在沿纳米线生长方向将有一个压电电势降，然而纳米线截面上的电势分布不是均匀的，而是一端高、一端低，这类似于纳米线受到纯轴向应变时的情况。

在此还有几点需要指出。其一，压电性质对金属和氧化锌纳米线之间接触的载流子输运行为的影响包括两部分：①由 $+c$ 和 $-c$ 端面上 Zn^{2+} 和 O^{2-} 层导致的自发极化电荷效应；②压电电势效应。极化电荷存在于纳米线的端面而不能自由地移动，这些极化电荷能调节局域费米能级，从而使肖特基势垒的高度和形状发生改变。然而由于实际中金属和纳米线间较大的接触面积，金属和氧化锌之间的接触不仅存在于纳米线的端面，也同时存在于纳米线的侧面。在绝大多数情况下，侧面比端面的接触面积要大得多，如果仅仅考虑极化电荷效应，那么电子可以越过没有势垒的侧面接触。

其二，上面的计算是基于 Lippman 理论进行的，为了简明起见，我们假定纳米线内没有自由载流子并且整个系统是一个孤立体系。实际中所制得的氧化锌纳米材料具有典型的 n 型掺杂，且常见的施主浓度大约是 $1\times10^{17}cm^{-3}$。基于导带中电子统计分布的理论计算表明热平衡时自由电子倾向于在纳米线的正电势端积累。因此，自由载流子即使不是全部也会部分地屏蔽该端的正压电势，而不会对负压电势产生影响。在这种情况下，图 3.1 中的计算结果仍然可以被用来解释实际中的实验结果，只是正压电势的值需要被降低以平衡载流子的屏蔽效应。

其三，应变不仅仅会在氧化锌内产生压电效应，也会引起能带结构的改变。产生的形变势也可以改变肖特基势垒的高度：在拉伸应变下势垒会降低，而在压缩应变下势垒会升高。然而这种效应对纳米线两端的势垒高度造成的改变量和趋势是相同的，因此它不会使对称的伏安曲线变为整流伏安特性。这就是压阻效应。

3.7 掺杂半导体纳米线的平衡电势

当施主浓度极低的时候，可以忽略掉其导电性并用 Lippman 理论来描述此时弯曲的压电纳米线。然而实际中由于不可避免的点缺陷的存在，氧化锌纳米线通常是 n 型掺杂的。对于具有显著数量自由电子的半导体材料来说，由于自由载流子可以在整个材料中分布，因此不能直接应用 Lippman 理论来进行相关的计算。除了唯象热力学外，电子/空穴的统计分布也需要被考虑进来。本节的主要目标是考虑纳米线具有适中掺杂水平和导电性的情况下如何建立横向弯曲纳米线内压电性的宏观-统计模型。

3.7.1 理论框架

由先前的结果可知，对于没有自由载流子的氧化锌纳米线，其拉伸面呈现的是正压电势，而压缩面呈现出负压电势（这里“压电势”指的是由纳米线中阴离子和阳离子极化产生的电势，当应变一直保持时这些极化电荷不能自由地移动）。为了避免将过多精力放在不太相关的界面异质结等问题而集中主要精力于核心的物理现象上，我们假定基底也是由氧化锌制成的，这种情况发生在通过气-液-固方法在氮化镓基底上生长氧化锌纳米线时，这样制得的纳米线底部通常会有一层薄的氧化锌膜或者氧化锌墙结构。我们的任务是计算取得热力学平衡时横向弯曲纳米线内的压电势[14]。

众所周知，当压电材料中有自由电子/空穴时，受由极化导致的电场的影响，这些载流子会重新分布。这种重新分布效应的一个著名应用是氮化镓/氮化铝镓高电子迁移率晶体管（HEMT）。在这种晶体管中电子在异质结处积累而产生二维电子气（2DEG）[15]。尽管压电纳米线应用中的力学行为更为复杂，但是在本质上这两者的物理图像是一致的。在此我们仅仅写出力学平衡和正压电效应方程而没有利用完全耦合本构方程：

$$\begin{cases}\sigma_p = c_{pq}\varepsilon_q \\ D_i = e_{iq}\varepsilon_q + \kappa_{ik}E_k\end{cases} \tag{3.26}$$

式中，$\boldsymbol{\sigma}$ 是应力张量；ε 是应变；$\boldsymbol{E}$ 是电场；$\boldsymbol{D}$ 是电位移；κ_{ik} 是介电常数；e_{iq} 是压电系数；c_{pq} 是力学刚度张量。在这里我们使用了 Voigt-Nye 标号。把第二个方程代入高斯定理，可以得到相应的静电场方程：

$$\nabla \cdot \boldsymbol{D} = \frac{\partial}{\partial x_i}(e_{iq}\varepsilon_q + \kappa_{ik}E_k) = \rho_{\mathrm{e}}^{(\mathrm{b})} = ep - en + eN_{\mathrm{D}}^{+} - eN_{\mathrm{A}}^{-} \tag{3.27}$$

其中，p 是价带（VB）中的空穴浓度；n 是导带（CB）中的电子浓度；N_{D}^{+} 是电离的施主浓度；N_{A}^{-} 是电离的受主浓度。因为所制得的氧化锌纳米线通常是 n 型的，我们令 $p = N_{\mathrm{A}}^{-} = 0$。通过引入

$$\boldsymbol{D}^{\mathrm{R}} = e_{kq}\varepsilon_q \hat{i}_k \tag{3.28a}$$

作为由压电性产生的极化，并引入

$$\rho^{\mathrm{R}} = -\nabla \cdot \boldsymbol{D}^{\mathrm{R}} \tag{3.28b}$$

作为相对应的极化电荷，因此式（3.27）可用电势 ϕ 重新写为

$$\kappa_{ik}\frac{\partial^2}{\partial x_i \partial x_k}\phi = -(\rho^{\mathrm{R}} - en + eN_{\mathrm{D}}^{+}) \tag{3.29}$$

由压电产生的表面电荷是由 $\Sigma^{\mathrm{R}} = -\boldsymbol{n} \cdot \Delta \boldsymbol{D}^{\mathrm{R}}$ 来计算，其中 $\Delta \boldsymbol{D}^{\mathrm{R}}$ 是横跨材料表面的 $\boldsymbol{D}^{\mathrm{R}}$ 的变化而 $\boldsymbol{n}$ 是垂直于表面的单位法向矢量。为了表达的简明性，我们忽略了由氧化锌极性面引入的表面电荷。

热平衡下电子的重新分布由费米-狄拉克统计给出：

$$n = N_{\mathrm{C}} F_{1/2}\left(-\frac{E_{\mathrm{C}}(\boldsymbol{x}) - E_{\mathrm{F}}}{kT}\right) \tag{3.30a}$$

$$N_{\mathrm{C}} = 2\left(\frac{2\pi m_{\mathrm{e}} kT}{h^2}\right)^{\frac{3}{2}} \tag{3.30b}$$

其中，导带边 $E_C(\boldsymbol{x})$ 是空间坐标的函数。导带有效态密度 N_C 是由导带电子的有效质量 m_e 和温度 T 决定的。在大应变条件下，形变势可能是重要的。具体来讲就是，带边移动 ΔE_C 受到静电能和形变势两部分效应的综合影响：

$$E_C - E_{C_0} = \Delta E_C = -e\phi + \Delta E_C^{\text{deform}} = -e\phi + a_C \frac{\Delta V}{V} \tag{3.31}$$

其中，E_{C_0} 是自由的没有形变的自持半导体材料的导带边；$\Delta E_C^{\text{deform}} = a_c \Delta V / V$ 是由形变势引起的带边移动[16]，它正比于体积的相对改变量 $\Delta V / V$，而 a_c 是形变势常数。最后，施主的电离过程由式（3.32）给出：

$$N_D^+ = N_D \frac{1}{1 + 2\exp\left(\dfrac{E_F - E_D}{kT}\right)} \tag{3.32}$$

这里，$E_D(\boldsymbol{x}) = E_C(\boldsymbol{x}) - \Delta E_D$ 是依赖于位置的施主能级，其中常数 ΔE_D 是施主的电离能；N_D 是施主的浓度。

3.7.2 考虑掺杂情况下压电势的计算

具有适中载流子浓度的弯曲氧化锌纳米线的压电势可以被计算出来。需要指出的是，式（3.29）～式（3.32）仅仅在体系的尺寸不是太小时才有效。对于小尺寸体系，由于离散束缚态的存在，需要用量子力学来讨论相应的强限域效应。例如在量子效应起重要作用的氮化镓/氮化铝镓高电子迁移率晶体管中，需要做精细的理论探究。在接下来的章节我们将对直径大于等于 50nm 的纳米线进行计算，对这样尺寸的纳米线器件，非量子力学的计算仍然是可以接受的。

在达到热力学平衡时，整个弯曲半导体纳米线内的费米能级是平的。由于假定纳米线生长在一个尺寸远大于它的基底上，因此我们可以将基底视为一个使纳米线费米能级固定的“蓄水池”。此处我们假定基底和纳米线都是由相同的材料组成，我们将不讨论那些纳米线和基底形成直接异质结接触时在底部结区可能形成耗尽区或电荷积累区的情况。

考虑到对称性，我们仅需要计算 $x > 0$ 的半空间。另一半空间的解可以由关于 $x = 0$ 平面的镜像对称立即得到。为了保证收敛，我们首先通过引入一个高温极限情况 T_{high} 来线性化式（3.30a）和式（3.32）。为使式（3.30a）和式（3.32）的计算方便，我们定义如下变量：

$$\eta = -\frac{E_C(\boldsymbol{x}) - E_F}{kT}, \quad \eta_D = \frac{E_F - E_D}{kT} = \eta + \frac{\Delta E_D}{kT} \tag{3.33}$$

当 $T = T_{\text{high}}$ 很大时，η 和 η_D 不再依赖于位置；因此问题被线性化了，更易于求解。作为一个收敛工具，T_{high} 本身并不要求具有实在的物理意义。尽管如此，我们仍可以根据高温 $T = T_{\text{high}}$ 下的解来洞察出一些物理意义。事实上，当 $T = T_{\text{high}}$ 时 $\eta \approx \eta_D \approx \ln\left(\dfrac{N_D}{N_C}\right)$，因此 $N_D^+ = n$ 和式（3.29）将给出氧化锌中既没有施主又没有自由载流子时对应无屏蔽效应情况的解。当系统从 T_{high} “冷却”到实际温度时，方程变得越来越非线性。η 的值表明了系统的简并情况，当 $\eta > -3$ 时可被认为是高度简并的。在以后的结果中我们将会看到，即使当施主浓度相对来说比较低时，问题中仍然会包含一定程度的简并性。这与氮化镓/氮化铝镓高电子迁移率晶体管中二维电子气区域的情况类似，在那种情况中即使局部掺杂水平很低，依然会有电子的聚集。

图 3.5（a）显示的是在 $N_D = 1\times10^{17}\text{cm}^{-3}$ 和 $T = 300\text{K}$，$x = 0$ 截面的等势线，它们正好通过纳米线的轴。图 3.5（b）给出的是在 $z = 400\text{nm}$ 处垂直于纳米线轴的截面上的等势线分布。此处的静电计算是基于小形变假定而忽略了拉格朗日参考系和欧拉参考系之间的区别。出于对比的目的，对应不真实的温度 $T = T_{high} = 300000\text{K}$ 得来的结果也在图 3.5（c）和图 3.5（d）中绘制出来，此时氧化锌是没有自由载流子的绝缘体。

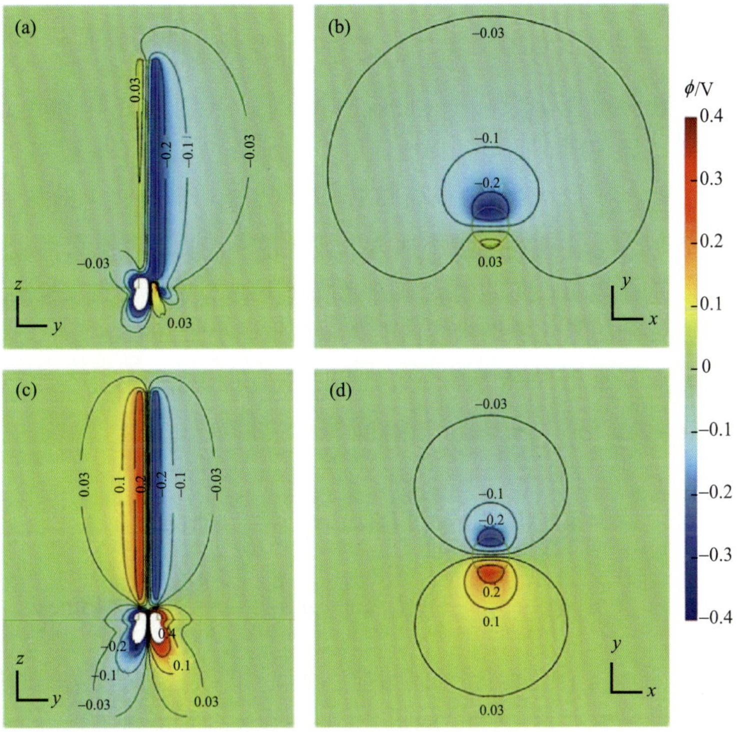

图 3.5　当 $N_D = 1\times10^{17}\text{cm}^{-3}$ 时计算出的压电势 ϕ 分布图。为了绘图简便，图中没有示出纳米线的弯曲形状。除了彩图，$\phi = -0.4\text{V}$，-0.2V，-0.1V，-0.03V，0.03V，0.1V，0.2V 和 0.4V 时的等势线图也被同时叠加于此。纳米线的尺寸：$a = 25\text{nm}$，$l = 600\text{nm}$，并且外加力 $f_y = 80\text{nN}$。（a）$T = 300\text{K}$ 时 $x = 0$ 处 ϕ 的截面图，底部的空白区域内 $\phi < -0.4\text{V}$，我们对这块区域的细节进行了过饱和处理和优化色阶以更好地显示纳米线中的电势分布，在这里我们主要关注纳米线中的行为，而关于底部反转区的特性将留待后续研究中讨论；（b）$T = 300\text{K}$ 时，高度 $z = 400\text{nm}$ 处的电势分布截面图，考虑到关于 $x = 0$ 面的镜面对称性，仅计算 $x > 0$ 这半个空间的情况，$x < 0$ 空间的图可以由 $x > 0$ 的解通过简单的对称得出；（c）和（d）在 $T = T_{high} = 300000\text{K}$ 高温情况下的计算结果，与无掺杂时的结果相比以检测解的收敛性，此处的极大峰值被过饱和处理了，（c）所示为 $x = 0$ 的截面，（d）是高度 $z = 400\text{nm}$ 处的电势分布截面图

当考虑氧化锌具有适中掺杂浓度时，纳米线正电势侧的最大值从对应于绝缘体情况的约 0.3V（图 3.5（d））明显地降到了不到 0.5V（图 3.5（b））。另一方面，压缩侧（负电势侧）的电势则被很好地保持住了。这与在基于 n 型氧化锌纳米线和 AFM 的纳米发电机中只观察到负脉冲输出的实验结果相一致。这也与只有当 AFM 探针接触到纳米线的压缩面时才能观察到负电势峰输出的实验结果相一致。这个模型中正电势的降低是由电子从具有大量自由载流子的基底中流入氧化锌造成的。当正的极化电荷 $\rho^{\mathrm{R}}>0$ 试图产生一个正的局部电势 $\phi>0$ 时，它将导致局部导带向下弯曲。当 η 接近甚至超过 0 时，来自基底“蓄水池”内大量的自由电子将会注入纳米线中以屏蔽正电势。

然而由于 η 在负电势端（纳米线的压缩端）具有大的负值，自由载流子已经被耗尽，只留下 $\rho^{\mathrm{R}}+eN_{\mathrm{D}}^{+}$ 作为式（3.29）中的净电荷。接下来我们用在 3.3 节导出的解析方程来估算极化离子电荷的浓度。把 $a=25\mathrm{nm}$，$l=600\mathrm{nm}$ 和 $f_y=80\mathrm{nN}$ 代入 $\rho^{\mathrm{R}}=\dfrac{f_y}{I_{xx}E}[2(1+\nu)e_{15}+2\nu e_{31}-e_{33}]y$，其中 $I_{xx}=\dfrac{\pi}{4}a^4$，可以在线的表面 $y=a$ 附近得到一个典型的压电极化电荷密度 $\rho_{\mathrm{R}}^{y=a}/e\sim-8.8\times10^{17}\mathrm{cm}^{-3}$，其中 e 是单个电子的电量。当 $N_{\mathrm{D}}=1\times10^{17}\mathrm{cm}^{-3}$ 时，即使所有的电子都被耗尽了，ρ^{R} 在负端仍不能被完全屏蔽，这是因为 N_{D} 远小于 $\rho_{y=a}^{\mathrm{R}}/e$。对于一个具有很高施主浓度（$N_{\mathrm{D}}>10^{18}\mathrm{cm}^{-3}$）的纳米线，$\phi\approx0$ 中的完全中性状态可以发生在线内的每个地方。或者说一根具有很高自由载流子浓度的纳米线将具有非常小的压电势，这也符合紫外光照射下纳米发电机的实验测量结果。在实际中，制得的自然掺杂的氧化锌纳米线内的掺杂水平远小于 $10^{18}\mathrm{cm}^{-3}$。

带边的偏移 ΔE_{C} 包括由电势和形变势引起的两部分变化，纳米线中应力的圣维南解是：$\sigma_{zz}=-\dfrac{f_y}{I_{xx}}y(l-z)$，$\sigma_{xx}=\sigma_{yy}=0$，因此，

$$
\begin{aligned}
|\Delta E_{\mathrm{C}}^{\mathrm{deform}}|&=a_{\mathrm{c}}|\Delta V/V|=a_{\mathrm{c}}|\mathrm{Tr}(\varepsilon)|=a_{\mathrm{c}}\left|\frac{1-2\nu}{E}\mathrm{Tr}(\sigma)\right|\\
&=\left|-a_{\mathrm{c}}\frac{1-2\nu}{E}\frac{f_y}{I_{xx}}y(l-z)\right|<a_{\mathrm{c}}\frac{1-2\nu}{E}\frac{f_y}{I_{xx}}\cdot a\cdot l=46\mathrm{meV}
\end{aligned}
$$

随后的观测表明，这个值远小于负侧的值 $|e\phi|$，如果主要关注负端的电势的量级，则在计算前可以忽略掉形变势。它也表明，实验上观测到负电势不是由于形变势造成的能带移动，而是主要来自压电效应。

如图 3.6（a）中 η 曲线所示，受屏蔽的正端侧存在显著的简并。电荷积累区的简并来源于压电效应而非由于大的施主浓度或低的温度。形变前，$T=300\,\mathrm{K}$，$N_{\mathrm{D}}=1\times10^{17}\mathrm{cm}^{-3}$ 时 $\eta=\eta_0=-3.77$，这在简并尺度之下。为了研究温度对自由载流子分布和最终电势的影响，我们作出了不同温度下的 η、n 和 ϕ（图 3.6（c）～（e））。在 100K＜T＜400K 这个区间内，η、n 和 ϕ 的变化很小。如图 3.6（b）所示，在耗尽区内和电荷积累区内的自由载流子的浓度分别是 $n\sim10^{15}\mathrm{cm}^{-3}$ 和 $n\sim\rho^{\mathrm{R}}/e+N_{\mathrm{D}}\sim10^{18}\mathrm{cm}^{-3}$。电荷积累区和耗尽区的边界很分明，我们注意到，电荷积累区的宽度远小于线的直径 a，这意味着导带电子受到强烈的限域效应。这个强烈的限域效应可能会在纳米线中产生比未弯曲状态下更强的量子效应。

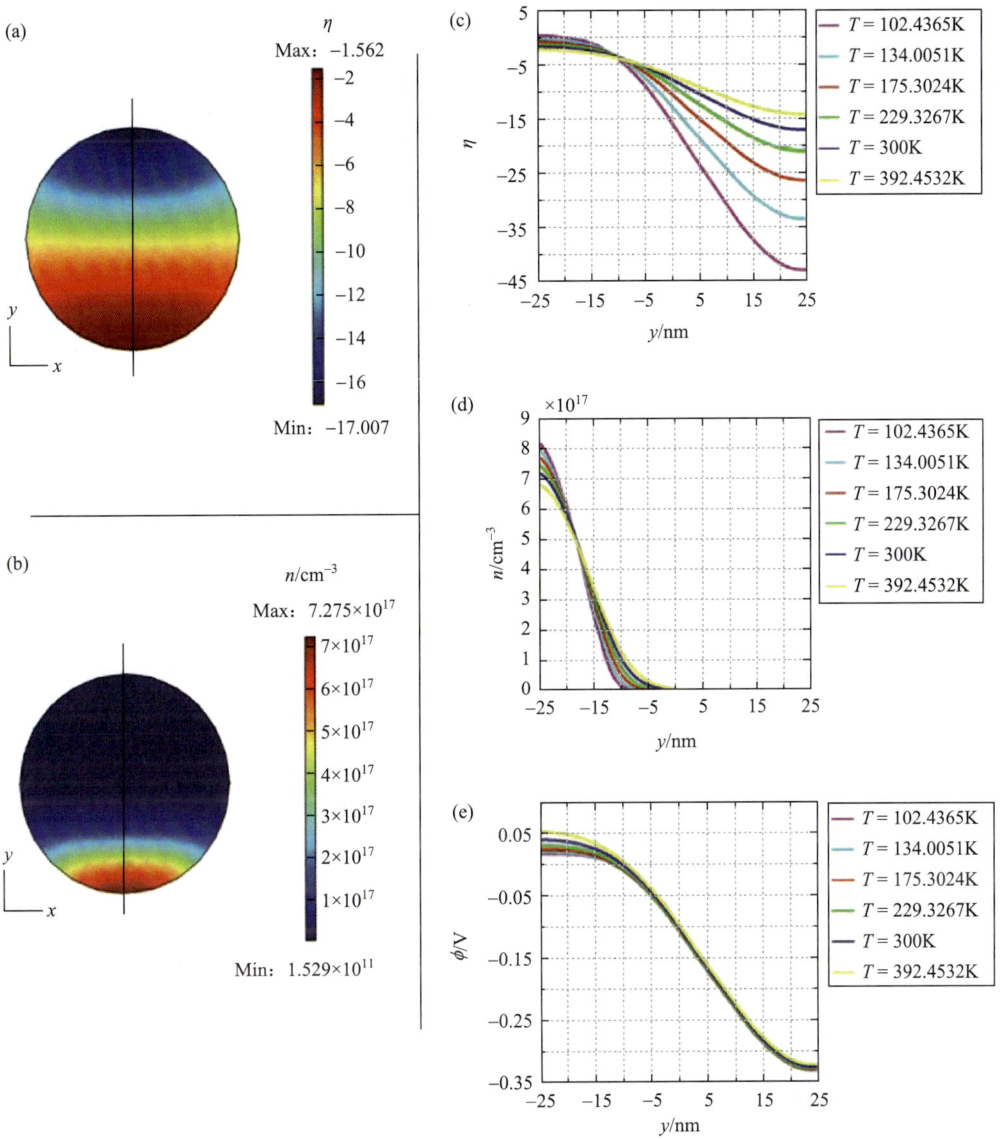

图 3.6　当 $N_D = 1\times10^{17}\text{cm}^{-3}$ 和 $T = 300\text{K}$ 时，高度在 $z = 400\text{nm}$ 处（a）参数 η 和（b）局部电子浓度 n 的彩色截面图。由于具有关于 $x = 0$ 的镜面对称性，我们仅计算了 $x > 0$ 的半个空间，$x < 0$ 区域的图是通过简单的关于 $x > 0$ 空间的对称性得出的。（c）～（e）为不同温度下沿着（a）和（b）直径方向上的 η、n 和 ϕ 分布，水平轴是 y 坐标[14]

为了研究 N_D 的变化对压电势的影响，我们在图 3.7 绘出了 $T = 300\text{K}$ 时对应于不同施主浓度（$0.6\times10^{17}\text{cm}^{-3} < N_D < 2.0\times10^{17}\text{cm}^{-3}$）的电势 ϕ、参数 η、自由电子浓度 n 和电离中心的施主浓度 N_D^+ 的曲线。可以看出，在这个体系下电势 ϕ 对施主浓度的变化相当敏感。然而，正如我们已经讨论过的，当 $N_D > 10^{18}\text{cm}^{-3}$ 时，ϕ 将会被完全中和。在 $y<0$ 区域（纳米线的拉伸端），由于 η 值较大，从而存在明显的简并（图 3.7（b））。因此如

图 3.4（c）所示，电子将在 $y<0$ 积累并会在纳米线的压缩端（$y>0$）耗尽。另一方面，如图 3.7（d）所示，在 $y<0$ 端，施主中心没有完全地电离，这使得 $y<0$ 端的局部电荷密度 $\rho^{R}-en+eN_{D}^{+}$ 变得更小。

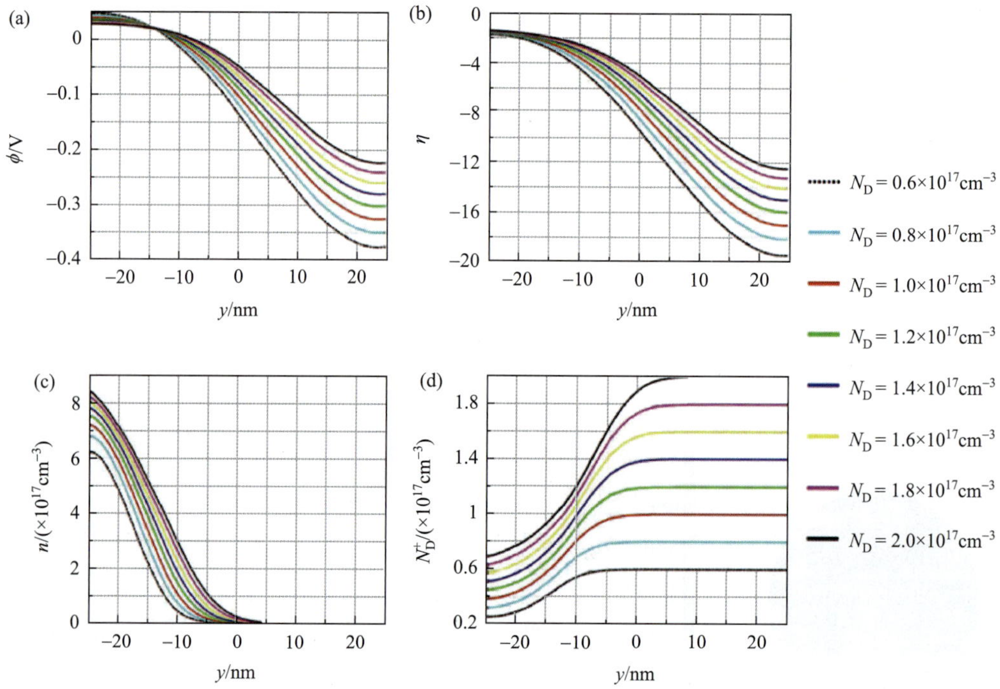

图 3.7　当施主浓度在 $0.6\times10^{17}cm^{-3}<N_D<2.0\times10^{17}cm^{-3}$ 下的（a）压电势 ϕ、（b）参数 η、（c）自由电子浓度 n 和（d）电离中心的施主浓度 N_D^+。纳米线的尺寸为 $a=25nm$，$l=600nm$；外加力是 $f_y=80nN$。$T=300K$

3.7.3　掺杂浓度的影响

本小节的主要目的是研究不同参数对发生形变的氧化锌半导体纳米线内部达到平衡时压电势分布的影响。我们尤其要计算当自由载流子达到热力学平衡时，具有不同掺杂浓度、受到不同的外加力以及具有不同的几何构型的纳米线内部的电势分布[17]。

以一个沿 c 轴外延生长的氧化锌纳米线受到施加在顶部的横向力而弯曲的情况为例。为简化计算，我们选择了一个轴对称模型。这意味着可先解出 $x>0$ 半平面的解，然后通过关于 $x=0$ 的镜面对称得出另一半的解。

图 3.8 显示出施主浓度对平衡压电势和局部电子浓度的影响。图 3.8（a）～（c）分别为低（$0.5\times10^{17}cm^{-3}$）、中（$1\times10^{17}cm^{-3}$）、高（$5\times10^{17}cm^{-3}$）施主浓度 N_D 下的压电势分布图。图 3.8（d）和（e）分别给出了在 $T=300K$ 时，且施主浓度介于 0.05×10^{17}～$5\times10^{17}cm^{-3}$ 时电势 ϕ 和电子浓度 n 的变化。拉伸侧的正电势受施主浓度 N_D 增加的影响不如压缩侧的负电势那么敏感。当 $N_D=5\times10^{17}cm^{-3}$ 时，电势几乎被完全屏蔽。压缩侧压电

势受屏蔽的原因是自由电子将会在这个区域耗尽，同时它们会在拉伸侧聚集。另外，正电势的降低是由于来自基底的自由电子的流入，而基底材料里的电子数目非常多。自由电子浓度的增加可以从图 3.8（e）明显地看出。

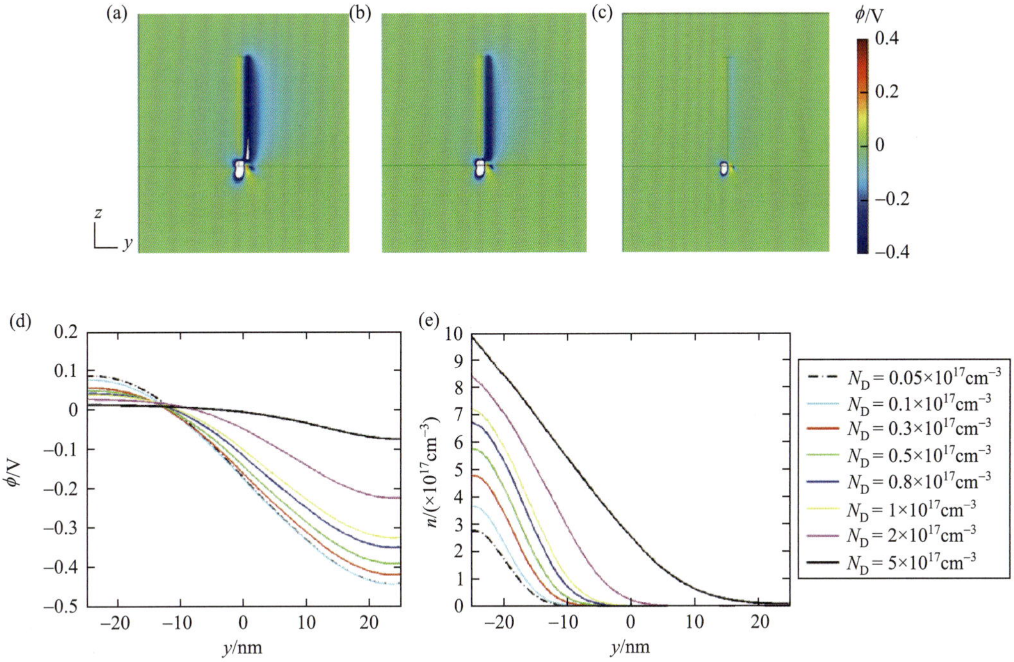

图 3.8　当施主浓度为（a）$N_D = 0.5\times10^{17}cm^{-3}$、（b）$N_D = 1\times10^{17}cm^{-3}$ 和（c）$N_D = 5\times10^{17}cm^{-3}$ 时计算得到的在 $x = 0$ 处的压电势截面分布彩图，纳米线的尺寸为 $l = 600nm$ 和 $a = 25nm$，外力是 $f_y = 80nN$；在 $T = 300K$、施主浓度在 $0.05\times10^{17}cm^{-3} < N_D < 5\times10^{17}cm^{-3}$ 区域变化时的（d）压电势和（e）局部电子浓度，线条图是沿着位于 $z = 400nm$ 处纳米线的直径方向获得的

图 3.9 所示为外加力对平衡电势分布和局部电子浓度的影响。所有其他的参数都保持不变：纳米线的长度为 600nm，半径为 25nm，施主浓度 $N_D = 1\times10^{17}cm^{-3}$。施加的力在 $40nN < F < 140nN$ 的范围内变化。为避免点形变，在计算中力被加载到纳米线的顶端面。当外力增加时，压缩端的电势也随着增加（图 3.9（a）），且在力最大时该电势达到约 0.7V。由于更大的应变造成了极化电荷的增加，当外力增加时，拉伸端的自由电子浓度也相应增加（图 3.9（b））。图 3.9（a）也示出了在弱力和强力情况下电势和定标后形变变化的彩图。图 3.9（b）为在 $z = 400nm$ 的截面处自由电子浓度的彩图，最后一个图是通过关于 $x = 0$ 平面的镜像对称得来的。

在图 3.10 和图 3.11 中研究了纳米线几何尺寸对压电势和局部电子浓度的影响。在保持纳米线直径为 25nm、施主浓度 $N_D = 10^{17}cm^{-3}$ 并且外加力为 80nN 的情况下，纳米线的长度在 $200nm < l < 1000nm$ 的范围内变化。图 3.9（a）和（b）表明，纳米线的长度既不影响电势分布也不影响自由电子浓度。

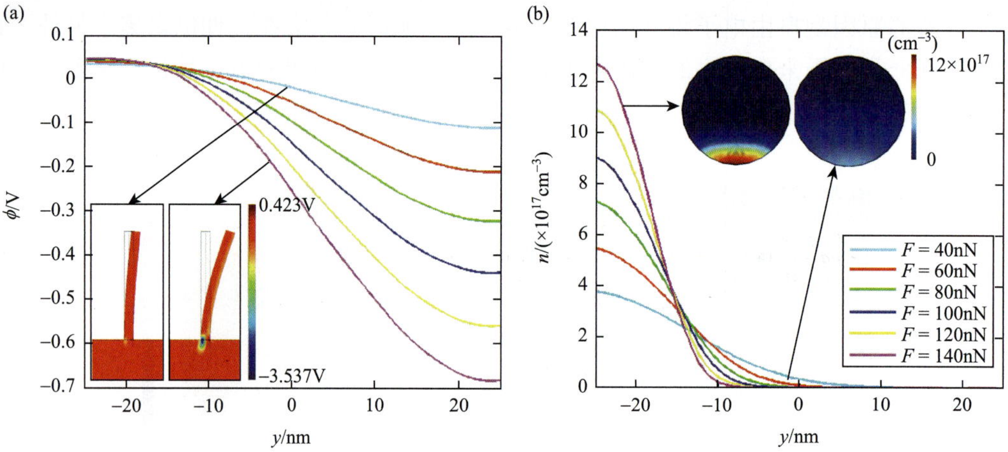

图 3.9　在 40nN＜F＜140nN 的不同外力作用下的（a）压电势和（b）局部电子浓度。（a）也显示了当 $F = 40$nN 和 $F = 140$nN 时在 $x = 0$ 截面上计算出的压电势分布彩图。（b）也显示了在 $F = 40$nN 和 $F = 140$nN 时在高度为 400nm 处截面上计算出的自由电子分布彩图。因为具有关于 $x = 0$ 的镜面对称性，我们仅计算了 $x > 0$ 的半个空间。$x < 0$ 区域的图是通过简单的关于 $x > 0$ 空间的镜像对称性得出的[17]

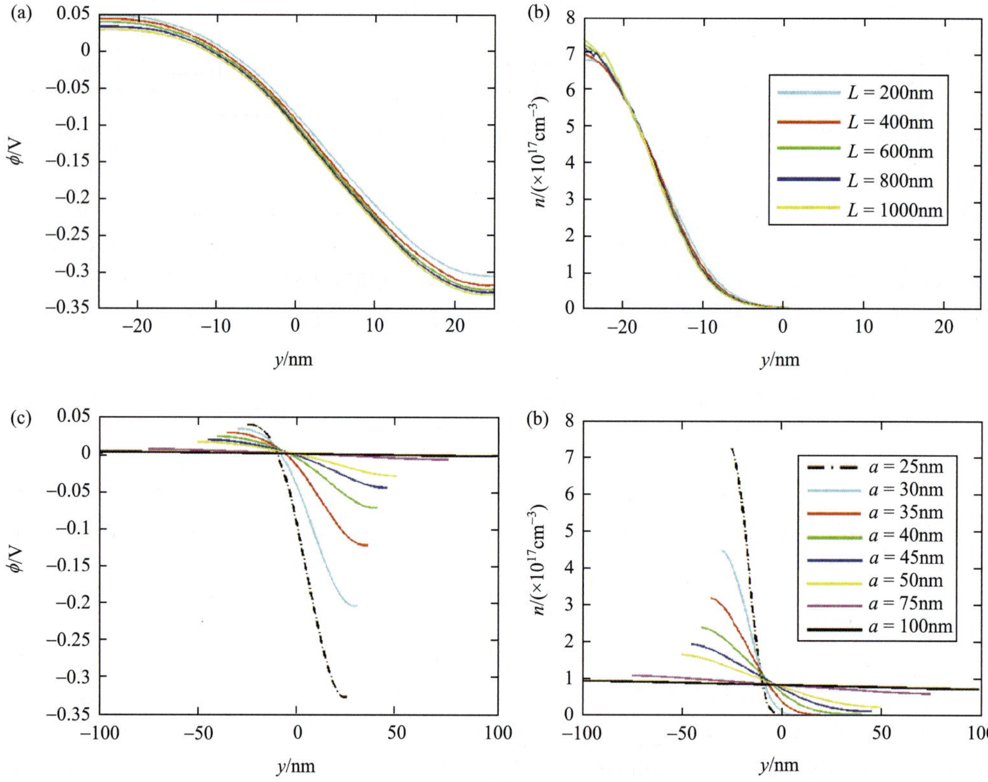

图 3.10　对应长度 l 位于 200～1000nm 的不同纳米线的（a）压电势和（b）局部电子浓度；半径 a 位于 25～100nm 的不同纳米线的(c)压电势和(d)局部电子浓度。$T = 300$K 下，施主浓度为 $N_D = 10^{17}$cm^{-3}，外加力是 $f_y = 80$nN。线条图是沿着位于 $z = 400$nm 处纳米线的垂直方向获得的

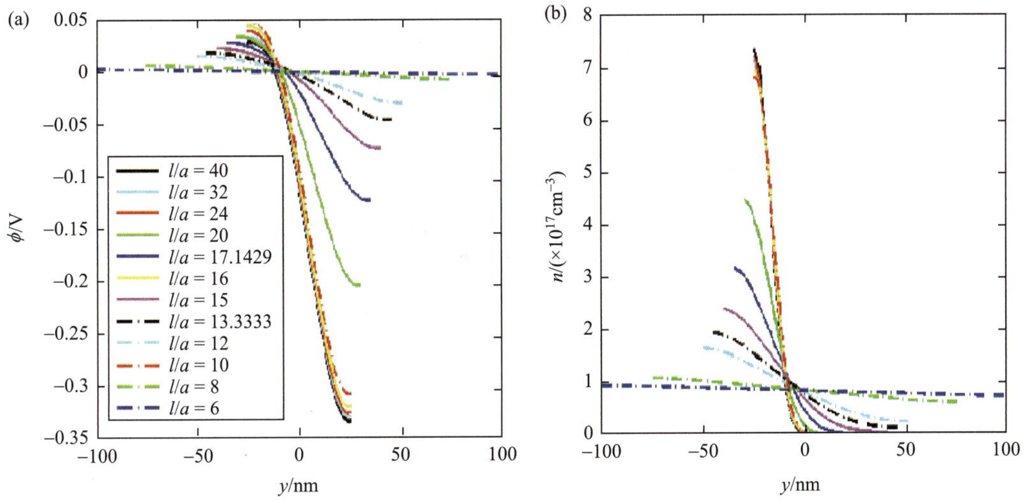

图 3.11　对应长径比 l/a 位于 6～40 的不同纳米线的（a）压电势和（b）局部电子浓度。$T = 300\text{K}$ 下，施主浓度为 $N_D = 10^{17}\text{cm}^{-3}$；外加力是 $f_y = 80\text{nN}$

当保持纳米线的长度为 600nm 时，我们研究了半径在 25nm＜a＜100nm 这个范围内变化所导致的效应。图 3.10（c）和（d）分别显示了在这种情况下电势和自由电子浓度的变化。随着半径的增加，电势和自由电子浓度都在减小，当半径为 100nm 时，电势几乎被完全中和。需要指出的是，如果保持外力不变，则随着半径的增加，纳米线受到的应变在减小。

图 3.11 显示了长径比 l/a 对压电势和自由电子分布的影响。它总结了先前图 3.10 显示的结果，即长度变化不影响压电势和自由电子的分布，而增加半径则会使两者都减小。

3.7.4　载流子类型的影响

由于在实际中我们有可能得到稳定的 p 型氧化锌纳米线，现在我们不再假定原位合成的氧化锌纳米线为 n 型掺杂。由于纳米线内没有位错且在表面附近区域有高浓度的空位，因而有可能制得稳定的 p 型氧化锌纳米线。在考虑有限载流子浓度的情况下，我们计算了弯曲 p 型纳米线内的压电势分布。对没有掺杂的横向弯曲氧化锌纳米线，其拉伸侧为正压电势，压缩侧为负压电势。当纳米线具有有限 p 型掺杂时，空穴倾向于在负压电势侧积累。因此负侧部分的压电势将被空穴屏蔽而正侧的压电势保持不变。运用泊松方程和载流子的费米-狄拉克分布，对于一个直径为 50nm、长度为 600nm、受主浓度 $N_A = 1\times10^{17}\text{cm}^{-3}$ 的典型纳米线来说，在受到一个 80nN 的弯曲力时，可以得出，在负端的压电势大于−0.05V，而在正端约 0.3V（图 3.12），即 p 型纳米线内的压电势主要由拉伸侧的正压电势来决定[18]。

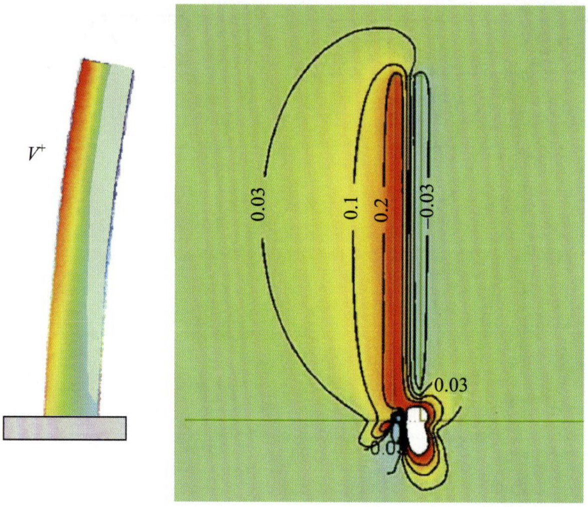

图 3.12　计算得出的受到来自左端横向力发生弯曲的 p 型氧化锌纳米线内的压电势分布[18]

3.8　压电势对接触局域性质的影响

由于纳米线形状的改变，压电势在微/纳米线中的空间分布取决于所施加的拉伸力、压缩力和/或偏转力。压电势可以在纳米线顶部和底部的侧表面具有不同的分布。压电势的这种非均匀空间分布将可能影响压电电子学器件的性能，这将在后面各章详细阐述。

在本节中，我们将对接触处的局域载流子传输特性受压电势空间分布的影响给出理论和实验分析[19]。此研究将可能揭示压电势新的特征及其对压电电子学器件制备的影响。由于在实际制备纳米线器件时会经常引入拉伸应变和扭转应变，因此，对局域肖特基势垒高度的调制所引起的压电电子学效应是不可避免的。我们的研究为相关的科研和应用建立了模型。

3.8.1　理论分析

为使分析简化及合理，假定氧化锌微/纳米线沿 c 轴生长，且长度为 $l = 5\mu m$，半径为 $a = 0.5\mu m$（图 3.13（a））。虽然图 3.13（a）中采用了圆形截面梁的模型，但此处所用的方法适用于具有任意截面形状的纳米线。一般来说，外部施加的力可以分解为垂直和平行于纳米线方向的两部分。如图 3.13（a）所示，我们采用有限元方法计算了当氧化锌纳米线受到垂直力 $\boldsymbol{F}_x$ 和平行力 $\boldsymbol{F}_z$ 时的线内压电势分布。为简化运算起见，我们忽略了纳米线中的有限掺杂。因此也忽略了纳米线的导电性。作用力的两个分量分别选择为 $F_x = -1000nN$ 和 $F_z = -500nN$。图 3.13（a）显示了在平行于纳米线轴方向的横截面上的压电势分布。点 A1 和 A2 的压电势随力垂直分量的增加而降低，而相同条件下点 B1 和 B2 位置的压电势升高；C1 和 C2 位置的压电势很大程度上取决于平行力分量。随着拉伸应力的增加，C1 和 C2 位置的压电势在一端增加而在另一端减少。对金属-半导体-金属结构的背对背肖特基接触型氧化锌微/纳米器件，压电势的改变可以有效调节电极接触处的肖特基势垒高度。因此，测得的器件伏安特性很敏感地取决于制备电极接触的位置。

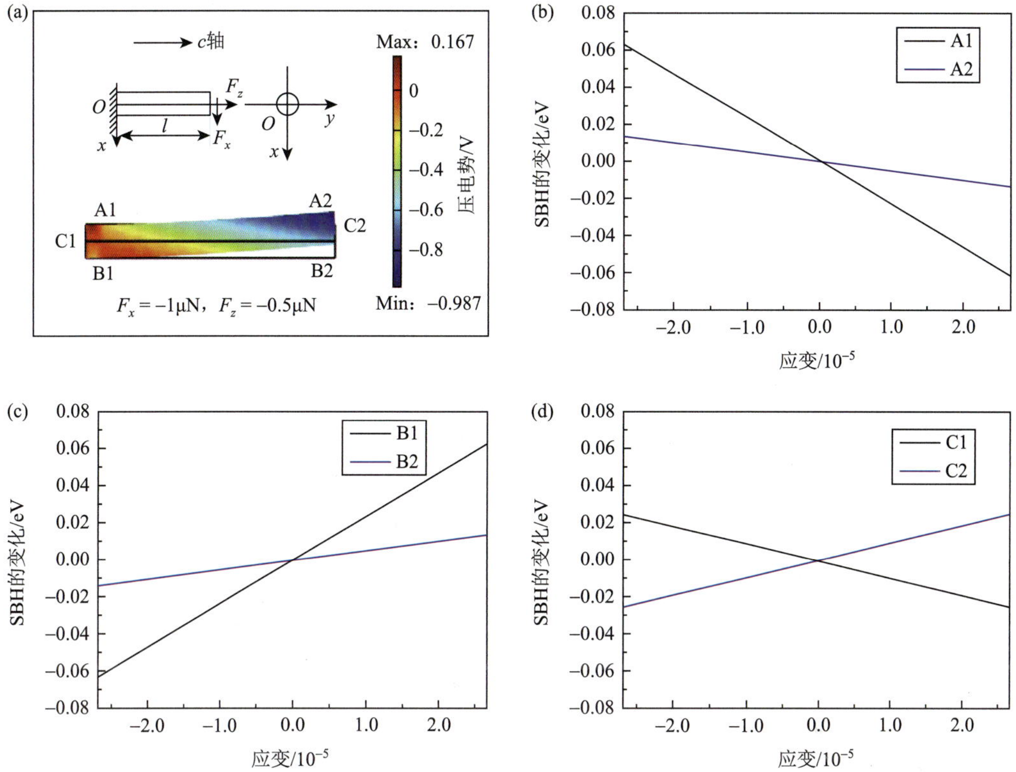

图 3.13　（a）氧化锌悬臂梁及其截面的示意图，以及使用有限元方法计算得到的一端固定氧化锌悬臂梁产生应变后线内的压电势分布（彩色代表局域压电势的大小，单位为伏（V）；箭头指示应变增长的方向）；当电极接触处在不同位（（b）A1 和 A2；（c）B1 和 B2；（d）C1 和 C2）时的肖特基势垒高度（SBH）的预期变化[18]

现在我们开始描述当电极接触被制备在纳米线的不同位置时，压电势的变化对肖特基势垒高度改变的影响。设均匀的小机械应变为 $\boldsymbol{S}_{jk}$ [20]，可以得出极化矢量 $\boldsymbol{P}$ 与应变 $\boldsymbol{S}$ 的关系：

$$(\boldsymbol{P})_i = (\boldsymbol{e})_{ijk}(\boldsymbol{S})_{jk} \tag{3.34}$$

式中，三阶张量 $(\boldsymbol{e})_{ijk}$ 为压电张量。根据经典的压电和弹性理论，本构方程可以写为

$$\begin{cases} \boldsymbol{\sigma} = \boldsymbol{c}_{\mathrm{E}}\boldsymbol{S} - \boldsymbol{e}^{\mathrm{T}}\boldsymbol{E} \\ \boldsymbol{D} = \boldsymbol{e}\boldsymbol{S} + \boldsymbol{k}\boldsymbol{E} \end{cases} \tag{3.35}$$

其中，$\boldsymbol{\sigma}$ 为应力张量；$\boldsymbol{E}$ 为电场强度；$\boldsymbol{D}$ 为电位移；$\boldsymbol{c}_{\mathrm{E}}$ 为弹性张量；$\boldsymbol{k}$ 为介电张量。材料弹性常数可由弹性模量 E 和泊松比 ν 构成的各向同性弹性模量来近似，应力解则可通过圣维南弯曲理论求得[8, 9]。沿 x 轴的应力可表示为

$$\begin{cases}(\tau_{31})_{x=0}=\dfrac{3+2\nu}{8(1+\nu)}\dfrac{F_x a^2}{I_y}\left(1-\dfrac{1-2\nu}{3+2\nu}\dfrac{y^2}{a^2}\right)\\(\tau_{23})_{x=0}=0\\(\tau_{33})_{x=0}=\dfrac{F_z}{\pi a^2}\end{cases}\tag{3.36}$$

于是，可以得到电极接触区域的压电极化矢量为

$$\begin{cases}P_x=\dfrac{2F_x}{\pi a^2 E}e_{15}(1+2\nu)\\P_y=0\\P_z=\dfrac{F_z}{\pi a^2 E}\left(2\nu e_{31}-e_{33}\right)\end{cases}\tag{3.37}$$

压电极化矢量对电极接触的影响将使界面处费米能级发生偏移并使电荷分布发生变化，从而引起肖特基势垒高度的改变。由压电极化矢量引起的肖特基势垒高度的变化可近似为[21]

$$\Delta\phi_{\mathrm{B}}=\frac{\sigma_{\mathrm{pol}}}{D}\left(1+\frac{1}{2q_{\mathrm{s}}w_{\mathrm{d}}}\right)^{-1}\tag{3.38}$$

式中，σ_{pol} 为极化电荷密度（以电子电荷 q 为单位），其表达式为 $\sigma_{\mathrm{pol}}=-\boldsymbol{n}\cdot\boldsymbol{P}/q$，这里，$\boldsymbol{n}$ 为器件表面法向单位向量；D 为在肖特基势垒区域半导体带隙中费米能级处的二维界面态密度；w_{d} 为耗尽层宽度。与界面带隙中态有关的是二维屏蔽参数 $q_{\mathrm{s}}=(2\pi q^2/\kappa_0)D$，这里，$q$ 为电子电荷，κ_0 为半导体的介电常数。将式（3.37）代入式（3.38），得到

$$\Delta\phi_{\mathrm{B}}=-\frac{4\pi q w_{\mathrm{d}}\left[2(\boldsymbol{n}_x\cdot\boldsymbol{F}_x)e_{15}(1+2\nu)+(\boldsymbol{n}_z\cdot\boldsymbol{F}_z)\left(2\nu e_{31}-e_{33}\right)\right]}{\kappa_0\left[1+2(2\pi q^2/\kappa_0)Dw_{\mathrm{d}}\right]\pi a^2 E}\tag{3.39}$$

非常重要的是如果我们忽略式（3.37）和式（3.39）中的平行分量 $\boldsymbol{F}_z$，所得结果与受 AFM 导电针尖横推的单根氧化锌/氮化镓纳米线发电机的结果相符。$F_x=0$ 时，则此模型对应了基于两端固定纳米线的纳米发电机、压电二极管和压电光电子学器件的工作原理。从式（3.39）可知，电极接触位置的不同将可能影响压电电子学器件的特性。当二维界面态密度 D 在 $1\times10^{13}\sim1\times10^{18}\,(\mathrm{eV}\cdot\mathrm{cm}^2)^{-1}$ 的大区间中变化时，$2(2\pi q^2/\kappa_0)Dw_{\mathrm{d}}\ll1$ 的条件一直成立。因此，式（3.39）可以改写为

$$\Delta\phi_{\mathrm{B}}=-\frac{4\pi q w_{\mathrm{d}}\left[2(\boldsymbol{n}_x\cdot\boldsymbol{F}_x)e_{15}(1+2\nu)+(\boldsymbol{n}_z\cdot\boldsymbol{F}_z)\left(2\nu e_{31}-e_{33}\right)\right]}{\kappa_0\pi a^2 E}\tag{3.40}$$

图 3.13（b）～（d）为当 $w_{\mathrm{d}}=20\,\mathrm{nm}$（这是实验中的典型值）、$E=129.0\,\mathrm{GPa}$、$\nu=0.349$ 时，线上不同位置处的肖特基势垒高度随所加应变改变的变化趋势，总体来看，肖特基势垒高度的变化与应变之间呈线性关系。如图 3.13（b）所示，如果电气接触位于位置 A1 和 A2，则两处的肖特基势垒高度随应变增加而以不同的变化率减少。如图 3.13（c）所示，当接触位于位置 B1 和 B2 时，我们发现两处的肖特基势垒高度变化都与应变呈正斜率线性关系，但两处的变化大小不同，这与电气接触位于位置 A1 和 A2 的结果相比趋

势相反。如图 3.13（d）中接触位置 C1 和 C2 处的肖特基势垒高度变化曲线所示，随着应变增加，接触位置 C1 肖特基势垒高度降低，C2 位置肖特基势垒高度增加。由接触位置不同而造成的完全不同的肖特基势垒高度变化趋势将显著影响器件的传输性质。

3.8.2　实验验证

接下来我们将给出压电势的空间分布对氧化锌微米线电接触性质影响的实验观测结果。在我们的研究中使用的超长氧化锌微米线由高温热蒸发工艺合成得到。如图 3.14（a）所示，我们设计了三种器件来阐述相关的概念。第一个是顶电极构型，氧化锌微米线放置在聚苯乙烯（PS）基底上，然后使用银浆将线两端固定在基底上，这种构型对应于接触位置 A1 和 A2 的情况。第二种为底电极构型，这种器件中，氧化锌微米线放置在聚酰亚胺（PI）薄膜上的预制电极上，随后再将此薄膜固定在聚苯乙烯基底上以便操纵。微米线由于范德瓦耳斯力的作用而固定在聚酰亚胺薄膜上。这种情况对应于电接触位置 B1 和 B2 的情况。第三种构型具有全封装式电极构型，这是实验中最常见的情况。与第二种构型中的接触相比，在第三种构型中使用了银浆将放置在预制电极上的微米线两端进行覆盖，使其完全由金属电极包裹。在微米线侧面的电势分布由于平均效应而抵消，因此只留下端面的电势起作用。这对应于接触位置 C1 和 C2 的情况。所有器件均使用一薄层的聚硅氧烷（PDMS）封装以使器件保持机械重复操纵的稳定性。器件中的应变通过移动分辨率为 0.0175 μm 的精确控制的线性位移台弯曲基底来引入。这三种器件的压电响应分别如图 3.14（b）～（d）所示。根据经典的热电子扩散理论[22]和图 3.13（b）中所示 A1 和 A2 位置肖特基势垒高度的变化趋势，顶电极构型器件的电流在整个电压变化范围中随应变增加而增加，但在正、负电压区域具有不同的增长率。此外，我们可以观察到对应正、负电压区的伏安曲线具有非对称的变化，这与理论预期相符。根据图 3.13（c）所示肖特基势垒高度的变化趋势，底电极构型器件的电流在整个电压测试范围内随应变增加而减少，同时由于在接触位置 B1 和 B2 处具有不同的正斜率，我们也可以观察到非对称变化的伏安曲线。当使用全封装电极时，我们观察到器件具有单纯的非对称变化的伏安曲线，如图 3.14（d）所示。

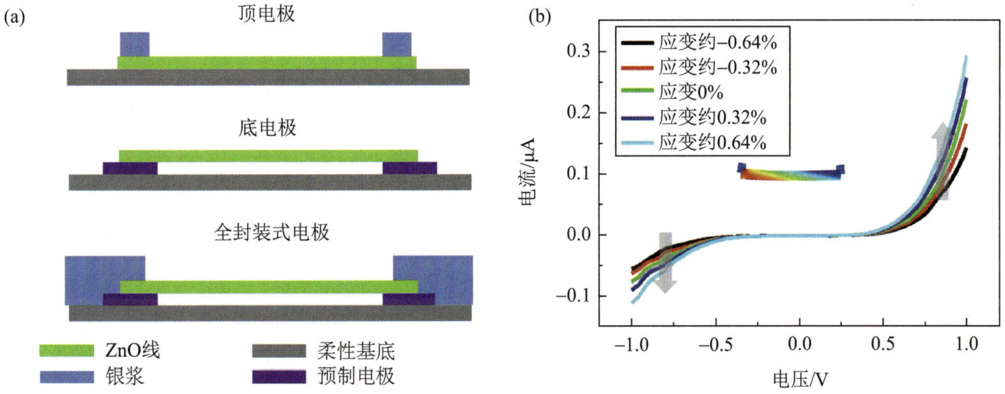

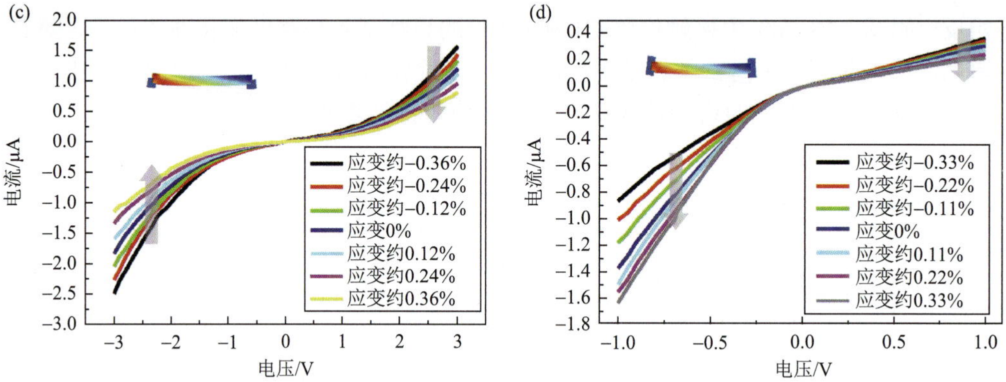

图 3.14 （a）用于实验验证的三种接触构型示意图以及对应的伏安特性与应变之间的关系。（b）顶电极构型器件中电流在整个电压变化范围中随应变增加而变大，但正、负电压区域的增长率不同；（c）底电极构型器件中电流在整个电压变化范围中随应变增加而减少，但正、负电压区域的增长率不同；（d）全封装电极构型器件中电流随应变的增加在负电压区域增加，而在正电压区域减少。箭头方向表明应变增加时电流的变化趋势。（b）～（d）中的插图是对应于不同构型器件中的应变分布[18]

综上所述，我们研究了压电势的空间分布对压电电子学器件电极接触的影响。使用可以分解为垂直和平行于纳米线长度方向的外力，器件的伏安传输特性取决于器件电极接触形成的具体位置。据此我们提出了一种通过调节压电势的空间分布结构来改变器件性能的策略，本研究对通过控制局域接触位置及尺寸来理解和调制压电电子学器件和压电光电子学器件的伏安特性有重要的实际意义。

3.9 电流传输的底端传输模型

当氧化锌纳米线与金属电极形成接触时，金属接触可包裹纳米线的末端。这里我们将分析并比较分别通过纳米线的端面与侧表面的传输电流。n 型氧化锌纳米线和电极中的主要载流子为电子。我们已经利用计算机模拟来研究受电极包裹时线内的载流子分布[23]。根据半导体物理原理，载流子在氧化锌线内直至线两端的分布如图 3.15 所示。计算采用如下假设：①忽略氧化锌表面态；②纳米线为 n 型，无 p 型掺杂。

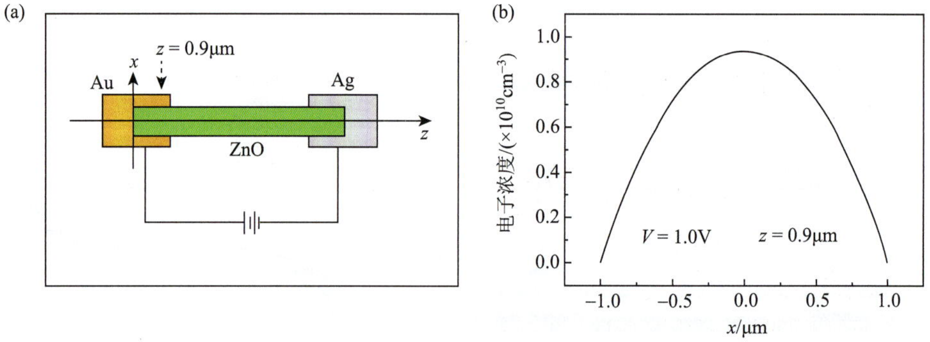

图 3.15 金电极封装的（a）氧化锌线模型和（b）线中的载流子分布（在 $z = 0.9\mu m$ 处）

从载流子分布来看，载流子大多集中在线的中心部位。在这种情况下，如果线的侧面接触面积不明显大于端面表面面积，则大多数载流子将流经纳米线的端面。虽然氧化锌纳米线与金电极在线的端侧界面均形成肖特基势垒，但由于极性电荷只存在于端面，从而只有端面的肖特基势垒高度发生改变。

界面的导电通道来自于两部分贡献：纳米线的端面及其侧表面。如果侧表面电极接触面积与端面的相比不太大，考虑到接触电极中的等电势、金比氧化锌具有更高的导电性以及载流子分布，通过纳米线端面的电流对整个器件结构起着主要的作用。因此，这部分电流分量可能是我们观察到的效应或改变的主要原因，而通过侧表面的电流的贡献可能较小。因此，在接下来的章节中我们的讨论将集中在金属与氧化锌两端极化面接触的情况。

参考文献

[1] Xiang H J，Yang J L，Hou J G，et al. Piezoelectricity in ZnO nanowires：a first-principles study. Applied Physics Letters，2006，89（22）：223111.

[2] Tu Z C，Hu X. Elasticity and piezoelectricity of Zinc oxide crystals，single layers，and possible sin-gle-walled nanotubes. Physical Review B，2006，74（3）：035434.

[3] Kulkarni A J，Zhou M，Ke F J. Orientation and size dependence of the elastic properties of zinc oxide nanobelts. Nanotechnology，2005，16（12）：2749-2756.

[4] Michalski P J，Sai N，Mele E J. Continuum theory for nanotube piezoelectricity. Physical Review Letters，2005，95（11）：116803.

[5] Wang Z L，Kong X Y，Ding Y，et al. Semiconducting and piezoelectric oxide nanostructures induced by polar surfaces. Advanced Functional Materials，2004，14（10）：943-956.

[6] Nye J F. Physical Properties of Crystals. Oxford：Oxford University Press，1957.

[7] Qin Q H. Fracture Mechanics of Piezoelectric Materials. Southampton：WIT Press，2001.

[8] Gao Y F，Wang Z L. Electrostatic potential in a bent piezoelectric nanowire. The fundamental theory of nanogenerator and nanopiezotronics. Nano Letters，2007，7（8）：2499-2505.

[9] Soutas-Little R W. Elasticity. Mineola：Dover Publications，1999.

[10] Landau L D，Lifšic E M，Lifshitz E M，et al. Theory of Elasticity. London：Pergamon，1959.

[11] Zhou J，Fei P，Gao Y，et al. Mechanical-electrical triggers and sensors using piezoelectric micowires/nanowires. Nano Letters，2008，8（9）：2725-2730.

[12] Gao Z Y，Zhou J，Gu Y D，et al. Effects of piezoelectric potential on the transport characteristics of metal-ZnO nanowire-metal field effect transistor. Journal of Applied Physics，2009，105（11）：113707.

[13] Lao C S，Liu J，Gao P X，et al. ZnO nanobelt/nanowire Schottky diodes formed by dielectrophoresis alignment across Au electrodes. Nano Letters，2006，6（2）：263-266.

[14] Gao Y F，Wang Z L. Equilibrium potential of free charge carriers in a bent piezoelectric semiconductive Nanowire. Nano Letters，2009，9（3）：1103-1110.

[15] Sacconi F，Di Carlo A，Lugli P，et al. Spontaneous and piezoelectric polarization effects on the output characteristics of AlGaN/GaN heterojunction modulation doped FETs. IEEE Transactions on Electron Devices，2001，48（3）：450-457.

[16] Shan W，Walukiewicz W，Ager J W，et al. Pressure-dependent photoluminescence study of ZnO nanowires. Applied Physics Letters，2005，86（15）：153117.

[17] Mantini G，Gao Y F，D'Amico A，et al. Equilibrium piezoelectric potential distribution in a deformed ZnO nanowire. Nano Research，2009，2：624-629.

[18] Lu M P，Song J H，Lu M Y，et al. Piezoelectric nanogenerator using p-type ZnO nanowire arrays. Nano Letters，2009，9（3）：1223-1227.

[19] Zhang Y，Hu Y F，Xiang S，et al. Effects of piezopotential spatial distribution on local contact dictated transport property of ZnO micro/nanowires. Applied Physics Letters，2010，97（3）：033509.

[20] Maugin G A. Continuum Mechanics of Electromagnetic Solids. Amsterdam：North-Holland，1988.

[21] Chung K W，Wang Z，Costa J C，et al. Barrier height change in GaAs Schottky diodes induced by piezoelectric effect. Applied Physics Letters，1991，59（10）：1191.

[22] Sze S M. Physics of Semiconductor Devices. 2nd ed. New York：John Wiley & Sons，1981.

[23] Song J H，Zhang Y，Xu C，et al. Polar charges induced electric hysteresis of ZnO Nano/microwire for fast data storage. Nano Letters，2011，11（7）：2829-2834.

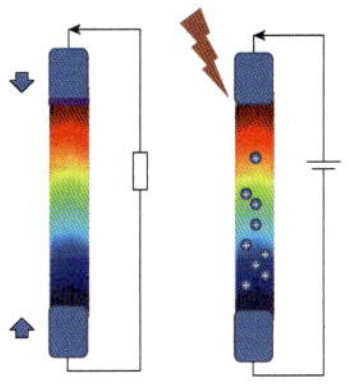

第4章

压电电子学基本理论

摘　要

通过使用内晶体压电势作为“栅极”电压来调整/控制金属-半导体界面或p-n结上的电荷传输行为而制造的电子器件被称为压电电子学器件。它可应用于力/压力触发/控制电子设备、传感器、微机电系统（MEMS）、人机接口、纳米机器人和触屏技术等领域。本章中，我们将阐述压电电子学的基本理论框架，来理解并定量计算器件中的载流子传输行为。

4.1　压电电子学晶体管与传统场效应晶体管的比较

由于具有压电和半导体特性的耦合性质，压电半导体纳米/微米线已经被作为基本单元来构造多种新器件，如纳米发电机[1-3]、压电场效应晶体管[4]、压电二极管[5]、压电化学传感器[6]以及压电光电子学器件等[7, 8]。以氧化锌纳米线为例，当沿 c 轴生长的纳米线沿着此方向产生拉伸应变时，在纳米线两端产生的压电电荷在纳米线内形成压电势。压电势可以调节电极与纳米线界面处的肖特基势垒高度，从而使得外应力可以控制或调节纳米线中载流子的传输行为，这就是压电电子学效应。利用晶体的内建压电势代替门极电压来调节、控制通过金属-半导体接触或者 p-n 结的载流子传输行为的电子器件就是压电电子学器件，这与传统的 CMOS 场效应晶体管的基本设计具有本质区别[9]。

我们首先从传统的金属-氧化物-半导体场效应晶体管（MOSFET）开始来阐述压电电子学的基本概念。在 n 型沟道场效应晶体管中（图 4.1（a）），两个 n 型掺杂区域作为源极和漏极；沉积在 p 型区域上的绝缘氧化物薄层作为门极绝缘层，其上沉积的一层金属作为门极（又称栅极）。当源漏极间外加电压 V_{DS} 作用时，门极电压（又称栅压）V_G 通过调控载流子传输沟道的宽度来控制从漏极流向源极的电流。类似地，在半导体纳米线构造的单沟道场效应晶体管中（图 4.1（b）），纳米线两端的金属电极分别作为源极和漏极，而门极电压则通过纳米线顶部或者基底加入。

如图 4.1（c）和图 4.1（d）所示，压电电子学晶体管具有金属-纳米线-金属结构，例如金-氧化锌-金或者银-氧化锌-银等[9]。压电电子学晶体管的基本原理是利用应变在半导体材料内界面区域产生压电势，而压电势可以在金属-半导体（M-S）接触的界面通过调制局域接触特性来控制载流子的传输。这种结构与传统 CMOS 器件的设计截然不同，原因如下：首先，外加门极电压被晶体内压电效应产生的内建压电势取代，从而省去了门极，这意味着压电电子学晶体管只需要源极和漏极两个电极端口；其次，对导电沟道宽度的调控被对界面的控制所取代，反偏时，通过金属-半导体接触界面的电流随等效势垒的高度而呈指数变化，由于这个非线性效应，器件的开关电流比率可以达到相当高的值；最后，传统的电压控制器件被由外应力或应变控制的器件所代替。这类新型器件将有可能与传统的 CMOS 器件实现新颖的互补功能和应用。

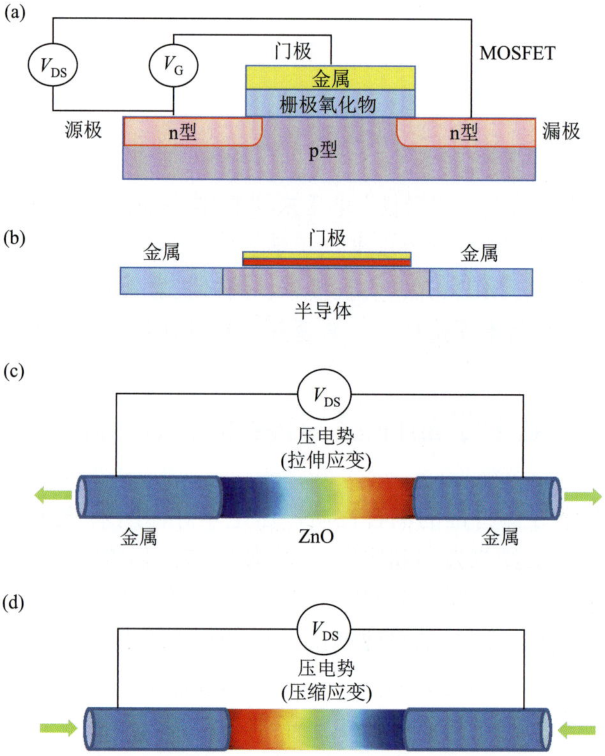

图 4.1 （a）n 型沟道金属-氧化物-半导体场效应晶体管示意图；（b）半导体纳米线场效应晶体管示意图；压电电子学晶体管示意图：（c）拉伸应力条件下，（d）压缩应力条件下。这里压电势控制载流子通过金属-半导体界面的传输行为代替了门极电压对导电沟道宽度的控制[9]

当氧化锌纳米线器件受到应变时，存在两种效应可能影响载流子传输过程。一种效应是压阻效应，其原因是受到应变时，半导体材料内的能带和载流子浓度会发生变化，导带态密度也有可能发生改变。这个效应在纳米线两端的作用是对称的且没有极性的变化，因此不能产生晶体管的功能。压阻效应是半导体材料中常见的性质，并不只局限于纤锌矿结构材料，例如硅和砷化镓中也都存在压阻效应。另一种效应是压电效应，这是由具有非中心对称结构的晶体中离子的极化导致的。由于此过程中产生的压电势存在极性差异，此效应对器件的源漏极两端局域接触具有反对称或者非对称作用。一般来说，负压电势会增高金属与 n 型半导体间局域接触的势垒高度，这可能将欧姆接触转变为肖特基接触，或将肖特基接触转变为近似“绝缘”的接触；另一方面，正压电势会降低金属与 n 型半导体局域接触的势垒高度，将肖特基接触转变为欧姆接触。不过势垒高度改变的程度还依赖纳米线的掺杂类型和掺杂浓度。由于压电电荷分布在纳米线的两端，因此将直接影响该处区域接触的性质。目前来说，压电电子学效应还局限于纤锌矿结构材料，如氧化锌、氮化镓、硫化镉和氮化铟等。需要指出的是，压电势的极性可以通过调整应变在拉伸和压缩类型之间的变化来转换，因此压电电子学器件可以通过简单地反转施加在器件上应变的极性来实现从源极控制到漏极控制器件的转变[10]。

4.2　压电势对金属-半导体接触的影响

当金属和 n 型半导体形成接触时，若金属材料的功函数大于半导体材料的电子亲和势，则金属-半导体接触界面处形成肖特基势垒（SB）（$e\phi_{SB}$）（图 4.2（a））。只有当外加于金属端的正电压（对于 n 型半导体）大于阈值（ϕ_i）时，电流才能单向地通过此势垒。当界面因受到光激发而产生光生电子-空穴对时，新生的导带电子将趋向远离接触区域，而新生的价带空穴将趋向金属侧朝界面靠近。界面附近聚集的空穴会改变局域的电势分布，进而导致等效肖特基势垒的降低而增加电导率（图 4.2（b））。

当压电半导体产生一定应变时，界面上半导体一侧的负压电势增高等效肖特基势垒高度到 $e\phi'$（图 4.2（c））[10]，而正压电势将降低肖特基势垒的高度。压电势的作用是利用内建电场有效地改变局域接触特性从而对金属-半导体接触区域的载流子传输过程进行调控。此内建电场依赖于材料的晶向和应变的极性。由于通过转换应变类型（拉伸或者压缩）可以改变压电势的极性，因此局域接触的特性可由应变的大小和极性来调控[11]。因而，通过界面的载流子传输特性可由压电势有效控制，压电势起着类似于传统晶体管中门极电压的作用。这就是压电电子学的核心。

另一方面，当金属-半导体接触受到光子能量大于半导体带隙的光激发时，接触区域附近会产生光生电子-空穴对。界面自由电荷的存在有效地降低了肖特基势垒的高度，因此压电势可以增高局域肖特基势垒高度而激光辐射可以有效降低局域肖特基势垒高度。上述两种效应可以互补地来控制界面载流子传输。这就是压电效应和光激发之间的耦合效应[10]。

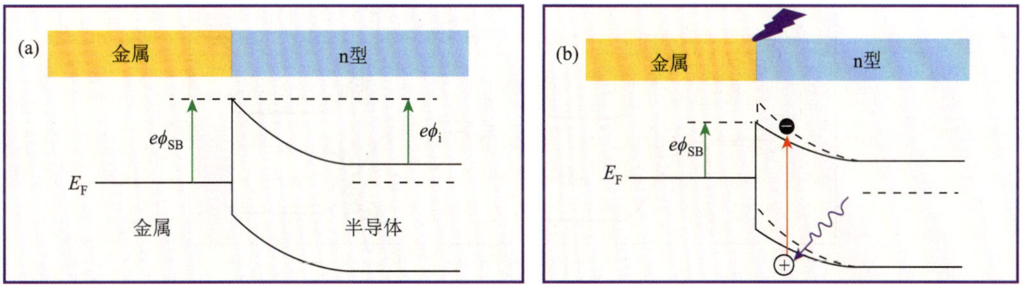

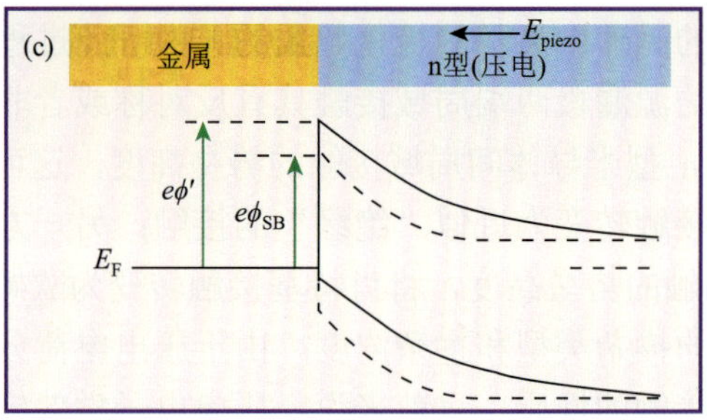

图 4.2 金属-半导体肖特基接触界面受激光辐射和压电电场作用时的能带图。（a）金属-半导体肖特基接触能带；（b）金属-半导体肖特基接触受到光子能量大于带隙的光激发时的能带，这对应于将肖特基势垒高度降低；（c）半导体受到形变时的金属-半导体肖特基接触能带。在半导体中产生的压电势具有极性，这种情况中与金属接触端为低压电势端[10]

4.3 压电势对 p-n 结的影响

p 型半导体和 n 型半导体形成 p-n 结时，结区 p 型半导体中的空穴和 n 型半导体中的电子趋于重新分布以平衡局域电场，而结区电子和空穴的相互扩散与复合过程也导致电荷耗尽区的形成（图 4.3（a））。由于压电电荷可以几乎不被局部残余的自由电荷所屏蔽，电荷耗尽区的存在可以显著地增强压电效应的影响。如图 4.3（a）所示，若 p 型压电半导体材料受到应变时，在掺杂相对较低的情况下，结区的负压电电荷不能被局域自由载流子完全屏蔽而得以保持。负压电势将稍稍提升结区能带而导致能带的稍微倾斜。另一方面，若应变发生极性改变（图 4.3（b）），则界面附近的正压电电荷使得结区能带结构产生一个凹陷。对局域能带的改变也可能会有效地形成空穴阱，从而导致电子、空穴的复合率明显增加[10]，这对改善发光二极管（LED）的效率十分有利[12]。此外，倾斜的能带也会改变向结区移动的载流子的迁移率。

同理可得，若 n 型区是压电半导体材料，则压电效应亦可以导致类似的能带变化，如图 4.3（c）和（d）所示。应用压电电荷对界面或结区的能带结构进行调节可以引起局域能带结构的本质变化，并进而有效地控制器件性能。

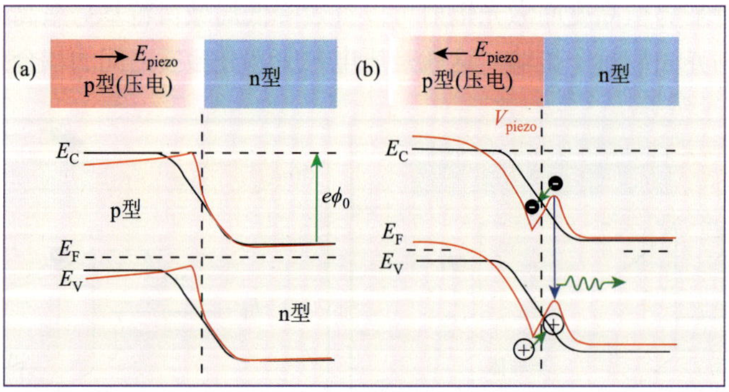

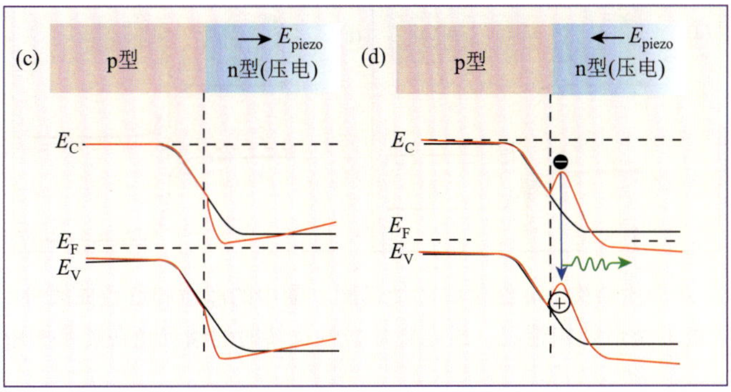

图 4.3　两种带隙相近的半导体 p-n 结在压电电场作用下的能带图。四种可能的情况下的能带，黑色和红色曲线分别代表结区不存在和存在压电电场的情况。其中，假设 n 型和 p 型半导体带隙是相等的。极性反转的效应也在能带图中显示出来[13]

如图 4.4 所示，对由带隙明显不同的两种半导体材料组成的 p-n 结，局域压电电荷同样可以显著地影响能带结构，从而有效地调控通过界面的载流子传输行为[13]。以图 4.4（e）为例，由于带隙不同而产生的界面势垒可以被压电电荷降低，从而使得电子可以较容易地从界面处通过。而对于图 4.4（f）而言，界面势垒的高度和宽度由于压电电荷的作用而增加，在图 4.4（b）中，对空穴的局域俘获明显增加，这对发光二极管的应用非常有利。但图 4.4（a）的情况却可能对发光二极管效率产生负效应，因此结区压电电荷的存在对某些光电子过程非常有用。

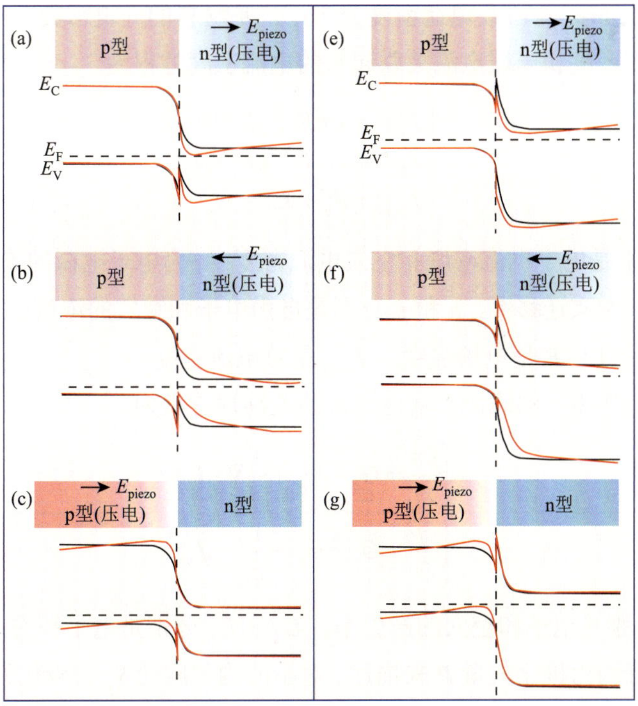

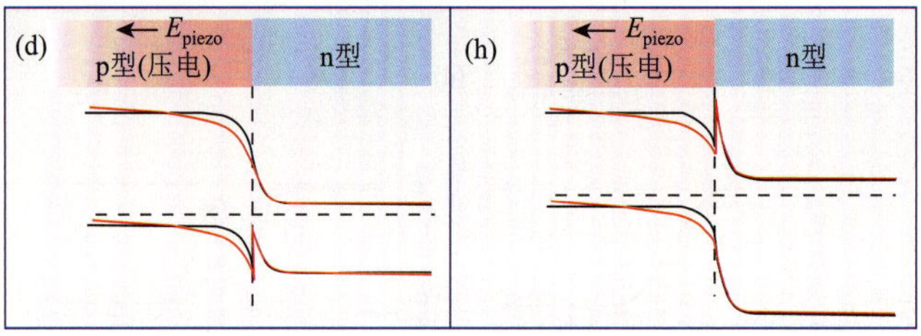

图 4.4 描述压电电场对异质结构 p-n 结影响的能带图。图中的黑色和红色曲线分别代表了结区有无压电电场时 8 种可能的能带结构情况，压电电场极性反转时的情况也在能带图中进行了表示[13]

4.4 压电电子学效应的理论框架

由于压电电子学晶体管中包含压电半导体材料，因此我们需要考虑半导体物理和压电理论两方面的基本支配方程来讨论压电电子学效应。压电电子学的基本方程包括静电方程、电流密度方程和连续性方程。这些方程用于描述半导体中载流子的静态分布和动态传输行为[14]。此外压电电子学基本方程还包括描述材料受动态应变时的压电现象的压电方程[15]。

泊松方程是用来描述电荷的静电场分布的基本方程：

$$\nabla^2 \psi_{\mathrm{i}} = -\frac{\rho(\boldsymbol{r})}{\varepsilon_{\mathrm{s}}} \tag{4.1}$$

式中，ψ_{i} 是电势分布；$\rho(\boldsymbol{r})$ 是电荷密度分布；ε_{s} 是材料的介电常数。

将电场、电荷密度和局域电流关联起来的电流密度方程为

$$\begin{cases} \boldsymbol{J}_{\mathrm{n}} = q\mu_{\mathrm{n}} n\boldsymbol{E} + qD_{\mathrm{n}}\nabla n \\ \boldsymbol{J}_{\mathrm{p}} = q\mu_{\mathrm{p}} p\boldsymbol{E} - qD_{\mathrm{p}}\nabla p \\ \boldsymbol{J}_{\mathrm{cond}} = \boldsymbol{J}_{\mathrm{n}} + \boldsymbol{J}_{\mathrm{p}} \end{cases} \tag{4.2}$$

这里，$\boldsymbol{J}_{\mathrm{n}}$ 和 $\boldsymbol{J}_{\mathrm{p}}$ 分别是电子电流密度和空穴电流密度；q 为电子电荷的绝对值；μ_{n} 和 μ_{p} 分别是电子迁移率和空穴迁移率，n 和 p 分别是自由电子和空穴的浓度；D_{n} 和 D_{p} 分别是电子和空穴的扩散系数；$\boldsymbol{E}$ 是电场强度；$\boldsymbol{J}_{\mathrm{cond}}$ 是总电流密度。

用以描述电场作用下的载流子输运过程的连续性方程为

$$\begin{cases} \dfrac{\partial n}{\partial t} = G_{\mathrm{n}} - U_{\mathrm{n}} + \dfrac{1}{q}\nabla\cdot\boldsymbol{J}_{\mathrm{n}} \\ \dfrac{\partial p}{\partial t} = G_{\mathrm{p}} - U_{\mathrm{p}} - \dfrac{1}{q}\nabla\cdot\boldsymbol{J}_{\mathrm{p}} \end{cases} \tag{4.3}$$

这里，G_{n} 和 G_{p} 分别是电子和空穴的产生率；U_{n} 和 U_{p} 分别是电子和空穴的复合率。

材料的压电行为由极化矢量 $\boldsymbol{P}$ 来描述。对小的均匀应变 S_{jk}，极化矢量 $\boldsymbol{P}$ 与应变张量 $\boldsymbol{S}$ 关系为

$$(\boldsymbol{P})_i = (\boldsymbol{e})_{ijk} (\boldsymbol{S})_{jk} \tag{4.4}$$

式中，$(\boldsymbol{e})_{ijk}$ 是三阶压电张量。根据传统压电和弹性力学理论[15]，压电本构方程可写为

$$\begin{cases} \boldsymbol{\sigma} = \boldsymbol{c}_{\mathrm{E}} \boldsymbol{S} - \boldsymbol{e}^{\mathrm{T}} \boldsymbol{E} \\ \boldsymbol{D} = \boldsymbol{e}\boldsymbol{S} + \boldsymbol{k}\boldsymbol{E} \end{cases} \tag{4.5}$$

这里，$\boldsymbol{\sigma}$ 是应力张量；$\boldsymbol{E}$ 是电场强度；$\boldsymbol{D}$ 是电位移矢量；$\boldsymbol{c}_{\mathrm{E}}$ 是弹性系数张量；$\boldsymbol{k}$ 是介电常数张量。

4.5　一维简化模型解析解

在实际器件模型中，上述方程可在特定的边界条件下求解。为描述基本物理图像，简化起见，我们考虑一维压电电子学器件中源漏电极端均为欧姆接触，这意味着我们可以将载流子浓度和电势的狄利克雷（Dirichlet）边界条件（第一类边界条件）应用于器件的边界上[14]。我们同时假定器件所受应变垂直于金属-半导体接触界面，因此器件中不存在切应变。

4.5.1　压电 p-n 结

p-n 结是现在电子器件中最基本的单元。肖克利（Shockley）理论给出了描述 p-n 结伏安特性的基本理论。为更好理解压电 p-n 结，我们用肖克利理论来描述其中的半导体物理机理[14]。简化起见，我们假设 p 型区域为非压电材料，n 型区域为压电材料。当沿着 c 轴方向生长的氧化锌受到沿此方向的压缩应力时，正压电电荷在 p-n 结界面的 n 型材料一侧产生。经典压电理论将块体材料中的压电电荷看作表面电荷，这是由于压电极化电荷的分布区域远小于块体晶体的尺度，因此可以假设压电电荷分布在厚度为 0 的表面区域。但是上述假设却不适用于纳米器件或微米器件。基于此，我们假设压电电荷分布在微纳器件中 p-n 结界面附近宽度为 W_{piezo} 的区域内（图 4.5（a））。

如图 4.5（a）所示，我们将应用突变结模型来进行讨论。此模型中 p-n 结内掺杂浓度从受主杂质浓度 N_{A} 突变到施主杂质浓度 N_{D}。假设由于结区电子和空穴扩散形成的电荷耗尽区的分布为矩形形状。我们首先计算 p-n 结中的电场和电势分布。对一维器件，泊松方程（式（4.1））可简化为

$$-\frac{\mathrm{d}^2\psi_{\mathrm{i}}}{\mathrm{d}x^2} = \frac{\mathrm{d}E}{\mathrm{d}x} = \frac{\rho(x)}{\varepsilon_{\mathrm{s}}} = \frac{1}{\varepsilon_{\mathrm{s}}}[qN_{\mathrm{D}}(x) - qn(x) - qN_{\mathrm{A}}(x) + qp(x) + q\rho_{\mathrm{piezo}}(x)] \tag{4.6}$$

这里，$N_{\mathrm{D}}(x)$ 是施主浓度；$N_{\mathrm{A}}(x)$ 是受主浓度；$\rho_{\mathrm{piezo}}(x)$ 为极化电荷密度（以电子电荷作为单位）。设 W_{Dp} 和 W_{Dn} 分别为耗尽层在 p 型区域和 n 型区域中的宽度，则结区的电场分布可通过将以上方程积分得到，如图 4.5（b）所示：

$$E(x) = -\frac{qN_{\mathrm{A}}(x + W_{\mathrm{Dp}})}{\varepsilon_{\mathrm{s}}}, \quad -W_{\mathrm{Dp}} \leqslant x \leqslant 0 \tag{4.7a}$$

$$E(x) = -\frac{q[N_D(W_{Dn} - x) + \rho_{piezo}(W_{piezo} - x)]}{\varepsilon_s}, \quad 0 \leqslant x \leqslant W_{piezo} \tag{4.7b}$$

$$E(x) = -\frac{qN_D}{\varepsilon_s}(W_{Dn} - x), \quad W_{piezo} \leqslant x \leqslant W_{Dn} \tag{4.7c}$$

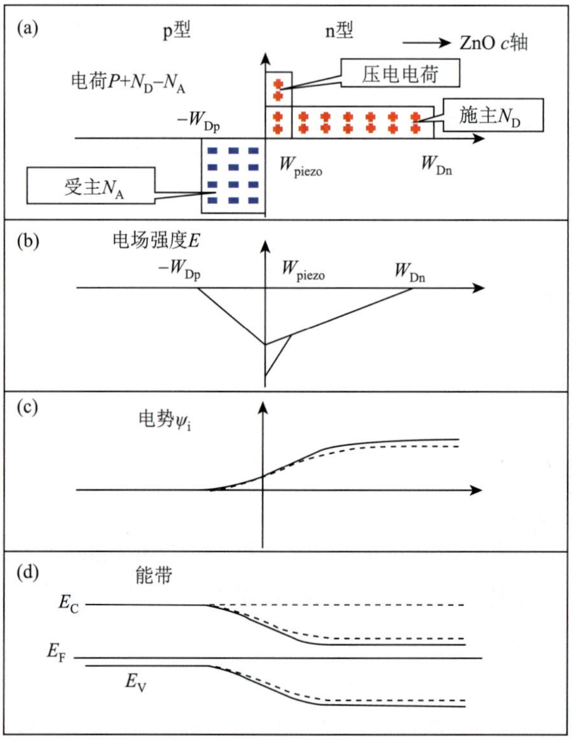

图 4.5　结区存在压电电荷的压电 p-n 结，当外加偏压 $V=0$（处于热平衡条件）时：（a）压电电荷、受主和施主区域电荷分布；（b）电场分布；（c）电势分布；（d）存在压电电荷时的能带图。虚线表示没有压电电荷情况下的电场、电势和能带分布，实线是 n 型区域存在压电势的情况[9]

最大电场强度存在于 $x=0$ 处且由下式给出：

$$|E_m| = \frac{q(N_D W_{Dn} + \rho_{piezo} W_{piezo})}{\varepsilon_s} \tag{4.8}$$

电势分布 $\psi_i(x)$ 为（图 4.5（c））

$$\psi_i(x) = \frac{qN_A(x + W_{Dp})^2}{2\varepsilon_s}, \quad -W_{Dp} \leqslant x \leqslant 0 \tag{4.9a}$$

$$\psi_i(x) = \psi_i(0) + \frac{q}{\varepsilon_s}\left[N_D\left(W_{Dn} - \frac{x}{2}\right)x + \rho_{piezo}\left(W_{piezo} - \frac{x}{2}\right)x\right], \quad 0 \leqslant x \leqslant W_{piezo} \tag{4.9b}$$

$$\psi_i(x) = \psi_i(W_{piezo}) - \frac{qN_D}{\varepsilon_s}\left(W_{Dn} - \frac{W_{piezo}}{2}\right)W_{piezo} + \frac{qN_D}{\varepsilon_s}\left(W_{Dn} - \frac{x}{2}\right)x, \quad W_{piezo} \leqslant x \leqslant W_{Dn} \tag{4.9c}$$

则内建电势 ψ_{bi} 为

$$\psi_{\mathrm{bi}} = \frac{q}{2\varepsilon_{\mathrm{s}}}(N_{\mathrm{A}}W_{\mathrm{Dp}}^2 + \rho_{\mathrm{piezo}}W_{\mathrm{piezo}}^2 + N_{\mathrm{D}}W_{\mathrm{Dn}}^2) \tag{4.10}$$

式（4.10）给出了由拉伸或压缩应变产生的压电电荷所引起的内建电势的变化。界面处压电电荷的极性由应变的拉伸或压缩类型来确定。这个结果清晰地表明，压电势可以引起半导体能带相对于费米能级的改变。

接下来我们应用肖克利理论来分析压电 p-n 结伏安特性。我们基于以下四个假设对理想 p-n 结进行建模：①压电 p-n 结具有突变的耗尽层；②压电半导体为非简并，因此可以应用玻尔兹曼近似；③注入的少数载流子（简称少子）浓度小于多子浓度，因此可以应用小注入假设；④耗尽层内没有载流子产生复合电流，通过 p-n 结区的电子电流和空穴电流保持不变。若压电电荷分布宽度远小于耗尽层宽度，即 $W_{\mathrm{piezo}} \ll W_{\mathrm{Dn}}$，则可以将压电电荷对氧化锌能带的影响看作微扰。总电流密度可以通过求式（4.2）来获得[14]：

$$J = J_{\mathrm{p}} + J_{\mathrm{n}} = J_0\left[\exp\left(\frac{qV}{kT}\right) - 1\right] \tag{4.11}$$

式中，饱和电流密度 $J_0 \equiv \dfrac{qD_{\mathrm{p}}p_{\mathrm{no}}}{L_{\mathrm{p}}} + \dfrac{qD_{\mathrm{n}}n_{\mathrm{po}}}{L_{\mathrm{n}}}$，这里 p_{no} 是热平衡条件下 n 型半导体中的空穴浓度，n_{po} 是热平衡条件下 p 型半导体中的电子浓度，L_{p} 和 L_{n} 分别是空穴和电子的扩散长度。

本征载流子密度 n_{i} 为

$$n_{\mathrm{i}} = N_{\mathrm{C}}\exp\left(-\frac{E_{\mathrm{C}} - E_{\mathrm{i}}}{kT}\right) \tag{4.12}$$

这里，N_{C} 是导带内的等效态密度；E_{i} 为本征费米能级；E_{C} 为导带底。

对 n 型半导体中施主浓度为 N_{D} 的单边突变结的简化情况，即局域具有 $p_{\mathrm{n0}} \gg n_{\mathrm{p0}}$ 时，则有 $J_0 \approx \dfrac{qD_{\mathrm{p}}p_{\mathrm{no}}}{L_{\mathrm{p}}}$，其中 $p_{\mathrm{no}} = n_{\mathrm{i}}\exp\left(\dfrac{E_{\mathrm{i}} - E_{\mathrm{F}}}{kT}\right)$，所以总电流密度为

$$J = J_0\left[\exp\left(\frac{qV}{kT}\right) - 1\right] = \frac{qD_{\mathrm{p}}n_{\mathrm{i}}}{L_{\mathrm{p}}}\exp\left(\frac{E_{\mathrm{i}} - E_{\mathrm{F}}}{kT}\right)\left[\exp\left(\frac{qV}{kT}\right) - 1\right] \tag{4.13}$$

若定义 J_{C0} 与 E_{F0} 为没有压电势存在时的饱和电流密度和费米能级，则

$$J_{\mathrm{C0}} = \frac{qD_{\mathrm{p}}n_{\mathrm{i}}}{L_{\mathrm{p}}}\exp\left(\frac{E_{\mathrm{i}} - E_{\mathrm{F0}}}{kT}\right) \tag{4.14}$$

根据式（4.9a）～式（4.9c）和式（4.10），压电势存在时的费米能级 E_{F} 为

$$E_{\mathrm{F}} = E_{\mathrm{F0}} - \frac{q^2\rho_{\mathrm{piezo}}W_{\mathrm{piezo}}^2}{2\varepsilon_{\mathrm{s}}} \tag{4.15}$$

将式（4.14）、式（4.15）代入式（4.13），我们可得压电 p-n 结的伏安特性为[9]

$$J = J_{C0}\exp\left(\frac{q^2\rho_{piezo}W_{piezo}^2}{2\varepsilon_s kT}\right)\left[\exp\left(\frac{qV}{kT}\right)-1\right] \tag{4.16}$$

这意味着流过 p-n 结的电流与局域压电电荷之间为指数函数关系，压电电荷的符号依赖于应变的类型。因此，可以通过改变应变的大小和类型（对应拉伸和压缩应变）来调控传输电流。这是基于 p-n 结的压电晶体管的工作机制。

4.5.2 金属-半导体接触

金属-半导体接触是电子器件中一种重要的结构。与对压电 p-n 结的分析类似，当金属和半导体之间形成肖特基势垒时，其电荷分布可以简化成如图 4.6（a）所示。假设半导体材料为 n 型掺杂，为简化起见，我们忽略表面态和其他非理想因素。受应变时，界面处产生的压电电荷不仅改变肖特基势垒的高度，也会改变其宽度。不同于半导体中引入不同掺杂而改变肖特基势垒高度（器件制成后就不能再改变），压电势可以对制成的器件通过改变应变而连续调节肖特基势垒高度。

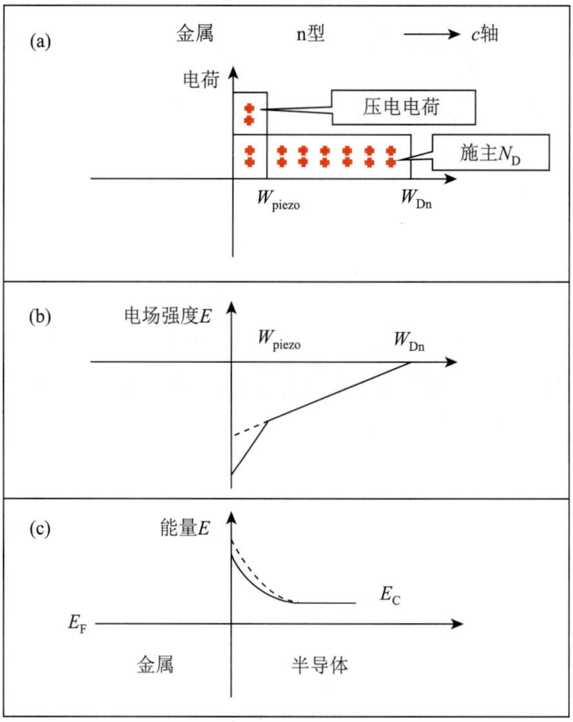

图 4.6 理想的金属-半导体肖特基接触，当接触区域存在压电电荷且外加偏压 $V=0$（处于热平衡）时：（a）空间电荷分布；（b）电场分布；（c）存在压电电荷影响时的能带图。虚线表示没有压电电荷情况下的电场和能带结构，实线是 n 型半导体内存在压电势的情况[9]

关于金属-半导体肖特基接触主要有几种理论，包括热电子发射理论、扩散理论和热电子发射-扩散理论等[14]。尽管我们在本书采用扩散理论作为具体讨论的例子以清楚地描述压电电子学效应，但所采用的方法和过程也可直接应用于热电子发射理论和热电子发射-扩散理论等模型中。

金属-半导体肖特基结的载流子传输由多子控制。则电流密度方程（式（4.2））可改写为[14]

$$J = J_{\mathrm{n}} = q\mu_{\mathrm{n}} nE + qD_{\mathrm{n}}\frac{\mathrm{d}n}{\mathrm{d}x} \tag{4.17}$$

式中，$E = \frac{\mathrm{d}\psi_{\mathrm{i}}}{\mathrm{d}x} = \frac{\mathrm{d}E_{\mathrm{C}}}{\mathrm{d}x}$。

根据肖特基提出的扩散理论，正偏条件下（金属端接正偏压）的解为[19]

$$J_{\mathrm{n}} \approx J_{\mathrm{D}} \exp\left(-\frac{q\phi_{\mathrm{Bn}}}{kT}\right)\left[\exp\left(\frac{qV}{kT}\right)-1\right] \tag{4.18}$$

式中，$J_{\mathrm{D}} = \frac{q^2 D_{\mathrm{n}} N_{\mathrm{C}}}{kT}\sqrt{\frac{2qN_{\mathrm{D}}(\psi_{\mathrm{bi}}-V)}{\varepsilon_{\mathrm{s}}}}\exp\left(-\frac{q\phi_{\mathrm{Bn}}}{kT}\right)$是饱和电流密度。定义 J_{D0} 为无压电电荷时的饱和电流密度：

$$J_{\mathrm{D0}} = \frac{q^2 D_{\mathrm{n}} N_{\mathrm{C}}}{kT}\sqrt{\frac{2qN_{\mathrm{D}}(\psi_{\mathrm{bi0}}-V)}{\varepsilon_{\mathrm{s}}}}\exp\left(-\frac{q\phi_{\mathrm{Bn0}}}{kT}\right) \tag{4.19}$$

其中，ψ_{bi0} 和 ϕ_{Bn0} 分别是无压电电荷时的内建电势和肖特基势垒高度。在我们的例子中，压电电荷的影响可以考虑为对导带边 E_{C} 的微扰。压电电荷导致的等效肖特基势垒高度的改变可以由电势分布方程（式（4.9a）～式（4.9c）和式（4.10））导出：

$$\phi_{\mathrm{Bn}} = \phi_{\mathrm{Bn0}} - \frac{q^2\rho_{\mathrm{piezo}}W_{\mathrm{piezo}}^2}{2\varepsilon_{\mathrm{s}}} \tag{4.20}$$

则电流密度可改写为[9]

$$J_{\mathrm{n}} \approx J_{\mathrm{D0}} \exp\left(\frac{q^2\rho_{\mathrm{piezo}}W_{\mathrm{piezo}}^2}{2\varepsilon_{\mathrm{s}}kT}\right)\left[\exp\left(\frac{qV}{kT}\right)-1\right] \tag{4.21}$$

这意味着流过金属-半导体肖特基结的电流是局域压电电荷的指数函数，而压电电荷的极性依赖于应变的类型。因此，传输电流可以有效地被应变的大小和类型（对应拉伸和压缩应变）调控，这就是基于金属-半导体肖特基结的压电晶体管的工作机制。

4.5.3　金属与纤锌矿结构半导体接触

现在我们把 4.5.2 小节的结果扩展到金属与纤锌矿结构半导体接触这一特例中，例如金-氧化锌或银-氧化锌的情况。对沿 c 轴生长的氧化锌纳米线，其压电系数矩阵为 $(\boldsymbol{e})_{ijk} = \begin{pmatrix} 0 & 0 & 0 & 0 & e_{15} & 0 \\ 0 & 0 & 0 & e_{15} & 0 & 0 \\ e_{31} & e_{31} & e_{33} & 0 & 0 & 0 \end{pmatrix}$。如果纳米线沿着 c 轴的应变为 s_{33}，压电极化矢量可以从式（4.4）和式（4.5）得到：

$$P_z = e_{33}s_{33} = q\rho_{\mathrm{piezo}}W_{\mathrm{piezo}} \tag{4.22}$$

则电流密度为

$$J = J_{D0} \exp\left(\frac{qe_{33}s_{33}W_{piezo}}{2\varepsilon_s kT}\right)\left[\exp\left(\frac{qV}{kT}\right)-1\right] \tag{4.23}$$

这个结果清楚地显示出流过金属-半导体界面的电流与应变呈指数关系，这意味着传输电流的开关状态可以用应变来控制。

数值计算中用到的材料参数为：压电系数 $e_{33}=1.22\text{C/m}^2$；相对介电常数 $\varepsilon_s=8.91$；压电电荷分布宽度 $W_{piezo}=0.25\text{nm}$；温度 $T=300\text{K}$。如图 4.7（a）所示，通过金属-半导体界面的 J/J_{D0} 随外加电压函数与应变之间的关系，清楚地表明了应变对传输电流的调节效应。当外加正向偏置电压固定于 $V=0.5\text{V}$ 时，随着应变从–1%增加到 1%，J/J_{D0} 相应地减小（图 4.7（b））。理论结果与之前的实验结果定性符合。对于反向偏置情况，此模型中电流变化主要是由肖特基势垒变化决定。

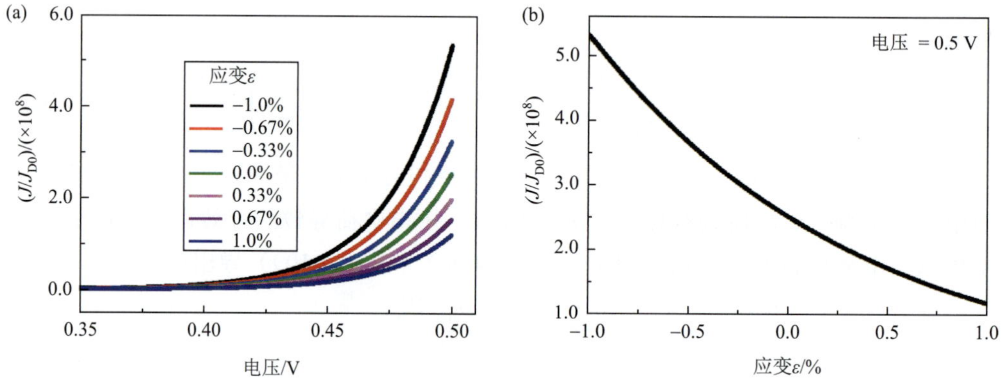

图 4.7 接触区域存在压电电荷情况下，理想的金属-半导体肖特基接触的伏安特性：（a）应变从–1%到1%变化时的伏安曲线；（b）在固定正向偏压 0.5V 下，相对电流密度与应变之间的函数关系[9]

4.6 压电电子学器件的数值模拟

4.6.1 压电 p-n 结

一维简化模型解析解给出了理解压电势如何调控载流子传输性质的定性结果。对于更一般的情况，我们可以对压电电子学器件的基本方程进行数值求解。下面以考虑耗尽层载流子复合的情况为例，来讨论数值模拟压电 p-n 结的基本方法。

我们首先研究均匀应变的压电 p-n 结的直流特性。压电电荷分布可以从式（4.4）和式（4.5）数值求解而得。然后，静电方程、传输与扩散方程以及连续性方程可用 COMSOL 软件包进行求解。p-n 结的端面电极接触假设为欧姆接触，则狄利克雷边界条件适用于器件边界上载流子浓度和电势[16]。图 4.8（a）所示为用于计算的一种压电电子学器件：压电电子学纳米线 p-n 结。

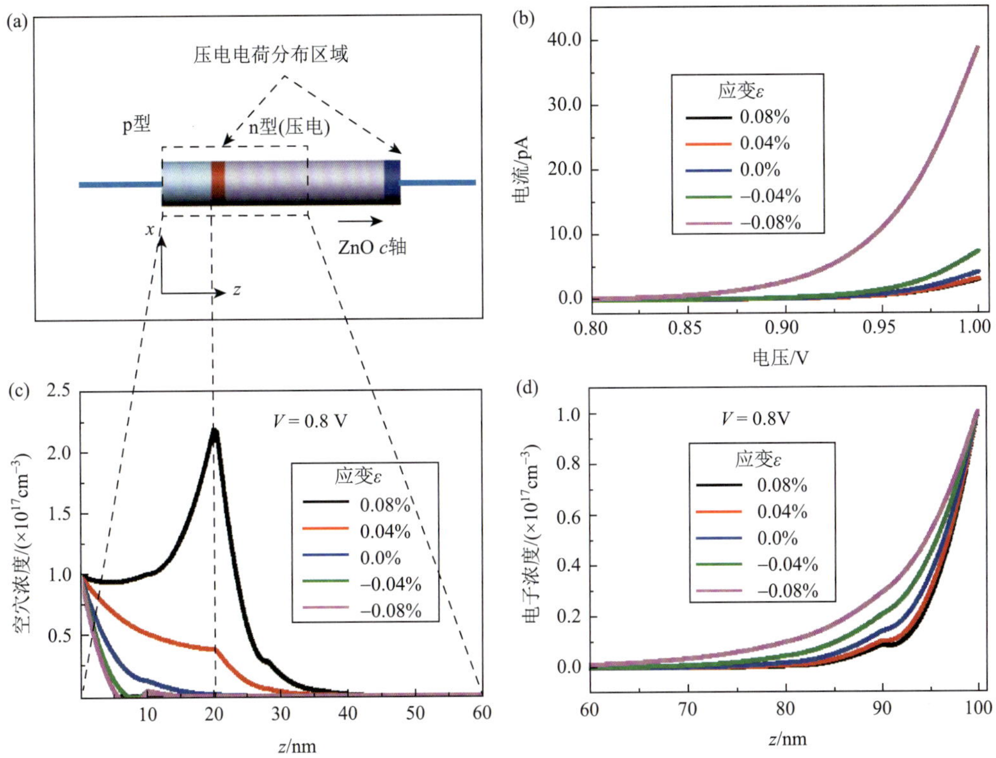

图 4.8 （a）氧化锌纳米线压电电子学 p-n 结的原理图；（b）数值模拟的器件伏安关系曲线；外加正偏压 $V = 0.8\text{V}$，应变从−0.08%到 0.08%变化情况下，（c）器件中的空穴分布和（d）电子分布情况[9]

为了与 p-n 结二极管进行合理的比较，杂质浓度函数 N 可以由高斯函数来近似：

$$N = N_{\text{Dn}} + N_{\text{Dn max}} e^{-\left(\frac{z-l}{ch}\right)^2} - N_{\text{Apmax}} e^{-\left(\frac{z}{ch}\right)^2} \tag{4.24}$$

式中，N_{Dn} 为由本征缺陷引起的 n 型背景掺杂浓度；$N_{\text{Dn max}}$ 为最大施主掺杂浓度；N_{Apmax} 为最大受主掺杂浓度；l 是氧化锌纳米线的长度；ch 调节和控制着掺杂浓度的宽度范围。设 N 在 p 型区域为负值，在 n 型区域为正值。

在上述模型中没有外加光激发，因此电子和空穴产生率为 $G_{\text{n}} = G_{\text{p}} = 0$。电子、空穴的复合过程有两种重要的机制，包括带间直接复合以及借助俘获中心的复合过程（称为 Shockley-Read-Hall（SRH）复合）[14]。带间直接复合涉及从导带到价带的能量传递过程，可以通过辐射过程（光子发射）或者将能量传递给其他自由电子或空穴的过程（俄歇过程）来完成。Shockley-Read-Hall 复合是半导体材料中通过禁带内的杂质或缺陷作为复合中心的一种常见的复合过程。本模型中可以根据不同复合过程进行计算，这里以 Shockley-Read-Hall 复合为例：

$$U_{\text{p}} = U_{\text{n}} = U_{\text{SRH}} = \frac{np - n_{\text{i}}^2}{\tau_{\text{p}}(n + n_{\text{i}}) + \tau_{\text{n}}(p + n_{\text{i}})} \tag{4.25}$$

式中，τ_{p} 和 τ_{n} 是载流子寿命。因此基本半导体方程（式（4.1）和式（4.3））可以写为

$$\begin{cases}\varepsilon_s \nabla^2 \psi_i = -q(p-n+N+\rho_{piezo}) \\ -\nabla \cdot \boldsymbol{J}_n = -qU_{SRH} \\ -\nabla \cdot \boldsymbol{J}_p = qU_{SRH}\end{cases} \tag{4.26}$$

在与金属电极形成接触的边界条件中，静电势是恒量。我们假设接触区具有无限大的复合速度且无自由电荷。则在外加电压下，电极上的静电势等于准费米能级对应的电势加上外加电压 V。电极上的静电势和载流子浓度为[14, 17]

$$\psi = V + \frac{q}{kT}\ln\left(\frac{\frac{N}{2}+\sqrt{\left(\frac{N}{2}\right)^2+n_i^2}}{n_i}\right) \tag{4.27a}$$

$$n = \frac{N}{2}+\sqrt{\left(\frac{N}{2}\right)^2+n_i^2} \tag{4.27b}$$

$$p = -\frac{N}{2}+\sqrt{\left(\frac{N}{2}\right)^2+n_i^2} \tag{4.27c}$$

因此我们可以通过求解上述的半导体基本方程来获得电极处静电势和载流子浓度对应的边界条件。

在模拟中，我们选择氧化锌作为压电半导体材料。纳米线器件的长度和半径分别为 100nm 和 10nm。由于我们假定 p 型区域为非压电材料，因此 p 型区域不局限于纤锌矿结构材料。为简化分析起见，我们忽略了 p 型材料与氧化锌之间的带隙差别。p 型区域长度为 20nm，n 型氧化锌长度为 80nm。相对介电常数为 $\kappa_\perp^r = 7.77$ 和 $\kappa_{/\!/}^r = 8.91$；本征载流子浓度为 $n_i = 1.0\times10^6 cm^{-3}$；电子迁移率和空穴迁移率分别为 $\mu_n = 200cm^2/(V\cdot s)$ 和 $\mu_p = 180cm^2/(V\cdot s)$；电子和空穴寿命分别为 $\tau_p = 0.1\mu s$ 和 $\tau_n = 0.1\mu s$；本征缺陷引起的 n 型背景掺杂浓度为 $N_{Dn} = 1\times10^{15}cm^{-3}$；最大施主掺杂浓度为 $N_{Dnmax} = 1\times10^{17}cm^{-3}$；最大受主掺杂浓度为 $N_{Apmax} = 1\times10^{17}cm^{-3}$；控制掺杂浓度范围的常数为 $ch = 4.66$nm；温度为 $T = 300$K。如图 4.8（a）中红色和蓝色区域所示，我们假设压电电荷均匀分布在 n 型区域两端宽度为 0.25nm 的区域内。为了易于标记坐标，z 轴的定义如图 4.8（a）所示，$z = 0$ 对应于 p 型区域的一端，p-n 结位于 $z = 20$nm 处，n 型区域端结束位置为 $z = 100$nm。

不同应变下器件的伏安特性如图 4.8（b）所示。对本模型中负应变（压缩应变）的情况，处于 p-n 结界面处的正压电电荷吸引电子向 p-n 结界面处聚集，从而导致 p-n 结附近内建电势的减少，因此，在固定偏压下，相应的饱和电流密度增加；反之，对正应变（拉伸应变）的情况，产生于 p-n 结界面处的负压电电荷吸引空穴向 p-n 结界面区域聚集，从而导致 p-n 结附近内建电势的增加和相应饱和电流密度的减少。图 4.8（c）显示当外加电压 $V = 0.8$V，应变从–0.08%到 0.08%变化时空穴浓度的分布情况。这组结果清晰地显示出压电电荷对空穴分布的影响。受拉伸应变影响时，空穴浓度在 p-n 结界面处由于负压电电荷聚集而出现一个峰值；当受压缩应变时，p-n 结区的局域正压电电荷使空穴远离结区，使得该峰消失。与之对应的图 4.8（d）显示外加电压 $V = 0.8$V，应变在–0.08%～0.08%

变化时器件中电子的分布变化，显示这种情况下电子浓度有略微增加的趋势。这是由于右侧电极（$z = 100$nm）为欧姆接触时压电电荷被完全屏蔽。p-n 结附近的电子浓度很低，所以 p-n 结处的压电电荷控制了电流传输过程。因此，压电电子学效应是器件两端产生的压电电荷调节和控制载流子在器件内重新分布的结果。

使用上述的模型，我们也研究了不同杂质浓度下的直流特性和载流子浓度分布。假设应变固定于−0.08%并且 n 型背景掺杂浓度 N_{Dn} 设为 1×10^{15}cm^{-3}；令 $N_{Dnmax} = N_{Apmax}$ 并且将最大施主杂质浓度 N_{Dnmax} 从 1×10^{16}cm^{-3} 增加到 9×10^{16}cm^{-3}，对应的伏安曲线绘于图 4.9（a）中。当耗尽区宽度固定时，内建电势随 N_{Dmax} 增加而增加，因此二极管开启的阈值电压也随之增加，导致伏安曲线的“开启点”向高电压方向移动。接下来固定 $N_{Dnmax} = N_{Apmax} = 1\times10^{17}$cm^{-3}，$N_{Dn}$ 从 5×10^{13}cm^{-3} 增加到 1×10^{15}cm^{-3}，则伏安曲线变化较小，如图 4.9（b）所示。数值模拟结果表明，本模型中器件的直流特性依赖于施主和受主的掺杂浓度。此外，图 4.9（c）和图 4.9（d）分别显示了外加正向偏压 $V = 0.8$V 时，对应不同最大施主杂质浓度的沿器件长度方向的空穴和电子分布。

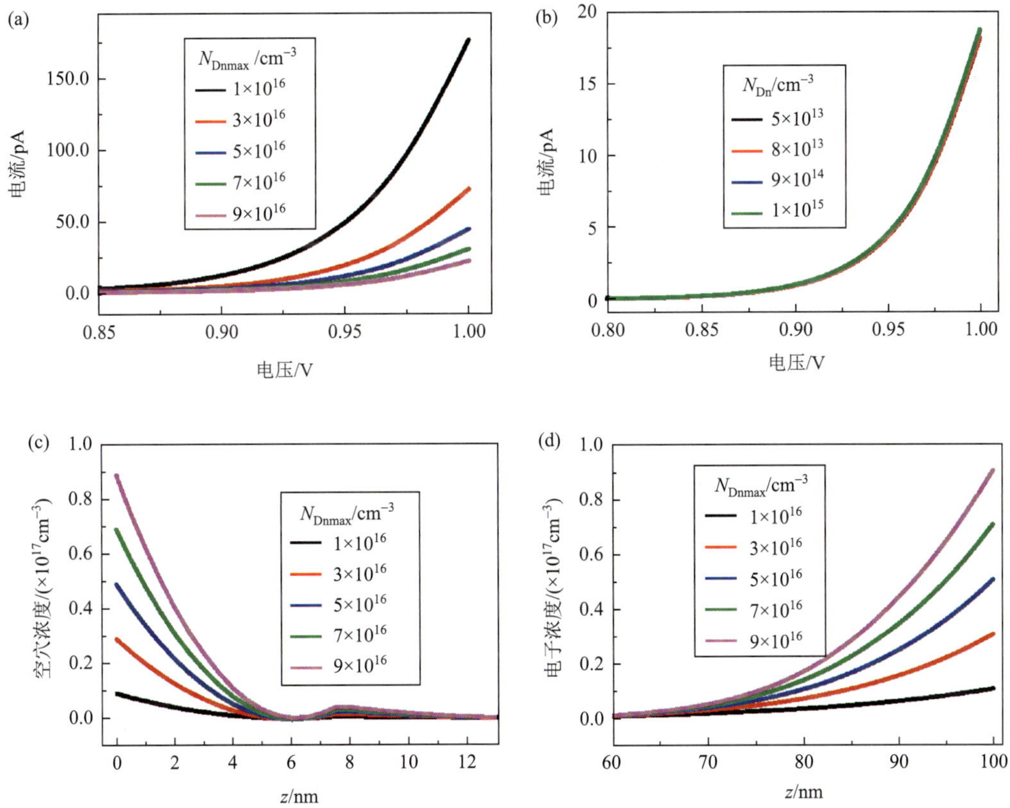

图 4.9　（a）改变最大施主杂质浓度时，计算所得的压电 p-n 结的伏安关系曲线；（b）n 型背景掺杂浓度变化时的伏安关系曲线；（c）外加正向偏压 $V = 0.8$V 时，对应不同最大施主杂质浓度的沿器件长度方向的空穴分布；（d）外加正向偏压 $V = 0.8$V 时，对应不同最大施主杂质浓度的沿器件长度方向的电子分布[9]

4.6.2 压电晶体管

在我们的实验研究中，典型的具有金属-半导体-金属结构的氧化锌纳米线器件是压电晶体管。应用有限元方法，我们求解了在沿着纳米线长度方向（c 轴）产生应变的具有金属-半导体-金属结构的氧化锌纳米线器件的基本方程。金属-半导体-金属结构的氧化锌纳米线器件有多种类型，包括不同的金属-半导体接触和杂质分布类型，例如金属-半导体接触可以制成欧姆接触或肖特基接触；杂质分布可以是矩形区域分布或者是高斯分布等。我们的计算对器件性质做了如下假设：忽略了氧化锌的表面态；电极上的静电势为常数；纳米线为 n 型掺杂而无 p 型掺杂；掺杂浓度 N 由高斯分布近似描述；平衡时金属电极上的电子浓度不受传输电流的影响；电极上具有无限大的复合率，而且没有自由电荷。虽然为了清楚地阐述压电势对载流子传输过程的调控，我们以金属-半导体-金属氧化锌纳米器件的简化模型作为例子，但此处提出的计算原理依然可以应用于更为复杂的情况，例如材料具有不同的表面态、任意的掺杂分布形状以及设计不同的压电半导体材料等。

压电方程（式（4.4））可以首先通过 COMSOL 软件包求解。然后在压电电荷分布已知的条件下，可以对静电方程以及传输与扩散方程进行求解。杂质浓度函数 N 用高斯分布函数近似描述为

$$N = N_{\mathrm{Dn}} + N_{\mathrm{Dnmax}} \mathrm{e}^{-\left(\frac{z-l}{ch}\right)^2} \tag{4.28}$$

电极上的静电势对应的边界条件为

$$\psi = V - \chi_{\mathrm{ZnO}} - \frac{E_{\mathrm{g}}}{2} + \frac{q}{kT} \ln\left(\frac{\frac{N}{2} + \sqrt{\left(\frac{N}{2}\right)^2 + n_{\mathrm{i}}^2}}{n_{\mathrm{i}}}\right) \tag{4.29}$$

式中，氧化锌电子亲和势 χ_{ZnO} 为 4.5eV；带宽 E_{g} 为 3.4eV。假设电极上的载流子浓度保持热平衡时的值不变，电极上载流子浓度的边界条件则可以由式（4.27b）求得。

在接触区域存在压电电荷情况下，我们计算了金属-半导体-金属结构氧化锌纳米器件在应变从−0.39%到 0.39%变化时的直流特性。图 4.10（a）给出了压电氧化锌纳米器件的结构示意图。令 $l = 50$nm，这是纳米线的半长度。器件的伏安关系曲线如图 4.10（b）所示。在负应变（压缩应变）情况下，正、负压电电荷分别处于左侧和右侧的金属-半导体接触区，如图 4.10（a）所示，这些压电电荷分别在相应电极上降低和增高了局域的肖特基势垒高度。当左边电极承受外加的正电压时，右边的反偏肖特基结接触控制了器件的直流特性，且该电极处的肖特基势垒由于压电电荷的存在而升高。所以相比于器件中无应变的情况，流经器件的电流减少。反之，在正应变（拉伸应变）情况，当所加偏压与上述情况相同时，同理，仍然是右侧的反偏肖特基结接触控制了器件的直流特性。由于此时该电极肖特基势垒受到压电电荷的影响而降低，流经器件的电流比无应变情况下增加。该器件在应变为 0.39%时处于“开启”状态，在应变为−0.39%时为“关闭”状态。

因此，压电势可以起到门极电压的作用，在金属-半导体界面上调节或控制压电晶体管的电流。压电电子学器件可以通过转换应变而实现器件在“开启”和“关闭”状态之间的切换，这就是压电电子学场效应晶体管。

图 4.10（c）显示了外加电压 $V = 0.8\text{V}$ 时沿着器件长度方向的电子浓度分布。外加电压时，压电电荷会影响电子浓度峰值的高度和位置。如图 4.10（d）所示，无偏压时，当应变从–0.39%变到 0.39%时，不仅电子浓度峰值的幅度会发生改变，电子浓度峰值也从 44.2nm 移动到 55.8nm 位置。

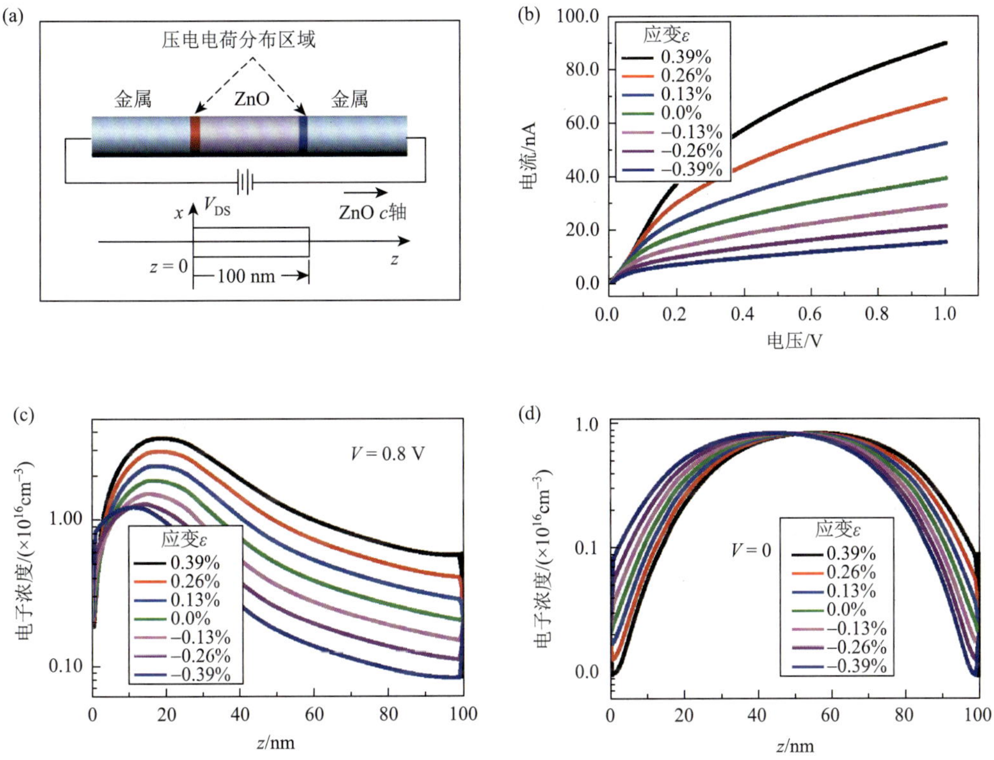

图 4.10　（a）压电电子学器件 ZnO 纳米线晶体管的原理图；（b）应变变化情况下（–0.39%～0.39%），数值模拟的伏安关系曲线；（c）外加电压 $V = 0.8\text{V}$ 时，n 型区域的电子分布；（d）$V = 0$，n 型区域的电子分布[9]

此外，我们研究了不同杂质浓度下的直流特性和载流子浓度分布。为了研究最大施主杂质浓度变化是如何影响器件直流特性的，我们令应变固定为–0.08%，n 型背景掺杂浓度 N_{Dn} 为 $1\times10^{15}\text{cm}^{-3}$。当最大施主杂质浓度 N_{Dnmax} 从 $1\times10^{16}\text{cm}^{-3}$ 增加到 $9\times10^{16}\text{cm}^{-3}$ 时，电流相应地增加（图 4.11（a））。如果固定 $N_{\text{Dnmax}} = N_{\text{Apmax}} = 1\times10^{17}\text{cm}^{-3}$，则当背景掺杂浓度 N_{Dn} 从 $1\times10^{13}\text{cm}^{-3}$ 增加到 $1\times10^{15}\text{cm}^{-3}$ 时，电流随之增加（图 4.11（b））。数值结果表明，压电晶体管的直流特性变化依赖于掺杂浓度的改变。图 4.11（c）和图 4.11（d）分别为在外加电压 0.8V 和 0 时对应不同最大施主杂质浓度的电子浓度分布。

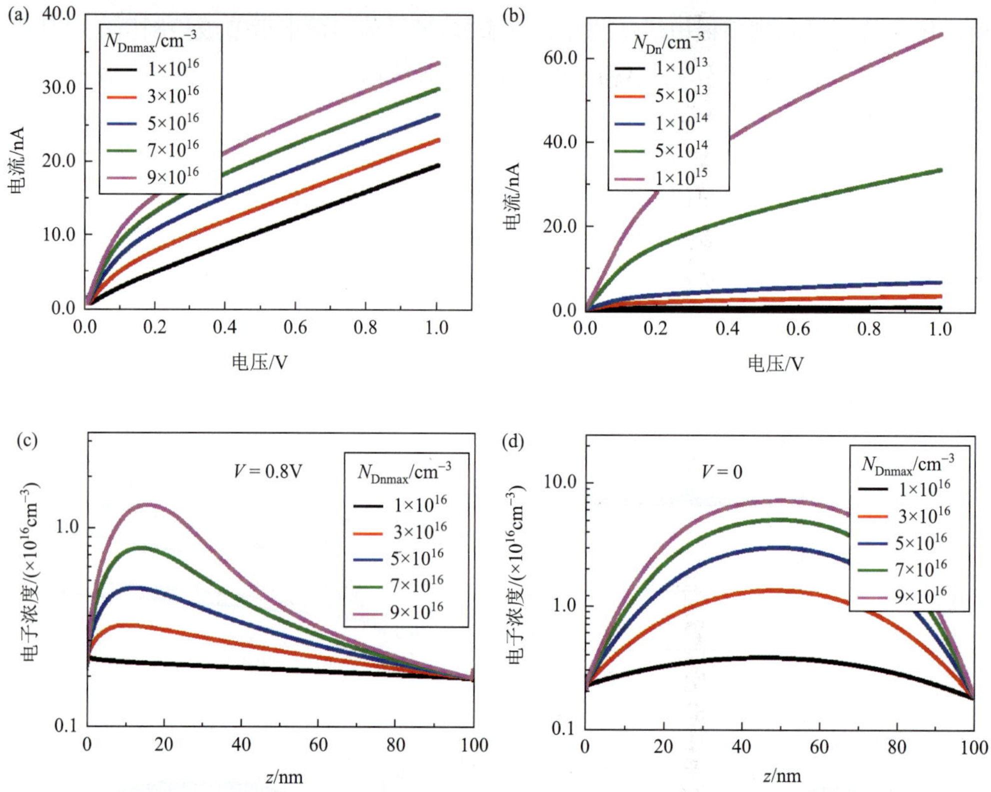

图 4.11　压电电子学器件氧化锌压电电子学纳米线晶体管的直流特性。（a）最大施主杂质浓度变化情况下，压电金属-半导体-金属结构纳米线晶体管的伏安关系曲线；（b）n 型背景掺杂浓度变化时的伏安关系曲线；（c）当外加电压 $V=0.8$V 时，对应不同最大施主杂质浓度，器件的计算电子浓度分布；（d）$V=0$ 时，对应不同最大施主杂质浓度，器件的计算电子浓度分布[9]

4.7　压电效应第一性原理理论

在金属-半导体-金属纳米线压电电子学晶体管中，对压电电子学效应的第一性原理进行了计算[18]。我们研究了金属-半导体界面处的压电电荷密度分布，并研究了其对肖特基势垒高度的影响。通过密度泛函理论（DFT）计算，可以获得晶体管内的电势分布。然后，使用泊松方程计算从电势分布得到电荷密度分布。基于电荷密度分布，计算了压电电荷分布和应变下的总压电电荷。此外，研究了在应变下界面区域中压电电子学效应对肖特基势垒高度的调制规律。基于第一性原理的方法，给出压电电子学效应的量子力学解释，并从第一性原理出发建立了压电电子学的物理基础。这对于定量理解压电电子学效应和优化设计压电电子学器件具有重要意义。

为了阐述基于 DFT 模拟的压电电子学第一性原理计算，这里以典型的金属-半导体纳米线-金属压电电子学晶体管为例。图 4.12 显示了一个银-氧化锌-银晶体管，中间的氧化锌夹在左侧和右侧的银电极之间。模型中氧化锌具有六角纤锌矿结构，其 c 轴选择指向从左到右的银电极，如图 4.12 所示。设定银（111）平面直接与氧化锌的±（0001）极性平面相接触。图 4.12 还给出了氧化锌和银的原子结构：白色代表锌原子，红色代表氧原子，蓝色代表银原子。根据经典压电电子学理论，在晶体管上施加沿 c 轴方向的拉伸应变时，负压电电荷在金属-半导体界面的负 c 侧（ZnO($000\bar{1}$)-Ag 结）产生，而正压电电荷在正 c 侧（ZnO(0001)-Ag 结）产生。当施加压缩应变时，电荷的符号相反。正压电电荷引起正压电势并降低局部接触处的势垒高度，而负压电电荷引起负压电势并提高势垒高度。

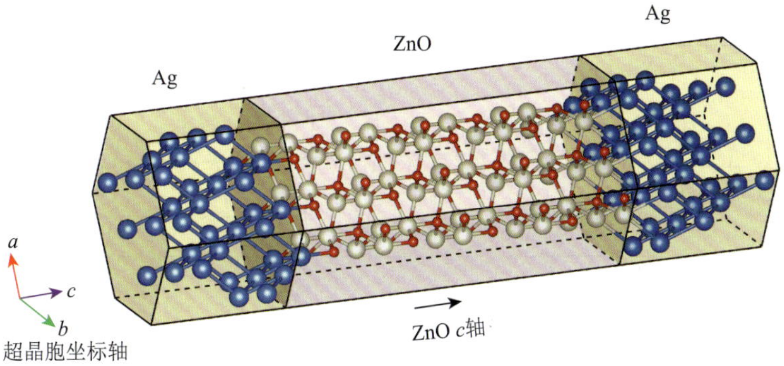

图 4.12 Ag-ZnO-Ag 纳米线压电晶体管及其原子结构模型的示意图，其中氧化锌沿着 c 轴方向[18]

未施加应变的银-氧化锌-银压电电子学晶体管如图 4.13（a）所示。在本研究中，晶体管是由四个双层（八个单层）氧化锌-氧层作为中心区域，以及分别位于氧化锌左侧（ $000\bar{1}$ ）和右侧（0001）的银（111）层作为两个电极，氧化锌{0001}方向和银（111）面分别平行于晶体管超晶胞模型的 c 轴和 a-b 面。由黑色虚线表示的四个平面 A、B、C 和 D 平行于银（111）平面，将晶体管分为三个区域：AB 是与 ZnO($000\bar{1}$)-O 极性表面接触的左侧电极，CD 是右侧接触 ZnO(0001)-Zn 极性面的区域，BC 是中心氧化锌区域。超晶胞的 a、b、c 方向都使用了周期性边界条件；图 4.13（a）中的方框显示了用于计算的晶体管的超晶胞模型。为简化起见，我们在纳米线晶体管模型中忽略了杂质/缺陷的影响。考虑到金属薄膜更加柔性，这里是基于常用的构建界面模型的方法：晶体管超晶胞的面内晶格常数选择与体态氧化锌相同。为简单起见，通过延长银（111）层的面内晶格常数并消除两种材料之间的晶格失配来实现这种处理。假设银/氧化锌界面的结构如下：对于氧化锌($000\bar{1}$)-银界面（Ag-O 极性表面），银原子倾向于位于氧原子的顶部；对于氧化锌(0001)-银界面（Ag-Zn 极性表面），氧化锌（0001）表面上有两种典型的结构稳定用于容纳银原子，即 hcp 和 fcc 空穴。因此，根据 Zn-Ag 接触类型，晶体管有两种典型的结构，即 hcp-Ag-ZnO-Ag 和 fcc-Ag-ZnO-Ag。图 4.13（a）显示了 hcp-Ag-ZnO-Ag 晶体管的超晶胞模型。基于 DFT 方法，可以计算所构建的压电晶体管超级单元以获得最小能量的平衡结构。经过优化后，得到了压电晶体管的超晶胞模型的晶格常数和弛豫原子坐标。初始结构的构建和优化包括以下步骤：①优化体态氧化锌和银，将其面内常数固定为体态氧化锌的常数；②利用优化后的氧化锌和银结构，构建银-氧化锌-银压电电子学晶体管，并优化氧化锌和银界面之间的层间距；③对晶体管系统中的所有原子和晶格常数进行完全松弛，以获得未施加外部应变的优化结构。

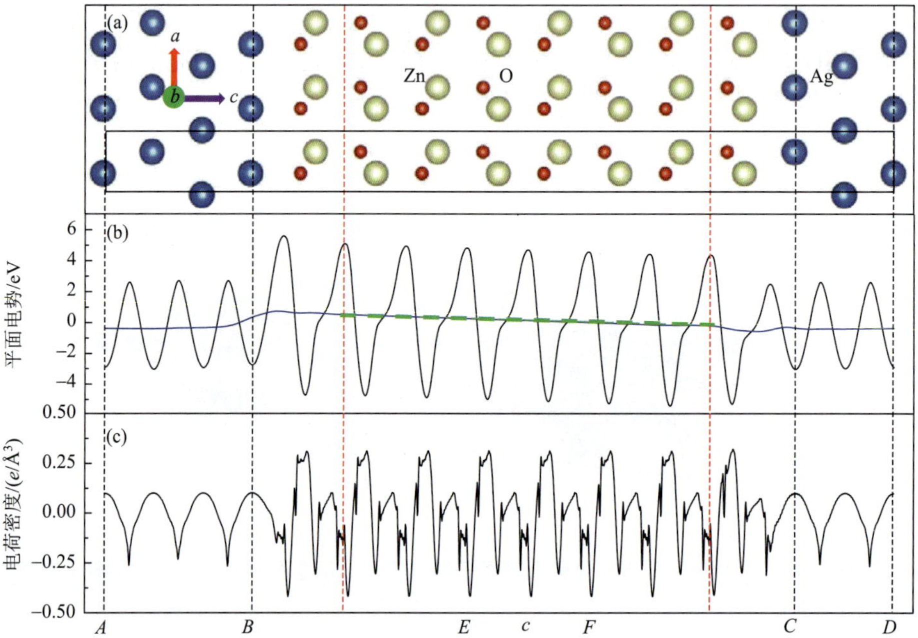

图 4.13 （a）hcp-Ag-ZnO-Ag 压电晶体管的原子结构投影示意图；（b）晶体管的平面平均静电势（黑线），平面静电势的双宏观平均值和氧化锌内部区域势能的线性拟合分别用蓝线和绿色虚线表示；（c）通过平面静电势的二阶导数（泊松方程）得到的晶体管的平均平面总电荷密度[18]

Ag-ZnO-Ag 压电晶体管的结构优化是基于 DFT 进行的。交换势采用 Perdew-Burke-Ernzerhof(PBE)，属于广义梯度近似(GGA)。该方法使用 Projector-Augmented-Wave（PAW）赝势，在 Vienna 从头计算模拟软件包（VASP）中实现。在周期性系统中，通过对电子波函数在第一布里渊区上的积分来计算电子密度。然而，在实际计算中，积分是通过在布里渊区的有限 k 点网格上对电子波函数进行数值积分来计算的。本次模拟采用了 9×9×9 网格对氧化锌和 Ag（111）晶胞进行 k 点采样，以及 9×9×3 网格对晶体管超晶胞进行采样。在 VASP 软件包中，使用平面波基组来展开每个 k 点上的电子波函数。在实际计算中，DFT 展开中的平面波数量具有较小动能的平面波的展开系数比具有较大动能的平面波更重要。因此，平面波基组只包含小于特定截断能的平面波，计算中选择截断能为 500eV。

在我们的计算中，沿 c 轴施加外部应变（−5%～5%）。在计算中，应变通常可以通过两种方式施加：①只有中心区域（图 4.13（a）中的 BC 区域）受到应变；②整个晶体管都受到应变。在应变下对原子进行结构弛豫。通过方法①和方法②得到的结构结果相似。因此，在下面的讨论中，我们使用方法①对晶体管结构进行优化。通过使用 a-b

平面平均的总电荷密度计算压电电荷分布，使其成为沿超晶胞 c 轴的 z 的一维函数，该函数是通过使用泊松方程从平面平均的静电势获得。使用 VASP 计算晶体管区域内电子的静电势。通过对超晶胞的 a-b 平面进行平均，得到的平面平均静电势（以下简称平面势）如图 4.13（b）中的黑线所示。蓝线表示通过双宏观平均方法得到的平均势（以下简称宏观势），用于过滤掉在深层 Ag 和氧化锌区域中遵循基础原子结构的电荷密度波动。由于氧化锌纤锌矿结构中缺乏中心对称性，在深层氧化锌区域存在内建电场，导致宏观势不是平坦的。通过线性外推，可以使用宏观势来计算由压电效应引起的肖特基势垒高度的调制。

晶体管区域的平面电荷密度ρ可以通过应用泊松方程来获得：

$$\frac{\partial^2 U}{\partial z^2} = -\frac{\rho}{\varepsilon} \tag{4.30}$$

式中，U 是图 4.13（b）所示的平面势；z 平行于 c 轴；ε 是自由空间的介电常数。在计算平面电势和电荷密度时，我们采用了沿 c 轴的 2000 点网格来覆盖整个晶体管。每个网格中的电荷是通过对网格体积中的电荷密度进行积分得到的。由于超晶胞是电中性的，在我们的模拟中，超晶胞中的总电荷量为零。

中心的氧化锌区域包括八个 Zn-O 单层。由于 Ag 电极对第一层的 Ag-O 极性表面和第八层的 Ag-Zn 极性表面的影响，第一层和第八层的电荷密度与内层不同，如图 4.13（b）和（c）所示。根据我们的计算，氧化锌区域的宏观电势分布可以分为三个部分，即一个线性区域和两个非线性区域，如图 4.13（b）所示。根据泊松方程，在线性区域中没有电荷。非线性区域表示宏观电荷分布。然后，中心的氧化锌区域进一步分为三个部分：左界面 BE，右界面 FC 和内部的 ZnO 区域（EF）。

上述方法与步骤也适用于 hcp-Ag-ZnO-Ag 和 fcc-Ag-ZnO-Ag 晶体管，包括结构优化、应变施加、平面和宏观电势的计算，以及氧化锌内部界面区域的选择。对于 hcp-Ag-ZnO-Ag 和 fcc-Ag-ZnO-Ag 晶体管，计算出的界面区域的电荷分布显示出明显的原子尺度波动（参见图 4.14 和图 4.15 的插图）。根据经典压电理论，应变产生的压电电荷等于具有和不具有应变的器件之间的电荷差异。因此，我们计算电荷差异以研究压电电荷分布。图 4.14 和图 4.15 分别展示了 hcp 和 fcc 晶体管。研究发现，两种典型结构（hcp 和 fcc 晶体管）的压电电荷分布相似。然而，每个晶体管中 ZnO$(000\overline{1})$-Ag 和 ZnO(0001)-Ag 界面区域的压电电荷分布彼此不同，这是由两个界面区域的接触几何形状不对称造成的。使用电荷差技术，压电电荷分布根据施加应变的符号（拉伸/压缩）显示出明显的依赖性。当应变较小时，例如±1%时，+1%拉应变下的大峰值与−1%压应变下的大峰值近似相等，但符号相反，如图 4.14（a）和（b）以及图 4.15（a）和（b）中黑色箭头所示。然而，当应变变大时，例如应变为±5%时，+5%应变下的最大峰值的相对位置与在−5%应变下的最大峰值的相对位置不同，如图 4.14（c）和（d）以及图 4.15（c）和（d）中黑色箭头所示。根据经典压电理论，压电电荷被假设分布在界面上的原子层内，预计在一到两个原子层内。在我们的 DFT 模拟中，计算得到的界面区域的总电荷与这个假设相符，并且显示出对施加应变的显著依赖性。压电电荷的宽度在 ZnO$(000\overline{1})$-Ag 接触侧约为 4.1Å，在 ZnO(0001)-Ag 接触侧约为 3.7Å，这与先前的理论研究中假设的 2.5Å 有所不同。压电电荷宽度的差异是由于 ZnO $(000\overline{1})$ -Ag 和 ZnO(0001)-Ag 的层间距离不同，表明压电电荷的宽度取决于电极金属的类型。

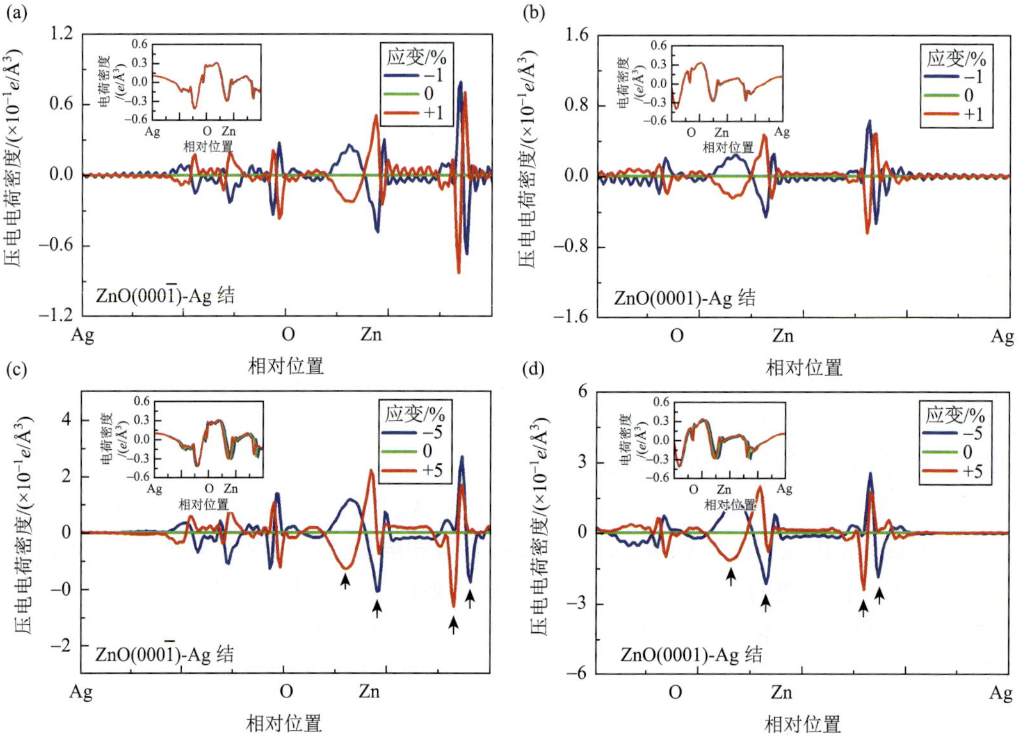

图 4.14　hcp-Ag-ZnO-Ag 晶体管界面区域的压电电荷分布：（a）应变 ± 1%下的 ZnO $(000\overline{1})$ -Ag 界面；（b）应变 ± 1%下的 ZnO(0001)-Ag 界面；（c）应变 ± 5%下的 ZnO $(000\overline{1})$ -Ag 界面；（d）应变 ± 5%下 ZnO(0001)-Ag 的界面。插图显示了绝对电荷分布。e 是绝对电子电荷，$e = 1.6 \times 10^{-19}$C[18]

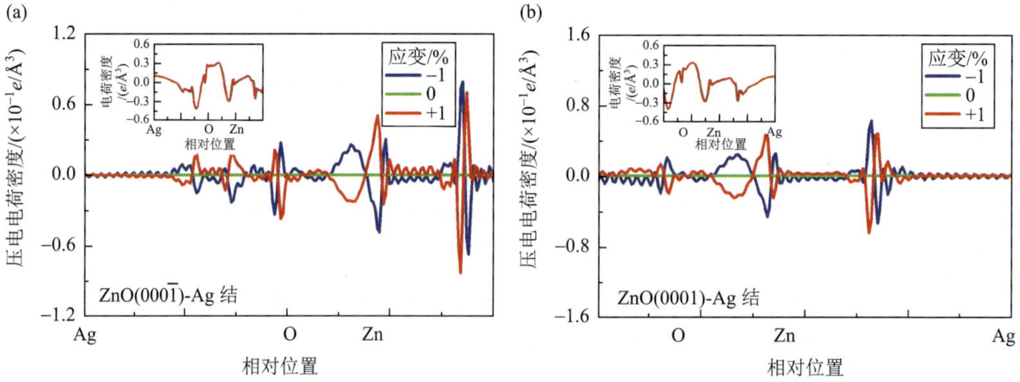

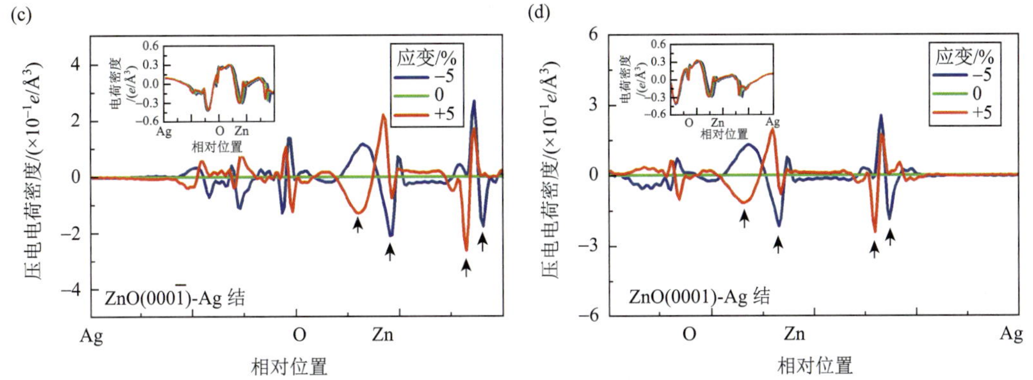

图 4.15　fcc-Ag-ZnO-Ag 晶体管界面区域的压电电荷分布：（a）应变 ± 1%下的 ZnO (000$\bar{1}$) -Ag 界面；（b）应变 ± 1%下的 ZnO(0001)-Ag 界面；（c）应变 ± 5%下的 ZnO (000$\bar{1}$) -Ag 界面；（d）应变 ± 5%下的 ZnO(0001)-Ag 界面。插图显示了绝对电荷分布。*e* 是绝对电子电荷，$e = 1.6 \times 10^{-19}$C[18]

压电效应是指在施加应变下，压电电荷调节/控制载流子传输过程的现象。在金属-半导体接触中，压电电荷会改变肖特基势垒高度，从而影响压电器件的电子传输特性。通过使用体块加排列方法，可以得到银-氧化锌界面的 n 型肖特基势垒高度（Φ_B）：

$$\Phi_B = E_g - (E_F - E_V) = E_g - [E_F - (\bar{V} + \Delta)] \tag{4.31}$$

式中，E_g 是氧化锌块体的带隙；E_F 是 Ag-ZnO-Ag 晶体管的费米能级；$\bar{V}$ 是界面区域的宏观平均电势；Δ 是氧化锌块体的价带边缘和平均电势之间的能量差。在特定的应变下，ZnO (000$\bar{1}$) -Ag 和 ZnO(0001)-Ag 界面的肖特基势垒高度的 E_g、E_F 和 Δ 具有相同的值。因此，它们反映了对两个接触点对称的压阻效应。另一方面，$\bar{V}$ 受到施加应变下电场变化的影响，因此反映了压电电子学效应。在本研究中，我们关注由压电电子学效应引起的肖特基势垒高度的相对变化，即 $\Delta SBH_{piezo} = \Delta\bar{V}$。在我们的模拟中，得到的静电势是归一化的，使得整个超晶胞体积中的势能积分为 0。为了比较不同应变下的 $\bar{V}$，我们采用了参考宏观势，该宏观势取自内部氧化锌区域的中间位置。通过对内部氧化锌区域宏观势的线性外推，分别确定在左、右两个界面区域（Ag-Zn 的中间和 Ag-O 的中间）处的 $\bar{V}$。然后，$\Delta\bar{V}$ 被评估为有应变和无应变时 $\bar{V}$ 之间的差异 $\bar{V}$。由于压电电子学效应，hcp-Ag-ZnO-Ag 和 fcc-Ag-ZnO-Ag 晶体管的肖特基势垒高度的应变依赖性调制如图 4.16（a）和（b）所示。两个晶体管的肖特基势垒高度调制相对于施加的应变表现出相似的行为。在压缩应变下，ZnO (000$\bar{1}$) -Ag 界面的肖特基势垒高度由于正压电电荷的增加而减小，ZnO(0001)-Ag 界面的肖特基势垒高度由于负压电电荷的增加而增加。相反，在拉伸应变下，ZnO (000$\bar{1}$) -Ag 界面的肖特基势垒高度增加，而 ZnO(0001)-Ag 界面的肖特基势垒高度减小。此外，$\Delta\bar{V}$ 在两个界面上的行为表明肖特基势垒高度的调制是不对称的，这一现象已被许多实验所观察到。

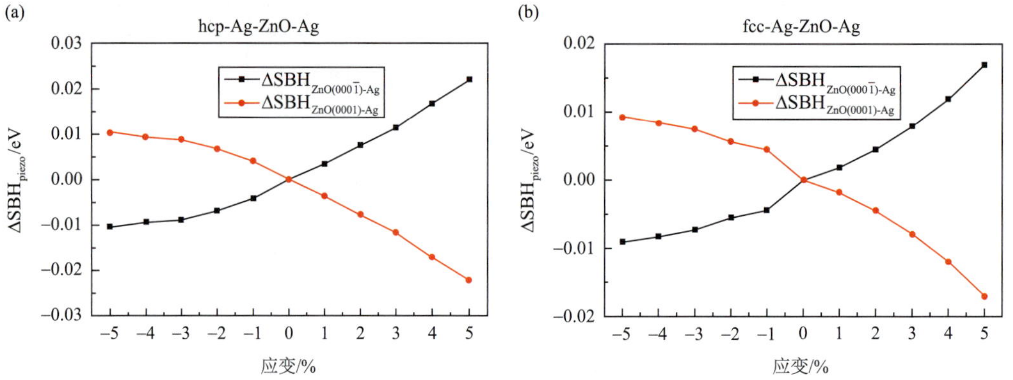

图 4.16 基于压电电子学效应，在（a）hcp-Ag-ZnO-Ag 晶体管和（b）fcc-Ag-ZnO-Ag 晶体管中，对 ZnO $(000\bar{1})$-Ag 和 ZnO(0001)-Ag 界面中肖特基势垒高度的调制[18]

4.8 压电电子学效应的量子理论

我们以铝镓氮/氮化铝/氮化镓量子阱为例，研究了压电电子学效应的量子理论[19]。我们通过详细分析铝镓氮/氮化铝/氮化镓异质结构微米线沿 c 轴的能带图，阐明了压电电子学效应对异质结电子气（HEG）的调制机制。如图 4.17（a）所示，在无应变条件下，由于铝镓氮和氮化镓之间较大的能带不连续性，以及 P_{sp}^{AlGaN} 、P_{lm} 和 P_{sp}^{AlGaN} 的共存，形成了靠近氮化铝/氮化镓界面的氮化镓中的三角形势阱。无论有无应变，铝镓氮/氮化铝/氮化镓异质结的净固定电荷 σ^{int} 始终为正。因此，靠近异质结界面的微米线内的自由电子被 σ^{int} 吸引并限制在势阱中，从而形成 HEG，如图 4.17（a）所示。在沿微米线 a 轴的压缩应变（即沿 c 轴的拉伸应变）下，$+c$ 平面处感应出正压电极化电荷（压电电荷），而$-c$ 平面处感应出负压电极化电荷。靠近铝镓氮/氮化铝界面的铝镓氮的能带因负压电电荷而向上倾斜，而靠近氮化镓/氮化铝界面的氮化镓的能带因正压电电荷而向下弯曲，如图 4.17（b）所示。因此，由于对异质结界面处能带分布的调制作用，势阱变得“更深”，从而能够限制更多的电子。与此同时，压缩应变下增加的 σ^{int} 吸引更多的自由电子，因此 HEG 的电子密度增加。这与异质结构微米线的电输运增强相吻合。相反，如图 4.17（c）所示，在沿 a 轴的拉伸应变下，靠近铝镓氮/氮化铝界面的铝镓氮的能带因正压电电荷而向下弯曲，而靠近氮化铝/氮化镓界面的氮化镓的能带因负压电电荷而升高。因此，相对于无应变的情况，势阱变得“更浅”，对电子的约束变弱。同时，拉伸应变下降低的 σ^{int} 释放了一定数量的受限自由电子，从而降低了 HEG 的面密度，这导致异质结微米线的电输运减少，与实验结果相一致[19]。

通过自洽数值计算进一步研究了铝镓氮/氮化铝/氮化镓异质结构微米线中压电效应对 HEG 的调制规律。在有效质量近似下，铝镓氮/氮化铝/氮化镓异质结生长方向的电子状态可以通过求解薛定谔方程得到：

$$-\frac{h^2}{2}\frac{\mathrm{d}}{\mathrm{d}z}\left[\frac{1}{m^*}\frac{\mathrm{d}\Psi_i(z)}{\mathrm{d}z}\right]+\left[V(z)-E_i\right]\Psi_i(z)=0 \tag{4.32}$$

式中，m^*指的是导带边缘的电子有效质量；$V(z)$是势能；E_i表示第 i 个子带的能量；

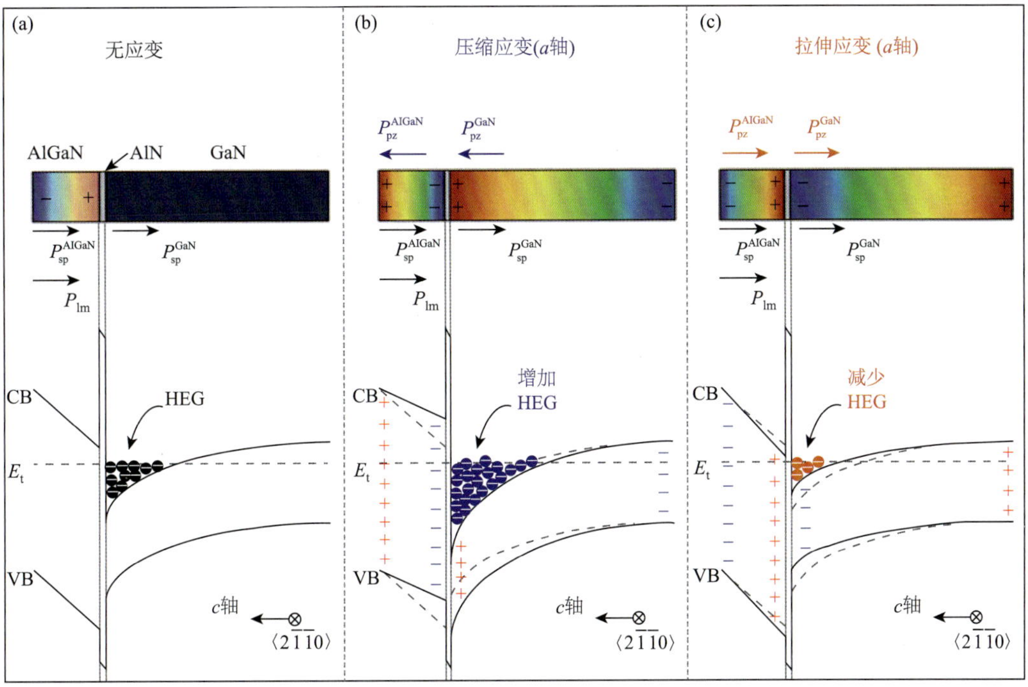

图 4.17　HEG 的压电效应调制机制。在（a）无应变、（b）沿 *a* 轴施加压缩应变、（c）沿 *a* 轴施加拉伸应变的条件下，自发极化、晶格失配诱导的极化、压电效应引起的极化、相应的能带结构以及铝镓氮/氮化铝/氮化镓异质结构微米线中 HEG 的分布的耦合[19]

$\Psi_i(z)$表示波函数。导带的非抛物线性可以忽略不计，m^*与电子能量无关。这里，对于氮化镓和 $Al_{0.3}Ga_{0.7}N$，m^*分别为 $0.22m_0$ 和 $0.242m_0$，势能 $V(z)$可表示为

$$V(z)=V_C(z)+V_h(z)+V_{xc}(z) \tag{4.33}$$

式中，$V_C(z)$是与铝镓氮/氮化铝/氮化镓异质结的导带偏移相关的阶跃函数形式的导带边势能；$V_h(z)$是由系统中分布的移动和不动电荷引起的静电相互作用的哈特里（Hartree）势能；$V_{xc}(z)$是代表多体相互作用的交换相关势能，不包含在 $V_h(z)$中。$V_h(z)$是泊松方程的解：

$$\frac{d}{dz}\left[k(z)\frac{d}{dz}V_h(z)\right]=e^2\varphi(z) \tag{4.34}$$

其中，k 是假设在铝镓氮/氮化铝/氮化镓异质结处突然变化的介电常数。总电荷密度为

$$\varphi(z)=\sum_{j=t,i,b}\sigma(z)\delta(z-z_j)+p(z)+N_D^+(z)-n(z)-N_A^-(z) \tag{4.35}$$

其中，$\sigma(z)$、$p(z)$、$N_D^+(z)$、$n(z)$和 $N_A^-(z)$ 分别表示固定极化电荷的密度、p 型通道中诱导的自由空穴的密度、电离的施主的密度、n 型通道中自由电子的密度和电离的受主的密度。$\Sigma\sigma(z)$ 包含分布在铝镓氮/氮化铝/氮化镓异质结构的边界或界面上的不可移动极化电荷，对外加应变敏感，并可以通过有限元分析计算得到。在本工作中，对 n 型铝镓氮和氮化镓采用 $p(z)=N_A^-(z)=0$。根据中性条件，总电荷的和必须满足以下条件：

$$\int_{z_t}^{z_b}\rho(z)dz=0 \tag{4.36}$$

考虑到本工作中使用的铝镓氮/氮化铝/氮化镓异质结构微米线，其中在异质结界面形成了 HEG 通道，$n(z)$可以表示为

$$n(z) = \sum_i n_{s_i} \left|\Psi_i(z)\right|^2 \tag{4.37}$$

其中，n_{s_i} 是第 i 个子带中电子的面电荷密度，它可以表示为有效质量的函数：

$$n_{s_i} = \frac{m^* k_B T}{\pi \hbar^2} \ln\left[1 + \exp\left(\frac{E_F - E_i}{k_B T}\right)\right] \tag{4.38}$$

这里，k_B 和 T 分别是玻尔兹曼常量和电子温度。费米能量（E_F）是由子带电子密度之和等于总电子密度 N_e 的条件确定：

$$N_e = \int_{z_t}^{z_b} n(z) \mathrm{d}z = \sum_i n_i \tag{4.39}$$

可以使用费米能级在系统的上、下边界固定的两个边界条件来自洽地确定 N_e 的值。

式（4.35）中的正离子化施主密度 $N_D^+(z)$ 可写为

$$N_D^+(z) = N_D(z) f_D^+(z) \tag{4.40}$$

其中，$N_D(z)$是分布在系统中的施主杂质浓度；$f_D^+(z)$ 是具有能量 $E_D(z)$ 的能级上的具有 2 个简并因子的施主态通过失去一个电子而电离的概率：

$$f_D^+(z) = 1 - \frac{1}{1 + \frac{1}{2}\exp\left[\frac{E_D(z) - E_F}{k_B T}\right]} \tag{4.41}$$

在这项工作中，我们假设 $E_D(z)$比 $Al_{0.3}Ga_{0.7}N$ 的导带低 0.2eV。

式（4.33）中的 $V_{xc}(z)$可以使用密度泛函理论来表述。在最简单的近似中，即所谓的局域密度近似中，$V_{xc}(z)$可以以解析形式进行参数化：

$$V_{xc}(z) = -\left[1 + \frac{0.7734 r_s}{21} \ln\left(1 + \frac{21}{r_s}\right)\right] \frac{2E_R}{\pi \alpha r_s} \tag{4.42}$$

其中，$\alpha = \left(\frac{4}{9\pi}\right)^{1/3}$；$r_s$ 是包含一个电子的球体的半径：

$$r_s = \left[\frac{4}{3}\pi a^{*3} n(z)\right]^{-1/3} \tag{4.43}$$

以有效玻尔半径为单位；有效里德伯（Rydberg）能量由下式给出：

$$E_R = \frac{e^2}{8\pi k a^*} \tag{4.44}$$

随着电子密度的增加，$V_{xc}(z)$对电子态和带隙产生显著影响。

将铝镓氮层顶面和氮化镓底面的电子波函数 $\Psi_i(z)$ 设置为零，这被定义为边界条件。此外，铝镓氮顶面的势能定义为 1.46eV，假设该值作为计算的初始值。我们用薛定谔波动方程和泊松方程进行迭代计算，直到达到自洽条件。

我们计算了无应变条件下铝镓氮/氮化铝/氮化镓异质结构的导带和相应的 HEG 的面密度。在靠近氮化铝/氮化镓界面的氮化镓中产生明显的势阱，并且高达 $1.1\times10^{13}\text{cm}^{-2}$ 的面密度 HEG 在势阱内形成和分布。在异质结构微米线的 *a* 轴方向上计算得到了压缩应变下的导带能量（E_C）剖面如图 4.18（a）所示。我们将在铝镓氮/氮化铝异质结界面处的 E_C（用红色矩形框标记）和氮化铝/氮化镓异质结界面处的 E_C（用蓝色矩形框标记）分别进行了放大，如图 4.18（b）、（c）所示。显然，随着压缩应变的增加，靠近铝镓氮/氮化铝异质结界面的铝镓氮的 E_C 向上倾斜，而靠近氮化铝/氮化镓异质结界面的氮化镓的 E_C 降低。我们研究了不同拉伸应变下 E_C 的计算结果。随着拉伸应变的增加，靠近铝镓氮/氮化铝异质结界面的铝镓氮的 E_C 向下弯曲，而靠近氮化铝/氮化镓异质结界面的氮化镓的 E_C 向上移动。在无应变、压缩应变和拉伸应变条件下，势阱中限制的 HEG 的面密度如图 4.18（d）所示。图 4.18（e）展示了 HEG 面密度的相应峰值，清楚地显示出 HEG 密度随着压缩应变的增加而增加，随着拉伸应变的增加而减少。这些计算结果完全符合并进一步证实了图 4.17 中提出的物理机制。

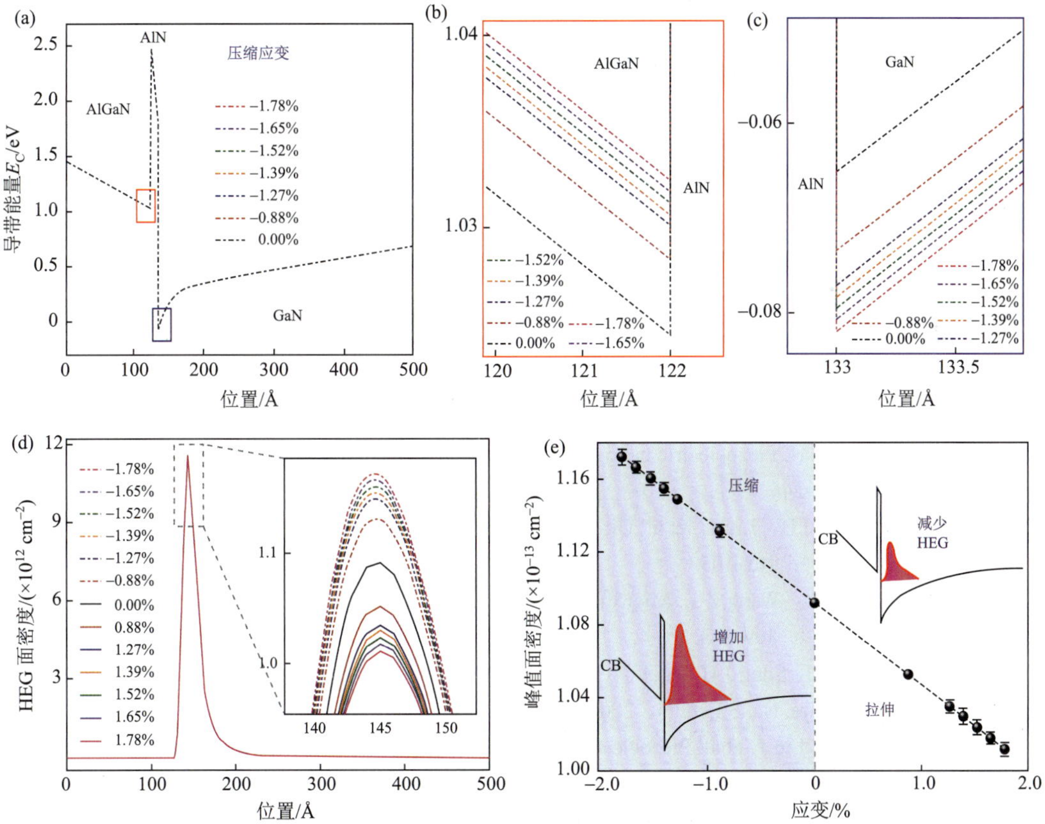

图 4.18　（a）在无应变和沿异质结微米线 *a* 轴方向的压缩应变下的导带能级能量分布；（b）在图（a）中由红色矩形框标记的铝镓氮/氮化铝异质结处的放大的导带能级能量；（c）在图（a）中由蓝色矩形框标记的氮化铝/氮化镓异质结处的放大的导带能级能量；（d）在无应变、压缩应变和拉伸应变条件下，HEG 在势阱中的面密度；（e）从图（d）中提取的相应 HEG 面密度的峰值[19]

将压电效应应用于铝镓氮/氮化铝/氮化镓异质结构微米线中，作为一种新颖的方法来调节 HEG 的物理特性，从而调控载流子在异质结上的电输运过程。与以往通过改变合金成分或控制每层厚度来调节 HEG 特性的方法不同，我们利用应变引起的压电极化电荷来改变异质结的能带结构，作为调节 HEG 物理特性的有效方式。与传统方法相比，这种方法在科学上是全新的，并具有巨大的优势，例如易于制造、成本低，以及可以通过施加外部应变在样品生长后进行调节。通过将压电效应引入铝镓氮/氮化铝/氮化镓异质结微米线中，在室温下，电导率在–1.78%的压缩应变下增加了 165%，在 1.78%的拉伸应变下减少 48%；在 77K 下，由于低环境温度下压电效应的增强，这种调控效应在压缩应变和拉伸应变下进一步分别提高了 890%和 940%。通过有限元分析和自洽数值计算进行理论模拟，我们系统地阐述和确认了所提出的工作机制。在各种应变条件下计算的界面极化电荷、能带结构和电子面密度分布表明，HEG 的面密度随着压缩应变的增加而增加，随着拉伸应变的增加而减少。这项研究提供了对异质结构纳米材料中低维电子气的压电效应调制的深入了解，并且在 HEMT（高电子迁移率晶体管）和 MEMS/NEMS（微机电系统/纳机电系统）中具有潜在的应用。

4.9 总　结

总结起来，我们首先给出了氧化锌压电 p-n 结和金属-半导体接触的简化条件下的解析解，这有利于对压电电子学行为的理解。此外，我们使用有限元法模拟了一个压电晶体管，即氧化锌纳米线金属-半导体-金属结构。通过压电电子学 Ag-ZnO-Ag 晶体管的第一性原理计算和铝镓氮/氮化铝/氮化镓量子阱压电晶体管的量子理论研究，为理解压电器件的实验观测结果奠定了基础，并对未来的器件设计提供了指导。

参考文献

[1] Wang Z L，Song J H. Piezoelectric nanogenerators based on zinc oxide nanowire arrays. Science，2006，312（5771）：242-246.

[2] Wang X D，Song J H，Liu J，et al. Direct-current nanogenerator driven by ultrasonic waves. Science，2007，316（5821）：102-105.

[3] Qin Y，Wang X D，Wang Z L. Microfibre-nanowire hybrid structure for energy scavenging. Nature，2008，451（7180）：809-813.

[4] Wang X D，Zhou J，Song J H，et al. Piezoelectric field effect transistor and nanoforce sensor based on a single ZnO nanowire. Nano Letters，2006，6（12）：2768-2772.

[5] He J H，Hsin C L，Liu J，et al. Piezoelectric gated diode of a single ZnO nanowire. Advanced Materials，2007，19（6）：781-784.

[6] Lao C S，Kuang Q，Wang Z L，et al. Polymer functionalized piezoelectricFET as humidity/chemical nanosensors. Applied Physics Letters，2007，90（26）：262107.

[7] Hu Y F，Chang Y L，Fei P，et al. Designing the electric transport characteristics of ZnO micro/nanowire devices by coupling piezoelectric and photoexcitation effects. ACS Nano，2010，4（2）：1234-1240.

[8] Hu Y F，Zhang Y，Chang Y L，et al. Optimizing the power output of a ZnO photocell by piezopotential.

ACS Nano，2010，4（7）：4220-4224.

[9] Zhang Y，Liu Y，Wang Z L. Fundamental theory of piezotronics. Advanced Materials，2011，23（27）：3004-3013.

[10] Wang Z L. Piezopotential gated nanowire devices：piezotronics and piezo-phototronics. Nano Today，2010，5（6）：540-552.

[11] Zhou J，Fei P，Gu Y D，et al. Piezoelectric-potentialcontrolled polarity-reversible Schottky diodes and switches of ZnO wires. Nano Letters，2008，8（11）：3973-3977.

[12] Yang Q，Wang W H，Xu S，et al. Enhancing light emission of ZnO microwire-based diodes by piezo-phototronic effect. Nano Letters，2011，11（9）：4012-4017.

[13] Wang Z L. Progress in piezotronics and piezo-phototronics. Advanced Materials，2012，24（34）：4632-4646.

[14] Sze S M. Physics of Semiconductor Devices. 2nd ed. New York：Wiley，1981；Schottky W. Halbleitertheorie der Sperrschicht. Naturwissenschaften，1938，26（52）：843-843；Bethe H A. MITRadiat. Lab. Report，1942，43：12；Crowell C R，Sze S M. Solid-State Electronics，1966，9（11-12）：1035-1048.

[15] Ikeda T. Fundamentals of Piezoelectricity. Oxford：Oxford University Press，1996.

[16] https://www.comsol.com/model/p-n-junction-1d-14621.

[17] Selberherr S. Analysis and Simulation of Semiconductor Devices. Vienna：Springer，1984.

[18] Liu W，Zhang A H，Zhang Y，et al. First principle simulations of piezotronic transistors. Nano Energy，2015，14：355-363.

[19] Wang X F，Yu R M，Jiang C Y，et al. Piezotronic effect modulated heterojunction electron gas in AlGaN/AlN/GaN heterostructure microwire. Advanced Materials，2016，28（33）：7234-7242.

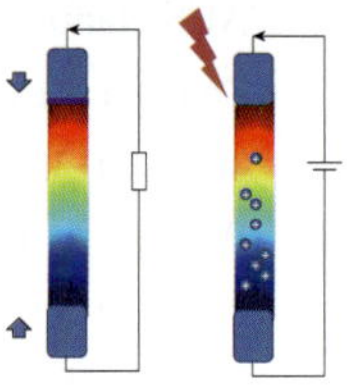

第 5 章

压电电子学晶体管和阵列

摘　要

压电电子学晶体管是通过使用压电势作为“门控电压”来调节/控制界面电荷传输。本章介绍了水平/垂直取向纳米线的压电晶体管的基本原理和制备方法。压电晶体管是一种没有栅电极的双端晶体管，利用内部压电电势代替外置偏压，从而可以实现基于垂直纳米线的可单独寻址/控制的压电电子学晶体管阵列。这有利于制造用于机电转换的高密度集成电路，例如传感器和触摸板技术。压电电子学效应可用于调制异质结附近二维电子气的浓度，并调制载流子在异质结上的电输运过程，这为优化功率器件提供了全新的自由度。此外，人们开发了一种应变控制功率器件（SPD），该器件能够模拟人体反射过程，实现利用外部应变调制输出功率。压电电子学随着新材料、多功能微/纳米电子器件和压电电子学集成电路涌现而快速发展，在人机接口、机器人、植入式传感器、柔性电子和智能皮肤等多个领域有着很好的应用前景。

5.1　压电电子学应变传感器

近年来微纳机电系统领域的研究得到了快速进展，微纳机电系统也在实现超快、高灵敏和低功耗器件等方面显示出巨大的应用潜力。多种基于纳米线[1]和碳纳米管（CNT）[2, 3]的传感器已经被制备出来，并用于纳米和微米尺度的应变/应力与压力测量。通常这些器件利用了相关材料的压阻性质，即在小形变下材料的电导变化与应变之间呈线性关系[1]。碳纳米管是在这方面研究最广泛的纳米材料，灵敏系数高达 850 的基于碳纳米管的应变传感器也已经成为现实[4]。

在本章的第一部分，我们将展示一种基于单根氧化锌压电细线（PFW）（包括纳米线和微米线）的完全封装的应变传感器的制备和应用。此应变传感器是将氧化锌压电细线平放固定在聚苯乙烯基底上制备而成。器件两端的肖特基势垒高度可以随应变变化而改变，因此器件的伏安特性可由应变直接调制。压电细线两端肖特基接触的势垒高度存在较大的差异。压电电子学效应导致肖特基势垒高度随应变改变而线性变化，因此器件的伏安特性对应变变化非常敏感。相关的实验数据可以用热电子发射扩散模型来很好地描述。实验中我们获得高达 1250 的应变灵敏系数，这比基于碳纳米管的应变传感器所达到的最佳结果高出 25%。这些基于氧化锌压电细线研制的应变传感器可以应用于细胞生物学、生物医学、微机电系统器件和结构监测等众多领域。

5.1.1　传感器的制备和测量

图 5.1（a）为这种应变传感器件的示意图[5]。器件中选用的超长氧化锌压电细线是通过高温热蒸发过程合成制备得到的。这些线的直径通常为 2～6μm，长度则从几百微米到几毫米不等。我们选择较大尺寸的氧化锌线是为了易于在光学显微镜下进行操作。此处的原理和方法同样适用于纳米线器件。典型的聚苯乙烯基底长度约为 3cm，宽约为 5mm，厚度约为 1mm。依次经过超声下去离子水和乙醇的清洗，用氮气吹干和放置在加热炉中 80℃干燥 30min 后，聚苯乙烯基底就可以用来作为器件基底了。我们先在光学显微镜下利用探针台将氧化锌压电细线平放在聚苯乙烯基底上。接着用银浆覆盖在压电细线两端并将其固定在基底上，同时银浆也被用来作为源漏电极。最后用远薄于聚苯乙烯基底的聚二甲基硅氧烷（PDMS）薄层来封装整个器件。PDMS 不仅提高了银浆与聚苯乙烯基底间的附着性，同时还防止了器件暴露在空气中时氧化锌线被污染或腐蚀。随后将整个器件在 80℃退火 12h。这样柔性透明且封装良好的应变传感器器件就制备完成了。图 5.1（b）中应变传感器的光学照片显示了一根平直的两端固定在基底上的氧化锌线。

人们在空气环境和室温条件下对应变传感器受应变时的伏安特性进行了测量，图 5.1（c）中显示了测量系统的示意图。器件一端固定在样品架上，另一端则可以自由地被弯曲。整个样品架固定在气垫式防震光学工作台上。移动分辨率为 1μm 的 x-y-z 三轴机械位移台被用来弯曲传感器的自由端以产生压缩或拉伸应变。连续三角波形扫描电压同时加在氧化锌线器件上以测量器件形变过程中的伏安特性。为了研究该传感器的稳定性和响应特性，频率和振幅可控的谐振器被用来周期地弯曲传感器。同时在源极和漏极之间施加固定的偏置电压。

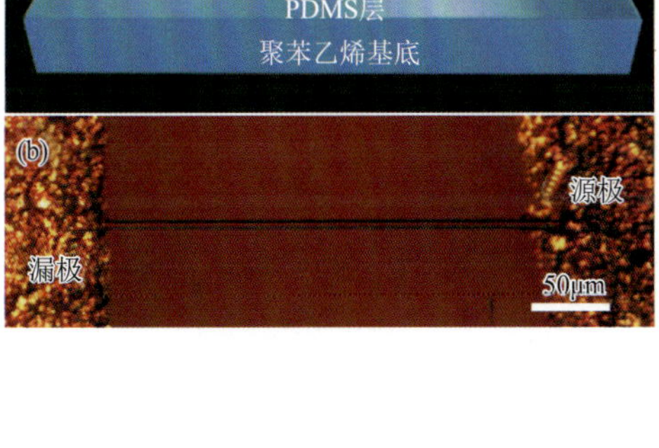

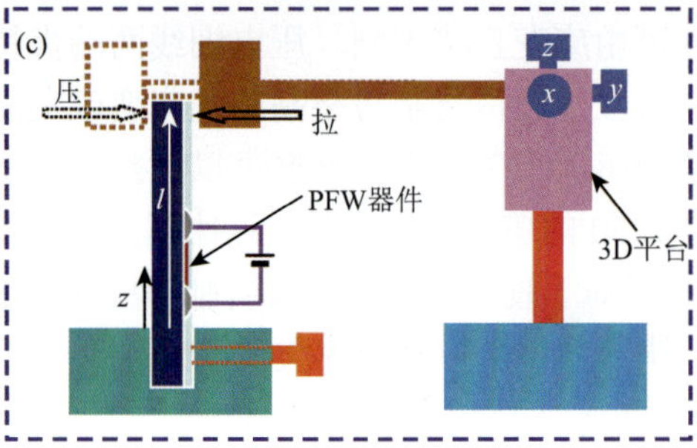

图 5.1 （a）基于单根氧化锌压电细线的应变传感器示意图；（b）应变传感器的光学图像；（c）表征应变传感器性能的测量系统示意图

由于 PMDS 层的杨氏模量（$E = 360 \sim 870\text{kPa}$）远小于聚苯乙烯基底的杨氏模量（$E = 3 \sim 3.5\text{GPa}$），且银浆电极的面积和厚度远小于聚苯乙烯基板，因此固定在聚苯乙烯基底外表面上的 PMDS 层和银浆电极不会显著影响聚苯乙烯薄膜的力学特性。所以聚苯乙烯的力学特性取决于聚苯乙烯基底的弯曲方向，氧化锌压电细线将受到单纯的拉伸或压缩应变。氧化锌压电细线受到的应变可近似等于器件所处聚苯乙烯基底外表面上 z 处的应变。

5.1.2 压电纳米线的应变计算

为便于推导，我们将坐标原点设在膜一侧截面的中心，且 z 轴平行于线长 l 的方向，x 轴平行于薄膜宽度 w 的方向。为了确定衬底受外力 f_y 弯曲时纳米线的形变情况，我们只需要计算应变张量的 ε_{zz} 分量，其中 $\varepsilon_{zz} = \Delta L_{\text{wire}}/L_{\text{wire}}$。同时 $\sigma_{zz} = -f_y/I_{xx}y(l-z)$，$\sigma_{xx} = \sigma_{yy} = 0$，这里 I_{xx} 为梁截面的几何惯性矩。因此 $\Delta L_{\text{wire}}/L_{\text{wire}} = \varepsilon_{zz} = \sigma_{zz}/E$。相比于测量弯曲力 f_y，在实验中测量基底的横向最大偏转 $D_{\max}$ 更加方便，且 $D_{\max}$ 和 f_y 之间的关系为 $D_{\max} = f_y l^3/3EI_{xx}$。所以，

$$\varepsilon_{zz} = -3\frac{y}{l}\frac{D_{\max}}{l}\left(1-\frac{z}{l}\right) \tag{5.1}$$

在这里定义 a 为基底的半膜厚度，y 为沿着基底厚度的方向。则 $y = \pm a$ 对应了压电细线被固定在基底薄膜两侧外表面的情况，此处 y 的正负号取决于所处位置为梁的压缩面还是拉伸面。$z = z_0$ 是膜基底固定端与氧化锌压电细线中点之间的垂直距离。实际中由于基底的长度远大于氧化锌压电细线的长度（$l \gg L$），因此假设氧化锌压电细线中应变均匀是一个很好的近似。

5.1.3 传感器的机电特性

在进行器件的机电特性表征测量前，我们首先测量了传感器无形变情况下的伏安特

性。我们测量了超过 250 个不同器件的伏安特性。非线性伏安特性是在半导体器件测量中经常观测的现象[6, 7]。一般来说，非线性特性是由器件中半导体和金属电极之间形成的肖特基势垒导致的。伏安曲线的具体形状取决于由源极和漏极处不同的界面特性造成的不同的肖特基势垒高度。本研究中，我们只关注两端肖特基接触势垒高度迥异的压电细线器件。这些器件的伏安曲线具有相当不对称的形状。图 5.2（a）显示了不同应变下器件的典型伏安特性。在拉伸应变下，伏安曲线上移；反之，在压缩应变下，伏安曲线下移。当无应变时，伏安曲线完全恢复到初始状态。

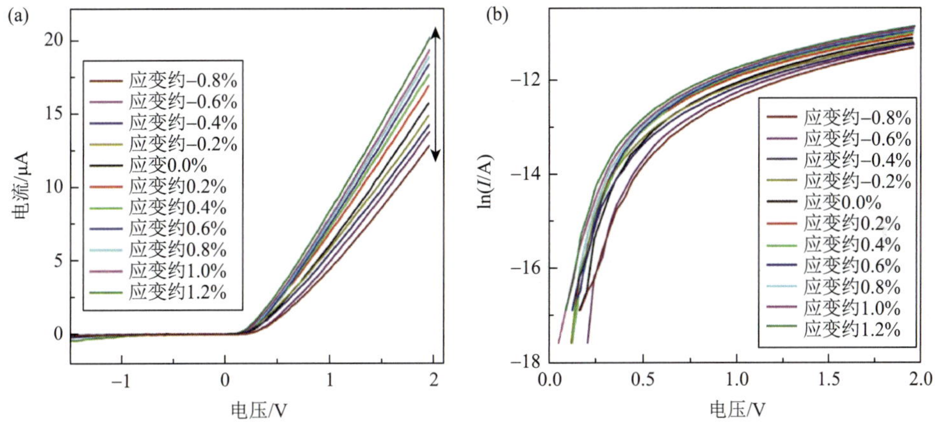

图 5.2　（a）受不同应变时器件的典型伏安特性；（b）利用图（a）中数据绘制的正偏电流对数曲线[5]

我们对传感器的稳定性和响应特性进行了仔细研究。图 5.3 显示了固定偏压为 2V 时，在多个周期的反复压缩和拉伸（频率为 2Hz）下传感器的电流响应。从结果中可以看到，器件电流随压缩应变的增加而减少，随拉伸应变的增加而增加，这与图 5.2（a）中观察到的现象一致。值得注意的是，在每个应变周期中，电流可以达到几乎相同的变化幅值，并且当应变消失时电流可以完全恢复到初始状态。这说明制得的传感器具有很高的可重复性和很好的稳定性。从实验结果中可以得出器件的响应时间约为 10ms。

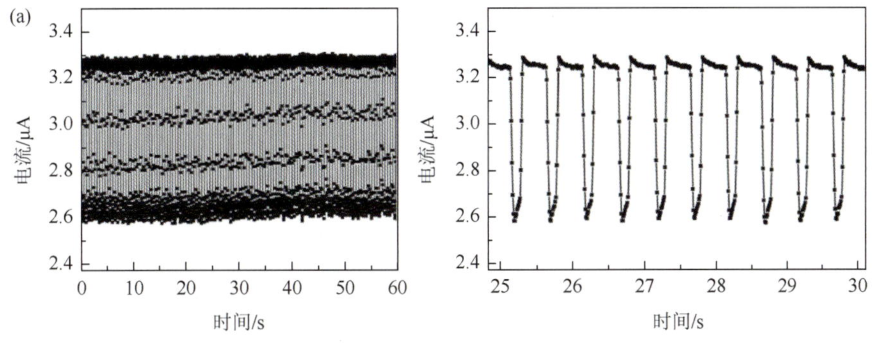

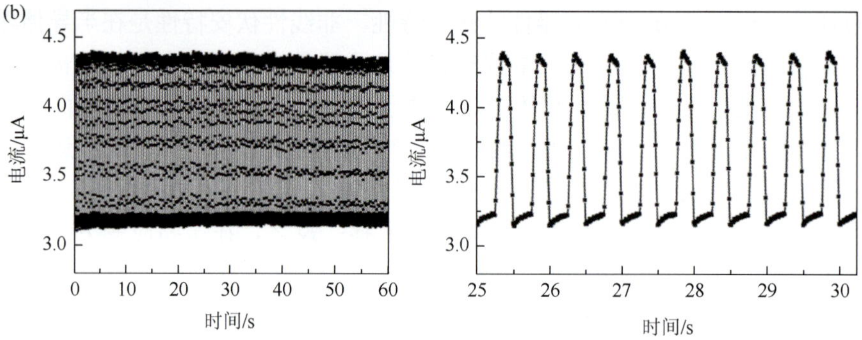

图 5.3　固定偏压为 2V 时，在多个周期的反复（a）压缩和（b）拉伸（频率为 2Hz）下传感器的电流响应

5.1.4　热电子发射-扩散理论的数据分析

从图 5.2（a）中的伏安曲线可以清楚地看出，器件两端存在高度明显不同的肖特基势垒。金属-半导体界面肖特基势垒的存在对于金属-半导体-金属结构的电流传输性质起着至关重要的作用[8]。只通过简单观察器件的伏安曲线，我们无法确定势垒的特性以及是处于反向偏置还是正向偏置状态。则通过定量模拟分析伏安曲线来确定金属-半导体-金属结构的电流传输性质非常重要[6]。如图 5.4（a）所示，通过深入分析伏安曲线的形状，我们的器件可以看作是由单根氧化锌线夹在两个相反的肖特基势垒之间构成的。我们假设漏极势垒高度 ϕ_D（eV）明显高于源极势垒高度。在固定偏置电压 V 下，原位扫描表面电势显微镜的测量结果表明，压降主要落在反向偏置的肖特基势垒上[9]。在我们的例子中，当一个较大的电压 V 加在漏极和源极之间且漏极接正时，压降主要落在反向偏置的源极肖特基势垒 ϕ_S（eV）上，用 V_S 表示。假设 $V_S \approx V$。如果考虑测量在室温下进行并且氧化锌压电细线中的掺杂浓度较低，则势垒主要的载流子传输机制是热电子发射和扩散，而隧穿效应的贡献可以被忽略。因此，受图 5.2（b）中 ln$I$-V 曲线形状的启发，并根据经典热电子发射扩散理论（适用条件 $V \gg 3kT/q \sim 77$mV），当反向偏压为 V，温度为 T 时，通过反偏肖特基势垒 ϕ_S 的电流可以表示为[8]

$$I = SA^{**}T^2 \exp\left(-\frac{\phi_S}{kT}\right)\exp\left(\frac{\sqrt[4]{q^7 N_D\left(V + V_{bi} - kT/q\right)/\left(8\pi^2\varepsilon_s^3\right)}}{kT}\right) \tag{5.2}$$

其中，S 是源肖特基势垒的面积；A^{**}是有效理查森常量；q 是电子电荷；k 是玻尔兹曼常量；N_D 是供体杂质密度；V_{bi} 是势垒处的电势；ε_s 是 ZnO 的介电常数。图 5.4（b）中显示的 ln$I$-V 曲线定量地表明反偏肖特基势垒的 ln$I$ 随 $V^{1/4}$ 变化，而不同于正偏肖特基势垒的 ln$I$ 随 V 变化的规律。因此，式（5.2）可用来精确拟合实验观察到的 ln$I$-V 曲线，并从中可以得出相应的拟合参数。此结果不仅表明热电子发射-扩散是我们器件中主导的载流子传输过程，也可被用于推导出肖特基势垒高度，详细描述如下。

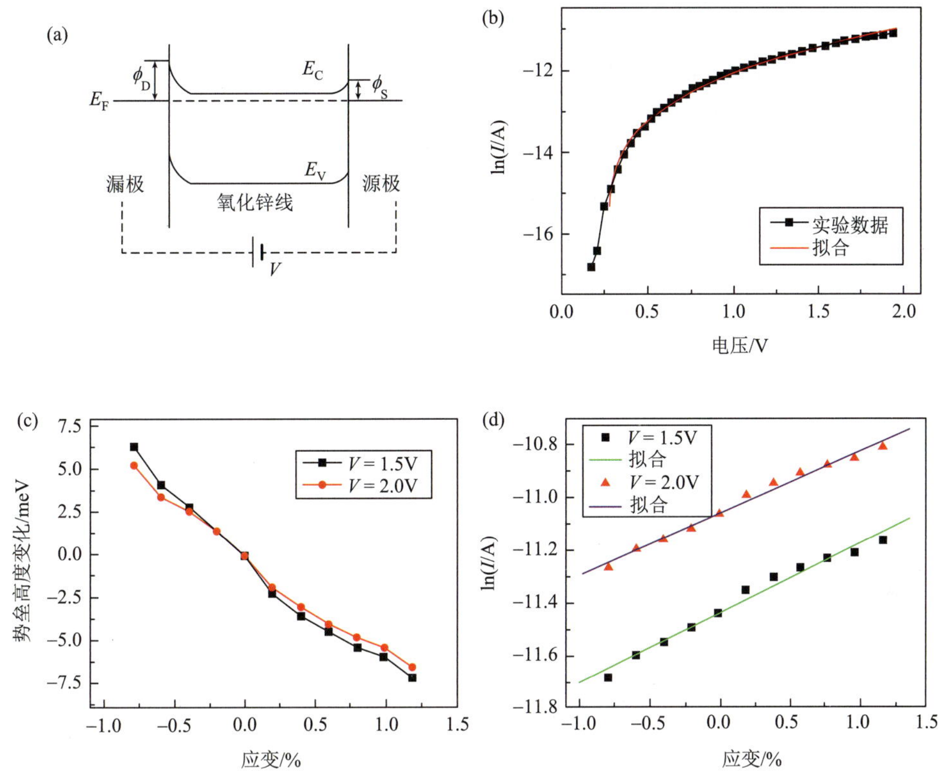

图 5.4　（a）PFW 漏极和源极接触的反对称肖特基势垒能带图，其中为便于讨论，忽略了由漏源之间的外加电压引起的能带偏移；（b）应用热电子发射-扩散理论，在给定应变条件下，对反偏肖特基势垒的 ln*I*-*V* 数据进行拟合，黑色点线为图 5.2（b）中应变为零时的实验数据，红线为拟合曲线；（c）漏源之间偏压分别为 *V* =1.5V 和 2.0V 条件下，基于热电子发射和扩散模型导出的肖特基势垒高度变化与应变之间的函数关系；（d）在固定偏压分别为 *V* =1.5V 和 2.0V 条件下，对数电流（单位为 A）与应变之间的函数关系[5]

假设 S、A^{**}、T、N_D 在小变形条件下不随应变变化[10]，原则上可以通过电流对数 ln*I*-*V* 关系推导出，如图 5.4（b）所示。因此肖特基势垒的变化可由下式确定：

$$\ln[I(\varepsilon_{zz})/I(0)]=-\Delta\phi_S/kT \tag{5.3}$$

其中，$I(\varepsilon_{zz})$和 $I(0)$分别对应了固定偏压下存在和不存在应变时通过压电细线的电流。图 5.4（c）中对应了偏压分别为 1.5V 和 2V 时的结果，表明肖特基势垒的变化 $\Delta\phi_S$ 与应变之间呈近似线性关系。同时我们可以观察到 $\Delta\phi_S$ 对偏压 V 的选择不太敏感。

在上述计算中，我们假设外加电压完全落在反偏的源极肖特基势垒上。而在实际中 $V_S<V$，因此计算得到的 $\Delta\phi_S$ 值会因为偏压 V 的选择而轻微改变，不过 $\Delta\phi_S$ 与应变之间的近线性关系受影响不大。图 5.4（d）显示了固定偏压 V = 1.5V 和 2.0V 时，ln*I* 的改变与应变之间的函数关系。ln*I* 的变化与应变之间呈现出近线性关系。

5.1.5 区分压阻效应和压电效应

有研究报道，在砷化镓[11]、氮化镓[12]和氮化铝镓[13]等材料形成的肖特基势垒中，由于能带结构的变化和压电效应，肖特基势垒高度会随应力/应变而改变。实验和计算表明，半导体材料的带隙也可随应变/应力改变而变化。类似地，氧化锌形成的肖特基势垒高度随应变的变化也可以看作能带结构变化（如压阻效应）和压电电子学效应组合影响的结果。在简化的肖特基接触模型中，能带结构变化的影响可以等效地表征为受应变时半导体（氧化锌）电子亲和势的变化，用符号 $\Delta\phi_{\text{S-bs}}$ 来表示。

压电极化电荷对肖特基势垒高度的影响来源于在极化散度不为零的金属-半导体界面及半导体内的耗尽区附近等界面处由极化导致的表面电荷[14]。在半导体耗尽区附近对应的极化改变可能会被导带电子所屏蔽。另一方面，通过改变界面态或者金属中的电子电荷，金属-半导体界面处的极化强度的变化也可以被部分地中和[14]。这种效应将改变界面处的费米能级并因此影响肖特基势垒高度。由压电极化电荷引起的肖特基势垒高度的变化可以近似为

$$\Delta\phi_{\text{S-pz}} = \frac{\sigma_{\text{pz}}}{D}\left(1+\frac{1}{2q_{\text{S}}d}\right)^{-1} \tag{5.4}$$

这里，σ_{pz} 是压电极化强度电荷面密度（以电子电荷为单位）；D 是肖特基势垒处半导体带隙中处在费米能级的二维界面态密度；d 是耗尽层宽度。与界面处带隙态相关的是一个二维屏蔽参数 $q_{\text{S}} = (2\pi q^2 / k_0)D$，其中 q 为电子电荷，k_0 是氧化锌的介电常数。因此氧化锌传感器中肖特基势垒高度的总变化可以表示为

$$\Delta\phi_{\text{S}} = \Delta\phi_{\text{S-bs}} + \Delta\phi_{\text{S-pz}} \tag{5.5}$$

在我们的研究中，$\Delta\phi_{\text{S}}$ 随拉伸应变的增加而减少，随压缩应变的增加而增加。实验观测到的应变变化对肖特基势垒高度的影响是 $\Delta\phi_{\text{S-bs}}$ 和 $\Delta\phi_{\text{S-pz}}$ 共同作用的结果。实验中，若应变一直保持，则能带结构的变化对于肖特基势垒高度的影响一直存在且保持不变；而如果考虑到载流子的屏蔽效应，则压电效应的贡献可能表现为一个随时间轻微衰减的过程。这一现象的原因可能是，氧化锌中杂质和空位态对载流子的俘获效应导致电导率的缓慢变化。这与氧化锌材料的导电性在紫外光照射后出现缓慢恢复的现象十分类似。对这一现象的全面理解仍需要进一步的研究。

5.1.6 压电电子学效应引起的应变系数剧增

实际应用中应变传感器的性能主要是由应变灵敏系数来表征，其定义是归一化电流（I）与应变（ε）曲线的斜率：$[\Delta I(\varepsilon)/I(0)]/\Delta\varepsilon$。实验中观测到我们的传感器的最大应变系数为 1250（图 5.5（b）），超过了传统金属应变计的应变系数（1～5）和最先进的掺杂硅应变传感器的应变系数（约 200），甚至也高于目前所报道的碳纳米管的最大应变系数（约

1000）。图 5.5（a）显示了另一个器件随应变变化的伏安曲线，这与图 5.2（a）中的结果很相似。图 5.5（a）中的插图表明，ln$I$ 随应变而线性变化。图 5.5（b）所示的应变系数与应变之间的函数关系也与计算结果相符[15]。

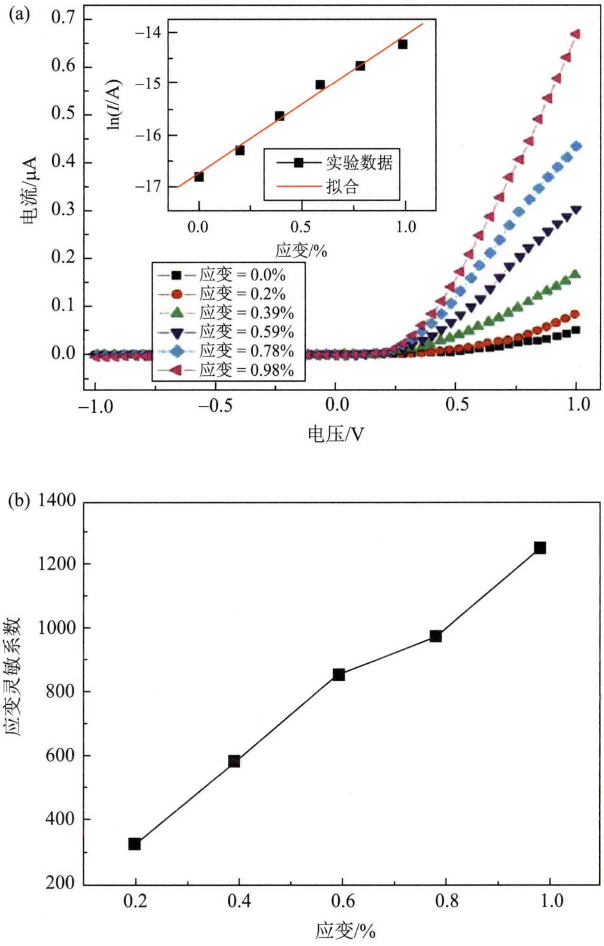

图 5.5　（a）不同应变条件下另一个传感器的伏安特性，插图为 ln$I$（单位为 A）与应变之间的依赖关系；（b）从图（a）中导出的灵敏系数与应变之间的函数关系[5]

实际测量中，一些器件的应变系数较低。这可能是由于压电效应取决于氧化锌线的 c 轴方向，从而导致在这些器件中 $\Delta\phi_{\text{S-bs}}$ 和 $\Delta\phi_{\text{S-pz}}$ 具有相反的符号。实验中制得器件的氧化锌线沿 c 方向或是沿 $-c$ 方向的概率各为 50%。

5.2　压电二极管

本节中我们将介绍一种基于单根氧化锌压电细线（纳米线或微米线）的新型柔性压

电电子学开关器件[16]。其工作机制是依靠压电势导致的源漏电极处的肖特基势垒高度的不对称变化。而源极和漏极肖特基势垒高度变化的不对称性源于由应变产生的沿压电细线分布的压电势，这已经用热电子发射-扩散理论作了定量分析。这里我们展示了开关比约为 120 的新型压电电子学开关器件。这项工作给出了利用应变控制压电半导体耦合过程来设计制备新型二极管和开关器件的新方法。

5.2.1 压电电子学效应引起的欧姆接触到肖特基接触的转变

此研究中，器件是通过将超长氧化锌压电细线平置于厚度远大于氧化锌线直径的聚苯乙烯基底上制得，如图 5.6 中顶部插图所示。简单地说，我们在光学显微镜下使用探针台将高温物理气相沉积过程合成的单根氧化锌压电细线（典型的直径为几微米，长度为几百微米到数毫米）平放在聚苯乙烯基底上（典型长度约 3cm，宽度约 5mm，厚度为 1mm）。接着用银浆将压电细线两端紧固在基底上，银浆同时也被用作源极和漏极。待银浆干燥后，一薄层的 PMDS 被用来封装器件。最终我们完成了柔性透明且封装良好的应变传感器的器件制备。

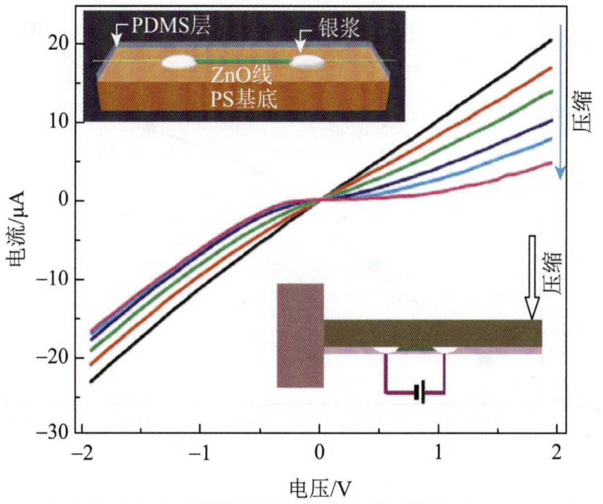

图 5.6　不同压缩应变条件下，传感器典型的伏安特性（1 号器件）。黑线为无应变条件下的伏安曲线，蓝色箭头指向外加压缩应变幅值增加的方向；顶插图为单根氧化锌压电细线器件示意图，底插图为机电测量系统示意图[16]

器件机电性能的研究在室温和空气环境中进行。图 5.6 中底部插图为测量装置的示意图。器件一端固定在样品架上，另一端能自由弯曲。分辨率为 1μm 的三维机械位移平台被用来弯曲传感器的自由端从而在传感器中产生压缩应变。在器件的形变过程中，计算机控制的测量系统同时对器件的伏安特性进行测量。

在对器件的机电特性进行测量之前，我们首先测量了传感器无形变情况下的伏安特性。通过对超过两百个相同条件下制备的器件的伏安特性的测量，我们发现大多器件具有非线性的伏安特性。在之前的工作中，我们的研究集中在无形变情况下具有整流伏安特性的器件，并且报道了以此为基础构建的柔性压电电子学应变传感器。在本研究中，我们只关注具有对称或近似对称伏安特性的器件。这些器件中的两端接触有可能都是欧姆接触或两端对称的肖特基接触。图 5.6 中展示了不同压缩应变下典型的器件伏安特性。当压缩应变增加时，正偏压和负偏压下器件的电流均减少。最后得到一个倒置的二极管-伏安曲线。有些器件在压缩应变下则表现出向上的二极管伏安特性。统计结果表明，在压缩应变下具备倒置和正置二极管伏安特性的器件比率接近 1∶1。

图 5.7（a）显示了另一个器件在拉伸-释放-压缩-释放周期性应变作用下的电流响应。蓝线和黑线分别是电流响应和外加扫描电压随时间的变化曲线。图 5.7（b）显示了每个应变状态下器件相应的伏安特性。当器件处于拉伸应变时，可观察到器件具有向上弯曲的类似二极管的伏安特性（红线）；当器件处于压缩应变时，可观察到器件具有向下弯曲的类似二极管的伏安特性（绿线）。当应变释放时，器件恢复到初始的伏安曲线（黑线）。进一步的研究表明，观测到的这些伏安特性的变化是由应变产生的，而不是由不良或不稳定接触导致的。

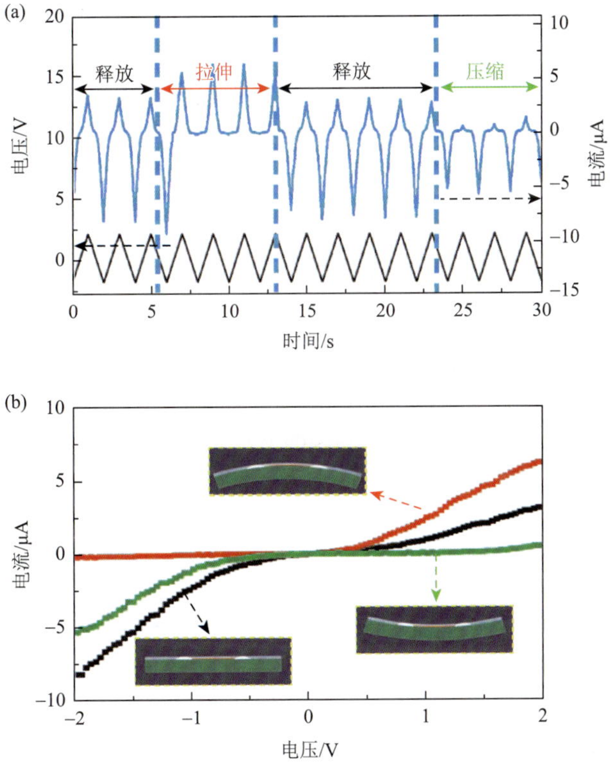

图 5.7　（a）器件受重复拉伸-释放-压缩-释放周期性应变作用时的电流响应（2 号器件），蓝线和黑线分别是电流响应和外加扫描电压随时间的变化曲线，从这两组曲线我们可以得到器件伏安特性随时间的变化曲线；（b）不同应变条件下的伏安特性，即无应变（黑线）、压缩应变（绿线）和拉伸应变（红线），内插示意图显示各种应变条件下器件的形变情况[16]

He 等首次报道了这种在应变下器件伏安特性从对称或接近对称向整流类型转变的新现象[17]。当使用金/钛涂层的钨探针弯曲一端固定的氧化锌纳米线时，氧化锌纳米线的伏安曲线从线性特性改变为具有整流比例为 8.7∶1 的特性。他们提出氧化锌纳米线的电性传输由应变引起的压电势形成的势垒控制。当氧化锌纳米线器件弯曲时，外表面被拉伸而具有正压电势，内表面被压缩而具有负压电势。因此在氧化锌纳米线的直径方向存在一个压电势落差[16]。探针与纳米线的拉伸表面接触。但在我们的例子中，氧化锌压电细线两端被固定在聚苯乙烯基底上。由于器件的应变类型由聚苯乙烯基底的弯曲方向确定，因而氧化锌压电细线的内外表面均处于相同的拉伸或压缩应变下，所以线内压电势的分布是沿压电细线的轴向方向而不是沿直径方向。

5.2.2 肖特基势垒变化的定量分析

压电极化对肖特基势垒高度的影响来源于极化在金属-半导体界面上产生的电荷。这些电荷将使界面附近的局域费米能级发生偏移并改变局域导带结构。因此，能带结构和压电极化效应都将影响肖特基势垒高度并进而影响器件的传输性质，详细阐述如下。

图 5.8（a）显示了不同压缩应变下器件的伏安特性。在正偏压和负偏压下器件的电流都被抑制，最后在应变约为−2.14%时器件呈现出向上弯曲的二极管类型伏安特性。图 5.8（a）中的初始伏安曲线（黑线）清楚地显示，由于不同的界面特性，在器件接触处形成了具有不同势垒高度的肖特基势垒。因此本器件的结构可以被等效为由单根氧化锌压电细线夹在背靠背的源极肖特基势垒间构成，且势垒高度为 ϕ_S（eV）和 ϕ_D（$\phi_D < \phi_S$），如图 5.8（a）中插图所示。

根据原位扫描表面电势显微镜的测量结果，在固定偏置电压 V 下，器件电路中的压降主要落在反向偏置的肖特基势垒上。在我们的例子中，当一个正偏压加在漏极和源极之间且漏极端接正时，压降主要落在源极的反偏肖特基势垒 ϕ_S 上，用 V_S 表示；当正偏压加在漏极和源极之间且源极端接正时，压降主要发生在漏极的反偏肖特基势垒 ϕ_D 上，用 V_D 表示。为了简化讨论，我们定义正电压加在漏极并假设大部分的压降落在反偏的源极肖特基势垒上，则 $V_S \approx V$。考虑到测量是在室温下进行，并且氧化锌压电细线中的掺杂水平较低，

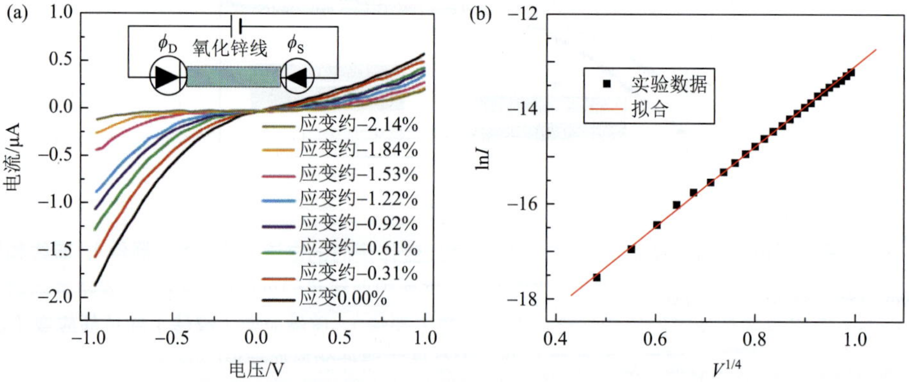

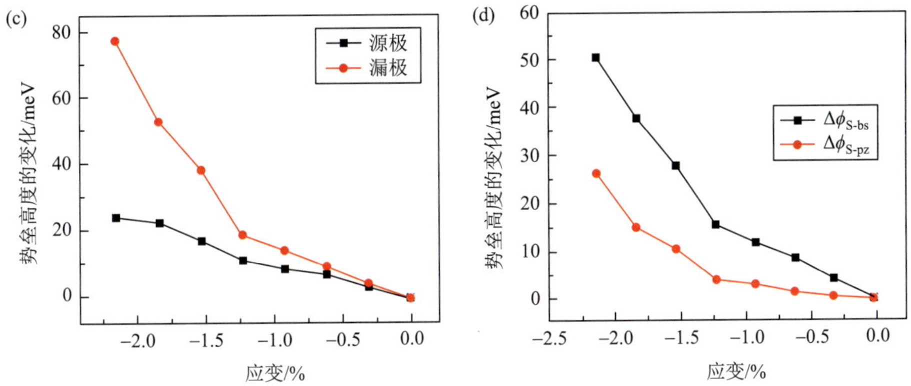

图 5.8 （a）不同压缩应变下传感器的伏安特性，电流下降表明肖特基势垒高度增加，插图为该器件的夹层模型示意图，即两个背靠背肖特基二极管连接到一根氧化锌线的两端；（b）利用（a）中黑线所提供的数据绘制的 ln*I* 作为 $V^{1/4}$ 的函数，红线是根据式（5.3）进行的拟合；（c）利用热电子发射-扩散模型得出的肖特基势垒高度变化作为应变的函数，黑色和红色曲线分别对应漏源偏压为 V=1V 和–1V 时，源极和漏极的肖特基势垒高度变化；（d）分别推导出的能带结构（黑色曲线）和压电效应（红色曲线）对肖特基势垒高度变化的贡献

因此势垒上主导的载流子传输机制为热电子发射和扩散，而隧穿过程的贡献则可以被忽略。因此对一个在电压 V 和温度 T 下的反偏肖特基势垒来说，基于经典热电子发射和扩散理论（$V \gg 3kT/q \sim 77\text{mV}$）可知，通过反偏势垒 ϕ_S 的电流可以由式（5.2）描述。为验证式（5.2）是否可以准确地描述所观察到的现象，我们使用图 5.8（a）中黑线所提供的数据绘制了 ln$I$ 作为 V 和 $V^{1/4}$ 的函数。如图 5.8（b）所示，ln$I$-$V^{1/4}$ 曲线呈现出明显的线性关系。这不仅表明热电子发射-扩散模型是器件中载流子输运的主物理机制，而且也提供了从实验数据中获取肖特基势垒高度的方法，详细说明如下。

假设 S、A^*、T 和 N_D 是已知的，原则上可以从 ln$I$-V 图中得出 ϕ_S [12]。随后，应变所引起的肖特基势垒高度的变化可通过下式确定[10, 12]：

$$\ln[I(\varepsilon_{zz})/I(0)] \sim \Delta A^{**}/A^{**} - \Delta\phi_S/kT \tag{5.6}$$

其中，$I(\varepsilon_{zz})$和 $I(0)$分别是当固定偏压为 V_a 时有应变和无应变情况下通过压电细线的电流。因为 A^{**} 对应变的依赖关系仅源于有效质量对应变的依赖关系，所以式（5.6）中的第一项远小于第二项而可以在后面的讨论中被忽略。图 5.8（c）（黑线）中显示偏置电压为 1.0V 时 $\Delta\phi_S$ 随应变变化的改变。类似地，偏置电压为–1.0V 时，$\Delta\phi_D$ 随应变变化的改变也绘制于图 5.8（c）中（红线）。上述结果显示，源漏极接触处的肖特基势垒高度均随压缩应变的增加而增加。

受应变时，银/氧化锌/银器件结构中的肖特基势垒高度的变化受应变所导致的能带结构变化和压电极化的综合影响[16]。能带结构变化对源极和漏极接触处的肖特基势垒高度改变的贡献分别表示为 $\Delta\phi_{S\text{-}bs}$ 和 $\Delta\phi_{D\text{-}bs}$。如上所述，氧化锌压电细线所受的轴向应变沿其整个长度均匀分布。因此，如果两端接触相同，我们可以假设 $\Delta\phi_{S\text{-}bs} = \Delta\phi_{D\text{-}bs}$。则压电效应对肖特基势垒高度改变的贡献可以描述如下。

如上所述，器件中氧化锌压电细线所受的轴向应变沿其长度方向均匀分布。在应变下，氧化锌内的阳离子和阴离子沿应变方向极化而形成压电电荷引致的极化。需要指出的是，这些压电离子电荷不能自由移动。它们可以被外部电子屏蔽，但不能被完全中和[14]。这意味着，即使当氧化锌具有适中的导电性时，虽然压电电荷的影响处在一个较低的水平，但是其仍然存在。压电极化对肖特基势垒高度的影响可以定性描述如下：当受到沿压电细线长度方向的恒定应变ε_z时，线内沿长轴方向产生的轴向极化 P_z 为 $P_z = \varepsilon_z e_{33}$，其中 e_{33} 是压电张量的分量[18]。沿线的长度 L 方向产生的电势差近似为 $V_p^+ - V_p^- = |\varepsilon_z| L e_{33}$，因此该电势对源漏极的肖特基势垒高度的调制效果幅度相同但极性相反（$V_p^+ = -V_p^-$），可以分别表示为$\Delta\phi_{\text{S-pz}}$ 和$\Delta\phi_{\text{D-pz}}$（$= -\Delta\phi_{\text{S-pz}}$）。所以，在源极和漏极接触上，由应变引起的肖特基势垒高度的总变化如下所述：

源极：
$$\Delta\phi_{\text{S}} = \Delta\phi_{\text{S-bs}} + \Delta\phi_{\text{S-pz}} \tag{5.7}$$

漏极：
$$\Delta\phi_{\text{D}} = \Delta\phi_{\text{S-bs}} - \Delta\phi_{\text{S-pz}} \tag{5.8}$$

则可得出 $\phi_{\text{S-bs}} = (\Delta\phi_{\text{S}} + \Delta\phi_{\text{D}})/2$ 和 $\Delta\phi_{\text{S-pz}} = (\Delta\phi_{\text{S}} - \Delta\phi_{\text{D}})/2$。$\Delta\phi_{\text{S-bs}}$ 和 $\Delta\phi_{\text{S-pz}}$ 与应变的关系如图 5.8（d）所示，两者在较小应变下呈线性关系，而在较大应变下呈非线性关系。研究表明，带隙变化和压电极化在小应变下均与应变呈近似线性关系。而大应变下的非线性效应则需要更复杂的理论来进行分析。

5.2.3 压电电子学二极管工作机制

在这里，我们使用能带示意图来说明压电极化如何影响源极和漏极接触处的肖特基势垒[16]。图 5.9（a）为氧化锌 c 轴指向源极的器件在无应变时的能带图。当该器件受到压缩应变时，漏极具有高的压电势（图 5.9（b）），导致源极的肖特基势垒升高；另一方面，如图 5.9（c）所示，通过改变聚苯乙烯基底的弯曲方向，器件受到的应变类型从压缩应变转变到拉伸应变，使得压电细线中的压电势极性发生反转，这导致漏极肖特基势垒的升高。如果能带结构的变化对肖特基势垒的调制作用明显小于压电势变化的影响，则应变类型的反向将导致器件整流极性的反转，这正是图 5.7（b）中所示实验观察到的现象。

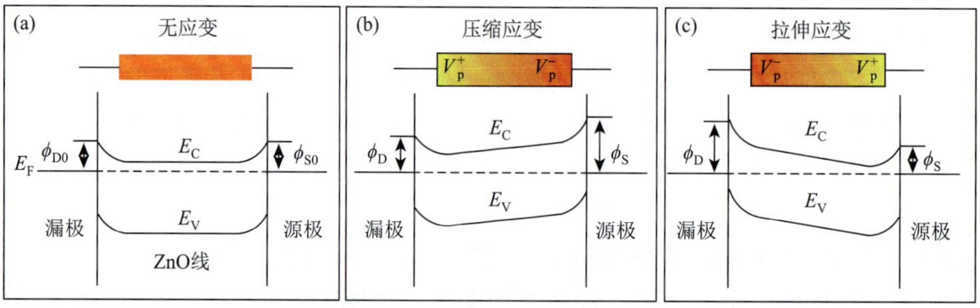

图 5.9　压电细线分别处于（a）无应变、（b）压缩应变和（c）拉伸应变情况下源极和漏极接触的肖特基势垒的能带图。这些图阐述了由改变应变或线的取向导致的压电势的极性转变对局域能带结构和肖特基势垒高度的影响[16]

此外，压电势的分布不仅取决于应变的极性（压缩（$\varepsilon_z<0$），拉伸（$\varepsilon_z>0$）），而且还取决于压电细线的 *c* 轴取向。简单地改变线的方向即可产生反向的压电势分布，从而使得观察到的二极管极性发生反转。由于在器件制备中，压电细线的 *c* 轴取向是随机的，因此在压缩应变下器件具有向上和向下弯曲的二极管伏安特性的概率接近 1∶1。

5.2.4　压电电子学机电开关

我们的器件可以作为一种有效的机电开关。图 5.10 中插图所示为 4 号器件在无应变（黑线）和有应变（红线）情况下的伏安特性。当无应变时，器件具有对称的伏安特性；而当器件受到应变时，其具有整流伏安特性。上述变化是高度可逆的。当固定偏压为–2V 时，器件中无应变和有应变时对应的电流大小分别约为 6μA（定义为“开启”状态）和 0.05μA（定义为“关闭”状态）。当固定偏压为–2V 时，通过对器件周期性地弯曲和释放，我们可以得到一个电流通断比高达 120 的机电开关器件（图 5.10）。

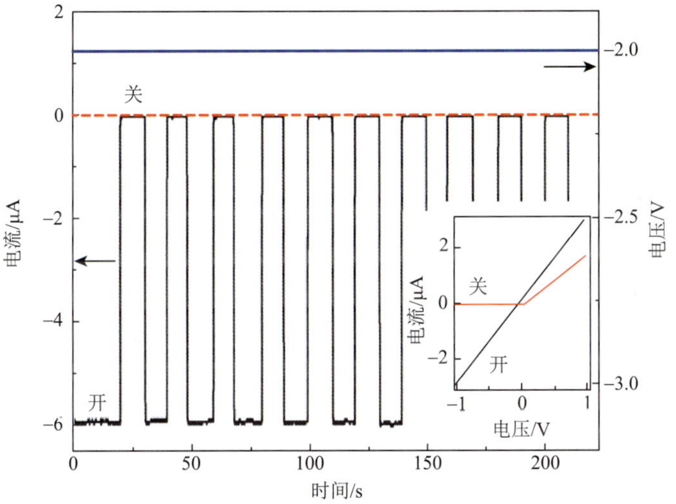

图 5.10　固定偏压为–2V 时，4 号器件受周期性弯曲-释放应变时的电流响应，显示开关比约为 120。插图中显示了 4 号器件在无应变（黑线）和有应变（红线）时的伏安特性

5.3　基于垂直纳米线的压电电子学晶体管

本节中我们将使用垂直排列的氧化锌纳米线来制备以应变作为栅极门控信号的压电电子学晶体管阵列器件[19]。每根顶端具有金触点的氧化锌纳米线作为晶体管。器件中的压敏门极是纳米线顶端的金-氧化锌肖特基结，另一端则是银-氧化锌结。在正反偏压电晶体管中都观测到了压电电子学效应。我们利用接触模式下的导电原子力显微镜对各种应变条件下晶体管的电传输特性进行了研究。实验中观测到的伏安特性具有很好的稳定性和重复性。通过纳米线的电流成功地被纳米线所受的外力调节与控制。

5.3.1 反向偏置接触

实验中的氧化锌纳米线是利用金纳米颗粒作催化剂，通过蓝宝石基底上的氮化镓薄膜外延生长制得的。金纳米颗粒位于制得的纳米线顶端并将作为器件中的电接触。为了保证测得的电学特性来自于单根氧化锌纳米线，我们选择对低长宽比和低密度的纳米线阵列进行了测量。

这个实验中的压电晶体管有两个结：金-氧化锌和银-氧化锌。当器件受到外加偏置电压时，其中一个结处于正向偏置而另一个处于反向偏置。如果金-氧化锌肖特基结处于反向偏置，则金接触连接到负电压而银浆电极连接到正电压。在这种模式下，由于相对于正向偏置结，电路中压降主要消耗在反偏结，所以对伏安特性的压电电子学效应影响主要来自于金-氧化锌结。

晶体管的伏安特性通过导电原子力显微镜进行表征。图 5.11（a）为本测量装置的示意图。导电原子力显微镜探针被用来实现对晶体管的纳米尺度接触。原子力显微镜的探针被接地，并且偏置电压加在样品台底部。压电晶体管的结构为银-氧化锌-金，且银-氧化锌结没有受到应力。器件的源极为制得的导电氧化锌层上的银浆涂层，漏极则为纳米线顶端形成的金接触。晶体管中的“门压”则由原子力显微镜探针对纳米线施加的轴向力所引起的线内压电势来充当。通过纳米线的电流由导电原子力显微镜系统进行测量。在测量过程中，通过调整悬臂所受的偏压，不同的压缩力被施加在纳米线上。其中原子力显微镜针尖和样品之间的接触力大小与悬臂的偏转电压之间呈线性关系。

在氧化锌纳米线晶体管中我们观测到随应变变化的伏安特性。图 5.11（b）中显示了不同压力下晶体管典型的整流特性。在克服了原子力显微镜针尖与金接触之间的接触电阻的影响后，施加在晶体管上的压力从 3μN 变化到 6μN。如图 5.11（b）所示，当压缩力增加时晶体管中的电流下降。施加 3μN 的力使器件受较低的应变时，器件的对称伏安特性呈线性特征（图 5.11（b）中黑线）。随着压力增加，伏安曲线从对称形状变化到非对称形状。当压力提高到 6μN 时，器件的伏安曲线变成了类似单个肖特基二极管的特性。因此通过纳米线的电流可被纳米线所受外力的大小调控。

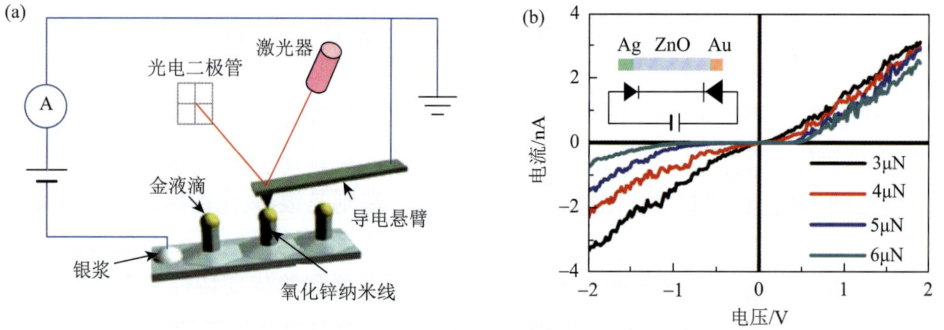

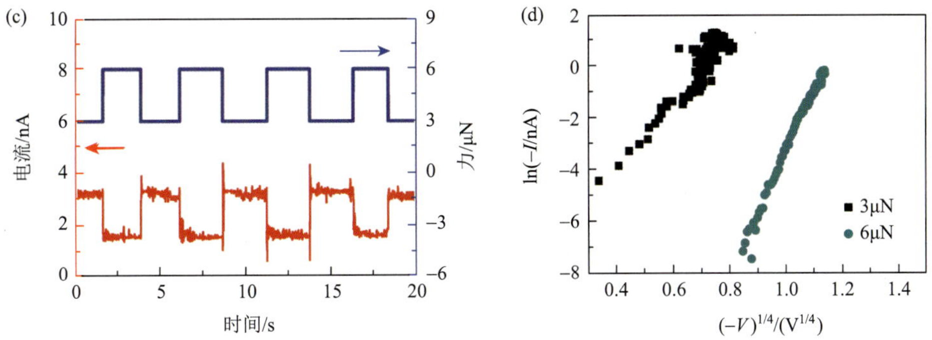

图 5.11 （a）用于纳米尺度定位和电学测量的导电原子力显微镜系统的示意图；（b）具有双肖特基结的器件在不同压缩力下的典型伏安特性；（c）压力脉冲从 3 μN 到 6 μN 情况下的电流响应，蓝线为外加压力，红线为对应电流；（d）利用图 5.11（b）中负偏压区间的数据绘制的 ln（−I）与（−V）$^{1/4}$ 之间的函数曲线

我们也对固定偏压下器件受周期性外力脉冲时的电流响应进行了测量。图 5.11（c）显示了−2V 偏压下器件对外力脉冲的动态响应，其中蓝线代表施加在晶体管上于 3～6μN 交替变化的作用力，红线代表了器件相应的电流响应信号。实验结果表明，外力对电流的影响是可逆的。在−2V 固定偏压下，当在纳米线上施加 6μN 作用力后，电流从 3.6nA 降到 0.5nA，这可以分别认为是晶体管开关的“开启”和“关闭”状态。器件的电流开关比约为 7.2，这可以通过进一步增加应变来调整其数值。

图 5.11（b）中插图显示了该晶体管的器件结构和等效电路。该晶体管可以等效为两个背对背肖特基结。对背对背肖特基结而言，电路中的压降主要落在反偏肖特基结上。通过肖特基势垒（SB）的反向电流对电压的依赖关系主要是由于像力所引起的势垒高度降低[19]。当一个电子从金属电极注入半导体时，它在界面层产生正电荷，就像层内的成像电荷一样。导带向下弯曲，价带向上弯曲。这种效应导致肖特基势垒高度的减少。反向电流对反偏电压的依赖关系则遵循式(5.2)。为验证此模型可被用来描述观察到的现象，我们使用图 5.11（b）（$V<0$）中的数据绘出了 ln（−I）曲线作为（−V）$^{1/4}$ 的函数。在两个典型压力 3μN 和 6μN 的作用下，两幅图均显示如预期的良好线性特征。这说明反偏结主导器件传输特性的解释是合理的。

5.3.2　正向偏置接触

在正偏模式中压电肖特基结（金-氧化锌）处于正向偏置。正电压被加在金接触和银浆之间。在这种模式中，银-氧化锌结处于反向偏置。若其势垒较高则电路中压降主要落在此结上。为了消除这种影响，通过对器件在 600K 下空气中退火 12h 获得了银-氧化锌结势垒高度较低的器件。图 5.12（a）显示了典型器件中氧化锌纳米线的扫描电镜图像（30°倾斜视图）。此器件中的氧化锌纳米线是短纳米柱，其直径约为 35nm。图 5.12（b）显示了从正视 SEM 图像中得到的纳米线直径分布。

图 5.12（c）显示了不同应变下的器件伏安特性。负电压下器件中通过的电流非常小，

而正电压下器件中的电流则可以达到几纳安。当外部压力从 100nN 变化到 500nN 时，器件电流急剧增加，因此该器件的工作特性类似一个单肖特基结二极管。这表明金-氧化锌结形成的肖特基势垒较高并支配了器件的性能。图 5.12（c）中插图为器件的结构示意图及等效电路。

对于理想的肖特基二极管，正偏下的伏安特性可以由下式描述[8]：

$$I_{\mathrm{f}} = AA^{**}T^{2}\exp\left(-\frac{\phi_{\mathrm{B}}}{k_{\mathrm{B}}T}\right)\exp\left(\frac{qV_{\mathrm{f}}}{nk_{\mathrm{B}}T}-1\right) \tag{5.9}$$

其中，V_{f} 为正偏肖特基二极管所受电压；n 为理想因数[19]。从数学上讲，电流的对数 $\ln I_{\mathrm{f}}$ 与二极管上的电压 V_{f} 呈线性关系，可以表示为 $\ln I_{\mathrm{f}} \propto V_{\mathrm{f}}$。图 5.12（d）显示了该晶体管在半对数标度上的正向 I-V 特性。良好的线性拟合表明正向电流与电压间呈指数关系，这说明器件中主要的载流子输运过程可由热电子发射-扩散模型描述。

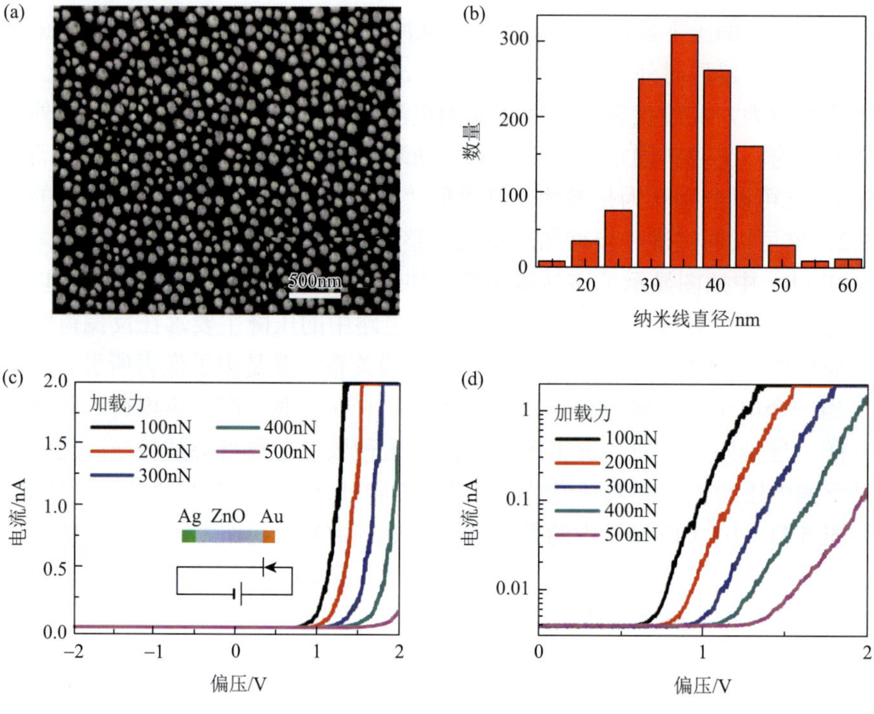

图 5.12 （a）用于单肖特基结器件的氧化锌纳米线；（b）纳米线的直径分布；（c）不同压缩力下单肖特基结器件的伏安特性；（d）半对数坐标中绘制的伏安特性曲线

5.3.3 两端口压电电子学晶体管器件

压电电子学效应可以被用来解释正反偏模式中器件伏安特性对应力的依赖关系。图 5.13（a）和（b）显示了氧化锌纳米线压电电子学效应的机制。氧化锌具有非中心对称的纤锌矿晶体结构（图 5.13（a））。为简单起见，我们将氧化锌纳米线看作绝缘体，以采用有限元方法计算线内的电势分布。图 5.13（b）中的色带对应了计算得出的沿 c 轴生长的氧化锌纳米线受到沿纳米线长度方向的不同压缩应力（从左到右分别为 0nN、100nN、200nN）时的压电势分布。纳米线的直径为 50nm，长度为 100nm。压电势的计算采用了 COMSOL Multiphysics（4.2a 版本）中默认的压电氧化锌的以下材料参数：压电常数 $d_{33}=-5.43\times10^{-12}\mathrm{C/N}$，相对介电常数 $\varepsilon_r=10.204$，弹性系数 210GPa，同时假设氧化锌中没有掺杂。如图 5.13（b）所示，压电势对应力的依赖率约为 $5\mathrm{mV/nN}$。如果纳米线为 n 型掺杂或含有空位，压电势将驱动自由电子从器件一端移动到另一端以屏蔽晶体中的局域压电势而达到新的平衡。由于氧化锌纳米线内的掺杂程度有限，压电势仅被部分屏蔽。被部分屏蔽的压电势会改变结区的局域费米能级和表面附近的导带形状。压电势通过改变肖特基结区半导体侧的费米能级和导带来影响肖特基势垒高度。在此处，氧化锌纳米线顶端被金接触包裹，底部则连接到制得的氧化锌导电层。压电电子学效应主要影响着金-氧化锌肖特基结。

我们可以用图 5.13（c）和（d）中所示的能带图来简化对压电电子学效应的描述。如图 5.13（c）所示，势垒高度 ϕ_B 由金属费米能级与 n 型半导体带边间的电势差来定量衡量。如果半导体具有压电性质，如氧化锌，且晶体 c 轴指向金-氧化锌结区，则如图 5.13（d）所示，晶体受应变将产生压电势。由于导致载流子重新分布，压电势将改变局域接触的特性。基于 c 面红宝石的氮化镓上生长的垂直氧化锌纳米线，其生长方向沿着 c 轴。如图 5.13（d）所示，当施加外力时，在金和氧化锌纳米线之间的肖特基结处产生的负压电势使耗尽层拓宽，从而提高了肖特基势垒高度。应变引起的压电势有效地改变了局域接触特性，并调控着金属-半导体界面的载流子传输过程。

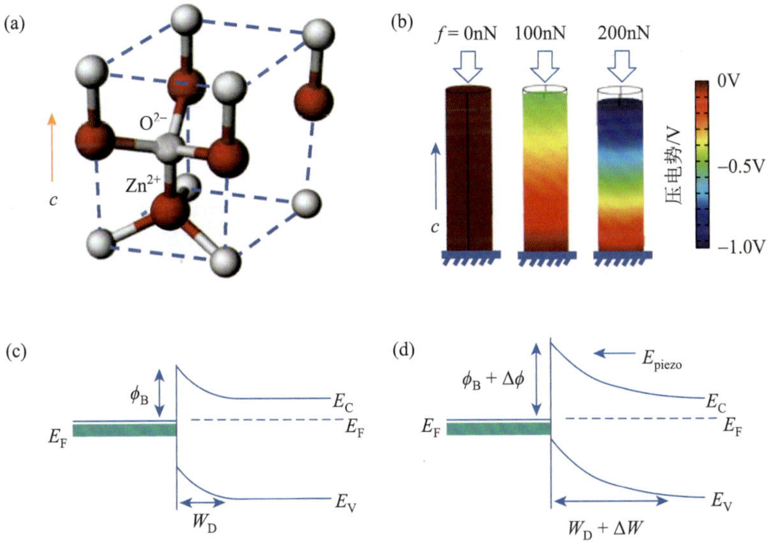

图 5.13　（a）氧化锌纤锌矿晶体结构示意图，红色和灰色球分别代表锌原子和氧原子；（b）有限元计算得到的直径为 50nm、长为 100nm 的氧化锌纳米线受到不同的单轴压力 0nN（左图）、100nN（中图）和 200nN（右图）时的压电势分布；（c）金属-半导体界面形成的肖特基势垒；（d）压电势对（0001）面上的金属-半导体结肖特基势垒高度的影响

5.4　压电电子学晶体管阵列和芯片

集成电路是半导体器件的一个里程碑。纳米技术的迅速发展使制造压电电子学集成电路成为可能。2013 年，人们研制了第一个压电电子学晶体管的大规模集成电路[20]。在这项工作中，Wang 等通过结合垂直 ZnO 纳米线阵列的图案化生长技术和最先进的微加工技术，制备了 92×92 的应变栅极晶体管阵列，实现了主动和自适应的触觉成像。这种大规模应变栅极晶体管阵列通过顶部和底部的透明氧化铟锡（ITO）电极集成（图 5.14（a））。在 ZnO 表面和 ITO 电极之间插入 Au 薄膜，并使用 Au/ZnO 肖特基接触作为压电电子学栅极。这些电极采用正交结构，可以独立或群组寻址。图 5.14（b）显示了不同压力下 1V 偏置下单个模组的输出电流特性。能带图如图 5.14（b）左下插图所示，正压力在顶端 Au/ZnO 接触处生成了负的压电极化电荷，从而提高了肖特基势垒高度，降低了输出电流。压力传感的灵敏度定义为 $S = \mathrm{d}G/\mathrm{d}P$，推导约为 2μS/kPa，传感范围从几千帕到约 30kPa。这种压电晶体管集成电路可以实现亚秒量级的响应时间。该电路可以应用于当前的电子设备。应用案例显示，当在应变门控垂直压电反晶体管（SGVPT）阵列上

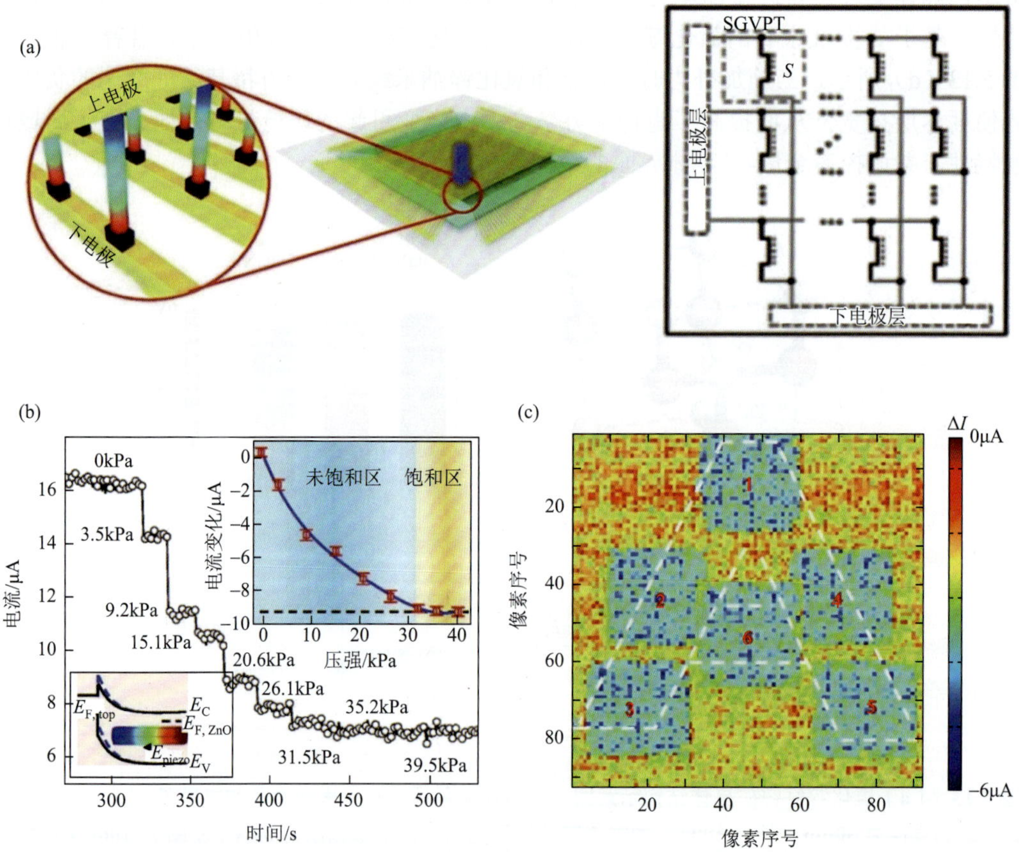

图 5.14　压电电子学集成电路：（a）应变栅极晶体管阵列的示意图；（b）不同施加压力下的电流响应；（c）压力可视化

施加一组正压力刺激时，输出电流的空间分布显现了字母“A”的轮廓（用白色虚线表示），如图 5.14（c）所示。输出电流的等高线图显示出与六个施加应力相匹配的清晰的空间分布。压力传感的空间分辨率具有非常高的点每英寸（dpi）分辨率。通过将六方 ZnO 纳米片装配成有序阵列，压力传感器的空间分辨率可以提高到 12700dpi[21]。该芯片可以同时实现空间压力的可视化和记录。Han 等进一步地集成了 WO_3 电致变色器件薄膜和 ZnO 纳米线矩阵，构建了高灵敏度、高空间分辨率的压力传感器阵列[22]。

这些研究清楚地表明，大规模压电电子学晶体管阵列在人机接口、机器人和生物医学设备等应用中有很好的应用前景。

5.5　压电电子学高电子迁移率晶体管

得益于高载流子迁移率和高功率处理能力，基于 AlGaN/GaN 异质结的高电子迁移率晶体管（HEMT）在高功率、高频率、高温电力电子器件和微波功率放大器等领域极具应用前景[23-25]。AlGaN/GaN 界面中的二维电子气（2DEG）是高效电子输运的主要载体，通常被认为与应变 AlGaN 层的压电极化和自发极化有关。理解和控制载流子在异质结界面上的传输行为，对于理解 HEMT 的物理机制非常重要，压电电子学效应更是为优化器件性能提供了全新的自由度。此外，压电电子学效应可以结合功率控制和机械信号传感等功能，从而扩展未来的人工智能应用，包括但不限于自动驾驶、智能机器人和人机界面等技术。

5.5.1　压电电子学效应调制异质结电子气

本工作中使用的 AlGaN/AlN/GaN 异质结纳米线是通过 MOCVD 技术在图案化的 Si 衬底上合成的，如图 5.15（a）所示。首先生长具有均匀侧面的未掺杂的单一化合物 GaN 纳米线，随后依序沉积未掺杂的 AlN 层和 AlGaN 层。图 5.15（b）显示了单个 AlGaN/AlN/GaN 异质结纳米线的横截面高角度环形暗场扫描透射电镜（HAADF-STEM）图像，其呈现了梯形横截面，顶部宽度约为 100nm，底部宽度约为 1.5μm，高度约为 1.5μm。沿着 *a* 轴的选区电子衍射（SAED，TecnaiG2）图案（图 5.15（b）插图）和高分辨率透射电子显微镜（HRTEM，FEIF30）图像（图 5.15（c1））鉴定其为 AlGaN/AlN/GaN 异质结纳米线的晶体结构，截面垂直方向沿着非极性〈2110〉（即 *a* 轴）方向，极性 *c* 轴指向其顶面。从图 5.15（b）中的标记区域采集的 HAADF-STEM 图像展现在图 5.15（c2），该图清楚地呈现出顶部 AlGaN 层、底部 GaN 和中间的暗对比线（超薄 AlN 夹层）。AlGaN 层和 AlN 层的厚度估算分别为 40nm 和 1.6nm。STEM 能量色散 X 射线光谱（EDX）元素图谱（图 5.15（c3）～（c5））清楚地揭示了 AlGaN/AlN/GaN 异质结中 Ga、Al 和 N 元素的空间分布，证实了图 5.15（c2）中的对比来自化学成分的变化。图 5.15（d）是从 EDX 测试中提取的信息的剖面图。

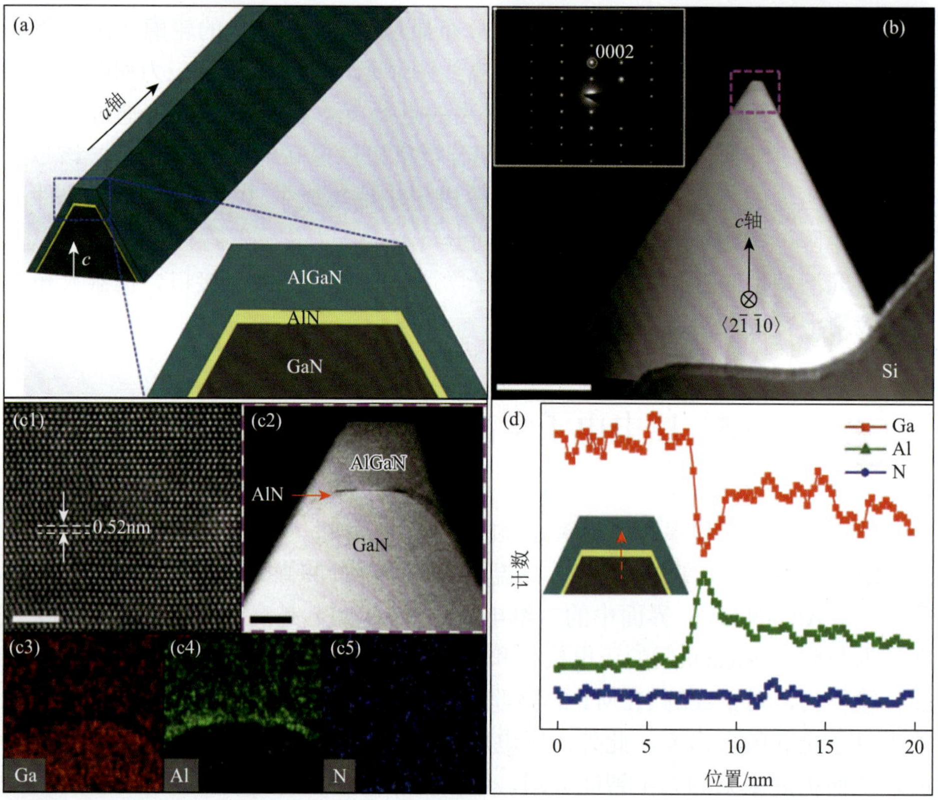

图 5.15　AlGaN/AlN/GaN 异质结纳米线的结构表征。（a）单个异质结纳米线的示意图和突出 AlGaN/AlN/GaN 结构的纳米线面的放大截面图；（b）单个 AlGaN/AlN/GaN 异质结纳米线的横截面 HAADF-STEM 图像，比例尺为 500nm，插图为对应的电子衍射图案；（c1）从 GaN 获得的高分辨率透射电子显微镜图像，比例尺为 5nm；（c2）从（b）中标记区域采集的放大 HAADF-STEM 图像，比例尺为 20nm；（c3）～（c5）AlGaN/AlN/GaN 异质结的 STEM 能量色散 X 射线光谱元素图谱；（d）Ga（红色）、Al（绿色）和 N（蓝色）元素的能量色散 X 射线光谱线轮廓

实验测试和理论模拟证实了 AlGaN/AlN/GaN 异质结处存在异质结电子气，如图 5.16 所示。图 5.16（a）是 HAADF-STEM 高清原子像，从图中可以看到 AlGaN/AlN 界面和 AlN/GaN 界面是原子级平滑的，没有明显的边界缺陷或位错。这些结果证实了 AlGaN 和 AlN 外延层中不存在应变弛豫，并说明在这种异质结构中界面粗糙引起的电子散射的概率很低。对应的原子结构模型和 AlGaN/AlN/GaN 异质结构的导带能量分布图分别呈现在图 5.16（b）和（c）。由于其非中心对称的晶体结构，AlGaN/AlN/GaN 异质结中存在两种不同类型的本征极化：①分别存在于 AlGaN 和 GaN 中的自发极化 P_{sp}^{AlGaN} 和 P_{sp}^{GaN}；②AlGaN 外延层、GaN 层和弛豫“衬底”具有不同的晶格常数，因而 AlGaN 层（P_{lm}）中产生了由晶格失配引起的压电极化[26]。这些极化导致 AlGaN/AlN/GaN 界面处积累了正固定电荷。同时，GaN 的导带位于 AlGaN 导带下方，导致在 AlN/GaN 界面附近的 GaN 层中形成三角形量子势阱（图 5.16（c））。从而导致异质结纳米线中的电子被吸引并限制在该势阱中，生成局域在界面处的异质结电子气。为了进一步证实异质结电子气的存在，人们计算了 AlGaN/AlN/GaN 异质结纳米线中的电子密度分布，如图 5.16（d）所示，计算结果表明在 GaN 层中靠近异质结界面的狭窄区域形成了高电子密度为 $1\times10^{13}cm^{-2}$ 的异质结电子气。此外，超薄 AlN 夹层用于减少 AlGaN 层中的合金失序散射，并增大了界面处的导带带隙差，从而更好地限制势阱中的电子。人们合成了三种不同的纳米线，即 AlGaN/AlN/GaN 异质结纳米线、AlGaN/GaN 异质结纳米线和均匀的单一化合物 GaN 纳米线，深入研究了异质结电子气和 AlN 插入层对异质结纳米线的电输运性质的增强效应。图 5.16（e）中比较了这三种纳米线所构成的双端欧姆器件的 *I-V* 特性，研究结果表明，由于异质结电子气的存在，AlGaN/GaN 纳米线展现了比 GaN 纳米线更高的电导率，并且由于超薄 AlN 插入层减少电子散射，AlGaN/AlN/GaN 纳米线具有最佳的电导率。

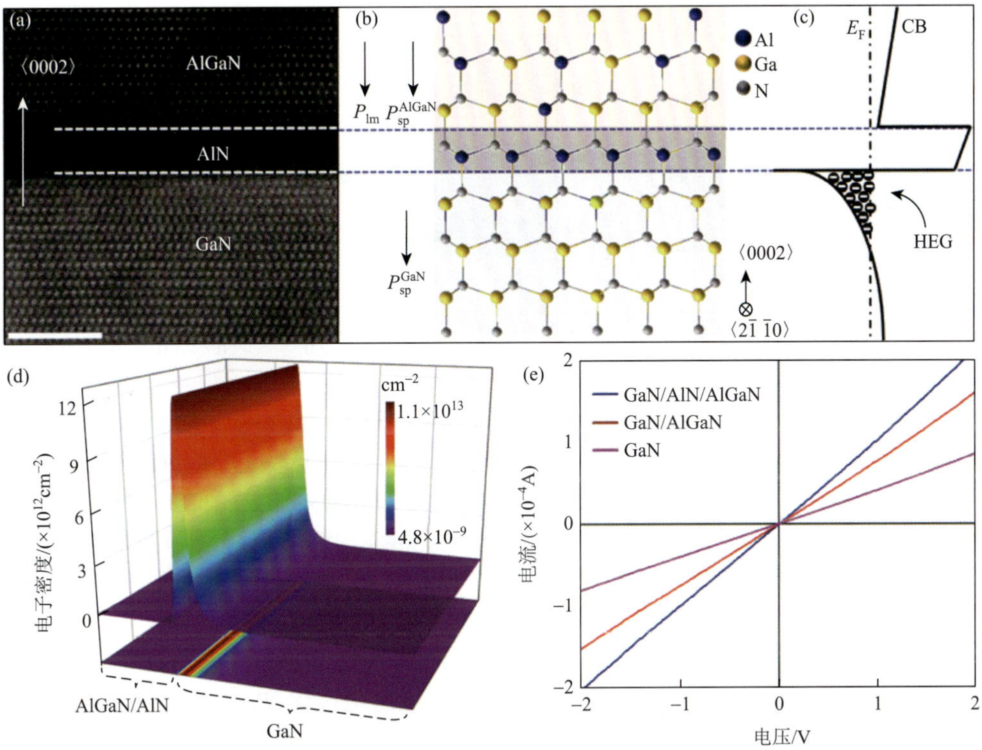

图 5.16 分布在 AlGaN/AlN/GaN 异质结处的异质结电子气。（a）AlGaN/AlN/GaN 异质结界面的 HAADF-STEM 原子像；（b）原子结构模型；（c）导带能带图和异质结电子气的空间分布；（d）计算的 AlGaN/AlN/GaN 异质结中的电子密度分布；（e）AlGaN/AlN/GaN 异质结纳米线、AlGaN/GaN 异质结纳米线和均匀单一化合物 GaN 纳米线的双端器件的 *I-V* 特性

人们系统地研究了在不同应变条件下，异质结电子气的压电电子学调制效应和 AlGaN/AlN/GaN 纳米线器件的电输运特性，如图 5.17 所示。图 5.17（a）展示了纳米线器件压缩应变和拉伸应变测试的实验装置示意图。纳米线器件在不同压缩应变和拉伸应变下的 *I-V* 特性展示在图 5.17（b），实验结果表明，异质结纳米线器件的输出电流随着压缩应变的增加而增加，并且随着拉伸应变的增加而减小。图 5.17（c）展示了纳米线器件的电导（G）及其相对变化（$\Delta G/G$）与所施加应变的函数关系，依图可见，AlGaN/AlN/GaN 异质结纳米线的电导随着压缩/拉伸应变而相应地增加/减少。

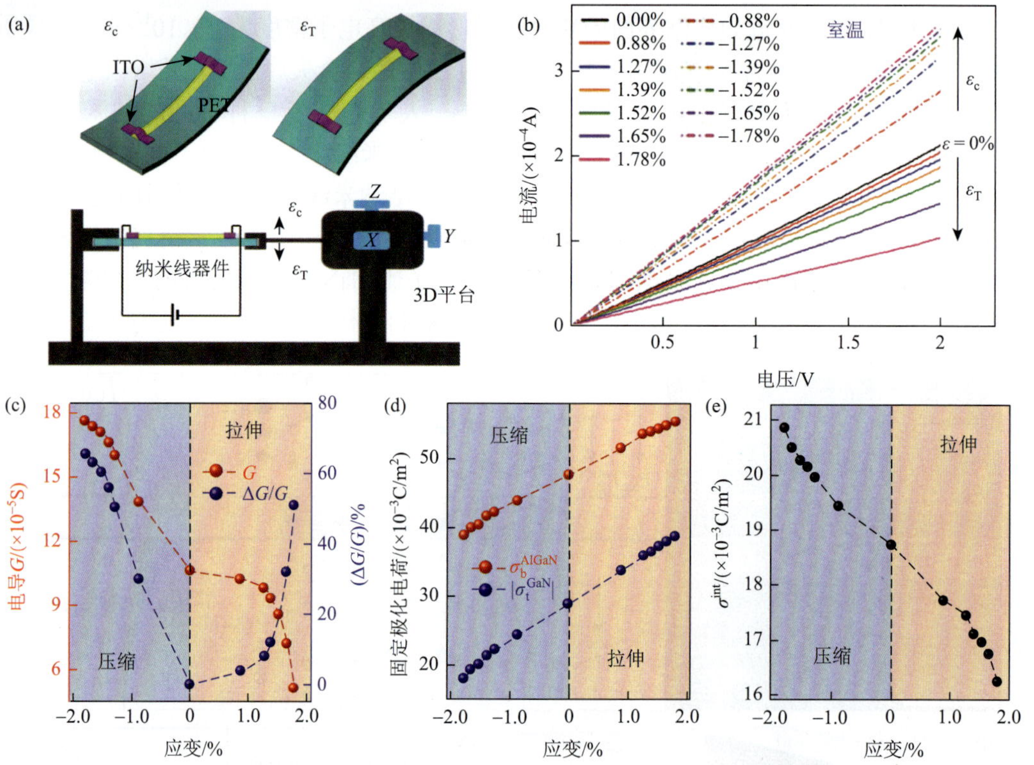

图 5.17　AlGaN/AlN/GaN 异质结中的压电电子学效应和电荷分布。（a）实验设置（下）与纳米线器件压缩应变（左上）和拉伸应变（右上）的示意图；（b）纳米线器件在无应变以及压缩和拉伸应变下的 *I-V* 特性；（c）纳米线器件的电导（*G*）及其相对变化（Δ*G*/*G*）与施加的外部应变的函数关系；（d）AlGaN 层底面的固定极化电荷（σ_b^{AlGaN}）和 GaN 层顶面的固定极化电荷的绝对值（$|\sigma_t^{GaN}|$）与施加的外部应变的函数关系；（e）AlGaN/AlN/GaN 异质结的有效净电荷（σ^{int}）与施加的外部应变的函数关系

人们计算了 AlGaN/AlN/GaN 异质结界面处的固定极化电荷空间分布，研究了压电极化 P_{pz}，本征极化 P_{sp}^{AlGaN} 和 P_{sp}^{GaN}，以及晶格失配产生压电极化 P_{lm}。图 5.17（d）展现了 AlGaN 层底面的固定极化电荷（σ_b^{AlGaN}）和 GaN 层表面的固定极化电荷（σ_t^{GaN}）与施加的外部应变的函数关系，图 5.17（e）展示了 AlGaN/AlN/GaN 异质结的有效净电荷（σ^{int}）与施加的外部应变的函数关系。显而易见，无论有无外部应变，σ^{int} 都是正的，其值随着压缩/拉伸应变而相应地增加/减少。随着压缩应变的增加，异质结处积累了更多的有效极化电荷；而当向器件施加更多的拉伸应变时，有效极化电荷被部分地补偿。理论计算结果与实验所观察到的 *I-V* 曲线变化规律（图 5.17（b））非常一致，这说明压电电子学效应对异质结能带的调制作用是主导因素。

为了更清楚地阐明异质结电子气的压电调制的工作机制，人们进一步详细分析了在不同的应变条件下，沿 *c* 轴的 AlGaN/AlN/GaN 异质结纳米线的能带图的变化规律。在无应变条件下（图 5.18（a）），由于 P_{sp}^{AlGaN}、P_{lm} 和 P_{sp}^{AlGaN} 的共同作用以及 AlGaN 和 GaN 之间较大的带隙差，在靠近 AlN/GaN 界面的 GaN 层中形成了三角形势阱。AlGaN/AlN/GaN 异质结处的净电荷 σ^{int} 在有或没有应变的情况下总是正的（图 5.17（e））。因此，靠近异质结界面的纳米线内的自由电子被 σ^{int} 吸引并限制在势阱中，从而形成了异质结电子气，如图 5.18（a）所示。当沿纳米线 a 轴施加压缩应变（即沿 c 轴的拉伸应变）时，在 $+c$ 平面上感应正压电极化电荷，而在 $-c$ 平面上感应负压电极化电荷。靠近 AlGaN/AlN 界面的 AlGaN 层能带由于负压电极化电荷而向上倾斜，同时靠近 GaN/AlN 界面的 GaN 层的能带由于正压电电荷而向下弯曲，如图 5.18（b）所示。因此，由于异质结处能带结构的变化，势阱变得“更深”以将更多的电子限制在其中。同时，压缩应变下增加的 σ^{int} 吸引了更多的自由电子，从而增加了异质结电子气的面密度。这与图 5.17（b）中所观察到的异质结纳米线中增加的电流密度是一致的。相反，在沿 a 轴的应力下（图 5.18（c）），靠近 AlGaN/AlN 界面的 AlGaN 层的能带被正压电极化电荷向下弯曲，并且靠近 GaN/AlN 界面的 GaN 能带被负压电极化电荷升高。因此，与无应变条件相比，势阱变得“更浅”，并且相应的电子捕获能力被削弱。在拉伸应变下降低的 σ^{int} 从势阱释放出一定量的受限自由电子，从而降低了异质结电子气的面密度。这导致了实验中所观察到的异质结纳米线中电流密度的降低（图 5.17（b））。

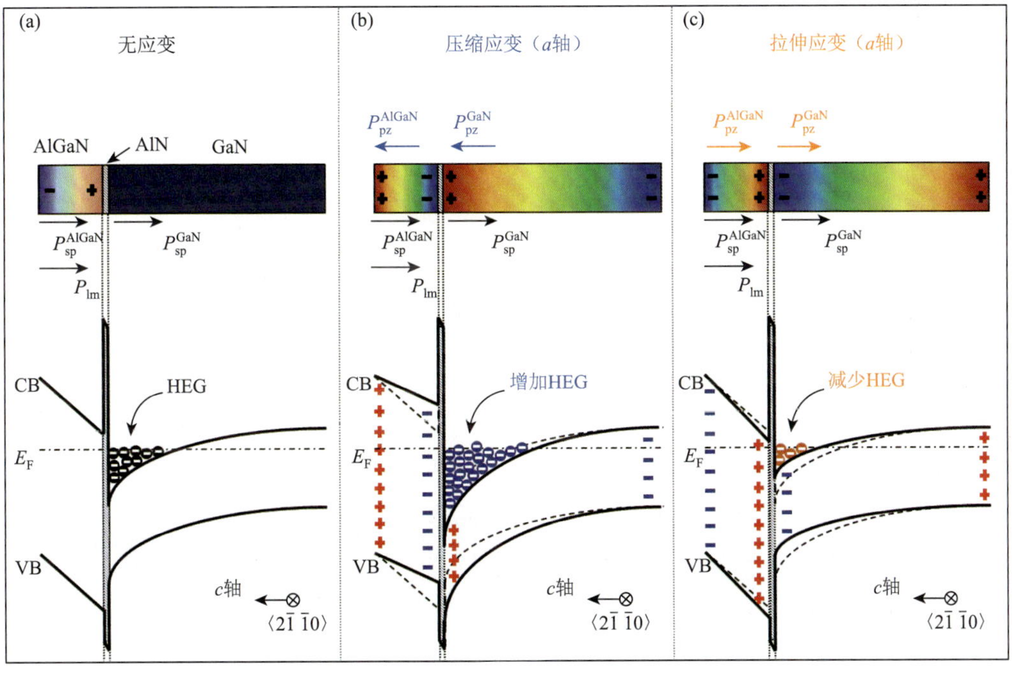

图 5.18　压电电子学效应调制异质结电子气的工作机制。（a）无应变、（b）沿 a 轴的压缩应变和（c）沿 a 轴线的拉伸应变条件下，AlGaN/AlN/GaN 异质结纳米线中自发极化、晶格失配产生极化、压电电子学效应产生极化、能带结构和异质结电子气的空间分布图

5.5.2　压电电子学效应增强的高电子迁移率晶体管

压电电子学效应为提高 GaN 基 HEMT 的器件性能提供了新的自由度。本研究中所采用的 AlGaN/GaN MOS HEMT 和未钝化 HEMT 的制造工艺简述如下。首先，采用金属有

机化学气相沉积技术在 Si 衬底（111）上生长 AlGaN/GaN 异质结，2DEG 浓度为 8×10^{12}～$1\times10^{13}cm^{-2}$，迁移率为 1800～2000$cm^2/(V\cdot s)$。外延片是由（从上到下）20nm AlGaN、3.3μm GaN 和超薄 AlGaN 缓冲层组成。所有层均未故意掺杂。图 5.19（a）显示了制造的 AlGaN/GaN MOS HEMT 和未钝化 HEMT 的截面示意图。随后，样品采用化学清洗和 HCl∶$4H_2O$ 溶液的脱氧处理。紧接着，采用 ICP 进行器件隔离，工艺中 Cl_2、BCl_3 和 Ar 的流量分别是 30sccm、15sccm 和 5sccm，隔离台阶的尺寸为 26μm×39μm。其次，蒸发 Ti/Al/Ni/Au（20nm/120nm/45nm/55nm）形成欧姆金属接触，然后在 850℃下快速退火 30s。MOS HEMT 在栅极制造之前使用 PECVD 在异质结上沉积一层 20nm SiO_2 层。SiH_4，O_2 和 Ar 的流速分别为 130.5sccm、13sccm 和 126sccm，ICP 功率为 450W，衬底温度为 130℃。然后依次通过光刻和 ICP 蚀刻得到栅极窗口。最后，采用常规蒸镀工艺形成 Ni/Au（80nm/50nm）栅极。而未钝化的 HEMT 在没有 SiO_2 绝缘层的情况下直接沉积栅电极，其他工序与 MOS HEMT 工序一致。制造的晶体管尺寸如下：源极-漏极距离（L_{SD}）为 13μm；栅极宽度（W_G）为 900μm；栅极长度（L_G）为 3μm；源极-栅极距离（L_{SG}）为 5μm。图 5.19（b）和（c）分别显示了 SiO_2/AlGaN/GaN MOS HEMT 和未钝化的 AlGaN/GaN HEMT 的 SEM 图像。Keithley4200 半导体参数分析仪被用于室温（RT）下测量器件直流特性。机械应力是通过特制的夹具施加在 HEMT 样品上。

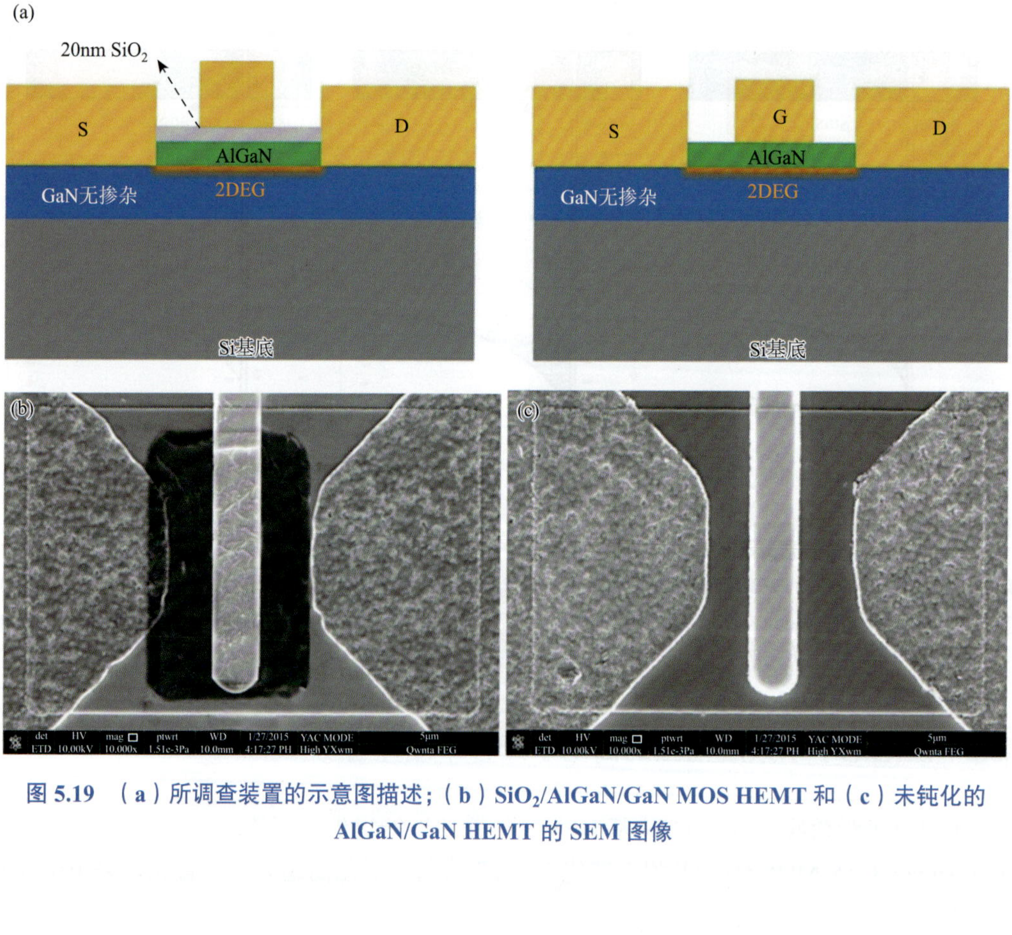

图 5.19 （a）所调查装置的示意图描述；（b）SiO_2/AlGaN/GaN MOS HEMT 和（c）未钝化的 AlGaN/GaN HEMT 的 SEM 图像

图 5.20 显示了 SiO_2/AlGaN/GaN MOS HEMT 和未钝化 AlGaN/GaN HEMT 的电流-电压（I_{DS}-V_{DS}）特性。由于增加了额外的 20nm SiO_2 层，MOS HEMT 栅极和导电沟道之间的距离大于未钝化 HEMT 器件，除此之外，其他结构尺寸完全相同。MOS HEMT 输出电流随着−24～＋2V 的栅压变化而摆动。为了便于比较，实际测量的电流被转换为单位栅极宽度的电流密度[27]。从图 5.20（a）中可以看出，在＋2.0V 的正栅压下，MOS HEMT 的最大漏极电流密度（$I_{D,max}$）是 663mA/mm。而未钝化 HEMT 的 $I_{D,max}$ 仅为 410mA/mm，相对于 MOS HEMT 降低了 38%（图 5.20（b））。此外，MOS HEMT 器件在高达 20V 的漏极偏压下没有出现电流坍塌现象。实验结果表明，绝缘体 SiO_2 层有效地增加了饱和电流密度。一般而言，MOS HEMT 的较高 $I_{D,max}$ 值归因于沉积介电层抑制了虚拟栅极效应，即增加了载流子面密度、降低了源极和漏极之间的电阻，以及减少了栅极耗尽区[28]。还有部分因素是减少了金属/AlGaN 界面附近的类施主态浓度和界面陷阱，提高了器件有源区中的载流子面密度。在这些因素共同作用下提高了 $I_{D,max}$ 值[29]。

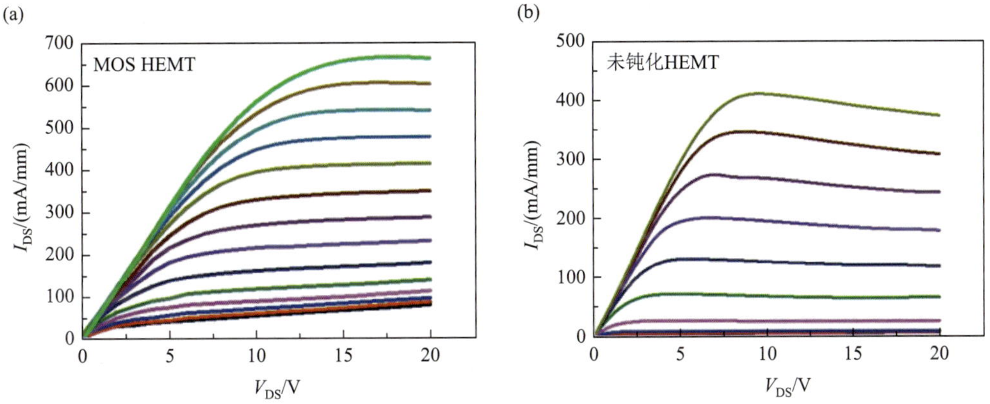

图 5.20 （a）SiO_2/AlGaN/GaN MOS HEMT 和（b）未钝化 AlGaN/GaN HEMT 的 I_{DS}-V_{DS} 特性。V_G＝−24～＋2V，步长为−2V（MOS HEMT）；V_G＝−8～＋1V，步长为−1V（未钝化 HEMT）

图 5.21（a）显示了 MOS HEMT 和未钝化 HEMT 的传输特性曲线。3.0μm 栅长的未钝化 HEMT 测得的最大跨导（$g_{m,max}$）为 56mS/mm，但 MOS HEMT 的值却降低至 29mS/mm。这种减少是由于 SiO_2 层增大了栅极和 2DEG 沟道之间的空间间隔，以及低介电常数 SiO_2 层降低了栅极电容[30]。由传输曲线推导出器件的阈值电压（V_{th}）。对于未钝化 HEMT，V_{th} 是−5.7V；而对于 MOS HEMT，这个数值增大到未钝化 HEMT 的 3.6 倍。MOS HEMT 增加的栅极到沟道的空间距离造成了这个增大的阈值电压。然而，MOS HEMT 具有更好的栅极电压摆动特性，这通常被定义为最大跨导 $g_{m,max}$ 在 10%时的栅极电压范围。理论上，相比于传统的未钝化 HEMT，这将获得更小的相位噪声、更小的互调失真和更大的动态范围[31]。

图 5.21（b）显示了两种 HEMT 的栅极漏电流。数据表明，在栅极电压 V_G＝−20V 时，MOS HEMT 的漏电流比传统 HEMT 的漏电流小一个量级。这对于微波设备的应用非常重要。MOS HEMT 减少的栅极漏电流部分是由于沉积的介电层限制了电流通过表面态的泄

漏途径；另一个原因是未钝化 HEMT 的肖特基势垒被更有效的 MOS 结构所取代[31]。这种双绝缘结构使得只有很少的载流子能够穿过势垒进入 AlGaN 层。

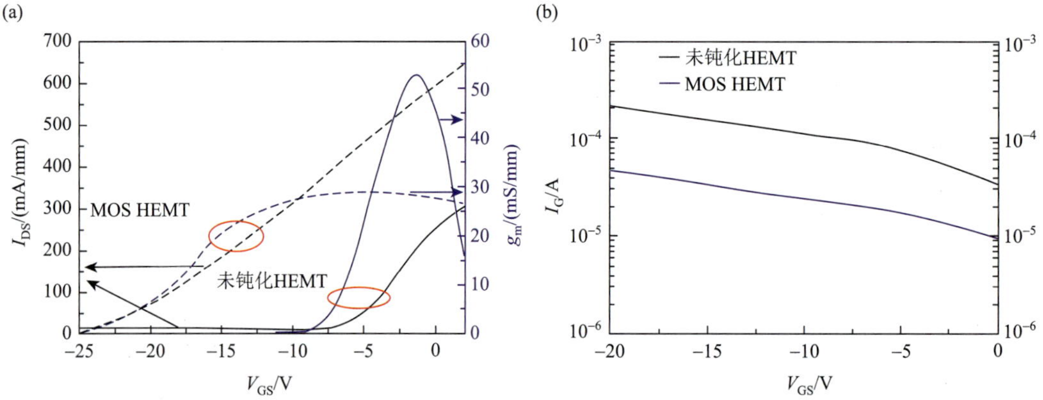

图 5.21 （a）在 V_{DS} = 15V 下测量的 SiO_2/AlGaN/GaN MOS HEMT 和未钝化 AlGaN/GaN HEMT 的传输特性；（b）MOS HEMT 和未钝化 HEMT 的栅极漏电流的对比图

在 AlGaN/GaN 异质结中存在两种极化效应，包括由晶格失配而产生的压电极化和由缺乏反转对称中心而产生的自发极化[32, 33]。压电极化的存在导致应变能直接对 AlGaN/GaN 异质结的自由载流子浓度施加影响，从而调制 AlGaN/GaN 基功率器件的输出特性，因此对外应力调控 HEMT 输出特性的研究具有重要意义。图 5.22（a）展示了应力调控装置的示意图。

在压电电子学实验之前，我们先要减薄 HEMT 样品，否则原生的 Si 衬底过厚，无法灵敏地感知外应力。我们探索了 ICP 蚀刻减薄 HEMT 器件的低损伤工艺。工艺示意图如图 5.22（b）所示。为了保护 HEMT 的电极免受损坏，先将 HEMT 样品翻转，通过光刻胶黏附在硅片（必须大于器件）上。烘烤后再将复合结构送入 ICP 反应室。长时间的蚀刻将产生大量的热量，这可能会损害器件的性能。通过用导热硅油涂抹 Si 晶片的底部能有效地缓解这个问题。它不仅可以及时带走积聚的热量，还可以避免样品被导热硅油污染。在用 SF_6、O_2 和 Ar（气体流量分别为 30sccm、5sccm 和 10sccm）蚀刻 1h 后，Si 衬底厚度从最初的 1070μm 减小到 560μm。

外部应力是通过机械夹具施加在 MOS 器件和未钝化的器件的中心。图 5.22（c）和（d）中展现了 MOS HEMT 和未钝化 HEMT 在外应力下的 I_{DS}-V_{DS} 特性，并作为对比，引入了无应力条件下的曲线（虚线）。对于两种 HEMT 器件，在拉伸应力下，测量的源漏电流在不同栅压下都显著降低。AlGaN/GaN 基异质结中二维电子气（也即异质结电子气）的形成归因于压电极化和自发极化的共同作用。前文已说明，压电电子学效应可以对III-V族氮化物异质结中自由载流子的浓度和分布产生实质性影响，极化感应电场显著改变了载流子面密度和二维电子气的空间局域[34]。对于共轭生长的 AlGaN/GaN 异质结，晶格失配所引起的内应变在 AlGaN 层和 GaN 层中沿着相反的方向，AlGaN 在界面处是平面内拉伸的，而 GaN 层是压缩的。对于台面隔离的 AlGaN/GaN 异质结构，台面深度约为 125nm，位于 AlGaN/GaN 界面下方（3.3μm GaN 层上的 20nm AlGaN 层）。此外，AlGaN 隔离台阶的尺寸（26μm×39μm）远小于整个器件，因此外部应力无法传输到 AlGaN 层中。但是 GaN 层几乎没有被蚀刻，这使得外力通过器件的弯曲变形传递到 GaN 层中。因此，施加在 Si 衬底背面的外部应力没有改变 AlGaN 层的应变状态[35, 36]，但补偿了由晶格失配引起的 GaN 层中的内应变。外部应变产生的压电场也部分补偿界面处的内置静电荷[37]。最终，减小的压电极化场降低了异质结界面处的二维电子气浓度。因此，如图 5.22（c）和（d）所示，拉伸应力减小了两种 HEMT 中的饱和电流密度。

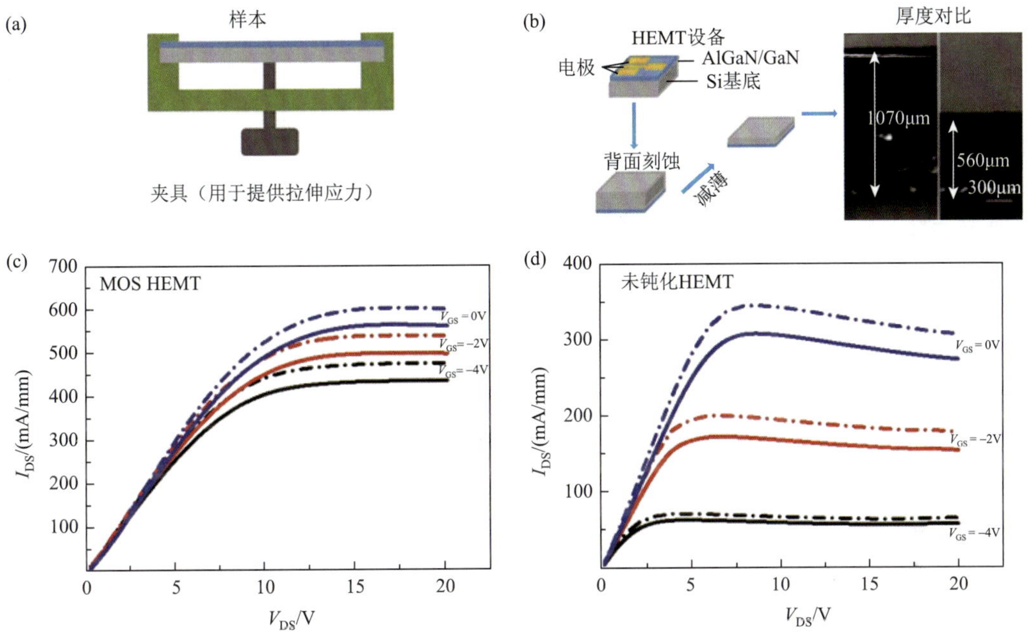

图 5.22　（a）HEMT 样品的应力施加装置的示意图；（b）ICP 干法蚀刻减薄 HEMT 器件的工序图；（c）SiO_2/AlGaN/GaN MOS HEMT 和（d）未钝化的 AlGaN/GaN HEMT 的 I_{DS}-V_{DS} 特性。点划线表示无应力状态下的源漏电流，实线对应于拉伸应力下的源漏电流

为了定量研究 HEMT 的 I_{DS} 变化率，我们将 I_{DS} 与无应力状态相比的变化定义为 $\eta_i = \frac{I_{DS\text{-free}} - I_{DS\text{-strain}}}{I_{DS\text{-free}}}$。根据计算，在 $V_{GS} = 0V$ 时，MOS HEMT 的 $\eta_i = 6.52\%$，在相同的外应力下比传统 HEMT 低 4.28%。在 $V_{GS} = -2V$，$-4V$ 的情况下，MOS HEMT 的 η_i 也小于未钝化层 HEMT。从图 5.20 中可以看出，在无应力条件下，MOS HEMT 中具有更高的 I_{DS}，这说明 SiO_2/AlGaN/GaN MOS HEMT 异质结中的二维电子气的浓度高于 AlGaN/GaN 未钝化 HEMT。因此，相同大小的外力对 MOS HEMT 结构中二维电子气浓度的影响小于对未钝化 HEMT 的影响，从而导致 MOS HEMT 的饱和电流密度的变化量小于未钝化 HEMT。我们定性地说明了 AlGaN/GaN HEMT 中的压电电子学调制机制，这对理解场效应晶体管中的电输运特性有指导意义。

5.5.3 柔性高电子迁移率晶体管

近年来，柔性电子技术呈现出快速发展的趋势[38]，在能量采集、医疗保健、消费电子、机器人等领域有重要应用前景[39]。AlGaN/GaN HEMT 具有高饱和漂移速度、高载流子浓度、宽带隙和优异的频率特性[40]，是射频（RF）、微波器件、功率器件的最佳候选者[41]。柔性 HEMT 有望满足柔性电子器件中无线通信和电源的迫切需求。基于压电电子学效应，外部应力被证明显著改变了 AlGaN/AlN/GaN 异质结的能带结构，可以有效地调节电输运特性[42]。柔性 HEMT 可以承受更高的机械变形，这能更有效地调制输出功率密度。这种压电电子学效应调制的柔性 HEMT 在人机接口、有源传感器和智能微电感系统等领域具有广阔的应用前景。

我们开发了一种低损伤和晶圆级衬底转移技术用于制造柔性 AlGaN/AlN/GaN HEMT 阵列。采用金属有机化学气相沉积方法在（111）面的硅衬底上生长了 AlGaN/GaN 异质结。该外延片是由 20nm 的 Al 含量为 30%的 AlGaN 阻挡层、1nm 的 AlN 中间层、300nm 的非故意掺杂 GaN 沟道层和 3.5μm 厚的碳掺杂 GaN 缓冲层组成。在制造器件之前，用丙酮和乙醇清洁外延晶片的表面。然后，通过 ICP 进行干法蚀刻以形成隔离区域，然后进行光刻以形成电极图案。通过电子束蒸发沉积金属电极以制备相应的电极。沉积四层金属 Ti/Al/Ni/Au（20nm/120nm/45nm/55nm）作为源极和漏极，然后在 N_2 环境 850℃下快速热退火 30s 以形成欧姆接触。栅电极需要肖特基接触，这可以通过用电子束蒸发沉积 Ni/Au（80nm/50nm）来实现。KeysightB1500 半导体参数分析仪用于测量器件在室温下的直流特性。

我们提出了一种从刚性 Si 衬底到柔性衬底的晶圆级转移 HEMT 阵列的新方法。衬底转移技术的主要步骤如图 5.23 所示。在转移工艺的第一步中，在器件表面涂覆了一层厚厚的 Apiezon 蜡抗蚀剂。抗蚀剂层保护器件并充当黏合层以将器件的正面黏合到临时衬底。接下来使用化学湿法蚀刻来去除硅衬底。蚀刻液是 $HNO_3/HF/CH_3COOH$ 溶液，蚀刻速率约为 5μm/min。在完全去除 Si 衬底之后，用环氧黏合剂将背面黏附到柔性铜衬底上。然后用甲苯或氯仿去除前抗蚀剂保护层（Apiezon 蜡），并将其与临时衬底分离。利用该技术，将 10×12 AlGaN/AlN/GaN HEMT 阵列（1.3cm×1.3cm 晶圆面积）从硅衬底完美地转移到柔性铜衬底上，电学性能仅有轻微损失，达到了柔性 HEMT 器件中的优良水平。

图 5.24(a)显示了转移前后 HEMT 的光学照片，在硅衬底上制备了大规模的 HEMT 阵列（10×12HEMT 和 1.3cm×1.3cm 的面积），它的光学照片（左）清楚地显示了排列良好的阵列和黑色硅衬底，柔性 HEMT 的光学照片（右）证明了这些大规模且良好排列的 HEMT 阵列被完美地转移到黄铜柔性基板上。图 5.24（b）是 3×3 柔性 HEMT 阵列的显微照片，从中我们可以看到阵列和器件结构是完好无损的。单个柔性 HEMT 的 SEM 图像如图 5.24（c）所示，源/漏/栅极上没有任何可观测的损伤。这些表面形态特征表明，我们的转移技术可以实现晶圆规模、良好排列、器件结构完好的 HEMT 阵列。

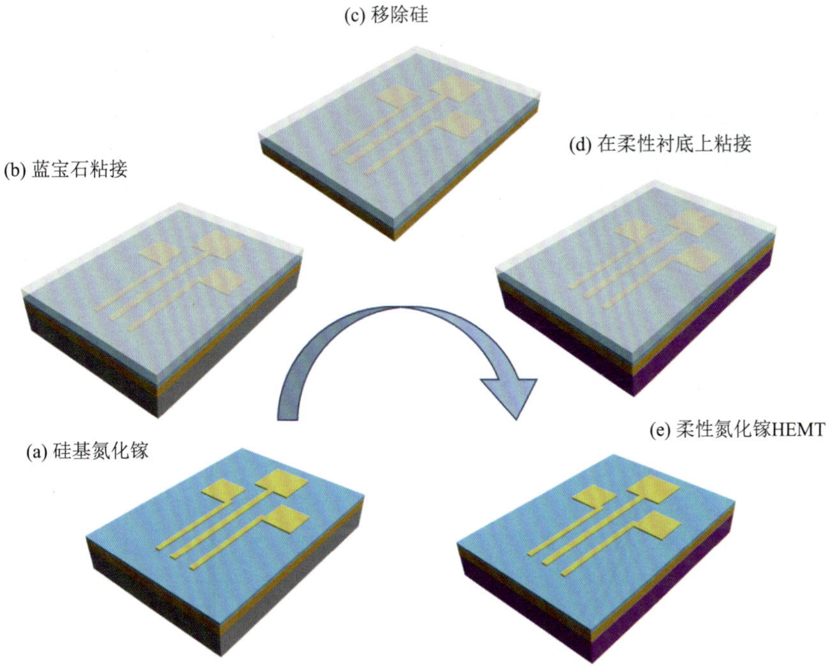

图 5.23　衬底转移技术的主要工序

晶体质量是影响器件性能的一个关键材料特性。高分辨率 X 射线衍射（HRXRD）测量被用于评估转移前后 AlGaN/GaN 异质结的晶体质量。转移前后 GaN（002）平面的摇摆曲线如图 5.24（d）所示。硅衬底上 GaN（002）平面的半峰全宽（FWHM）为 425arcsec（弧秒），转移到铜柔性基板后，FWHM 仅略微增加到 509arcsec。根据式（5.10），（002）衍射与螺位错连接，摇摆曲线的 FWHM 值与螺位错密度有关[43]。

$$D_{\text{screw}} = \frac{\beta^2}{4.36b^2} \tag{5.10}$$

其中，D_{screw} 是螺旋位错密度；β 是摇摆曲线的 FWHM 值；$\boldsymbol{b}$ 是伯格斯（Burgers）矢量。我们可以推导出转移前后的位错密度分别为 $6.2\times10^8\text{cm}^{-2}$ 和 $5.12\times10^8\text{cm}^{-2}$，这种变化是非常微小的。这表明我们的转移技术对晶体质量几乎没有损害。

由于 GaN 薄膜和 Si 衬底之间存在较大的晶格失配和热失配，外延层中经常存在残余应力[44]。通常，衬底的材料类型和厚度对内部残余应力有影响。显微拉曼光谱可以测量晶格状态的变化，从而获得内部残余应力的变化[45]。由于 GaN 的拉曼 E_2（high）声子模式峰值对 GaN 的应力状态敏感，因此可以通过观察 E_2（high）峰位的相对运动来推算 GaN 层内残余应力的变化[46]。图 5.24 中的拉曼光谱显示，衬底转移后 GaN 的 E_2（high）峰位发生蓝移，转移后的峰值（569.22cm^{-1}）高于之前的峰值（934cm^{-1}）。根据计算，与 Si 衬底上相比，GaN 外延层减少了 245MPa 的拉伸应力。这很容易理解：由于硅衬底的晶格常数较大，在硅衬底上相干生长的 GaN 晶片通常处于非常强的拉伸应力下，在剥离并转移到柔性铜基板上后，应力将部分释放，在我们的实验中这个弛豫的应力是 245MPa。

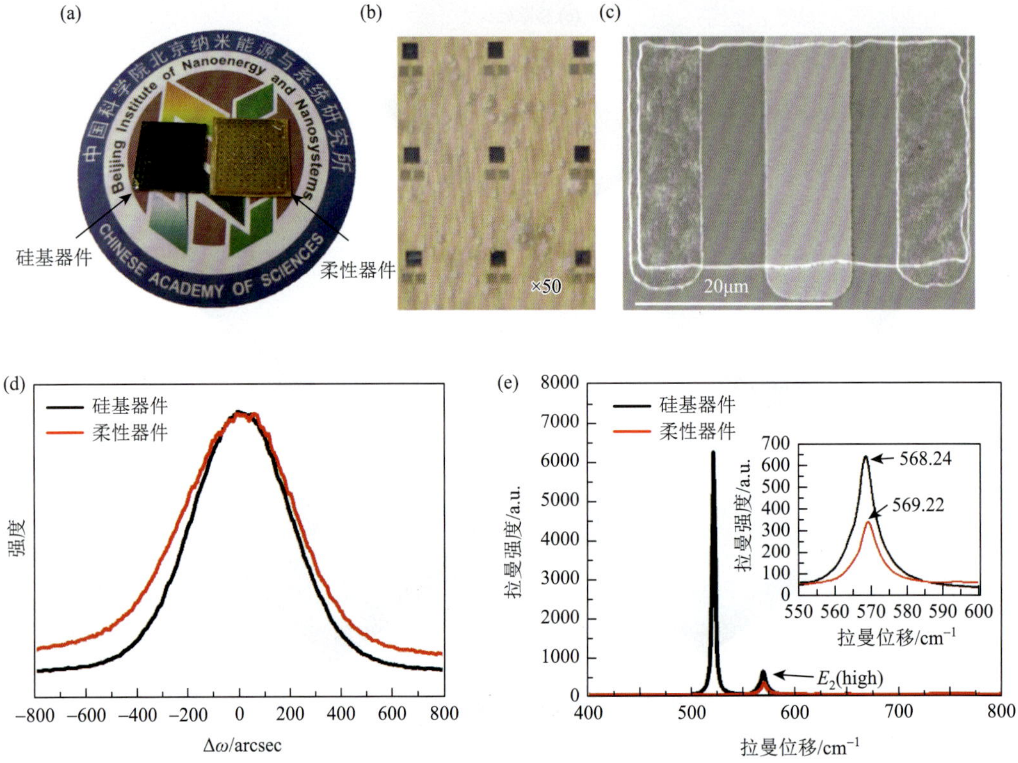

图 5.24　（a）转移前后 HEMT 的光学照片；（b）3×3 HEMT 阵列的显微图像；（c）单个柔性 HEMT 的 SEM 图像；（d）转移前后 GaN（002）面的摇摆曲线；（e）转移前后 AlGaN/GaN HEMT 的显微拉曼光谱

Keysight B1500 半导体分析仪被用于测量器件的直流电流-电压（I_{DS}-V_{DS}）曲线和传输特性。硅衬底上 AlGaN/GaN HEMT 的 I_{DS}-V_{DS} 特性曲线如图 5.25（a）所示（V_{GS} 的测量范围为–7～+2V，步长为 1V）。当器件的栅源电压（V_{GS}）低于其阈值电压（V_{th}）时，负栅偏压完全耗尽栅极异质结下的电子，导致导电通道断开，器件处于关闭状态。从图 5.25（a）可以看出，当 $V_{GS}=-7V$（小于 V_{th}）时，漏源电流非常小，表明在这种情况下器件具有良好的低漏电特性。当 V_{GS} 大于 V_{th} 时，AlGaN/GaN HEMT 的 I_{DS}-V_{DS} 特性曲线可分为线性区和饱和区。当漏源电压（V_{DS}）较小时，器件工作在线性区，输出电流的增加与漏源电压的变化一致；随着 V_{DS} 继续增加，沟道电子漂移速度逐渐达到饱和，漏源电流也随之达到饱和值，此时器件工作在饱和区。此外，在不同偏压下，最大饱和漏源电流密度（$I_{D,max}$）随着 V_{GS} 的增加而增加。根据图 5.25（a），我们可以发现 HEMT 器件在+2V 的正栅极电压下达到 $I_{D,max}=457mA/mm$。硅衬底上的 AlGaN/GaN HEMT 的传输特性曲线如图 5.25（b）所示（$V_{DS}=10V$）。从图 5.25（b）可以看出，硅衬底上 HEMT 的最大跨导（$g_{m,max}$）为 53mS/mm。

图 5.25（c）和（d）分别是柔性 AlGaN/GaN HEMT 的 I_{DS}-V_{DS} 曲线和传输特性曲线。I-V 图具有 HEMT 器件的典型电学特性。在截止状态下（当 $V_{GS}=-7V$ 时），柔性 HEMT 器件的漏源电流也较低，表明衬底转移后缺陷态没有明显增加，柔性 HEMT 的截止状态电性能良好，几乎没有改变。此外，在 $V_{GS}=+2V$ 时，柔性 HEMT 的最大饱和漏极电流

密度（$I_{D,max}$）约为 290mA/mm，$g_{m,max}$ 为 40mS/mm，这表明柔性 HEMT 同样具有优异的电学特性表现。图 5.25（e）和（f）是不同衬底上 HEMT 器件的电学性能比较，可以看出，柔性衬底上的 AlGaN/GaN HEMT 的最大饱和漏极电流和最大跨导均低于 Si 衬底上的。此外，图 5.25（e）中的另一个显著特征是柔性 HEMT 的 I_{DS}-V_{DS} 特性曲线在饱和区有明显的电流崩塌现象。在此工作中，虽然衬底转移之后 HEMT 器件的电学性能有所下降，但与国际同类器件相比仍然具有显著的性能优势。

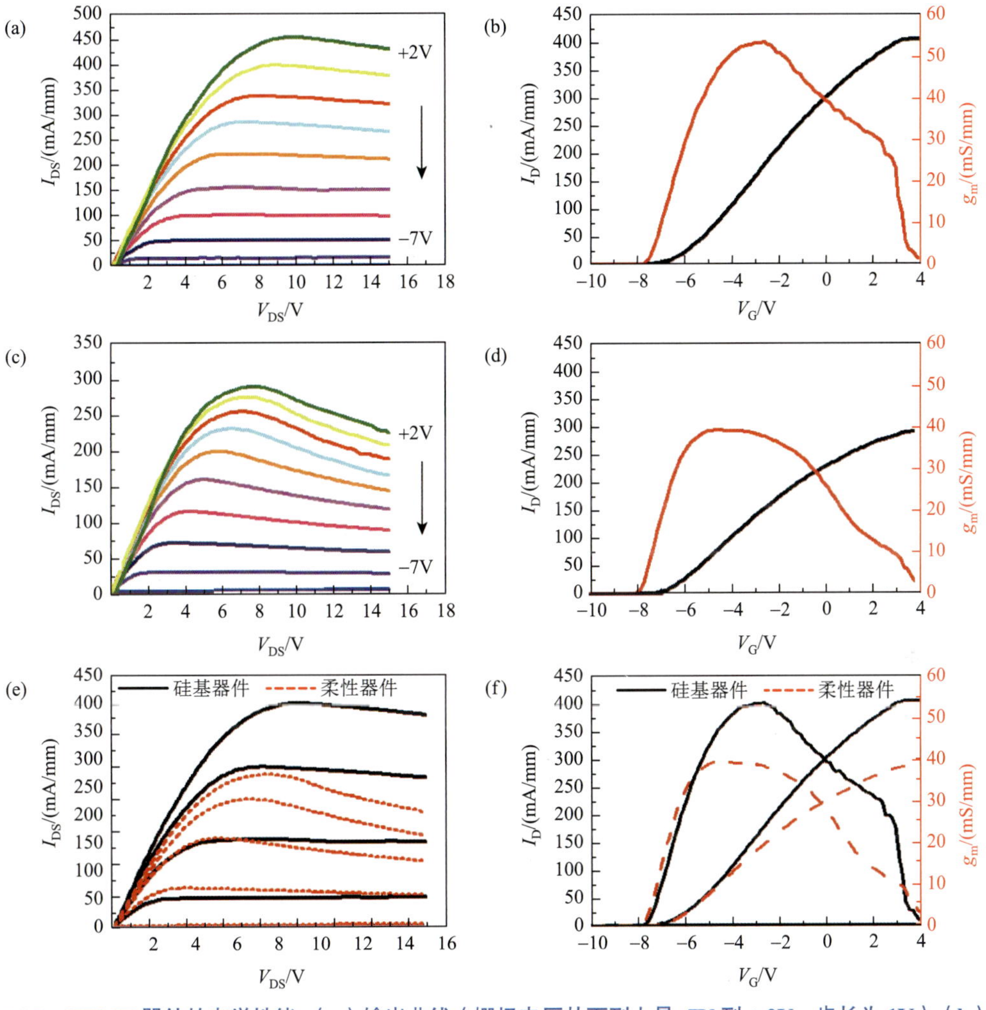

图 5.25　HEMT 器件的电学性能。（a）输出曲线（栅极电压从下到上是−7V 到 +2V，步长为 1V）；（b）硅衬底上 HEMT 的传输特性；（c）输出曲线（栅极电压偏置从下到上是−7V 到 +2V，步长为 1V）；（d）柔性 HEMT 的传输特性；（e）、（f）不同衬底上 HEMT 器件的电学性能比较图

性能损失是柔性化工艺中不可避免的问题。柔性器件电流下降的原因有很多，如应力状态变化[47]、陷阱效应[48]和自热效应[49, 50]等。从图 5.24（e）的拉曼光谱可以看出，剥离并转移到柔性铜基板后，拉应力将得到部分释放，减少了 245MPa。也就是说，衬底转移后 GaN 层中的应力状态发生变化，这可能会对器件的电性能产生影响。2DEG 浓度与压电极化电荷浓度正相关，降低 2DEG 浓度会降低饱和电流密度。为了验证衬底转移后 2DEG 密度是否发生变化，我们在本研究中进行了电容-电压（*C-V*）测量。HEMT 器件在衬底转移之前和之后的 *C-V*（1MHz）曲线如图 5.26（a）所示。我们可以根据 *C-V* 曲线计算 2DEG 的面密度。根据 *C-V* 曲线，可根据以下方程计算 AlGaN/AlN/GaN 异质结上 2DEG 的面密度：

$$n_s = \frac{1}{qA}\int C\mathrm{d}V \tag{5.11a}$$

其中，n_s 是 2DEG 的面密度；q 是基本电荷；A 是接触面积；C 是电容；V 是电压。通过对 *C-V* 曲线进行积分，我们可以计算出转移前后的面密度分别为 $1.02\times10^{13}\text{cm}^{-2}$ 和 $0.97\times10^{13}\text{cm}^{-2}$。2DEG 的面密度下降了 5%，这表明 GaN 层残余应力状态的变化确实对转移后 2DEG 的浓度有影响。根据 *C-V* 曲线，可根据以下方程计算载流子分布：

$$N = \frac{C^3}{e\varepsilon_0\varepsilon A^2}\frac{\mathrm{d}V}{\mathrm{d}C} \tag{5.11b}$$

$$Z = \frac{\varepsilon_0\varepsilon A}{C} \tag{5.11c}$$

其中，N 是载流子密度；Z 是载流子厚度；ε 是半导体材料的相对介电常数。载流子分布曲线如图 5.26（b）所示。从图 5.26（b）可以看出，2DEG 位于异质结势垒层中 2～3nm 内，与理论分析一致。衬底转移过程不可避免地会产生缺陷，发生载流子散射，从而降低 2DEG 浓度和迁移率，最终降低 HEMT 器件的输出特性[51]。因此，陷阱效应也可能是电流下降的原因。自热效应导致器件温度升高，增强声子散射，从而降低势阱中载流子迁移率，这也会对器件的 *I-V* 特性产生显著影响。在常见的散热材料中，铜具有非常好的导热性能，这是我们选择它作为柔性 HEMT 衬底的原因之一。为了将柔性 HEMT 黏合到铜衬底上，这里我们采用了环氧树脂黏合剂，与硅衬底相比，环氧树脂黏合剂的导热性较差，器件的散热效果不佳。因此，器件的电学特性在柔性衬底上下降，表现为饱和电流下降和电流崩溃。我们可以通过优化环氧黏合剂的厚度或选择更高热导率的黏合剂来进一步提高 HEMT 的性能[52]。

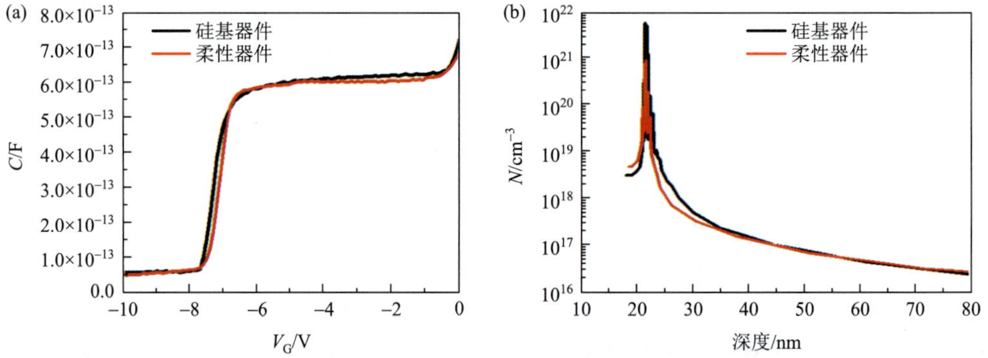

图 5.26 硅衬底与柔性衬底上的 AlGaN/GaN HEMT 的（a）电容-电压曲线和（b）载流子密度与深度的关系

由于非中心对称性和晶格失配，AlGaN/GaN 异质结具有很强的自发极化（P_{sp}）和压电极化（P_{pe}）。在外部应力作用下，AlGaN 和 GaN 的晶格会发生变形，从而感应出极化电荷并产生压电电子学效应。压电电子学效应影响自由载流子的分布，并且可以显著调节 AlGaN/GaN 异质结的能带结构。压电电子学效应为优化器件性能提供了新的自由度，并打开了感知及反馈外部机械刺激的新窗口。图 5.27（a）是压电电子学效应的测量方法的示意图。我们可以调节旋钮来控制进动距离，从而控制施加在样品上的外部应力的大小。与刚性硅衬底相比，薄铜衬底表现出非常好的柔性。即使在较大的弯曲下，AlGaN/AlN/GaN 晶圆上也没有观察到裂纹，10×12 个 HEMT 阵列中也没有发生任何源-栅-漏电极的脱落。HEMT 在无应力和外部应力作用下的 I_{DS}-V_{DS} 曲线如图 5.27（b）所示。当施加外部应力时，器件的 I_{DS} 会明显降低。此外，在 $V_G = 1V$（进动距离从上到下增加）时，HEMT 器件在不同外部应力下的电流变化如图 5.27（c）所示。从图 5.27（c）可以发现，随着进动距离增加（表明外部应力增加），I_{DS} 逐渐减小，这与压电效应调制的 AlGaN/GaN 异质结处的 2DEG 密切相关。外部应力导致异质结界面处积聚负压电电荷，从而使 GaN 侧的能带升高，导致异质结界面处的三角形势阱变浅。2DEG 密度降低从而使得 HEMT 器件的饱和电流降低。图 5.27（d）是相应的转移特性曲线。可以得出结论，随着应力增加，阈值电压（V_{th}）正向移动。阈值电压的表达式如下[53, 54]：

$$V_{th} = \frac{\phi_b}{e} - \frac{\Delta E_C}{e} - \frac{d\sigma_{pol}}{\varepsilon\varepsilon_0} \tag{5.12}$$

其中，V_{th} 是 AlGaN/GaN HEMT 的阈值电压；ϕ_b 是肖特基势垒高度；ΔE_C 是 AlGaN/GaN 异质结界面导带偏移量；σ_{pol} 是异质结界面处的总极化电荷密度，其可以表征异质结处的 2DEG 密度。根据等式（5.12），2DEG 密度与阈值电压的绝对值呈正相关。因此，阈值电压向正值移动，意味着异质结处的 2DEG 密度有下降趋势，这与 HEMT 电性能的变化是一致的。这些分析进一步说明，压电效应可以有效调节柔性 HEMT 的电学性能。

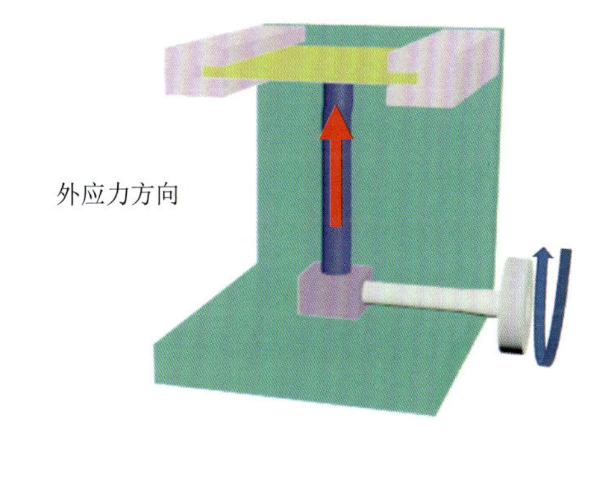

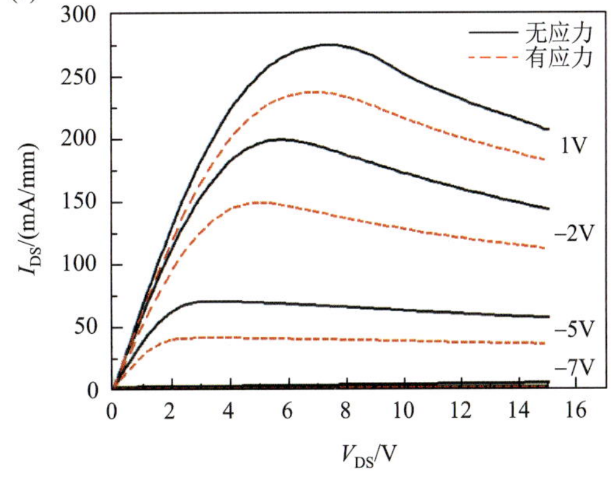

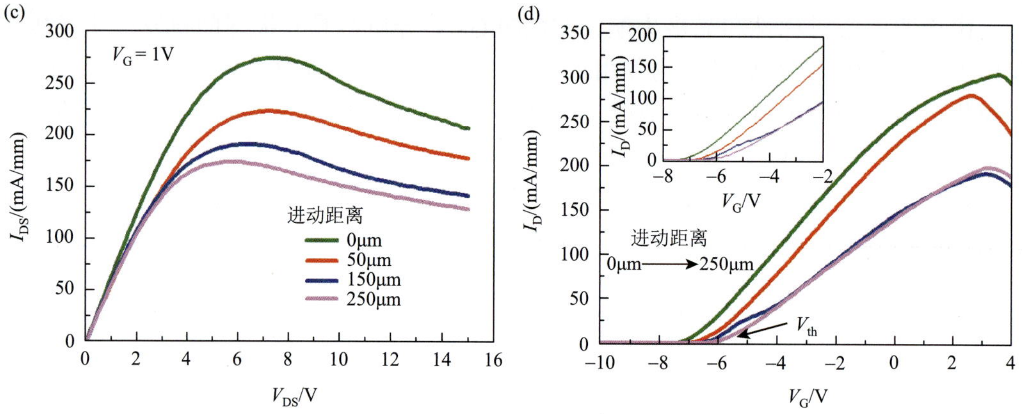

图 5.27 （a）施加外部应力的装置示意图；（b）外部应力作用下 HEMT 器件的 I_{DS}-V_{DS} 曲线；（c）HEMT 器件在不同进动距离（外部应力从上到下逐渐增大）下的 I_{DS}-V_{DS} 曲线；（d）不同进动距离下 HEMT 器件的转移特性

总之，我们通过低损伤、晶圆级衬底转移技术从刚性硅衬底成功制造了柔性 AlGaN/GaN HEMT 阵列。柔性 HEMT 具有优秀的电学性能，在 $V_G = +2V$ 时最大饱和漏极电流密度（$I_{D,max}$）达到约 290mA/mm，最大跨导（$g_{m,max}$）达到 40mS/mm。性能损失是柔性化过程中不可避免的问题。HEMT 器件电学性能下降的原因有很多，如应力状态变化、陷阱效应和自热效应等。压电电子学效应为优化器件性能提供了新的可能，柔性 HEMT 可以承受更大的机械形变。基于压电电子学效应，我们引入外部应力来调节柔性 HEMT 的电学性能。压电电子学效应为感知及反馈外部机械刺激打开了新的窗口，压电电子学效应调制的柔性 HEMT 在人机界面、智能微电感系统、智能传感等方面表现出巨大的潜力。

5.5.4 应变控制功率器件和仿神经自动控制

人工智能（AI）飞速发展，取得了一定的成果并极大地改变了我们的生活，例如智能机器人和自动驾驶技术[55, 56]。传统的传感器-执行器系统（例如压力传感器）通常采用传感器元件将机械信号（例如位移、速度和加速度）转换成电信号（例如电压和电流）。然而，转换过程需要复杂的电路模块，包括模数（A/D）或数模（D/A）转换器、强弱电隔离以及微处理器的干预。大自然为我们提供了很多创造性的案例，为人工智能的应用创新提供了新思路[57, 58]。近年来，人们在开发智能设备或系统以实现仿生功能方面做出了巨大努力[55, 59]，例如电子皮肤[60]、电子鼻[61]、人工耳蜗[62]、假肢[63]和假喉[64]等。我们提出了一种应变控制功率器件（SPD），它能够模拟人类反射过程，利用外部应变来直接调制功率器件的输出功率。这项工作不仅加深了对机械刺激和功率控制相互作用的理解和认识，而且还可能促进仿神经反射的智能功率器件的发展与应用。SPD 在自动驾驶、机器人控制系统、人机界面等领域有良好的应用前景。

神经反射因其独特的特性而具有巨大的科学研究价值，例如通过脊髓灰质将撞击信号输出为弹跳信号的能力，以及大脑在紧急情况时控制膝跳反射的能力。图 5.28 为神经反射的生物模型，以及受生物启发的电子器件，即 SPD。反射动作是对刺激作出反应的快速、不自觉的运动，不需要有意识的思考。如图 5.28（a）所示，当从膝盖处的大腿肌肉接收到刺激时，感觉神经元中的神经脉冲（动作电位）被发送到脊髓中的突触，但不会直接发送到大脑中。感觉神经元直接在脊髓中与运动神经元建立突触连接。如果信号足够强，它可以触发运动神经元的动作电位，引起膝跳反射。反射信号通过脊髓中的突触发生得非常迅速，没有通过大脑的路径延迟，但在某些情况下，它也可以被大脑干预。简而言之，膝跳反射是一种脊髓反射弧，它直接通过下中枢神经系统——脊髓——以一种快速和不自主的方式（即无人监督的情况）对刺激作出自动反应。同时，它仍然可以受到高级中枢神经系统——大脑——的调节（即监督状态）。

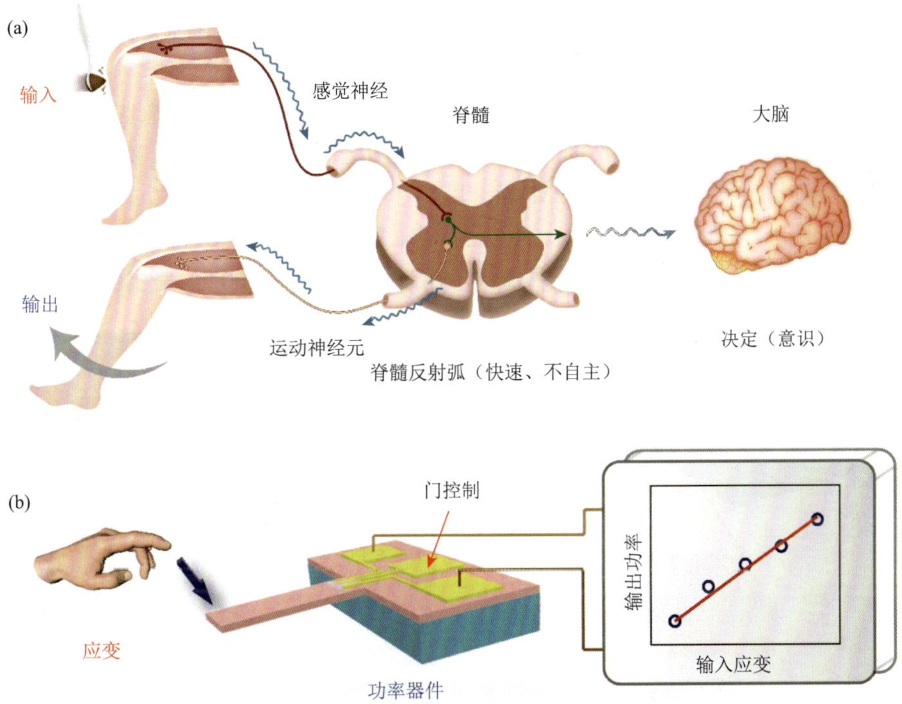

图 5.28 受神经反射启发的应变控制功率器件（SPD）的概念图。（a）神经反射的示意图，当大腿肌肉受到在膝盖上的刺激时，感觉神经元的动作电位被发送到脊髓的灰质，脊髓中的感觉神经元直接与运动神经元建立突触连接，如果信号足够强，可以触发运动神经元的动作电位，引起膝跳反射，膝跳反射是脊髓反射的一种，其反射神经中枢在脊髓，仍然是脊髓反射，由高级中枢神经系统（大脑）调节；（b）SPD 的示意图，施加在悬臂梁功率器件上的外部应变可以模拟神经反射过程，通过机械刺激控制输出功率

在传统的传感器-执行器系统中，通常是通过一系列复杂的过程来操作功率器件，包括 A/D 或 D/A 转换器、强弱电隔离以及 CPU 控制。传感器-执行器系统链路复杂、冗长且不稳定。受生物反射及其工作机制的启发，SPD 通过简单的悬臂结构设计，通过施加外部应变来直接调节输出功率，大大简化了系统的复杂性。SPD 上加载外部应变，模拟机械刺激的反射过程。如图 5.28(b)所示，应变引起 SPD 的偏转，从而导致 AlGaN/AlN/GaN 异质结界面处的 2DEG 密度发生变化，然后直接调控输出功率密度，没有传统传感器执行器系统引起的任何延迟（即无监督条件）。更重要的是，栅极电压（V_{GS}）可用于对调制输出功率进行最终控制，这类似于大脑的干预（即监督条件）。与传统的传感器-执行器系统不同，SPD 具有高功率输出，能够在微弱的机械刺激下调制功率器件的输出功率，并具有实时、直接和稳定的力电响应特性。

我们采用 AlGaN/AlN/GaN 异质结微悬臂梁来设计了 SPD 器件，如图 5.29（a）所示。放大的图片是 AlGaN/AlN/GaN 异质结构的截面示意图。AlGaN、AlN 和 GaN 层的厚度分别为 30nm、1nm 和 4.3μm。图 5.29（b）的 SEM 图像清楚地显示了 SPD 的悬臂梁，插图展示了栅极和源极-漏极接触的几何形状。两个关键工艺说明如下：①通过各向异性刻蚀在 Si 基 GaN 功率器件上制作沟槽；②通过同性刻蚀横向刻蚀 Si 衬底形成悬臂梁结构。通过调整蚀刻参数（例如混合气体组分、刻蚀功率和刻蚀时间）即可轻松控制异性/同性蚀刻工艺的过程。这种全干法刻蚀工艺有很多独特的优势，例如控制精准、形状对准良好、污染少、易于与硅基微电子技术集成等。

高角度环形暗场扫描透射电子显微镜图像（图 5.29（c））清楚地展示了 AlGaN/AlN/GaN 异质结结构。能量色散 X 射线光谱元素图进一步揭示了 Ga、Al 和 N 元素的存在和相应的分布。结合高分辨率 TEM 和选区电子衍射研究了 AlGaN/AlN/GaN 异质结的详细结构信息（图 5.29（d）的插图）。AlGaN/AlN 和 AlN/GaN 的界面原子级平滑且尖锐，没有明显的边界缺陷或位错。GaN、AlN 和 AlGaN 层沿着（0002）晶相生长。

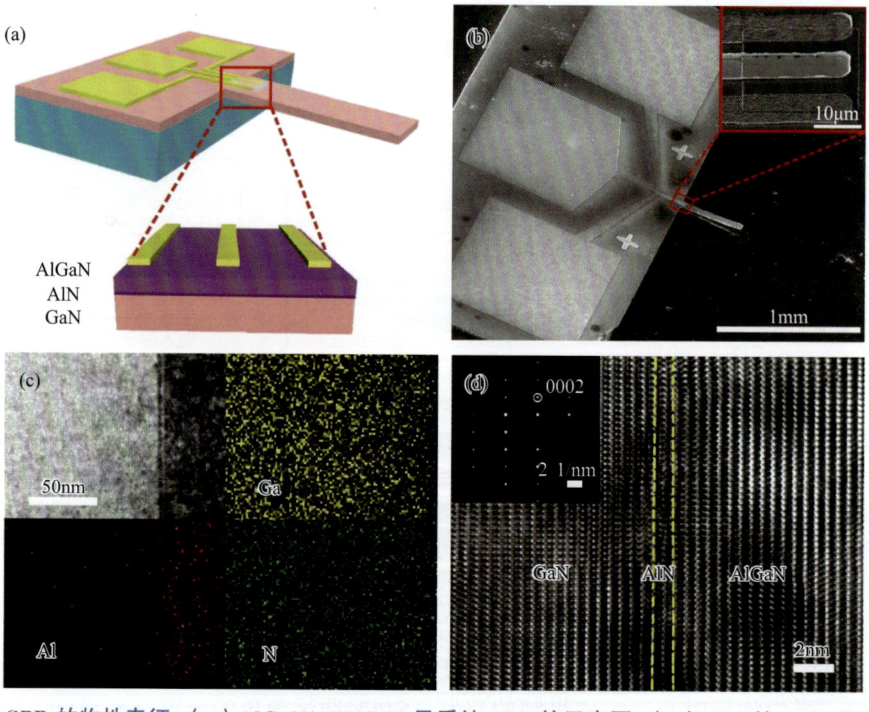

图 5.29　SPD 的物性表征。（a）AlGaN/AlN/GaN 异质结 SPD 的示意图；（b）SPD 的 SEM 图像，插图显示了放大的 AlGaN/AlN/GaN HEMT 器件结构；（c）SPD 中 AlGaN/AlN/GaN 异质层的截面高角度环形暗场扫描透射电子显微镜图像，以及相应的能量色散 X 射线光谱元素分布图，揭示了 Ga、Al 和 N 元素的空间分布；（d）AlGaN/AlN/GaN 异质结的高分辨率 TEM 图像，插图为选区电子衍射斑

图 5.30 展示了 SPD 的 *I-V* 特性。输出特性在低源漏偏压（V_{DS}）时呈现明显的线性区域，然后随着漏极偏压的进一步增大，漏极电流趋于饱和。两种 SPD 均可实现大输出电流，并且可以在–5～1V 的各种偏压下进行有效控制。

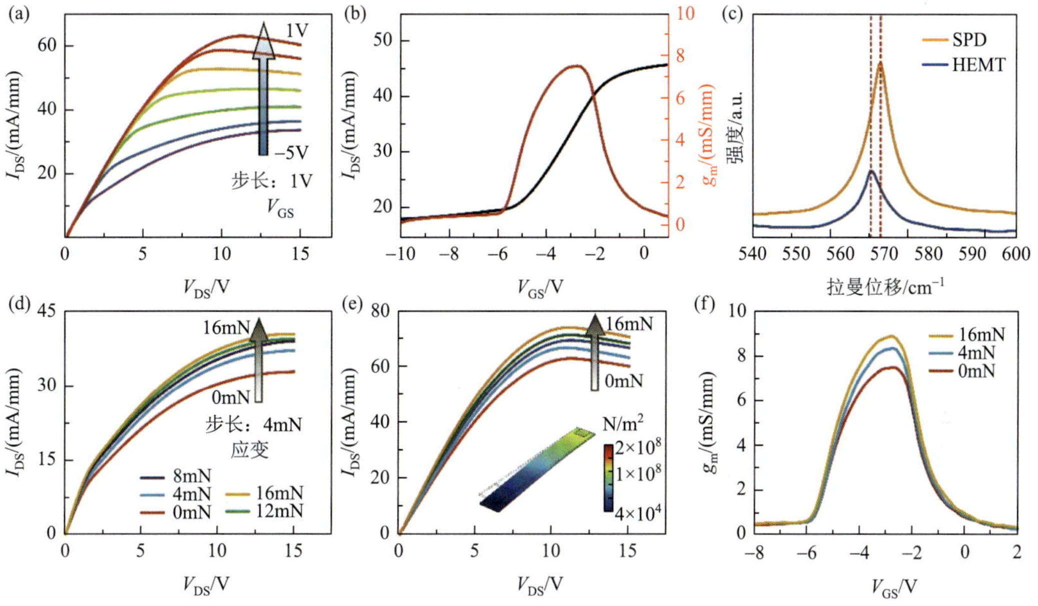

图 5.30　SPD 的电学性能。(a) SPD 的输出（I_{DS}-V_{DS}）特性，V_{GS} 范围为–5～1V，步长为 1V；(b) V_{DS} = 6V 时 SPD 的转移（I_{DS}-V_{GS}）特性和跨导；(c) AlGaN/AlN/GaN 异质结悬臂梁干法蚀刻前（HEMT）和后（SPD）的显微拉曼光谱图；(d)、(e) 在 0～16mN 的外部应力下，栅极电压 V_{GS} 分别为–5V 和 1V 时，SPD 的输出特性，(e) 中的插图为 COMSOL Multiphysics 模拟的外应变为 16mN 时 SPD 中的应变分布；(f) 不同外部应力（0mN、4mN 和 16mN）下 SPD 的跨导特性

此外，图 5.30（b）展示了 V_{DS} = 6V 时 SPD 和 HEMT 的转移（I_{DS}-V_{GS}）特性曲线。在 SPD 中测得的最大跨导（$g_{m,\max}$）为 7.5mS/mm（图 5.30（b））。此外，图 5.30（c）显示了在室温下测得的 SPD 和 HEMT 的拉曼光谱。与 HEMT 相比，SPD 显示 GaN 的 E_{2h} 模式呈现出从 566.8cm^{-1} 到 569.2cm^{-1} 的蓝移。这说明蚀刻过程引起 GaN 层的拉伸应变被部分地弛豫。Ⅲ族氮化物和 Si 衬底之间的晶格失配会导致大的拉伸应变；剥离过程去除了硅衬底，部分释放了拉伸应变，从而削弱了压电极化，降低了 AlGaN/AlN/GaN 界面处二维电子气的浓度。此外，SPD 在复杂的刻蚀工序中会引入缺陷，这也在一定程度上降低了电学性能。

为了进一步了解应变对 SPD 输出特性的影响，我们在悬臂梁的自由端加载不同的外部应变。如图 5.30（d）、（e）所示，可以清楚地观察到，I_{DS}-V_{GS} 曲线随着应变的增加而呈现一定程度的上移。这表示微弱的机械刺激能直接、有效地调制 GaN 功率器件的输出功率。主要原因是，当沿 *c* 轴施加外部应变时，产生的压电势改变了二维电子气的浓度，从而改变了器件的输出电流密度。需要说明的是，SPD 是一种机械信号直接控制电流的大功率电力电子器件，而不是应变传感器。

此外，栅极电压 V_{GS} 能够有效地调节输出电流对外部应力的响应度。在不同栅极电压 V_{GS}（−5V 和 1V）下，0～16mN 应力对输出电流的控制能力如图 5.30（d）、（e）所示。从图中可以清楚地看到，在相同应变下，当 V_{GS} 在 1V 时可以获得更高的电流密度调制幅度。当悬臂梁受到外部应变时，悬臂梁在线性区和饱和区的输出电流密度均显著增加。V_{GS} = −5V 时无应变的 SPD 在 V_{DS} = 15V 时的饱和电流密度是 32.83mA/mm，在施加 16mN 应力后，其饱和电流密度达到 40.43mA/mm；相比之下，V_{GS} = 1V 时，无应变 SPD 为 59.87mA/mm，施加 16mN 应力后大幅增加到 70.36mA/mm。这说明栅极电压可以有效地调控 SPD 的应力响应度。图 5.30（e）中的插图是 COMSOL Multiphysics 模拟的外应力为 16mN 时 SPD 的应力分布。此外，不同外加应力下 SPD 的跨导如图 5.30（f）所示。跨导随着施加的外部应力的增加而增加，表明栅极对沟道电流的控制能力越来越强。

图 5.31（a）显示了输出功率密度与不同应变之间的关系。通过应变控制的输出特性，可以得到输出功率密度与施加应变的相关性。更具体地说，输出功率密度随着施加应变（0～16mN）的增加而增加，这是由于面内拉伸应变增加了 2DEG 浓度。在 16mN 应变下，当 V_{GS} 为−5V 和 1V 时，SPD 的最大输出功率密度可分别达到 1.39×10^3W/cm^2 和 2.72×10^3W/cm^2。我们系统地扫描了一系列不同的 V_{GS} 以分析 V_{GS} 对机电响应度的调制作用。SPD 的输出功率特性与外部应变和 V_{GS} 的多函数关系如图 5.31（b）所示，随着外部压应变的增加，输出功率强度迅速增加，这是由于外部应变增加了 2DEG 浓度，即压电电子学效应。结果还表明，V_{GS} 可以显著改变输出功率对外部应变的响应度。与人类反射

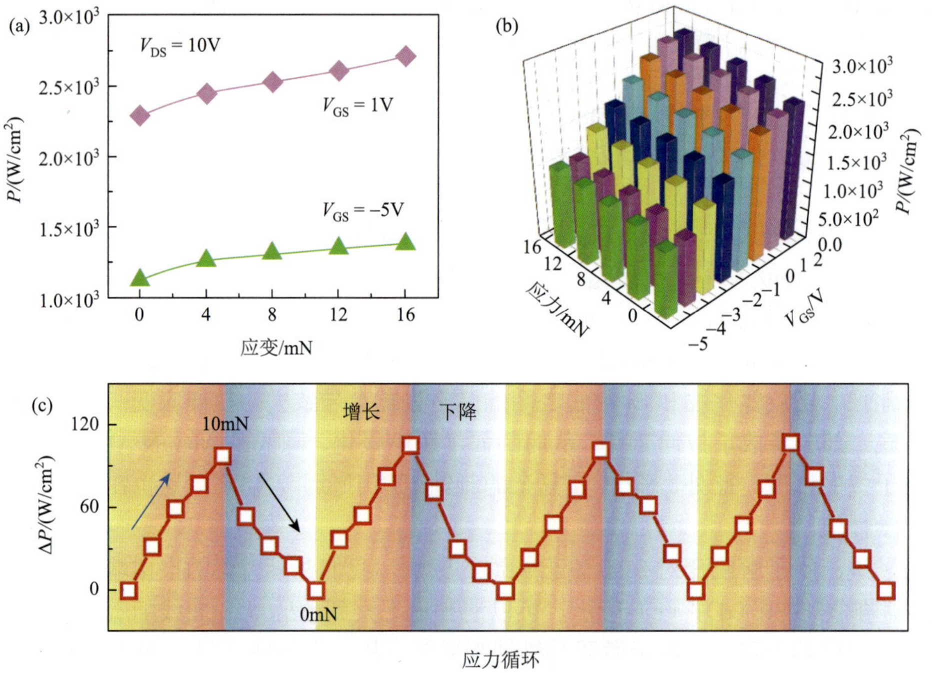

图 5.31　SPD 器件中应变控调控的功率输出。（a）栅极电压为−5V 和 1V 时，外部应力从 0mN 到 16mN 变化时的输出功率密度图；（b）输出功率密度与输入应变和栅极电压之间的双函数三维曲线；（c）施加或释放应力（0～10mN）的多周期循环测试

类似，外部刺激（如压力）可以诱发膝跳反射（类似于输出功率变化）。此外，大脑（栅极门控）保留对膝跳反射的最终控制权。另外，在图 5.31（c）所示的循环测试中，SPD 的输出功率密度随着施加或释放应变而展现了稳定、周期性的重复，显示了应变控制器件有非常好的稳定性和可重复性。

为了进一步研究 SPD 在外部应变下的可重复性，在 V_{GS} 为 0V 下，重复施加/释放应力（0mN、4mN、8mN、12mN 和 16mN）后，使用同一批样品测得输出电流。应力调控的 *I-V* 曲线和统计分布分别如图 5.32（a）、(b）所示。应力响应过程中没有明显的滞后现象。随着应力的增加（0～16mN），SPD 的输出电流呈现正相关（图 5.32（b））。计算得出的不同应力（0mN、4mN、8mN、12mN 和 16mN）下的标准偏差仅为 0.11%、0.27%、0.29%、0.13%、0.19%。SPD 在外部应力刺激下表现出良好的重复性，这说明了控制系统的稳定性。

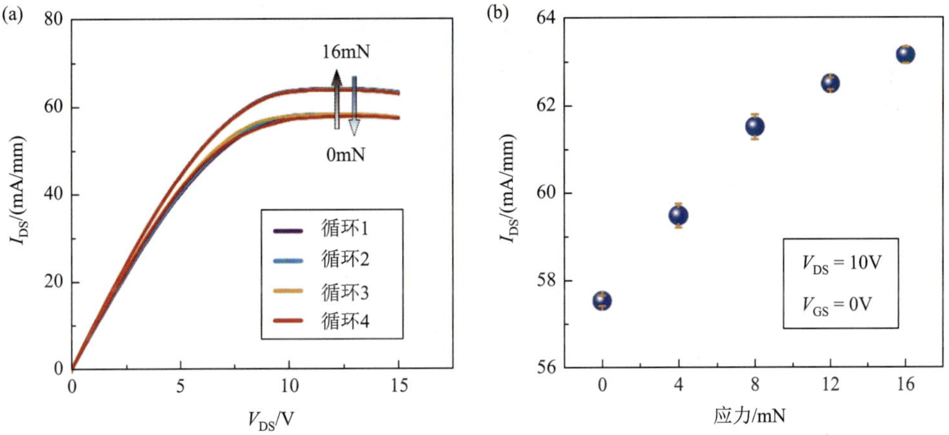

图 5.32　SPD 应力响应特性的重复性测试。(a) 加载和释放应力 (0～16mN) 时，SPD 在四个连续周期中的输出 (I_{DS}-V_{DS}) 特性；(b) SPD 变化的统计分布，数据在 V_{DS} = 10V、V_{GS} = 0V、0～16mN 的外部应力条件下测量，误差棒是四组数据点的标准偏差

人工智能领域的关键技术之一是实现机械信号的反馈控制。新兴的人工智能应用，例如自动驾驶或机器人姿态控制，需要根据机械信号的变化（例如加速度）有效地控制发动机的功率输出[65-69]。如图 5.33（a）所示，自动驾驶时，发动机的输出功率在载具突发启动、制动或其他紧急情况下需要快速地自主调控；智能机器人复杂运动时，发动机的输出功率应该能灵敏地响应主体或组件的突变机械信号，从而以更智能的方式驱动其姿势回复平衡（图 5.33（b））。加速度是自动驾驶汽车或机器人运动的关键参数，因此，需要深入开发加速度反馈控制技术。这里提出了一种基于 SPD 的新设计理念，利用加速度直接控制电力电子器件的功率输出。

我们使用半导体特性测试仪和线性电机的组合系统来测量加速度反馈控制过程。测量时源极-漏极电压（V_{DS}）在 5～15V 范围内变化，而 V_{GS} 为 0V。SPD 具有快速响应和复位功能。图 5.33（c）显示了功率密度与不同加速度的函数关系。它对从 1*g* 到 5*g* 的往复运动加速度表现出优异的灵敏度；且在 5*g* 加速度下，不同 V_{DS}（5V、10V 和 15V）可以输出不同的功率密度，分别为 866.8W/cm^2、2765.9W/cm^2 和 4304.2W/cm^2。优异的功率响应性能归功于压电电子学灵敏的调控作用[70]。以上结果表明，悬臂梁具有良好的加速度灵敏度。作为高功率器件，HEMT 一般工作在高压区（即饱和区）。SPD 的输出功率（或电流）密度在饱和区随加速度的变化更为显著，远大于线性区。图 5.33（d）显示了不同加速度（1g～5g）下输出功率密度的变化量（ΔP）。随着加速度从 1g 增加到 5g，在 15V 的 V_{DS} 下，ΔP 从 72.78W/cm^2 增加到 132.89W/cm^2；而在 5V 的 V_{DS} 下，ΔP 从 5.23W/cm^2 增加到 11.64W/cm^2。这进一步证明了机械刺激反馈调制 SPD 输出功率的可行性，为 AI 领域智能功率器件的发展奠定了基础。

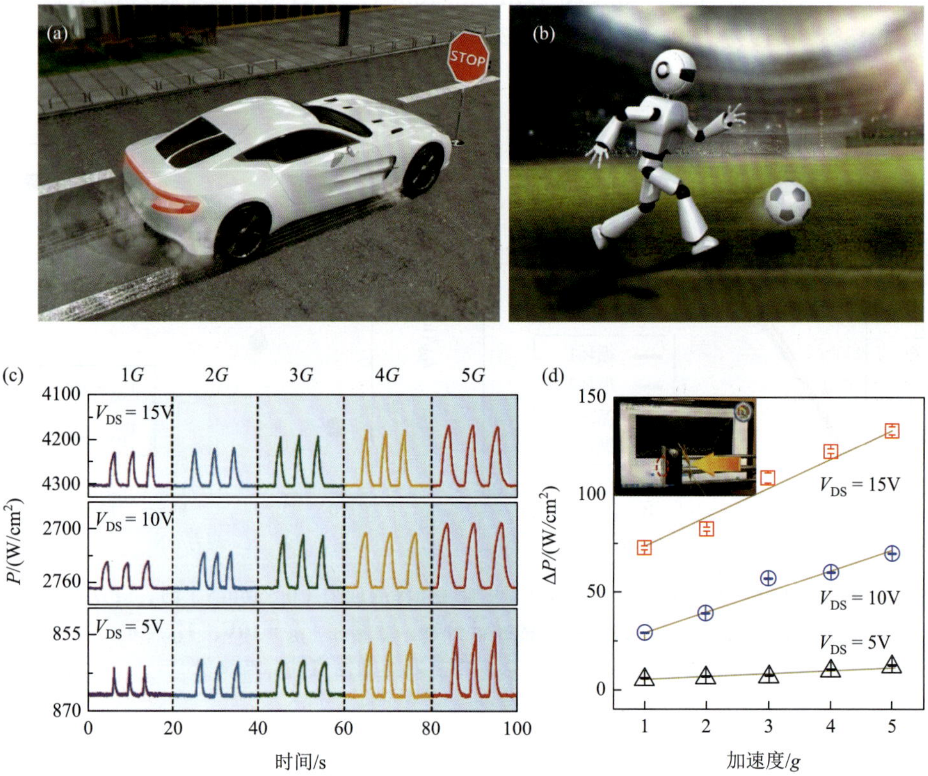

图 5.33　SPD 的加速度反馈控制。（a）自动驾驶中突发启动、制动或其他紧急情况下的自主调控示意图；（b）机器人复杂运动中姿势平衡过程的自主调控示意图；（c）不同加速度、不同工作电压下 SPD 的功率密度；（d）SPD 输出功率密度随不同加速度变化的曲线，插图为加速度反馈控制测量装置的示意图

总之，我们设计并研制了一种基于压电电子学效应的仿生 SPD，实现了机械刺激直接、灵敏、实时地控制电力电子器件的输出功率。微弱的机械应力（mN）调控了超高的输出功率密度（W/cm^2）。在 16mN 的外应变下，SPD 的输出功率密度增加到 2.72×10^3W/cm^2，也表现出良好的灵敏度。主要工作机制是利用外应变产生的压电极化电荷改变 AlGaN/AlN/GaN 异质结处的 E_C 分布，从而有效地调节 2DEG 的浓度，最终调控 SPD 的输出电流和功率密度。类比于生物模型中大脑的最终控制能力，SPD 的栅极电压也保留了对输出功率的机械信号响应度的可编程控制。进一步地，我们采用单芯片实现了直接、灵敏、实时的加速度反馈控制。这种新型传感-执行一体化功率器件利用了柔性 GaN HEMT 悬臂梁的压电电子学效应，结合了 AlGaN/AlN/GaN 异质结 HEMT 的高输出功率密度和可编程控制响应度的优点。SPD 将非常适合未来的人工智能应用，包括但不限于自动驾驶、智能机器人、人机界面等新技术。

5.6 总 结

我们展示了一种基于压电效应的新型全封装应变传感器[5]。该应变传感器由平放固定于柔性聚苯乙烯基底上的氧化锌压电细线被 PMDS 薄膜封装而成。制得的传感器显示了优良的稳定性，快速响应性和高达 1250 的应变系数。器件的伏安特性可以通过改变肖特基势垒高度而调控，且肖特基势垒高度的改变与应变变化呈线性关系。肖特基势垒高度的变化是基于压阻效应和压电电子学效应的共同作用，但后者的贡献起着主导作用。在本章中展示的基于柔性基底的应变传感器可以应用于细胞生物学、生物医疗、微机电系统器件、结构监测乃至地震监测等领域中的应力应变测量。

利用应变引起氧化锌线的传输性能变化，我们展示了一种基于压电二极管的开关比约为 120 的开关器件[16]。压电细线平置于基底并被完全封装。这种设计也可以很容易地被拓展应用到制备纳米线器件领域，且制得的纳米线器件预期会有超高的灵敏度。压电势的存在不仅是纳米发电机和压电电子学器件的工作基础，而且也可用于制备新型压电二极管和开关器件。这些新型器件具备高灵敏度、低成本、柔性和完全封装等特性，具有广泛的应用潜力。

在使用垂直纳米线阵列制备的应变门控压电电子学晶体管中，传统晶体管中的门电极被晶体内部由应变产生的压电势所代替。对于器件中传输电流的控制也发生在纳米线和上、下电极间的接触界面上。这一设计显示了利用分立竖直纳米线制备垂直晶体管阵列的可能性。阵列中的每根纳米线晶体管都可通过纳米线顶部的机械压力或压强来独立控制。此类压电电子学晶体管阵列是一种全新的设计，在应变/压力/压强高分辨成像领域将会有重要的应用。

压电电子学效应的另一个功用是调制/增强新一代功率器件 GaN HEMT。压电极化产生的二维电子气是 GaN HEMT 输运电能的主要媒介。因此，压电电子学效应可以有效地调节异质结界面处二维电子气的物理特性，从而控制载流子在 AlGaN/GaN 异质结的电输运过程，这为优化功率器件性能提供了全新的自由度。此外，通过结合 HEMT 的高输出功率密度和可编程机械响应，人们进一步开发了应力调控功率器件（SPD）来模拟神经反射过程，构建传感-驱动一体化芯片。随着新型压电电子学材料、多功能微纳电子器件和压电电子学集成电路的出现，压电电子学领域实现了快速发展，在人机接口、机器人、植入式传感器、柔性电子和智能皮肤等领域有广阔的应用前景。

参 考 文 献

[1] Toriyama T，Funai D，Sugiyama S. Piezoresistance measurement on single crystal silicon nanowires. Journal of Applied Physics，2003，93（1）：561-565.

[2] Tombler T W，Zhou C W，Alexseyev L，et al. Reversible electromechanical characteristics of carbon nanotubes under local-probe manipulation. Nature，2000，405（6788）：769-772.
[3] Stampfer C，Helbling T，Obergfell D，et al. Fabrication of single-walled carbon-nanotube-based pressure sensors. Nano Letters，2006，6（2）：233-237.
[4] Grow R J，Wang Q，Cao J，et al. Piezoresistance of carbon nanotubes on deformable thin-film membranes. Applied Physics Letters，2005，86（9）：093104.
[5] Zhou J，Gu Y D，Fei P，et al. Flexible piezotronic strain sensor. Nano Letters，2008，8（9）：3035-3040.
[6] Zhang Z Y，Jin C H，Liang X L，et al. Current-voltage characteristics and parameter retrieval of semiconducting nanowires. Applied Physics Letters，2006，88（7）：073102.
[7] Zhang Z Y，Yao K，Liu Y，et al. Quantitative analysis of current-voltage characteristics of semiconducting nanowires：decoupling of contact effects. Advanced Functional Materials，2007，17（14）：2478-2489.
[8] Sze S M. Physics of Semiconductor Devices. New York：John Wiley & Sons，1981：281.
[9] Fan Z Y，Lu J G. Electrical properties of ZnO nanowire field effect transistors characterized with scanning probes. Applied Physics Letters，2005，86（3）：032111.
[10] Liu Y，Kauser M Z，Ruden P P，et al. Effect of hydrostatic pressure on the barrier height of Ni Schottky contacts on n-AlGaN. Applied Physics Letters，2006，88（2）：022109.
[11] Shan W，Li M F，Yu P Y，et al. Pressure dependence of Schottky barrier height at the Pt/GaAs interface. Applied Physics Letters，1988，53（11）：974-976.
[12] Liu Y，Kauser M Z，Nathan M I，et al. Effects of hydrostatic and uniaxial stress on the Schottky barrier heights of Ga-polarity and N-polarity n-GaN. Applied Physics Letters，2004，84（12）：2112-2114.
[13] Dridi Z，Bouhafs B，Ruterana P. Pressure dependence of energy band gaps for $Al_xGa_{1-x}N$，$In_xGa_{1-x}N$ and $In_xAl_{1-x}N$. New Journal of Physics，2002，4（1）：94.
[14] Chung K W，Wang Z，Costa J C，et al. Barrier height change in GaAs Schottky diodes induced by piezoelectric effect. Applied Physics Letters，1991，59（10）：1191-1193.
[15] Liu Y，Kauser M Z，Schroepfer D D，et al. Effect of hydrostatic pressure on the current-voltage characteristics of GaN/AlGaN/GaN heterostructure devices. Journal of Applied Physics，2006，99（11）：113706.
[16] Zhou J，Fei P，Gu Y D，et al. Piezoelectric-potential-controlled polarity-reversible Schottky diodes and switches of ZnO wires. Nano Letters，2008，8（11）：3973-3977.
[17] He J H，Hsin C L，Liu J，et al. Piezoelectric gated diode of a single ZnO nanowire. Advanced Materials，2007，19（6）：781-784.
[18] Nye J F. Physical Properties of Crystal. London：Oxford Science Publications，1955.
[19] Han W H，Zhou Y S，Zhang Y，et al. Strain-gated piezotronic transistors based on vertical zinc oxide nanowires. ACS Nano，2012，6（5）：3760-3766.
[20] Wu W Z，Wen X N，Wang Z L. Taxel-addressable matrix of vertical-nanowire piezotronic transistors for active and adaptive tactile imaging. Science，2013，340（6135）：952-957.
[21] Liu S H，Wang L F，Feng X L，et al. Ultrasensitive 2D ZnO piezotronic transistor array for high resolution tactile imaging. Advanced Materials，2017，29（16）：1606346.
[22] Han X，Du W M，Chen M X，et al. Visualization recording and storage of pressure distribution through a smart matrix based on the piezotronic effect. Advanced Materials，2017，29（26）：1701253.
[23] Pearton S J，Ren F. GaN electronics. Advanced Materials，2000，12（21）：1571-1580.
[24] Hwang Y H，Li S，Hsieh Y L，et al. Effect of proton irradiation on AlGaN/GaN high electron mobility

transistor off-state drain breakdown voltage. Applied Physics Letters，2014，104（8）：082106.

[25] Fareed R S Q，Hu X，Tarakji A，et al. High-power AlGaN/InGaN/AlGaN/GaN recessed gate heterostructure field-effect transistors. Applied Physics Letters，2005，86（14）：143512.

[26] Ambacher O，Foutz B，Smart J，et al. Two-dimensional electron gases induced by spontaneous and piezoelectric polarization in undoped AlGaN/GaN heterostructures. Journal of Applied Physics，2000，87（1）：334-344.

[27] Ye P D，Yang B，Ng K K，et al. GaN metal-oxide-semiconductor high-electron-mobility-transistor with atomic layer deposited Al_2O_3 as gate dielectric. Applied Physics Letters，2005，86（6）：63501.

[28] Heidelberger G，Bernát J，Fox A，et al. Comparative study on unpassivated and passivated AlGaN/GaN HFETs and MOSHFETs. Physica Status Solidi A，2006，203（7）：1876-1881.

[29] Wang W F，Derluyn J，Germain M，et al. Effect of surface passivation on two-dimensional electron gas carrier density in AlGaN/GaN structures. Japanese Journal of Applied Physics，2006，45（8-11）：L224-L226.

[30] Khan M A，Hu X，Sumin G，et al. AlGaN/GaN metal oxide semiconductor heterostructure field effect transistor. IEEE Electron Device Letters，2000，21（2）：63-65.

[31] Khan M A，Hu X，Tarakji A，et al. AlGaN/GaN metal-oxide-semiconductor heterostructure field-effect transistors on SiC substrates. Applied Physics Letters，2000，77（9）：1339-1341.

[32] Wang Z L，Song J H. Piezoelectric nanogenerators based on zinc oxide nanowire arrays. Science，2006，312（5771）：242-246.

[33] Huang X，Jiang C Y，Du C H，et al. Enhanced luminescence performance of quantum wells by coupling piezo-phototronic with plasmonic effects. ACS Nano，2016，10（12）：11420-11427.

[34] Yu E T，Sullivan G J，Asbeck P M，et al. Measurement of piezoelectrically induced charge in GaN/AlGaN heterostructure field-effect transistors. Applied Physics Letters，1997，71（19）：2794-2796.

[35] Kang B S，Kim S，Kim J，et al. Effect of external strain on the conductivity of AlGaN/GaN high-electron-mobility transistors. Applied Physics Letters，2003，83（23）：4845-4847.

[36] Kang B S，Kim S，Ren F，et al. Pressure-induced changes in the conductivity of AlGaN/GaN high-electron mobility-transistor membranes. Applied Physics Letters，2004，85（14）：2962-2964.

[37] Du C H，Huang X，Jiang C Y，et al. Tuning carrier lifetime in InGaN/GaN LEDs via strain compensation for high-speed visible light communication. Scientific Reports，2016，6：37132.

[38] Nathan A，Ahnood A，Cole M T，et al. Flexible Electronics：the next ubiquitous platform. Proceedings of the IEEE，2012，100：1486-1517.

[39] Lee K J，Meitl M A，Ahn J H，et al. Bendable GaN high electron mobility transistors on plastic substrates. Journal of Applied Physics，2006，100（12）：4.

[40] Jiang C Y，Liu T，Du C H，et al. Piezotronic effect tuned AlGaN/GaN high electron mobility transistor. Nanotechnology，2017，28（45）：455203.

[41] Jiang J，Wang Q，Wang B Y，et al. Direct lift-off and the piezo-phototronic study of InGaN/GaN heterostructure membrane. Nano Energy，2019，59：545-552.

[42] Wang X F，Yu R M，Jiang C Y，et al. Piezotronic effect modulated heterojunction electron gas in AlGaN/AlN/GaN heterostructure microwire. Advanced Materials，2016，28（33）：7234-7242.

[43] Gay P，Hirsch P B，Kelly A. The estimation of dislocation densities in metals from X-ray data. Acta Metallurgica，1953，1（3）：315-319.

[44] Liu K，Zhu H，Feng S W，et al. The effect of external stress on the electrical characteristics of AlGaN/GaN HEMTs. Microelectronics Reliability，2015，55（6）：886-889.

[45] Briggs R J，Ramdas A K. Piezospectroscopic study of the raman spectrum of cadmium sulfide. Physical Review B，1976，13（12）：5518-5529.

[46] Kisielowski C，Kruger J，Ruvimov S，et al. Strain-related phenomena in GaN thin films. Physical Review B，1996，54（24）：17745-17753.

[47] Azize M，Palacios T. Effect of substrate-induced strain in the transport properties of AlGaN/GaN heterostructures. Journal of Applied Physics，2010，108（2）：4.

[48] Faqir M，Verzellesi G，Meneghesso G，et al. Investigation of high-electric-field degradation effects in AlGaN/GaN HEMTs. IEEE Transactions on Electron Devices，2008，55（7）：1592-1602.

[49] Nazari M，Hancock B L，Piner E L，et al. Self-heating profile in an AlGaN/GaN heterojunction field-effect transistor studied by ultraviolet and visible micro-raman spectroscopy. IEEE Transactions on Electron Devices，2015，62（5）：1467-1472.

[50] Mhedhbi S，Lesecq M，Altuntas P，et al. First power performance demonstration of flexible AlGaN/GaN high electron mobility transistor. IEEE Electron Device Letters，2016，37（5）：553-555.

[51] Sahoo D K，Lal R K，Kim H，et al. High-field effects in silicon nitride passivated GaN MODFETs. IEEE Transactions on Electron Devices，2003，50（5）：1163-1170.

[52] Defrance N，Lecourt F，Douvry Y，et al. Fabrication，Characterization，and physical analysis of AlGaN/GaN HEMTs on flexible substrates. IEEE Transactions on Electron Devices，2013，60（3）：1054-1059.

[53] Delagebeaudeuf D，Linh N T. Metal-(n)AlGaAs-GaAs two-dimensional electron gas FET. IEEE Transactions on Electron Devices，1982，29（6）：955-960.

[54] Ridley B K. Analytical models for polarization-induced carriers. Semiconductor Science and Technology，2004，19（3）：446-450.

[55] Geiger R，Menoret V，Stern G，et al. Detecting inertial effects with airborne matter-wave interferometry. Nature Communications，2011，2：474.

[56] Bauer S，Bauer-Gogonea S，Graz I，et al. 25th anniversary article：a soft future：from robots and sensor skin to energy harvesters. Advanced Materials，2014，26（1）：149-162.

[57] Wani O M，Zeng H，Priimagi A. A light-driven artificial flytrap. Nature Communications，2017，8：15546.

[58] Zhao Y，Sakai F，Su L，et al. Progressive macromolecular self-assembly：from biomimetic chemistry to bio-inspired materials. Advanced Materials，2013，25（37）：5215-5256.

[59] Chun H G，Chung T D. Iontronics. Annual Review of Analytical Chemistry，2015，8（1）：441-462.

[60] Hua Q L，Sun J L，Liu H T，et al. Skin-inspired highly stretchable and conformable matrix networks for multifunctional sensing. Nature Communications，2018，9：244.

[61] Chen P C，Sukcharoenchoke S，Ryu K，et al. 2, 4, 6-trinitrotoluene（TNT）chemical sensing based on aligned single-walled carbon nanotubes and ZnO nanowires. Advanced Materials，2010，22（17）：1900-1904.

[62] Runge C L，Du F，Hu Y. Improved speech perception in cochlear implant users with interleaved high-rate pulse trains. Otology & Neurotology，2018，39（5）：E319-E324.

[63] Kim J，Lee M，Shim H J，et al. Stretchable silicon nanoribbon electronics for skin prosthesis. Nature Communications，2014，5（1）：5747.

[64] Cao J，Lu C H，Zhuang J，et al. Multiple hydrogen bonding enables the self-healing of sensors for human-machine interactions. Angewandte Chemie-International Edition，2017，56（30）：8795-8800.

[65] Wu X Q，Wang X，Li S L，et al. Cantilever fiber-optic accelerometer based on modal interferometer.

IEEE Photonics Technology Letters，2015，27（15）：1632-1635.
[66] Li Y L，Barker P F. Characterization and testing of a micro-g whispering gallery mode optomechanical accelerometer. Journal of Lightwave Technology，2018，36（18）：3919-3926.
[67] Mohammed Z，Elfadel I M，Rasras M. Monolithic multi degree of freedom（MDoF）capacitive MEMS accelerometers. Micromachines，2018，9（11）：602.
[68] Takayanagi N，Sudo M，Yamashiro Y，et al. Relationship between daily and in-laboratory gait speed among healthy community-dwelling older adults. Scientific Reports，2019，9：3496.
[69] Gesing A L，Alves F D P，Paul S，et al. On the design of a MEMS piezoelectric accelerometer coupled to the middle ear as an implantable sensor for hearing devices. Scientific Reports，2018，8：3920.
[70] Lu Q B，Wang C，Bai J，et al. Minimizing cross-axis sensitivity in grating-based optomechanical accelerometers. Optics Express，2016，24（8）：9094-9111.

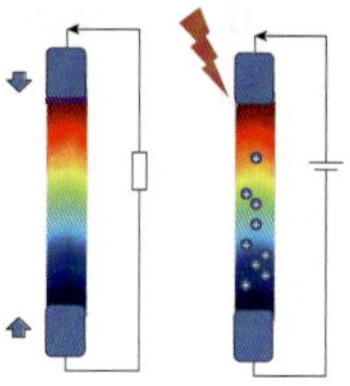

第 6 章

压电电子学逻辑电路和存储器

摘　要

在本章中，我们利用在纳米线中外加形变产生的压电势的门控效应，制备了压电晶体管，并利用这些晶体管展示了进行压电逻辑运算的通用逻辑门（如与非门（HAND）、或非门（NOR）和异或门（XOR））。机械电子逻辑单元是人机接口、触摸板技术、纳米机器人技术、柔性电子技术、微流体和微机电系统等复杂系统基本设计的重要单元。此外，基于压电纳米线的压电调制电阻式开关器件，其存储单元的写入/读出访问可以通过机电调制进行编程。通过压电电子学效应，在外部施加应变时，半导体-金属界面产生极化电荷，可以受控调制单元开关特性，并且可以记录和读取存储在单元中的应变逻辑电平，具有与纳机电系统（NEMS）技术集成的潜力，可实现智能和自驱动的并且具有多维操作能力的微/纳系统。

自供能[1]自主智能纳米级系统应包括超敏感纳米线的传感器[2-5]，实现数据存储处理及决策的集成高性能存储器和逻辑运算部件[6-12]，以及支持可持续和自驱动的独立操作能量收集单元[1, 13-20]。现有的半导体纳米线逻辑器件都是基于电信号作为栅极门控信号的场效应晶体管，其功能是通过调节导电沟道的宽度来成为逻辑单元的驱动电路和有源负载[21]。此外，现有的逻辑单元器件都是“静态的”，并几乎完全通过电信号触发或启动，而“动态”可移动的机械驱动激励是通过其他可能由不同材料构成的异质单元器件来完成的。

在本章中，我们将展示基于氧化锌纳米线来设计制备基于压电电子学效应的压电触发式机电逻辑器件，以实现集成的机械电耦合和控制逻辑计算[22]。利用受外加应变时氧化锌纳米线内产生的压电势，我们制备出应变门控晶体管（SGT）并基于此实现了如反相器、与非门、或非门、异或门等通用逻辑器件，以执行压电电子学逻辑运算。这些压电电子学器件有望与纳机电系统技术集成，以实现便携式电子、医学科学和国防技术等重要应用领域中先进和复杂的功能性动作，例如在纳米机器人技术中用于感知测量和驱动，在微流体学[23]中用于控制流体流动的电路，在其他微/纳系统中用于智能控制和操作。

6.1　应变门控晶体管

氧化锌纳米线内部在应变下产生的压电势可以有效地用作栅极电压，可用于制造一系列压电纳米器件[24-26]，因此，机械-电子耦合和控制可以在由单一材料制成的一个结构单元中执行。基于压电效应产生的非移动离子极化，应变可以在氧化锌内部产生压电势。此外，压电势可以作为门控载流子传输行为的“控制器”，这是应变门控电子器件的基本原理，基于此原理，制造了氧化锌纳米线电机开关[26]。

6.1.1　器件制备

应变门控晶体管（SGT）由两端源漏电极被金属接触固定在聚合物基底上的单根氧化锌纳米线制成（图 6.1（a））。应变门控反相器则由两根平置固定在 Dura-Lar 薄膜上的氧化锌纳米线构成。Dura-Lar 薄膜的厚度为 0.5mm。氧化锌纳米线是通过物理气相沉积方法合成的，通常直径为 300nm，长度为 400μm（图 6.1（a））。Dura-Lar 薄膜首先用丙酮、异丙醇和去离子水超声清洗，然后用氮气吹干待用。氧化锌纳米线在光学显微镜（Leica Microsystems 公司）下用探针台（Cascade Microtech 公司）操作平置在 Dura-Lar 薄膜表面上。银浆（Ted Pella 公司）被加在氧化锌纳米线两端以形成电气接触。

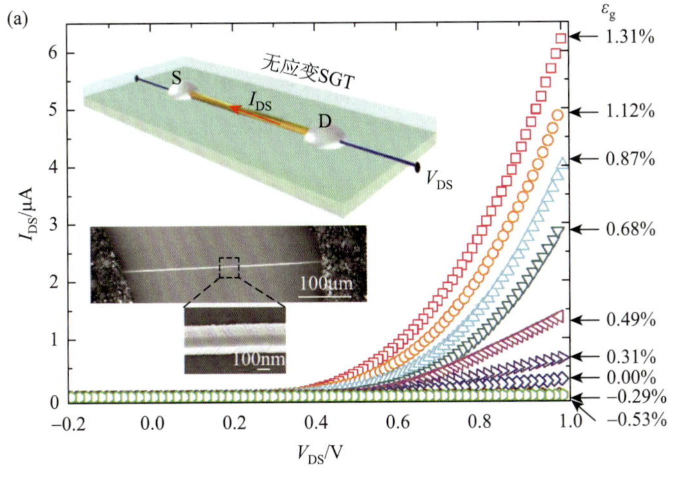

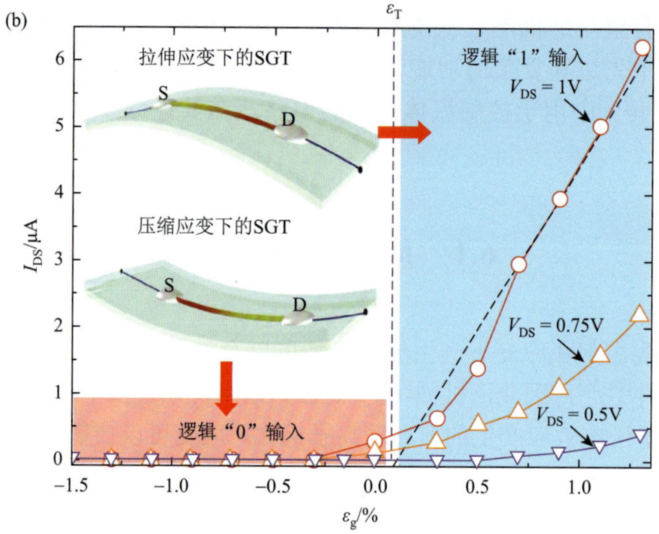

图 6.1 单根氧化锌纳米线应变门控晶体管。（a）受到的应变从−0.53%以 0.2%为步长变化到 1.31%时，氧化锌应变门控晶体管器件的 I_{DS}-V_{DS} 传输特性，顶插图为无应变单根氧化锌纳米线应变门控晶体管受偏压时的示意图，当正偏压加在漏极上时电流从漏极流向源极，底插图为氧化锌应变门控晶体管主要功能部分的顶视 SEM 图像（线长度为 70μm，直径为 300nm），氧化锌纳米线两端用银浆固定；（b）同一氧化锌应变门控晶体管器件在不同偏压（V_{DS} 分别为 1V、0.75V 和 0.5V）下的 I_{DS}-ε_g 传输特性，门应变阈值 ε_T 由 I_{DS}-ε_g 曲线的最大斜率切线在 ε_g 轴上的截距确定为 0.08%（见黑色虚线），插图顶端为氧化锌应变门控晶体管在拉伸应变下的示意图及对应的 I_{DS}-ε_g 特性曲线（浅蓝色区域），这是应变门控晶体管的逻辑“1”应变输入区域，插图底端为氧化锌应变门控晶体管在压缩应变下的示意图及对应的 I_{DS}-ε_g 特性曲线（红色区域），这是应变门控晶体管的逻辑“0”应变输入区域，纳米线中形变产生的压电势在红色部分区域为负而在黄色区域为正[22]

由于基底决定了整个器件结构的力学性能，当基底发生弯曲时，氧化锌纳米线受到纯的拉伸或压缩应变。利用氧化锌纳米线中产生的压电势，纳米线应变门控晶体管的门控输入是外加应变而不再是一个电信号。图 6.1（a）中显示了在进一步组装成逻辑器件之前，单个氧化锌纳米线应变门控晶体管受到不同应变门控信号时的源漏伏安（I_{DS}-V_{DS}）传输特性。定义当漏极接正电压时纳米线应变门控晶体管处于正偏工作状态（图 6.1（a））。

对应变门控晶体管而言，外部机械扰动所引起的应变（ε_g）作为门控输入信号，控制着纳米线应变门控晶体管的“开”/“关”状态。当纳米线被拉伸或压缩时产生正或负应变。固定源漏偏压 V_{DS} 下的 I_{DS}-ε_g 转移特性曲线表明，源漏电流 I_{DS} 随着门应变信号 ε_g 的增大而增大，并且门应变阈值 ε_T 约为 0.08%（图 6.1（b）），这表明应变门控晶体管的工作类似一个 n 沟道增强型场效应晶体管。门应变阈值 ε_T 由 I_{DS}-ε_g 曲线的最大斜率切线在 ε_g 轴上的截距来确定（参见图 6.1（b）黑色虚线）。在漏极偏置电压 V_{DS} = 1V 时的 I_{DS}-ε_g 转移特性曲线（图 6.2）表明，纳米线应变门控晶体管具有伪跨导峰值 $g_m = dI_{DS}(V_{DS})/d\varepsilon_g$，对应于应变变化 $\Delta\varepsilon_g$ 为 1%时，流经器件的源漏电流变化为 6μA。纳米线应变门控晶体管的开关电流 I_{on} 和 I_{off} 可确定为在 $\varepsilon_g(on) = \varepsilon_g - 0.3\%$和 $\varepsilon_g(off) = \varepsilon_g + 0.7\%$处获得。这样当门控信号（$\varepsilon_g$）超过门应变阈值（$\varepsilon_T$）的量达到门控信号摆动的 70%以上时为“开启”状态，而门控信号（ε_g）低于门应变阈值（ε_T）的量达到门控信号摆动的 30%以上的区域则定义为器件的“关闭”状态范围，如图 6.3 所示。基于此定义，可以得到在源漏电压 $V_{DS} = 1V$ 时，器件的开启电流 $I_{on} = 3.38\mu A$，关闭电流 $I_{off} = 0.03\mu A$，由此获得的电流开关比 I_{on}/I_{off} 为 112，这可以与之前的电信号作为栅极门压的锗/硅纳米线器件中报道的数值相媲美[21]。通过 I_{DS}-ε_g 传输曲线（图 6.2）的特性，可以进一步设计和发展利用集成纳米机电转换单元来实现基于氧化锌纳米线应变门控晶体管的机电放大器[6]。

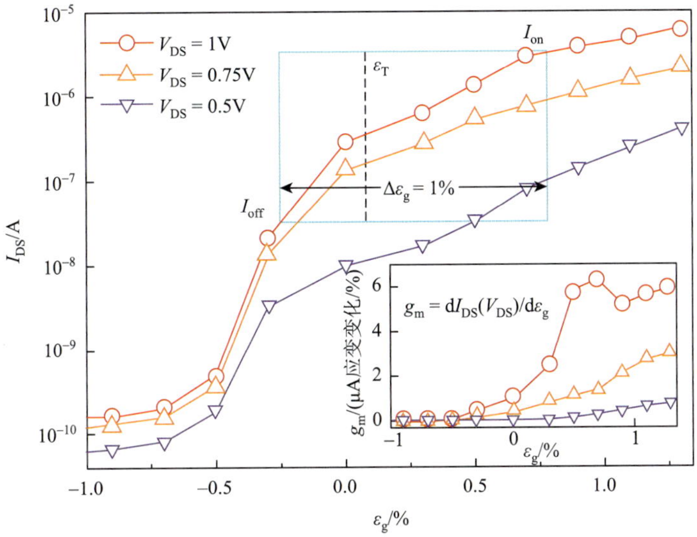

图 6.2　氧化锌纳米线应变门控晶体管器件在三个不同偏压（V_{DS} 分别为 1V、0.75V 和 0.5V）下的 I_{DS}-ε_g 特性。蓝色方框定义了 1%门控应变窗口。开启和关闭电流分别在 $\varepsilon_{g(on)} = \varepsilon_g - 0.3\%$和 $\varepsilon_{g(off)} = \varepsilon_g + 0.7\%$处得到，所以当门控信号 ε_g 超过门应变阈值 ε_T 的量达到门控信号摆动的 70%以上时，即可以使氧化锌纳米线应变门控晶体管进入“开启”状态；而门控信号 ε_g 低于门应变阈值 ε_T 的量达到门控信号摆动的 30%以上的区域，则定义为器件的“关闭”状态范围。插图中从上到下分别是 1V、0.75V 和 0.5V 偏压下氧化锌纳米线应变门控晶体管的伪跨导[22]

6.1.2　基本原理

应变门控晶体管的工作原理可以通过器件的能带结构图来说明。一个无应变氧化锌

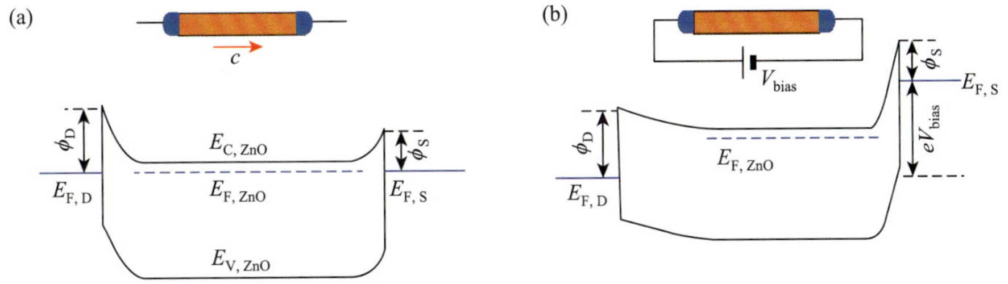

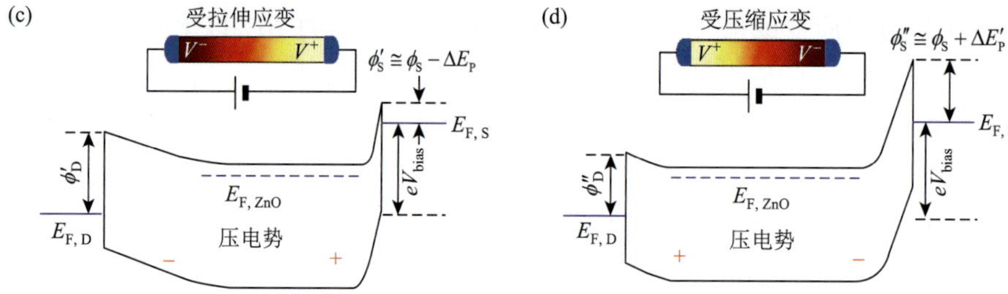

图 6.3 不同条件下氧化锌纳米线应变门控晶体管的能带结构图，用以说明应变门控晶体管的原理。纳米线的晶体 *c* 轴方向从漏极指向源极。（a）平衡条件下氧化锌纳米线应变门控晶体管的能带结构，源极和漏极两端具有不同的势垒高度且分别为 ϕ_S 和 ϕ_D；（b）氧化锌纳米线应变门控晶体管源极和漏极的准费米能级（$E_{F,S}$）和（$E_{F,D}$）因所加偏压 V_{bias} 而产生差异；（c）器件受拉伸应变时源端的肖特基势垒高度从 ϕ_S 减少到 $\phi'_S \cong \phi_S - \Delta E_P$；（d）器件受压缩应变时源端的肖特基势垒高度从 ϕ_S 增加到 $\phi''_S \cong \phi_S + \Delta E'_P$[22]

纳米线与两端源漏电极之间形成势垒高度分别为 ϕ_S 和 ϕ_D 的肖特基接触（图 6.3（a））。由于电路中大部分压降落在反向偏置结上，为简化起见，器件的氧化锌纳米线中的费米能级如图 6.3 所示[26]。当漏极正偏时，源极和漏极的准费米能级（$E_{F,S}$）和（$E_{F,D}$）之间的差值为 eV_{bias}，其中 V_{bias} 是外加的偏压大小（图 6.3（b））。外部施加的机械应变（ε_g）会引起氧化锌纳米线内能带结构的变化和压电电势场的产生[26]。能带结构的变化导致压阻效应，这一效应在源极和漏极接触上产生了非极性和对称的影响。由于氧化锌具有沿 *c* 轴方向的极性结构，沿轴向（*c* 轴）发生的形变会使得纳米线内产生沿纳米线生长方向（*c* 轴方向）的阳离子和阴离子间的极化，导致纳米线内从 V^+到 V^-的电势分布（图 6.3）。这个压电势的分布对器件的漏极和源极肖特基势垒高度的变化具有不对称效应。拉伸应变下，源极肖特基势垒高度从 ϕ_S 减小到 $\phi'_S \cong \phi_S - \Delta E_P$（图 6.3（c）），其中 ΔE_P 是应变的函数，代表了由局域产生的压电势造成的势垒高度变化，因此这种情况下器件中的源漏电流 I_{DS} 增加。受压缩应变时，应变门控晶体管内的压电势极性反向，因此源极肖特基势垒高度从 ϕ_S 升高到 $\phi''_S \cong \phi_S + \Delta E'_P$（图 6.3（d）），其中 $\Delta E'_P$ 表示这种情况下源极肖特基势垒高度受压电势影响而造成的变化，从而导致 I_{DS} 显著减少。因此，当源漏偏压 V_{DS} 保持不变时，随着应变 ε_g 从压缩区域变化至拉伸区域，源漏电流 I_{DS} 可以有效地从“关闭”变为“开启”。这就是应变门控晶体管的基本工作原理。

6.2 应变门控反相器

通过将两个 n 型氧化锌纳米线应变门控晶体管背靠背地封装集成在同一柔性基底的上、下表面，制备压电电子学应变门控互补逻辑门器件。首先介绍的是氧化锌纳米线应变门控反相器（SGI）（图 6.4）。当基底向下弯曲时（图 6.4（a1）），1 号应变门控晶体管受到大小在 0.05%～1.5%的拉伸应变，与此同时，2 号应变门控晶体管受到一个大小相同的压缩应变，因此这两个应变门控晶体管处于互补的电气“开启”和“关闭”状态。对应地，如果基底向上弯曲（图 6.4（a3）），则这两个应变门控晶体管分别处于互补的“关闭”和“开启”状态。因此这两个应变门控晶体管的工作行为与传统的互补金属-氧化物-半导体（CMOS）反相器中的 n 沟道金属-氧化物-半导体（NMOS）和 p 沟道金属-氧化物-半导体晶体管（PMOS）的互补工作模式类似[27]。

通过测量绘制输出电压与对应门控应变之间的关系，我们可以得到纳米线应变门控反相器的应变-电压传输特性（SVTC）和噪声容限（图 6.4（b））。V_{OH} 和 V_{OL} 给出应变门控反相器的高、低输出电压。理想值为 $V_{OH} = V_{DS} = 1V$，$V_{OL} = 0V$。实验观测值分别为 0.98V 和 0.0001V。这是由于处于“开启”状态的应变门控晶体管上也会有一定的压降，从而 V_{OH} 的测量值略小于外加偏压 1V。应变门控反相器的逻辑摆幅（V_{OH}–V_{OL}）为 0.98V。决定了应变门控反相器的输出在逻辑高低状态间切换的开关阈值应变 ε_I，可以从图 6.4（b）中确定为 C 点，对应的应变值为–0.6%。图 6.4（b）中连接原点和 C 点的虚线斜率为 1。为了表征门应变输入对应变门控反相器输出的影响，通过确定伪单位增益点 A（应变值为–0.8%）和 B（应变值为–0.38%），我们可以得到产生输出信号为逻辑“1”的最大输入应变 ε_{IL}，以及导致输出信号为逻辑“0”的最小输入应变 ε_{IH}（图 6.4（b））。应变-电压传输特性曲线（红线）在 A 点和 B 点处的斜率均为–1。当输入应变处于 $\varepsilon < \varepsilon_{IL}$（ = –0.8%）的区间时（图 6.4（b）中的紫色区域），应变门控反相器对应的逻辑输出为“1”；而当输入应变处于 $\varepsilon > \varepsilon_{IL}$（ = –0.38%）的区间时（图 6.4（b）中的蓝色区域），应变门控反相器对应的逻辑输出为“0”。ε_{IL} 和 ε_{IH} 呈现负值可能是由于制备应变门控反相器的过程中在器件内无意地引入了一些初始应变[28]。在逻辑低输入区（图 6.4（b）中的紫色区域），1 号应变门控反相器处于“开启”状态，而 2 号应变门控反相器处于“关闭”状态；在逻辑高输入区域（图 6.4（b）中的蓝色区域），1 号应变门控反相器处于“关闭”状态，而

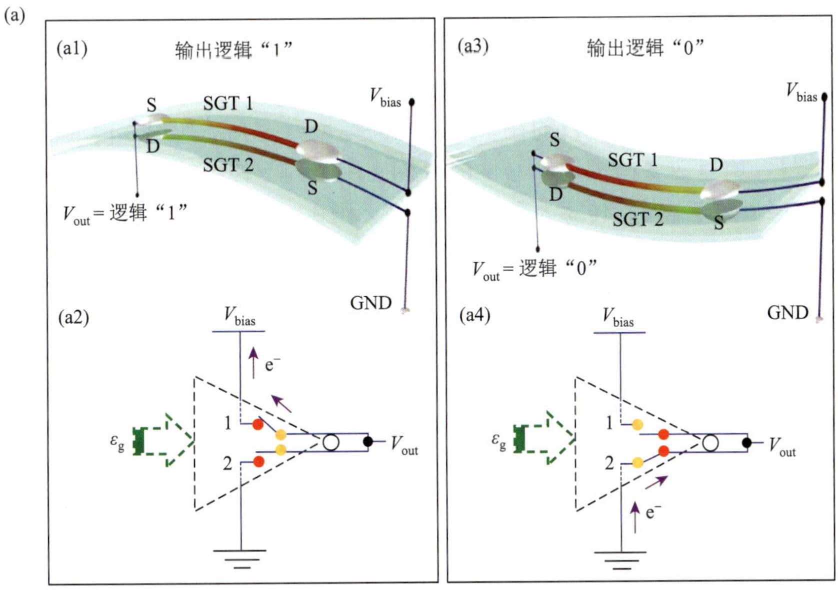

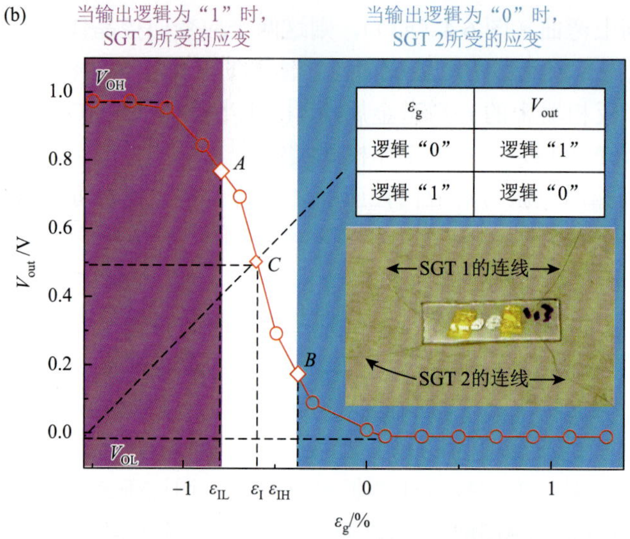

图 6.4　氧化锌纳米线应变门控反相器。（a1）～（a4）对输入应变响应并进行逻辑运算的氧化锌纳米线应变门控反相器的示意图和对应的符号，氧化锌纳米线应变门控反相器的应变输入由 2 号应变门控晶体管所受的应变定义。当氧化锌纳米线应变门控反相器的应变输入逻辑为“0”时，1 号应变门控晶体管（SGT 1）处于“开启”状态而 2 号应变门控晶体管（SGT 2）处于“关闭”状态，则应变门控反相器电输出为“1”。GND 端为接地端；当应变门控反相器应变输入逻辑为“1”时，1 号应变门控晶体管（SGT 1）处于“关闭”状态而 2 号应变门控晶体管（SGT 2）处于“开启”状态，则应变门控反相器电输出为“0”。每个应变门控晶体管的 *c* 轴方向和压电势极性如图 6.1 所定义。（b）偏压 V_{DS} = 1V 时的氧化锌纳米线应变门控反相器的应变-电压转换特性和噪声容限，连接原点和 *C* 点的虚线的斜率为 1，应变电压转换特性曲线（红线）在点 *A* 和 *B* 的斜率均为−1，插图是氧化锌纳米线应变门控反相器的光学照片，其是由两个应变门控晶体管和四根连接导线构成[22]

2 号应变门控反相器处于“开启”状态。应变门控反相器的响应时间取决于具体应用过程中施加的应变速率。氧化锌纳米线应变门控反相器的瞬态特性也可以得到进一步研究。由于应变门控逻辑器件的设计目的在于与周围的环境产生互动作用，而周围环境中多为低频机械信号，所以应变门控逻辑器件的目标应用不同于传统的追求更快处理速度的硅器件。例如在纳米机器人、传感器和微机械等应用中，只要应变门控逻辑器件能够及时响应并处理机械信号，那么开关频率就不是问题的关键。应变门控晶体管将实现对传统的 CMOS 技术的互补应用。此外，不同于传统的 CMOS 反相器，由于氧化锌纳米线应变门控晶体管中没有门电极，因此应变门控反相器中的门极漏电流可以被忽略。

6.3　压电电子学逻辑运算

6.3.1　与非门和或非门

基于纳米线应变门控与非门和或非门的逻辑运算，是通过将两个受所施加应变单独门控的纳米线应变门控晶体管按照特定连线规则集成而实现的（图 6.5（a1）和（a2）中所示为与非门；图 6.5（b1）和（b2）所示为或非门）。与非门和或非门的输出电压与输入门应变之间的关系如图 6.5（a3）（与非门）和（b3）（或非门）所示。氧化锌纳米线应变门控与非门和或非门的开关操作中具有两种状态转换特性，如表 6.1 和表 6.2 所列。同时也可以看出，相比于集成无源负载的纳米线应变门控与非门和或非门，具有有源负载的纳米线应变门控与非门和或非门（图 6.5（a3）和（b3））表现出诸如更大的逻辑摆幅等更为良好的整体性能（图 6.5（c）和（d））。

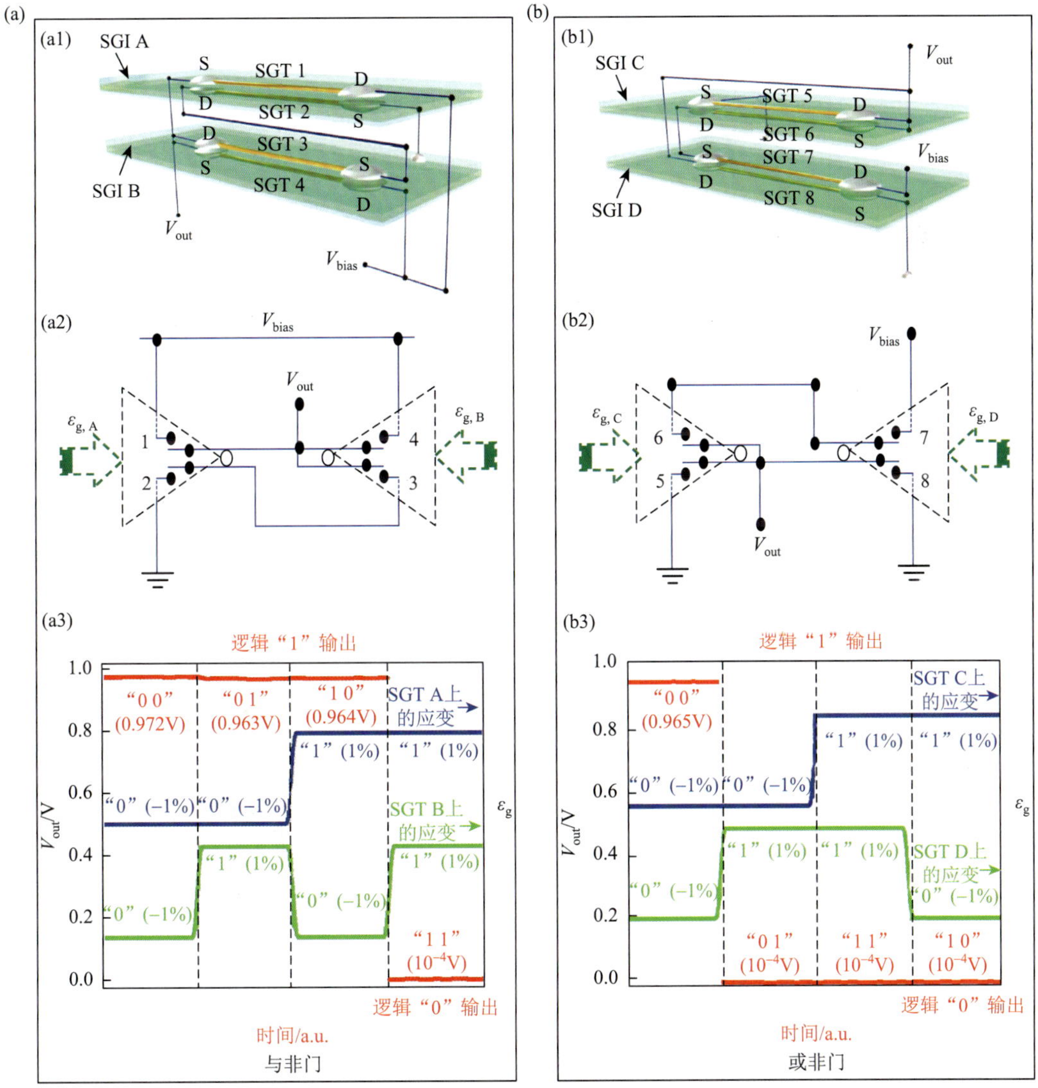

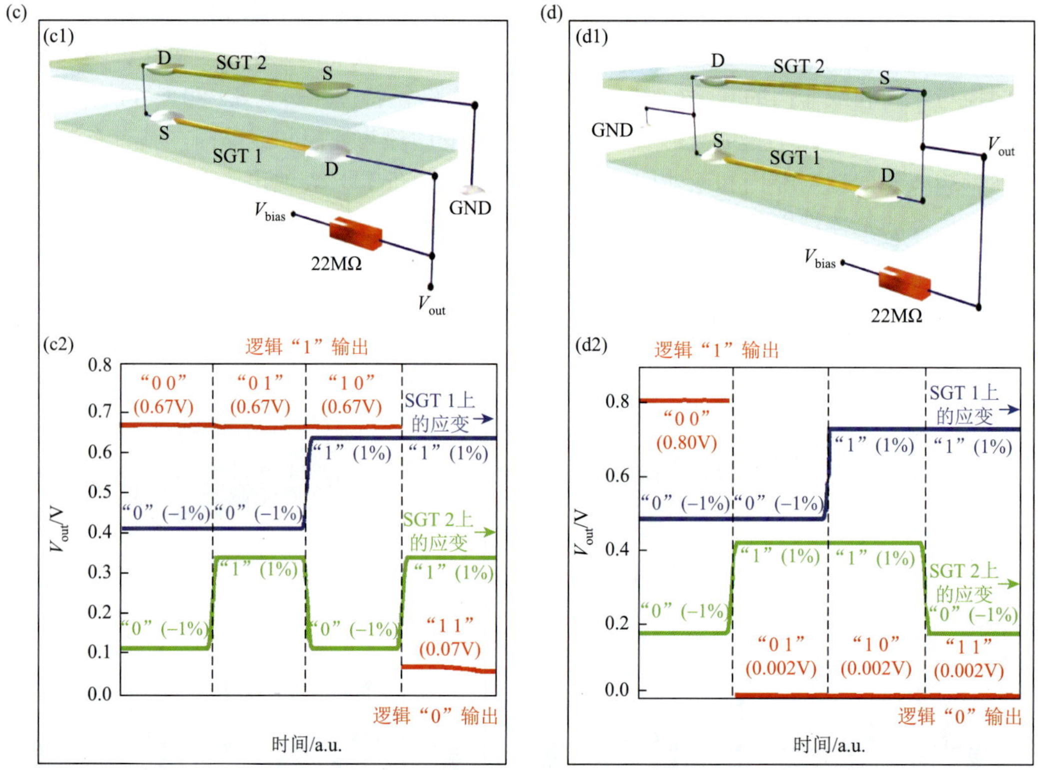

图 6.5　氧化锌纳米线应变门控与非和或非逻辑门。（a1）～（a3）氧化锌纳米线应变门控与非门：（a1）氧化锌纳米线应变门控与非门的示意图，氧化锌纳米线应变门控与非门通过集成 A 和 B 两个应变门控反相器实现，应变门控反相器 A 的应变输入由 2 号应变门控晶体管所受的应变定义，应变门控反相器 B 的应变输入由 3 号应变门控晶体管所受的应变定义；（a2）中的线路图显示了如何将两个氧化锌纳米线应变门控反相器连接成氧化锌纳米线应变门控与非门；（a3）氧化锌纳米线应变门控与非门的逻辑运算和真值表，红线是与非门的电信号输出，蓝线和绿线分别是应变门控反相器 A 和 B 的应变输入，输入曲线的“1”和“0”分别代表输入逻辑的高低，对输出而言，引号中第一个数字对应应变门控反相器 A 上的应变输入，第二个数字对应应变门控反相器 B 上的应变输入，括号中的数值对应输入输出信号的实际大小，上述规则同样适用于或和异或逻辑门。（b1）～（b3）氧化锌纳米线应变门控或非门：（b1）氧化锌纳米线应变门控或非门的示意图，氧化锌纳米线应变门控或非门通过集成 C 和 D 两个应变门控反相器实现，应变门控反相器 C 的应变输入由 5 号应变门控晶体管所受的应变定义，应变门控反相器 D 的应变输入由 8 号应变门控晶体管所受的应变定义；（b2）中的线路图显示了如何将两个氧化锌纳米线应变门控反相器连接成氧化锌纳米线应变门控或非门；（b3）氧化锌纳米线应变门控或非门的逻辑运算和真值表，红线是或门的电信号输出，蓝线和绿线分别是应变门控反相器 C 和 D 的应变输入[22]。（c1）将两根氧化锌纳米线串联构成的具有阻性负载的氧化锌纳米线与非门的示意图，其中 22MΩ 电阻作为上拉电阻；（c2）具有阻性负载的氧化锌纳米线与非门的逻辑运算和真值表，蓝线和绿线分别是 1 号和 2 号应变门控晶体管的应变输入。（d1）将两根氧化锌纳米线并联构成的具有阻性负载的氧化锌纳米线或非门的示意图，其中 22MΩ 电阻作为上拉电阻；（d2）具有阻性负载的氧化锌纳米线或非门的逻辑运算和真值表，蓝线和绿线分别是 1 号和 2 号应变门控晶体管的应变输入[22]

表 6.1　氧化锌纳米线应变门控与非门的开关操作

应变门控晶体管	"0 0" ⇄ "1 1"		"0 1" ⇄ "1 1"		"1 0" ⇄ "1 1"	
SGT 1	开	关	开	关	关	关
SGT 2	关	开	关	开	开	开
SGT 3	关	开	开	开	关	开
SGT 4	开	关	关	关	开	关

注：氧化锌纳米线应变门控与非门的开关操作具有两种状态转换特性。一种情况是所有四个应变门控晶体管"开"/"关"状态均发生改变，如表中前两列所示（用紫色代表）。另外一种情况是只有其中两个应变门控晶体管改变"开"/"关"状态，如表中后四列所示（用绿色代表）。引号中的两个数字代表氧化锌纳米线应变门控与非门中应变门控反相器的应变输入逻辑的高低。

表 6.2　氧化锌纳米线应变门控或非门的开关操作

应变门控晶体管	"0 0" ⇄ "1 1"		"0 0" ⇄ "1 0"		"0 0" ⇄ "0 1"	
SGT 5	关	开	关	开	关	关
SGT 6	开	关	开	关	开	开
SGT 7	开	关	开	开	开	关
SGT 8	关	开	关	关	关	开

注：氧化锌纳米线应变门控或非门的开关操作具有两种状态转换特性。一种情况是所有四个应变门控晶体管均改变"开"/"关"状态，如表中前两列所示（用紫色代表）。另外一种情况是只有其中两个应变门控晶体管改变"开"/"关"状态，如表中后四列所示（用绿色代表）。引号中的两个数字代表氧化锌纳米线应变门控或非门中应变门控反相器的应变输入逻辑高低。

6.3.2　异或门

通过将两个应变门控晶体管并联连接，我们也实现了氧化锌纳米线应变门控异或逻辑运算（图 6.6（a））。图 6.6（a）中 1 号应变门控晶体管的漏极与输入电压 V_A 连接，而 2 号应变门控晶体管的漏极则连接 V_A 的逻辑互补电压信号 $V_{\bar{A}}$。若 2 号应变门控晶体管的应变门控输入逻辑是 B，则 1 号应变门控晶体管的应变门控输入逻辑为 $\overline{B}$ 。此处与纳米线应变门控反相器中不同的电路连线使得器件具有不同的逻辑功能。当基底向上或向下弯曲时，器件的电信号输出是 V_A 或 $V_{\bar{A}}$，而器件总的输出逻辑表达式为 $V_{\text{out}} = \overline{B}V_A + BV_{\bar{A}}$，这表明器件的输入和输出之间满足异或逻辑。如图 6.6（b）所示，为异或门的输出电压与输入门控应变之间的关系。

如果图 6.6（a）中的 1 号和 2 号应变门控晶体管的漏极分别与任意独立的信号输入 D_1 和 D_0，而不是互补逻辑（V_A 和 $V_{\bar{A}}$）连接，则上述异或门转变成了一个 2∶1 多路调制器（MUX），控制位 B 是 2 号应变门控晶体管的应变逻辑输入。类似地，一个 n∶1 多路调制器使我们能够选择从 n 个输入中选择任一路信号并将其导至输出端。当 B 为逻辑

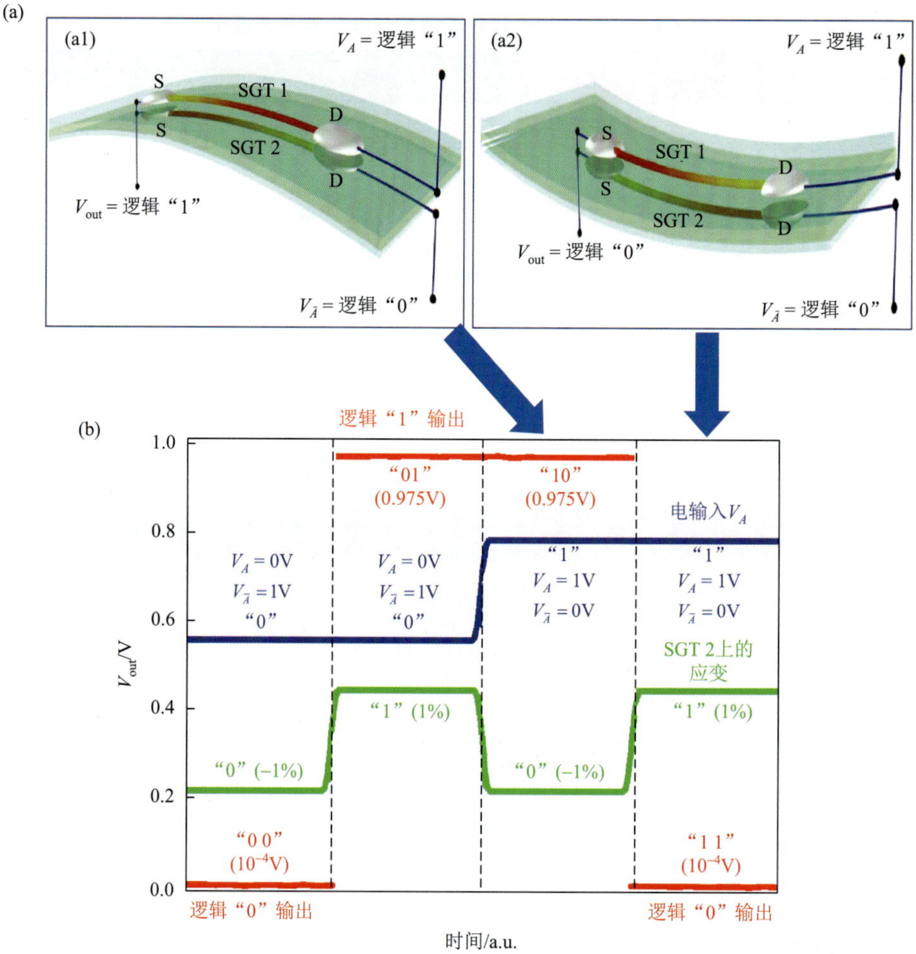

图 6.6　氧化锌纳米线应变门控异或逻辑门。（a）氧化锌纳米线应变门控异或逻辑门对应变和电信号输入做逻辑运算的示意图：（a1）当 2 号应变门控晶体管的应变输入逻辑为“0”且 1 号应变门控晶体管的电信号输入 V_A 逻辑为“1”时，则 1 号应变门控晶体管处于“开启”状态而 2 号应变门控晶体管处于“关闭”状态，因此异或门的电信号输出逻辑为“1”；（a2）当 2 号应变门控晶体管的应变输入逻辑为“1”且 1 号应变门控晶体管的电信号输入 $V_{\bar{A}}$ 逻辑为“0”时，则 1 号应变门控晶体管处于“关闭”状态而 2 号应变门控晶体管处于“开启”状态，因此异或门的电信号输出逻辑为“0”。（b）氧化锌纳米线应变门控异或门的逻辑运算和真值表，红线是异或门的电信号输出，蓝线和绿线分别是 1 号和 2 号应变门控晶体管的电输入和应变输入[22]

“1”时，1 号应变门控晶体管处于“关闭”状态，则输出由连接到 2 号应变门控晶体管漏电极的输入信号决定；反之，当 B 为逻辑“0”时，2 号应变门控晶体管处于“关闭”状态，则输出由连接到 1 号应变门控晶体管漏电极的输入信号决定。如果将输入 D_1 和 D_0 作为输出端并将多路调制器的输出作为输入端，则该器件就成为了一个多路解调器（DEMUX）。根据上述基本结构，该电路可以很容易扩展以制造更大规模的多路调制器。基于上述构造的纳米线应变门控多路调制器和多路解调器将是机电信号处理领域至关重要的逻辑元件。

6.4 机电记忆原理

图 6.7（a1）中插图所示为压电调制阻性存储器（PRM）的基本结构。器件由平置在柔性 PET 基底（DuPont 公司，厚度约 1.25mm）上的单根氧化锌压电电子学纳米线，以及其两端由光刻制备的金电极构成。压电调制阻性存储器元件的两端电极分别被标为漏极（D）和源极（S）。用于压电调制阻性存储器的单晶氧化锌纳米线是通过物理气相沉积过程合成[29]，通常直径为 500nm，长度为 50μm（参见图 6.7（a1）插图）。通过将 PET 基底单向抹过生长在氧化铝基片上的氧化锌纳米线阵列，可以将大量纳米线转移并整齐排列在作为接收基底的 PET 上。经过光刻制得电极图案后，再通过电子束蒸发 350nm 厚的金膜，我们可以将制得的电极对齐在转移的氧化锌纳米线上。经过标准的剥离（lift-off）步骤后，基底上大量的氧化锌纳米线两端制得了规整对齐的金电极。金电极与氧化锌纳

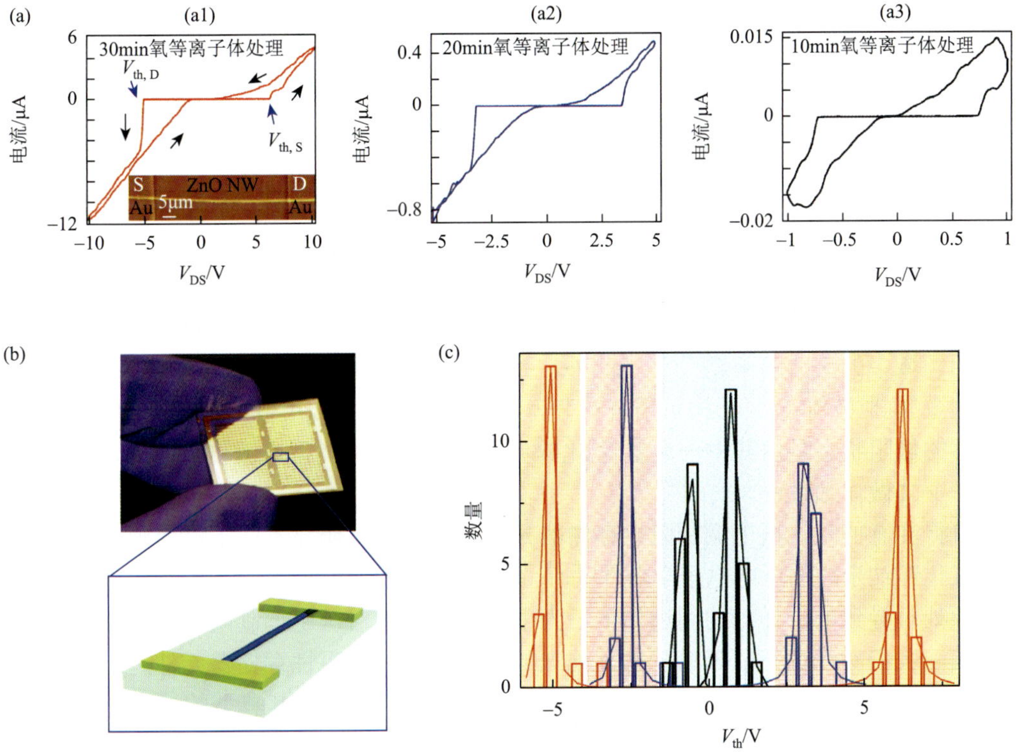

图 6.7 氧等离子体处理对氧化锌压电调制阻性存储器元件电学性质的影响。（a）在氧等离子体处理分别为 30min、20min 和 10min 后，氧化锌压电调制阻性存储器元件的伏安特性。扫描频率为 0.1Hz。（a1）插图为氧化锌压电调制阻性存储器元件的原子力显微镜（AFM）图像。（b）经印刷转移的氧化锌纳米线和用光刻制模形成电极后，制得的大尺寸氧化锌压电调制阻性存储器元件阵列的光学照片。（c）经不同时间长度氧等离子体处理后的氧化锌压电调制阻性存储器元件的 $V_{th,S}$ 和 $V_{th,D}$ 统计值。红线、蓝线和黑线分别对应氧化锌压电调制阻性存储器元件经 30min、20min 和 10min 氧等离子体处理的情况[30]

米线之间形成的肖特基接触对压电电子学器件的正常工作至关重要。最后，对整个器件用 PDMS 薄层进一步封装，以增强器件的机械强度。

在进一步进行器件表征前，我们对压电调制阻性存储器元件进行了 30min 的氧等离子体处理。为了研究预处理对器件性能的影响以及压电调制阻性存储器的工作原理，我们使用等离子清洗系统（South Bay Technology 公司 PC-150）分别对多组元件进行了氩和氧等离子体处理，在氩和氧等离子体处理过程中，腔体压强均保持在 170mTorr，正向功率为 30W，反射功率为 0W。研究中不同组的压电调制阻性存储器元件的等离子体处理持续时间从 10min 到 30min 不等。

当基底发生形变时，由于整个元件结构的力学性质取决于基底，所以纳米线上将产生拉伸或压缩应变（图 6.7（b））。以下如无特殊说明，所有器件的伏安特性均是在室温下以 0.1Hz 的扫描频率测量的。当单个氧化锌压电调制阻性存储器元件（经 30min 氧等离子体处理）未受外加应变时，从其代表性的回滞伏安曲线中可以观察到以下一些关键特征（图 6.7（a1））。其一，在偏置电压从 0V 增加到 10V 的过程中，压电调制阻性存储器元件的输出电流在偏压为 5.73V 时突然增加，我们定义该处为阈值电压 $V_{\mathrm{th,S}}$，在此处器件从高阻状态（HRS）突然转变切换到低阻状态（LRS）；其二，在电压向负值继续减少的过程中，器件重新由低阻状态切换回高阻关闭状态；其三，当偏置电压超过一定负值（图 6.7（a1）中的 $V_{\mathrm{th,D}} = -5\mathrm{V}$）时，器件再次转变到低阻开启状态，而当随后减少负偏置电压的幅度大小时，器件重新回到高阻关闭状态。图 6.7（a1）中的箭头标明了整个回滞曲线中的电压扫描顺序方向。由于此处观测到的压电调制阻性存储器元件的整体阻性开关特性与所加偏压的极性无关，因此器件呈现出无极性阻性开关特征（图 6.7（a1））。这也可以从器件结构的对称性来理解。从器件的伏安特性中我们还可以观察到器件具有整流特性，这有助于减少存储器元件之间的串扰并有助于解决在大型超高密度器件等潜在应用领域中的潜通路问题[31, 32]。此外，整流伏安特性也说明，压电调制阻性存储器元件中的金属-半导体-金属结构可用背对背肖特基势垒与纳米线串联的电路模型来等效，并且器件的低阻状态是由其中一个金/氧化锌界面处的肖特基类型电流传输来确定，相关细节将在下文做详细讨论。

值得注意的是，压电调制阻性存储器元件的伏安特性明显不同于以前观察到的基于单根氧化锌纳米线的压电电子学器件[30, 33]（图 6.8 中的橙色线），这可能是由经过氧等离子体预处理导致的，详细的阐述如下。为了研究预处理对压电调制阻性存储器元件性能的影响，我们对经过不同等离子体预处理的六组压电调制阻性存储器元件进行了电学表征。前三组分别用氧等离子体处理 30min、20min 和 10min，其典型的伏安特性曲线如图 6.7（a1）～（a3）所示。其余三组分别用氩气等离子处理了 30min、20min 和 10min，为做对比，没有经过等离子体处理的压电调制阻性存储器元件（初始压电调制阻性存储器元件）对应的伏安曲线也在图 6.8 中给出。可以清楚地看到这些器件在伏安特性的形状、阈值电压和电流范围等方面均存在显著差异。随着氧等离子体处理时间的增加，压电调制阻性存储器元件的阈值电压相应地增加，伏安特性中的回滞特征也显著增强（图 6.7（a1）～（a3））。经氩等离子体处理的压电调制阻性存储器元件相对于初始元件，其阈值电压下降，电导增加，并最终在伏安特性中失去整流特征。对于这些由相同实验条件下生长合成的氧化锌纳米线制得的压电调制阻性存储器元件，实验中观察的伏安特性上的显著变化主要是由纳米线内氧空位对氧化锌纳米线和金属电极之间的肖特基接触的影响造成的。已报道的压电电子学器件和此处的初始压电调制阻性存储器元件中使用的氧化锌纳米线是在高温氩气氛围中制备合成的[29, 34, 35]。这个环境下制得的氧化锌纳米线中往往含有大量的氧空位。金属-氧化锌界面处存在的高浓度氧空位以及氧化锌的费米能级被钉扎在接近缺陷能级 $V_O^{\bullet\bullet}$ 的水平，可能导致了实验中观察到的较低阈值电压 0.5～0.7V[36]。然而当氧化锌纳米线经过额外较长时间的氧等离子体处理后，材料内的氧空位浓度大大降低，这有助于观察到的阈值电压的增加以及伏安曲线中回滞特性的产生，如图 6.7（a1）～（a3）所示。

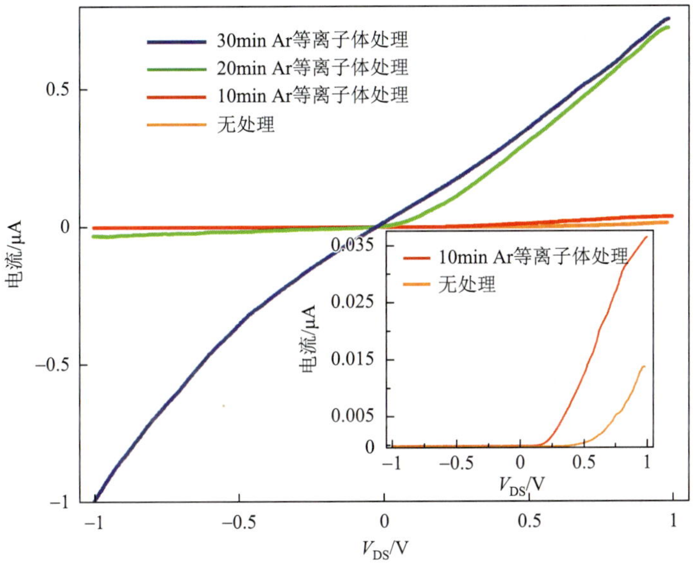

图 6.8　经氩等离子体处理后的压电调制阻性存储器元件的伏安曲线。相对于未处理的情况，随着氩等离子体处理时间的增加，压电调制阻性存储器元件的阈值电压下降，电导增加。经 30min 氩等离子体处理后的压电调制阻性存储器元件，其伏安曲线中整流特征消失。插图所示为未作处理的和经 10min 氩等离子体处理的压电调制阻性存储器元件的伏安曲线放大图

实验中使用三轴线性位移台（Newport 公司，460P-XYZ-05）来对器件施加机械形变。进行电学测量的机控数据采集系统由函数信号发生器（斯坦福研究系统（Stanford Research Systems）公司，DS345）、低噪声电流前置放大器（Stanford Research Systems 公司，SR570）和有信号标志的 BNC 同轴电缆接头（NI BNC2120）连接的屏蔽连接模块组成。压电调制阻性存储器元件每个应变状态下对应的输出电流是在频率为 0.1Hz 的直流扫描偏压条件下测得的。

我们对以上各组压电调制阻性存储器元件伏安回滞曲线的 $V_{th,S}$ 和 $V_{th,D}$ 分布做了统计分析。结果显示，经过不同时长氧等离子体处理的器件的阈值电压分布十分稳定一致。其中经 30min 处理的器件，$V_{th,S}$ =（6.15±0.39）V，$V_{th,D}$ =（−5.12±0.03）V；经 20min 处理的器件，$V_{th,S}$ =（3.18±0.20）V，$V_{th,D}$ =（−2.67±0.22）V；经 10min 处理的器件，

$V_{th,S}$ =（0.74±0.51）V，$V_{th,D}$ =（−0.68±0.20）V（图 6.7（c））。这组统计结果进一步证实了实验中对压电调制阻性存储器元件开关特性设计的可控性。经可控处理过程制得的氧化锌纳米线压电调制阻性存储器元件具有可预测的电学性质，这为在下一步的大规模应用中可重复地组装纳米线结构提供了保障。实验中观测到各组压电调制阻性存储器元件的阈值电压 $V_{th,S}$ 和 $V_{th,D}$ 具有细微差异和不对称性，这可能是由实际制得的氧化锌纳米线几何结构的不均匀性造成的，如图 6.7（a1）插图中的 AFM 图像观察到。众所周知，金属-半导体界面处引起的肖特基势垒高度可以被接触处的几何形状和有效接触面积等因素影响[37]。此外，界面和表面态也能使肖特基势垒高度发生变化[37]。值得注意的是，随着氧等离子体处理时间增加，压电调制阻性存储器元件逐渐失去非易失性的特征，如图 6.9 中的半对数图所示。在施加正扫描电压（0～1V）时可以观察到，经过 10min 氧等离子体处理的压电调制阻性存储器元件具有非易失性：器件在小偏压连续扫描（20 周期）时保持了高电导态，这表明这种元件的确具有存储器的记忆效应。而在当前实验中，经过 30min 氧等离子体处理的压电调制阻性存储器元件没有表现出类似的非易失性。

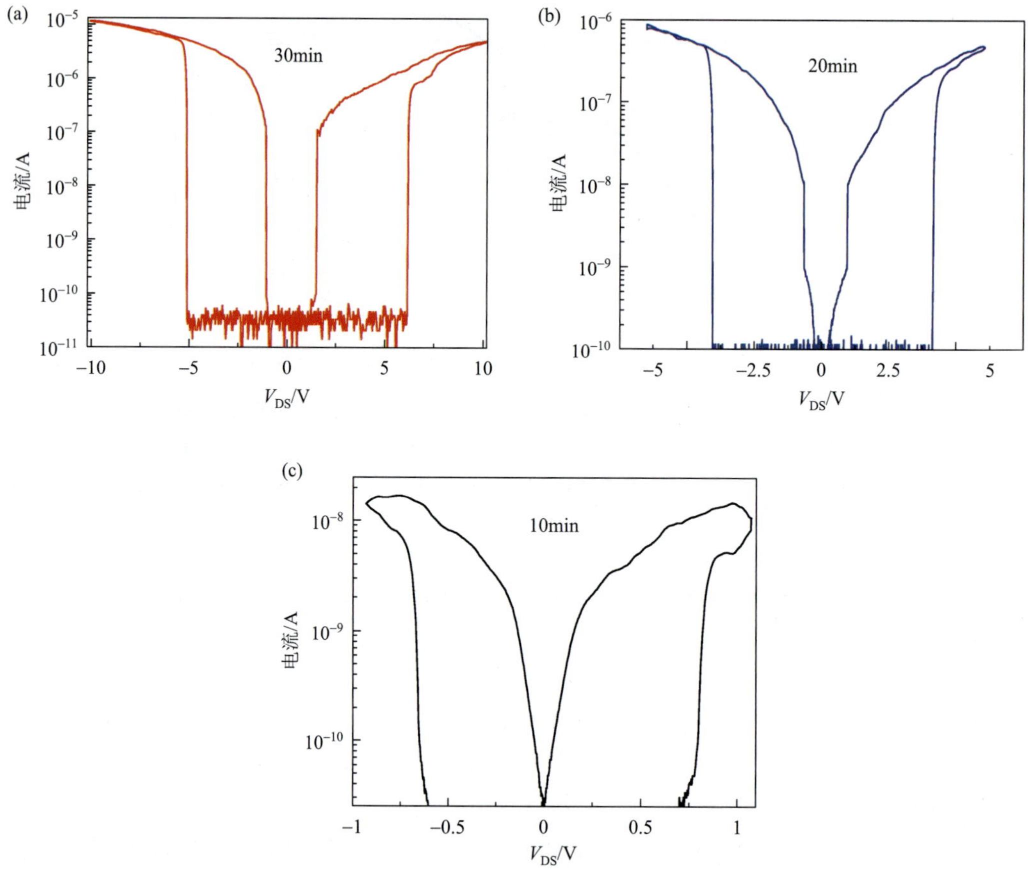

图 6.9　经（a）30min、（b）20min 和（c）10min 氧等离子体处理后的氧化锌压电调制阻性存储器元件的伏安特性[22]

6.5　温度对存储器性能的影响

为了进一步深入了解压电调制阻性存储器元件的开关机制，我们对器件进行了无应变条件下的温度依赖伏安测量。图 6.10（a）为从金/氧化锌纳米线/金压电调制阻性存储器元件中获得的典型结果，清楚地表明了器件的回滞伏安开关特性随温度变化的特性。如图 6.10（b）所示，随着温度降低，压电调制阻性存储器元件中反偏肖特基势垒的阈值导通电压线性增加。同时，伴随温度的降低，器件伏安特性中的回滞曲线回路变大（图 6.10（a））。在较大偏压条件下（$V = \pm 10$V），压电调制阻性存储器元件中的电流幅度几乎恒定，且不随温度变化。

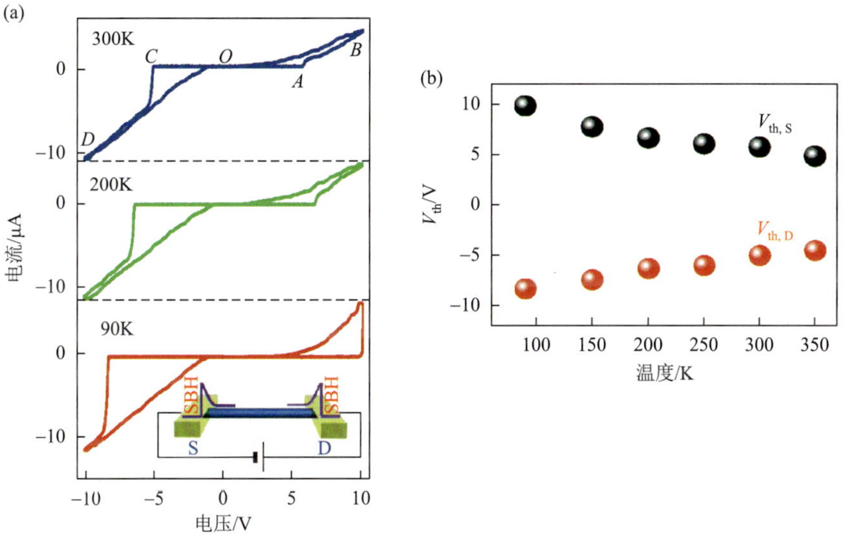

图 6.10　无应变状态下压电调制阻性存储器元件的温度依赖伏安测量。（a）温度分别为 300K、200K 和 90K 时，氧化锌压电调制阻性存储器元件的伏安特性，扫描频率是 0.1Hz，插图为当源极肖特基势垒处于反偏时压电调制阻性存储器元件的偏压条件示意图；（b）阈值电压与温度之间的依赖关系，$V_{th, S}$（黑色）和 $V_{th, D}$（红色）的绝对值几乎都随温度的降低而线性增加，随温度的降低，伏安曲线的回滞特征愈发明显[30]

尽管对于金属-半导体-金属结构中阻性开关特性的本质及相关的微观载流子传输过程仍然没有统一的认识[38-42]，但带电物质的运动对于电流的调制似乎是其中的一个主要机制[40]。有研究表明，诸如带正电荷的氧空位等缺陷，其在材料中受外加电场时的漂移和扩散可以改变金属-半导体界面处的电子势垒，这可能是导致观察到的阻性开关特性的原因[41]。氧空位被普遍认为是氧化锌中一类主要的离子缺陷[34]，且能够影响氧化锌和金属电极之间的肖特基接触[36]。在实验结果的基础上，我们采用并修正了在外加电场作用下的电离杂质和电子的耦合传输[41]的一般模型，以解释无外加应变下压电调制阻性存储器元件的回滞开关特性。氧空位向界面的漂移和扩散可以有效地降低界面处肖特基势垒高度，而氧空位远离界面的漂移和扩散则使肖特基势垒增高。

以图 6.10（a）中所示结果为例，在不同温度下获得的滞后切换序列可以用四个典型区域来表征：①*O-A*；②*A-B-O*；③*O-C*；④*C-D-O*。为方便讨论，假设外加源漏偏压时，加在漏极上的电压为正（参见图 6.10（a）插图）。压电调制阻性存储器元件中的宏观总电阻为 $R_{PRM} = R_S + R_{NW} + R_D$，其中 R_S 和 R_D 分别是源极和漏极侧肖特基势垒所贡献的电阻，它们有可能随实验条件的改变而变化；R_{NW} 是氧化锌纳米线的本征电阻。如前所述，基于半导体纳米线金属-半导体-金属结构的伏安特性一般是由反偏的肖特基势垒决定[22, 26, 43]。在偏置电压从 *O* 扫描到 *A* 的过程中，漏极处于正偏状态，电路中的压降主要落在反向偏置的源极上，则压电调制阻性存储器元件的总电阻为 $R_{PRM} \sim R_S$（其中 $R_S \gg R_{NW}$，R_D），这就是器件的高阻态。源极处的低电势吸引氧空位朝界面处移动从而改变源极处的接触势垒。当扫描偏压超过 *A* 点时，源极的肖特基势垒被显著减小，与之对应的是器件从高阻态转换到低阻态。当偏置电压从 *A* 点经过 *B* 点扫描到 *O* 点时，*B-O* 区域（图 6.11 中的空心圆）对应的 ln *I*-*V* 曲线表明 ln *I* 与 $V^{1/4}$ 相关，数值拟合曲线也证实了这点（图 6.11 中的紫色线）。这表明热电子发射-扩散模型主导了反偏源极势垒的传输性质[44]。大偏压下氧空位向源极界面的加速扩散和积累可能是观测到的回滞伏安曲线的主要原因。

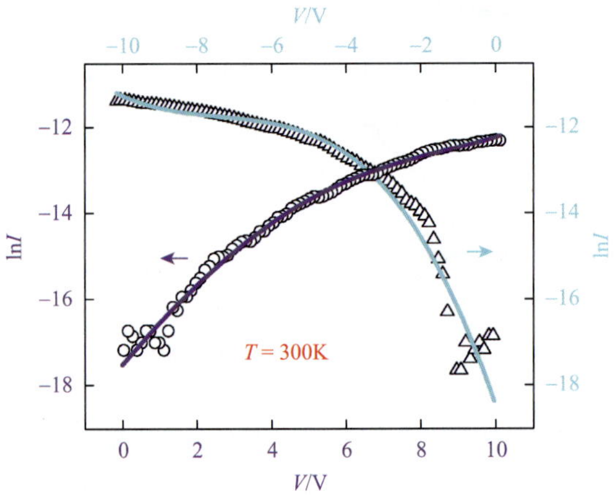

图 6.11　图 6.10 中的压电调制阻性存储器元件在 *B-O* 和 *D-O* 区域的伏安特性。数值拟合曲线显示 ln*I* 与 $V^{1/4}$ 为线性关系，表明热电子发射-扩散模型主导了反偏势垒的传输性质

当施加的偏压将极性从 *O* 转换极性至 *C* 点时，源极接触变为正向偏置且偏置压降主要落在反偏的漏极接触。此时压电调制阻性存储器元件的总电阻为 $R_{PRM} \sim R_D$，这是器件新的高阻态。漏极附近的氧空位被吸引朝漏极接触移动并积累在反偏的漏极势垒，从而改变界面的接触特性。而此前堆积在源极的氧空位则漂离源极。类似的情况也发生在 *O-A* 段区域，器件从高阻态到低阻态的状态转换发生在外置偏压超出 *C* 点后。当扫描偏置电压从 *C* 点经过 *D* 点扫描到 *O* 点时，*D-O* 段的 ln*I*-*V* 曲线（图 6.11 中的空心三角形）同样可以通过 ln*I* 与 $V^{1/4}$ 的关系进行数值拟合（图 6.11 中的蓝线），表明热电子发射-扩散模型仍然主导着反偏源极势垒的传输性质。

从实验中也可以观察到，随着温度从 350K 降低到 90K，器件的阈值电压 $V_{th,S}$ 和 $V_{th,D}$ 幅度及高阻态的窗口宽度相应地增加（图 6.10（b））。对这些现象，可以定性理解为带电离子/杂质和电子的漂移与扩散是热激发过程。采用 Mott 和 Gurney[45]导出的离子模型可以得出，氧空位的扩散系数为 $D = D_0 \cdot \exp(-E_a/kT)$，漂移速度为 $v = a \cdot f \cdot \exp(-E_a/kT) \cdot \sinh(qE_a/2kT)$，其中 E_a 为活化能，k 为玻尔兹曼常量，a 为离子在势阱之间跳跃的有效跳跃距离，f 为逃逸频率。温度降低时，需要更大的偏压吸引足够的氧空位朝向各自的反偏势垒，以在实验设置的时间范围内使压电调制阻性存储器元件发生从高阻态到低阻态的转换（偏压信号的扫描频率为 0.1Hz）。

6.6　机电存储器中的压电电子学效应

外部机械扰动导致的应变（ε_g）可以作为输入来编程可控地调节压电调制阻性存储器元件的回滞伏安特性。当氧化锌纳米线受到拉伸/压缩时线内产生正/负应变。如图 6.12（a）所示，当压电调制阻性存储器元件受到应变时，可以观测到一系列有趣的现象。当压电调制阻性存储器元件被拉伸时（$\varepsilon = 1.17\%$），其回滞开关曲线相对于无应变时的曲线朝着负电压端平移了 1.49V（图 6.12（a）中的红线）；当压电调制阻性存储器元件被压缩时（$\varepsilon = -0.76\%$），其回滞曲线相对于无应变时的曲线朝着正电压端平移了 1.18V（图 6.12（a）中的蓝线）。$V_{th,S+}$，$V_{th,S0}$，$V_{th,S-}$ 和 $V_{th,D+}$，$V_{th,D0}$，$V_{th,D-}$ 分别对应于压电调制阻性存储器元件在拉伸、零和压缩应变下的回滞伏安曲线中的开关阈值电压。我们也可以在半对数坐标中重新绘制这些回滞开关曲线以说明和突出这些曲线的特性（图 6.13）。不同应变下压电调制阻性存储器元件的低高阻态间的电导比率稳定地保持较高水平（约 10^5）（图 6.14），这表明了压电调制阻性存储器元件稳定的性能及其在柔性存储和逻辑运算器件应用中潜在的可行性[22]。压电调制阻性存储器元件具有的整流特性有可能解决潜通路问题及减少器件的静态功耗[32]，这使得大规模无源阻性开关器件阵列的构建成为可能。图 6.12（b）为不同应变下压电调制阻性存储器元件阈值电压的变化。可以看出，$V_{th,S}$ 和 $V_{th,D}$ 的变化

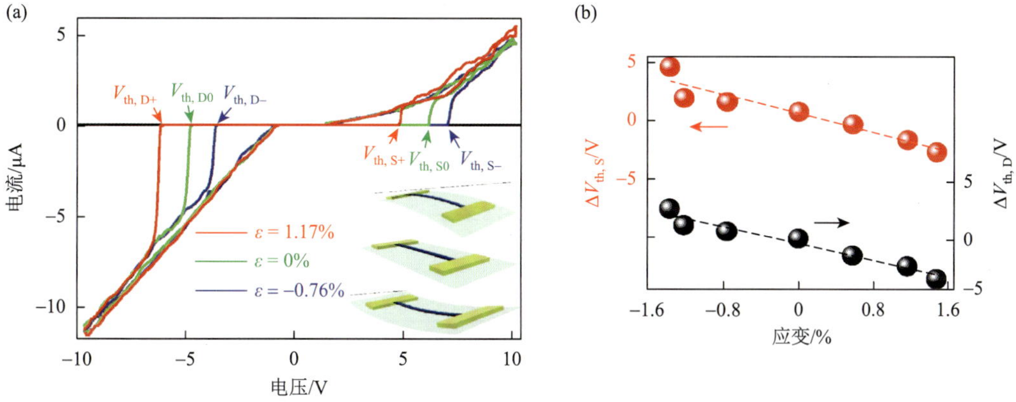

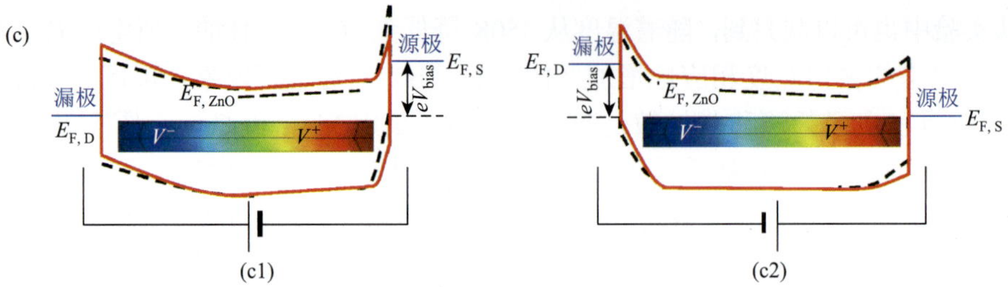

图 6.12　受应变调制的压电调制阻性存储器元件的回滞开关特性。（a）当氧化锌压电调制阻性存储器元件分别受到拉伸应变、零应变和压缩应变时的伏安特性；（b）阈值电压与应变的依赖关系，$V_{th,S}$（红色）和 $V_{th,D}$（黑色）的变化均与应变呈近似线性关系，回滞曲线的高阻态窗口宽度在不同的应变下保持不变；（c）应力调制下压电调制阻性存储器元件的能带图，其中（c1）为漏极侧肖特基势垒正向偏置，（c2）为漏极侧肖特基势垒反向偏置，红色实线为受拉伸应变时的能带结构，黑色虚线为无应变下的能带结构，颜色梯度变化表示压电势的分布[30]

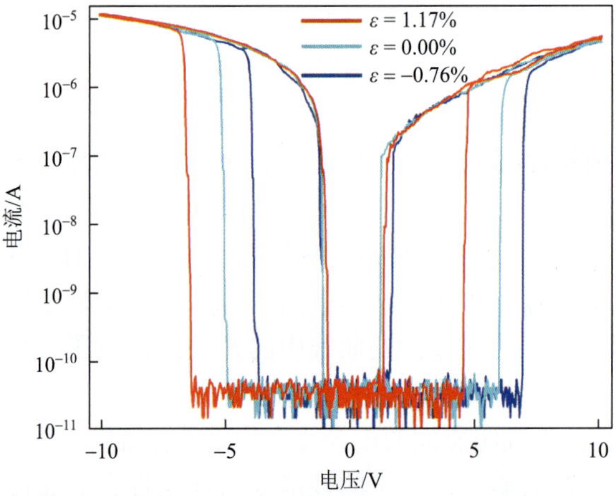

图 6.13　压电调制阻性存储器元件受应变调控的回滞开关曲线，纵轴为半对数坐标下的电流值。回滞伏安曲线的上、下分支分布对应受不同应变的压电调制阻性存储器元件的低、高阻态。回滞伏安曲线的低、高阻态分支间的突变转换发生在各自的阈值开关电压下，由低、高阻态之间的一系列曲线表示

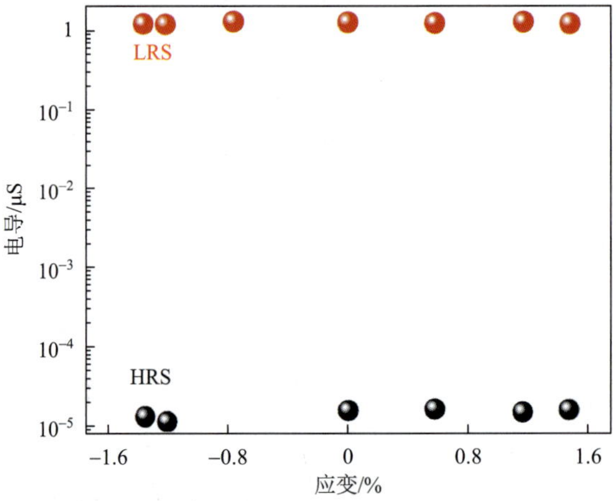

图 6.14　受不同应变的压电调制阻性存储器元件的低高阻态的电导比率。不同应变下低高阻态的电导比率稳定在较高水平（约 10^5），显示压电调制阻性存储器元件具有高度稳定的性能[30]

几乎与应变呈线性关系，而高阻态的窗口宽度（$V_{th,Si}-V_{th,Di}$，其中 $i=+$，0，$-$）在不同的应变下几乎不变。这种阈值开关电压与应变之间的关系在其他经氧等离子体处理的压电调制阻性存储器元件中也可以观察到。

众所周知，由于具有纤锌矿结构的氧化锌晶体具有非中心对称性，外加应变会引起晶体内的离子极化，这可以显著地影响载流子传输[33]。利用氧化锌中的压电电子学效应，一系列新的效应[46]和新的应用[26, 30, 35]已被观测到和实现[33]。压电电子学效应的基本原理是利用半导体材料中受应变在界面处产生的压电极化电荷对金属-半导体接触的肖特基势垒高度进行有效的调制。接触区局域的导带形状受局域费米能级偏移的影响而发生改变。由压电极化电荷引起的肖特基势垒高度变化可由下式近似给出：$\Delta\phi_B=\sigma_{pol}D^{-1}\cdot[1+1/(2q_s w_d)]^{-1}$，这里 σ_{pol} 是极化电荷的面密度，其大小与压电极化矢量 $\boldsymbol{P}$ 直接相关；D 为在肖特基势垒处位于半导体带隙中费米能级上的二维界面态密度，q_s 为二维屏蔽参数，w_d 为耗尽层宽度[47]。因此，其有效地改变接触区域的性质以及调制载流子传输过程。基于上述讨论，我们可以利用工作器件的能带图来理解和解释图 6.12（a）和（b）所示的应力对压电调制阻性存储器元件回滞开关特性的调制影响（图 6.12（c））。如果压电调制阻性存储器元件受到拉伸应变且漏极肖特基势垒处于正向偏置（图 6.12（a）中 $V>0$ 的情况），则应变导致的正极化电荷产生的正压电势会降低反偏源极处的肖特基势垒高度；相应地，应变导致的负极化电荷产生的负压电势会增高正偏漏极处的肖特基势垒高度（图 6.12（c1）中的红线）。由于此时器件的伏安特性是由反偏的源极决定，则应变导致的压电势的存在使得器件开关阈值电压从 $V_{th,S0}$ 转变为 $V_{th,S+}$，这表明此时只需要一个更小的偏压就可使压电调制阻性存储器元件从高阻态切换到低阻态。对应地，如果漏极肖特基势垒处于反向偏置（图 6.12（a）中的 $V<0$ 的情况），由于应变的极性没有改变，因而在源极和漏极端的压电势仍然分别为负和正极性，因此源极的肖特基势垒高度仍然会减少而漏极的肖特基势垒高度仍会增加（图 6.12）。在这种情况下，器件的伏安特性是由反偏的漏极决定的，所以观测到的开关阈值电压从 $V_{th,D0}$ 移动到 $V_{th,D+}$，这表明需要更大的偏压来使压电调制阻性存储器元件从高阻态切换到低阻态。同理可以解释压电调制阻性存储器元件在受压缩应变时，开关阈值电压从 $V_{th,S0}$ 移动到 $V_{th,S-}$ 以及从 $V_{th,D0}$ 移动到 $V_{th,D-}$ 等情况。

在无应变条件下，如果外加偏压差超过阈值电压，则器件处于低阻状态，同时纳米线内的氧空位浓度可显著地影响纳米线的总电导和源漏极处的肖特基势垒高度（参见图 6.7（a1）～（a3）和图 6.8）。现在我们考虑压电调制阻性存储器元件受应变时的情况，如果接触区域的压电极化电荷为正，则压电势的影响可以等效为一个施加在势垒界面上的正电压，这实际上可以减少克服界面肖特基势垒所需的外加偏压的数值。相应地，如果接触区域的压电极化电荷为负，则压电势的影响可以等效为一个施加在势垒界面上的负电压，这导致克服界面肖特基势垒所需的外加偏压增加。图 6.14（a）中的数据显示，无论外加应变大小和极性如何改变，器件高阻状态的窗口宽度几乎保持不变，这表明，在不同应变下观察到的阈值电压的变化主要是受界面处的压电极化电荷影响，而氧空位扩散造成的影响则可以忽略不计。这是由于氧空位分布在整根纳米线内，而压电电荷的分布则局限在势垒界面附近非常窄的区域内（次纳米级尺度）。

由于压电电荷作用在氧空位上的扩散力是长程相互作用，因此在界面处由压电效应导致的空位浓度变化是相当小的。此外，受应变时器件的整个伏安曲线变化可以被看作是沿横坐标“平移”了相当于压电电荷所造成开关电压阈值变化的恒定电压值。对于氧等离子体预处理过的样品，由于纳米线内的氧空位浓度大幅度减少，因此自由载流子电荷对压电电荷的屏蔽影响明显降低，这也使得压电电荷的作用显著增强[48]。因此当纳米线内掺杂水平较低时，固定应变下在漏极和源极处由压电极化电荷导致的开关阈值电压的改变大小相同但极性相反。从实验结果中可知，在 0.5%～0.76%应变下，界面处的压电势大小约为 1.2V。此外，对氧化锌纳米线做氧等离子体处理也可提高纳米发电机的输出性能[48]。

6.7 可复写的机电存储器

封装制得的压电调制阻性存储器元件可以作为机电存储器，其读/写访问可以通过机械驱动来编程控制。如图 6.15 所示，当对器件施加一串由多个读/写/擦除脉冲组成的脉冲序列时，通过监测器件输出电流的特征模式，我们可以记录和读出器件“存储”的机械应变的极性/逻辑水平。图 6.15 的数据对应了同一个压电调制阻性存储器元件在不同应变状态下的情况，为了叙述方便，我们将其等效于分别受拉伸应变（A 元件）、零应变（B 元件）和压缩应变（C 元件）的三个相同的压电调制阻性存储器元件。首先，一个电平处于 $V_{\text{th, S0}}<V_{\text{write1}}<V_{\text{th, S}-}$的正写入脉冲（10ms）被加在三个压电调制阻性存储器元件上。这个短脉冲使得 A 元件和 B 元件从高阻态切换到低阻态，而 C 元件仍然保持在高阻态。随后一个电平处于 $V_{\text{read1}}<V_{\text{th, S}+}$的小偏压读脉冲（2s）被用来读出三个压电调制阻性存储器元件的状态；接着一个电平处于 $V_{\text{th, D0}}<V_{\text{erase1}}<V_{\text{th, D}-}$的负擦除脉冲（10ms）将 A 元件和B元件从低阻态重置为高阻态，而将C单元设置为低阻态。一个电平处于 $V_{\text{read1}}>V_{\text{th, D}-}$的小负电压续读脉冲（2s）被用于读单元的新状态；在第三步中，一个电平处于 $V_{\text{th, S}+}<V_{\text{erase2}}<V_{\text{th, S0}}$的正擦除脉冲（10ms）再次将 A 元件从高阻态切换到低阻态，同时保持 B 元件和 C 元件仍处于高阻态。然后相同的 V_{read1}脉冲被再次用于读取单元的新状态；最后，一格电平处于 $V_{\text{th, D}+}<V_{\text{write2}}<V_{\text{th, D0}}$的负写入脉冲（10ms）将 A 单元重置为高阻态，同时将 B 元件和 C 元件设置为低阻态，随后相同的 V_{read2}脉冲被用于读取元件此时的新状态。在上述一系列的脉冲序列作用下，我们对压电调制阻性存储器元件的输出电流波形进行了监测和分析（图 6.15）。如果将具有正值、零和负值的输出电流分别标记为逻辑“1”、“0”和“−1”，则输出电流的“1 0 1 0”逻辑模式表明“存储”在器件中的应变为正（拉伸应变）；输出电流“1 0 0 −1”和“0 −1 0 −1”逻辑模式则分别代表 B 元件和 C 元件的零应变和负应变状态。通过定量分析输出电流的大小也可以获得存储在压电调制阻性存储器元件中的应变的绝对值大小。虽然在应变检测和测量方面已经有大量研究以及相关的商业产品，如半导体微纳机电系统压阻式应力计传感器，但我们展示的压电调制阻性存储器元件与之前这些器件存在本质的不同。压阻效应是一种源于能带结构变化的非极性和非对称的效应，而压电调制阻性存储器元件则基于不对称的压电电子学效应。

纤锌矿结构的氧化锌晶体具有沿 c 轴方向的极性结构，在轴向（c 轴）方向上的应变会在纳米线的生长方向上产生阳离子和阴离子的极化，这导致沿纳米线生长方向由 V^+ 下降到 V^- 的压电势分布，从而产生不对称对漏极和源极肖特基势垒高度变化的影响。压电势对漏极和源极肖特基势垒变化具有不对称效应。基于压电电子学效应的应变传感器具有比之前报道的器件更高的灵敏度[26]。

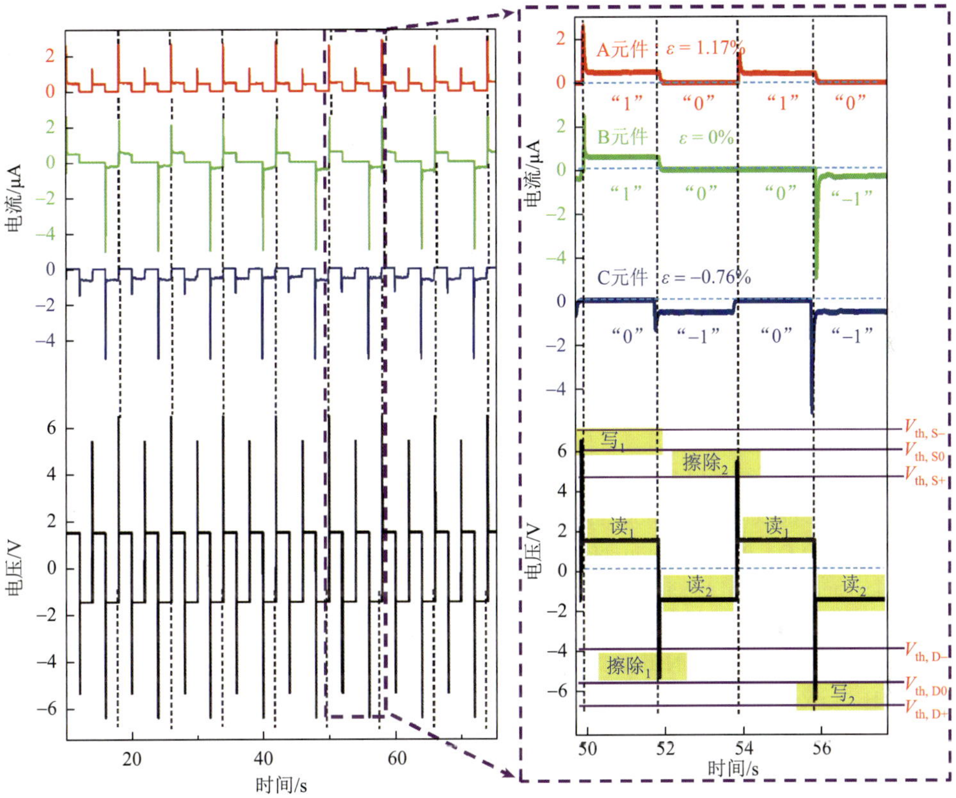

图 6.15　作为机电存储器的压电调制阻性存储器元件的读/写访问过程。读/写/擦除脉冲组成的脉冲序列被加载到压电调制阻性存储器元件上来记录和读出其“存储”的应变的逻辑水平；每个写/擦除脉冲后跟着一个正或负的读取脉冲；所施加电压幅度分别为 6.44V（1 号写入信号）、1.5V（1 号读取信号）、−5.35V（1 号擦除信号）、−1.5V（2 号读取信号）、5.37V（2 号擦除信号）和−6.42V（2 号写入信号）；当压电调制阻性存储器元件的电阻状态发生改变时，在写/擦除脉冲后的输出读电流中会出现瞬时电流峰[30]

6.8　总　　结

利用外部施加应变时氧化锌纳米线中产生的压电势的门控效应，我们制备了应变门控晶体管，利用这些晶体管首次展示了进行压电逻辑运算的通用逻辑门，如与非门、或非门和异或门。与传统的 CMOS 逻辑单元相比，基于应变门控晶体管的逻辑单元是由机械激励驱动，并且仅依赖于 n 型氧化锌纳米线，无需 p 型半导体组件。这类新型机电逻辑元件可与纳机电系统技术集成，从而在纳米机器人技术、微流体技术和微纳系统等领域实现先进和复杂的功能。最近，我们已经实现了自驱动自主智能纳米系统中能量收集和传感探测这两个重要组成部分的集成。并且，氧化锌压电逻辑器件可以进一步与超灵敏的氧化锌纳米线传感器和基于氧化锌纳米线的纳米发电机集成，实现全纳米线、多功能、自驱动的自主智能纳米级系统。

基于压电电子学效应，在外部施加应变的情况下，在半导体-金属界面产生的由应变引起的极化电荷，可以调制氧化锌纳米线阻性开关器件的开关特性。我们进一步展示了首次利用压电电子学效应记录和读取施加在存储单元上的应变逻辑电平，这在制造新型纳米机电存储器和通过纳机电系统技术进行集成以实现智能和自驱动的多维操作技术等方面具有潜在的应用价值。利用近期发展的氧化锌纳米线阵列制备技术，我们可以较为容易地在工程上设计和实现基于氧化锌纳米线阵列的非易失性阻性开关存储器，以应用于柔性电子学和压力/压强成像等领域。通过将高密度的阻性存储器单元集成于柔性基底上，也有可能在将来实现非布尔神经形态计算等新型应用[49, 50]。

参考文献

[1] Wang Z L，Song J H. Piezoelectric nanogenerators based on zinc oxide nanowire arrays. Science，2006，312（5771）：242-246.

[2] Patolsky F，Zheng G F，Lieber C M. Fabrication of silicon nanowire devices for ultrasensitive，label-free，real-time detection of biological and chemical species. Nature Protocols，2006，1（4）：1711-1724.

[3] Cui Y，Wei Q Q，Park H，et al. Nanowire nanosensors for highly sensitive and selective detection of biological and chemical species. Science，2001，293（5533）：1289-1292.

[4] Stern E，Klemic J F，Routenberg D A，et al. Label-free immunodetection with CMOS-compatible semiconducting nanowires. Nature，2007，445（7127）：519-522.

[5] Yeh P H，Li Z，Wang Z L. Schottky-gated probe-free ZnO nanowire biosensor. Advanced Materials，2009，21（48）：4975-4978.

[6] Masmanidis S C，Karabalin R B，Vlaminck I，et al. Multifunctional nanomechanical systems via tunably coupled piezoelectric actuation. Science，2007，317（5839），780-783.

[7] Bachtold A，Hadley P，Nakanishi T，et al. Logic circuits with carbon nanotube transistors. Science，2001，294（5545）：1317-1320.

[8] Huang Y，Duan X F，Cui Y，et al. Logic gates and computation from assembled nanowire building blocks. Science，2001，294（5545）：1313-1317.

[9] Chen Z H，Appenzeller J，Lin Y M，et al. An integrated logic circuit assembled on a single carbon nanotube. Science，2006，311（5768）：1735-1735.

[10] Thelander C，Nilsson H A，Jensen L E，et al. Nanowire single-electron memory. Nano Letters，2005，5（4）：635-638.

[11] Rueckes T，Kim K，Joselevich E，et al. Carbon nanotubebased nonvolatile random access memory for molecular computing. Science，2000，289（5476）：94-97.

[12] Lee S H，Jung Y，Agarwal R. Highly scalable non-volatile and ultra-low-power phase-change nanowire memory. Nature Nanotechnology，2007，2（10）：626-630.

[13] Dresselhaus M S，Chen G，Tang M Y，et al. New directions for low-dimensional thermoelectric materials. Advanced Materials，2007，19（8）：1043-1053.

[14] Tian B Z，Zheng X L，Kempa T J，et al. Coaxial silicon nanowires as solar cells and nanoelectronic power sources. Nature，2007，449（7164）：885-889.
[15] Law M，Greene L E，Johnson J C，et al. Nanowire dye-sensitized solar cells. Nature Materials，2005，4（6）：455-459.
[16] Wang X D，Song J H，Liu J，et al. Direct-current nanogenerator driven by ultrasonic waves. Science，2007，316（5821）：102-105.
[17] Qin Y，Wang X D，Wang Z L. Microfibre-nanowire hybrid structure for energy scavenging. Nature，2008，451（7180）：809-813.
[18] Yang R S，Qin Y，Dai L M，et al. Power generation with laterally packaged piezoelectric fine wires. Nature Nanotechnology，2009，4（1）：34-39.
[19] Chang C，Tran V H，Wang J B，et al. Direct-write piezoelectric polymeric nanogenerator with high energy conversion efficiency. Nano Letters，2010，10（2）：726-731.
[20] Pan C F，Wu H，Wang C，et al. Nanowire-based high-performance "micro fuel cells"：one nanowire，one fuel cell. Advanced Materials，2008，20（9）：1644-1648.
[21] Xiang J，Lu W，Hu Y J，et al. Ge/Si nanowire heterostructures as high-performance field-effect transistors. Nature，2006，441（7092）：489-493.
[22] Wu W Z，Wei Y G，Wang Z L. Strain-gated piezotronic logic nanodevices. Advanced Materials，2010，22（42）：4711-4715.
[23] Thorsen T，Maerkl S J，Quake S R. Microfluidic large-scale integration. Science，2002，298（5593）：580-584.
[24] Wang Z L. Towards self-powered nanosystems：from nanogenerators to nanopiezotronics. Advanced Functional Materials，2008，18（22）：3553-3567.
[25] Wang Z L. ZnO nanowire and nanobelt platform for nanotechnology. Materials Science and Engineering：R：Reports，2009，64（3-4）：33-71.
[26] Zhou J，Fei P，Gu Y D，et al. Piezoelectricpotential-controlled polarity-reversible Schottky diodes and switches of ZnO wires. Nano Letters，2008，8（11）：3973-3977.
[27] Allen P E，Holberg D R. CMOS Analog Circuit Design. 2nd ed. Oxford：Oxford University Press，2002.
[28] Gao Z Y，Zhou J，Gu Y D，et al. Effects of piezoelectric potential on the transport characteristics of metal-ZnO nanowire-metal field effect transistor. Journal of Applied Physics，2009，105（11）：113707.
[29] Pan Z W，Dai Z R，Wang Z L. Nanobelts of semiconducting oxides. Science，2001，291（5510）：1947-1949.
[30] Wu W Z，Wang Z L. Piezotronic nanowire-based resistive switches as programmable electromechanical memories. Nano Letters，2011，11（7）：2779-2785.
[31] Scott J C. Is there an immortal memory? Science，2004，304（5667）：62-63.
[32] Linn E，Rosezin R，Kugeler C，et al. Complementary resistive switches for passive nanocrossbar memories. Nature Materials，2010，9（5）：403-406.
[33] Wang Z L. Piezopotential gated nanowire devices：piezotronics and piezo-phototronics. Nano Today，2010，5（6）：540-552.
[34] Schmidt-Mende L，MacManus-Driscoll J L. ZnO-nanostructures，defects，and devices. Materials Today，2007，10（5）：40-48.
[35] Liu W H，Lee M，Ding L，et al. Piezopotential gated nanowire-nanotube hybrid field-effect transistor. Nano Letters，2010，10（8）：3084-3089.
[36] Allen M W，Durbin S M. Influence of oxygen vacancies on Schottky contacts to ZnO. Applied Physics

Letters，2008，92（12）：122110.

[37] Rhoderick E H，Williams R H. Metal-Semiconductor Contacts. Oxford：Clarendon Press，1988.

[38] Waser R，Aono M. Nanoionics-based resistive switching memories. Nature Materials，2007，6（11）：833-840.

[39] Sawa A. Resistive switching in transition metal oxides. Materials Today，2008，11（6）：28-36.

[40] Strukov D B，Snider G S，Stewart D R，et al. The missing memristor found. Nature，2008，453（7191）：80-83.

[41] Yang J J，Pickett M D，Li X M，et al. Memristive switching mechanism for metal/oxide/metal nanodevices. Nature Nanotechnology，2008，3（7）：429-433.

[42] Choi B J，Jeong D S，Kim S K，et al. Resistive switching mechanism of TiO_2 thin films grown by atomic-layer deposition. Journal of Applied Physics，2005，98（3）：033715.

[43] Zhang Z，Yao K，Liu Y，et al. Quantitative analysis of current-voltage characteristics of semiconducting nanowires：decoupling of contact effects. Advanced Functional Materials，2007，17（14）：2478-2489.

[44] Sze S M. Physics of Semiconductor Devices. New York：John Wiley & Sons，1981.

[45] Mott N F，Gurney R W. Electronic Processes in Ionic Crystals. 2nd ed. Oxford：Clarendon Press，1948.

[46] Chung K W，Wang Z，Costa J C，et al. Barrier height change in GaAs Schottky diodes induced by piezoelectric effect. Applied Physics Letters，1991，59（10）：1191-1193.

[47] Zhang Y，Hu Y F，Xiang S，et al. Effects of piezopotential spatial distribution on local contact dictated transport property of ZnO micro/nanowires. Applied Physics Letters，2010，97（3）：033509.

[48] Gao Y F，Wang Z L. Equilibrium potential of free charge carriers in a bent piezoelectric semiconductive nanowire. Nano Letters，2009，9（3）：1103-1110.

[49] Boahen K. Neuromorphic microchips. Scientific American，2005，292（5）：56-63.

[50] Jo S H，Chang T，Ebong I，et al. Nanoscale memristor device as synapse in neuromorphic systems. Nano Letters，2010，10（4）：1297-1301.

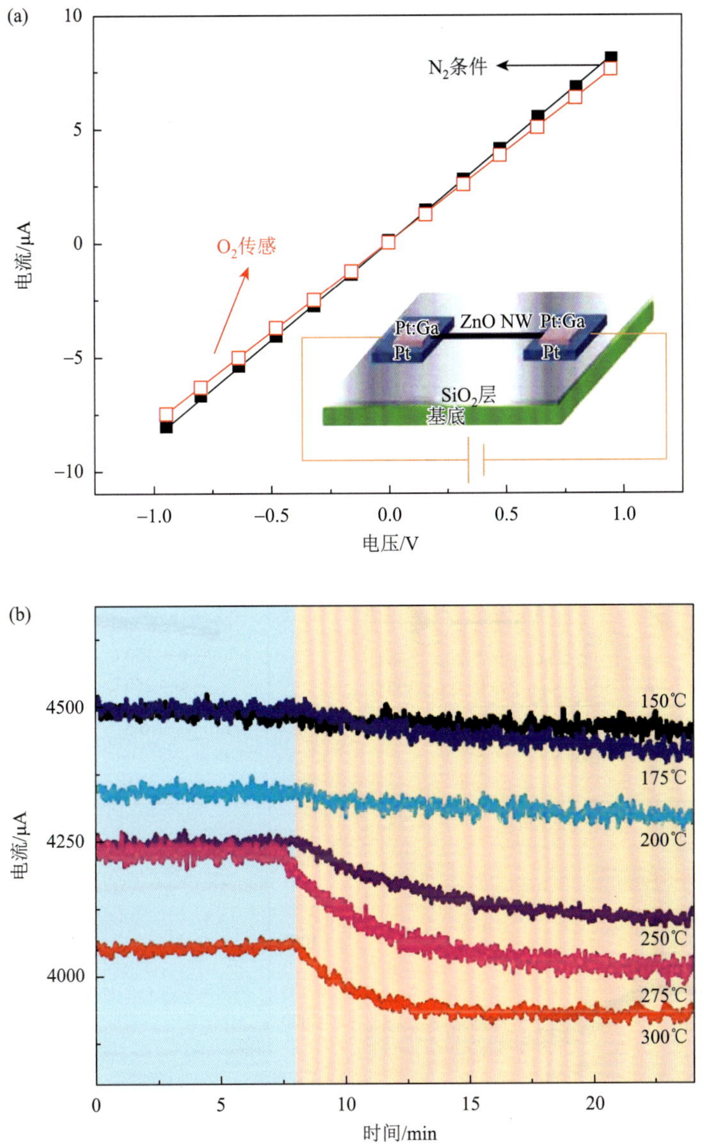

图 7.3　（a）在 275℃的氮压和氧压中测量欧姆接触器件的伏安曲线，插图显示了典型欧姆接触气体传感器的示意图；（b）欧姆接触装置在 150～300℃不同温度下记录的氧气检测响应曲线，蓝色背景表示传感器处于氮压中，黄色背景表示传感器处于氧压中

至于肖特基接触器件的传感性能，图 7.4（a）显示了在 N_2 环境中六个不同温度下测得的伏安曲线，明显呈现出典型的肖特基接触特性，但随着系统温度的升高而变得不太明显。这可以归因于高温下电子的热能较高，从而阻碍了肖特基接触的整流功能。一旦引入氧气环境，由于氧化锌纳米线表面上电子耗尽层的形成，正向和反向偏置模式的电导都会降低（图 7.4（b））。通过仔细比较图 7.4（a）和（b），可以得出结论，反向偏置模式下的电导率降低明显大于正向偏置模式下的降低。

在正向和反向偏置下，肖特基接触气体传感器的感应响应曲线分别如图 7.4（c）和

（d）所示。从图 7.4（c）可以明显看出，肖特基接触器件在正向偏置下的电流变化幅度远大于欧姆接触器件（图 7.3（b））在相同检测条件下的电流变化，这意味着肖特基接触结构具有更高的灵敏度。在响应时间为 500s、温度为 275℃时获得了最高为 257%的灵敏度，是相同传感条件下欧姆接触传感器的最高为 4.8%的灵敏度的 54 倍。在反向偏置下，肖特基接触气体传感器的传感性能如图 7.4（d）所示，显示电流幅度从 10^{-6}A 到 10^{-8}A 发生了 2 个数量级的巨大变化。在响应时间为 500s 且温度为 250℃的情况下，实现了最高为 3235%的灵敏度。在相同温度 250℃下，肖特基接触器件在反向偏置下的灵敏度比在正向偏置下的灵敏度高 27 倍，比欧姆接触器件高 1085 倍。

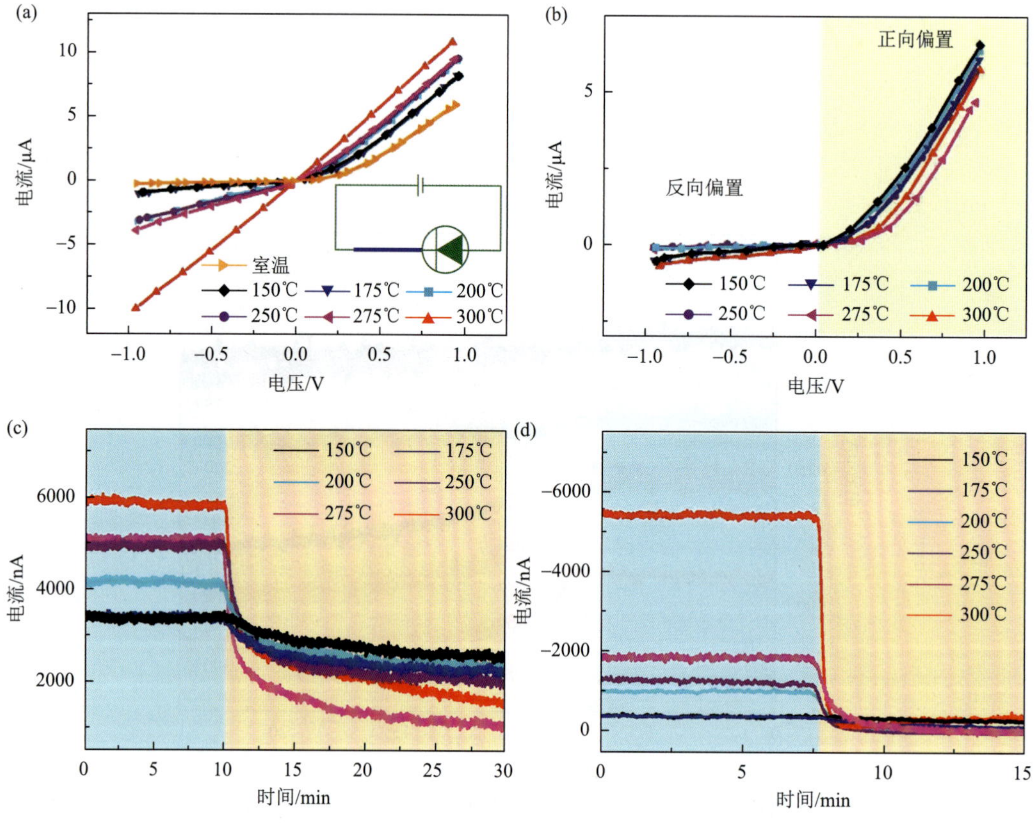

图 7.4 （a）肖特基接触器件在 N_2 环境中不同温度下测量的伏安曲线，插图显示了肖特基接触气体传感器的等效电路；（b）在氧压中不同温度下测量的肖特基接触器件的伏安曲线；（c）在正向偏置下操作的肖特基接触装置在不同温度（150～300℃）下记录的氧气检测响应曲线；（d）在反向偏置下操作的肖特基接触装置在不同温度（150～300℃）下记录的氧气检测响应曲线

为了展示这些传感器的 CO 检测能力，将反向偏置肖特基接触器件在 275℃下暴露于五种不同浓度的 CO 环境中，如图 7.5（a）所示，其中蓝色区域表示 O_2 条件和 N_2 净化过程，黄色区域表示 CO 感应持续时间为 60min。观察到随着 CO 浓度的增加，灵敏度也增加，这与先前的报告一致。相对缓慢的响应主要是因为 CO 和 O^-形成 CO_2 的反应速率较低，这可能是由于表面/缺陷态的捕获效应。在相同的测量条件下，还研究了

欧姆接触器件（OCD）作为对照实验，如图 7.5（b）所示。由于 O^-从纳米线表面部分解吸，N_2 吹扫过程中电流增加。欧姆接触装置的灵敏度也随着 CO 浓度的增加而增加。从图 7.5（a）和（b）的响应曲线可以清楚地看出，肖特基接触气体传感器（SCRD）的灵敏度远高于欧姆接触气体传感器。如图 7.5（c）和（d）所示，在测量的 50ppm 的低 CO 浓度下，肖特基接触器件的灵敏度比欧姆接触器件高 4025 倍；400ppm 时高出 8776 倍，均在 275℃下测量。肖特基接触气体传感器在 275℃、CO 浓度为 400ppm 时获得了最高为 32000%的灵敏度。

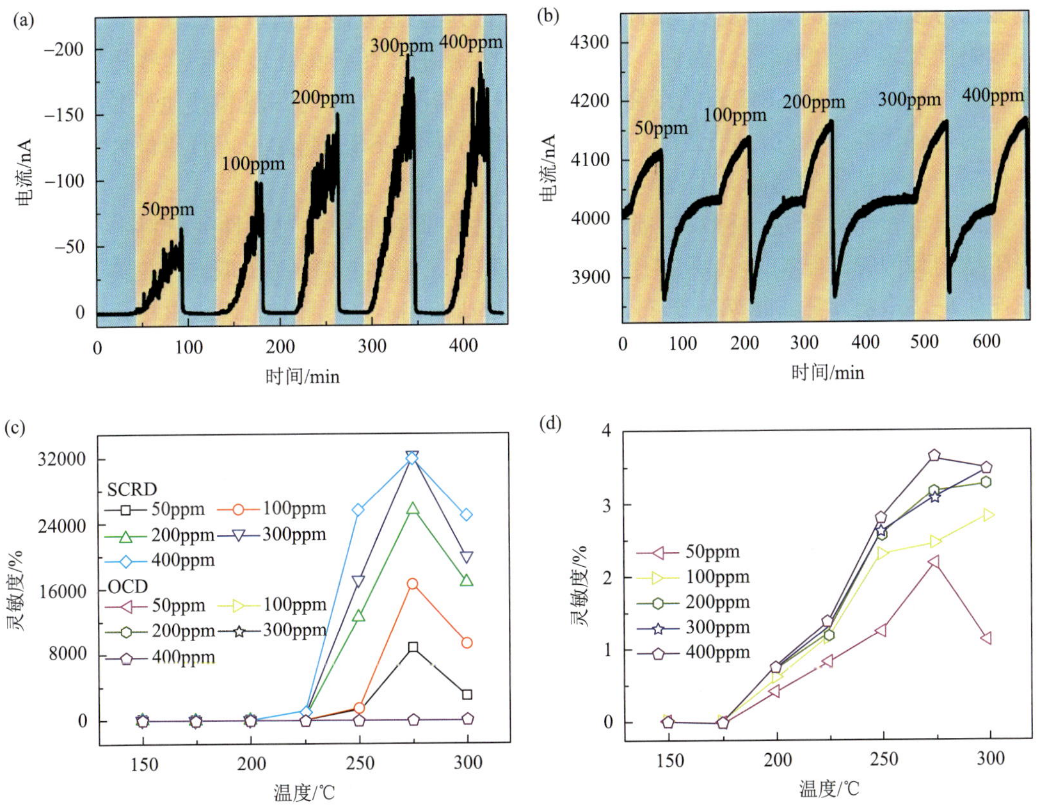

图 7.5　在 275℃条件下记录的 CO 检测响应曲线，器件暴露于浓度增加的 CO 中：（a）反向偏置下的肖特基接触器件，（b）欧姆接触器件；（c）响应时间为 1h 时 CO 传感的灵敏度与系统温度及 CO 浓度的函数关系；（d）图（c）中数据的放大图，为欧姆接触器件的数据

从这项工作中得出的结论是，采用肖特基接触结构作为设计和制造超灵敏纳米线气体传感器的有效方式，可以显著提高基于氧化锌纳米线的气体传感器的检测灵敏度。通过表面化学吸附气体的响应变化以及纳米线对肖特基势垒效应的放大作用来调节肖特基势垒高度，使用在 275℃的反向偏置模式下工作的肖特基接触器件实现了 32000%的超高灵敏度。275℃检测 400ppm CO，比相同条件下使用欧姆接触装置获得的检测结果高 4 个数量级；反偏肖特基接触传感器在 250℃下检测氧气的灵敏度最高可达 3235%，是同等条件下欧姆接触传感器的 1085 倍。

7.4 压电电子学效应对肖特基接触传感器的影响

从 7.1 节中提出的结果来看，我们可以清楚地得出结论，肖特基接触结构为超灵敏传感器的设计、制造和应用提供了一种新方法，这些传感器具有快速响应时间和出色的响应信号，适用于各种感测系统。局部 M-S 界面处的肖特基势垒高度（SBH）在确定这些肖特基接触传感器的整体电荷载流子传输过程中起着主导作用。这些传感器的灵敏度、响应信号以及恢复时间都受到 SBH 变化的显著影响，这些变化可以通过分析物分子的被动吸附而实现有效的调控。然而，局部肖特基接触的原始势垒高度对于这些传感器的性能至关重要。适当的 SBH 起始点会带来比不适当情况（如相对高温和其他严酷条件）下更好的传感性能。因此，通过主动方法优化局部界面的 SBH 起始点，有望最大程度地保证传感器具有期望的超高灵敏度和性能。

压电电子学效应是一种双向耦合效应，发生在具有非中心对称性的材料中（例如纤锌矿结构和闪锌矿结构）。在外加压缩/拉伸应变下，沿着特定的晶体取向，在纳米结构内部产生出压电势（压电电势）分布，半导体侧的局部 M-S 界面上出现压电极化电荷。考虑到非移动的离子电荷性质，这些应变产生的压电电荷只能被部分屏蔽，而不是完全抵消。对于采用压电半导体材料制造的肖特基接触传感器，外部应变可以被用作“应变门”，通过在局部 M-S 界面附近产生压电极化电荷来调节/控制 SBH 的起始点。因此，我们打算通过引入压电电子学效应来增强/优化肖特基接触纳米结构传感器的性能。

7.5 压电电子学效应增强的生物/化学传感器

7.5.1 压电电子学效应增强的 pH 传感器[3]

氧化锌纳米线由气-固（VS）法合成，可以得到高质量和长的纳米线。所制备的氧化锌纳米线的形貌如图 7.6（a）所示，长度为数百微米，直径从数十纳米到数微米不等。单个氧化锌纳米线的放大 SEM 图像如图 7.6（a）中的插图所示。然后，选择长的氧化锌纳米线并将其分散到 PET 或 PS 基板上；氧化锌纳米线的两端用银浆固定，同时也作为电极。之后用一层环氧树脂完全覆盖两个银电极，防止它们在接下来的测试中暴露在缓冲溶液中。图 7.6（b）展示了所制造器件的光学显微镜图像，显示出氧化锌纳米线的长度达到数百微米以上。图 7.6（c）给出了一个真实的设备。

通过测量纳米线传感器在不同缓冲溶液中的传输特性，可以得到纳米线传感器对 pH 的响应。在此测试中，未对设备施加应变；因此，信号水平处于纳安范围，与传统的基于纳米线的传感器相似。图 7.6（d）中的结果显示，随着 pH 从 12 变化到 3，氧化锌纳米线传感器的信号逐步增加，显示出对 pH 变化的良好响应。这些结果由“浮栅”控制，并且可以通过考虑不同缓冲溶液中氧化锌纳米线的表面功能性来理解。在低 pH 下，H^+

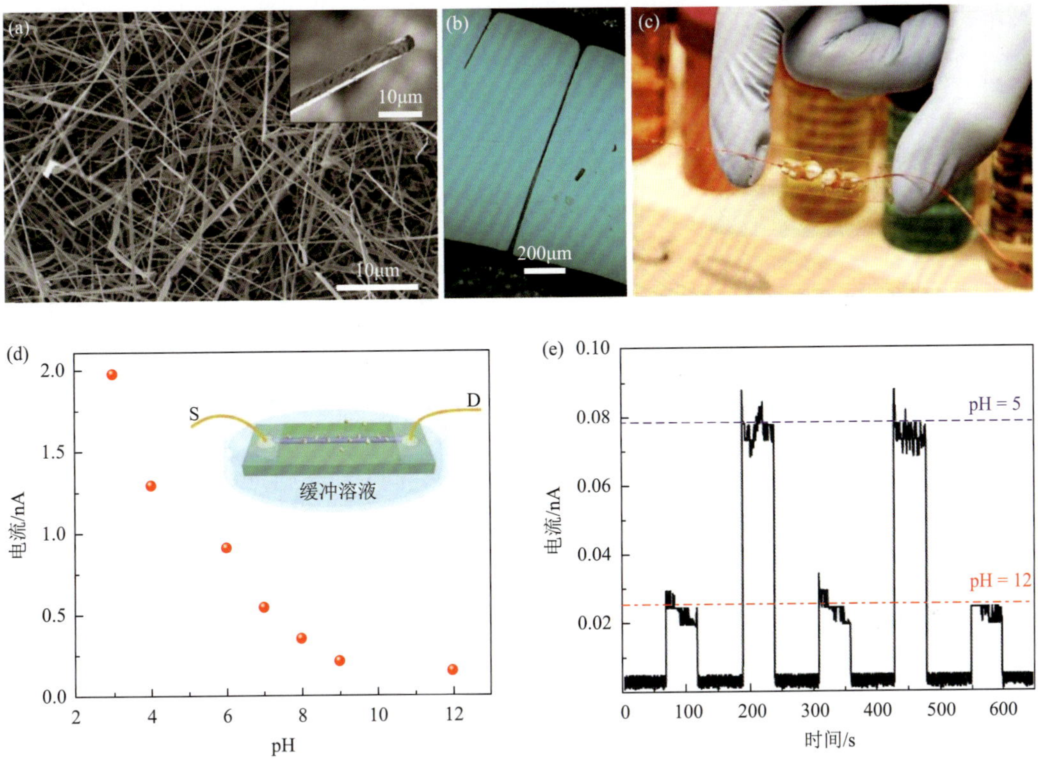

图 7.6　（a）合成的氧化锌纳米线形貌的 SEM 图像，插图是单根导线的高倍放大图像；（b），（c）氧化锌纳米线 pH 传感器的光学显微镜和数字图像；（d）传感器对 pH 从 3 到 12 变化的响应，没有施加外部应变，就像传统的基于纳米线的传感器一样；（e）氧化锌纳米线 pH 传感器在 pH = 5 和 pH = 12 下的重复性

被吸附在氧化锌纳米线表面，并充当正栅极，增加了 n 型氧化锌纳米线中的电子载流子，从而增加了电导。在高 pH 下，OH^-被吸附在氧化锌纳米线表面，相应地耗尽电子载流子，导致电导下降。纳米线传感器对 pH 变化的响应稳定且可重复（图 7.6（e））。

图 7.7 显示了器件在不同环境（例如空气环境和缓冲溶液）中在外部施加应变下的稳定性和可重复性。由于拉伸应变很容易导致氧化锌纳米线的损坏，因此仅在器件上施加压缩应变。PS 基板的一端紧紧固定在操纵支架上，另一端可以自由弯曲。使用运动分辨率为 10μm 的三维（3D）机械平台对 PS 基板的自由端施加应变，该应变可以根据 Yang 等的研究进行计算[12]。图 7.7 记录了不同溶液（pH = 4 和 12）中不同应变下器件的伏安特性，其中氧化锌线的 c 轴从漏极指向源极。图 7.7（a）、（c）和（e）中的插图是相应的测试条件。我们可以发现，无论是在缓冲溶液中还是在周围环境中，该器件在受到外部应变时都具有类似的行为。这种 M-S-M 结构的能带图如图 7.7（b）中的插图所示。很明显，当器件受到 1.5V 的偏置电压时，压缩应变导致信号电流从纳安量级增加到微安量级，施加的应变约为–0.4%，这主要是由这种 M-S-M 结构中的肖特基势垒 ϕ_D 控制的[13]。图 7.7（a）、（c）和（e）中漏极侧和源极侧的肖特基势垒高度 ϕ_D 和 ϕ_S 是通过 Peng 等开发的 GUI 程序 PKUMSM 定量提取的[14]。两侧肖特基势垒高度（ΔSBH）的相对变化如图 7.7 右侧所示。

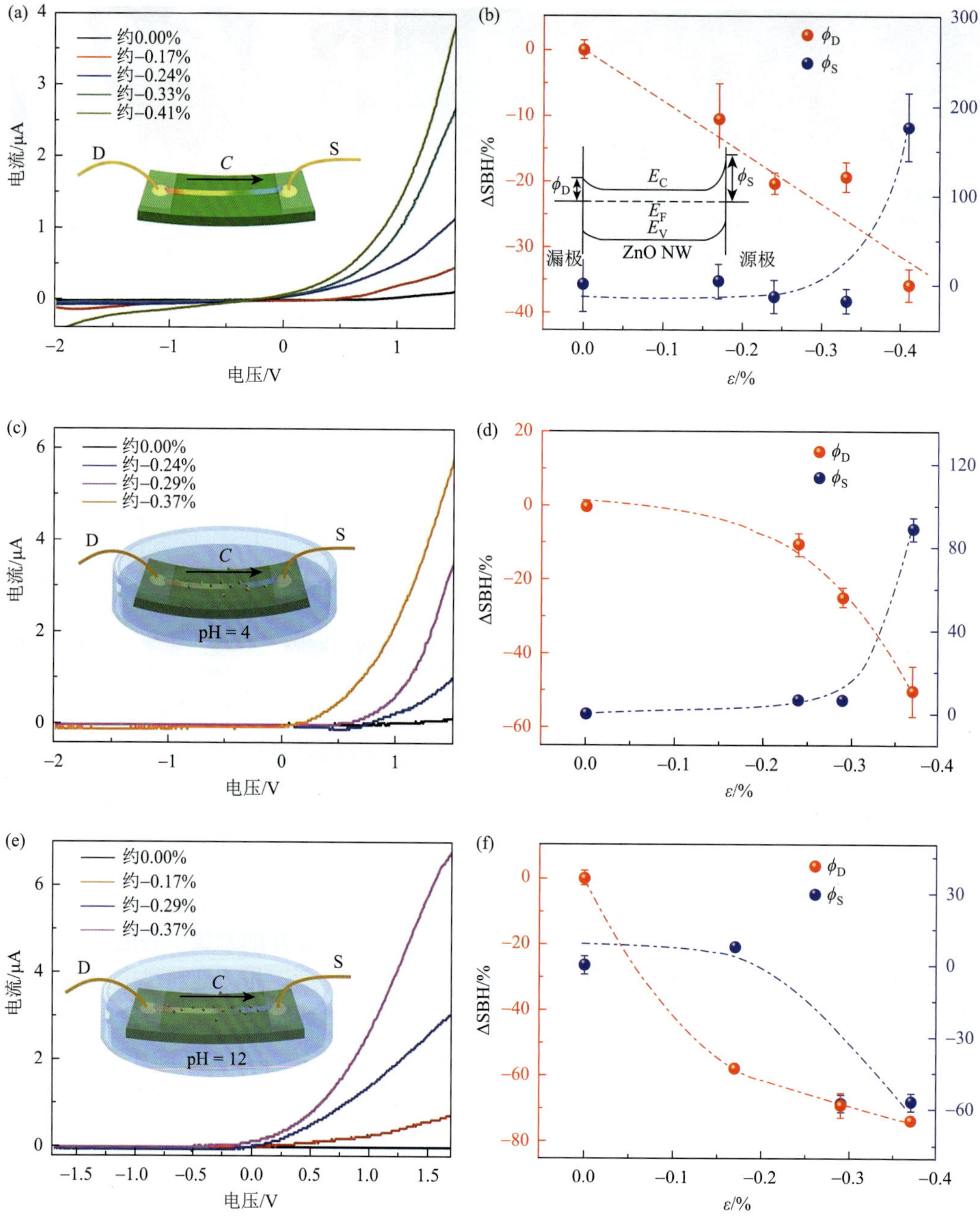

图 7.7　器件在不同环境（例如空气环境和缓冲溶液）中在外部施加应变下的稳定性和可重复性。（a）、（c）、（e）是传感器在不同应变下的伏安曲线：（a）器件处于空气环境中，（c）器件处于 pH = 4 缓冲溶液中，（e）器件处于 pH = 12 缓冲溶液中。氧化锌纳米线的 *c* 轴平行于 PS 基板的纵轴。（b）、（d）、（f）分别是从对应于（a）、（c）、（e）的理论模拟中提取的正向和反向偏置肖特基势垒高度（ΔSBH）与施加应变的相应相对变化。（b）中给出了 M-S-M 结构的能带图

基于压电电子学效应，器件的信号电平增加，器件的灵敏度也提高，如图 7.8 所示。当无应变传感器浸入 pH = 5 的缓冲溶液中并施加 0.5V 偏置电压时，器件中的信号水平仅

为 1.2nA，如图 7.8（a）中的蓝色曲线所示。此后，当施加 $\varepsilon = -0.92\%$的压缩应变时，电流跃升至 1.75μA，增加了近 1500 倍。图 7.8（b）展示了当外部应变“关闭”（红色曲线）和“开启”（蓝色曲线）时，氧化锌纳米线 pH 传感器对完整 pH 变化范围的响应。这表明在完整的 pH 刻度上都有相同的现象，即当氧化锌纳米线无应变时，设备的响应信号水平处于纳安级别，而当氧化锌纳米线受到–0.92%的压缩应变时，设备的电流响应处于微安级别。压电电子学效应不仅可以提高传感器的信号水平，还可以提高灵敏度，如图 7.8（b）中电流-pH 关系的斜率所示。斜率越大意味着 pH 传感器的灵敏度越高，选择性越好。

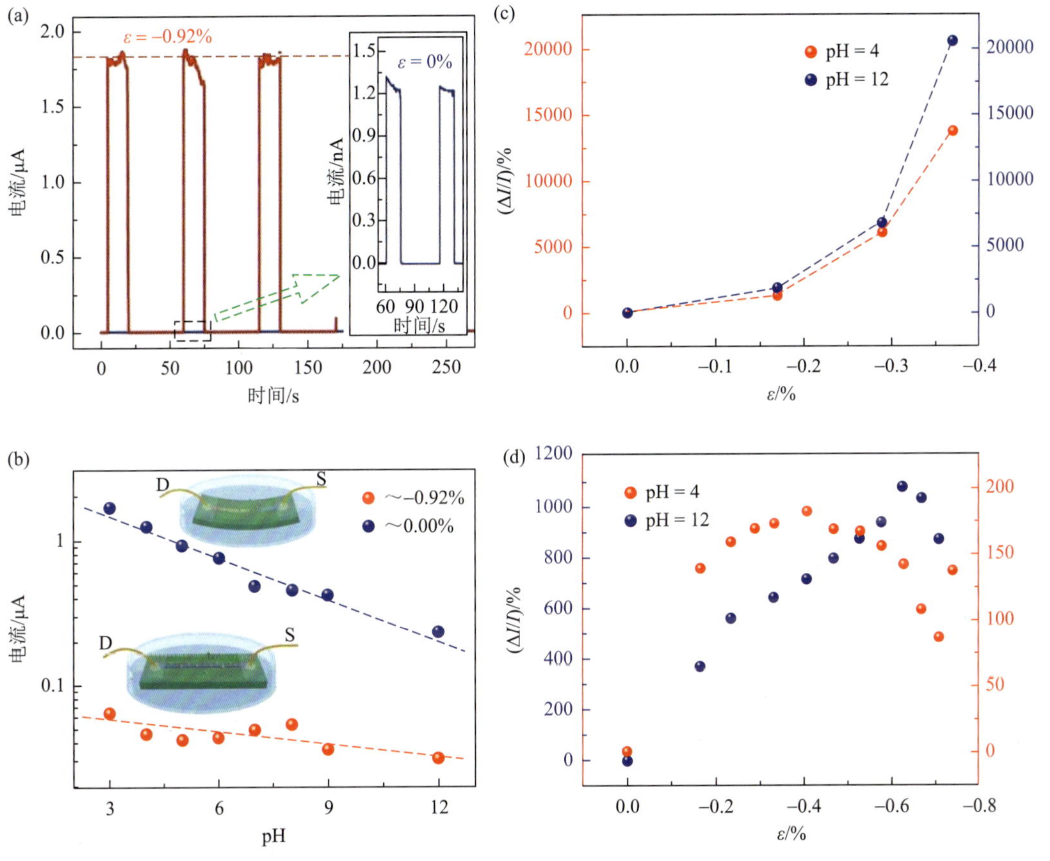

图 7.8　压电电子学效应提高了传感器的信号水平和灵敏度。（a）当应变“关闭”（蓝色）和“打开”（红色）时，pH = 5 缓冲溶液中传感器的输出信号，当施加 $\varepsilon = -0.92\%$的压缩应变时，信号增加约 1500 倍；（b）当设备应变关闭（红色）和应变打开（蓝色）时，传感器对 pH 从 3 到 12 变化的响应；（c）和（d）分别对应于在 pH = 4（蓝色）和 pH = 12（红色）的缓冲溶液中，信号电流响应对器件施加应变的相对变化，可分为两类，即（c）单调增加、（d）信号电流在响应所施加的应变时显示出最大值

压电电子学效应通过调节两个肖特基势垒（SB）的有效高度，从而增强了设备的信号水平和灵敏度，改变了纳米线传感器的特性。ϕ_D 的降低增加了信号电流水平，而 ϕ_S 的增加则减小了信号电流。因此，可以观察到传感器性能与施加应变之间的两种特征关系。第一种情况是信号电流随着施加的应变而增加，如图 7.8（c）所示，显示在 pH = 4

（红色曲线）和 12（蓝色曲线）时信号电流从纳安逐步单调增加至微安范围。在第二种情况下，信号电流在响应所施加的应变时显示出最大值。

7.5.2 压电电子学效应增强的葡萄糖传感器[1]

葡萄糖传感器是通过将单个氧化锌纳米线横向转移并黏合到 PET 或 PS 基板上而制成的，基板平面中的 c 轴指向源极。用银浆固定纳米线的两端，分别作为源极和漏极。应用一薄层环氧树脂将两个端电极与环境隔离，以避免测量过程中电极和葡萄糖溶液之间的潜在接触。为了表面修饰，将 0.005mL 浓度为 10mg/mL 的 GO_x 添加到纳米线上并在通风橱中孵育 2h 以自然干燥，该过程重复四次，然后用去离子水冲洗去除那些未牢固吸附的 GO_x，然后设备就可以用作葡萄糖传感器了。图 7.9（a）中的示意图显示了葡萄糖溶液中的 GO_x 修饰的无应变氧化锌纳米线葡萄糖传感器。图 7.9（b）显示了压缩应变下的同一装置。图 7.9（c）给出了一个真实的设备。

通过逐步施加压缩应变，最高达到−0.79%，研究了氧化锌纳米线葡萄糖传感器对不同应变的响应，传感器完全浸没在纯去离子水中，而不是葡萄糖溶液中。实验设置如图 7.9（c）所示，设备的一端紧固在操作架上，而另一端可以由具有 1μm 移动步长分辨率的 3D 机械平台弯曲。图 7.9（d）显示了施加不同压缩应变时器件的伏安特性。可以明显看到，输出信号，即这里的电流，随着设备被压缩弯曲而表现出明显的增加。在 1.8V 的偏压下，当施加−0.79%的压缩应变时，电流从 0.15μA 增加到超过 25μA，增幅约为 166 倍。

图 7.9（e）展示了无应变时氧化锌纳米线葡萄糖传感器对不同葡萄糖浓度的响应，测量时固定偏压为 2V。通过将葡萄糖逐滴地添加到溶液中，输出信号明显按照预期逐步增加。在每一步，电流在超过 10s 的时间内保持在一个可区分的值，这表明氧化锌纳米线葡萄糖传感器具有良好的响应和稳定性。氧化锌纳米线葡萄糖传感器能够对浓度为 0.09～1.5g/L 的葡萄糖溶液做出响应，可以覆盖 0.8～1.2g/L 这一人体血糖水平的典型范围，使其有望实现血糖监测系统的应用。

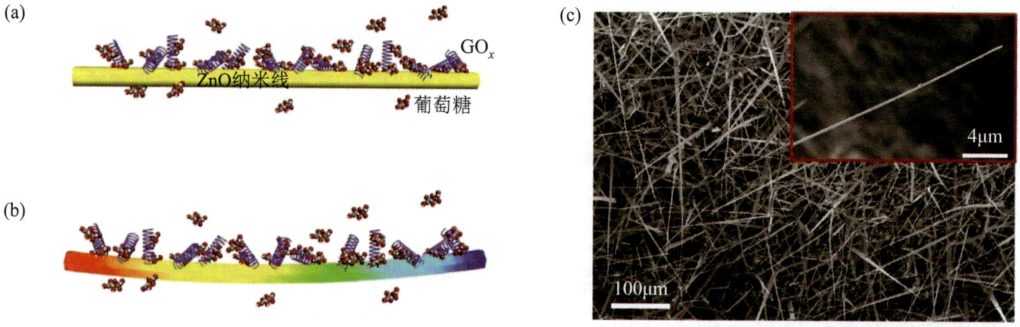

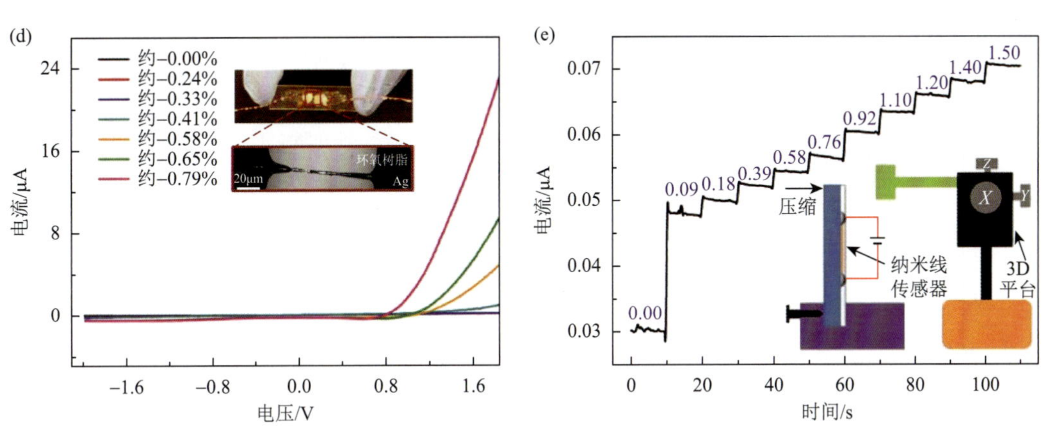

图 7.9　在（a）无应变和（b）压缩应变下，用葡萄糖分子包围的 GO_x 装饰的氧化锌纳米线示意图；（c）合成的氧化锌纳米线形貌的 SEM 图像，插图以更高分辨率呈现单个氧化锌纳米线；（d）氧化锌纳米线葡萄糖传感器在不同压缩应变下的伏安特性，不添加葡萄糖，插图显示了氧化锌纳米线葡萄糖传感器的数字图像和光学显微镜图像；（e）另一种氧化锌纳米线葡萄糖传感器在不同葡萄糖浓度下的 *I-t* 特性，未施加外部应变，插图展示了实验设置的示意图

我们记录了不同应变和不同葡萄糖浓度下器件的 *I-t* 和伏安特性，以研究压电电子学效应对基于氧化锌纳米线的葡萄糖传感器性能的影响。通过同时改变应变和葡萄糖浓度进行了两组实验：第一组实验是在每次固定的压缩应变下逐步加入葡萄糖溶液，压缩应变为–0.33%和–0.79%时的葡萄糖传感器的 *I-t* 特性分别如图 7.10（a）和（b）所示。可以看出，当压应变增加时，整体输出信号大幅增加。此外，随着外部施加应变的增加，更容易区分两种葡萄糖浓度之间的电流差异。这一结果表明，压电效应可以提高葡萄糖传感器的传感分辨率，这是由于 M-S-M 结构接触处的肖特基势垒产生的非线性伏安传输特性类似于一个放大效应。这里的分辨率指的是传感器和测量系统能够区分的最小浓度变化的能力。第二组实验是在每次固定浓度的葡萄糖溶液中逐步施加压缩应变，图 7.10（c）和（d）分别显示了浓度为 0g/L 和 1.67g/L 的葡萄糖溶液中器件的伏安特性。显然，当葡萄糖浓度增加时，电流的幅值增加了几十倍。这个结果再次证实了之前的结论，即葡萄糖浓度越高，输出信号越高。

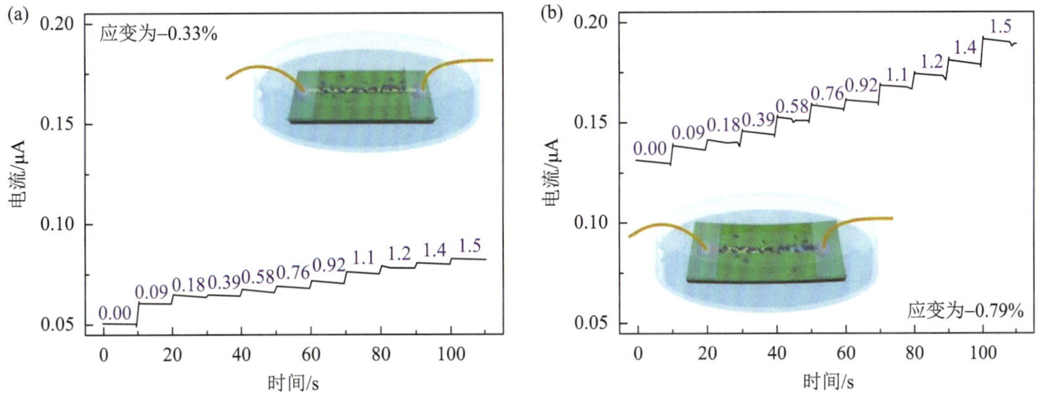

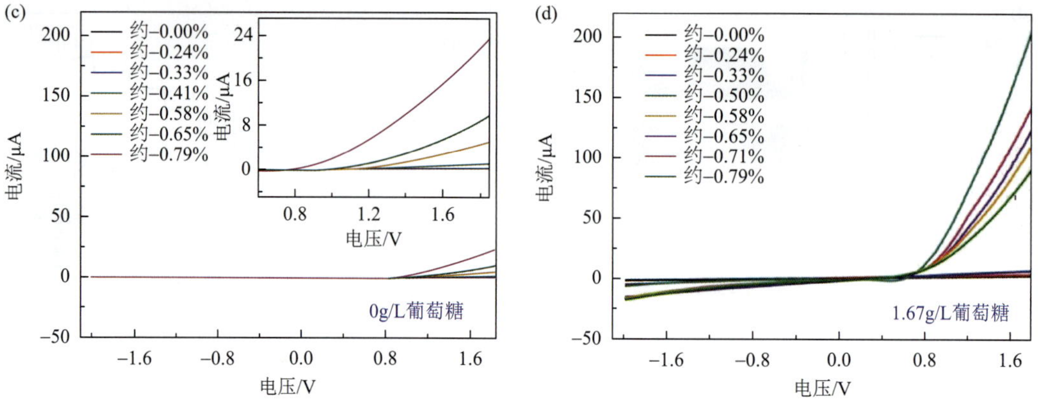

图 7.10 （a），（b）氧化锌纳米线葡萄糖传感器在不同葡萄糖浓度下的 *I-t* 特性，浓度以 g/L 为单位：（a）–0.33%压缩应变，（b）–0.79%压缩应变；插图是分别在–0.33%和–0.79%压缩应变下向葡萄糖传感器逐步添加葡萄糖的示意图。（c），（d）在一定的葡萄糖浓度下氧化锌纳米线葡萄糖传感器在不同压缩应变下的伏安特性：（c）0g/L，（d）1.67g/L；（c）的插图是放大的伏安曲线，以呈现更多细节

通过系统地研究葡萄糖传感器对连续变化的压缩应变和葡萄糖浓度的响应，绘制了 3D 曲面图，如图 7.11（a）所示。从该 3D 图可以同时得出输出信号如何随压缩应变和葡萄糖浓度变化而变化的总体趋势。随着葡萄糖浓度或压缩应变的增加，电流明显增加。图 7.11（b）～（e）显示了四个 2D 图，以获取更多细节和信息，这些细节和信息是通过分别投影在电流-应变表面和电流-葡萄糖浓度表面上从图 7.11（a）中提取的。图 7.11（b）和（c）显示了当每条曲线中的压缩应变固定时，氧化锌纳米线葡萄糖传感器对不同葡萄

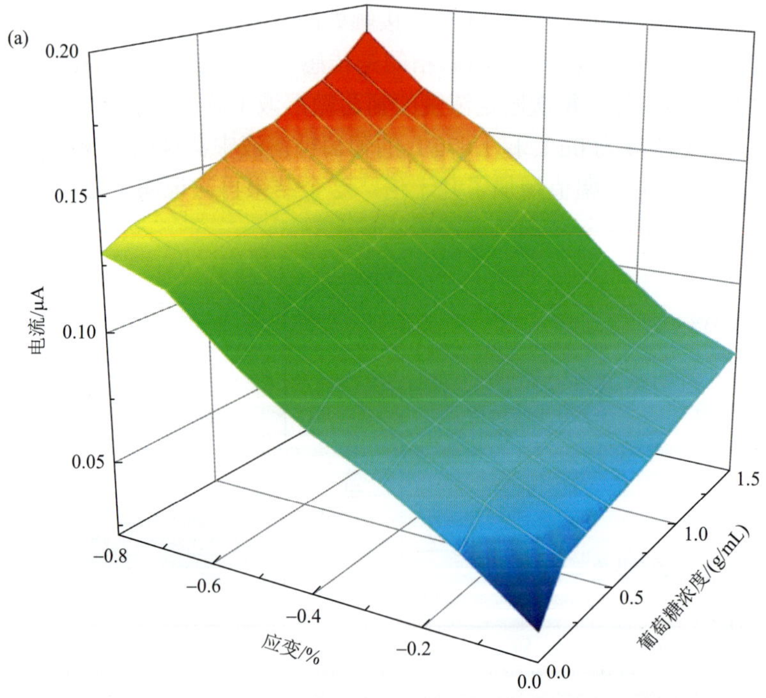

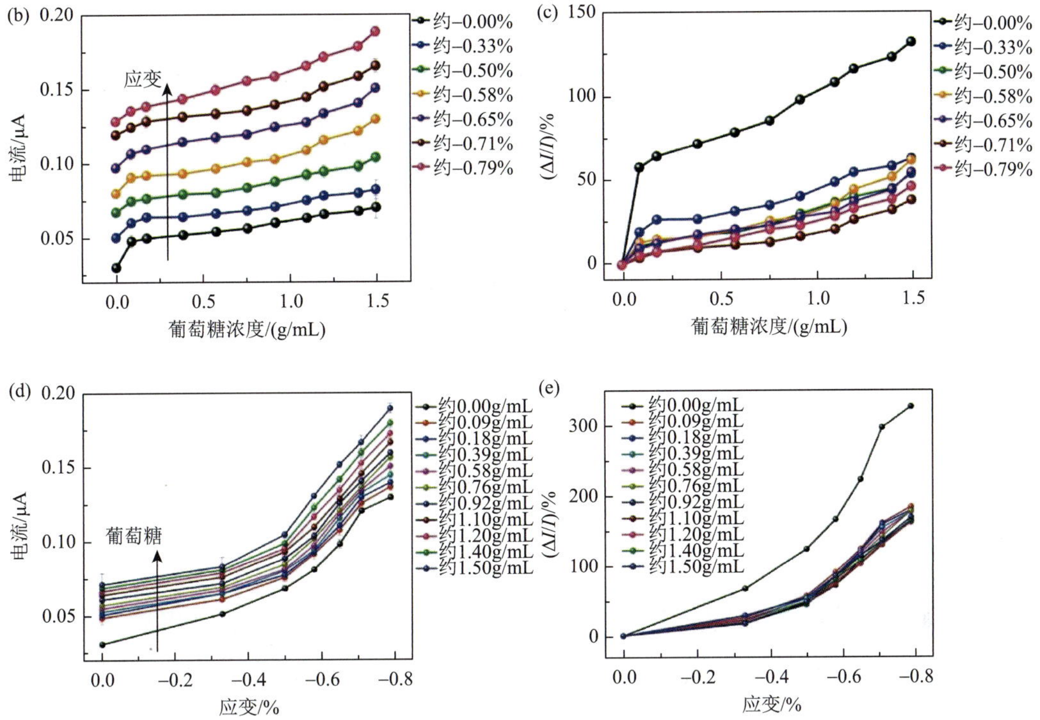

图 7.11　压电效应对氧化锌纳米线葡萄糖传感器性能的影响。（a）3D 表面图，显示氧化锌纳米线葡萄糖传感器在不同应变和葡萄糖浓度下的电流响应；氧化锌纳米线葡萄糖传感器在不同葡萄糖浓度下的（b）绝对和（c）相对电流响应，压缩应变范围为−0.00%～−0.79%；氧化锌纳米线葡萄糖传感器在不同压缩应变下的（d）绝对和（e）相对电流响应，葡萄糖浓度范围为 0.00～1.50g/mL。（b）和（e）的数据是从（a）中提取的

糖浓度的绝对和相对电流响应，压缩应变范围为−0.00%～−0.79%。图 7.11（d）和（e）显示了氧化锌纳米线葡萄糖传感器在每条曲线中一定葡萄糖浓度下对不同压缩应变的绝对和相对电流响应，葡萄糖浓度从 0.00g/mL 到 1.50g/mL 逐步变化。图 7.11（b）中的结果表明，当施加的应变增加时，曲线的斜率变得越来越陡，这意味着压电电子学效应提高了传感分辨率。从图 7.11（d）中可以更容易地得出相同的结论，这表明当施加更大的压缩应变时，两个特定葡萄糖浓度之间的电流差异显著增大。从图 7.11（c）可以看出，添加葡萄糖后电流的相对变化可达 130%，通常在 25%～50%。在图 7.11（e）中，当施加更大的压缩应变时，电流的相对变化的最大值超过 300%，并且大多在 150%左右。这些结果表明，施加应变可以显著提高葡萄糖传感器的灵敏度，这种情况下输出信号的相对变化甚至远大于添加葡萄糖的情况。因此，当对器件施加−0.79%的压缩应变时，葡萄糖传感器的性能普遍通过压电电子学效应得到增强，输出信号水平增加了 200%以上；传感器的分辨率和灵敏度分别提高了 200%和 300%以上。

7.5.3　压电电子学效应增强的蛋白质传感器

该器件是通过将单根氧化锌纳米线横向转移并黏合到 PET/PS 基板上而制成的，基板

平面中的 c 轴指向源极。银浆用于固定纳米线的两端，分别作为源极和漏极。对于这样的 Ag-ZnO NW-Ag 器件，它可以被视为金属-半导体-金属结构[15]。使用一薄层环氧树脂完全覆盖两个端电极，以排除当装置浸入蛋白质溶液中时电极和溶液之间可能发生的接触。然后通过在纳米线上添加 0.01mL 金纳米颗粒-抗免疫球蛋白 G（Au NP-抗 IgG）胶体溶液（购自 Tedpella，直接使用，无需进一步纯化），将 Au NP-抗 IgG 缀合物组装到氧化锌纳米线表面上，在通风橱中孵育 1h。在进行蛋白质免疫球蛋白 G（IgG）测试之前，设备用阻断缓冲液（BB）（0.1% Tween 20（购自 Tedpella）、0.1%鱼明胶（购自 Tedpella）和 1% BSA（购自 Sigma-Aldrich））进行了修饰。据报道，BB 可以有效阻断 IgG 与设备的非特异性结合而产生的不良反应[16]，并且对于传感器的特定功能是必要的。使用 BB 处理的设备在室温下干燥 2h，然后用 PBS 缓冲液洗涤。之后，将 0.005mL 给定浓度的 IgG（Sigma-Aldrich）样品滴加到设备上进行蛋白质结合，保持 1h，然后进行洗涤和干燥。图 7.12（a）中的示意图显示了无应变且 Au NP-抗 IgG 修饰的氧化锌纳米线蛋白质传感器的原理，其中结合了目标蛋白 IgG。图 7.12（b）中显示了施加外部压缩应变的相同装置。

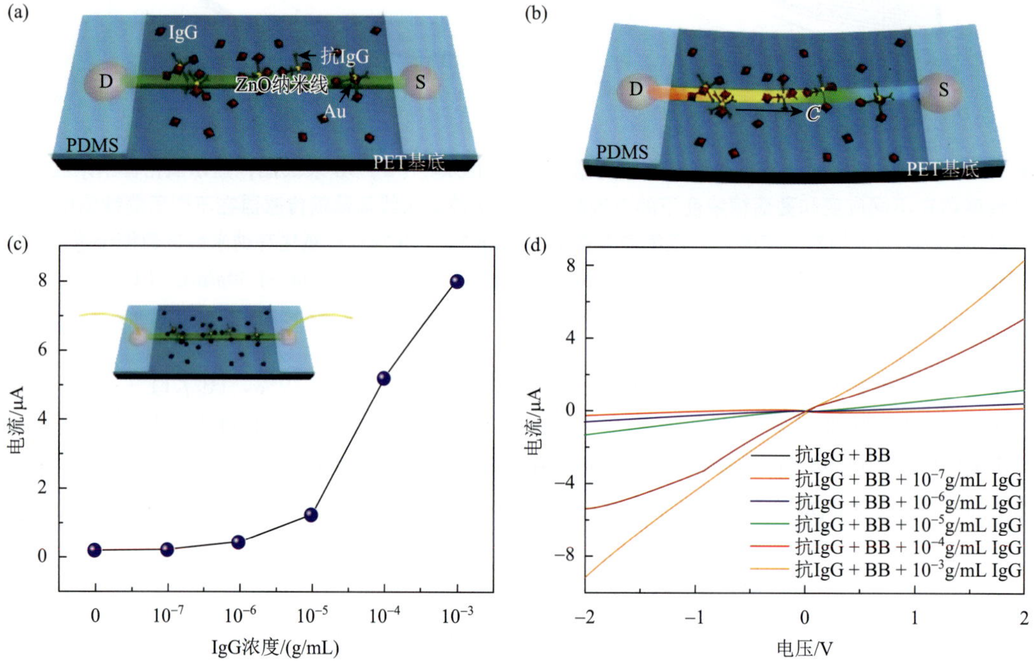

图 7.12　氧化锌纳米线传感器的示意图和目标蛋白 IgG 响应。（a）Au NP-抗 IgG 表面功能化氧化锌纳米线蛋白质传感器与目标蛋白 IgG 结合；（b）压缩应变下的氧化锌纳米线蛋白质传感器；（c）氧化锌纳米线器件在 2V 固定电压下的靶蛋白 IgG 响应，IgG 浓度从 0 到 10^{-3}g/mL，不施加外部应变，插图是相应的氧化锌纳米线器件的示意图；（d）不施加外部应变时，氧化锌纳米线器件在不同 IgG 浓度下的伏安曲线

氧化锌纳米线蛋白传感器对不同 IgG 浓度的响应如图 7.12（c）所示，该响应是在 2V 的固定偏压下测量的。随着靶向蛋白 IgG 浓度从 0 增加到 10^{-3}g/mL，设备的响应信号（即此处的电流）从纳安级显著增加到几微安，因为更多的目标蛋白 IgG 被吸附到氧化锌纳米线的表面上。该结果表明，抗 IgG 修饰的氧化锌纳米线器件对 IgG 浓度具有良好的响应。通过测量传感器的伏安曲线，进行了进一步的详细检查，偏置电压范围为–2～2V。氧化锌纳米线器件在不同 IgG 浓度下的伏安曲线如图 7.12（d）所示，表明设备在较高 IgG 浓度下具有更强的输出信号。

在压缩应变下测试了压电电子学效应对氧化锌纳米线传感器性能的影响。图 7.13 显示了蛋白质传感器在压缩应变下对应于不同 IgG 浓度的四组伏安曲线。以图 7.13（a）为例，说明压电效应如何调节氧化锌纳米线蛋白质传感器的性能。当外加应变从 0%、–0.41%、–0.58%、–0.67%、–0.75%增加到–0.82%，其他三组伏安曲线也观察到类似的趋势。需要注意的是，如先前的工作所报道，氧化锌生物传感器伏安曲线的变化归因于体电阻变化（压阻效应）和压电效应的组合。在我们的例子中，压阻效应有效降低了两端的势垒高度，从而增加了＋2V 和–2V 下的输出电流；另一方面，压电效应在＋2V 时增加了输出电流，在–2V 时则减少了输出电流。图 7.13 所示的伏安曲线是在压电效应和压阻效应共同影响下产生的，但以压电效应为主。因此，这里的伏安曲线与二极管的伏安曲线并不相似，但＋2V 时电流的相对变化大于–2V 时电流的相对变化，因为势垒高度因

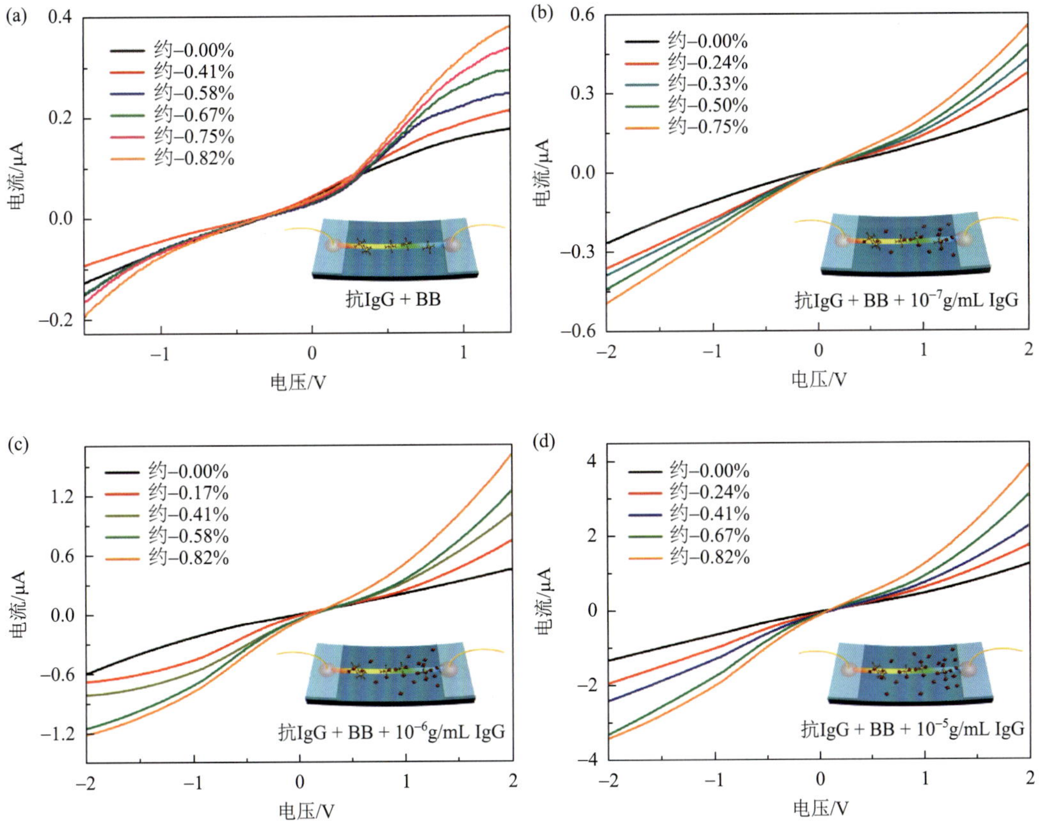

图 7.13　氧化锌纳米线蛋白质传感器在不同程度的压缩应变下的伏安曲线：（a）器件由抗 IgG 和 BB 修饰；（b）抗 IgG 和 BB 与 10^{-7}g/mL 目标蛋白 IgG 结合；（c）抗 IgG 和 BB 与 10^{-6}g/mL 目标蛋白 IgG 结合；（d）抗 IgG 和 BB 与 10^{-5}g/mL 目标蛋白 IgG 结合，插图是相应氧化锌纳米线器件的原理图

一端的两种效应而降低，而另一端因压电效应而增加，因压阻效应而减少。传输特性的变化表明氧化锌纳米线中的压电效应调节了局部接触处肖特基势垒的有效高度，这在调节蛋白质传感器的性能方面发挥了非常重要的作用。电流传输中压电效应引入的非线性效应可以显著提高传感器的灵敏度。

通过系统地研究传感器对变化的外部应变和目标蛋白浓度的响应，提取结果并绘制在 3D 图中，如图 7.14（a）所示。很明显可以看到，随着 IgG 浓度或压缩应变的增加，电流增加。图 7.14（b）～（e）显示了四个 2D 图以获取更多细节和信息，这些图是从图 7.14（a）中通过在电流-应变曲面和电流-IgG 浓度曲面上进行投影提取的。

图 7.14（b）和（c）分别显示了当目标蛋白浓度固定为 0g/mL、10^{-7}g/mL、10^{-6}g/mL 和 10^{-5}g/mL 时氧化锌纳米线蛋白传感器在不同压缩应变下的绝对和相对电流响应。这些 2D 图呈现了四种 IgG 浓度下的四条曲线，每条曲线都是通过测量不同压缩应变下氧化锌纳米线蛋白质传感器的输出电流得出的。对于每条曲线，随着应变的增加，与两个相邻 IgG 浓度相关的电流之间的差异增大。这意味着压电效应极大地提高了蛋白质传感器的分辨率，这是 M-S-M 结构接触处的肖特基势垒产生的非线性伏安传输特性的结果。图 7.14（d）和（e）显示了氧化锌纳米线蛋白质传感器在不同 IgG 浓度下的绝对和相对电流响应，每条曲线中的压缩应变固定，范围为 0～−0.82%。从图中可以看出，在固定的 IgG 浓度下，应变越大，输出电流越高：在 IgG 浓度很低的情况下，如果不施加外部应变，则输

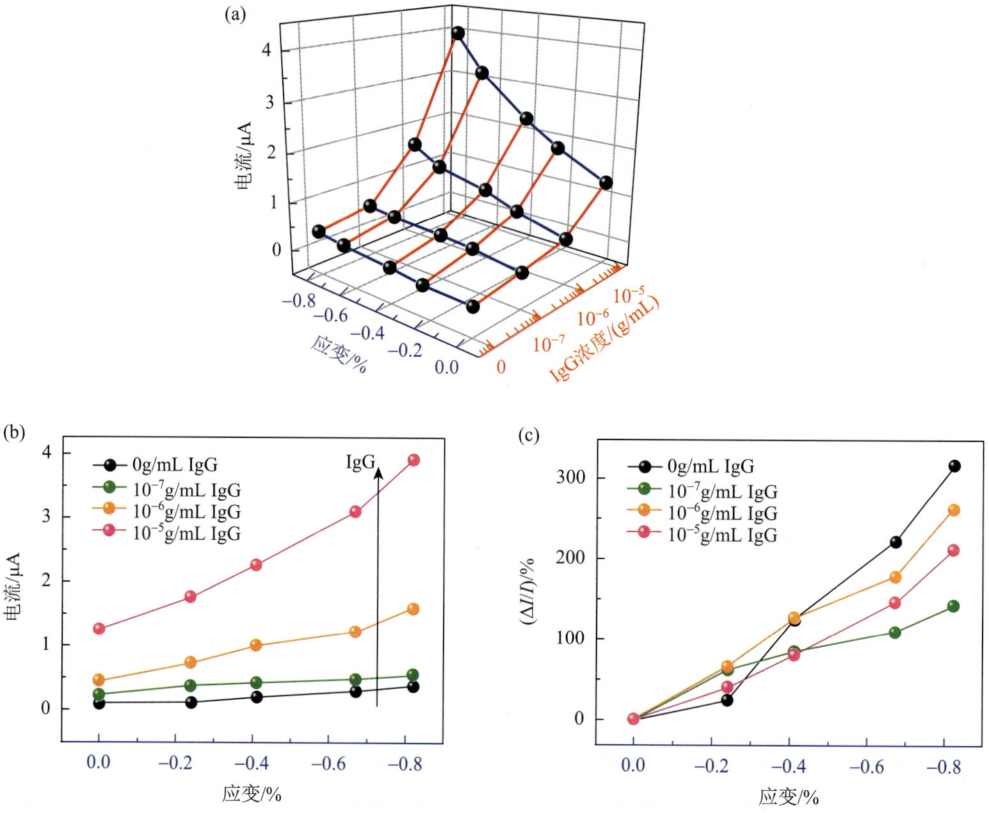

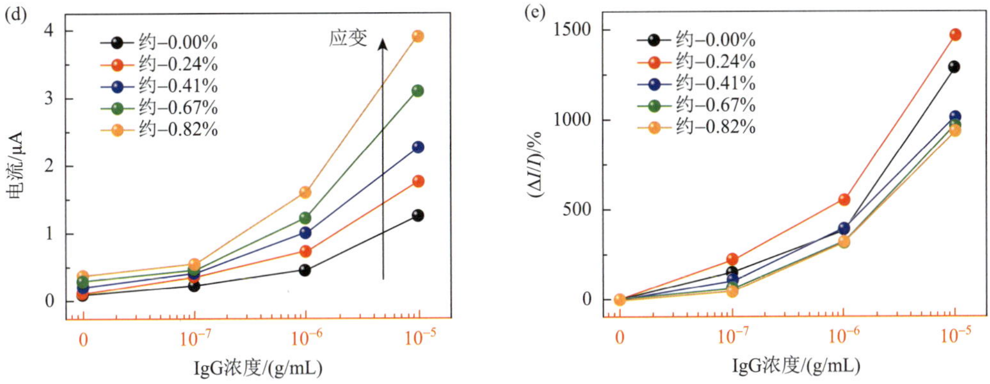

图 7.14　压电电子学效应对氧化锌纳米线蛋白质传感器性能的影响。（a）3D 图描绘了氧化锌纳米线蛋白质传感器在不同应变和 IgG 浓度下的电流响应；氧化锌纳米线蛋白质传感器在不同压缩应变下的（b）绝对和（c）相对电流响应，IgG 浓度为 $0\sim10^{-5}$g/mL；氧化锌纳米线蛋白质传感器在不同 IgG 浓度下的（d）绝对和（e）相对电流响应，压缩应变范围为 0～–0.82%。（b）和（e）的数据是从（a）中提取的

出电流可能太小而无法检测；而施加压缩应变后，输出信号可以被显著增强到足以被检测的程度。也就是说，压电电子学效应可以提高氧化锌纳米线蛋白质传感器的灵敏度。

7.5.4　压电电子学效应增强的气体传感器[17]

为了制造一个氧传感器，选择了长的氧化锌纳米线（长度为 100～300μm，直径约为 800nm）并将其转移到柔性 PET 基板（1cm×5cm，厚度为 220μm）上，其 c 轴平行于基板的长边。然后用银浆固定纳米线的两端，形成 M-S-M 结构。制造好的氧传感器的典型光学图像如图 7.15（b）所示。图 7.15（c）描绘了测量装置的示意图。该装置的一端

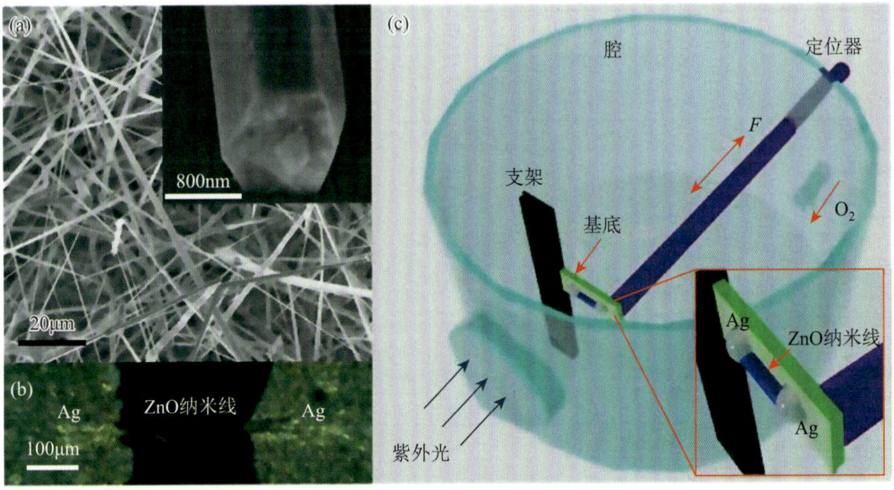

图 7.15　（a）氧化锌纳米线的 SEM 图像，插图是单根纳米线的高倍放大图像；（b）典型氧化锌纳米线氧传感器装置的光学显微镜图像；（c）用于研究氧化锌纳米线氧传感器压电电子学效应的测量装置示意图

紧紧地固定在气室内的支架上。通过移动定位器以弯曲另一端的设备而引入应变。定位器可在腔室外部进行控制，位移分辨率为 0.5mm。将紫外灯（中心波长为 254nm，功率为 23W）放置在室外，面向石英窗。测量前，首先将装置在真空下保持 10min。然后对设备施加 254nm 紫外线半小时，以预先去除设备上的氧气[18]。最后，在关闭紫外光约 1h 后对该装置进行电学测量。

在室温下不同氧气压力和不同应变条件下的纯氧压中对氧传感器进行了系统测量。图 7.16（a）和（b）显示了不同氧气压力下 0%应变和 0.2%拉伸应变条件下的氧传感器性能。该器件呈现出典型的非线性非对称伏安曲线特性，这表明两个接触处的肖特基势垒具有不同的高度。对于 M-S-M 结构，这两个肖特基势垒通过纳米线背对背连接。在正偏压或负偏压下，只有反向偏压的肖特基势垒主导控制传输特性。当氧气压力增加时，在两种偏置条件下电流都会下降，这可以通过以下原因来解释。首先，由于氧的吸附，在氧化锌纳米线表面形成电子耗尽层，从而降低了纳米线中的载流子密度。特别是，肖特基接触区域周围的氧吸附提高了 SBH，从而降低了总电流。在−1V 偏置条件下，电流下降得更多。这种在正负偏压下截然不同的响应表明，这种相对电流变化取决于 SBH。图 7.16（c）和（d）显示了不同应变条件下氧传感器在 16Torr 和 500Torr 氧气压力下的

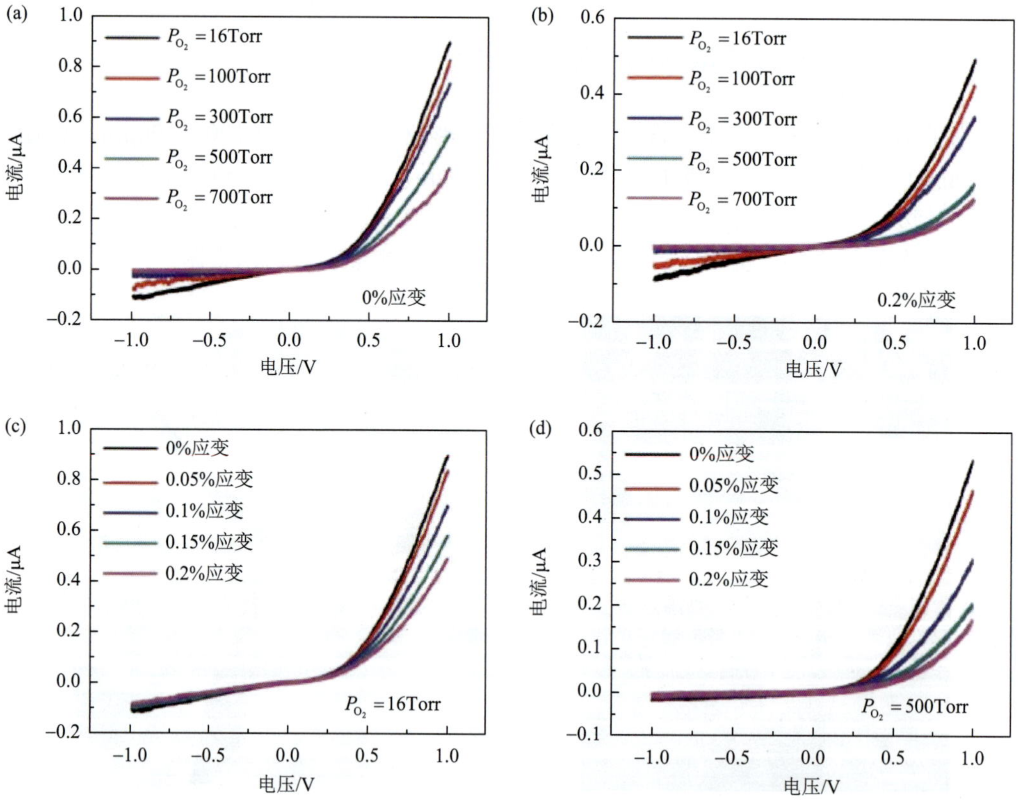

图 7.16　氧传感器在不同应变和氧气压力条件下的伏安曲线：（a）在 0%应变和 16～700Torr 的不同氧气压力下；（b）在 0.2%拉伸应变和 16～700Torr 的不同氧气压力下；（c）在 16Torr 氧气压力和 0%～0.2%的不同拉伸应变下；（d）在 500Torr 氧气压力和 0%～0.2%的不同拉伸应变下

性能。正如之前的研究报道[15]，正负偏置电压下电流的明显非对称变化是由压电电子学效应造成的。与正压电电荷接触的 SBH 降低，而与负压电电荷接触的 SBH 升高。而对于传统的压阻效应，电阻的变化在正向和反向偏压下都是对称效应。这两种效应结合在一起，在两侧产生非对称的电流减小。

为了更好地显示氧传感器的性能，我们绘制了 3D 图表，如图 7.17（a）和（c）所示。如前所述，电流随着氧气压力或拉伸应变的增加而下降。这种氧气传感器在两种偏压条件下的相对电流变化已计算并总结在图 7.17（b）和（d）中。在施加 0%应变和−1V 偏压下，该器件在 16～500Torr 的范围内可表现出−87.3%的相对电流变化。我们设备的高灵敏度主要归因于两个方面。首先，氧化锌纳米线和银之间形成的肖特基势垒可以显著提高灵敏度。在适度反向偏压下的肖特基二极管中，电流与 SBH 存在指数关系。因此，利用肖特基二极管可以大大提高灵敏度。其次，紫外线预去除氧气可以提高氧化锌纳米线表面对氧的吸收能力。紫外线可以在氧化锌纳米线表面产生电子-空穴对[18]。这些空穴可

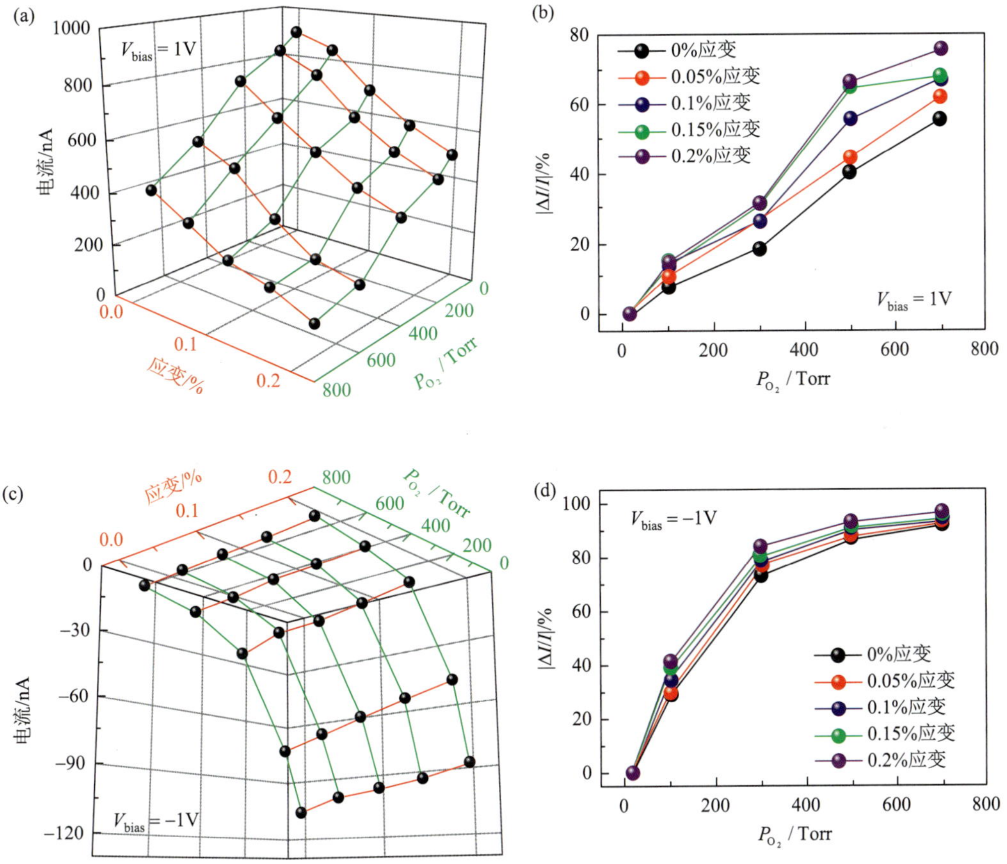

图 7.17　压电电子学效应对基于氧化锌纳米线的单个室温氧传感器性能的影响。（a）3D 图描绘了氧化锌纳米线氧传感器在偏置电压等于 1V 的不同应变和氧气压力下的电流响应；（b）偏置电压为 1V 时，在 0%～0.2%的不同拉伸应变下，相对电流随氧气压力变化的幅度；（c），（d）为图（a）和（b）中，偏置电压变为−1V 时的相应结果

以与 O^{2-}结合并形成氧分子。因此，紫外线可以有效去除氧化锌纳米线表面的 O^{2-}。一旦关闭紫外线，经过紫外线处理的氧化锌纳米线表面更有利于吸附氧气，从而提高灵敏度。通过施加拉伸应变可以进一步增强这种相对电流变化。在正偏压下，当施加的拉伸应变从 0%增加到 0.2%时，氧气压力从 16Torr 到 700Torr 的相对电流变化从–55.4%增加到–75.4%。在负偏压下，当施加的拉伸应变从 0%增加到 0.2%时，氧气压力从 16Torr 到 700Torr 的相对电流变化从–87.3%增加到–93%。因此，通过施加拉伸应变，由于肖特基接触结构和紫外线预处理，已经非常高的灵敏度通过压电电子学效应得到进一步提高。

7.5.5 压电电子学效应增强的湿度传感器[12]

氧化锌纳米线在 960℃下通过气-液-固法生长，通过 SEM 图像表征，其横截面呈六边形，长度为数百微米，直径从数百纳米到几微米不等，如图 7.18（a）所示。然后，选择一根长的氧化锌微/纳米线并将其分散到 PET/PS 基底上；氧化锌微/纳米线两端用银浆固定，作为电极。之后用一层环氧树脂将两个银电极完全覆盖，防止它们在接下来的测试中暴露在空气中。将制成的氧化锌微/纳米线湿度传感器密封在湿度室中，其一端紧紧固定在支架上，如图 7.18（b）所示。通过移动位于室外的带有 10μm 移动分辨率的 3D 机械平台上的定位器，向上和向下弯曲装置的另一端，以施加外部应变。图 7.18（c）和（d）分别显示了典型的数字图像以及聚焦于器件的微/纳米线和金属电极的光学显微镜图像。

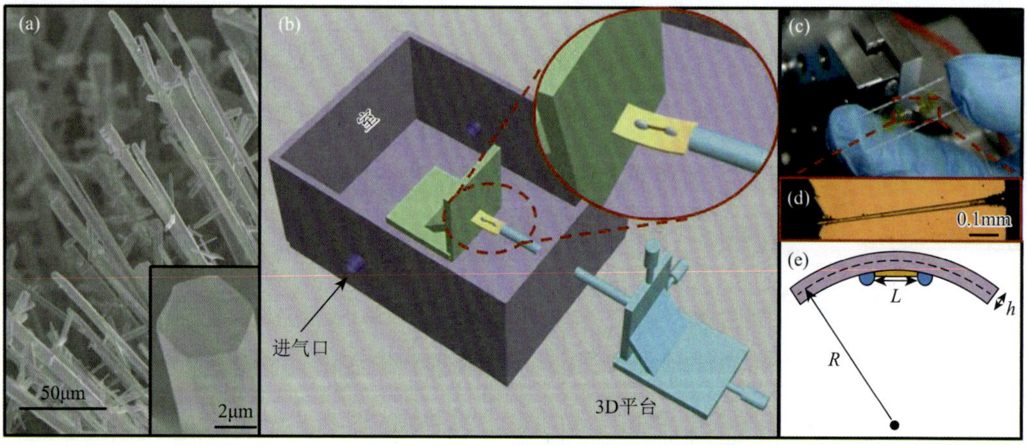

图 7.18 （a）生长的氧化锌纳米线的 SEM 图像，插图为单个氧化锌纳米线的放大 SEM 图像，显示出完美的六边形横截面；（b）测量设置示意图；（c）制备的湿度传感器的光学图像；（d）设备的光学显微镜图像；（e）施加到器件上的压缩应变计算方法示意图

在室温下，对不同相对湿度（RH）和应变条件下的湿度传感器进行了系统测量。对于无应变和–0.20%压缩应变的氧化锌微/纳米线湿度传感器，不同 RH 下典型的伏安特性分别如图 7.19（a）和（b）所示。得到的非线性和非对称的伏安曲线表明，两个肖特基

接触处的势垒高度有明显区别。输出信号（即电流）在两种情况下随着 RH 的增加而单调地减小，通过在固定 2.8V 漏极反向偏置下提取电流值，可以观察到清晰的趋势，如图 7.19（a）和（b）最右侧所示。在 0.00%应变下（图 7.19（a）），当 RH 从约 15.0%增加到约 66.0%时，电流从 365.0nA 减小到 8.72nA，而在湿度传感器受到–0.22%压缩应变时，电流从 884nA 减小到 12.9nA，这表明压电电子学效应可以大大提高湿度传感器的分辨率。为了更好地理解这种湿度传感器的行为，建立了一个等效电路模型（图 7.19（c）的插图），以拟合其伏安特性（红线），并与实验数据（蓝点）一起绘制在图 7.19（c）中。此外，还计算了无应变氧化锌微/纳米线湿度传感器在不同 RH 下的两端势垒高度（Φ_d 和 Φ_s）以及电阻，如图 7.19（d）和（e）所示。显然，势垒高度随 RH 的变化而随机变化，而电阻随 RH 的增加而增加。

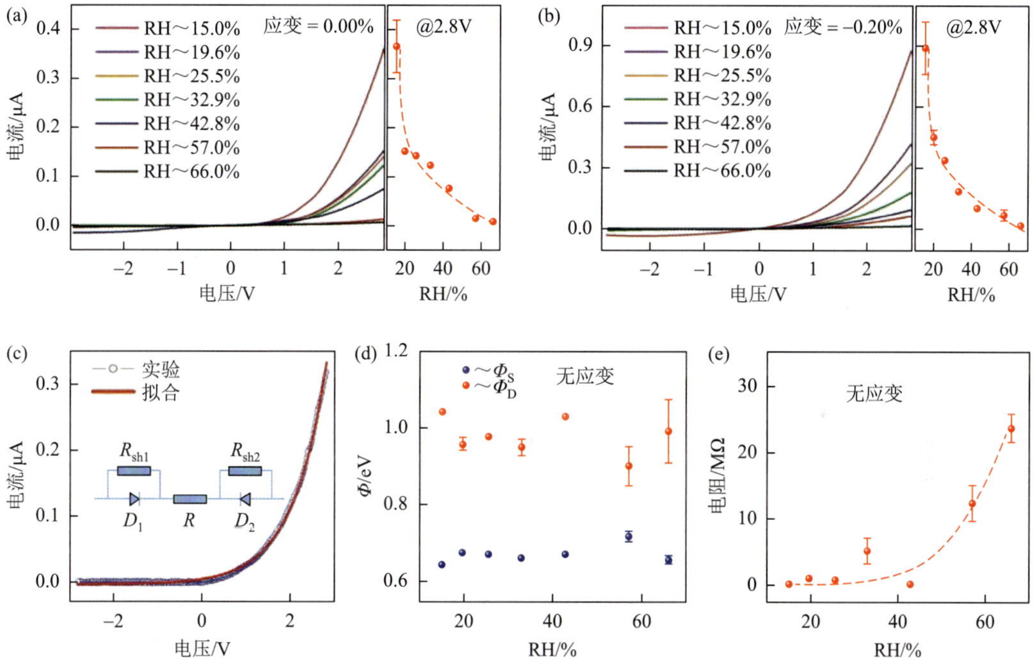

图 7.19 湿度传感器在不同 RH 下的伏安曲线，压缩应变分别为（a）0.00%和（b）0.20%；（c）单个氧化锌纳米线湿度传感器的等效电路模型和定量拟合结果；（d）在无应变的情况下，两个肖特基势垒高度随相对湿度从 15%变化到 66%的拟合结果；（e）器件在无应变的情况下相对湿度从 15%到 66%的电阻拟合结果

图 7.20（a）和（c）显示了两种典型湿度（RH 分别为 25.5%和 32.9%）时的典型伏安特性以及在固定 2.8V 偏置电压（漏极反向偏置）下提取的电流变化。可以看出，当漏极反向偏置时，在固定相对湿度下，输出信号随着外部施加的压应变的增加而单调增加。我们还进行了理论模拟，得出两端 SBH 的变化，如图 7.20（b）和（d）所示，表明在两种 RH 情况下，Φ_d 随着压缩应变的增加而减小。

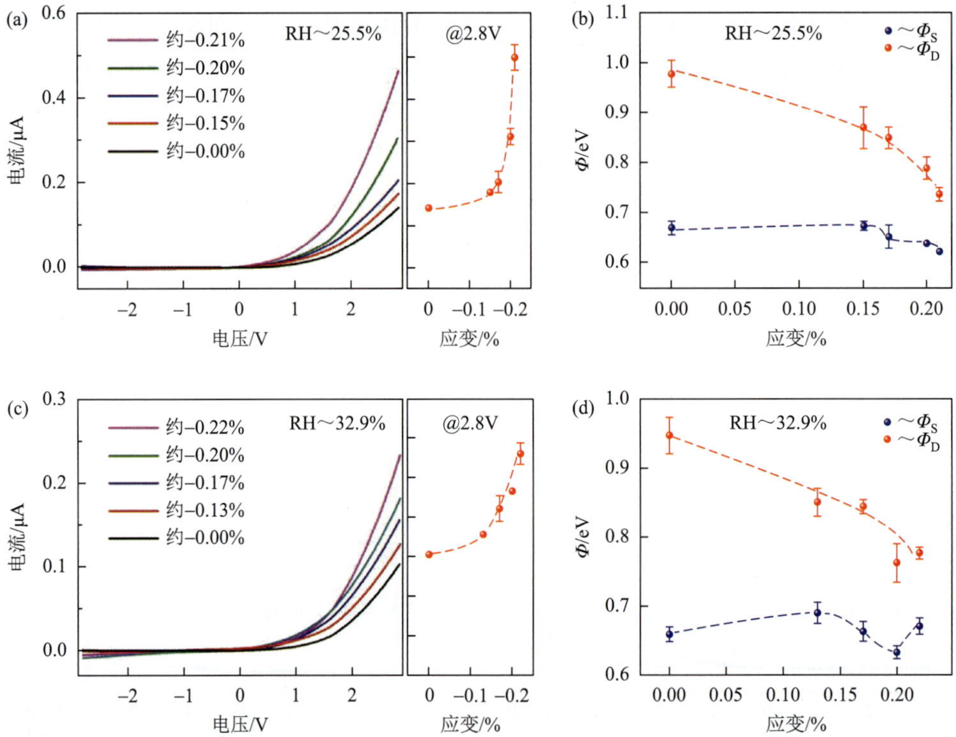

图 7.20　湿度传感器在不同压缩应变下的伏安曲线，RH 分别为（a）25.5%和（c）32.9%；两个肖特基势垒高度随压应变从 0.00%变化到 0.22%的拟合结果，相对湿度分别为（b）25.5%和（d）32.9%

图 7.21（a）中显示了 3D 散点图，用以展示湿度传感器在固定 2.8V 偏压下在不同湿度和应变条件下的性能。通过与 RH 和压缩应变相关联，可以直接得出输出信号变化的总体趋势。电流随着压应变的增加而单调增加，随着 RH 的增加而单调减少。从图 7.21（a）中提取了两个 2D 图形，以显示在某些情况下对不同压缩应变和相对湿度的输出响应，分别如图 7.21（b）和（c）所示。这些结果证实，压电电子学效应可以通过提升信号水平和在特定应变条件下显著放大两个 RH 之间的电流差异，来增强湿度传感器在不同 RH 下的总体性能，并提高感测分辨率。此外，当施加的应变增加时，曲线的斜率变得越来越陡，这意味着压电电子学效应也提高了湿度传感器的灵敏度。

为了优化氧化锌微/纳米线湿度传感器的性能，我们绘制了相对于压缩应变和 RH 变化的输出电流的相对变化 3D 散点图，如图 7.21（d）和（f）所示，从中提取两个 2D 图，即图 7.21（e）和（g）。通过研究在每种特定应变条件下对不同相对湿度的相对电流响应，显而易见的结论是压缩应变越大，从输出信号中获得的相对变化就越大。因此，在我们的案例中，–0.22%的压缩应变可以通过实现 1240%的最大响应率来优化氧化锌微/纳米线湿度传感器的性能。

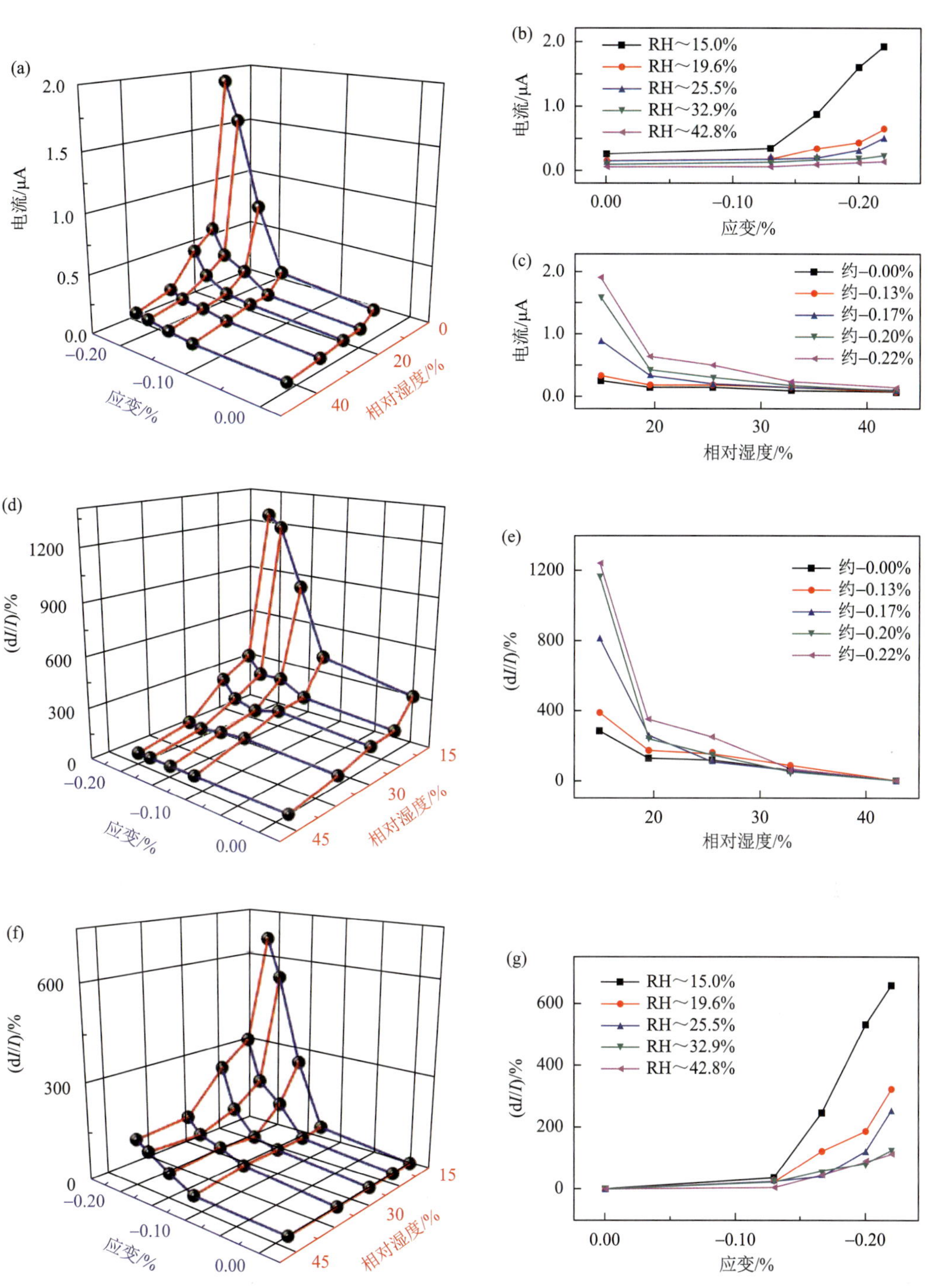

图 7.21　（a）氧化锌纳米线湿度传感器在 2.8V 偏置电压下对应变和相对湿度电流响应的 3D 图；（b）相对湿度范围为 15.0%～42.8%时传感器对不同压缩应变的绝对电流响应；（c）压缩应变范围为 −0.00%～−0.22%时传感器对不同相对湿度的绝对电流响应；（d）3D 图及其相应的 2D 投影（e）展示了在−0.00%～−0.22%的不同压缩应变下，相对于 42.8%RH 时电流值的相对变化；（f）3D 图及其相应的 2D 投影（g）展示了在 RH 范围为 15.0%～42.8%的条件下，相对于 0.0%应变时电流值的相对变化

在这项工作中，通过引入压电电子学效应，施加外部应变，湿度传感器的信号水平、灵敏度和传感分辨率大大提高。由于较高的肖特基势垒会大幅降低信号电水平，而较低的肖特基势垒会因欧姆传输增加而降低传感器灵敏度，因此确定了–0.22%的最佳应变，以提高湿度传感器的性能，实现了 1240%的最大响应度。

7.5.6 压电电子学效应增强的温度传感器[19]

基于氧化锌纳米线薄膜的传感器对不同温度的响应（在 6V 固定偏压下测量）如图 7.22（a）所示。当从 10℃加热到 110℃时，传感器的响应信号从几微安显著降低到几十纳安。这种明显的趋势主要是由接触界面处的压电极化电荷和传感器的热扰动控制。这一结果表明，基于氧化锌纳米线薄膜的器件具有良好的温度响应。该传感器的相对电流变化计算如图 7.22（a）（蓝色圆点）所示，呈现抛物线趋势，从 30℃到 70℃，相对电流变化高达 50%。基于氧化锌纳米线薄膜的温度变化传感器在源电极固定偏置电压下表现出良好的重复性，如图 7.22（b）所示。

温度传感器的系统测量是在温度测试室中在不同温度和固定相对湿度约 12%下进行的。图 7.22（c）显示了不同温度下的伏安特性。该器件呈现出典型的非线性对称伏安曲线，这表明在固定偏置电压下，两个接触处的两个肖特基势垒具有几乎相同的高度。为了进一步展示基于氧化锌纳米线薄膜的温度传感器的性能，我们将不同源偏置电压和不同温度下的灵敏度绘制在 3D 图中，如图 7.22（e）所示。在一定温度下，随着偏置电压

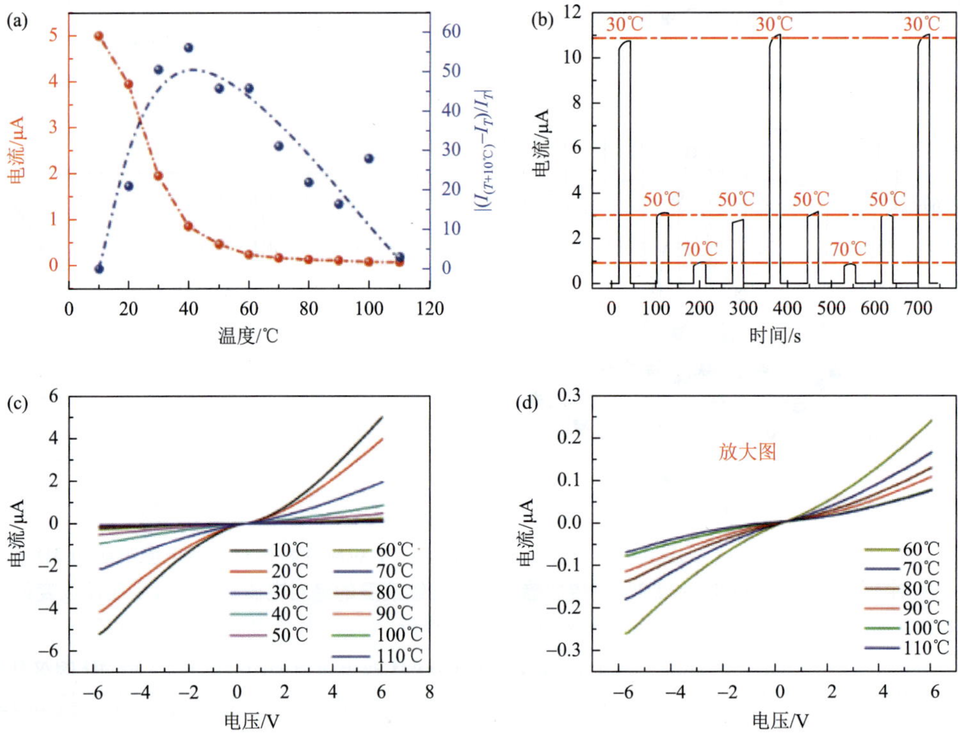

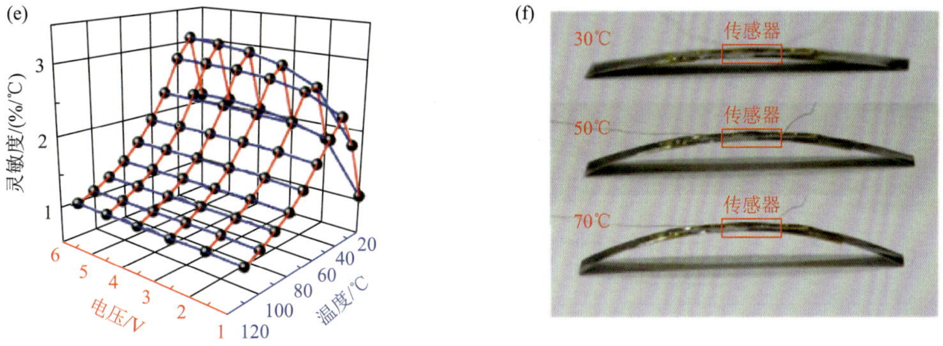

图 7.22　（a）传感器对温度的响应及相对电流变化，温度范围为 10～110℃；（b）固定偏置电压下温度传感器的重复性；（c）不同温度下传感器的伏安曲线；（d）图（c）从 60℃到 110℃的放大图像；（e）传感器在不同偏置电压和不同温度下的归一化平均灵敏度；（f）传感器在不同温度下的形变，双金属片长 5.5cm，宽 2cm，氧化锌纳米线薄膜长约 1cm，宽 0.5cm

的增加，灵敏度逐渐升高，其中最大值和最小值达到了 3.05%/℃和 0.98%/℃，分别比市场上的温度传感器（如基于 PT100 的温度计）的响应高出约 10 倍和 3 倍。在固定的偏压下，灵敏度随着温度的升高先增加到最大值，然后在温度超过 30℃后逐渐减小，这是由双金属片的特性决定的。我们实际器件在不同温度下的形变如图 7.22（f）所示。

为了确定决定温度传感器电流变化的主导因素，我们制作了两组器件进行比较。首先，我们将欧姆接触器件在不同偏置电压和不同温度下进行了表征，如图 7.23（a）所示。固定偏置电压下电流信号的变化如图 7.23（b）所示，符合温度的抛物线函数，这表明随着温度的升高，载流子（电子）的迁移率在低温下增加，然后在高温下会减少，这一现象符合先前的报道。接下来，作为对照实验，将氧化锌纳米线薄膜转移到硅和氧化铝上制造肖特基接触器件。硅衬底器件的伏安特性如图 7.23（c）所示。这些结果可以作如下解释：在低温下，随着温度的升高，金属和半导体的费米能级和带隙几乎不变，而载流子（电子）的迁移率迅速增加，导致电流增加。在高温下，随着温度的升高，载流子的迁移率逐渐降低，而费米能级的降低和带隙的减小导致肖特基势垒的上升，从而导致电流减小。与基于双金属片基底的温度传感器相比，详细的电流变化如图 7.23（d）所示。

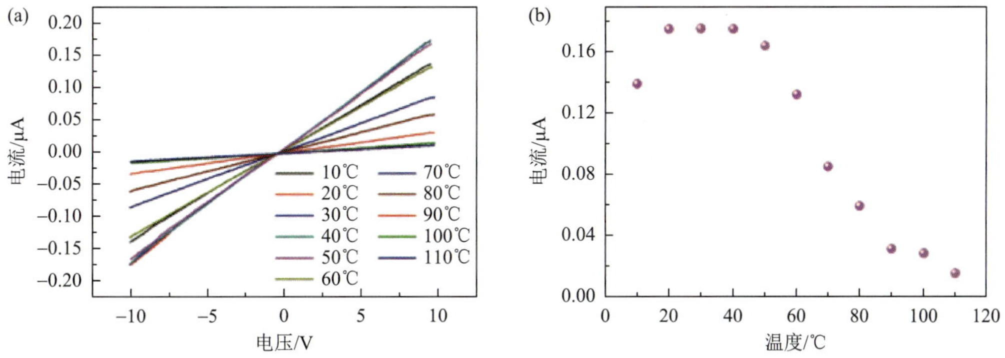

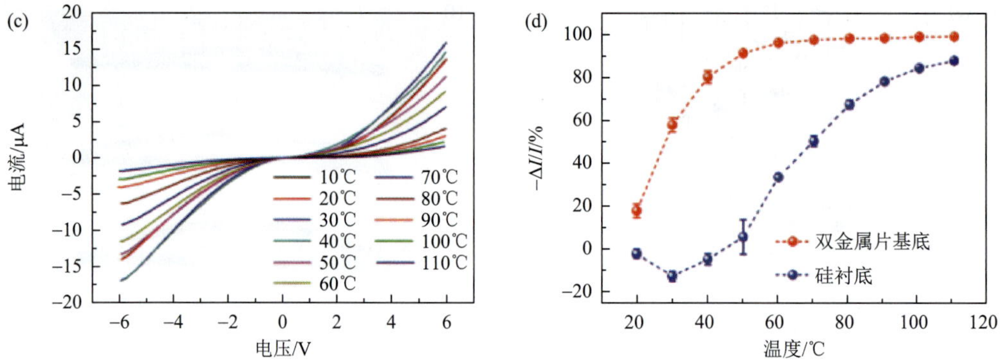

图 7.23 （a）不同温度下欧姆接触器件的伏安曲线；（b）具有欧姆接触的器件在不同温度和固定偏置电压下的电流信号；（c）具有肖特基接触和硅衬底的器件在不同温度下的伏安曲线；（d）不同温度下的归一化电流变化，蓝色曲线代表具有硅衬底的器件，红色曲线代表具有双金属片基底的器件

双金属片基器件比硅基器件表现出更明显的电流变化，表明压电电子学效应对其性能具有明显的增强效果。

通过这项工作，证实了压电电子学效应在我们所制作的器件中起主要作用，而几何效应和压阻效应的作用则次之。随后，我们还研究了在不同应变下压电电子学效应对载流子传输的影响。此外，我们还提出了基于纳米线薄膜的压电电子学器件的温度感知能力可以通过压电势进行调节，从而显著提高其灵敏度。

7.6 总　结

传感器的机理主要是利用欧姆接触的表面效应，电流变化主要是由于纳米线电阻的变化，本质上是纳米线的体积效应。与欧姆接触器件相比，利用肖特基接触的纳米线传感器的灵敏度提高了多达四个数量级[3]。通过引入压电电子学效应，我们发现可以通过压电极化电荷来调节肖特基势垒高度。

原型压电电子学增强型肖特基传感器已在各种应用场景中得到验证。我们预计这种纳米线器件结构可以进一步优化，以在未来的研究中达到更高的灵敏度。压电纳米线材料系统可以进一步拓宽，以展示此类传感器更广泛的应用。除了单个纳米线器件外，集成纳米线传感器阵列系统还可以在化学物质和应变映射方面具有进一步的应用。我们还演示了薄膜压电电子学增强型肖特基传感器。压电电子学增强型肖特基传感器可能在超灵敏传感器应用、人机接口、微机电系统（MEMS）、纳米机器人和柔性电子领域具有重要应用。

参考文献

[1] Yu R M，Pan C F，Chen J，et al. Enhanced performance of a ZnO nanowire-based self-powered glucose sensor by piezotronic effect. Advanced Functional Materials，2013，23（47）：5868-5874.

[2] Yu R M，Pan C F，Wang Z L. High performance of ZnO nanowire protein sensors enhanced by the piezotronic effect. Energy & Environmental Science，2013，6（2）：494-499.

[3] Pan C F，Yu R M，Niu S M，et al. Piezotronic effect on the sensitivity and signal level of Schottky contacted proactive micro/nanowire nanosensors. ACS Nano，2013，7（2）：1803-1810.

[4] Yu R M，Niu S M，Pan C F，et al. Piezotronic effect enhanced performance of Schottky-contacted optical，gas，chemical and biological nanosensors. Nano Energy，2015，14：312-339.

[5] Cui Y，Lieber C M. Functional nanoscale electronic devices assembled using silicon nanowire building blocks. Science，2001，291（5505）：851-853.

[6] Zheng G F，Patolsky F，Cui Y，et al. Multiplexed electrical detection of cancer markers with nanowire sensor arrays. Nature Biotechnology，2005，23（10）：1294-1301.

[7] Kuang Q，Lao C S，Wang Z L，et al. High-sensitivity humidity sensor based on a single SnO_2 nanowire. Journal of the American Chemical Society，2007，129（19）：6070-6071.

[8] Zhou J，Gu Y D，Hu Y F，et al. Gigantic enhancement in response and reset time of ZnO UV nanosensor by utilizing Schottky contact and surface functionalization. Applied Physics Letters，2009，94（19）：191103.

[9] Ku N J，Huang J H，Wang C H，et al. Crystal face-dependent nanopiezotronics of an obliquely aligned InN nanorod array. Nano Letters，2012，12（2）：562-568.

[10] Wang Z L. INEC：2010 3rd International Nanoelectronics Conference，2010，1-2：63-64.

[11] Wang Z L. Towards self-powered nanosystems：from nanogenerators to nanopiezotronics. Advanced Functional Materials，2008，18（22）：3553-3567.

[12] Yang R S，Qin Y，Dai L M，et al. Power generation with laterally packaged piezoelectric fine wires. Nature Nanotechnology，2009，4（1）：34-39.

[13] Yu R M，Dong L，Pan C F，et al. Piezotronic effect on the transport properties of GaN nanobelts for active flexible electronics. Advanced Materials，2012，24（26）：3532-3537.

[14] Zhang Z Y，Jin C H，Liang X L，et al. Current-voltage characteristics and parameter retrieval of semiconducting nanowires. Applied Physics Letters，2006，88（7）：073102.

[15] Zhou J，Gu Y D，Fei P，et al. Flexible piezotronic strain sensor. Nano Letters，2008，8（9）：3035-3040.

[16] Mao S，Lu G H，Yu K H，et al. Specific protein detection using thermally reduced graphene oxide sheet decorated with gold nanoparticle-antibody conjugates. Advanced Materials，2010，22（32）：3521-3526.

[17] Niu S M，Hu Y F，Wen X N，et al. Enhanced performance of flexible ZnO nanowire based room-temperature oxygen sensors by Piezotronic effect. Advanced Materials，2013，25（27）：3701-3706.

[18] Hu Y F，Liu Y，Li W L，et al. Observation of a 2D electron gas and the tuning of the electrical conductance of ZnO nanowires by controllable surface band-bending. Advanced Functional Materials，2009，19（15）：2380-2387.

[19] Xue F，Zhang L M，Tang W，et al. Piezotronic effect on ZnO nanowire film based temperature sensor. ACS Applied Materials & Interfaces，2014，6（8）：5955-5961.

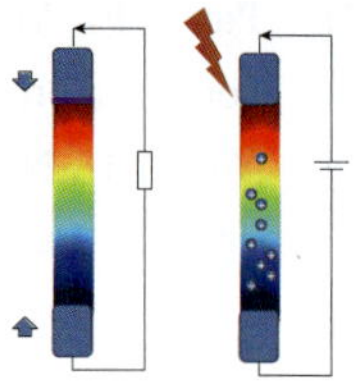

第 8 章

压电电子学效应对自旋输运的影响

摘　要

Rashba 自旋轨道耦合（Rashba SOC，RSOC）是半导体自旋电子学中研究的核心问题之一，可允许通过电场而非外部磁场来操纵电子自旋，这对发展超高速和高集成度的先进电子器件具有十分广阔的前景。新兴的压电电子学效应是许多具有非中心对称结构的半导体的固有特性，例如氧化锌和氮化镓。Rashba SOC 可以通过压电电子学效应而不是门极电压来有效调控，避免门极电压调控易引起的背景噪声或在测量中导致的短路，特别是对于纳米尺度的自旋电子器件。内建压电势与压电电场还可以有效地调控拓扑绝缘体中的自旋输运性能。基于碲化汞/碲化镉量子阱结构的拓扑绝缘体的性质，可以通过压电势进行调制，这是压电电子学效应对量子态的调控结果。压电势不仅可以确保未来自旋器件在静态压力或应变下的稳定性，而且可以在无需额外能量的情况下工作。该原理为基于压电材料开发高性能器件提供了一种新途径，在低能耗和量子计算领域具有潜在的应用。

8.1　压电电子学效应对 Rashba 自旋轨道耦合的影响[1]

8.1.1　基本机制

在没有外部磁场的作用下，能带自旋简并性可以被消除，这种情况下非中心对称晶体中的自旋轨道耦合（SOC）作为一种相对论效应，是电子自旋与轨道自由度耦合[2-4]。利用 SOC 可在半导体中对自旋进行操控和检测，是实现新型自旋电子器件的关键。在低维半导体中，SOC 源于由结构反演不对称（SIA）引起的 Rashba 项和由体反演不对称（BIA）引起的 Dresselhaus 项[2, 5, 6]。BIA 取决于晶格尺寸、温度和电子密度等，是由于晶体本身缺乏空间反演中心而产生的，通常存在于纤锌矿结构材料中，而 SIA 通常是由异质结构的不对称性引起的，通常与晶体晶格无关。SIA 可能源于不同种类异质结构的不对称性，如非等效的正常和反转界面、量子阱的非对称掺杂、量子阱的非对称形状，以及外部或内建电场（内建电场越大，SIA 通常越强）等[2, 7]。因此，与 Dresselhaus SOC 相比，Rashba SOC 因其可以通过人工微结构设计进行定制，并通过施加栅压进行调制，引起了更多的关注。

在量子阱、二维电子气和基于Ⅲ-Ⅴ族化合物半导体的薄膜中进行了 Rashba SOC 的相关研究[8-12]，在金、铱或银化铋（111）合金等重金属表面也已证实 Rashba SOC 的存在[13-15]。最近的研究表明，Rashba 效应也可以在有机-无机杂化钙钛矿中实现[16-18]。研究人员在近期发现拓扑绝缘体[19]和过渡金属硫化合物[20]具有很强的 Rashba SOC。具有体反演不对称性的结构也显示出能带结构中的 Rashba SOC 分裂。例如，极性半导体碘碲化铋显示出与拓扑绝缘体表面上发现的一样大的体 Rashba SOC[21]。最近，在二维锑化铋单层中发现了大的可调谐 Rashba 自旋分裂[22]。研究人员在具有一维纳米线结构的半导体中观察到了强 Rashba SOC，例如通过栅极电压调节的锗/硅核壳单纳米线[23]和砷化铟单纳米线[24]。然而，外部电场通常需要电源，这容易带来背景噪声或导致测量短路，特别是对于纳米尺度的自旋电子器件。此外，这些设备通常需要特别的生长技术或复杂的微纳加工工艺。因此，如果能够在纳米线中实现有效调控 Rashba SOC，将有利于未来纳米自旋电子技术的发展。

近期，由于低成本、简便的制造过程以及优异的压电性能，氧化锌纳米线受到了广泛关注，其潜在应用包括紫外光电子学、透明高功率电子器件以及压电传感器[25-27]。氧化锌可具有 3.4eV 的宽带隙和 60meV 的激子结合能，这使其在未来自旋电子器件的室温操作方面具有很大潜力。此外，人们还对氧化锌薄膜和量子点感兴趣，因为它们具有较长的自旋弛豫时间，有望实现在自旋电子器件中的应用[28-32]。但目前的主要问题是这些材料通常需要通过复杂且昂贵的工艺来生长，例如使用分子束外延技术。与此不同的是，氧化锌纳米线可以通过低温水热法在基底上以较低的成本进行生长，并且能够保持高质量的晶体取向。在正应力作用下，由于非中心对称的纳米线纤锌矿结构中存在压电效应，异质结或界面诱导的压电极化电荷可以作为栅极电压来调节和控制压电器件的电流，例如压电场效应晶体管、应变栅控晶体管和压电逻辑器件[27, 33-36]。压电势不仅可以在静态压力或应变下保持稳定，从而确保下一代自旋器件的稳定性，而且无需额外能量。因此，使用晶体内部压电势而不是外部栅极电压来操控纳米线中的 Rashba SOC，是一个重要的研究方向。通过简单的外部压力或应变来调控自旋器件的性能，对未来的自驱动纳米自旋电子器件大有裨益。据我们所知，通过应变本身来操控自旋输运的效率较低。在纳米线中实现 Rashba SOC 的高效压电效应调控，会成为有助于实现性能卓越的下一代自旋电子器件的理想平台[37]。

8.1.2　器件制造

在 PET 柔性基板上生长直径约 100nm、长度 800nm 的氧化锌纳米线阵列，并可简单制备 ZnO/P3HT 界面以有效产生结构反演不对称性，从而诱导 Rashba SOC。这里，P3HT

是一种 p 型聚合物，在弯曲应变下具有高机械性能。P3HT 也可以轻松地旋涂在氧化锌纳米线的侧面周围。我们使用圆偏振光伏效应（CPGE）（一种即使在室温下也具有强 SOC 的回旋光半导体中评估 SOC 强度的灵敏方法）来研究基于 ZnO/P3HT 的器件的 Rashba SOC。我们发现，通过简单弯曲器件所引起的氧化锌纳米线阵列中的晶体内压电势，可以有效地操纵 Rashba SOC，在 0.8%压缩应变下，与未施加应变相比，Rashba SOC 增强了 2.6 倍。事实上，这些器件可以直接在高密度纳米线阵列上大面积制备，这非常吸引人，因为传统研究是在单个或少量纳米线上进行的。这项研究展示了通过压电效应在大规模柔性自旋电子器件上进行自旋操控的方法。

该器件的制备工艺如图 8.1（a）所示。紫外-可见光-红外（UV-vis-IR）吸收光谱准确地表示分别对应于氧化锌（约 395nm）和 P3HT（约 650nm）的光学吸收带边缘（图 8.1（b））。伏安曲线（图 8.1（b））显示出不良的欧姆接触，这是 n-ZnO 和 p-P3HT 之间的弱 p-n 结特性（仅在 100℃空气中退火 2min）所致。该器件基于在 ITO 涂层的 PET 基底上生长的 n-ZnO/p-P3HT 核壳纳米线阵列，氧化锌纳米线的 *c* 轴从基底指向上方，如图 8.1（c）、（d）所示。TEM 和 SEM 图像（图 8.1（c）～（f））显示了生长的氧化锌纳米线阵列和旋涂 P3HT 的氧化锌纳米线阵列，呈锥形，长度约为 800nm，底部直径约为 100nm。值得注意的是，P3HT 涂层的氧化锌纳米线阵列的表面通过氩等离子体进行清洁，以暴露

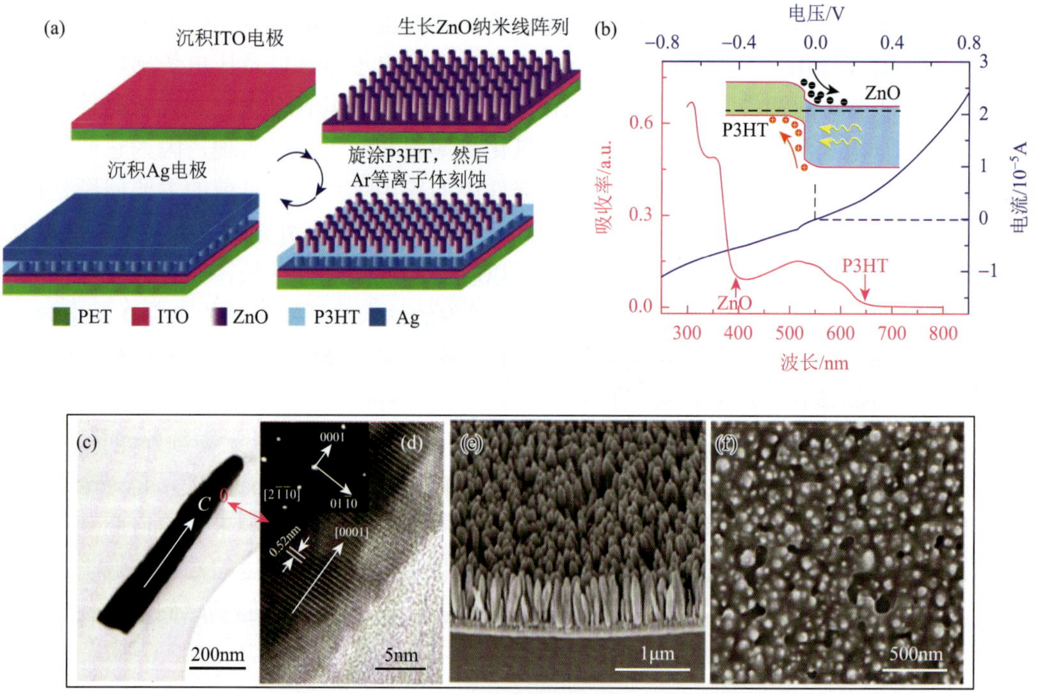

图 8.1 器件的表征。（a）装置的制造过程；（b）器件的 UV-vis-IR 吸收光谱和伏安特性；（c）氧化锌纳米线低放大倍数的 TEM 图像；（d）氧化锌纳米线的 HRTEM 图像，左上角的插图表示氧化锌纳米线的 SAED 图案；（e）SEM 图像显示的氧化锌纳米线阵列侧视图；（f）SEM 图像显示的带有旋涂 P3HT 的氧化锌纳米线阵列顶视图[1]

氧化锌纳米线阵列的顶端，以便与银电极实现近欧姆接触，如图 8.1（f）所示。旋涂的 P3HT 还可以增强器件在机械力作用下的耐受性。

8.1.3 输出特性

光电流测量如图 8.2（a）所示。我们将氧化锌纳米线的$-c$生长方向定义为 z 轴，将垂直于氧化锌纳米线阵列的两个正交方向定义为 x 轴和 y 轴（图 8.2（a））。存在 CPGE 的半导体通常是具有较强 SOC 的旋光介质，因此该效应通常由左（σ^-）或右（σ^+）圆偏振光激发的角动量选择规则控制[2]。CPGE 电流可以定量地描述为

$$j_\lambda = \sum_\mu \chi_{\lambda\mu} \hat{e}_\mu {E_0}^2 P_{\text{circ}} \tag{8.1}$$

其中，j 是光电流密度；χ 是 CPGE 二阶赝张量；E_0 是光的电磁波电场的复振幅；P_{circ} 是圆偏振度；$\hat{\boldsymbol{e}} = \boldsymbol{q}/q$ 是指向光传播方向的单位矢量，$\boldsymbol{q}$ 是介质内的光波矢量。χ 包含有关 SOC 的信息。入射辐射的螺旋度由 $P_{\text{circ}} = \dfrac{I_{\sigma^+} - I_{\sigma^-}}{I_{\sigma^+} + I_{\sigma^-}} = \sin(2\varphi)$ 给出，其中 φ 是电场矢量的 x 分量和 y 分量之间的相位角。事实上，Zhang 等报道了氧化锌外延薄膜（约 0.7μm）中，在带间激发下观察到强烈的平面 CPGE，这一现象是氧化锌中的强 SOC 或氧化锌的反转价带结构所致[29]。然而，这些氧化锌薄膜是通过一种成本较高的分子束外延技术生长的。在这项工作中，我们在一种低成本的 n-ZnO/p-P3HT 核壳纳米线阵列中演示了较强 CPGE 电流。通过测量纳米线阵列两电极间的光电流，作为四分之一波片旋转角度 φ 的函数，如图 8.2（b）所示，其中入射角固定在 $\theta = 45°$。测得的光电流可以通过经验公式进行拟合：

$$J_{\text{total}} = J_{\text{CPGE}} \sin(2\varphi) + J_{\text{LPGE}} \sin(2\varphi)\cos(2\varphi) + J_{\text{PV}} \tag{8.2}$$

其中，J_{CPGE} 是 CPGE 电流的幅度；J_{LPGE} 是由电子不对称散射或光吸收各向异性引起的线性光电效应（LPGE）电流的幅度；J_{PV} 代表源自光伏的与偏振无关的光电流（PV 电流）效应（在这种情况下忽略光生电子密度梯度所引起的小的 Dember 效应）[2]。LPGE 电流以 π/2 为周期以角度 φ 振荡，而 CPGE 电流以 π 为周期以角度 φ 振荡。从图 8.2（b）的

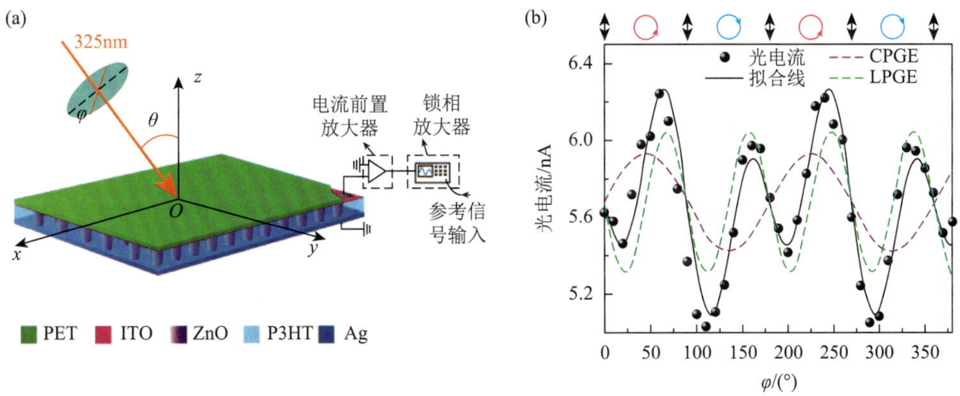

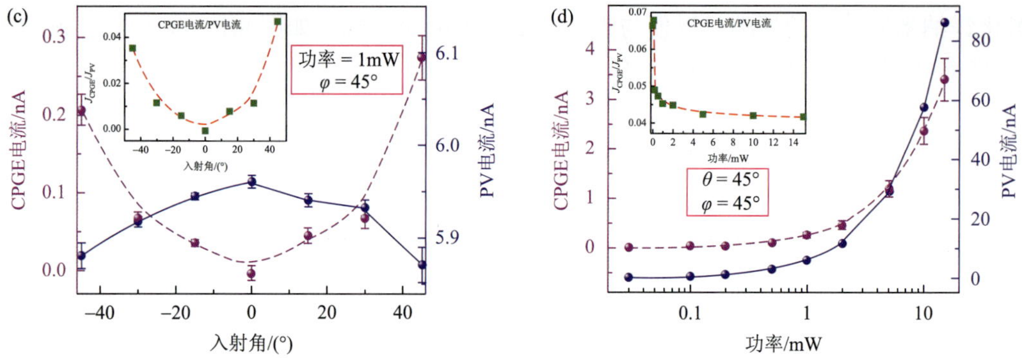

图 8.2　光电流测量及其对入射角度和光功率的依赖性。（a）CPGE 电流测量装置示意图；（b）室温下 1mW 光照射下 45°斜入射时测得的光电流与相位角 φ 的函数关系，黑线是拟合线，提取了 CPGE 和 LPGE 电流，分别用粉色和绿色虚线显示，CPGE 和 LPGE 电流的基线实际上是零，但为了对比而进行了移位；（c）提取的 CPGE 电流和 PV 电流作为入射角的函数，插图是通过相应的 PV 电流归一化的 CPGE 电流；（d）提取的 CPGE 电流和 PV 电流作为激光器激发功率的函数，插图是根据相应的 PV 电流进行归一化的 CPGE 电流[1]

拟合曲线可以看出，J_{CPGE} 和 J_{LPGE} 的数量级相同，而 J_{PV} 比 J_{CPGE} 或 J_{LPGE} 大 1 个数量级左右。由于使用了四分之一波片，光的最大线性偏振和 LPGE 信号之间存在相移。我们不再进一步讨论 LPGE，因为它与 SOC 无关。

CPGE 和 PV 提取出的电流幅值分别作为入射角的函数，如图 8.2（c）所示，其中插图是相应 PV 电流归一化的 CPGE 电流。在正入射角和负入射角下，PV 电流都会减少，这是由较大入射角下光的反射增加和吸收减少所致。具有感应内建电场的 n-ZnO/p-P3HT 异质结界面导致平行于内建电场方向的结构反演不对称性。因此，在 n-ZnO/p-P3HT 异质结界面处产生 Rashba SOC，这进一步引起氧化锌纳米线表面（与 P3HT 直接接触）能带的自旋分裂。因此，在倾斜入射光下观察到可检测的 CPGE 电流。从群对称性的角度来看，P3HT/ZnO 异质结中的内建电场降低了纳米线表面的对称性，导致 χ_{zy} 和 χ_{zx} 的非零项，这就是 z 方向 CPGE 电流的起源（氧化锌纳米线的 c 轴）[2]。图 8.2（c）中，CPGE 电流在正负入射角下均增加，这与先前文献中观察到的在平面样品（平行于 x-O-y 平面）中几乎呈线性趋势不同[29, 37-39]。在这些先前的研究中，J_{CPGE} 可以通过以下现象学表达式来描述：$J_{\text{CPGE}} \propto (\alpha+\beta)I\sin(\theta)$，其中 α 和 β 分别是 Rashba SOC 和 Dresselhaus SOC 系数，I 是光强度，θ 是入射角。显然，在光强度固定的情况下，CPGE 电流的幅值与总 SOC 系数（$\alpha+\beta$）和 $\sin(\theta)$成正比。在小角度($|\theta|\leqslant 45°$)下，可以得到$\sin(\theta)\approx\theta$，这归因于以往研究中 J_{CPGE} 的入射角依赖性近似呈线性趋势。然而，在这种面外结构中，检测到的与自旋相关的电流垂直于 x-O-y 平面，负入射光$(\theta=-\theta_0, 0°\leqslant\theta_0\leqslant 45°)$等同于相应的正光入射$(\theta=+\theta_0)$。因此，$J_{\text{CPGE}}$ 应该用如下表达式来描述：

$$J_{\text{CPGE}} \propto (\alpha+\beta)I\,|\sin(\theta)| \tag{8.3}$$

我们研究了入射角 $\theta=+45°$下 J_{CPGE}（即 $\varphi=45°$的 CPGE 电流幅值）和 J_{PV} 的功率依赖性，如图 8.2（d）所示。我们发现随着光功率从 0.03mW 增加到 15mW，J_{CPGE} 和 J_{PV} 都呈现线性增加。从图 8.2（d）的插图中可以看出，随着功率从 0.03mW 增强到 2mW，

相应 PV 电流的归一化 CPGE 电流显示出急剧下降，但当功率从 2mW 增强到 15mW 时下降趋势趋于平缓，这是由于在照明后光伏效应部分屏蔽了 n-ZnO/p-P3HT 异质界面处的内建电场[40, 41]。因此，减弱的内建电场降低了自旋分裂能；这也反过来表明，n-ZnO/p-P3HT 异质结界面的自旋分裂主要源于 Rashba 效应[40, 41]。值得注意的是，通过提高 ZnO 纳米线的结晶度，有可能增强 SOC。

我们研究了光电流的应变依赖性。压缩应变和拉伸应变下的 CPGE 电流测量示意图如图 8.3（a）所示。图 8.3 中显示的压缩应变和拉伸应变值是根据带有附加纳米线阵列的 PET 的表面变形计算的（不考虑纳米线阵列的厚度），而不是直接施加在纳米线阵列上的值。在压缩和拉伸应变下的斜入射 ($\theta = +45°$) 条件下，光电流与相角的函数关系如图 8.3（b）所示，从中我们可以看到，随着压缩应变的增加，最大峰值的数量从 4 个逐渐减少到 2 个，而 4 个最大峰值在拉伸应变增加时逐渐相当。通过使用式（8.2）拟合实验数据，我们提取了压缩应变和拉伸应变下 $\theta = +45°$ 倾斜入射的 CPGE 电流作为相位角的函数（图 8.3（c））。CPGE 电流的幅值随着压缩应变从 0%上升到–0.8%而增强，而随着拉伸应变从 0%上升到 + 0.8%而受到抑制。0.8%压缩应变下的 CPGE 与无应变时相比增强了 2.6 倍。

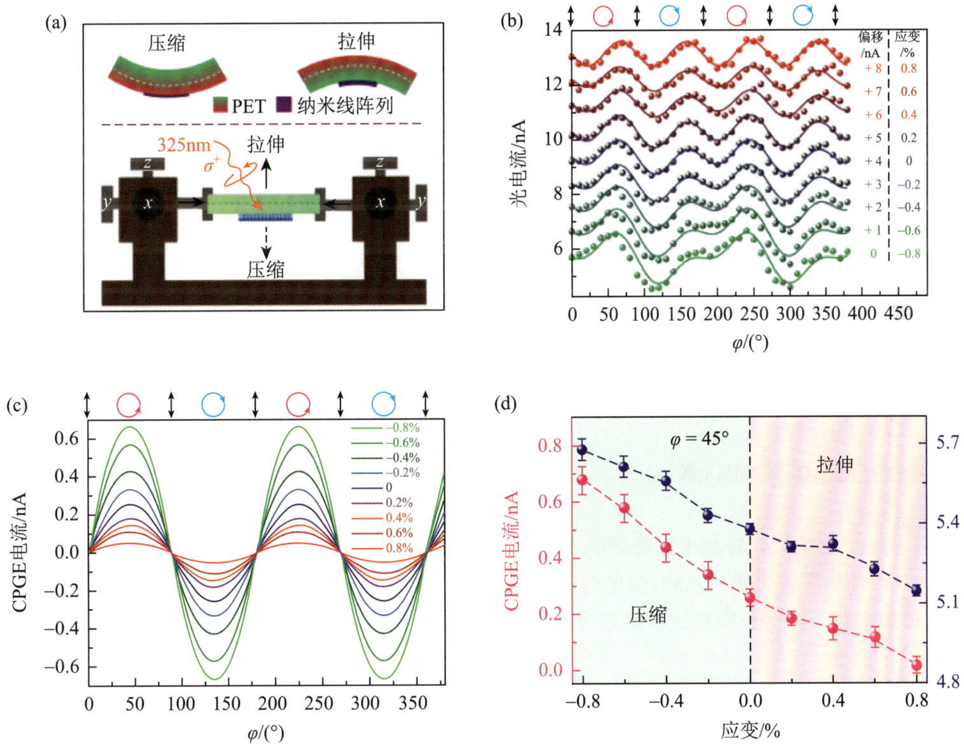

图 8.3　光电流作为应变的函数。（a）压缩应变和拉伸应变下 CPGE 电流测量的设置；（b）在室温下施加压缩应变和拉伸应变时，在 $\theta = +45°$倾斜入射和 1mW 光照强度下，测得的光电流与相位角 φ 的函数关系，彩色线是拟合线，数据和拟合线有意进行移动以便于清晰显示；（c）在室温下施加压缩和拉伸应变时，提取的 CPGE 电流作为 $\theta = +45°$倾斜入射的相位角的函数；（d）CPGE 和 PV 电流的幅度作为斜入射 $\theta = +45°$应变的函数[1]

因此，与其他半导体系统相比，ZnO/P3HT 异质结界面中产生了更强的 SOC，其中相应的 CPGE 电流（约 650nA/W，见图 8.3（c））是 ZnO 薄膜中的（约 80nA/W）8 倍[29]。并且电流超过氮化铟薄膜[9]、氮化镓/铝镓氮异质结[42]和 n 型砷化镓量子阱[43]约 2 个数量级。然后计算了 CPGE 和 PV 电流（$\varphi = +45°$）的幅度作为 $\theta = +45°$ 斜入射应变的函数，如图 8.3（d）所示。CPGE 和 PV 电流的幅度随着应变从–0.8%变化到 + 0.8%而几乎呈线性下降。稍后将讨论并解释这一现象的可能机制。

为了检查氧化锌纳米线阵列中是否存在 Dresselhaus SOC，我们制备没有旋涂 P3HT 的氧化锌纳米线阵列器件。在器件短路的情况下，将一薄层 PMMA 旋涂在合成的氧化锌纳米线阵列上，随后进行 O_2 等离子体蚀刻以暴露纳米线的顶部，如图 8.4（a）所示。起初，我们认为只有在氧化锌纳米线阵列的情况下才能感应出可检测的 CPGE 电流，该电流可以通过由晶体结构本身的变化所导致的对称性破缺而产生的应变来调节。在压缩应变和拉伸应变下，$\theta = +45°$倾斜入射时测得的光电流与相角 φ 的函数关系，如图 8.4（b）所示，从中我们可以看到，只有 LPGE 电流，没有明显的 CPGE 电流。这可能是与晶体结构本身的变化引起的 SOC 不够强有关，以至于我们至少在当前的纳米线阵列系统中观察不到可检测的 CPGE 电流。由于该器件能带中不存在强自旋分裂，如图 8.4（c）所示，因此动量空间中没有足够的非平衡分布的光生电子；因此，不应观察到 CPGE 电流。这一比较进一步证明 n-ZnO/p-P3HT 异质结界面确实产生了强 Rashba SOC。更重要的是，通过在纳米线中施加应变而产生的压电势可以有效地用来控制 Rashba SOC 的强度。这些变化趋势与即将提出的压电势门控模型的预期结果一致。

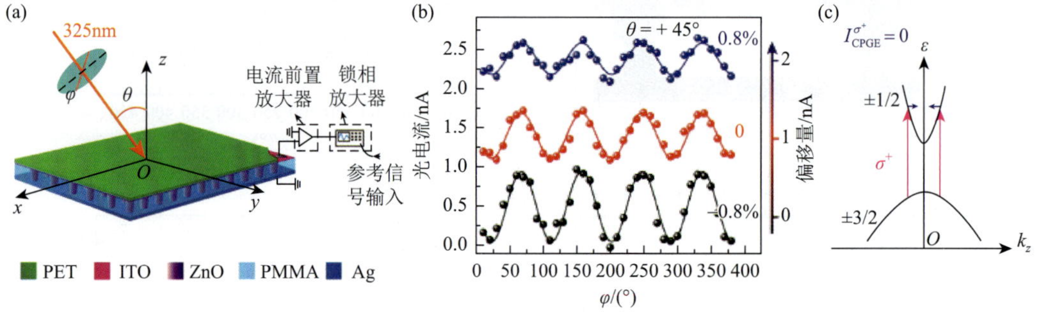

图 8.4 无 P3HT 层的氧化锌纳米线阵列的无 CPGE 电流演示。（a）CPGE 电流测量装置的示意图；（b）室温下–0.8%压缩应变和 0.8%拉伸应变下，斜入射 $\theta = +45°$时的光电流与相角 φ 的函数关系，彩色线是拟合线，数据和拟合线有意进行移动以便于清晰显示；（c）CPGE 电流为零条件下的光转换图[1]

8.1.4 压电电子学效应对自旋轨道耦合的影响

我们研究了 Rashba SOC 的压电电子学效应。由于有机聚合物 P3HT 不具有压电效应，因此我们的讨论主要集中在氧化锌核的压电效应上。氧化锌具有非中心对称纤锌矿结构，其中阳离子和阴离子呈四面体配位。基本单元上的应变导致阳离子和阴离子沿 c 轴极化，这是晶体内部产生压电势的原因。通过由氧化锌纳米线阵列在应变下引起的压电势门对 CPGE 电流的操纵，可以数值计算其压电势分布的示意性结构、P3HT/ZnO 界面处的能带结构的不对称性以及能带自旋分裂的示意图，如图 8.5 所示。压电势分布是通过有限元分析方法（COMSOL）进行数值模拟计算，其中直径、长度和施加压力分别为 100nm、800nm 和 60MPa。应该指出的是，本工作中显示的应变（图 8.3 和图 8.4）实际上是根据 PET 基材表面的形变计算的；因此，由于 P3HT/ZnO 纳米线阵列薄膜的弹性模量比 PET 基底更大，则氧化锌纳米线上的应变应该更小一些。

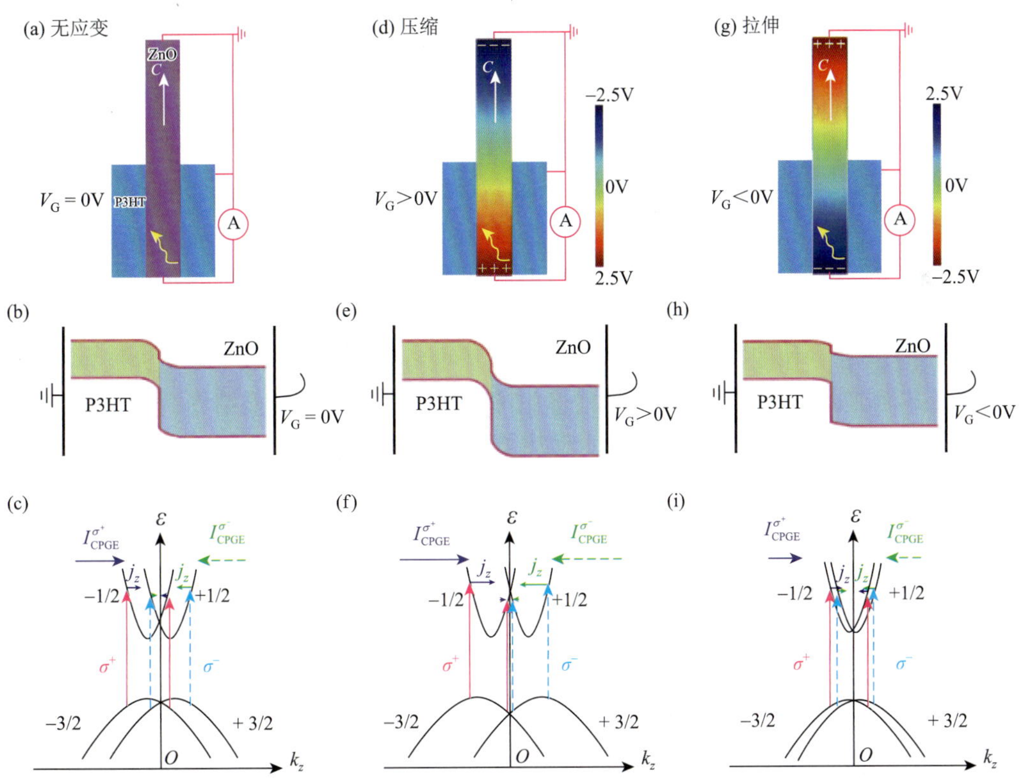

图 8.5　通过压电电子学效应操纵 Rashba SOC 的示意图。（a）具有中等 CPGE 电流的无应变样品的示意图；（b）栅极压电势为 0V 时 P3HT/ZnO 的能带结构示意图；（c）当右（左）旋圆偏振光将氧化锌纳米线表面电子激发至高能级时，由能带自旋分裂引起的 CPGE 电流示意图；（d）压缩应变样本的示意图，显示相应的压电电荷和氧化锌中的压电势分布，压电势分布通过有限元分析方法（COMSOL）进行数值模拟，其中直径、长度和施加压力分别为 100nm、800nm 和 60MPa；（e）门压压电势为正时 P3HT/ZnO 的能带示意图，表明能带结构不对称性增强；（f）能带自旋分裂增强引起的增强 CPGE 电流示意图；（g）具有拉伸应变的样品示意图，显示与（d）相反的压电电荷和压电势分布；（h）门压压电势为负时 P3HT/ZnO 的能带示意图，显示能带结构不对称性减弱；（i）由能带自旋分裂减弱引起的 CPGE 电流减少示意图[1]

顶部银电极接触氧化锌纳米线和 P3HT（图 8.5（a）、（d）、（g）），这是有意为之的设计。因为如果只连接氧化锌纳米线的底部和 P3HT，则由于 P3HT/ZnO 界面内的电场，将会检测到较为强烈的光伏电流。但在隐藏的 CPGE 电流存在的情况下，应该尝试减少光伏电流的大小。换句话说，虽然我们需要诱导一个不对称的界面（P3HT/ZnO），但我们也必须阻止光伏效应的发生。因此，通过顶部银电极接触氧化锌纳米线和 P3HT 是分摊光伏电流的好方法；结果是，通过电流表的光伏电流将会减少。同时，由不对称的界面（P3HT/ZnO）引起的 CPGE 电流将沿着氧化锌的 c 轴方向流动，并被故意设置为短路的氧化锌纳米线电路电流表收集。正是 P3HT/ZnO 的不对称界面引起的内部自旋轨道耦合，导致了与自旋相关的沿[0001]方向的 CPGE 电流，而 CPGE 电子不会流经 p-P3HT。

当在不施加应变的情况下测量器件时，氧化锌中的压电势为零，如图 8.5（a）所示。这种情况下 ZnO/P3HT 界面的能带图如图 8.5（b）所示，其中中等强度的内建电场导致法线方向（垂直于氧化锌 c 轴）的结构反演不对称，从而在氧化锌纳米线表面引起中等强度的 Rashba SOC。然后，中等强度的 Rashba SOC 导致了能带的自旋分裂，如图 8.5（c）所示。当圆偏振光（325nm）倾斜照射在样品上时，根据光学跃迁选择规则，自旋极化电子将在动量空间的 k_z 方向上获得非平衡分布。因此，对于左旋和右旋圆偏振光，检测到的 CPGE 电流具有相反的符号。当在压缩应变下测量器件时，在氧化锌纳米线的 c 轴方向上产生压电势分布，氧化锌纳米线的底部为正压电电荷，顶部为负压电电荷，如图 8.5（d）所示。靠近氧化锌纳米线底部的压电势可以被视为正栅极电压，用来调节 ZnO/P3HT 界面的能带。如图 8.5（e）所示，正栅极压电势更显著地降低了氧化锌侧异质结界面的能带。然而，由于正栅极压电势而产生的栅极电场作用于异质结界面，因此增强了异质结界面处的内建电场，从而进一步增加了氧化锌纳米线表面的 Rashba SOC。由于氧化锌纳米线表面 Rashba SOC 的增强，能带的自旋分裂增加，导致了 CPGE 电流的增加，如图 8.5（f）和图 8.3（d）所示。Rashba SOC 仅源自 ZnO/P3HT 界面处的内建电场。因此，氧化锌/银接触的肖特基势垒变化可以影响光伏电流，但不应对 Rashba SOC 产生影响。实际上，氧化锌/银形成的是欧姆接触。

当器件在拉伸应变下进行测量时，沿着氧化锌纳米线的 c 轴方向会引起相反的压电势分布，并在氧化锌纳米线的两端出现相反的压电电荷分布，如图 8.5（g）所示。靠近氧化锌纳米线底部的压电势起到负门极电压的作用，从而抵消了 ZnO/P3HT 界面处的内建电场，如图 8.5（h）所示，这减弱了界面垂直于氧化锌纳米线 c 轴方向的结构反转不对称性，并进一步降低了氧化锌纳米线表面的 Rashba SOC。氧化锌纳米线表面（与 P3HT 直接接触）的 Rashba SOC 减小，能带的自旋分裂减弱，导致氧化锌纳米线沿 c 轴方向的 CPGE 电流减小，如图 8.3（d）和图 8.5（i）所示。是内建电场的减弱，而不是氧化锌纳米线体能带上升，调整了 SIA。当自旋极化电子在氧化锌纳米线中传输时，它们也会受到沿纳米线压电势的驱动。然而，对于右旋和左旋自旋光电流来说，它们的影响是相同的，沿纳米线生长方向的压电势对光电流的影响应该只是光伏电流中的背景。同时，ZnO/P3HT 界面处有效内建电场的变化（图 8.5（e）、（h）），也导致了压缩和拉伸应变下光伏电流的增强和减弱，如图 8.3（d）所示。

关于其他效应，存在一些争议。首先，内建电场在 P3HT/ZnO 界面内分布，总的面内内建电场为零。即使生长过程被精确控制，局部纳米线阵列仍然存在空间非均匀性，但如果考虑到较大区域（2mm×2mm，照射光斑直径约为 1mm），则这个效应可以忽略不计。其次，纳米线之间相互作用的影响（例如局部电场分布的增强或变化）可能对 CPGE

电流产生一定影响（可能会打破面内的对称性），但其贡献应该远小于压电势的贡献。因为 0.8%的应变不能太大程度地改变氧化锌纳米线的形变，局部电场分布的变化应该很小。然而，与未施加应变的状态相比，0.8%的压缩应变下的 CPGE 电流增强了 2.6 倍。如此强烈的 Rashba SOC 调制可能是由于可以有效施加在 P3HT/ZnO 界面上的大压电势，而不太可能是由于局部电场分布的微小变化。第三，尽管 CPGE 通常伴随着光伏效应，但光伏效应只是 CPGE 的背景，而 CPGE 是一种与偏振无关的效应（换句话说，光伏效应不应随四分之一波片的方位角而改变）。

通过以倾斜角度照射偏振可调光来研究 ZnO/P3HT 纳米线阵列结构中的螺旋度相关光电流。通过观察 CPGE 电流，展示了由 ZnO/P3HT 异质界面产生的强 Rashba SOC。随着入射角的增加，CPGE 电流在正、负角度下均显示出增强。我们发现，ZnO/P3HT 异质结界面处的 Rashba SOC 在光照后被光伏效应部分屏蔽。另一方面，我们展示了通过氧化锌纳米线中的晶体内压电势（作为栅极电压）调节 Rashba SOC 的研究，该压电势是通过利用压电效应施加应变而产生的，而不是应用外部栅极电压。值得注意的是，这种实现和调节自旋光电流的机制不应局限于氧化锌纳米线阵列结构，我们的发现可以推广到其他纤锌矿结构压电纳米线，并且 P3HT 也应该可以被其他有机层替代。压电势不仅可以在静态压力或应变下保持稳定，而且可以在不需要额外能量的情况下工作；因此，这项研究展示了一种通过压电电子学效应在大规模柔性自旋电子设备上操控 Rashba SOC 的具有应用前景的方法。

8.2　压电电子学效应对拓扑绝缘体的影响

8.2.1　基本器件结构

基于拓扑绝缘体（TI）的压电晶体管是一种量子压电电子学器件，它是利用压电电场在量子点接触（QPC）上来控制拓扑绝缘体的电导[44, 45]。为了说明基于拓扑绝缘体的压电电子学晶体管，图 8.6 显示了在碲化汞一侧具有分裂栅极的碲化汞/碲化镉量子阱结构。左门和右门之间的收缩作为一个量子点接触。量子点接触的宽度可以通过压电势来调节。图 8.6（a）显示了无压电势的量子点接触的无带隙结构，这是基于碲化汞/碲化镉量子阱结构的典型拓扑绝缘体。在没有压电势的情况下，电流可以通过量子点接触区域，该状态是该设备的“开启”状态。当压电势增加时，量子点接触的宽度减小。当应力形成能带间隙时，导电通道关闭，如图 8.6（b）所示。因此，电子将被阻挡并反射回来，从而产生“关闭”状态。

初始状态是未施加应变的拓扑绝缘体状态。通过施加应变，拓扑绝缘体状态的能带结构从无间隙变为有间隙。在碲化汞/碲化镉量子阱结构的情况下，应变引起的压电电场平行于拓扑绝缘体的表面。压电电场的方向也可以垂直于拓扑绝缘体的表面。例如，在氮化镓/氮化铟/氮化镓量子阱结构的情况下，当应变产生的压电场增加时，能隙变小。除

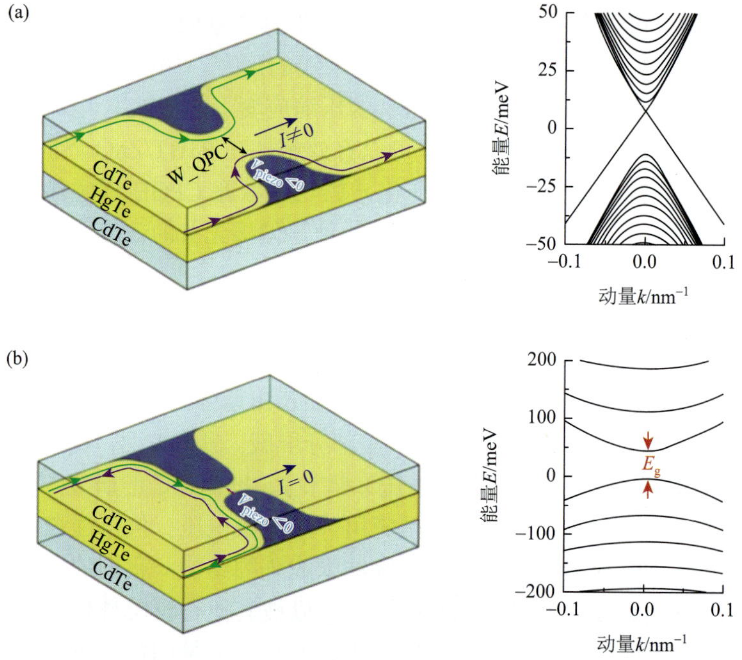

图 8.6　碲化汞/碲化镉拓扑绝缘体中 QPC 控制的电子输运和能带示意图。自旋向上（绿色线）和自旋向下（紫色线）的电子沿着边界传输。（a）宽 QPC 的无间隙狄拉克锥；（b）狭窄 QPC 出现的能隙 E_g[45]

了上述两种类型的基于拓扑绝缘体的压电电子学晶体管之外，还有可能使用压电电场来控制拓扑绝缘体状态的结构，例如砷化镓/锗/砷化镓量子阱和二维过渡金属硫化物，如二硫化钼、二硒化钼和二硒化钨。

8.2.2　基础理论

量子阱中的电子输运可以用薛定谔方程描述：

$$H\psi = E\psi \tag{8.4}$$

其中，H 是哈密顿量；ψ 是波函数；E 是本征值。通过在边界条件下求解薛定谔方程，可以得到波函数，进而计算输运性质，包括态密度（DOS）、透射率和电导率。

以典型的碲化汞/碲化镉量子阱拓扑绝缘体为例，其电子性质可以用 Bernevig-Hughes-Zhang（BHZ）模型的四能带哈密顿量来描述：

$$H(k)=\begin{bmatrix} \varepsilon_k + M_k & Ak_- & 0 & 0 \\ Ak_+ & \varepsilon_k - M_k & 0 & 0 \\ 0 & 0 & \varepsilon_k + M_k & -Ak_+ \\ 0 & 0 & -Ak_- & \varepsilon_k - M_k \end{bmatrix} \tag{8.5}$$

其中，$k = (k_x,k_y)$ 是电子的面内动量，$\varepsilon_k = C + V(x) - Dk^2$，$M_k = M - Bk^2$，$k_\pm = k_x \pm \mathrm{i}k_y$，$k^2 = k_x^2 + k_y^2$，$V(x)$是量子阱的限制势，$A$、$B$、$C$、$D$ 和 M 是描述碲化汞/碲化镉量子阱能带结构的展开参数。碲化汞/碲化镉量子阱的拓扑性质取决于碲化汞层的厚度，其具有临

界值 d_c。当厚度小于临界厚度 d_c 时，量子阱处于普通绝缘体状态。当厚度大于 d_c 时，量子阱的能带结构符合拓扑绝缘体所描述的能带结构。在本研究中，碲化汞的厚度设置为 7nm（$>d_c = 6.3$nm），这是器件拓扑绝缘体态的典型值。本研究中使用的材料参数为 $A = 364.5\text{meV}\cdot\text{nm}$，$B = -686\text{meV}\cdot\text{nm}^2$，$C = 0$，$D = -512\text{meV}\cdot\text{nm}^2$，$M = -10\text{meV}$。电导由 Landauer-Büttiker 公式给出：

$$G = G_0 \sum_{m,n} | t_{nm} |^2 \tag{8.6}$$

其中，t_{nm} 是电子从第 n 个输入模式到第 m 个输出模式的透射系数；G_0 是量子化电导，定义为 e^2 / h。考虑到沿[111]方向生长的闪锌矿结构碲化镉，在 y-z 平面的剪切应变 s_{23} 下，压电势由下式给出：

$$V_{\text{piezo}} = \frac{e_{14} s_{23} L_{\text{CdTe}}}{\varepsilon_r \varepsilon_0} \tag{8.7}$$

式中，e_{14} 为碲化镉的压电系数；L_{CdTe} 为拓扑绝缘体中碲化镉的长度；ε_r 为相对介电常数；ε_0 为真空介电常数。

8.2.3　计算结果

图 8.7（a）显示了量子阱中应变调制示意图。应变感应压电势施加在位于碲化汞/碲化镉量子阱顶部的左右栅极上。分裂栅极会影响量子阱耗尽区的扩展，从而限制电子通过。在基于碲化汞/碲化镉量子阱结构拓扑绝缘体的压电器件中，分裂栅电压由压电势和偏置电压提供。碲化汞/碲化镉量子阱是量子压电器件的合适拓扑绝缘体。碲化汞/碲化镉量子阱的衬底可以由闪锌矿结构压电半导体设计，如砷化镓、磷化镓、锑化铟、砷化铟等。

在压电场平行于拓扑绝缘体表面的情况下，QPC 的宽度可以通过施加在压电半导体上的应变来有效控制。先前的实验显示，QPC 的宽度（W_{QPC}）与分栅电压近似线性相关。因此，W_{QPC} 与 QPC 区域中的压电势成正比，由下式给出：

$$W_{\text{QPC}} = \alpha (V_{\text{piezo}} + V_0) + W_0 \tag{8.8}$$

其中，α 是取决于拓扑绝缘体材料和器件结构的参数；V_0 是左、右栅极之间的偏置电压；W_0 是没有压电势的 QPC 的宽度。计算中使用的参数为 $\alpha = 225$nm/V，$V_0 = 0.87$V，$W_0 = 300$nm[44]。不同压电半导体的压电势是剪切应变 s_{23} 的线性函数，如图 8.7（b）所示。压电势随碲化镉施加的应变而增加。由于压电系数符号相反，砷化镓、磷化镓、锑化铟和砷化铟的压电势随着应变而减小。图 8.7（c）显示了在–2.0%～2.0%的不同应变下 QPC 的宽度。

模拟计算中所采用的费米能级为 $E_F = 10$meV。此时，系统具有一个拓扑边缘通道。图 8.7（d）显示电导 G 随外部应变 s_{23} 的变化。在选择碲化镉的情况下，应变为–1.5%时电导从“开启”状态变为“关闭”状态。当施加的应变大于切换点时，出现带隙 E_g，电子被阻挡。此外，当施加的应变小于切换点时，能带显示出拓扑绝缘体的无带隙结构。对于砷化镓、磷化镓、锑化铟和砷化铟，应变切换点分别为 0.36%、0.54%、1.21%和 1.75%。

因此，电导可以通过应变有效地控制。这是压电电子学效应对拓扑绝缘体的影响。电导的开关比可达 10^{10}。因此，应变门控压电晶体管提供了一种高性能、低功耗的应变门控开关，可以作为应变门控逻辑单元。

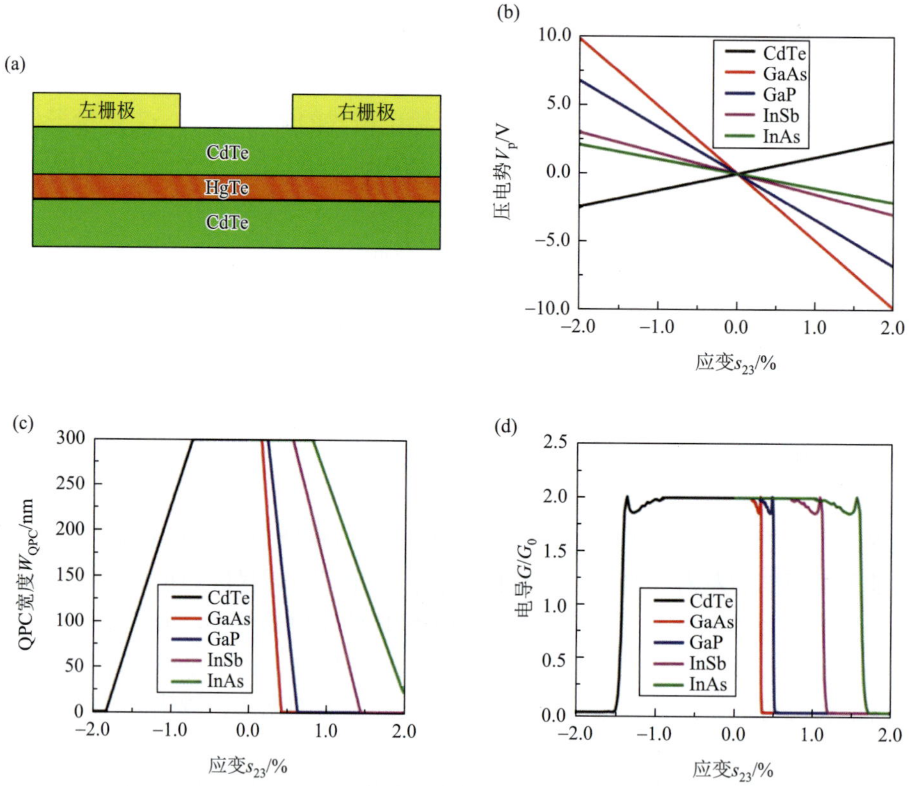

图 8.7 （a）通过顶层碲化镉左、右栅极电压控制 QPC 宽度的示意图；（b）不同压电半导体材料（碲化镉、砷化镓、磷化镓、锑化铟和砷化铟）下，压电势作为应变的函数；（c）QPC 的宽度作为应变的函数；（d）固定费米能级 $E_F = 10$meV 时，电导作为应变的函数[45]

拓扑绝缘体压电开关的设计如图 8.8（a）所示。压电势和偏置电压施加到栅极。施加在压电半导体碲化镉上的应变随时间变化的曲线如图 8.8（b）所示。应变变化范围为 −1.6%～−1.0%。电导从接近零变化到 $2G_0$，分别对应于“关闭”和“开启”状态。压电应变传感器的灵敏度可以通过下式计算：

$$R = \frac{\mathrm{d}(G/G_0)}{\mathrm{d}s_{23}} \tag{8.9}$$

灵敏度的最大值及对应的应变如图 8.8（c）所示。可以清楚地看到，最大灵敏度大于 10^3，对于砷化镓和磷化镓，灵敏度的最大值可以达到 10^4 以上。图 8.8（d）显示了通过灵敏度划分的开关和应变传感区域。在传感区域，灵敏度的幅度急剧变化。

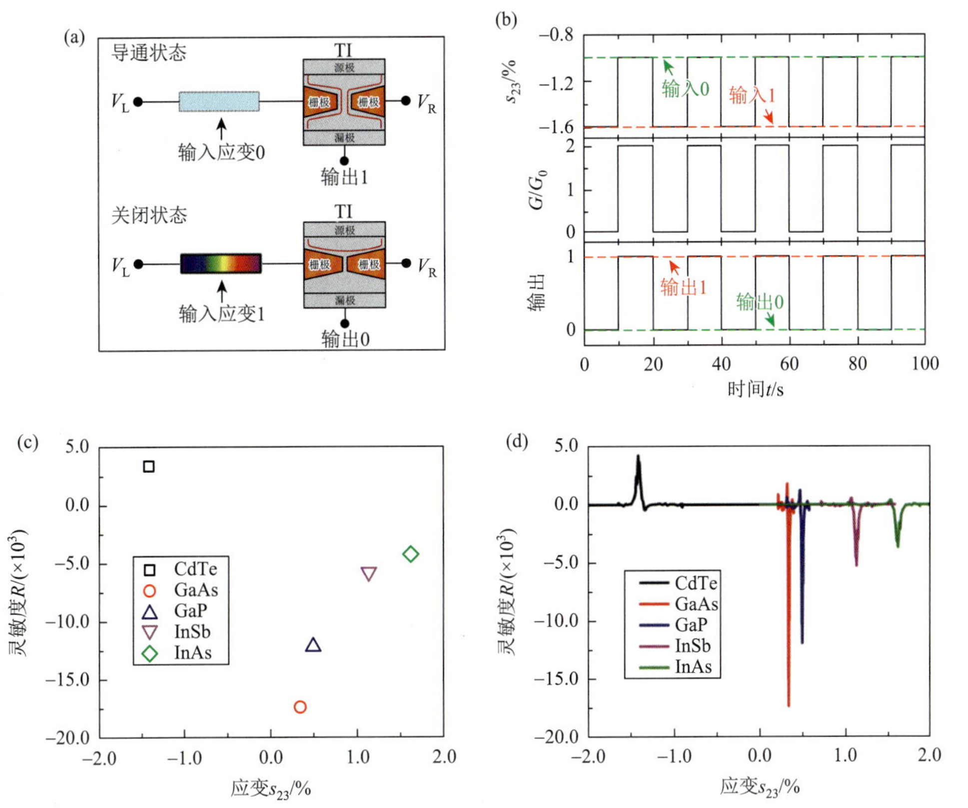

图 8.8　（a）基于拓扑绝缘体的压电开关示意图，输出信号 1 为“开启”状态，0 为“关闭”状态；（b）施加的应变、电导和输出信号随时间的变化；（c）不同压电半导体材料的灵敏度最大值；（d）灵敏度与应变的关系[45]

基于碲化汞量子阱结构的拓扑绝缘体具有无带隙表面态和绝缘体态。图 8.9（a）显示了拓扑绝缘体表面的电导与应变的函数关系。费米能级固定在 $E_F = -15\text{meV}$。“关闭”和“开启”状态的自旋向下电子的局部态密度（LDOS）分别如图 8.9（b）和（c）所示。在模拟计算中，得到的 QPC 宽度为 $W_{QPC} = 40$ 和 10nm，分别对应于−1.67%和−1.78%的应变。自旋向上的性质也可以通过 KWANT 软件包计算得到。应变产生的压电电场可以调控拓扑绝缘体表面态的输运特性。

理论结果表明，当费米能级增加时，可以产生更多来自体态的导电通道。这里有三个通道：一个边缘态通道，以及两个体态通道，如图 8.9（a）所示。当应变变化时，可以产生三个电导平台。每个传导通道对总电导贡献一个电导（$2e^2/h$）。在碲化汞/碲化镉量子阱的情况下，当应变从−1.74%变化到−1.48%时，QPC 中会产生边缘态通道。当应变从−1.32%增加到−1.17%时，QPC 的宽度增加，形成一个体通道，这会形成一个电导平台，使总电导加倍，这是第二个电导平台的机制。当应变从−0.92%变化为 0 时，出现第三个电导平台。图 8.9（a）显示了砷化镓、磷化镓、锑化铟和砷化铟的电导阶梯。

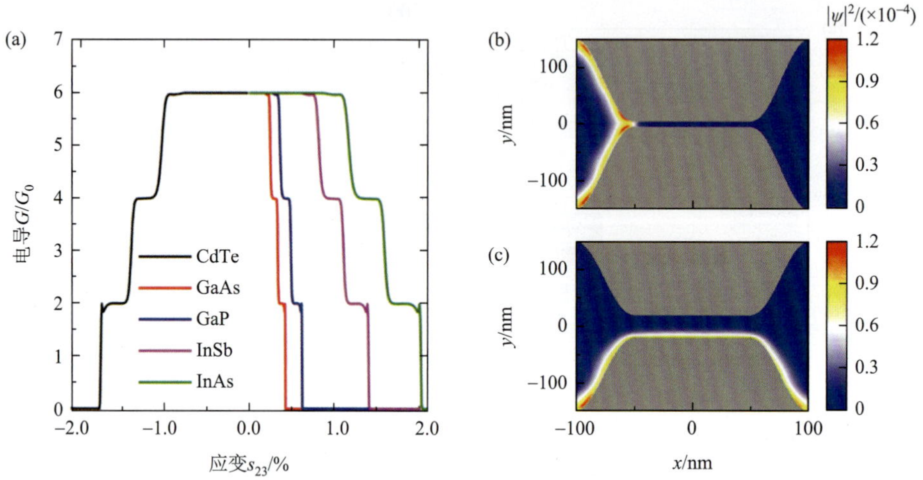

图 8.9 （a）不同压电材料的电导作为应变的函数，费米能级固定在 $E_F = -15$meV；自旋向下电子（边缘态）的波函数：（b）在 $W_{QPC} = 10$nm 时的关闭状态，（c）在 $W_{QPC} = 40$nm 时的开启状态[45]

应变产生的压电势用于控制 QPC 的宽度，并影响基于拓扑绝缘体的压电晶体管的电子输运。当电导从接近零变化为非零时会出现一个转变，可呈现出高达 10^{10} 的开关比。通过应变门控压电开关，可以设计压电逻辑单元和高灵敏度应变传感器。此外，还在不同的应变下研究了更高费米能量的多个电导阶梯。

压电效应在二维材料、拓扑绝缘体等新兴量子材料中的应用受到广泛关注。压电电子学效应可以改变压电材料的拓扑相，并有效地调节其电子输运，从而在实现高性能电子器件方面具有广阔的应用前景[45]。过往的研究表明，外加电场可以驱动正常绝缘体到拓扑绝缘体的拓扑相变[46, 47]，所需的电场非常强，约为 10MV/cm[48]。实验中栅极电压一般提供约 100kV/cm。压电电场场强可以达到 10MV/cm[49-51]。应变可以增加拓扑绝缘体的体带隙[17, 22]，使得高温拓扑绝缘体成为可能[46, 52, 53]。拓扑绝缘体已成为自旋电子学和量子计算中引人注目的材料[54-56]。拓扑绝缘体具有绝缘体态和金属态的特点，由于时间反演对称性的保护，边缘态的电子传输不受向后散射的影响[57-59]。拓扑绝缘体的性质受压电势的调控，这是压电电子学效应对量子态的影响所导致的。这一原理为基于拓扑绝缘体的高性能压电器件的开发提供了一种方法，例如基于拓扑绝缘体的压电逻辑门器件[50]。

由于基于氮化铟拓扑绝缘体的应变开关具有高性能和低功耗的特点，这些新颖的器件可用于设计逻辑门电路，如图 8.10 所示。负应变是压缩应变，正应变是拉伸应变。当外部应变大于 0.46%时，我们定义逻辑“1”；当外部应变小于临界值应变时，我们定义逻辑“0”。图 8.10（a）显示了非门及其真值表。压电材料选用氮化镓。当外部应变小于临界转变点–0.46%时，输入应变定义为“1”，而当应变大于–0.46%时，输入应变定义为“0”。有电流时输出信号为“1”，无电流时输出信号为“0”。通过集成两个并联的应变门开关，可以实现应变门与非门的逻辑运算，如图 8.10（b）所示。当 A、B 输入端输入应变为 0 时，由于单应变门控开关的非操作，输出将为 1。仅当输入应变 A 和 B 均为 1 时，输出才会为 0，如真值表所示。图 8.10（c）显示了串联两个应变门控开关的应变门或非门的逻辑操作。如果 A、B 端存在输入应变 1，则输出为 0。当 A、B 输入应变均为 0 时，输出为 1。与基于应变门控晶体管的压电逻辑门相比，其中输出为电压且由于开关行为不佳需要假定一个临界值，使用拓扑绝缘体的逻辑门由于其边缘态传输的特性，具有较好的开关特性和低功耗特性，未来有望在柔性电子学领域实现应用。

(a)

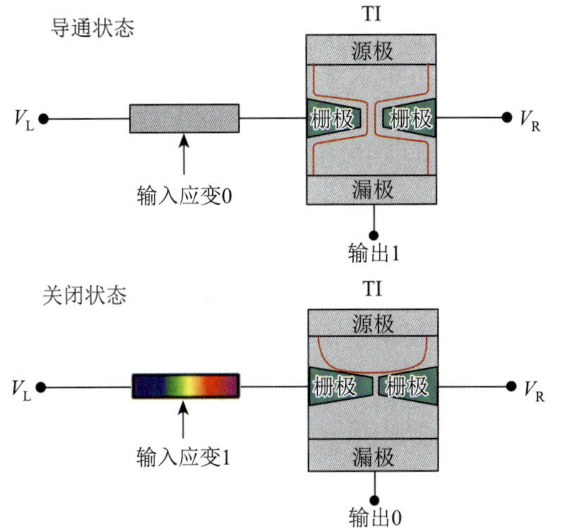

输入应变	输出
0	1
1	0

(b)

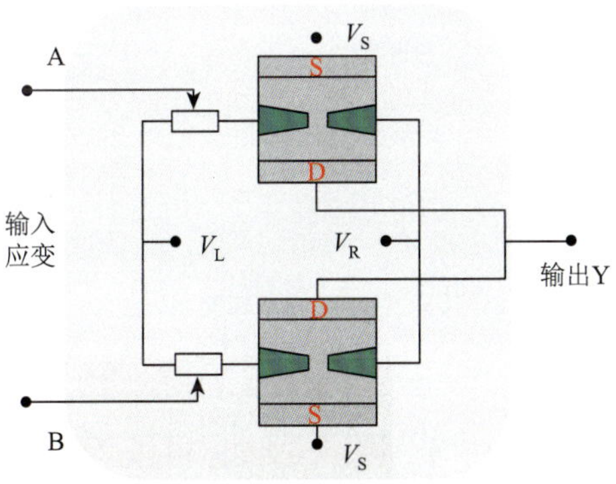

输入应变		输出
A	B	Y
0	0	1
0	1	1
1	0	1
1	1	0

(c)

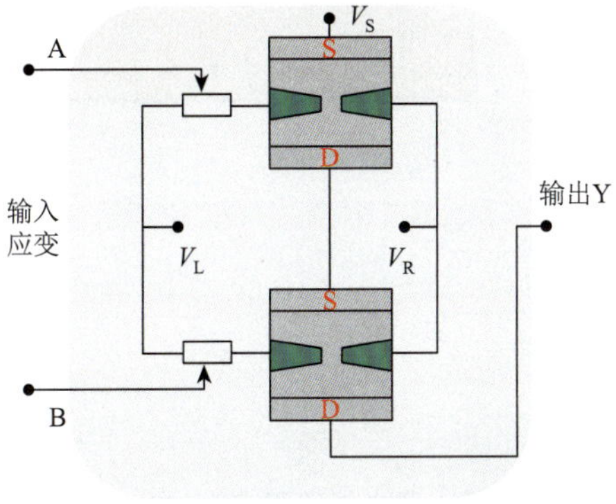

输入应变		输出
A	B	Y
0	0	1
0	1	0
1	0	0
1	1	0

图 8.10　基于氮化铟拓扑绝缘体的逻辑门和相应的真值表：(a) 非门，(b) 与非门，(c) 或非门。压电材料为氮化镓，费米能级固定在 5meV。从零电导到 G_0 的临界转变点对应于−0.46%的应变。输入应变标记为 0，对应−0.6%的应变；标记为 1，对应−0.3%的应变[50]

基于锗/砷化镓拓扑绝缘体的体态传输中的电荷捕获单元，可以构建量子信息存储器件[49]。图 8.11（a）显示了费米能级 $E_F = -0.189\text{eV}$ 时碲化镉材料的电导与两种不同应变的函数关系，此时有七个通道打开。在这种情况下，两个 QPC 宽度由不同的应变独立控制。横坐标轴和纵坐标轴分别是施加在 QPC1 和 QPC2 上的应变。与边缘态相比，体态的电导显示出明显的阶梯状平台。为了说明这些电导平台的起源，假设一个 QPC 处于其最大宽度，并通过应变来改变另一个 QPC 宽度。对于低于–3.47%的应变，其中 QPC 足够窄，不同通道中的电子都被阻挡，因此观察到零电导。当应变从–3.47%变化到–3.31%时，第一个通道打开，产生一个大小为 $2G_0$ 的电导平台。随着应变进一步增加，QPC 宽度变大。越来越多的通道被打开，每个通道为总电导贡献大小为 $2G_0$ 的电导，从而产生阶梯形电导。

在一些特定情况下，费米能级固定为–0.201eV，$W_{QPC1} = 4.9\text{nm}$，$W_{QPC2} = 3.0\text{nm}$，电子将完全被限制在两个 QPC 之间，如图 8.11（b）所示。当费米能级在–0.191～–0.196eV 之间时，电子态为边缘态。当费米能级超出该区域时，它是体态。图 8.11（c）显示了另一种情况，当费米能级固定为–0.191eV 且 $W_{QPC1} = 4.5\text{nm}$、$W_{QPC2} = 3.5\text{nm}$ 时，从左引线注入的电子被第一个 QPC 完全阻挡。这种基于 QPC 和拓扑绝缘体的电荷捕获单元提供了存储信息的可能性，这与传统的电荷存储方式不同。图 8.11（d）显示了基于砷化镓/锗/

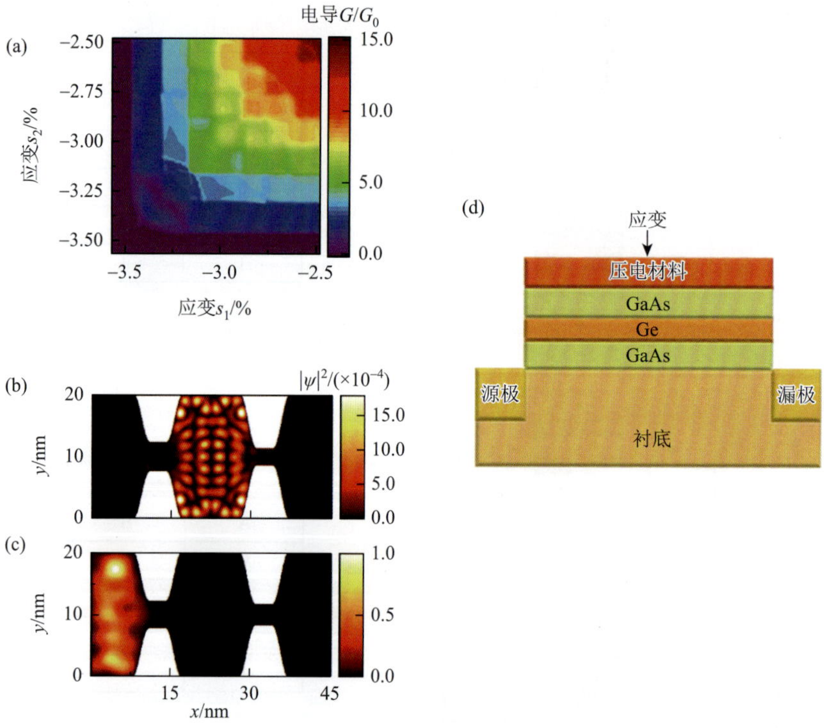

图 8.11 （a）碲化镉材料的电导作为两种不同应变的函数，费米能级固定为–0.189eV，横坐标轴和纵坐标轴分别是施加在 QPC1 和 QPC2 上的应变；系统在不同 QPC 宽度下的电子密度分布：（b）$W_{QPC1} = 4.9\text{nm}$ 和 $W_{QPC2} = 3.0\text{nm}$，（c）$W_{QPC1} = 4.5\text{nm}$ 和 $W_{QPC2} = 3.5\text{nm}$；（d）基于砷化镓/锗/砷化镓拓扑绝缘体的量子阱电荷存储器示意图[49]

砷化镓拓扑绝缘体的量子阱电荷存储器的原理图。施加的应变可以将电子限制在锗层中 QPC 之间。存储的电荷有效地改变了源极和漏极之间的阈值电压，对应于信息的“写入”[60, 61]。恢复不施加应变的初始状态时，存储的电荷释放，阈值电压恢复初始值，这就是信息的“擦除”[60, 61]。

氮化镓和氧化锌由于其独特的性能而引起了广泛的研究。理论上，氮化铟/氮化镓量子阱可以基于本征极化形成拓扑绝缘体[51]。氧化锌/氧化铬量子阱在应力作用下可以形成拓扑绝缘体，可用作量子压电器件[62]。在实验中，基于铟镓氮/氮化镓多量子阱可以设计 μ-LED[63]。包括氧化锌在内的纳米结构在光电探测器[64]、自适应电子学和光电子学（例如压力成像、LED、发光[65]）中具有优异的性能。氮化镓和氧化锌等材料的边缘态电导可以通过 KWANT 和机器学习预测来计算。氧化锌、氮化镓、碲化镉的“ON”和“OFF”状态的转变点分别为 0.008%、0.018%、0.31%。机器学习预测显示三种材料具有良好的一致性。经过大约 50 次迭代后，训练损失函数曲线逐渐下降并收敛于 0 附近，这证明 DenseNet 已经学习并建立了电子密度分布和电导之间的关系。

我们提出了拓扑绝缘体中电子传输的应变调制机制。设计了几种基于拓扑绝缘体的压电电子学晶体管结构，例如碲化汞/碲化镉、氮化铟/氮化镓、锗/砷化镓结构。应变引起的压电势可以用于控制 QPC 的宽度并影响基于拓扑绝缘体的压电电子学晶体管的性能。当电导从接近零变化到非零时会出现转变，呈现出高达 10^{10} 的开关比。通过应变门控压电开关可以设计非门、与非门、或非门等压电逻辑器件以及高灵敏度应变传感器。通过适当控制费米能级和应变，可以观察到双 QPC 之间清晰的电荷捕获，这可用于设计量子阱电荷存储单元。此外，机器学习进一步用于电子探索边缘态传输，并且可以给出很高的电导精度，这可以为通过机器学习搜索或设计高性能量子压电器件提供高效的方法。这些研究不仅为开发高性能压电自旋器件提供了指导，而且还为利用压电电子学效应影响自旋输运的物理性质提供了理论参考。

8.3 总 结

综上所述，我们详细阐述了通过使用由应变产生的压电势来调控自旋输运的原理。我们提出了利用压电电子学效应制造自旋电子器件的新方法，并解释了压电电子学效应对 Rashba SOC 的影响。我们通过倾斜角度照射偏振可调光，研究了 ZnO/P3HT 纳米线阵列结构中螺旋度相关的光电流。我们通过观察 CPGE 电流证明了 ZnO/P3HT 异质结界面诱导的强 Rashba SOC。我们发现，ZnO/P3HT 异质结界面处的 Rashba SOC 在光照后被光伏效应部分屏蔽。另一方面，我们展示了通过氧化锌纳米线中的晶体内压电势（充当栅极电压）调节 Rashba SOC 的研究，该压电势是基于压电效应施加应变而产生的，而不是应用外部栅极电压。研究显示了一种基于压电电子学效应在大规模柔性自旋电子学设备上操控 Rashba SOC 的有前景的方法。

我们还解释了压电电子学效应对拓扑绝缘体的影响。第一个例子是拓扑绝缘体中电子输运的应变调制。基于碲化汞/碲化镉和氮化镓/氮化铟/氮化镓结构的拓扑绝缘体，展示了两种类型的压电晶体管，分别对应于常开和常闭开关。当电导从接近零变化到非零时出现过渡，呈现出 10^{10} 的高开关比。通过应变门控压电开关可以设计压电逻辑单元和高灵敏度应变传感器。第二个例子是基于氮化镓/氮化铟/氮化镓拓扑绝缘体的高性能压电逻辑器件。通过在 QPC 上应用应变感应压电势来演示非门、与非门和或非门等压电逻辑器件，可用于实现机械信号的逻辑计算。最后一个例子是基于压电电子学效应的可重构拓扑绝缘体的量子信息存储器。我们研究了具有双 QPC 的砷化镓/锗/砷化镓量子阱的电子传输特性。通过适当控制费米能级和应变，可以观察到双 QPC 之间清晰的电荷捕获，这可用于设计量子阱电荷存储单元。这些研究为开发高性能量子压电器件提供了理论指导。

参考文献

[1] Zhu L P，Zhang Y，Lin P，et al. Piezotronic effect on Rashba spin-orbit coupling in a ZnO/P3HT nanowire array structure. ACS Nano，2018，12（2）：1811-1820.

[2] Ganichev S D，Prettl W. Spin photocurrents in quantum wells. Journal of Physics：Condensed Matter，2003，15（20）：R935.

[3] Ganichev S D，Golub L E. Interplay of Rashba/Dresselhaus spin splittings probed by photogalvanic spectroscopy—a review. Physica Status Solidi（b），2014，251（9）：1801-1823.

[4] Kramer B. Advances in Solid State Physics. Springer，2004.

[5] Dresselhaus G. Spin-orbit coupling effects in zinc blende structures. Physical Review，1955，100（2）：580-586.

[6] Wu M W，Jiang J H，Weng M Q. Spin dynamics in semiconductors. Physics Reports，2010，493（2-4）：61-236.

[7] Lechner V，Golub L E，Olbrich P，et al. Tuning of structure inversion asymmetry by the δ-doping position in（001）-grown GaAs quantum wells. Applied Physics Letters，2009，94（24）：242109.

[8] Yin C M，Yuan H T，Wang X Q，et al. Tunable surface electron spin splitting with electric double-layer transistors based on InN. Nano Letters，2013，13（5）：2024-2029.

[9] Yin C M，Shen B，Zhang Q，et al. Rashba and Dresselhaus spin-orbit coupling in GaN-based heterostructures probed by the circular photogalvanic effect under uniaxial strain. Applied Physics Letters，2010，97（18）：181904.

[10] Winkler R. Rashba spin splitting in two-dimensional electron and hole systems. Physical Review B，2000，62（7）：4245-4248.

[11] Ganichev S D，Bel'kov V V，Golub L E，et al. Experimental separation of Rashba and Dresselhaus spin splittings in semiconductor quantum wells. Physical Review Letters，2004，92（25）：256601.

[12] Zhu L P，Liu Y，Jiang C Y，et al. Spin depolarization under low electric fields at low temperatures in undoped InGaAs/ AlGaAs multiple quantum well. Applied Physics Letters，2014，105（15）：152103.

[13] LaShell S，McDougall B A，Jensen E. Spin splitting of an Au（111）surface state band observed with angle resolved photoelectron spectroscopy. Physical Review Letters，1996，77（16）：3419.

[14] Varykhalov A，Marchenko D，Scholz M R，et al. Ir（111）surface state with giant Rashba splitting persists under graphene in air. Physical Review Letters，2012，108（6）：066804.

[15] Ast C R，Henk J，Ernst A，et al. Giant spin splitting through surface alloying. Physical Review Letters，2007，98（18）：186807.

[16] Leppert L，Reyes-Lillo S E，Neaton J B. Electric field-and strain-induced Rashba effect in hybrid halide perovskites. The Journal of Physical Chemistry Letters，2016，7（18）：3683-3689.

[17] Etienne T，Mosconi E，De Angelis F. Dynamical origin of the Rashba effect in organohalide lead perovskites：a key to suppressed carrier recombination in perovskite solar cells? The Journal of Physical Chemistry Letters，2016，7（9）：1638-1645.

[18] Li J W，Haney P M. Circular photogalvanic effect in organometal halide perovskite $CH_3NH_3PbI_3$. Applied Physics Letters，2016，109（19）：193903.

[19] King P D，Hatch R C，Bianchi M，et al. Large tunable Rashba spin splitting of a two-dimensional electron gas in Bi_2Se_3. Physical Review Letters，2011，107（9）：096802.

[20] Yuan H T，Wang X Q，Lian B，et al. Generation and electric control of spin-valley-coupled circular photogalvanic current in WSe_2. Nature Nanotechnology，2014，9（10）：851-857.

[21] Ishizaka K，Bahramy M S，Murakawa H，et al. Giant Rashba-type spin splitting in bulk BiTeI. Nature Materials，2011，10（7）：521-526.

[22] Singh S，Romero A H. Giant tunable Rashba spin splitting in a two-dimensional BiSb monolayer and in BiSb/AlN heterostructures. Physical Review B，2017，95（16）：165444.

[23] Hao X J，Tu T，Cao G，et al. Strong and tunable spin-orbit coupling of one-dimensional holes in Ge/Si core/shell nanowires. Nano Letters，2010，10（8）：2956-2960.

[24] Liang D，Gao X P A. Strong tuning of Rashba spin-orbit interaction in single InAs nanowires. Nano Letters，2012，12（6）：3263-3267.

[25] Look D C. Recent advances in ZnO materials and devices. Materials Science and Engineering：B，2001，80（1-3）：383-387.

[26] Janotti A，Van de Walle C G. Fundamentals of zinc oxide as a semiconductor. Reports on Progress in Physics，2009，72（12）：126501.

[27] Wang Z L. Piezopotential gated nanowire devices：piezotronics and piezo-phototronics. Nano Today，2010，5（6）：540-552.

[28] Ghosh S，Sih V，Lau W H，et al. Room-temperature spin coherence in ZnO. Applied Physics Letters，2005，86（23）：232507.

[29] Zhang Q，Wang X Q，Yin C M，et al. Strong circular photogalvanic effect in ZnO epitaxial films. Applied Physics Letters，2010，97（4）：041907.

[30] Prestgard M C，Siegel G，Roundy R，et al. Temperature dependence of the spin relaxation in highly degenerate ZnO thin films. Journal of Applied Physics，2015，117（8）：083905.

[31] Liu W K，Whitaker K M，Smith A L，et al. Room-temperature electron spin dynamics in free-standing ZnO quantum dots. Physical Review Letters，2007，98（18）：186804.

[32] Janssen N，Whitaker K M，Gamelin D R，et al. Ultrafast spin dynamics in colloidal ZnO quantum dots. Nano Letters，2008，8（7）：1991-19944.

[33] Liu W H，Lee M，Ding L，et al. Piezopotential gated nanowire-nanotube hybrid field-effect transistor. Nano Letters，2010，10（8）：3084-3089.

[34] Wu W Z，Wen X N，Wang Z L. Taxel-addressable matrix of vertical-nanowire piezotronic transistors for active and adaptive tactile imaging. Science，2013，340（6135）：952-957.

[35] Wu W Z，Pan C F，Zhang Y，et al. Piezotronics and piezo-phototronics-from single nanodevices to array of devices and then to integrated functional system. Nano Today，2013，8（6）：619-642.

[36] Wu W Z，Wang L，Li Y L，et al. Piezoelectricity of single-atomic-layer MoS_2 for energy conversion and piezotronics. Nature，2014，514（7523）：470-474.

[37] Jiang C Y，Shalygin V A，Panevin V Y，et al. Helicity-dependent photocurrents in graphene layers excited by midinfrared radiation of a CO_2 laser. Physical Review B，2011，84（12）：125429.

[38] Yang C L，He H T，Ding L，et al. Spectral dependence of spin photocurrent and current-induced spin polarization in an InGaAs/InAlAs two-dimensional electron gas. Physical Review Letters，2006，96（18）：186605.

[39] Yu J L，Chen Y H，Liu Y，et al. Spectra of Rashba-and Dresselhaus-type circular photogalvanic effect at inter-band excitation in GaAs/AlGaAs quantum wells and their behaviors under external strain. Applied Physics Letters，2012，100（15）：152110.

[40] Tang N，Shen B，He X W，et al. Influence of the illumination on the beating patterns in the oscillatory magnetoresistance in $Al_xGa_{1-x}N$/GaN heterostructures. Physical Review B，2007，76（15）：155303.

[41] Tang N，Shen B，Han K，et al. Influence of the illumination on the subband structure and occupation in $Al_xGa_{1-x}N$/GaN heterostructures. Applied Physics A，2009，96（4）：953-957.

[42] Wittmann B，Golub L E，Danilov S N，et al. Resonant circular photogalvanic effect in GaN/AlGaN heterojunctions. Physical Review B，2008，78（20）：205435.

[43] Ganichev S D，Bel'kov V V，Schneider P，et al. Resonant inversion of the circular photogalvanic effect inn-doped quantum wells. Physical Review B，2003，68（3）：035319.

[44] van Wees B J，van Houten H，Beenakker C W，et al. Quantized conductance of point contacts in a two-dimensional electron gas. Physical Review Letters，1988，60（9）：848.

[45] Hu G W，Zhang Y，Li L J，et al. Piezotronic transistor based on topological insulators. ACS Nano，2018，12（1）：779-785.

[46] Leubner P，Lunczer L，Brune C，et al. Strain engineering of the band gap of HgTe quantum wells using superlattice virtual substrates. Physical Review Letters，2016，117（8）：086403.

[47] Zhang L B，Cheng F，Zhai F，et al. Electrical switching of the edge channel transport in HgTe quantum wells with an inverted band structure. Physical Review B，2011，83（8）：801402.

[48] Liu Q H，Zhang X W，Abdalla L B，et al. Switching a normal insulator into a topological insulator via electric field with application to phosphorene. Nano Letters，2015，15（2）：1222-1228.

[49] Guo X，Hu G W，Zhang Y M，et al. Quantum information memory based on reconfigurable topological insulators by piezotronic effect. Nano Energy，2019，60：36-42.

[50] Dan M J，Hu G W，Li L J，et al. High performance piezotronic logic nanodevices based on GaN/InN/GaN topological insulator. Nano Energy，2018，50：544-551.

[51] Miao M S，Yan Q，Van de Walle C G，et al. Polarization-driven topological insulator transition in a GaN/InN/GaN quantum well. Physical Review Letters，2012，109（18）：186803.

[52] Li J，He C Y，Meng L J，et al. Two-dimensional topological insulators with tunable band gaps：single-layer HgTe and HgSe. Scientific Reports，2015，5（1）：14115.

[53] Krishtopenko S S，Teppe F. Realistic picture of helical edge states in HgTe quantum wells. Physical Review B，2018，97（16）：165408.

[54] Hasan M Z，Kane C L. Colloquium：topological insulators. Reviews of Modern Physics，2010，82（4）：3045-3067.

[55] Moore J E. The birth of topological insulators. Nature，2010，464（7286）：194-198.

[56] Qi X L，Zhang S C. Topological insulators and superconductors. Reviews of Modern Physics，2011，83（4）：1057-1110.

[57] Kane C L，Mele E J. Quantum spin Hall effect in graphene. Physical Review Letters，2005，95（22）：226801.

[58] Konig M，Wiedmann S，Brune C，et al. Quantum spin hall insulator state in HgTe quantum wells. Science，2007，318（5851）：766-770.

[59] Bernevig B A，Hughes T L，Zhang S C. Quantum spin Hall effect and topological phase transition in HgTe quantum wells. Science，2006，314（5806）：1757-1761.

[60] Tiwari S，Rana F，Hanafi H，et al. A silicon nanocrystals based memory. Applied Physics Letters，1996，68（10）：1377-1379.

[61] Chang T C，Jian F Y，Chen S C，et al. Developments in nanocrystal memory. Materials Today，2011，14（12）：608-615.

[62] Hu G W，Zhang Y. Quantum piezotronic devices based on ZnO/CdO quantum well topological insulator. Nano Energy，2020，77：105154.

[63] Liu Z J，Lin C H，Hyun B R，et al. Micro-light-emitting diodes with quantum dots in display technology. Light：Science & Applications，2020，9（1）：83.

[64] Ouyang W X，Teng F，He J H，et al. Enhancing the photoelectric performance of photodetectors based on metal oxide semiconductors by charge-carrier engineering. Advanced Functional Materials，2019，29（9）：1807672.

[65] Wu W Z，Wang Z L. Piezotronics and piezo-phototronics for adaptive electronics and optoelectronics. Nature Reviews Materials，2016，1（7）：1-17.

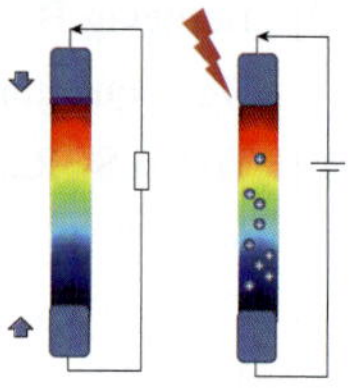

第 9 章

压电光电子学理论

摘　要

当氧化锌、氮化镓、氮化铟和硫化镉等压电半导体受到外加应力时，会在晶体内产生压电势。用晶体内的压电势作为“门”压，调节和控制 p-n 结结区载流子产生、传输和复合过程的器件称为压电光电子学器件。界面或结区压电电荷的存在可以显著影响由上述材料制备的发光二极管、光电探测器和太阳能电池等器件的性能。本章中我们将讨论压电光电子学理论。在推导一些简化方程以描述此效应之外，我们也将给出数值计算以对压电光电子学器件的特性进行定量的预估和分析[1]。

9.1　压电光电子学效应的理论框架

我们用半导体物理和压电理论来描述由压电半导体材料制备的压电光电子学器件中的物理过程。器件中载流子的静态与动态传输特性，以及半导体材料中的光子和电子之间的相互作用是由半导体物理理论进行描述的[2]。材料受动态应变时的特性则由压电理论来描述[3]。因此静电方程、电流密度方程、连续性方程和压电方程组成分析表征压电光电子学器件的基本支配方程。

压电半导体中电荷的静电特性由泊松方程描述：

$$\nabla^2 \psi_{\mathrm{i}} = -\frac{\rho(\boldsymbol{r})}{\varepsilon_{\mathrm{s}}} \tag{9.1}$$

式中，ψ_{i}、$\rho(\boldsymbol{r})$ 和 ε_{s} 分别为电势分布、电荷密度分布和材料的介电常数。

关联电场强度、电荷密度和局域电流三者的漂移和扩散电流密度方程为

$$\begin{cases} \boldsymbol{J}_{\mathrm{n}} = q\mu_{\mathrm{n}} n\boldsymbol{E} + qD_{\mathrm{n}}\nabla n \\ \boldsymbol{J}_{\mathrm{p}} = q\mu_{\mathrm{p}} p\boldsymbol{E} - qD_{\mathrm{p}}\nabla p \\ \boldsymbol{J} = \boldsymbol{J}_{\mathrm{n}} + \boldsymbol{J}_{\mathrm{p}} \end{cases} \tag{9.2}$$

式中，$\boldsymbol{J}_{\mathrm{n}}$ 和 $\boldsymbol{J}_{\mathrm{p}}$ 分别为电子电流密度和空穴电流密度；q 为电子电荷绝对值；μ_{n} 和 μ_{p} 分别为电子和空穴迁移率；n 和 p 分别为自由电子浓度和空穴浓度；D_{n} 和 D_{p} 分别为电子和空穴扩散系数；$\boldsymbol{E}$ 为电场强度；$\boldsymbol{J}$ 为总电流密度。

受电场驱动的载流子输运过程由连续性方程描述：

$$\begin{cases} \dfrac{\partial n}{\partial t} = G_{\mathrm{n}} - U_{\mathrm{n}} + \dfrac{1}{q}\nabla \cdot \boldsymbol{J}_{\mathrm{n}} \\ \dfrac{\partial p}{\partial t} = G_{\mathrm{p}} - U_{\mathrm{p}} - \dfrac{1}{q}\nabla \cdot \boldsymbol{J}_{\mathrm{p}} \end{cases} \tag{9.3}$$

式中，G_{n} 和 G_{p} 分别为电子和空穴产生率；U_{n} 和 U_{p} 分别是电子和空穴复合率。

极化矢量 $\boldsymbol{P}$ 与均匀小机械应变张量 $\boldsymbol{S}$ 之间的关系为

$$(\boldsymbol{P})_i = (\boldsymbol{e})_{ijk}(\boldsymbol{S})_{jk} \tag{9.4}$$

这里，三阶张量 $(\boldsymbol{e})_{ijk}$ 是压电张量。压电本构方程可以写成如下形式：

$$\begin{cases} \boldsymbol{\sigma} = \boldsymbol{c}_{\mathrm{E}}\boldsymbol{S} - \boldsymbol{e}^{\mathrm{T}}\boldsymbol{E} \\ \boldsymbol{D} = \boldsymbol{e}\boldsymbol{S} + \boldsymbol{k}\boldsymbol{E} \end{cases} \tag{9.5}$$

式中，$\boldsymbol{\sigma}$ 是应力张量；$\boldsymbol{E}$、$\boldsymbol{D}$ 分别为电场强度和电位移矢量；$\boldsymbol{c}_{\mathrm{E}}$ 是弹性系数张量；$\boldsymbol{k}$ 是介电常数张量。

9.2　压电光电子学效应对发光二极管的影响

以典型的发光二极管为例，其基本结构由 p-n 结构成（图 9.1（a））。正偏下存在超过平衡态的过剩载流子，则少子的注入会引起辐射复合的发生。上述原理同样可用于基于单根半导体纳米线的发光二极管。发光二极管的基本工作原理就是利用正偏电压使得电子和空穴之间在结区发生辐射复合。

如图 9.1（b）和（c）所示，如果假设 p-n 异质结中的 p 型材料为非压电材料，而 n 型材料具有压电特性，则基于这种 p-n 异质结的发光二极管是压电光电子学发光二极管。压电光电子学器件的基本原理是利用结区的压电电荷来显著地改变界面附近的能带结构，从而有效地控制 p-n 结或金属-半导体接触界面处的载流子产生、传输以及复合过程。

9.2.1　压电发光二极管简化模型的解析解

半导体器件中光子和电子间的相互作用有三种主要的光学过程：第一，光子的吸收

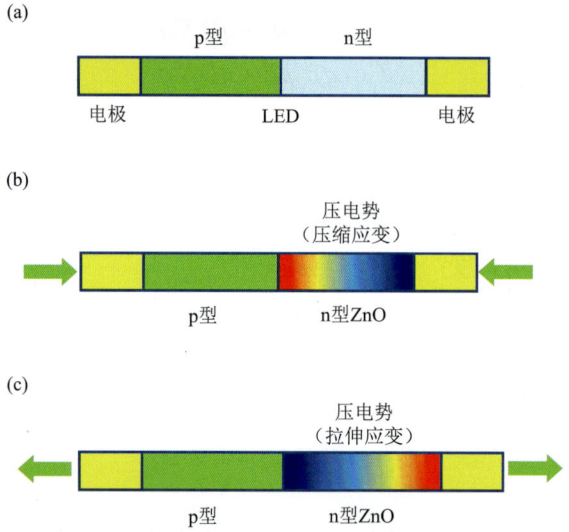

图 9.1 （a）基于 p-n 异质结和 n 型压电纳米线的发光二极管示意图；（b）受压缩应力的压电光电子学发光二极管示意图；（c）受拉伸应力的压电光电子学发光二极管示意图。压电势的符号和大小均可以调节控制光子辐射、载流子产生和传输特性。色阶变化显示压电势在 n 型纳米线内的分布

可以引起电子从价带至导带的激发，这是光电探测器和太阳能电池器件中的主要过程；第二，上述过程的逆过程称为复合过程，复合过程发生时电子从导带回到价带并导致光子辐射，这是发光二极管器件中的主要过程；第三，注入的光子通过复合过程激发另一个类似的光子并产生两个相干光子。

在本节中，我们以发光二极管为例来阐述压电光电子学效应[1]。关于显示和光学通信等领域中发光二极管器件的发光强度与所加电流密度之间的关系，已经有大量实验和理论研究。发光二极管的光强与所加电流密度间一般呈非线性关系。发光二极管的光功率密度 P_{optic} 是电流密度 J 的非线性函数，而线性关系可以被视为对非线性关系的一阶近似。为简化分析起见，发光二极管的光功率密度 P_{optic} 随电流密度 J 的变化可以用下面的幂指数关系来表示：

$$P_{\text{optic}} = \beta J^{b} \tag{9.6}$$

式中，β 为依赖于器件材料与结构的常数；b 为幂指数，$b=1$ 对应于线性近似，$b \neq 1$ 对应于非线性近似。由我们以前的实验工作可得 $b=1.6$[4]。

根据经典的半导体物理理论和我们关于压电电子学效应的理论工作[5]，此处我们以理想 p-n 结为例来理解和阐述压电光电子学效应。对 n 型单边突变结，如果施主浓度为 N_{D}，且结区满足 $p_{\text{n0}} \gg n_{\text{p0}}$，则总电流密度通过求解压电 p-n 结的上述基本方程式（9.1）～式（9.5）得到[5]：

$$J = J_{\text{C0}} \exp\left(\frac{q^2 \rho_{\text{piezo}} W_{\text{piezo}}^2}{2\varepsilon_{\text{s}} kT}\right)\left[\exp\left(\frac{qV}{kT}\right) - 1\right] \tag{9.7}$$

式中，在无压电势作用下的饱和电流密度与费米能级分别定义为 J_{C0} 和 E_{F0}：

$$J_{C0}=\frac{qD_p n_i}{L_p}\exp\left(\frac{E_i-E_{F0}}{kT}\right) \tag{9.8}$$

其中，E_i 为本征费米能级；L_p 为空穴扩散长度。

根据式（9.6）～式（9.8），压电发光二极管输出光功率可表示为

$$P_{optic}=\beta\left\{J_{C0}\exp\left(\frac{q^2\rho_{piezo}W_{piezo}^2}{2\varepsilon_s kT}\right)\left[\exp\left(\frac{qV}{kT}\right)-1\right]\right\}^b \tag{9.9}$$

发光二极管的效率由以下因素决定：①内量子效率 η_{in}，其定义为发射光子数与经过结区的注入载流子数之比；②光学效率 η_{op}；③外量子效率 η_{ex}；④功率效率 η_P。

为易于与实验数据比较，我们计算上述简化情况下的外量子效率：

$$\eta_{ex}=N_{photons}/N_{elec} \tag{9.10}$$

式中，$N_{photons}$ 和 N_{elec} 分别为对外发射光子数和注入结区的载流子数。设 P_{optic} 为器件单位面积的输出光功率，J 为注入电流密度，则器件的外量子效率可改写为

$$\eta_{ex}=\frac{qP_{optic}}{h\nu J} \tag{9.11}$$

其中，$h\nu$ 为对外发射光子的能量。因此外量子效率也可写为如下形式：

$$\eta_{ex}=\alpha\eta_{ex0} \tag{9.12}$$

这里，η_{ex0} 定义为 p-n 结结区无压电电荷时器件的外量子效率：

$$\eta_{ex0}=\frac{\beta q}{h\nu}\left\{J_{C0}\left[\exp\left(\frac{qV}{kT}\right)-1\right]\right\}^{b-1} \tag{9.13}$$

α 在此处为代表压电光电子学效应的参数因子，其定义为

$$\alpha=\left[\exp\left(\frac{q^2\rho_{piezo}W_{piezo}^2}{2\varepsilon_s kT}\right)\right]^{b-1} \tag{9.14}$$

此因子被用来描述压电电荷对载流子传输和光子产生过程的调控能力。

由式（9.9）可见，发光二极管的光功率密度 P_{optic} 和电流密度 J 之间具有明显的非线性关系。更重要的是，式（9.9）和式（9.13）表明，对于压电 p-n 结发光二极管而言，不仅其输出光功率而且其外量子效率与结区的局域压电电荷之间均具有非线性关系。因此器件的光子发射过程不仅可以由应变的大小也可由应变的极性符号（拉伸型或压缩型）来有效地调节和控制。这就是作为压电光电子学器件的压电 p-n 结发光二极管的工作机制[4]。

对沿 c 轴生长的氮化镓或氧化锌纳米线，当其受到沿 c 轴的应变 s_{33} 时，我们选取典型的非线性近似并令 $b=2$，则压电发光二极管的光输出功率为

$$P_{optic}=\beta\left\{J_{C0}\exp\left(-\frac{qe_{33}s_{33}W_{piezo}}{2\varepsilon_s kT}\right)\left[\exp\left(\frac{qV}{kT}\right)-1\right]\right\}^2 \tag{9.15}$$

所以，可得外量子效率为

$$\eta_{ex} = \exp\left(-\frac{qe_{33}s_{33}W_{piezo}}{2\varepsilon_s kT}\right)\eta_{ex0} \tag{9.16}$$

此情况下压电光电子学效应因子为

$$\alpha = \exp\left(-\frac{qe_{33}s_{33}W_{piezo}}{2\varepsilon_s kT}\right) \tag{9.17}$$

根据式（9.15）～式（9.17），可得器件相应的电流密度、相对光强和外量子效率。计算中用到的典型材料常数为：压电常数 $e_{33} = 1.22\text{C/m}^2$，相对介电常数 $\varepsilon_s = 8.91$。压电电荷分布宽度 W_{piezo} 为 0.25nm；温度 T 为 300K。图 9.2（a）的曲线所示为 J / J_{C0} 作为外加电压 V 和应变的函数。图 9.2（b）所示为在应变从–0.8%变化到 0.8%时，压电肖特基发光二极管的直流特性。如图 9.2（c）所示，当 $V = 0.5$V 时且应变从 0.8%变化到–0.8%时，器件光强增加了 1095%。图 9.2（d）所示为相对外量子效率受应变影响的函数关系，它清楚地示出了压电电荷对于压电发光二极管中的发射光子过程的调节和控制。这就是压电光电子学效应的物理核心。

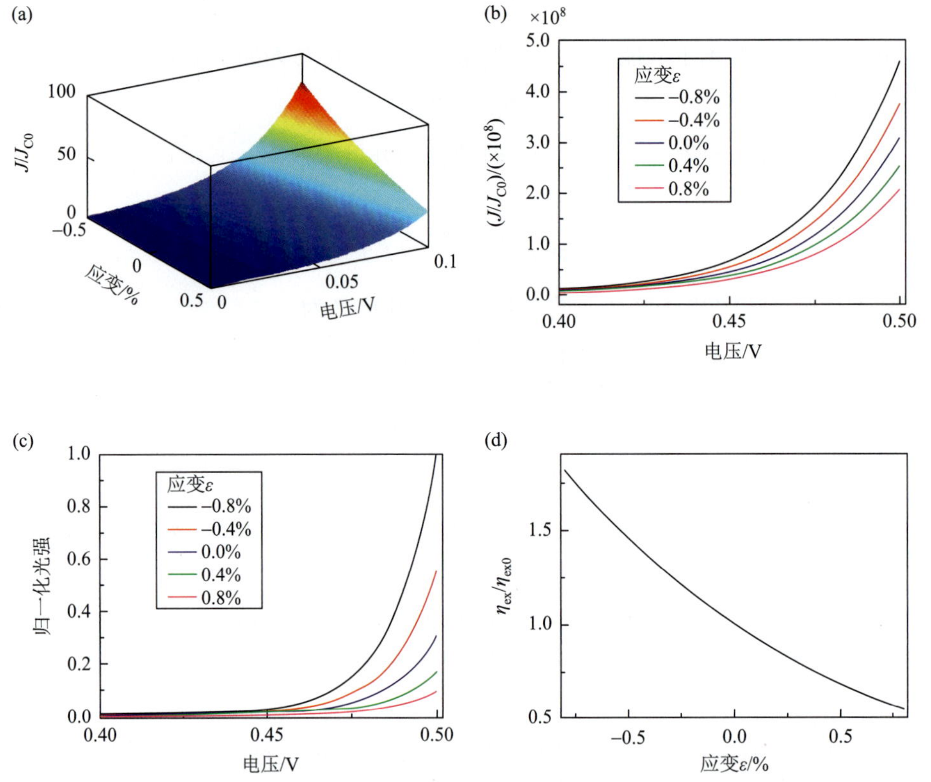

图 9.2 （a）不同应变下存在压电电荷时计算所得的压电发光二极管伏安关系；不同应变下（–0.08% 到 0.08%）（b）相对电流密度和（c）相对光强作为外加电压的函数曲线；（d）相对外量子效率与应变之间的函数关系

9.2.2 压电 p-n 结发光二极管器件的数值模拟

一维情况下简化分析模型为理解压电势如何调节和控制光子发射的机制提供定性的指导。在上述简化模型情况中，为了方便理解压电光电子学的核心，我们未考虑非辐射复合过程。根据之前我们关于压电电子学的理论工作[5, 6]，应变条件下的压电 p-n 结发光二极管的直流特性可以通过数值求解式（9.1）～式（9.5）来得到。我们假设发光二极管输出光功率密度 P_{optic} 和电流密度 J 之间的关系为 $P_{\text{optic}} = \beta J^b$ 。

给定压电电荷分布时，我们可以利用压电 p-n 结的数值模型来求解压电方程、静电方程和扩散方程。

复合过程分为两类：带-带复合过程和复合中心辅助的复合过程（如 Shockley-Read-Hall 复合）。辐射过程（光子发射）主要与带-带复合有关，在这个过程中能量从导带转移到价带。Shockley-Read-Hall 复合则与非辐射过程相关，描述了由半导体禁带带隙中复合中心辅助的复合过程。为简单起见，我们忽略了另一个常见的非辐射过程：俄歇过程，俄歇过程描述了将注入电子或空穴的能量转移到另一个自由电子或空穴上的能量转移过程。

根据压电二极管模型，电子和空穴的生成率 $G_{\text{n}} = G_{\text{p}} = 0$ ，这意味着我们的模型中没有外部光激发。在模拟中，我们选择 n 型氧化锌作为压电半导体材料。纳米线器件的长度和半径分别为 100nm 和 10nm；非压电 p 型材料长度为 20nm，n 型氧化锌的长度为 80nm。相对介电常数为 $\kappa_{\perp}^{\text{r}} = 7.77$ 和 $\kappa_{//}^{\text{r}} = 8.91$；本征载流子浓度 $n_{\text{i}} = 1.0\times10^{6}\text{cm}^{-3}$，电子和空穴迁移率分别为 $\mu_{\text{n}} = 200\text{cm}^2/(\text{V}\cdot\text{s})$ 和 $\mu_{\text{p}} = 180\text{cm}^2/(\text{V}\cdot\text{s})$ ；载流子寿命为 $\tau_{\text{p}} = 0.1\mu\text{s}$ 和 $\tau_{\text{n}} = 0.1\mu\text{s}$ 。n 型背景掺杂浓度 $N_{\text{Dn}} = 1\times10^{15}\text{cm}^{-3}$；最大施主掺杂浓度 $N_{\text{Dnmax}} = 1\times10^{17}\text{cm}^{-3}$；最大受主掺杂浓度 $N_{\text{Apmax}} = 1\times10^{17}\text{cm}^{-3}$；控制常数 ch = 4.66nm；温度 $T = 300\text{K}$。如图 9.3（a）所示，我们假定压电电荷均匀分布在 n 型纳米线两端长度为 0.25nm 的区域内。为易于标注，z 轴的定义如图 9.3（a）所示，其中，$z = 0$ 为代表 p 型区域的末端位置。p-n 结界面位于沿轴线 $z = 20\text{nm}$ 处。n 型区域的另外一端位于 $z = 100\text{nm}$ 处。

图 9.3（b）所示为当 $b = 2$ 时，器件受不同应变下的光强与电压的关系曲线。根据压电电子学理论，在我们的模型中，负应变（压缩应变）所产生的局域正压电电荷降低 p-n 结的内建势，而使得相应的饱和电流密度增大。因此，在固定的偏置电压下电流密度增加从而使光强增加。另外，正应变（拉伸应变）所产生的负压电电荷增加 p-n 结的内建势，从而减小饱和电流，因此，在固定偏置电压下，相应的电流密度和光强减少。在图 9.3（c）中，当固定偏压为 $V = 0.9\text{V}$ 时，随着应变从–0.08%变化到 0.08%，光强显示出明显的变化趋势，这清晰地表明了压电电荷对光子发射的影响。我们还利用上述模型研究了在固定偏压 $V = 0.9\text{V}$ 下器件的相对外量子效率（压电光电子学因子 α ）随应变的变化。图 9.3（d）中显示了应变从–0.08%变化到 0.08%时器件的相对外量子效率（压电光电子学因子 α ）的变化。通过选择不同的幂指数（ $b=1$ 、 $b=2$ 、 $b=1.6$ ），我们可以得到对压电光电子学因子与应变关系的线性近似、抛物线近似（典型的非线性近似）和实验数据拟合曲线。因此，p-n 结界面的压电电荷主导了光子的发射过程，这与我们的实验结果一致[7]。

这些数值计算结果表明，压电光电子学效应是 p-n 结中产生的界面压电电荷调整/控制器件光强和外量子效率的结果。

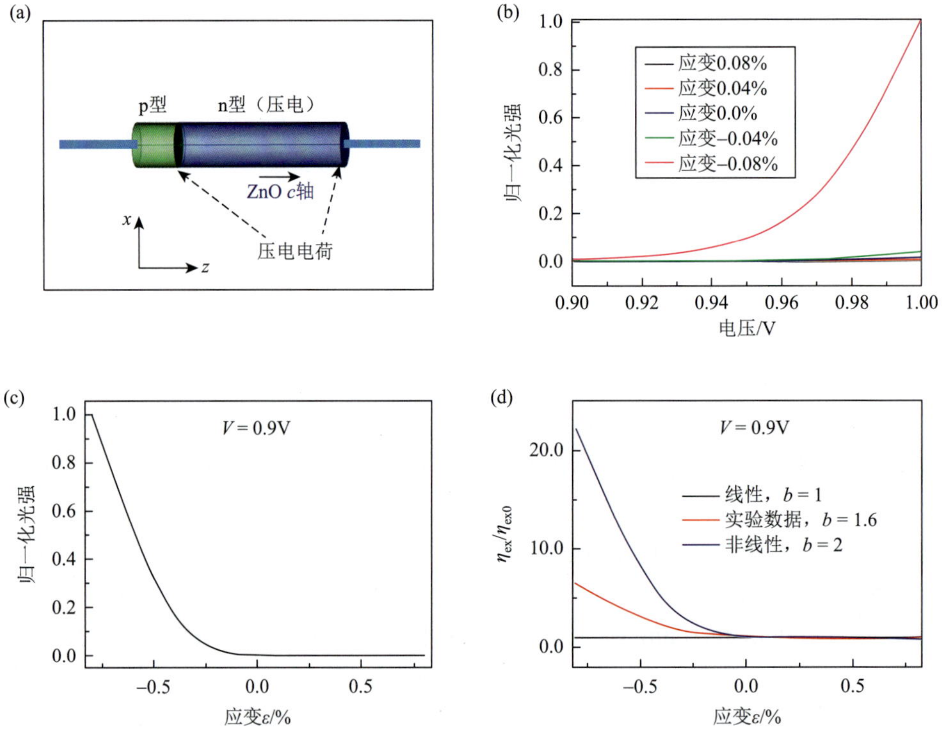

图 9.3 （a）氧化锌纳米线压电发光二极管示意图；（b）不同应变（–0.08%～0.08%）条件下，相对光强与电压的关系曲线；（c）固定偏压为 0.9V 条件下，相对光强与应变（–0.08%～0.08%）的关系曲线；（d）固定偏压为 0.9V 条件下，利用线性近似、抛物线近似和从我们以前的实验数据拟合得到的相对外量子效率与应变（–0.08%～0.08%）的关系曲线

9.3 压电光电子学效应对光电传感器的影响

压电光电子学效应利用了晶体内的压电势来调节控制光电子器件中的载流子产生、分离、传输或复合过程。在本节中，我们构建了一个理论模型来描述基于金属-纳米线-金属结构的压电光电子学光电探测器的特性。我们将讨论光激发和压电电荷对光电流的影响，以及这两者间的耦合对具有单肖特基接触和双肖特基接触的光电探测器性能的影响。这些数值模拟结果与基于氧化锌纳米线的紫外光电探测器的实验数据吻合得很好。上述研究也被扩展到基于硫化镉纳米线的对可见光进行检测的光电探测器中。我们进一步提出了三条原则来判定一般光电探测器中是否存在压电光电子学效应。

两相耦合的压电电子学理论模型已在第 4 章中提出并做了阐述[5]。在这里，我们将采用相同的假设并遵循类似的方法来阐述压电光电子学效应对光电传感器的影响[8]。肖特基接触的电流方程将被用来作为讨论的基本出发点。我们也将讨论光激发和压电电荷对材料能带结构的影响，并将最终的耦合项整合到电流传输方程中。为了得到对压电光电子学效应更为直观的理解，我们也进行了相应的数值计算。为易于理解，我们采用一维模型和其他简化条件。核心方程和结论如下所述。

9.3.1　正偏肖特基接触的电流密度

压电光电子学光电探测器中测得的光电流大小对应于光强度的强弱。我们也对外加应变条件下压电效应和光子激发的耦合效应进行了研究。当金属和 n 型半导体形成的肖特基接触器件处于正偏时，其中的载流子传输应由热电子发射（TE）理论来描述，相应的正偏电流密度 J_F 为[2]

$$J_F = A^* T^2 e^{-\frac{q}{kT}\phi_n}\left(e^{\frac{q}{kT}V} - 1\right) \tag{9.18}$$

式中，A^*为理查森（Richardson）常量；T 为温度；ϕ_n 为等效肖特基势垒高度；V 为接触上的外加偏压。

9.3.2　反偏肖特基接触的电流密度

对含 n 型半导体的反偏肖特基接触，热电子发射理论对电流值的估算偏低，而考虑了隧穿效应的热离子场发射（TFE）理论则可以更好地描述重掺杂半导体材料的电流传输行为[9, 10]。基于热离子场发射理论，反偏电流密度可以表示为

$$J_R = J_{sv} e^{-\frac{q}{E_0}\phi_n} e^{V_R\left(\frac{q}{kT} - \frac{q}{E_0}\right)} \tag{9.19}$$

式中，J_{sv} 为考虑外加电压和肖特基势垒变化时的慢变项；V_R 为反偏电压；q 为电子电荷；k 为玻尔兹曼常量；E_0 为与 kT 具有相同量级但大于 kT 值的隧穿参数；一般 E_0 大于 kT，且当考虑外加电压和肖特基势垒变化时为常数项，因此可以合理假设 $E_0 = akT$，且 $a > 1$，因此式（9.19）可写为

$$J_R = J_{sv} e^{-\frac{q}{akT}\phi_n} e^{V_R \frac{q}{kT}\left(1 - \frac{1}{a}\right)} \tag{9.20}$$

9.3.3　光激发模型

能量大于光电探测器中半导体材料带隙（E_g）的光子照射材料后在该材料中产生电子-空穴对。在恒定光强的光照下，过剩自由载流子的浓度保持恒定。过剩载流子浓度由连续性方程得到[11]：

$$\Delta n = \Delta p = \tau_n G_L(I) \tag{9.21}$$

式中，Δn 为光照下的过剩电子浓度；Δp 为光照下的过剩空穴浓度；τ_n 为载流子寿命；$G_L(I)$ 为光子生成率且是光强的函数。

无光激发时，半导体费米能级与金属费米能级保持对齐一致。如图 9.4（b）所示，

当纳米线受到光照时，过剩载流子的存在导致初始费米能级分裂成分别对应于电子和空穴的两个准费米能级。如果光照均匀，则沿纳米线整个耗尽层的准费米能级也可认为是均匀的。电子准费米能级 E_{F_n} 和空穴准费米能级 E_{F_p} 可以分别表示为[2]

$$E_{F_n} = E_F + kT\ln\left(\frac{n_0+\Delta n}{n_0}\right) \tag{9.22a}$$

$$E_{Fp} = E_F - kT\ln\left(\frac{p_0+\Delta p}{p_0}\right) \tag{9.22b}$$

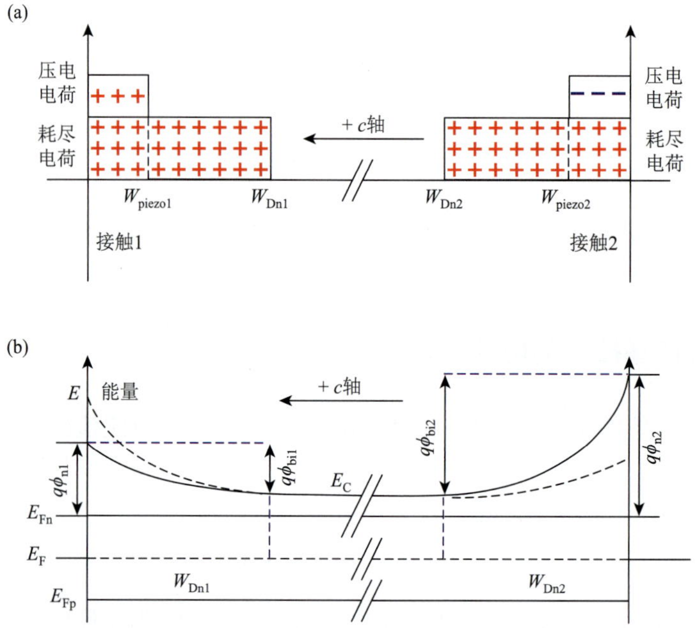

图 9.4　压电电荷和光生载流子存在时的理想金属-半导体-金属结构示意图。(a) 空间电荷分布和 (b) 压电电荷和光生载流子存在时对应的能带图。虚线代表无应变和光辐射时的初始势垒。实线为受压电电荷影响后的能带结构，其中一端势垒上升而另一端势垒下降

9.3.4　压电电荷和压电势方程

如之前构建压电电子学的理论框架时所述[5]，压电电荷所引起的肖特基势垒高度变化为

$$\Delta\phi_{piezo} = -\frac{1}{2\varepsilon}\rho_{piezo}W_{piezo}^2 \tag{9.23}$$

式中，ρ_{piezo} 为存在于金属-半导体接触中半导体纳米线侧由应变引起的压电电荷密度；W_{piezo} 为结区界面附近处的压电电荷分布宽度。

由于压电效应源于晶体内离子的极化，压电电荷可视为在纳米线两端具有相反极性的固定电荷，如图 9.4（a）所示。对于假定沿 c 轴方向生长的纤锌矿结构纳米线，当受到沿 c 轴的应变时，压电极化电荷为

$$P = e_{33}s_{33} = \rho_{\text{piezo1}}W_{\text{piezo1}} = -\rho_{\text{piezo2}}W_{\text{piezo2}} \tag{9.24}$$

式中，e_{33} 为压电常数；s_{33} 为沿 c 轴方向的应变；ρ_{piezo1} 为在接触 1 端由应变引起的压电电荷密度；ρ_{piezo2} 为在接触 2 端由应变引起的压电电荷密度。

对肖特基接触来说，光激发可有效地降低肖特基势垒的高度，与此同时结区局域压电电荷的引入也可以改变势垒高度，这可用下式表示：

$$\Delta\phi_{\text{n}} = -\frac{1}{2\varepsilon}\rho_{\text{piezo}}W_{\text{piezo}}^2 - \frac{kT}{q}\ln\left(\frac{n_0 + \Delta n}{n_0}\right) \tag{9.25}$$

则势垒高度的变化可表示为

$$\phi_{\text{n}} = \phi_{\text{n0}} + \Delta\phi_{\text{n}} \tag{9.26}$$

式中，ϕ_{n0} 为无应变无光照情况下肖特基势垒的初始高度。

因此流过正偏肖特基接触的电子电流为

$$J_{\text{n}} = J_{\text{n0}}\left(\frac{n_0 + \Delta n}{n_0}\right)\exp\left(\frac{q}{kT}\frac{1}{2\varepsilon}\rho_{\text{piezo}}W_{\text{piezo}}^2\right) \tag{9.27}$$

式中，k 为玻尔兹曼常量；J_{n0} 为无外加应变无光照情况下的电流密度，且

$$J_{\text{n0}} = A^*T^2\text{e}^{-\frac{q}{kT}\phi_{\text{n0}}}\left(\text{e}^{\frac{q}{kT}V} - 1\right)$$

由于压电电荷密度 ρ_{piezo} 的大小和符号依赖于晶体材料的 c 轴方向和所受应变的类型，因此通过改变这些条件，就可以利用压电电荷来增强或减弱光激发的影响。

9.3.5　压电光电子学效应对双肖特基接触结构的影响

当对具有双肖特基接触的器件施加一定的偏置电压时，器件中一个结处于反向偏置而另一个结处于正向偏置。流过双肖特基结器件的电流可表示为如下形式：

$$I = S_{\text{R}}J_{\text{R}} = V_{\text{NW}} / R_{\text{NW}} = S_{\text{F}}J_{\text{F}} \tag{9.28}$$

式中，S_{R} 和 S_{F} 分别对应反偏和正偏的结横截面积；R_{NW} 为纳米线电阻；V_{NW} 为纳米线上的压降。则有

$$V_{\text{R}} + V_{\text{NW}} + V_{\text{F}} = V \tag{9.29}$$

其中，V_{R} 和 V_{F} 分别为反偏和正偏结上的压降；V 为外加电压。

式（9.28）中，R_{NW} 主要影响外加电压大于等于 5V 时器件的电流特性，而在光电检测的工作电压范围内，影响器件电流特性的主要因素则受反偏接触控制[10]。为清楚地表明压电电荷和光照的影响，我们进行了合理的简化，$V_{\text{R}} = cV$，这里 c 假定为常数且 $c<1$；则式（9.27）变成

$$J = J_{\text{sv}}\exp\left(-\frac{q}{akT}\phi_{\text{n0}}\right)\exp\left[V\frac{q}{kT}c\left(1-\frac{1}{a}\right)\right]\left(\frac{n_0 + \Delta n}{n_0}\right)^{\frac{1}{a}}\exp\left(\frac{q}{akT}\frac{1}{2\varepsilon}\rho_{\text{piezo}}W_{\text{piezo}}^2\right) \tag{9.30}$$

则不同电压下器件的电流为

$$I = S_1J_{\text{C1}}\left(\frac{n_0 + \Delta n}{n_0}\right)^{\frac{1}{a}}\exp\left(\frac{q}{akT}\frac{1}{2\varepsilon}\rho_{\text{piezo1}}W_{\text{piezo1}}^2\right) \quad \text{接触 1 反向偏置}(V>0) \tag{9.31a}$$

$$I = -S_2 J_{C2}\left(\frac{n_0+\Delta n}{n_0}\right)^{\frac{1}{a}} \exp\left(\frac{q}{akT}\frac{1}{2\varepsilon}\rho_{\text{piezo2}} W_{\text{piezo2}}^2\right) \qquad \text{接触 2 反向偏置}(V<0) \tag{9.31b}$$

其中，

$$J_{C1} = J_{sv1}\exp\left(-\frac{q}{a_1 kT}\phi_{n10}\right)\exp\left[V\frac{q}{kT}c_1\left(1-\frac{1}{a_1}\right)\right]$$

$$J_{C2} = J_{sv2}\exp\left(-\frac{q}{a_2 kT}\phi_{n20}\right)\exp\left[V\frac{q}{kT}c_2\left(1-\frac{1}{a_2}\right)\right]$$

分别为接触 1 和 2 处于反向偏置下对应的电流；S_1 和 S_2 分别为结 1 和结 2 的面积。由于压电电荷密度 ρ_{piezo1} 与 ρ_{piezo2} 具有相反符号，式（9.31）显示，处于相反偏压下的器件受到相同应变时的光电流呈反对称变化。

9.3.6 金属-半导体-金属光电探测器的数值模拟

接下来我们将前面的解析结果应用于银-氧化锌-银结构的数值计算。由于用于制备压电光电子器件的材料主要是氧化锌、硫化镉和氮化镓等纤锌矿结构材料，而这类材料具有相同的晶体对称性，因此它们对应的压电系数矩阵具有相同的形式。

计算中用到的氧化锌参数如下：介电常数 $\varepsilon = \varepsilon_s \varepsilon_0$，$\varepsilon_s = 8.9$，压电系数 $e_{33} = 1.22\text{C/m}^3$；值得注意的是硫化镉介电常数 $\varepsilon_s = 9.3$[12]，压电系数 $e_{33} = 0.385\text{C/m}^3$，这意味着对硫化镉器件的模拟结果只会在大小上有轻微差异，而其随应变和光强改变的变化趋势与氧化锌器件是相同的。对光激发而言，我们假定外量子效率 $\eta_{\text{ext}} = 1$，内增益 $\varGamma_G = 1.5\times10^5$[13]，载流子寿命 $\tau_n = 3\text{ns}$[14]。在典型 UV 光电探测实验中使用的光源波长 $\lambda = 385\text{nm}$。我们假设氧化锌纳米线直径为 100nm。在黑暗条件下，假定氧化锌纳米线电子浓度为 $1\times10^{15}\text{cm}^{-3}$。

对一端为肖特基接触另外一端为欧姆接触的银-氧化锌-银结构，当正向偏压加在肖特基接触时，使用式（9.27），我们可以计算出在光强恒定时当应变从 0%变化到 1%条件下器件的光电流。根据 c 轴方向的不同，光电流可以通过施加应变来增大或减小。图 9.5（a）和（b）分别显示两个单肖特基接触器件的性能。器件的结构如图 9.5（a）和（b）中的插图所示。如图 9.5（c）所示，我们还计算了无应变条件下对应不同光照强度条件的器件光电流。

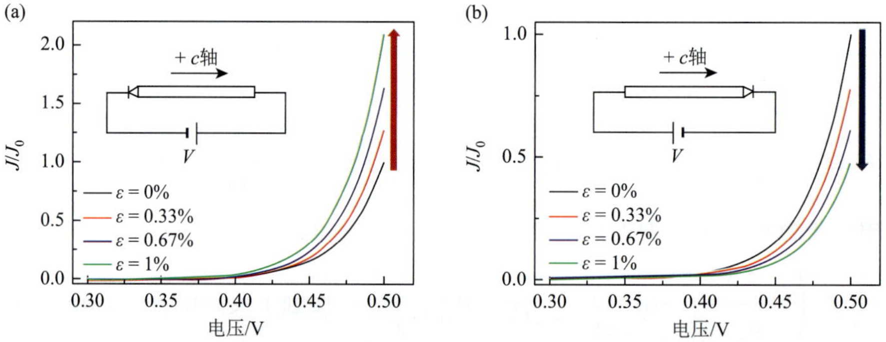

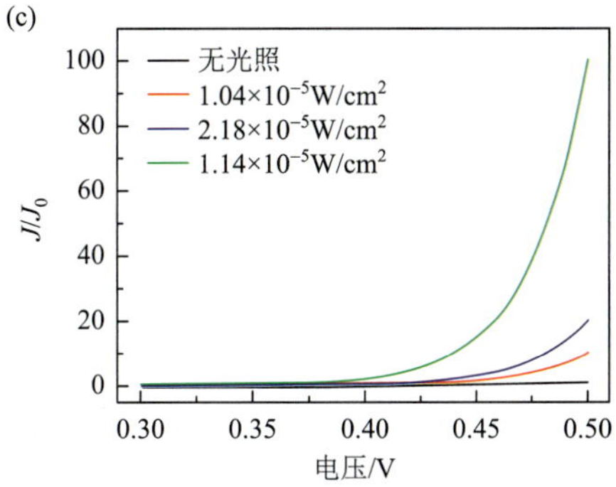

图 9.5 一端为肖特基接触另外一端为欧姆接触的金属-氧化锌-金属光电探测器解析解的数值模拟结果。（a）和（b）分别为在不同应变和相同光照条件下，相对肖特基接触具有相反 c 轴方向的两个器件中相对的电流密度随电压的变化情况，设 J_0 为零应变和外加电压 0.5V 时的器件电流，插图为器件结构和正向偏置方向示意图；（c）不同光照强度下器件的伏安特性，J_0 为正向偏压 0.5V 时的器件暗电流[8]

对两端均为肖特基接触的银-氧化锌-银结构，我们设式（9.31a）中 $a=1.3$ 和 $c=0.8$，这是根据以前工作选取的合理数值[10]。模拟结果如图 9.6 所示。在图 9.6（a）中，压电光电子学效应的非对称特性显示得很清楚：当偏置电压具有相反方向时，在相同大小的应变下，电流变化相反。

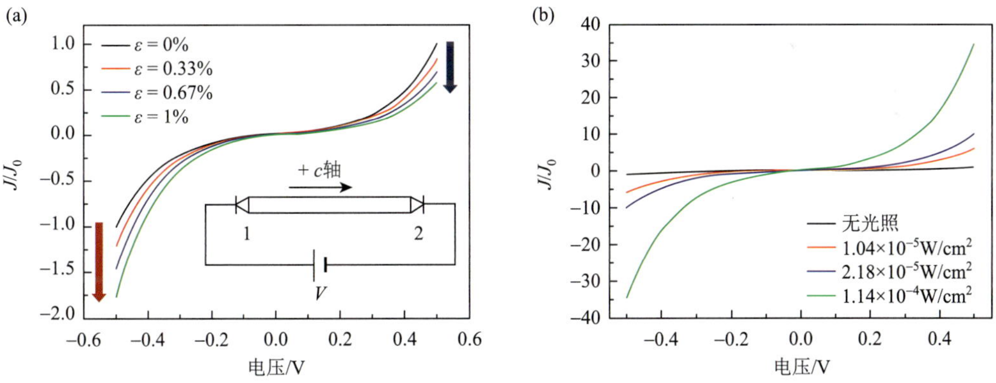

图 9.6 基于解析解对两端均为肖特基接触的金属-氧化锌-金属光电探测器的数值模拟结果。（a）在不同应变和相同光照条件下，相对的电流密度随电压变化，其中 J_0 为零应变和外加电压 0.5V 的器件电流，插图为器件结构和正向偏置方向示意图；（b）不同光照强度下器件的伏安特性，J_0 为正向偏压 0.5V 下器件的暗电流[8]

如将在第 11 章的详细叙述，上述理论预测的结果已被基于硫化镉纳米线的可见光电探测器和氧化锌纳米线紫外光电探测器等实验定量验证。我们的实验结果表明，压电光电子学效应而非其他实验因素是影响这些光电探测器性能的主导因素。我们发现，压电光电子学效应在低光照强度时十分明显，这对扩展光电探测器灵敏度和应用范围非常重要。上述基于肖特基接触得到的结论显示了此效应的核心特性，同时也可以方便地应用于其他结构如 p-n 结等。

9.4 压电光电子学效应对太阳能电池的影响

评估太阳能电池性能的关键参数有：光电流（短路电流）、开路电压、最大输出功率、填充因子（FF）和理想转换效率。填充因子的定义为最大输出功率与短路电流和开路电压乘积之比。理想转换效率的定义为最大输出功率与入射太阳光光照功率之比。

从材料和器件结构角度来说，可以通过两个主要方法来优化太阳能电池的性能：发展具有更高能源转换效率的新材料和设计新的结构。在硅太阳能电池中金属-绝缘体-半导体的结构用来减少饱和电流密度[15]；为了优化电池的开路电压，p-n 结太阳能电池的厚度依赖规律已经基于热力学理论从理论上进行了探讨[7]。基于低带隙聚合物 PBDTTT4，构建的聚合物太阳能电池的开路电压已提升至 0.76V，且其功率转换效率已经高达 6.77%[16]。多种理论和实验方法也已被发展来理解聚合物富勒烯太阳能电池开路电压的起源[17]。最近，研究者发展了一套全新的采用压电、铁电材料来提高有机太阳能电池性能的技术方法，称为压电太阳能电池（PSC）[4]和铁电聚合物太阳能电池[18]，其核心思想就是利用材料本身提供的内建电势来增强电荷分离。我们需要发展相应的基本理论来理解相关实验现象。

以典型的纳/微米太阳能电池为例（图 9.7（a）），其基本结构是 p-n 结或金属-半导体接触。太阳能电池的工作原理是利用耗尽区内的强电场来协助分离入射光子产生的光生

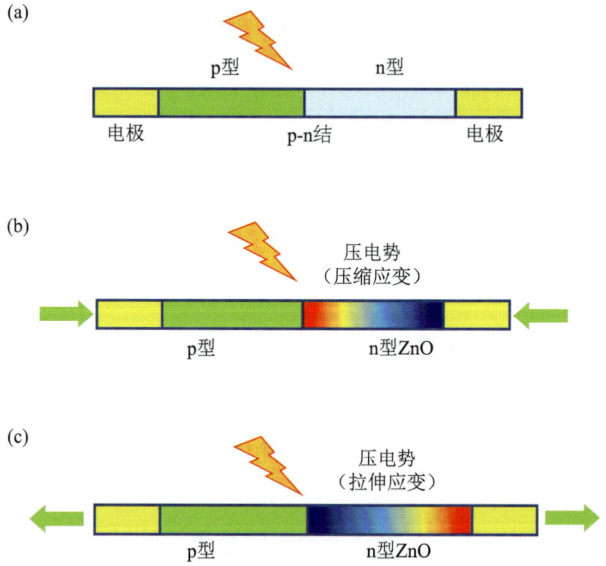

图 9.7 （a）使用 p-n 结结构的纳米线压电太阳能电池示意图；（b）受压缩应变的压电太阳能电池示意图；（c）受拉伸应变的压电太阳能电池示意图。其中压电势的极性和大小均可以调节和控制载流子产生、分离和传输特性；色阶变化代表 n 型半导体纳米线内的压电势分布

电子-空穴对。受应变产生的结区压电电荷可以有效调节/控制太阳能电池性能。例如，如图 9.7（b）和（c）所示的氧化锌纳米线太阳能电池由 p 型非压电半导体材料和 n 型压电半导体材料形成的异质结组成。压电势明显改变界面附近能带结构，从而控制载流子在 p-n 结或金属半导体接触界面的产生、分离和传输过程，这就是基本的压电光电子学效应。

压电势分布和载流子动态传输特性在前面几节中进行了讨论。在本节中，我们提出一个理论模型来半定量理解压电光电子学效应对载流子产生和传输行为的影响[19]。我们得到了简化条件下的氧化锌压电 p-n 结太阳能电池的解析结果，这为理解压电太阳能电池的机制提供了一个基本物理图像。此外，我们也对压电太阳能电池的最大输出进行了数值计算。最后，实验中得到的有机太阳能电池的结果符合我们的理论模型。利用外应力产生的压电效应，我们的研究不仅为理解此类太阳能电池的特性提供了物理基础，而且也有助于设计出更高性能的太阳能电池。

9.4.1　基本方程

由压电半导体制备的压电太阳能电池的特性通过压电理论和半导体物理来描述。动态应变下压电材料的行为由压电理论描述[3]。载流子的静态和动态传输行为，以及半导体材料中光子和电子的相互作用可由半导体物理基本方程描述[2]。

在均匀小机械应变下的压电方程和本构方程为

$$(\boldsymbol{P})_i = (\boldsymbol{e})_{ijk}(\boldsymbol{S})_{jk} \tag{9.32a}$$

$$\begin{cases}\boldsymbol{\sigma} = \boldsymbol{c}_{\mathrm{E}}\boldsymbol{S} - \boldsymbol{e}^{\mathrm{T}}\boldsymbol{E} \\ \boldsymbol{D} = \boldsymbol{e}\boldsymbol{S} + \boldsymbol{k}\boldsymbol{E}\end{cases} \tag{9.32b}$$

式中，$\boldsymbol{P}$ 是极化矢量；$\boldsymbol{S}$ 是均匀机械应变张量；三阶张量 $(\boldsymbol{e})_{ijk}$ 是压电张量；$\boldsymbol{\sigma}$ 和 $\boldsymbol{c}_{\mathrm{E}}$ 分别是应力张量和弹性系数张量；$\boldsymbol{E}$、$\boldsymbol{D}$ 和 $\boldsymbol{k}$ 分别为电场强度、电位移矢量和介电常数张量。

压电半导体中电荷的静电特性由泊松方程描述：

$$\nabla^2\psi_{\mathrm{i}} = -\frac{\rho(\boldsymbol{r})}{\varepsilon_{\mathrm{s}}} \tag{9.33}$$

式中，ψ_{i}，$\rho(\boldsymbol{r})$ 和 ε_{s} 分别是电势分布、电荷密度分布和材料的介电常数。

关联电场强度、电荷密度以及局域电流三者的漂移和扩散电流密度方程为

$$\begin{cases}\boldsymbol{J}_{\mathrm{n}} = q\mu_{\mathrm{n}}n\boldsymbol{E} + qD_{\mathrm{n}}\nabla n \\ \boldsymbol{J}_{\mathrm{p}} = q\mu_{\mathrm{p}}p\boldsymbol{E} - qD_{\mathrm{p}}\nabla p \\ \boldsymbol{J} = \boldsymbol{J}_{\mathrm{n}} + \boldsymbol{J}_{\mathrm{p}}\end{cases} \tag{9.34}$$

式中，$\boldsymbol{J}_{\mathrm{n}}$ 和 $\boldsymbol{J}_{\mathrm{p}}$ 分别为电子电流密度和空穴电流密度；q 为电子电荷绝对值；μ_{n} 和 μ_{p} 分别为电子和空穴迁移率；n 和 p 分别为自由电子浓度和自由空穴浓度；D_{n} 和 D_{p} 分别为电子和空穴扩散系数；$\boldsymbol{E}$ 为电场强度；$\boldsymbol{J}$ 为总电流密度。

受电场驱动的载流子输运由连续性方程表述：

$$\begin{cases}\dfrac{\partial n}{\partial t}=G_{\mathrm{n}}-U_{\mathrm{n}}+\dfrac{1}{q}\nabla\cdot\boldsymbol{J}_{\mathrm{n}}\\ \dfrac{\partial p}{\partial t}=G_{\mathrm{p}}-U_{\mathrm{p}}-\dfrac{1}{q}\nabla\cdot\boldsymbol{J}_{\mathrm{p}}\end{cases}\tag{9.35}$$

式中，G_{n} 和 G_{p} 分别为电子和空穴产生率；U_{n} 和 U_{p} 分别为电子和空穴复合率。

9.4.2 基于 p-n 结的压电太阳能电池

基于我们关于压电电子学效应的理论工作[5]，本节中以理想 p-n 结为例来理解压电太阳能电池的独特性质。在外加应力作用下压电半导体材料中存在两种主要效应：压阻效应和压电效应。压阻效应涉及由应变引起的带隙、态密度和/或迁移率等性质的改变[20, 21]。压阻效应主要是体效应，对半导体中压电极化的极性反转是不敏感的。因此，压阻效应可以视为半导体块体的电阻变化，对接触特性影响较小。虽然带隙的改变可以影响太阳能电池的饱和电流密度和开路电压，但是带隙的改变并不依赖于器件接触区域产生的压电电荷的极性；第二种效应是压电电子学效应[22]，这种效应涉及了接触区产生的压电电荷导致的晶体内压电势与材料极化方向间的依赖关系。由于压电电荷在器件两端极性相反，这导致在器件两端接触处产生了非对称效应，这意味着太阳能电池的输出与晶体极性方向有关。

最近的实验表明，受应力作用的 P3HT/氧化锌太阳能电池的开路电压与氧化锌微米线的晶向之间有明显的依赖关系，这表明，压电光电子学效应对太阳能电池的输出具有关键的作用。器件的开路电压和最大输出功率非常敏感地依赖于氧化锌线所受的应变，而器件的短路电流密度则不依赖于氧化锌线所受的应变。因此，我们假设在以下的理论研究中 p-n 结纳/微米线太阳能电池的光电流密度（短路电流密度）不受外加应变影响。

理论上，短路电流密度是过剩载流子受太阳光辐射激发的结果。为了简化计算，我们假设电子和空穴的生成率（G_{n} 和 G_{p}）为常数：

$$G_{\mathrm{n}}=G_{\mathrm{p}}=\frac{J_{\mathrm{solar}}}{q(L_{\mathrm{n}}+L_{\mathrm{p}})}\tag{9.36}$$

式中，J_{solar} 为短路电流密度；L_{n} 和 L_{p} 分别为电子和空穴的扩散长度。我们假设这里没有辐射复合过程（光子发射），这意味着在我们的模型里没有光子发射，即 $U_{\mathrm{n}}=U_{\mathrm{p}}=0$。我们前期的工作中采用肖克利理论建立了压电 p-n 结模型用于理解压电半导体材料中的物理过程[2]。我们也得到了 p-n 结中存在压电电荷时流经 p-n 结的电流密度。当考虑光电流密度 J_{solar} 时，采用一维压电 p-n 结模型，我们可以通过求解简化条件下的上述基本方程式（9.32）～式（9.36）得到理想 p-n 结压电太阳能电池中的总电流密度：

$$J=J_{\mathrm{pn}}\left[\exp\left(\frac{qV}{kT}\right)-1\right]-J_{\mathrm{solar}}\tag{9.37a}$$

$$J_{\mathrm{pn}}\equiv\frac{qD_{\mathrm{p}}p_{\mathrm{n0}}}{L_{\mathrm{p}}}+\frac{qD_{\mathrm{n}}n_{\mathrm{p0}}}{L_{\mathrm{n}}}\tag{9.37b}$$

其中，J_{pn} 为饱和电流密度；D_p 和 D_n 分别为电子和空穴扩散系数；p_{n0} 和 n_{p0} 分别为热平衡条件下 n 型半导体中的空穴浓度和 p 型半导体中的电子浓度。在基于 p 型聚合物材料和 n 型氧化锌微/纳米材料的有机太阳能电池中，氧化锌微/纳米线具有高的 n 型电导率[23]。因此我们假设 p 型半导体侧为具有掺杂浓度为 N_A 的突变结，这意味着 p-n 结内 $n_{p0} \gg p_{n0}$，$J_{pn} \approx \dfrac{qD_n n_{p0}}{L_n}$，其中，$n_{p0} = n_i \exp\left(-\dfrac{E_i - E_F}{kT}\right)$，这里 n_i 为本征载流子密度，E_i 为本征费米能级。根据我们前期压电电子学的理论工作，总电流密度可以写为[19]

$$J = J_{pn0} \exp\left(-\frac{q^2 \rho_{piezo} W_{piezo}^2}{2\varepsilon_s kT}\right)\left[\exp\left(\frac{qV}{kT}\right) - 1\right] - J_{solar} \tag{9.38a}$$

$$J_{pn} = J_{pn0} \exp\left(-\frac{q^2 \rho_{piezo} W_{piezo}^2}{2\varepsilon_s kT}\right) \tag{9.38b}$$

其中，无压电势情况下的费米能级和饱和电流密度分别定义为 E_{F0} 和 $J_{pn0} = \dfrac{qD_n n_{p0}}{L_n} \times \exp\left(-\dfrac{E_i - E_{F0}}{kT}\right)$。不同于前期理论中的原始方程，式（9.38）指数项中出现负号，这将在下面进行详述。

式（9.38a）和式（9.38b）表明，压电太阳能电池的饱和电流密度 J_{pn} 随 p-n 结界面的压电电荷呈指数下降。需要注意的是，相比我们前期得出的压电 p-n 结的结果，式（9.38b）指数项里符号为负[5]。从半导体物理角度来理解，饱和电流 J_{pn} 依赖于两部分因素：热平衡条件下 n 型半导体中的空穴浓度 p_{n0} 和 p 型半导体中的电子浓度 n_{p0}。我们可以从式（9.37b）中直接得到两种近似情况：第一种情况为 $n_{p0} \gg p_{n0}$，意味着热平衡条件下 p 型半导体中的电子浓度 n_{p0} 为电流特性的重要因素，这种情况对应于我们的压电太阳能电池模型；第二种情况为 $p_{n0} \gg n_{p0}$，意味着热平衡条件下 n 型半导体中的空穴浓度 p_{n0} 主导了器件的电流特性，此情况已经在之前的压电 p-n 结太阳能电池研究中得到了阐述[5]。对于我们的模型中负应变（压缩应变）的情况，正压电电荷吸引电子并排斥空穴。相应地，在正应变（拉伸应变）情况下，负压电电荷吸引空穴并排斥电子。正、负压电电荷间的差异导致上述两种情况中相反的效应，这对应于式（9.38b）指数函数项中符号的反转。根据式（9.38a）和式（9.38b），设 $J = 0$，则压电太阳能电池的开路电压可以表示为[19]

$$V_{oc} = \frac{kT}{q} \ln\left(\frac{J_{solar}}{J_{pn}} + 1\right) \tag{9.39a}$$

典型的太阳能电池中 $J_{solar} \gg J_{pn}$，则开路电压近似为

$$V_{oc} \approx \frac{kT}{q} \ln\left(\frac{J_{solar}}{J_{pn}}\right) = \frac{kT}{q}\left[\ln\left(\frac{J_{solar}}{J_{pn0}}\right) + \frac{q^2 \rho_{piezo} W_{piezo}^2}{2\varepsilon_s kT}\right] \tag{9.39b}$$

式（9.39b）给出开路电压与压电电荷之间的函数关系。应变的大小和应变的符号（压缩或拉伸）都可以有效地调节或控制我们器件中的开路电压。虽然上述结果由一维纳米线模型得出，但是压电光电子学效应的作用机制同样适用于块体和薄膜太阳能电池。

当沿 c 轴生长的氮化镓或氧化锌纳米线受到沿 c 轴方向的应变为 s_{33} 时，通过求解压电方程（9.32a）可得 $q\rho_{\text{piezo}}W_{\text{piezo}}=-e_{33}s_{33}$。因此可以利用以下典型的材料常数来计算太阳能电池的电流密度和开路电压：压电常数 $e_{33}=1.22\text{C/m}^2$，相对介电常数 $\varepsilon_s=8.91$；压电电荷均匀分布区的宽度 $W_{\text{piezo}}=0.25\text{nm}$，这约为一个原子层厚度；温度设为 $T=300\text{K}$；本节所有的计算中，p-n 结结构中左段和右段长度分别是 20nm 和 80nm；纳米线的直径为 20nm。图 9.8（a）为计算模型的示意图。坐标 z 轴定义为氧化锌纳米线的 c 轴正方向，$z=0$ 处为 p 型材料区端面，p-n 结界面位于沿 z 轴 $z=20\text{nm}$ 处，n 型材料区终止于 $z=100\text{nm}$ 处。图 9.8（b）给出了不同光强下计算得到的器件伏安函数曲线。短路电流密度随光强增加而增大。但是对于给定的 J_{pn}，开路电压随光电流 J_{solar} 增加而对数增加。减小饱和电流密度有可能会使太阳能电池的开路电压略有增加。当短路电流密度固定时，随着应变从–0.9%变化到 0.9%，p-n 结太阳电池的电流特性如图 9.8（c）所示。图 9.8（d）中所示为太阳能电池的开路电压与外加应变之间的函数关系，清楚地表明了压电光电子学效应对太阳能电池性能的影响。如图 9.8（d）所示，当应变从–0.9%变化到 0.9%时，开路电压从 0.48V 升至 0.51V。

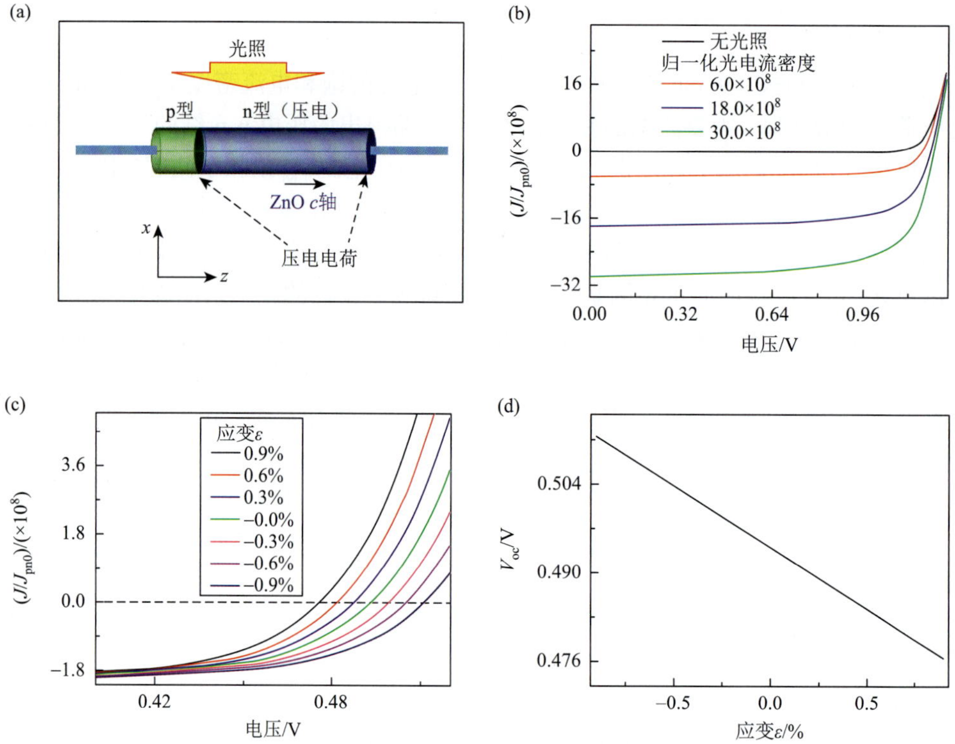

图 9.8 （a）基于 p-n 结的氧化锌纳米线压电太阳能电池的示意图，其中 n 型为压电材料且正 c 方向为图中指离结区的方向；（b）不同光强下计算得到的压电太阳能电池伏安特性；（c）当应变从–0.9%变化到 0.9%时相对电流密度与电压之间的函数关系；（d）开路电压随应变变化规律[19]

根据解析结果，压电太阳能电池的输出功率可从式（9.39a）得到。图 9.9（a）给出了当光电流密度恒定时，器件的输出功率随电压变化的函数关系。随着应变的增加，输出功率曲线上升，且每条曲线各自在某个特定的电压处达到输出功率的最大值。如图 9.9（b）所示，通过式（9.39a）计算极值可以得到最大输出功率与应变的函数规律。明显可见，应变可有效调节太阳能电池的最大输出功率。

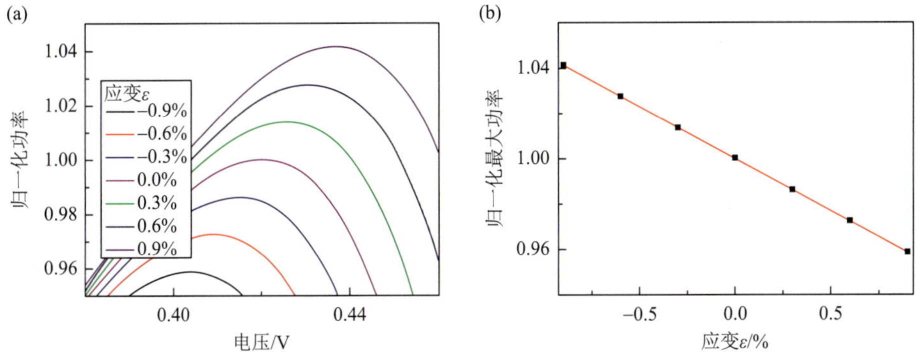

图 9.9　（a）氧化锌纳米线 p-n 结压电太阳能电池的输出功率与电压之间的变化规律；（b）不同应变下（−0.9%～0.9%）器件的最大输出功率[19]

为了与图 9.8（a）所示的情况作比较，我们将 n 型一侧 c 轴极性反转（图 9.10（a）），或交换 n 和 p 两部分的位置（图 9.10（c））。图中插图显示了各自对应的模型。这两种情况的伏安曲线和开路电压分别绘于图 9.10（a）和（b）中。图 9.10（a）所示情况与图 9.8（a）的情况相比具有相反的 c 轴取向，图 9.10（a）所示的电流密度与应变之间的变化趋势与图 9.8（c）中的相反，这是由压电电荷极性反转造成的。

如图 9.10（c）和（d）所示，对非压电 n 型材料和压电 p 型半导体组成的太阳能电池，计算所得的器件伏安曲线和开路电压具有与图 9.10（a）和（b）中相同的趋势。上述结果显示，通过对 n 型或 p 型压电半导体的选择及相应压电极化方向的改变，可以有效地提高太阳能电池的性能。

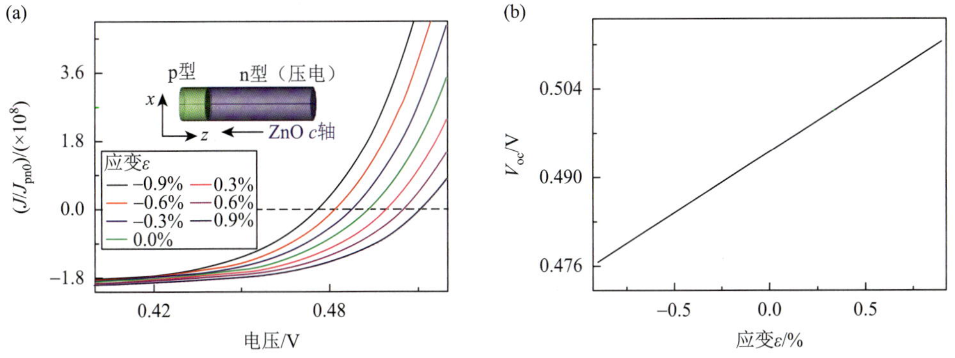

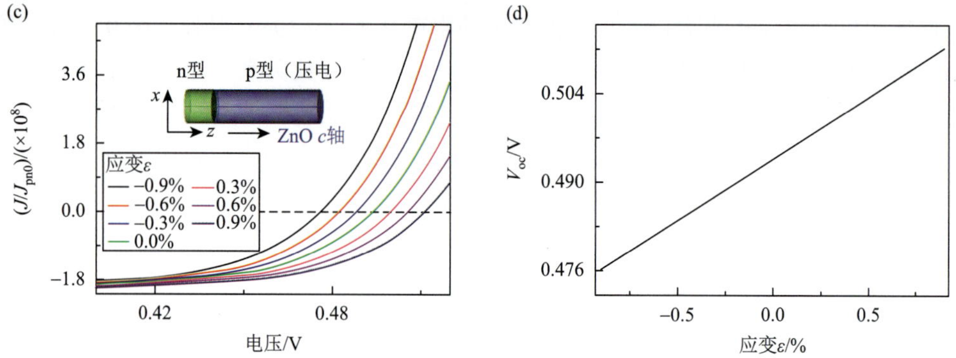

图 9.10　不同应变条件下（–0.9%～0.9%），p-n 结压电太阳能电池的（a）伏安特性曲线和（b）开路电压，其中 n 型材料（氧化锌）具有压电性质且正 c 方向为图中所示指向结区的方向；不同应变条件下（–0.9%～0.9%），p-n 结压电太阳能电池的（c）伏安特性曲线和（d）开路电压，其中 p 型材料具有压电性且正 c 方向为图中所示指离结区的方向[19]

9.4.3　金属-半导体肖特基接触型太阳能电池

金属-半导体肖特基器件是太阳能电池中的重要组成部分。根据我们关于压电电子学效应的理论工作[5]，对 n 型压电半导体纳米线器件，简化条件下流经压电太阳能电池中理想金属-半导体肖特基接触的总电流可以通过下式给出[19]：

$$J = J_{\mathrm{MS}}\left[\exp\left(\frac{qV}{kT}\right)-1\right]-J_{\mathrm{solar}} \tag{9.40a}$$

$$J_{\mathrm{MS}} = J_{\mathrm{MS0}}\exp\left(\frac{q^2\rho_{\mathrm{piezo}}W_{\mathrm{piezo}}^2}{2\varepsilon_{\mathrm{s}}kT}\right) \tag{9.40b}$$

式中，J_{MS} 为饱和电流密度；J_{MS0} 定义为无压电电荷情况下的饱和电流密度：

$$J_{\mathrm{MS0}} = \frac{q^2D_{\mathrm{n}}N_{\mathrm{C}}}{kT}\sqrt{\frac{2qN_{\mathrm{D}}(\psi_{\mathrm{bi0}}-V)}{\varepsilon_{\mathrm{s}}}}\exp\left(-\frac{q\phi_{\mathrm{Bn0}}}{kT}\right) \tag{9.41}$$

其中，ψ_{bi0} 和 ϕ_{Bn0} 分别为无压电电荷情况下的内建电势和肖特基势垒高度。在我们的例子中，压电电荷的影响可以看作对导带边 E_{C} 的微扰项。基于 9.4.2 节讨论的原因，式（9.40b）中指数项的符号与式（9.38a）中的相反。

因此，基于金属-半导体接触的压电太阳能电池的开路电压可以表示为

$$V_{\mathrm{oc}} \approx \frac{kT}{q}\left[\ln\left(\frac{J_{\mathrm{solar}}}{J_{\mathrm{MS0}}}\right)-\frac{q^2\rho_{\mathrm{piezo}}W_{\mathrm{piezo}}^2}{2\varepsilon_{\mathrm{s}}kT}\right] \tag{9.42}$$

如式（9.40b）所示，在正应变（拉伸应变）情况下，局域负压电电荷将增加金属-半导体接触的势垒高度，从而导致饱和电流密度 J_{MS} 的减少；相应地，由式（9.42）可知，金属-半导体接触太阳能电池的开路电压将增加。此外，在负应变（压缩应变）的情况下，正压电电荷降低金属-半导体接触的势垒高度而使得饱和电流密度 J_{MS} 增加，从而降低金

属-半导体接触太阳能电池的开路电压。因此，器件的电流密度和开路电压不仅可以被应变大小控制，也可以被应变的极性（拉伸和压缩）所调制。

对于沿 c 轴生长的氮化镓或氧化锌纳米线，当其受到沿 c 轴方向的应变 s_{33} 时，用于计算的典型材料常数与前述的 p-n 结案例是相同的。计算模型的示意图如图 9.11（a）和（c）所示。图 9.11（a）显示固定光强下 J/J_{MS0} 随电压的变化。当外加应变从–0.9%变化到 0.9%时，电流曲线下降。如图 9.11（b）所示，开路电压随外加应变的增加而增大。通过切换 c 轴极性方向，开路电压随应变的增加而下降（图 9.11（c）和（d））。理论结果与我们的实验结果定性一致。

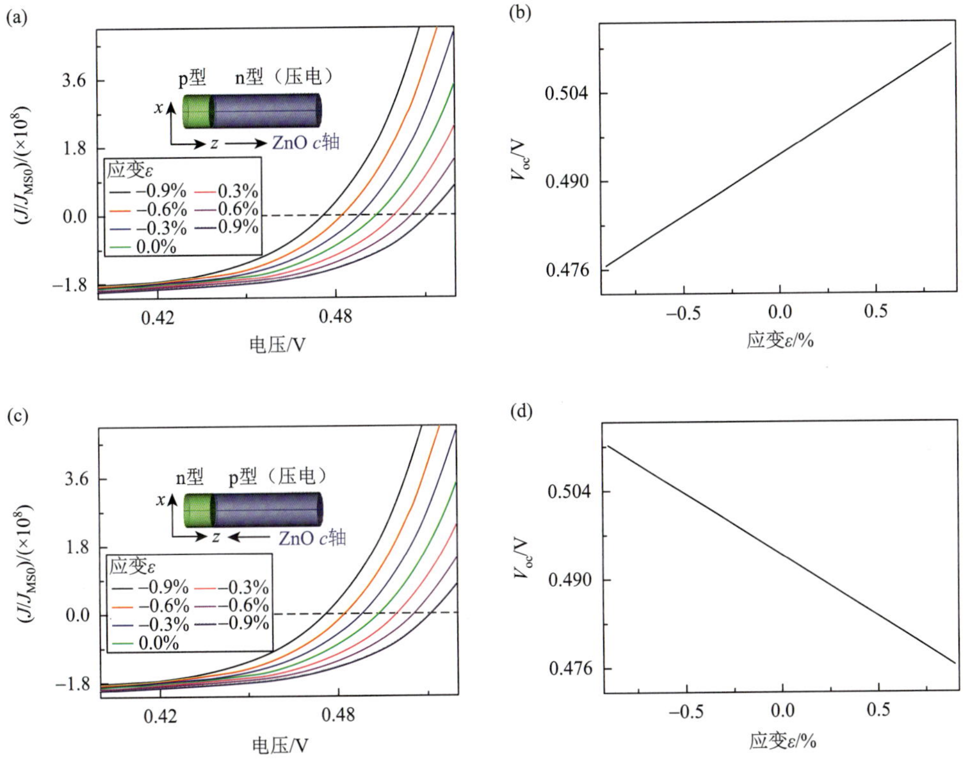

图 9.11　基于金属-半导体（氧化锌）接触的压电太阳能电池的（a）原理图和在不同应变条件下（–0.9%～0.9%）的器件伏安特性，材料的正 c 方向为图中所示指离结区的方向；（b）不同应变条件下（–0.9%～0.9%）器件的开路电压。基于金属-半导体（氧化锌）接触的压电太阳能电池的（c）原理图和在不同应变条件下（–0.9%～0.9%）的器件伏安特性，材料的正 c 方向为图中所示指向结区的方向；（d）不同应变条件下（–0.9%～0.9%）器件的开路电压[19]

9.5　总　　结

综上所述，我们分别对发光、光电探测和太阳能电池等情况给出了压电光电子学的理论框架。除给出支配方程外，我们还给出了一些解析解以易于理解相关的物理图像。随后我们通过求解微分方程得到相应的数值计算结果。虽然我们基于半经典理论模型得到了半定量的结果，但是这提供了对该现象的清楚理解，这将在后续篇章中得到详细叙述。更多的复杂理论将在近期发展出来以用于定量描述所观测到的压电光电子学现象。

参考文献

[1] Zhang Y，Wang Z L. Theory of piezo-phototronics for light-emitting diodes. Advanced Materials，2012，24（34）：4712-4718.

[2] Sze S M. Physics of Semiconductor Devices. 2nd ed. New York：John Wiley & Sons，1981.

[3] Ikeda T. Fundamentals of Piezoelectricity. Oxford：Oxford University Press，1996.

[4] Yang Q，Wang W H，Xu S，et al. Enhancing light emission of ZnO microwire-based diodes by piezo-phototronic effect. Nano Letters，2011，11（9）：4012-4017.

[5] Zhang Y，Liu Y，Wang Z L. Fundamental theory of piezotronics. Advanced Materials，2011，23（27）：3004-3013.

[6] Comsol Model Gallery（P-N Junction 1D）. https://www.comsol.com/model/p-n-junction-1d-14621. [2023-1].

[7] Brendel R，Queisser H J. On the thickness dependence of open circuit voltages of pn junction solar cells. Solar Energy Materials and Solar Cells，1993，29（4）：397-401.

[8] Liu Y，Yang Q，Zhang Y，et al. Nanowire piezo-phototronic photodetector：theory and experimental design. Advanced Materials，2012，24（11）：1410.

[9] Rhoderick E H，Williams R H. Metal-Semiconductor Contacts. Oxford：Clarendon Press，1988.

[10] Zhang Z，Yao K，Liu Y，et al. Quantitative analysis of current-voltage characteristics of semiconducting nanowires：decoupling of contact effects. Advanced Functional Materials，2007，17（14）：2478-2489.

[11] Neamen D A. Semiconductor Physics and Devices. 3rd ed. New York：McGraw-Hill Higher Education，2002.

[12] Thomas D G，Hopfield J J. Exciton spectrum of cadmium sulfide. Physical Review，1959，116（3）：573.

[13] Yang Q，Guo X，Wang W H，et al. Enhancing sensitivity of a single ZnO micro-/nanowire photodetector by piezo-phototronic effect. ACS Nano，2010，4（10）：6285-6291.

[14] Zhang X J，Ji W，Tang S H. Determination of optical nonlinearities and carrier lifetime in ZnO. JOSA B，1997，14（8）：1951-1955.

[15] Godfrey R B，Green M A. 655 mV open-circuit voltage，17.6% efficient silicon MIS solar cells. Applied Physics Letters，1979，34（11）：790-793.

[16] Chen H Y，Hou J H，Zhang S Q，et al. Polymer solar cells with enhanced open-circuit voltage and efficiency. Nature Photonics，2009，3（11）：649-653.

[17] Vandewal K，Tvingstedt K，Gadisa A，et al. On the origin of the open-circuit voltage of polymer-fullerene solar cells. Nature Materials，2009，8（11）：904-909.

[18] Yuan Y，Reece T J，Sharma P，et al. Efficiency enhancement in organic solar cells with ferroelectric polymers. Nature Materials，2011，10（4）：296-302.

[19] Zhang Y，Yang Y，Wang Z L. Piezo-phototronics effect on nano/microwire solar cells. Energy & Environmental Science，2012，5（5）：6850-6856.

[20] Bykhovski A D，Kaminski V V，Shur M S，et al. Piezoresistive effect in wurtzite n-type GaN. Applied

Physics Letters，1996，68（6）：818-819.
[21] Gaska R，Shur M S，Bykhovski A D，et al. Piezoresistive effect in metal-semiconductor-metal structures on p-type GaN. Applied Physics Letters，2000，76（26）：3956-3958.
[22] Wang Z L. Piezopotential gated nanowire devices：piezotronics and piezo-phototronics. Nano Today，2010，5（6）：540-552.
[23] Janotti A，Van de Walle C G. Fundamentals of zinc oxide as a semiconductor. Reports on Progress in Physics，2009，72（12）：126501.

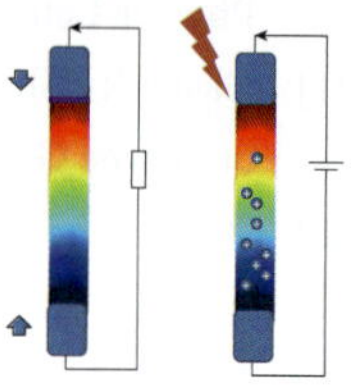

第 10 章

压电光电子学效应在光电池中的应用

摘　要

太阳能电池是光电子学中最重要的领域之一。利用金属-半导体界面的势垒结构及 p-n 结内形成的耗尽区内建电场，半导体材料中产生的光生电子-空穴对得到分离而形成输出电流。界面/结区的压电电荷可以有效地改变器件的电荷分离性能。本章将研究压电光电子学效应对太阳能电池的影响。

10.1　压电光电子学效应在金属-半导体接触光电池中的应用

通过工程改性选择适当的金属类型，在金属与氧化锌界面可以形成肖特基接触[1]。当金属-氧化锌界面受光子能量大于氧化锌带隙的激光激发时，肖特基势垒有助于将在界面附近产生的电子-空穴对分离。当氧化锌纳米线受到一定应变时，线内产生沿纳米线长度方向变化的压电势，这可能会引起纳米线两端肖特基势垒高度的非对称变化。在本节中，以金属-半导体-金属肖特基接触氧化锌微米线器件为例，我们将阐释压电效应对光电池输出的影响[2]。微米线受外部应变而产生的压电势可调节局域接触处的等效肖特基势垒高度，从而改变器件的传输特性。我们的研究显示，应变控制具有优化光电池输出的潜力。

研究中使用的超长氧化锌微米线是经高温热蒸发过程合成的[3]。制备氧化锌微米线光电池时，首先将氧化锌微米线放置在聚苯乙烯基底上，然后用银浆将其两端固定在基底上。聚苯乙烯基底尺寸为：长 3.5mm、宽 5mm、厚 1mm。一层额外的 PDMS 薄层被用来封装器件，这也使得器件受重复操作时保持了机械性能的稳定性。在空气中经 48 h 干燥后，柔性透明的微米光电池制备完成。实验设计原理如图 10.1 所示。器件中的应变通过具有移动分辨率为 0.0175μm 的精确控制的线性位移台（MFA-CC，Newport 公司）弯曲基底而引入，一束氦镉激光束（波长为 325nm，光束直径小于 20μm）聚焦在器件预设位置上。紫外增强型电荷耦合器件（CCD）被用来作为检测设备。Keithley 4200 半导体参数表征系统被用来对器件的电学性能进行测量。

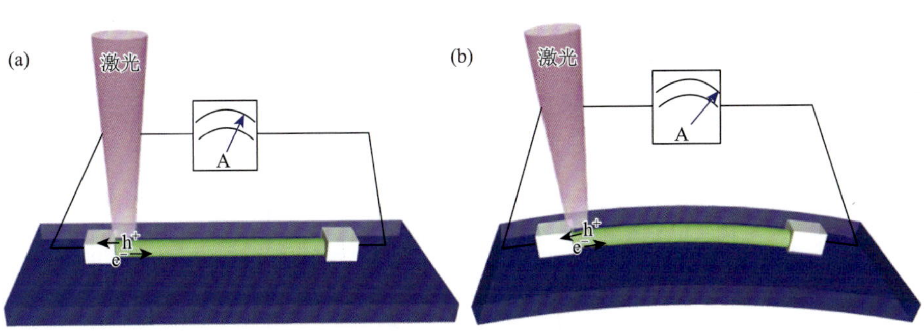

图 10.1　实验设计示意图。(a) 器件无应变；(b) 器件存在应变[2]

首先我们对所有器件均进行了压电响应的测试。考虑到两端固定在基片表面的微米线与基底的相对尺寸存在较大的差距，整个系统的力学性能主要由基底决定。当柔性基底弯曲时，不同的弯曲方向将分别在微米线中产生拉伸或压缩应变。微米线所受应变的数值可通过基底的弯曲量来确定[4]。图 10.2（a）中所示为一组典型的压电响应伏安特性曲线。当氧化锌微米线沿 c 轴压缩或拉伸时，线内产生沿纳米线长度方向变化的压电势，如图 10.2（a）所示。分布在器件金属-半导体接触区域的压电电场将改变肖特基势垒的等效高度，并且在线两端接触处的改变方式不同，从而导致器件传输性能的改变。需要指出的是，应变也可导致能带结构微小的改变，这就是压阻效应。此效应也将导致肖特基势垒高度的变化，但是对器件两端来说该影响是一致的。由于压电势具有极性，因此对器件两端而言是一个非对称效应，这就会导致伏安特性的非对称变化。

金属-半导体-金属结构中肖特基势垒对光生电子-空穴对分离的有效性很大程度取决于肖特基势垒的高度。对合适高度的肖特基势垒（图 10.3（a）），在金属-半导体接触界面区域，受光子激发的导带电子向具有较低能量的半导体侧漂移，并最后到达金属电极；空穴则向接触界面漂移，并且同金属中的电子复合以形成电流回路。如果肖特基势垒太高（图 10.3（b）），由于能带分布陡峭，电子仍然可以漂移到半导体侧，但空穴则可能会

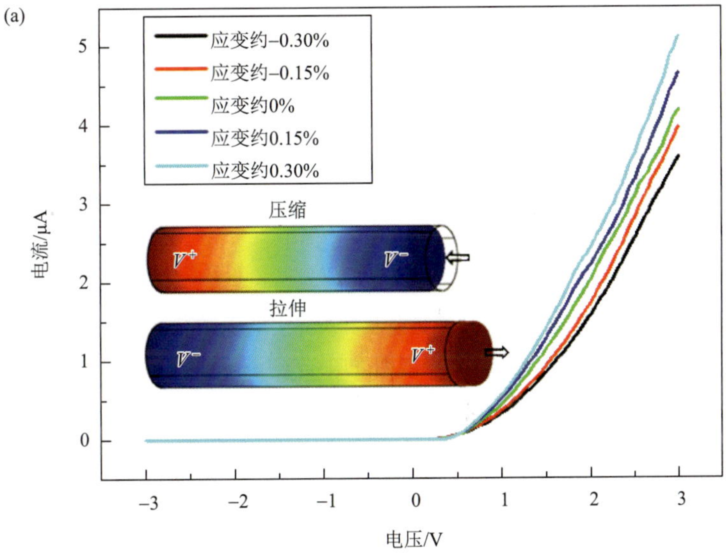

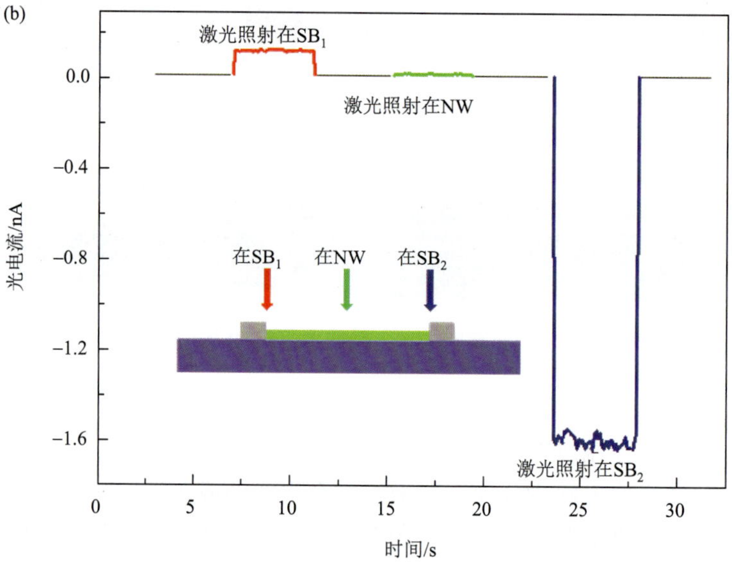

图 10.2 （a）器件压电响应测试，插图为不同应变条件下线中压电势分布的数值模拟；（b）激光聚焦点在线上不同位置时测得的输出电流，插图为器件上激光照射的位置示意[2]

被俘获于具有比费米能级更高能量的界面处带边位置（图 10.3（b）)，这导致金属中的电子不能与空穴有效地复合，从而不能形成电流回路。如果势垒高度太低（图 10.3（c)），考虑电子-空穴两者之间的库仑相互作用，则界面附近的平带不足以有效驱动电子-空穴朝相反方向漂移。因此电子-空穴会倾向于复合而不会产生电荷分离。对于一般制备的势垒高度未优化的太阳能电池，我们可以利用压电势调整肖特基势垒高度，使器件中的电子-空穴得到最大程度的分离并减少电子、空穴复合，从而可能得到最大的光电流输出。

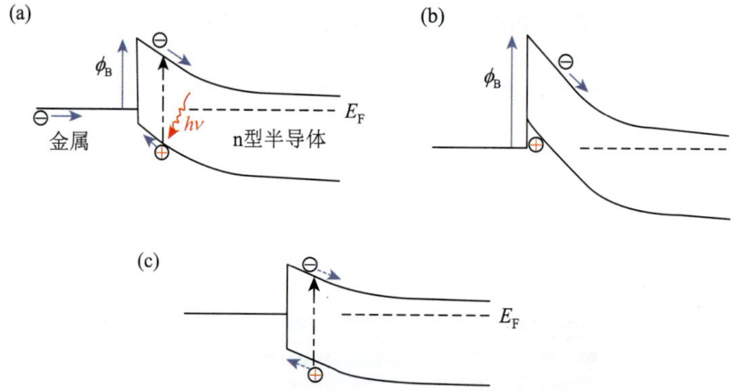

图 10.3 能带图显示金属-半导体界面肖特基势垒及其对光生电子-空穴对分离的影响。（a）正常情况势垒高度；（b）势垒很高时的界面；（c）势垒较低时的界面

我们现在以具有金属-半导体-金属接触结构的微米线器件来说明压电势对光电池的影响。首先，如图 10.2（b）所示，当将波长为 325nm 的激光光斑聚焦照射在器件的不同位置时，记录器件相应的输出电流。整个器件由两个通过微米线连接的背靠背肖特基势

垒构成。当激光束的聚焦点从一个肖特基势垒移动到另一个肖特基势垒时，测得的输出电流符号发生改变。这是由于两个肖特基势垒区域具有相反的局域电场方向。局域电场导致了激光照射时生成的电子和空穴的分离，并引导它们朝着相反的方向流动。当我们将激光束固定照在一个肖特基势垒，随着一步一步地弯曲器件基底，应变也被逐步地引入器件当中。根据形变的方向，器件所受应变的极性由负转变为正或者由正至负。同时，线中的压电势分布也相应地获得逐步调节。这将改变两个肖特基势垒的有效高度从而影响微米线光电池的特性。

实验观察到输出电流和应变之间存在四种类型的特性关系。第一种是输出电流随应变增加而增加，如图 10.4（a）所示。在我们测试的 26 个器件中有 14 个表现出这种特性；第二种情况与第一种相反，即输出电流随应变增加而降低（图 10.4（b）），26 个器件中只有 2 个具有这种类型的输出电流特性；第三种情况和第四种情况类似，二者对应变响应都有一个最大输出电流，但对于前者，极值点发生在拉伸应变范围（图 10.4（c）），而后者的极值点则发生在压缩应变范围（图 10.4（d）），26 个器件中有 6 个为第三种类型，4 个为第四种类型。这些不同的行为表明，上述光电池具有某些内在的差异。

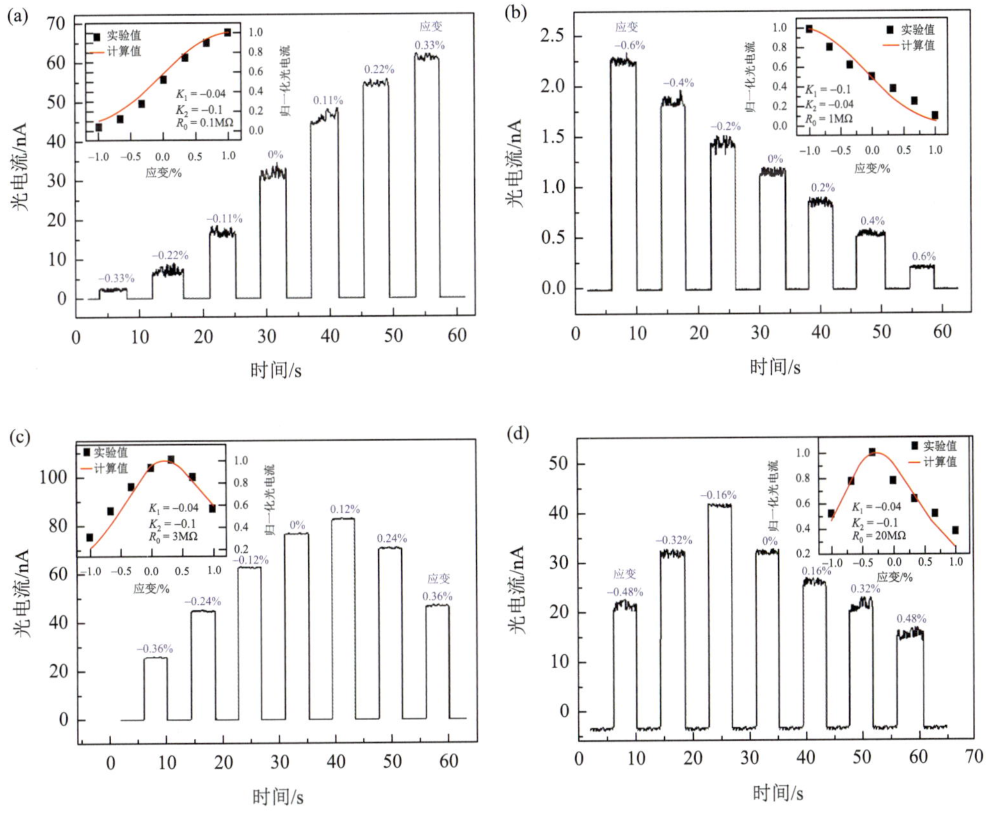

图 10.4　器件存在应变时输出电流响应，可以分为四种类型：（a）递增；（b）递减；（c）正应变下存在极大值；（d）负应变下存在极大值。插图为基于相关参数的输出电流的计算结果，经过归一化后，计算结果与实验数据具有相似的变化趋势[2]

这些氧化锌器件中光学、机械和电学性质之间的耦合，提供了一种新的方法来区分和探求其内在特性。这些器件的特性可以通过基于光电池的等效电路模拟与热电子发射理论来定量地理解。当固定功率的激光束聚焦在肖特基势垒区域，此部分可看作一个恒定光电流源与一个正向偏置的肖特基二极管（SD_1）并联；我们测得的输出电流是流过电路中由器件另外一端的正向偏置肖特基二极管（SD_2）与微米线串联形成的部分的电流。当通过弯曲基底将应变引入器件时，肖特基势垒高度和微米线的电阻都会相应地变化。这三部分可被视为受应变控制的可变电阻（分别记为 R_1、R_2、R_0）。这些可变电子参数之间的耦合以及它们与负载间的匹配产生了多种输出特性，这将于下文详细阐述[2]。

基于等效电路特性（图 10.5）可得

$$I = I_1 + I_2 \tag{10.1}$$

$$V = I_2 R_0 + V_2 \tag{10.2}$$

式中，I 是由激光辐射引起的恒定光电流；I_1 和 I_2 分别为通过包含 SD_1 或 SD_2 的电路分支的对应电流；V 和 V_2 为落在恒定光电流源和 SD_2 上的压降。对于正向偏置的肖特基二极管，根据热电子发射理论可得其电流为[2]

$$I_1 = I_{1s}\left[\exp\left(\frac{qV}{kT}\right) - 1\right] \tag{10.3}$$

$$I_2 = I_{2s}\left[\exp\left(\frac{qV_2}{kT}\right) - 1\right] \tag{10.4}$$

其中，

$$I_{1s} = S_1 A^* T^2 \exp\left(-\frac{q\phi_1}{kT}\right) \tag{10.5}$$

$$I_{2s} = S_2 A^* T^2 \exp\left(-\frac{q\phi_2}{kT}\right) \tag{10.6}$$

这里，S_1 和 S_2 是肖特基二极管接触面积；ϕ_1 和 ϕ_2 分别为 SD_1 和 SD_2 的肖特基势垒高度；A^* 为热电子发射中的理查森常量；T 为温度；q 为电子电荷；k 为玻尔兹曼常量。

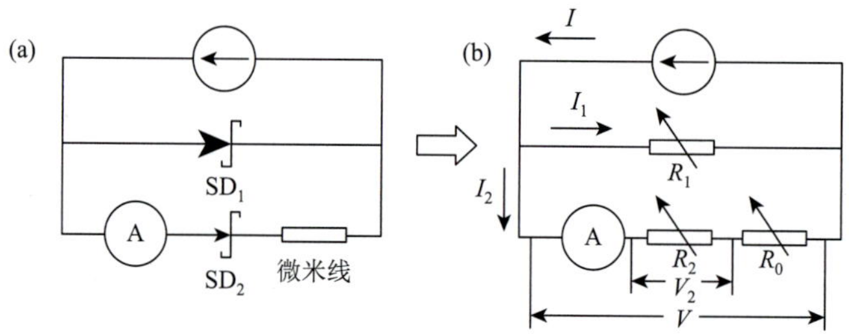

图 10.5　微米线光电池电路结构及相应的用于理论计算的等效电路[2]

若 $qV/kT \ll 1$，可以从式（10.1）～式（10.4）中求出被测输出电流 I_2 的解析解：

$$I_2 = \frac{\alpha I}{\alpha\left(\frac{I_{1s}}{I_{2s}} + 1\right) + R_0 I_{1s}} \tag{10.7}$$

式中，$\alpha = kT/q$。对当上述条件不满足时的 I_2 进行了数值计算。在同样参数下，解析解与数值解具有一致的变化趋势，并且二者在最终模拟得到的电流大小上相差非常小。因此，为了获得更直观的分析，我们假设式（10.7）在我们的模拟中始终成立。

我们定义函数 $f(\varepsilon)$：

$$f(\varepsilon) = \alpha\left(\frac{I_{1s}}{I_{2s}} + 1\right) + R_0 I_{1s} \tag{10.8}$$

式中，ε 为施加的应变。根据实验结果，由应变引起的 R_0 变化可以忽略。之前的实验结果[4]显示，在小应变范围可以引入下列经验方程：

$$\begin{cases}\phi_1 = K_1\varepsilon + \phi_{10} \\ \phi_2 = K_2\varepsilon + \phi_{20}\end{cases} \quad 且 \quad \begin{cases}K_1 < 0 \\ K_2 < 0\end{cases} \tag{10.9}$$

则由式（10.5）、式（10.6）和式（10.8）可得

$$\frac{\mathrm{d}f(\varepsilon)}{\mathrm{d}\varepsilon} = \left(-\frac{1}{kT}\right) I_{1s} K_1 [R' + R_0] \tag{10.10}$$

其中，

$$R' = \frac{\alpha}{I_{2s}}\left(1 - \frac{K_2}{K_1}\right) \tag{10.11}$$

第一种情况：若 $|K_1| > |K_2|$，则 $\mathrm{d}f(\varepsilon)/\mathrm{d}\varepsilon > 0$，$I_2$ 为 ε 的单调递减函数，这对应于图 10.4（b）中观察到的情况。

第二种情况：若 $|K_1| < |K_2|$，则 $\mathrm{d}f(\varepsilon)/\mathrm{d}\varepsilon$ 的符号依赖于 $|R'|$ 和 R_0 之间的相对幅度大小。由于 I_{2s} 是 ϕ_2 的函数，R' 将会随应变而改变大小，所以在合适的应变条件下，我们可以得到如下结果：

情况 2-a：当 $|R'| > R_0$，$\mathrm{d}f(\varepsilon)/\mathrm{d}\varepsilon < 0$ 时，I_2 为 ε 的单调递增函数；

情况 2-b：当 $|R'| = R_0$，$\mathrm{d}f(\varepsilon)/\mathrm{d}\varepsilon = 0$ 时，I_2 在此点为极大值；

情况 2-c：当 $|R'| < R_0$，$\mathrm{d}f(\varepsilon)/\mathrm{d}\varepsilon > 0$ 时，I_2 为 ε 的单调递减函数。

由于实验中所加应变的大小有限，$|R'|$ 变化范围也受限制。如果 $|R'| \gg R_0$ 是器件的初始状态，则 $|R'|$ 的改变将在情况 2-a 的应变范围内，其对应的结果如图 10.4（a）所示。类似地，如果器件的初始状态 $|R'| \ll R_0$，则 $|R'|$ 的改变将在情况 2-c 的应变范围内，其对应的结果如图 10.4（b）所示。最后，如果 $|R'|$ 和 R 具有与 R_0 类似的值，则取决于初始状态二者的相对大小，I_2 在正应变范围（图 10.4（c））或负应变范围（图 10.4（d））达到其极大值。

从统计角度来说，$|K_1| > |K_2|$ 和 $|K_1| < |K_2|$ 概率应该是相等的。因此，在实验中应该观测到超过一半的器件为单调递减情况。然而我们的实验中并没有观察到这种情况。正如我们先前已经讨论过的，n 型氧化锌中自由电子将部分屏蔽压电电场[5]。由于激光束聚焦在 SD_1 区域，激光照射下该区域的自由载流子浓度大幅增加。在这种情况下，此区域压电势的影响大大减弱。因此，在大多数情况下，$|K_1| < |K_2|$。参照图 10.4 中器件特性的分布，大部分器件符合 $|R'| > R_0$ 的条件（情况 2-a）。因此，图 10.4 中四种不同的光电流行为代表了微米线光电池不同的内在特性。

为了探讨如上所述的$|K_1/K_2|$和$|R'/R_0|$所起的内在作用，我们利用式（10.7）计算了输出电流随这两个参数变化的情况。相关实验数据也被绘制出来以与归一化后的计算结果做比较。对所有情况，我们设定 $\phi_{10} = \phi_{20} = 0.4\text{eV}$，且 $I = 10^{-8}\text{A}$。我们选择 $K_1 = -0.04$，$K_2 = -0.1$，这是从实验得到的典型值。如图 10.4（a）～（d）中插图分别所示，R_0 分别为 0.1MΩ、3MΩ 和 20MΩ 时，光电流特性从递增变为在正应变区达到最高点和在负应变区达到最高点。如图 10.4（b）插图所示，当选择 $K_1 = -0.1$，$K_2 = -0.04$ 和 $R = 1\text{M}\Omega$ 时，我们观察到递减的光电流变化特性。模拟结果与实验数据在总体变化趋势上定量相符。

10.2　压电光电子学效应在 p-n 结太阳能电池中的应用

压电光电子太阳能电池的基本原理是，应变在结区产生的压电势可以有效地用于增强电荷分离[6]。该机制可应用于利用结区的内建电场来分离电荷的多数器件，包括 p-n 结、金属-半导体接触和异质结。纤锌矿结构半导体，例如氧化锌、氮化镓、氮化铟和硫化镉，是压电半导体材料。应力产生的压电电荷可以在晶体中形成压电势。如图 10.6 所示，晶体内的压电势可以有效地调节/控制 p-n 结或金属-半导体接触结区或界面的载流子分离和传输过程。应变产生的压电电荷会显著影响光伏器件的性能，比如使用压电半导体纳米/微米线制造的柔性和印刷有机/无机太阳能电池。

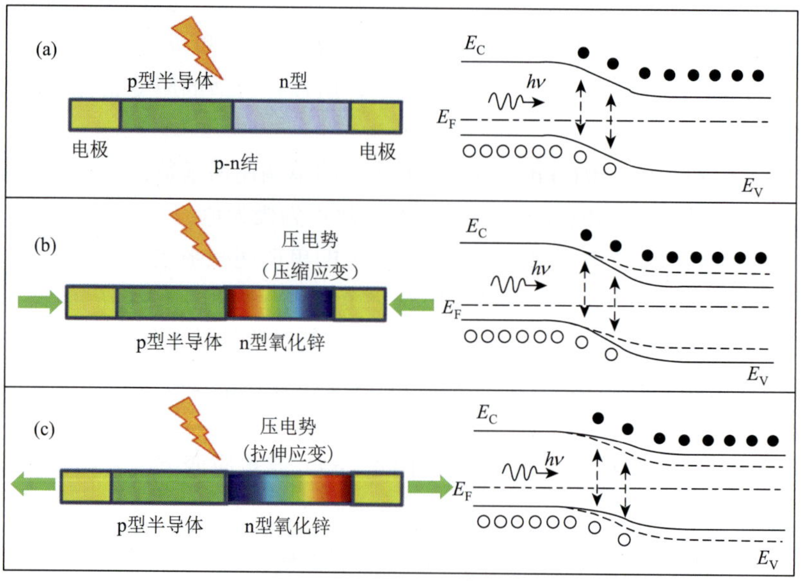

图 10.6　（a）使用 p-n 结结构的纳米线压电太阳能电池示意图；（b）受压缩应变的压电太阳能电池示意图；（c）受拉伸应变的压电太阳能电池示意图。其中压电势的极性和大小均可调节和控制载流子的产生、分离和传输特性。色阶变化代表 n 型半导体纳米线内的压电势分布[6]

为了验证理论模型，以基于聚（3-己基噻吩）（P3HT）和氧化锌微/纳米线构成的 p-n 异质结太阳能电池为例来阐述压电势对太阳能电池效率的影响。详细信息在过去的工作中已讨论[7]。将沿[0001]方向生长的氧化锌微米线固定在长 4cm、宽 8mm、厚 0.5mm 的聚苯乙烯基板上。银浆充当氧化锌微米线另一端的电极。然后，使用一层薄薄的聚二甲基硅氧烷来封装该器件。通过三维机械平台（位移分辨率为 1μm）在聚苯乙烯基板上施加拉伸或压缩应变，该器件在 $100mW/cm^2$ 光强度模拟的 AM 1.5 照明条件下发生机械变形。

图 10.7（a）显示了不同轴向应变条件下器件的伏安曲线，轴向应变通过在微米线直径上横向施加不同外加应力而产生。当应变从 0.3%变为–0.3%时，器件的开路电压会增大。正如上述理论讨论所预期的，对于沿着 P3HT-氧化锌界面的[0001]方向生长的氧化锌微米线，在压缩应变条件下，p-n 结界面处会产生正压电电荷，这导致开路电压增大，饱和电流密度下降。对于拉伸应变情况下，p-n 结界面会产生负压电电荷，这会增大饱和电流密度，降低开路电压。图 10.7（b）显示了实验测量的短路电流 I_{sc} 和开路电压 V_{oc} 随外部应变的变化。短路电流在应变下近似为常数，例如 J_{solar} 为常数。开路电压的线性降低是由于压电电荷密度的线性变化。

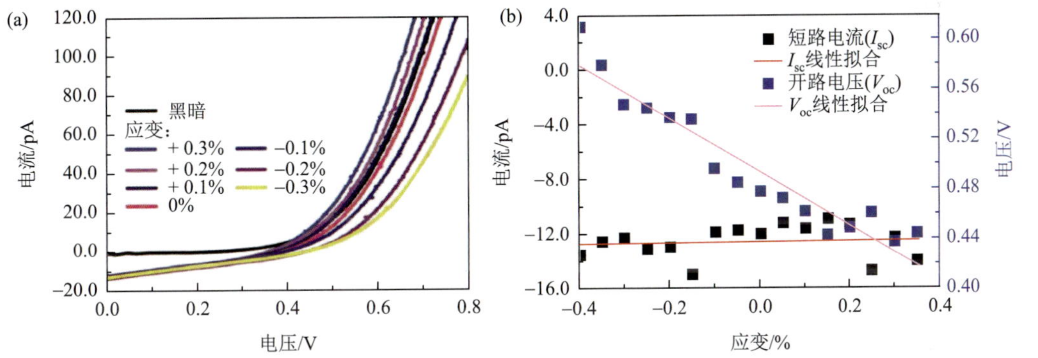

图 10.7　在模拟的 AM 1.5 照明条件下 P3HT/氧化锌微米线太阳能电池实验测量的电流-电压特性。该实验是针对单根微米线进行的，显示了压电光电子学效应对太阳能电池输出的影响。（a）压电太阳能电池器件在不同应变（–0.3%～0.3%）条件下的伏安曲线；（b）短路电流 I_{sc} 和开路电压 V_{oc} 随外部应变的变化，红线和粉红色线分别是 I_{sc} 和 V_{oc} 与外部应变之间函数关系的线性拟合[6]

此外，通过改变微米线的方向（使其 *c* 轴指向 P3HT），研究了压电电荷符号反转对太阳能电池输出特性的影响[7]。微米线方向的反转不会影响微米线内的压阻（如果有的话），因为压阻效应没有极性。实验上，开路电压随着应变的增加而近似线性增加[7]，与预期结果一致。同样，压电光电子学效应会影响太阳能电池的性能。上述模型也可以用来解释沿[0110]方向生长的氧化锌微米线[7]。理论预测的结果已被实验验证。对压电效应影响太阳能电池特性机制的基本了解，有助于设计更高性能的太阳能电池。

10.3　压电光电子学效应在薄膜太阳能电池中的应用

压电光电子学效应可以应用于氧化锌/P3HT 太阳能电池系统，并详细研究了氧化锌的结晶度和掺杂浓度对压电光电子学效应和太阳能电池性能的影响[8]。

通过测试和比较不同条件下制备的五组样品，可以确定压电光电子学效应增强太阳能电池性能最有效的优化参数。本研究提供的原理和规律具有普适性，适用于所有涉及压电半导体材料的太阳能电池系统，可为基于碲化镉、砷化镓等的商业太阳能电池性能的进一步提高提供指导，也促进了可用于各种场景智能应用单元的柔性太阳能的发展。

太阳能电池的结构如图 10.8（a）所示。首先将 100nm 的 ITO 沉积到透明柔性 PET 基板上作为顶部电极。随后使用射频溅射器沉积 600nm 的氧化锌，为后续的连接留出余量。根据研究的需要，不同组样品的溅射参数有所不同，但相同的参数是：沉积过程中的射频功率为 120W，总压力为 6mTorr。电子级 P3HT 购自 Sigma-Aldrich，并以 10mg/mL 的浓度溶解在氯苯中，无需进一步纯化。然后将溶液以 700r/min 的速度旋涂到氧化锌层上 30s 以形成 p 型层。随后在氮气环境下于 120℃干燥 5min 以改善电性能和接触性能。最后，在 P3HT 上沉积 100nm 的金层作为底部电极。

使用太阳模拟（型号 91160，Newport，300W，AM 1.5）为太阳能电池提供光照，其输出功率调整为正常条件一个太阳的强度 100mW/cm^2。使用一组阳光衰减器来实现不同级别的光照强度。第一个测试的太阳能电池样品标记为第 1 组，其中氧化锌层在室温下溅射（溅射过程中没有刻意加热基板），Ar 流量为 30sccm，O_2 流量为 10sccm。太阳能电池在 6 种不同光照强度下测量的电流密度-电压特性曲线如图 10.8（b）所示。在 100mW/cm^2 条件下，太阳能电池的开路电压（V_{oc}）为 0.7487V，短路电流密度（J_{sc}）为 0.7036mA/cm^2，填充因子为 0.3378，效率为 0.178%。当光照强度降低至 3.125mW/cm^2 时，太阳能电池产生的开路电压为 0.5641V，短路电流密度为 0.0336mA/cm^2，填充因子为 0.3484，效率为 0.212%。图 10.8（c）显示了不同光照强度条件下的开路电压和短路电流密度值，图 10.8（d）显示了不同光照强度条件下的效率和填充因子。太阳能电池的效率随着光照强度的降低而增加。这种现象可以用其器件的电荷分离特性来解释。在较高的生成速率下，结区分离的电子-空穴对比例相对较低。随后，将深入地讨论和论证各种方法，有效地提升电子-空穴对的分离。

随后测试了应变条件下组 1 太阳能电池在 25mW/cm^2 光照强度情况下的性能（其余测量均在此强度下进行）。在无应变情况下，太阳能电池产生的 J_{sc} 为 0.2150mA/cm^2，V_{oc} 为 0.6823V，效率为 0.188%。施加应变后（图 10.9（a）插图所示的方法），拉伸应变情况下 J_{sc} 增加，压缩应变情况下 J_{sc} 减少（拉伸应变定义为正，压缩应变定义为负；应变值

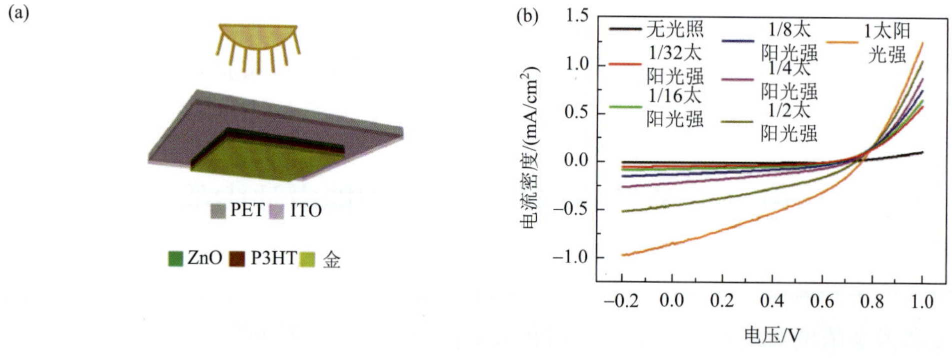

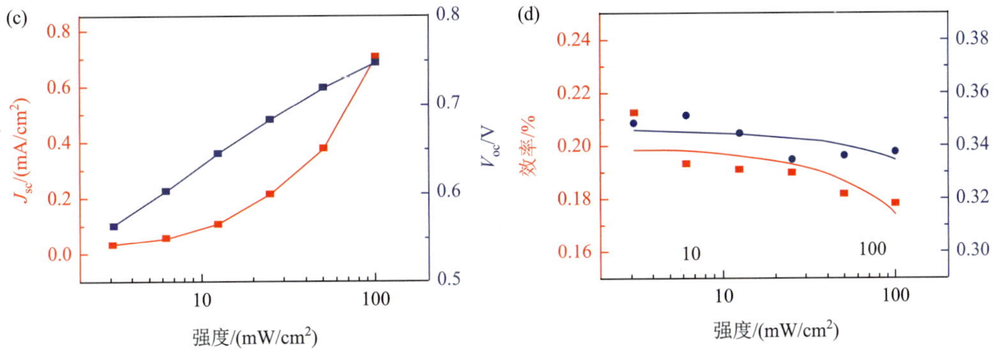

图 10.8 无应变情况下，氧化锌/P3HT 太阳能电池（第 1 组）的性能。（a）太阳能电池结构的示意图；（b）从一个太阳光强（100mW/cm²）到 1/32 太阳光强（3.125mW/cm²）范围内，在不同光照强度条件下，太阳能电池的电流密度-电压特性曲线；（c）不同光照强度下太阳能电池的 J_{sc} 和 V_{oc}，x 轴值以 log 10 刻度表示；（d）不同光照强度条件下，太阳能电池的效率和填充因子，数据点是近似线性拟合的，x 轴值以 log 10 刻度表示[8]

根据过去的研究计算[9, 10]），V_{oc} 几乎不受影响，如图 10.9（a）的短路电流密度-电压特性曲线所示。具体来说，J_{sc} 在 0.32%拉伸应变条件下增大至 0.2205mA/cm²，其提高了 2.568%。在 0.32%压缩应变条件下减少至 0.2042mA/cm²，其降低了 4.940%。因此，在 0.32%拉伸应变下，效率增大至 0.194%，提高了 3.456%。在 0.32%压缩应变下，效率减小至 0.183%，降低了 2.432%（相关数据将在图 10.12 中显示）。由于射频溅射氧化锌薄膜是自纹理的[11-13]，因此通过施加相反方向应变而导致性能变化的不对称性，清楚地显示了压电电荷在调节太阳能电池性能方面发挥了作用。图 10.9（b）通过一个理论模型来解释性能变化。无应变条件下的能带结构如图 10.9（b1）所示。太阳能电池的基本工作机制是电子-空穴对的产生、电子-空穴对的分离以及光生载流子在外部电路中的传输。其中至关重要的步骤是电子-空穴对的分离。对于 J_{sc} 来说，其大小与载流子收集概率直接相关。定性地讲，结区的内建电场越强，意味着载流子收集概率越高；反之亦然。当对氧化锌薄膜施加外部应变时，在氧化锌-P3HT 界面处产生负极化电荷，结区的导带和价带都会被抬高，降低了内建电场，从而导致 J_{sc} 的减少。相反，界面处产生的正极化电荷会降低结区的导带和价带，增强了内建电场，从而导致 J_{sc} 提高。对于 V_{oc}，其大小由 p 型和 n 型半导体的准费米能级之差决定，而准费米能级的差异则很大程度上依赖于光照强度。

定量上，$V_{oc} \approx (nkT/q)\ln(J_{sc}/J_0)$（$n$ 为理想因子，kT/q 为热电压，J_0 为反向暗饱和电流密度），这意味着 J_{sc} 的变化也会影响 V_{oc} 的值。然而，由于 $dV_{oc} \approx (nkTJ_0/q)(dJ_{sc}/J_{sc})$，（如图 10.8（b）所示，$nkT/q$ 的值约为 30mV，J_{sc}/J_0 的值约为 250），J_{sc} 的 1mA/cm² 变化仅导致 V_{oc} 大约 1.2×10^{-4}V 的变化，因此可以忽略不计。这解释了图 10.9（a）的电流密度-电压特性中，电压几乎不受应变影响的原因。

虽然第 1 组样品所显示的压电光电子学效应可以提高或降低太阳能电池的性能，但变化量相对较小，需要寻找方法来进一步增强这种效应。许多研究显示[11-15]，溅射氧化锌薄膜的压电性源于晶粒间的 c 轴自对准，提高其压电系数的一种方法是通过热处理提高结晶度。因此，在第 2 组样品中，在整个溅射过程中将样品基板加热到 120℃时，氧化

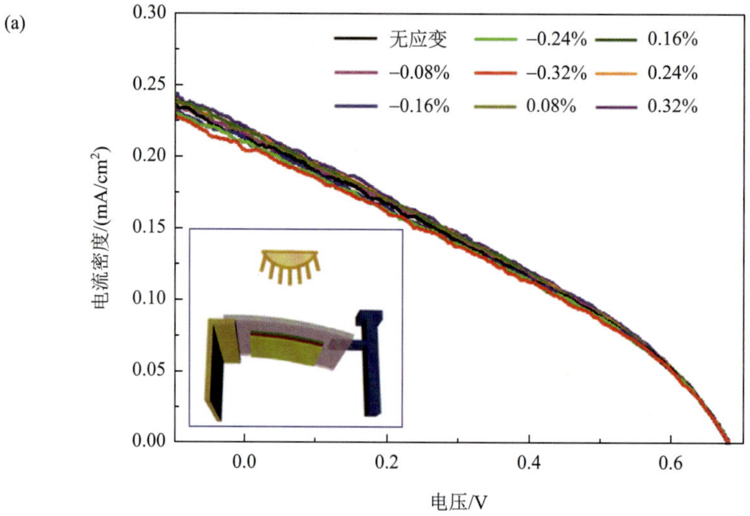

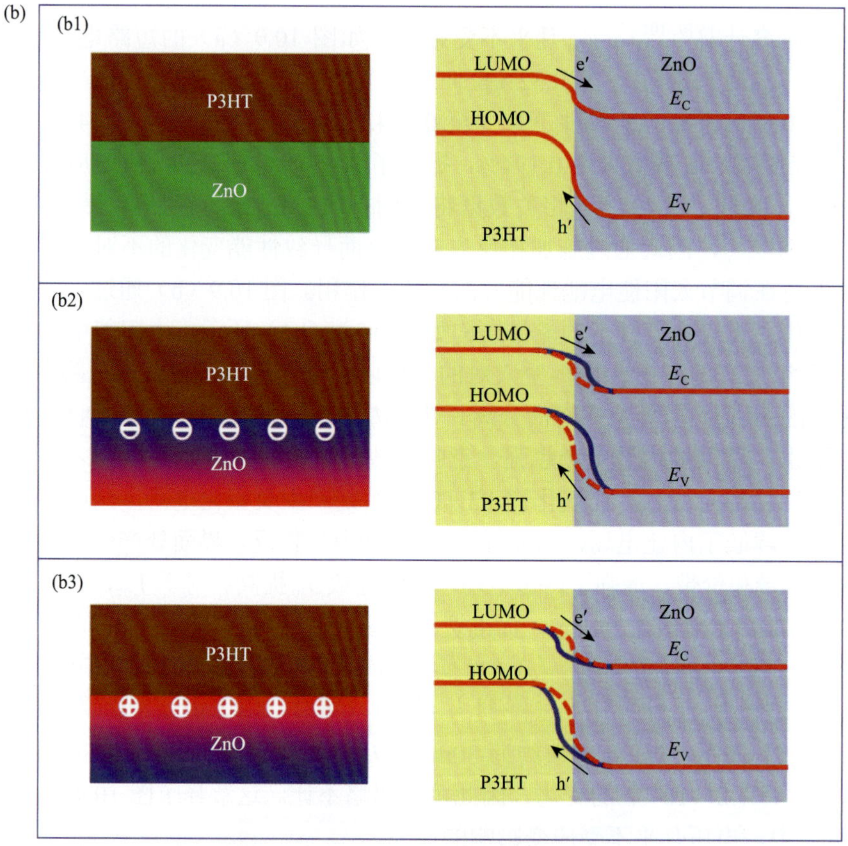

图 10.9 第 1 组太阳能电池在不同应变条件下的性能和压电光电子学效应的理论机制。（a）光照强度为 25mW/cm^2 时，第 1 组太阳能电池在不同应变条件下的电流密度-电压特性，插图显示了对太阳能电池施加应变的方法；（b）压电光电子学效应调节太阳能电池性能理论机制的示意图，红线代表无应变的能带结构，蓝线代表在施加应变情况下的能带结构[8]

锌就沉积出来，而所有其他参数与第 1 组相同。X 射线衍射（XRD）技术可以用于分析溅射氧化锌并确定对准水平。如图 10.10（a）所示，两个样品在 $2\theta \approx 34°$ 处都有一个衍射峰，对应于纤锌矿氧化锌的（0002）面（压电特性的面）。可以清楚地发现，与第 1 组样品（由蓝色曲线表示）相比，第 2 组样品（由红色曲线表示）具有更高的对准水平，因此具有更高的压电极化。随后在不同应变条件下测试第 2 组太阳能电池，电流密度-电压特性曲线绘制在图 10.10（b）中。无外部应变情况下，J_{sc} 为 0.217mA/cm^2，V_{oc} 为 0.683V，效率为 0.18%。由于晶粒尺寸等因素的细微差异，第 2 组氧化锌的电学特性不可避免地会与第 1 组有所差异，但总的来说，可以认为热处理对无应变太阳能电池的性能影响很小。当对第 2 组太阳能电池施加应变时，可以观察到太阳能电池的性能发生更大程度的变化。具体来说，在 0.32%拉伸应变条件下，J_{sc} 增大至 0.239mA/cm^2，提高了 9.96%；在 0.32%压缩应变条件下，J_{sc} 减小至 0.204mA/cm^2，降低了 6.292%。因此，在 0.32%拉伸应变下，效率增大至 0.203%，提高了 12.1%；在 0.32%压缩应变下，效率减小至 0.169%，降低了 6.84%（相关数据将在图 10.12 显示）。因此，通过比较第 1 组和第 2 组的测量结果可以得出结论，热处理可以提高氧化锌薄膜的结晶度和压电极化，这是在不降低无应变太阳能电池初始性能的情况下增强压电光电子学效应的有效方法。

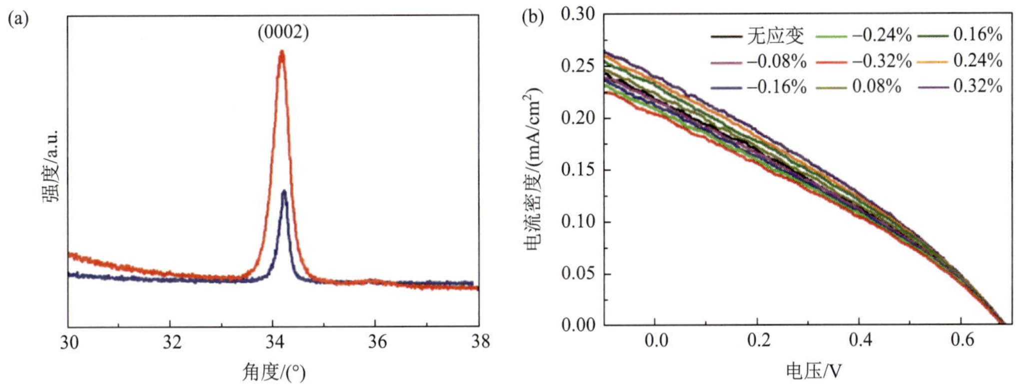

图 10.10　热处理对压电光电子学效应和太阳能电池性能的影响。（a）第 1 组样品（蓝色）和第 2 组样品（红色）的 XRD 谱；（b）在 25mW/cm^2 光照强度条件下，第 2 组太阳能电池在不同应变情况下的电流密度-电压特性[8]

与传统的压电材料如 PZT 和 $BaTiO_3$ 等绝缘体不同，压电半导体内的自由载流子通常会部分屏蔽压电势，从而削弱压电输出。因此，除了提高氧化锌的结晶度外，降低掺杂浓度也能够提高压电光电子学效应。然而，与结晶度相比，如果控制得当，则结晶度对半导体性能的影响很小，而掺杂浓度的调整几乎必定会影响太阳能电池的性能。判断掺杂浓度的变化是否会降低太阳能电池的性能，以及是否可以通过压电光电子学效应对太阳能电池的性能增强来补偿这种损失，这是很复杂的。为了回答上述问题，下面将对几组样本进行研究。正如许多研究所示[16-18]，氧化锌的掺杂浓度与溅射过程中的气氛环境密切相关，较低的氧分压将导致较高水平的氧空位，因此具有较高的掺杂浓度。本节中测试的第一个样品的氧化锌层是在 120℃基板加热下用纯 Ar 以 40sccm 的流量溅射的，标记为第 3 组。图 10.11（a）显示了电流密度-电压特性。在无应变条件下，太阳能电池产生的 J_{sc} 为 0.1176mA/cm^2，V_{oc} 为 0.374V，效率为 0.05%。当施加应变时，太阳能电池的性能会发生变化。具体来说，在 0.32%拉伸应变情况下，J_{sc} 增加至 0.1277mA/cm^2，提高了 8.58%；在 0.32%压缩应变情况下，J_{sc} 减小至 0.1065mA/cm^2，降低了 9.50%。因此，在 0.32%拉伸应变条件下，效率增大至 0.056%，提高了 9.3%；在 0.32%压缩应变下，效率下降至 0.047%，降低了 8.53%。为了进行比较，图 10.11（b）显示了第 2 组样品（30sccm Ar、10sccm O_2、基板加热至 120℃）的电流密度-电压特性。然后，为了进一步提高氧分压，在 20sccm 的 Ar 和 20sccm 的 O_2 下溅射第 4 组氧化锌，并在 120℃下加热。如图 10.11（c）的电流密度-电压特性所示，在无外部应变情况下，太阳能电池产生的 J_{sc} 为 0.2153mA/cm^2，V_{oc} 为 0.683V，效率为 0.17%；当施加 0.32%的拉伸应变时，J_{sc} 增大至 0.258mA/cm^2，提高了 19.97%，效率增大至 0.2%，提高了 17.1%；当施加 0.32%的压缩应变时，J_{sc} 下降至 0.191mA/cm^2，降低了 11.2%，效率减小至 0.155%，降低了 9.16%。最后一组氧化锌层在 10sccm Ar 和 30sccm O_2 下溅射，加热至 120℃，太阳能电池的电流密度-电压特性如图 10.11（d）所示。在无外部应变条件下，太阳能电池产生的 J_{sc} 为 0.2095mA/cm^2，V_{oc} 为 0.61V，效率为 0.14%；当施加 0.32%的拉伸应变时，J_{sc} 增加至 0.24mA/cm^2，提高了 15.45%，效率增加至 0.167%，提高了 17.46%；当施加 0.32%的压缩应变时，J_{sc} 下降至 0.1833mA/cm^2，降低了 12.52%，效率减小至 0.1248%，降低了 12.11%。由上述结果发

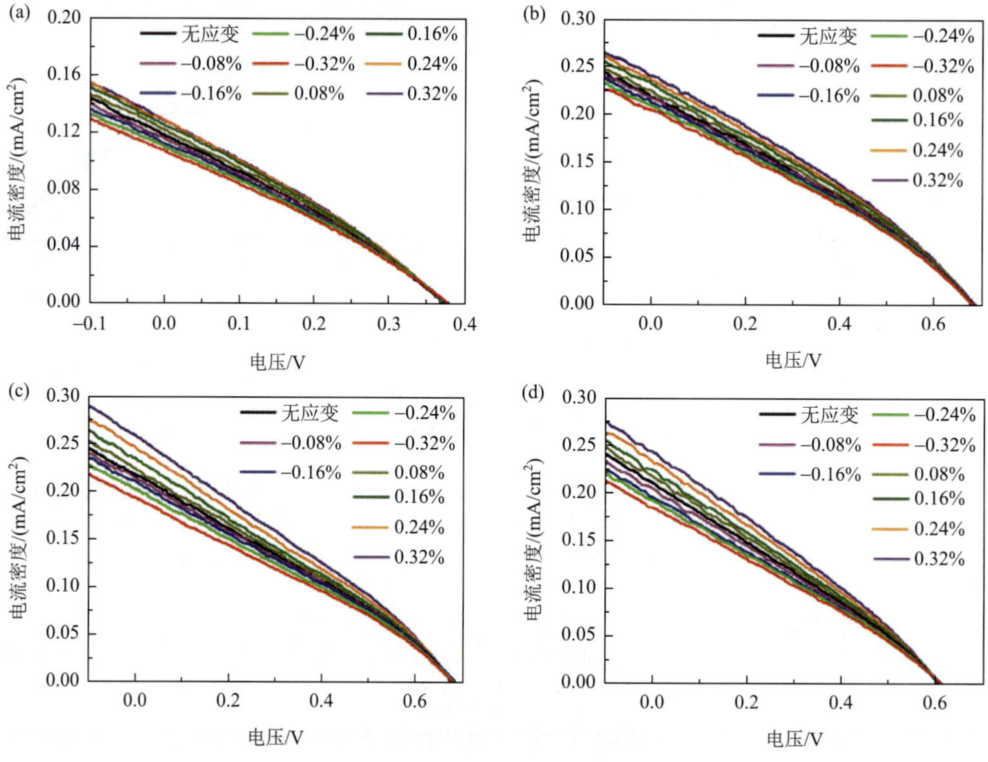

图 10.11 溅射气压对压电光电子学效应和太阳能电池性能的影响。（a）～（d）分别为在光照强度为 25mW/cm^2 情况下，第 3、2、4 和 5 组太阳能电池在不同应变条件下的电流密度-电压特性[8]

现，氧化锌溅射过程中的氧分压与压电光电子学效应的强度呈正相关。然而，它对太阳能电池性能的影响相当复杂。

为了充分分析和更好地理解上述结果，图 10.12（a）～（d）分别显示了五组样品在 9 种不同应变条件下的 J_{sc}、V_{oc}、效率和填充因子。在无外部应变情况下，第 3 组的 J_{sc} 和 V_{oc} 效率最低。其表明当氧化锌在纯 Ar 下沉积时，掺杂浓度可能较高，对晶体造成影响，导致扩散长度较短、复合率较高和载流子收集概率较低[19]。无外部应变情况下，第 1、2 和 4 组几乎具有相同的 J_{sc} 和 V_{oc}。然而，第 1 组具有最高的填充因子，而第 4 组的填充因子最低，这使得第 1 组成为无应变情况下效率最高的太阳能电池。填充因子的降低可能是由于溅射过程中样品加热和较高氧分压导致了串联电阻增大[19]。然而，串联电阻的变化尚未影响这些样品中 J_{sc} 的值。第 5 组氧化锌在 75%的最高氧分压下沉积，从而产生了两种效应。第一种是串联电阻进一步增加，这可能是第 5 组与第 1、2 和 4 组相比 J_{sc} 较低的原因[19]。第二种是分流电阻的降低，这反映在其较低的 V_{oc}[19]。这可能是由于当氧化锌溅射过程中存在过高的氧分压时，表面光滑度会急剧下降[20, 21]，从而氧化锌和旋涂 P3HT 之间出现更多的接触缺陷。当逐渐施加应变时，由于压电光电子学效应，J_{sc} 和效率在拉伸应变下逐渐增加，在压缩应变下逐渐减小。另一方面，所有五组的 V_{oc} 值在不同应变条件下保持相对恒定，其原因已在上文解释。此外，填充因子在不同应变条件下也保持稳定，这意味着应变可能不会对串联和并联电阻产生可观察到的影响。由于该样品具有强大的压电光电子学效应，第 3 组样品在 0.32%拉伸应变情况下实现了最高的 J_{sc}。然而，第 2 组样品在 0.32%的应变条件下实现了最高效率，因为它具有如上所述的更高的填充因子。为了更直接地了解压电光电子学效应，对图 10.12（a）中的 J_{sc} 和图 10.12（c）中的效率进行线性拟合。图 10.12（a）中第 1～5 组拟合曲线的斜率分别为 2.20、5.63、3.47、9.61 和 8.84（单位为 mA/(cm^2·%strain)），图 10.12（c）中第 1～5 组样品的斜率分别为 1.63、5.24、1.47、6.48 和 6.32（单位为%eff/%strain）。这些值汇总在图 10.12（e）中。正如预期的那样，在相同的气压下，由于 c 轴对准更好，第 2 组的 J_{sc} 和效率斜率比第 1 组更大。在相同的溅射温度下，拟合曲线的斜率随着氧分压的增加而增大，但在氧分压为 50%～75%时达到饱和。值得注意的是，结晶度并不完全独立于溅射气压，过高的氧分压可能会导致晶粒排列较差[20, 22, 23]，这与上述的数据一致，显示第 5 组的曲线斜率略小于第 4 组。因此，在不考虑无外部应变情况下太阳能电池的初始性能时，第 4 组样品实现了最大的性能提高。

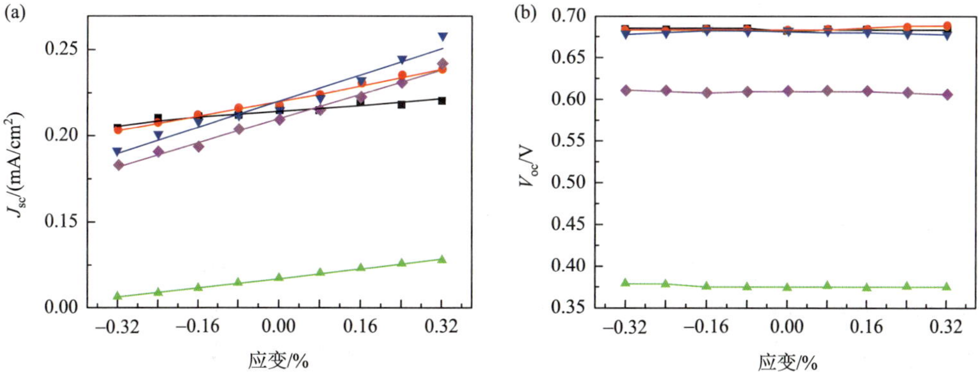

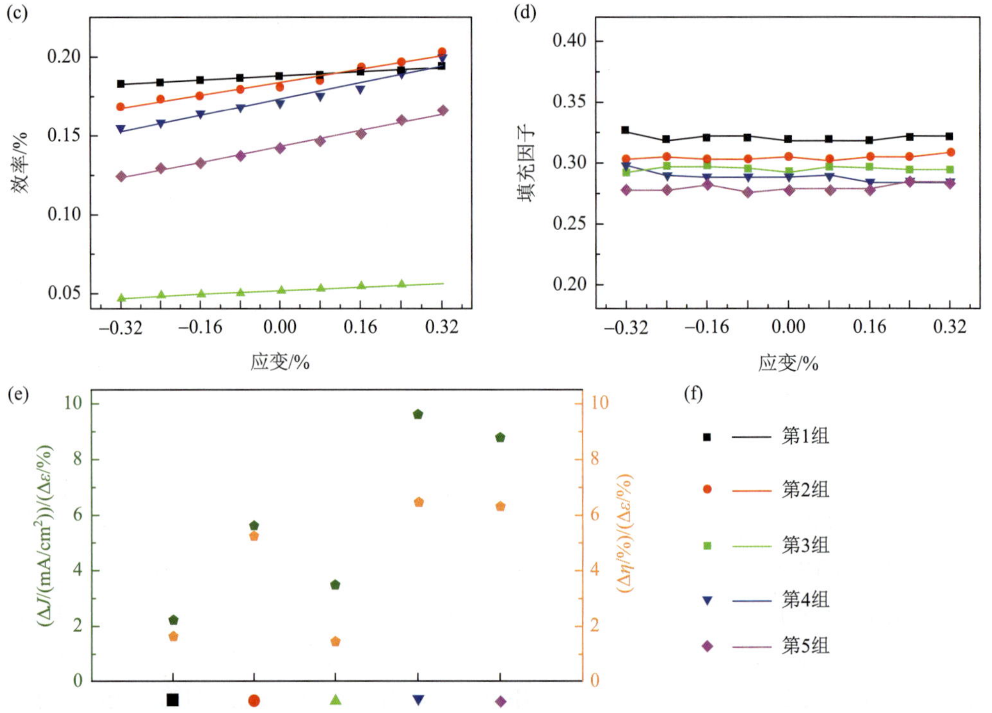

图 10.12　五组样品中太阳能电池的参数。（a）J_{sc} 随应变变化的散点图，数据进行线性拟合；（b）V_{oc} 随应变变化的散点图；（c）效率随应变变化的散点图，数据进行线性拟合；（d）填充因子随应变变化的散点图；（e）为图（a）和图（c）中拟合的曲线斜率的散点图，ε 代表应变，η 代表效率；（f）特定符号和颜色来代表每个组拟合的曲线斜率[8]

10.4　压电光电子学效应在纳米线太阳能电池中的应用

10.4.1　p-n 异质结太阳能电池

本节中，我们将以基于 P3HT 和氧化锌微/纳米线构成的 p-n 异质结太阳能电池为例来阐述压电势对太阳能电池效率的影响。实验数据可以从压电势对 p-n 结能带结构的改变来进行理解，这是压电电子学效应引起的结果。

器件原理图如图 10.13（a）所示[7]。聚苯乙烯基底的长度为 4cm，宽度为 8mm，厚度为 0.5mm。氧化锌微/纳米线采用 Pan 等报道的高温热蒸发过程合成制备[3]。选择长氧化锌微米线是因为其容易操纵，同样的制备过程亦适用于纳米线。为避免氧化锌微米线在机电测量过程中发生移动，在光学显微镜下将氧化锌微米线一端的底部用薄层环氧树脂膜固定在聚苯乙烯基底上。溶于 C_6H_5Cl 溶液中的 P3HT 滴在氧化锌微米线固定端形成 p-n 异质结。而氧化锌微米线的另一端则用银浆固定作为电极。随后器件用一薄层 PDMS 封装以防止氧化锌线被污染。图 10.13（b）所示为封装好的器件的光学图像，表明一根光滑的氧化锌线与基底上的 P3HT 和银浆连接。由图 10.13（c）所示 TEM 结果分析可知，器件中所用的氧化锌微/纳米线具有纤锌矿结构且沿[0001]方向生长。

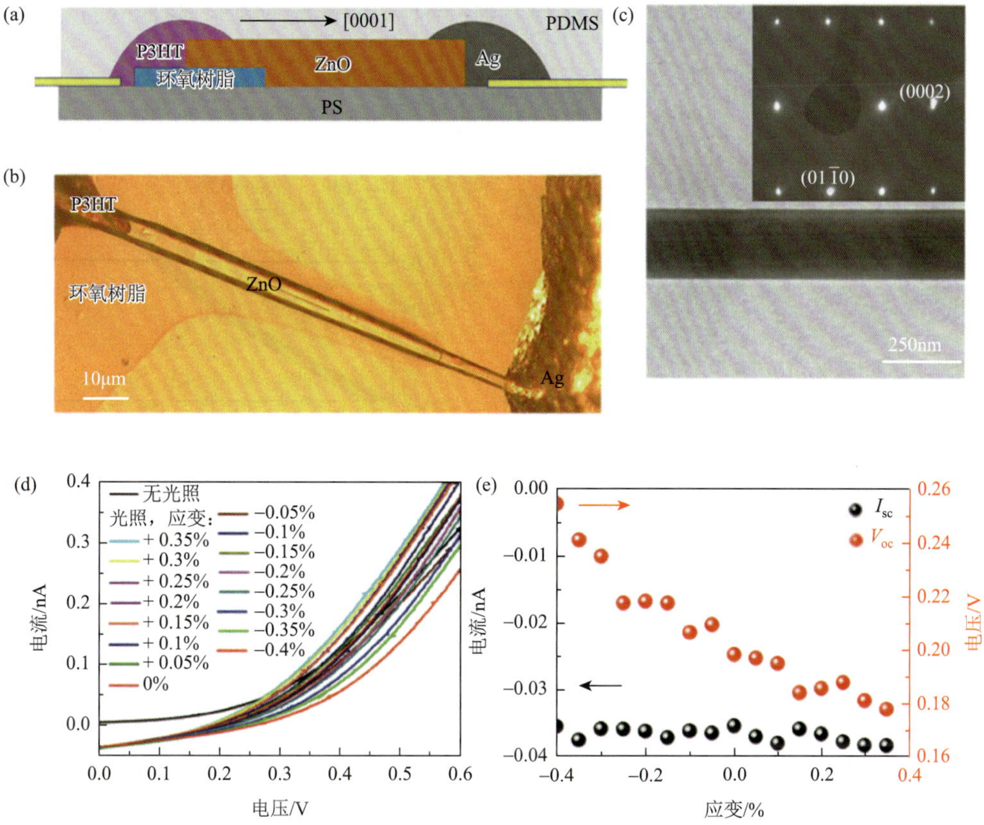

图 10.13　（a）制得的[0001]型器件示意图；（b）制得器件的光学照片；（c）单根氧化锌纳米线的 TEM 图像和对应的选区电子衍射图像；（d）不同应变下器件的伏安特性；（e）短路电流 I_{sc} 和开路电压 V_{oc} 与应变之间的依赖关系[7]

由于氧化锌线的直径和长度远小于聚苯乙烯基底的厚度，通过改变聚苯乙烯基底的弯曲方向，可以在氧化锌线中产生拉伸或压缩应变。氧化锌线应变可通过基底形变获得。如图 10.13（e）所示为不同应变下的器件短路电流 I_{sc} 和开路电压 V_{oc}。开路电压 V_{oc} 随压缩应变增大而增大，随拉伸应变增大而减小。但当应变改变时，I_{sc} 保持在 0.035nA 几乎不变。

由于氧化锌具有沿 c 轴极性方向的非中心对称晶体结构，P3HT 与沿[0001]生长的氧化锌线间有两种连接方式。图 10.13（a）所示为第一种方式，其中从 P3HT 到氧化锌的方向是沿[0001]。图 10.14(a)所示为另一种方式，其中从 P3HT 到氧化锌的方向是沿[000$\bar{1}$]。图 10.14（b）为封装好的[000$\bar{1}$]型器件的光学图像。图 10.14（c）和（d）中所示的器件伏安特性与图 10.13（d）中结果相比，具有相反的随应变变化趋势。图 10.14（e）表明，V_{oc} 随拉伸应变增加而增大，随压缩应变增加而减小。在拉伸应变下 I_{sc} 保持在 0.09nA 几乎不变，而在压缩应变下略有减小。表 10.1 列出的 11 个器件的测量数据显示了测量结果的一致性。此太阳能电池的输出功率可以通过施加合适的应变而达到最大。当器件受到 −0.35%的应变时，器件的 V_{oc} 相比无应变情况时可增加 38%（表 10.1）。其中有 5 个[0001]

型器件和 6 个[000$\bar{1}$]型器件。可以清楚地看到，两种取向情况下的 V_{oc} 随应变的变化趋势是相反的。

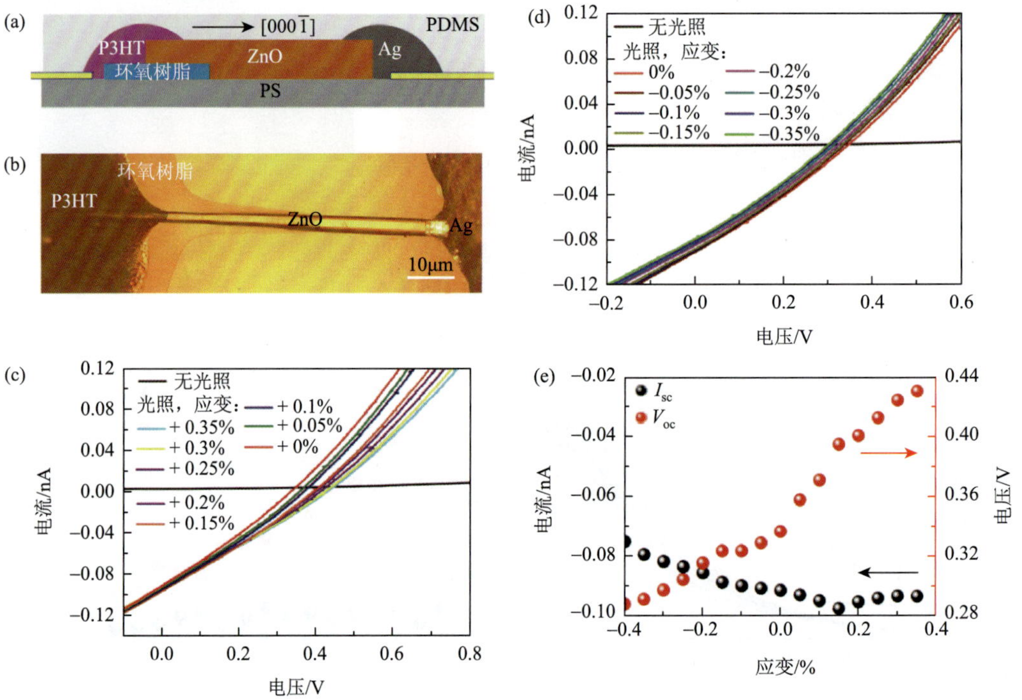

图 10.14 （a）制备完成的[000$\bar{1}$]型器件示意图；（b）制备完成的[000$\bar{1}$]型器件光学图像；不同（c）拉伸和（d）压缩应变条件下，器件的 *I-V* 特性；（e）I_{sc} 和 V_{oc} 与应变之间的依赖关系[7]

表 10.1 不同应变下 11 个[0001]型和[000$\bar{1}$]型器件的 I_{sc} 和 V_{oc} 以及对应的 $\Delta V_{oc}/V_{oc}$

类型	样本	I_{sc}/nA(0 应变)	V_{oc}/V(0 应变)	V_{oc}/V（压缩(−0.35%)/拉伸（0.35%）应变）	$\Delta V_{oc}/V_{oc}$(max)（压缩(−0.35%)/拉伸（0.35%）应变）
[0001]	1	−0.035	0.198	**0.241**/0.178	**22%**/−10%
	2	−0.049	0.282	**0.332**/0.256	**18%**/−9%
	3	−0.050	0.262	**0.362**/0.236	**38%**/−10%
	4	−0.010	0.154	**0.195**/0.142	**21%**/−8%
	5	−0.093	0.363	**0.372**/0.353	**2%**/−3%
[000$\bar{1}$]	6	−0.090	0.337	0.292/**0.431**	−13%/**28%**
	7	−0.200	0.495	0.435/**0.559**	−12%/**25%**
	8	−0.246	0.268	0.257/**0.306**	−4%/**14%**
	9	−0.090	0.331	0.273/**0.383**	−18%/**16%**
	10	−0.151	0.378	0.313/**0.417**	−17%/**10%**
	11	−0.149	0.377	0.325/**0.423**	−14%/**12%**

注：I_{sc} 是短路电流，V_{oc} 是开路电压。

作为 p-n 异质结太阳能电池，器件的输出特性可以用肖克利等效电路来描述[7]。开路电压 V_{oc} 和反向饱和电流 I_0 可分别表示为

$$V_{oc} = n\frac{kT}{e}\ln\left(\frac{I_{sc}}{I_0}\right) \tag{10.12}$$

$$I_0 = I_{00}\exp\left(\frac{-\Delta E}{rkT}\right) \tag{10.13}$$

其中，I_{sc} 是短路电流；I_{00} 是预因子；r 是理想因子；ΔE 是 n 型半导体材料与 p 型半导体材料导带之间的能带差值。结合式（10.12）和式（10.13），开路电压 V_{oc} 可以由下式给出：

$$eV_{oc} = \frac{n}{r}\Delta E + nkT\ln\left(\frac{I_{sc}}{I_{00}}\right) \tag{10.14}$$

式（10.14）显示，开路电压 V_{oc} 与能带差值 ΔE 和短路电流 I_{sc} 均相关。在实验中，短路电流 I_{sc} 几乎是恒定的，而开路电压 V_{oc} 的变化表明在不同应变情况下结区的能带差异 ΔE 可能会发生变化，这与压电电子学模型的预期结果一致，将在下文中介绍。

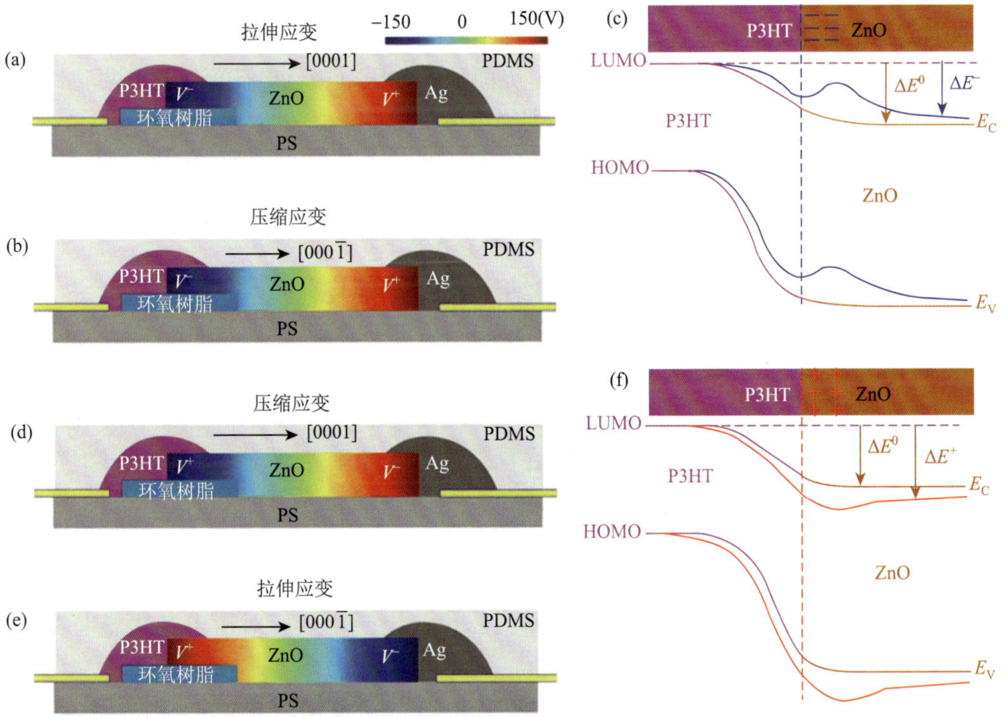

图 10.15　（a）[0001]型器件受拉伸应变时的压电势分布；（b）[000$\bar{1}$]型器件受压缩应变时的压电势分布；（c）存在负压电电荷时的 P3HT/氧化锌的能带图，蓝线代表受氧化锌中压电势影响改变的能带图；（d）[0001]型器件受压缩应变时的压电势分布；（e）[000$\bar{1}$]型器件受拉伸应变时的压电势分布；（f）存在正压电电荷条件时的 P3HT/氧化锌的能带图，蓝线代表受压缩应变改变的氧化锌能带图[7]

通常，当氧化锌半导体材料受到应变时，界面能带发生的变化与压阻效应和压电效应相关。对于压阻效应，有研究报道称，单根沿[0001]方向的氧化锌线受拉伸应变时带隙减小，从而增加 ΔE 和 V_{oc}。然而压阻效应是一种对称非极性的效应，它只会导致制得的[0001]型和[000$\bar{1}$]型器件相似的 V_{oc} 变化趋势，而不能解释图 10.13 和图 10.14 中的实验结果。对压电效应而言，已有很多文献报道，氧化锌微/纳米线中存在的应变可以改变局域能带形状，从而调节器件的伏安特性[4, 24, 25]。根据压电电子学基本理论[26]，p-n 结界面上的能带形状可以被应变所引起的压电极化电荷有效地调节。压电极化电荷在结区改变电势分布，从而导致 p-n 结能带的改变[27]。

我们利用李普曼理论[1, 5]计算了生长方向为[0001]/[000$\bar{1}$]的单根氧化锌线中的压电势分布，如图 10.15 所示。为简化计算过程，忽略了氧化锌中的掺杂并假定其为绝缘体。氧化锌线的直径和长度分别为 1μm 和 10μm。拉伸和压缩应变分别为 0.1%和–0.1%。虽然计算所得的氧化锌线一端的压电势高达 150V，但实际中氧化锌内的压电势由于自由电荷载流子的屏蔽效应而低得多。如图 10.15（a）所示，当氧化锌线沿 c 方向拉伸时线内产生沿 c 轴方向的阳离子和阴离子的极化，这导致了沿氧化锌线从 V^-到 V^+的压电势分布。基于以上讨论以及压电势的计算结果，应变对器件 V_{oc} 的调制（图 10.13 和图 10.14）可以利用 P3HT/氧化锌异质结界面的能带图来理解和解释（图 10.15（c）和（f））。考虑图 10.15 的结果，由于 P3HT 只接触线的顶部，因此可以建立以下模型来理解测量结果。当[0001]型器件处于拉伸应变（图 10.15（a））或[000$\bar{1}$]型器件处于压缩应变（图 10.15（b））时，纳米线内负压电势端与 P3HT 接触。界面处的负压电极化电荷可以提升氧化锌的局部导带水平，根据式（10.14），这可以导致 ΔE 和 V_{oc} 的减小（图 10.15（c））。此外，对于图 10.15（d）和（e）中的情况，界面处的正压电极化电荷可以降低氧化锌的局部导带水平，这将使得 ΔE 和 V_{oc} 增加（图 10.15（f））。

10.4.2 增强型硫化亚铜/硫化镉同轴纳米线太阳能电池[28]

具有核壳结构的纳米线有可能通过缩短少数载流子传输路径[29-31]、提高材料光学品质[32]或对带隙的应变工程调控[32]来提高电荷收集的效率。然而，纳米线内的应变是这种核壳纳米线光伏器件中的关键问题。首先，单晶外延 p-n 结构对减少电子和空穴的界面复合以及提升电荷的收集效率非常重要，可是，核壳材料之间固有的晶格失配使得这些外延异质结纳米线中被引入静态应变；其次，柔性光伏器件已经成为对柔性电子设备和器件供能研究的重点，而这些器件在操作中不可避免地会受到应变。因此，我们的目标是使用单晶外延同轴结构来研究压电光电子学效应对压电光伏器件性能的影响。

我们的光伏器件是基于以 p 型硫化亚铜（Cu_2S）为壳层材料和 n 型硫化镉（CdS）为内核材料的外延同轴结构纳米线。硫化镉是一种具有非中心对称性纤锌矿结构的压电材料。硫化镉纳米线受外加应力作用时，将由于材料内离子极化而产生压电势。由于硫化镉同时有压电和半导体特性，因此核层中产生的压电势对界面/结区的载流子传输具有很强的影响，这种利用纤锌矿结构晶体中产生的压电势控制载流子的产生、传输、分离以及复合过程来优化光电子器件性能的效应称为压电光电子学效应。本节中将阐释我们如何通过对器件施加应变，利用压电光电子学效应来调节 n 型硫化镉/p 型硫化亚铜纳米线光伏器件的性能，这为提高太阳能电池转化效率提供了新的思路[28]。

实验中的 n 型硫化镉纳米线是通过气相-液相-固相方法合成的，该方法可以获得高质量的长线。硫化镉/硫化亚铜共轴纳米线光伏器件的制备过程如图 10.16（a）所示。首先，选择一根长硫化镉纳米线并将其平置到 PET 或聚苯乙烯基底上；硫化镉纳米线一端用银浆固定作为电极。随后一层环氧树脂被用来覆盖银浆固定的硫化镉端以防止该区域的硫化镉在随后步骤中发生 Cu^{+}交换。通过将硫化镉纳米线浸渍在 50℃的氯化铜溶液中 10s，实现阳离子交换反应。完成此步后将样品用去离子水、乙醇和异丙醇（IPA）冲洗干净并用氮气吹干。随后将同轴纳米线另一端的 p 型硫化亚铜层也用银浆固定连接。在每一步之前都对样品进行氧气等离子体处理以改善“硫化镉/银”和“硫化亚铜/银”之间的接触。最后将整个制备好的器件用 PDMS 封装以防止器件被污染和损坏。图 10.16（b）和（c）分别为封装后的器件的光学显微镜照片和数码照片。

图 10.16（d）中显示了在不同光强下共轴纳米线光伏器件的伏安特性。纳米线光伏器件长 225μm，直径为 5.8μm，在全日光强度下的短路电流 I_{sc} 为 0.44nA。当照明强度从 100%太阳光强降低到 1%太阳光强时，光伏器件的性能也随之下降：短路电流从 0.44nA 降至 0.03nA，开路电压（V_{oc}）从 0.29V 降至 0.19V，具有与硅纳米线（$\Delta V_{oc}/\Delta\ln I_{illum} = 56mV$）[33]和硫化亚铜薄膜（$\Delta V_{oc}/\Delta\ln I_{illum} = 39mV$）[34]光伏器件类似的比率：$\Delta V_{oc}/\Delta\ln I_{illum} = 50mV$，式中，$I_{illum}$ 是相对光照强度。图 10.16（e）示出了光电流和开路电压的光强依赖关系。图 10.16（f）示出了不同的光照强度下器件对应的相对转换效率（转换效率/照明强度）。

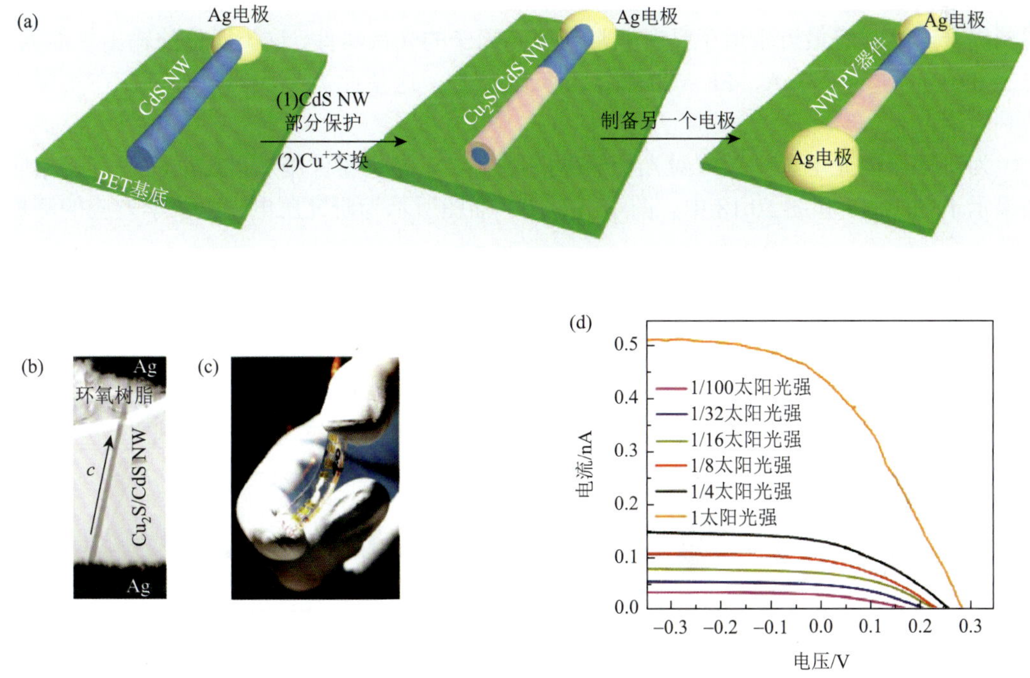

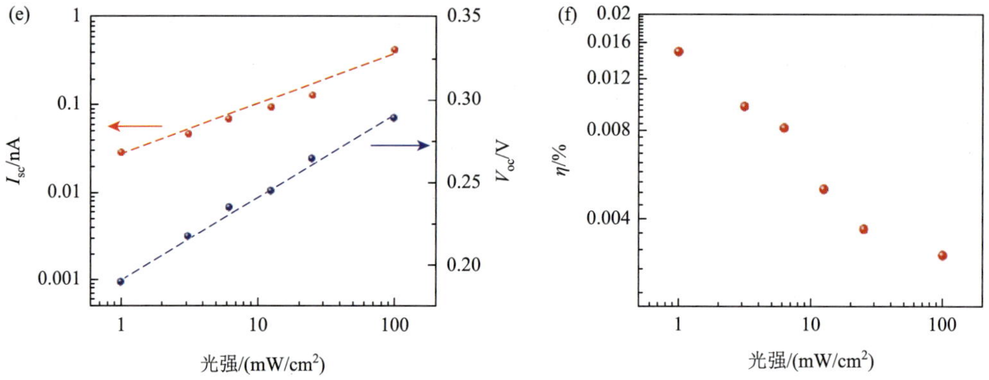

图 10.16　硫化镉/硫化亚铜核壳纳米光伏器件的制备和表征。（a）制备过程示意图，从左至右，硫化镉纳米线与金属接触，纳米线一端部分浸入氯化亚铜溶液形成一层硫化亚铜（粉色）外壳，然后在另一端的硫化亚铜壳上制备金属接触，聚合物掩模步骤没有在图中显示；典型光伏器件的（b）光学显微镜图像和（c）数码照片；（d）1%～100%太阳光强（AM 1.5）照射下核壳纳米光伏器件的伏安特性；（e）光电流（I_{sc}）和开路电压（V_{oc}）的光强依赖关系；（f）相对转换效率（η）的光强依赖关系[28]

光伏器件在低光照条件具有相对较高的效率，这意味着这类器件可能适合一些特殊的工作条件，比如室内应用。这个现象的主要原因在于这类光伏器件在低光照强度时具有较高的电荷收集效率。当光照强度低时，光生电子-空穴对的数量相对较少，由于界面载流子的复合少，这些电子-空穴对可以得到充分分离；但在高光强时，由于产生的大量的光生电子-空穴对不能被充分分离而导致界面复合增多。此类同轴硫化镉/硫化亚铜纳米线光伏器件的性能可以通过对设计、结构、掺杂、半导体-金属接触和工作条件等进行优化而得到提升。Tang 等最近报道了具有非常高填充因子的光伏器件，这类器件的输出性能为：$V_{oc} = 0.61\text{V}$，$I_{sc} = 147\text{pA}$，FF = 80.8%，$\eta = 5.4\%$[35]；这使此类光伏器件有可能在实际中得到应用。

为研究压电光电子学效应对光伏器件的影响，对光伏器件施加了压缩应变并将相应结果示于图 10.17 和图 10.18 中。图 10.17（b）插图所示为研究压电光电子学效应的测量

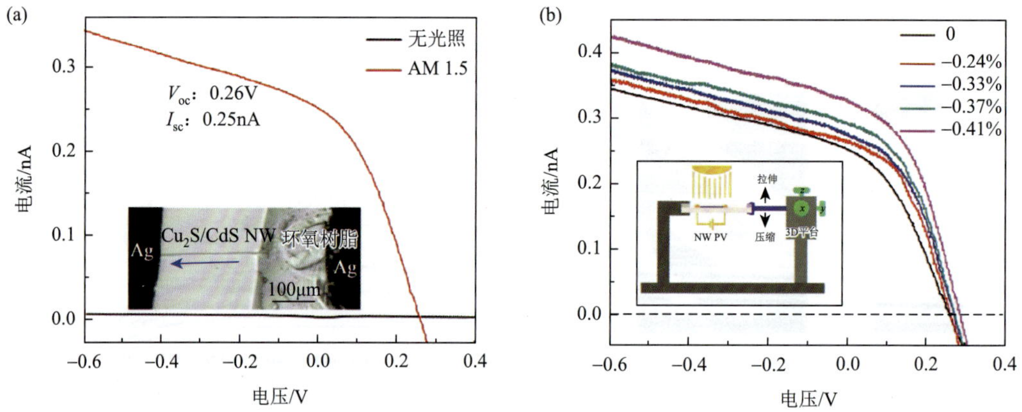

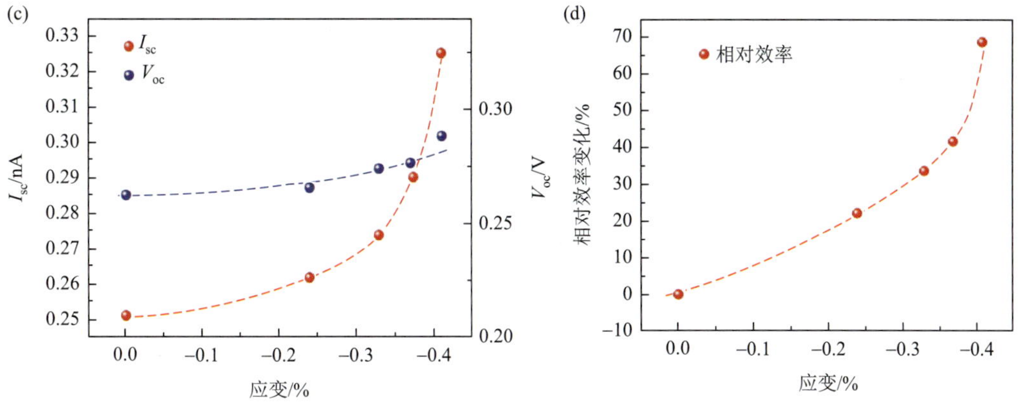

图 10.17　受压缩应变时硫化亚铜/硫化镉共轴纳米线太阳能电池的性能。(a) 无光照条件和 AM 1.5 照射下纳米线太阳能电池的伏安曲线，无应变时短路电流是 0.25nA，开路电压为 0.26V，插图为硫化亚铜/硫化镉共轴纳米线太阳能电池的光学显微镜图像；(b) 同一纳米线太阳能电池在不同压缩应变下的伏安曲线，清楚地显示器件电流随压缩应变增大而增大，插图中显示了研究压电光电子学效应光伏器件的测量装置；(c) 开路电压和短路电流与应变之间的依赖关系；(d) 相对效率变化与应变之间的依赖关系；图 (c) 和图 (d) 中所用数据取自图 (b) [28]

装置。聚苯乙烯基底的一端被紧紧地固定在样品操作台上而另一端可以自由弯曲。运动分辨率为 1μm 的三维机械位移台被用来对聚苯乙烯基底自由端施加应力以引入压缩或拉伸应变。

由于硫化镉纳米线的不对称极性，当硫化镉/硫化亚铜纳米线 c 轴指向上方时，该光伏器件有两种不同构型：一种是硫化亚铜壳只位于硫化镉纳米线上端部分，标注为构型 Ⅰ（图 10.19（d））；另一种是硫化亚铜壳只位于硫化镉纳米线下端部分，标注为构型 Ⅱ（图 10.19（g））。压电光电子学效应对构型 Ⅰ 光伏器件的影响如图 10.17 所示：这种纳米线光伏器件长 220μm，直径为 4.95μm，在 100%日光强度下该器件的短路电流 I_{sc} 为 0.25nA，V_{oc} 为 0.26V（图 10.17（a））。图 10.17（b）所示为受应变时光伏器件的伏安曲线。当受到不大于−0.41%的压缩应变时，光伏器件的性能增强，图 10.17（c）中绘制了不同应变下的 I_{sc} 和 V_{oc}，实验中观测到 I_{sc} 从 0.25nA 增加到 0.33nA，约增长 32%；V_{oc} 在 0.26～0.29V 变化，约有 10%的波动。由于输出电流增强主导了器件的性能，因此当器件受到−0.41%的压缩应变时，光伏器件的相对转换效率增加了约 70%（图 10.17（d））。

压电光电子学效应对具有构型 Ⅱ 的光伏器件的影响如图 10.18 所示，该器件长为 328μm，直径为 6.7μm，在全太阳光强下器件的短路电流 I_{sc} 为 3.47nA，V_{oc} 为 0.54V（图 10.18（a））。与上一个构型不同，当压缩应变增加时，器件的性能下降，如图 10.18（b）所示。图 10.18（c）中示出了不同应变下器件的 I_{sc} 和 V_{oc}。实验中观测到，I_{sc} 从 3.47nA 下降了约 12%，变化到 3.05nA；而 V_{oc} 从 532mV 仅波动了约 2%，变化到 545mV。由于输出电流减少，当器件受到 0.5%的压缩应变时，器件的能源转换效率下降了约 15%。通过比较图 10.17 和图 10.18 中两种纳米线光伏器件的性能，我们发现，压电光电子学效应对具有低填充因子和低转换效率的光伏器件的性能有更为明显的增强作用。例如，图 10.17 所示的具有较低输出性能的器件，其光伏性能提高了约 70%；而图 10.18 所示的具有更高输出性能的器件，其光伏性能只有 15%的变化。这种压缩应变下光伏器件性能的增强可能是由硫化亚铜和硫化镉之间的异质结界面势垒高度被有效地降低造成的[36]，而这是由压电极化电荷对能带造成的变化引起的，详细讨论如下。

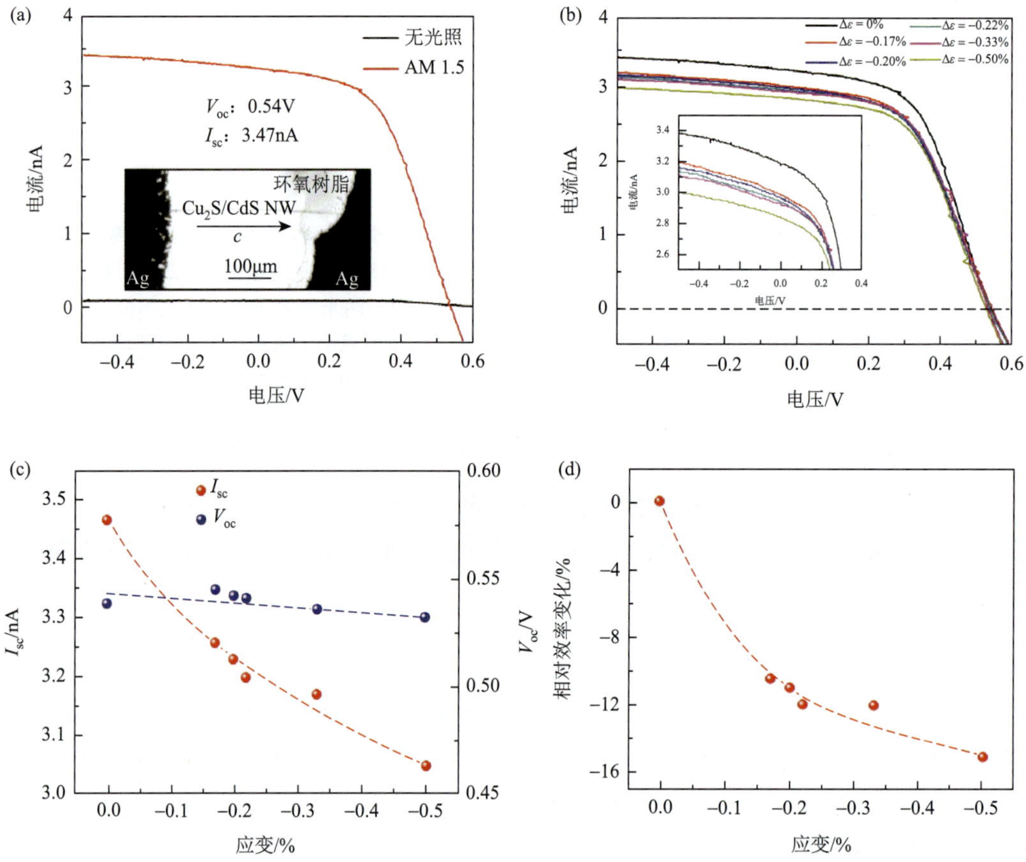

图 10.18 受压缩应变时硫化亚铜/硫化镉共轴纳米线太阳能电池的性能。（a）无光照条件和 AM 1.5 照射下，纳米线太阳能电池的伏安曲线，无应变时短路电流是 3.47nA，开路电压为 0.54V，插图为硫化亚铜/硫化镉共轴纳米线太阳能电池的光学显微镜图像；（b）同一纳米线太阳能电池在不同压缩应变下的伏安曲线，清楚地显示随压缩应变增加，器件电流减少，插图中为放大的伏安曲线；（c）开路电压和短路电流与应变之间的依赖关系；（d）相对效率变化与应变之间的依赖关系。图（c）和图（d）所用数据取自图（b）[28]

我们用图 10.19 所示的理论模型能带图来解释压电光电子学效应对光伏器件性能的影响。硫化镉具有非中心对称的纤锌矿结构，其中的阳离子和阴离子组成四面体结构。对晶体中基本单元施加的应变使得材料中阳离子和阴离子产生极化，这导致了晶体内形成压电势。图 10.19（a）～（c）中分别显示了无应变情况下共轴 n 型硫化镉/p 型硫化亚铜纳米线光伏器件的结构原理图、数值计算得到的压电势分布及相应的能带图（界面处具有势垒[36]）。如图 10.19（c）所示，典型的光伏器件的性能由三个关键过程决定：①光照下电子-空穴对的生成率；②所产生的电子-空穴对的分离效率，分离过程中电子向硫化镉侧移动，空穴向硫化亚铜侧移动；③电子和空穴之间的复合率。当光照强度、工作温度和 p-n 结的掺杂程度固定时，光伏器件的输出电压取决于照明强度和所处温度（$V_{oc}=(E_{Fn}-E_{Fp})/q$）而几乎保持恒定，其中 E_{Fn} 和 E_{Fp} 分别为光照下电子和空穴的准费米能级，q 是电子电荷。在这种情况下，光生电子-空穴对的数量是恒定的。因此，光伏器件的性能主要是由载流子的分离、传输和复合过程决定的。

由于 p 型硫化亚铜壳是非压电材料，器件的壳层尺寸只有 10～15nm，且为重掺杂，与硫化镉核层的直径（可达几十微米，而图 10.16（d）中器件的直径为 5.8μm）相比非常薄，因此我们的讨论主要集中在硫化镉核的压电效应上。为简化计算，假设硫化镉中为低掺杂，则对压电势在硫化镉/硫化亚铜核壳纳米线中分布的数值计算显示，当硫化镉纳米线受到沿 c 轴的应变时（图 10.19（e）和（h）），压电势沿着纳米线的长度方向分布。对于如图 10.17 和图 10.19（d）所示的具有构型 I 的光伏器件，硫化亚铜/硫化镉界面上的正压电电荷（图 10.19（e））会降低硫化镉的导带和价带，如图 10.19（f）中标记所示。

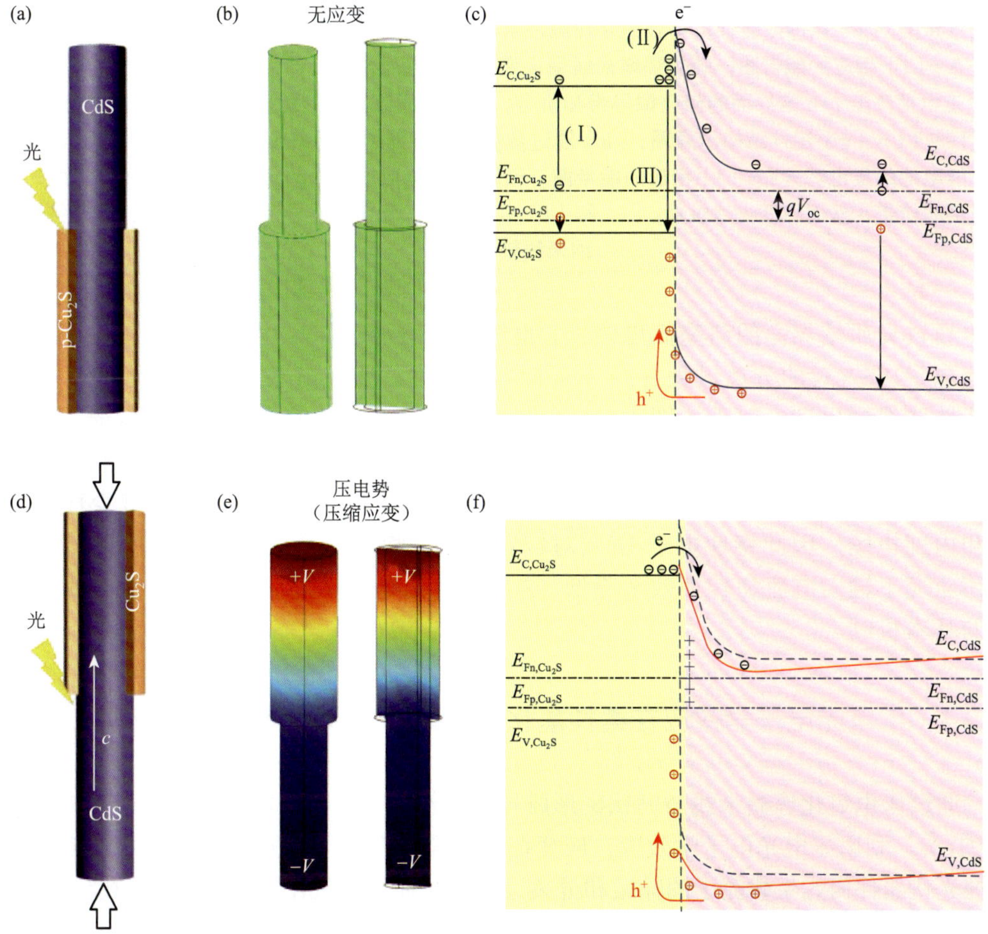

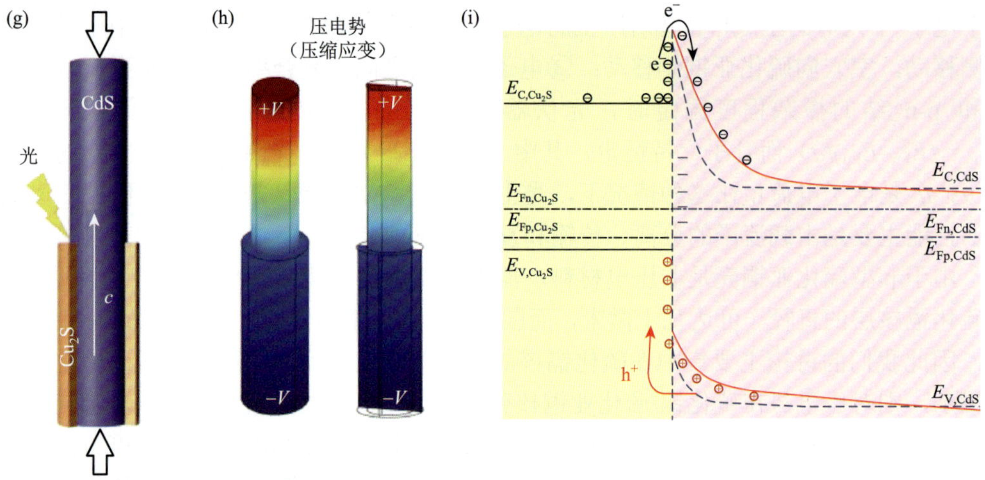

图 10.19　显示压电光电子学效应对共轴压电纳米线太阳能电池影响的器件结构示意图和能带图。（a）～（c）:（a）器件结构示意图;（b）通过数值计算得到的无应变条件下共轴压电纳米线太阳能电池中的压电势分布（倾斜视图（左）和截面图（右））;（c）相应的能带图。（d）～（f）:（d）器件结构示意图;（e）通过数值计算得到的受压缩应变条件时构型Ⅰ共轴压电纳米线太阳能电池中的压电势分布;（f）相应的能带图，硫化镉纳米线受应变产生压电而导致上部带正电，下部为负电荷，硫化镉侧正电荷降低 p-n 结界面的硫化镉导带和价带，减少异质结界面的势垒高度，从而增强光伏性能。（g）～（i）:（g）器件结构示意图;（h）通过数值计算得到的受压缩应变时构型Ⅱ共轴压电纳米线太阳能电池的压电势分布;（i）相应的能带图，硫化镉/硫化亚铜界面的负电荷提升 p-n 结界面的硫化镉导带和价带，从而降低光伏性能。（f）和（i）中的虚线代表初始的导带和价带位置，压电势沿共轴纳米线轴线方向[28]

这将导致异质结界面的势垒高度降低，也等效于增加了耗尽层宽度和内部电场，从而加速电子-空穴对的分离过程并减小复合的可能性。因此随着压缩应变增加，器件的光伏性能得到提高。对于如图 10.18 和图 10.19（g）所示的具有构型Ⅱ的光伏器件，硫化亚铜/硫化镉界面上的负压电电荷（图 10.19（h））会使硫化镉导带和价带升高，如图 10.19（i）中标记所示。这将提升异质结界面势垒高度，也等效于减少耗尽层宽度和内部电场，因此将使电子-空穴对较难分离并增加复合的可能性。所以该器件在压缩应变下输出电流和转换效率降低。这是压电光电子学效应调制太阳能电池输出效率的基本机制。

10.4.3　压电光电子学效应在柔性氧化锌/钙钛矿太阳能电池中的应用[37]

通过压电氧化锌微米线与钙钛矿形成异质结作为柔性光伏器件，其功率转换效率为 0.0216%。利用压电光电子学效应，应变在氧化锌/钙钛矿界面产生的压电极化电荷可以调控光伏器件内光生载流子的输运和分离过程，从而提高氧化锌/钙钛矿太阳能电池的性能。通过压电光电子学效应，太阳能电池的相应开路电压（V_{oc}）、短路电流（I_{sc}）和效率分别提高了 25.42%、629.47%和 1280%（从 0.0216%提高到 0.298%）。我们通过使用能带图来仔细研究和观察结果背后的物理工作机制。这为有效提高柔性太阳能电池在多种应用中的性能提供了有前景的方法。

对于该器件，可以通过一个理论模型，利用能带图解释压电光电子学效应对光伏器件性能的增强，其中氧化锌/钙钛矿太阳能电池被视为 p-n 结。通过实验证明了氧化锌纳米线的极性对压电光电子学效应的影响。这项工作通过设计纳米线的方向和在太阳能电池封装中特意引入的应变，为提高太阳能电池的功率转换效率提供了一种很好的方法，对于全面理解钙钛矿太阳能电池的工作机制具有重要意义，并提供了提高钙钛矿太阳能电池性能的一种有前途的方法。

用于 ZPSC 的氧化锌微米线是通过气相-液相-固相方法合成的[38]。ZPSC 的结构和制备过程如图 10.20（a）和（b）所示。首先，将长的氧化锌微米线平置到柔性聚苯乙烯基板上，微米线的一端用银浆固定，作为光电阳极。其次，在光电阳极上涂覆一层环氧树脂，以保护其在后续工艺中免受污染。第三，在氧化锌微米线的另一端涂覆一薄层钙钛矿薄膜，然后在 70℃下加热 15min 以获得结晶度良好的 $CH_3NH_3PbI_3$。第四，在钙钛矿上连续沉积一薄层 2, 2′, 7, 7′-四(N, N-对二甲氧基苯氨基)-9, 9′-螺二芴（spiro-MeOTAD）薄膜和银浆，分别作为空穴传输层材料（HTM）和对电极。$CH_3NH_3PbI_3$ 和 spiro-MeOTAD 的前驱体溶液是按照过去报道的流程制备的[39, 40]。最后，应用一层环氧树脂封装整个器件，可获得更好的稳定性和性能。所制备器件的光学显微镜照片和数码照片分别如图 10.20（c）和（d）所示。

实验装置如图 10.20（e）所示，器件的一端紧紧固定在样品架上，通过移动定位器弯曲器件的另一端引入压电光电子学效应，定位器连接到 3D 机械平台（位移分辨率为 1μm）产生压缩/拉伸应变。施加到器件上的外部应变可以根据 Zhou 和 Yang 的研究工作来计算[25, 41]。光照由 AM 1.5 太阳模拟器（300W 型号 91260，Newport）提供。在 $100mW/cm^2$ 光强的模拟 AM 1.5 太阳光照条件下，通过计算机控制的测量系统测量了该器件在不同应变条件下的性能。实验过程中使用一组滤光片获得了 8.71～$100mW/cm^2$ 的光强。

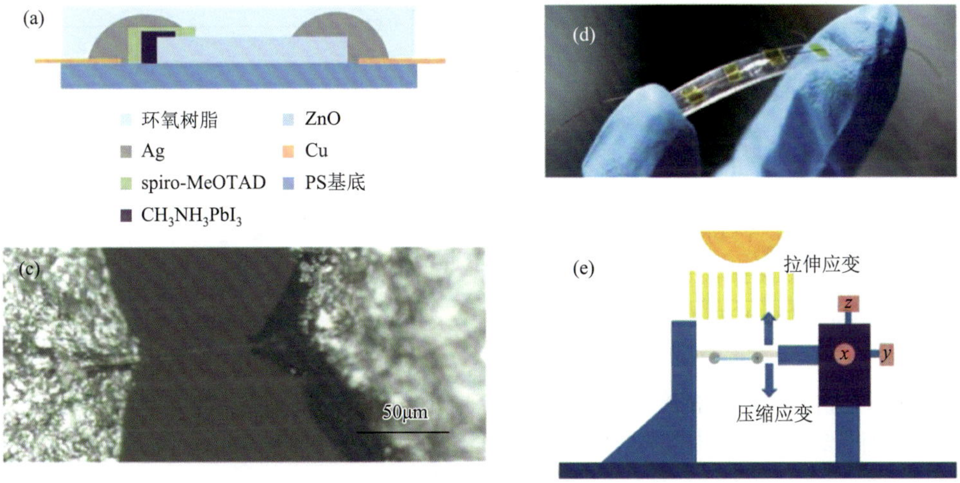

图 10.20　（a）器件制备的示意图；（b）制备过程示意图；（c），（d）光伏器件的光学显微镜照片和数码照片；（e）测量装置示意图[37]

图 10.21（a）和（b）分别显示了在不同的光强下，不施加应变和施加 0.47%拉伸应变情况下，ZPSC 的伏安特性。很明显，在不同光照条件下施加外部应变，ZPSC 的总体性能得到明显改善。图 10.21（c）和（d）显示了相应的光伏参数，例如开路电压（V_{oc}）、短路电流（I_{sc}）和转换效率（η）与光强的关系。可以发现，随着光强的提高，在无应变条件下，V_{oc} 从 0.65V 增大到 0.73V（图 10.21（c））；而在 0.47%拉伸应变下，V_{oc} 从 0.71V 增大到 0.83V（图 10.21（c））。类似地，在不施加拉伸应变的情况下，I_{sc} 从 0.97nA 增大到 5.20nA；而在 0.47%拉伸应变下，I_{sc} 从 2.00nA 增大到 20.94nA。此外，功率转换效率 η 定义为 $\eta = FF \times V_{oc} \times I_{sc}/(P_{in} \times A)$，其中 P_{in} 为入射功率密度，A 为器件的有效光照面积，FF 为填充因子。施加 0.47%拉伸应变后的转换效率，如图 10.21（d）

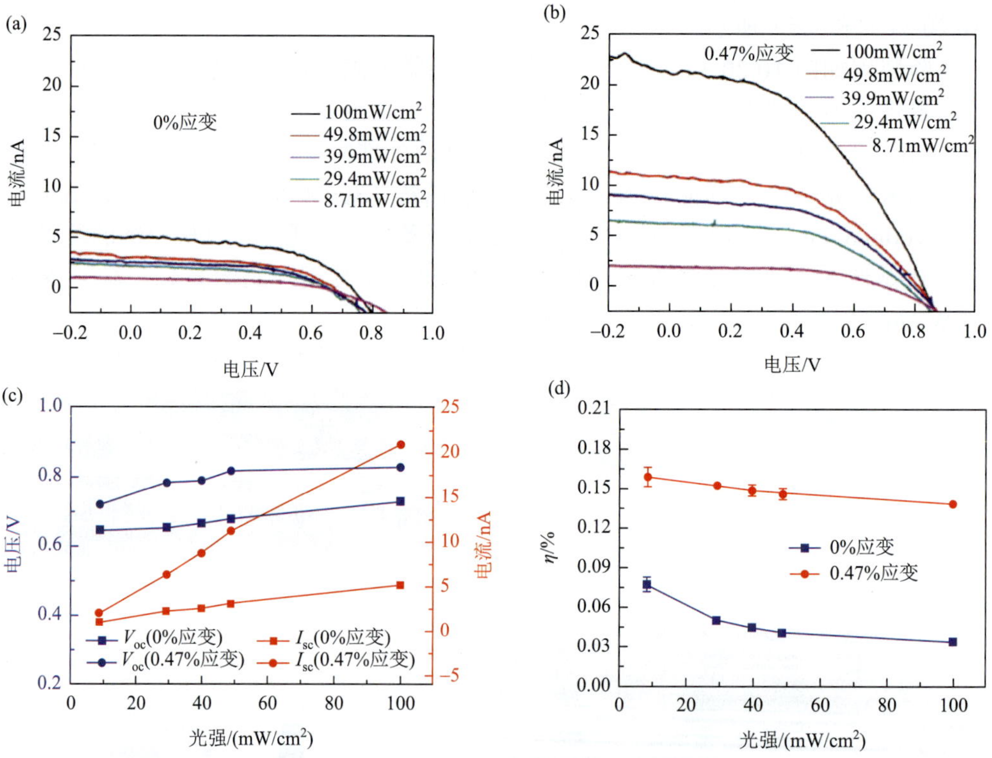

图 10.21　（a）在无外部应变条件下，器件在不同光强照射下的伏安特性曲线；（b）在 0.47%应变条件下，器件在不同光强照射下的伏安特性曲线；（c）在不同应变条件下的开路电压和短路电流；（d）在不同应变条件下的转换效率

所示。可以发现，在 AM 1.5、100mW/cm^2 的光强照射下，η 从 0.0338%增大到 0.139%（0.47%应变）。这些结果清楚地显示了压电光电子学效应对 ZPSC 性能的增强。

根据肖克利等效电路[7, 26]，ZPSC 的伏安特性描述为

$$V_{oc} = \frac{kT}{q} \ln\left[\frac{I_{sc}}{I_{pn0} \exp\left(\frac{-\Delta E}{rkT} \right)} \right] \tag{10.15}$$

$$I_{sc} = qG(L_n + L_p) \tag{10.16}$$

式中，G 是电子-空穴对的产生率；L_n 和 L_p 分别是电子和空穴的扩散长度。这表明，在 G 为恒定值时，压电光电子学效应可能引起复合率的降低从而导致 I_{sc} 的增加。式（10.15）中，I_{pn0} 为预因子，r 为理想因子，ΔE 为 n 型半导体材料与 p 型半导体材料导带之间的能带差。在该实验中，不同应变条件下氧化锌/钙钛矿界面附近 ΔE 的变化可能导致 V_{oc} 的变化。并且，V_{oc} 的变化取决于 ΔE 和 I_{sc} 的变化。I_{sc} 和 V_{oc} 的变化与压电光电子学效应的预期结果一致。

为了更好地理解氧化锌/钙钛矿界面观察到的光伏器件性能调控的物理机制，通过一个理论模型，使用能带图来解释压电光电子学效应对 ZPSC 性能的影响，如图 10.22 所示。在无外部应变条件下，氧化锌和钙钛矿之间形成异质结，如图 10.22（a）和（b）所示。在无外部应变条件下，ZPSC-Ⅰ和 ZPSC-Ⅱ的性能在 ZPSC 中是等效的[42]。对于典型的太阳能电池，控制其输运特性的主要物理过程如图 10.22（b）所示。钙钛矿 $CH_3NH_3PbI_3$ 的直接带隙约为 1.5eV，对应于 800nm 的光吸收波长[43]。在光照条件下，电子-空穴对在 $CH_3NH_3PbI_3$ 中产生，然后通过耗尽层的内建电场将产生的电子-空穴对分离，电子转移到氧化锌纳米线，空穴转移到 HTM 层。

当氧化锌微米线施加应变时，压电效应会改变氧化锌界面的能带。关于氧化锌、氮化镓纳米发电机和压电电子学的大量研究显示了这一点[44, 45]。如图 10.22（c）所示，当 ZPSC-Ⅰ施加压缩应变或 ZPSC-Ⅱ施加拉伸应变时，应变在钙钛矿/氧化锌界面产生正压电电荷。如图 10.22（d）所示，正压电电荷会降低氧化锌界面的导带和价带，导致钙钛矿/氧化锌界面势垒高度的下降。此外，它增大了耗尽层宽度并增强了内建电场，提高了电子-空穴对的分离效率，并降低了其复合的可能性。因此，太阳能电池的性能得到提高。

相反，当 ZPSC-Ⅰ施加拉伸应变或 ZPSC-Ⅱ施加压缩应变时，应变在钙钛矿/氧化锌界面会产生负压电电荷，如图 10.22（e）所示。在图 10.22（f）中，负压电电荷将提升界面处氧化锌的导带和价带，导致钙钛矿/氧化锌界面势垒高度的提升。它减小了耗尽层宽度并减弱了内建电场，降低了电子-空穴对的分离效率，并提高了其复合的可能性，因此转换效率降低。这是压电光电子学效应调控太阳能电池性能的基本机制。

10.4.4　异质结核壳纳米线的太阳能转换效率[46]

由于核层和壳层材料之间固有的晶格失配，在由不同材料外延生长的核壳结构纳米线中一般存在着弹性应变。这种静态的内应变可导致纳米线内的压电极化。Xu 研究小组对核壳结构纳米线中产生的压电势及其在太阳能电池中的应用可能性进行了理论研究[46]。其

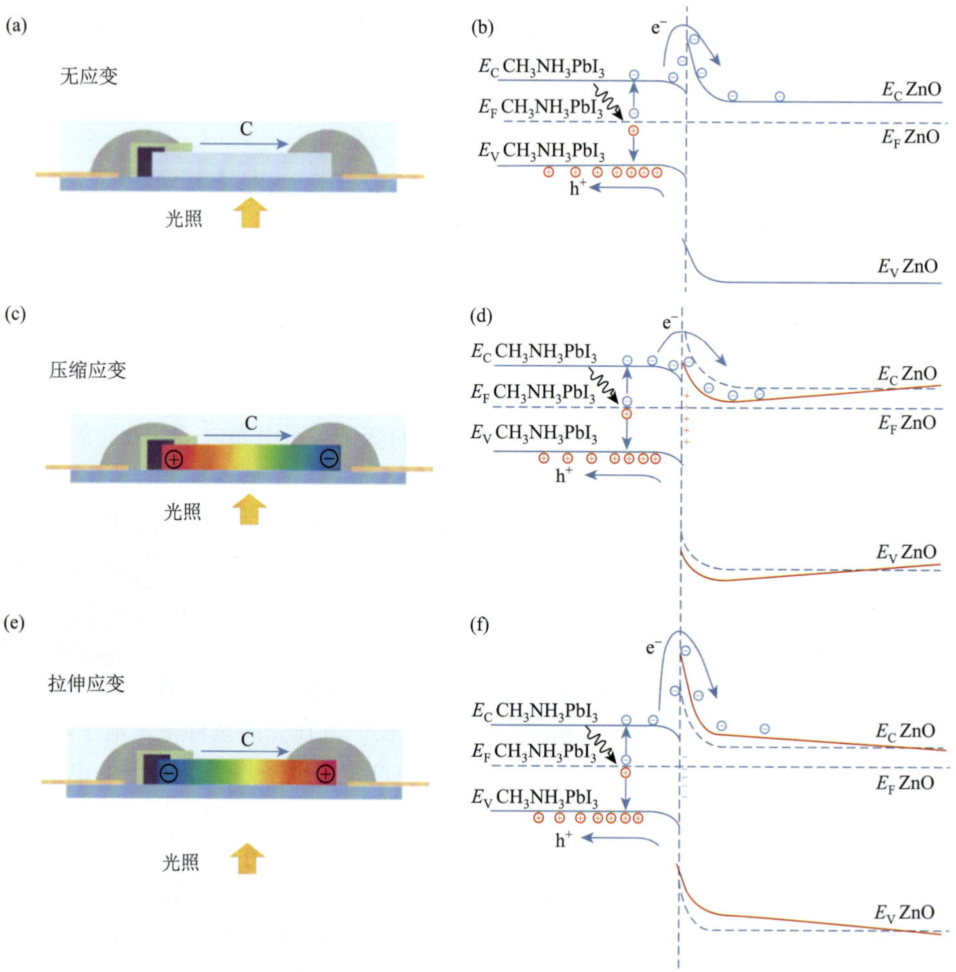

图 10.22 压电光电子学效应调控钙钛矿/氧化锌单微/纳米线太阳能电池性能的示意图和能带图。(a) 无外部应变情况下器件的压电势分布，以及 (b) 相应的能带图；(c) [0001] (ZPSC-Ⅰ) 器件在压缩应变下和 [000$\bar{1}$] (ZPSC-Ⅱ) 器件在拉伸应变下的压电势分布，以及 (d) 相应的能带图；(e) [0001] (ZPSC-Ⅰ) 器件在拉伸应变下和 [000$\bar{1}$] (ZPSC-Ⅱ) 器件在压缩应变下的压电势分布，以及 (f) 相应的能带图[37]

模型系统是沿[111]方向生长的Ⅲ-Ⅴ族闪锌矿（ZB）纳米线和沿[0001]方向生长的Ⅲ-Ⅴ族纤锌矿（WZ）纳米线。因此，z 轴相当于闪锌矿结构的[111]方向或纤锌矿结构的[0001]方向。而闪锌矿结构的[10$\bar{1}$]方向或纤锌矿结构的 a 轴则作为坐标系统的 x 轴。

图 10.23 显示闪锌矿核壳纳米线中当核层（砷化铟）沿[111]晶向时数值计算的 ε_{xx} 和 ε_{zz}。考虑此纳米线结构是由一个圆柱形的砷化铟核层被磷化铟壳层包裹组成，长度 L_z 为 350nm，核层的半径 r_c 为 30nm，壳层半径 r_s 为 50nm。图 10.23 显示了在纳米线 x-z 截面的应变分布。应变分量 ε_{xx} 和 ε_{yy} 非常相似，差别在于绕 z 轴旋转 π/2。由于纳米线一端的表面突起，从而应变大大减少。应变分量 ε_{xx} 和 ε_{yy} 仅在纳米线结构深处核层区域内为恒定值，而在远离纳米线端的区域内 ε_{zz} 为分段常数。

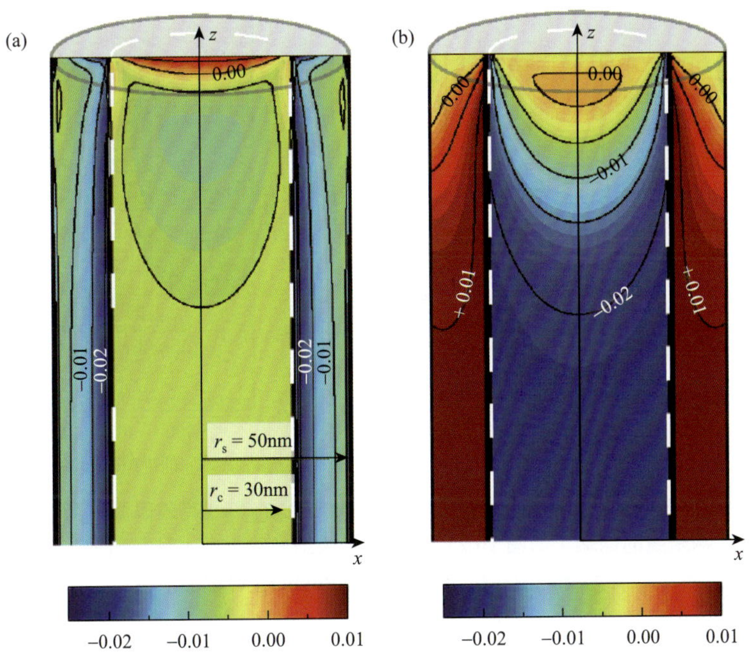

图 10.23　核壳纳米线 x-z 截面弹性应变分量：（a）ε_{xx} 和（b）ε_{zz}。纳米线沿[111]晶向并且是由一个圆柱形砷化铟核层和磷化铟包裹壳层组成。核壳纳米线长度 L_z 为 350nm，核的半径为 r_c 为 30nm，外壳半径 r_s 为 50nm。由于对称性，此处只显示了一半的核壳纳米线应变分量[46]（由 Boxberg 等供图）

在外延核壳结构纳米线中由晶格失配引起的应变导致了沿纳米线轴线的内部电场。这种压电电场主要是由核层和壳层材料中沿纳米线轴向的原子层位错所致。这个电场可以同时出现在闪锌矿和纤锌矿晶体核壳纳米线中。此效应可以用来分离核壳纳米线中的光生电子-空穴对，从而为太阳能转换提供全新的器件概念和思路[46]。

图 10.24（a）显示了数值计算得出的纤锌矿核壳纳米线断面上的有效压电表面电荷密度。有效电荷在砷化铟/磷化铟核壳纳米线 A 端面上为正，在 B 端面上为负。由于相对介电常数在材料界面上是不连续的，因此在材料界面上有效的表面电荷密度也不同。然而，积分后的有效电荷总量保持有限。图 10.24（b）显示了真空中核壳纳米线 x-z 截面的压电势，清楚地显示出一个偶极型势分布。晶体内压电电场在这个足够长的纳米线中几乎保持为常数。这与图 10.24（a）给出的电荷密度相符并支持压电电场的分析模型。受应变的化合物半导体核壳纳米线中存在的轴向压电电场可以被用来实现更高效的太阳能转换。

图 10.25（a）描述了存在应变的核壳结构纳米线中的光伏机制。这里，压电电场被用来产生从纳米线一端到另一端的光电流。这个电场的强度（即图 10.25（a）中纳米线中段带边能量的斜率）可以与一个典型的 p-n 结二极管的内建电场相比，并且这个电场的强度可通过组合不同的核层和壳层材料或相对于核层直径选择不同的壳层厚度来实现在较大范围内的调制。然而，我们注意到存在应变的压电半导体纳米线的最大有效内建势受限于材料的带隙 E_g（与传统的 p-n 结二极管类似）。导带和价带边也会由于电荷积累或钉扎于核壳纳米线两端接触的费米能级而变平。压电核壳纳米线二极管的最大作用区长度是压电电场强度 E_z

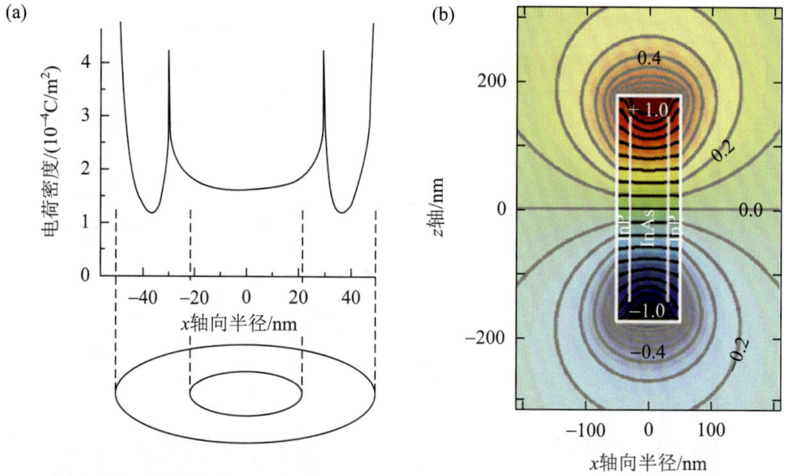

图 10.24 真空中圆柱形砷化铟/磷化铟纤锌矿核壳结构纳米线的（a）有效表面电荷密度和（b）压电势。表面电荷密度是在纳米线的铟端（如图 10.23（b）所示为纳米线上端）计算所得。图（b）中等势线中所标数值单位为 V[46]（由 Boxberg 等供图）

和带隙能量 E_g 的函数，由 $L_m \sim E_g/(eE_z)$ 给出，其中 e 是电子电荷。图 10.25（b）所示的例子表明了如何对阵列化核壳纳米线实现电接触及应用于大面积太阳能电池。

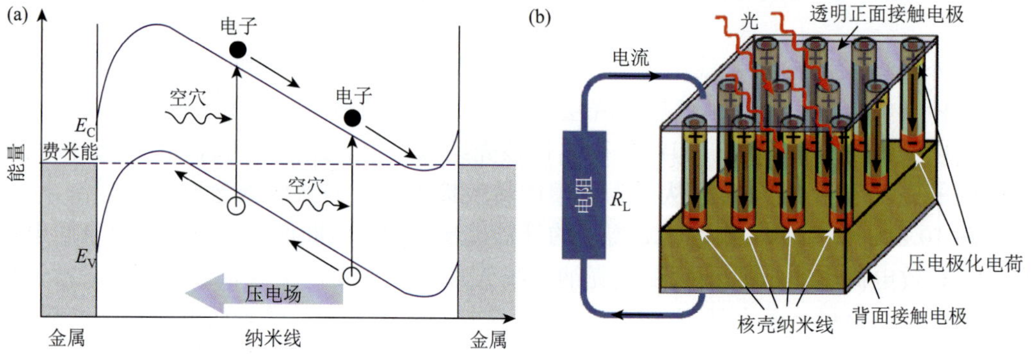

图 10.25 （a）电接触 n 型纳米线核层的能带示意图，以及应变压电核壳纳米线的光伏工作原理，纳米线中段导带（E_C）和价带（E_V）的倾斜是由压电电场造成的，纳米线两端的能带弯曲显示了金属-半导体界面上电荷交换的典型效应；（b）核壳纳米线太阳能电池器件的示意图，其中压电极化纳米线垂直生长于导电基底上。关于器件工作的进一步说明可参见相关文献中的内容[46]（由 Boxberg 等供图）

这里我们假设阵列压电核壳纳米线生长在一个重掺杂半导体基底上。在增加了合适的透明材料后，透明导电薄膜被沉积作为正面接触电极。当阳光照射器件时，纳米线中将产生电子-空穴对。这些光生电子-空穴对可被纳米线中产生的压电电场分离，因此在器件正面和背面的接触电极之间会产生光电压或在如图 10.25（b）所示的电路中产生光电流。与之前的纳米线光伏器件相比，这种设计不需要在纳米线中制备 p-n 结，因此在器件制备方面具有技术优势。类似地，轴向 p-n 结也可以被集成到核壳纳米线中以增强太阳能电池的转换效率。目前这个理论预测仍有待实验的验证。

10.5　压电光电子学效应增强硅太阳能电池性能[47]

尽管制备太阳能电池的方法有很多种，但硅基光伏电池仍然是工业和世界各地使用最广泛的。硅基太阳能电池效率的小幅提高会产生巨大的经济效益和重大的实际意义。我们制备了硅基纳米异质结构（p^+-Si/p^-Si/n^+-Si（和 n-Si）/n-氧化锌纳米线阵列）光伏器件，并通过纳米线阵列显著增强了光吸收，以及压电光电子学效应增强了有效电荷载流子分离，从而提高了光伏器件的性能。应变在 n-掺杂硅-氧化锌界面产生的压电极化电荷，可以有效调控 n^+-Si/n-氧化锌纳米异质结构中相应的能带结构和电子气，从而增强局部载流子的输运过程。通过简单地施加静态压缩应变，太阳能电池的效率从 8.97%提高到 9.51%。这项研究显示，压电光电子学效应可以提高大规模硅基太阳能电池的性能，具有巨大的工业应用潜力[47]。

由于氧化锌纳米线阵列的修饰，一些离子注入单晶硅太阳能电池的效率得到了提高（图 10.26（b））。氧化锌纳米线阵列可以有效地增强光吸收，并且在 n-掺杂硅-氧化锌界面产生的压电极化电荷可以有效调控相应的能带结构和 n^+-Si 内的电子气，从而增强光生载流子的分离。该光伏器件在施加静态压缩应变时可将效率从 8.97%提高至 9.51%。

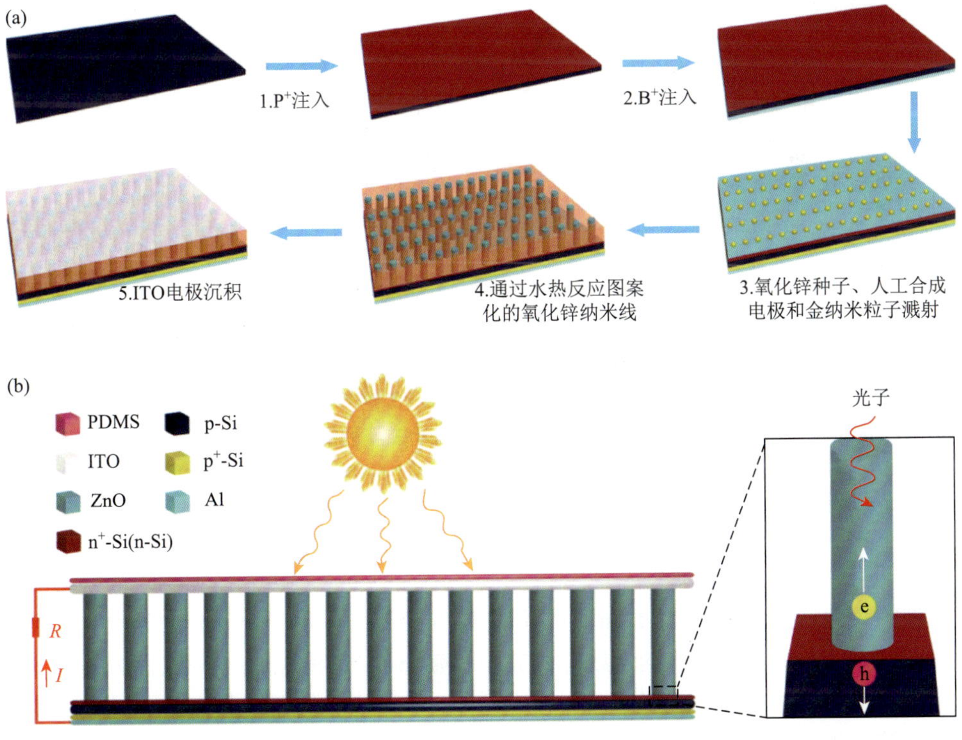

图 10.26　硅基纳米异质结构太阳能电池的示意图。(a) 硅基纳米异质结构太阳能电池制备过程的示意图；(b) 太阳能电池的示意图，在光照情况下，光激发产生电子-空穴对，随后电子-空穴对由于 n 型氧化锌纳米线/n^+-Si(n-Si)/p-Si 界面的能带弯曲和内建电场被分离，然后电子移动到氧化锌纳米线处，空穴移动到 p 型硅处[47]

硅基纳米异质结构太阳能电池的制备工艺如图 10.26（a）所示。将光伏器件封装在 PDMS 中，以增强其机械性能并避免纳米线阵列破裂，从而可以对纳米线阵列施加垂直压力。首先，通过光刻和低温水热反应在 Si p-n$^+$结顶部制备四种具有不同氧化锌纳米线阵列模式的光伏器件进行比较（图 10.27（a）～（d））。

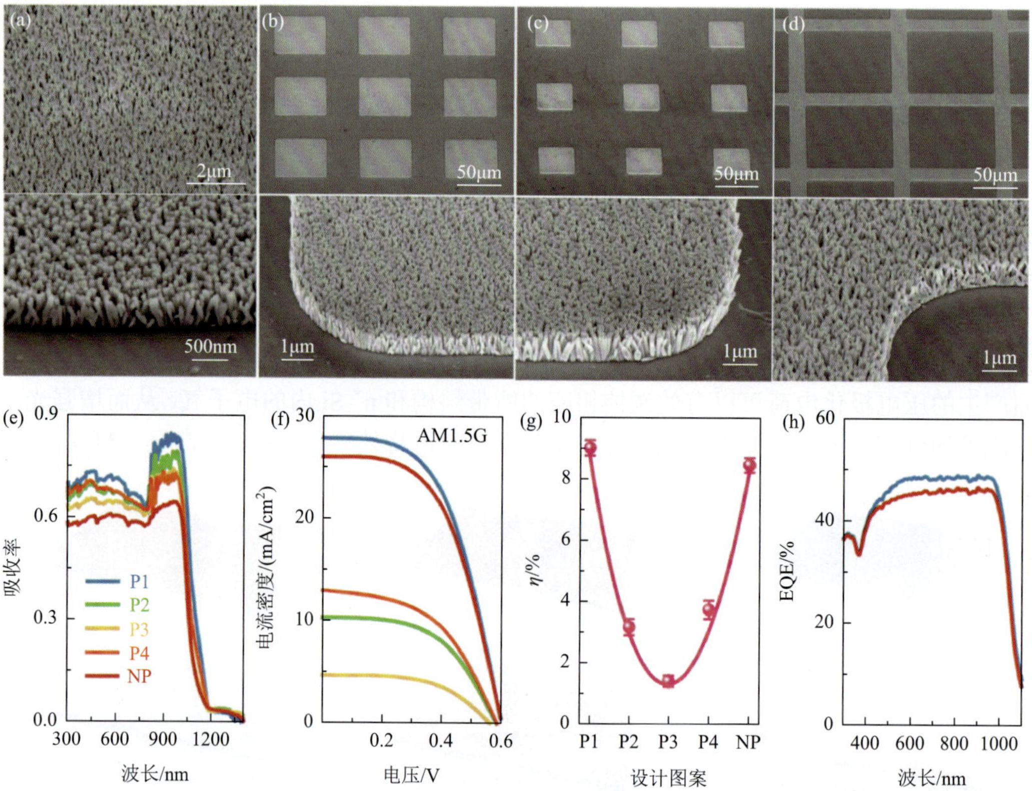

图 10.27　四种覆盖不同 n 型氧化锌纳米线阵列图案的太阳能电池的性能比较。（a）～（d）通过光刻和低温水热反应在 Si p-n$^+$结顶部生长的覆盖不同 n 型氧化锌纳米线阵列图案的四个样品的 SEM 图像，设计的氧化锌纳米线阵列图案从左到右分别定义为 P1、P2、P3 和 P4，上排的 SEM 图像是低放大率，下排的 SEM 图像是高放大率；（e）覆盖不同 n 型氧化锌纳米线阵列图案的太阳能电池的吸收光谱，其中 NP 表示无氧化锌纳米线阵列图案覆盖的太阳能电池结构；（f）AM 1.5G 光照下太阳能电池的电流密度-电压特性；（g）覆盖不同氧化锌纳米线阵列图案的太阳能电池的转换效率；（h）具有 P1 图案（蓝线）和 NP（深棕色线）覆盖的太阳能电池的 EQE 光谱[47]

生长的氧化锌纳米线长约 1μm，直径约 100nm。如图 10.27（e）的吸收光谱所示，具有 P1 图案的器件（氧化锌纳米线阵列完全覆盖 p-Si/n$^+$-Si 结的顶部表面）具有最高的吸收率，而无氧化锌纳米线阵列图案（无图案，NP）覆盖的器件具有最小的吸收率，这说明氧化锌纳米线阵列可以有效地充当抗反射涂层和光阱结构，从而有效地增强光吸收。最佳光伏器件的电流密度-电压特性是在 AM 1.5G 光照下测量的（图 10.27（f）），显示具有 P1 图案的器件表现出最佳性能。具有 P1 图案的硅基纳米异质结构太阳能电池的效率（η）约为 9%，比无图案覆盖的太阳能电池要大一些，而具有 P2、P3 和 P4 图案的硅基纳米异质结构太阳能电池，其效率则不超过 4%（图 10.27（g））。首先，由于设计较大面积模式的纳米线阵列结构对光生载流子的收集更加有效，这显示了顶部电极尺寸较大的器件有利于提高器件性能。其次，虽然与无图案覆盖的太阳能电池相比，纳米线阵列降低了光生载流子的收集概率，但对于 P1 图案，光吸收的增强超过了载流子收集的降低，而对于 P2、P3 和 P4 图案则不然。经测量，具有 P1 图案的器件的外量子效率（EQE）比无图案覆盖的器件稍大一些（图 10.27（h）），这表明氧化锌纳米线阵列提高了器件性能。随着光照强度从 $20mW/cm^2$ 增加到 $100mW/cm^2$，具有 P1 图案的器件在不同光强（P）下的 η 从 6.8%提高到 9%，表明即使在更高的光强条件下，硅同质结界面的光生电子-空穴对也可以被充分分离[48, 49]。值得注意的是，通过优化氧化锌纳米线的密度、尺寸和长度，硅衬底的厚度和掺杂浓度，以及金属-半导体接触特性等因素，可以提高 p-Si/n^+-Si/n 型氧化锌纳米线阵列太阳能电池的性能。

为了研究压电势对 P1 图案覆盖的 p^+-Si/p-Si/n^+-Si/n-氧化锌纳米线阵列太阳能电池性能的影响，我们将 PDMS 封装的光伏器件固定在高透明亚克力板上，并通过强力胶固定器件从而承受垂直压力。需要注意的是，在拉伸器件时，拉伸应力会完全施加在 PDMS 上，而只有部分传递给氧化锌纳米线。尽管氧化锌纳米线上的拉伸应力远小于 PDMS 上的压力，但它仍然会影响器件的性能。图中显示的压力表示的是 PDMS 上的压力，而不是氧化锌纳米线上的压力。在 AM 1.5G 光照情况下，测量了太阳能电池在各种垂直压力（PDMS 上的压力为−1000～300kPa，负号和正号分别表示压缩和拉伸应力）条件下的电流密度-电压特性，如图 10.28（d）所示。具体来说，我们研究了不同垂直压力情况下的 J_{sc}、V_{oc} 和填充因子（FF）（图 10.28（e）和（f））。当压缩应力达到约 800kPa 时，J_{sc} 从 $27.86mA/cm^2$ 增大到 $29.03mA/cm^2$，V_{oc} 从 0.6078V 增大到 0.6101V，FF 从 0.5368 略微增大到 0.5381。因此，当施加约 800kPa 的压缩应力时，太阳能转换效率从 8.97%提高到 9.51%。然而，当压缩应力进一步增大时，效率开始下降。当拉伸应力增大到 300kPa 时，可以发现 J_{sc} 从 $27.86mA/cm^2$ 下降到 $26.86mA/cm^2$，V_{oc} 从 0.6078 下降到 0.604V，FF 从 0.5368 下降到 0.5299。因此，当施加 300kPa 拉伸应力时，效率从 8.97%降低到 8.44%。压电势调控硅基太阳能电池性能的机制详述如下。

重掺杂的 n^+-Si 太阳能电池中，离子注入技术和磷离子（P^+）分布的细节在参考文献[46]的支持文件中，其中磷离子的注入能量为 80keV，浓度为 $10^{15}cm^{-2}$，离子注入浓度随深度的变化遵循高斯分布，最大浓度为 $1\times10^{20}cm^{-3}$，最大注入深度约为 230nm。n 型 Si 中内建电场的宽度可以表示为[49]

$$x_n = \frac{N_A}{N_A + N_D}\sqrt{V_D\left(\frac{2\varepsilon_r\varepsilon_0}{q}\right)\left(\frac{N_A + N_D}{N_A N_D}\right)} \tag{10.17}$$

其中 N_A、N_D、V_D、ε_r、ε_0 和 q 分别是受主浓度、施主浓度、接触电势差、相对介电常数、真空介电常数和元电荷。通常情况下，对于硅材料，选择 $V_D = 0.75V$，$\varepsilon_r = 11.9$。对于重掺杂的太阳能电池，当 $N_A = 10^{16}cm^{-3}$ 和 $N_D = 10^{18}～10^{20}cm^{-3}$ 时，计算出 x_n 约为几纳米，这表明 n^+型 Si 的耗尽层相当窄，耗尽层主要位于 p 型 Si 中。因此，Si p-n^+结的强内建电场不会影响 n^+-Si/n 型氧化锌界面的能带。由于注入的 P^+在 n^+型 Si 表面的密度低于 n^+型

Si 内部的密度，因此 n^+型 Si 表面的能带会升高，从而产生表面势垒，使大部分光生电子被俘获在 n^+型 Si 的中部；能带图如图 10.28（a）所示。当对器件施加压缩应力时，由于纳米线中 c 轴的极性取向，压电势沿氧化锌纳米线分布，结区出现正压电极化电荷，可以进一步降低 n^+型 Si 和 n 型氧化锌之间耗尽层的能级，因此 n^+型 Si 中俘获的电子将被释放到 n 型氧化锌（图 10.28（b）），这相当于光生载流子的产生率增大。被俘获电子的流动导致 J_{sc} 和 V_{oc} 暂时增大。而且，随着器件寄生电阻的减小，FF 会增大。因此，计算得到的效率会增大（图 10.28（f））。实际上，在该应变情况下，J_{sc}、V_{oc} 和 FF 的变化并不明显，这是由氧化锌纳米线界面的压电电荷被光生载流子部分屏蔽所致[5, 7, 8, 13, 50]。然而，当压缩应力超过 800kPa 或俘获的电子全部被释放时，由于压电势的提高和氧化锌纳米线内三角形量子阱的加深，倾斜的能带开始降低电子的传输，因此随着压缩应力的进一步增大，效率开始下降（图 10.28（f））。

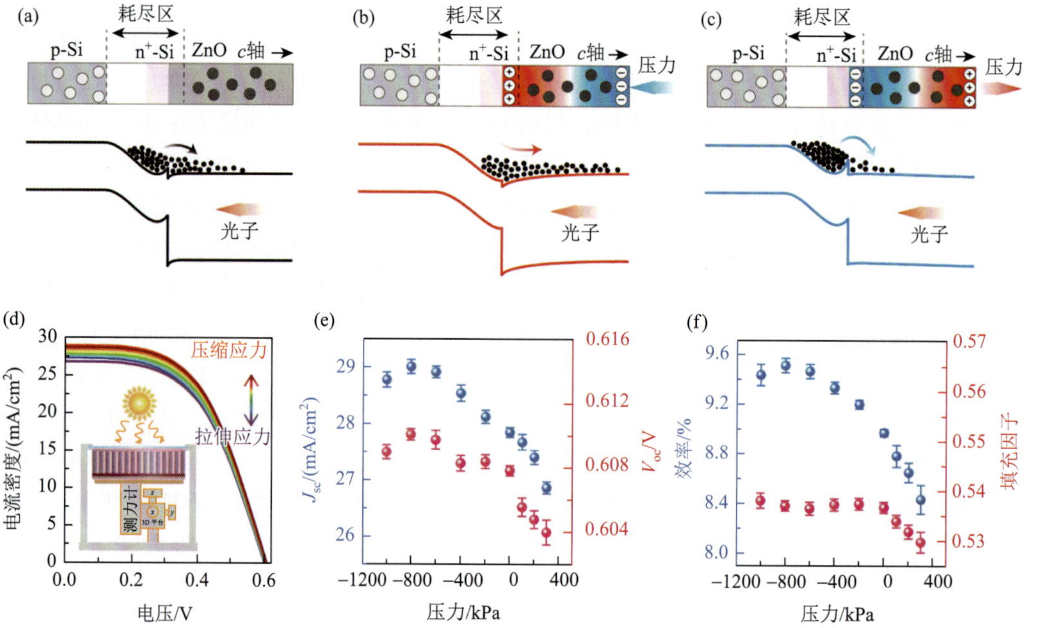

图 10.28　P1 图案覆盖的 p^+-Si/p-Si/n^+-Si/n-氧化锌纳米线阵列太阳能电池在不同垂直压力下的性能和机制。（a）无外部应力条件下太阳能电池的能带图；（b）施加压缩应力时，太阳能电池的能带图，显示了应变产生的正极化电荷对 n^+-Si-氧化锌界面能带结构和 n^+-Si/氧化锌纳米线异质结中电子气的调控；（c）施加拉伸应力时，太阳能电池的能带图，显示了应变产生的负极化电荷对 n^+-Si/氧化锌界面能带结构和 n^+-Si/氧化锌纳米线异质结内电子气的调控；（d）～（f）在 AM 1.5G 光照条件下，垂直压力对电流密度-电压特性、短路电流密度、开路电压、填充因子和效率的影响，这表明压电光电子学效应对载流子输运的调控，负压力代表压缩应变，正压力代表拉伸应变，插图为垂直压力条件下太阳能电池的截面示意图[47]

当器件受到拉伸应力时，界面产生负压电极化电荷，分布在 1～2 个原子层的厚度内，这将进一步提升 n^+型 Si 和 n 型氧化锌之间耗尽区的能级（图 10.28（c）），增强了对光生电子的俘获。与上述类似的分析，J_{sc}、V_{oc}、FF 均下降，因此效率随着拉伸应力的增大而降低（图 10.28（f））。

10.6　基于 n 型氧化锌/p 型硫化亚锡核壳纳米线阵列的柔性太阳能电池[48]

本节介绍了压电光电子学效应如何有效地应用于基于 n 型氧化锌/p 型硫化亚锡核壳纳米线阵列的柔性太阳能电池。在适度的垂直压力下其相对转换效率达到 37.3%。通过对器件进行弯曲，可以有效提高太阳能电池的性能，展示了在柔性光伏器件的应用潜力。这项研究不仅增加了对压电光电子学效应提高太阳能电池转换效率概念的进一步理解，还展示了压电光电子学效应在大规模、柔性和纳米线阵列太阳能电池应用中的巨大潜力。

压电光电子学效应可增强基于 n 型氧化锌/p 型硫化亚锡核壳纳米线阵列的大规模柔性光伏器件的性能。硫化亚锡具有 4.0eV 的电子亲和势和 10^4cm^{-1} 的高光吸收系数，其直接光学带隙（E_g）为 1.3eV，接近单结太阳能电池所需的最佳带隙[48]。此外，由于易形成类似受主掺杂的 Sn 空位缺陷，硫化亚锡还表现出本征的 p 型导电，载流子浓度在 $10^{15}\sim10^{18}cm^{-3}$ 范围内[48, 51]，使硫化亚锡成为核壳太阳能电池较好的壳层材料。以氧化锌纳米线阵列的压电势为驱动力，通过调控氧化锌/硫化亚锡异质结的能带结构，可以有效增强光生载流子的分离和传输。这项研究展示了压电光电子学在高性能大规模柔性太阳能电池应用中的潜力。

该光伏器件是基于在 ITO 涂层 PET 基板上生长的 n 型氧化锌/p 型硫化亚锡核壳纳米线阵列，其中氧化锌的 c 轴方向是从基板朝上（图 10.29（a）），该纳米线阵列形成 p-n 异质结太阳能电池阵列。图 10.29（b）示出了分别对应于 PET、PET/氧化锌和 PET/氧化锌/硫化亚锡的 XRD 光谱。n 型氧化锌纳米线是通过水热法合成的，可以得到高质量且取向均匀的纳米线（图 10.29（c））。我们还显示了 ITO 涂层柔性 PET 基板上氧化锌/硫化亚锡核壳纳米线阵列的形貌图（图 10.29（d））。氧化锌/硫化亚锡核壳纳米线的低倍率 TEM 图像和能量色散 X 射线图（图 10.29（e））表明，Sn 和 S 分布在壳上（壳的厚度为 0～500nm），而 Zn 位于

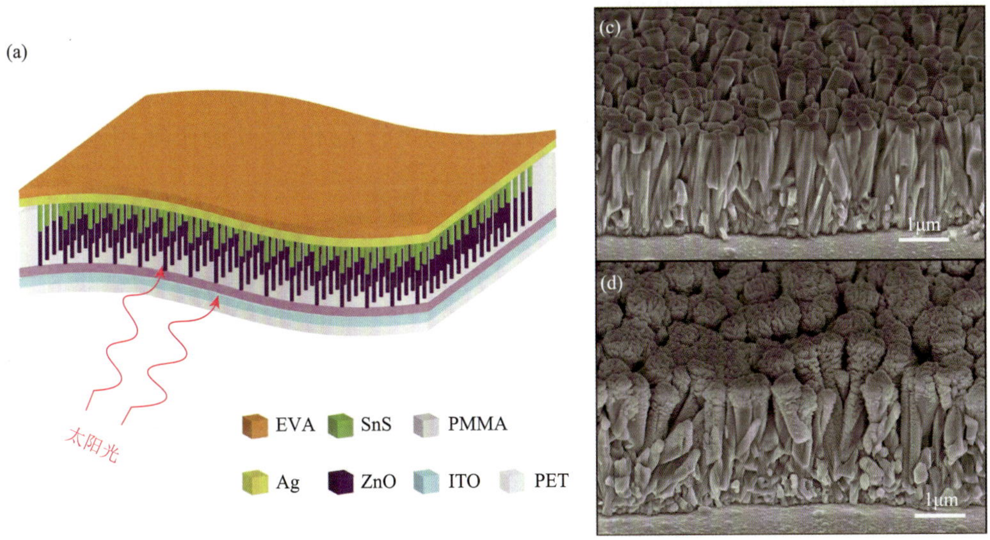

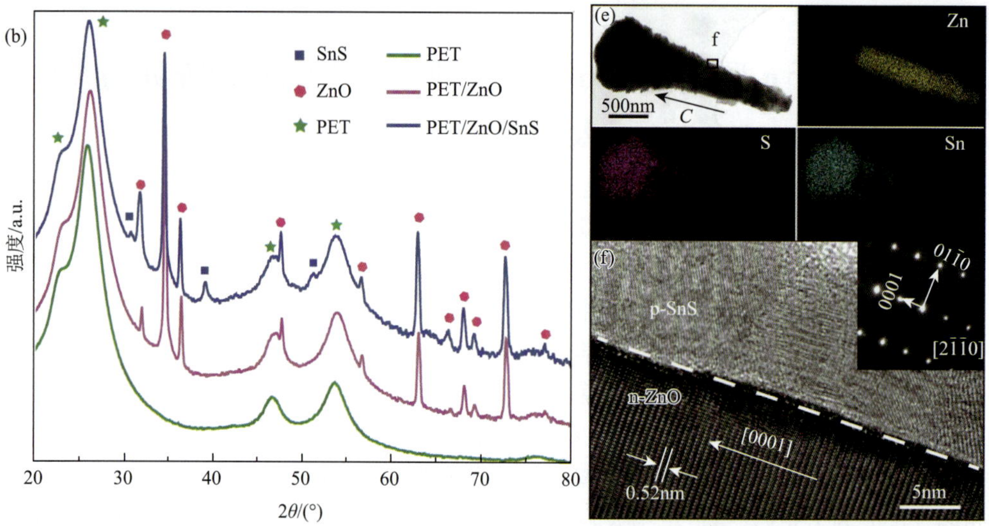

图 10.29　n 型氧化锌和 n 型氧化锌/p 型硫化亚锡核壳纳米线的结构。（a）基于 n 型氧化锌/p 型硫化亚锡核壳纳米线阵列的柔性太阳能电池的示意图；（b）PET（绿线）、PET/氧化锌（粉红色线）和 PET/氧化锌/硫化亚锡（蓝线）的 XRD 光谱，蓝线中标有绿色五角星、粉红色圆点和蓝色方块的峰分别属于 PET 基底、氧化锌和硫化亚锡；（c）氧化锌纳米线阵列形貌的 SEM 图像侧视图；（d）n 型氧化锌/p 型硫化亚锡核壳纳米线阵列形貌的 SEM 图像侧视图；（e）n 型氧化锌/p 型硫化亚锡核壳纳米线低放大率的 TEM 图像和能量色散 X 射线图；（f）n 型氧化锌/p 型硫化亚锡核壳纳米线的 HRTEM 图像，左上角的插图表示氧化锌纳米线的选区电子衍射图像[48]

核心。HRTEM 图像和从氧化锌纳米线边缘拍摄的相应选区电子衍射图案如图 10.29（f）所示，表明氧化锌结构为均匀单晶，其长度方向沿 c 轴，而硫化亚锡壳层是多晶。

为了研究压电势对此类核壳氧化锌/硫化亚锡纳米线阵列太阳能电池性能的影响，我们在 AM 1.5G 照明条件下，对太阳能电池在各种垂直压力（5mm×5mm 乙酸-醋酸乙烯酯共聚物（EVA）上为 40～320kPa）下的电流密度-电压特性进行了测量，如图 10.30（b）所示（图 10.30（a）是图 10.30（b）的对比）。由于基底是柔性 PET，为了承受垂直压力，光伏器件首先固定在高透明玻璃上。核壳氧化锌/硫化亚锡纳米线阵列太阳能电池性能的垂直压力依赖性如图 10.30（c）和（d）所示。这意味着这种光伏器件的性能随着施加垂直压力的增加而提高。具体来说，将不同垂直压力下的 J_{sc} 和 V_{oc} 绘制在图 10.30（c）中，

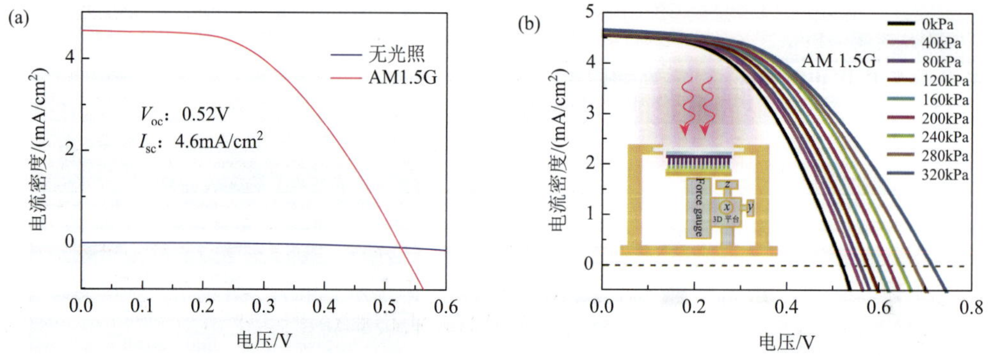

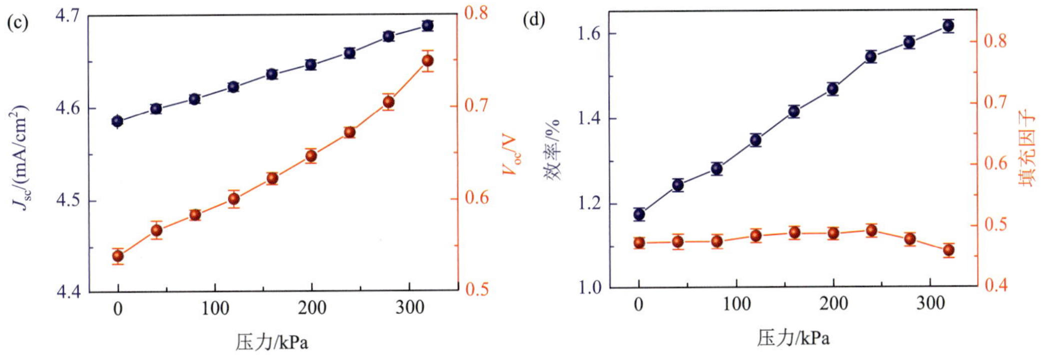

图 10.30　基于 n 型氧化锌/p 型硫化亚锡核壳纳米线阵列的柔性太阳能电池在不同垂直压力下的性能。（a）太阳能电池在黑暗或 AM 1.5G 光强条件下的电流密度-电压特性；（b）在 AM 1.5G 光强和不同外部垂直压力情况下，核壳纳米线阵列的电流密度-电压特性；（c）短路电流密度和开路电压随垂直压力的变化；（d）太阳能电池的转换效率和填充因子随垂直压力的变化[48]

可以发现，J_{sc} 从 4.58mA/cm^2 增大到 4.69mA/cm^2，仅提高了约 2.4%；而 V_{oc} 从 0.54V 增大到 0.75V，提高了约 39%，FF 约为 0.48，随垂直压力的施加几乎不变。因此，在施加 320kPa 压力时，太阳能转换效率显著提高 37.3%。在垂直压力下，氧化锌和硫化亚锡之间异质结界面产生的压电极化电荷有效增大了内建电场，从而促使太阳能电池性能的提高[27, 45, 52]，下面将对此进行讨论。

柔性太阳能电池在许多实际应用中受到关注[48]。因此，我们研究了 AM 1.5G 太阳光强情况下氧化锌/硫化亚锡核壳纳米线阵列太阳能电池在不同弯曲应变（−0.88%～0.88%）下的电流密度-电压特性，如图 10.31（a）所示。这里弯曲应变定义为 PET 基材向下或向上弯曲（即与太阳光接触的表面，参见图 10.31（b）的插图），PET 基底可向下或向上弯曲（厚度为 250μm，不考虑 ITO 电极的厚度）。需要特别注意的是，当对 PET 底部施加压缩应变时，氧化锌/硫化亚锡核壳纳米线阵列受到压缩应变。类似地，当对 PET 底部施加拉伸应变时，纳米线阵列也会受到拉伸应变。如图 10.31（b）的两个插图所示，压电极化电荷的分布在这两种条件下是相反的。当纳米线阵列受到压缩应变（向下弯曲应变）时，该光伏器件的性能得到提高；而当受到拉伸应变（向上弯曲应变）时，该光伏器件的性能下降[53, 54]。图 10.31（c）和（d）显示了不同应变情况下的 J_{sc}、V_{oc} 和 FF。当

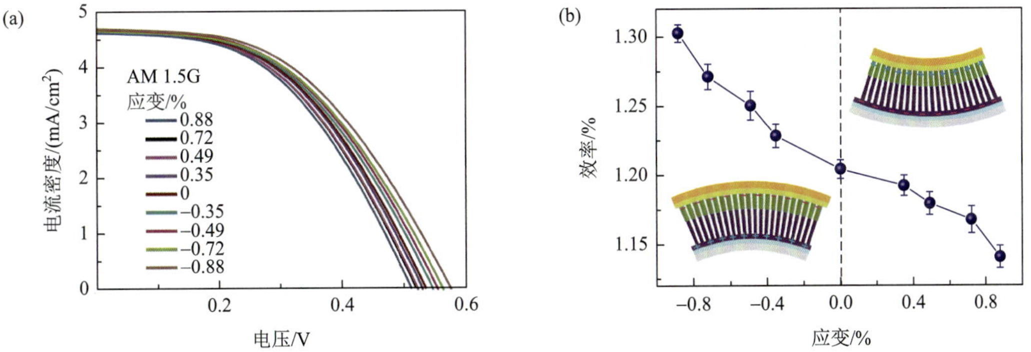

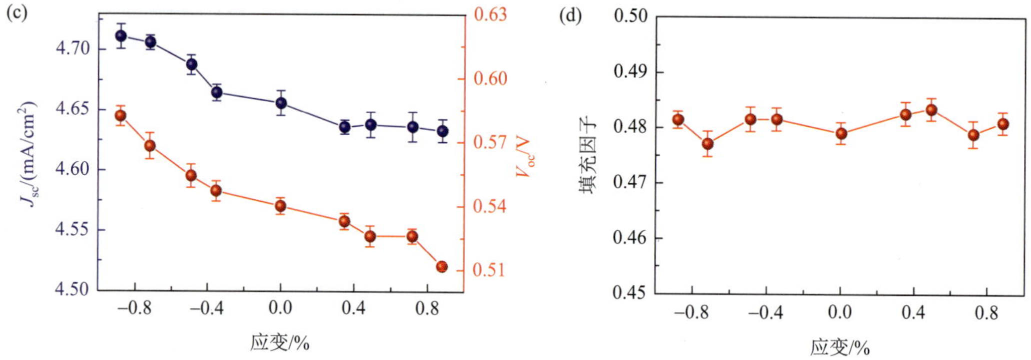

图 10.31　基于 n 型氧化锌/p 型硫化亚锡核壳纳米线阵列的柔性太阳能电池在不同弯曲应变情况下的性能。(a) 太阳能电池在不同弯曲应变和 AM 1.5G 照明条件下的电流密度-电压特性，其中应变表示 PET 基板底部弯曲的变化；(b) 太阳能电池转换效率随弯曲应变的变化；(c) 弯曲应变与短路电流密度和开路电压的关系；(d) 填充因子随弯曲应变的变化[48]

应变从−0.88%的压缩应变切换到 0.88%的拉伸应变时，可以发现，J_{sc} 从 4.71mA/cm^2 下降到 4.63mA/cm^2，V_{oc} 从 0.58V 下降到 0.51V，而 FF 则最终稳定在大约 0.48。当施加 0%～−0.88%的压缩应变时，转换效率 η 从 1.2%增大到 1.3%，提高了约 8.3%；当施加 0%到 0.88%的拉伸应变时（图 10.31（b）），转换效率 η 从 1.2%减少到 1.14%，降低了 5%。也就是说，通过对器件进行特定方向的弯曲，可以有效地提高光伏器件的性能，显示出在柔性电子器件中的应用潜力。这些变化趋势与压电光电子学模型的预期结果一致。

10.7　压电光电子学效应在量子阱太阳能电池中的应用[55]

压电光电子学效应是利用应力产生的压电极化电荷调节与载流子分离或重组相关光电过程的效率。在本节中，我们通过在器件上施加外部应力，展示了铟镓氮/氮化镓多量子阱（MQW）太阳能电池的短路电流密度和转换效率的增强。外部应力在铟镓氮和氮化镓界面产生的压电电荷，可以抵消铟镓氮量子阱中由晶格失配应力引起的极化电荷。我们通过自洽数值模型计算能带结构的变化，阐明了光生载流子的增强机制。这项研究不仅在理论和实验上证明了压电光电子学效应对量子光伏器件的调控作用，而且在当前能源革命中为最大限度利用太阳能提供了巨大的希望。

铟镓氮/氮化镓 MQW 采用 MOCVD 在（0001）面蓝宝石衬底上生长，铟镓氮合金的含量为 25%。MQW 的横截面示意图如图 10.32（a）所示。氮化镓/铟镓氮/氮化镓量子阱相应的原子结构模型和能带弯曲分别如图 10.32（b）和（c）所示。由于其非中心对称晶体结构，晶格失配会在铟镓氮-氮化镓界面处产生压电极化电荷。这些极化电荷导致铟镓氮层中形成三角形势阱，从而降低吸收系数。图 10.32（d）显示了 MQW 结构的高分辨率 $\omega/2\theta$ 扫描和铟镓氮/氮化镓多量子阱结构的 SEM 图像。尖峰是来自衬底（以厚氮化镓层为衬底）的（002），较宽的峰是来自角度较低的铟镓氮/氮化镓 MQW 的（002）。铟镓氮零级峰两侧出现的明显周期性尖峰（从–3 到＋2）反映了良好的晶体质量。SEM 图像显示了铟镓氮/氮化镓 MQW 太阳能电池的制备过程，如图 10.32（e1）～（e4）所示。太阳能电池的详细制备过程可在方法部分找到。首先，通过光刻从上到下蚀刻几个 2mm×2mm 构型图案，然后采用电感耦合等离子体（ICP，BCl_3/Cl_2 化学反应）。这些图案是为了器件隔离而制作的，刻蚀深度约为 5μm（图 10.32（f1）），太阳能电池的漏电流可以降低到 2×10^{-5}A 左右。之后，“背”形区域被蚀刻约 1μm，以暴露 n 型氮化镓形成欧姆接触并定义有源台面。圆形欧姆接触是通过电子束沉积 Ti/Al/Ni/Au 并在 N_2 环境中 850℃退火 30s 制成的，如图 10.32（f3）所示[56]。由于其在可见光谱区的高透明度，导电 ITO 被溅射在 p 型氮化镓表面作为电流扩散层[57]。指状电极（Ni/Au 230nm）沉积在 ITO 上，如图 10.32（f4）所示。这些设计可以有效降低结构的接触电阻或寄生电阻，从而增强载流子收集和提高填充因子。

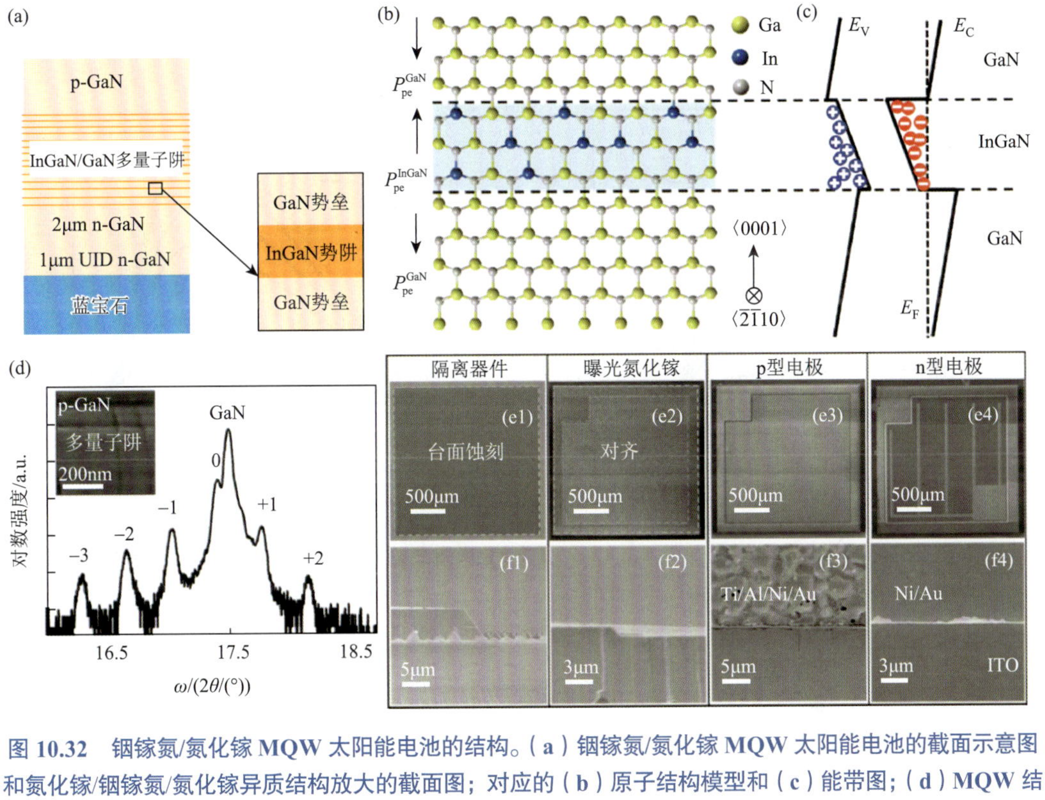

图 10.32　铟镓氮/氮化镓 MQW 太阳能电池的结构。（a）铟镓氮/氮化镓 MQW 太阳能电池的截面示意图和氮化镓/铟镓氮/氮化镓异质结构放大的截面图；对应的（b）原子结构模型和（c）能带图；（d）MQW 结构的高分辨率 $\omega/2\theta$ 扫描，显示出高质量的晶体结构，插图是铟镓氮/氮化镓多量子阱结构的 SEM 图像；（e1）～（e4）SEM 图像展示了 2mm×2mm 尺寸太阳能电池的制备过程；（f1），（f2）为通过 ICP 蚀刻的实际器件的截面图，垂直深度分别为 5μm 和 1μm，（f3），（f4）为电极的部分顶视图[55]

铟镓氮/氮化镓 MQW 太阳能电池的基本工作原理如图 10.33（a）所示。在该结构中，当太阳光照射器件时，电子从 p 型氮化镓通过 MQW 区域流向 n 型氮化镓，被电极收集，然后驱动外部电路。MQW 太阳能电池的输出电压是由具有较宽带隙的势垒材料决定的，其短路电流是由量子阱的宽度和数量决定的[58]。图 10.33（b）和（c）分别显示了室温和不同光强条件下铟镓氮/氮化镓 MQW 太阳能电池的电流密度-电压特性和功率密度-电压特性。随着光强在 0～100mW/cm^2 范围内变化，电流密度近似线性增大，功率密度也增大。在 AM 1.5G 光强（100mW/cm^2）照射下，器件的效率为 1.12%，短路电流密度 J_{sc} = 1.05mA/cm^2，

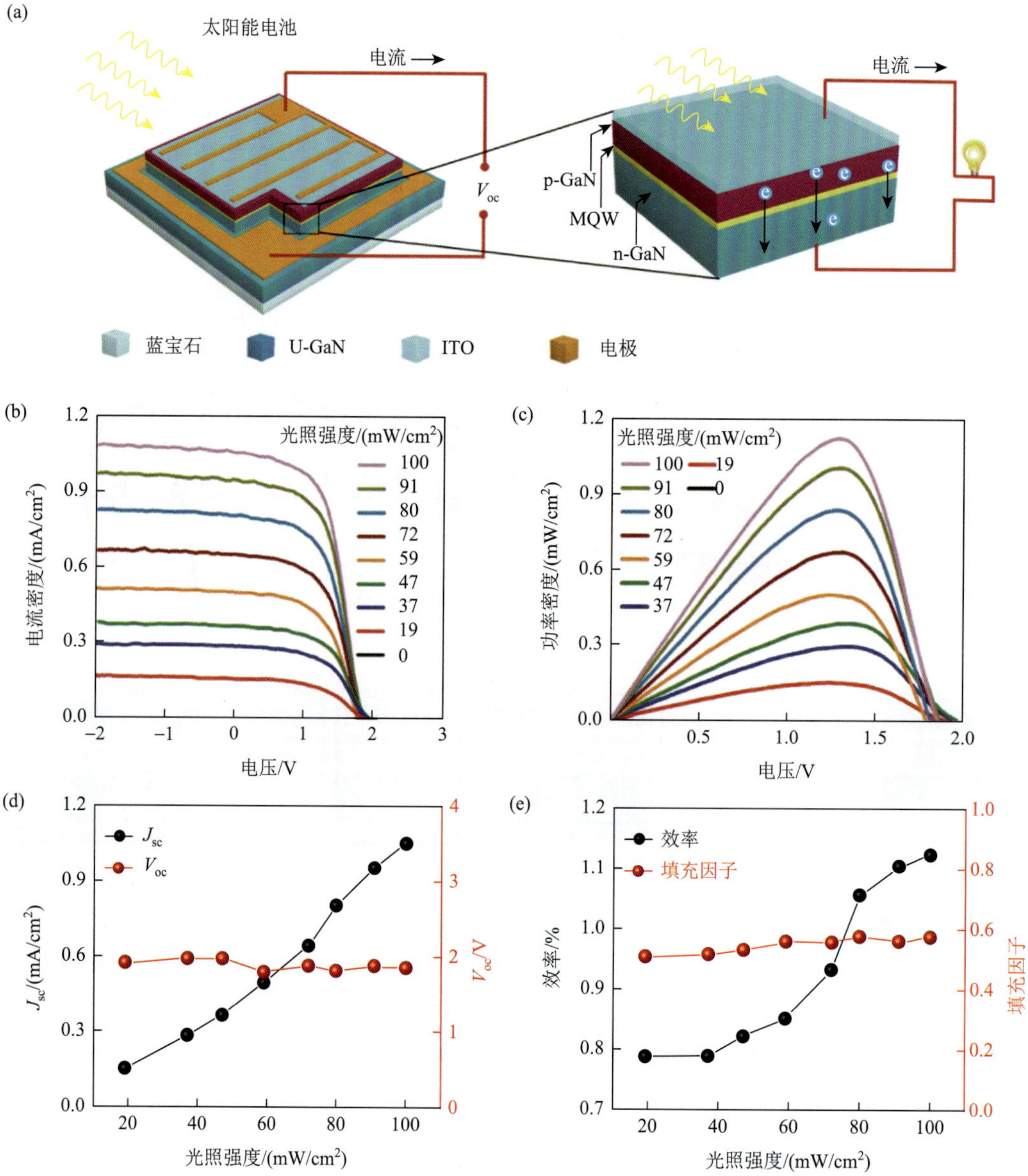

图 10.33　铟镓氮/氮化镓 MQW 太阳能电池在不同光照强度下的性能。（a）铟镓氮/氮化镓 MQW 太阳能电池的工作原理；（b）铟镓氮/氮化镓 MQW 太阳能电池在室温和不同光照强度下的电流密度-电压特性；（c）不同光照强度下太阳能电池的功率密度-电压特性；（d）器件的短路电流密度（J_{sc}）和开路电压（V_{oc}）作为光照强度的函数；（e）器件的太阳能转换效率（η）和填充因子（FF）作为光照强度的函数[55]

开路电压 $V_{oc}=1.9V$，填充因子 FF = 0.57。太阳能电池的基本性能特征被绘制为光强的函数，如图 10.33（d）和（e）所示。短路电流密度（J_{sc}）、转换效率（η）和填充因子（FF）对光强表现出近似线性的关系，而开路电压（V_{oc}）随着光强的增大基本稳定。这是因为铟镓氮材料的带隙和电极的质量决定了器件的 V_{oc}，而该状态下的光电流取决于光子通量、载流子寿命和载流子产生率。FF 在 19mW/cm^2 时接近 0.52，并随光强的增大略有提高，在 100mW/cm^2 时超过 0.57。太阳能电池的功率转换效率可表示为 $\eta = V_{oc} \cdot J_{sc} \cdot FF/P_{inc}$，其中 P_{inc} 为单位面积的入射功率密度。如图 10.33（e）所示，随着光强的增大，η 从 0.8% 略微提高到 1.12%，这表明在高光照强度下器件产生了更多的光生载流子[48, 59]。

由于应变对声子频率的影响，拉曼光谱是研究Ⅲ-Ⅴ族合金系统应变的标准技术[60]。图 10.34（a）所示的实验装置用于研究样品在不同外部应力下的拉曼位移。样品通过夹具固定在板上，并用后面的螺旋销钉锁定。通过机械旋转仪器沿 c 轴方向对器件施加外部应力。螺旋千斤顶的进动深度反映了外部应力的大小。如图 10.34（b）所示，利用 COMSOL 4.3a 计算了施加应力引起的样品应力分布，应力在光伏器件中近似对称分布，最大值位于器件中心处，为 0.15GPa。图 10.34（c）显示了在室温下获得的有应变和无应变样品的拉曼光谱。随着进动深度的增大，氮化镓的 E_{2h} 模式和铟镓氮的 A_1(LO)模式均向短波数移动。纤锌矿氮化镓内的残余压缩应力通常是通过 E_{2h} 声子模式的相对位移获得的[61-63]，双轴应力与这些相对拉曼活性声子模式之间的关系被描述为 $\Delta\omega=\omega-\omega_0=K_{ph}^{biax}$，其中 ω 为测量峰值位置，ω_0 为 567.5cm^{-1}，作为块体氮化镓的标准值[64]，K_{ph}^{biax} 表示假设 c 面双轴应力的应力系数，σ_{xx} 是以 GPa 表示的残余应力。在图 10.34（d）中，计算了蓝宝石上氮化镓的 E_{2h} 模式的拉曼位移和氮化镓中的残余应力，并将其绘制为所施加应力（进动深度）的函数，并且注意到 E_{2h} 模式从 568.4cm^{-1} 偏移至 567.7cm^{-1}，对应于 0.35～0.07GPa 的残余压缩应力。图 10.34（e）显示了铟镓氮的 A_1(LO)模式和铟镓氮量子阱内的残余应力对进动深度的依赖。随着进动深度从 0μm 增加到 44μm，铟镓氮的残余压缩应力从 5.30GPa 减小到 4.73GPa。这表明，外部应力部分补偿了铟镓氮外延层中因晶格失配而产生的内应力[65]，并且根据线弹性理论，铟镓氮施加的外部应变增大到 0.134%[63, 66]。

图 10.35 显示了压电光电子学效应对铟镓氮/氮化镓 MQW 太阳能电池性能的调控。在 AM 1.5G 光强条件下测量了太阳能电池的电流密度-电压特性，如图 10.35（a）所示。

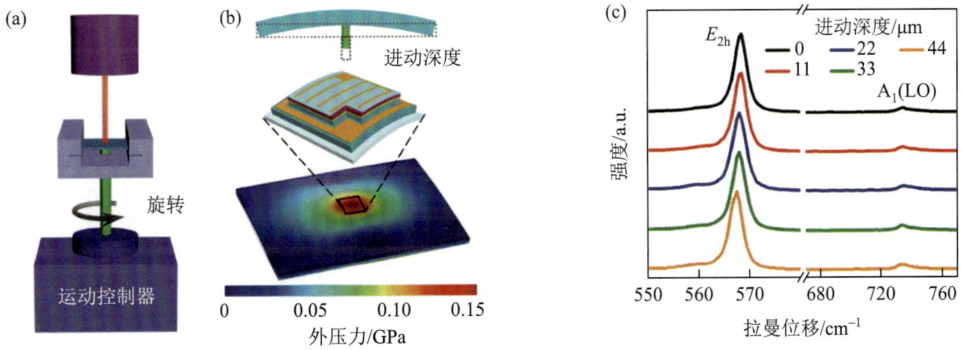

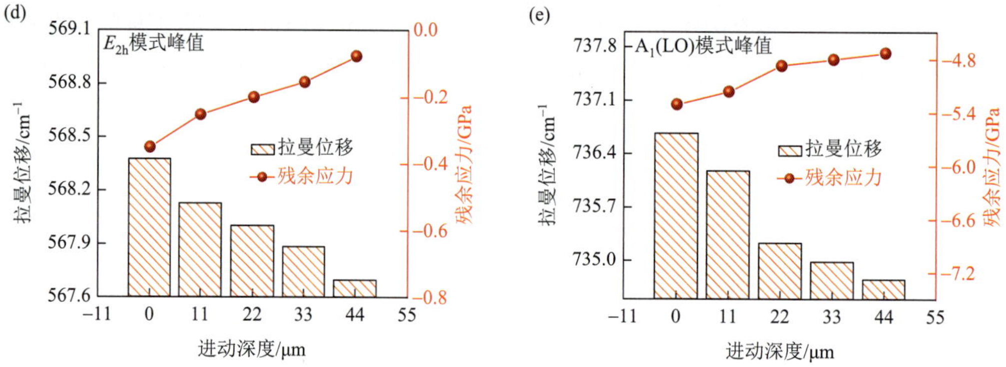

图 10.34 具有不同外部应力情况下铟镓氮/氮化镓 MQW 的拉曼光谱。（a）拉曼光谱装置的示意图，背面带有顶丝钉的金属支架固定样品，并通过运动控制器的旋转对样品施加外部应力；（b）由 COMSOL 计算的施加应力引起的样品应力分布，外力的大小以进动深度来表示；（c）拉曼位移对外部应力的依赖性；在不同的预应力深度下铟镓氮/氮化镓 MQW 中残余应力（d）E_{2h}声子模式和（e）A_1(LO)声子模式的拉曼位移[55]

随着施加应变的增大，太阳能电池的电流密度增大。不同应变情况下器件的功率密度-电压曲线如图 10.35（b）所示，相对于最大功率点的电压基本恒定。外部应变在 0.000%～0.134%范围内增大时，功率随之增大。为了更清楚地研究压电光电子学效应对 J_{sc} 的调控，通过改变进动深度，提取并绘制不同应变下的 J_{sc} 和 V_{oc}，如图 10.35（c）所示。在不同应变条件下，太阳能电池的开路电压（V_{oc}）几乎相同，这是因为压电电荷被限制在界面，从而不会改变太阳能电池的准费米能级分裂。但短路电流密度（J_{sc}）从 1.05mA/cm^2 显著增大至 1.17mA/cm^2，这与光吸收的增强有关。提高光吸收是铟镓氮/氮化镓太阳能电池中最重要的问题。研究人员努力优化 MOCVD 外延技术，以生长出含量更高、量子阱更多的高质量铟镓氮/氮化镓 MQW 器件。然而，当量子阱数量大于 40 时，转换效率难以提高，甚至下降至 0.78%[67]；此外，高铟含量（$In_{0.28}Ga_{0.72}N$）MQW 太阳能电池的转换效率低于 $In_{0.2}Ga_{0.8}N$ MQW 太阳能电池[68]。在我们的样品中，铟镓氮/氮化镓 MQW 太阳能电池的最大转换效率从 1.12%增大到 1.24%，在 0.134%的应变条件下转化效率提高了约 11%。如图 10.35（d）所示，填充因子从 0.573 略微下降至 0.567。当外部应变超过 0.117%时，效率开始略有下降，这可能是由于更显著的晶格散射。施加应变前后太阳能电池的性能

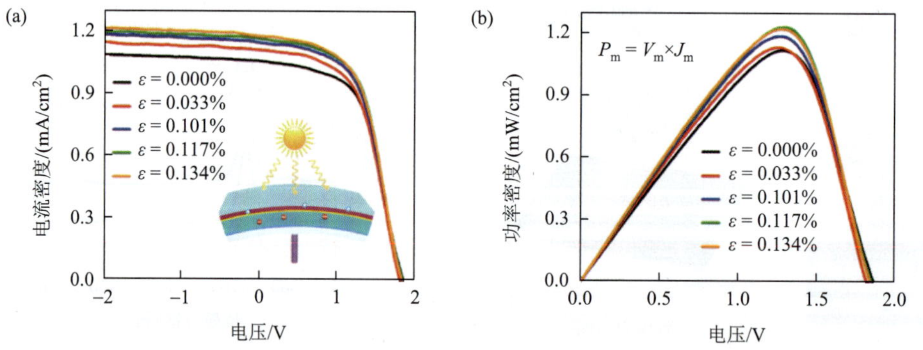

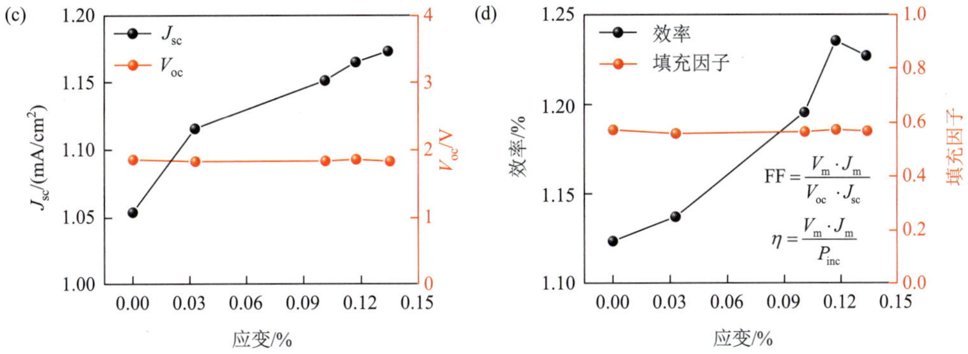

图 10.35　太阳能电池在不同应变条件下的性能。（a）铟镓氮/氮化镓 MQW 太阳能电池在 AM 1.5G 光强和不同应变条件下的电流密度-电压特性；（b）太阳能电池在不同应变条件下的功率密度-电压特性；（c）短路电流密度（J_{sc}）和开路电压（V_{oc}）随外部应变的变化；（d）太阳能转换效率（η）和填充因子（FF）随外部应变的变化[55]

表明，压电光电子学效应调控是一种简单且高效的技术，可以提高铟镓氮/氮化镓 MQW 太阳能电池的性能，在氮化物太阳能电池中具有巨大的应用潜力。

压电光电子学效应为提高铟镓氮/氮化镓 MQW 太阳能电池的转换效率提供了一种解决方案，其机理如下所述。当外部应力施加在铟镓氮/氮化镓多量子阱时，如图 10.36（a）所示，外部应力将在势垒和阱的界面产生压电电荷。这些电荷部分补偿了铟镓氮阱中内应力产生的极化电荷[66, 69]。因此，光学跃迁会受到外部应力的影响。为了定量评估铟镓氮/氮化镓 MQW 太阳能电池内的压电光电子学效应，建立了自洽数值模型来计算铟镓氮/氮化镓多量子阱太阳能电池中的能带结构和跃迁率。计算得到的氮化镓/铟镓氮/氮化镓异质结构在无应变和应变条件下的能带分布如图 10.36（b1）所示，各界面的详细能带图如图 10.36（b2）和（b3）所示。显然，随着外部应变的提高，氮化镓/铟镓氮异质结界面的 E_V 减小，而铟镓氮/氮化镓异质结界面的 E_C 呈上升趋势。对于量子阱结构，量子势垒和阱之间晶格失配所引起的应力部分由外部应力补偿。此外，有应变和无应变条件下器件的电子和空穴波函数分布（黑线）绘制在图 10.36（c）和（d）中，插图显示了移动的峰值位置，清楚地表明电子和空穴波函数都向阱移动。因此，量子阱中的光吸收会提高，从而产生更多的光生载流子。光吸收系数与电子-空穴波函数空间重叠的平方成正比，$I_{e\text{-}h, n}$（$n = 0, 1, 2, 3, 4$，0 对应于无应变下的器件，1～4 对应于不同外部应变下的器件）[70]。提取不同应变下相对于 $I_{e\text{-}h, n}$ 的重叠平方并绘制在图 10.36（e）中，表明空间重叠随着应变的增大而增加。我们还计算了较高应变下 $I_{e\text{-}h, n}/I_{e\text{-}h, 0}$ 的变化。同时，通过实验示出了 MQW 太阳能电池的转换效率的相对变化 $\eta_n/\eta_0(n = 0, 1, 2, 3, 4)$，这与电子-空穴波函数空间重叠的计算结果一致。这表明压电光电子学效应可以提高铟镓氮/氮化镓 MQW 太阳能电池的转换效率。

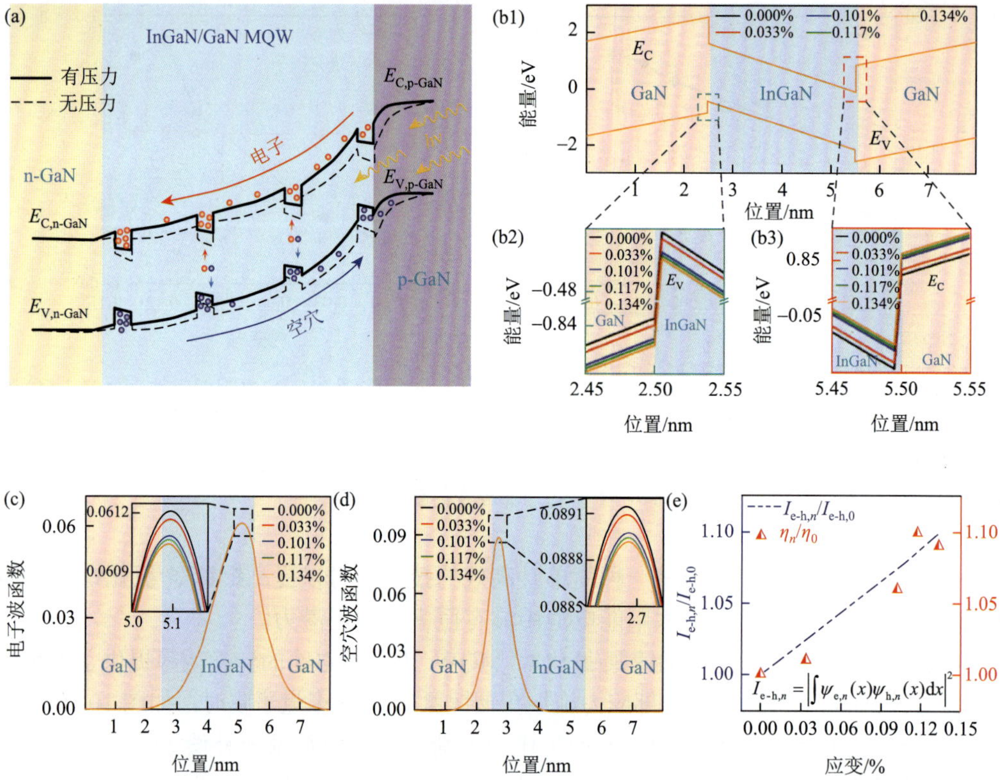

图 10.36 （a）压电光电子学效应调控铟镓氮/氮化镓 MWQ 太阳能电池的机理，虚线和实线分别表示有应变/压力和无应变/压力时铟镓氮/氮化镓 MWQ 能带结构的示意图；（b1）计算无应变和各种应变条件下氮化镓/铟镓氮/氮化镓异质结构从上到下的能带分布，（b2）氮化镓/铟镓氮异质结界面的放大 E_V，如（b1）中用绿色矩形标记的那样，（b3）铟镓氮/氮化镓异质结界面的放大 E_C，如（b1）中用红色矩形标记的那样；（c）有应变和无应变条件下的电子波函数分布（黑线），插图显示了移动的峰值位置；（d）有应变和无应变条件下的波函数分布（黑线），插图显示了移动的峰值位置；（e）在无应变和各种应变条件下，电子-空穴波函数空间重叠的归一化平方，以及实验上太阳能电池的归一化转换效率的相对变化[55]

10.8 总　结

综上所述，我们详细阐述了如何利用应变产生的晶体内部压电势来增强光子到电能的转换过程。我们提出了使用压电光电子学效应制备高效太阳能电池的新方法。通过在两种结构（p-n 结和金属-半导体肖特基接触）中使用载流子输运模型，研究了压电光电子学对太阳能电池调控的基本原理。压电太阳能电池的基本原理是，应变在结区产生的压电势可以有效地增强电荷载流子的分离。该机制可应用于大多数利用内建电场来分离电荷载流子的器件，包括 p-n 结、金属-半导体接触和异质结。

第一个例子是金属-半导体-金属背对背肖特基接触的氧化锌微米线器件。外部作用引起的应变在微米线内产生的压电势，可以调节微米线接触界面的肖特基势垒高度，从而改变器件的电学性能。通过适当调节器件所受的应变，可以实现对光电池、发光二极管和太阳能电池输出功率的最大优化。

第二个例子中，以聚苯乙烯基底上由 P3HT 与氧化锌微/纳米线形成的 p-n 异质结作为模型系统，我们展示了压电势对柔性太阳能电池输出电压的影响。由于压电电子学效应，应变所引起的压电势可以调节 p-n 异质结界面上的能带形状，从而调节器件的性能。太阳能电池的输出功率可以通过调整应变而得到提高。我们的研究不仅增加了对压电电子学器件的进一步了解，而且显示该效应也可应用于提高基于纤锌矿结构材料的太阳能电池的性能。

在第三个例子中，我们展示了当器件中存在应变时，应用压电光电子学效应，n 型硫化镉/p 型硫化铜同轴纳米线光伏器件的性能得到大幅度增强。压电光电子学效应可以控制光伏器件中电子-空穴对的产生、传输、分离和/或复合过程，从而调制光伏器件的性能：当 p-n 结平行于纳米线 c 轴时（构型 I），光伏器件的性能随压缩应变的增加而提高，随拉伸应变的增加而降低。这种效应为通过纳米线的取向设计和在太阳能电池封装时有意引入应变来提高太阳能电池的转化效率提供了一个新原理。这项研究也为研究增强型柔性太阳能电池以用于自供能技术、环境监测乃至安防技术领域提供了思路。

我们还展示了压电光电子学效应对纳米线阵列太阳能电池的影响。具有不同晶格常数的压电材料生长的核壳纳米线将产生轴向压电电场。这个场是内在应变的结果，并且存在于闪锌矿和纤锌矿半导体核壳纳米线中。施加应变的核壳半导体纳米线可用于光伏器件。我们还设计了一些基于硅的纳米异质结构（p^+-Si/p-Si/n^+-Si(和 n-Si)/n 型氧化锌纳米线阵列）光伏器件，其效率得到了提高。通过使用更好控制的压电半导体纳米材料的结构和形态，可以通过压电光电子学效应进一步提高基于硅的纳米异质结构太阳能电池的效率。这项研究为压电光电子学效应优化大规模商业太阳能电池（如多晶硅太阳能电池、CIGS 太阳能电池和钙钛矿太阳能电池）性能提供了良好的方法。

最后，我们观察到压电光电子学效应可以提高铟镓氮/氮化镓多量子阱太阳能电池的转换效率。通过自洽数值模型验证了其调控机制，理论模拟与实验测量非常吻合。外部应力部分补偿了晶格失配引起的内部应力，使能带结构发生变化，增加了电子-空穴波函数的空间重叠，最终提高了光吸收。这项研究为改善铟镓氮/氮化镓多量子阱太阳能电池的性能提供了科学而便捷的方案，并有望最大限度地利用太阳能。

参 考 文 献

[1] Gao Z Y，Zhou J，Gu Y，et al. Effects of piezoelectric potential on the transport characteristics of metal-ZnO nanowire-metal field effect transistor. Journal of Applied Physics，2009，105（11）：113707.

[2] Hu Y F，Zhang Y，Chang Y L，et al. Optimizing the power output of a ZnO photocell by piezopotential. ACS Nano，2010，4（7）：4220-4224.

[3] Pan Z W，Dai Z R，Wang Z L. Nanobelts of semiconducting oxides. Science，2001，291：1947-1949.

[4] Zhou J，Gu Y D，Fei P，et al. Flexible piezotronic strain sensor. Nano Letters，2008，8（9）：3035-3040.

[5] Gao Y F，Wang Z L. Equilibrium potential of free charge carriers in a bent piezoelectric semiconductive nanowire. Nano Letters，2009，9（3）：1103-1110.

[6] Zhang Y，Yang Y，Wang Z L. Piezo-phototronics effect on nano/microwire solar cells. Energy &

Environmental Science，2012，5（5）：6850-6856.

[7] Yang Y，Guo W X，Zhang Y，et al. Piezotronic effect on the output voltage of P3HT/ZnO micro/nanowire heterojunction solar cells. Nano Letters，2011，11（11）：4812-4817.

[8] Wen X N，Wu W Z，Wang Z L. Effective piezo-phototronic enhancement of solar cell performance by tuning material properties. Nano Energy，2013，2（6）：1093-1100.

[9] Soutas-Little R W. Elasticity. Courier Corporation，2012.

[10] Wu W Z，Wei Y G，Wang Z L. Strain-gated piezotronic logic nanodevices. Advanced Materials 2010，22（42）：4711-4715.

[11] Fujimura N，Nishihar T，Goto S，et al. Control of preferred orientation for ZnO_x films：control of self-texture. Journal of Crystal Growth，1993，130（1-2）：269-279.

[12] Exarhos G J，Sharma S K. Influence of processing variables on the structure and properties of ZnO films. Thin Solid Films，1995，270（1-2）：27-32.

[13] Wen X N，Wu W Z，Ding Y，et al. Piezotronic effect in flexible thin-film based devices. Advanced Materials，2013，25（24）：3371-3379.

[14] Puchert M K，Timbrell P Y，Lamb R N. Postdeposition annealing of radio frequency magnetron sputtered ZnO films. Journal of Vacuum Science & Technology A：Vacuum，Surfaces，and Films，1996，14（4）：2220-2230.

[15] Raoufi D，Raoufi T. The effect of heat treatment on the physical properties of sol–gel derived ZnO thin films. Applied Surface Science，2009，255（11）：5812-5817.

[16] Kim S，Lee W I，Lee E H，et al. Dependence of the resistivity and the transmittance of sputter-deposited Ga-doped ZnO films on oxygen partial pressure and sputtering temperature. Journal of Materials Science，2007，42（13）：4845-4849.

[17] Ellmer K. Magnetron sputtering of transparent conductive zinc oxide：relation between the sputtering parameters and the electronic properties. Journal of Physics D：Applied Physics，2000，33（4）：R17.

[18] Tsuji T，Hirohashi M. Influence of oxygen partial pressure on transparency and conductivity of RF sputtered Al-doped ZnO thin films. Applied Surface Science，2000，157（1-2）：47-51.

[19] Nelson J A. The Physics of Solar Cells. Singapore：World Scientific Publishing Company，2003.

[20] Lee Y E，Lee J B，Kim Y J，et al. Microstructural evolution and preferred orientation change of radio-frequency-magnetron sputtered ZnO thin films. Journal of Vacuum Science & Technology A：Vacuum，Surfaces，and Films，1996，14（3）：1943-1948.

[21] Chen J J，Gao Y，Zeng F，et al. Effect of sputtering oxygen partial pressures on structure and physical properties of high resistivity ZnO films. Applied Surface Science，2004，223（4）：318-329.

[22] Hong R J，Qi H J，Huang J B，et al. Influence of oxygen partial pressure on the structure and photoluminescence of direct current reactive magnetron sputtering ZnO thin films. Thin Solid Films，2005，473（1）：58-62.

[23] Yuste M，Escobar Galindo R，Caretti I，et al. Influence of the oxygen partial pressure and post-deposition annealing on the structure and optical properties of ZnO films grown by dc magnetron sputtering at room temperature. Journal of Physics D：Applied Physics，2012，45（2）：025303.

[24] Yang Q，Guo X，Wang W H，et al. Enhancing sensitivity of a single ZnO micro-/nanowire photodetector by piezo-phototronic effect. ACS Nano，2010，4（10）：6285-6291.

[25] Zhou J，Fei P，Gu Y D，et al. Piezoelectric potentialcontrolled polarity-reversible Schottky diodes and switches of ZnO wires. Nano Letters，2008，8（11）：3973-3977.

[26] Zhang Y，Liu Y，Wang Z L. Fundamental theory of piezotronics. Advanced Materials，2011，23（27）：3004-3013.

[27] Wang Z L. Piezopotential gated nanowire devices：Piezotronics and piezo-phototronics. Nano Today，2010，5（6）：540-552.

[28] Pan C F，Niu S M，Ding Y，et al. Enhanced Cu_2S/CdS coaxial nanowire solar cells by piezo-phototronic effect. Nano Letters，2012，12（6）：3302-3307.

[29] Kim D R，Lee C H，Rao P M，et al. Hybrid Si microwire and planar solar cells：passivation and characterization. Nano Letters，2011，11（7）：2704-2708.

[30] Pan C F，Luo Z X，Xu C，et al. Wafer-scale highthroughput ordered arrays of Si and coaxial Si/Si_{1-x} Ge_x wires：fabrication，characterization，and photovoltaic application. ACS Nano，2011，5（8）：6629-6636.

[31] Czaban J A，Thompson D A，LaPierre R R. GaAs core-shell nanowires for photovoltaic applications. Nano Letters，2009，9（1）：148-154.

[32] Sköld N，Karlsson L S，Larsson M W，et al. Growth and optical properties of strained GaAs-$Ga_xIn_{1-x}P$ core-shell nanowires. Nano Letters，2005，5（10）：1943-1947.

[33] Tian B Z，Zheng X L，Kempa T J，et al. Coaxial silicon nanowires as solar cells and nanoelectronic power sources. Nature，2007，449（7164）：885-U8.

[34] Bryant F J，Glew R W. Analysis of the current-voltage characteristics of cadmium sulphide solar cells under varying light intensities. Energy Conversion，1975，14（3-4）：129-133.

[35] Tang J Y，Huo Z Y，Brittman S，et al. Solution-processed core-shell nanowires for efficient photovoltaic cells. Nature Nanotechnology，2011，6（9）：568-572.

[36] teVelde T S. Mathematical analysis of a heterojunction，applied to the copper sulphide-cadmium sulphide solar cell. Solid-State Electronics，1973，16（12）：1305-1314.

[37] Hu G F，Guo W X，Yu R M，et al. Enhanced performances of flexible ZnO/perovskite solar cells by piezo-phototronic effect. Nano Energy，2016，23：27-33.

[38] Zhu G，Zhou Y S，Wang S H，et al. Synthesis of vertically aligned ultra-long ZnO nanowires on heterogeneous substrates with catalyst at the root. Nanotechnology，2012，23（5）：055604.

[39] Liu D Y，Kelly T L. Perovskite solar cells with a planar heterojunction structure prepared using room-temperature solution processing techniques. Nature Photonics，2013，8（2）：133-138.

[40] Marchioro A，Teuscher J，Friedrich D，et al. Unravelling the mechanism of photoinduced charge transfer processes in lead iodide perovskite solar cells. Nature Photonics，2014，8（3）：250-255.

[41] Yang R S，Qin Y，Dai L M，et al. Power generation with laterally packaged piezoelectric fine wires. Nature Nanotechnology，2009，4（1）：34-39.

[42] Shi J J，Dong J，Lv S T，et al. Hole-conductor-free perovskite organic lead iodide heterojunction thin-film solar cells：high efficiency and junction property. Applied Physics Letters，2014，104（6）：063901.

[43] Baikie T，Fang Y N，Kadro J M，et al. Synthesis and crystal chemistry of the hybrid perovskite（CH_3NH_3）PbI_3 for solid-state sensitised solar cell applications. Journal of Materials Chemistry A，2013，1（18）：5628-5641.

[44] Wang Z L，Song J H. Piezoelectric nanogenerators based on zinc oxide nanowire arrays. Science，2006，312（5771）：242-246.

[45] Wu W Z，Pan C F，Zhang Y，et al. Piezotronics and piezo-phototronics—from single nanodevices to array of devices and then to integrated functional system. Nano Today，2013，8（6）：619-642.

[46] Boxberg F，Sondergaard N，Xu H Q. Photovoltaics with piezoelectric core-shell nanowires. Nano Letters，2010，10（4）：1108-1112.

[47] Zhu L P，Wang L F，Pan C F，et al. Enhancing the efficiency of silicon-based solar cells by the piezo-phototronic effect. ACS Nano，2017，11（2）：1894-1900.

[48] Zhu L P, Wang L F, Xue F, et al. Piezo-phototronic effect enhanced flexible solar cells based on n-ZnO/p-SnS core-shell nanowire array. Advanced Science, 2017, 4（1）: 1600185.
[49] Sze S M, Ng K K. Physics of Semiconductor Devices, 2007.
[50] Shao Z Z, Wen L Y, Wu D M, et al. Influence of carrier concentration on piezoelectric potential in a bent ZnO nanorod. Journal of Applied Physics, 2010, 108（12）: 124312.
[51] Vidal J, Lany S, d'Avezac M, et al. Band-structure, optical properties, and defect physics of the photovoltaic semiconductor SnS. Applied Physics Letters, 2012, 100: 032104.
[52] Wang Z L. Progress in piezotronics and piezo-phototronics. Advanced Materials, 2012, 24（34）: 4632-4646.
[53] Zhang F, Ding Y, Zhang Y, et al. Piezo-phototronic effect enhanced visible and ultraviolet photodetection using a ZnO-CdS core-shell micro/nanowire. ACS Nano, 2012, 6（10）: 9229-9236.
[54] Zhang F, Niu S M, Guo W X, et al. Piezo-phototronic effect enhanced visible/UV photodetector of a carbon-fiber/ZnO-CdS double-shell microwire. ACS Nano, 2013, 7（5）: 4537-4544.
[55] Jiang C Y, Jing L, Huang X, et al. Enhanced solar cell conversion efficiency of InGaN/GaN multiple quantum wells by piezo-phototronic effect. ACS Nano, 2017, 11（9）: 9405-9412.
[56] Chern K T, Allen N P, Ciarkowski T A, et al. GaInN/GaN solar cells made without p-type material using oxidized Ni/Au Schottky electrodes. Materials Science in Semiconductor Processing, 2016, 55: 2-6.
[57] Bai J, Athanasiou M, Wang T. Effect of an ITO current spreading layer on the performance of InGaN MQW solar cells. Physica Status Solidi C, 2016, 13（5-6）: 297-300.
[58] Zhang X B, Wang X L, Xiao H L, et al. InGaN/GaN multiple quantum well solar cells with an enhanced open-circuit voltage. Chinese Physics B, 2011, 20（2）.
[59] Dahal R, Li J, Aryal K, et al. InGaN/GaN multiple quantum well concentrator solar cells. Applied Physics Letters, 2010, 97（7）: 073115.
[60] Hernández S, Cuscó R, Pastor D, et al. Raman-scattering study of the InGaN alloy over the whole composition range. Journal of Applied Physics, 2005, 98（1）: 013511.
[61] Kozawa T, Kachi T, Kano H, et al. Thermal stress in GaN epitaxial layers grown on sapphire substrates. Journal of Applied Physics, 1995, 77（9）: 4389-4392.
[62] Paskova T, Hommel D, Paskov P P, et al. Effect of high-temperature annealing on the residual strain and bending of freestanding GaN films grown by hydride vapor phase epitaxy. Applied Physics Letters, 2006, 88（14）: 141909.
[63] Röder C. Strain, charge carriers, and phonon polaritons in wurtzite GaN—a Raman spectroscopical view. 2015.
[64] Perlin P, Jauberthie-Carillon C, Itie J P, et al. Raman scattering and X-ray-absorption spectroscopy in gallium nitride under high pressure. Physical Review B: Condensed Matter, 1992, 45（1）: 83-89.
[65] Wagner J, Ramakrishnan A, Obloh H, et al. Effect of strain and associated piezoelectric fields in InGaN/GaN quantum wells probed by resonant Raman scattering. Applied Physics Letters, 1999, 74（25）: 3863-3865.
[66] Huang X, Du C H, Zhou Y L, et al. Piezophototronic effect in a quantum well structure. ACS Nano, 2016, 10（5）: 5145-5152.
[67] Mukhtarova A, Valdueza-Felip S, Redaelli L, et al. Dependence of the photovoltaic performance of pseudomorphic InGaN/GaN multiple-quantum-well solar cells on the active region thickness. Applied Physics Letters, 2016, 108（16）: 161907.
[68] Jeng M J, Lee Y L, Chang L B. Temperature dependences of $In_xGa_{1-x}N$ multiple quantum well solar cells.

Journal of Physics D：Applied Physics，2009，42（10）：105101.

[69] Huang X，Jiang C Y，Du C H，et al. Enhanced luminescence performance of quantum wells by coupling piezo-phototronic with plasmonic effects. ACS Nano，2016，10（12）：11420-11427.

[70] Smith D L，Mailhiot C. k.p theory of semiconductor superlattice electronic structure. I. Formal results. Physical Review B Condens. Matter，1986，33（12）：8345-8359.

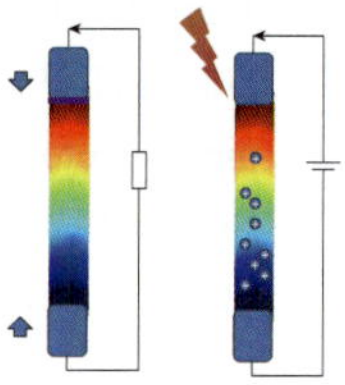

第 11 章

压电光电子学效应在光电探测器中的应用

摘　要

肖特基接触或 p-n 结界面电子-空穴对的分离对于光电探测器的效率非常重要。在本章中，我们阐述了如何利用压电光电子学效应来大幅提高光电探测器在可见光到 UV 范围内的响应度。通过系统地研究应变和激发光强对肖特基势垒高度的调控，我们深入理解了压电效应、光学特性和半导体特性耦合等物理机制。研究结果表明，压电光电子学效应可以将光电探测器对皮瓦量级光探测的检测灵敏度提高超过五倍。

11.1　测量系统设计

压电光电子器件的科学内涵在于利用内建压电场来调制界面处的载流子产生、分离、输运及复合过程，以达到增强器件光电过程的目的。在本章中，我们将展示压电光电子学效应对基于纳米线的光电探测器件灵敏度的影响[1]。当氧化锌纳米线光电探测器受到 –0.36%的压缩应变时，在 4.1pW、120.0pW、4.1nW、180.4nW 的紫外光照射下，探测器的响应度分别提高了 530%、190%、9%和 15%。通过改变应变和激发光强，我们对器件中肖特基势垒高度的变化进行了系统研究，并给出了对压电光电子学器件中压电性质、光学特性和半导体特性耦合等物理机制的深入理解。同样的概念稍后也扩展到利用硫化镉纳米线进行可见光检测的应用中。结果表明压电光电子学效应可以将光电探测器对皮瓦量级光探测的检测灵敏度提高超过五倍。

我们的器件具有金属-半导体-金属（MSM）结构。半导体线的两端接触形成背对背的肖特基接触。该器件通过将氧化锌微/纳米线平置于聚苯乙烯（PS）基底上制备而得。实验装置如图 11.1 所示。器件中聚苯乙烯的厚度远大于氧化锌微/纳米线的直径（见实验细节）。考虑到线与基底的相对大小，器件的力学性质主要由基底决定。线内的应变类型取决于聚苯乙烯基底的弯曲方向，主要为轴向压缩或拉伸应变，其大小由基底自由端的最大弯曲量来确定。图 11.1 中所示的光电探测器的光学图像表明，器件中两端固定的光滑氧化锌线被平放在基底上。单色紫外光、蓝光或绿光分别照射在氧化锌线上以对器件进行性能测试。

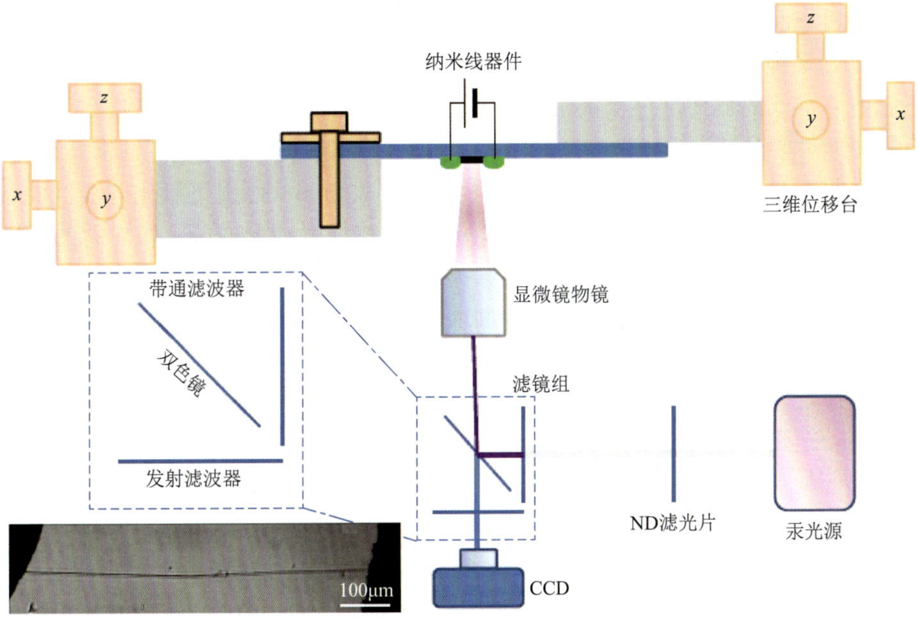

图 11.1　用于表征基于纳米线光电探测器在引入应变情况下响应性能的测量装置示意图。图中示出了氧化锌器件的光学图像[1]

实验中使用的氧化锌微/纳米线由高温热蒸发过程合成[2]。器件制备的详细介绍参见文献[3]。简单地说，单根氧化锌线用银浆固定于聚苯乙烯基底上（基底典型长度约 7cm，宽度约 15mm，厚度约 0.5mm）。一薄层 PDMS 被用于封装器件，使器件在重复操作下具有机械稳定性，并防止半导体线被污染或腐蚀。位移分辨率为 1μm 的三维位移台被用来弯曲器件的自由端以在器件中产生压缩和拉伸应变。另一个三维位移台则被用来固定样品，并使器件在基底弯曲过程中在显微镜下保持聚焦状态。

尼康 Eclipse Ti 倒置显微镜系统被用来监测样品和激发光电探测器。具有遥控装置的尼康 Intensilight C-HGFIE 灯用来作为激发光源。用单色紫外光（中心波长 372nm）、蓝光（中心波长 486nm）或绿光（中心波长 548nm）照在氧化锌线上以进行相关器件性能测试。器件被聚焦时处在 10 倍显微镜的 17.5mm 工作距离位置上。实验中分别使用了三套滤光片以获取单色紫外光、蓝光和绿光。照射在纳米线上的光功率密度通过不同的中性密度（ND）滤光片来调节。辐射光密度由热电光功率计测定（Newport 818P-001-12）。器件的伏安测量结果通过对器件外加偏置电压并使用 Keithley487 皮安/电压源连接 GPIB 控制器（National Instruments GPIB-USB-HS、NI 488.2）来记录。为了比较和分析实验结果，我们在固定偏压−5V 下对随时间变化的光电流、随光强变化的光电流，以及用于分析器件响应和应变效应的光电流等结果进行了测量。

11.2 紫外光传感器的表征

在进行机电和光学测量前，我们首先测量了器件在无光照条件下的初始伏安特性。实验中观测到多种伏安特性。本研究中，我们只关注氧化锌线两端具有对称肖特基接触且暗电流值非常低的器件，这保证了光电探测器的低噪性和超敏性。图 11.2 中汇总了标准环境条件下对单根氧化锌线光电探测器（1 号器件）测量获得的光电流结果。图 11.2（a）所示为无光照下和不同光照强度的紫外光（波长为 372nm）照射下氧化锌线器件典型的伏安特性。器件的对称整流伏安曲线表明，在氧化锌线两端形成两个背对背的肖特基接触。除非特别说明，本节中的紫外响应测量都是在固定偏压−5V（反向偏置）的条件下进行的。测量所得的绝对电流值随光照增加而显著增加：器件的暗电流约为 14pA，在 $22\mu W/cm^2$ 的光照下电流增加到 260nA，并进一步在 $33mW/cm^2$ 光照下提高到 1.9μA。器件的灵敏度被定义为$(I_{light}-I_{dark})/I_{dark}$，则器件在 $22\mu W/cm^2$ 的光照下的灵敏度为 1.8×10^4，在 $33mW/cm^2$ 光照下的灵敏度为 1.4×10^5。这种器件的灵敏度比单肖特基接触器件高一到两个数量级[4, 5]，这是因为，在两个肖特基接触处形成的耗尽层和氧化锌线表面的与氧相关的空位俘获态导致了器件中非常低的暗电流。氧化锌线光电探测器的光谱光响应表明，器件具有很大的紫外光与可见光之间的抑制比，该抑制比定义为紫外光下测得的灵敏度除以蓝光下测得的灵敏度。实验中此光电探测器的抑制比约为 10^4。器件的高光谱选择性及高灵敏度表明，氧化锌线光电探测器具有作为可见盲区紫外光探测器应用于环境、空间、国防和工业等领域的可能性。我们还在不同光强下对光电探测器在多个周期开关光源条件下进行了测量，器件呈现出良好的可逆性和稳定性，且其衰减时间约 1s（图 11.2（b））。相对长的还原时间可能是由线的超长长度造成的。实验中选择长线是为了易于精确控制线上的应变。

图 11.2（c）中绘制了光电流对光强的依赖关系$\left(I_{ph}=\left|I_{light}-I_{dark}\right|\right)$。光电流随光功率线性增加且在高光强功率水平下未显示出饱和行为，使得器件具有从亚微瓦/厘米^2 到毫瓦/厘米^2 的较大的动态变化范围。光电探测器的总响应度 R 定义为

$$R=\frac{I_{ph}}{P_{ill}}=\frac{\eta_{ext}q}{h\upsilon}\cdot\Gamma_G \tag{11.1}$$

$$P_{ill}=I_{ill}\times d\times l \tag{11.2}$$

式中，R 为响应度；I_{ph} 为光电流；P_{ill} 为光电探测器上的光辐射功率；η_{ext} 为外量子效率；q 为电子电荷；h 为普朗克常量；υ 为光频率；Γ_G 为内增益因子；I_{ill} 为激发功率；d 为氧化锌线的直径；l 为两电极之间的距离。值得注意的是，计算所得的器件响应度非常高，在光强为 $0.75\mu W/cm^2$ 的紫外光照射下，器件响应度接近 4.5×10^4A/W。为简化计算，假设 η_{ext} 为 1，则内增益因子可估算为 1.5×10^5。器件的高内增益因子和高响应度归因于氧化锌线表面的氧相关空位俘获态和肖特基势垒受光照时的降低[6]。器件响应度在相对较高光强时降低是由空穴俘获达到饱和肖特基势垒在高光强下变得透明（即势垒高度显著降低）造成的（图 11.2（d））。

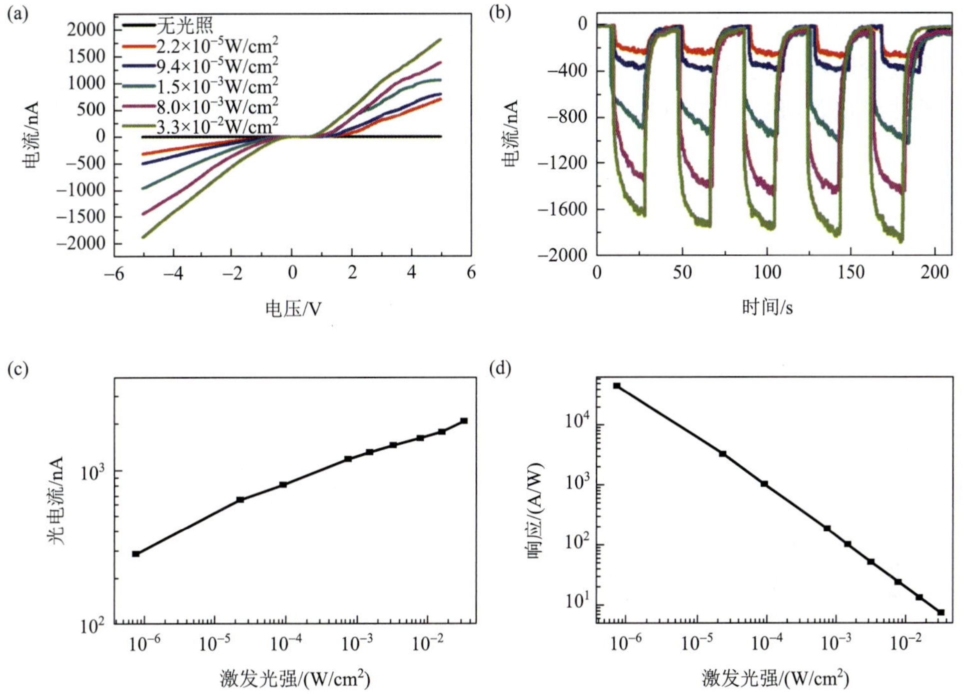

图 11.2　（a）不同光强下的单根氧化锌纳米线光电探测器伏安特性（1 号器件）；（b）不同激发光强下的可重复响应，所用色彩与图（a）中一致；（c）不同激发光强下的单根氧化锌纳米线器件的光电流绝对值；（d）导出的相对于氧化锌纳米线上激发光强的光响应[1]

11.3　压电光电子学效应对紫外光灵敏度的影响

11.3.1　实验结果

我们现在使用金属-半导体-金属结构来阐述压电势对光电探测器性能的影响（以 2 号器件为例）。首先，我们研究了压电势对光电探测器暗电流的影响。无应变情况下，器件暗电流与电压之间的曲线在半对数坐标下保持非常平缓（图 11.3（a）插图），甚至在高偏压下也是这样。在反向偏压为−20V 时暗电流仍保持小于 50pA。由于氧化锌线内缺陷水平低且肖特基接触良好，实验中未观测到器件击穿的情况。而在无光照条件下受到不同的拉伸和压缩应变时，器件的伏安曲线没有明显的改变（图 11.3（a）），这意味着压电势对暗电流的影响很小。随后在紫外光照射下对器件施加了不同的压缩和拉伸应变，并测量了器件相应的伏安曲线（图 11.3（b），（c））。随着应变从拉伸 0.36%变到压缩−0.36%，器件在负偏压下的绝对电流得到逐步增加。由于暗电流不随应变改变，所以光电探测器的灵敏度、响应度和探测性随压缩应变增大而增加。在受到−0.36%压缩应变时，光电探测器在 0.75μW/cm²、22μW/cm²、0.75mW/cm² 和 33mW/cm² 光照下，响应度分别提高了 530%、190%、9%和 15%。相应照射到氧化锌线上的光功率分别约为 4.1pW、120.0pW、4.1nW、180.4nW。图 11.3（d）中显示了自然对数坐标下受不同应变时器件的绝对电流和激发光强之间的关系。从结果中可见压电效应显著增强了器件对皮瓦级光检测的光电流。应变对弱光检测的影响比对强光检测的影响显著得多。

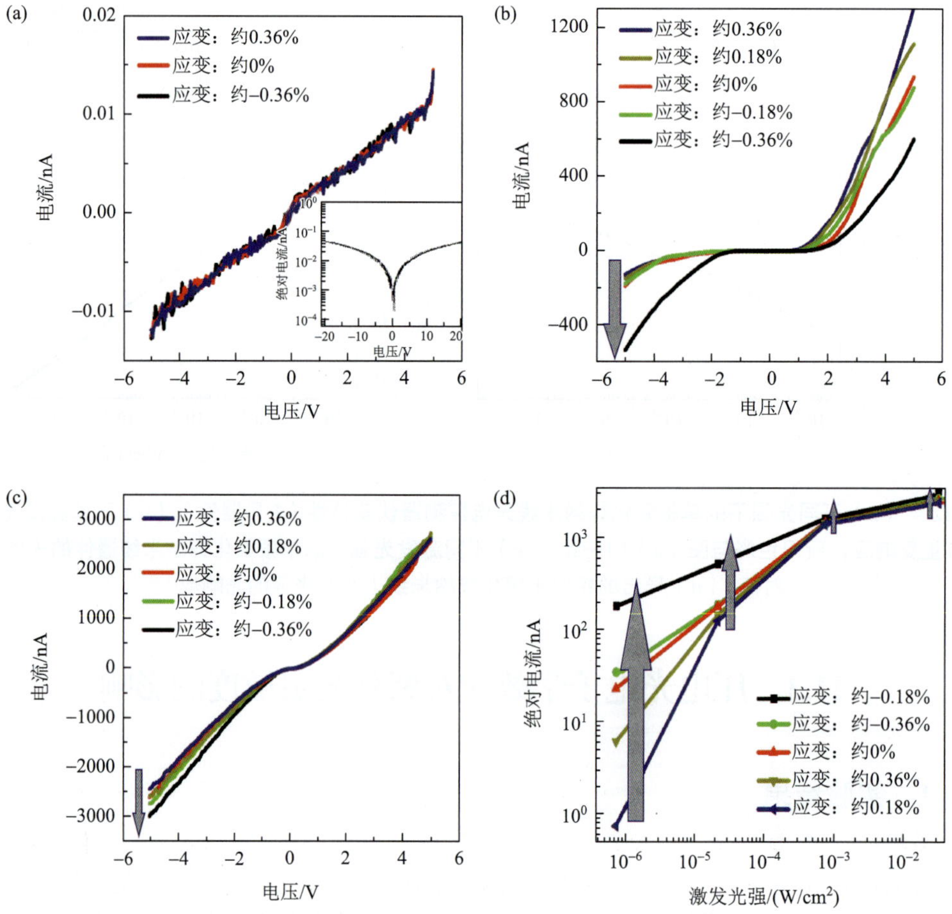

图 11.3 （a）无光照条件下，受不同应变时氧化锌线器件的典型伏安特性（2 号器件）；（b）激发光强为 $2.2\times10^{-5}W/cm^2$ 下受不同应变时器件的伏安曲线，照射在纳米线上的功率为 120pW，器件受−0.36%压缩应变时的响应度增加 190%；（c）激发光强为 $3.3\times10^{-2}W/cm^2$ 下受不同应变时器件的伏安曲线，照射在纳米线上的功率为 180.4nW，器件受−0.36%压缩应变时的响应度增加 15%；（d）2 号器件受不同应变时对应不同激发光强的绝对电流[1]

如图 11.4 所示，在我们的实验中一些器件虽然受到相同的应变，却显示出相反的变化趋势（1 号器件）。在应变从拉伸应变 0.26%变化到压缩应变−0.26%过程中，器件的绝对电流值逐步下降。造成这种现象的原因是压电势的极性发生改变，这取决于氧化锌线的 c 轴取向。实验中氧化锌线沿 c 或 $-c$ 方向（线的轴向方向）的概率各为 50%。

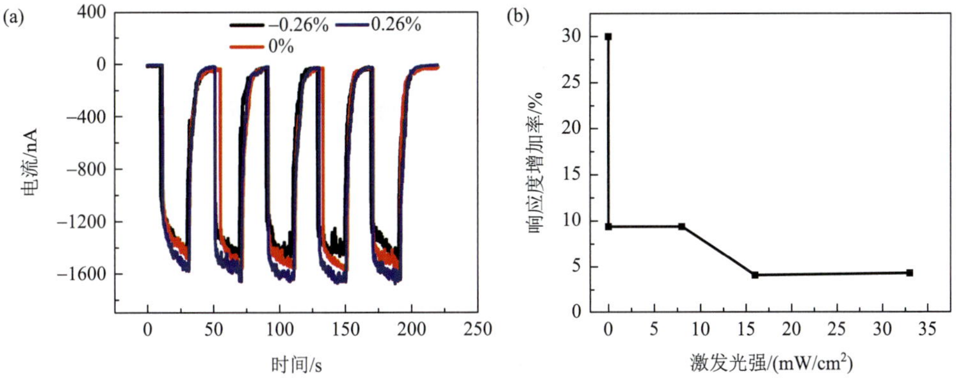

图 11.4　（a）在光照强度为 3.3×10^{-3}W/cm² 下，器件受不同应变时的可逆响应，所用器件为 1 号器件；（b）受 0.26%拉伸应变条件时，器件的响应度增加率与激发光强间的关系[1]

11.3.2　物理模型

我们的器件可被看作具有单根氧化锌线夹在两个背对背肖特基二极管之间的结构。当对器件外加相对较大的负偏压时，压降主要落在反向偏置的漏极肖特基势垒ϕ_D处，记为 $V_d\approx V$。在无光照条件下处于反向偏置时，肖特基势垒的电流传输机制主要是伴随势垒高度降低的热电子发射，这个过程可以用热电子发射-扩散理论来描述（当$V\gg 3kT/q$（约为 77mV）时）[7]：

$$I_{\text{TED}}^{\text{dark}}=SA^{**}T^2\exp\left[-\frac{1}{kT}\cdot\left(q\phi_{\text{D}}^{\text{dark}}\right)\right]\times\exp\left(\frac{1}{kT}\cdot\xi^{1/4}\right) \tag{11.3}$$

$$\xi=q^7N_{\text{D}}(V+V_{\text{bi}}-kT/q)/8\pi^2\varepsilon_{\text{s}}^3 \tag{11.4}$$

$$V_{\text{bi}}=\phi_{\text{D}}^{\text{dark}}-(E_{\text{C}}-E_{\text{F}}) \tag{11.5}$$

式中，S 为肖特基接触面积；A^{**}为有效理查森常量；T 为温度；q 为电子电荷；k 是玻尔兹曼常量；N_D 是施主杂质密度；V 是外加电压；V_{bi} 为内建电势；ε_s 是氧化锌的介电常数。

光照对半导体热电子发射的影响表现为，能量势垒的减小值是光激发所引起的准费米能级与无激发时的费米能级之间的能量差异[8]，光照对半导体热电子发射的影响还表现为，通过被俘获于耗尽层的光生空穴以减小耗尽层宽度。光照下电流传输机制可以描述为

$$\begin{aligned}I_{\text{TED}}^{\text{ill}}&=SA^{**}T^2\exp\left\{-\frac{1}{kT}\cdot\left[q\phi_{\text{D}}^{\text{dark}}-(E_{\text{FN}}-E_{\text{F}})\right]\right\}\times\exp\left(\frac{1}{kT}\cdot\xi^{1/4}\right)\\&=SA^{**}T^2\exp\left[-\frac{1}{kT}\cdot\left(q\phi_{\text{D}}^{\text{ill}}\right)\right]\times\exp\left(\frac{1}{kT}\cdot\xi^{1/4}\right)\end{aligned} \tag{11.6}$$

其中，E_{FN} 是光照下的准费米能级。

图 11.5（a）中所示的 ln$I$-V 曲线表明，ln$I$ 的变化可以用反偏肖特基势垒的 $V^{1/4}$ 规律来描述。然而光照下拟合数据的斜率和扩展零电压点均大于暗电流情况。根据式（11.3）

和式（11.6），造成这些差异的原因可能是肖特基势垒有效的降低以及在耗尽层被俘获的空穴所引起的 N_D 变化。

假设小形变下 S、A^{**}、T、N_D 与应变无关，则光照下应变所引起的肖特基势垒高度变化由下式确定：

$$\ln\left[\frac{I(\varepsilon_{xx})}{I(0)}\right]=-\frac{\Delta\phi_D^{ill}}{kT} \tag{11.7}$$

其中，$I(\varepsilon_{xx})$和 $I(0)$分别为固定偏压下有应变和无应变时通过氧化锌线的电流测量值；$\Delta\phi_D^{ill}$ 是光照下肖特基势垒的改变。图 11.5（b）显示不同的激发光强下在自然对数坐标系中绘制的 ln$I$ 与应变之间的函数关系。结果表明，肖特基势垒高度变化与应变呈近似线性关系。此外，肖特基势垒高度变化曲线的斜率也随激发光强变化，这意味着应变所引起的肖特基势垒高度的变化依赖于激发光的强度，肖特基势垒高度在低光照强度时比高光照强度时变化快（图 11.5（d））。应变所引起的光电探测器总响应度的变化与电流的变化类似；不同的是，当光照强度增加时电流增加，而响应度则降低。

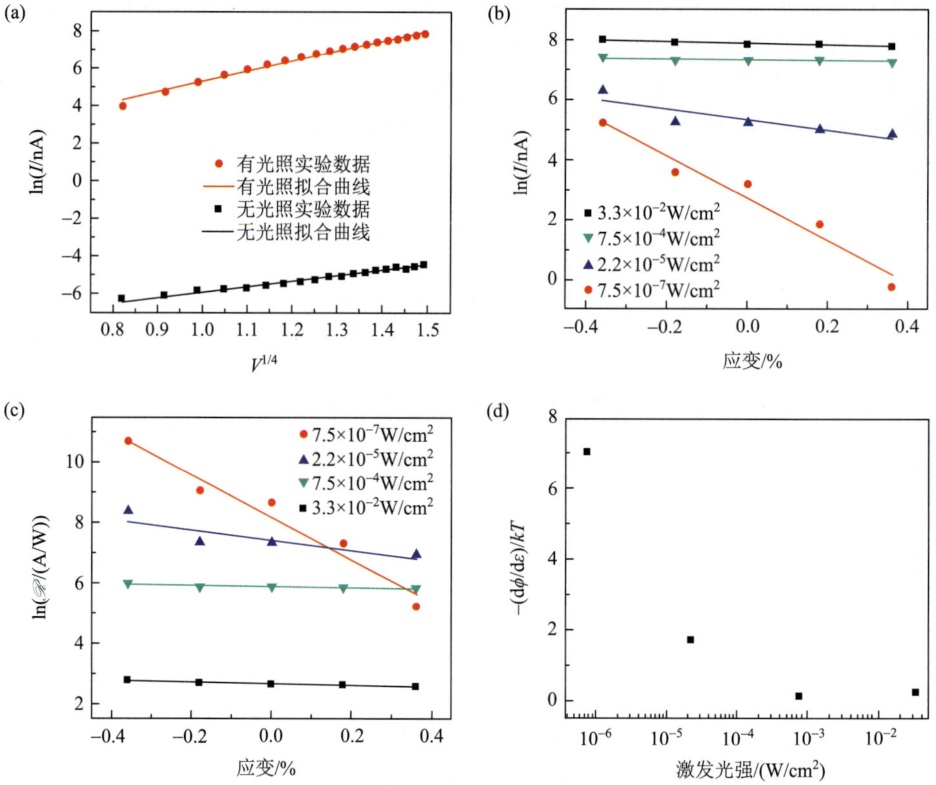

图 11.5 （a）利用图 11.3（a）和（c）中的数据绘制的无应变情况下 ln$I$ 与 $V^{1/4}$ 之间的函数关系图，红色圆与红线分别给出光强为 3.3×10^{-2}W/cm^2 时的实验数据和拟合曲线；黑色方块与黑线分别给出无光照条件下的实验数据和拟合曲线；（b）不同激发光强下 ln$I$ 与应变之间的函数关系；（c）自然对数坐标中绘制的不同激发光强下，器件响应度与应变之间的函数关系；（d）导出的不同光强下随应变改变的肖特基势垒高度的变化[1]

众所周知，应变所引起的肖特基势垒高度的变化是应变所导致的能带结构变化（如压阻效应）和压电极化二者共同作用的结果[9, 10]。能带结构变化对源极和漏极接触肖特基势垒高度的影响可以分别定义为 $\Delta\phi_{D\text{-}bs}$ 和 $\Delta\phi_{S\text{-}bs}$。假设沿氧化锌线长度方向的轴向应变是均匀的，如果器件的两端接触性质相同，则可得 $\Delta\phi_{D\text{-}bs}=\Delta\phi_{S\text{-}bs}$。这就是压阻效应。压阻效应是一种对称效应，无论电压极性如何变化，其对两端接触的影响相同。在上述例子中观测到的反向和正向偏置时器件伏安特性的非对称变化主要是由压电效应而非压阻效应引起的。压电势对肖特基势垒的影响可以定性描述如下：当器件受到沿线长度方向的恒定应变 ε_{xx} 时，轴向极化强度为 $P_x=\varepsilon_{xx}e_{33}$，其中 e_{33} 是压电张量的分量。沿着线长度方向的电势差近似为 $V_p^+-V_p^-=\varepsilon_{xx}Le_{33}$，其中 L 是线的长度。因此源漏极的肖特基势垒高度受到的调制大小相同但符号相反（$V_p^+=-V_p^-$），可以分别表示为 $\Delta\phi_{D\text{-}pz}$ 和 $\Delta\phi_{S\text{-}pz}$（$\Delta\phi_{D\text{-}pz}=-\Delta\phi_{S\text{-}pz}$）。

在实验中我们将光强固定，并逐步地弯曲基底使器件中相应地逐步产生应变。根据基底形变的方向，器件受到的应变极性由正变成负，或由负变成正。与此同时，线内相应的压电势分布也得到逐步调整，使等效肖特基势垒高度发生改变从而影响器件的光电流和响应度。图 11.6（a）示出了不考虑本征掺杂影响的条件下，应用有限元方法数值计算得到的压电势分布。如果纳米线从漏极到源极为沿 c 轴方向，则器件受到压缩应变时线内沿长度方向将产生压电势分布且在漏极的压电势为正。因此随压缩应变的增加，漏极接触的肖特基势垒高度相应地减少，这也同时引起器件光电流和响应度增加。

随着光强增加，压电势的影响减少（图 11.5（d）），这可能是由新产生的电荷载流子对压电势的屏蔽效应造成的。当氧化锌线处于高光强照射时线内产生大量的自由电子和空穴，它们会积累并使压电势被部分屏蔽，这将使 $\Delta\phi_{D\text{-}pz}$ 减少到 $\Delta\phi_{D\text{-}pz\text{-}sc}$（图 11.6（c））。

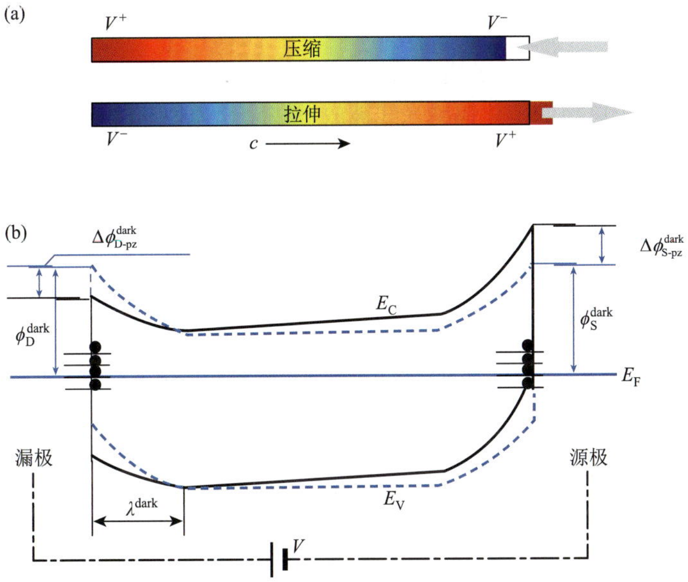

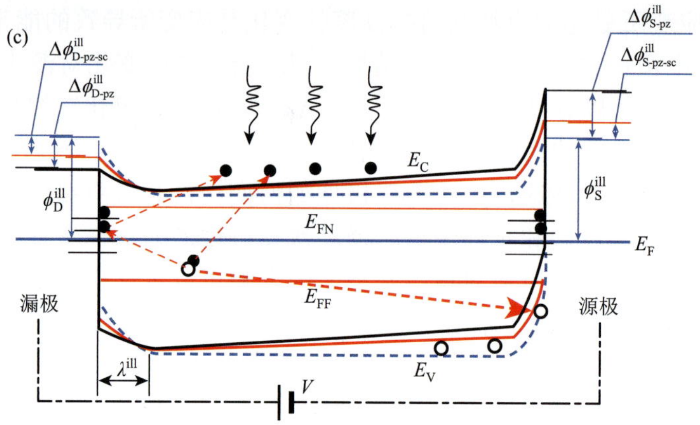

图 11.6 压电势调节势垒高度的能带示意图。（a）模拟计算所得的压缩和拉伸应变条件下线内的压电势分布，计算中使用的线直径和长度分别是 1μm 和 20μm，*c* 面所受应力为 ± 1MPa；（b）无光照条件下，压缩应变所引起的压电势对势垒高度的调节；（c）光照下压缩应变所引起的压电势对势垒高度的调节[1]

有趣的是，在无光照条件下压电效应对器件伏安曲线也没有显著的影响（图 11.3(a)）。在无光照条件下，氧化锌线表面因吸附氧分子而形成耗尽层，且器件的暗电流非常低（–5V 偏压时约 14pA）。在这种情况下，器件可以被视为一根绝缘线夹在两个背对背肖特基二极管间，且器件的电流受样品块体控制而不受肖特基接触控制。因此，虽然压电势可以调节肖特基势垒高度，但是它对暗电流几乎没有显著影响。因此，压电势极大地增加了器件对皮瓦级光检测的响应，但同时又保持了器件的低暗电流特性，这在实际应用中非常有利。

11.4 压电光电子学效应对可见光探测器灵敏度的影响

我们实验中所用的硫化镉纳米线采用高温热蒸发工艺合成。该光电探测器的制备同之前的文献报道类似[1]：单根的硫化镉纳米线被放置在一个弹性 Kapton 材料（PI）基底上，基底大小约为 20mm×8mm×0.5mm。纳米线两端由银浆固定于基底且与铜导线相连。我们将该器件正面朝下放置在尼康 Eclipse Ti 倒置显微镜系统中进行监测和激发光子探测。

11.4.1 实验结果及与计算的比较

我们的实验结果示出了两种典型的金属-半导体-金属光电探测器：单肖特基接触光电探测器和双肖特基接触光电探测器。图 11.7 为单肖特基接触光电探测器的实验结果。器件结构和 *c* 轴方向如图 11.7（b）的插图所示。图 11.7（d）为当光照功率保持在 6.4×10^{-6}W/cm^2 时，计算所得的光电探测器响应度 *R* 随应变改变的变化。响应度是对器件敏感程度的度量，定义为 $R=\frac{I_{ph}}{P_{ill}}$，其中 I_{ph} 是光电流，P_{ill} 是辐射功率，是对光强的度量。从结果中可见，在这种情况下正应变使响应度降低。压电光电子学效应是具有方向性的不对称效应，因此为了增强而不是减弱器件性能，在制备单肖特基接触器件的过程中应考虑到实际样品的 c 轴方向。在图 11.7（c）中，当光照功率增加到高达 0.24W/cm^2 时，器件的整流伏安特性变成了近似对称的特性。这可以通过准费米能级增加导致的反向偏置电压下肖特基接触被迅速击穿而得以解释。

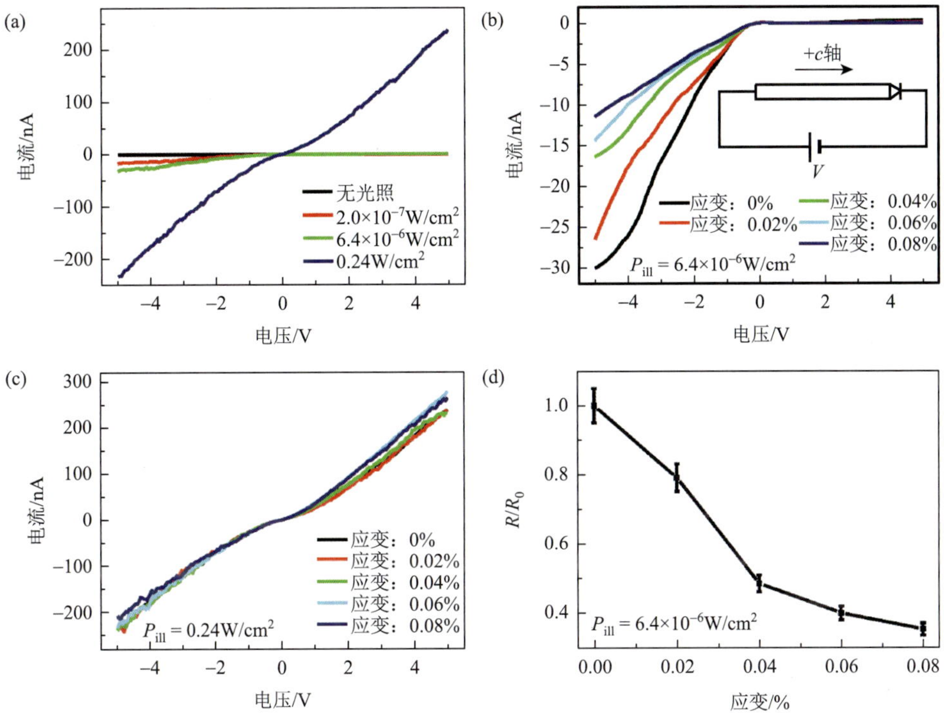

图 11.7　单肖特基接触硫化镉纳米线金属-半导体-金属光电探测器受到中心波长为 486nm 单色蓝光光照下的实验结果[11]。（a）不同光照功率下的伏安特性；（b）当光照功率为 $6.4\times10^{-6}\text{W/cm}^2$ 时不同应变下的伏安特性，插图为器件结构和正偏方向示意图；（c）当光照功率为 0.24W/cm^2 时，不同应变下器件的伏安特性；（d）当光照功率为 $6.4\times10^{-6}\text{W/cm}^2$ 时，计算得到的相对响应度随应变的变化关系，R_0 为在此光强条件下零应变时的响应度

图 11.8 中所示为双肖特基接触硫化镉纳米线金属-半导体-金属结构光电探测器的结果。如图 11.8（b）所示，应变所引起的伏安特性变化与理论模型的预期一致，即正偏电流随应变增大，反偏电流随应变减小。

从图 11.7（c）和图 11.8（c）中我们可以看到，当光强增加时应变对器件的影响不如低光强情况那么显著。虽然压电电荷不随光强改变而变化，但较高光强辐射下费米能级的改变主导了肖特基势垒高度的变化。较高光强时，光子激发的过剩载流子密度 Δn 可明显大于掺杂引起的载流子密度，并且电子的准费米能级远高于金属的费米能级，同时电荷也会发生重新分布，这使得耗尽区变小并且肖特基势垒高度得到有效降低；因此，肖特基势垒高度太低而使得器件的伏安特性非常接近类似欧姆接触的线性特性。与此相比，压电电荷的影响不如在光照强度较低条件下那么显著。因此，压电光电子学效应可以显著提高低光照强度下器件的检测灵敏度，但对强光下器件的探测灵敏度却未必有显著的影响。实际中低光强条件下的光检测是非常重要的。

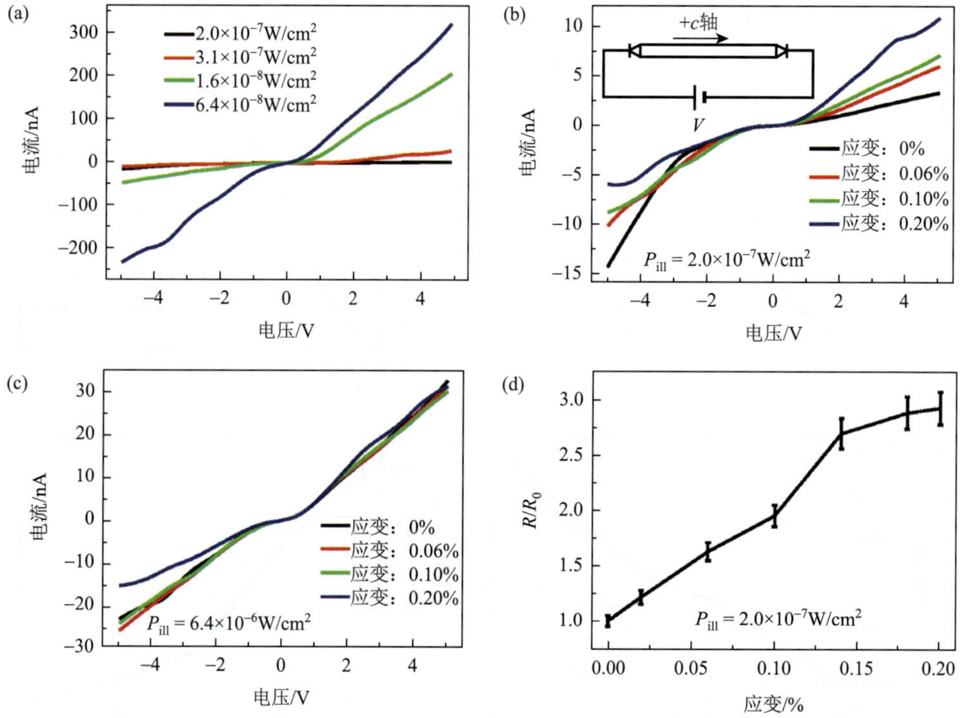

图 11.8 在中心波长为 486nm 的单色蓝光光照下双肖特基接触硫化镉纳米线金属-半导体-金属结构光电探测器的实验结果。（a）不同光照功率下的伏安特性；（b）光照功率为 2.0×10^{-7}W/cm^2 时，不同应变下器件的伏安特性，插图为器件结构和正偏方向的示意图；（c）光照功率为 6.4×10^{-6}W/cm^2 时，不同应变下器件的伏安特性；（d）光照功率为 2.0×10^{-7}W/cm^2 时，计算得到的相对响应度随应变的变化关系，R_0 为在此光强条件下受零应变时器件的响应度[11]

11.4.2 压阻效应的影响

晶体形变产生应变时，材料的带隙会发生微小的变化，并最终导致半导体材料的电导变化。这就是所谓的压阻效应[12, 13]。半导体材料不论有无压电特性，均存在压阻效应。在压电电子学和压电光电子学器件中，压阻效应总是伴随着压电效应存在的。

压阻效应中电阻变化可表示为

$$\frac{\delta\rho}{\rho} = \pi\frac{\delta l}{l}$$

式中，ρ 为半导体的电阻率；l 为纳米线原始长度；$\delta\rho$ 为因为压阻效应引起的电阻变化；δl 为纳米线长度变化；π 为压阻系数。可以看到，压阻效应是对称均匀的阻性效应，与外加偏压的极性无关。

11.4.3　串联电阻的影响

有很多因素可以导致器件实际的伏安特性与理想伏安曲线的偏差，其中一个最重要的因素就是串联电阻的影响。串联电阻是电路中包括外电路的电阻、电容和电感等各种因素的等效电阻。解决串联电阻影响的方法已被广泛研究[14, 15]。根据这些方法，当外加电压较小时，器件行为主要是由接触结的电流方程决定，而当外加电压较大时，器件的行为大多是线性的。

其他的影响因素还包括接触区域的表面俘获电荷和由应变引起的接触面积变化等。这些因素要么具有类似压阻效应的行为，要么对实验结果影响较小。

11.5　压电光电子学效应对红外光灵敏度的影响

近红外（NIR）光电探测器在生物成像、通信、环境监测、医疗、光谱学、安全等领域具有广泛应用，引起了极大关注。在过去的几十年中，单晶铟镓砷[16]、硫化铅量子点[17]、二维层状材料[18]、有机半导体[19]等材料显示了良好的光响应性能，可用于近红外光电探测器、光电倍增管[20]等。然而，这些材料中的大部分存在成本高、制备复杂和操作环境严格等缺点。此外，同时优化光响应度和响应速度仍然是进一步扩展近红外光电探测器实际应用的挑战[21]。

硅（Si）作为光电应用最重要的基底之一，通过与其他半导体集成而在光电探测器应用中受到极大关注。硅基光电探测器具有宽带和良好的兼容性，可以在恶劣的环境下良好运行，成为近红外检测的有吸引力的替代。尽管硅的吸收波长覆盖了从紫外（UV）到近红外（NIR）的宽光谱范围，但由于光子激发能量较低和近红外波段中光吸收相对较弱，大多数基于硅的光电探测器仅限于可见光范围（波长低于约 800nm），导致近红外光的响应度迅速下降[17, 19, 22]。因此，探索一种简单且节省成本的方法来提高硅基光电探测器的光响应度具有重要意义。

在本节中，在硅基板上通过水热合成制备压电半导体硫化镉纳米线，从而制备 p 型硅/n 型硫化镉纳米线异质结近红外光电探测器。结果表明，压电光电子学效应可以显著提高硅基近红外光电探测器的光响应度、探测率和响应速度。通过有限元分析（FEA）计算了不同应变条件下硅基 p-n 结光电探测器耗尽层的能带分布，系统地分析和揭示了其物理机制。这项工作不仅深入理解了 p-n 结光电探测器内的压电光电子学效应，而且为开发高性能硅基近红外光传感器件提供了一条经济高效且非常规的途径。

11.5.1　器件制备和性能

p 型硅/n 型硫化镉纳米线异质结近红外光电探测器的结构如图 11.9（a）所示。为了增加有效表面积并提高光吸收率，通过湿化学刻蚀法制备了表面具有纹理的 p 型硅基底，其表面覆盖有底边长度为 3～7μm 的微金字塔（图 11.9（b））。然后，通过一步水热合成，直接在硅微金字塔表面垂直生长了高密度的硫化镉纳米线阵列（图 11.9（c）），在 p 型硅基底和硫化镉纳米线的–*c* 端之间形成 p-n 结。纳米线的平均直径和长度分别为 50nm 和 600nm。硅基 p-n 结近红外光电探测器的详细制备过程在方法中进行了说明。通过高分辨率透射电子显微镜（HRTEM）图像（图 11.9（d））和相应的选区电子衍射（SAED）图像（图 11.9（e）），显示了生长的硫化镉纳米线具有单晶纤锌矿结构和极性 *c* 轴生长方向。能量色散 X 射线（EDX）光谱（图 11.9（f））显示硫化镉纳米线的生长情况。

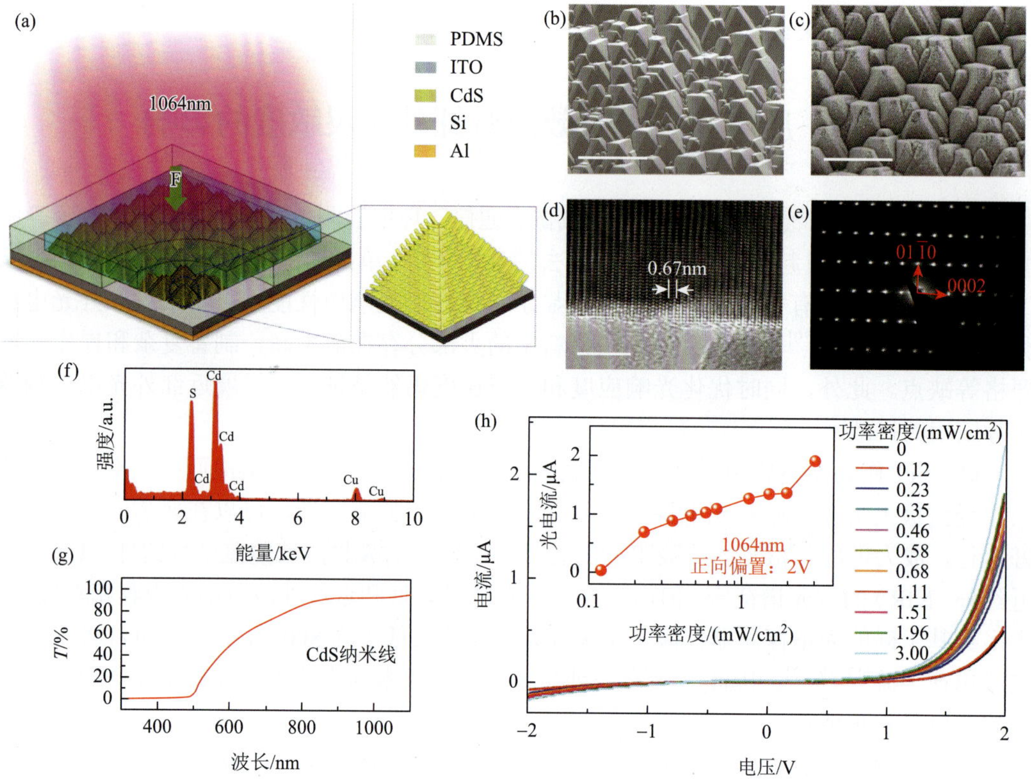

图 11.9 器件结构、表征和性能。（a）p 型硅/n 型硫化镉纳米线异质结近红外光电探测器的结构示意图；（b）刻蚀的硅晶片；（c）在硅晶片上合成的硫化镉纳米线阵列的 SEM 图像，比例尺为 20μm；（d）硫化镉纳米线的 HRTEM 图像和（e）相应的选区电子衍射图像，（d）中的比例尺为 5nm；（f）单个硫化镉纳米线的能量色散 X 射线光谱；（g）在 FTO/玻璃基底上生长的硫化镉纳米线阵列的透射光谱；（h）施加 2V 偏压时，不同光功率密度下器件的伏安特性，插图显示了 2V 正向偏压下光电流随功率密度的变化[23]

为了研究 p 型硅/n 型硫化镉纳米线近红外光电探测器的光响应度，我们对相同条件下在 FTO(氟掺杂的锡氧化物)/玻璃基底上生长的硫化镉纳米线的透射性质进行了表征，如图 11.9（g）所示。显然，合成的硫化镉纳米线在近红外波段表现出优异的透射性和低吸收率（例如，1064nm，T>95%），这表明，当器件在 1064nm 近红外光照射下，光生载流子主要来自于 p 型硅侧的局部结/界面，光响应度定义为 $R=\dfrac{\Delta I}{P_{\text{ill}}}$，式中，$P_{\text{ill}}=I_{\text{ill}}\times A$ 为光电探测器上的光辐射功率，这里 I_{ill} 为功率密度，A 为光电探测器的有效面积；$\Delta I=I_{\text{light}}-I_{\text{dark}}$（$I_{\text{light}}$ 和 I_{dark} 分别为有和无光照时的电流）[24]。在 808nm 波长附近发现的最大光响应度（R）为 59.3mA/W。图 11.9（h）显示了在 1064nm 波长的一系列光功率密度下近红外光电探测器的伏安特性，其中插图绘制了 2V 正向偏压时光电流与功率密度之间的关系。强整流性能和低反向漏电流表明，p 型硅和 n 型硫化镉形成的 p-n 结质量很高。此外，p-n 结近红外光电探测器的光电流随着光功率密度的增大而逐步增大。在入射功率密度范围内，光响应的线性度良好（相关系数约为 0.92）。

在 1064nm 的激光照射下，施加不同静态压缩应变时，我们探索了压电光电子学效应对近红外光电探测器光响应度的影响，如图 11.10 所示。在无激光照射的情况下，测量了器件在施加–0.00‰～–0.15‰范围压缩应变时的伏安特性，如图 11.10（a）所示。在正向固定偏压下，随着外部施加的静态压缩应变的增大，器件输出电流明显增大（图 11.10（a）的插图）。同时，计算得出，p-n 结整流比从 7.3 大幅提高到 115，开启电压从 1.5V 下降到 0.3V。这些都归因于外加压缩应变引起光生载流子分离效率的提高和 p-n 结近红外光电探测器整流行为的改善。将十种不同功率密度（在 0.12～3.00mW/cm^2 变化）、波长 1064nm 的激光照射到近红外光电探测器上，计算每个应变条件下对应的光电流 ΔI，如图 11.10（b）所示。在光功率密度相同时，随着外部应变从–0.00‰增大到–0.15‰，ΔI 表现出大幅增大，表明压电光电子学效应显著提高了近红外光电探测器的性能。

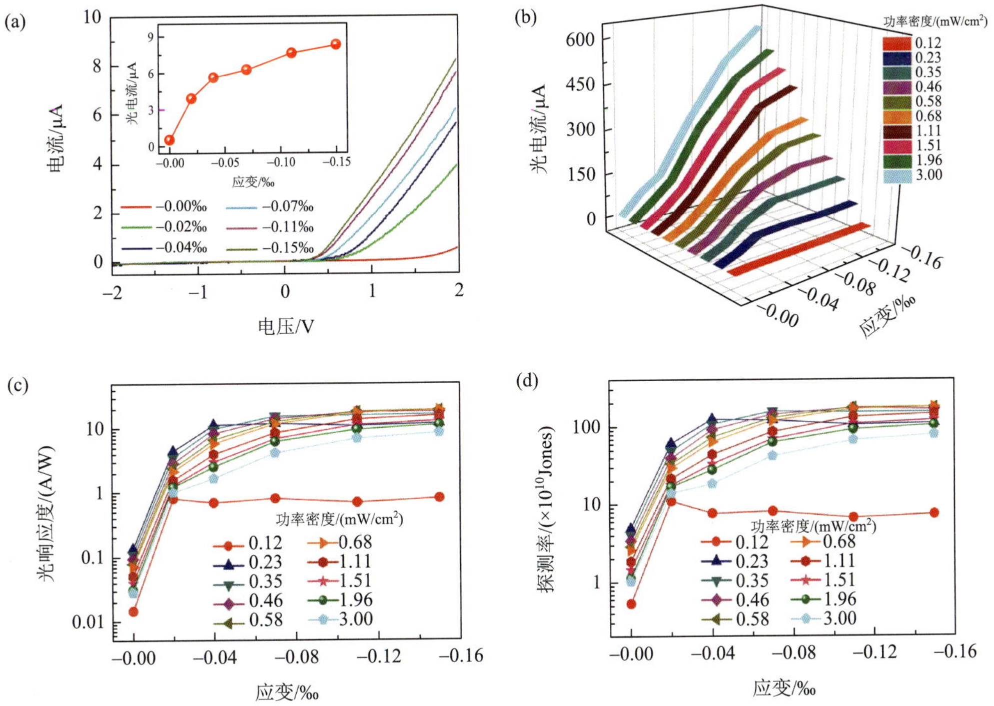

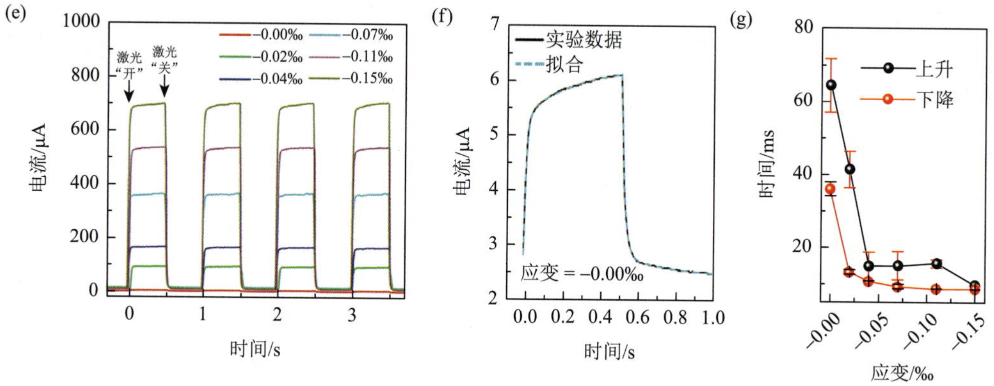

图 11.10　压电光电子学效应对 p 型硅/n 型硫化镉纳米线异质结近红外光电探测器性能的影响。（a）在无激光照射的情况下，器件在不同应变下的伏安特性，插图显示了 2V 正向偏压下，输出电流随外部压缩应变的变化；当正向偏压为 2V 时，器件在不同应变和光照条件下的（b）光电流、（c）光响应度和（d）探测率；（e）在波长 1064nm 光照下，功率密度为 3mW/cm² 时，器件对不同应变的时间响应和重复性；（f）−0.00‰外加应变条件下，一个周期的时间响应和恢复曲线以及使用二阶指数衰减函数拟合的曲线；（g）不同压缩应变条件下器件相应的上升时间和下降时间[23]

对于所有功率密度和外部应变下的 2V 正向偏置，我们进一步计算了光电探测器的关键参数：光响应度 R 和探测率 D*（图 11.10（c）和（d））。其中 q 是电子电荷，J_d是暗电流密度[25]。一般情况下，R 和 D^*随着外部应变的增大而逐渐增大，并在应变达到一定值时达到饱和。例如，当应变大于−0.04‰时，0.23mW/cm² 光功率密度条件下的 R 和 D^* 值随着应变的进一步增大几乎保持不变。这可能是由于在相对较弱的光功率密度条件下产生的光子数量有限，因此压缩应变对光生载流子的产生、分离和传输的增强将在一定应变值时达到饱和。然而，对于超过 0.46mW/cm² 的光功率密度，由于光子数量充足，R 和 D^*值逐渐增大，并最终在−0.15‰压缩应变时达到最大值。与无应变情况对比，观察到 R 和 D^*增大了两个数量级以上。我们进一步计算了每个光功率密度下 R 的相对变化 $\Delta R/R_0$（$\Delta R = R_s - R_0$，这里 R_s 是施加应变时的 R 值，R_0 是无应变条件下的 R 值），以更好地显示压电光电子学效应对 R 值的影响。计算出的 $\Delta R/R_0$ 随着压缩应变的增大而急剧增大。当光功率密度固定在 1.96mW/cm² 时，通过施加−0.15‰压缩应变，$\Delta R/R_0$ 提高了 366 倍。此外，在 0.58mW/cm² 的光功率密度下，计算得到的最大 R 和 D^*分别为 19.4A/W 和 1.8×10^{12}Jones。最大 R 值明显大于商用硅光电二极管（1100nm 时为 0.1～0.3A/W）和商用铟镓砷光电二极管（1100nm 时为 0.6～0.8A/W）的值，并且比之前报道的基于硅/半导体异质结的近红外光电探测器大数十至数千倍[26-28]。此外，还通过水热法合成了氧化锌纳米线阵列来制备 p 型硅/n 型氧化锌纳米线异质结近红外光电探测器。通过压电光电子学效应，R 和 D^* 也得到改善。在 0.5V 正向偏压下，当施加−0.10‰压缩应变和光功率密度为 0.36mW/cm² 时，R 从 12.4mA/W 增大到 7.4A/W，而在 0.18mW/cm² 的光功率密度时最大 $\Delta R/R_0$ 为 782。探测率 D^*也提高了两个数量级，峰值达到 6.0×10^{11}Jones。显然，随着压缩应变从−0.00‰增大到−0.10‰，p 型硅/n 型氧化锌近红外光电探测器的 R 和 D^*表现出相同的趋势和近似的增强幅度。

在 2V 正向偏压和 1064nm 波长、3.00mW/cm^2 光功率密度的光照条件下，测试了典型 p 型硅/n 型硫化镉纳米线近红外光电探测器在不同外部应变条件下的响应度和重复性（图 11.10（e））。电流在所有外部应变条件下都表现出一致性和重复性。根据每个应变条件下的 *I-t* 曲线，基于最佳拟合的二阶指数衰减函数计算了光电探测器的加权平均上升时间和下降时间[29]。如图 11.10（f）所示，无应变条件下 *I-t* 数据的典型单周期可以通过相应的拟合曲线完美拟合。p 型硅/n 型硫化镉纳米线近红外光电探测器的上升时间和下降时间作为外部施加压缩应变的函数被提取并显示在图 11.10（g）中。随着外部应变从–0.00‰增加到–0.15‰，上升时间从 63ms 减少到 9.7ms，下降时间从 36ms 减少到 8.6ms，分别降低了 84.6%和 76.1%。基于硅的近红外光电二极管在光响应度、探测率和响应速度方面的性能提升表明，压缩应变产生的正压电电荷主要位于硫化镉纳米线的–*c* 端，增强了光生载流子的分离和传输特性。

11.5.2 压电光电子学效应对器件的影响

为了研究压电极化电势（压电势）对硅基近红外光电探测器的性能的增强，通过在氧化锌纳米线的 + *c* 端制备了硅-氧化锌 p-n 结来研究另一种器件结构(图 11.11(a),(b))。在 ITO/玻璃基底上高度均匀地生长 n 型氧化锌纳米线阵列，然后用一块表面光滑的 p 型硅晶片覆盖（图 11.11（a）），以形成一个紧密接触且稳定的 p-n 结。我们使用自制的实验装置研究压电光电子学效应对该器件性能的调控，如图 11.11（b）所示。n 型氧化锌/p 型硅近红外光电二极管的伏安特性随压缩应变的变化如图 11.11（c）所示，其中包括无激光照射和有激光（1064nm，3.00mW/cm^2）照射的情况。结果表明，随着压缩应变的增大，电流逐渐减小。在不同的应变条件下，提取光照条件下的电流 I_{light}、无光照条件下的电流（暗电流）I_{dark} 以及相应的光电流 $\Delta I = I_{light} – I_{dark}$ 并绘制在图 11.11（d）中。显然，n 型氧化锌纳米线/p 型硅近红外光电探测器的光响应度随着压缩应变的增大而逐渐下降，这表明氧化锌纳米线 + *c* 端产生的负压电电荷对光生载流子的分离和传输特性产生了负面影响。

为了进一步验证上述实验结果，并充分理解其物理机制，我们在有纹理的 p 型硅基底生长了非压电材料的 n 型二氧化钛纳米线，以取代具有压电效应的硫化镉或氧化锌纳米线，然后制备了一个 p 型硅/n 型二氧化钛纳米线近红外光电二极管。这表明，基于硅的近红外光电二极管性能的改善可以归因于压电光电子学效应，并成功排除了其他非极化效应，如接触的改变、入射光的反射/折射和/或压阻效应。

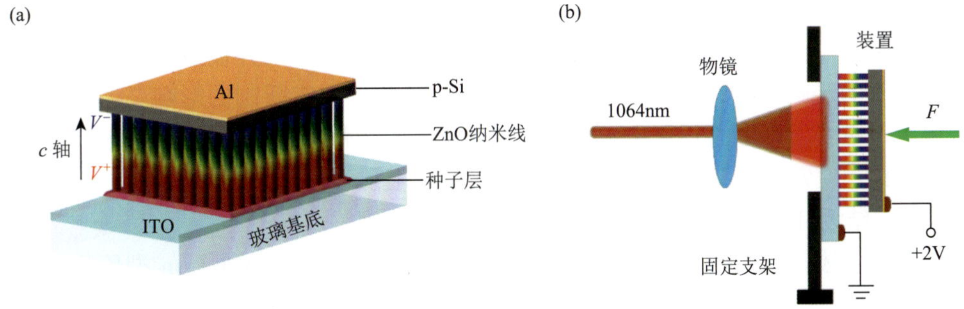

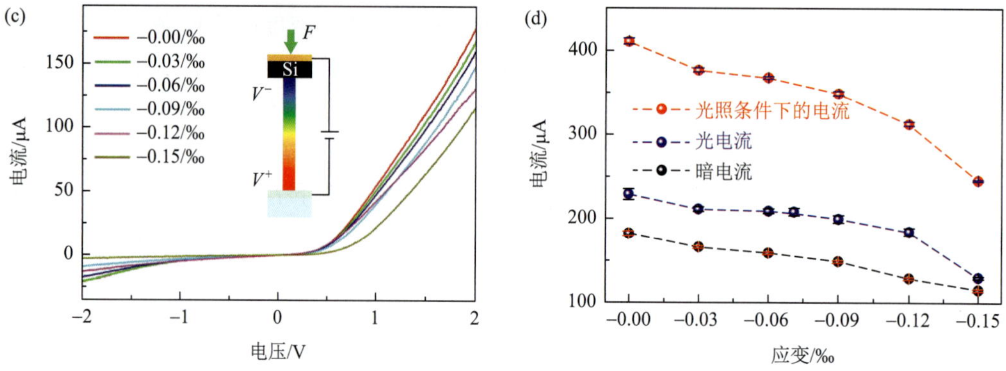

图 11.11　压电光电子学效应对 p 型硅/n 型氧化锌纳米线异质结光电二极管性能的调控。(a) p 型硅/n 型氧化锌纳米线异质结器件的示意图；(b) p 型硅/n 型氧化锌纳米线异质结器件实验测量装置的示意图；(c) 当施加 2V 偏压时，在无光照的情况下，p 型硅/n 型氧化锌纳米线异质结器件在不同压缩应变下的伏安特性；(d) 当施加 2V 正向偏压时，光照条件下的电流、暗电流和光电流在不同的压缩应变下的变化情况[23]

11.5.3　物理机制

我们仔细分析了不同应变条件下 p 型硅/n 型硫化镉异质结器件的能带图，以显示压电光电子学效应对近红外光电二极管性能调控的物理机制。图 11.12（a）和（b）分别显示了在 0V 和 + 2V 正向偏压条件下，压缩应变对该 p-n 结能带结构的影响。在 0V 偏压条件下（图 11.12（a）），无外部应变时（黑色虚线），p 型硅和 n 型硫化镉的界面形成耗尽层（灰色填充矩形），根据 Anderson 模型，界面的导带偏移 $\Delta E_C = 0.35$eV，价带偏移 $\Delta E_V = 1.65$eV[7]。当施加压缩应变时，正压电电荷在靠近 p-n 结界面的硫化镉纳米线末端产生，而负压电电荷在另一端产生（图 11.12（a）中的上图）。应变产生的正压电电荷会吸引 n 型硫化镉内的自由电子，并且排斥耗尽层附近 p 型硅内的自由空穴，导致 p-n 结界面的耗尽层的偏移（蓝色填充矩形区域），并且 p 型硅一侧的耗尽层显著增大（蓝线，图 11.12（a）的下图）。因此，近红外波段的光吸收得到有效提高，并且在近红外光照射下产生更多的非平衡电子-空穴对，考虑到光产生的载流子主要在 p 型硅一侧。此外，外部施加正向偏压时，p 型耗尽层内的有效电压降可作为光生载流子的驱动力，增强电子-空穴对的分离，从而提高近红外光电二极管的光响应度和响应速度。

在 + 2V 正向偏压下（图 11.12（b）），无压缩应变时（黑色虚线），p-n 结附近的 p 型硅一侧形成了一个势阱。当通过结区时，大量光生空穴被限制在势阱内，因此空穴向阴极的传输和收集受到很大限制。尽管光生电子可以轻易地被驱动并被阳极收集，但近红外光电二极管的光响应度在很大程度上受到由势阱引起的空穴限制的影响。当施加压缩应变时，由于应变所产生的正压电电荷，p 型耗尽层的能带被降低（蓝线）。因此，与无应变条件相比，空穴势阱变得“更浅”，空穴限制被削弱。这导致了空穴电流的增大，从而提高了 p-n 结近红外光电二极管的光响应度和响应速度。

为了阐明上述物理机制，通过有限元分析方法系统地对基于 p 型硅/n 型硫化镉异质结器件进行了理论计算。在−0.15‰压缩应变下，计算了单个硅金字塔中压电势分布的二维截面和三维视图。值得注意的是，当对器件施加垂直压缩应力时，硫化镉纳米线会受到剪切力，由于硅表面具有金字塔图案，所施加的力与硫化镉纳米线的生长轴（即 c 轴）不平行。沿硫化镉纳米线 c 轴的力对底面的压电势有主要贡献，并且硫化镉纳米线整个底面的压电势为正，细节在支持文件中。此外，在无电偏压和施加压缩应变时，我们计算出 p 型硅/n 型硫化镉异质结的能带结构，如图 11.12（c）所示。通过定位能带的弯曲点，确定了不同应变条件下 p 型硅一侧的耗尽层宽度（W），我们发现，外部压缩应变显著增大了 p 型硅一侧耗尽层的宽度，如图 11.12（d）所示。图 11.12（e）和（f）显示了 + 2V 正向偏压和不同应变条件下计算得到的能带图，靠近 p-n 结界面的 p 型硅一侧的能带随着压缩应变而降低，而价带空穴势阱的深度和体积随着外部压缩应变的增大而逐渐减小。这些模拟结果支持了图 11.12（a）和（b）中所提出的物理机制。

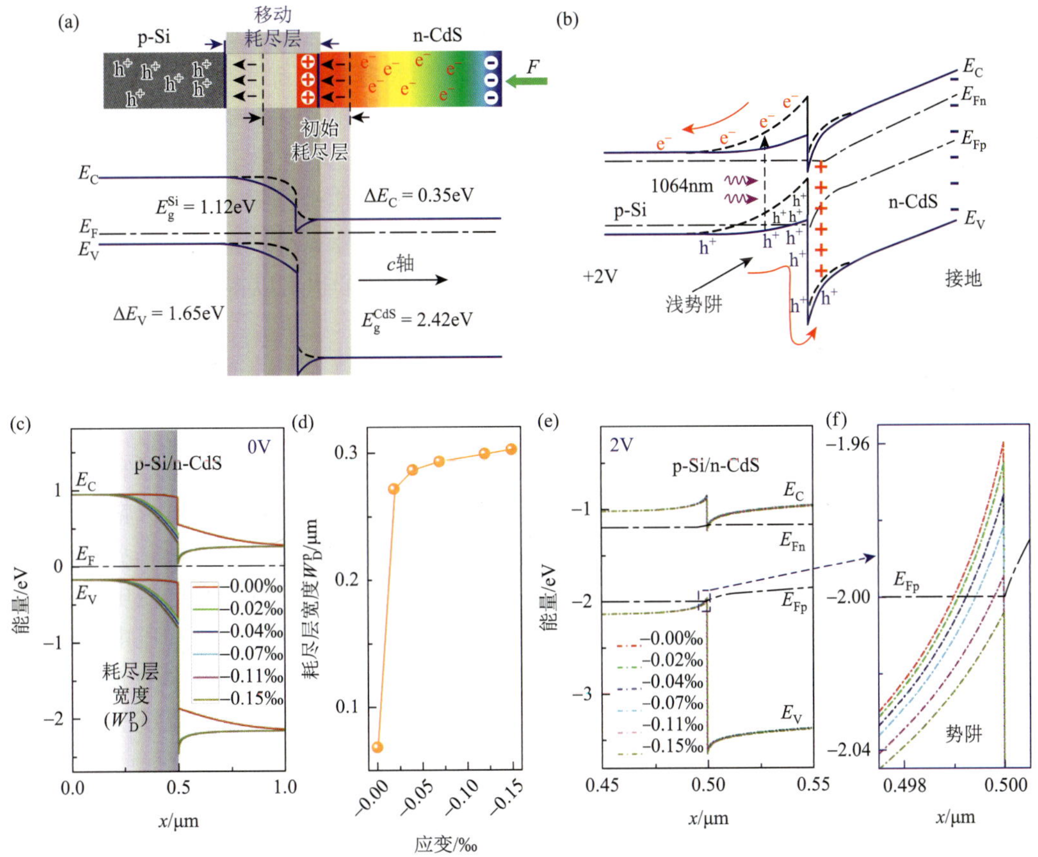

图 11.12　压电光电子学效应对 p 型硅/n 型硫化镉纳米线异质结近红外光电探测器性能调控的物理机制。（a），（b）分别是无（黑色虚线）和有（蓝色实线）压缩应变时在 0V 和+2V 正向偏压条件下 p 型硅/n 型硫化镉 p-n 结能带的示意图；（c）p 型硅/n 型硫化镉异质结在 0V 和不同压缩应变条件下通过有限元分析（FEA）方法计算的能带图；（d）p 型硅一侧的耗尽层宽度与压缩应变的关系；（e）通过 FEA 方法计算的 p 型硅/n 型硫化镉异质结在 2V 正向偏压和不同压缩应变条件下的能带图；（f）在图（e）中标记区域放大的视图[23]

11.6 压电光电子学光电探测的评价标准

通过上述的模型和实验，我们成功地阐述了在高灵敏度光电探测领域压电光电子学效应和其他非压电效应之间的差异。这里我们总结并提出了三个标准来表征压电光电子学光电探测[11]。

（1）压电光电子学光电探测需要肖特基结或 p-n 结的存在。由压电效应偶极子特性产生的压电电荷是聚集在压电半导体纳米线两端的固定电荷。在存在电荷屏障的情况下，电荷势垒的存在使得少量的压电电荷就可以有效地调节光电探测器的电流传输性质。

（2）光激发通过产生过剩自由电荷来影响器件的伏安特性。假设整个器件处在均匀光照下，光生电子-空穴对可以有效地调节准费米能级并沿整个线发生变化，从而降低势垒高度。

（3）压电效应通过应变在纳米线两端引发产生极化电荷来影响光探测。在双肖特基接触光电探测器中，压电电荷的影响导致器件两侧肖特基势垒高度的非对称变化。由应变引起的其他因素，如压阻效应或者接触面积的变化则在纳米线两端产生对称变化。这样，我们就可以很容易地判断观测到的变化是否真正是由压电光电子学效应造成的。

这三个标准可以帮助我们更好地理解压电光电子学的实验结果并指导今后相关领域的工作。同时也可以将我们的假设推广到其他压电光电子学器件和应用中，如压电光电子学发光二极管或压电光电子学光电池，在这些应用中我们也可以得出类似的结论。

11.7 总　　结

综上所述，我们讨论了压电势对低暗电流超灵敏氧化锌线紫外光传感器和硫化镉纳米线可见光传感器的调制。压电势可以使器件在保持低暗电流特性的同时大幅提高对皮瓦级光的探测响应度。应变引起的势垒高度变化依赖于激发光强度，肖特基势垒高度在低光照强度下的变化比高光照强度下显著。其物理机制可以通过综合考虑压电势效应和光生自由电荷屏蔽效应来解释。半导体纳米线中半导体性质、光电性质和压电性质三者之间的耦合，使得通过应变所引起的压电势可以有效地调节和控制器件中的光电过程，这就是压电光电子学效应。这也将引起今后压电器件与微电子和光机电系统等的进一步集成发展。

我们还设计并研究了一种 p 型硅/n 型硫化镉纳米线异质结近红外光电探测器，其光响应度得到了显著提高。在近红外光范围内，光响应度提高了 366 倍，比商用硅基光电探测器提高了约两个数量级，同时探测率和响应速度也得到了极大的提高。器件性能的提高可归因于压电光电子学效应，应变产生的极化电荷可以调控界面/结光生载流子的分离和传输。低成本、可溶液制备且兼容互补金属-氧化物-半导体（CMOS）器件的方法为制造高性能硅基光电探测器开辟了一条道路，并且可以将压电光电子学效应应用于改善其他基于压电半导体的光电器件的光响应度。

参考文献

[1] Yang Q，Guo X，Wang W H，et al. Enhancing sensitivity of a single ZnO micro-/nanowire photodetector by piezo-phototronic effect. ACS Nano，2010，4（10）：6285-6291.

[2] Pan Z W，Dai Z R，Wang Z L. Nanobelts of semiconducting oxides. Science，2001，291：1947-19411.

[3] Zhou J，Fei P，Gu Y D，et al. Piezoelectric-potential-controlled polarity-reversible Schottky diodes and switches of ZnO wires. Nano Letters，2008，8（11）：3973-3977.

[4] Zhou J，Gu Y D，Hu Y F，et al. Gigantic enhancement in response and reset time of ZnO UV nanosensor by utilizing Schottky contact and surface functionalization. Applied Physics Letters，2009，94（19）：191103.

[5] Wei T Y，Huang C T，Hansen B J，et al. Large enhancement in photon detection sensitivity via Schottky-gated CdS nanowire nanosensors. Applied Physics Letters，2010，96（1）：013508.

[6] Mehta R R，Sharma B S. Photoconductive gain greater than unity in CdSe films with Schottky barriers at the contacts. Journal of Applied Physics，1973，44（1）：325-328.

[7] Sze S M，Li Y，Ng K K. Physics of Semiconductor Devices. New York：Wiley，2021.

[8] Schwede J W，Bargatin I，Riley D C，et al. Photon-enhanced thermionic emission for solar concentrator systems. Nature Materials，2010，9：762-767.

[9] Chung K W，Wang Z，Costa J C，et al. Barrier height change in GaAs Schottky diodes induced by piezoelectric effect. Applied Physics Leters，1991，59（10）：1191-1193.

[10] Shan W，Li M F，Yu P Y，et al. Pressure dependence of Schottky barrier height at the Pt/GaAs interface. Applied Physics Letters，1988，53（11）：974-976.

[11] Liu Y，Yang Q，Zhang Y，et al. Nanowire piezo-phototronic photodetector：theory and experimental design. Advanced Materials，2012，24（11）：1410-1417.

[12] Bridgman P W. The effect of homogeneous mechanical stress on the electrical resistance of crystals. Physical Review，1932，42（6）：858-863.

[13] Smith C S. Piezoresistance effect in germanium and silicon. Physical Review，1954，94（1）：42-49.

[14] Norde H. A modified forward *I-V* plot for Schottky diodes with high series resistance. Journal of Applied Physics，1979，50（7）：5052-5053.

[15] Lien C D，So F C T，Nicolet M A. An improved forward *I-V* method for nonideal Schottky diodes with high series resistance. IEEE Transactions on Electron Devices，1984，31：1502-1503.

[16] Yuang R H，Chyi，J I，et al. High-speed InGaAs metal-semiconductor-metal photodetectors with improved responsivity and process yield. Optical and Quantum Electronics，1996，28（10）：1327-1334.

[17] Saran R，Curry R J. Lead sulphide nanocrystal photodetector technologies. Nature Photonics，2016，10（2）：81-92.

[18] Koppens F H L，Mueller T，Avouris P，et al. Photodetectors based on graphene，other two dimensional materials and hybrid systems. Nature Nanotechnology，2014，9（10）：780-793.

[19] Gong X，Tong M H，Xia Y J，et al. High-detectivity polymer photodetectors with spectral response from 300nm to 1450nm. Science，2009，325（5948）：1665-1667.

[20] Hayden O，Agarwal R，Lieber C M. Nanoscale avalanche photodiodes for highly sensitive and spatially resolved photon detection. Nature Materials，2006，5（5）：352-356.

[21] Cao L，Park J S，Fan P Y，et al. Resonant germanium nanoantenna photodetectors. Nano Letters，2010，10（4）：1229-1233.

[22] Wang Y，Ding K，Sun B Q，et al. Two-dimensional layered material/silicon heterojunctions for energy and optoelectronic applications. Nano Research，2016，9（1）：72-93.

[23] Dai Y，Wang X F，Peng W B，et al. Largely improved near-infrared silicon-photosensing by the piezo-phototronic effect. ACS Nano，2017，11：7118-7125.
[24] Wang Z N，Yu R M，Pan C F，et al. Piezo-phototronic UV/visible photosensing with optical-fiber–nanowire hybridized structures. Advanced Materials，2015，27（9）：1553-1560.
[25] Dou L T，Yang Y M，You J B，et al. Solution-processed hybrid perovskite photodetectors with high detectivity. Nature Communications，2014，5（1）：1-6.
[26] Sun K，Jing Y，Park N，et al. Solution synthesis of large-scale，high-sensitivity ZnO/Si hierarchical nanoheterostructure photodetectors. Journal of the American Chemical Society，2010，132（44）：15465-15467.
[27] Manna S，Das S，Mondal S P，et al. High efficiency Si/CdS radial nanowire heterojunction photodetectors using etched Si nanowire templates. The Journal of Physical Chemistry C，2012，116（12）：7126-7133.
[28] Akgul F A，Akgulb G，Gullu H H，et al. Enhanced diode performance in cadmium telluride-silicon nanowire heterostructures. Journal of Alloys and Compounds，2015，644：131-139.
[29] Ni P N，Shan C X，Wang S P，et al. Self-powered spectrum-selective photodetectors fabricated from n-Zno/p-NiO core-shell nanowire arrays. Journal of Materials Chemistry C，2013，1（29）：4445-4449.

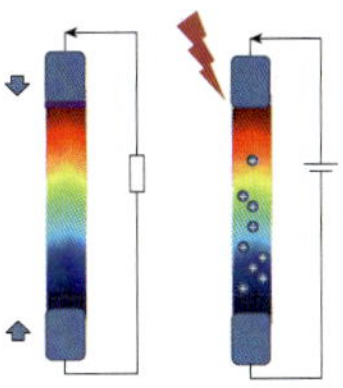

第 12 章

压电光电子学效应对发光二极管的影响

摘　　要

压电光电子学效应是利用 p-n 结处的压电极化电荷来有效地控制界面上载流子的分离、复合和传输。压电光电子学的一个重要应用是如何有效地调节发光二极管（LED）中载流子的输运跃迁过程，从而最大化光电转换的量子效率。本章介绍了已制造的各种压电光电子学器件的基本实验设计、理论模拟和优化技术。

化学、生物学、航天、军事和医疗技术等领域都需要高效率的紫外（UV）发光器件。虽然紫外发光二极管的内量子效率可以高达 80%，但由于全内反射导致较低的提取效率（约 $1/4n^2$，这里 n 是折射率），传统单 p-n 结薄膜发光二极管的外量子效率仅约为 3%[1]。使用氧化锌纳米线作为有源层来制备具有纳米尺寸异质结结构的发光二极管则有望为提高器件的提取效率提供有效的方法[2-4]。然而迄今报道的数据表明，这类器件的外量子效率仍然较低（约 2%），这可能是由于基于纳米线的发光二极管具有非常低的内量子效率。

半导体材料的发光过程不仅取决于载流子注入和复合的效率，也取决于器件的提取效率。对于宽带隙材料（如氧化锌）中的紫外辐射，纳米线比薄膜具有更高的提取效率，但传统的制备 p-n 结二极管的方法导致了较低的效率。在本章中，我们将展示如何利用压电光电子学效应来有效地提高基于氮化镓基底上的单根氧化锌微/纳米线制备的发光二极管的外量子效率[5]。通过对器件施加 0.093%的压缩应变，器件在固定偏压下的发射光强和注入电流分别增强了 17 倍和 4 倍，并且相应的转换效率也提高了 4.25 倍。这些性能变化可能是源于压电势造成的界面能带变化有效地增加了局域“偏压”以及由界面附近压电势造成的界面区域的载流子俘获通道。此外，压阻效应和压光效应（光弹性）也被同时用来调节发光强度、光谱和偏振特性。压电光电子学效应的研究从准稳态发展到瞬态，提高了 InGaN/GaN 量子阱中的辐射复合率，从而显著增加了可见光通信（VLC）中的单芯片调制宽度。此外，在半悬浮的 InGaN/GaN 的微型发光二极管（Micro-LED）阵列中观察到非均匀的压电光电子学效应。压电光电子学效应被证明可以增强辐射复合与非辐射复合的竞争，最终降低 LED 的自热效应。最后，集成的压电光电子学 LED 阵列可以实现超快响应、超高分辨率的应变空间成像。这些研究表明，压电电子学效应可以应用于当前的安全、绿色、可再生能源技术、机械传感和智能机器人等领域，以有效地提高能量转换效率。

12.1 发光二极管的制备和测量方法

我们基于以下设计进行了实验验证。我们在具有沟槽的基底上操纵纳米线制备完成基于单根氧化锌微/纳米线的发光二极管。基底中镁作为受主，其掺杂浓度约为 $5\times10^{17}cm^{-3}$。氧化锌微/纳米线由高温热蒸发工艺合成。在制备 n 型氧化锌线/p 型氮化镓薄膜发光二极管之前，我们在 p 型氮化镓上热蒸发沉积 20nm 的镍层和 50nm 的金层作为阳极电极；并且在蓝宝石基底上溅射 100nm 的 ITO 作为阴极电极。随后对这两部分电极在空气中 500℃条件下作 5min 快速热退火处理。接下来将覆盖了氮化镓的蓝宝石基底与镀有 ITO 的蓝宝石基底紧密固定（两基底之间形成一个小空隙）。将单根氧化锌微/纳米线从玻璃基底上转移到具有沟槽的基底上，并通过微操作台将其横跨放置在缝隙上（如图 12.3（b）插图和图 12.1 所示）。一个厚度为 500μm 且宽度小于氧化锌线长度的透明聚苯乙烯薄膜被用来覆盖纳米线。然后通过固定于三维微操作台的压电微动工作台上连接的氧化铝棒施加外应力到聚苯乙烯薄膜上。最后我们将整个器件用窄透明胶带封装，从而使氧化锌线和氮化镓基底间形成紧密接触（图 12.3（b）插图）。

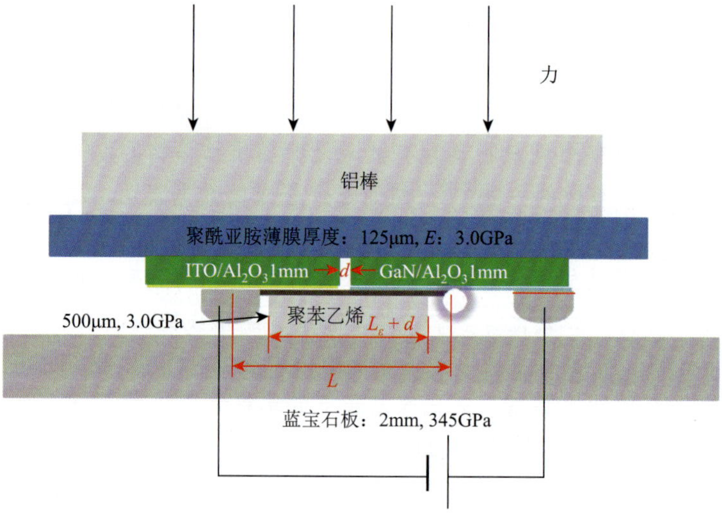

图 12.1　器件结构侧视图。将覆盖氮化镓的蓝宝石基底与镀有 ITO 的蓝宝石基底紧密相连地放置在聚酰亚胺薄膜上。单根氧化锌微/纳米线横跨在两个基底上。厚度为 500μm 的透明聚苯乙烯薄膜用来覆盖纳米线，外力通过固定于三维微操作台上的压电纳米定位台（闭环分辨率 0.2nm）连接的氧化铝棒来施加[5]

作用在聚苯乙烯薄膜上的正应力通过固定于三维微操作台的压电纳米微动工作台所连接的氧化铝棒来施加。这种情况下，压缩应力被均匀地施加在氧化锌线侧面和氮化镓基底表面之间的界面上；这个沿氧化锌线 a 轴方向的压缩应力在氧化锌线内产生沿 c 轴方向即氧化锌线生长方向的拉伸应变。此设计中，纳米线上没有横向弯曲或扭曲，从而确保了氧化锌线与氮化镓基底之间 p-n 结界面的稳定。

测量系统由倒置显微镜和三维微操作台构成（图 12.2）。正应力通过连接在闭环分辨率为 0.2nm 的压电纳米定位台上的氧化铝棒施加在聚苯乙烯薄膜上。为了计算线上的应变，我们需要得到施加在聚苯乙烯薄膜上的应力。考虑到器件的尺寸（图 12.1）和器件各部分的杨氏模量，压电纳米微动工作台所记录的形变由聚苯乙烯薄膜和聚酰亚胺薄膜的形变来确定。

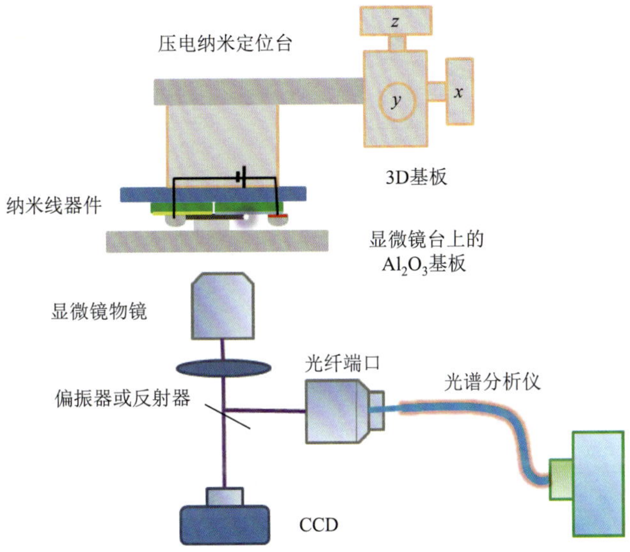

图 12.2　用于表征应变条件下氧化锌线发光二极管性能的测量系统示意图

在实验中，我们用表征相对光功率的光谱仪或电荷耦合器件（CCD）来测量输出光强。我们主要关心不同应变下输出光强以及量子效率的相对变化。通过分析不同应变下的输出光强和电流可以得出量子效率的变化。研究应变对光强和光谱影响的数据是由光纤光谱仪进行记录的。光谱中峰值的积分可看作是相对发光强度。此外，使用 CCD 记录研究应变对偏振影响的数据，通过分析图像的亮度来提取相对光输出强度。

12.2　发光二极管的表征

在进行机电和光学测量之前，我们首先测量了没有外加应变条件时器件初始的光电性能。图 12.3（a）所示为单根 n 型氧化锌线/p 型氮化镓基底发光二极管器件的伏安特性。该伏安曲线清楚地显示正偏下器件电流非线性增大，这表明器件具有一定的 p-n 结特性以及光发射的可能性。该氧化锌/氮化镓（线/膜）混合异质结的开启电压约为 3V。我们在室温条件下对制得的发光二极管在不同偏压/注入电流下的发射光谱进行了测量。利用高斯函数（图 12.4（b）插图）对发射光谱进行分峰去卷积运算，结果显示，所得的蓝/近紫外光发射光谱由中心在 390～395nm 的主峰和直到 460nm 的较长红尾组成。为了分析在偏压和应变条件下光谱中峰的位置移动，我们在去卷积运算中使用两个中心在 405～415nm 和 420～440nm 的发光频段来表示蓝/近紫外光发射光谱中的长红尾，这两个发光频段分别对应于异质结区氮化镓侧和氧化锌侧的两个界面态。

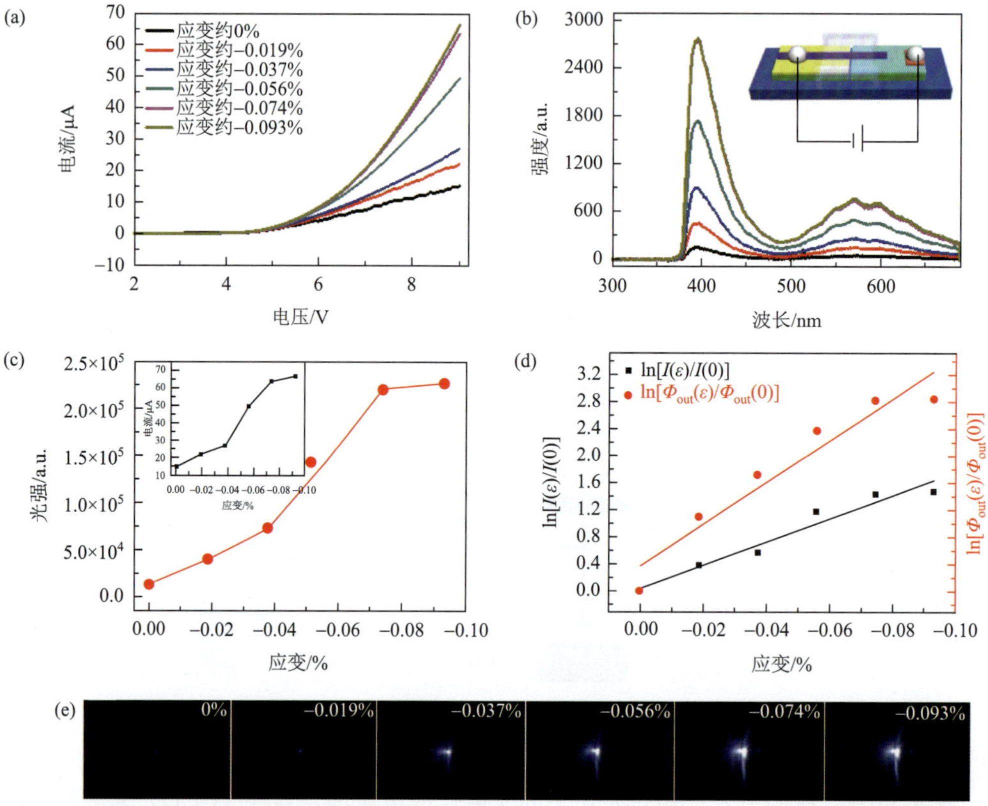

图 12.3 应变条件下 n 型氧化锌线/p 型氮化镓薄膜发光二极管的发光强度和转换效率的增强。制得的器件的示意图参见（b）中插图。（a）正偏下器件受不同应变时的伏安特性和（b）9V 偏压下对应的发光光谱；（c）从（b）中数据积分得到的发射光强度，显示压缩应变增加时发射光强大幅增加，插图为 9V 偏压下发光二极管随应变增加时的注入电流；（d）受不同应变时器件的相对注入电流 $\ln[I(\varepsilon)/I(0)]$和相对发光强度 $\ln[\Phi_{out}(\varepsilon)/\Phi_{out}(0)]$的变化，相比零应变情况，受最大应变情况时发光二极管的效率增加了 4.25 倍；（e）封装好的单根线发光二极管受不同应变时在发射端采集的 CCD 图像[5]

12.3 压电效应对发光二极管效率的影响

在施加应变前，单根线发光二极管外量子效率的保守测量值约为 1.84%，这与基于单 p-n 结紫外发光二极管的外量子效率相似[2-4]。为测试应变对单根线发光二极管的影响，我们系统地研究了在应变条件下的输出光强、电致发光光谱和偏振的变化情况。当施加高于开启电压的固定偏压时，随着压缩应变增加，器件的电流和发光强度明显增大（图 12.3（a）和（b））。光强的显著增强也可以通过电荷耦合器件记录的光学图像直接观察到（图 12.3（e））。$\ln[I(\varepsilon)/I(0)]$和 $\ln[\Phi_{out}(\varepsilon)/\Phi_{out}(0)]$与应变 ε 的依赖关系如图 12.3（d）所示，其中 $\Phi_{out}(\varepsilon)$和 $I(\varepsilon)$分别是应变下发光二极管的光强和注入电流；而 $\Phi_{out}(0)$和 $I(0)$分别是无应变情况下对应的发光二极管光强和注入电流；这两条曲线与应变之间均呈线性关系，且 $\ln[\Phi_{out}(\varepsilon)/\Phi_{out}(0)]$-$\varepsilon$ 曲线的斜率大于 $\ln[I(\varepsilon)/I(0)]$-ε 曲线的斜率，这表明光转换效率明显增加。当施加沿 a 轴大小为 0.093%的压缩应变后，器件的注入电流和输出光强分别大幅提高了 4 倍和 17 倍，这表明器件的转换效率相对于无应变情况时提高了 4.25 倍。这意味着施加应变后发光二极管实际的外量子效率可以达到约 7.82%，这与基于纳米棒增强混合量子阱结构的发光二极管相当。

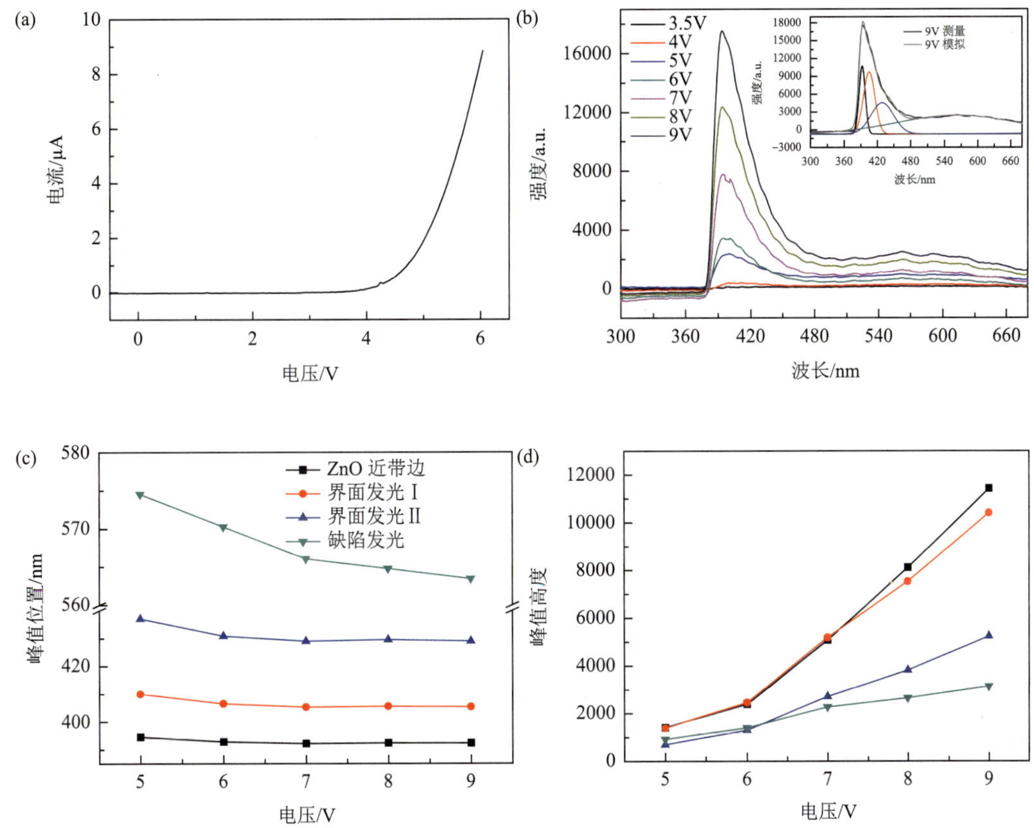

图 12.4　无应变情况下单根线发光二极管的特性。(a) 发光二极管的伏安特性；(b) 电致发光谱与正向偏置电压之间的关系，插图显示电致发光的高斯去卷积分析；(c) 四个发射带峰值位置随偏置电压的变化；(d) 峰值高度随偏置电压的变化[5]

为了确认观测数据的有效性，我们通过多次重复施加应变对氧化锌线和氮化镓之间接触的稳定性进行了仔细检查。一旦应变消失，则器件的发光强度立即恢复到无应变情况下的观测值（图 12.5（b））。实验中观测到的增强因子与应变之间的线性关系（图 12.3（d））证明，观测到的效率增加不是由器件中可能的 n 型和 p 型之间接触面积改变造成的。

氧化锌具有沿 c 轴的极性方向，这也是氧化锌线的生长方向。器件制备过程中，线的 c 轴方向从 ITO 侧指向氮化镓一侧和从氮化镓一侧指向 ITO 侧的概率各为 50%。我们在上文中已经给出了前一种情况的数据(图 12.3)，后一种情况的数据如图 12.6 所示。图 12.6 所示的数据表明，线和氮化镓基底之间良好的接触可能不会影响发射光强的变化。观测到的发射光强的变化更可能是由压电光电子学效应造成的影响。

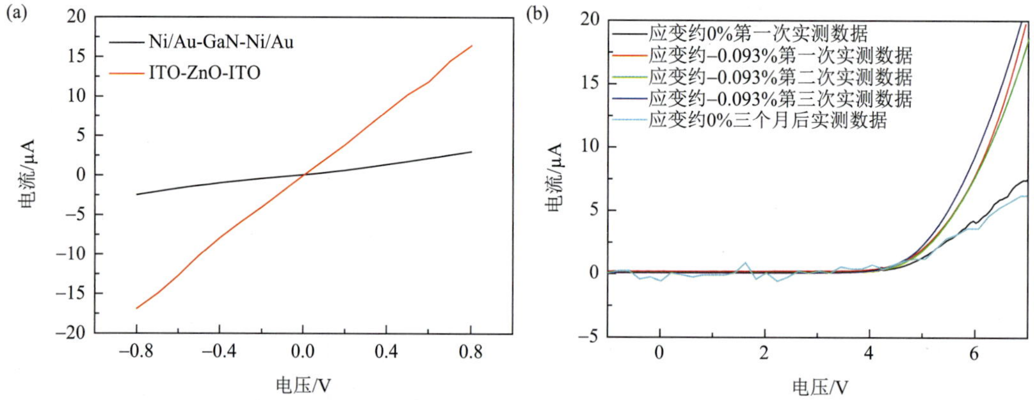

图 12.5 （a）Ni/Au-GaN-Ni/Au 接触和 ITO-ZnO-ITO 接触的 *I-V* 曲线，小偏置电压（0.8V）下的近欧姆接触和大电流证实了具有整流特性器件的 *I-V* 曲线来自 p-n 二极管；（b）单个 LED 在相同应变下不同时间测得的 *I-V* 曲线以及器件在干燥箱中放置三个月后的 *I-V* 曲线，显示出其良好的稳定性

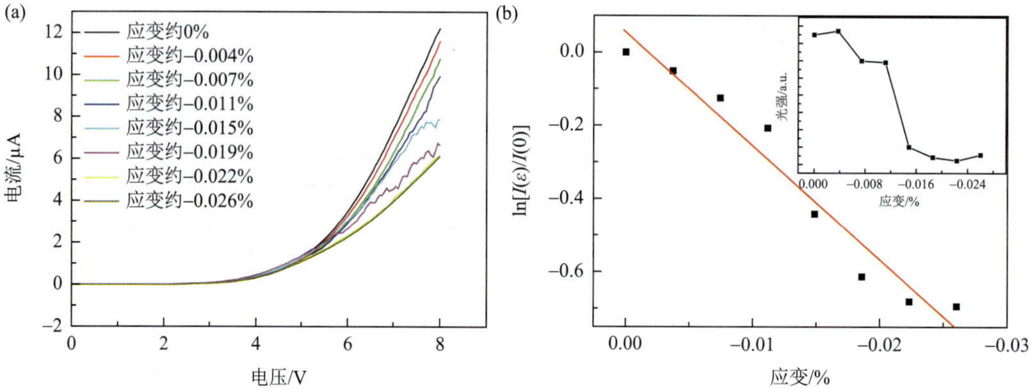

图 12.6 单根氧化锌线发光二极管的电学和光学特性。器件的注入电流和发射光强随沿 a 轴压缩应变的增大而减小。（a）受不同应变时发光二极管的伏安曲线；（b）在 8V 偏置电压下受不同应变时的 $\ln[I(\varepsilon)/I(0)]$ 变化，插图为 8V 偏置电压下受不同应变条件时器件的光强变化，当线的 c 轴从氮化镓侧指向氧化锌侧时可能出现这样的结果（参见文献[5]）

从理论上讲，注入电流的对数值和施加的应变之间应具有线性关系。这也与图 12.3(d) 和图 12.6 中的数据一致。这也从另一方面证实了器件效率的增加不是因为器件 n 型和 p 型之间接触面积可能的改变。

12.4　发射光谱和激发过程

12.4.1　异质结能带图

分析发光二极管的发射特性时需要氧化锌/氮化镓异质结的能带数据[5]。氧化锌和氮化镓形成的异质结具有第II型能带偏移。理想的 n 型氧化锌/p 型氮化镓异质结能带图可以通过 Anderson 模型构建[1]。为了获得相应的能带图，氧化锌和氮化镓的带隙分别假定为 3.3eV 和 3.4eV；氧化锌和氮化镓的电子亲和势分别假定为 4.5eV 和 4.1eV。这里两者的价带偏移约 0.3eV，处于文献报道的氧化锌/氮化镓异质结 0.13～1.6eV 的价带偏移值范围内。器件发光的起因可基于对能带示意图的分析和通过比较光致发光（PL）谱和电致发光（EL）谱而得到（图 12.7）。氧化锌线的光致发光谱中存在两个紫外峰，其中心分别在 376nm（3.30eV）和 391nm（3.17eV），这分别对应带隙复合和声子辅助的激子发光过程[2]。氮化镓薄膜的光致发光谱中存在三个紫外峰中心，分别在 362nm（3.40eV）、377nm（3.29eV）和 390nm（3.18eV），这分别对应带间复合和与镁受主相关的发光过程[6]（镁在氮化镓中的受主激活能约为 0.14～0.21eV）。

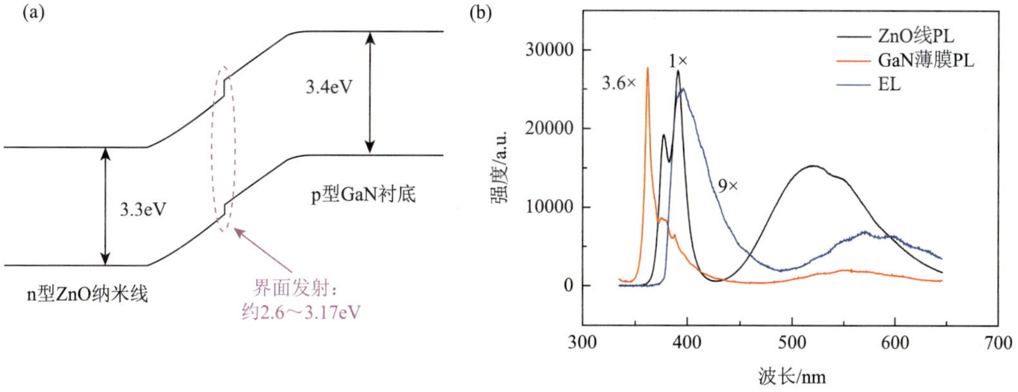

图 12.7　（a）无应变时的 p-n 结能带图；（b）单根氧化锌线和氮化镓薄膜的光致发光谱，以及单根线发光二极管的电致发光谱

关于氧化锌/氮化镓异质结发光二极管发光的原因一直存在争议[2, 6]。如图 12.7（b）所示，电致发光谱与氧化锌光致发光谱在 390nm 的峰位重叠，并具有到 460nm 的长红尾。利用高斯函数（图 12.4（b）插图）对电致发光发射光谱进行分峰去卷积运算的结果显示，频谱由一个集中在中心为 390～395nm 的主峰和直到 460nm 的较长红尾以及中心约在 570nm 的浅黄色发光峰组成。由光致发光谱的结果可知，中心在 390～395nm 的频段可归因于氧化锌线中由声子辅助的激子发光。由于源自氮化镓薄膜和氧化锌线的更短波长的发光可能会被氧化锌线再次吸收，因此观测结果中没有发现峰值小于 390nm 的发光峰。然而，发光谱尾（介于紫外到 460nm 的频段）在单独的氧化锌或氮化镓的光致发光谱中

没有对应的频段。参照能带图可知，上述发光尾谱可能是由于 n 型氧化锌中的电子和 p 型氮化镓中的空穴间的界面辐射复合过程导致的界面发光[6, 7]。界面处的突变不连续性可能会影响电致发光谱。如图 12.7（a）所示，电子和空穴在这个不连续界面上的能量并不是固定值，而是存在一个变化范围。因此，界面辐射应该会导致紫外区域的红宽尾发光。从某种层面上说，我们可以将界面态看作类似于将一种化合物纳入其他化合物中。这个将一种化合物纳入另一种化合物的过程会使得整个新材料系统的带隙小于其中任何一种化合物的带宽（例如氧化锌或氮化镓）。密度泛函理论的计算结果表明，同将氧化锌团簇并入氮化镓宿主中相比，将氮化镓团簇并入氧化锌宿主中会更有效地导致整个体系的带隙减小。考虑到异质结氮化镓侧和氧化锌侧的两个界面态，为了分析在施加偏压和应变情况下峰位置的移动情况，我们在去卷积运算中使用了中心为 405～415nm 和 420～440nm 的两个发射频段来表示蓝/近紫外光发射光谱中的长红尾。

12.4.2 受应变发光二极管的发光光谱

我们应用分峰去卷积的运算方法对主发光带受施加应变而增强的关系进行了分析（图 12.8（a））。对发光起源的分析参见参考文献[5]的支持信息的第四节。由于界面附近通道中存在自由载流子的俘获过程，所以源于氧化锌-氮化镓界面的发光在四个发光带中增长最快。紫外发光与可见发光之间的比率随面内压缩应变增加而增加（图 12.8（d）），这是由于紫外/蓝色的近带边（NBE）发光对能带结构的变化比缺陷中心发光更为敏感。器件受到应变时，这四个发光带的峰位置没有发生明显的偏移（图 12.8（c））。但在偏压增加时这些峰位却发生了明显的蓝移（图 12.4（c））。这些结果表明，应变对发光二极管的影响不同于外加偏置电压增加所造成的影响。

众所周知，氧化锌在受到沿 a 轴的压缩应变时带隙减小[8, 9]，而氮化镓在受到沿 c 轴的压缩应变时带隙也减小[10, 11]。在这种情况下，光谱中的峰位应该在器件受到压缩应变时发生红移。另一方面，由于能带重正化，大电流时的能带填充和/或电子-空穴的动能增加，从而器件中注入电流增加，这将导致 n-氧化锌/p-氮化镓发光二极管的发射中心的蓝移。当以上这两个互补效应并存时，它们之间会相互平衡从而使发射峰位的偏移可以忽略。

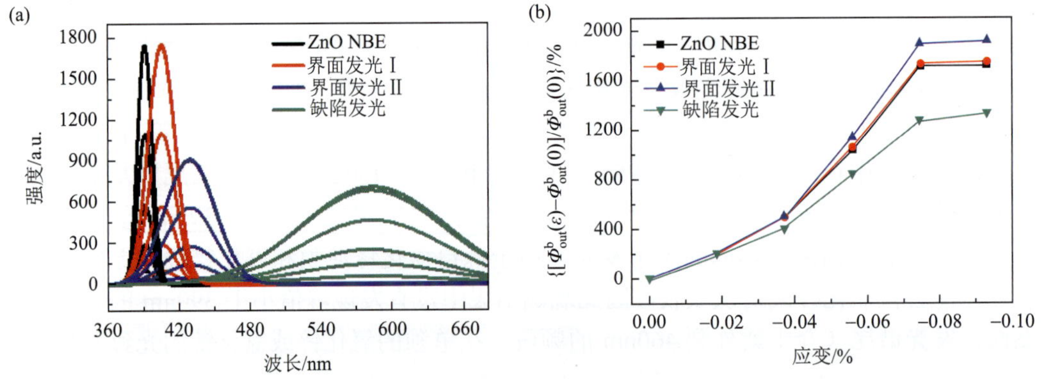

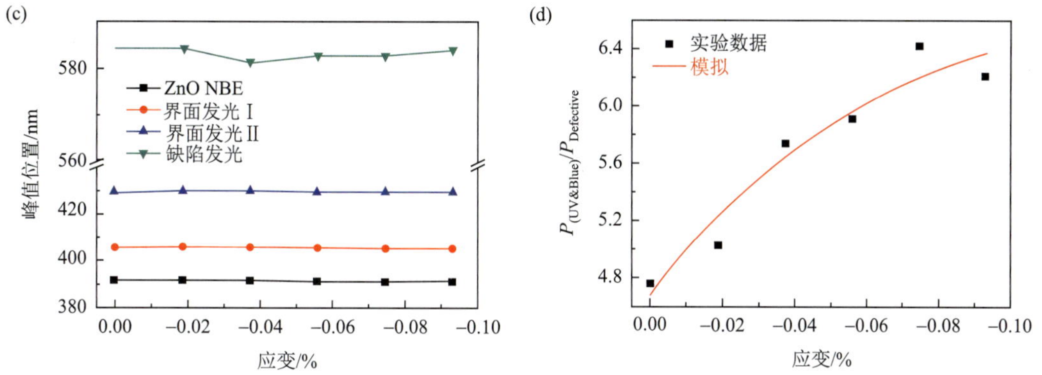

图 12.8　不同应变条件下 n 型氧化锌线/p 型氮化镓薄膜发光二极管的发光光谱定量分析。(a)使用去卷积运算方法分析图 12.3(b)中数据得到的四个发光带；(b)相对峰高变化与外应变之间的关系；(c)峰的位置与施加应变之间的依赖关系；(d)紫外与可见发光之间的比率与压缩应变间的关系[5]

12.5　压电光电子学效应对发光二极管的影响

12.5.1　基本物理过程

当 n 型氧化锌线/p 型氮化镓衬底发光二极管中存在轴向应变时，有两种效应会影响输出光强和光谱。第一种是压阻效应，这是由于带隙变化和可能的导带态密度变化引起的。这种效应可以等效于给发光二极管串联了一个电阻；第二种是压电光电子学效应[12]，即利用沿氧化锌线产生的压电势来调节界面上的光电过程。氧化锌具有非中心对称的晶体结构，晶体中的阳离子和阴离子组成正四面体结构。作用在晶体中基本单元上的应变导致阳离子和阴离子间产生极化，这就是晶体内产生压电势的原因。图 12.9 为 n 型氧化锌线/p 型氮化镓薄膜发光二极管的能带结构示意图。线中的有限掺杂可能导致压电电荷被部分屏蔽，若掺杂浓度较低，则不能完全抵消压电势的影响，因此在能带结构中可能会产生一个小凹陷。这已经在我们进行的大量纳米发电机和压电电子学的研究中得到了证明。由于本实验中的氧化锌线是采用高温热蒸发纯氧化锌粉末的工艺制备的，因此线中掺杂浓度较低[13]。如图 12.9 中标记所示，如果氧化锌线的 c 轴是从 ITO 侧指向氮化镓侧，则在 ITO 侧的负压电势的作用相当于给器件额外施加了一个正向偏置电压。因此在这个额外施加的正向偏置电压作用下，器件中的耗尽层宽度和内电场均将减少。则在这种情况中，在相同的外加正向电压下，当器件受到应变时，注入电流和发光强度均增加。对应地，如果氧化锌线的 c 轴方向反转，即正方向指离氮化镓侧，则氮化镓侧将具有较低的压电势，这相当于对器件施加了一个额外的反向偏置电压。因此器件的耗尽层宽度和内电场将增加，从而使得应变增加时器件中的注入电流和发光强度减少。在实验过程中操纵线来制备器件时，线的 c 轴从 ITO 侧指向氮化镓侧和从氮化镓侧指向 ITO 侧的可能性各占 50%。我们测量的 20 个器件中约 50%的器件受到应变时发光强度增大，而其余 50%的器件受到应变时发光强度减小，这符合理论预期的结果。这一事实还表明，实验中所观察到的发光强度增大主要是受到具有极性的压电势的影响，而不是由其他非极性因素如接触面积改变和/或压阻效应造成的。

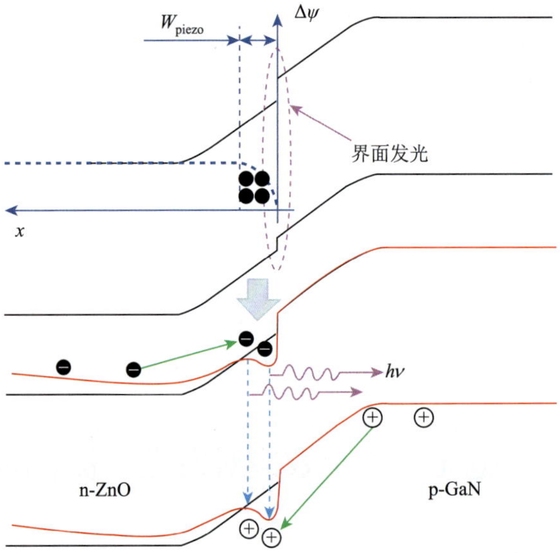

图 12.9　n 型氧化锌线/p 型氮化镓薄膜发光二极管受应变时发光光强增加的可能机制。上图和下图分别为无应变和有压缩应变（红线）情况下 p-n 结能带结构的示意图。此处在界面处氧化锌内产生的通道源于由应变导致的压电势。蓝线显示沿 x 轴（氧化锌线 c 轴）的电势分布，此处假设正压电电荷分布在界面附近宽度为 W_{piezo} 的范围内。红色点线显示界面附近的压电电荷。这些电荷形成了载流子俘获带。下图中氧化锌侧的红线斜坡显示压电势对载流子移动的驱动效应[5]

12.5.2　应变对异质结能带的影响

无应变和施加应变下的发光二极管的输出光强可从以下公式[14]得到：

$$\Phi_{out}(0)=\eta_{ex}(0)\frac{I(0)}{e}=mh\nu\eta_{e}(0)\eta_{i}(0)\frac{I(0)}{e} \tag{12.1}$$

$$\Phi_{out}(\varepsilon)=\eta_{ex}(\varepsilon)\frac{I(\varepsilon)}{e}=mh\nu\eta_{e}(\varepsilon)\eta_{i}(\varepsilon)\frac{I(\varepsilon)}{e} \tag{12.2}$$

其中，m 表示光谱仪或 CCD 探测到的光的百分比；Φ_{out} 是输出光强度；η_{ex} 是外部效率，它描述了外部产生的光子通量与注入电子通量的比值；η_e 是器件中与光的吸收和反射有关的总体光提取效率；η_i 是光通量与电子注入通量的比值。应变通过影响外量子效率和注入电流大小来影响发光二极管的输出光强。

平面内 a 轴压缩应变将在纳米线中产生沿 c 轴的压电势（图 12.9）。这个压电场将改变 p-n 结结区的能带结构和内电场（图 12.9），其中包括势垒高度和能带弯曲。为了简化问题，我们将势垒高度变化和能带弯曲的影响分开考虑。

对于势垒高度变化，根据肖克利方程可得无应变 p-n 结的伏安特性为[15]

$$I(0)=I_0(e^{qV_A/nkT}-1)\sim I_0e^{qV_A/kT},\quad V_A\gg kT/q \tag{12.3}$$

$$I_0 = qA\left(\frac{D_N}{L_N}\frac{n_i^2}{N_A} + \frac{D_P}{L_P}\frac{n_i^2}{N_D}\right) \tag{12.4}$$

其中，q 是电子电荷；V_A 是 p-n 结上的外加电压；T 是温度；n_i 是本征载流子浓度；D_N、L_N 和 N_A 分别为 n 型材料中载流子电子的扩散系数、扩散长度和受主浓度；D_P、L_P 和 N_D 分别为 p 型材料中空穴的扩散系数、扩散长度和施主浓度。假设异质结端的压电势降为 $\Delta\Psi$，则在应变条件下流过 p-n 结的电流可描述为

$$I(\varepsilon) = I_0(e^{(qV_A+\Delta\Psi)/kT} - 1) \sim I_0 e^{\frac{qV_A+\Delta\Psi}{kT}}, \quad (V_A + \Delta\Psi) \gg kT/q \tag{12.5}$$

电流随应变的变化可由下式确定[16]：

$$\ln\left(\frac{I(\varepsilon)}{I(0)}\right) = \Delta\Psi / kT \tag{12.6}$$

在纳米线上施加面内应力 σ_{xx} 时，纳米线在 y 方向和 z 方向是不受限制的。有限元分析方法（COMSOL）可以计算纳米线中的应力和压电势分布[17]。一般而言，根据传统压电和弹性力学理论，体系的力学平衡和正压电效应可以由下列耦合本构方程描述：

$$\begin{cases} \sigma_p = c_{pq}\varepsilon_q - e_{kp}E_k \\ D_i = e_{iq}\varepsilon_q + \kappa_{ik}E_k \end{cases} \tag{12.7}$$

其中，σ 是应力张量；ε 是应变；E 是电场；D 是电位移；κ_{ik} 是介电常数；e_{iq} 是压电常数；c_{pq} 是弹性系数张量。考虑 ZnO 晶体（具有纤锌矿结构）的 C_{6v} 对称性，c_{pq}、e_{kp} 和 κ_{ik} 可以写为

$$c_{pq} = \begin{vmatrix} c_{11} & c_{12} & c_{13} & 0 & 0 & 0 \\ c_{12} & c_{11} & c_{13} & 0 & 0 & 0 \\ c_{13} & c_{13} & c_{33} & 0 & 0 & 0 \\ 0 & 0 & 0 & c_{44} & 0 & 0 \\ 0 & 0 & 0 & 0 & c_{55} & 0 \\ 0 & 0 & 0 & 0 & 0 & \frac{c_{11}-c_{12}}{2} \end{vmatrix} \tag{12.7a}$$

$$e_{kp} = \begin{vmatrix} 0 & 0 & 0 & 0 & e_{15} & 0 \\ 0 & 0 & 0 & e_{15} & 0 & 0 \\ e_{31} & e_{31} & e_{33} & 0 & 0 & 0 \end{vmatrix} \tag{12.7b}$$

$$\kappa_{ik} = \begin{vmatrix} \kappa_{11} & 0 & 0 \\ 0 & \kappa_{11} & 0 \\ 0 & 0 & \kappa_{33} \end{vmatrix} \tag{12.7c}$$

对于 ZnO，其中 $c_{11} = 207\text{GPa}$，$c_{12} = 117.7\text{GPa}$，$c_{13} = 106.1\text{GPa}$，$c_{33} = 209.5\text{GPa}$，$c_{44} = 44.8\text{GPa}$，$c_{55} = 44.6\text{GPa}$；相对介电常数 $\kappa_{11} = 7.77$，$\kappa_{33} = 8.91$；压电常数 $e_{31} = -0.51\text{C/m}^2$，$e_{33} = 1.22\text{C/m}^2$，$e_{15} = -0.45\text{C/m}^2$[17]。

电荷的静电行为可以用泊松方程来描述：

$$\nabla \cdot D = \rho(x, y, z) \tag{12.8}$$

其中，D 是电位移；ρ 是电荷密度。对于一维系统，上式可以简化为以下形式：

$$\kappa_{ik}\frac{d^2\Delta\psi_i}{dx^2}=-\kappa_{ik}\frac{d\Delta E}{dx}=-\rho \tag{12.8a}$$

其中，ψ_i 是电势。为简化计算，在模拟中忽略了 ZnO 的电导率，这在掺杂浓度较低的情况下依然有效，意味着：

$$\nabla\cdot D=\rho(x,y,z)=0 \tag{12.8b}$$

为求解上述方程，我们还需要假设线中无应力梯度时的力学平衡条件：

$$\nabla\cdot\sigma=0 \tag{12.9}$$

同时应变 ε 必须满足下列相容方程的几何约束：

$$e_{ilm}e_{jpq}\frac{\partial^2\varepsilon_{mp}}{\partial x_l\partial x_q}=0 \tag{12.10}$$

通过上述完全耦合方程式（12.8）～式（12.10）并加上适当的边界条件就可以给出对静态压电系统的完整描述。

假设纳米线受到沿 a 轴方向的均匀应力（$\sigma_{xx}\neq0$，其余 $\sigma=0$）且只考虑正压电效应，则我们可以估计出沿 c 轴的电势最大值为

$$|\Delta\Psi|\sim(e_{31}\varepsilon_{xx}+e_{31}\varepsilon_{yy}+e_{33}\varepsilon_{zz})L_\varepsilon/\kappa \tag{12.11}$$

其中，e_{31} 和 e_{33} 是线性压电系数；ε_{xx}、ε_{yy} 和 ε_{zz} 分别是沿纳米线 a、b 和 c 轴的应变；L_ε 是纳米线在应变下的有效长度。式（12.11）表明，压电势与外部应变呈线性相关。通常情况下，我们可以预期 p-n 结的 $\ln\frac{I(\varepsilon)}{I(0)}$ 与外部应变呈线性关系（图 12.3（d））。

由泊松方程可以得到，界面附近 ZnO 内的局域正压电势将导致能带弯曲，以在 ZnO/GaN 界面附近形成电子和空穴通道（图 12.9（a））。如图 12.9（a）所示，我们可以通过假设压电电荷分布在 p-n 结附近宽度为 W_{piezo} 的区域内，以求解泊松方程而得到压电势的分布：

$$\kappa_{ik}\frac{d^2\Delta\psi_i}{dx^2}=-\Delta\rho(x)=-\rho_{\text{piezo}}(x) \tag{12.12}$$

假设边界条件为压电电荷区域外满足 $\rho=0$，则可得

$$\Delta\psi(x)=\frac{1}{\kappa}\rho_{\text{piezo}}\left(W_{\text{piezo}}-\frac{x}{2}\right)x,\quad 0\leqslant x\leqslant W_{\text{piezo}} \tag{12.12a}$$

$$\Delta\psi(x)=\frac{1}{2\kappa}\rho_{\text{piezo}}W_{\text{piezo}}^2,\quad x>W_{\text{piezo}} \tag{12.12b}$$

电势分布如图 12.10 所示。应变下材料的能带分布为压电势和无应变时 p-n 结能带分布两者耦合叠加的结果（图 12.9 下图红线）。因此能带在界面附近将形成一个负的凹

陷。如果在小距离中这个凹陷足够大，则在界面附近将产生电子和空穴通道。电子和空穴将分别被俘获在电子和空穴通道中。俘获的空穴可以增加从 p 型氮化镓注入 n 型氧化锌的空穴数目，这可增加界面附近电子和空穴之间的复合效率。联立求解式(12.1)。式（12.2）和式（12.6）可得出应变下发光二极管输出光强与应变下注入电流和外量子效率的关系为

$$\ln\frac{\Phi_{out}(\varepsilon)}{\Phi_{out}(0)}=\ln\frac{I(\varepsilon)}{I(0)}+\ln\frac{\eta_{ex}(\varepsilon)}{\eta_{ex}(0)}=\frac{\Delta\Psi}{kT}+f(\varepsilon) \tag{12.13}$$

其中，$\eta_{ex}(\varepsilon)$和 $\eta_{ex}(0)$分别对应有应变和无应变时发光二极管的外量子效率；k 为玻尔兹曼常量；T 为温度；$f(\varepsilon)$代表应变对外量子效率的影响。可以预期 $\ln[\Phi_{out}(\varepsilon)/\Phi_{out}(0)]$和 $\ln[I(\varepsilon)/I(0)]$与外应变之间呈线性关系，这也可从图 12.3（d）的实验数据中看出。若复合效率可通过施加应变而增加，则可预期输出光强增加的速率大于电流增加的速率。

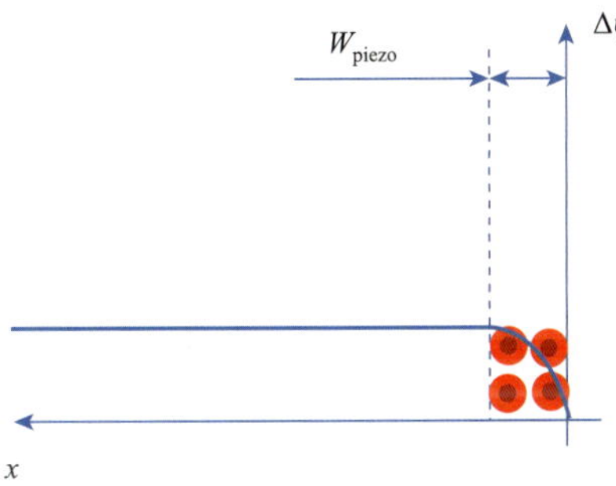

图 12.10　沿 x 轴的电势分布（氧化锌线–c 轴），假设正电荷（红点）分布在界面附近宽度为 W_{piezo} 的范围内

器件的发光增强因子大于注入电流增强因子（图 12.3（d）），这表明随着应变的增加，器件量子效率得到了提高（式（12.1））。外量子效率增加的原因可能是氮化镓-氧化锌界面附近的局域正压电势可以产生载流子俘获通道（图 12.9（a））。电子和空穴可以分别在导带和价带的俘获通道中被暂时地俘获和积累。由于氮化镓中常用的镁受主掺杂物具有高活化能（约 200meV），而氧化锌中具有较多电子，所以发光二极管的效率主要是由局域空穴浓度决定。被俘获的空穴可以增加从 p 型氮化镓注入 n 型氧化锌的空穴数目，这可以增加结区附近电子和空穴的复合效率而使得发光强度大幅增加。

需要指出的是，图 12.10 中的模型假定极化电荷分布在 p-n 结界面处。在此处的例子中，GaN 也具有极性结构且极性方向与薄膜的法线方向平行。因此在这种情况下，无论 ZnO 微米线的取向如何，由应变引起的压电电荷都分布在界面上。所以上述模型可被用于定性理解实验中得到的结果。

12.6　应变对光偏振的影响

通过比较不同应变下的光偏振，可以对光弹效应进行研究。电致发光产生的光可以

沿纳米线传播，并由于纳米线端面间的反射所造成的干涉而在线内产生振荡。透射光强遵循艾里方程（Airy equation）[18]：

$$\Phi_{\mathrm{T}} = \Phi_0 \frac{1}{1+F\sin^2(\theta/2)} \tag{12.14}$$

$$\theta = 2\pi s/\lambda \tag{12.15}$$

$$F = 4R/(1-R)^2 \tag{12.16}$$

$$s = 2nL \tag{12.17}$$

其中，Φ_{T}为电荷耦合器件探测到的透射光强度；Φ_0为包括反射和透射光的总传播光强；R为反射率；n为折射率；L为线的长度；s为光程；λ为光的波长。

研究表明，氧化锌的折射率随应变变化，这将使到达线末端光的光程和透射光相位发生变化[19]：

$$s = s_0 + \Delta s = 2n_0 L + 2\Delta n L_\varepsilon = 2n_0 L + 2\times\frac{1}{2}n^3\beta\sigma L_\varepsilon \tag{12.18}$$

$$\sigma = E\varepsilon \tag{12.19}$$

其中，n_0是无应变时的折射率；L是纳米线的总长度；L_ε是应变下纳米线的有效长度；β是光弹性系数；σ是纳米线上的应力；ε是纳米线上的应变；E是 ZnO 的杨氏模量。发光二极管的自发发射具有不同角度的偏振，但沿 ZnO 纳米线方向传播的模式以偏振方向垂直于纳米线的 $P\perp$模式为主。因此，ZnO 纳米线在应变作用下的 $P\perp$模式光的艾里方程可以写为

$$\Phi_{\text{out}}^{\perp} \sim \Phi_0^{\perp} \frac{1}{1+F\sin^2\left[\left(2\pi n_0 L + \pi n_0^3 \beta E\varepsilon L_\varepsilon\right)/\lambda\right]} \tag{12.20}$$

式中，$\Phi_{\text{out}}^{\perp}$为 CCD 相机检测的 $P\perp$模式下的透射光强度；$\Phi_0^{\perp}$是包括反射光和透射光在内的总传输光强。由于纳米线具有较大的长宽比，应变对 $P_{//}$ 模式光程的影响远小于对 $P\perp$模式的影响，其比值 $\Phi_{\text{out}}^{//}/\Phi_{\text{out}}^{\perp}$ 可描述为

$$\frac{\Phi_{\text{out}}^{//}}{\Phi_{\text{out}}^{\perp}}(\varepsilon) \sim \left\{1+\frac{4R}{(1-R)^2}\sin^2\left(\frac{\pi 2\pi n_0 L + \pi n_0^3 \beta E\varepsilon L_\varepsilon}{\lambda}\right)\right\} \tag{12.21}$$

根据方程，当光程的变化等于一个波长 λ 时，

$$\delta s = n^3 \beta E(\delta\varepsilon) L_\varepsilon = \lambda \tag{12.22}$$

相位将有 2π 的变化，这表明通过改变应变使 $\Phi_{\text{out}}^{//}/\Phi_{\text{out}}^{\perp}$ 发生了一个周期的调制（图 12.11（b））。

$$\delta\varepsilon = \frac{\lambda}{n^3\beta E}\frac{1}{L_\varepsilon} = b\frac{1}{L_\varepsilon} \tag{12.23}$$

其中，b 为图 12.11（d）中曲线的斜率。光弹性系数可由下式推导：

$$\beta = \frac{\lambda}{bn^3E} \tag{12.24}$$

图 12.11（d）显示了应变周期 $\delta\varepsilon$ 与应变下纳米线长度倒数（$1/L_\varepsilon$）的关系。应变周期 $\delta\varepsilon$ 可以从数据模拟中得出（图 12.11（b））。应变的 4 个周期分别为 0.031%、0.040%、0.057%和 0.062%，实测有效长度分别为 368.0μm、335.1μm、220.6μm 和 194.4μm。ZnO 和聚苯乙烯的杨氏模量分别约为 129GPa 和 3GPa。可以看出，$\delta\varepsilon$ 和 $1/L_\varepsilon$ 之间存在线性关系。根据曲线的斜率，我们可以计算出光弹性系数为 $3.20\times10^{-12}\mathrm{m^2/N}$（波长 395nm）。

ZnO 的折射率在应变下也可能发生变化，这就是光弹效应。我们通过研究外加应变下发射光的偏振行为来研究光弹效应。图 12.11（a）显示了单根发光二极管的电致发光强度和偏振镜相对线取向的旋转角度之间的函数关系。如果 $\Phi_{out}^{//}$ 和 $\Phi_{out}^{\perp}$ 分别表示偏振方向平行于纳米线（$P_{//}$ 模式）和垂直于纳米线（$P_{\perp}$模式）时发射光的强度，则可以使用正弦平方函数来拟合 $\Phi_{out}^{//}/\Phi_{out}^{\perp}$ 与应变的依赖关系（图 12.11（b）、图 12.11（c）和图 12.12），这可能对应于纳米线内部法布里-珀罗腔的共振现象。

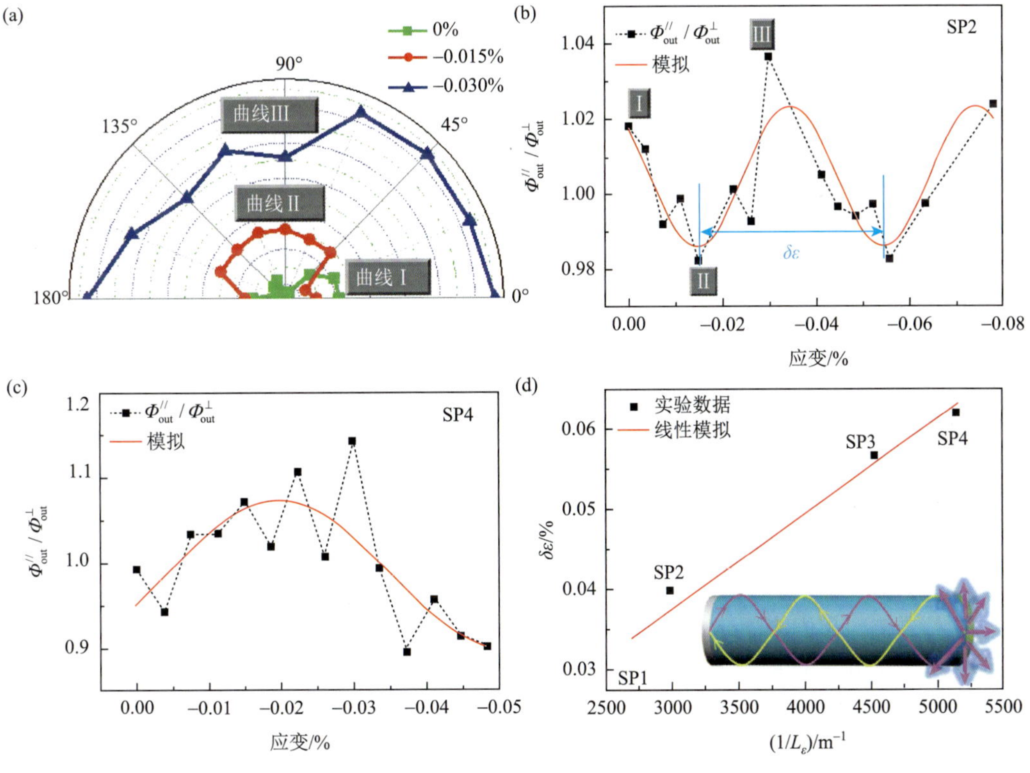

图 12.11　应变对 n-ZnO 线/p-GaN 薄膜的发射光偏振的影响。（a）不同应变下发光二极管输出光束剖面图与偏振角之间的关系；（b）不同应变下的 $\Phi_{out}^{//}/\Phi_{out}^{\perp}$ 变化，图中各点对应于曲线Ⅰ～Ⅲ，$\delta\varepsilon$ 是光强比的变化周期；（c）不同应变下 SP4 器件的 $\Phi_{out}^{//}/\Phi_{out}^{\perp}$；（d）应变变化周期 $\delta\varepsilon$ 与 ZnO 线有效长度 L_ε 倒数的关系图，插图显示了法布里-珀罗谐振腔（ZnO 线）内 $P_{\perp}$模式驻波的示意图[5]

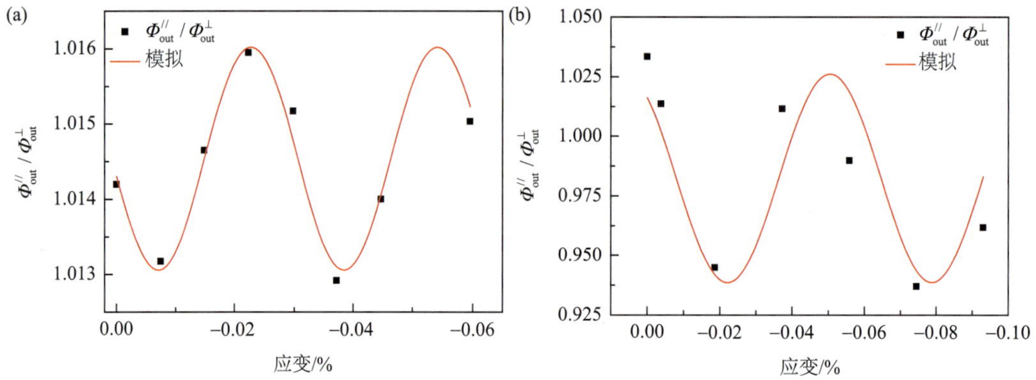

图 12.12　图 12.11（d）中器件 SP1 和 SP3 的 $\Phi^{//}_{out}/\Phi^{\perp}_{out}$ 与所受应变的关系：（a）SP1；（b）SP3

发光二极管的自发辐射具有不同角度的偏振，但沿氧化锌线方向传播的导引模式是由 P⊥模式决定的[20]。由于线内端面间反射所造成的干涉效果，沿线传播的光可在线中形成振荡（图 12.11（d）插图）。应变下折射率的变化会影响传播光的光程长度，从而对线内的干涉模式和发光过程产生调制。另一方面，由于纳米线具有较大的长径比（通常超过 100），应变对 $P_{//}$ 模式光程的影响要远小于对 P⊥模式的影响。通过应用方程（12.2）对图 12.11 和图 12.12 中的数据进行模拟，我们可从 $\delta\varepsilon$ 与 $1/L_\varepsilon$ 曲线的斜率得到光弹性系数为 $\beta \sim 3.2\times10^{-12}m^2/N$（在 395nm 波长下），其中 $\delta\varepsilon$ 是 $\Phi^{//}_{out}/\Phi^{\perp}_{out}$ 发生振荡变化时的应变周期。此处所得的 β 值与相关报道中氧化锌的光弹性系数值相符[21]。本项研究表明，可以通过施加适当的外部应力在器件中导致应变，以实现对单根线发光二极管发射光的偏振的调制。

虽然我们的研究集中在单根线发光二极管上，我们也可以通过扫描印刷方法来制备极性可控的纳米线阵列器件[19]，制得的阵列中的所有纳米线都具有相同的 c 轴取向。我们可在聚合物衬底上制备基于纳米线阵列的发光二极管器件以获得柔性发光二极管阵列。通过对阵列器件同步施加力学应变，可以统一提高所有纳米线发光二极管（NW-LED）的输出强度。此外，通过提高反射率、增加驱动电流、改善复合效率和解决发热问题等手段，也可能获得电致偏振激光发射。

12.6.1　p 型 GaN 薄膜的电致发光特性

在本节中，我们将展示如何通过压电光电子学效应来调节镁掺杂的 p 型氮化镓薄膜的电致发光（EL）性能。我们通过应变产生的极化电荷来调节金属-半导体（M-S）界面处的少数载流子注入效率[22]。研究的器件具有 ITO-氮化镓-ITO 的金属-半导体-金属结构。对应于薄膜中不同的 c 轴取向，在不同的应变条件下，氮化镓薄膜电输运性质的变化趋势可分为两种类型。在一定的应变值下，器件的积分电致发光光强达到极值。这是界面处产生的压电电荷对少数载流子注入效率调制的结果。波长在 430nm 的蓝光电致发光的外量子效率在应变变化时改变了 5.84%，其变化比绿光 540nm 峰相应的变化大一个数量级。上述结果表明，同与 p 型氮化镓薄膜中深受主态相关的电致发光过程相比，与浅受主态相关的电致发光过程受压电光电子学效应的影响更为明显。这项研究对那些在工作环境中无法避免机械形变的氮化镓光电器件，如柔性可印刷的发光二极管，具有很大的实际应用意义。

12.6.2　压电光电子学效应对发光二极管的影响

我们在镁掺杂p型氮化镓薄膜上制备透明ITO电极以形成金属-半导体-金属（M-S-M）结构。当对器件施加恒定电压时，在不同应变状态下，取决于薄膜 c 轴的方向，通过氮化镓薄膜的电流可以逐步地增加或减少。这是由应变产生的局域压电电荷对金属-半导体接触处的肖特基势垒高度进行调节所造成的。通过压电电荷对少数载流子注入效率的调制，电极下金属-半导体界面处的电致发光强度也同样受到该区域应变产生的压电电荷的调节。实验中也观测到积分发光强度出现极值情况。相比于同深受主态相关的波长在540nm 的电致发光，与浅受主态相关的波长在 430nm 处的电致发光受压电光电子学效应的影响更大。这项研究对氮化镓薄膜在光电子器件中的应用十分重要。

用于本研究工作中的镁掺杂 p 型氮化镓薄膜通过低压 MOCVD 生长在蓝宝石（0001）衬底上的。样品经退火步骤以激活受主。薄膜中的镁浓度约为 $3\times10^{19}\ cm^{-3}$，自由空穴浓度约为 $8\times10^{17}\ cm^{-3}$。尺寸为 2mm×2mm 的 ITO 电极沉积在氮化镓薄膜表面上。两电极之间的距离为 1～2mm。实验装置如图 12.13（a）所示。基底一端固定在样品台上。固定好的圆柱放置在基底下两电极之间的位置以支撑基底。数字移动控制器控制的三维直流电机线性移动台被用来推动基底的自由端以在氮化镓薄膜中引入应变。通过将薄膜面朝上或朝下放置，可以使薄膜在平行于薄膜平面的方向受到拉伸或压缩。Keithley 4200 半导体表征系统被用来进行电学测量。光纤耦合光栅光谱仪（Acton SP-2356 Imaging Spectrograph，Princeton Instruments）被放置在电极附近圆柱上方的区域来记录电致发光光谱数据。上述装置可以保证施加应变时光纤和薄膜之间的距离保持一致。不同应变条件下通过氮化镓薄膜的电流和相应的电致发光光谱被同时记录下来。

实验结果表明，当在两 ITO 电极之间施加恒定电压时，在不同的应变条件下，通过 GaN 膜的测量电流逐级变化。尽管所有器件的电流测量值和所受应变之间均呈线性关系，这些结果依然可以被分成具有相反变化趋势的两组情况。如图 12.13（b）所示，第一组中的器件电流随应变增加而减小；如图 12.13（c）所示，第二组中的器件电流随应变增加而变大。为了将测量数据与薄膜晶体的极性方向关联起来，我们用 Hitachi HF2000 TEM 于 200kV 条件下对薄膜进行了表征。为了同时获得氮化镓薄膜和蓝宝石基底的表征数据，我们准备制备了薄膜的横截面样品。会聚束电子衍射（CBED）技术是确定薄膜极性方向的独特方法。如图 12.13（d）和（e）所示，利用此技术并且参考模拟的会聚束电子衍射图像得到的结果表明，图 12.13（b）和（c）中的两种不同特性分别对应了氮化镓薄膜相对于蓝宝石基底两种相反 c 轴取向的情况。这两个薄膜的结构均为厚度约 4μm 的单晶。氮化镓薄膜和蓝宝石之间的界面清晰可见。唯一不同的是，在第一组中氮化镓薄膜的 c 轴向下指向基底，而在第二组中氮化镓薄膜的 c 轴向上指离基底。

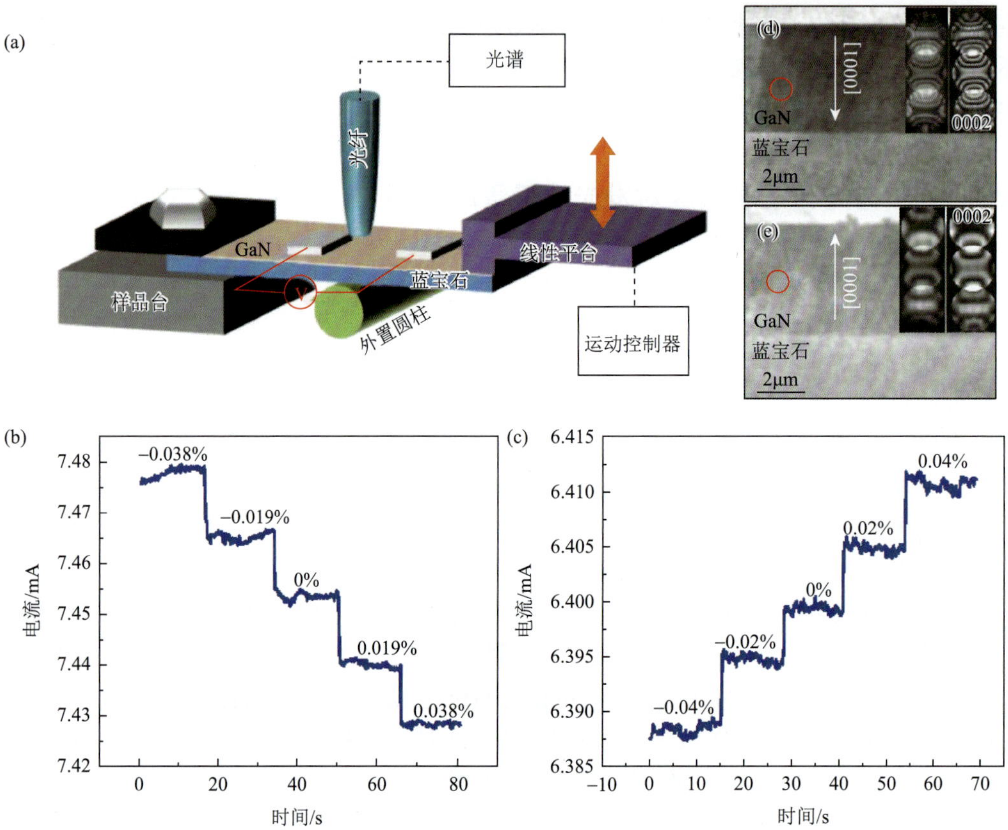

图 12.13　（a）实验装置示意图；在恒定电压下，应变增加时通过氮化镓薄膜的电流逐步（b）减少或（c）增加，具有前者变化行为的器件分为第一组，具有后者变化行为的器件分为第二组；（d）和（e）分别为具有这两组特性的氮化镓薄膜结构对应的 TEM 图像，插图左边部分为取自图中红圈区域的会聚束电子衍射图像，右边为对应的模拟图像[22]

12.6.3　理论模型

下面我们以第一组情况为例来说明，实验中观察到的电流与薄膜所受应变之间的依赖关系中，氮化镓薄膜的 c 轴取向如何起着关键的作用。如图 12.14（a）所示，两个 ITO 电极和氮化镓薄膜间形成金属-半导体-金属结构。由于 ITO 的功函数和氮化镓的亲和势之间的差异，在器件中的两个金属-半导体接触处形成了两个肖特基势垒（ϕ_o）。当电压施加到电极间时，通过器件的电流路径示意图如图 12.14（a）中绿色虚线所示（或当外加电压极性改变时具有相反的方向）。当基底弯曲时薄膜受到平行于薄膜平面的拉伸应变（图 12.14（b）），则在氮化镓薄膜的顶部和底部表面产生净的压电电荷。如图 12.14（b）所示，根据这种情况下的 c 轴方向可知，在氮化镓薄膜顶部表面两个 ITO-氮化镓接触区域将产生正压电电荷。因此，这两个接触处的肖特基势垒高度都得到了增加（ϕ_s，其中 $\phi_s > \phi_0$）（注：氮化镓为 p 型）。因此在恒定电压下，流过氮化镓薄膜的电流会减少。对应地，当基底弯曲时薄膜受到平行于薄膜平面的压缩应变（图 12.14（c）），在氮化镓薄膜顶部表面将产生净的负压电电荷，所以接触处的肖特基势垒高度会减小（ϕ_c，其中$\phi_c < \phi_0$）而导致流经薄膜的电流增加。

第二组器件中的氮化镓薄膜 c 轴朝上指离基底。因此当薄膜受到平行于薄膜平面的拉伸应变时，氮化镓薄膜顶部表面产生净的负压电电荷。所以两个接触处的肖特基势垒高度同时降低以致通过氮化镓薄膜的测量电流随应变增加而变大。图 12.13（d）为实验中观察的结果。同理可以解释薄膜受到平行于薄膜平面的压缩应变情况的实验数据。

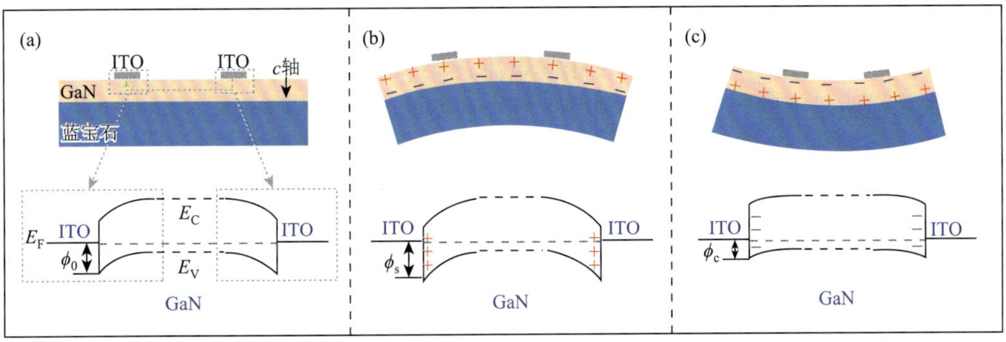

图 12.14　（a）器件结构和相应的能带图，两个金属-半导体接触处形成两个肖特基势垒（ϕ_0），这里我们以氮化镓薄膜的 c 轴指向下方的衬底为例；（b）当氮化镓薄膜受沿平行于薄膜平面方向的拉伸应变时，氮化镓薄膜顶部表面产生正压电电荷，从而提高肖特基势垒高度（ϕ_s）；（c）当薄膜受沿平行于薄膜平面方向的压缩应变时，氮化镓薄膜顶部表面产生负压电电荷，从而降低了肖特基势垒高度（ϕ_c）[22]

12.6.4　发光特性分析

我们对不同应变条件下正偏电极区域（即氮化镓薄膜比 ITO 具有更高的电势）的电致发光谱进行了记录。实验中可以观测到两个主要发光峰。如图 12.15(a)所示，位于 430nm 处的发光峰对应导带或浅施主能级与镁浅受主能级之间的发光[16, 17]。如图 12.15（b）所示，另一个位于 540nm 的发光峰对应了深层镁受主参与的发光过程[23, 24]。两幅图中的插图对应了恒定电压下电流在不同应变下的变化。从这些结果我们可以看到电流随应变增加而下降，由我们在 12.6.3 节中的讨论可知，这表明此时氮化镓薄膜的 c 轴向下指向蓝宝石基底。当施加的应变或者流经氮化镓薄膜的电流发生改变时，这两个波长的发光能量都没有发生偏移。测得的电流与应变之间呈线性关系，但电致发光谱积分强度却具有 V 形形状，如图 12.15（c）中插图所示。具体来说，首先当应变增加时，由于测量电流下降，电致发光谱积分强度减小。接着随着应变的进一步增加和电流的不断减小，谱积分强度先达到最小值然后逐渐增加。如图 12.15（c）所示，我们可以将电致发光谱积分强度与测得电流之间的比例定义为外量子效率，并以最小值作参照将其归一化以方便比较。除了观察到最小值外，另一个非常有趣的现象是应变变化导致 430nm 处的蓝光电致发光发射的外量子效率改变了 5.84%，而对应的 540nm 处的发光过程的外量子效率却只被改变了 0.54%，这与前者相比小了一个数量级。从这个结果来看，同与深受主态相关的发光过程相比，与浅受主态有关的发光过程受金属-半导体接触界面环境的影响貌似更为敏感。对此现象机制的研究仍在继续进行中。

我们知道，通过氮化镓薄膜的电流强度对电致发光的强度起着非常重要的作用，但它并不是唯一的决定因素。如图 12.15（d）所示，为了详细阐述这点，我们使用两种不同的方法来比较由电流变化引起的电致发光谱积分强度变化。在第一种方法中不同的电流被施加在器件上。电致发光谱积分强度与所加的电流之间具有线性关系。在第二种方法中，施加的电压保持恒定。然后，通过在氮化镓薄膜中引入不同的应变，器件的传输电流可以得到调节。在这种情况下，电致发光谱积分强度存在一个最低值。在比较这两种情况时，非常有趣的现象是即使在相同电流条件下，这两种不同的方法中的电致发光谱积分强度也明显不同。这表明当薄膜内存在应变时，存在某些因素使得造成发光和非辐射过程的电流值之间的比例发生改变。ITO/氮化镓界面上由应变引起的压电电荷被认为是造成这一现象的主要因素。

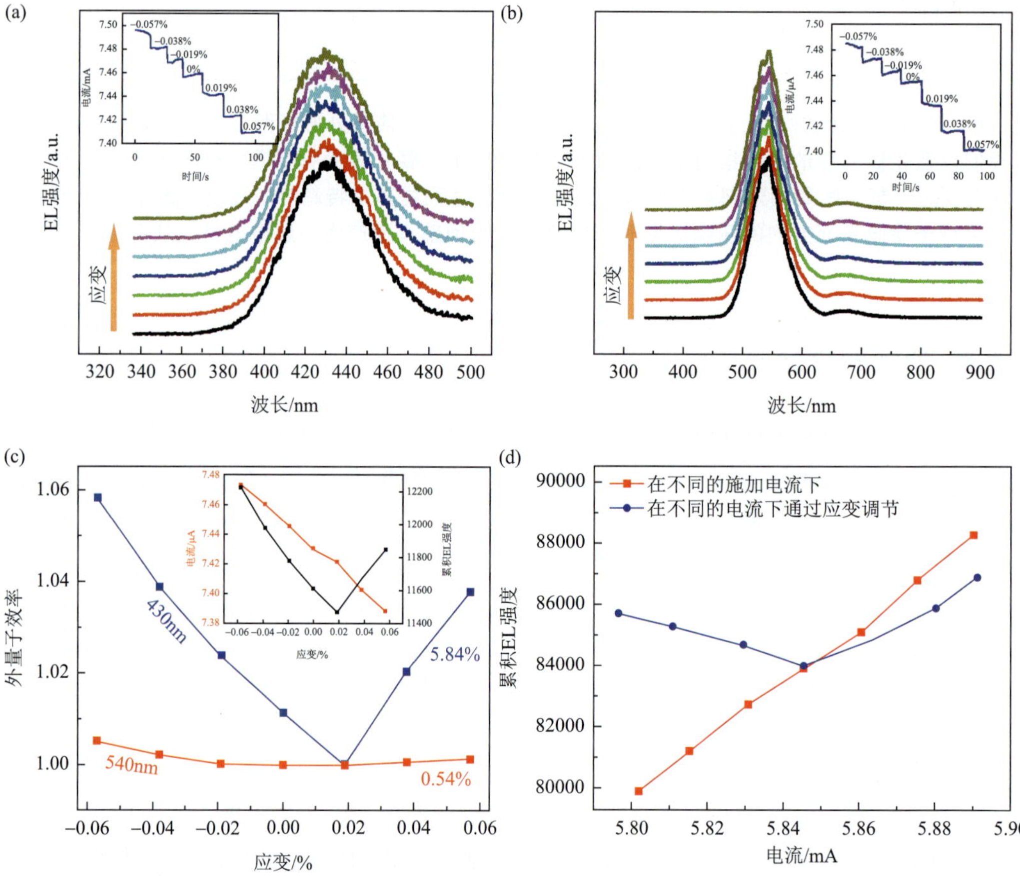

图 12.15　恒定电压下氮化镓薄膜受不同应变时在（a）430nm 和（b）540nm 的电致发光谱，为清晰显示，图中的纵轴进行了移动，插图为对应的测量电流响应；（c）不同应变下 430nm 和 540nm 处发光的外量子效率，插图为对应于图（a）中数据的不同应变条件下电流变化与电致发光积分值之间的关系；（d）由两种不同方法造成的电流变化所导致的电致发光积分值的变化[22]

如图 12.16（a）所示，在 ITO/氮化镓界面处形成了肖特基势垒。为激发电致发光，肖特基二极管处于正向偏置。如图 12.16（b）所示，在我们的实验中，器件通常工作在高电压条件下（大于 20V），因此我们可以使用平带条件。通过 ITO/氮化镓界面的电流分为两部分：从氮化镓流向 ITO 的空穴电流和从 ITO 流向氮化镓的电子电流。对电致发光发射过程而言，我们更感兴趣的是后者，即少数载流子注入 p 型氮化镓的过程。如图 12.16（b）所示，注入的少数载流子可以与氮化镓内的空穴发生辐射复合。因此，界面处的少数载流子注入效率对发光效率而言非常重要[25]。如图 12.16（c）所示，当氮化镓薄膜受到平行于薄膜表面的拉伸应变时（应变>0），ITO/氮化镓界面处产生正压电电荷，因此对于空穴而言，肖特基势垒高度得到增加（ϕ_s），而对从 ITO 注入氮化镓的电子而言势垒高度下降。同时界面处氮化镓内的正压电电荷会吸引更多的电子从 ITO 侧扩散而来。以上两个因素都会提高少数载流子的注入效率并进而提高发光效率。这就是造成实验所观察到现象的原因，如图 12.16（c）所示，虽然通过的氮化镓薄膜的总电流在逐步缩小，但在一定的应变条件下电致发光谱积分强度开始增加。从此点开始，虽然器件的总电流减少，但由于 ITO/氮化镓界面处电子注入效率的提高，对电致发光过程有贡献的这部分电流在增加，这源于此区域产生的正压电电荷，即压电光电子学效应造成的影响。当氮化镓薄膜受到平行于薄膜表面方向的压缩应变时（应变<0），ITO/氮化镓界面产生负压电电荷，如图 12.16（d）所示。这导致界面注入电子面临的势垒增加，且氮化镓内的负压电电荷会阻碍电子的继续注入。因此，此时少数载流子的注入效率下降并导致了发光效率的降低。这就是氮化镓薄膜被压缩时，即使在相同的电流条件下，同一器件中电致发光谱积分强度也比无应变状态时低的原因，如图 12.15（d）所示。我们之前的理论模拟预测，由应变引起的压电电荷可以在 p-n 结界面调节少数载流子的注入[26]。在这里，我们的实验结果表明，这一原理也同样适用于在金属-半导体接触界面形成的肖特基势垒。

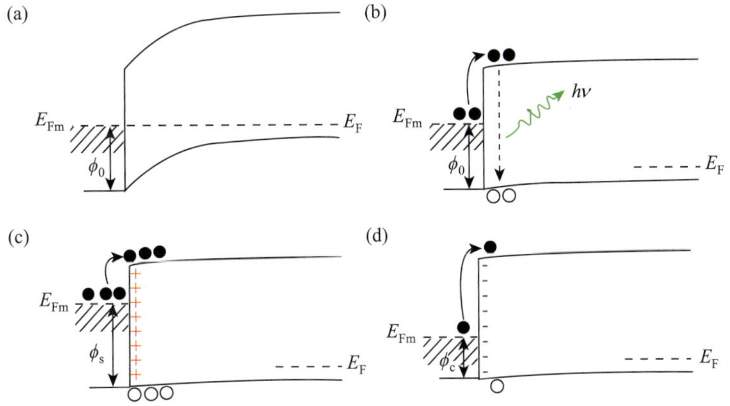

图 12.16　可能的工作机制：（a）ITO/氮化镓界面形成肖特基势垒；（b）正向偏置下，注入的少数载流子可以与空穴复合从而在氮化镓内产生光辐射；（c）当氮化镓薄膜受到平行于薄膜表面方向的拉伸时，界面处产生正压电电荷，从 ITO 到氮化镓的电子注入效率增加，从而提高发光效率；（d）当氮化镓薄膜受到平行于薄膜表面方向的压缩时，界面处出现负压电电荷，电子注入效率下降，从而降低发光效率[22]

为了进一步验证我们提出的机制，在保持通过氮化镓薄膜的电流恒定时，我们研究了不同应变条件下电致发光谱积分强度的变化，结果显示于图 12.17 中。在这种情况下，电流变化对电致发光谱积分强度的影响被排除了。此时的主导因素是少数载流子的注入效率。电致发光谱积分强度与应变之间呈线性关系。这意味着当氮化镓薄膜受到平行于薄膜表面方向的拉伸应变时，ITO/氮化镓界面处产生的正压电电荷将增加少数载流子注入对总电流的贡献并进而提高发光效率。而当氮化镓薄膜受到平行于薄膜表面方向的压缩应变时，界面处产生的负压电电荷将减少少数载流子注入对总电流的贡献而导致发光效率降低。这符合我们提出的机制。在这种情况下，当消除电流改变对发光过程的影响后，受不同应变条件时压电光电子学效应的作用，器件 430nm 波长发光的电致发光谱积分强度变化了 2.11%，且 540nm 波长发光的电致发光谱积分强度变化了 0.21%。由于此时电流保持恒定，因此这些变化即为外量子效率的变化。

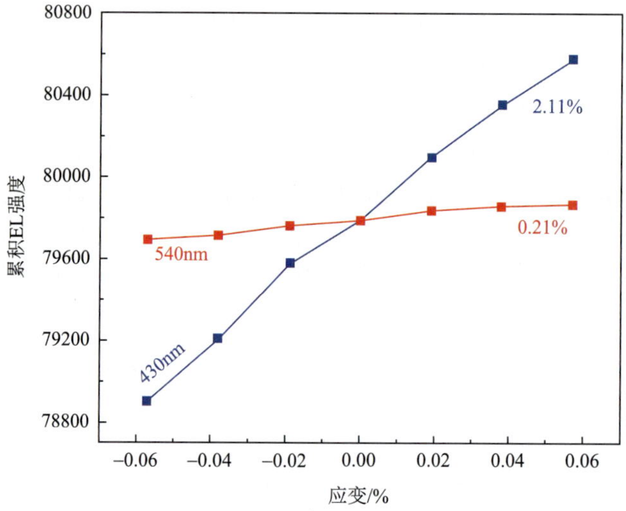

图 12.17 恒定电流施加在器件上时，电致发光谱积分值与所加应变之间呈线性关系，这符合我们前面提出的工作机制[22]

12.7 量子阱发光二极管的压电光电子学效应

光电子器件的特征尺寸正迅速缩小到纳米尺度，这引起了量子局域效应。光电效应与量子效应的耦合有重要的科学意义和应用前景，将成为下一代压电电子/压电光电子器件的重要研究方向[27, 28]。在本节中，我们首先介绍了量子阱发光二极管中的时间分辨压电光电子学及其在可见光通信（VLC）中的应用。此外，还介绍了下一代显示技术微型发光二极管（Micro-LED）的压电光电子学效应。最后，压电光电子学效应为量子阱 LED 的热管理开拓了新路线。

12.7.1 时间分辨压电光电子学效应与可见光通信

载流子动态过程支配着光的吸收/发射和载流子输运过程，有重要的物理意义和潜在的应用前景。例如，VLC 技术因其优越的处理能力和快速的数据传输潜力而备受关注。此外，现有照明网络与 VLC 技术的自然结合以及抗电磁干扰能力，使无线通信实现无所不在的空间覆盖成为可能，这提供了一种信息容量大、部署灵活、维护方便、安全保密、经济的新型宽带接入[29, 30]。VLC 的传输速率取决于调制带宽，而调制带宽主要取决于半导体中的少数载流子寿命。时间分辨压电光电子学效应的实验和理论研究证明，压电极化可以有效调制 InGaN/GaN 量子阱中的内置电场，大大提高了 VLC 的调制带宽[31]。

InGaN/GaN LED 通常工作在从蓝光到绿光的宽波长范围内。我们选择蓝光和绿光的 InGaN/GaN LED 作为典型的例子来评估器件在可用波长范围内的性能。在施加和不施加外部应变的情况下，对蓝色和绿色 InGaN/GaN LED 进行了 PL 和时间分辨光致发光（TRPL）测量。图 12.18（a）和（b）分别为蓝光和绿光 LED 在纳秒时间范围内的 TRPL 谱等高线图。横轴表示给定发射过程的强度按照基本速率方程随时间呈指数衰减，纵轴反映在特定时间点的主导跃迁过程激发的光发射。在我们的例子中，主要光发射过程是电子从导带到价带的跃迁。图 12.18（c）～（f）展现了 PL 和 TRPL 对应变的依存性。图 12.18（c）和（d）显示了在没有施加外部应变的情况下，蓝光和绿光 LED 的主发光峰分别位于 480nm 和 545nm；施加外应变时，两种 LED 的发光强度均明显增加，应变增大至 0.14%，发光峰轻微蓝移。图 12.18（e）和（f）显示了室温下不同外部应变下蓝光和绿光 LED 的 TRPL 谱。所有的数据表明，发光强度随时间呈单指数衰减，这个现象在其他 In（Ga）N/GaN 量子阱结构中也被观察到了[32]。随着所施加的外部应变的增加，蓝光和绿光 LED 的 PL 强度衰减更快，说明载流子寿命更短。通过单指数衰减的模型拟合，计算出了不同应变下的 PL 衰减寿命。当不施加应变时，蓝光 LED 衰减寿命更短，为 2.65ns，而绿光 LED 的衰减寿命为 4.74ns。这些寿命值处于文献报道的类似结构的范围内[33]。绿光 LED 较长的 PL 寿命归因于较低的辐射复合率，这是由于压电极化场减少了绿色量子阱中的电子-空穴波函数重叠。当施加 0.14%的应变时，两种结构的辐射寿命分别下降了 49%和 55%。在 0.14%的外部应变下，蓝光和绿光 LED 的最短寿命分别为 1.37ns 和 2.14ns，比大多数报道的值要小得多[34-37]。我们的研究首次证实了光跃迁和衰减寿命的应变调制，这是压电光电子学效应从准稳态到瞬态过程的重要进展。InGaN/GaN LED 可以在蓝光到绿光的宽光谱范围内工作，我们的典型案例证明了压电光电子学的调制是通用的和高效的。

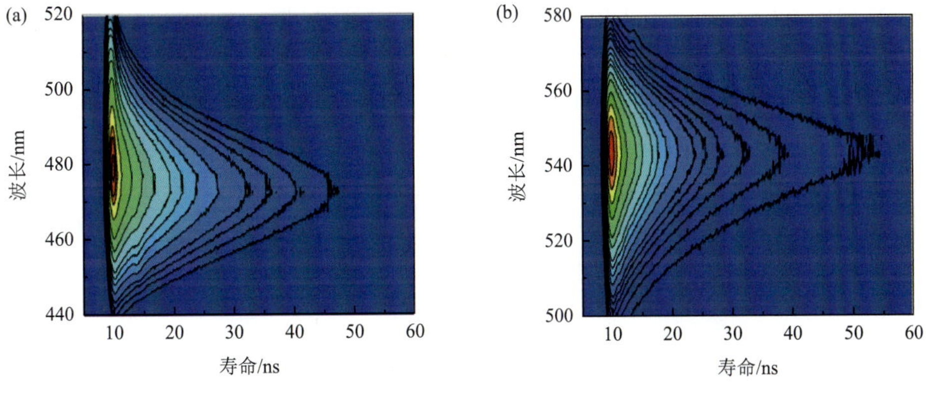

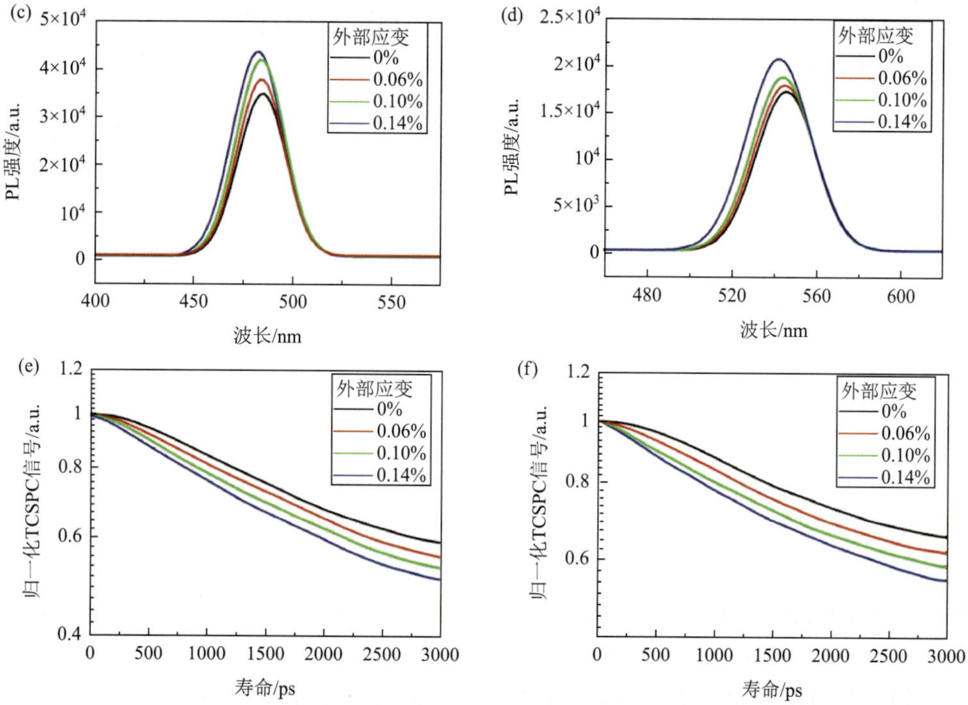

图 12.18 （a）蓝光 LED 的 TRPL 谱等高线图；（b）绿光 LED 的 TRPL 谱等高线图；（c）蓝光 LED 在不同应变下的 PL 谱；（d）绿光 LED 在不同应变下的 PL 谱；（e）蓝光 LED 在不同应变下的 TRPL 谱；（f）绿光 LED 在不同应变下的 TRPL 谱

应变调制载流子寿命在 VLC、光纤、高速显示、光伏等领域有广阔的应用前景，其基本机理是压电光电子学效应调制了量子阱中极化电场强度。InGaN/GaN 单量子阱（SQW）结构的原子结构模型和应变状态示意图显示在图 12.19（a）中。GaN 和 InGaN 层的晶格数值参考此前的研究报告[38, 39]。对于原生的 GaN/InGaN/GaN 结构，晶格失配引起的本征应变在 InGaN 和 GaN 层中沿相反方向，InGaN 层在平面内被压缩，而 GaN 在界面处被拉伸。因此，在 InGaN 层的顶部和底部产生正、负压电电荷，形成了沿[0001]方向的压电极化电场；而在 GaN 层中，压电极化电场方向为$[000\bar{1}]$，如图 12.19（b）所示。图 12.19（b）还表明，靠近底部 GaN 层的 InGaN 能带被负压电电荷向上弯曲，靠近上层 GaN 层的 InGaN 能带被正压电电荷向下弯曲，导致导带中电子的波函数与价带中空穴的波函数在空间上分离，从而降低了辐射复合效率。能带结构采用标准的薛定谔-泊松耦合方程来计算。当通过弯曲 LED 施加外部拉伸应变时，这种外部施加的应变“抵消”了 GaN 层中由晶格错配引起的本征应变；相应地，由外部应变产生的压电场也补偿了界面处的一些内建电场（图 12.19（c））。因此，InGaN 层的势阱处的能带趋于平带状态；波函数的重叠得到最大化，跃迁概率大大增加（图 12.19（c））。载流子的辐射复合寿命可由下式表示[33]，它反比于辐射速率：

$$\tau = \tau_0 \Big/ \left| \int_0^L \mathrm{d}z \varphi_e(z_e) \varphi_h(z_h) \right|^2 \qquad (12.25)$$

其中，$\varphi_e(z_e)$和 $\varphi_h(z_h)$分别为电子波函数和空穴波函数，它们可以直接从自洽薛定谔-泊松耦合方程中得到；L 为单个量子阱沿 c 轴（即图中坐标 z 轴）的长度；τ_0 为无外应变时的寿命。因此，载流子的辐射复合寿命通过压电-光电子学效应而大大缩短，这与上述 TRPL 测量中观察到的现象一致（图 12.18）。

LED 调制带宽是超高速 VLC 系统的瓶颈[20, 40]，其与载流子衰减寿命的关系式为[41]

$$f_{3dB} = 1/2\pi\tau \tag{12.26}$$

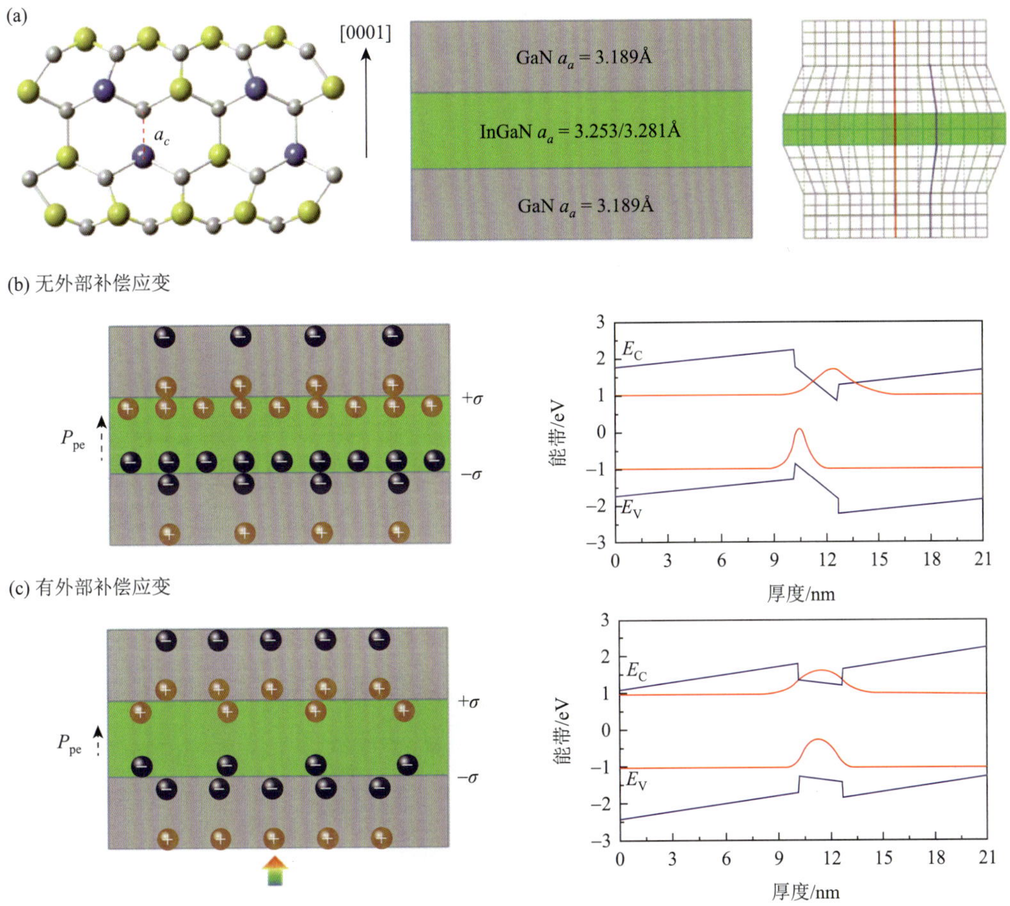

图 12.19 （a）InGaN/GaN SQW 的原子结构示意图和应变分布，a_c, a_a 表示沿 c 轴和面内方向的晶格参数；（b）无外部补偿应变和（c）有外部补偿应变下 InGaN（GaN）界面的压电极化电荷和 SQW 结构的能带，箭头表示施加在 InGaN 层中的压电极化电场的方向

图 12.20（a）是计算和实测的蓝光和绿光 InGaN/GaN LED 的 3dB 调制带宽随应变的变化曲线。结果表明，当应变从 0%增加到 0.22%时，3dB 调制带宽呈指数增长，这与蓝光和绿光 LED 的实验结果一致。在 0.14%的外部应变下，我们在单个蓝光 LED 芯片实验中测得的最高带宽为 117MHz，远高于 JJD Mckendry 在基于正交频分复用（OFDM）的 VLC 系统的单个 LED 为 3Gb/s 时的 60MHz 带宽[42]。图 12.20（b）表示 0%和 0.14%应变

下 InGaN/GaN LED 的 3dB 调制带宽随发光波长的变化曲线。随着发射波长的减小，调制带宽呈指数增长，在 0.14%应变下调制带宽明显快于 0%应变时。实验数据与计算结果吻合较好。补偿应变机制是提高 VLC 调制带宽的有效方法。通过改变铟的含量，InGaN/GaN LED 可以在从蓝光到绿光的更宽波长范围内工作。除了发射波长外，改变铟含量也会极大地改变压电系数、晶格失配和有效质量，最终决定压电光电子学调制效果。为了指导应变增强 VLC 的设计，我们根据上述模型计算了调制带宽随补偿应变和工作波长变化的双变量曲线图，并将典型的实验结果以实三角形形式插入图谱，如图 12.20（c）所示。调制带宽随补偿应力的增大呈指数增长，这是由于压电极化场的补偿。此外，LED 调制带宽随工作波长的减小而逐渐增大。这意味着在高铟含量量子阱中，压电极化场削弱了光学跃迁过程。通过这种简单的应变增强技术，理论上可以将芯片的调制带宽提高到吉赫兹量级。

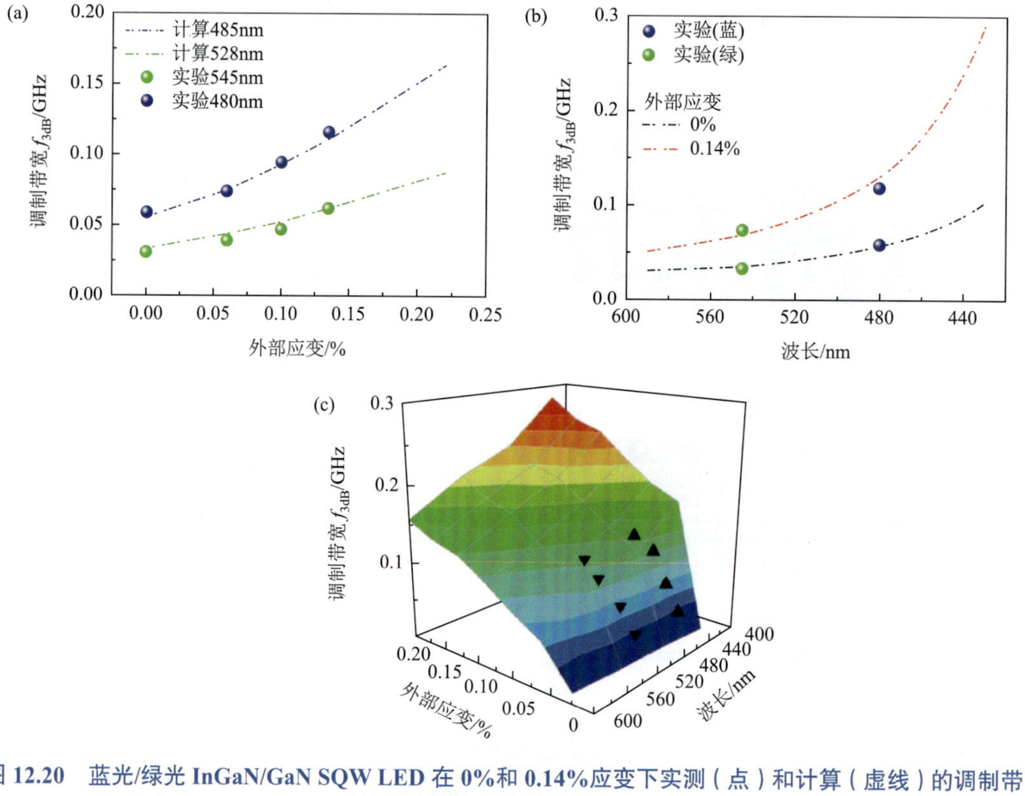

图 12.20　蓝光/绿光 InGaN/GaN SQW LED 在 0%和 0.14%应变下实测（点）和计算（虚线）的调制带宽 f_{3dB} 随（a）外部应变的函数和（b）随发光波长的函数；（c）GaN 基 VLC 调制带宽 f_{3dB} 随补偿应变和工作波长变化的双变量曲线图，实验值用正/倒三角形列在图谱中

12.7.2　Micro-LED 的压电光电子学效应

Micro-LED 是新一代显示技术，在高分辨率、高刷新率、高亮度、长寿命等方面有巨大的优势。当在 Si、蓝宝石和 SiC 等异质衬底上生长 InGaN/GaN 基 LED 结构时，氮化物薄膜与外延衬底之间存在较大的失配，导致氮化物基 LED 中的应力分布复杂。残余应力会产生压电场，这对 LED 的发光效率有很大的影响，随着 LED 尺寸微缩到微米尺度，这个问题变得更加严重。因此应力的研究是 Micro-LED 的一个重要问题。我们引入压电光电子学效应来揭示 InGaN/GaN Micro-LED 的应力分布和光跃迁。压电光电子学效应是在纤锌矿结构III-氮化物半导体中发现的半导体特性、压电极化和光激发之间的三向耦合效应[22, 43, 44]。在 InGaN/GaN Micro-LED 中观察到非均匀的压电光电子学效应，该效应引起发射光波长的移位。此外，由于这种半悬浮的 Micro-LED 结构同时削弱了 Si 衬底吸收向下的光，并增加了侧向主动发射面积，因此半悬浮的 Micro-LED 的发光强度提高了 150%。本研究不仅为提高 Micro-LED 的发光性能提供了有效的方法，而且加深了对非均匀压电光电子学效应的理解与认识，对复杂微纳光电器件的调制和性能优化具有重要作用。

我们提出了一种新颖的半悬浮 Micro-LED 的制造工艺，其主要技术路线是采用各向异性蚀刻产生深硅沟槽，然后采用各向同性蚀刻逐步横向释放器件结构[45, 46]。与一些湿法或干法蚀刻工艺相比，该工艺具有控制精准、排列整齐、易集成到硅基电路中，以及环境污染和溶液污染小等优点。InGaN/GaN 微盘 LED 阵列的 SEM 俯视图如图 12.21（a）所示，每个微盘尺寸为 200μm，相邻微盘间距为 150μm。如图 12.21（b）所示，微盘 LED 阵列的倾斜截面 SEM 图像显示出深凹边 GaN 基微盘结构具有较大的气隙和较长的悬浮距离（约 80μm）。这种方法的刻蚀精度高达 90%（图 12.21（c）），并且可以精确地控制形状，因此可以制备复杂的激光器阵列或柔性微纳米器件。GaN（0002）晶面的 ω-2θ 曲线如图 12.21（d）所示，我们注意到 InGaN/GaN 多量子阱产生了许多高阶卫星峰，这表明在衬底蚀刻后，InGaN/GaN 微盘 LED 仍然保持了良好的量子阱/势垒周期性结构[47]。

一些已报道的微柱 LED 和微环 LED 相对于平面 LED 的发光强度的提高仅为 39%和 70%[48, 49]。而在微盘 LED 中，增幅达到了 150%，如图 12.21（e）所示。微盘 LED 发光强度增强的机理如图 12.21（f）所示。在平面 LED 中，由于 GaN 具有高折射率，从 LED 有源区发射的大部分光将被捕获在 GaN 层中[50]。相比之下，在微盘 LED 中，有效发光面积的增加主要是由于以下两点。与其他微盘 LED 一样，由于尺寸为微米量级，大多数横向传输的光子可以避免重吸收并成功到达侧壁[51]。与传统的微盘 LED 相比，半浮式微盘 LED 的优势在于，由于 Si 衬底被深度蚀刻，它可以有效地削弱 Si 衬底所吸收的光[52, 53]。此外，压电在微型 LED 中也起着重要作用。压电光电子学效应已被证明可以有效地调制光发射的内量子效率（IQE）[28, 54-56]，本研究还揭示了半悬浮微盘 LED 中的非均匀压电光电子学效应。Chen 和 Shen 等证明应变弛豫对提高微型 LED 的 IQE 有很大贡献，这很好地阐明了应力调控对高性能微型 LED 的重要性[57]。这种半悬浮 InGaN/GaN 微盘 LED 为进一步提高 Micro-LED 的照度提供了可靠的技术支持。

为了分析硅衬底的去除对压电光电子学效应的影响，我们采用微曲 PL 谱和显微拉曼散射谱研究了 InGaN/GaN 微盘 LED 中的残余应力。如图 12.22（a）所示，沿微盘 LED 半径共取 15 个测点。点 1～点 5 和点 11～点 15（相邻点间距为 13μm）均匀分布在微盘 LED 的边缘，其下方没有 Si 衬底。点 7～点 9（相邻点间距为 11μm）均匀分布在微盘 LED 的中心区域，其下方有 Si 衬底。点 6～点 10 分布在有/没有 Si 衬底的连接处。图 12.22（b）是

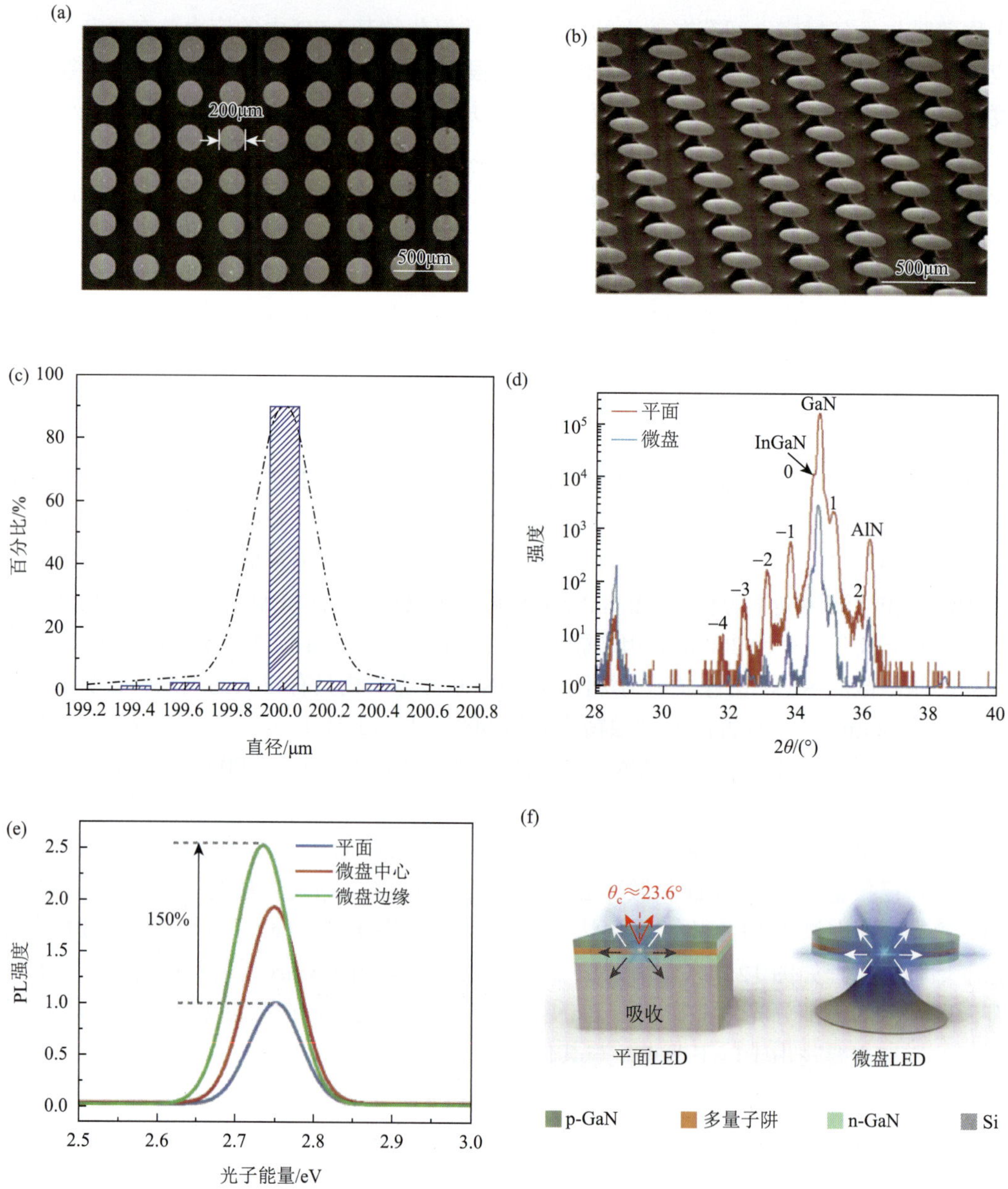

图 12.21　InGaN/GaN 微盘 LED 阵列的（a）俯视和（b）斜视 SEM 照片；（c）微盘 LED 直径的统计分布；（d）InGaN/GaN 微盘 LED 阵列的 XRD ω-2θ 曲线；（e）微盘 LED 和平面 LED 的 PL 谱；（f）平面 LED 和微盘 LED 的有效发光区域示意图

从这 15 个测试点测得的 PL 谱，同时引入平面 LED 的光谱作为对比。为了提高光谱分辨率，采用了垂直结构光路。与宽基 LED 的能量峰（2.756eV）相比，微盘 LED 的能量峰全部向低能方向红移。图 12.22（c）显示了不同测试点位置的 PL 主要发光峰。沿着微盘的垂直半径，从微盘中心到结点，点 6 的发光峰值比点 8 显著下降了 12meV。当激光源扫至微盘边缘时，能量基本恒定，保持在 2.728eV 左右，相对于结点有较小的减小。定位于微盘 LED 水平半径的测试点也呈现出相同的变化趋势。连接点 6 和点 10 的不同光学性能是合理的，因为它们的性质取决于下面是否有硅的残留物。目前，基于 GaN LED 的全彩显示主要是通过混合器件实现，将蓝色 LED 与红色或绿色荧光粉组合，或将三个独立的 RGB LED 封装在一个器件中[58]。这些传统技术存在成本高、面积大、效率低、可靠性低等问题[59]。多发射微盘 LED 为在单个设备上实现高分辨率全彩显示提供了另一种有潜力的方法。

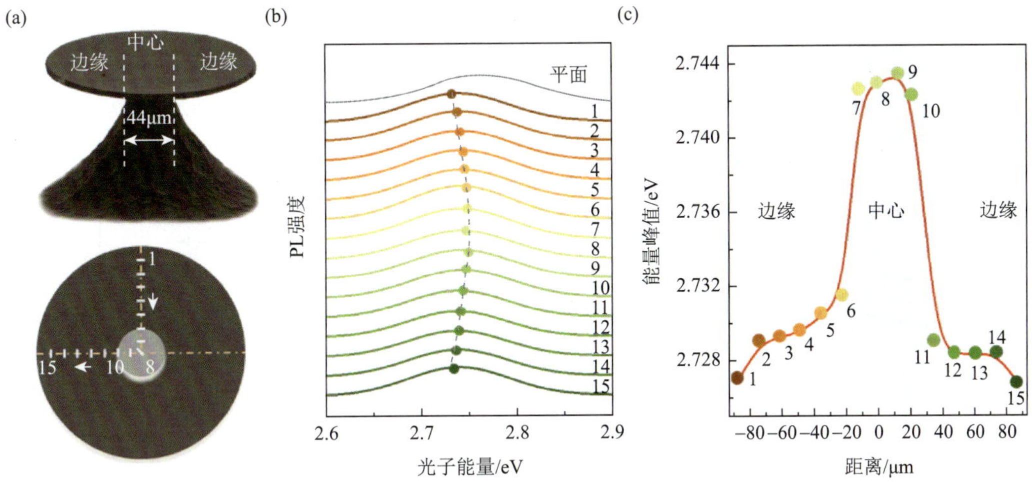

图 12.22 （a）单个微盘 LED 和沿微盘 LED 半径的 15 个测试点的 SEM 横截面图像；（b）微盘 LED 的点 1～点 15 的 PL 谱和平面 LED 的 PL 谱；（c）PL 发光峰随测试点位置的分布

上述结果表明，从微盘中心到边缘，发光峰呈下降趋势（红移），最大差值为 16meV。PL 谱从中心到边缘的红移表明，去除 Si 衬底后 InGaN 层的残余压缩应变逐渐增大。此外，这种逐渐的应力分布导致 InGaN/GaN 量子阱中的极化场不均匀，从而改变了 InGaN 量子阱中的带间跃迁变化。在复杂的光电器件中，当存在非均匀内应力分布时，压电光电子学效应也是非均匀的，可以灵敏地调制不同内应力状态下的光学性能。非均匀压电光电子学效应可为复杂异质结的微纳光电器件的柔性或非平面应用提供理论支撑。

由于 Si 衬底和 GaN 薄膜之间，以及 InGaN 和 GaN 层之间，晶格常数和热膨胀系数存在巨大的不匹配，外延层承受了高水平的面内应力[60]。由于拉曼散射光谱的 E_{2h} 高声子模式的位移对 GaN 膜的应力状态很敏感，因此可以用来评估 GaN 层的残余应力[61]。据报道，400μm 厚的独立块状 GaN 材料在 567.5cm^{-1} 处出现 E_2 峰。图 12.23（a）显示了从微盘 LED 上的 15 个测试点测得的微拉曼光谱，同时将平面 LED 的拉曼光谱列入作为对比。与平面 LED 的 566.19cm^{-1} 的拉曼位移相比，微盘 LED 的所有测量位置的 E_{2h} 模式峰值都向更大的波数偏移。根据拉曼光谱的应力测量原理，由于观察到的声子频率低于无应变值 ω_0，微盘 LED 的 GaN 膜受到拉应力。图 12.23（b）为峰值位置和面内残余应力随测试点位置的分布。可以看出，测试点的峰值在中心点周围呈对称分布。沿微盘中心到微盘边缘，从点 8 到点 1，由于 Si 衬底的释放，E_{2h} 从 566.273cm^{-1} 增加到 566.675cm^{-1}，增加了 0.402cm^{-1}。点 8～点 15 也有相同的情况，E_2 峰值从 566.273cm^{-1} 增加到 566.750cm^{-1}，增加了 0.477cm^{-1}。平面内拉应力可由关系式 $\Delta\omega = a_{GaN}\sigma_{xx}$ 估计，其中$\Delta\omega$ 为声子频率相对于无应力 GaN 的位移，a_{GaN} 为拉曼应力系数，σ_{xx} 为应力[62]。取 a_{GaN} 为$-2.49cm^{-1}\cdot GPa^{-1}$，计算各点残余应力，如图 12.23（b）所示[63]。结果表明，随着 Si 衬底的剥离，从微盘中心到微盘边缘，残余应力逐渐减小，最大应力差为 0.2GPa。

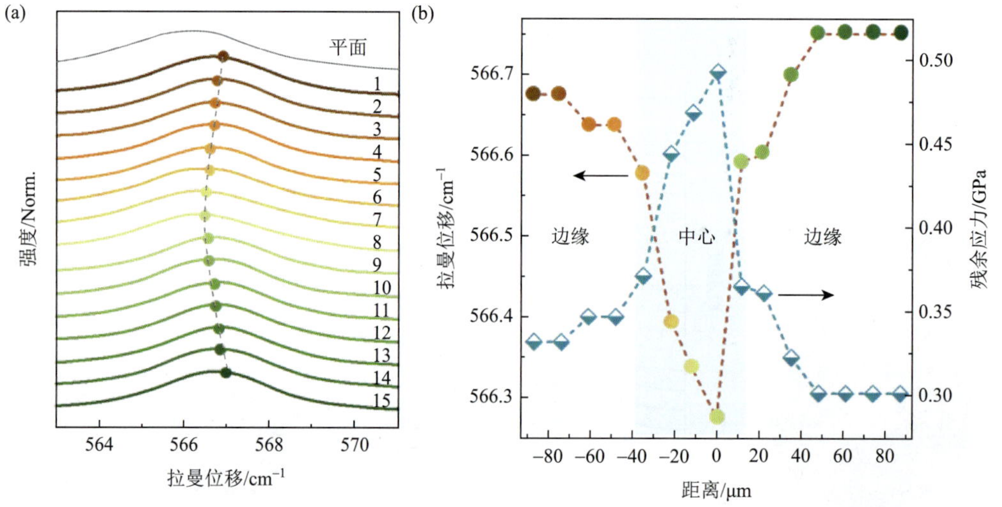

图 12.23　（a）微盘 LED 的点 1～点 15 拉曼光谱和宽基 LED 的拉曼光谱；（b）GaN 层中拉曼峰和残余应力随测试点位置的分布

图 12.24（a）直观地显示了从 Si 衬底剥离前后的 InGaN/GaN 异质结构中的晶格失配的变化。在室温下，Si（111）、GaN（002）和 $In_{0.15}Ga_{0.85}N$（002）的晶格常数分别为 3.84Å、3.189Å 和 3.24285Å。因此，生长在 Si 上的 GaN 层受到面内拉应力，而 GaN 层上的 InGaN 层受到面内压应力，如图 12.24（b）所示[31, 64]。空间拉曼光谱表明，InGaN/GaN 外延层的应力状态会随着 Si 衬底的去除而改变。从微盘中心到微盘边缘，GaN 层平面内拉伸应力的减小导致 GaN（$2\bar{1}\bar{1}0$）原子拉伸程度减弱。因此，InGaN（$2\bar{1}\bar{1}0$）中的原子压缩程度相应增强（图 12.24（c）），以适应 GaN 层中的这种变化。上述结果表明，GaN 层的面内拉应力越小，InGaN 层的面内压应力越大[52]。PL 谱和拉曼光谱的结果进一步表明，当应力变化 0.2GPa 时，微盘从中心到边缘的最大照射波长红移为 16meV，拉曼峰移为 0.48cm^{-1}。这些现象主要归因于去除 Si 衬底后残余应力引起了 InGaN/GaN 微盘 LED 中的压电场和电子/空穴量子能级的再平衡。因此，非均匀的压电光电子学效应对研究 InGaN/GaN 微盘 LED 的内部压电场和量子跃迁能级有重要作用[65]。

以上实验证明了微盘 LED 中梯度应力分布所引起的非均匀压电光电子学效应。为了从理论上评价 InGaN/GaN 多量子阱微盘 LED 的非均匀压电光电子学效应，我们建立了一个自洽的数值模型来计算 InGaN/GaN 量子阱中的能带结构。计算得到有 Si 衬底和没有 Si 衬底的 InGaN/GaN 异质结构的能带分布图，如图 12.24（d）所示。各接口的详细带图如图 12.24（e）和（f）所示。显然，随着 Si 衬底的蚀刻，InGaN/GaN 量子阱中压电场将会增大，$+c$ 侧的正极化电荷增加，$-c$ 侧的负极化电荷增加。因此，GaN/InGaN 异质结界面向下弯曲，InGaN/GaN 异质结界面向上弯曲，导致量子阱的能带结构更加倾斜。此外，这种倾斜增强的能带结构会导致电子和空穴之间基态能级差的减小，从而导致发射波长的红移，如图 12.22（c）所示。

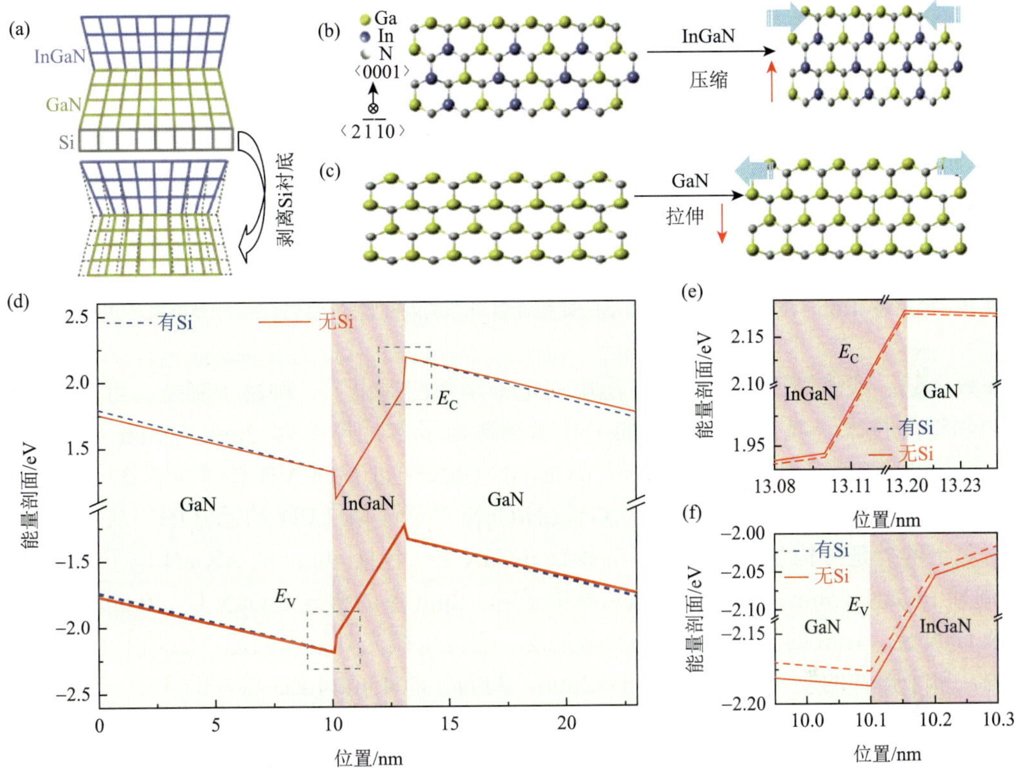

图 12.24 （a）蚀刻 Si 衬底前后 InGaN/GaN 外延层晶格失配示意图；（b）InGaN 原子结构示意图；（c）GaN 原子结构示意图；（d）由薛定谔-泊松耦合自洽计算得到的 InGaN/GaN 量子阱能带结构；（e）InGaN 阱和（f）GaN 势垒界面的导带和价带增大

图 12.25 的计算结果表明，随着硅衬底的逐步剥离，能量峰值从微盘中心向微盘边缘逐渐减小，与实验结果吻合较好。微盘中心与边缘的最大能差为 13.7meV，这与图 12.22 的 PL 结果也吻合。因此，我们从实验和理论上证明了非均匀压电光电子学效应可以有效地调制具有梯度内应力分布的 InGaN/GaN 微盘 LED 阵列的发光特性。

12.7.3 压电光电子学效应增强发光二极管的热管理

过去几十年来，LED 得到了迅猛发展，广泛应用于日常照明[66]、交通信号[67]、数字显示[68]、生物医学治疗[69]等领域。散热是阻碍 LED 在高功率和高亮度领域应用的一个重要问题[70-73]。大电流注入产生的内热将会显著降低 LED 的内量子效率（IQE）和外量子效率（EQE）[74-76]。此外，这种自热效应也会降低发光性能和使用寿命。一些传统的散热技术是通过改进封装散热和缩小芯片尺寸来实现的[77, 78]。然而，这些方法因结构复杂、

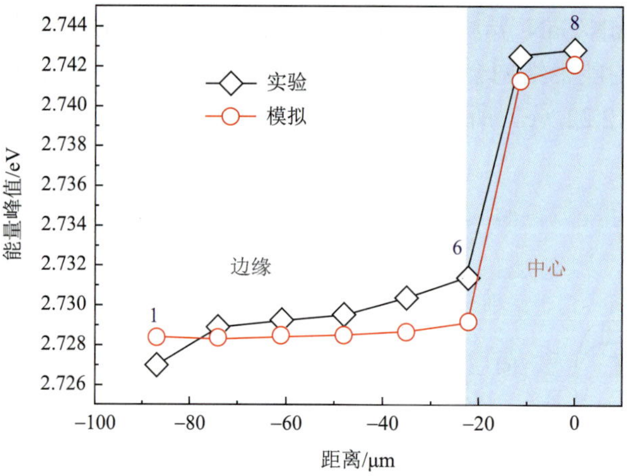

图 12.25 薛定谔-泊松方程耦合自洽计算得出的能量峰值与测试点位置的函数关系。计算结果与实验结果一致

工作效率低、成本高而受到限制。压电光电子学效应提出了一种易于制造、可操作且经济的热管理技术。我们采用微纳加工技术制造出了芯片尺寸为 2mm×2mm 的大功率 $In_{0.16}Ga_{0.84}N/GaN$ 多量子阱 LED。$In_{0.16}Ga_{0.84}N/GaN$ 通过 MOCVD 技术生长在 1.5mm 厚的硅衬底上。图 12.26（a）是 $In_{0.16}Ga_{0.84}N/GaN$ 多量子阱 LED 的示意图。从上到下，硅衬底上的外延结构包括 0.2μm 厚的掺镁 p-GaN 层（包括 40nm 的 AlGaN 电子阻挡层）、10 周期 InGaN（3nm）/GaN（7nm）多量子阱、2μm 厚的掺硅 n-GaN 层、0.6μm 厚的未掺杂 GaN 层、1μm 的 AlN 和 AlGaN 缓冲层。通过传统光刻技术制造一组功率 LED 芯片阵列，单个器件的发光面积为 2mm×2mm，约为普通 45mil LED 芯片的 4 倍。

如图 12.26（a）所示，为了方便引入外应力，我们进行了深硅刻蚀（DSiE）以减薄基板。此外，我们还进行了高分辨 X 射线衍射（HR-XRD）测试，以鉴定深硅刻蚀前后 LED 的结晶学品质[79]，结果如图 12.26（b）～（d）所示。图 12.26（b）显示了 GaN 0th 和 InGaN 0th 的尖峰以及周期性的卫星峰（从−2 到 + 2），这表明 $In_{0.16}Ga_{0.84}N/GaN$ 多量子阱有平滑、清晰的界面。GaN 0th 峰和 InGaN 0th 峰在基板刻蚀至 500μm 后，略微向左偏移，这表明材料的面内残余拉应力略有减小。在 ω 扫描模式下，摇摆曲线的 FWHM 揭示了位错密度[80]。如图 12.26（c）所示，硅衬底上 GaN（002）平面的 FWHM 为 354.686arcsec（弧秒），深硅刻蚀后极其轻微地增加到了 364.578arcsec，不排除是不同测量点引起的测量误差。同样，在图 12.26（d）中，（102）GaN 0th 摇摆曲线的 FWHM 也从 406.976arcsec 轻微地增加至 419.827arcsec。这些几乎不变的测量数据表明，深硅刻蚀减薄衬底几乎不会损害器件的晶体质量。图 12.26（e）显示了 InGaN/GaN 多量子阱的 PL 谱的温度变化特性。随着温度从 10K 增加到 300K，发光峰位移呈现典型的 S 型特征，这通常与 InGaN/GaN 多量子阱的不均匀性和载流子局域化导致的载流子动力学随温度升高而发生的变化有关[81]。

为了进一步揭示压电光电子学效应对 LED 性能的调制特性，我们需要测量外应力对 LED 晶格的影响。因此，我们对不同外应力下的 InGaN/GaN 多量子阱 LED 进行了拉曼光谱测试。图 12.27（a）所示的特殊仪器可以对 LED 芯片施加不同的外应力，旋钮的上升距离反映了施加在样品上的不同外应力。显微拉曼光谱可用于评估 InGaN/GaN 多量子阱的残余应力[82]。图 12.27（b）中的结果显示，随着进动深度从 0 增加到 150μm，E_2^{high} 模式的频率值从 567.63cm^{-1} 下降到 566.66cm^{-1}，而 GaN 的残余应力则从 0.14GPa 上升到 0.52GPa。

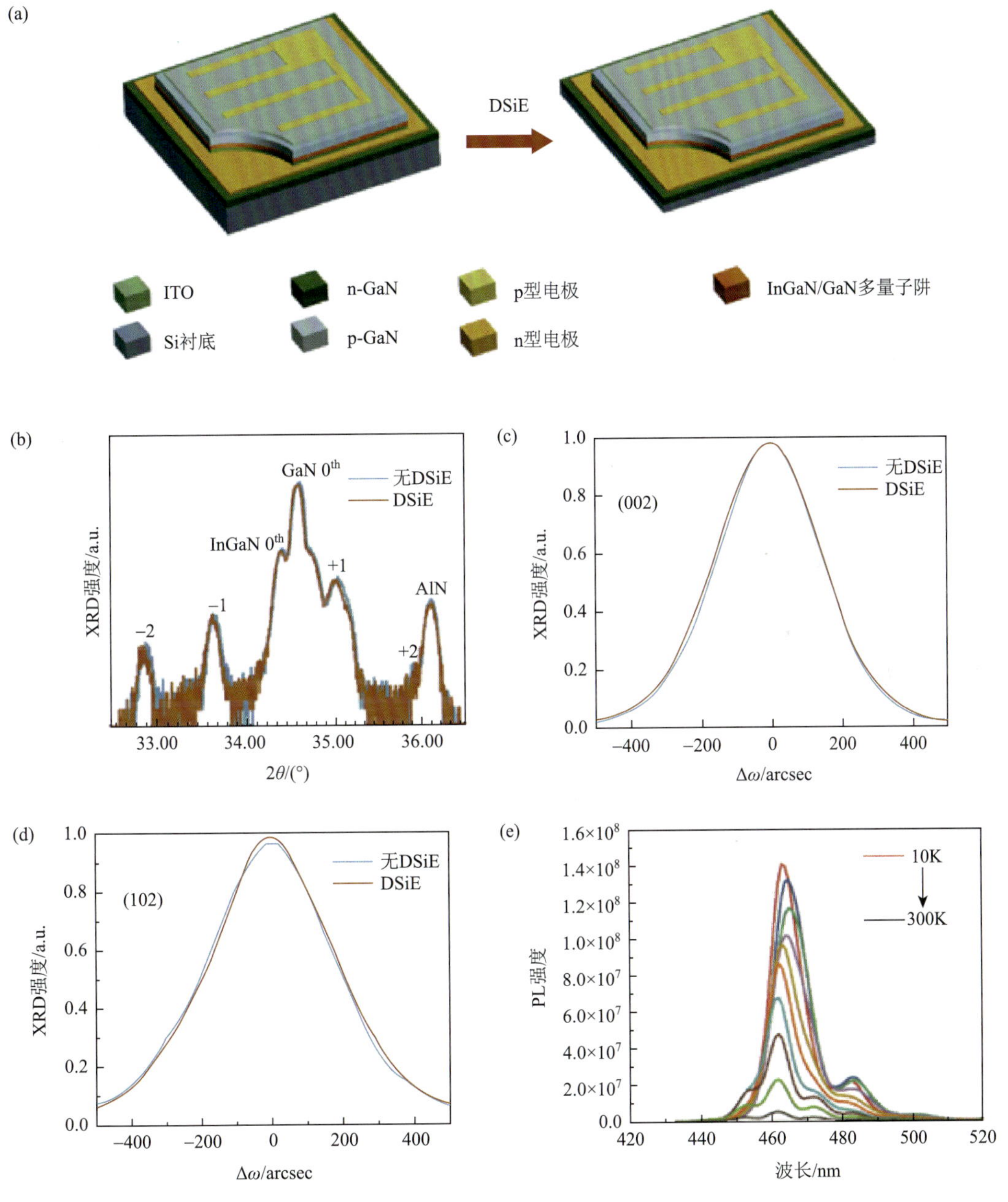

图 12.26 深硅刻蚀前后 $In_{0.16}Ga_{0.84}N$/GaN 多量子阱 LED 的光学和结晶学特性。（a）深硅刻蚀工艺的示意图；（b）HR-XRD 的 2θ-ω 曲线；（c）对称（102）晶向和（d）非对称（102）晶向的 ω 扫描摇摆曲线；（e）10～300K 不同温度下的 PL 谱

随着 GaN 层的面内拉应力减小，量子阱中 InGaN 层的面内压应力也越来越小[12]，这表明外应力部分补偿了由晶格失配引起的内应力。根据线弹性理论[63, 82]，施加在 GaN 层的外部应变从 0.0%增加到 0.1%。

我们还对 InGaN/GaN LED 进行了 PL 测量，以研究不同应力下的发光强度。主要发光峰是对应于从导带到价带的跃迁。如图 12.27（c）所示，没有施加外部应变的 InGaN/GaN LED 中，发光主峰位于 464.415nm，随着 InGaN 外部应变从 0.0%增加到 0.1%，发光峰发生了轻微的蓝移。与此同时，发光强度也显著地增加，在 0.1%的应变下，发射强度增加了 26.6%。压电光电子学效应可以很好地解释这一现象。由于氮化镓材料的非中心对称晶体结构，会产生自发的极化电荷。同时，晶格失配会在 InGaN/GaN 界面诱发压电极化电荷。如图 12.27（d）左侧所示，在没有外部应力的情况下，InGaN 阱内的净极化为正，这导致阱内的电子波函数和空穴波函数在空间上沿相反方向分离，削弱了辐射复合概率。这种现象称为量子限制斯塔克效应（QCSE）[83]。如图 12.27（d）右侧所示，在沿 c 轴的压缩应变下，界面上的压电电荷被部分地抵消，InGaN 层中的势阱趋向于平带状态。因此，电子-空穴波函数的空间交叠得到增强，辐射复合概率从而大幅提高。

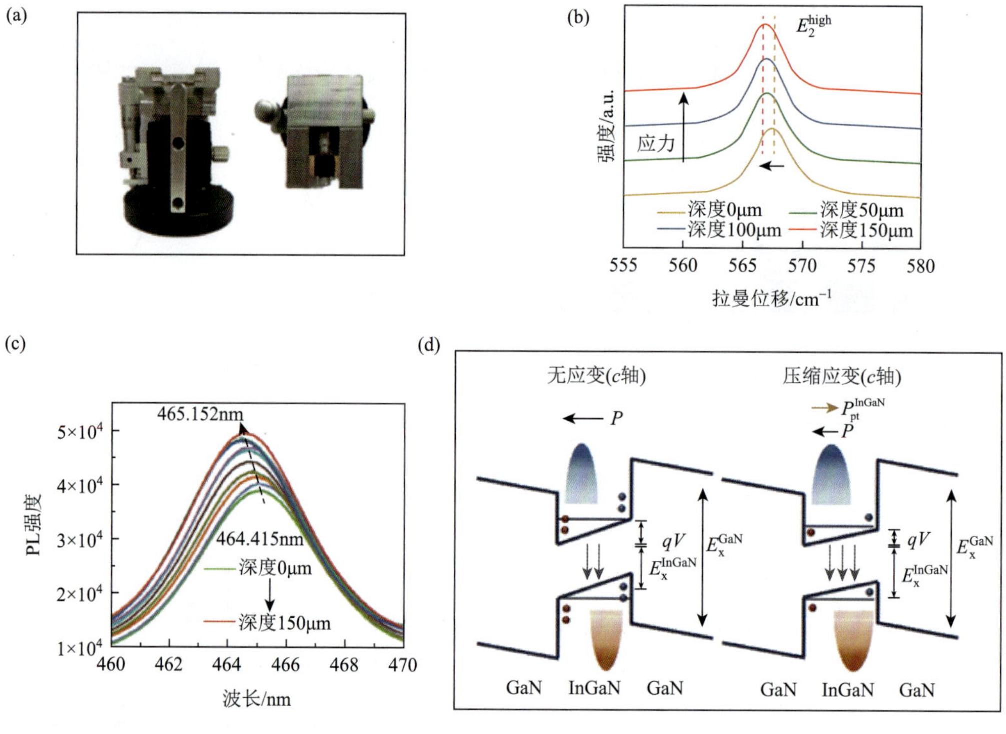

图 12.27 $In_{0.16}Ga_{0.84}N$/GaN 大功率 LED 的（a）应力控制装置示意图（外力的大小以步进深度表示）；（b）GaN E_2^{high} 声子模式的拉曼光谱；（c）不同应变下的 PL 谱；（d）不同应力状态下的能带截面和电子-空穴波函数分布的示意图

新兴的高分辨率红外热成像方法是一种非接触式技术，用于可视化不同工作状态下的热分布，并间接反映注入电流的分布[84]。在 LED 热分析中，结温（T_j）是常用来评估热量的物理量[85]。图 12.28（a）显示了不同外加电压下的电致发光光谱。由于 p-n 结中整个区域的散热条件不变，因此结温取决于非辐射复合产生的热量。图 12.28（b）显示 LED 芯片在恒定外加电压下结温 T_j 随时间的变化。在施加 7V 电压后，T_j 在 10s 内迅速上升，然后达到相对稳定的（32.7±0.1）℃。同时，为了更准确地评估 LED 器件的发热情况，下面对温度的讨论选择了 60s 电流注入时间下的稳定温度作为数据采集点。需要指出的是，这些 LED 芯片没有任何封装，直接暴露在大气中。因此，该温度明显低于商用 HP-LED（高功率发光二极管）。关闭 LED 后，温度在 10s 内迅速下降到开启前的水平。图 12.28（b）显示了所研究 LED 的 T_j 与外加电压之间的关系，T_j 准线性地随外加电压的增加而增加。类似现象在过去也有所报道[85-87]。

在图 12.28（c）的红外热成像中，峰值温度是由 n 型触点（43.2℃）和 p 型触点（34.0℃）引起的，它们是由局部电流拥挤造成的。造成这种现象的原因是即使有透明的电流扩散 ITO 层，探针与金属电极接触面积有限，部分注入的载流子仍然被限制在与探针接触的金属层附近。从图 12.28（c）左侧的三维局部放大图中可以看出，n 电极台面上的温度明显超过了有源区的温度。这是因为空穴迁移率远小于电子迁移率，从而导致台面外围的电子-空穴浓度差较大。这导致外围区域的辐射复合概率低，非辐

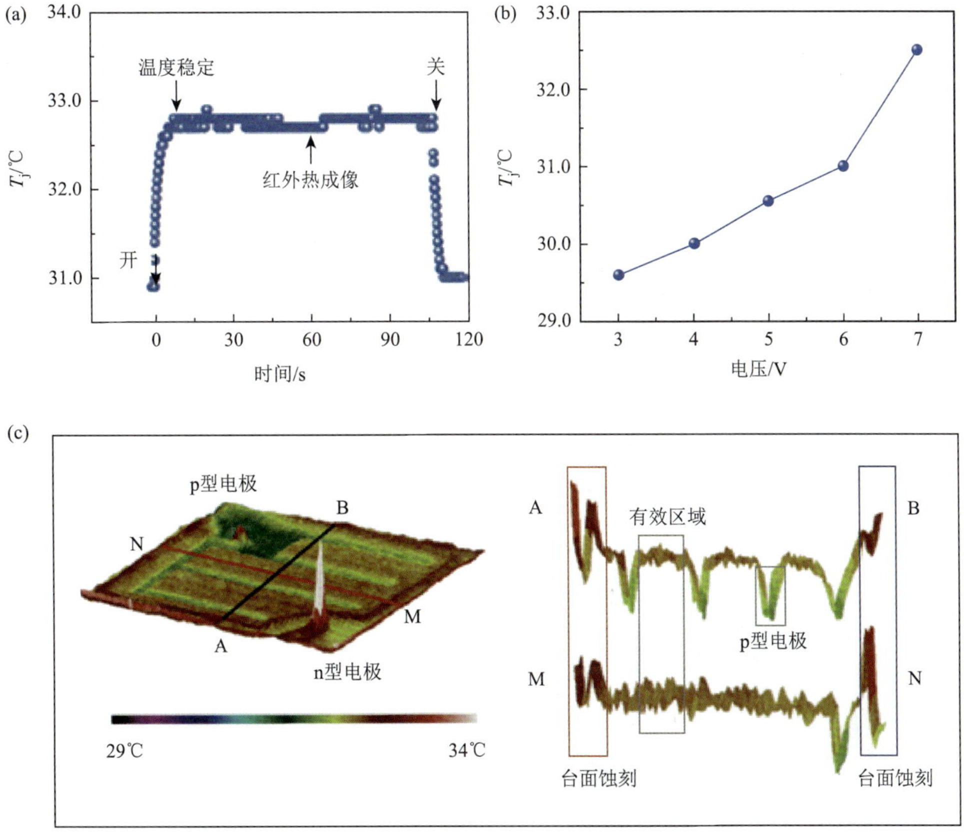

图 12.28　HP-LED 器件大电流注入下的温度特性。结温（T_j）与（a）时间和（b）外加电压的函数关系；（c）7V 电压下的红外热成像和局部放大图

射复合产生的热增加[88-91]。另一方面，由 ICP 蚀刻造成的表面缺陷密度上升也会导致台面侧壁的非辐射复合的增加[92]。图 12.28（c）中测量的金属电极温度低于实际温度，这是因为金属电极的发射率（合金通常小于 0.2）远低于半导体材料（0.8～0.9）在 8～14μm 远红外区域的发射率。

我们首次揭示了压电光电子学效应可以增强 LED 器件的热管理能力。ΔT_j 是器件工作时结温（T_j）与环境温度（T_a）之间的差值。在稳态实验中，由于同一器件的热阻是恒定的，因此 ΔT_j 可用来表示自热效应所产生的热量（P_h）。图 12.29（a）和（b）分别为在几乎相同的实验环境中，有和无外部应力时的红外热成像温差图，可以看出前者与后者明显不同。对比图 12.29（a）、（b），施加外应力后，有源区的温度分布整体上显著降低，尤其是有源区的平均结温升值从 2.2℃降至 1.2℃。施加相同的恒定电压后，p 型叉指电极附近的温度也在外部应力调制下降低了 0.7℃，如三维局部放大图所示。同样，施加应力后，p-GaN 的侧壁温度从 3.6℃降至 2.5℃。LED 的结温主要取决于非辐射复合产生的热量，因此我们可以将温度下降归因于非辐射复合的减少。图 12.29（c）显示了在不同应变下测量到的电流-电压（*I-V*）特性，随着外部应力的增加，*I-V* 曲线略有上升。在外部应力为 0.1%时，开启电流值略微增加了 0.07mA，这可以用肖克利简化理论来解释。复合电流密度与载流子寿命成反比，其随着外部应变的增加而减小[93]，图 12.29（d）显示了应力补偿后逐渐减小的温差。自热效应可定义为$(\Delta T_{j1}-\Delta T_{j0})/\Delta T_{j0}$，其中 ΔT_{j1} 和 ΔT_{j0} 分别为有外部应力和无外部应力时的温度。在上述实验中，压电效应在 6V 和 7V 条件下分别将自热效应降低了 50%和 47.62%。这说明压电光电子学效应有效地降低了 InGaN/GaN 多量子阱 LED 的自热效应。

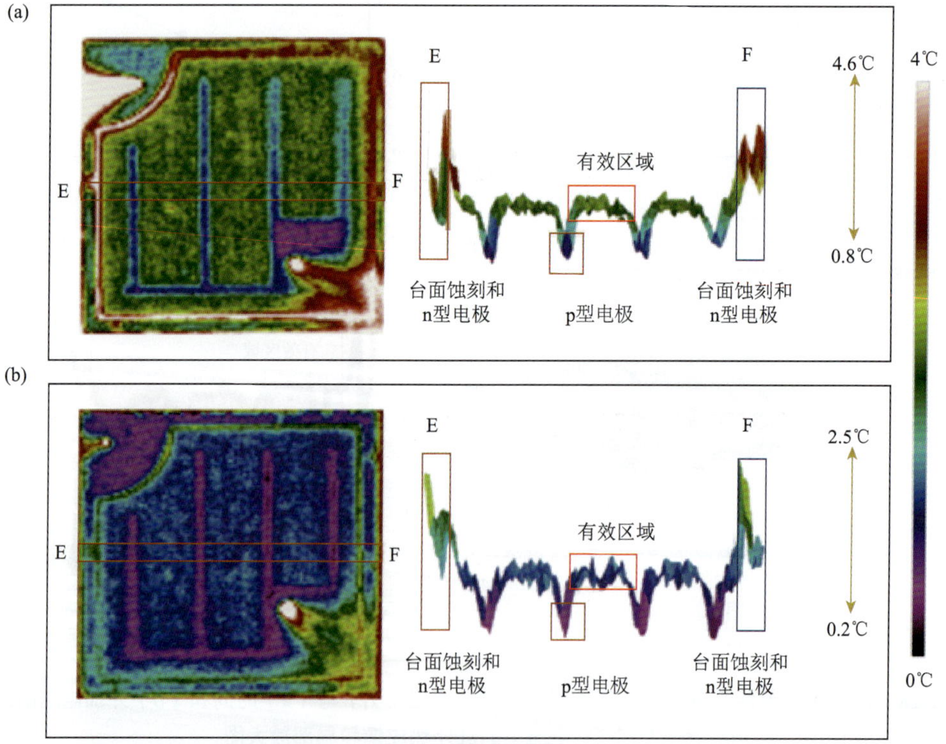

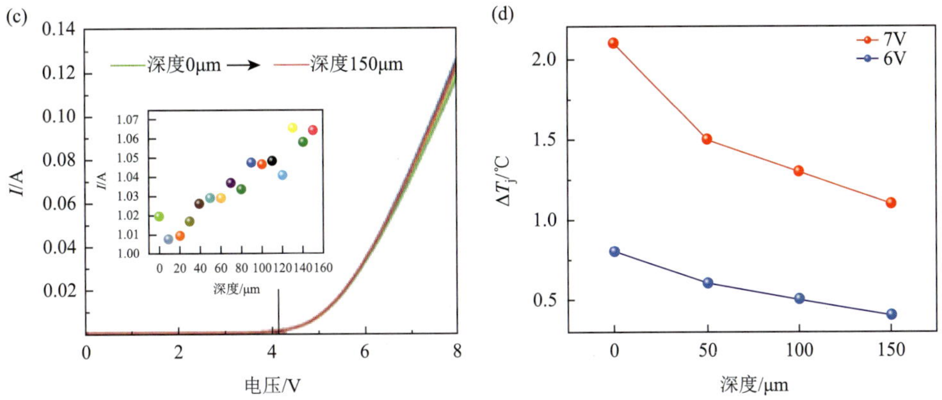

图 12.29　7V 电压下（a）无外部应力和（b）有外部应力时 LED 的红外热成像图；（c）不同应力条件下的 *I-V* 曲线，插入图是 4V 电压下不同应力下的电流；（d）温度差与应力补偿之间的关系

我们的实验验证了压电效应可降低自加热效应，这里进一步阐述其主要机理。LED 在正向电流下的温度特性由下式[94]定义：

$$P_{\mathrm{h}}(T_{\mathrm{j}}) = I_{\mathrm{f}} \cdot V_{\mathrm{f}}(T_{\mathrm{j}}) - \Phi(T_{\mathrm{j}}) \tag{12.27}$$

式中，P_{h} 为发热量（单位为 W）；V_{f} 为正向电压（单位为 V）；I_{f} 为正向电流（单位为 A）。光输出功率即为辐射通量 $\Phi(T_{\mathrm{j}})$。辐射通量正比于恒定正向电流下的外量子效率（EQE），定义式如下[95, 96]：

$$\Phi(T_{\mathrm{j}}) \propto \eta_{\mathrm{i}} \eta_{\mathrm{IQE}} \tag{12.28}$$

式中，η_{IQE} 是内量子效率（IQE）；η_{i} 是光的提取效率，受 LED 芯片材料和折射率的影响[97]，在实验过程中为常数。因此，温度主要取决于内量子效率。根据 LED 中典型的 ABC 模型[94]，肖克利-里德-霍尔 (SRH)、辐射和俄歇复合可分别简化为 AN、BN^2 和 CN^3。内量子效率可用下式表示：

$$\eta_{\mathrm{IQE}} = \frac{BN^2}{AN + BN^2 + CN^3} \tag{12.29}$$

式中，A、B、C 分别表示 SRH、辐射和俄歇复合系数；N 表示载流子浓度，取决于电注入效率[98]。辐射系数（B）与重叠平方成正比，因为辐射复合率与电子和空穴波函数之间的电子-光子耦合哈密顿矩阵元素的平方成正比。因此，系数 B 可根据下式计算：

$$B = B_0 \left| \Gamma_{\mathrm{cv}}^{mn} \right|^2 \tag{12.30}$$

式中，$\Gamma_{\mathrm{cv}}^{mn}$ 是电子-空穴波函数的积分，可由式（12.31）表示。

$$\Gamma_{\mathrm{cv}}^{mn} = \int \mathrm{d}z \left[\Psi_{\mathrm{c}}^{m}(z) \right]^{*} \Psi_{\mathrm{v}}^{n}(z) \tag{12.31}$$

其中，Ψ_{c}^{m} 和 Ψ_{v}^{n} 分别为电子和空穴的波函数。晶格失配会在 InGaN/GaN 界面产生压电极化电荷，降低波函数的重叠度，减弱辐射复合率。当施加外部应力时，界面上的压电电荷被部分抵消，能带倾向于平坦，从而增加了电子-空穴对的波函数重叠积分（$\left|\Gamma_{\mathrm{cv}}^{mn}\right|^2$）[40]。因此，辐射复合率大大增加。实验结果表明，在外部应变为 0.1%的情况下，压电光电子学效应使 PL 的发光强度提高了 26.6%，同时 LED 器件的自热效应降低了 47.62%。辐射通量（$\Phi(T_{\mathrm{j}})$）增加，而发热量（$P_{\mathrm{h}}(T_{\mathrm{j}})$）则减少。根据上述公式（12.27）～（12.31）的

讨论，压电光电子学效应大大提高了辐射复合的速率，从而促进了辐射复合对非辐射复合的竞争，减弱了温度的上升。应用压电效应降低的 LED 自热效应是一种新颖而简单的方法，可为高亮度 HP-LED 和 Micro-LED 显示屏的散热问题提供科学的解决方案。

12.8 LED 阵列和压力传感器应用中的压电光电子学效应

与其他传统技术相比，非中心对称半导体材料中的压电、半导体和光电子特性间三向耦合的压电光电子学效应可以作为调节载流子分离、传输和/或复合的有效手段，从而优化 LED 的性能[54, 99, 100]。此外，与以往的方法相比，这种方法突破了传统的理论限制，不受限于材料，即使在器件制造完成后也能进一步调节器件的效率[101]。此外，LED 的强度与外部应变的关系将为利用基于光信号的压力传感器（即所谓的电子皮肤）绘制应变分布图打开一扇新窗口。人类的触觉一直是人工智能和机器人科学研究中的一个难题，其原因是压力传感器阵列难以获得高空间分辨率、快速响应、灵活和高集成度，这种基于压光电子学效应的纳米级压敏 LED 阵列可以解决这一问题。其输出信号为电致发光，易于与片上光子技术相结合，实现快速数据传输、处理和记录。

12.8.1 发光二极管中的压电光电子学效应的分析模拟

众所周知，压电和半导体之间的双向耦合在压电效应中发挥着显著作用。与压电效应相比，压电光电子学效应主要是将光照引入目标纳米系统，从而产生压电特性、半导体特性和光激发特性三向耦合的复杂结果[102-104]。具体而言，除了众所周知的半导体与压电耦合形成光电子学领域外，半导体与光子激发过程的耦合也形成了光电子学领域，而压电效应与光子激发的耦合则形成了压电光电子学领域。如图 12.30（a）所示，成功构建了三向耦合示意图，这些耦合依赖于压电材料产生的压电势。

压电光电子学效应的一个关键概念是根据应变在结区形成通道，这可被视为控制 p-n 结耗尽区中载流子分离或重组的有效手段。为实现压电光电子学 LED 的应变调制，有人提出了一个带正电荷的电荷通道，以捕获价带中的空穴，同时增加重组概率，从而提高发光效率[5, 12]。严格的理论模拟证实了这种电荷通道的存在，并为实验过程提供了指导和优化方法。

第一步是建立低掺杂密度下的 p-ZnO/n-ZnO 同质结模型，假定导带和价带的变化完全相同，而且在 n 型侧施加了压缩应变或拉伸应变[105]。衬底 p 型侧的尺寸和掺杂条件会改变器件串联电阻从而影响压电光电子学效应。利用一维有限元模型求解泊松方程，得到 n 型侧不同应变条件下的带边缘形变，如图 12.30（b）所示。可以清楚地看到，能带图中的两个显著变化是沟道的方向和耗尽区的宽度的变化。此外，p 型面和 n 型面之间耗尽区的宽度可用下式来描述：

$$N_A W_{Dp} = N_D W_{Dn} + \rho_{piezo} W_{piezo} \tag{12.32}$$

因此，如图 12.30（c）所示，当 $\rho_{piezo} > 0$（即正压电电荷）时，n 型一侧的耗尽区缩小，p 型一侧的耗尽区扩大；当 $\rho_{piezo} < 0$（即负压电电荷）时，p 型一侧的耗尽区缩小，n 型一侧的耗尽区扩大。当压电电荷总量进一步增加，$\rho_{piezo} W_{piezo} \gg N_D W_{Dn}$ 时，局部压电

场将影响电荷分布，局部变形将导致存在捕获电子和空穴的电荷通道以提高辐射效率。接下来，我们模拟了 n-ZnO/p-ZnO 结构在 n 型侧不同应变下的二维几何模型，如图 12.30（d）所示，以展示二维情况下导带结构的变化。这些压电光电子学效应对半导体 LED 的影响可为未来压电光电子研究的实验设计提供最佳策略。

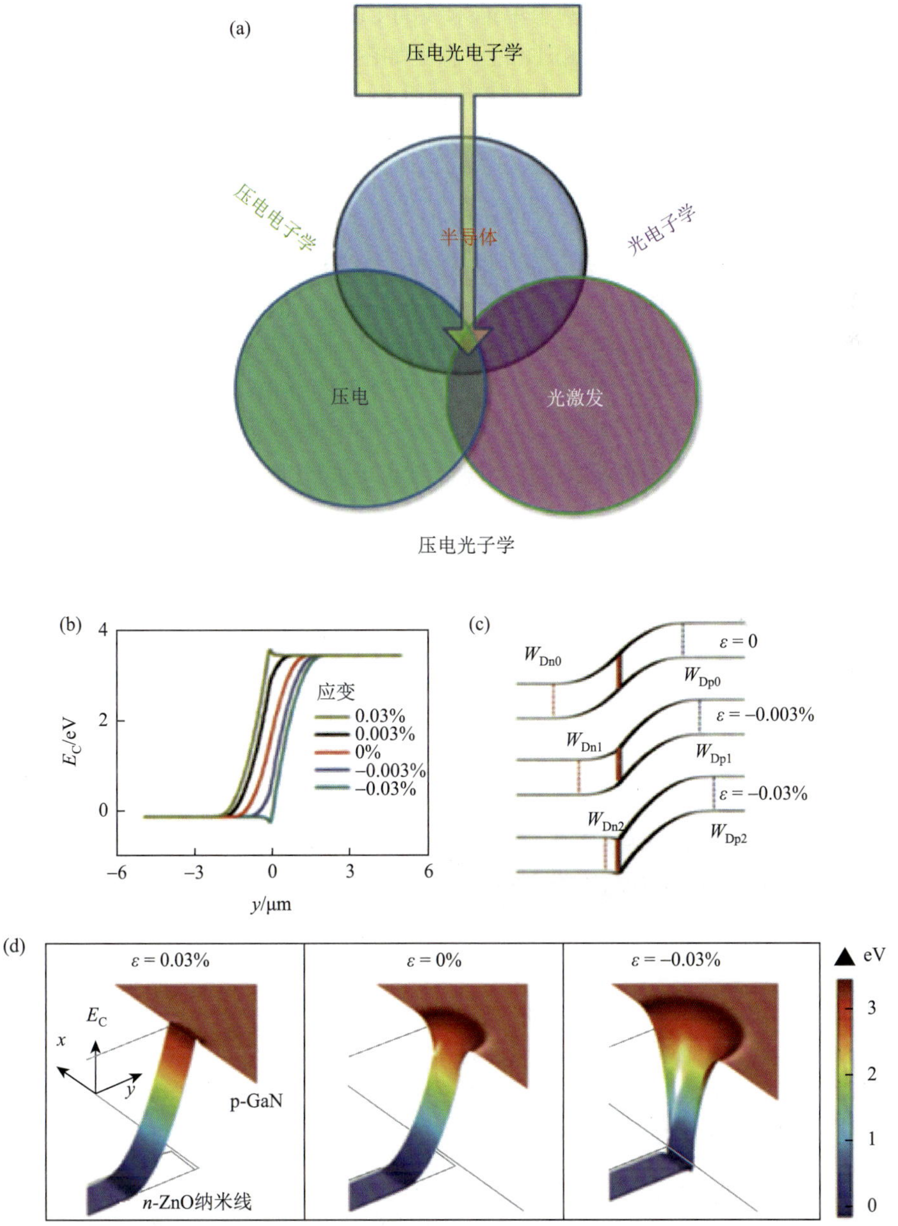

图 12.30　（a）压电光电子学效应是压电、光激发和半导体之间的三向耦合；（b）n-ZnO/p-ZnO 结构在 n 型侧不同应变下的导带形变的一维模拟结果；（c）电荷通道形成的示意图；（d）n-ZnO/p-ZnO 结构在 n 型侧不同应变下的导带高度的二维模拟结果

12.8.2 单一纳米线 LED 器件的压电光电子学效应

载流子注入、复合和光提取的效率是半导体发光的决定性因素。压电光电子学效应作为一种提高 LED 性能的工具已在不同的 LED 结构中得到证实[106, 107]。我们将首先介绍通过压电光电子学效应提高三种基于单纳米线的 LED 的发光强度和效率的研究。

单一纳米线无机混合 p-n 结 LED 的示意图如图 12.31（a）所示，它是通过在掺有镁的 p 型 GaN 薄膜上生长 n 型 ZnO 纳米线而制成的。当沿 *a* 轴施加 0.093%的压缩应变时，特定电压下的发光强度和注入电流分别增强了 17 倍和 4 倍。至于在有机/无机混合单一纳米线 LED（图 12.31（b））中，随着压缩应变的增加，相对光强和外部效率的变化呈现类似的指数增长趋势。特别是，在压缩应变下，光强和效率分别提高了 1.9 倍和 2.3 倍。在氮化镓衬底上生长的垂直单线 n-ZnO 纳米线 LED 器件的实验示意图如图 12.31（c）所示。单一纳米线 LED 在不同外应变下发出的紫外光被 CCD 记录并同时获得相应的发光强度。请注意，这里的发光强度随着压缩应变的增加而显著地增加。当 *c* 轴受到–0.149%的压缩应变时，发光强度相比于无应变状态下提高了约 9 倍。

基于压电光电子学效应，发射强度对局部应变的依赖性可以实现高分辨率的应变分布图。从横向纳米线转到垂直纳米线将减小像素尺寸，这有助于高分辨率的应力/应变成像。

12.8.3 LED 阵列中的压电光电子学效应

在压电光电子学效应增强的单根纳米线 LED 研究的基础上，我们利用柔性 n-ZnO 纳米线/聚合物薄膜异质结构来制造有序纳米线 LED 阵列。在本节中，我们将介绍最近几项利用压电光电子学效应提高 p-n 结 LED 阵列性能的工作。

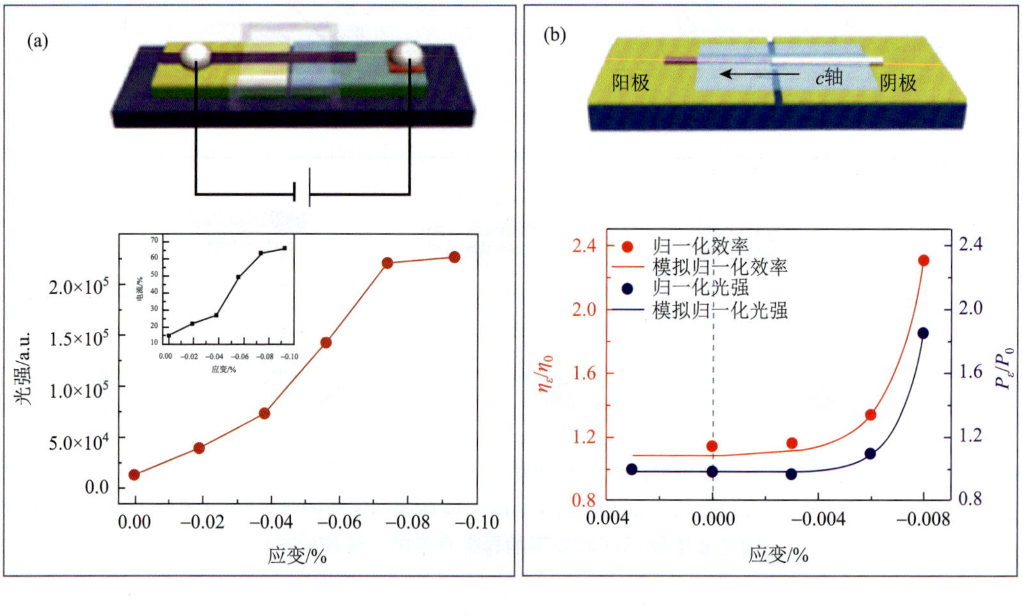

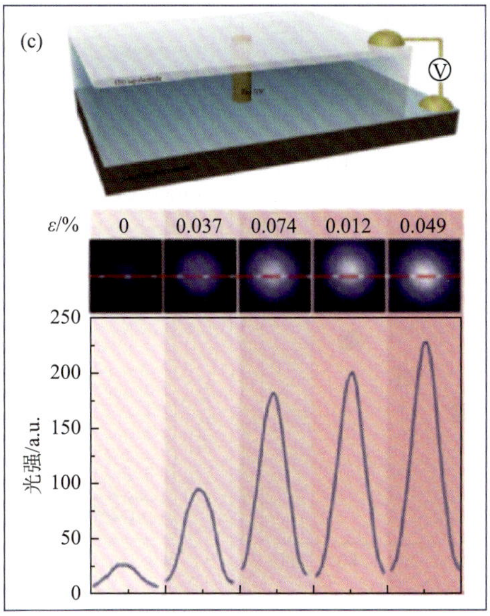

图 12.31　利用压电光电子学效应控制的单一纳米线 LED 器件。(a)单一无机混合纳米线 p-n 结 LED 原理图和不同应变下发射光强的增强，该器件由掺镁的 p 型氮化镓薄膜和 n 型氧化锌纳米线制成；(b)有机/无机混合单一纳米线 LED 示意图，以及不同应变下相对光强和外部效率的变化；(c)垂直生长的 p-n 结单一纳米线 LED 的示意图和不同应变下的光发射增强

我们报道了一种基于柔性透明 ITO/PET 衬底的压电光电子学效应调制 n-ZnO NW/PEDOT PSS LED 阵列[108, 109]。器件结构示意图如图 12.32（a）所示。通过水热法在图案化的柔性 PET 衬底上生长出垂直的氧化锌纳米线阵列。用 SU8 作为绝缘材料填充纳米线之间的间隙。然后使用氧等离子体蚀刻纳米线，使其露出顶部。在此结构基础上，制备出 p 型聚合物层以形成 p-n 结。在器件表面施加不同的压力，实验结果表明，压电光电子学效应控制了混合 LED 阵列在固定正向偏压下的发光强度。纳米线-LED 阵列上的压缩应力产生的压电势降低了空穴传输的势垒高度，从而使 LED 器件中的电子和空穴电流更加平衡。如图 12.32（a）所示，LED 的发光强度随器件表面压应力的增加而线性地增加。

硅作为半导体器件的基本材料，被广泛应用于光电器件领域。压电光电子学效应调谐的硅基 LED 阵列可以通过在 p-Si 衬底上生长 ZnO 纳米线阵列而获得（图 12.32（b））[54, 110-112]。当器件处于压缩应变下时，这种硅基 LED 的发光在 0.15%～0.2%压缩应变时会增加到最大值，然后减弱。这一进步归因于由应变引起的压电极化电荷，它可以调节 p-n 结区域的能带图，从而提高发光性能。此外，基于激光加工的超薄 p-Si 片，可以获得具有一定柔性的硅基压电 LED 阵列。

ZnO/p 型聚合物器件的电致发光被观察到，为近带边缘发射中心和宽缺陷相关的激发。发光性能不可控，效率低。为了克服氧化锌发光二极管的这些缺陷，人们结合有机发光二极管（OLED）的优点和氧化锌纳米粒子的压电光电子学效应设计了一种柔性氧化

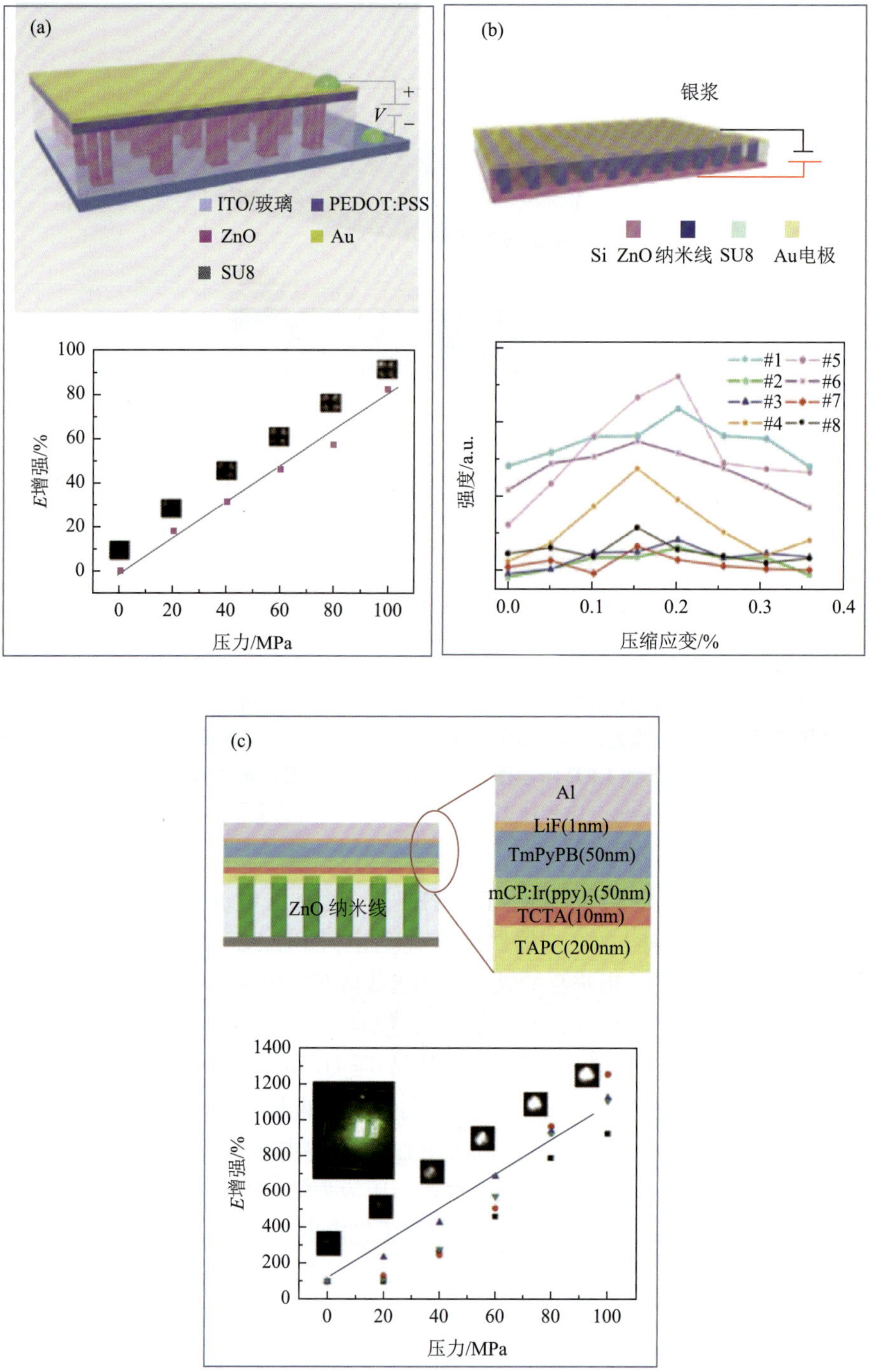

图 12.32 LED 阵列中的压电光电子学效应。（a）柔性压电光电子学效应复合纳米线阵列示意图，器件的发光强度在不同的压力下显著增大；（b）ZnO/p-Si LED 纳米器件阵列，在压缩应变作用下，ZnO/p-Si LED 的光强先增大后减小；（c）ZnO 纳米线/有机发光二极管（NW/OLED）压电光电子学器件阵列示意图，以及该器件在不同外加压力下的发光性能

锌/有机发光阵列器件（图 12.32（c））[113]。有机发光层决定了器件的发光特性，包括颜色和发光效率。而器件的空间分辨率仅由 ZnO 纳米线阵列的图案尺寸决定，该阵列起着压力传感层的作用。在施加压缩压力时，有机层的发光性能会增强，这归因于 ZnO 纳米线阵列的压电光电子学效应对器件能带的调整。

12.8.4　压电光电子学 LED 阵列和压力传感器

大多数压力分布传感器是基于电阻传感器或电容传感器阵列，需要很长时间才能从设备的整个像素矩阵中读取压力分布数据[114, 115]。如前几节所述，纳米线 LED 的发光强度与压电光电子学效应产生的局部应变有关，因此可以通过并行读取光信号来绘制高空间分辨和快速响应的压力分布图。

有报道称，通过低温湿化学工艺，在图案化的 p-GaN 薄膜蓝宝石衬底上形成了有序氧化锌纳米线结构，构建了可视化压力成像系统[101]。这种由 n-ZnO 纳米线/p-GaN 组成的压力传感器阵列被证实可以绘制出应变/应力的空间分布图，空间分辨率高达 2.7μm，相当于 6350dpi 的像素密度（图 12.33（a））。LED 器件发出的蓝白光是源于 p-GaN 中浅施主和深受主能级之间的跃迁、氧化锌/氮化物的近带边（NBE）激发和界面处电子-空穴复合。在器件表面产生压缩应变时，ZnO/GaN p-n 结的局部界面会产生负压电势，这提高了 p-n 结中电子和空穴的复合速率，从而增强了发光强度。压力分布可通过 90ms 的超快检测并行读出。

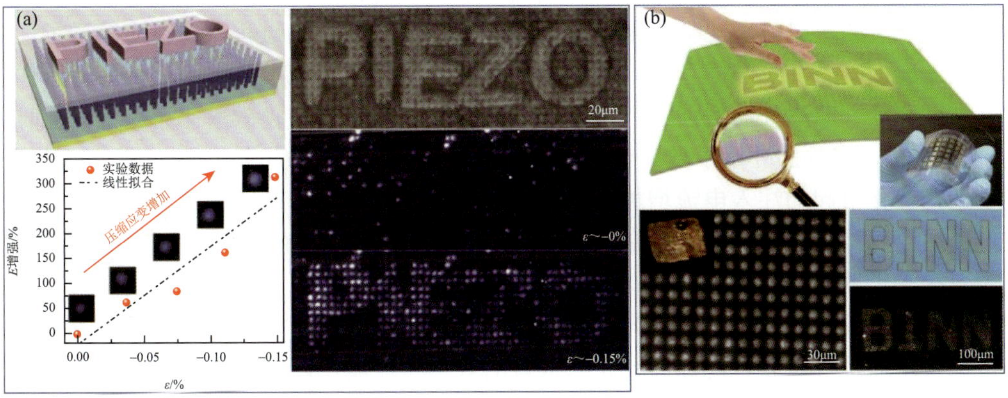

图 12.33　基于压电光电子学效应的 LED 阵列的压力分布可视化传感器。（a）用作应变分布传感器的 ZnO/GaN p-n 结 LED 阵列，顶部印有图案的器件在 0%～0.15%应变下的电致发光图像，在施加压缩应变时，纳米线 LED 的发光强度增加；（b）基于 ZnO 纳米线/聚合物阵列的柔性压力分布传感器

如图 12.33（b）所示，为了用作电子皮肤，研究者们研制了由 p 型聚合物和图案化 n 型 ZnO 纳米线组成的柔性 LED 阵列，其空间分辨率高达 7μm，实现了压力空间成像[116]。该器件是在图案化的柔性 PET/ITO 基底上制备的，以垂直生长的 n-ZnO 纳米线阵列作为电子传输层，以 PEDOT：PSS 层作为空穴传输层。该器件 p-n 结的空穴注入势垒约为 2.4eV。压缩应变引起的压电势降低了该势垒，增加了载流子的结合。此外，在这个工作

中，人们还研究了 ZnO 纳米线在各像素点的生长条件和形貌特征在宽的压力测量范围（40～100MPa）内对器件性能的影响。

类似结构的压电光电子学 LED 压力分布传感器阵列在其他材料系统中也得到了广泛应用。发光强度可调节的硅基 LED 阵列作为应变/应力分布传感器可以彻底改变现有的传感技术。研究者们报道了基于电感耦合等离子体蚀刻硅晶片和低温湿化学生长 ZnO 纳米线薄膜的 p-n 结 LED 阵列[117]，在可见光和近红外区域测试和表征了该器件的电致发光特性。p-n 结结区的能带可通过压电光电子学效应来调节，在–0.05%的压缩应变下，发光强度增大了 120%。

CdS 也是一种压电半导体材料，近年来吸引了众多研究人员的关注。以水热法生长的 CdS 纳米线阵列作为压电光电子学调节层，制备了与 ZnO/p-聚合物 LED 阵列结构相似的 p-n 结 LED 压力分布传感器阵列[118, 119]。该器件的发射强度可通过压电光电子学效应进行调节。因此，CdS 纳米线-LED 阵列可实现空间分辨率高达 1.5μm 的压力成像。

12.9 总　　结

作为一种经典器件，发光二极管的性能由 p-n 结的结构和半导体材料的特性所决定。一旦发光二极管器件制备好后，其效率主要取决于器件中的局域载流子浓度及载流子在结区附近停留的时间。传统上后者是通过生长量子阱或利用内建电极化分别在导带和价带“俘获”电子和空穴来实现控制。与使用此预制结构不同的是，我们通过在氧化锌中引入应变产生的压电势来控制氧化锌-氮化镓界面的载流子传输过程，并首次演示了性能由压电效应控制的发光二极管[5]。固定电压下通过施加 0.093%的压缩应变条件，器件的发光强度和注入电流分别增强了 17 倍和 4 倍，且器件相应的转换效率比无应变情况时提高了 4.25 倍，器件的外量子效率也达到了 7.82%。器件性能的如此大幅改善不仅仅是由能带结构变化引起的注入电流增加而造成的，更重要的是由于在异质结界面处产生的空穴俘获通道对外量子效率的大幅提高。紫外与可见光比率的增加和发光峰的稳定性表明，外应变提高了器件的光谱质量。此外，输出光的偏振也可被压电光电子学效应调制。这些结果不仅在探索机械、电子和光学特性之间的三相耦合以研究压电光电子学效应方面非常重要，而且可以显著地提高发光二极管的效率和性能，以及在利用压电性能来设计多种基于氧化锌和氮化镓的光电器件方面也十分重要。

我们还研究了压电光电子学效应对氮化镓薄膜电致发光过程的影响。我们通过在薄膜上沉积透明 ITO 电极在器件中形成金属-半导体-金属结构。当施加的外应力导致氮化镓薄膜的应变时，ITO/氮化镓界面处产生的压电电荷会改变肖特基势垒高度。根据氮化镓薄膜 c 轴取向的不同，器件的电流传输特性可能存在两种变化趋势。压电电荷同时也可以改变金半接触界面处的少数载流子注入效率并导致对电致发光强度的调制。相比于 p 型氮化镓薄膜中同深受主态相关的电致发光过程，压电光电子学效应对涉及浅受主态的电致发光过程的影响更为明显。氮化镓是光电子器件中的主流材料，而这项研究则提供了对氮化镓性质和应用的更深入了解，对未来柔性光电子应用领域也具有非常重要的意义。

进一步，压电光电子学效应的研究从准稳态过程发展到瞬态过程。研究发现，蓝光和绿光 LED 的 PL 寿命分别降低 49%和 55%。这是由于量子阱内部沿生长方向的内部应变被通过施加外部应变来部分补偿，这导致量子阱的内置电场减小，辐射复合速率增加。本研究提供了一种简单的应变增强技术，使 LED 调制带宽显著增加到 117MHz。最后，我们绘制了等值线图来指导可见光通信系统的外部应变和工作波长的设计。

Micro-LED 是新一代的显示技术，芯片尺寸微缩化后的压电光电子学效应是一个重要的问题。结合各向同性和各向异性干法蚀刻工艺，我们制备了一种新颖的悬浮 InGaN/GaN Micro-LED 阵列。与平面 LED 相比，它的发光强度显著提高，达到了 150%。本章首次通过空间显微光谱和薛定谔-泊松耦合自洽计算揭示了复杂微光电子器件中的非均匀压电效应，这是由硅衬底部分剥离的梯度面内应力分布引起的。由非均匀压电光电子学效应引起了发光波长漂移，这使得微盘 LED 有望用于多波长 Micro-LED 显示。我们的研究不仅对探索复杂的微纳光电器件中的非均匀压电光电子学效应具有重要意义，而且可以极大地提高微盘 LED 的光提取效率。

此外，压电光电子学效应被证实可以增强高功率 LED 器件的散热。与传统 LED 相比，施加 0.1%应变的 LED 在 6V 电压下的工作温度降低了 50.00%，在 7V 电压下的工作温度降低了 47.62%。此外，本章还讨论了外部应力降低 LED 自发热效应的物理机制。通过引入外部应力来改变界面处的极化电荷，可以有效地调制 LED 量子阱能带和载流子复合过程，从而大大增强辐射复合对非辐射复合的竞争，最终降低 LED 的自加热效应。

最后，利用压电光电子学效应可以有效地调制 p-n 结界面处的能带来提高 LED 的外量子效率。这种效应普遍存在于 n-ZnO NW/p-GaN LED，n-CdS NW/p-GaN LED，n-ZnO NW/p-PSS：PEDOT LED 等各种材料体系。可以预见，在当今的绿色可再生能源技术中，压电光电子学效应可以非常有效地提高能源转换的效率，而无需使用高成本、复杂、精密的纳米制造工序。此外，还设计了一种基于光信号的压力分布传感器，可实现在优于 2.7μm 的空间分辨率下快速的应变成像。输出信号是光信号，易于与芯片上的光子技术集成，实现快速数据传输、处理和记录。这可能是通过光学手段实现对机械信号数字成像的重要一步，在触摸板技术、个性化签名、生物成像和光学 MEMS 等领域有潜在的应用前景。

参考文献

[1] Fujii T，Gao Y，Sharma R，et al. Increase in the extraction efficiency of GaN-based light-emitting diodes via surface roughening. Applied Physics Letters，2004，84（6）：855-857.

[2] Duan X F，Huang Y，Agarwal R，et al. Single-nanowire electrically driven lasers. Nature，2003，421（6920）：241-245.

[3] Zimmler M A，Stichtenoth D，Ronning C，et al. Scalable fabrication of nanowire photonic and electronic circuits using spin-on glass. Nano Letters，2008，8（6）：1695-1699.

[4] Xu S，Xu C，Liu Y，et al. Ordered nanowire array blue/near-UV light emitting diodes. Advanced Materials，2010，22（42）：4749.

[5] Yang Q，Wang W H，Xu S，et al. Enhancing light emission of ZnO microwire-based diodes by

piezo-phototronic effect. Nano Letters，2011，11（9）：4012-4017.

[6] Bao J M，Zimmler M A，Capasso F，et al. Broadband ZnO single-nanowire light-emitting diode. Nano Letters，2006，6（8）：1719-1722.

[7] Weintraub B，Wei Y G，Wang Z L. Optical fiber/Nanowire hybrid structures for efficient three-dimensional dye-sensitized solar cells. Angewandte Chemie International Edition，2009，48（47）：8981-8985.

[8] Shi L B，Cheng S，Li R B，et al. A study on strain affecting electronic structure of wurtzite ZnO by first principles. Modern Physics Letters B，2009，23（19）：2339-2352.

[9] Shan W，Walukiewicz W，Ager J W，et al. Pressure-dependent photoluminescence study of ZnO nanowires. Applied Physics Letters，2005，86：153117.

[10] Davydov V Y，Averkiev N S，Goncharuk I N，et al. Raman and photoluminescence studies of biaxial strain in GaN epitaxial layers grown on 6H-SiC. Journal of Applied Physics，1997，82（10）：5097-5102.

[11] Suzuki M，Uenoyama T. Strain effect on electronic and optical properties of GaN/AlGaN quantum-well lasers. Journal of Applied Physics，1996，80（12）：6868-6874.

[12] Wang Z L. Piezopotential gated nanowire devices：piezotronics and piezo-phototronics. Nano Today，2010，5（6）：540-552.

[13] Pan Z W，Dai Z R，Wang Z L. Nanobelts of semiconducting oxides. Science，2001，291（5510）：1947-1949.

[14] Cha S N，Seo J S，Kim S M，et al. Sound-driven piezoelectric nanowire-based nanogenerators. Advanced Materials，2010，22（42）：4726.

[15] Wang X D，Zhou J，Song J H，et al. Piezoelectric field effect transistor and nanoforce sensor based on a single ZnO nanowire. Nano Letters，2006，6（12）：2768-2772.

[16] Kaufmann U，Kunzer M，Maier M，et al. Nature of the 2.8 eV photoluminescence band in Mg doped GaN. Applied Physics Letters，1998，72（11）：1326-1328.

[17] Qu B Z，Zhu Q S，Sun X H，et al. Photoluminescence of Mg-doped GaN grown by metalorganic chemical vapor deposition. Journal of Vacuum Science & Technology A，2003，21（4）：838-841.

[18] Yang Y，Qi J J，Liao Q L，et al. High-performance piezoelectric gate diode of a single polar-surface dominated ZnO nanobelt. Nanotechnology，2009，20（12）：125201.

[19] Zhu G A，Yang R S，Wang S H，et al. Flexible high-output nanogenerator based on lateral ZnO nanowire array. Nano Letters，2010，10（8）：3151-3155.

[20] Yeh C H，Liu Y L，Chow C W. Real-time white-light phosphor-LED visible light communication（VLC）with compact size. Optics Express，2013，21（22）：26192-26197.

[21] Ebothe J，Gruhn W，Elhichou A，et al. Giant piezooptics effect in the ZnO-Er^{3+}crystalline films deposited on the glasses. Optics and Laser Technology，2004，36（3）：173-180.

[22] Hu Y F，Zhang Y，Lin L，et al. Piezo-phototronic effect on electroluminescence properties of p-type GaN thin films. Nano Letters，2012，12（7）：3851-3856.

[23] Neugebauer J，Van de Walle C G. Gallium vacancies and the yellow luminescence in GaN. Applied Physics Letters，1996，69（4）：503-505.

[24] Van de Walle C G. Interactions of hydrogen with native defects in GaN. Physical Review B，1997，56（16）：10020-10023.

[25] Dean J I，Inoguchi T，Mito S，et al. Edited by Pankove K I. Electroluminescence. Berlin，Heidelberg，New York：Springer-Verlag，1977.

[26] Zhang Y，Liu Y，Wang Z L. Fundamental theory of piezotronics. Advanced Materials，2011，23（27）：3004-3013.

[27] Peng M Z，Zhang Y，Liu Y D，et al. Magnetic-mechanical-electrical-optical coupling effects in GaN-based LED/rare-earth terfenol-D structures. Advanced Materials，2014，26（39）：6767-6772.

[28] Du C H，Jiang C Y，Zuo P，et al. Piezo-phototronic effect controlled dual-channel visible light communication（PVLC）using InGaN/GaN multiquantum well nanopillars. Small，2015，11（45）：6071-6077.

[29] Azhar A H，Tran T A，O'Brien D. A gigabit/s indoor wireless transmission using MIMO-OFDM visible-light communications. IEEE Photonics Technology Letters，2013，25（2）：171-174.

[30] Borah D K，Boucouvalas A C，Davis C C，et al. A review of communication-oriented optical wireless systems. Eurasip Journal on Wireless Communications and Networking，2012：1-28.

[31] Du C H，Huang X，Jiang C Y，et al. Tuning carrier lifetime in InGaN/GaN LEDs via strain compensation for high-speed visible light communication. Scientific Reports，2016，6：1-10.

[32] Lefebvre P，Anceau S，Valvin P，et al. Time-resolved spectroscopy of（Al，Ga，In）N based quantum wells：localization effects and effective reduction of internal electric fields. Physical Review B，2002，66（19）：195330.

[33] Reale A，Massari G，Di Carlo A，et al. Comprehensive description of the dynamical screening of the internal electric fields of AlGaN/GaN quantum wells in time-resolved photoluminescence experiments. Journal of Applied Physics，2003，93（1）：400-409.

[34] Pophristic M，Long F H，Tran C，et al. Time-resolved photoluminescence measurements of InGaN light-emitting diodes. Applied Physics Letters，1998，73：3550-3552.

[35] Kaneta A，Mutoh T，Kawakami Y，et al. Discrimination of local radiative and nonradiative recombination processes in an InGaN/GaN single-quantum-well structure by a time-resolved multimode scanning near-field optical microscopy. Applied Physics Letters，2003，83（17）：3462-3464.

[36] Garrett G A，Shen H E，Wraback M，et al. Comparison of time-resolved photoluminescence from InGaN single quantum wells grown on nonpolar and semipolar bulk GaN substrates. Physica Status Solidi（C），2009，6：S800-S803.

[37] Lefebvre P，Morel A，Gallart M，et al. High internal electric field in a graded-width InGaN/GaN quantum well：accurate determination by time-resolved photoluminescence spectroscopy. Applied Physics Letters，2001，78（9）：1252-1254.

[38] Vurgaftman I，Meyer J R. Band parameters for nitrogen-containing semiconductors. Journal of Applied Physics，2003，94（6）：3675-3696.

[39] Denton A R，Ashcroft N W. Vegard's law. Physical Review A，1991，43（6）：3161-3164.

[40] Chow C W，Yeh C H，Liu Y F，et al. Improved modulation speed of LED visible light communication system integrated to main electricity network. Electronics Letters，2011，47（15）：867-868.

[41] Zhu S X，Wang J X，Yan J C，et al. Influence of AlGaN electron blocking layer on modulation bandwidth of GaN-based light emitting diodes. Ecs Solid State Letters，2014，3（3）：R11-R13.

[42] Tsonev D，Chun H，Rajbhandari S，et al. A 3-Gb/s single-LED OFDM-based wireless VLC link using a gallium nitride μLED. IEEE Photonics Technology Letters，2014，26（7）：637-640.

[43] Wang X F，Yu R M，Jiang C Y，et al. Piezotronic effect modulated heterojunction electron gas in AlGaN/AlN/GaN heterostructure microwire. Advanced Materials，2016，28（33）：7234-7242.

[44] Peng M Z，Li Z，Liu C H，et al. High-resolution dynamic pressure sensor array based on piezo-phototronic effect tuned photoluminescence imaging. ACS Nano，2015，9（3）：3143-3150.

[45] Tripathy S，Lin V K，Vicknesh S，et al. Micro-Raman probing of residual stress in freestanding GaN-based micromechanical structures fabricated by a dry release technique. Journal of Applied Physics，2007，101（6）：063525.

[46] Lv J N，Yang Z C，Yan G Z，et al. Fabrication of large-area suspended MEMS structures using GaN-on-Si platform. IEEE Electron Device Letters，2009，30（10）：1045-1047.

[47] Gao H Y，Yan F W，Zhang Y，et al. Enhancement of the light output power of InGaN/GaN light-emitting diodes grown on pyramidal patterned sapphire substrates in the micro-and nanoscale. Journal of Applied Physics，2008，103（1）：014314.

[48] Wang W K，Huang S Y，Huang S H，et al. Fabrication and efficiency improvement of micropillar InGaN/Cu light-emitting diodes with vertical electrodes. Applied Physics Letters，2006，88（18）：181113.

[49] Fayisa G B，Lee J W，Kim J，et al. Enhanced light extraction efficiency of micro-ring array AlGaN deep ultraviolet light-emitting diodes. Japanese Journal of Applied Physics，2017，56（9）：092101.

[50] Schnitzer I，Yablonovitch E，Caneau C，et al. 30% external quantum efficiency from surface textured，thin-film light-emitting diodes. Applied Physics Letters，1993，63（16）：2174-2176.

[51] Choi H W，Liu C，Gu E，et al. GaN micro-light-emitting diode arrays with monolithically integrated sapphire microlenses. Applied Physics Letters，2004，84（13）：2253-2255.

[52] Xiong C B，Jiang F Y，Fang W Q，et al. Different properties of GaN-based LED grown on Si（111）and transferred onto new substrate. Science in China Series E—Technological Sciences，2006，49（3）：313-321.

[53] Zhao P，Zhao H P. Analysis of light extraction efficiency enhancement for thin-film-flip-chip InGaN quantum wells light-emitting diodes with GaN micro-domes. Optics Express，2012，20（105）：A765-776.

[54] Chen M X，Pan C F，Zhang T P，et al. Tuning light emission of a pressure-sensitive silicon/ZnO nanowires heterostructure matrix through piezo-phototronic effects. ACS Nano，2016，10（6）：6074-6079.

[55] Huang X，Du C H，Zhou Y L，et al. Piezo-phototronic effect in a quantum well structure. ACS Nano，2016，10（5）：5145-5152.

[56] Jiang C Y，Jing L，Huang X，et al. Enhanced solar cell conversion efficiency of InGaN/GaN multiple quantum wells by piezo-phototronic effect. ACS Nano，2017，11（9）：9405-9412.

[57] Zhan J L，Chen Z Z，Jiao Q Q，et al. Investigation on strain relaxation distribution in GaN-based μLEDs by Kelvin probe force microscopy and micro-photoluminescence. Optics Express，2018，26（5）：5265-5274.

[58] Damilano B，Grandjean N，Pernot C，et al. Monolithic white light emitting diodes based on InGaN/GaN multiple-quantum wells. Japanese Journal of Applied Physics，2001，40（9A）：L918-L920.

[59] El-Ghoroury H S，Yeh M，Chen J C，et al. Growth of monolithic full-color GaN-based LED with intermediate carrier blocking layers. Aip Advances，2016，6（7）：075316.

[60] Kuball M. Raman spectroscopy of GaN，AlGaN and AlN for process and growth monitoring/control. Surface and Interface Analysis，2001，31（10）：987-999.

[61] Tripathy S，Chua S J，Chen P，et al. Micro-Raman investigation of strain in GaN and $Al_xGa_{1-x}N$/GaN heterostructures grown on Si（111）. Journal of Applied Physics，2002，92（7）：3503-3510.

[62] Wang L S，Zang K Y，Tripathy S，et al. Effects of periodic delta-doping on the properties of GaN：Si films grown on Si（111）substrates. Applied Physics Letters，2004，85（24）：5881-5883.

[63] Wagner J M，Bechstedt F. Properties of strained wurtzite GaN and AlN：*ab initio* studies. Physical Review B，2002，66（11）：115202.

[64] Liu H F，Seng H L，Teng J H，et al. Effects of lift-off and strain relaxation on optical properties of InGaN/GaN blue LED grown on 150 mm diameter Si（111）substrate. Journal of Crystal Growth，2014，402：155-160.

[65] Jiang J，Wang Q，Wang B Y，et al. Direct lift-off and the piezo-phototronic study of InGaN/GaN heterostructure membrane. Nano Energy，2019，59：545-552.

[66] Waltereit P，Brandt O，Trampert A，et al. Nitride semiconductors free of electrostatic fields for efficient white light-emitting diodes. Nature，2000，406（6798）：865-868.

[67] Firdous A，Niranjan V. Smart density based traffic light system//2020 8th International Conference on Reliability，Infocom Technologies and Optimization（Trends and Future Directions）（ICRITO）. IEEE，2020：497-500.

[68] Huang Y，Hsiang E L，Deng M Y，et al. Light，Mini-LED，Micro-LED and OLED displays：present status and future perspectives. Science & applications，2020，9（1）：1-16.

[69] Nimbalkar M，Yawalkar M，Mahajan N，et al. Potential of luminescent materials in phototherapy. Photodiagnosis and Photodynamic Therapy，2021，33：102082.

[70] Kim M H，Schubert M F，Dai Q，et al. Origin of efficiency droop in GaN-based light-emitting diodes. Applied Physics Letters，2007，91（18）：183507.

[71] Efremov A A，Bochkareva N I，Gorbunov R I，et al. Effect of the joule heating on the quantum efficiency and choice of thermal conditions for high-power blue InGaN/GaN LEDs. J Semiconductors，2006，40（5）：605-610.

[72] Han N，Cuong T V，Han M，et al. Improved heat dissipation in gallium nitride light-emitting diodes with embedded graphene oxide pattern. Nature Communications，2013，4（1）：1-8.

[73] Du C H，Jing L，Jiang C Y，et al. An effective approach to alleviating the thermal effect in microstripe array-LEDs via the piezo-phototronic effect. Materials Horizons，2018，5（1）：116-122.

[74] Schubert M F，Xu J R，Kim J K，et al. Polarization-matched GaInN/AlGaInN multi-quantum-well light-emitting diodes with reduced efficiency droop. Applied Physics Letters，2008，93（4）：041102.

[75] Nippert F，Karpov S Y，Callsen G，et al. Temperature-dependent recombination coefficients in InGaN light-emitting diodes：hole localization，auger processes，and the green gap. Applied Physics Letters，2016，109（16）：161103.

[76] Zhao L N，Yan D W，Zhang Z H，et al. Temperature-dependent efficiency droop in GaN-based blue LEDs. IEEE Electron Device Letters，2018，39（4）：528-531.

[77] Lin X H，Mo S P，Mo B Z，et al. Thermal management of high-power LED based on thermoelectric cooler and nanofluid-cooled microchannel heat sink. Applied Thermal Engineering，2020，172：115165.

[78] Zhou X J，Tian P F，Sher C W，et al. Growth，transfer printing and colour conversion techniques towards full-colour micro-LED display. Progress in Quantum Electronics，2020，71：100263.

[79] Bilgili A K，Akpınar Ö，Öztürk MK，et al. XRD vs Raman for InGaN/GaN structures. Politeknik Dergisi，2019，23（2）：291-296.

[80] Kaganer V M，Jenichen B，Ramsteiner M，et al. Quantitative evaluation of the broadening of X-ray diffraction，Raman，and photoluminescence lines by dislocation-induced strain in heteroepitaxial GaN films. Journal of Physics D：Applied Physics，2015，48（38）：385105.

[81] Cho Y H，Gainer G H，Fischer A J，et al. "S-shaped" temperature-dependent emission shift and carrier dynamics in InGaN/GaN multiple quantum wells. Applied Physics Letters，1998，73（10）：1370-1372.

[82] Tiginyanu I M. Strain，charge carriers，and phonon polaritons in wurtzite GaN. 2014.

[83] Takeuchi T，Sota S，Katsuragawa M，et al. Quantum-confined stark effect due to piezoelectric fields in GaInN strained quantum wells. Japanese Journal of Applied Physics，1997，36（4A）：L382.

[84] Zakgeim A L，Kuryshev G L，Mizerov M N，et al. A study of thermal processes in high-power InGaN/GaN flip-chip LEDs by IR thermal imaging microscopy. Semiconductors，2010，44（3）：373-379.

[85] Lasance C J，Poppe A. Thermal Management for LED Applications. New York：Springer，2014.

[86] Keppens A，Ryckaert W R，Deconinck G，et al. High power light-emitting diode junction temperature determination from current-voltage characteristics. Journal of Applied Physics，2008，104（9）：093104.

[87] Yu P Y，Cardona M. Fundamentals of Semiconductors Graduate Texts in Physics. Berlin，Heidelberg：Springer-Verlag，2010.

[88] Masui H，Kroemer H，Schmidt M C，et al. Electroluminescence efficiency of-oriented InGaN-based light-emitting diodes at low temperature. Journal of Physics D：Applied Physics，2008，41（8）：082001

[89] Lee H K，Yu J S，Lee Y T. Thermal analysis and characterization of the effect of substrate thinning on the peformances of GaN-based light emitting diodes. Physica Status Solidi（A），2010，207（6）：1497-1504.

[90] Guo X，Schubert E F. Current crowding and optical saturation effects in GaInN/GaN light-emitting diodes grown on insulating substrates. Applied Physics Letters，2001，78（21）：3337-3339.

[91] Shchekin O B，Epler J E，Trottier T A，et al. High performance thin-film flip-chip GaInN-GaN light-emitting diodes. Applied Physics Letters，2006，89（7）：071109.

[92] Ding J，Che L J，Chen X，et al. Interdigital structure enhanced the current spreading and light output power of GaN-based light emitting diodes. IEEE Access，2020，8：105972-105979.

[93] Sze S M，Li Y，Ng K K. Physics of Semiconductor Devices. John Wiley & Sons，2021.

[94] Kim D S，Han B. Effect of junction temperature on heat dissipation of high power light emitting diodes. Journal of Applied Physics，2016，119（12）：125104.

[95] Keppens A，Ryckaert W R，Deconinck G，et al. Modeling high power light-emitting diode spectra and their variation with junction temperature. Journal of Applied Physics，2010，108（4）：043104.

[96] Schubert E F. Light-Emitting Diodes. 3rd ed. Oxford：Woodhead Publishing，2018.

[97] Wang T H，Xu J L，Wang X D. The effect of multi-quantum barrier structure on light-emitting diodes performance by a non-isothermal model. Chinese Science Bulletin，2012，57（30）：3937-3942.

[98] Hader J，Moloney J V，Koch S W. Supression of carrier recombination in semiconductor lasers by phase-space filling. Applied Physics Letters，2005，87（20）：201112.

[99] Guo Z，Li H W，Zhou L Q，et al. Large-scale horizontally aligned ZnO microrod arrays with controlled orientation，periodic distribution as building blocks for chip-in piezo-phototronic LEDs. Small，2015，11（4）：438-445.

[100] Kim K，Jeon Y，Cho K，et al. Enhancement of trap-assisted green electroluminescence efficiency in ZnO/SiO_2/Si nanowire light-emitting diodes on bendable substrates by piezophototronic effect. ACS Applied Materials & Interfaces，2016，8（4）：2764-2773.

[101] Pan C F，Dong L，Zhu G，et al. High-resolution electroluminescent imaging of pressure distribution using a piezoelectric nanowire LED array. Nature Photonics，2013，7（9）：752-758.

[102] Hu Y F，Chang Y L，Fei P，et al. Designing the electric transport characteristics of ZnO micro/nanowire devices by coupling piezoelectric and photoexcitation effects. ACS Nano，2010，4（2）：1234-1240.

[103] Han X，Chen M X，Pan C F，et al. Progress in piezo-phototronic effect enhanced photodetectors. Journal of Materials Chemistry C，2016，4（48）：11341-11354.

[104] Que M L，Zhou R R，Wang X D，et al. Progress in piezo-phototronic effect modulated photovoltaics. Journal of Physics：Condensed Matter，2016，28（43）：433001.

[105] Liu Y，Niu S M，Yang Q，et al. Theoretical Study of Piezo-phototronic nano-LEDs. Advanced Materials，2014，26（42）：7209-7216.

[106] Yang Q，Liu Y，Pan C F，et al. Largely enhanced efficiency in ZnO nanowire/p-polymer hybridized inorganic/organic ultraviolet light-emitting diode by piezo-phototronic effect. Nano Letters，2013，13（2）：607-613.

[107] Pan C F，Chen M X，Yu R M，et al. Progress in piezo-phototronic-effect-enhanced light-emitting diodes and pressure imaging. Advanced Materials，2016，28（8）：1535-1552.

[108] Wang C F，Bao R R，Zhao K，et al. Enhanced emission intensity of vertical aligned flexible ZnO

nanowire/p-polymer hybridized LED array by piezo-phototronic effect. Nano Energy，2015，14：364-371.

[109] Que M L，Wang X D，Peng Y Y，et al. Flexible electrically pumped random lasing from ZnO nanowires based on metal-insulator-semiconductor structure. Chinese Physics B，2017，26（6）：067301.

[110] Zhang T P，Liang R R，Dong L，et al. Wavelength-tunable infrared light emitting diode based on ordered ZnO nanowire/Si_{1-x} Ge_x alloy heterojunction. Nano Research，2015，8（8）：2676-2685.

[111] Pan C F，Zhu J. The syntheses，properties and applications of Si，ZnO，metal，and heterojunction nanowires. Journal of Materials Chemistry，2009，19（7）：869-884.

[112] Li X Y，Liang R R，Tao J，et al. Flexible light emission diode arrays made of transferred Si microwires-ZnO nanofilm with piezo-phototronic effect enhanced lighting. ACS Nano，2017，11（4）：3883-3889.

[113] Bao R R，Wang C F，Peng Z C，et al. Light-emission enhancement in a flexible and size-controllable ZnO nanowire/organic light-emitting diode array by the piezotronic effect. ACS Photonics，2017，4（6）：1344-1349.

[114] Hua Q L，Sun J L，Liu H T，et al. Skin-inspired highly stretchable and conformable matrix networks for multifunctional sensing. Nature Communications，2018，9（1）：1-11.

[115] Zhao X L，Hua Q L，Yu R M，et al. Flexible，stretchable and wearable multifunctional sensor array as artificial electronic skin for static and dynamic strain mapping. Advanced Electronic Materials，2015，1（7）：1500142.

[116] Bao R R，Wang C F，Dong L，et al. Flexible and controllable piezo-phototronic pressure mapping sensor matrix by ZnO NW/p-polymer LED array. Advanced Functional Materials，2015，25（19）：2884-2891.

[117] Li X Y，Chen M X，Yu R M，et al. Enhancing light emission of ZnO-nanofilm/Si-micropillar heterostructure arrays by piezo-phototronic effect. Advanced Materials，2015，27（30）：4447-4453.

[118] Wang C F，Peng D F，Zhao J，et al. CdS@SiO_2 core-shell electroluminescent nanorod arrays based on a metal-insulator- semiconductor structure. Small，2016，12（41）：5734-5740.

[119] Bao R R，Wang C F，Dong L，et al. CdS nanorods/organic hybrid LED array and the piezo-phototronic effect of the device for pressure mapping. Nanoscale，2016，8（15）：8078-8082.

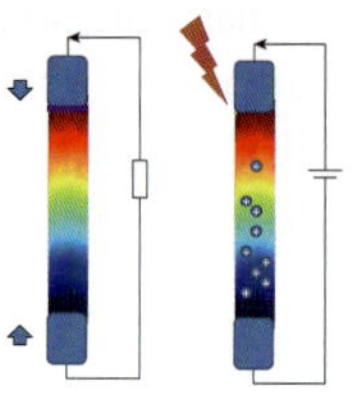

第 13 章

压电光电子学效应对量子点、量子阱和纳米线异质结的影响

摘 要

压电光电子学效应在具有非中心对称结构的第三代半导体中显示出很大的应用潜力。本章旨在总结压电光电子学效应在异质结构的量子点、量子阱和纳米线上取得的快速进展，并展示其应用前景。此外，还突出了应用压电光电子学效应可操控的多个重要的量子现象。压电光电子学与量子物理学之间的耦合为下一代高集成度、超快和超敏感的电子/光电子系统开辟了新的道路。

13.1 压电光电子学效应对量子点的影响[1]

我们验证了在 $CsPbBr_3$ 量子点（QDs）中存在强自旋轨道耦合（SOC）。在经过冷却处理的 QDs 中发现并研究了强压电性能，这对自旋轨道耦合的光致发光（PL）具有很大影响。利用压电光电子学效应，在覆盖柔性基底的 QDs 上施加简单的弯曲应变，可以调控自旋轨道耦合的 PL 强度。这些发现对于基于具有出色量子限域效应的钙钛矿量子点的光电子学和自旋电子学应用的发展具有重要意义。

$CsPbBr_3$ QDs 的溶液呈浅绿色，如图 13.1（a）所示，滴在厚度为 500μm 的柔性 PET 基底的表面上，以进一步对 QDs 施加应变，如图 13.1（a）所示。图 13.1（b）展示了 $CsPbBr_3$ QDs 在 300K 下的吸收和 PL 谱，光学 PL 峰为 508nm，半峰全宽（FWHM）为 17nm。以下所有测量的激光光斑直径均为 2mm。对于 508nm 和 538nm 波长，归一化 PL 强度的功率密度依赖性几乎是线性的（图 13.1（c））。时间分辨光致发光（TRPL）谱显示了平均 6.8ns 的快速复合时间，如图 13.1（d）所示，表明 $CsPbBr_3$ QDs 的辐射主要来自激子复合。从 X 射线衍射（XRD）来看，仅检测到晶面的（002）和（004）指数，这表明 $CsPbBr_3$ 量子点均匀分布，$[001]$或$[00\bar{1}]$方向（即 z 轴）指向远离基材的表面。如图 13.1（f）所示，$CsPbBr_3$ 钙钛矿量子点的 HRTEM 和相应的快速傅里叶变换（FFT）图像表明，所制备的量子点具有立方结构，晶格常数为 0.58nm。$CsPbBr_3$ QDs 的能量色散 X 射线谱（EDX）揭示了铯、铅和溴元素的存在，如图 13.1（g）所示，相应的原子比为 1∶0.9∶2.3，接近于化学计量比 1∶1∶3。量子点的实验原子比与化学计量比的偏差可能是由在高能 TEM 电子束下铅和溴的蒸发以及能量色散 X 射线谱定量的限制精度所致。

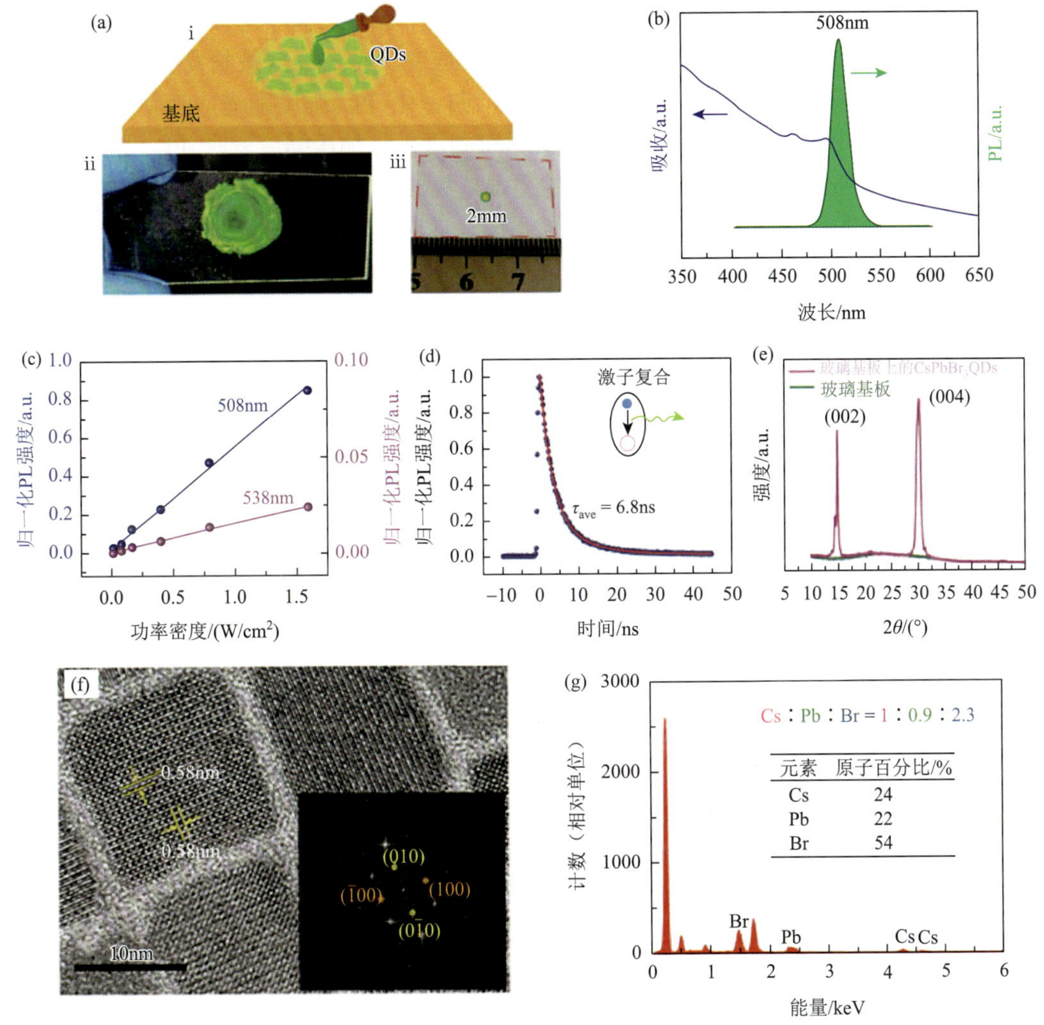

图 13.1　全无机钙钛矿 $CsPbBr_3$ 量子点（QDs）的表征。（a）量子点在基底上的示意图（i），量子点在玻璃基底上的光学图像（ii），以及 2mm 的量子点滴加在 PET 基底上的光学图像（iii）；（b）量子点的吸收光谱和光致发光（PL）谱；（c）归一化 PL 强度随 325nm 激光功率密度的变化关系；（d）量子点在 508nm 波长下的时间分辨光致发光（TRPL）谱；（e）玻璃基底及量子点/玻璃的 X 射线衍射（XRD）图谱；（f）沿[001]区轴（z 轴）方向的 $CsPbBr_3$ 量子点高分辨透射电镜（HRTEM）图像，右下角插图为对应的快速傅里叶变换（FFT）图像；（g）$CsPbBr_3$ 量子点的能谱分析（EDX）图谱[1]

用线偏振（LP）和圆偏振（CP）532nm 激光激发不同应变下制成的 QDs（未经冷却

处理），激发的 PL 强度如图 13.2 所示。激发激光改为 532nm，因此可以通过工作在 400～700nm 的四分之一波片调节激光偏振。LP 和 CP 光激发的 PL 强度均随着应变从–0.9%压缩应变到 + 0.9%拉伸应变变化而增加，如图 13.2（a）、（b）所示。与 PET 基底的微米级厚度相比，量子点的纳米级厚度可以忽略不计。QDs 被认为是通过范德瓦耳斯力附着在 PET 表面。因此，施加在 QDs 上的弯曲应变大约等于施加在 PET 基底表面上的应变，如图 13.2（c）中的插图所示。PET 的向上弯曲如图 13.2（c）中的左上插图所示，给 QDs 带来面内拉伸应变和面外（即 z 轴）压缩应变。相反，向下弯曲如图 13.2（c）中的右下插图所示，会产生面内压缩应变和面外拉伸应变。从 538nm 波长发射的归一化 PL 强度作为应变的函数图，如图 13.2（c）所示，归一化 PL 强度随着应变从–0.9%变化到 + 0.9%几乎呈线性增加。这种线性对应关系可归因于施加压缩应变时 PL 光的散射更强，而施加拉伸应变时可以注意到 PL 光的更强聚集。也就是说，PL 强度的微小变化是由不同应变下器件几何形状的变化所导致的不同光散射造成的。与 LP 光激发相比，CP 光激发的 PL 强度稍小，普遍认为是由于 Rashba SOC 的存在，本工作中测量的 PL 将被细化为自旋轨道耦合 PL，其详细的物理图像将在稍后讨论。

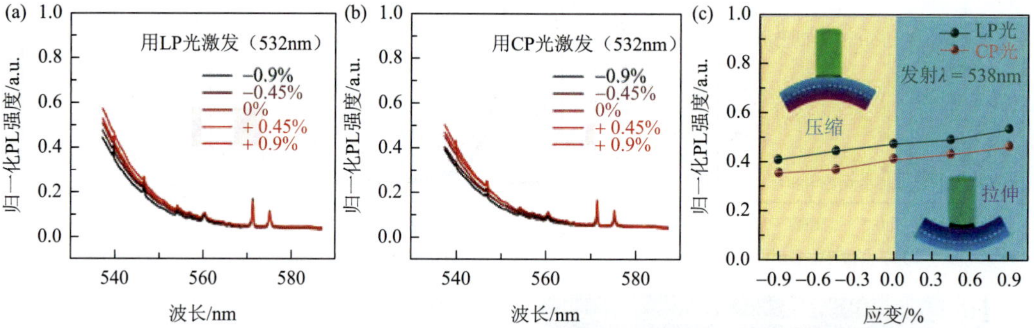

图 13.2 不同应变下所制备的 QDs 的归一化 PL 谱。(a)，(b) 分别是用 LP 和 CP 光激发的归一化 PL 谱；(c) 对应于 538nm 发射波长的归一化 PL 强度随应变的变化，左上角和右下角的插图分别描述了沿 QDs z 轴的压缩应变和拉伸应变[1]

p 型硅基底上的 $CsPbBr_3$ 钙钛矿量子点的归一化 PL 谱的温度依赖性如图 13.3 所示。实验设置如图 13.3（a）的插图所示。当温度从 294K 降低到 78K 时，PL 谱的峰值强度增加，而 PL 峰值位置表现为光子能量降低（即红移），如图 13.3（a）所示。这一现象与硅、锗和砷化镓等典型半导体的预期相反[2]。PL 谱在其峰值周围并不严格对称，这是由于存在自由激发和带尾态，允许局部激子的不同辐射重组[3, 4]。电子从价带（VB）激发到导带（CB）后的载流子重组动力学示意图如图 13.3（b）所示。低能峰的红移对应于随着温度的降低，带尾态中弛豫的载流子的复合增强。PL 峰值位置（即光子能量）和 PL 谱半峰全宽的温度依赖性分别总结在图 13.3（c）中的蓝色和绿色数据点中。随着温度从 200K 进一步降低，带尾态的复合发光变得比自由激子态的复合发光更为显著；结果，峰值位置在 200K 以下显示出明显的红移。随着温度在整个测量范围内降低，PL 谱的半峰全宽显示出线性下降，斜率为 0.037nm/K。与基于镉-硫族元素和稀土磷光体的传统量子点相比，钙钛矿量子点具有出色的量子效率和更窄的 PL 强度光谱半峰全宽。因此，钙钛矿量子点可以合成出更饱和的颜色，并在量子点发光二极管（QLED）显示器中具有更好的应用潜力[5-7]。

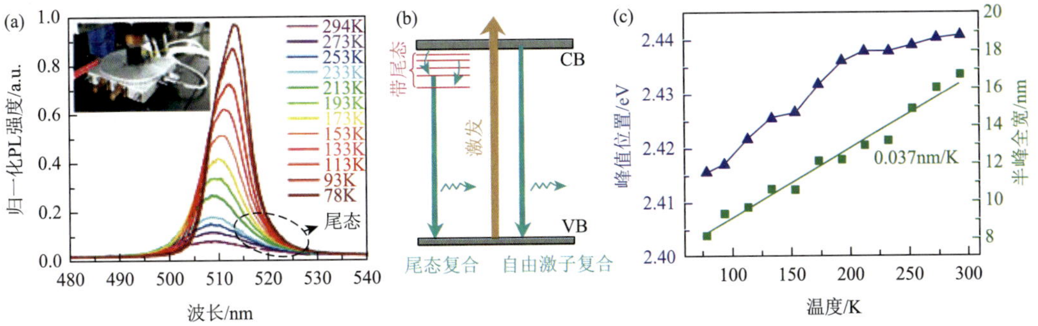

图 13.3　p 型硅基底上 $CsPbBr_3$ 钙钛矿 QDs 的 PL 特性随温度的变化。（a）在 78～294K 不同温度下测量的归一化 PL 谱，其中插图为结合激光和显微镜进行测量的低温系统的光学图像；（b）光激发后的重组动力学示意图，其中带尾态在导带下方绘制；（c）从（a）中提取的不同温度下 PL 谱的峰值位置和半峰全宽[1]

更有趣的现象是，钙钛矿 $CsPbBr_3$ QDs 经历了 200K 的冷却处理 20min 后，它们表现出压电性质，而且即使温度升至 292K（常温），压电性质仍然可以保持。基底的低温限制在 200K 左右，因此选择将冷却温度设定为 200K，以允许相变而不损坏 PET 基底。PL 也显示出对激发激光光偏振（532nm）的依赖性。如图 13.4（a）所示，$CsPbBr_3$ 钙钛矿量子点的自旋轨道耦合荧光光谱的归一化强度对于右旋圆偏振（RCP）和左旋圆偏振（LCP）光激发几乎相同（红线和蓝线），略小于 LP 光激发（黑线）。在 PET 上，LP 光的荧光向下弯曲是由于 PET 的吸收。随后，我们研究了 LP（图 13.4（b））和 CP（图 13.4（c））光激发的自旋轨道耦合荧光光谱的归一化 PL 强度与应变的关系。两种研究都表明，当施加的压缩应变增加时，PL 增加，而当施加的拉伸应变增加时，PL 减小。图 13.4（d）提取了与发射波长 538nm 相对应的归一化自旋轨道耦合 PL 随应变变化的曲线。根据图 13.2（c），对于 LP 光激发，归一化的自旋轨道耦合荧光强度在−0.9%的压缩应变下增加了 136%，在 0.9%的拉伸应变下减少了 57%。对于相同的压缩和拉伸应变下的 CP 光激发，自旋轨道耦合荧光强度增加了 146%，减少了 53%。与未经处理的量子点（图 13.2（c））相比，当量子点经历冷却处理后，PL 强度对应变的响应是不同的，如图 13.4（d）所示。这是基于 $CsPbBr_3$ 量子点的压电光电子学效应调谐光致发光的有力证明。这种效应归因于量子点的结构转变，QDs 从 $Pm\overline{3}m$ 空间群的立方结构转变为具有 $Pna2_1$ 空间群的斜方晶系，如图 13.4（e）所示，并且 $Pna2_1$ 相在 292K 下仍然可以保持不变。但在 310K 下热处理 20min 可以使 $Pna2_1$ 相恢复到立方结构。$Pna2_1$ 是一种非中心对称结构，导致材料具有压电性[8, 9]。最近，Li 等证明了冷却处理的钙钛矿 $CsPbBr_3$ QDs 中的铁电性是由$[PbBr_6]^{4-}$的扭曲和倾斜以及偏心的 Cs^+引起的正负电荷中心的弱分离导致的，这一发现是通过使用铁电测试仪进行的极化电场滞回环测量得到的[10]。当前的工作进一步证明了经冷处理的钙钛矿 $CsPbBr_3$ 量子点存在压电性质。

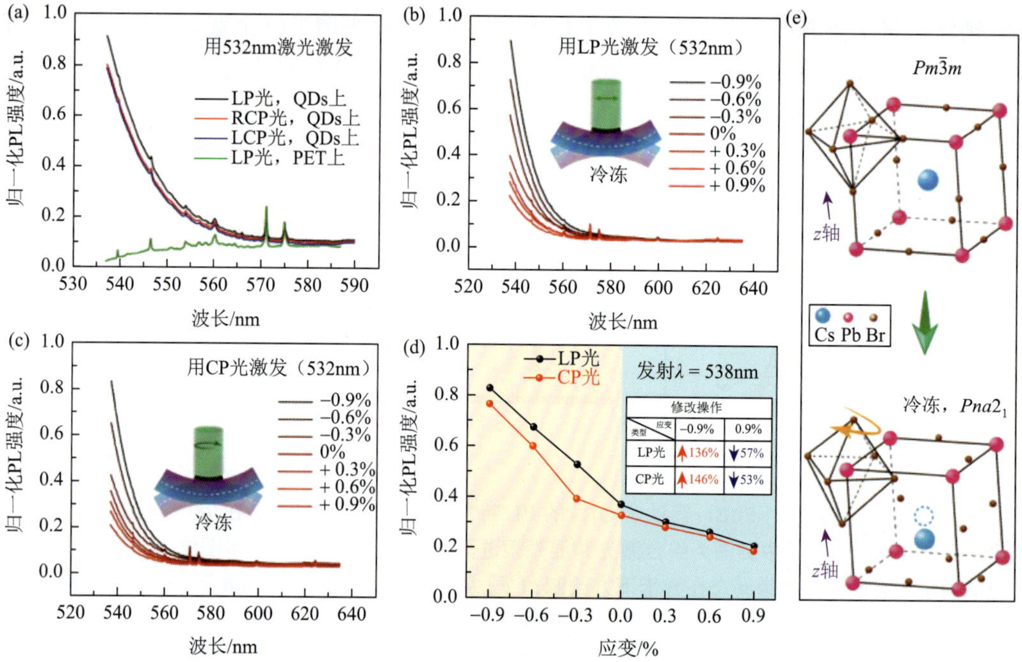

图 13.4　冷却处理后 $CsPbBr_3$ 钙钛矿量子点的归一化自旋轨道耦合 PL。（a）不同光偏振的 QDs 和 PET 的归一化 PL 谱；（b）在不同应变下用 LP 光激发的归一化 PL 谱；（c）在不同应变下用 CP 光激发的归一化 PL 谱；（d）对应于 538nm 发射波长的标准化 PL 强度随应变的变化，插图说明了−0.9%和 0.9%应变下 LP 和 CP 激励的修正；（e）200K 冷却处理后相结构的示意图[1]

我们提出了解释自旋轨道耦合 PL 偏振依赖性的可能机制。将 $CsPbBr_3$ QDs 视为超分子，电子（空穴）将围绕超分子移动，超分子的自旋轨道耦合与单分子情况下的 Pb 的 s 轨道和周围 Br 的 p 轨道相同，导致价带和导带中具有相同自旋态的自旋分裂，即 $\left|\frac{1}{2},-\frac{1}{2}\right\rangle$ 和 $\left|\frac{1}{2},+\frac{1}{2}\right\rangle$[11-13]。无应力情况下，$CsPbBr_3$ QDs 在 PET 基底上沿 + z 或−z 轴均匀取向，显示出自发极化和中等大小的压电势[10]。尽管量子点的极性方向可能会反转，即沿 + z 或−z 方向，但压电势的变化趋势是相同的，即在相同应变下，压电势都增加或都减小。当 QDs 沿 z 轴压缩时，压电势会减小；当 QDs 被拉伸时，压电势会增大，如图 13.5（a）所示。压电势的增加不仅可以增强 Rashba SOC，还可以使得自旋分裂能带能级发生较大倾斜。当量子点被角动量为 0 的 LP 光激发并用较弱的压电势压缩（即施加小的压缩应变）时，光生载流子被从自旋分裂的价带 $\left(\left|\frac{1}{2},-\frac{1}{2}\right\rangle\text{和}\left|\frac{1}{2},+\frac{1}{2}\right\rangle\right)$ 激发到自旋分裂的导带 $\left(\left|\frac{1}{2},-\frac{1}{2}\right\rangle\text{和}\left|\frac{1}{2},+\frac{1}{2}\right\rangle\right)$，在较弱的压电势下略微漂移后，在具有相同自旋角动量的子带之间发生复合发光，如图 13.5（b）中的过程 3 所示。然而，在拉伸应变下，如果压电势更强，具有相同自旋角动量的电子和空穴将迅速分离，如图 13.5（c）中的过程 2 所示，这对于复合发光（图 13.5（c）中的过程 3）相对困难。换句话说，对于 LP 光激发，增加

的压缩应变使得自旋轨道耦合 PL 强度增大，而增加的拉伸应变使得自旋轨道耦合 PL 强度降低，如图 13.4（b）、（d）所示。如图 13.5（d）所示，当在具有较弱压电势的量子点上激发一个 CP 光（例如左手(σ^+)CP 光）时，电子将从自旋分裂的价带$\left|\frac{1}{2},-\frac{1}{2}\right\rangle$激发到自旋分裂的导带$\left|\frac{1}{2},+\frac{1}{2}\right\rangle$，如图 13.5（d）中的过程 1 所示，这是根据光学跃迁选择定则进行的[14]。激发的自旋极化电子和空穴将在较弱的压电势下略微漂移（图 13.5（d）中的过程 2），并且还会在邻近的相反自旋亚带能级上发生自旋翻转（图 13.5（d）中的过程 3）；最后，由于载流子的复合，测得自旋轨道耦合的荧光强度对应于图 13.5（d）中的过程 4、5 和 6，过程 3 和 4 可能比过程 5 和 6 更为明显，因此过程 4 中的近乎直接复合跃迁将发射大量的 LP 光，这就是 CP 光激发的 PL 强度与 LP 光激发相比仅略有降低的原因，如图 13.4（a）所示。当出现强压电势时（即拉伸情况，参见图 13.5（e）），自旋分裂能级将更严重地倾斜，因此电子-空穴对的分离将更严重，这将抑制复合发光，因为间接带隙特性更强。换句话说，增加的压缩应变会减小压电势的大小，从而提高 PL 强度，而增加的拉伸应变会降低 PL 强度，如图 13.4（c）、（d）所示。由于 CP 光激发的间接复合更为显著，通常情况下，CP 光激发的自旋轨道耦合 PL 强度较 LP 光激发要弱。此外，立方结构的 $CsPbBr_3$ QDs 也显示出 Rashba SOC，尽管它不具有压电性（图 13.2（c））。在相同的压电势下，RCP 和 LCP 光激发的 PL 谱几乎相同（图 13.4（a）），这可能是因为自旋翻转过程 3 和随后的复合发光过程 4 占主导地位，而复合发光过程 5 和 6 相对较弱。

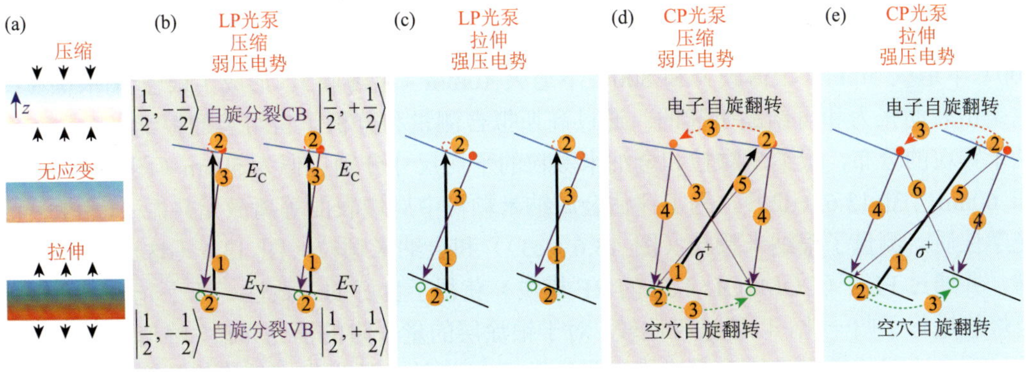

图 13.5　（a）z 轴方向在压缩、无应变和拉伸状态下压电势分布的强度示意图，棕色和蓝色分别表示正、负压电势，颜色越深,压电势越强；（b），（c）在自旋分裂的导带（CB）和价带（VB）中，用线偏振（LP）光激发的电子-空穴对在弱和强压电势下的辐射复合过程示意图；（d），（e）在自旋分裂的导带和价带中，用圆偏振（CP）光激发的电子-空穴对在弱和强压电势下的辐射复合过程示意图，带有黄色圆圈背景的数字表示各个过程步骤[1]

13.2　压电光电子学效应对量子阱的影响[15]

基于压电光电子学效应和局域表面等离子体共振的耦合，我们进行了关于静态应变下银纳米颗粒包覆的铟镓氮/氮化镓量子阱的光致发光增强的实验研究。仅通过压电光电子学效应，应变的裸露量子阱的最大发光强度在整个发射光谱范围内增加了 52.8%，而无应力的银纳米颗粒包覆的量子阱通过局域表面等离子体共振增加了 10.9%。然而，通过压电光电子学效应和局域表面等离子体共振的耦合，应变的银纳米颗粒包覆的量子阱的整体发光强度增大了 104.2%。此外，我们通过有限元计算和多能带 $\boldsymbol{k}\cdot\boldsymbol{p}$ 方法系统地阐述了耦合过程的物理机制。结果表明，与等离子体共振的耦合代表了压电光电子学领域的一个合理延伸，并为实现应变可调的局域表面等离子体共振性能提供了一个平台。考虑到光电子产品的当前挑战和未来前景，我们的研究可能为高效长寿命的人工照明提供了一种方法，这可能在微光电机械系统、光子集成电路、光学人机接口等领域有着广阔的应用前景。

在实验中，通过 MOCVD 在蓝宝石基底上合成了金属纳米颗粒包覆的 c 轴取向的铟镓氮/氮化镓量子阱，如图 13.6（a）所示。图 13.6（b）显示了相应的原子结构模型和导带能带图。由于其非中心对称的晶体结构，沿着纤锌矿结构的氮化镓/铟镓氮多层之间的晶格失配产生了压电电荷，在量子阱中存在两个方向相反的极化，即在氮化镓屏障中由拉伸应变引起的 $P_{\mathrm{pe}}^{\mathrm{GaN}}$（蓝色箭头）和在铟镓氮阱中由压缩应变引起的 $P_{\mathrm{pe}}^{\mathrm{InGaN}}$（红色箭头）。这些极化导致了斜三角形状的量子阱的形成，并对铟镓氮/氮化镓量子阱结构的光电性能产生了显著影响。

为了比较不同金属涂层附近的量子阱发射强度，我们在量子阱表面合成了自组装的银纳米颗粒和金纳米颗粒，并通过 SEM 图像对其形貌进行表征，如图 13.6（c1）和（d1）所示。首先，分别通过电子束蒸发在顶部表面的一半上沉积了银薄膜和金薄膜，另一半保持裸露以便与金属纳米颗粒涂层样品的结果直接比较。然后，样品在氮压中分别在 300℃下退火 5min（银薄膜）和 800℃下退火 10min（金薄膜），形成了银/金纳米颗粒，这是由表面张力和再结晶引起的。通过高斯拟合测量和分析了自组装的银纳米颗粒和金纳米颗粒的分布，银纳米颗粒和金纳米颗粒的平均尺寸分别近似为 50nm（图 13.6（c2））和 60nm（图 13.6（d2））。为了评估金属纳米颗粒中局域表面等离激元共振（LSPR）的光学性质，测量了银纳米颗粒（图 13.6（c3））和金纳米颗粒（图 13.6（d3））的消光光谱，并通过 FEA（COMSOL 4.3a 的 RF 模块）获得了良好的一致性。两个光谱都通过各自峰值进行了归一化，以便进行比较。对于银涂层的量子阱的消光光谱，峰值位于 460nm 处，而金涂层的量子阱的主要峰值位置位于 620nm 处。消光光谱的峰值位置可以归因于金属纳米颗粒中的局域表面等离激元共振。为了解释局域表面等离激元共振增强发射性能的机制，图 13.6（e）展示了量子阱-局域表面等离激元共振过程的示意图。与裸露的量子阱不同，光子产生的电子-空穴对通过辐射复合 k_{rad} 或非辐射复合 k_{non} 终止，电子-空穴对的能量可以通过金属纳米颗粒涂层的边缘电场转化为局域表面等离激元（LSP）模式，并且由于蒸发金属涂层的固有表面粗糙度，产生的局域表面等离激元可以有效地散射为光线[16]。量子阱-局域表面等离激元共振速率 k_{lsp} 远快于 k_{rad} 和 k_{non}，导致发射强度增加[17]。值得一提的是，量子阱和局域表面等离激元之间的共振程度主要取决于量子阱中电子-空穴对（$\hbar\omega_{\mathrm{eh}}$）和金属纳米颗粒中局域表面等离激元（$\hbar\omega_{\mathrm{lsp}}$）之间的能量匹配[18]。因此，量子阱的能带能够通过压电光电子学效应有效调制，这可能预示着压电光电子学效应与局域表面等离激元共振之间存在潜在的耦合关系。

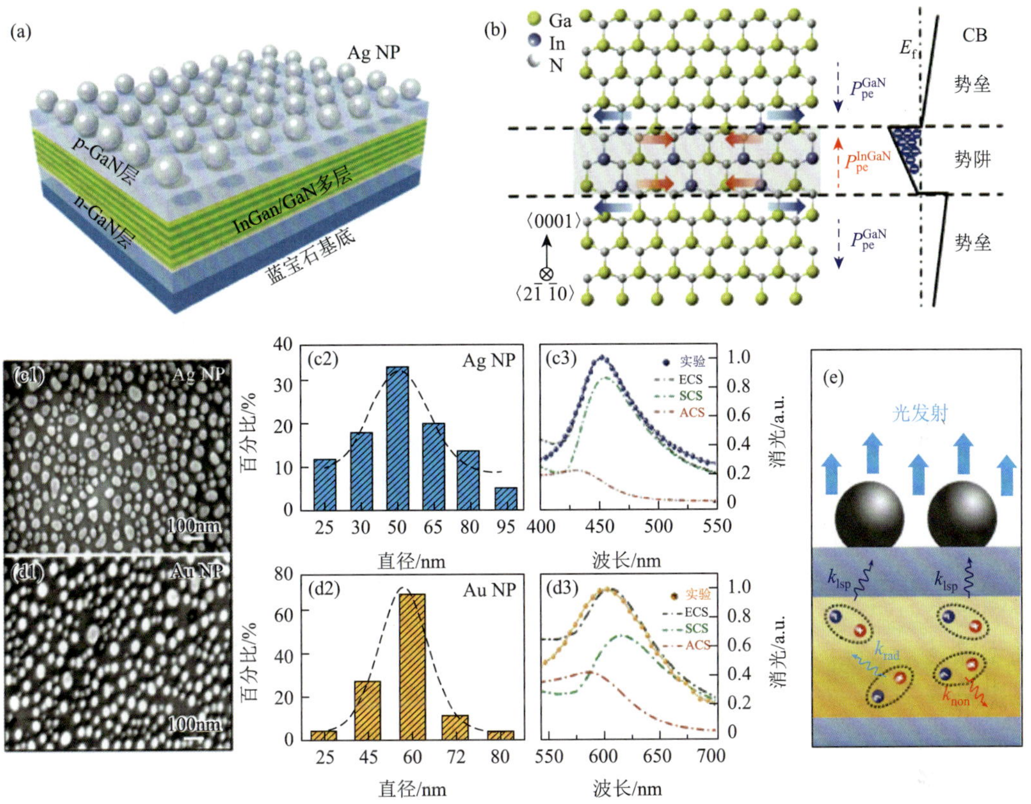

图 13.6　银纳米颗粒包覆的铟镓氮/氮化镓量子阱的结构示意图和表征结果。（a）银纳米颗粒包覆的铟镓氮/氮化镓量子阱的示意图及（b）对应的原子结构模型和导带能带图。（c1）和（d1）分别是银纳米颗粒和金纳米颗粒的扫描电子显微镜图像。（c2）和（d2）分别是通过高斯拟合（虚线）得到的银纳米颗粒和金纳米颗粒的统计分布。（c3）和（d3）分别是银纳米颗粒和金纳米颗粒的实验数据（圆点）和有限元分析计算得到的消光光谱（虚线），包括散射截面（SCS）和吸收截面（ACS）。（e）量子阱-局域表面等离激元共振过程机制示意图。在银纳米颗粒包覆的铟镓氮/氮化镓量子阱中，电子-空穴对的能量可以通过边缘电场转化为局域表面等离激元模式，并通过蒸发金属涂层的表面粗糙度有效地散射为光线[15]

鉴于声子频率对材料中的应力状态非常敏感，我们进行了拉曼散射测量以研究铟镓氮/氮化镓量子阱中外部应力的分布。实验设置如图 13.7（a）所示。样品通过夹具固定在基板上，背面用螺钉固定。通过机械仪器在样品中心施加 10N 的外应力，向上改变样品的曲率，并且相应的拉伸应力在涂有 Ag/Au 纳米颗粒和裸露部分的量子阱上对称分布。基于 FEA（COMSOL 4.3a 结构力学模块）的数值模拟结果表明，拉伸应力呈对称分布，最大值为 0.3GPa，位于靠近金属涂层和裸露部分界面的样品中心。图 13.7（b）显示了在无应力条件（紫线）下从样品边缘（第 1 点）到中心（第 6 点）的六个等距点（图 13.7

（a））测量的拉曼光谱。拉曼光谱的测量是在室温下用 532nm 激光激发进行的，E_{2h} 和 A_1（LO）声子模式峰的详细趋势分别如图 13.7（c）和（d）所示。相对于块状氮化镓的标准值 567.5cm^{-1}[19]，所有 E_{2h} 模式峰值都向较大的波数移动，这证明了氮化镓外延层中存在内部压缩残余应力，这是由两种差异所致的氮化镓外延层与蓝宝石衬底之间的热膨胀系数[20]以及氮化镓与铟镓氮层之间的晶格失配共同造成的。与各种 E_{2h} 模式峰值相比，我们注意到边缘 E_{2h} 模式的频率值从约 568.9cm^{-1} 移动到中心的 568.3cm^{-1}（图 13.7（c）中的红色球体），根据应力与声子频率相对偏移的线性近似[21]，内部压缩残余应力几乎被 0.24GPa 补偿。图 13.7（d）显示了 A_1（LO）声子模式频移与应力的类似关系，这对应于铟镓氮外延层中由晶格匹配引起的压缩应力的补偿，并且与图 13.7（e）中在不同外部应力下的计算结果相吻合。

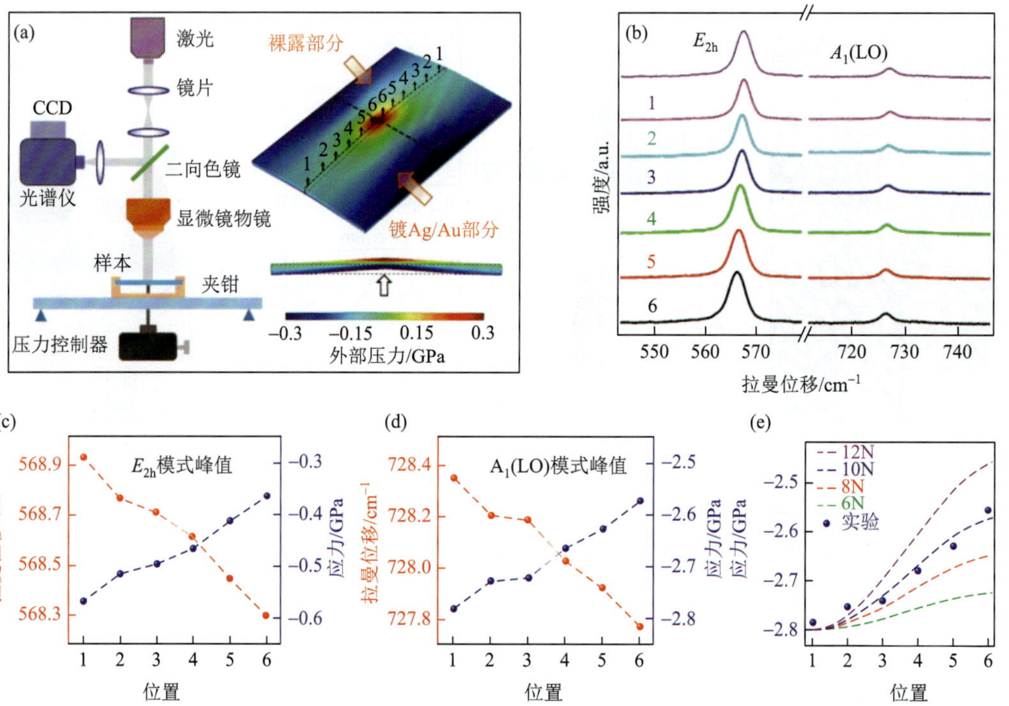

图 13.7 铟镓氮/氮化镓量子阱的拉曼散射测量。（a）拉曼设置的示意图，样品通过夹具固定在一块板上，夹具的背面有一个千斤顶螺钉，通过机械仪器在样品中心施加外部应力，使用有限元分析方法（COMSOL Multiphysics）模拟了外部施加的 10N 应力所引起的张应力分布；（b），（c），（d）在外部施加 10N 应力下，铟镓氮/氮化镓量子阱中 E_{2h} 声子模式和 A_1（LO）声子模式的详细拉曼频移；（e）在铟镓氮层中通过外部施加的应力补偿的残余压缩应力的计算剖面，计算的应力从样品中心到边缘呈指数衰减，与实验结果[15]吻合良好

图 13.8 通过 PL 测量展示了在应变条件下铟镓氮/氮化镓量子阱的发光性能。在外加 10N 的应力下，分别测量了裸露的铟镓氮/氮化镓量子阱（图 13.8（a））、涂有金纳米颗粒的铟镓氮/氮化镓量子阱（图 13.8（b））和涂有银纳米颗粒的铟镓氮/氮化镓量子阱（图 13.8（c））的 PL 谱，详细的 PL 特性见图 13.8（d）～（f）。显然，裸露和涂有金纳米颗粒的

量子阱的 PL 强度从边缘到中心显著增加。PL 强度的单调增加归因于压电光电子学效应。考虑到拉伸应力的分布在样品的边缘到中心呈指数增加，铟镓氮/氮化镓多层结构中的压缩残余应力得到充分补偿，原始的斜三角形量子阱变得更平坦，这促进了较大的电子-空穴对波函数的空间重叠，从而促进了辐射复合过程[22]，并且 PL 峰值蓝移，这归因于有效带隙的增加和压电场的减小。由于入射的泵浦光被金属纳米颗粒散射，观察到涂有金纳米颗粒的量子阱的 PL 强度略有下降。对于涂有银纳米颗粒的量子阱，也观察到 PL 强度的增加趋势，但增加的幅度比涂有金纳米颗粒的量子阱要大得多。

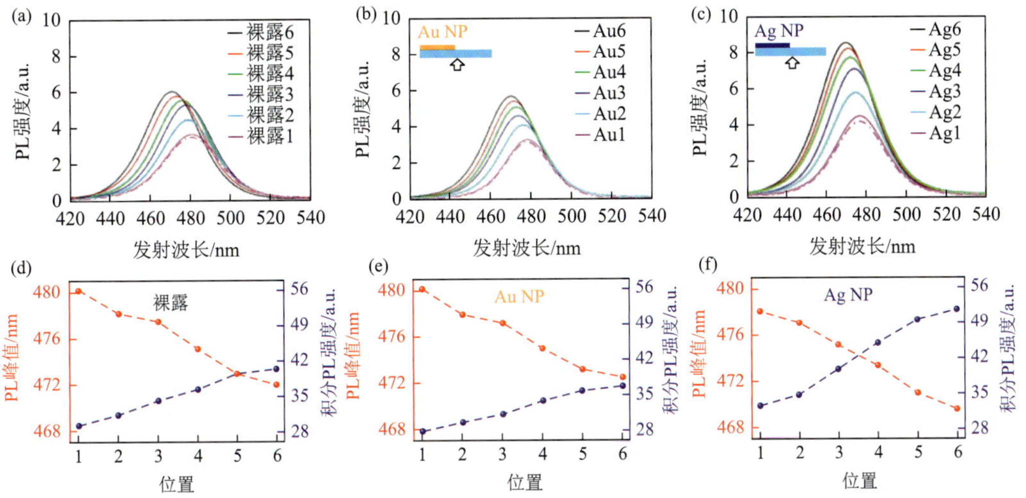

图 13.8　（a）裸露的铟镓氮/氮化镓量子阱 PL 数据，实线表示在 10N 的外部应力下从六个等距离点测得的 PL 数据，虚线表示无应力的情况；（b）金纳米颗粒包裹的铟镓氮/氮化镓量子阱 PL 数据，实线表示在 10N 的外部应力下从六个等距离点测得的 PL 数据，虚线表示无应力的情况；（c）银纳米颗粒包裹的铟镓氮/氮化镓量子阱 PL 数据，实线表示在 10N 的外部应力下从六个等距离点测得的 PL 数据，虚线表示无应力的情况；（d）～（f）分别显示了裸露的铟镓氮/氮化镓量子阱、金纳米颗粒包覆的量子阱和银纳米颗粒包覆的量子阱的 PL 发射峰及综合 PL 强度的详细偏移情况[15]

铟镓氮中电子-空穴对的能量（$\hbar\omega_{eh}=2.58\text{eV}$）接近银纳米颗粒的等离子体共振能量（$\hbar\omega_{lsp}=2.70\text{eV}$）（图 13.6（c3）），并且可以有效激发局域表面等离激元共振，促进辐射复合过程；相反，由于谐振能量不匹配，金纳米颗粒涂覆的量子阱没有测量到任何增强（$\hbar\omega_{lsp}=2.0\text{eV}$）（图 13.6（d3））。因此，银纳米颗粒和金纳米颗粒包裹的量子阱之间的差异可归因于局域表面等离激元共振激发。此外，由于金和银涂层量子阱之间的应力梯度具有对称的特点，银涂层量子阱边缘的综合 PL 强度与金涂层量子阱相比增加了近 1.1 倍，而在两个样品的中心处强度增加了 1.4 倍。实验结果表明，局域表面等离激元共振激发可以通过外加应力有效增强，并且压电光电子学效应与局域表面等离激元共振之间的耦合所产生的整体增强效果大于各个效应的总和。

为了进一步探索增强发光性能的物理机制，通过施加一系列外部应力，系统地研究和总结了裸露和金属纳米颗粒包裹的铟镓氮/氮化镓量子阱的 PL 特性。当外部施加的应力从 5N 和 10N 变化到 12N 时，裸露和金属纳米颗粒涂层的量子阱的 PL 发射峰发生蓝移，这是由压缩残余应力的更多松弛导致的。同时，与其他样品相比，从银纳米颗粒涂层的量子阱中观察到了较小的 PL 峰蓝移，这是由等离子体共振能量周围的局域表面等离激元态密度较大导致的[23]。此外，可明显注意到，随着外部施加应力的增加，综合 PL 强度增加，并且从银纳米颗粒涂层的量子阱中测得更好的 PL 增强效果。具体而言，银涂层量子阱的综合 PL 强度在 12N 的外部应力下增强了 104.2%，几乎是裸露量子阱（52.8%）和无应力银纳米颗粒涂层量子阱（10.9%）的两倍和十倍。这表明，压电光电子学效应与局域表面等离激元共振耦合的发光增强效果比单个效应甚至它们的总和更显著。为了定量研究压电光电子学效应与局域表面等离激元共振之间的耦合强度，我们将外部应力下集成 PL 强度的增强因子定义为 $\gamma_i = \dfrac{I_i(\text{center}) - I_i(\text{edge})}{I_i(\text{edge})}$，其中 I_i(center)和 I_i(edge)分别表示裸露（i = bare）或 Ag/Au（i = Ag, Au）纳米颗粒涂层的量子阱中心和边缘的综合 PL 强度。如图 13.9（g）所示，增强因子 γ_{bare}、γ_{Au} 和 γ_{Ag} 均从样品边缘向中心增加，这对应于外部应力方向的增加。与仅由压电光电子学效应决定的增强因子 γ_{bare} 和 γ_{Au} 相比，在图 13.9（g）中观察到更高的 γ_{Ag}。具体来说，增强因子 γ_{Ag}（24.1%）几乎是 γ_{bare}（12.9%）的两倍，

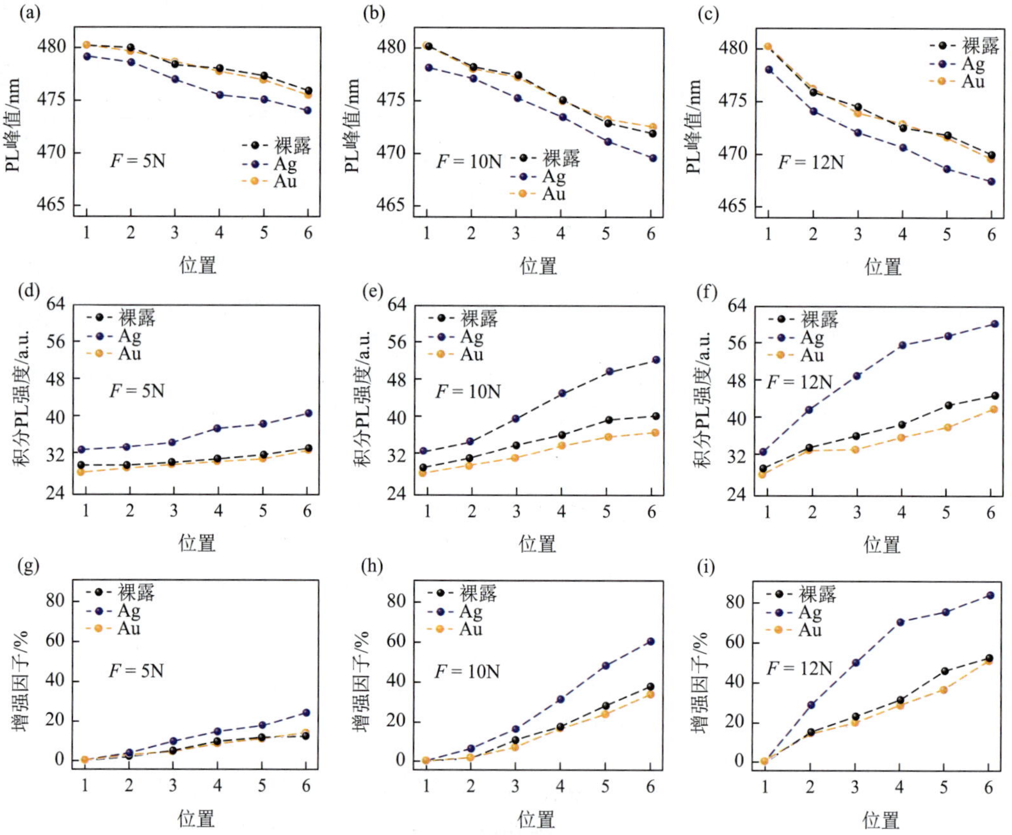

图 13.9 裸露和银/金纳米颗粒包裹的量子阱的 PL 特性对外部应力的依赖关系。（a）～（c）PL 峰位偏移；（d）～（f）综合 PL 强度；（g）～（i）在外部施加应力为 5N、10N 和 12N 时的综合 PL 强度增强因子[15]

这种差异可以归因于增强局域表面等离激元共振激发的效果。此外，随着外部应力从 10N 增加到 12N，γ_{Ag} 和 γ_{bare} 之间的差异变得更加显著，这表明在更大的外部应力下可以获得更强的局域表面等离激元共振激发。这些结果证实了银纳米颗粒涂层量子阱中压电光电子学效应和局域表面等离激元共振之间存在耦合，并且耦合过程的程度可以通过外部施加的应力进行有效调节。

为了系统比较传统的压电光电子学效应和与局域表面等离激元共振耦合的压电光电子学效应，这两个过程如图 13.10（a）所示。应变对光电性能的改变主要表现为发射强度和波长的可调特性。与传统的压电光电子学效应不同，通过压电光电子学效应与局域表面等离激元共振的耦合，发射强度的整体增强可以通过两个相关的过程来描述：①在应变条件下的能带结构调制，在量子阱上施加外部应力，如上述讨论所预期的，通过压电光电子学效应对电子能带结构产生了显著影响，电子-空穴对波函数的空间重叠度增加，辐射复合的概率增加；②量子阱和银纳米颗粒之间的局域表面等离激元共振增强。除了增加辐射复合速率外，同时，通过压电光电子学效应，铟镓氮层的有效带隙增加，发射波长偏移。当量子阱的能带结构接近较平的状态时（图 13.10（c）），导带边缘和价带边缘分别出现显著的向上和向下偏移。这种修改后的能带边缘导致有效带隙增加，而发射波长的蓝移是压电光电子学效应与局域表面等离激元共振之间耦合的关键。为了更好地理解发射波长在激发局域表面等离激元共振中的作用，我们采用了局域表面等离激元的色散关系，如图 13.10（a）所示。根据由麦克斯韦方程控制的等离子体基本原理，局域表面等离激元在 k 空间中的色散关系由关系式 $\rho(\hbar k)=\left[L^2/(4\pi)\right]\left[\mathrm{d}(k^2)\right]/\left[\mathrm{d}(\hbar\omega)\right]$ 得到[24]，其中 ρ 表示局域表面等离激元的态密度，L^2 是平面面积，ω 是频率，$\hbar$ 是约化普朗克常量。在图 13.10（a）中，橙色实线显示了在银纳米颗粒/量子阱界面上局域表面等离激元的动量（波矢 $\boldsymbol{k}$）随能量（频率 ω）变化的情况，固有的粗糙度使得高动量的局域表面等离激元发生散射并丧失动量，如箭头所示，将它们带入发射光中。值得注意的是，随着能量的增加，这个关系达到一个渐近极限，该极限由其共振波长 $\lambda_{lsp}=2\pi/\omega_{lsp}$ 决定。此外，由于局域表面等离激元的态密度与色散关系的斜率成反比，当发射波长向局域表面等离激元共振波长蓝移并接近时，态密度将急剧增加，并在接近共振波长时达到最大值。因此，通过压电光电子学效应引起的发射波长的蓝移，极大地促进了局域表面等离激元共振激发的增强，并增加了局域表面等离激元的态密度，进而表现为涂有银纳米颗粒的量子阱产生了大幅的光发射增强。

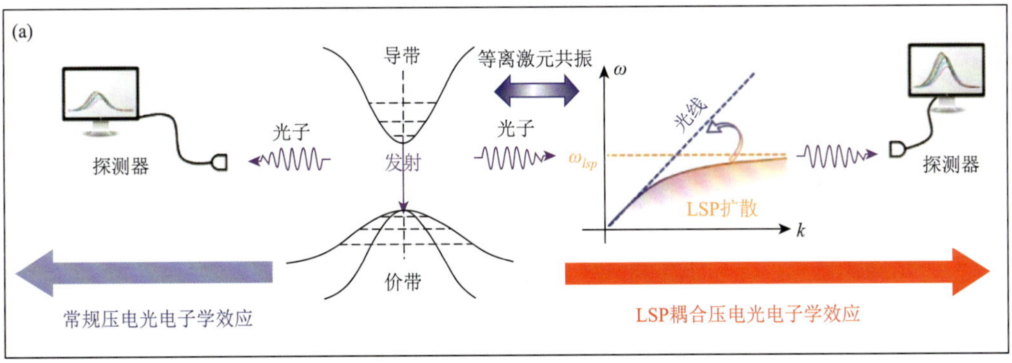

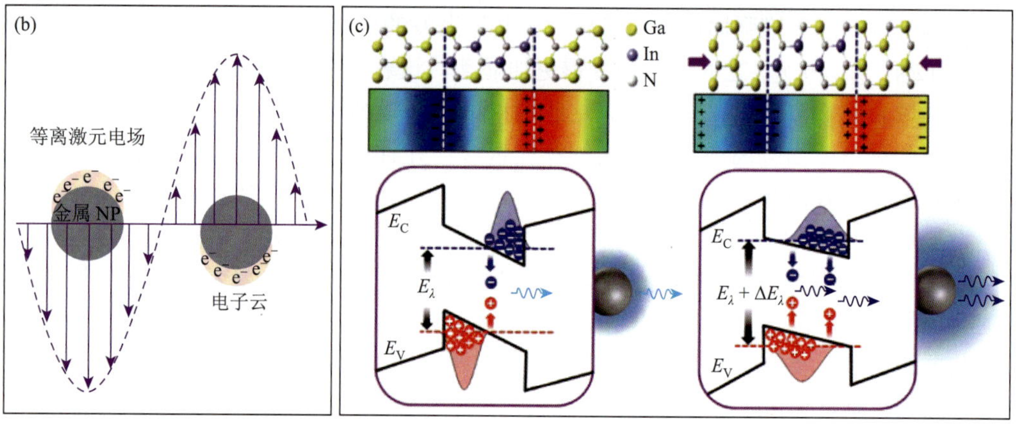

图 13.10　压电光电子学效应与局域表面等离激元共振耦合的工作机制。（a）传统压电光电子学效应和局域表面等离激元耦合压电光电子学效应示意图，插图简要介绍了局域表面等离激元的色散关系，展示了动量如何随 k 空间中的能量变化；（b）银纳米颗粒中局域表面等离激元激发的边缘电场分布图；（c）在外部应力下通过压电光电子学效应增强局域表面等离激元共振激发的物理机制，当外部应力施加在量子阱上时，电子能带结构受到压电光电子学效应的调制，有效带隙随着量子阱中压电场的减小而增加，导致发射波长蓝移，并进而促进量子阱与银纳米颗粒之间局域表面等离激元共振激发的增强[15]

图 13.11（a）显示了计算出的铟镓氮/氮化镓量子阱的能带分布以及相应的电子和空穴的波函数。图中显示了由铟镓氮量子阱中晶格失配引起的压缩应力的补偿，倾斜的量子阱（虚线）明显过渡到平带（实线），这导致了电子-空穴对波函数更好的空间重叠。如图 13.11（b）所示，重电子空穴（i = hh）和轻电子空穴（i = lh）的空间重叠 $I_{\text{e-h},i}$ 均随外部应变而增加。同时，当外部拉伸应变达到 0.3%时，导通和重空穴/轻空穴子带之间的有效带隙 $E_{\text{tran},i}$ 的大小增加了 0.05eV。局域表面等离激元的边缘电场由 FEA（COMSOL 4.3a 的 RF 模块）计算得到，激发源自铟镓氮/氮化镓量子阱的不同发射波长。结果如图 13.11（c）所示，电场强度的大小通过在 460nm 发射波长下银/量子阱界面处的值进行归一化。可以看出，当发射波长移至局域表面等离激元的谐振波长时，电场变得更加明显。图 13.11（d）显示了计算得到的自发辐射率与局域表面等离激元共振的比值，定义为 $R_{\text{lsp}}/R_{\text{sp}}$，这一结果取决于波长。曲线显示出在 460nm 发射波长附近的显著增加比率的峰值，与局域表面等离激元态密度的增加以及局域表面等离激元共振所引起的大幅增强一致。此外，当距离 d 从 5nm 变化到 50nm 时，这种变化趋势变得不再显著。这些结果可以归因于局域表面等离激元电场的强烈局域化，导致电场随着与界面距离的增加呈指数衰减[25]。图 13.11（e）显示了在不同外部应变下计算得到的自发辐射率比。可以清楚地看到，随着在每个距离上施加更多的应变，比值增加，当应变达到 0.3%时，曲线的变化在距离为 5nm 时变得更加显著，表明压电光电子学效应与局域表面等离激元共振之间的耦合过程更加强烈。这些计算结果完全符合并进一步证实了图 13.10 中提出的物理机制。

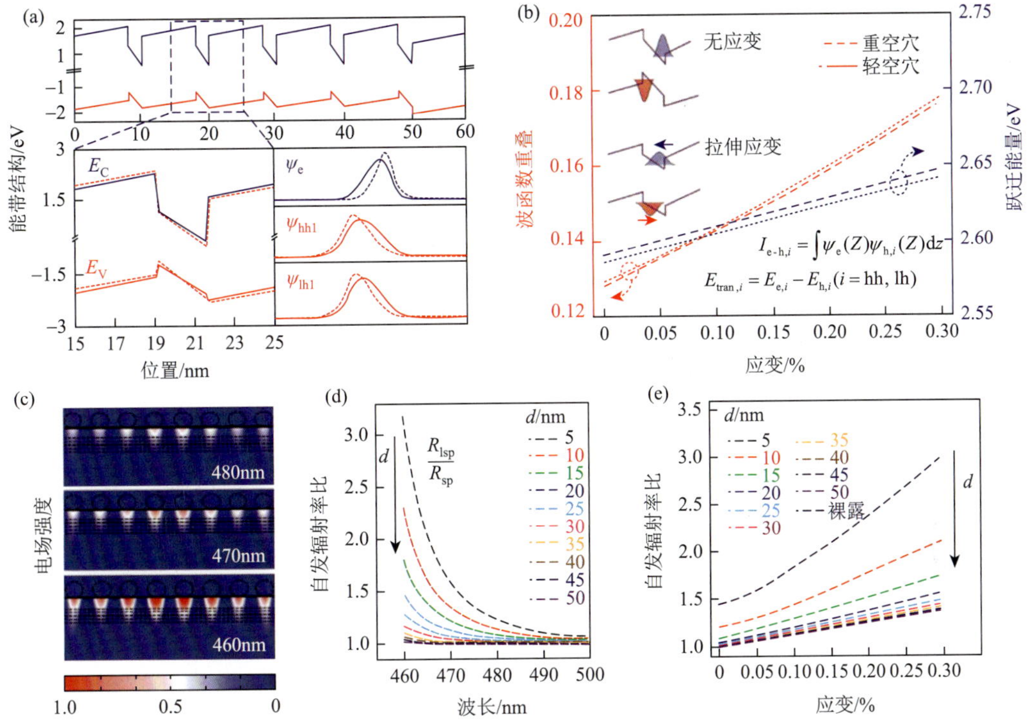

图 13.11　计算得到的不同波长和应变下的能带图和自发辐射率。（a）无应变（虚线）和施加应变（实线）条件下的能带剖面图；（b）波函数重叠和有效带隙的应变依赖性；（c）激发发射波长在 480nm、470nm 到 460nm 的变化下的边缘电场分布；（d）不同发射波长和（e）不同外部应变下自发辐射率比值的变化[15]

13.3　压电光电子学效应对纳米线的影响[26]

在这项工作中，我们制备了一种阳离子混合的有机-无机 $Cs_xMA_{1-x}PbI_3$ 钙钛矿纳米线，它对线偏振光和圆偏振光都表现出很好的偏振灵敏度。更重要的是，除了各向异性的晶体结构和形貌之外，我们首次证明了压电势可以有效地调节线偏振灵敏度和圆偏振灵敏度。这项工作表明，压电光电子学效应不仅可以在界面和结处起作用，还可以在半导体内部起作用。这项实验工作还确认了该类型钙钛矿纳米线中存在着大的自旋轨道耦合，这是由内部压电势引起的。这些发现不仅揭示了压电光电子学效应在基于钙钛矿的偏振敏感光电探测器中的前景，为光电应用提供了新的见解，而且揭示了钙钛矿纳米线中的极化和自旋输运性质的基本原理。

我们成功合成了结构明确的有机-无机 $Cs_xMA_{1-x}PbI_3$ 钙钛矿纳米线，其中有意引入无机阳离子 Cs^+来取代有机阳离子 MA^+，以产生一定程度的内应变，从而在纳米线中引入自发压电极化。图 13.12（a）显示了在尺寸为 1cm×1cm 的玻璃/ITO 基底上通过两步溶液法生长纳米线的过程。所制备的纳米线具有从 UV（400nm）到近红外（825nm）的宽光吸收光谱，并且在约 740nm 处具有良好的光致发光性能，其中插图显示了制备的 $Cs_xMA_{1-x}PbI_3$ 纳米线的 SEM 图像，平均直径为 2μm（图 13.12（b））。用于后续偏振敏感实验的纳米线长度约为 30μm。图 13.12（c）中 375nm 激光激发下的时间分辨 PL 衰减动力学显示，PL 衰减时间约为 10.7ns，这归因于自由激子复合过程[27]。时间分辨 PL 衰减时间是从尺寸为 1cm×1cm 的玻璃/ITO/$Cs_xMA1_{1-x}PbI_3$ 钙钛矿样品获得的，如图 13.12（c）的插图所示。图 13.12（d）中的 XRD 图案表明，$Cs_xMA1_{1-x}PbI_3$ 钙钛矿纳米线具有较高的结晶质量，包括 $CsPbI_3$ 和 $MAPbI_3$ 两个相。图 13.12（e）中的能量色散 X 射线谱图显示明显存在 C、Cs、Pb 和 I 元素，并且 Cs 和 C 的比例约为 0.6/0.4，这意味着阳离子 Cs^+和 MA^+ 的比例约为 0.6/0.4。从低放大倍率 TEM 图像（图 13.12（f））、HRTEM 图像和相应的选区电子衍射图案（晶轴沿[01$\bar{2}$]（图 13.12（g））和[0 0 1]（图 13.12（h））），我们可以确定纳米线沿[1 0 0]方向生长，属于各向异性斜方晶系，$a = 0.54$nm，$b = 0.56$nm，$c = 0.96$nm。

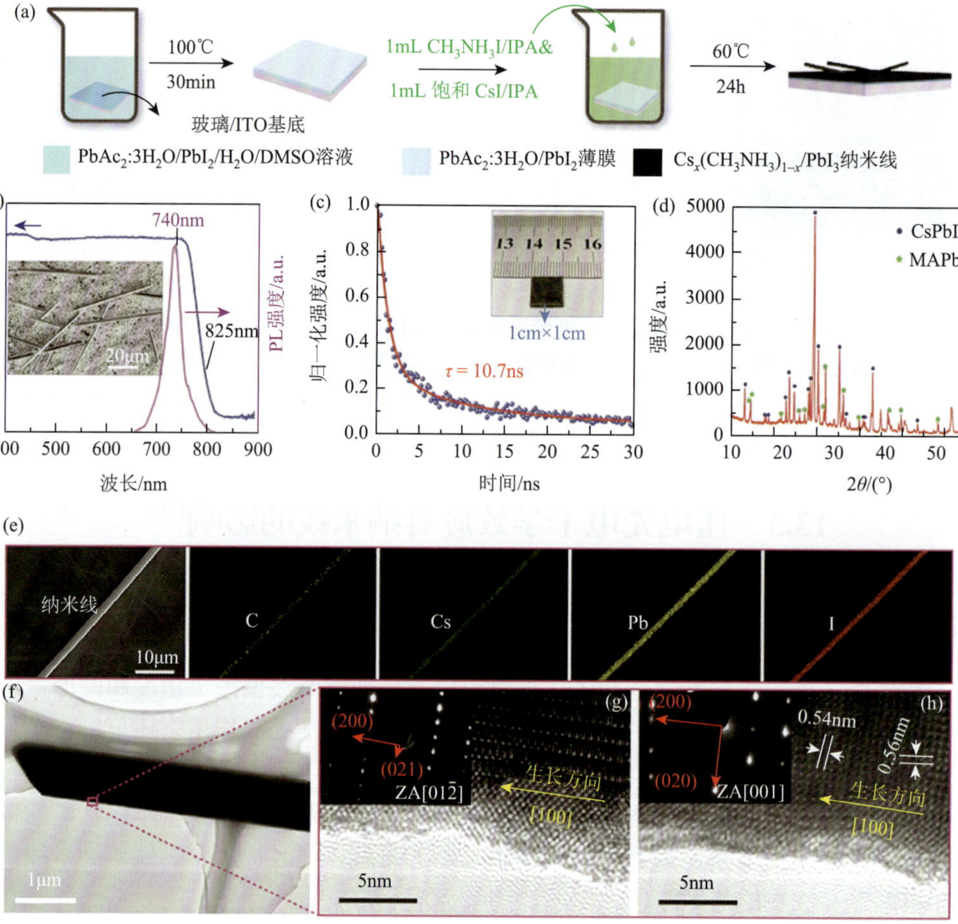

图 13.12　阳离子混合钙钛矿纳米线的制备和表征。（a）有机-无机杂化钙钛矿纳米线的制备；（b）所制备样品的吸收和 PL 谱，其中插图表示纳米线的 SEM 图像；（c）375nm 脉冲激光激发后的时间分辨 PL 衰减动力学，其中插图显示了制备的钙钛矿纳米线在玻璃/ITO 基底上的光学图像，尺寸为 1cm×1cm；（d）所制备样品的 XRD 图案；（e）对应于制备的一根纳米线的能量色散 X 射线谱映射；（f）低放大倍率的透射电子显微镜图像；高分辨透射电子显微镜图像和相应的选区电子衍射图案，其中晶轴分别沿（g）[01$\bar{2}$] 和（h）[001][26]

然后，我们将制备好的纳米线转移到柔性的 PET/PMMA 基底上，在纳米线上施加轴向应变，其中纳米线部分埋入 PMMA 中以增强其机械耐久性（图 13.13（a））。选择线偏振的 532nm 激光垂直照射在纳米线的中部，其中 θ 表示激光的偏振方向与纳米线生长方向之间的角度。我们研究了 PL 谱的偏振角依赖性，并将其映射成二维图像，如图 13.13（b）所示。从图 13.13（b）可以看出，当偏振与纳米线轴向平行时，即偏振沿[100]方向时，PL 强度达到最大值，而当偏振沿与[100]垂直的方向改变时，PL 强度逐渐变小。以激子发光对应的峰值波长 740nm 为例，我们分析了偏振特性的特点。从图 13.13（c）可以看出，当 $\theta=0°$时，对应 740nm 的 PL 强度随着光功率的增加而显著增加，并在功率超过 1.5mW 时开始饱和。从图 13.13（d）中可以看出，PL 强度存在明显的各向异性，各向异性比 $\rho=I_{\parallel}/I_{\perp}$ 达到 9.54，其中 $I_{\parallel}$ 和 $I_{\perp}$ 分别表示 $\theta=0°$和 $\theta=90°$时的 PL 强度。这远高于许多使用光电流检测方法得到的偏振各向异性，例如 $CsPbI_3$ 纳米线（$\rho=2.68$）[28]、$MAPbI_3$ 纳米线（$\rho=1.3$）[29]、InP 纳米线（$\rho=0.96$）[30]和 CdSe 纳米线（$\rho=0.75$）[31]。这种高偏振灵敏度来源于各向异性形态的选择性吸收，纳米线高度各向异性的晶体结构，以及引入 Cs^+所导致的较大内部应力而在纳米线生长方向上产生的强烈自发压电极化。实际上，由于阳离子的极化，纯有机-无机钙钛矿材料中的压电性质已经被许多以前的研究所报道[32-35]。

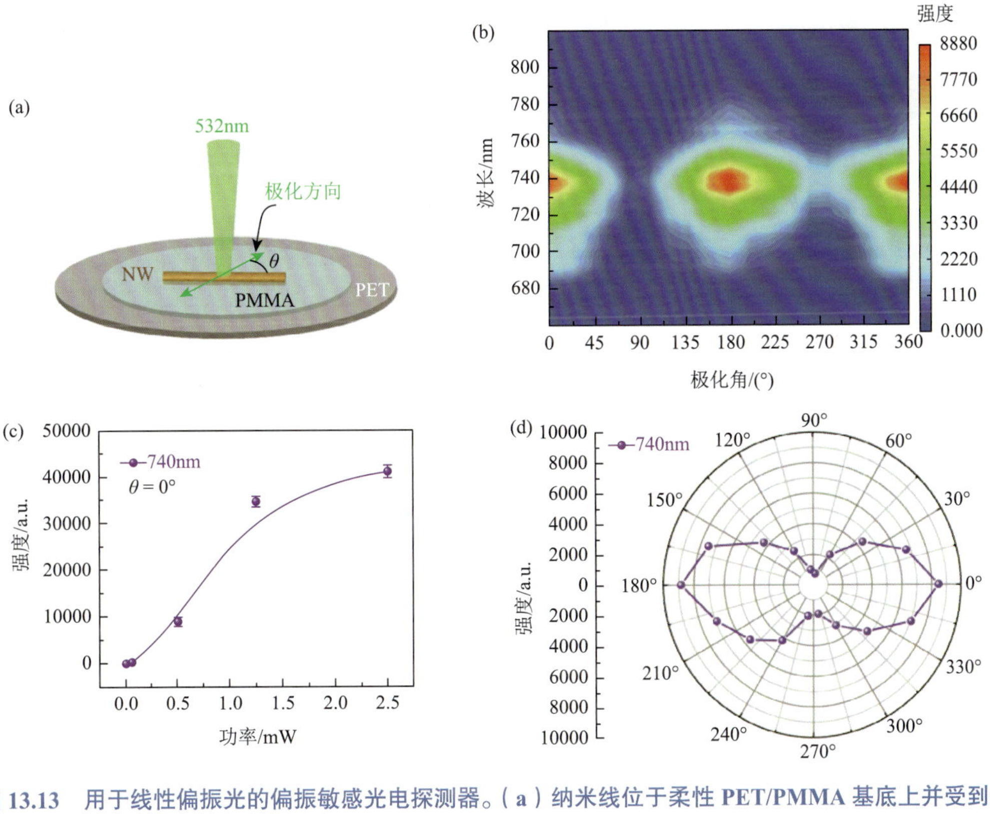

图 13.13　用于线性偏振光的偏振敏感光电探测器。（a）纳米线位于柔性 PET/PMMA 基底上并受到线偏振的 532nm 激光照射的示意图，其中 θ 表示激光偏振方向与纳米线生长方向之间的角度；（b）极化角和波长的 PL 强度映射图，光功率为 0.5mW；（c）当 θ 为 0°时，740nm 处的 PL 强度随激光功率变化图；（d）740nm 下 PL 强度随极化角变化的极坐标曲线[26]

我们还研究了偏振检测的应变依赖性。图 13.14（a）显示了在施加向上弯曲的基片上的纳米线在压缩应变下的情况，考虑了四种不同的激发偏振情况，即 $\theta=0°$和 $\theta=90°$的线偏振光以及右旋和左旋圆偏振光。由于应变的变化，峰值波长（740nm）的变化几乎可以忽略不计，如图 13.14（b）所示。压阻效应通常会改变能带隙，从而明显改变 PL 峰的位置。然而，在施加的应变范围内，能带带隙几乎保持不变，导致峰值变化可以忽略不计，这证明了压阻效应对 PL 强度调制的影响可以忽略不计。在图 13.14（b）的插图中，我们描绘了在纳米线上施加应变的方式。纳米线上沿[100]方向施加的应变可表示为 $\varepsilon=\dfrac{d\sin\alpha}{L}\times100\%$，其中 d、L 和 α 分别是柔性基底的厚度、用于固定基底两端的两个支架之间的距离以及基底的弯曲角度。图 13.14（c）显示了当施加线偏振光时，$\theta=0°$和 $\theta=90°$时 PL 强度和各向异性比的应变依赖性。这两种情况下的 PL 强度均随着应变范围从−0.31%到＋0.31%而增加，但 $\theta=0°$情况下的值比 $\theta=90°$情况下的值大一个数量级。这种各向异性的强度由各向异性比 ρ 来表征。可以看到，各向异性比 ρ 随着压缩应变的增加而迅速从 9.54 增加到 10.21，随着拉伸应变的增加而逐渐从 9.54 减小到 9.36。有趣的是，右旋和左旋圆偏振光激发下的 PL 强度也是不同的，如图 13.14（d）所示。一般来说，

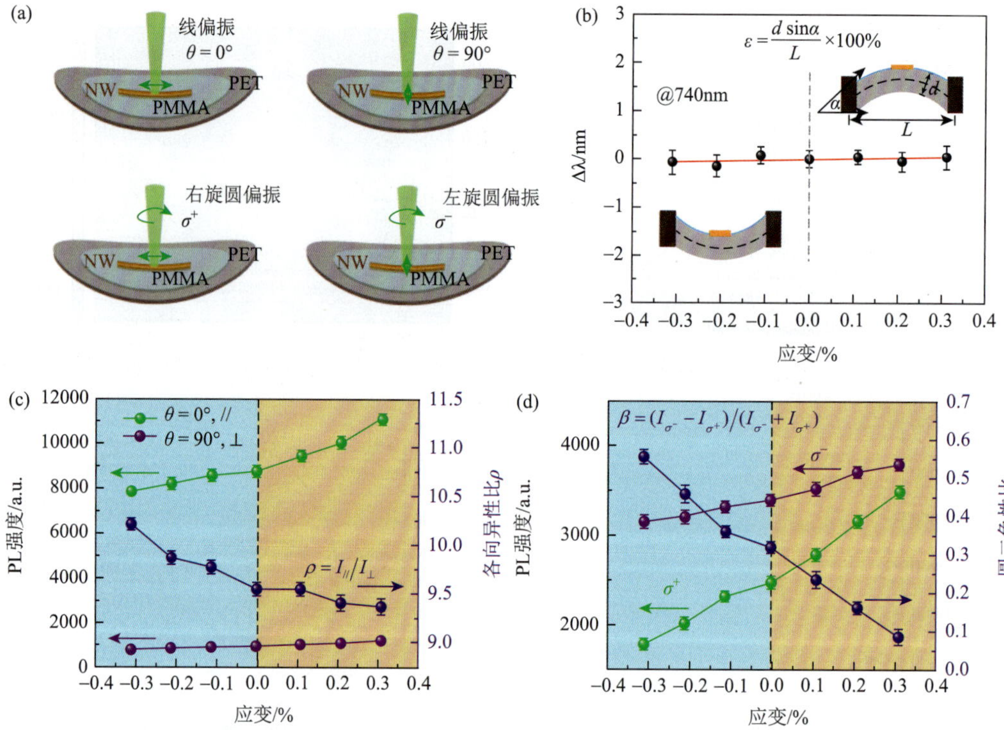

图 13.14　外部应变影响下的偏振敏感探测器。（a）上面的两个图分别说明了使用 $\theta=0°$和 $\theta=90°$的线偏振光进行激发的情况，下面的两个图分别说明了使用右旋和左旋圆偏振光进行激发的情况，所有情况都施加了压缩应变；（b）不同应变下 PL 峰位置（对应 740nm）的变化，其中插图描绘了在纳米线上施加应变的方式以及应变的计算方法；（c）PL 强度和各向异性比随应变的变化；（d）在使用右旋和左旋圆偏振光激发的情况下，PL 强度和圆二色性比随应变的变化[26]

PL 强度在–0.31%～＋0.31%的应变范围内几乎是线性增加的。左旋偏振光的 PL 强度要远大于右旋偏振光。我们使用圆二色性比，即 $\beta=(I_{\sigma^-}-I_{\sigma^+})/(I_{\sigma^-}+I_{\sigma^+})$ 来表征圆偏振光的各向异性，它与纳米线中的自旋轨道耦合密切相关[36, 37]。这个圆二色性比随着拉伸应变的增加而线性减小，随着压缩应变的增加而线性增加，这意味着在施加应变下产生的压电势导致了内部自旋轨道耦合的变化。在接下来的部分，我们提出了一个可能的物理机制来解释这些实验现象。

如果没有对纳米线施加外部应变，纳米线沿轴向（[100]方向）仍然存在自发的压电极化，这可能是由于残余应变所引起的混合阳离子的极化重分布，如图 13.15（a）所示。制备的纳米线属于高质量的各向异性斜方晶系，[100]方向的晶格常数为 0.54nm。PL 强度是由自由激子（电子-空穴对通过库仑力结合）的复合产生的，其复合寿命从分辨光致发光谱中测得为 10.7ns，如图 13.12（c）所示。纳米线内的压电势调节了光生载流子的分离和复合。当在纳米线的轴向方向施加压缩应变时，会产生一个外部压电势，推测其方向与自发压电极化的方向相同（图 13.15（b））。增加的压电场促进了电子-空穴对的分离，从而减少了载流子（或激子）的复合；结果，图 13.14（a）中的四种情况下的 PL 强度都减小了。相反，当在纳米线的轴向方向施加拉伸应变时，外部压电势抵消了自发压电势；因此，电子-空穴对的分离减弱，激子的复合增加；最终，图 13.14（a）中的四种情况下的 PL 强度都显示出增加（图 13.15（c））。

从图 13.14（c）可以看出，有效压电势越强，各向异性比也越大。压电势在压缩应变下增大，但在拉伸应变下减小。拉伸应变下各向异性比的变化远小于压缩应变下的变化，这是由拉伸应变下晶体结构和形貌的各向异性增加所致。因此，晶体结构和形态各向异性增加对各向异性比的贡献部分归因于施加拉伸应变时压电势的降低。结果发现，各向异性比随着压缩应变的增加而增加，各向异性比随着拉伸应变的增加而减少，如图 13.14（c）所示。换句话说，压电势可以有效地用于调节 PL 强度以及各向异性比。沿[100]方向的压电势将引入哈密顿量中的 Rashba 项[14, 36, 38]：$H=\chi_{xx}\sigma_x k_x$，其中 χ_{xx} 是二阶赝张量，取决于对称性和所使用的坐标系，σ_x 是泡利矩阵，k_x 是沿 x 方向的动量矢量。这种 Rashba 自旋轨道耦合导致能带中的自旋分裂，如图 13.15（d）所示。右旋偏振光激发自旋偏振电子和空穴，由于非弹性声子散射，电子和空穴分别弛豫到导带底部和价带顶部，然后进行间接辐射复合[13, 39]。由于动量和自旋的不匹配，间接和自旋禁止的复合路径具有较慢的过渡速率。当施加压缩应变时，辐射复合受到能带自旋分裂增强的限制（图 13.15（e））。当施加拉伸应变时，辐射复合随着能带自旋分裂的减小而增加（图 13.15（f））。因此，除了图 13.15（a）、（c）中的倾斜能带外，能带自旋分裂的变化还会导致图 13.14（d）中的 PL 强度变化。如图 13.14（d）所示，当施加压缩应变时，圆二色性比值增加，这归因于在有效压电场（或压电势）的影响下，右旋和左旋手性激发的分离和复合速率不同。压电场发挥了两个重要作用，一是产生能带自旋分裂，二是调节右旋和左旋手性的载流子分离和复合。如图 13.15（g）所示，如果没有有效的压电场（$E=0$），右旋和左旋手性激发的 PL 强度应该相同。当存在较小的有效压电场（$E>0$）时，由于动量不匹配降低，该电场将促进左旋极化光激发的载流子的辐射复合，同时抑制右旋极化光激发的载流子的复合。当有效压电场进一步增加（$E\gg 0$）时，右旋和左旋手性激发的辐射复合的差异将进一步增加。因此，我们发现随着压缩和拉伸应力的增加，圆二色性比分别增大和减小。

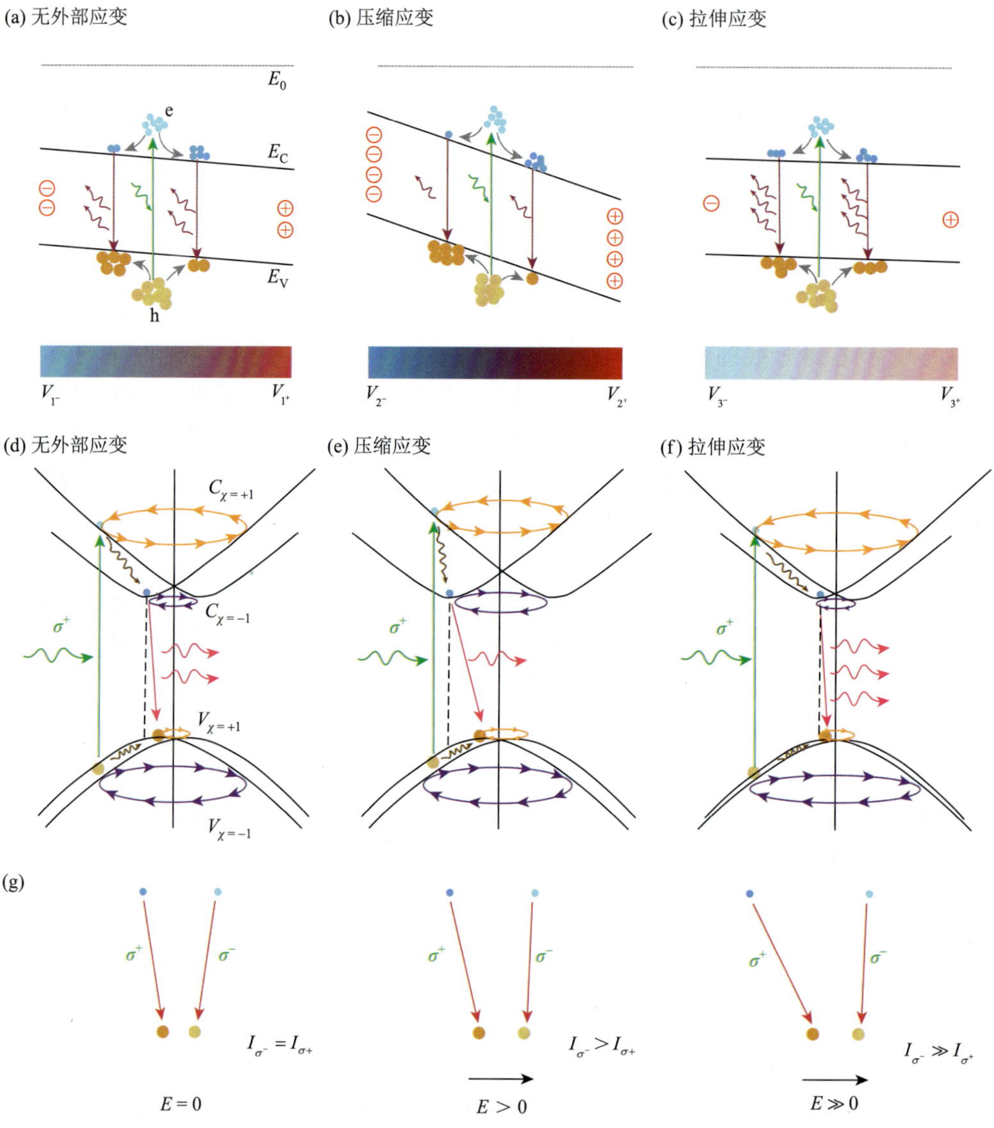

图 13.15　压电光电子学效应调谐偏振敏感光电探测器机制。（a）无外部应变存在时自发压电极化的能带示意图；（b）压缩应变下增强压电极化的能带示意图；（c）拉伸应变下减小压电极化的能带示意图；（d）无外部应变、（e）压缩应变和（f）拉伸应变时 **Rashba** 自旋分裂能带和电子传输路径图，其中 $C_{\chi=+1}$（$V_{\chi=+1}$）和 $C_{\chi=-1}$（$V_{\chi=-1}$）分别代表导（价）带电子（空穴）的“逆时针”和“顺时针”自旋结构，（g）通过有效压电场调制圆二色性的示意图[26]

13.4 触觉成像

13.4.1 使用压电纳米线 LED 阵列进行高分辨率压力分布的电致发光成像[40]

在本节，我们报告了一种基于纳米线发光二极管（NW-LED）的压力传感器阵列，可以以前所未有的分辨率（2.7mm）绘制应变、压力和力的分布，比文献中展示的分辨率高出三个数量级，并远超人体皮肤的分辨率。每个像素由一个对于局部压力、力和应变敏感的 n 型氧化锌纳米线/p 型氮化镓 LED 组成，这是由压电光电子学效应引起的。通过同时并行读取所有像素中的电致发光信号，得到一个压力图像，时间分辨率为 90ms。如果与片上光通信技术集成，这种自发光应变传感器阵列接收的信息可以快速传输并由光技术迅速处理，有可能促进高度智能化的人机界面的发展[41]。

该器件基于在 p 型氮化镓薄膜衬底上生长的 n 型氧化锌纳米线图案化阵列，其 c 轴从薄膜指向上方（图 13.16（a））[42-45]，从而形成了一个像素化的发光体阵列。在纳米线之间的空间中渗入 PMMA 后，在纳米线阵列顶部沉积了一层透明的 ITO 薄膜，形成了一个共用电极，而不是触摸板技术中使用的交叉电极。在蓝宝石基底上使用弹性 SU-8 模具制造了一个凸起的字符图案（例如“ABC”）。在蓝宝石上使用这种弹性 SU-8 模具，可以使压力均匀分布在与“ABC”字符相对应的区域上。与凸起部分的 SU-8 模具接触的氧化锌纳米线沿其轴向被压缩，导致其上部产生负压电势，而未压缩的纳米线不产生压电势（图 13.16（b））。

(a)

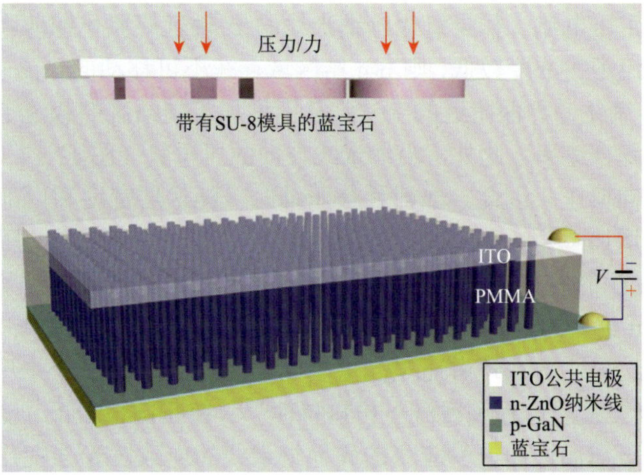

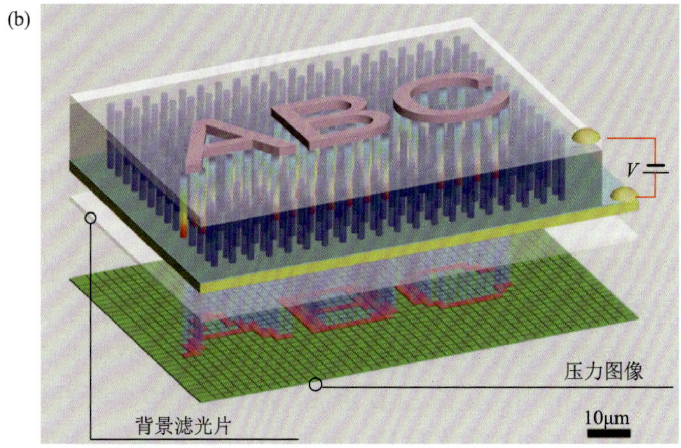

图 13.16　使用压电光电子学效应来进行压力分布成像的器件设计和实验方法示意图。在施加压缩应变（a）之前和（b）之后的纳米线发光二极管基压力传感器阵列的设计。该装置是基于一个有图案的 n 型氧化锌纳米线阵列，纳米线间隙填充了 PMMA，顶部是透明的 ITO 层作为公共电极。在蓝宝石基底上制作了一个凸起的字符图案，例如“ABC”，用于在 ITO 电极上方施加压力图案。由模具覆盖的氧化锌纳米线在单轴上被压缩，其上部产生负压电势，如颜色编码所示，而未被模具触及的纳米线不产生压电势。为了方便显示装置的内部结构，在（b）中未显示安装了“ABC”模具的顶部蓝宝石基底[40]

由于氧化锌的非中心对称结构，对氧化锌基本晶胞的应变会导致晶体中的阳离子和阴离子极化，这是晶体内部压电势的根源。如图 13.17（a）所示，由纳米线发光二极管组成的 p 型氮化镓/n 型氧化锌 p-n 结的能带示意图可以用来说明施加应变之前（黑线）和之后（红线）压电势对器件的影响。当氧化锌纳米线受到压缩应变时，由于纳米线在衬底表面的覆盖率低（接触截面小），纳米线内部的应变远大于氮化镓薄膜中的应变，因此在纳米线中产生压电势。如果氧化锌纳米线的 c 轴远离氮化镓薄膜[42-44]，结区的电荷耗尽区内自由载流子的浓度较低，则 p-n 结区域存在不可移动的正离子电荷。扭曲的能带暂时捕获氮化镓-氧化锌界面附近的空穴，从而增加了向结区的载流子注入速率，并提高了电子和空穴的复合速率。此外，沿纳米线方向的压电势（图 13.17（b））等效于在器件上施加额外的正向偏压。因此，当器件被压缩时，耗尽层宽度和内部场减小，注入电流和发光强度随之增加[46-48]。我们先前的研究表明，通过应变引起的压电光电子学效应，可以增大单线 LED 的发光强度（增大约 400%）[49]。这些结果得到了与局部压电电荷存在的情况下的 p-n 结处的光子发射有关理论的支持。在这项理论工作中，我们提出了在简化条件下的分析结果，旨在理解压电光电子学器件的核心物理，并开发了数值模型来说明压电 LED 的光子发射过程和载流子传输特性[48]。在正向偏压下，受到压缩应变的纳米线的发光强度显著增加，而未受应变的其他纳米线的电致发光强度几乎没有变化。基于发光纳米 LED 的强度变化，可以在几微米的分辨率下绘制整个阵列的压力/应变分布。这就是我们的传感器阵列的原理。

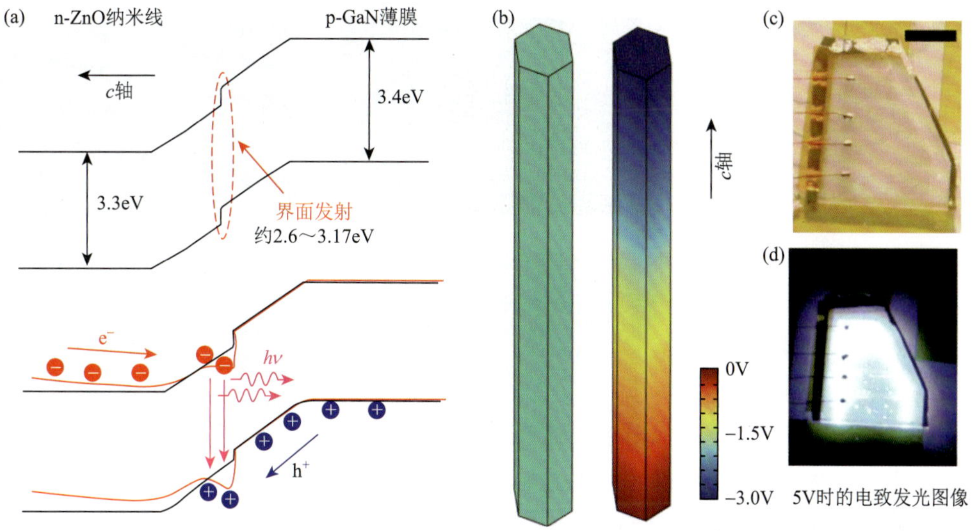

图 13.17　通过压电光电子学效应增强纳米线 LED 中的光发射的机制。(a) 施加压缩应变之前（黑线）和之后（红线）的 p 型氮化镓/n 型氧化锌 p-n 结的能带示意图，其中界面处产生的倾角是由不可移动的由正压电势产生的离子电荷造成的；(b) 通过有限元分析方法（COMSOL）模拟的−0.0186%应变下氧化锌纳米线的压电势分布，计算中使用的直径和长度分别为 800nm 和 5mm，为简化模拟，忽略了氧化锌纳米线的电导率；(c) 制备完成的器件的光学图像，比例尺为 5mm；(d) 器件在 5V 偏置电压下电致发光时的相应图像，显示出纳米线 LED 阵列发出的蓝白光[40]

纳米线是通过光刻图案化和低温湿化学法相结合来制造的。有序的垂直 n 型氧化锌纳米线阵列是通过在 p 型氮化镓薄膜上均匀的外延生长来制造的，形成了传感器的基本像素（图 13.18（a）～（c））。SEM 图像清楚地显示，所有纳米线都被 PMMA 包裹，并且氧等离子体蚀刻后纳米线的头部暴露出来（图 13.18（d）～（f））。镍/金电极用于与底部 p 型氮化镓形成欧姆接触，并且沉积 ITO 层与顶部的氧化锌纳米线直接接触，从而充当整个纳米线阵列的公用电极（图 13.18（g）～（i））。值得注意的是，纳米线阵列的位置、直径和长度可以通过实验很好地控制，具有高精度和均匀性。纳米线长度的微小波动（例如 1%～2%）不会影响沉积顶部 ITO 电极和封装层后的传感结果，因为 ITO 和封装层由于杨氏模量低而产生较大变形将允许纳米线长度的微小变化，这一点通过有限元模型（FEM）得到了验证。

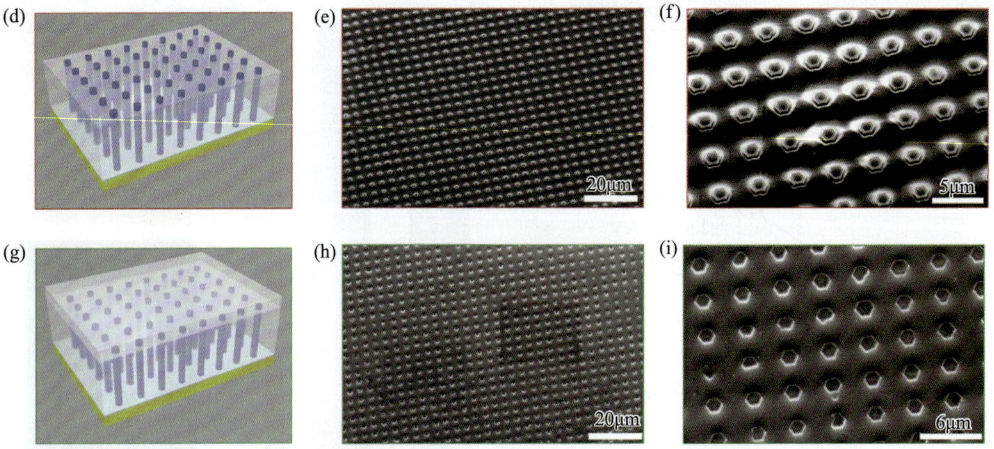

图 13.18　器件制备过程。（a）在氮化镓/蓝宝石衬底上，通过结合光刻图案化和低温水热法来生长氧化锌纳米线阵列；（b），（c）在 p 型氮化镓薄膜上生长的氧化锌纳米线阵列的 SEM 图像，平均直径为 1.5mm，间距为 4mm；（d）～（f）在纳米线周围旋涂一层 PMMA，经过氧等离子体蚀刻后，纳米线的尖端暴露出来，但纳米线的主体和底部仍然完全封闭，大大提高了结构的稳定性；（g）～（i）在 n 型氧化锌纳米线顶部沉积一层 ITO 作为共用电极。值得注意的是，镍/金电极和 ITO 电极都作为整个纳米线阵列的共用电极，用于并行读取所有像素的电致发光信号[40]

纳米线 LED 阵列可以在 5V 偏压下均匀点亮。点亮的 LED 阵列的光学图像如图 13.19（a）所示，其中每根纳米线都是单个发光体，也是一个像素单元。两个相邻点之间的中心距为 4mm，对应的像素分辨率为 6350dpi。图 13.19（a）中用红色矩形标记的五个典型纳米线 LED 及其强度线轮廓被放大并显示在图 13.19（b）中。相邻像素之间几乎没有串扰，实际分辨率为 2.7μm，由发射像素的半峰全宽定义。室温时不同偏压（6V、7V、8V、9V、10V）下获得的发射光谱如图 13.19（c）所示。根据 p-n 结的能带弯曲模型[50]，随着偏压的增加，电致发光强度如预期增加。主要发射峰位于 406nm，被识别为紫蓝光发射，这可以与界面发射[51]相关联，并且在增加偏压时没有显示任何明显的位移。

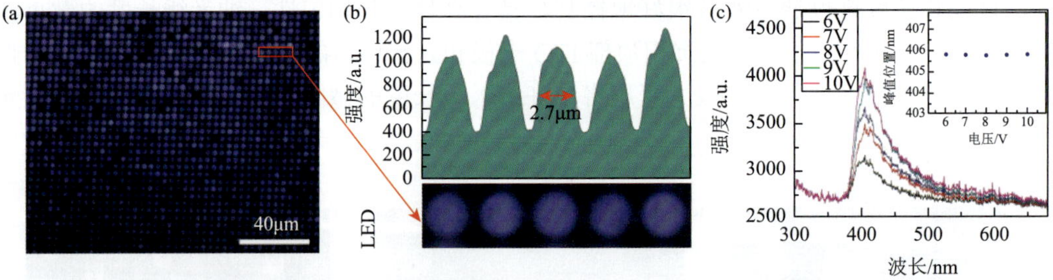

图 13.19　纳米线 LED 阵列的表征。（a）纳米线 LED 阵列的光学图像，纳米线是一个单独的发光体，也是传感器阵列中的像素单元；（b）五个典型的纳米线 LED（在（a）中用红色矩形标记）和相应的发射强度的线形轮廓，从中可以估计传感器可能实现的空间分辨率；（c）偏置电压为 6V、7V、8V、9V 和 10V 时发出光的对应光谱，插图为峰值位置对施加电压的依赖性[40]

纳米线 LED 压力传感器具有快速响应和快速恢复的特点。图 13.20（a）显示了五个施加压力周期的电流与时间的关系。根据图 13.20（a）插图中的放大图，测量了小于 0.1s

的响应和弛豫时间；这些很大程度上取决于施加/收回机械力所需的时间。实际上，我们的器件的真实响应速度预计要比 0.1s 快得多。

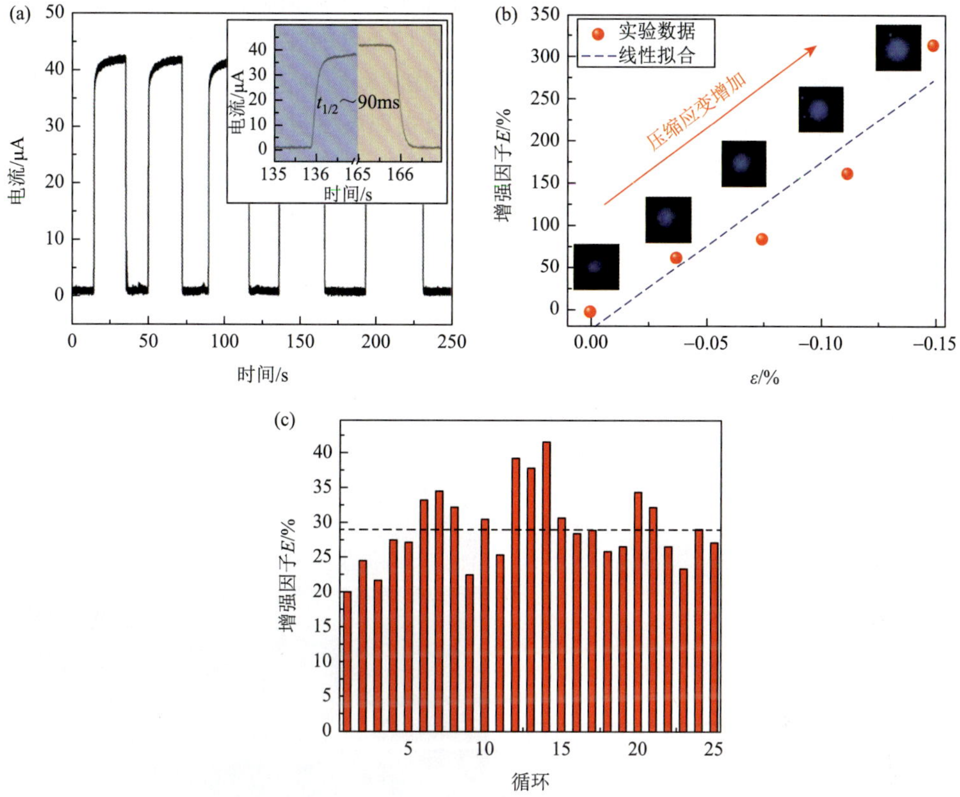

图 13.20　在压电光电子学效应的作用下，纳米线 LED 在压缩应变下的发光强度得到增强。（a）纳米线 LED 压力传感器的快速响应和恢复，插图显示了一个周期的放大图像，响应和恢复时间约为 90ms；（b）纳米线 LED 的增强因子 *E* 作为施加压缩应变的函数，最高可达到 $\varepsilon=-0.15\%$，同时显示了相应的发光图像；（c）另一个纳米线 LED 的增强因子 *E* 在连续进行 25 次开关循环时受到–0.0186%应变的影响，显示了 LED 强度的良好重复性，该器件中 *E* 的平均波动约为 ± 5%，远小于信号水平（见图（b））。这不仅证明了测量的稳定性和重复性，还排除了在机械应变过程中氧化锌-氮化镓界面接触面积发生变化的可能性[40]

单像素纳米线 LED 的发射强度可以通过施加应变的大小来很大程度地调整/控制。将 CCD 在未施加应变下拍摄的图像作为背景信号，表示为 I_o 。在应变 ε 下拍摄的 LED 图像表示为 I_ε ，LED 强度的增强因子 E 定义为 $E=(I_\varepsilon-I_o)/I_o$ 。图 13.20（b）显示了一个代表性的单个纳米线 LED 的增强因子 E 作为施加应变的函数，直到 $\varepsilon=-0.15\%$ ，在氧化锌纳米线的弹性形变范围内，E 大致与应变呈线性关系，在应变为–0.15%时达到 300%，与理论结果[52]一致。传感器灵敏度 S 可以定义为相对光强增强作为压力的函数[53]：

$$S=\frac{\Delta I/I}{\sigma}=\frac{\Delta I/I}{140(\mathrm{GPa})|\varepsilon|}=\frac{1}{140}\frac{E}{\varepsilon}(\mathrm{GPa}^{-1}) \tag{13.1}$$

其中，E 是增强因子；σ 是施加的压力；ε 是氧化锌纳米线中的应变；我们取 140GPa 作为氧化锌纳米线的杨氏模量。对于图 13.20（b）所示，$S\approx 12.88\text{GPa}^{-1}$。

通过检查单个像素在–0.0186%应变下进行 25 个施加压力开关循环时的发光强度，我们研究了纳米线 LED 传感器阵列的稳定性和再现性。为了排除相邻像素的串扰，本研究使用了由稀疏分布的纳米线 LED 组成的器件。图 13.20（c）显示了一个纳米线 LED 的增强因子 E 的结果。对于这个代表性像素，E 的平均波动约为±5%，远小于信号水平。数据表明，纳米线 LED 的机械稳定性和重复性足以实现高度灵活的压力映射。对于我们研究的像素，当器件重复受压缩时，E 的变化没有特定的趋势或同步的模式，这表明观察到的发光增强效应主要是由纳米线末端的压电电荷产生的效应主导，而不是由于接触面积的变化，因为接触面积的变化会导致在循环机械应变过程中所有纳米线 LED 的 E 同步变化。图 13.21 中呈现的数据进一步证明了这个结论。更多的实验数据，包括对纳米线 LED 阵列施加重复的应变开关循环和对纳米线 LED 阵列（由超过 20000 个纳米线 LED 像素组成）逐步可逆地施加应变，显示出器件具有非常好的重复性和稳定性。

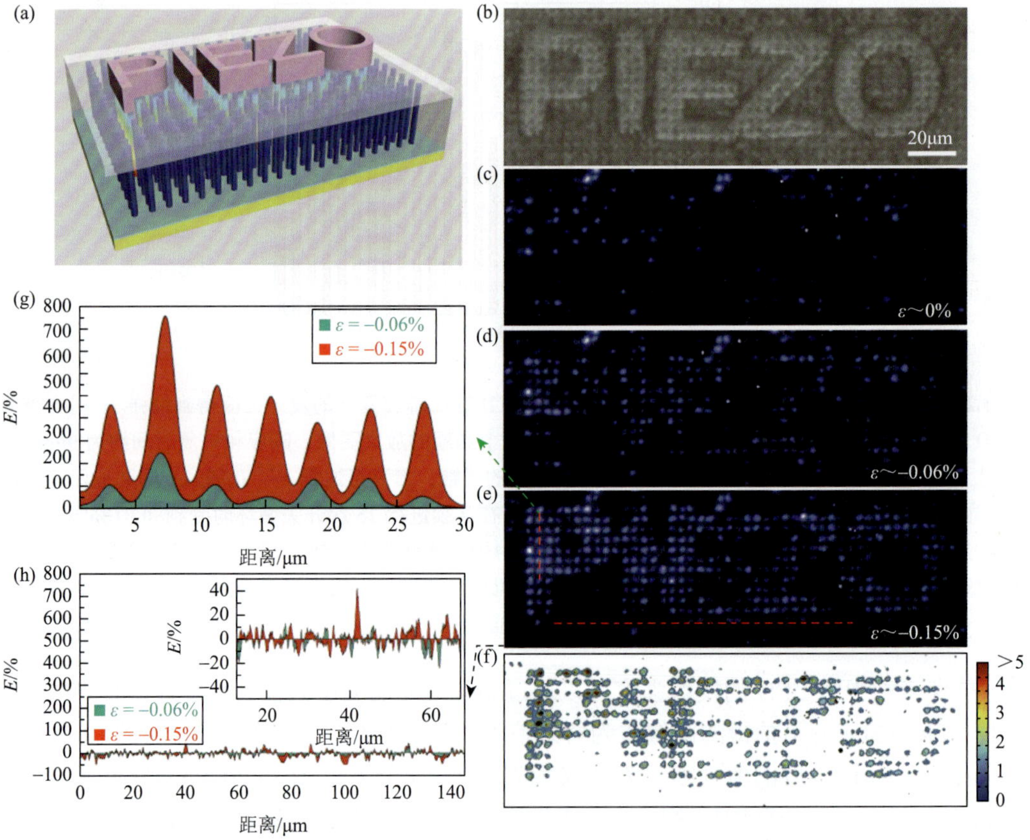

图 13.21 压力/力分布的高分辨率并行成像。(a) 压力分布成像工作过程示意图；(b) 带有凸模具器件的光学图像；(c)～(e) 应变分别为 0%、–0.06%和–0.15%时器件的电致发光图像，图像清楚地表明，被压缩的像素处 LED 强度发生了变化，而远离模具图案的像素几乎没有变化；(f) 从图 (c) 和 (e) 中所示的 LED 强度图像导出的 $E(x, y)$ 的二维等高线图，它直接呈现模具上的“PIEZO”一词；线形轮廓数据显示两个典型位置的 E 的信噪比——一个在模制图案上（垂直粉红色线，图 (g)），一个在图案外（水平红线，图 (h)）——有明显的差异[40]

使用在蓝宝石基底上制作的“PIEZO”凸面字符图案，通过将其直接应用于 LED 阵列上作为密封，展示了应变的二维映射（图 13.21（a））。图 13.21（b）展示了顶部有 SU-8 凸模具器件的光学图像。每个黑点是一个像素，包括一个间距为 4μm 的单个氧化锌纳米线 LED。图 13.21（c）～（e）分别显示了在应变为 0%、–0.06%和–0.15%时，由 CCD 记录的器件的发光图像。这些图像清楚地显示，在被模具图案压缩的像素处，LED 的强度发生了变化，而未受模具字符影响的像素几乎没有变化。器件中相邻像素之间的串扰很小。

可以从 LED 强度图像中提取出空间应变分布。通过仔细对齐图 13.21（c）和（e）中的两个图像，得到了增强因子 $E(x,y)=\left[I_{\varepsilon}(x,y)-I_{o}(x,y)\right]/I_{o}(x,y)$ 的图像，该图像使用二维等高线图呈现在图 13.21（f）中，其中 (x,y) 是平面上 CCD 像素的坐标。E 图像提供了对整个阵列施加的压力的空间映射，并清楚地显示了来自模具的“PIEZO”字样。颜色编码表示平均增强因子 E 约为 200%。

E 的信噪比可以使用图 13.21（e）中所示的线型数据来推导，其中标示了两个位置——一个位于模制图案上（垂直粉红线），另一个位于图案之外（水平红线）。结果分别如图 13.21（g），（h）所示。串扰可以忽略不计，并且应变下纳米线 LED 像素的半峰全宽几乎与图 13.19（b）（无应变）相同。当施加的应变从–0.06%增加到–0.15%时，模具上 7 个纳米线 LED 像素的 E 增加了 4～5 倍（高达 750%）（图 13.21（g））。相比之下，脱离模具图案的 36 个纳米线 LED 像素没有表现出增强，而是当应变从–0.06%增加到–0.15%时噪声水平出现随机变化（图 13.21（h））。这清楚地表明了压电效应对 LED 发光的巨大影响。它证明了使用压电光电子学效应进行高空间分辨率、高灵敏度甚至高可靠性的压力/应变映射的原理。通过对器件施加压缩应力，进一步进行了包含超过 20000 个 LED 像素的二维应变映射，清楚地展示了 Georgia Tech（GT）的标志。

13.4.2　超灵敏二维氧化锌压电晶体管阵列用于高分辨率触觉成像[54]

我们报告了一种新型二维压电电子学器件，其压力/应变灵敏度最高可达 60.97～78.23meV/MPa，比基于纳米线的压电电子学晶体管高出 90～116 倍[55]，比报道的基于纳米线束的压电电子学晶体管高出两倍[56]。此外，通过将氧化锌纳米片组装成有序的纳米片阵列，我们展示了一个具有超高空间分辨率的二维压电电子学器件阵列，分辨率达到 12700dpi，比先前报道的垂直纳米线压电电子学晶体管矩阵提高了约 50 倍[56]。这项研究展示了使用氧化锌纳米片制备超灵敏压电电子学晶体管的优势，以及将二维压电电子学器件阵列用于自适应高分辨率触觉传感器的巨大潜力。

弯曲效应是纳米/微米线中普遍存在的现象，这会严重降低垂直压电电子学晶体管的性能，因为弯曲效应会导致纳米/微米线的轴向应变严重降低，从而影响压电效应。如图 13.22（a）～（c）所示，采用有限元分析进行了计算，以说明纳米/微米线的弯曲效应。如图 13.22（a）所示，纳米/微米线在法向力作用下会弯曲，并偏离上表面的中心位置 Δl。图 13.22（b）显示了弯曲纳米/微米线的侧向偏转 $D_{\max}$ 与固定半径的纳米/微米线的平方长径比 $(h/2r_0)^2$ 之间的线性关系，与弹性理论得出的公式一致[57]。图 13.22（c）展示了相同长度但不同半径的纳米/微米线中的弯曲分布，表明当长径比等于 50 时，侧向

偏转 D_{max} 比垂直压缩大十倍以上。因此，弯曲效应的负面影响极大地限制了纳米线上的压电势的大小。

为了消除弯曲效应并开发一种超灵敏的压电晶体管的新方法，我们开发了一种六角形氧化锌纳米片[58]，其顶面较小，如图 13.22（d）所示，纵横比约为 0.42（图 13.22（d）插图），当氧化锌纳米片受到外力作用时，可以忽略弯曲效应。通过逆压电效应测量确定了氧化锌纳米片的极性 c 轴取向（图 13.22（d））。同时，发现氧化锌的有效压电系数 d_{33} 是频率依赖的，在 18.9～22.5pm/V 变化（图 13.22（e）），与之前的报道相比相对较高。基于以上分析，氧化锌纳米片适合作为二维压电晶体管的压电半导体组件。

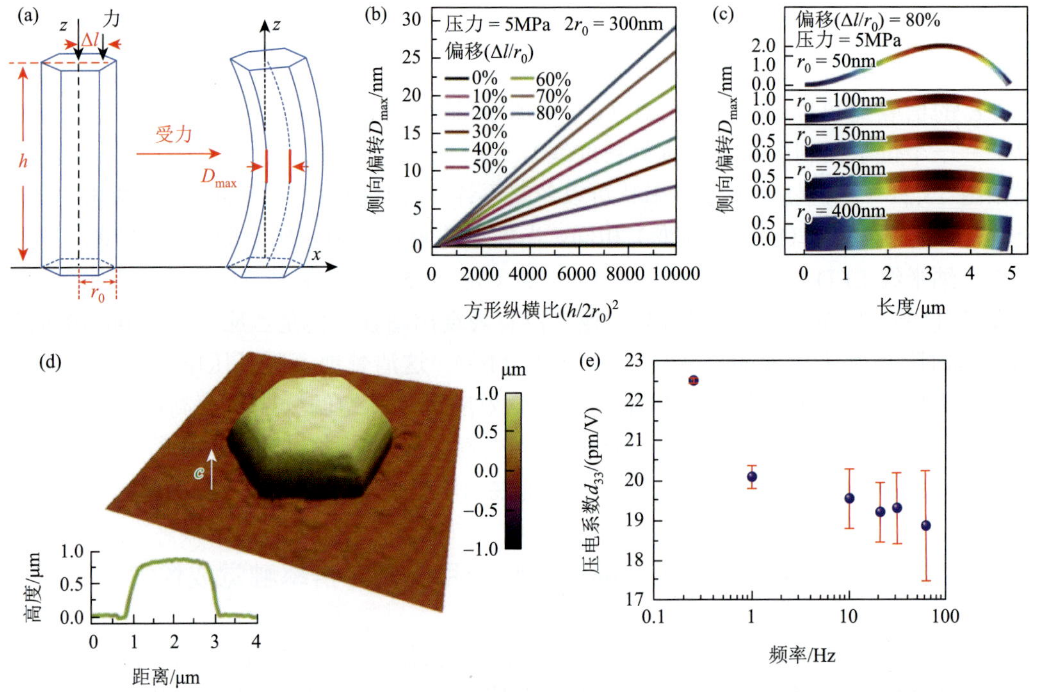

图 13.22　氧化锌纳米片的设计、合成和表征。（a）垂直压电纳米/微米材料中的弯曲效应示意图，左侧为无外力情况，右侧为受外力情况，h 和 r_0 分别表示压电纳米/微米材料的高度和半径，D_{max} 表示侧向偏转的最大弯曲量；（b）恒力作用下垂直压电纳米/微米材料侧向偏转 D_{max} 与方形纵横比呈线性关系的理论，考虑了各种偏移量；（c）通过有限元分析方法（COMSOL）模拟 5MPa，80%偏移量下纳米线的弯曲分布，用于计算的长度为 5μm；（d）氧化锌纳米片的 AFM 形貌图像，插图为 AFM 线高度轨迹；（e）不同频率下获得的氧化锌纳米片的压电系数 d_{33}[54]

基于良好对齐的自组装氧化锌纳米片，我们设计了一种新型的二维压电晶体管，其采用三明治结构，其中氧化锌纳米片位于钯电极（用于肖特基接触）和高掺杂的 n 型硅电极（用于欧姆接触）之间（图 13.23（a））。在外部应变的作用下，氧化锌纳米片经历轴向应变，并在顶部（负极）和底部（正极）表面产生压电极化电荷，这些电荷分布在 1～2 个原子层的厚度内[59, 60]。在肖特基接触中产生的正压电势可以降低其肖特基势垒高度，从而增加二维压电晶体管的传输导电性；而在顶部 n 型硅 AFM 探针与氧化锌之间的接触中产生的负压电势对接近结区域的能带几乎没有影响，因为氧化锌纳米片和顶部 n 型硅电极之间的导带不连续性相对较小（图 13.23（b）)，这通过 n 型硅/氧化锌/铝结构的欧姆特性伏安曲线得到了验证。如图 13.23（c）所示，当压力从 0.02MPa 增加到 3.64MPa 时，电流急剧增加，伏安曲线从非对称的肖特基特性曲线逐渐变为对称的欧姆特性曲线，表明随着压力增加，肖特基势垒高度逐渐降低。因此，通过极化电荷产生的电势，可以有效地控制二维压电晶体管两端的局部接触和载流子传输特性。

为了更好地理解调节机制，我们详细分析了反向偏置条件下的二维压电晶体管。根据肖特基理论[61, 62]，$\ln I$ 近似与 $V^{1/4}$ 或 V 成正比，这取决于肖特基结处是否存在镜像力。通过绘制 $\ln I$-$V^{1/4}$ 和 $\ln I$-V 曲线，我们发现 $\ln I$-$V^{1/4}$ 几乎是线性的（图 13.23（d）)，这表明在肖特基结处存在镜像力，势垒并不那么“尖锐”[63]。此外，图 13.23（e）中计算的肖特基势垒高度的变化在施加压力（P）下呈近似线性关系，这与压电模型一致，表明应变产生的压电势可以有效地调制肖特基势垒高度。因此，可以合理地得出结论，二维压电晶体管输运特性的主导机制是压电效应而不是压阻效应，辅助实验进一步证实了这一点。此外，二维压电晶体管还可以通过正向偏置下施加的应力进行有效调节，这在发光二极管等应用中具有巨大的潜在价值[63]。

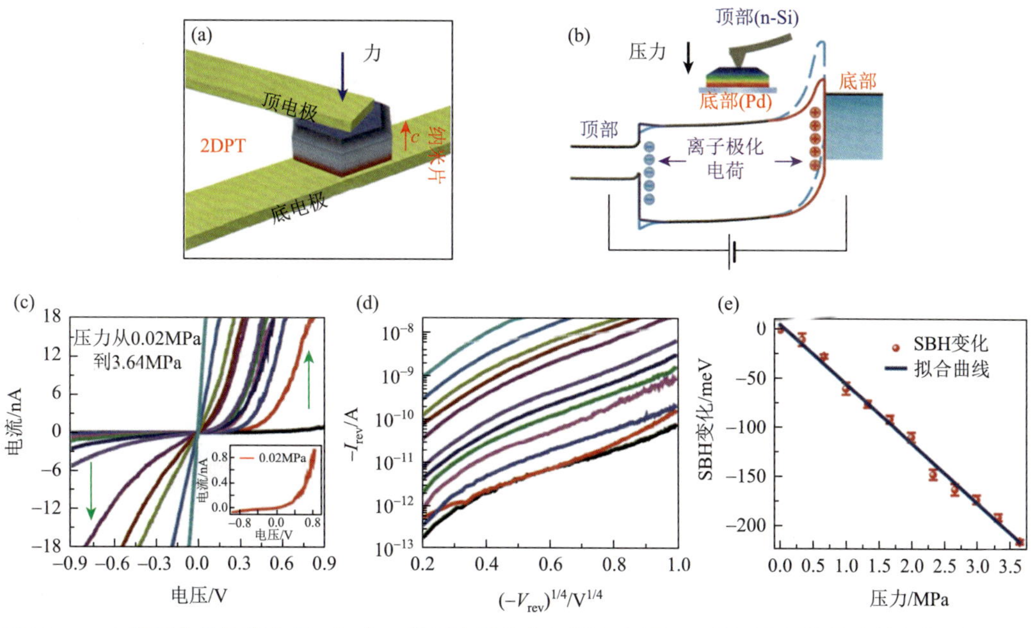

图 13.23　二维压电晶体管布局。（a）二维压电晶体管两端示意图，二维压电晶体管中的氧化锌纳米片沿 c 轴排列（红色箭头）；（b）用于解释二维压电晶体管器件中观察到的压电特性的能带图；（c）二维压电晶体管器件中相反漏极偏压下的应变对载流子传输的调制显示出压电效应的特征，插图为在 0.02MPa 恒定压力下实验测量的伏安特性；（d）在反向偏置条件下，电流与（$-V_{rev}$）$^{1/4}$ 以半对数形式呈现的关系；（e）计算得到的肖特基势垒高度变化作为施加压力的函数[54]

氧化锌二维压电晶体管的压力灵敏度如图 13.24（a）所示。我们在氧化锌二维压电晶体管的固定位置逐渐施加更大的压力并测量电流变化。氧化锌二维压电晶体管对检测从低压区域到高压区域（几千帕到约 3.64MPa）的压力变化具有高灵敏度，因此适用于具有宽压力传感范围的触觉传感，例如人体电子接口和智能皮肤。ln$I$ 曲线与施加压力的关系如图 13.24（b）所示，电流随着施加压力增加而呈指数增加，这与上述模型分析一致，证明了施加压力对电导的调制作用。氧化锌二维压电晶体管的计算压力灵敏度（定义为 $S = \Delta_{\text{SBH}}/\Delta_{\text{Pressure}}$）为 60.97～78.23meV/MPa，这是之前所有报告中最高的（表 13.1）。二维压电晶体管的压力灵敏度比基于氧化锌纳米线的压电晶体管高 185～942 倍[62]，并且远高于基于其他种类纳米线的压电晶体管[56, 61, 64, 65]。此外，作为应变传感器，二维压电

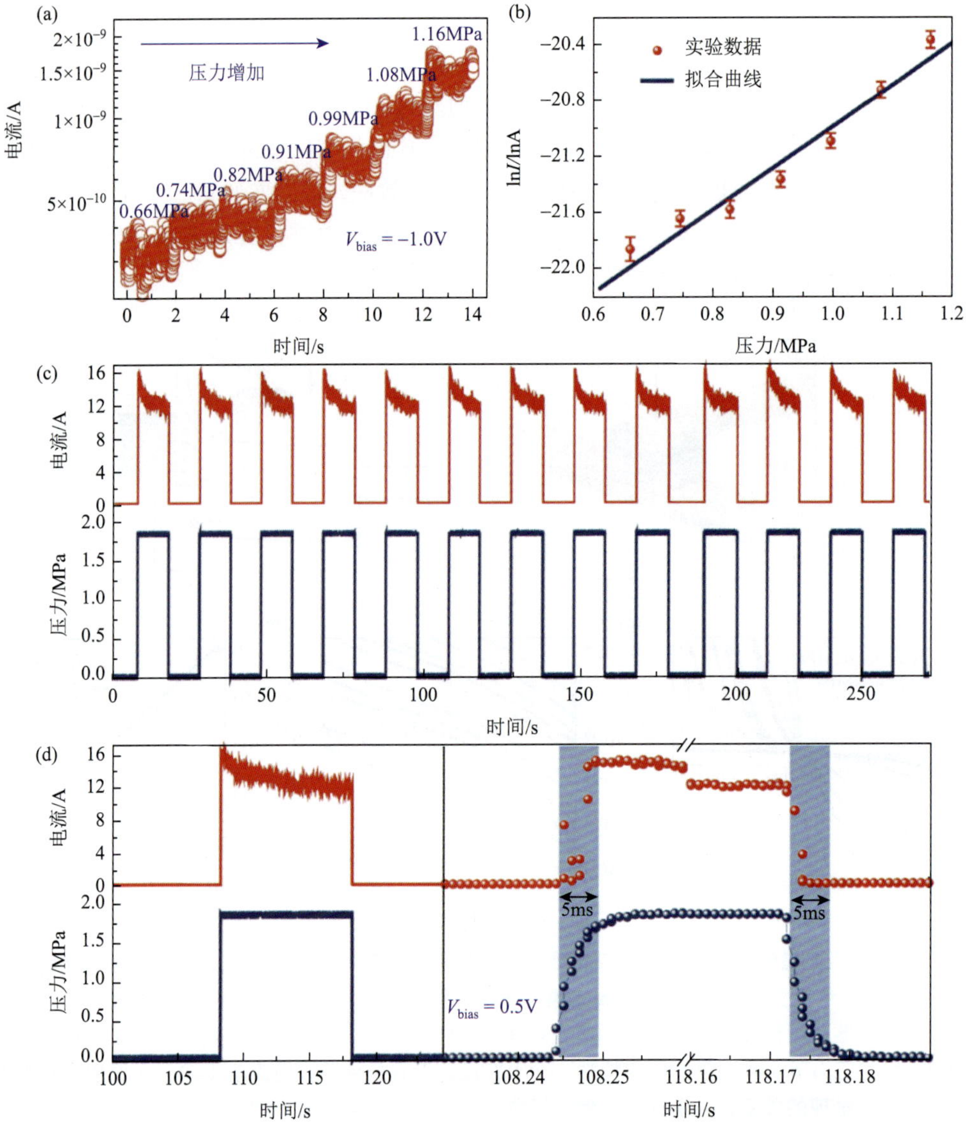

图 13.24 二维压电晶体管装置在不同压力下的电流响应。（a）在施加恒定电压下，通过二维压电晶体管的电流随着施加压力的增加而逐步增加；（b）ln$I$-P 曲线，用于证明 ln$I$ 与施加压力之间的线性关系；（c）电流对压力脉冲的响应；（d）在 100～125s，随着压力的变化，电流变化的时间响应[54]

晶体管的性能还可以用应变系数来表征，其定义为$[\Delta I_{(\varepsilon)}/I_{(0)}]/\Delta_{\varepsilon}$。我们的器件的灵敏系数约为 1.5×10^{7}，与之前的报道相比，这是目前最高的。实现二维压电晶体管超高压灵敏度的关键因素可归因于具有高压电系数 d_{33} 的氧化锌纳米片的特殊二维几何形状。

表 13.1　压力灵敏度与现有文献的比较

材料和形态	压力灵敏度/(meV/MPa)	施力方法	参考文献
CdSe NW	约 0.677	法向力	[55]
ZnO NW	0.083～0.422	法向力	[62]
GaN NW	0.212～0.24	法向力	[64]
ZnO NW 簇	0.287～0.318	法向力	[65]
ZnO NW 簇	＜33.39	法向力	[56]
ZnO 纳米片	60.97～78.23	法向力	本研究

注：NW——纳米线作为单个压电元件；NW 簇——纳米线簇作为单个压电元件；纳米片——纳米片作为单一压电元件。

为了说明二维压电晶体管对外部刺激的高稳定性和响应能力，我们在 0.5V 的恒定偏置下测量了对周期性力脉冲的电流响应，如图 13.24（c）所示。动态响应表明，力对电流的影响是可逆的。在氧化锌纳米片上施加约 1.84MPa 的力后，电流从约 0.086nA 增加到约 17.4nA，这可以被视为开关晶体管的“关”和“开”状态。开关比约为 202，可以通过增加应变进一步调整。此外，经过 5h 的可靠性测试后，二维压电晶体管运行没有观察到明显的退化，表明装置运行具有良好的可靠性和稳定性。响应时间通过最大化 AFM 系统的信号输入通道的采样率进行监测。从图 13.24（d）（右）可以看出，电流对压力变化的响应速度非常快，时间小于 5ms，远小于人类指尖的响应时间（30～50ms），这表明，二维压电晶体管在具有超快响应的触觉传感器中具有巨大的应用潜力。

为了研究氧化锌二维压电晶体管阵列在高空间分辨率下是否具有解析应力分布的潜力，我们使用了一个氧化锌二维压电晶体管阵列（图 13.25（a））来实现自适应应变映射。通过将良好对齐的氧化锌纳米片的独特二维几何形状与先进的自组装方法和微加工技术相结合，获得了新型的二维压电晶体管阵列。图 13.25（b）显示了像素面积密度约为 $2.9\times10^{7}\text{cm}^{-2}$ 的自组装二维压电晶体管阵列，相应的分辨率为 12700dpi，这比垂直纳米线压电晶体管矩阵（8464cm^{-2}）、触觉传感器（$6\sim27\text{cm}^{-2}$）[53, 66-68]，以及嵌入在人类指尖皮肤中的机械感受器（约 240cm^{-2}）[69]的分辨率高约 50 倍。

通过在器件上施加具有确定数值和空间位置的法向应力，使用 AFM 进行了测量。所有像素都可以单独表征。从时间域中测得的所有像素的电导率被编译并显示在图 13.25（c）中。每个像素在偏置电压为 0.5V 的情况下进行测量，无论是否有外部压力（约 1.84MPa）施加。在施加局部压力之前和之后，所有像素的电导率都发生了明显的变化，表明氧化锌二维压电晶体管阵列可以对静态和动态刺激做出反应。更重要的是，氧化锌二维压电晶体管阵列对压力变化的空间分辨率也非常高（约 12700dpi），如图 13.25（d）所示。我们展示了一个“编码-解码”的过程，将输入的数字序列在压力信号中转换为相应的电信号输出数字序列。首先，预先确定的输入数字序列（314, 159, 265, 358）被编码成空间域中相应的压力序列，连续应用于不同的像素上，如图 13.25（d）（顶部）所示，其中每个像素的颜色对应于二维压电晶体管阵列上施加的不同压力。从图 13.25（d）（底部）可以看出，所有施加应力的空间分布可以以高分辨率进行区分和映射。通过测量每个独立工作的二维压电晶体管的输出电流，可以将测得的电流与沿 x 轴（底电极）和 y 轴（顶电

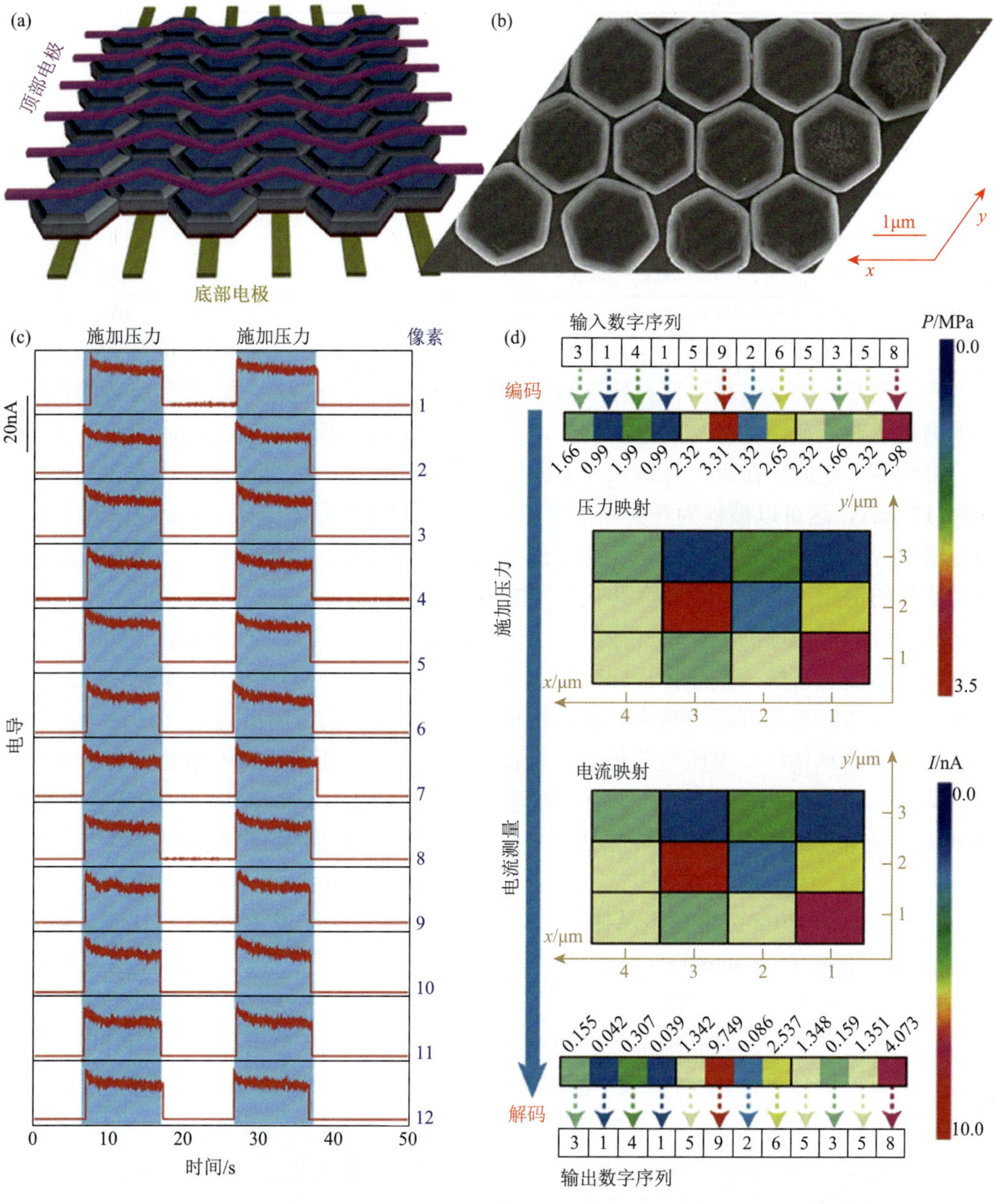

图 13.25 二维压电晶体管阵列的触觉成像。（a）二维压电晶体管阵列示意图；（b）具有高空间分辨率（约 12700dpi）的二维压电晶体管阵列的 SEM 图像；（c）时域电导测量；（d）将 3×4 压力传感阵列映射到细微触摸，并通过映射像素信号测量相应的电流响应二维强度分布，通过将输入的压力信号转换为相应的电信号输出的“编码-解码”过程，输入的数字序列转换为相应的输出数字序列[54]

极）的相应像素坐标进行配准，轻松地将所施加压力的空间分布进行成像。最后，通过解码电流映射，得到输出的数字序列，与输入代码非常匹配。这些结果展示了在触摸板技术、个性化签名和其他功能性存储器设备中使用二维压电晶体管阵列的潜力。

13.5　绘制单个细胞的收缩力[70]

在这项工作中，我们设计并制造了均匀且排列整齐的铟镓氮/氮化镓纳米柱阵列作为一种力可视化探测器，称为压电光电子学纳米天线（PLNA）阵列，用于细胞牵引力（CTF）量化。多量子阱（MQW）的光致发光位于铟镓氮/氮化镓纳米柱的顶端，对内部压电势非常敏感。微小的外力可以改变铟镓氮/氮化镓纳米柱的固有应变，导致压电势重新分布，进而调制压电光电子学纳米柱的 PL 发射。因此，这种阵列可以以前所未有的 800nm 空间分辨率和 333ms 时间分辨率直接导出和可视化心肌细胞（CM）的静息和收缩状态下的 CTF，展示了细胞中产生的第一幅 CTF 图像以及不同周期中力的相关动态过程。这种测量活心肌细胞机械行为的方法对于理解心肌细胞的内在过程和行为、提供指导生物力学相关疾病检测的有价值信息、药物筛选和心脏组织工程的评估至关重要。

作为一种动态细胞力映射方法，PLNA 阵列基于应变/压电势调谐 PL 成像。PLNA 阵列的基本工作原理如图 13.26 所示。从新生 Sprague-Dawley（SD）大鼠中提取原代心肌细胞并接种到 PLNA 阵列上（图 13.26（a））。在接种心肌细胞之前，用聚 L-赖氨酸修饰 PLNA 阵列，聚 L-赖氨酸作为细胞外基质，为心肌细胞的附着和扩散提供合适的环境。通过仔细控制细胞接种密度和培养条件，单个心肌细胞在器件顶部跳动，这对于在单细胞和亚细胞水平上绘制和分析 CTF 至关重要。下方的 PLNA 和与细胞结合的 PLNA 被心肌细胞拖动横向弯曲，导致 PL 强度的变化。

PLNA 由直径为 150nm、长宽比为 10∶1 的铟镓氮/氮化镓纳米柱制成。PL 可以在位于纳米柱尖端的铟镓氮/氮化镓 MQW 区域（厚度为 15nm）处产生。由于压电光电子学效应[71]，铟镓氮/氮化镓 MQW 的 PL 对机械刺激极为敏感，可以作为 PLNA 的信号。当对铟镓氮/氮化镓纳米柱施加应变时，铟镓氮和氮化镓之间的界面处将产生压电电荷，从而调节 MQW 区域载流子的传输/分离/复合。因此，微小的外力可以调节 MQW 的 PL 发射，尤其是 PL 强度[72, 73]。一旦心肌细胞培养在 PLNA 阵列上，CTF 将拉动所有附着在细胞上的 PLNA，并产生区域 PL 强度的变化。PLNA 阵列用于实时监测动态 CTF 的分布和大小。CTF 越大，感应出的压电势就越高（图 13.26（b）），从而导致 MQW 的 PL 强度的更大变化。PL 的压电调制和每个 PLNA 的位移与 CTF 密切相关，可以通过共聚焦显微镜实时直观地记录和可视化。

在活体状态下，心肌细胞的收缩和舒张会导致细胞附着的 PLNA 弯曲（有应变）和释放（无应变）。当在荧光显微镜下时，PLNA 的移动导致来自 PLNA 自由端的 MQW 的发光点的位置移动，并导致相应的 PL 强度的变化。因此，如果 PLNA 的顶端有跳动的心肌细胞，PLNA 将呈现出“震动和切换”的照明纳米点矩阵（图 13.26（c））。心肌细胞跳动周期中从亮到暗的实时 PL 强度变化率（$\Delta I = (I_0 - I_s)/I_0$）是量化 CTF 的基本数据，其中 I_s 和 I_0 分别表示心肌细胞收缩和舒张状态下施加 CTF 时的 PL 强度，分别通过局部共聚焦显微镜（Leica SP-8）原位测量心肌细胞的收缩和松弛状态。基于这些数据，我们可以使用 CCD 定量捕捉整个细胞区域或单个跳动心肌细胞的不同区域的实时 CTF。此外，PL 的连续和时变强度变化发生在纳秒甚至更短的时间尺度上，意味着 PLNA 阵列可以满足以超快速率记录动态过程的需求。

收缩的心肌细胞中的机械力和抗压力通过细胞骨架传递，其分布与图 13.26（c）中 PLNA 阵列的 CTF 产生的阴影区域完全重合。图 13.26（d）中的 SEM 图像还表明，细胞附着的 PLNA 明显沿着细胞收缩方向弯曲。所有这些结果进一步表明，PLNA 阵列可以对纳米尺度空间分辨率中的 CTF 做出敏感响应。

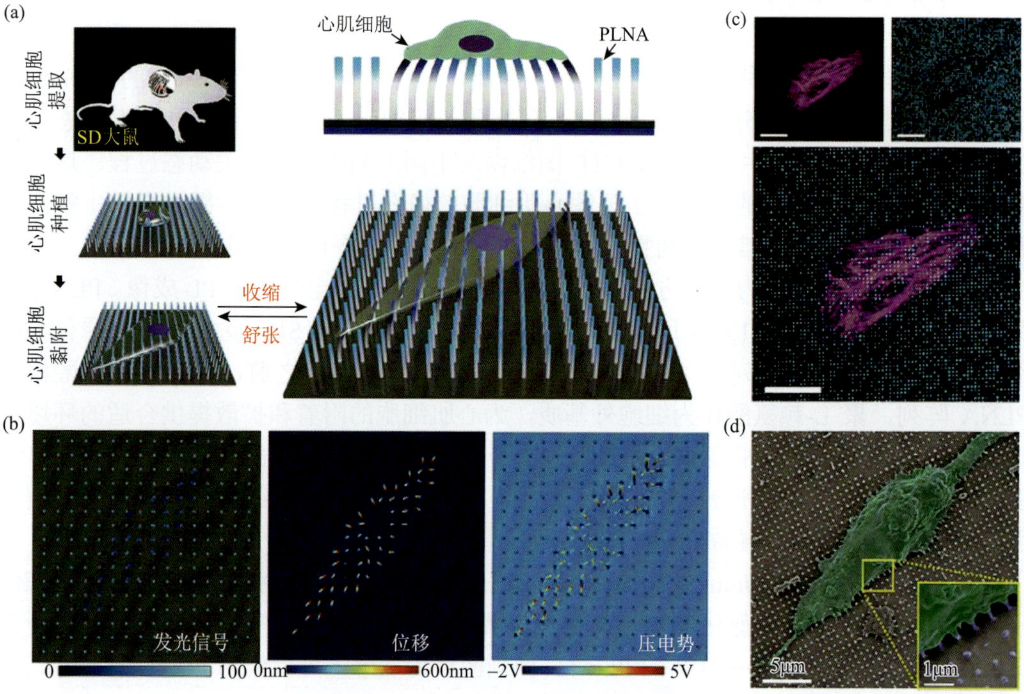

图 13.26　测量活体心肌细胞 CTF 的 PLNA 阵列的示意图。（a）使用 PLNA 阵列进行 CTF 检测的示意图；（b）在 CTF 作用下，受应变的 PLNA 阵列的信号模拟，从左到右依次为发光信号、位移和压电势；（c）心肌细胞细胞骨架及其下方附着的 PLNA 的 PL 成像，左上为荧光染色的细胞骨架，右上为 PLNA 阵列的 PL，底部为合并图像，比例尺为 10μm；（d）分离的心肌细胞及其下方附着的 PLNA 的 SEM 图像，部分放大细节显示纳米柱的弯曲[70]

PLNA 阵列是通过最先进的自上而下方法制备的，该方法使用生长在经过 c 面抛光的蓝宝石基底外延铟镓氮/氮化镓多层膜，包括光刻图案化的镍金属点阵、氮化镓基薄膜的低损伤干法刻蚀，以及去除镍金属掩模。值得注意的是，这里不需要额外的电极，这显著降低了工程复杂性并极大地降低了制造成本。如图 13.27（a）所示，对齐且均匀的 PLNA 阵列具有高像素密度，达到 31750dpi。每个 PLNA 直径为 150nm，长度为 1.5μm。相邻两个 PLNA 之间的中心距离为 800nm（图 13.27（b），（c））。这种垂直排列的超薄 PLNA 阵列可以在大面积上制备，尺寸、形状、周期和高度均匀一致。大面积的 PLNA 阵列是由 405nm 的激光二极管均匀激发，显示出明亮的蓝色荧光点阵，其相应的 PL 发射信号位于约 460nm 的峰值波长。与传统有机荧光染料相比，该器件还表现出很好的 PL 稳定性。在细胞培养环境下连续进行 100h 的测试中，PL 强度保持极高的稳定性，表现出很

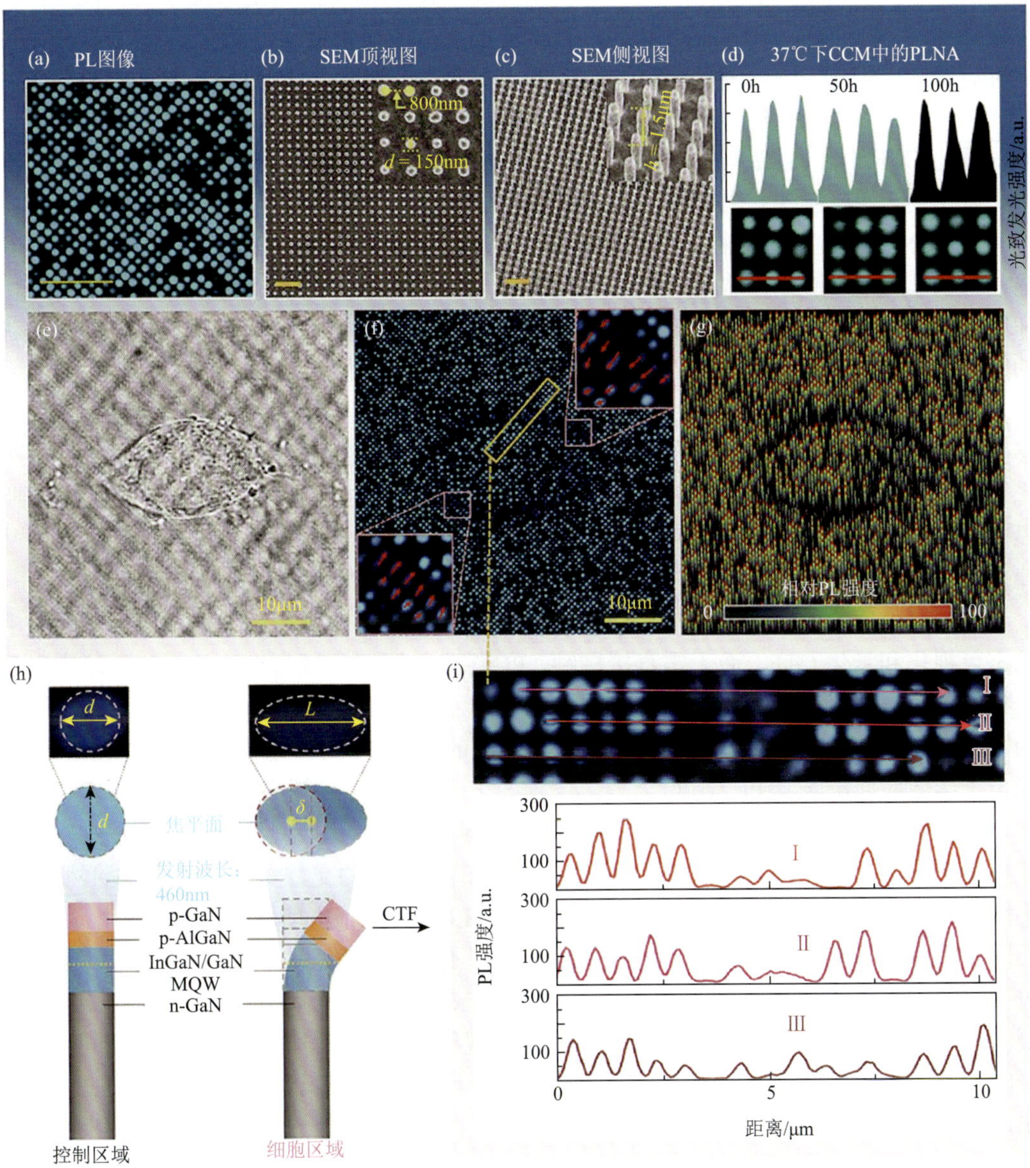

图 13.27　实时测量动态 CTF 的基本方法。（a）制备的 PLNA 阵列的荧光图像（比例尺为 2μm）；（b），（c）制备的 PLNA 阵列的 SEM 图像（比例尺为 2μm）；（d）在 37℃的细胞培养基中，PLNA 阵列的 PL 稳定性，a.u.表示任意单位；（e）PLNA 阵列上测试的活心肌细胞的明场成像；（f），（g）PLNA 阵列的 PL 图像及其计算的 PL 强度，所代表的“阴影”区域是一个活体心肌细胞所在的位置（插图为所选区域的放大视图）；（h）测量 CTF 应变下一个 PLNA 位移的基本模型（左边为没有 CTF 影响的一个 PLNA 的初始状态，右边为 CTF 作用下一个 PLNA 的弯曲状态）；（i）跨阴影区域的实时 PL 谱，揭示了 CTF 作用下 PLNA 的 PL 强度变化[70]

好的抗光漂白、表面吸附和结构侵蚀能力（图 13.27（d））。高亮度、均匀性和出色的 PL 稳定性确保了力映射的清晰定义和可重复成像。

我们使用单个活体心肌细胞来分析动态 CTF 对由铟镓氮/氮化镓 MQW 组成的 PLNA 阵列的影响。尽管活原代心肌细胞的明场成像显示在 PLNA 阵列上（图 13.27（e）），但可以观察到阴影区域中的细胞与荧光信号变化的区域明显重合（图 13.27（f））。我们使用 ImageJ 软件，计算得到的 PL 强度图像如图 13.27（g）所示，清楚地展示了 CTF 相关的荧光强度分布。PLNA 阵列中 PL 强度的变化可以通过原位局部光谱测量直接读出，以便同时量化 CTF（图 13.27（i））。随着 CTF 的增加，PL 强度的变化更加明显。

除了通过 PL 强度变化来量化 CTF，PLNA 阵列的位移数据可以通过软件 ImageJ 实际测量 PLNA 的位置偏移来获得。如图 13.27（f）的插图所示，“阴影”区域中的光斑明显“拉长”。我们将这种现象归因于 CTF 所引起的 PLNA 弯曲以及其 MQW 区域的移位和荧光在局部共聚焦显微镜的 CCD 上的投影。PLNA 中心点在弯曲后从其原始位置偏移的距离（δ）被测量为 PLNA 在 CTF 下的位移参数（图 13.27（h））。

我们进行了系统研究，分析了心肌细胞跳动周期中 PLNA 阵列的荧光信号变化和位移变化的动态过程。我们基于连续视频图像，逐帧跟踪了在被测试细胞范围内的 128 个光斑的位置信息。四个随机选择的光斑的位移数据如图 13.28（a）所示。它们显示出明显的周期性，周期为 900ms，与从同一存活心肌细胞的明场视频图像中观察到的跳动节律一致。最大位移约为 100nm，对应于细胞收缩状态下的最大牵引力。

力/应变敏感的 PL 强度变化是我们方法的独特优势，非常适合在活体动力学细胞中动态可视化和量化 CTF，而无需直接接触。PL 图像的阴影区域与细胞的形状在轮廓上是一致的，这意味着荧光的“关闭”状态主要是由细胞附着后的 CTF 引起的。由心肌细胞的固有牵引力产生的剪切力作用于附着在细胞上的每个 PLNA，随后由于 MQW 的压电光电子学效应而影响其 PL 强度。

为了获得心肌细胞的实时 CTF 信息，我们进行了时间尺度的 PL 成像。当心肌细胞有节律地收缩和舒张时，我们可以明显地看到细胞范围内亮与暗的交替变化。由于收缩心肌细胞不同部位的运动幅度明显不同，因此施加在相关 PLNA 上的最大剪切力也相应变化。因此，不同地区的 PL 强度变化率也是不同的。我们选择了不同区域的四种典型压电光电子学 PLNA 进行定量分析。一个位于细胞区域外作为对照组（N），其他三个（Ⅰ、Ⅱ和Ⅲ）位于细胞区域内。如图 13.28（b）所示，N 区域的 PLNA 呈现稳定的 PL 信号。在整个测试期间，N 区域的 PL 强度几乎保持不变，而与对照组相比，位于细胞其他三个区域的 PLNA 的 PL 强度出现显著的周期性波动。平均周期约为 900ms，这也与我们测量的心肌细胞收缩周期一致。以 PLNA Ⅱ 为例，在收缩周期的初始状态下，PLNA Ⅱ 的亮度与对照组 N 区域的亮度相当。一旦心肌细胞开始收缩，细胞的相关部分就会拉动该 PLNA 并导致 PL 强度的逐渐变暗，直至收缩结束。此后，细胞开始放松，PL 强度因此恢复到初始状态。

我们还注意到，初始的 PL 强度略低于对照组 N 的强度，这可能源于两个过程的相互作用：①心肌细胞组分对光的轻微散射；②细胞的微小静态应变对 PLNA 的影响。最大的 PL 强度变化率可以达到约 50%（Ⅱ），而靠近心肌细胞核的 PLNA 的强度仅变化了 10%（Ⅰ）（图 13.28（c））。这种差异表明，我们的器件可以反映细胞不同区域 CTF 的微小变化，这对于细胞力学的动态映射非常重要。异质性收缩现象首次通过动态 CTF 映射进行了描述和量化，这为细胞力学、细胞外基质和心肌细胞细胞骨架重建的基础研究以及疾病研究和药物开发提供了新的方法和启示。

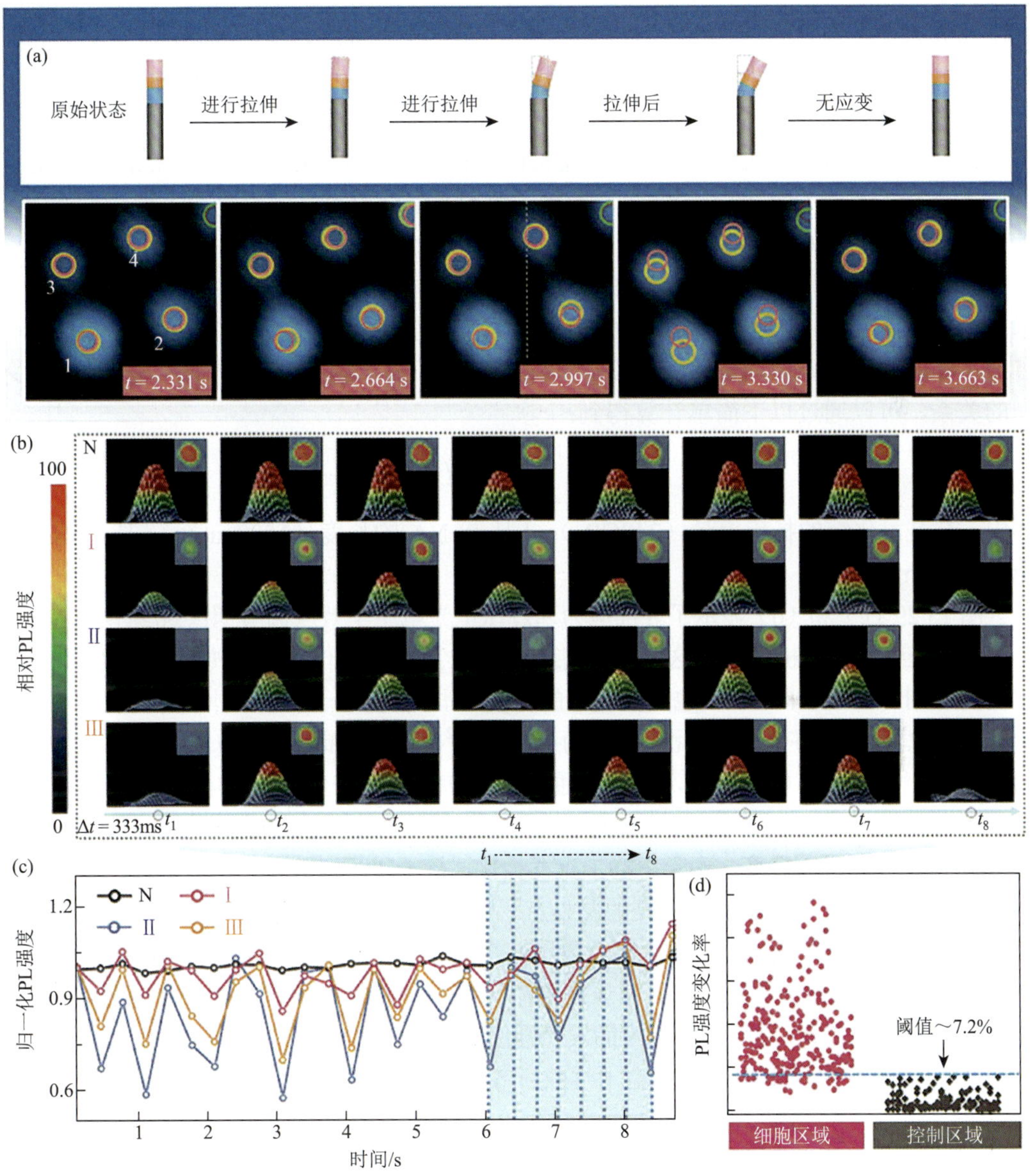

图 13.28　测量在跳动的心肌细胞的牵引下，PLNA 的位移和 PL 强度变化。(a) 四个随机选择的 PLNA 的 PL 图像，显示了它们在典型心肌细胞周期中的位移(红圈：心肌细胞周期开始时 PLNA 的原始位置；黄圈：细胞牵引下 PLNA 的实时位置)；(b)，(c) 对四个典型 PLNA 的 PL 强度变化进行动态定量分析，选择非细胞区域的 PLNA 作为参考(N)；(d) 细胞区域和对照区域的平均 PL 强度变化率的标准差[70]

通过测量位于收缩心肌细胞区域内外的大量 PLNA 的 PL 强度变化率以进行统计分析。PL 强度变化的幅度从对照区域到实验区域显著增加。使用控制组平均 PL 强度变化率的两个标准差作为阈值，我们发现超过 85%的实验 PLNA 显示出明显可重复的 PL 强度变化（图 13.28（d））。

进一步的分析可以通过荧光光谱的 PL 成像来描述亚区域和整个细胞的力学特性。我们选择了细胞下的六个 PLNA 区域进行进一步研究。它们清楚地显示出，不同区域的 PL 强度和分布是不均匀的。在细胞的边缘区域，出现了较大的 PL 强度波动。在靠近内部部分的区域，PL 强度的变化较小。这个结果揭示了 CTF 在整个细胞中的不均匀分布，主要是由于复杂的细胞几何形状、边界条件，以及基于细胞的材料、结构和区域功能的自然不均匀性。通过活体心肌细胞的 PL 图像和相同心肌细胞在 UV 下暴露 15min 后的 PL 图像验证了 PLNA 对 CTF 的响应实验。此外，PLNA 表现出良好的生物相容性，表明该器件可以实现长期的 CTF 检测。

CTF 定量分析涉及三个核心参数，即细胞力、空间位移和 PL（图 13.29（a））。为了通过测量 PLNA 的 PL 强度来实现 CTF 的定量读数，我们需要建立 PL 强度变化率的两个参数之间的关联，即空间位移和 CTF。图 13.29（b）显示了细胞力 f_y 与 PLNA 位移 d 之间的关系，可以通过以下简单计算得到：

$$f_y = \frac{3\pi E a^4}{2l^3} d \tag{13.2}$$

其中，E 是氮化镓的杨氏模量（340GPa）；l 是 PLNA 的长度（1500nm）；a 是 PLNA 的半径（75nm）。

图 13.29（c）和（d）显示了外部应力通过压电光电子学效应调节铟镓氮/氮化镓 MQW PLNA 的光致发光的机制。在这里，我们选择了一个 PLNA 作为应变传感器的代表。z 轴被设置为 PLNA 的纵向方向，也是氮化镓的 c 轴，而 x 轴垂直于 z 轴。铟镓氮/氮化镓 MQW 的自发极化（无外部应变的极化）仅约为-0.03C/m^2，远小于铟镓氮（0.97C/m^2）和氮化镓（0.73C/m^2）的极化常数。因此，在研究通过外部应变/应力产生的压电电荷调节 MQW 的光致发光可调性时，我们可以忽略自发极化。在初始状态下，PLNA 与纳米柱顶端的铟镓氮/氮化镓 MQW 没有应变。由于忽略了自发极化，量子阱可以被视为平坦的。在这种情况下，PL 处理具有最大的效率和最亮的发光点。当 PLNA 弯曲时如图 13.29（d）左图所示，MQW 的左侧部分被拉长，而右侧部分被压缩。因此，在纤锌矿结构氮化镓和铟镓氮的 c 轴沿着不对称结构的界面处产生正负压电电荷。界面处的正负压电电荷会导致量子阱倾斜，从而降低 MQW 的 PL 效率和 PLNA 的发光强度[15, 74]。

PL 强度变化率可以由压电光电子学效应导致的量子阱中的应变变化得出[74, 75]：

$$\frac{I_s}{I_0} = \exp\left(-\frac{q e_{33} s_{33} W_{\text{piezo}}}{2\varepsilon_s \varepsilon_0 k T}\right) \tag{13.3}$$

式中，I_s 为一定应变下的 PL 强度；I_0 为无外应变时的 PL 强度；q 为单位电子电荷的绝对值（1.6×10^{-19}C）；e_{33} 为压电常数（0.73C/m^2）；ε_s 是相对介电常数（8.9）；W_{piezo} 是压电耗尽层宽度（2.2nm）；T 是温度（300K）；k 是玻尔兹曼常量（1.38×10^{-23}J/K）。其中，s_{33} 是 MQW 位置处沿 PLNA 纵向方向的绝对平均应力，可以通过下式计算：

$$s_{33} = \frac{2}{\pi a^2}\int_0^a \frac{8 f_y}{E\pi a^4} y\sqrt{a^2 - y^2}\,(l - z) \tag{13.4}$$

式中，y 和 z 分别是量子阱沿 y 轴和 z 轴的位置。图 13.29（e）显示了 PL 强度变化率与位移距离以及细胞力对 PL 强度变化率的关系的实验结果（点）和拟合结果（线），可以按照以下方式计算：

$$\Delta I = \frac{I_0 - I_s}{I_0} = 1 - \exp\left[-\frac{4qe_{33}W_{\text{piezo}}(l-z)a}{\pi\varepsilon_s\varepsilon_0 kTl^3} d \right] \tag{13.5}$$

$$\Delta I = 1 - \exp\left[-\frac{8qe_{33}(l-z)W_{\text{piezo}}}{3\varepsilon_s\varepsilon_0 E\pi^2 a^3 kT} f_y \right] \tag{13.6}$$

式中，ΔI 为光点的 PL 强度变化率；d 为光点的位移距离；a 为纳米天线的半径（75nm）；l 为纳米天线的长度（1500nm）；z 为 MQW 到纳米天线底部的距离（1340nm）；ε_0 为真空介电常数（8.85×10^{-12}F/m）；k 为玻尔兹曼常量（1.38×10^{-23}J/K）；T 为温度（300K）。当光致发光强度变化较小时，可以认为力与光致发光强度变化率呈线性关系。

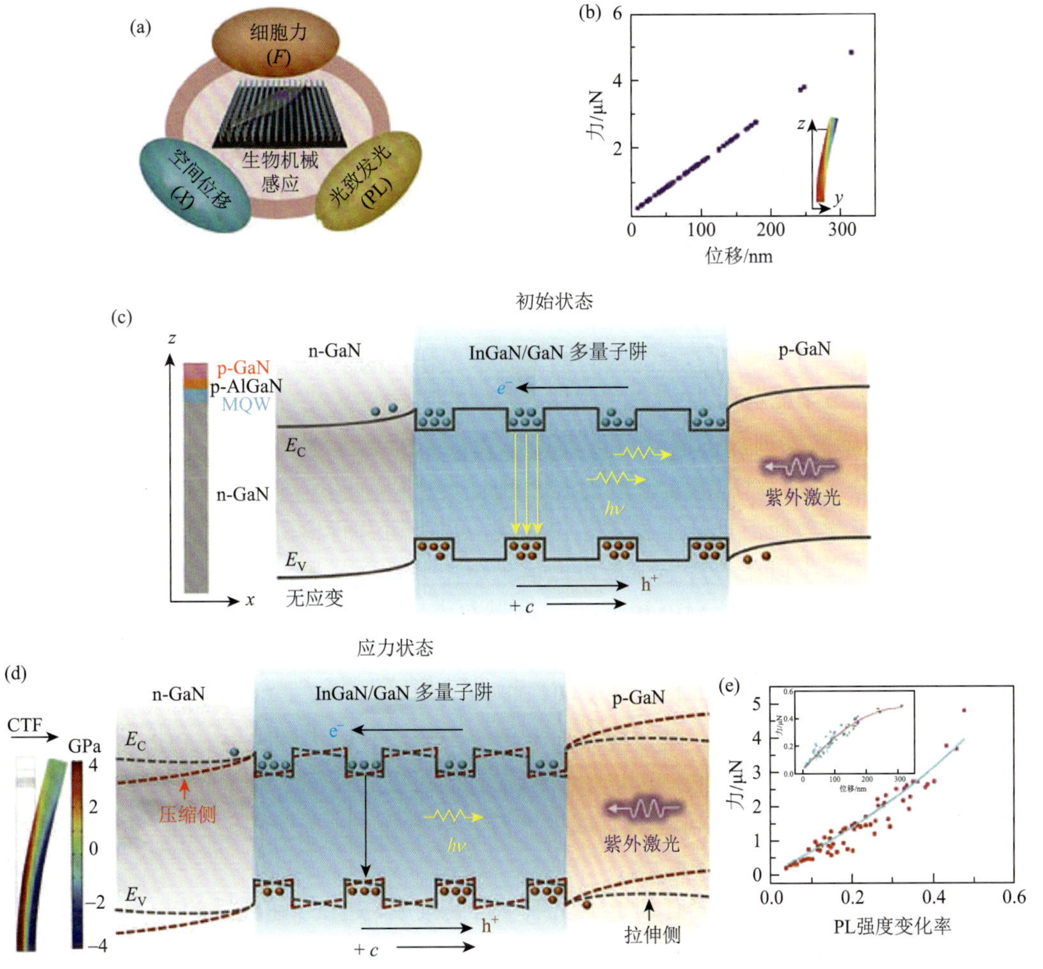

图 13.29　基于 PLNA 阵列的 CTF 测量机制。（a）CTF 监测涉及的三个核心参数；（b）细胞力与 PLNA 位移的关系；（c）和（d）用于理解细胞牵引下 PLNA 的 PL 变化的能带图；（e）细胞力对光致发光强度变化率的影响，实验（红点）和拟合（紫线）[70]

13.6 总结

综上所述，压电光电子学效应是量子点、量子阱、纳米线等低维异质结构中普遍存在的效应，在第三代半导体中发挥着关键作用。在本章中，我们总结了量子材料中压电光电子学效应的最新进展。

首先，我们研究了压电光电子学效应对量子点的影响。压电光电子学效应可以有效地调节基于全无机钙钛矿 $CsPbBr_3$ 量子点的自旋轨道耦合 PL 强度。经过冷却处理的量子点显示出压电性质和自发极化，这种特性即使在温度升至 292K 后仍然可以保持。压电势不仅可以调节 Rashba 自旋轨道耦合，还可以调节自旋分裂能带的倾斜度。这些发现表明，压电光电子学效应可以在全无机钙钛矿量子点中起作用，揭示了基于压电光电子学效应的全无机钙钛矿量子点在先进光电子学和自旋电子学中的巨大应用潜力。

其次，我们研究了压电光电子学效应对量子阱的影响。通过 PL 测量观察并研究了压电光电子学效应和局域表面等离激元共振之间的耦合，证明通过压电光电子学效应和局域表面等离激元共振之间的耦合，可以实现 104.2%的 PL 强度增强。这项工作为指导基于Ⅲ族氮化物半导体的固态照明的发展提供了一个平台，引领我们进入更加节能和光明的未来。

最后，我们研究了压电光电子学效应对纳米线的影响。制造了基于阳离子混合有机-无机钙钛矿纳米线的线性和圆偏振敏感的光电探测器。我们发现了线偏振光激发的较大的各向异性 PL，除了各向异性晶体结构和形貌之外，这主要源于纳米线中强烈的自发压电极化。这些发现不仅揭示了压电光电子学效应在基于钙钛矿的偏振敏感的光电探测器中存在应用前景，而且阐明了对钙钛矿纳米线偏振特性的基本理解。

基于压电光电子学效应，我们开发了触觉成像装置，首次实现了基于压电纳米线 LED 的压力/应变传感器阵列，该器件可以实现压力分布的高分辨率电致发光成像，可提供 2.7mm 的空间分辨率，对应像素密度为 6350dpi。这种方法在科学上具有创新性，该方法基于压电光电子学效应，设计了稳定、快速响应以及可并行检测的应变传感器阵列。这意味着向利用光学手段在芯片上记录机械信号迈出了重要一步，具有在触摸板技术、个性化签名、生物成像和光学 MEMS 等领域的潜在应用。此外，由于可以在柔性基板上制造氧化锌纳米线，当前方法可以扩展到具有 1.3mm 分辨率的智能皮肤，这在生物科学、人机界面和智能传感器方面将具有巨大的前景。

我们可以基于压电光电子学效应来展示单个细胞的收缩力的映射。PLNA 阵列提供了一种新的、独特的定量方法，可以以前所未有的时间和空间分辨率实时“可视化”活细胞的 CTF 图。PLNA 阵列可能具有成为涉及异常细胞力生成条件的表型药物筛选和发现有效工具的潜力。

量子压电光电子学的研究有利于实现下一代高集成、超快、超灵敏的电子/光电系统，在量子计算、量子通信、人工智能和可穿戴设备等方面具有潜在的应用前景。

参考文献

[1] Zhu L P，Wang Y C，Li D，et al. Enhanced spin-orbit coupled photoluminescence of perovskite $CsPbBr_3$

quantum dots by piezo-phototronic effect. Nano Letters，2020，20（11）：8298-8304.
[2] Sze S M，Li Y，Ng K K. Physics of Semiconductor Devices. New York：Wiley，2021.
[3] Li J，Gan L，Fang Z S，et al. Bright tail states in blue-emitting ultrasmall perovskite quantum dots. The Journal of Physical Chemistry Letters，2017，8（24）：6002-6008.
[4] Wright A D，Milot R L，Eperon G E，et al. Band-tail recombination in hybrid lead iodide perovskite. Advanced Functional Materials，2007，27（29）：1700860.
[5] Protesescu L，Yakunin S，Bodnarchuk M I，et al. Nanocrystals of cesium lead halide perovskites（$CsPbX_3$，X = Cl，Br，and I）：novel optoelectronic materials showing bright emission with wide color gamut. Nano Letters，2015，15（6）：3692-3696.
[6] Kim T H，Jun S，Cho K S，et al. Bright and stable quantum dots and their applications in full-color displays. MRS Bulletin，2013，38（9）：712-720.
[7] Ye S，Xiao F，Pan Y X，et al. Phosphors in phosphor-converted white light-emitting diodes：recent advances in materials，techniques and properties. Materials Science and Engineering：R：Reports，2010，71（1）：1-34.
[8] Cohen R E. Origin of ferroelectricity in perovskite oxides. Nature，1992，358（6382）：136-138.
[9] Lee J H，Jeong Y K，Park J H，et al. Spin-canting induced improper ferroelectricity and spontaneous magnetization reversal in $SmFeO_3$. Physical Review Letters，2011，107（11）：117201.
[10] Li X，Chen S Q，Liu P F，et al. Evidence for ferroelectricity of all-inorganic perovskite $CsPbBr_3$ quantum dots. Journal of the American Chemical Society，2020，142（7）：3316-3320.
[11] Kim M，Im J，Freeman A J，et al. Switchable $S = 1/2$ and $J = 1/2$ Rashba bands in ferroelectric halide perovskites. Proceedings of the National Academy of Sciences，2014，111（19）：6900-6904.
[12] Li J，Haney P M. Circular photogalvanic effect in organometal halide perovskite $CH_3NH_3PbI_3$. Applied Physics Letters，2016，109（19）：193903.
[13] Zheng F，Tan L Z，Liu S，et al. Rashba spin-orbit coupling enhanced carrier lifetime in $CH_3NH_3PbI_3$. Nano Letters，2015，15（12）：7794-7800.
[14] Ganichev S D，Prettl W. Spin photocurrents in quantum wells. Journal of Physics：Condensed Matter，2003，15（20）：R935.
[15] Huang X，Jiang C Y，Du C H，et al. Enhanced luminescence performance of quantum wells by coupling piezo-phototronic with plasmonic effects. ACS Nano，2016，10（12）：11420-11427.
[16] Barnes W L. Turning the tables on surface plasmons. Nature Materials，2004，3（9）：588-589.
[17] Okamoto K，Niki I，Scherer A，et al. Surface plasmon enhanced spontaneous emission rate of InGaN/GaN quantum wells probed by time-resolved photoluminescence spectroscopy. Applied Physics Letters，2005，87（7）：071102.
[18] Okamoto K，Niki I，Shvartser A，et al. Surface-plasmonenhanced light emitters based on InGaN quantum wells. Nature Materials，2004，3（9）：601-605.
[19] Perlin P，Jauberthie-Carillon C，Itie J P，et al. Raman scattering and X-ray-absorption spectroscopy in gallium nitride under high pressure. Physical Review B，1992，45（1）：83.
[20] Kozawa T，Kachi T，Kano H，et al. Thermal stress in GaN epitaxial layers grown on sapphire substrates. Journal of Applied Physics，1995，77（9）：4389-4392.
[21] Wagner J M，Bechstedt F. Properties of strained wurtzite GaN and AlN：*ab initio* studies. Physical Review B，2002，66（11）：115202.
[22] Huang X，Du C H，Zhou Y L，et al. Piezophototronic effect in a quantum well structure. ACS Nano，2016，10（5）：5145-5152.

[23] Li Y，Zhang R，Xie Z L，et al. Investigation of surface plasmon coupling with the quantum well for reducing efficiency droop in GaN-based light emitting diodes. Journal of Applied Physics，2013，114（11）：113104.

[24] Neogi A，Lee C W，Everitt H O，et al. Enhancement of spontaneous recombination rate in a quantum well by resonant surface plasmon coupling. Physical Review B，2002，66（15）：153305.

[25] Ozbay E. Plasmonics：merging photonics and electronics at nanoscale dimensions. Science，2006，311（5758）：189-193.

[26] Zhu L P，Lai Q S，Zhai W C，et al. Piezo-phototronic effect enhanced polarization-sensitive photodetectors based on cation-mixed organic-inorganic perovskite nanowires. Materials Today，2020，37：56-63.

[27] Gao Y，Zhao L Y，Shang Q Y，et al. Ultrathin $CsPbX_3$ nanowire arrays with strong emission anisotropy. Advanced Materials，2018，30（31）：1801805.

[28] Zhou Y，Luo J J，Zhao Y，et al. Flexible linearly polarized photodetectors based on all-inorganic perovskite $CsPbI_3$ nanowires. Advanced Optical Materials，2018，6（22）：1800679.

[29] Gao L，Zeng K，Guo J S，et al. Passivated single-crystalline $CH_3NH_3PbI_3$ nanowire photodetector with high detectivity and polarization sensitivity. Nano Letters，2016，16（12）：7446-7454.

[30] Wang J F，Gudiksen M S，Duan X F，et al. Highly polarized photoluminescence and photodetection from single indium phosphide nanowires. Science，2001，293（5534）：1455-1457.

[31] Singh A，Li X Y，Protasenko V，et al. Polarization-sensitive nanowire photodetectors based on solution-synthesized CdSe quantum-wire solids. Nano Letters，2007，7（10）：2999-3006.

[32] Leppert L，Reyes-Lillo S E，Neaton J B. Electric field-and strain-induced Rashba effect in hybrid halide perovskites. The Journal of Physical Chemistry Letters，2016，7（18）：3683-3689.

[33] Lai Q S，Zhu L P，Pang Y K，et al. Piezophototronic effect enhanced photodetector based on $CH_3NH_3PbI_3$ single crystals. ACS Nano，2018，12（10）：10501-10508.

[34] Jella V，Ippili S，Eom J H，et al. A comprehensive review of flexible piezoelectric generators based on organicinorganic metal halide perovskites. Nano Energy，2019，57：74-93.

[35] Kim Y J，Dang T V，Choi H J，et al. Piezoelectric properties of $CH_3NH_3PbI_3$ perovskite thin films and their applications in piezoelectric generators. Journal of Materials Chemistry A，2016，4（3）：756-763.

[36] Yu J L，Chen Y H，Liu Y，et al. Observation of circular dichroism in（001）-oriented PIN InGaAs/GaAs quantum wells without magnetic field. Applied Physics Letters，2013，102（7）：072404.

[37] Bogaart E，Haverkort J，Mano T，et al. Circular dichroism in InAs/GaAs quantum dots：confinement-induced magnetism. Physical Review B，2006，74（15）：153307.

[38] Ganichev S D，Ivchenko E，Bel'kov V，et al. Spin-galvanic effect. Nature，2022，417（6885）：153-156.

[39] Ping Y，Zhang J Z. Spin-optotronic properties of organometal halide perovskites. The Journal of Physical Chemistry Letters，2018，9（20）：6103-6111.

[40] Pan C F，Dong L，Zhu G，et al. High-resolution electroluminescent imaging of pressure distribution using a piezoelectric nanowire LED array. Nature Photonics，2013，7（9）：752-758.

[41] Shambat G，Ellis B，Majumdar A，et al. Ultrafast direct modulation of a single-mode photonic crystal nanocavity light-emitting diode. Nature Communications，2011，2（1）：1-6.

[42] Lee S H，Minegishi T，Park J S，et al. Ordered arrays of ZnO nanorods grown on periodically polarity-inverted surfaces. Nano Letters，2008，8（8）：2419-2422.

[43] Jasinski J，Zhang D，Parra J，et al. Application of channeling-enhanced electron energy-loss spectroscopy for polarity determination in ZnO nanopillars. Applied Physics Letters，2008，92（9）：093104.

[44] Bae S Y，Seo H W，Han D S，et al. Synthesis of gallium nitride nanowires with uniform [0 0 1] growth direction. Journal of Crystal Growth，2003，258（3-4）：296-301.
[45] Xu S，Xu C，Liu Y，et al. Ordered nanowire array blue/near-UV light emitting diodes. Advanced Materials，2010，22（42）：4749-4753.
[46] Wang Z L. Piezopotential gated nanowire devices：piezotronics and piezo-phototronics. Nano Today，2010：5（6）：540-552.
[47] Wang Z L. Piezotronic and piezophototronic effects. The Journal of Physical Chemistry Letters，2010，1（9）：1388-1393.
[48] Zhang Y，Wang Z L. Theory of piezo-phototronics for light-emitting diodes. Advanced Materials，2012，24（34）：4712-4718.
[49] Yang Q，Wang W H，Xu S，et al. Enhancing light emission of ZnO microwire-based diodes by piezo-phototronic effect. Nano Letters，2011，11（9）：4012-4017.
[50] Lai E，Kim W，Yang P. Vertical nanowire array-based light emitting diodes. Nano Research，2008，1（2）：123-128.
[51] Hwang D K，Kang S H，Lim J H，et al. p-ZnO/n-GaN heterostructure ZnO light-emitting diodes. Applied Physics Letters，2005，86（22）：222101.
[52] Gao Y F，Wang Z L. Electrostatic potential in a bent piezoelectric nanowire the fundamental theory of nanogenerator and nanopiezotronics. Nano Letters，2007，7（8）：2499-2505.
[53] Takei K，Takahashi T，Ho J C，et al. Nanowire active-matrix circuitry for low-voltage macroscale artificial skin. Nature Materials，2010，9（10）：821-826.
[54] Liu S H，Wang L F，Feng X L，et al. Ultrasensitive 2D ZnO piezotronic transistor array for high resolution tactile imaging. Advanced Materials，2017，29（16）：1606346.
[55] Zhou Y S，Wang K，Han W H，et al. Vertically aligned CdSe nanowire arrays for energy harvesting and piezotronic devices. ACS Nano，2012，6（7）：6478-6482.
[56] Wu W Z，Wen X N，Wang Z L. Taxel-addressable matrix of vertical-nanowire piezotronics transistors for active and adaptive tactile imaging. Science，2013，340（6135）：952-957.
[57] Landau L，Lifshitz E. Theory of Elasticity. Oxford：Pergamon Press，1959.
[58] Wang L F，Liu S H，Wang Z，et al. Piezotronic effect enhanced photocatalysis in strained anisotropic ZnO/TiO_2 nanoplatelets via thermal stress. ACS Nano，2016，10（2）：2636-2643.
[59] Wang Z L. Progress in piezotronics and piezo-phototronics. Advanced Materials，2012，24（34）：4632-4646.
[60] Zhang Y，Liu Y，Wang Z L. Fundamental theory of piezotronics. Advanced Materials，2011，23（27）：3004-3013.
[61] Zhou Y S，Hinchet R，Yang Y，et al. Nano-Newton transverse force sensor using a vertical GaN nanowire based on the piezotronic effect. Advanced Materials，2013，25（6）；883-888.
[62] Han W H，Zhou Y S，Zhang Y，et al. Strain-gated piezotronic transistors based on vertical zinc oxide nanowires. ACS Nano，2012，6（5）：3760-3766.
[63] Sze S M，Li Y，Ng K K. Physics of Semiconductor Devices. 4th ed. Hoboken：John Wiley & Sons，2021.
[64] Zhao Z F，Pu X，Han C B，et al. Piezotronic effect in polarity-controlled GaN nanowires. ACS Nano，2015，9（8）：8578-8583.
[65] Han X，Du W M，Yu R M，et al. Piezo-phototronic enhanced UV sensing based on a nanowire photodetector array. Advanced Materials，2015，27（48）：7963-7969.
[66] Mannsfeld S C，Tee B C，Stoltenberg R M，et al. Highly sensitive flexible pressure sensors with

microstructured rubber dielectric layers. Nature Materials，2010，9（10）：859-864.

[67] Someya T，Sekitani T，Iba S，et al. A large-area，flexible pressure sensor matrix with organic field-effect transistors for artificial skin applications. Proceedings of the National Academy of Sciences，2004，101（27）：9966-9970.

[68] Sekitani T，Yokota T，Zschieschang U，et al. Organic nonvolatile memory transistors for flexible sensor arrays. Science，2009，326（5959）：1516-1519.

[69] Johansson R S，Vallbo A B. Tactile sensibility in the human hand：relative and absolute densities of four types of mechanoreceptive units in glabrous skin. The Journal of Physiology，1979，286（1）：283-300.

[70] Zheng Q，Peng M Z，Liu Z，et al. Dynamic real-time imaging of living cell traction force by piezo-phototronic light nano-antenna array. Science Advances，2021，7（22）：eabe7738.

[71] Peng M Z，Li Z，Liu C H，et al. High-resolution dynamic pressure sensor array based on piezo-phototronic effect tuned photoluminescence imaging. ACS Nano，2015，9（3）：3143-3150.

[72] Wang Z L，Song J H. Piezoelectric nanogenerators based on zinc oxide nanowire arrays. Science，2006，312（5771）：242-246.

[73] Wang Z L，Wu W Z，Falconi C. Piezotronics and piezo-phototronics with third-generation semiconductors. MRS Bulletin，2018，43（12）：922-927.

[74] Zhang A H，Peng M Z，Willatzen M，et al. Piezoelectric and deformation potential effects of strain-dependent luminescence in semiconductor quantum well structures. Nano Research，2016，10（1）：134-144.

[75] Pan C F，Zhai J Y，Wang Z L. Piezotronics and piezo-phototronics of third generation semiconductor nanowires. Chemical Reviews，2019，119（15）：9303-9359.

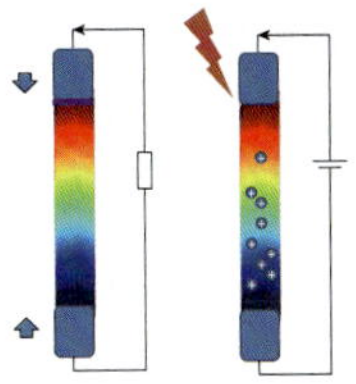

第 14 章

压电催化和压电光电子学效应对催化的影响

摘　要

压电催化已成为有效的催化策略之一，它利用压电极化电荷来调控化学反应过程。通过压电、光激发和半导体特性的耦合，由机械形变引起极化，从而产生的内建电场可以调控电荷转移路径，从而促进半导体的体相和表面的载流子分离。压电电子学可以使（电）催化在无光照的表面上发生，为机械催化开辟了新的途径。本章重点介绍压电催化、压电效应增强光催化或光电催化的基本原理。

14.1　压电光电子学效应影响光催化的基本原理[1]

光催化和光电催化过程在太阳能转换中受到广泛关注[2]。在典型的光催化系统中，当光子能量等于或高于光催化剂的带隙能量时，电子将从价带（VB）激发到导带（CB），并在价带上产生空穴。然后电子和空穴将迁移到半导体/溶液界面并分别参与还原和氧化反应（见图 14.1）。而光电催化系统通常是由电极（至少一个光电极、光阳极或光阴极）、水性电解质，以及连接光电极和对电极的外部电线组成。在光照条件下，来自光阳极的电子将通过外电路转移到阴极表面进行还原半反应（如析氢反应（HER）），同时空穴扩散到阳极表面以进行氧化反应（如析氧反应（OER））。因此，对于光催化或光电催化的整个过程，光吸收、电荷分离和表面反应是三个基本步骤，总的太阳能转换效率（或量子效率）取决于上述三个步骤的累积效率。

压电光催化因其可同时利用太阳能和机械能而引起了极大的关注，这可为设计能量转换材料开辟新的道路。与其他常见方法（例如在光催化剂上添加助催化剂）相比，这种方法在促进电荷分离方面更有效[3]。此外，压电产生的电场还可调控表面氧化还原反应，这是光（电）催化过程的最后步骤。如图 14.1（a）和（b）所示，当半导体与电解质溶液接触时，光生自由载流子通过界面向电解质溶液移动，导致光催化剂表面向上弯曲。这种能带弯曲在表面还原反应中充当电子转移的势垒，但在氧化反应中促进空穴转移。重要的是，如果光催化剂是压电半导体，则由于极化电荷的存在，外部应变产生的压电电荷会引起电场。正极化电荷使能级在整个区域中向下弯曲（图 14.1（c）），使得表面与之前相比将处于更高的电势。这种情况有利于电子向电解质迁移（但还原电势略有降低），其氧化能力进一步增强。相比之下，对于负极化电荷，引起相反方向的压电电场，使能带向上弯曲，因此表面处于比以前更低的电势（图 14.1（d））。在这种情况下，由于势垒的增加，光生电子的转移受到抑制，而空穴转移将被促进（但略微降低了氧化电势）。总的来说，催化性能由电场的强度决定，通过调整应变的方向/大小可获得不同程度的能带弯曲，导致表面电荷转移的变化。同时，也可以控制某些电解质溶液中目标反应的驱动力（电荷的氧化还原电势）。最近的研究表明，压电半导体内的光生电子和空穴是反应的主要因素，极化电荷可以调节能带弯曲以促进光生电荷的转移[4]。

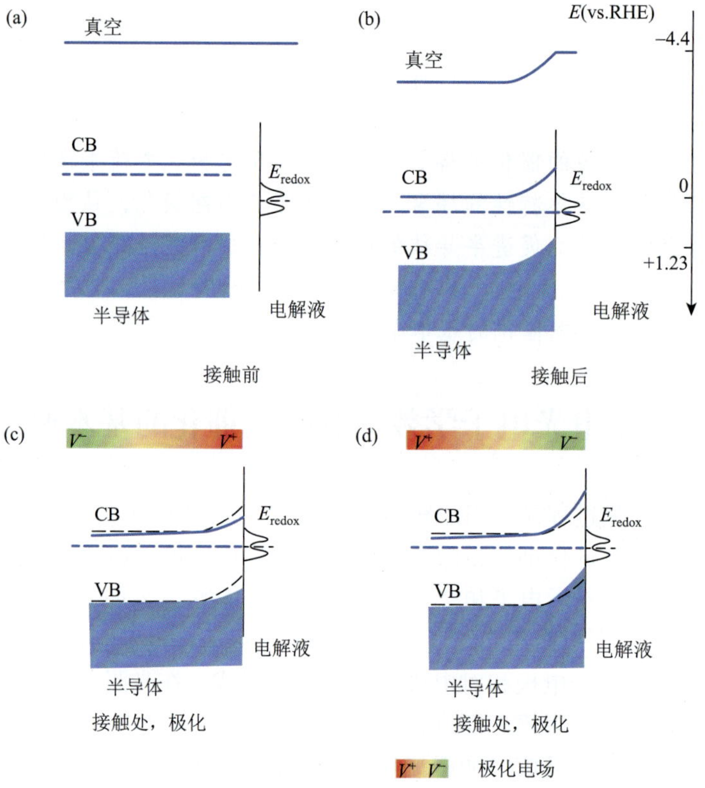

图 14.1　光催化中基于 n 型半导体的半导体/电解质界面的能带结构图。（a）接触之前的能带结构；（b）接触之后的能带结构；（c）正极化条件下的能带结构；（d）负极化条件下的能带结构。灰色虚线代表无应变时的初始能带边缘，而蓝色实线代表施加应变时的能带边缘[5]

光电催化的基本过程如图 14.2 所示，考虑一个 n 型半导体在环形电流中。光电极吸收光并激发价带中的电子跃迁到导带，产生电子-空穴对。导带中的电子由于半导体与电解质界面向上弯曲的能带而倾向于向半导体一侧移动，然后通过外部循环转移到对电极（阴极，通常是铂丝），而价带中的空穴则直接转移到半导体一侧。向电解质漂移（图 14.2 (a)）。然而，只有空穴的氧化电势比电解质氧化还原电势更高，才能通过半导体-电解质界面转移并参与氧化反应。否则，电荷交换或氧化还原过程将不会发生。

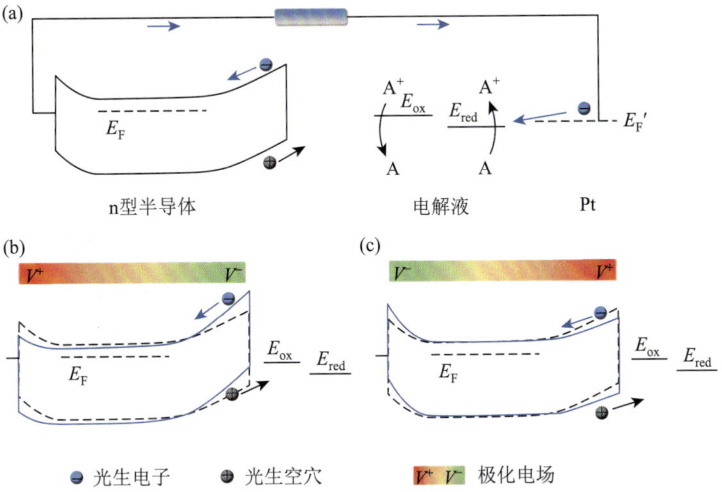

图 14.2　压电光电子学效应对光电催化过程（光阳极）的影响。(a) 无应变情况下，光电催化过程的示意图；(b) 施加拉伸应变时的光电催化过程；(c) 施加压缩应变时的光电催化过程。灰色虚线代表无应变的初始能带边缘，而蓝色实线代表施加应变时的能带边缘[6]

对于压电半导体（通常是光阳极），如果施加拉伸应变，则与电解质接触的一侧将具有负压电势，导致能带边缘向上弯曲。因此，陡峭的导带边缘使电子更容易从电解质一侧迁移到 ITO 一侧（然后进入外部电线），而半导体-电解质界面降低的价带有效降低了表面氧化反应的局部电阻或阈值电压（图 14.2 (b)）。这些因素共同增强了光电催化过程。相比之下，当施加压缩应变时（图 14.2 (c)），与电解质接触的一侧将具有正压电势，使半导体-电解质界面的能带边缘变平，这将降低电子-空穴对的分离，增加阈值电压和局部电阻（尽管氧化电势可能会增强），从而降低氧化还原效率。

14.2　压电催化中压电势的产生

如上所述，为了在压电材料中产生压电势，则需要外部或内部应变。而纳米结构中的形态变化（弯曲或其他变形）会在其表面产生电势。在光催化和光电催化半导体中，常用的产生压电势的方法包括超声振动、机械搅拌、机械力、热膨胀和其他一些方法，其中前三种方法最为广泛采用（图 14.3）[7-13]。

超声波的周期性声压和声腔坍塌形成的极端压力都会影响自发电势的大小。在超声波处理下，水会产生活性气泡，随后气泡坍塌并引起高局部压力（大于 100MPa）[14, 15]。通过改变超声波施加的应力（包括工作功率和频率），可以改变压电势的大小[8]。因此，超声波振动可以引起压电材料（如氧化锌纳米棒阵列，图 14.3（a））的变形或应变，其作用是产生内建电场来分离电荷载流子[8, 9, 16, 17]。

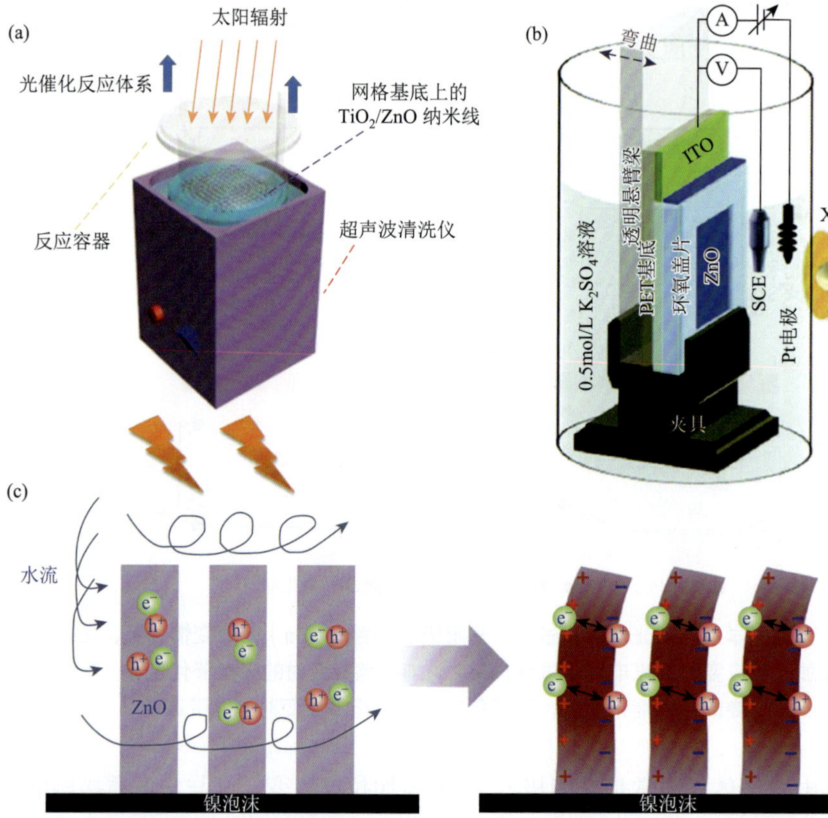

图 14.3 （a）超声振动辅助光催化反应的示意图[9]；（b）配备悬臂梁的反应池装置[20]；（c）湍流搅拌引起的纳米棒变形示意图。经许可转载[18]

例如，超声辅助硫化铜/氧化锌/硫化铜复合纳米线内部的压电场可以驱动光生电子/空穴沿相反方向迁移[15]。虽然超声波振动是压电光（电）催化中最广泛采用的方法，但由于在非定向超声波作用下很容易改变半导体的弯曲或变形方向，因此极化电场的单向控制可能很困难。在这种情况下，整体压电效应可能会有所抵消。

另外，机械搅拌引起的水压力也会导致压电材料弯曲以及相关的压电势（图 14.3（c））[10, 18]。通过简单搅拌电解液的流动，可以在一个方向上施加连续的压电场，并且搅拌速率和方向可以很容易地调节[7]。过去的报道表明，搅拌速率和方向对水分解活性有很大影响[7]。因此，机械搅拌是一种非常简单且有前途的在光（电）催化中产生压电势的方法。然而值得注意的是，超声振动和机械搅拌也可以加速反应过程中的传质，因此有必要进行控制实验和分析来阐明压电电子学效应在增强光催化中的贡献。

此外，还通过将悬臂梁附着到压电材料（可以变形以在光电阳极上产生不同的应变，图 14.3（b）[19, 20]），从而施加周期性外力[21]、摇动[22]和其他类型的外力[11-13, 23]。

尽管这些方法比超声和搅拌方法更复杂，但它们为深入理解压电电子学与反应之间的关联提供了精确的模型。值得注意的是，Wang 等通过以不同速率将混合光催化剂从高温冷却到室温，利用两种材料的热膨胀系数不匹配，将热内应力引入压电材料，这也是压电光催化/光电催化应用的一种有前途的方法[24]。

14.3　压电极化增强光（电）催化反应

压电效应广泛存在于非中心对称结构材料的内部，例如压电材料、热电材料、铁电材料和非线性光学材料。许多材料已被选择并用于压电器件，包括金属氧化物、金属硫化物/硒化物和含氧酸盐等。其中一些同时具有压电和光催化特性，可以同时产生压电势和光生电荷；一些具有压电和导电性，应变产生的压电势可提高导电性，从而用作压电催化剂；而其他一些仅具有压电效应，必须与特定的光催化剂协同才能进行相应的反应。

14.3.1　具有协同压电和光催化特性的材料

在光催化半导体中直接产生压电势被认为是最简便的策略，而幸运的是，一些带隙为 2.5～3.5eV 的压电材料也是典型的光催化剂，使这压电和光催化的耦合成为可能。在这种情况下，半导体在光照下会产生光生电荷，同时应变产生的极化电荷可以促进表面还原和氧化反应的电荷分离（图 14.4）。典型的材料包括氧化锌、硫化镉、金属铌酸盐等。

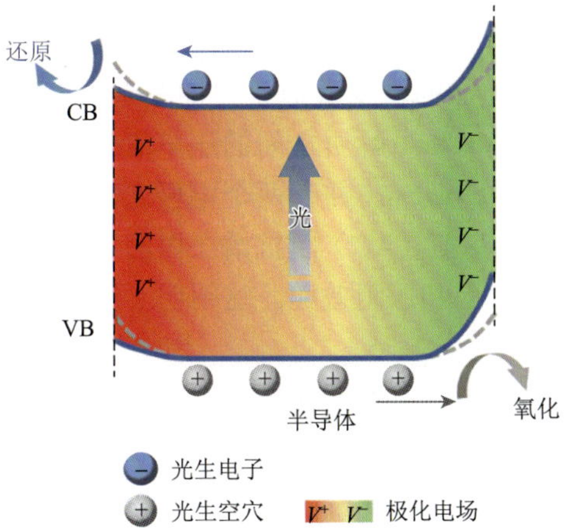

图 14.4　具有协同压电和光催化特性半导体的能带结构示意图。灰色虚线代表在无应变情况下的初始能带边缘，而蓝色实线代表在施加应变时的能带边缘

1. 纤锌矿结构半导体：氧化锌

纤锌矿结构的氧化锌半导体具有 $210cm^2/(V·s)$的高迁移率和 3.3eV 的直接带隙，在光（电）催化过程中得到了广泛的研究[25]。尽管在能带结构和表面工程方面做出了努力，但基于氧化锌的系统仍然存在电荷分离效率低的问题。由于氧化锌也是一种典型的压电材料，因此可以通过压电极化来调控其能带结构。只要应变保持不变，产生的压电势就处

于稳定状态，从而对半导体产生持续的影响。这种引入变形和应变，利用压电效应和半导体特性之间的耦合，在提高水分解和污染物去除效率方面具有巨大潜力。

1）水分解

2010 年，有研究报道了利用压电增强氧化锌直接分解水的研究。Hong 等利用超声波对氧化锌微纤维施加应变产生极化电荷，并展示了极化压电氧化锌在触发氧化还原反应方面具有稳定性（图 14.5（a））[26]。从那时起，一系列的压电增强氧化锌催化剂引起了广泛的关注，成为研究的热点之一，包括裸露的氧化锌、金属/氧化锌复合材料和基于氧化锌的异质结[8, 15, 19, 21]。

Chen 等最近通过水热过程合成了直接 Z 型 ZnO-WO_{3-x}(Zn-W)纳米阵列（NA），用于光电化学分解水，并展示了氧化锌中的压电效应（机械搅拌）可以增强 Z 型结构的特性[7]。在这种复合材料中，氧化锌中压电极化将其费米能级提高，并显著促进了 ZnO 与 WO_{3-x} 之间的 Z 型电荷转移（图 14.5（b））。具体而言，优化的压电 Zn-W-5 在 1.23V 时显示出 3.38mA/cm^2 的光电流，比纯氧化锌高出 3.02 倍，比无应变的 Zn-W-5 高 1.41 倍（图 14.5（b），（c））。此外，还讨论了搅拌速度和方向对光活性的影响（决定压电势的关键因素），并且水朝光阳极表面的快速流动和垂直流动方向可以有效加速光电催化反应速率。

此外，一些基于氧化锌的结构，如硅/矾掺杂的氧化锌纳米片[27]、二氧化钛/氧化锌纳米线[9]、n 型氧化锌/p 型硫化亚锡核壳纳米结构[28]、n 型氧化锌纳米阵列/p 型氧化亚铜[12]，在极化电荷存在的情况下也能显著增强水分解活性。主要原因是光（电）催化水分解的性能变化归因于半导体界面势垒高度的改变，这是由压电势和内建电场引起的[3]。对压电势和势垒高度的关系进行深入分析，通过实验和计算结果，Wang 等发现，ZnO-ITO 界面势垒高度的变化（$\Delta\varphi_{pz}$）与施加的应变近似呈线性关系，施加 0.1%应变时，势垒高度降低约 1.5mV。通过考虑 ITO 和电解质之间的压电氧化锌薄膜模型，非理想剩余极化可以在氧化锌中引起线性的电势分布，并在两个电极之间的屏蔽区域引起指数电势衰减（图 14.5（d），（f））[20]。包括交流（AC）阻抗谱在内的其他方法也可有效区分铜-氧化锌结施加应变时的压电电子学效应和压阻效应，这阐明了压电效应的主导作用[29]。

2）污染物降解

应变产生的极化电荷和压电势有助于在异质结界面调节能带结构，并加速光生电子-空穴对的分离，从而实现光催化和压电催化之间的协同效应。在悬浮光催化系统中，超

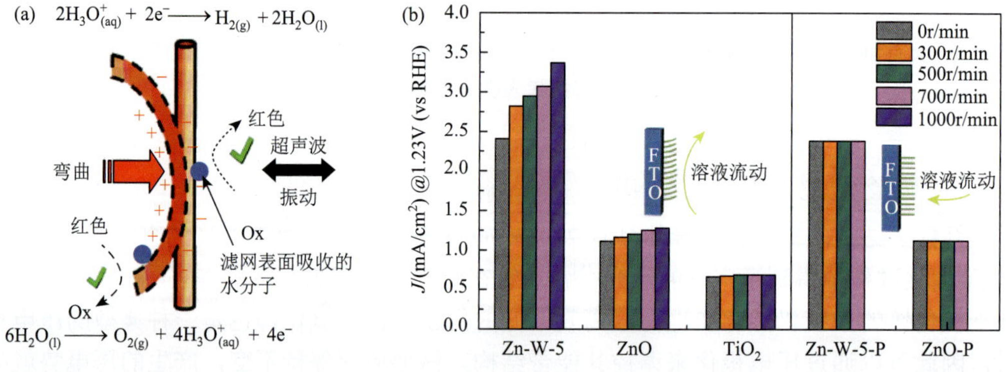

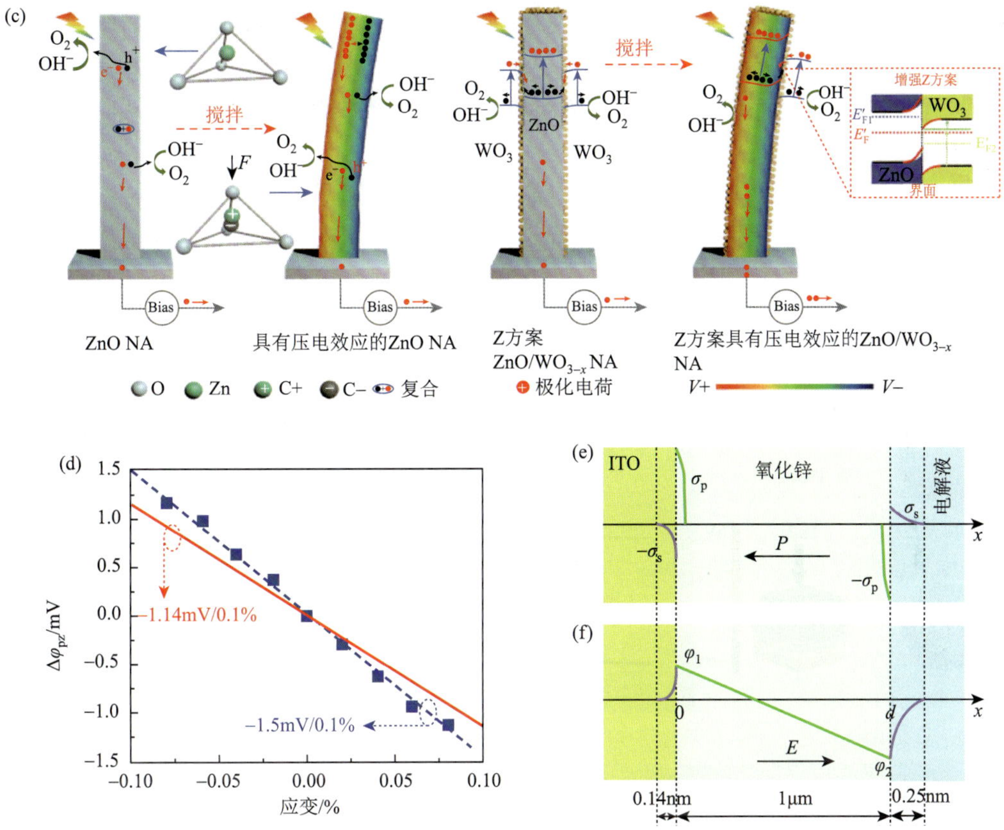

图 14.5　（a）在水中变形的氧化锌纤维通过氧化还原反应产生氢气和氧气的示意图[26]；（b）在不同搅拌速率和应变方向下，ZnO/WO$_{3-x}$ 光阳极中光电流（相对于 RHE 的 1.23V）的比较，流动方向有两种类型，即垂直流动（对于 Zn-W-5、氧化锌和二氧化钛）和纳米棒阵列的平行流动（对于 Zn-W-5-P 和 ZnO-P）；（c）氧化锌极化过程的示意图，以及 Zn-W 样品的反应过程和能带结构[7]；（d）势垒高度变化（$\Delta\varphi_{pz}$）随应变的变化，从实验结果确定的 $\Delta\varphi_{pz}$（蓝色方块）显示施加 0.1%应变导致的势垒高度变化约为 1.5mV，计算得到的关系（红线）则显示较小的变化率（施加 0.1%应变导致的势垒高度变化为 −1.14mV），可能是由于屏蔽长度估计的偏差；（e）氧化锌、ITO 和电解质溶液中电荷密度分布的示意图；（f）氧化锌、ITO 和电解质溶液中电势分布的示意图[20]

声波和搅拌是产生压电势的常见方法，其中一个主要应用是使用氧化锌在水溶液中去除和降解污染物（如亚甲基蓝、甲基橙、天然红、罗丹明 B 和原油）[21, 22, 30, 31]。

最近，Liu 等研究了超声振动下压电增强氧化锌纳米棒对酸性橙 7（AO7）染料的分解效果[8]并且通过加催化剂和一些等离子金属（如金、银）可以进一步提高活性[17, 32, 33]。

通过将氧化锌与其他窄带隙半导体（如硫化银和 p 型硅）相结合，设计了几种复合材料来调节光生载流子的转移特性并将光响应扩展到可见光范围，这在未来的研究中具有重要意义[32, 34]。

氧化锌的结构设计也是有效的方法，如纳米阵列、纳米四足体、核壳复合材料，以及将氧化锌固定或集成到某些柔性或三维多孔载体上[33, 35, 36]。

例如，Wang 和 Li 等研究了氧化锌/碳纳米复合材料和氧化锌/镍泡沫在超声辅助下光催化降解亚甲基蓝方面的优越性能[18, 37]，并且内建压电电场的大小和频率通常与氧化锌降解效率成正比[22]。对于在三维镍泡沫上垂直生长的氧化锌纳米棒，当溶液通过磁力搅拌器搅拌时，会在大孔结构中产生流体涡流，使得氧化锌纳米棒发生变形从而产生压电场，导致效率提高了 5 倍[18]。

此外，通过将氧化锌/二氧化钛异质结从高温冷却到室温，并根据两种材料的热膨胀系数不匹配的程度采用不同的降温速率，构建了具有可调内应力的氧化锌基异质结，从而实现了自发压电效应。因此，在混合结构中产生的残余应变使得甲基橙和亚甲基蓝的光催化降解性能提高了 20%（图 14.6（a）～（c））[24]。

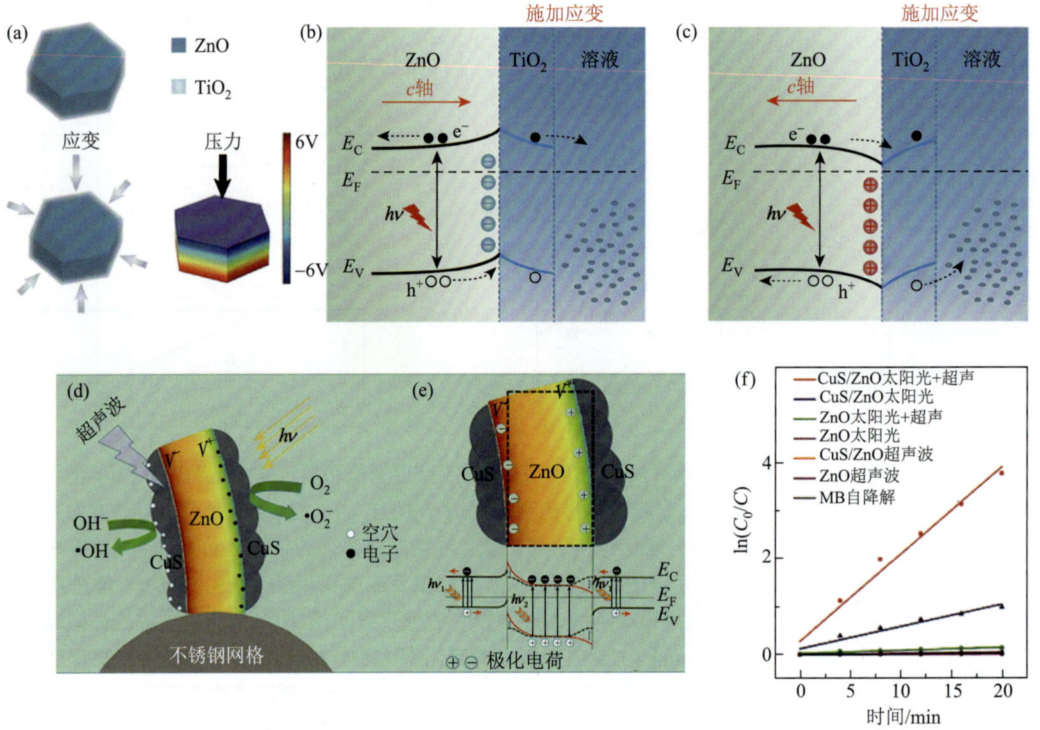

图 14.6 （a）无应变（顶部）和施加应变（左下角）时氧化锌/二氧化钛混合物的示意图，通过有限元分析方法模拟了施加 10MPa 轴向压力时氧化锌纳米片（六角边缘为 2μm，高度为 1.5μm）的压电势分布（右下角）；（b），（c）氧化锌/二氧化钛异质结在施加应变（拉伸或压缩）时的能带图（沿氧化锌的 *c* 轴），经过许可重制[24]；（d）在太阳光照射和超声振动条件下，硫化铜/氧化锌纳米线在不锈钢网格上压电增强光催化过程的示意图；（e）硫化铜/氧化锌异质结在太阳光照射和超声振动条件下能带弯曲的示意图；（f）在不同反应条件（包括亚甲基蓝（MB）的自降解）下，氧化锌和硫化铜/氧化锌对亚甲基蓝的光催化降解动力学，经过许可重制[15]

将光响应从紫外光扩展到可见光范围也对提高太阳能转化效率非常重要。例如，超声辅助的Ⅱ型硫化铜/氧化锌纳米线在太阳光照射下对亚甲基蓝的降解表现出优越的性能[15]。如图 14.6（d）、（e）所示，硫化铜价带中的光生电子转移到氧化锌价带，而光生空穴则以相反的方向转移。重要的是，氧化锌纳米线产生的压电电场可以进一步分离电荷并降低复合速率。由于异质结内建电场与压电场的耦合，硫化铜/氧化锌纳米线在太阳光和超声振动下的反应动力学速率比仅在太阳光照射下快 3.9 倍（图 14.6（f））。压电光催化降解的反应机制可以表述如下：

$$\text{photocatalyst} + h\nu \longrightarrow \text{CuS}(\text{h}^+) + \text{ZnO}(\text{e}^-)$$

$$\text{OH}^- + \text{h}^+ \longrightarrow \bullet\text{OH}$$

$$\text{O}_2 + \text{e}^- \longrightarrow \bullet\text{O}_2^-$$

$$\text{H}^+ + \bullet\text{O}_2^- \longrightarrow \text{HO}_2\bullet$$

$$2\text{HO}_2\bullet \longrightarrow \text{H}_2\text{O}_2 + \text{O}_2$$

$$\bullet\text{O}_2^- + \text{H}_2\text{O}_2 \longrightarrow \bullet\text{OH} + \text{OH}^- + \text{O}_2$$

$$\bullet\text{OH} + \text{dye} \longrightarrow \text{inorganic ions} + \text{H}_2\text{O} + \text{CO}_2\ (\text{HCOOH})$$

除了水分解和降解之外，超声振动产生更密集的电子还有助于提高其他光催化反应的性能（如二氧化碳还原）[38]。

2. 金属铌酸盐

几种铌酸盐（$KNbO_3$、$NaNbO_3$、$AgNbO_3$，通式为 ABO_3，其中 A 为金属，B 是第二金属铌，O 是氧，图 14.7（a））是典型的铁电钙钛矿结构材料，具有无毒、成本效益高和光稳定性高的优点。铌酸盐常被用作频率转换材料、光波导和全息存储介质[39]。以 $KNbO_3$ 为例，它经历了一系列的相变，从菱面体晶系到正交晶系（约–10℃开始），再到四方晶系（约 225℃），最后到立方晶系（约 437℃）。在室温下的正交晶系（点群 mm^2）中，铁电极化被限制在钙钛矿伪立方体的对称等效面对角线之一，产生 12 种可能的铁电畴取向[40, 41]。

与此同时，这些材料具有出色的光催化性能，因此人们对金属铌酸盐的压电增强光（电）催化应用的兴趣日益增加。

1）水分解

$KNbO_3$ 和 $NaNbO_3$ 是光催化水氧化的有潜力的材料。Yu 等研究了具有最佳极化配置的 $KNbO_3$ 作为光阳极用于水分解，显示出显著的活性增强[42]。Singh 和 Khare 合成了 $NaNbO_3$ 以提高光电化学水分解的效率[43]。值得注意的是，他们通过施加外部电场对 $NaNbO_3$/ITO（以 PET 为基底）进行极化。他们发现，在周期性机械应变下，可以产生内建压电势和能带对齐，从而增强光生载流子的分离和水分解的性能。与无外加应变的 $NaNbO_3$ 光阳极相比，施加应变（超声振动）$NaNbO_3$ 光阳极的光电流密度从 0.78mA/cm^2 增大到 1.02mA/cm^2，入射光子电流效率（IPCE）提高了 8%（图 14.7（b）、（c））。此后，通过引入聚偏二氟乙烯（PVDF）/铜作为新的基底替代 ITO，可以进一步提升水氧化性能[44]。

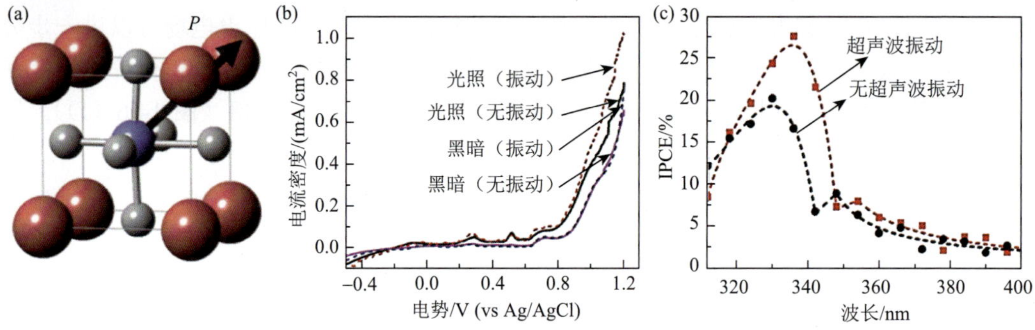

图 14.7 （a）铌酸盐的典型晶体结构，红色、紫色和灰色球分别代表金属离子（钾、钠）、铌和氧原子，黑色箭头表示极化 *P* 的可能方向之一，经许可复制[42]；（b）$NaNbO_3$ 光阳极的电流密度-电势曲线；（c）$NaNbO_3$ 光阳极 IPCE 与入射光子波长的关系，经过许可重制[43]

此外，$KNbO_3$ 也被报道为光催化还原水（析氢）的光催化剂[45, 46]。

例如，Jia 等通过简单的水热方法设计了一种新型 $MoS_2/KNbO_3$ 光催化剂，该催化剂在氙灯照射下表现出有效的光催化产氢特性。超声波振动所产生的压电电场用于电荷转移，光催化活性提高了 2 倍[46]。

2）污染物降解

金属铌酸盐中的光生空穴具有强氧化潜能，使其在降解方面具有高活性，而压电效应可以进一步提高其活性。例如，$NaNbO_3$ 通过压电催化效应在降解罗丹明 B 染料方面表现出高性能[47]。Yu 等进一步揭示，通过改变其极化配置（纳米片或纳米立方体）[42]，可以有效调控 $KNbO_3$ 的压电极化。由于较大的压电响应，与纳米立方体对应的 $KNbO_3$ 纳米片表现出更好的压电光催化降解效率。随着研究的深入，对这类钙钛矿基半导体中结构与功能相关性的理解成为一个核心主题，越来越多的关注点集中在直接可视化表面活性位点、精度测量局部原子位移以及量化压电极化等方面[48]。

14.3.2 压电材料（无光催化性能）与光催化剂的耦合

随着研究的深入，越来越多的压电材料被证明在光（电）催化方面有效。由于晶体结构中缺乏光响应或导电性，将来自极性材料的微观极化与光催化半导体耦合可以产生大的宏观极化，作为电荷转移和分离的驱动力，从而有利于太阳能转换效率的提高（图 14.8）。最广泛应用的压电材料是钛酸钡和 PVDF，与典型的光催化剂如二氧化钛，等离子体铝、银和金，二氧化银等进行耦合。

1. 钛酸钡

二氧化钛光催化特性的发现开启了太阳能转换的新篇章。虽然二氧化钛通常是中心对称的，没有压电特性，但有几种钛酸盐可用于压电光子学，其中钛酸钡是迄今为止发

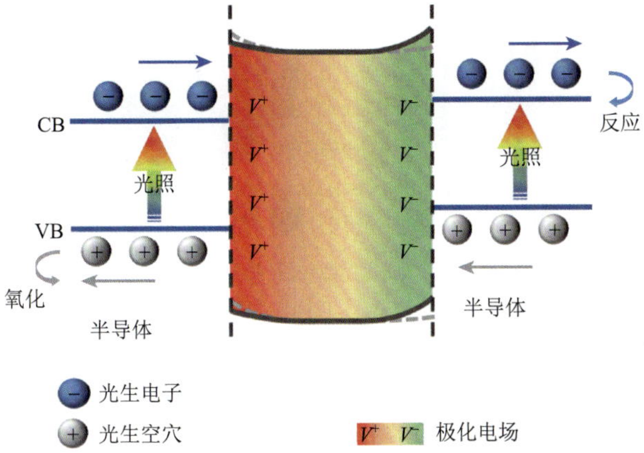

图 14.8　压电材料和光催化剂之间耦合的示意图。虚线代表无应变的初始能带边缘，而实线代表施加应变时的能带边缘

现的第一种表现出铁电性的多晶陶瓷材料，最近被应用于光催化反应中。早在 2009 年，Liu 等就考虑了基于钛酸钡的材料在压电应用中的潜力[49]。与二氧化钛不同，钙钛矿结构的钛酸钡在居里温度下发生结构转变，从极性晶体类的低温稳定结构中产生自发的铁电极化。具体而言，在常压下冷却时，钛酸钡发生一系列的一级相变：立方晶系（*Pm*3*m*）→四方晶系（*P*4*mm*）→斜方晶系（*Amm*2）→菱面体晶系（*R*3*m*）。这种转变导致平行于晶胞边缘（四方晶系）的自发极化，以及随后沿着面对角线（斜方晶系）和体对角线（菱面体晶系）重新定向[50]。压电特性强烈依赖于自发极化的程度。

关于铁电钛酸钡基纳米发电机的第一个研究于 2010 年发表，该研究表明，由于周期性弯曲变形，在压电势的作用下其性能可以得到明显提高[50, 51]。

最近，钛酸钡被认为是光催化和光电催化有前途的材料，为光生电荷的有效分离提供外部压电势。其他类似材料如 $Na_{0.5}Bi_{0.5}TiO_3$ 和类钙钛矿 $Bi_4Ti_3O_{12}$ 也被用于压电光子学[52, 53]。

1）水分解

关于压电钛酸钡微枝晶产生水分解的早期研究是由 Hong 等推动的[26]。近年来，越来越多基于钛酸钡的复合材料被用于水分解催化剂。一些研究人员发现，压电钛酸钡与次级金属（包括等离子体铝、银、金）的混合可能会显著增强光催化作用。钛酸钡的压电势导致氧化还原位点的数量和等离子体电荷的分离增加，大大提高了反应效率。Guo 等设计了在钛基底上的 Al@ $BaTiO_3$ 复合材料，用于协同压电光催化水分解[54]。在磁场产生强极化电场的情况下，协同压电光催化的氢气产率增加了近 50%，相当于 657μmol/(h·cm^2)。

进一步优化光催化性能的另一种方法是构建异质结，包括二元和三元复合材料。二氧化钛/钛酸钡核壳异质结的设计证明压电效应在提高光电极性能方面具有巨大的潜力[55]。此外，Liu 等报道了三元二氧化钛/钛酸钡/氧化银纳米棒阵列作为水分解光阳极，其活性比二氧化钛提高了 2.6 倍（图 14.9（a）～（c））[56]。在 p 型氧化银和 n 型二氧化钛之间的界面引入压电钛酸钡层，会产生极化电荷引起的电场，提供可持续的驱动力来吸引二氧化钛的空穴和氧化银的电子（图 14.9（d））。

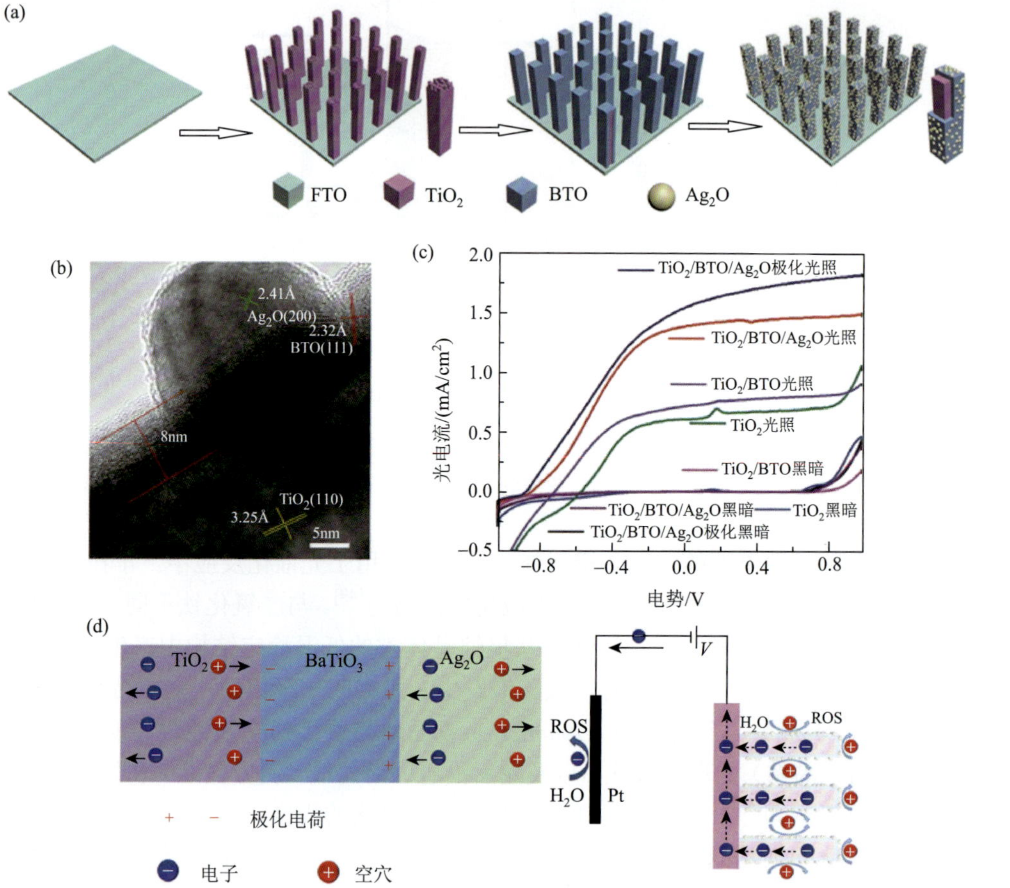

图 14.9 （a）TiO_2/BTO（$BaTiO_3$）/Ag_2O 纳米棒阵列制备过程的示意图；（b）TiO_2/BTO（$BaTiO_3$）/Ag_2O 纳米棒阵列的 HRTEM 图像；（c）不同光阳极在黑暗和氙灯照射下的伏安曲线；（d）TiO_2/BTO（$BaTiO_3$）/Ag_2O 增强光电催化性能的机制和反应途径。经许可转载[56]

2）污染物降解

钛酸钡也是用于光催化降解污染物异质结的有潜力的材料。研究人员已经展示，从钛酸钡中引入压电势是增强压电催化降解性能的有效策略[57, 58]。

有限元方法（FEM）结合 COMSOL Multiphysics 被用于模拟压电势的分布，并阐明压电势与压电催化效率之间的关系（图 14.10）[57]。在所谓的压电-芬顿（Fenton）反应过程中，钛酸钡纳米颗粒的压电效应可以驱动过氧化氢的生成，过氧化氢可以轻松转化为羟基自由基，从而降解 AO7 污染物[59]。

一些研究人员关注钛酸钡与金属或电催化剂（如铝、金、银）[54, 60-62]的相互作用，并进一步阐明了压电电子学和表面等离激元共振之间耦合的机制[58]。例如，Xu 等研究了通过光化学还原方法合成的银-钛酸钡压电光催化剂[60]。钛酸钡的变形产生压电电场增加了光生载流子与银表面等离激元共振的分离，并促进了氧化自由基的形成，从而加速了有机染料的降解。因此，钛酸钡表面的压电电荷和压电势表现出超过 20%的催化活性增加。通过引入金纳米颗粒，钛酸钡对甲基橙的可见光驱动催化降解得到了显著增强[61]。

钛酸钡与其他半导体（如氧化锌/钛酸钡异质结构）异质结也在污染物降解中表现出良好的效果，形成适当弯曲对齐在界面促进了电荷转移行为[63]。

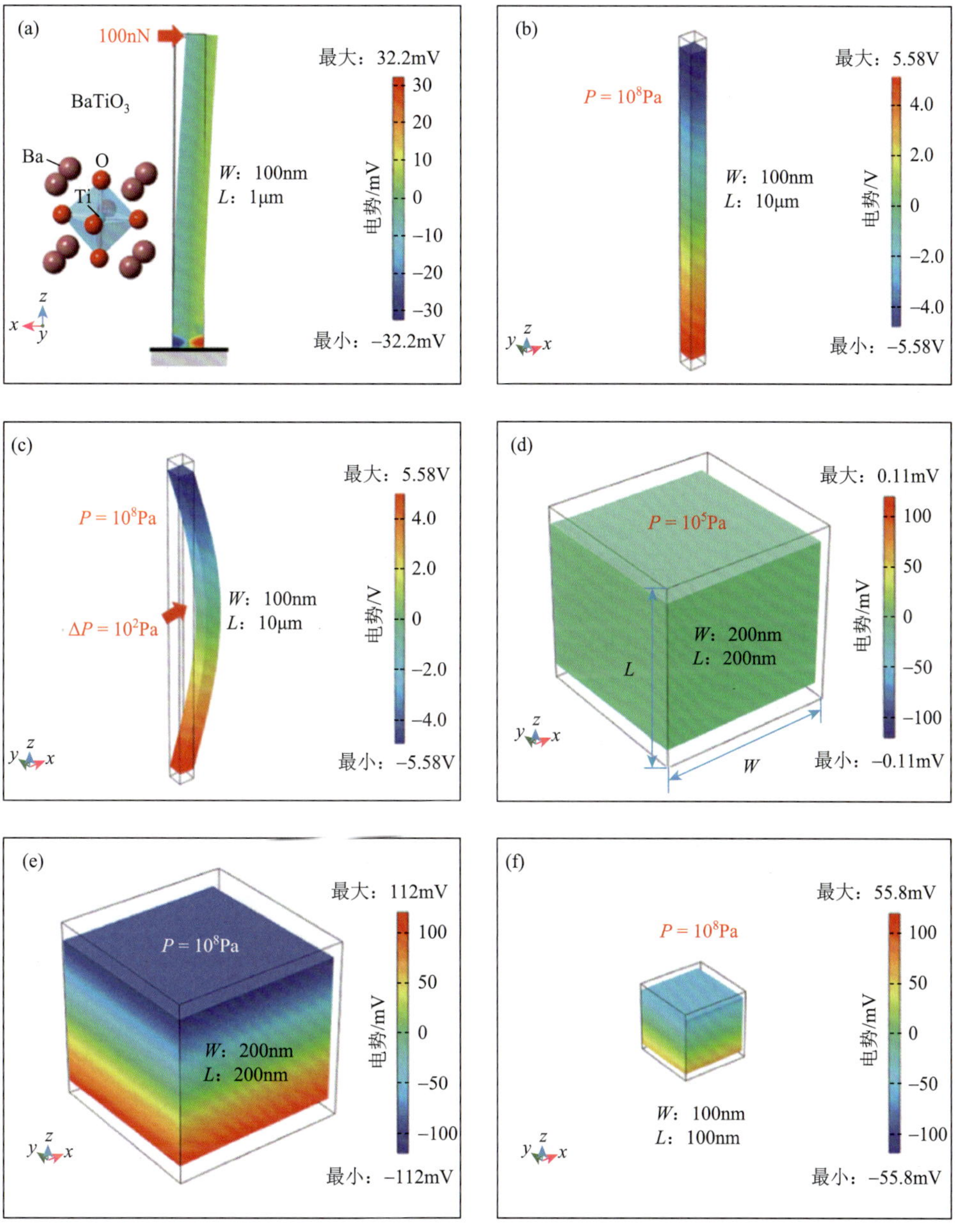

图 14.10　在 COMSOL Multiphysics 使用有限元方法对钛酸钡中的压电势分布的模拟。(a)使用有限元方法对固定底部的钛酸钡导线施加横向力进行了 FEM 模拟；模拟结果显示，施加的压力会导致碳酸钡纳米线产生（b）轴向变形和（c）横向变形；(d)碳酸钡纳米颗粒在声压下发生变形；(e)碳酸钡纳米颗粒在空化压力下发生变形；(f)在空化压力下，小尺寸的碳酸钡纳米颗粒发生变形。经许可转载[57]

研究人员同样致力于研究铁电极化的深入作用以及电极化与钛酸钡压电催化活性之间的关系。Wu 等的研究直接表明铁电极化在增强压电催化活性方面起主导作用，并证明压电电势在增强电荷分离和触发氧化还原反应方面起到了重要作用（图 14.11（a））[64]。在另一项工作中，Xu 等使用金/钛酸钡纳米结构来研究压电增强等离子体降解机制[61]。如图 14.11（b）所示，当金与钛酸钡接触时，由于它们的功函数差异，在界面处形成肖特基势垒（左图）。在光照下，金的表面电子表现出集体振荡局域表面等离激元共振（LSPR），并衰变成高能热电子。然后热电子穿过肖特基势垒（Φ_1）转移到钛酸钡（中图）。此外，在超声压力下，钛酸钡的极化电荷会引起内建压电电场，进一步抑制肖特基势垒（Φ_2），保留更多激发空穴，并产生更多用于氧化的自由基（右图）。因此，光催化降解效率提高了 1.3 倍。此外，Li 等将钛酸钡和氧化银半导体结合起来，钛酸钡在超声波作用下产生的自发极化电势显著增强了氧化银-钛酸钡混合光催化剂的光催化降解活性和循环性能（图 14.11（c），（d））。总而言之，可以推测，钛酸钡压电催化与光催化的协同耦合可能为未来光催化创造新的方法和可行性。

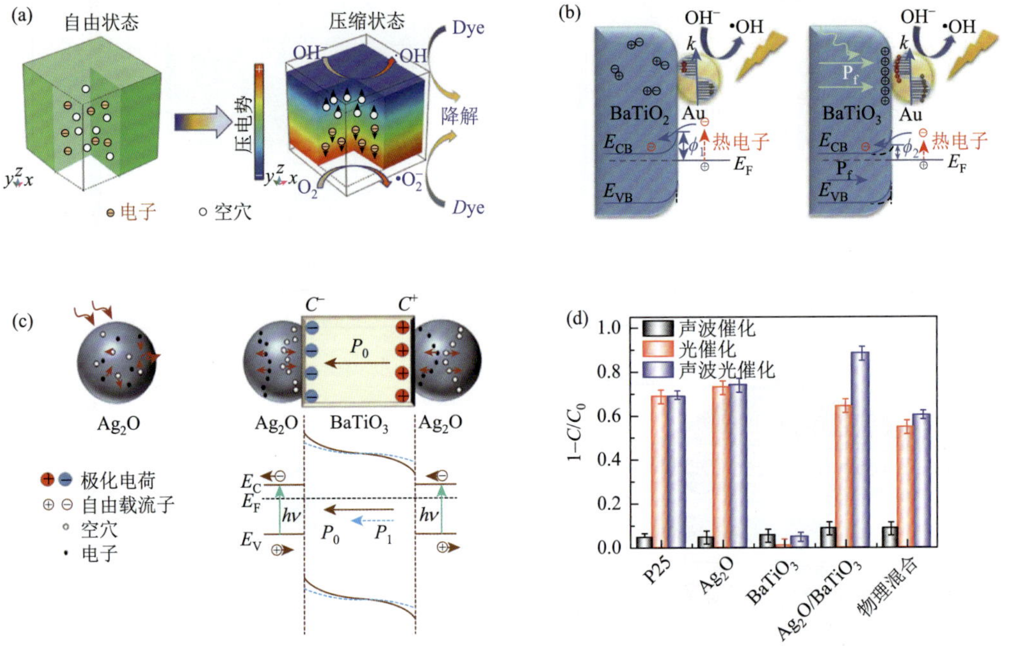

图 14.11 （a）压电势影响电荷分离和氧化还原反应的示意图，经许可转载[64]；（b）压电增强等离子体光催化机制的示意图，经许可转载[61]；（c）附着在钛酸钡纳米立方体两个表面上的氧化银中电荷产生和分离的示意图，由于压电效应，这些表面具有相反的极化电荷，实线表示具有自发极化电荷的能带，虚线表示随着机械应变而减小的压电极化；（d）罗丹明 B 的超声催化、光催化和超声光催化降解 1h 的示意图，经许可转载[14]

此外，压电效应还被用于消毒。Feng 等研究发现，当钛酸钡受到超声波应力产生压电势时，在大肠杆菌的灭活方面取得了显著的效果，这归因于压电催化氧化和机械破坏之间的协同效应[65]。

2. 聚偏二氟乙烯（PVDF）

有机铁电材料通常比普通无机压电晶体具有更好的柔性。具有高压电系数的 β 相 PVDF 具有较高的压电系数，可以通过极化、拉伸和热处理来极化[66, 67]。最近，具有压电效应的 PVDF 被证明是与光催化剂结合并产生空间电场的理想材料（图 14.12）。空间压电场促进了 TiO_2 中光生空穴和电子向 PVDF-TiO_2 薄膜负电势和正电势表面的漂移（由库仑力驱动）。因此，与裸光催化相比，罗丹明 B 的压电光催化降解效率提高了约 55%。相应的一级反应速率常数（k）值增加了 5.42 倍[68]。

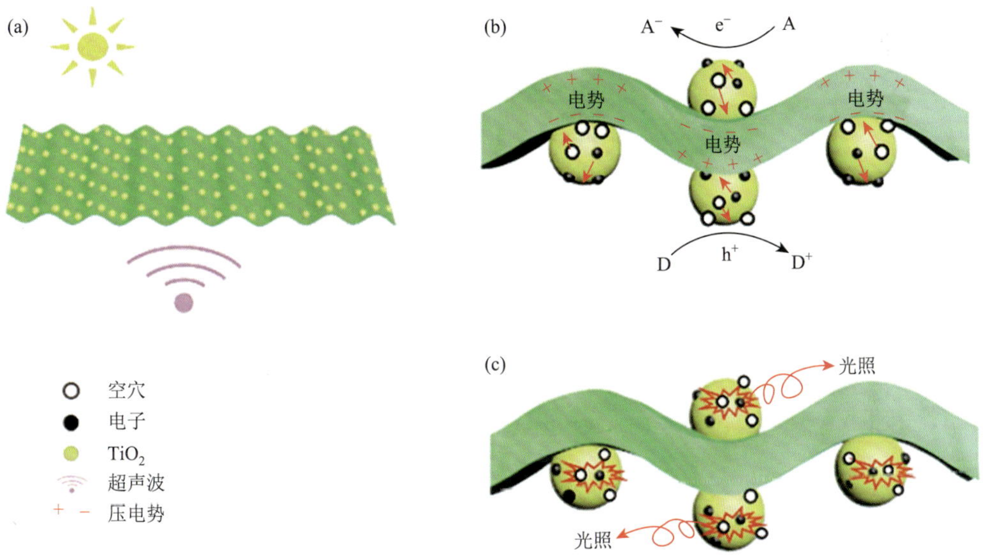

图 14.12　（a）内建电场增强 PVDF-TiO_2 复合膜光催化性能的机制；（b）通过形变在界面产生压电势，加速 TiO_2 的电荷分离；（c）PDMS（聚二甲基硅氧烷，无压电效应）-TiO_2 薄膜的变形不能引入电势，电子和空穴复合。经许可转载[68]

14.3.3　压电半导体的集成

将两个或三个压电半导体集成到一个异质结，已经显示出对光（电）催化性能的巨大促进作用。如图 14.13 所示，异质结和内部压电电场的协同效应有望大大增强电荷分离和迁移。

如图 14.14（a）、（b）所示，Jia 等将压电材料铌酸钾/二硫化钼结合起来，用于优化光催化产氢和有机污染物降解[46]。在这种铌酸钾/二硫化钼复合材料中，二硫化钼充当助催化剂，从铌酸钾转移光生电子和空穴（图 14.14（c）中的黑色曲线）。此外，在外部应变情况下，铌酸钾的形变会导致表面产生正、负极化电荷。能带更陡峭的弯曲（图 14.14（c）中的蓝色曲线）将有利于光生电子和空穴的转移。同时，少层二硫化钼纳米片也很容易变形，产生额外的压电势，进一步提高光催化性能。

同样，其他二元压电半导体衍生物也显示出催化性能的显著增强，例如 p 型二硫化钼/n 型氧化锌二极管[69]。对于多组分半导体，压电催化性能不仅取决于外部应变，还取决于晶相和颗粒尺寸。例如，压电复合材料 $BiFeO_3$-$PbTiO_3$ 的催化性能与晶系有关，其中捕获亚稳态四方晶系比稳定的四方晶系或菱面体晶系显示出更好的光催化活性[70]。这项工作意味着尺寸效应可以作为操纵功能特性的有效策略。

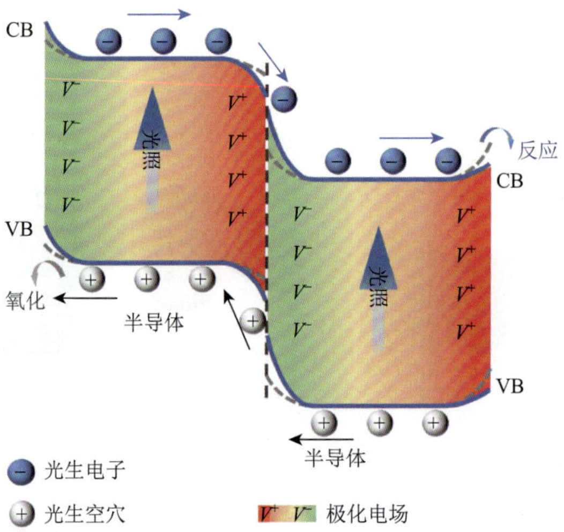

图 14.13　压电半导体集成机制示意图。灰色虚线表示无应变的初始能带边缘，而蓝色实线表示施加应变时的能带边缘

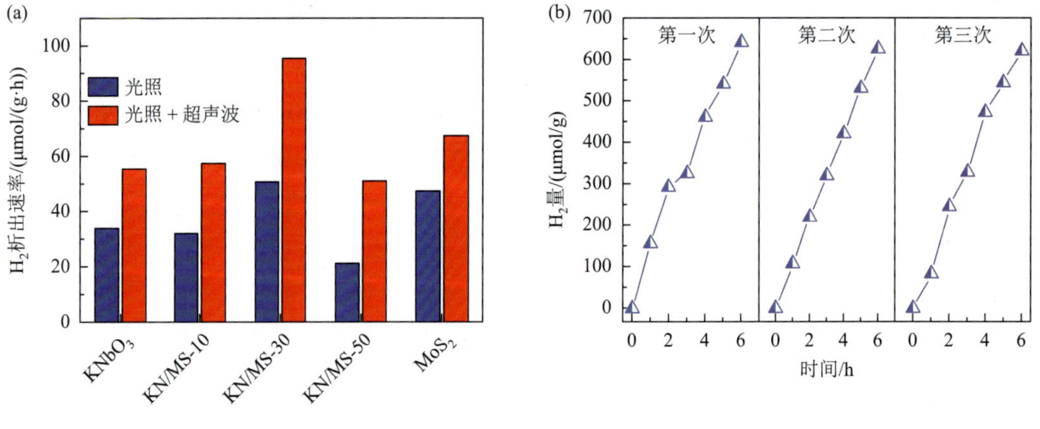

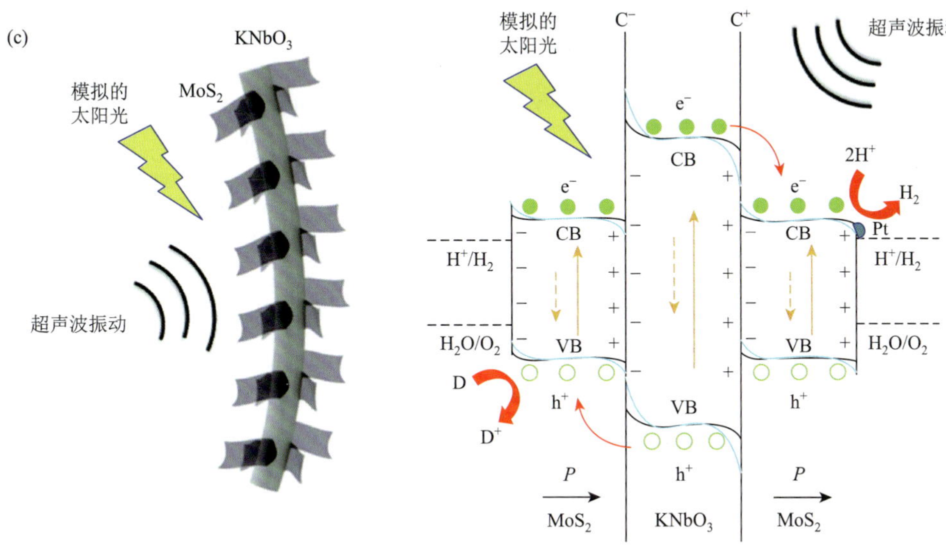

图 14.14　（a）不同条件下氢气析出速率比较；（b）超声波振动和太阳光照射下的循环测试；（c）铌酸钾/二硫化钼压电增强光催化的机制示意图。经许可转载[46]

14.4 总　结

压电光电子学增强光（电）催化为环境机械能和太阳光的耦合利用提供了理想的平台，迄今为止，经过研究人员的不懈努力，已经取得了巨大的进展。这些研究的核心主要在于通过极化所引起的压电势实现有利的能带弯曲和电荷转移动力学。最近的研究表明，压电催化是一种理想的方法，可以通过极化电荷增强体相和表面的电化学过程来促进不同类型的载流子向空间上不同的位置移动。这种可控的特性使得压电光电子学能够以新的工作原理补充传统光催化，这需要多学科的贡献。

参 考 文 献

[1] Pan L，Sun S C，Chen Y，et al. Advances in piezo-phototronic effect enhanced photocatalysis and photoelectrocatalysis（review）. Advanced Energy Materials，2020，10（15）：2000214.

[2] Zhang Y，Liu Y，Wang Z L. Fundamental theory of piezotronics. Advanced Materials，2011，23（27）：3004-3013.

[3] Chen F，Huang H W，Guo L，et al. The role of polarization in photocatalysis. Angewandte Chemie International Edition，2019，58（30）：10061-10073.

[4] Feng Y W，Ling L L，Wang Y X，et al. Engineering spherical lead zirconate titanate to explore the essence of piezo-catalysis. Nano Energy，2017，40：481-486.

[5] Liang Z，Yan C F，Rtimi S，et al. Piezoelectric materials for catalytic/photocatalytic removal of pollutants：recent advances and outlook. Applied Catalysis B：Environmental，2019，241：256-269.

[6] Wang Z L. Progress in piezotronics and piezo-phototronics. Advanced Materials，2012，24（34）：4632-4646.

[7] Chen Y，Wang L，Gao R J，et al. Polarization-enhanced direct Z-scheme ZnO-WO$_{3-x}$ nanorod arrays for

efficient piezoelectric-photoelectrochemical water splitting. Applied Catalysis B：Environmental，2019，259：118079.

[8] Ma J P，Ren J，Jia Y M，et al. High efficiency bi-harvesting light/vibration energy using piezoelectric zinc oxide nanorods for dye decomposition. Nano Energy，2019，62：376-383.

[9] Wang Z J，Hu T C，He H X，et al. Enhanced H_2 production of TiO_2/ZnO nanowires Co-using solar and mechanical energy through piezo-photocatalytic effect. ACS Sustainable Chemistry & Engineering，2018，6（8）：10162-10172.

[10] Tong W S，Zhang Y H，Huang H W，et al. A highly sensitive hybridized soft piezophotocatalyst driven by gentle mechanical disturbances in water. Nano Energy，2018，53：513-523.

[11] Zou H Y，Li X G，Peng W B，et al. Piezo-phototronic effect on selective electron or hole transport through depletion region of vis-NIR broadband photodiode. Advanced Materials，2017，29（29）：1701412.

[12] Sun J C，Zhang X W，Lang Y Y，et al. Piezo-phototronic effect improved performance of n-ZnO nano-arrays/p-Cu_2O film based pressure sensor synthesized on flexible Cu foil. Nano Energy，2017，32：96-104.

[13] Hu Y F，Chang Y L，Fei P，et al. Designing the electric transport characteristics of ZnO micro/nanowire devices by coupling piezoelectric and photoexcitation effects. ACS Nano，2010，4（2）：1234-1240.

[14] Li H D，Sang Y H，Chang S J，et al. Enhanced ferroelectric-nanocrystal-based hybrid photocatalysis by ultrasonic-wave- generated piezophototronic effect. Nano Letters，2015，15（4）：2372-2379.

[15] Hong D Y，Zang W L，Guo X，et al. High piezo-photocatalytic efficiency of CuS/ZnO nanowires using both solar and mechanical energy for degrading organic dye. ACS Applied Materials & Interfaces，2016，8（33）：21302-21314.

[16] Sun C，Fu Y M，Wang Q，et al. Ultrafast piezo-photocatalytic degradation of organic pollutions by Ag_2O/tetrapod-ZnO nanostructures under ultrasonic/UV exposure. RSC Advances，2016，6（90）：87446-87453.

[17] Ye Y，Wang K Q，Huang X Y，et al. Integration of piezoelectric effect into a Au/ZnO photocatalyst for efficient charge separation. Catalysis Science & Technology，2019，9（14）：3771-3778.

[18] Chen X Y，Liu L F，Feng Y W，et al. Fluid eddy induced piezo-promoted photodegradation of organic dye pollutants in wastewater on ZnO nanorod arrays/3D Ni foam. Materials Today，2017，20（9）：501-506.

[19] Li H X，Yu Y H，Starr M B，et al. Piezotronic-enhanced photoelectrochemical reactions in $Ni(OH)_2$-decorated ZnO photoanodes. The Journal of Physical Chemistry Letters，2015，6（17）：3410-3416.

[20] Shi J，Starr M B，Xiang H，et al. Interface engineering by piezoelectric potential in ZnO-based photoelectrochemical anode. Nano Letters，2011，11（12）：5587-5593.

[21] Xue X Y，Zang W L，Deng P，et al. Piezo-potential enhanced photocatalytic degradation of organic dye using ZnO nanowires. Nano Energy，2015，13：414-422.

[22] Bai Y，Zhao J Z，Lv Z L，et al. Enhanced piezo-phototronic effect of ZnO nanorod arrays for harvesting low mechanical energy. Ceramics International，2019，45（12）：15065-15072.

[23] Chang J H，Lin H N. Exploitation of piezoelectricity for enhancing photocatalytic activity of ZnO nanowires. Materials Letters，2014，132：134-137.

[24] Wang L F，Liu S H，Wang Z，et al. Piezotronic effect enhanced photocatalysis in strained anisotropic ZnO/TiO_2 nanoplatelets via thermal stress. ACS Nano，2016，10（2）：2636-2643.

[25] Kang Z，Si H N，Zhang S C，et al. Interface engineering for modulation of charge carrier behavior in ZnO photoelectrochemical water splitting. Advanced Functional Materials，2019，29（15）：1808032.

[26] Hong K S，Xu H F，Konishi H，et al. Direct water splitting through vibrating piezoelectric microfibers in water. The Journal of Physical Chemistry Letters，2010，1（6）：997-1002.

[27] Dai Y J，Wu C S，Wu Z Y，et al. Ferroelectricity-enhanced piezo-phototronic effect in 2D V-doped ZnO nanosheets. Advanced Science，2019，6（16）：1900314.

[28] Zhu L P，Wang L F，Xue F，et al. Piezo-phototronic effect enhanced flexible solar cells based on n-ZnO/p-SnS core-shell nanowire array. Advanced Science，2017，4（1）：1600185.

[29] Li Y X，Zhang Z M，Han W H，et al. Analysis on the piezotronic effect in a strained piezo-Schottky junction with AC impedance spectroscopy. Nano Energy，2017，36：118-125.

[30] Zhang Y Z，Huang X L，Yeom J. A floatable piezo-photocatalytic platform based on semi-embedded ZnO nanowire array for high-performance water decontamination. Nano-Micro Letters，2019，11（1）：1-14.

[31] Xu X L，Jia Y M，Xiao L B，et al. Strong vibration-catalysis of ZnO nanorods for dye wastewater decolorization via piezo-electro-chemical coupling. Chemosphere，2018，193：1143-1148.

[32] Zhang Y，Liu C H，Zhu G L，et al. Piezotronic-effect-enhanced Ag_2S/ZnO photocatalyst for organic dye degradation. RSC Advances，2017，7（76）：48176-48183.

[33] Zhang L L，Zhu D，He H X，et al. Enhanced piezo/solar-photocatalytic activity of Ag/ZnO nanotetrapods arising from the coupling of surface plasmon resonance and piezophototronic effect. Journal of Physics and Chemistry of Solids，2017，102：27-33.

[34] Sarkar A，Katiyar A K，Mukherjee S，et al. Enhanced UV-visible photodetection characteristics of a flexible Si membrane- ZnO heterojunction utilizing piezo-phototronic effect. Journal of Physics D：Applied Physics，2017，50（14）：145104.

[35] You H L，Wu Z，Jia Y M，et al. High-efficiency and mechano-/photo-bi-catalysis of piezoelectric-ZnO@ photoelectric-TiO_2 core-shell nanofibers for dye decomposition. Chemosphere，2017，183：528-535.

[36] Liu Z F，Cai Q J，Ma C H，et al. Photoelectrochemical properties and growth mechanism of varied ZnO nanostructures. New Journal of Chemistry，2017，41（16）：7946-7952.

[37] Wang H，Liu X，Wang S L，et al. Dual templating fabrication of hierarchical porous three-dimensional ZnO/carbon nanocomposites for enhanced photocatalytic and photoelectrochemical activity. Applied Catalysis B：Environmental，2018，222：209-218.

[38] Wang K Q，Fang Z B，Huang X Y，et al. Enhanced selectivity of methane production for photocatalytic reduction by the piezoelectric effect. Chemical Communications，2017，53（70）：9765-9768.

[39] Hong Y T，Ma J P，Wu Z，et al. Piezo-electrochemical coupling of $AgNbO_3$ piezoelectric nanomaterials. Acta Physica Sinica，2018，67：107702.

[40] Lummen T T A，Leung J，Kumar A，et al. Emergent low-symmetry phases and large property enhancements in ferroe lectric $KNbO_3$ bulk crystals. Advanced Materials，2017，29（31）：1700530.

[41] Kang P G，Lee T K，Ahn C W，et al. Vertically aligned epitaxial $KNbO_3$ nanorod array for piezoelectric energy harvester and second harmonic generator. Nano Energy，2015，17：261-268.

[42] Yu D F，Liu Z H，Zhang J M，et al. Enhanced catalytic performance by multi-field coupling in $KNbO_3$ nanostructures：piezo-photocatalytic and ferro-photoelectrochemical effects. Nano Energy，2019，58：695-705.

[43] Singh S，Khare N. Coupling of piezoelectric，semiconducting and photoexcitation properties in $NaNbO_3$ nanostructures for controlling electrical transport：realizing an efficient piezo-photoanode and piezo-photocatalyst. Nano Energy，2017，38：335-341.

[44] Singh S，Khare N. Flexible PVDF/Cu/PVDF-$NaNbO_3$ photoanode with ferroelectric properties：an efficient tuning of photoelectrochemical water splitting with electric field polarization and piezophototronic effect. Nano Energy，2017，42：173-180.
[45] Ding Q P，Yuan Y P，Xiong X，et al. Enhanced photocatalytic water splitting properties of $KNbO_3$ nanowires synthesized through hydrothermal method. The Journal of Physical Chemistry C，2008，112（48）：18846-18848.
[46] Jia S F，Su Y P，Zhang B P，et al. Few-layer MoS_2 nanosheet-coated $KNbO_3$ nanowire heterostructures：piezo-photocatalytic effect enhanced hydrogen production and organic pollutant degradation. Nanoscale，2019，11（16）：7690-7700.
[47] Wang S S，Wu Z，Chen J，et al. Lead-free sodium niobate nanowires with strong piezo-catalysis for dye wastewater degradation. Ceramics International，2019，45（9）：11703-11708.
[48] Zhang T T，Lei W Y，Liu P，et al. Insights into the structure-photoreactivity relationships in well-defined perovskite ferroelectric $KNbO_3$ nanowires. Chemical Science，2015，6（7）：4118-4123.
[49] Liu W F，Ren X B. Large piezoelectric effect in Pb-free ceramics. Physical Review Letters，2009，103（25）：257602.
[50] Acosta M，Novak N，Rojas V，et al. $BaTiO_3$-based piezoelectrics：fundamentals，current status，and perspectives. Applied Physics Reviews，2017，4（4）：041305.
[51] Park K I，Xu S，Liu Y，et al. Piezoelectric $BaTiO_3$ thin film nanogenerator on plastic substrates. Nano Letters，2010，10（12）：4939-4943.
[52] Cilaveni G，Kumar K V A，Raavi S S K，et al. Control over relaxor，piezo-photocatalytic and energy storage properties in $Na_{0.5}Bi_{0.5}TiO_3$ via processing methodologies. Journal of Alloys and Compounds，2019，798：540-552.
[53] Tu S C，Huang H W，Zhang T R，et al. Controllable synthesis of multi-responsive ferroelectric layered perovskite-like $Bi_4Ti_3O_{12}$：photocatalysis and piezoelectric-catalysis and mechanism insight. Applied Catalysis B：Environmental，2017，219：550-562.
[54] Guo L M，Zhong C F，Cao J Q，et al. Enhanced photocatalytic H2 evolution by plasmonic and piezotronic effects based on periodic Al/$BaTiO_3$ heterostructures. Nano Energy，2019，62：513-520.
[55] Yang W G，Yu Y H，Starr M B，et al. Ferroelectric polarization-enhanced photoelectrochemical water splitting in TiO_2-$BaTiO_3$ core-shell nanowire photoanodes. Nano Letters，2015，15（11）：7574-7580.
[56] Liu Z R，Wang L W，Yu X，et al. Piezoelectric-effect-enhanced full-spectrum photoelectrocatalysis in p-n heterojunction. Advanced Functional Materials，2019，29（41）：1807279.
[57] Wu J，Qin N，Bao D H. Effective enhancement of piezocatalytic activity of $BaTiO_3$ nanowires under ultrasonic vibration. Nano Energy，2018，45：44-51.
[58] Xu X L，Wu Z，Xiao L B，et al. Strong piezo-electro-chemical effect of piezoelectric $BaTiO_3$ nanofibers for vibration-catalysis. Journal of Alloys and Compounds，2018，762：915-921.
[59] Lv W，Kong L J，Lan S Y，et al. Enhancement effect in the piezoelectric degradation of organic pollutants by piezo-Fenton process. Journal of Chemical Technology & Biotechnology，2017，92（1）：152-156.
[60] Xu S Y，Liu Z H，Zhang M L，et al. Piezotronics enhanced photocatalytic activities of Ag-$BaTiO_3$ plasmonic photocatalysts. Journal of Alloys and Compounds，2019，801：483-488.
[61] Xu S Y，Guo L M，Sun Q J，et al. Piezotronic effect enhanced plasmonic photocatalysis by AuNPs/$BaTiO_3$ heterostructures. Advanced Functional Materials，2019，29（13）：1808737.
[62] Feng J X，Sun J X，Liu X S，et al. Enhancement and mechanism of nano-$BaTiO_3$ piezocatalytic

degradation of tricyclazole by co-loading Pt and RuO_2. Environmental Science: Nano，2019，6（7）：2241-2252.

[63] Zhou X F，Wu S H，Li C B，et al. Piezophototronic effect in enhancing charge carrier separation and transfer in ZnO/$BaTiO_3$ heterostructures for high-efficiency catalytic oxidation. Nano Energy，2019，66：104127.

[64] Wu J，Xu Q，Lin E Z，et al. Insights into the role of ferroelectric polarization in piezocatalysis of nanocrystalline $BaTiO_3$. ACS Applied Materials & Interfaces，2018，10（21）：17842-17849.

[65] Feng J X，Fu Y，Liu X S，et al. Significant improvement and mechanism of ultrasonic inactivation to escherichia coli with piezoelectric effect of hydrothermally synthesized t-$BaTiO_3$. ACS Sustainable Chemistry & Engineering，2018，6（5）：6032-6041.

[66] Jia N，Xing Q，Xia G M，et al. Enhanced β-crystalline phase in poly（vinylidene fluoride）films by polydopamine-coated $BaTiO_3$ nanoparticles. Materials Letters，2015，139：212-215.

[67] Zhao Y L，Liao Q L，Zhang G J，et al. High output piezoelectric nanocomposite generators composed of oriented $BaTiO_3$ NPs@PVDF. Nano Energy，2015，11：719-727.

[68] Dai B Y，Huang H M，Wang W，et al. Greatly enhanced photocatalytic activity by organic flexible piezoelectric PVDF induced spatial electric field. Catalysis Science & Technology，2017，7（23）：5594-5601.

[69] Xue F，Chen L B，Chen J，et al. p-type MoS_2 and n-type ZnO diode and its performance enhancement by the piezophototronic effect. Advanced Materials，2016，28（17）：3391-3398.

[70] Narayan B，Adhikari S，Madras G，et al. Trapping a metastable ferroelectric phase by size reduction in semiconducting ferroelectric $BiFeO_3$-$PbTiO_3$ and its implications for photocatalytic response. Physical Review Applied，2017，7（2）：024018.

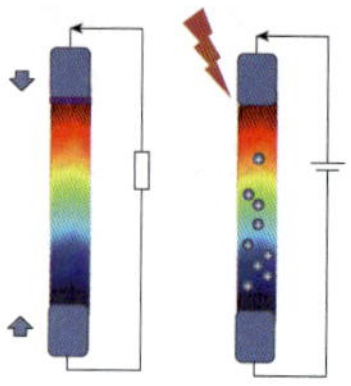

第 15 章

二维材料的压电电子学和压电光电子学

摘　要

由于材料的晶体结构的中心对称性随着原子层数的减少而被破坏，一些二维材料被预测具有压电效应，例如 MoS_2。本章将介绍在二维 MoS_2 中观察到的压电电子学效应和压电光电子学效应。我们发现，具有奇数原子层的 MoS_2 薄片在循环拉伸和释放中会产生振荡压电电压和电流输出，而具有偶数层的 MoS_2 薄片则没有观察到这些电学信号。电输运测量显示单层 MoS_2 具有很强的压电效应，却没有在双层和块状 MoS_2 观察到类似现象。二维纳米材料中的压电性和半导体特性之间的耦合可以实现纳米器件供电、自适应生物探针和可调制/可拉伸电子/光电子学等应用。

15.1　二维材料的压电性

单层 h-BN、MoS_2、$MoSe_2$ 和 WTe_2 理论预测具有压电性，这归因于应变所引起的晶格畸变和相关的离子电荷极化[1-3]，这表明二维纳米材料在纳米尺度的机电设备中有很好的应用前景，这些应用能充分利用它们出色的半导体特性和机械特性[4-7]。Wu 等首次在实验中观察到了单层二维 MoS_2 的压电性，并报道了其在机械能收集以及压电电子学和压电光电子学效应方面的应用[8, 9]。对奇数层 MoS_2 薄片进行循环拉伸和释放会产生振荡的电学输出，将机械能转化为电能。单层 MoS_2 中的应变产生极化电荷还可以调控 MoS_2-金属界面处的载流子输运，并实现增强的应变传感。

在我们的实验中，MoS_2 薄片通过机械剥离到了一个聚合物层上，该聚合物层由水溶性聚乙烯醇（PVA）和 PMMA 组成，覆盖在硅衬底上，聚合物总厚度调整到 275nm 以获得良好的光学对比度。首先在光学显微镜下鉴定出少层 MoS_2 薄片。然后通过原子力显微镜（AFM）测量了薄层的厚度（图 15.1（a）插图），并通过拉曼光谱进一步予以确认。随后使用二次谐波（SH）信号来确定 MoS_2 薄片的晶向。图 15.1（b）显示了单层 MoS_2

薄片的二次谐波信号强度与晶向方位角的函数关系的极坐标图。在这里，我们测量了垂直于激发偏振的二次谐波分量。通过用 $I = I_0 \sin^2(3\theta)$ 拟合二次谐波强度的角度依赖性来确定晶格取向，其中 θ 表示“扶手椅”（armchair）边缘方向与激光偏振之间的角度，I_0 为二次谐波信号的最大强度。图 15.1（a）形象地描绘了推导的晶格取向叠加在单层 MoS_2 薄片的光学图像上；x 轴沿“扶手椅”方向，y 轴沿“锯齿形”（zigzag）方向。在光学表征之后，使用先前描述的方法将薄片转移到 PET 柔性基底上[10]。使用 Cr/Pd/Au（1nm/20nm/50nm）制成的电极，其中金属-MoS_2 界面平行于 y 轴。图 15.1（c）显示了由一个单层 MoS_2 薄片（黑色虚线勾勒出的轮廓部分）构成的柔性器件。当衬底被机械弯曲时，单轴应变被施加到 MoS_2 上，其大小与曲率半径成反比。施加的应变限制在 0.8%以避免样品滑移。我们通过在器件上施加应变，并将信号输出到外部负载电阻来研究其压电响应（图 15.1（d））。在这种配置中，样品边缘的应变产生极化电荷可以驱动外部电路中电子的流动[11]。当衬底释放时，电流反向流动。

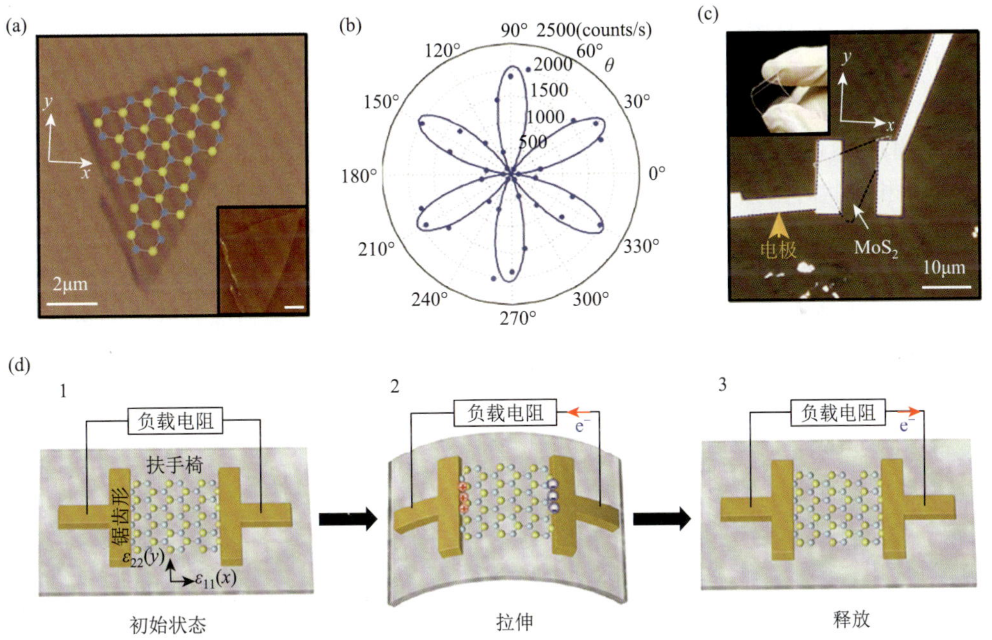

图 15.1　单层 MoS_2 压电器件及工作原理图。（a）单原子层 MoS_2 薄片的光学图像，上面叠加了由二次谐波发生（SHG）推导出的晶格取向，蓝色和黄色球体分别代表 Mo 和 S 原子，插图为薄片的 AFM 图像，比例尺为 2μm；（b）单层 MoS_2 的二次谐波强度与晶体方位角 θ 的函数关系的极坐标图，符号是实验数据，实线是对文中所述的对称性分析的拟合曲线；（c）单层 MoS_2 薄片和锯齿形边缘的电极组成的柔性器件，插图为柔性器件的光学图像；（d）单层 MoS_2 压电器件的工作原理图，当器件被拉伸时，MoS_2 薄片的锯齿形边缘会感应出相反极性的压电极化电荷（符号“+”和“−”），周期性地拉伸和释放衬底可以在外部电路中生成交替极性的压电输出（由红色箭头指示）[8]

图 15.2（a）显示了单层 MoS_2 的压电电流和电压响应。当在 x 方向（“扶手椅”方向）施加应变时，随着应变的增加，可以看到正电压和电流输出；随着应变的减小，可

以看到负输出，直接证明了机械能可以转化为电能[11]。对于宽度约为 5μm、长度约为 10μm 的单层 MoS_2，峰值开路电压达到 18mV，峰值短路电流达到 27pA（图 15.2（b）），电压和电流响应度分别为（55.1±12.3）pA/%和（32.8±4.5）mV/%，这两种响应都随着施加应变的大小而增加。无 MoS_2 薄片的 PET 基底没有明显的电输出。

图 15.2（c）研究了电压和电流输出与负载电阻的函数关系，来量化压电电路的功率输出。对于约 1MΩ 的负载电阻，输出电流保持恒定，而输出电压约为 0V；然后随着负载的增加电流下降，输出电压在此点开始增加。当负载电阻约为 220MΩ 时，在 0.53%应变下传递到负载的最大瞬时功率达到 55.3fW（10^{-15}W），相应的功率密度为 $2mW/m^2$。单层 MoS_2 纳米发电机的转换效率（即传递给负载的电功率与应变后储存在单层 MoS_2 中的总机械变形能之比）约为 5.08%。在图 15.2（d）中，0.43%应变和 0.5Hz 下经过 300min 循环加载可以观察到，这种能量转换随着时间的推移是稳定的，图中观察到的轻微输出下降可能是由柔性基板的机械疲劳等引起的[12]。

接下来我们研究了原子层数（n）与压电信号的关系。如上所述，在最常见的晶体结构（2H）的 MoS_2 中，交替层的晶向相反，n 为偶数的薄片将呈中心对称，从而失去压电响应和 SHG 信号[4, 5]。同样的原因，奇数层的样品依然具有压电响应和 SHG 信号。图 15.2（e）显示了 $n = 1, 2, 3, 4, 5, 6$ 的 MoS_2 薄片以及厚度超过 100nm 的块状 MoS_2 薄片的压电输出测量值。与上图一致，在扩展数据图 15.1 中，$n = 1, 3, 5$ 时倍频强度较高，$n = 2, 4, 6$ 和块状时倍频强度消失。为了测量压电响应，奇数层薄片的源极和漏极电极制作在锯齿形边缘；然而，由于 SHG 信号的缺失，偶数层薄片的源极和漏极制作在任意角度。对于大块片状和偶数层样品，几乎看不到可检测的输出。对于奇数层样品，压电输出很大，并且大致随着 n 的增大而减小。这些结果证实，具有破缺反演对称性的单层 MoS_2 表现出很强的本征压电响应，而中心对称双层和块状晶体是非压电的[6]。

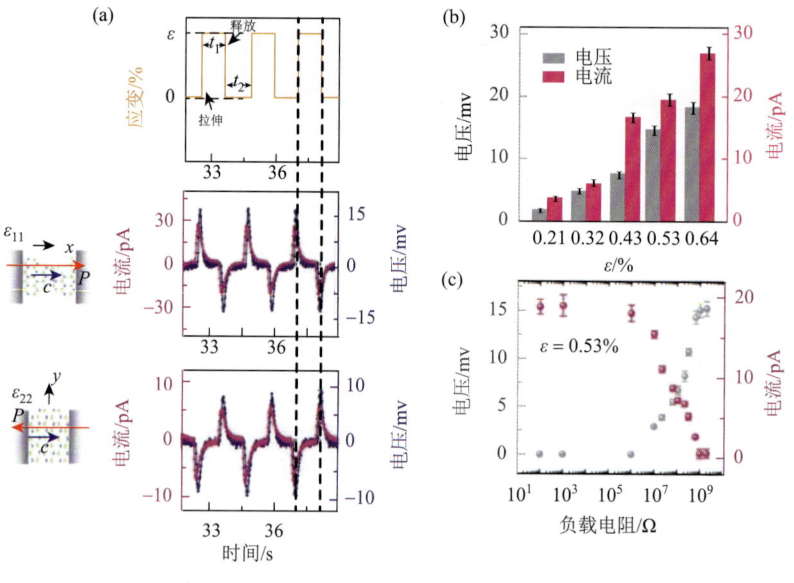

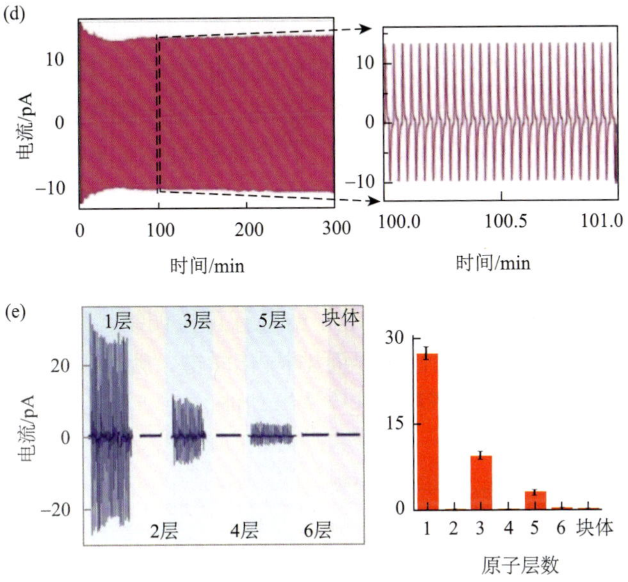

图 15.2　单层和多层 MoS_2 器件的压电输出。（a）单层 MoS_2 器件在两个不同主方向的周期性应变和 1GΩ 外部负载下的电压响应和短路电流响应，上图为施加应变随时间的变化，中图为当在 x 方向（“扶手椅”方向）施加应变时单原子层 MoS_2 相应的压电输出，底部为当在 y 方向（锯齿形方向）施加应变时单原子层 MoS_2 相应的压电输出，突出显示的黑色虚线标记的相位差是由理论推导获得的，为了强调而放大了，并不是实验测量的结果，红色、蓝色和黑色箭头分别代表偏振方向、MoS_2 极轴和主应变；（b）单层 MoS_2 器件的压电输出对所施加应变大小的依存性；（c）0.53%应变下单层 MoS_2 器件的电压和电流输出与负载电阻的关系；（d）循环测试显示出单层 MoS_2 器件的长期稳定性；（e）压电输出随 MoS_2 薄片中原子层数的增加而变化[8]

15.2　单原子层二维材料中的压电电子学效应

接下来，我们研究了两端器件随应变变化的直流电传输特性，施加电压的极性是相对于漏电极定义的。我们制造的金属-半导体-金属器件是由两个背靠背肖特基势垒组成的，反向偏置的 Pd-MoS_2 肖特基势垒限制了传输电流[11]。在这种配置下，传输特性的变化主要是由两种效应引起的：压电效应[13]（应变感应电荷不对称地调制肖特基势垒）以及压阻效应（应变所引起的带隙变化调节器件的整个电阻）。对于单层器件，电流-电压曲线在拉伸应变下向左移动（朝向负漏极偏置），在压缩应变下向右移动（图 15.3（a））。在负偏压下观察到了相反的趋势。这种不对称调制类似于具有纤锌矿和闪锌矿结构的压电半导体所报道的压电效应，其中载流子传输的调制是由于晶体中的压电极化而产生的。这里，锯齿形边缘处的压电极化电荷可以通过改变 MoS_2 中自由载流子的浓度/分布，以及通过界面态中的电荷的调制来直接影响金属-MoS_2 接触（图 15.3（c）），使得机械应变充当控制栅极信号。这里需要注意两点。首先，在我们的实验中，MoS_2 以两种方式接触 Pd 电极：在其锯齿形端部边缘（分布有压电极化电荷），以及在可能没有压电电荷的顶部表面。尽管极化电荷是在锯齿形边缘界面处引起的，但它们仍然能够影响 MoS_2 和金属之间形成的整个肖特基接触区域的电传输。这可能是由于偏置电压下的大部分电场分布在端部边缘接触处，类似于之前对 ZnO 纳米线压电效应的研究，其中电场集中在端部表面，尽管接触发生在端部侧面[1]。其次，为了简单起见，在能带图中没有考虑单层 MoS_2 中的自由载流子（图 15.3（c））。实际上，MoS_2 中的载流子密度（取决于内在和环境掺杂等因素，并且因薄片而异）可能会导致应变产生极化电荷的部分屏蔽，从而可能影响其压电性能，但它仍然可以观察到压电功率输出和压电输运特性。图 15.3（a）中的结果可用于确定薄片的晶体取向，即漏极和源极分别具有 S-边缘和 Mo-边缘。通过应变产生极化对二维纳米材料中的金属-半导体接触或 p-n 结进行可控调制，这提供了电控制信号的传统技术中无法实现的新方法，无需修改界面结构/化学键，就可以实现可调谐电子/光电子器件、增强型光伏、混合自旋电子和催化[2, 14]等功能。

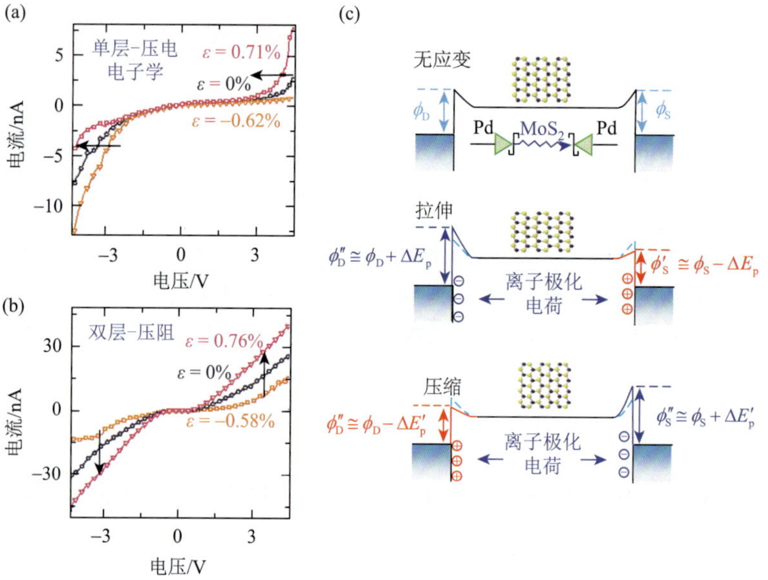

图 15.3　应变下单层和双层 MoS_2 器件的直流电特性。（a）单层器件中应变对载流子输运的非对称调制显示出了典型的压电电子学效应的特征；（b）双层器件中应变对载流子输运的对称调制显示出了典型的压阻效应的特征；（c）能带图解释了单层器件中观察到的压电行为，这归因于应变产生极化所引起的肖特基势垒高度的变化[8]

在双层和多层 MoS_2 器件中，机电响应是压阻效应：随着施加应变，电流呈对称增加，*I-V* 曲线中的间隙区域缩小，这是由于带隙减小和/或载流子浓度的变化同时降低了源极和漏极的肖特基势垒高度（见双层器件的图 15.3（b））。在我们的实验中测得的双层（约 230）和多层（约 200）MoS_2 器件的应变增益（$[\Delta I(\varepsilon)/I(0)]/\Delta\varepsilon$）可与报道的最先进硅应变传感器（约 200）相媲美，并超过了传统金属应变片（约 1～5）和石墨烯应变传感器（约 2）的数值[15]。这是二维 MoS_2 中压电电子学效应的初步展示，大力推动进一步的研究以应用到高灵敏度的应变传感。

单层原子 MoS_2 具有优异的压电性能和良好的机械可伸缩性/柔韧性，展示了它在电机械传感、可穿戴技术、通用计算和植入式设备等方面的应用潜力。将 MoS_2 基电源与石墨烯、其他二维材料构建的功能单元/器件集成在同一电路里，可以实现原子级薄的自供能纳米系统。该系统可以从环境中获取能量，实现自主运行而无需外部偏置，用于能量存储、传感、逻辑计算和通信等领域[16]，尤其是在其他能源，比如太阳能或热能不易获取的情况下。

15.3　单原子层二维材料中的压电光电子学效应

单层 MoS_2 薄片通过机械剥离来制备，其晶向取向由二次谐波信号来确定，这对于压电光电子学应用很重要。薄片随后转移到 PET 柔性衬底上[17]（图 15.4（a））。图 15.4（b）展示了一个典型的柔性双端器件，器件中单层 MoS_2 薄片由黑色虚线标出。单层 MoS_2 的晶格取向示意图中，x 轴沿“扶手椅”方向，y 轴沿“锯齿形”方向。沿金属-MoS_2 界面平行于 y 轴淀积由 Cr/Pd/Au（1nm/20nm/50nm）组成的电极。我们采用之前报道的方法，使用 633nm 激光激发进行 PL 测量[18]。单层 MoS_2 薄片观察到的 PL 谱包含位于 1.87eV 处的单个窄峰，宽度为 50meV，这归因于直接带隙发光[3]（图 15.4（c））。我们使用自制的装置研究了单层 MoS_2 中的压电光电子学效应（图 15.4（d）），测量其在光照和机械应变下的光电流。一个聚焦的激光束（波长 442nm，直径约 2mm）照射在器件上。当衬底被机械弯曲时，在 MoS_2 中引起单轴应变，其大小与曲率成正比（图 15.4（d））。在我们的实验中，施加的应变限制在 0.8%以避免样品滑移。

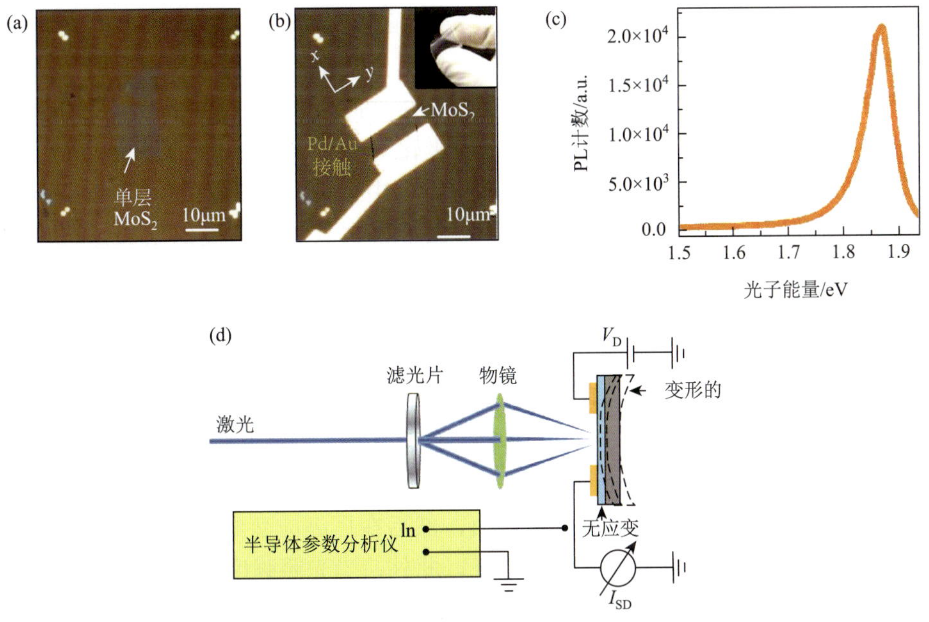

图 15.4　单层 MoS_2 压电光电子学器件结构图和测试方法。（a）单层原子层 MoS_2 薄片在 PET 柔性衬底上的光学图像；（b）柔性双端单层原子层 MoS_2 器件；（c）单层 MoS_2 薄片的典型 PL 谱；（d）用于表征单层 MoS_2 压电光电子学效应的自制设备[9]

接下来，我们测量了器件在应变下的光电特性。图 15.5（a）显示了无光照下的单层 MoS_2 光电探测器在机械应变下的电传输，显示出暗电流对应变有很强的依存性。机械应变可以进一步调制不同照度下的光电流（图 15.5（a））。在我们的单层二硫化钼光电探测器中，电输运和光探测行为随应变的变化可能由两种效应引起：压电光电子学效应，其中金属-半导体-金属器件两端肖特基势垒处的应变产生极化电荷可以有效地分离光生载流子，并控制电荷跨势垒传输的能力；压阻效应，其中应变导致能带结构和态密度的变化。为了理解相关过程的机制，在固定漏极偏压（–2V）下，暗电流和光电流随应变的变化如图 15.5（b）所示。当没有光照时，单层器件中的暗电流随压缩应变的增加而减少，并随拉伸应变的增加而增加（图 15.5（b）顶部）。这种不对称调制类似于纤锌矿结构压电半导体的压电电子学效应，其中晶体中的压电极化可以有效地调节肖特基接触特性。当激光照射在样品上时（图 15.5（b）中间和底部），光电流随着拉伸应变的增加而减小；然而，当施加压缩应变时，光电流首先增加，然后随着压缩应变大小的进一步增加而减少。通过调制压缩应变，该器件实现了在不同光照条件（低/高光照度）下的最优光响应。在低光照度（$3.4\mu W/cm^2$）时，器件在–0.38%的静态应变下达到 40nA 的最大光电流；而在高光照度（$4.297 mW/cm^2$）下，在较大的压缩应变（–0.45%）下出现最大光电流（207nA）。可以看出，与其他应变条件相比，在所有光照强度下，当施加 0.62%的应变时，光电探测器的光电流最小。当施加–0.38%的应变时，光电探测器具有最大的光电流。其机理将在后面详细讨论（如图 15.6 所示）。此外，当光照度较小时，应变对光电流的调制效应更加显著；而当照明强度增加时，相应的调制效果逐渐变差。这表明机械应变对光电流的调制作用也受到光功率强度的影响。参数 $S = (I_{strain}–I_0)/I_0$，定义为在一定光照强度下，光电流随应变的相对变化，这个参数用来定量研究这一现象（图 15.5（c））。这里，I_{strain} 和 I_0 是有应变和无应变时器件中的准平衡态光电流。可以看出，表示应变对调制光电流的有效性的 S 参数数值随着光照度的增加而减小。这表明，应变产生极化对光生载流子的门控效应在低光照下更显著。这可以通过考虑低光照强度下单层 MoS_2 中低浓度的光生载流子对压电极化场的屏蔽效应来理解。在更高的光学照明下，由于自由载流子密度的增加，这种屏蔽效应更加显著，因此与低光照强度的情况相比，应变对光电流的调制效果更差。因此，随着光照强度的增加，实现光电探测器的最佳性能的理想压缩应变（例如，最大 I_{ph} 和 S）变得更大（图 15.5（c）和（d））。

研究者绘制了单层器件在不同光照强度和机械应变下的光电流图谱，以深入了解其潜在机制（图 15.5（d））。此外，也包括了在不同应变下测量的暗电流。所有的 I_{ph} 曲线（图 15.5（d））在不同的光照强度下都表现出相似的应变依赖性。当施加的压缩应变较小时，它们首先随着应变增加而增加到最大值，然后在压缩应变继续增加时逐渐减小。另一方面，I_{ph} 总是随着拉伸应变的增加而降低。此外，当光照强度增加时，对应于最大 I_{ph} 的压缩应变向更高值移动。通过第一性原理计算研究了压阻效应对改变电子能带结构的贡献。可以看到，拉伸应变降低了整个半导体中价带最大值（VBM）和导带最小值（CBM）的能量，从而降低了电子的肖特基势垒高度，同时增加了两个接触处空穴的肖特基势垒高度。CBM 的影响比 VBM 更突出，因此电子的肖特基势垒高度比空穴受到的影响更大。

由于电子肖特基势垒高度的减少，拉伸应变下光电流被预期应该增加，这与实验不一致。此外，仿真结果表明，压阻效应只能导致器件电输运的对称调制。

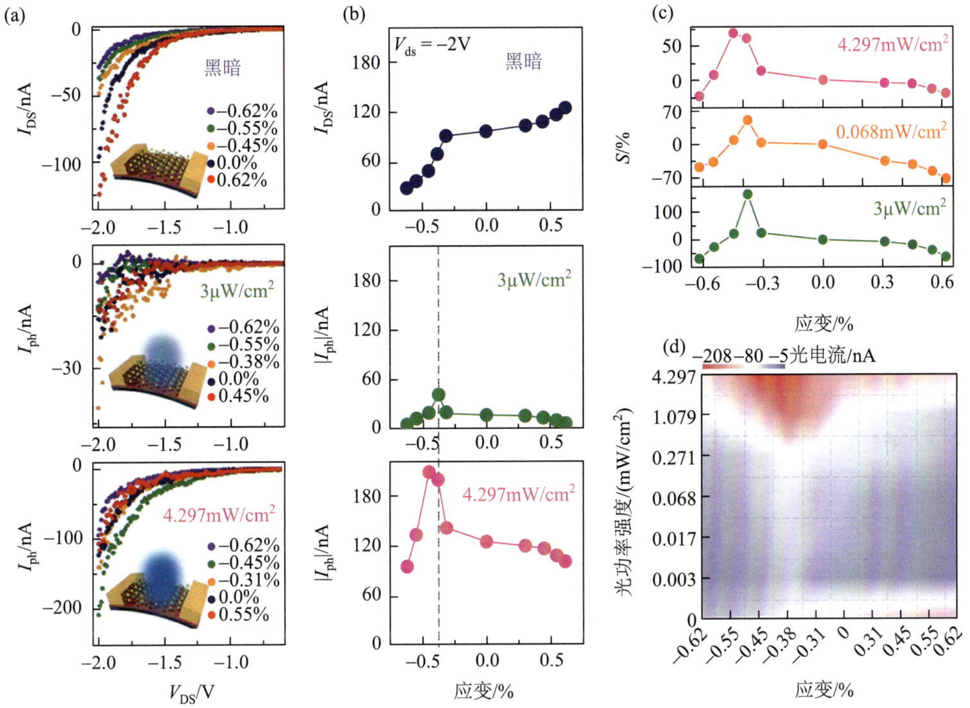

图 15.5　单层 MoS_2 光电探测器中的压电光电子响应。（a）顶部为单层器件在应力下的暗电流，中部为在低光照度（3.4μW/cm²）下单层器件在应变下的光电流，底部为在高光照度（4.29mW/cm²）下单层器件在应变下的光电流；（b）在−2V 漏极偏压下，单层器件中暗电流（顶部）和光电流（中间和底部）的应变依存性；（c）在不同的光照度下，应变引起的光电流的相对变化（*S*）表明应变在调节光电流方面的有效性；（d）在不同光照强度和机械应变下的单层器件的光电流，漏极偏置为−2V，颜色梯度表示光电流[9]

为了更好地理解所观察到的现象，结合高光照度（4.29mW/cm²）下的实验结果来进一步分析所提出的机制（图 15.6）。入射光在 MoS_2 中诱导产生电子-空穴对。当没有施加应变时（图 15.6 中的①），电子和空穴被肖特基接触处的内置电场和施加的外部电场分离和收集。这产生了光电流，该电流取决于触点附近空穴和电子的有效分离和传输，并且受到势垒特性的强烈影响。当对器件施加机械应变时（图 15.6 中的②～④），在锯齿形边缘感应的压电极化电荷会直接影响金属-MoS_2 触点，通过改变肖特基势垒附近 MoS_2 中自由载流子的浓度和分布，机械应变起到栅极控制信号的作用从而调整光电过程，这就是压电光电子学效应。此前的研究已经使用密度泛函理论计算了压电极化电荷的分布，这也证实了压电电荷对金属-MoS_2 接触的调制作用。很多不同的器件证实了机械应变对肖特基势垒高度的调制作用。当引入拉伸应变时（图 15.6 中的②），由于单层 MoS_2 的晶体取向，在反偏漏极肖特基接触处产生正极化电荷。因此，重新排列的能带排列为空穴和电子的分离和重新分布提供了较小的驱动力。此外，正偏接触处电子传输的能量势垒也有所增加，因此，抑制了器件中光生载流子的总收集效率。载流子输运是两个过程的结果，具体取决于施加应变的大小。当施加小的压缩应变（图 15.6 中的③）时，在漏极和源极势垒处产生低密度的负极化和正极化电荷；产生的带状倾斜促进了有源区的空穴和电子的分离，以及它们在触点处的传输和收集。因此，观察到的光电流首先随着施加的压缩应变而增加。然而，当压缩应变超过一定值时，价带最大值的上弯曲变得非常显著，以至于在漏极接触处引入了局部压电荷产生的新能量势垒，影响了空穴的传输（图 15.6 中的④）。空穴会被困在界面上，这阻碍了光激发电子-空穴对的分离，并促进了它们在接触界面附近的复合。导带的向上弯曲会通过增强的隧穿事件增加暗电流，从而进一步恶化整体光电探测器性能。结果，在大压缩应变下，光电流开始减小。这种能带结构的变化意味着在肖特基接触的耗尽区将形成由压电极化电荷诱导的导电通道。这些导电通道可以有效地调制光电探测器或其他光电器件中载流子的分离和复合。最近的数值计算验证了这种电荷通道的存在[7]，清楚地揭示了应变作用下界面处电荷通道的形成和能带轮廓的相关变形会显著地影响载流子的传输、分离和复合过程。在此前的理论研究中，分析解和数值解的结果都支持上述能带图的演变（图 15.6）[19]。由于实验中的电极配置和应变条件，应变梯度诱导极化产生的挠曲电效应的潜在贡献可以被合理地忽略[10]。然而，二维材料中挠曲电效应与半导体特性之间的耦合无疑将会是未来研究的有趣课题。

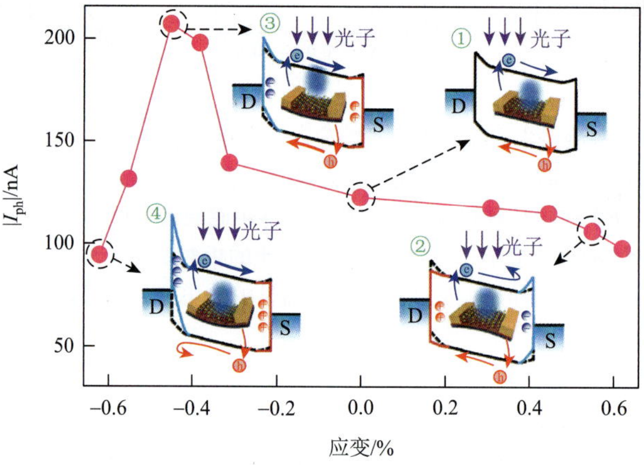

图 15.6　单层 MoS_2 光电探测器中压电光电响应的工作机理。解释单层器件中观察到的压电光电子学行为的能带图，应变产生的极化导致肖特基势垒高度的变化（详见正文）。符号“+”（蓝色）和“−”（红色）表示应变诱导的正极化和负极化电荷[9]

对于光电探测器来说，其他重要的指标，如光响应度、光导增益和灵敏度，也可以通过机械应变进行调制并大大增强。这些结果表明，机械应变能够作为一个控制信号，有效地调节单层 MoS_2 光电器件的光探测性能。

在我们的器件中，另一个可能影响光响应变化的是应变产生的光吸收的变化。然而，使用密度泛函理论的第一性原理计算表明，这种效应太小，无法解释大的光响应变化。与实验观察到的变化相比，0.6%的拉伸或压缩应变对光吸收的改变是微不足道的。此外，我们的计算表明，拉伸应变增加了吸收，这与观察到的光电流减少相反。因此，应变引起的光吸收变化不能解释实验结果。我们得出结论，由于压电性、光激发性和半导体性质之间的耦合，单层 MoS_2 的压电-光电子学效应导致了所观察到的光响应随应变的变化。

15.4 总　　结

综上所述，我们研究了单原子层 MoS_2 的压电电子学效应和压电光电子学效应。所展示的基本原理可以扩展到其他的二维材料体系。通过应变产生极化对二维纳米材料中的金属-半导体接触或 p-n 结进行可控调制，可能为实现可调制电子学和光电子学提供一种新方法，这种调制是在不改变界面结构/化学的情况下使用电信号控制的传统技术所无法实现的。考虑到其优越的机械性能，在器件的寿命和机械故障方面，原子级的二维材料在压电光电子学器件应用中可能优于其他纳米材料体系（例如纳米线）。压电效应、光激发和半导体特性之间的强耦合，以及单原子层复合材料所表现出的大机械拉伸性/柔韧性，有望推动柔性纳米光电系统、自适应生物光电探针和超薄光电子技术的发展。

参 考 文 献

[1] Hu Y F，Klein B D B，Su Y J，et al. Temperature dependence of the piezotronic effect in ZnO nanowires. Nano Letters，2013，13（11）：5026-5032.

[2] Chen J R，Odenthal P M，Swartz A G，et al. Control of Schottky barriers in single layer MoS_2 transistors with ferromagnetic contacts. Nano Letters，2013，13（7）：3106-3110.

[3] Mak K F，Lee C G，Hone J，et al. Atomically thin MoS_2：a new direct-gap semiconductor. Physical Review Letters，2010，105（13）：136805.

[4] Li Y L，Rao Y，Mak K F，et al. Probing symmetry properties of few-layer MoS_2 and h-BN by optical second-harmonic generation. Nano Letters，2013，13（7）：3329-3333.

[5] Michel K H，Verberck B. Phonon dispersions and piezoelectricity in bulk and multilayers of hexagonal boron nitride. Physical Review B，2011，83（11）：115328.

[6] Duerloo K A N D，Ong M T，Reed E J. Intrinsic piezoelectricity in two-dimensional materials. The Journal of Physical Chemistry Letters，2012，3（19）：2871-2876.

[7] Liu Y，Niu S M，Yang Q，et al. Theoretical study of piezo-phototronic nano-LEDs. Advanced Materials，2014，26（42）：7209-7216.

[8] Wu W Z，Wang L，Li Y L，et al. Piezoelectricity of single-atomic-layer MoS_2 for energy conversion and piezotronics. Nature，2014，514（7523）：470-474.

[9] Wu W Z，Wang L，Yu R M，et al. Piezophototronic effect in single-atomic-layer MoS_2 for strain-gated flexible optoelectronics. Advanced Materials，2016，28（38）：8463-8468.

[10] Yudin P V，Tagantsev A K. Fundamentals of flexoelectricity in solids. Nanotechnology，2013，24（43）：432001.

[11] Neal A T，Liu H，Gu J J，et al. Metal contacts to MoS_2：a two-dimensional semiconductor//70th Device Research Conference. IEEE，2012：65-66.

[12] Yang R S，Qin Y，Dai L M，et al. Power generation with laterally packaged piezoelectric fine wires. Nature Nanotechnology，2009，4（1）：34-39.

[13] Wang Z L. Piezopotential gated nanowire devices：piezotronics and piezo-phototronics. Nano Today，2010，5（6）：540-552.

[14] Yang H，Heo J，Park S，et al. Graphene barristor，a triode device with a gate-controlled Schottky barrier. Science，2012，336（6085）：1140-1143.

[15] Huang M Y，Pascal T A，Kim H，et al. Electronic-mechanical coupling in graphene from in situ nanoindentation experiments and multiscale atomistic simulations. Nano Letters，2011，11（3）：1241-1246.

[16] Wang Z L，Wu W Z. Nanotechnology-enabled energy harvesting for self-powered micro-/nanosystems. Angewandte Chemie International Edition，2012，51（47）：11700-11721.

[17] Conley H J，Wang B，Ziegler J I，et al. Bandgap engineering of strained monolayer and bilayer MoS_2. Nano Letters，2013，13（8）：3626-3630.

[18] Zeng H L，Dai J F，Yao W，et al. Valley polarization in MoS_2 monolayers by optical pumping. Nature Nanotechnology，2012，7（8）：490-493.

[19] Zhang Y，Liu Y，Wang Z L. Fundamental theory of piezotronics. Advanced Materials，2011，23（27）：3004-3013.

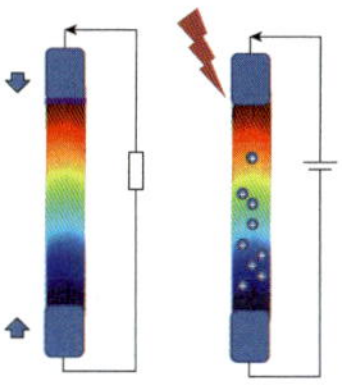

第 16 章

压电光子学

摘　要

压电光子学效应是压电效应和光激发特性之间的耦合，其中应变产生的压电势可以调节/控制相关的光电过程。具体来说，金属离子作为激活剂能够响应光激发特性并随后发光，这一现象通常称为力致发光，而对于压电材料则称为压电发光。这些现象有助于理解发光材料的基础知识和设计广泛的器件应用。在本章中，我们将简要概述压电光子学的物理机制，特别聚焦于压电发光。我们将描述一些材料和金属离子激活剂，以显示压电光子效应。我们将提供统一的概述和最近的典型案例，展示由各种机械刺激触发的发光现象。基于这些材料的器件具有远程检测、无损控制和可重复性的优点，它们在应力感知、结构健康诊断、3D 书写、磁光传感器、能量收集器、生物医学、新型光源和显示器等领域具有巨大潜力。

16.1　力致发光

许多新兴应用需要先进的光子学和光电子学器件通过环境的机械输入直接触发和/或调控。一些无机或有机材料在施加机械刺激时会发光，称为力致发光（ML）。Xu 等首先研究了 ZnS：Mn^{2+}和 $SrAl_2O_4$：Eu^{2+}等材料在机械刺激情况下产生强烈、可重复的发光现象，并介绍了杂化无机/有机复合材料及相关传感器或人造皮肤的原理和应用[1, 2]。Wang 等研究了基于压电半导体中的压电光子学领域，该领域是压电效应和光激发特性的耦合[3]。因此，金属离子作为 ML 中的激活剂，可以用于展示压电光子学效应，因为其能够响应光激发特性后发光。ML 最有用的形式是弹性发光（ESL），对于压电材料也称为压电发光，它可以重复用于机械能-光能转换。弹性发光材料和器件具有无线检测和无损控制的优势，因此在应力感知和损伤诊断等各种应用中具有很大的潜力[4-9]。

压电光子学效应[3, 10]作为压电和光激发特性之间的耦合，机械应变可转化为可见光发射，引发 ML 过程。在压力下，由于非中心对称结构[11]，硫化锌内会产生压电极化电荷[12]。压电电荷产生的电势可有效地调控材料的能带结构，从而促进上部掺杂态中的电子进入导带和下部掺杂态中的空穴进入价带[13-15]。因此，捕获的电子和空穴之间发生复合，此时能量释放激发掺杂的 Mn^{2+}而不发射光子。当激发的 Mn^{2+}回到基态时，发射出黄色可见光。因此，应变产生的压电电势在弯曲 ZMP 内的能带结构中起着至关重要的作用，从而调节/控制光激发过程。这就是由 Wang 首次提出的压电光子学效应[10]。根据这个机制，在对器件施加局部力/压力后，可立即观察到可见光发射，并且发光强度与施加的力/压力近似呈线性关系，从而实现了高分辨率的二维压力映射。PSM 器件具有 10ms 的超短动态应变响应时间和小于 100μm（254dpi）的高空间分辨率，并可通过在光刻制造过程中使用更精细的掩模进一步提高。此外，该 PSM 器件是自供能的，不需要提供外部电力能。PSM 器件在实时压力映射系统、智能传感器网络、高级安全系统、人机界面和人工皮肤等领域具有潜在应用。

16.2 器 件 设 计

PSM 器件是通过采用纤锌矿结构 ZnS：Mn 颗粒作为力致发光材料制备的，顶部和底部夹有两个聚合物层进行封装，如图 16.1（a）所示。PET 薄膜因其优异的韧性而作为保护层；热封后，使用热塑性乙烯-醋酸乙烯酯共聚物（EVA）将 ZMP 与 PET 薄膜紧密黏合。这些透明聚合物层有利于 ZMP 在压力下发射的黄光的透射。通过对材料合成过程的系统研究，优化了发光性能的 ZnS：Mn 粒子通过真空固相反应，在 1050℃下烧结 3h，掺杂了 1%的 Mn^{2+}。合成后的 ZMP 的形态通过 SEM 进行表征，如图 16.1（b）所示。通过研磨和筛选，计算得到的 ZMP 的平均尺寸显示在图 16.1（c）中，为（3.1±0.25）μm（97.5%置信区间）。XRD（图 16.1（d））显示了硫化锌的纤锌矿结构（JCPDS 编号 36-1450）。如图 16.1（e）所示，产品的能量色散谱中观察到 Mn Kα 的小峰。从 XRD 图中没有发现锰化合物或杂质的其他衍射峰。因此，我们确认了所获得的 ZMP 中存在锰元素。

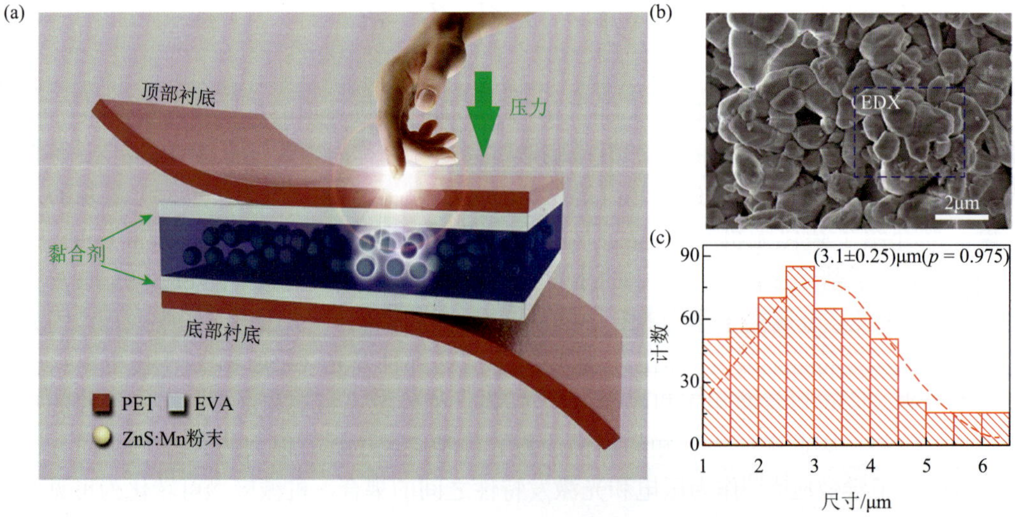

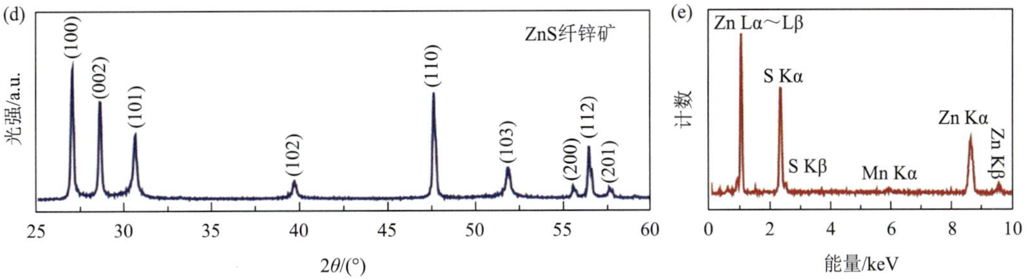

图 16.1　PSM 器件的结构和 ZnS：Mn 颗粒的表征。（a）PSM 器件的示意图；（b）通过真空固态反应在 1050℃进行 3h 掺杂 1%Mn^{2+}的 ZnS：Mn 颗粒的 SEM 图像；（c）ZMP 尺寸的统计结果，均值为（3.1±0.25）μm（97.5%置信区间）；（d）硫化锌粉末样品的 XRD 图案，显示出典型的纤锌矿结构（JCPDS 编号 36-1450）；（e）样品的能量色散谱，显示了样品中存在锰元素[16]

16.3　压电光子学效应的原理

通过对这些 PSM 器件施加不同的压力/应变来仔细研究其 ML 特性。图 16.2（a）显示了在一系列应力条件下从器件（0.5g ZMP、0.1mm 厚 PET）获得的典型 ML 光谱，表明在发射范围（525～685nm）内有一个 585nm（黄光）附近的固定峰值。图 16.2（b）显示了不同应力条件（0.8～10N）下 585nm 处的峰值强度和 525～685nm 处的积分强度，显示出两种情况的发射强度均随着应力的增大而增大。此外，通过将力转换为压力，积分强度与外部压力的关系如图 16.2（c）所示，在 10～50MPa 范围内表现出明显的线性增加趋势。经过标准校准后，可以通过并行读取 PSM 器件内 ML 过程中发光的位置和强度来精确确定施加在器件上压力的位置和大小。

针对 ML 过程提出了各种机制[15, 17-19]，其中有两种观点是被广泛接受的：①585nm 附近的发射峰是由 Mn^{2+}的 $^4T_1(^4G)$-$^6A_1(^6S)$跃迁引起的[20]；②压电势在 ZMP 的 ML 过程中起着至关重要的作用[13, 21]。基于这些理解，提出了压电光子学效应[3, 10]来解释 ZMP 基 PSM 器件内 ML 特性背后的物理机制。作为压电效应和光激发特性之间的耦合（图 16.2（d）），压电光子学效应被认为在机械应力到可见光发射的转换过程中启动了 ML 过程。当施加应变时，由于其非中心对称结构，纤锌矿结构压电硫化锌内会产生压电极化电荷。在掺杂位点[22-24]，第一性原理计算表明，Mn 掺杂会产生电子缺陷态和空穴缺陷态，上部能级捕获电子，下部能级捕获空穴。当施加机械应力时，压电电荷产生的压电势能够改变硫化锌的导带和价带。因此，电子缺陷态中的被捕获电子更容易释放到 ZMP 的导带中（图 16.2（f））[13-15]。然后，通过将能量（约 2.8eV）转移到 Mn^{2+}并激发其外层电子从 $^6A_1(^6S)$到 $^4T_1(^4G)$，被释放的电子和空穴之间发生非辐射复合（所需能量为 2.2～2.5eV）（图 16.2（e）和（f））。当 Mn^{2+}的激发电子落回 $^6A_1(^6S)$时，以黄色可见光的形式发射出光子[25]。因此，应变产生的压电势在 ZMP 内部改变能带结构中起着重要作用，从而调节/控制光激发过程。这就是压电光子学效应。通过比较由纤锌矿结构（具有较高压电系数）和闪锌矿结构（具有较低压电系数）ZMP 组成的器件在相似压力下的 ML 强度，进一步验证了该工作机制中压电势的重要性。研究得出结论，与闪锌矿结构 ZMP 组成的器件相比，用纤锌矿结构 ZMP 制备的器件表现出 20 倍的 ML 强度。根据该工作机制，在对 PSM 器件施加力时，立即观察到可见光发射；通过检测发射的可见光可以在器件上提供实时、高空间和时间分辨率的二维压力动态映射。

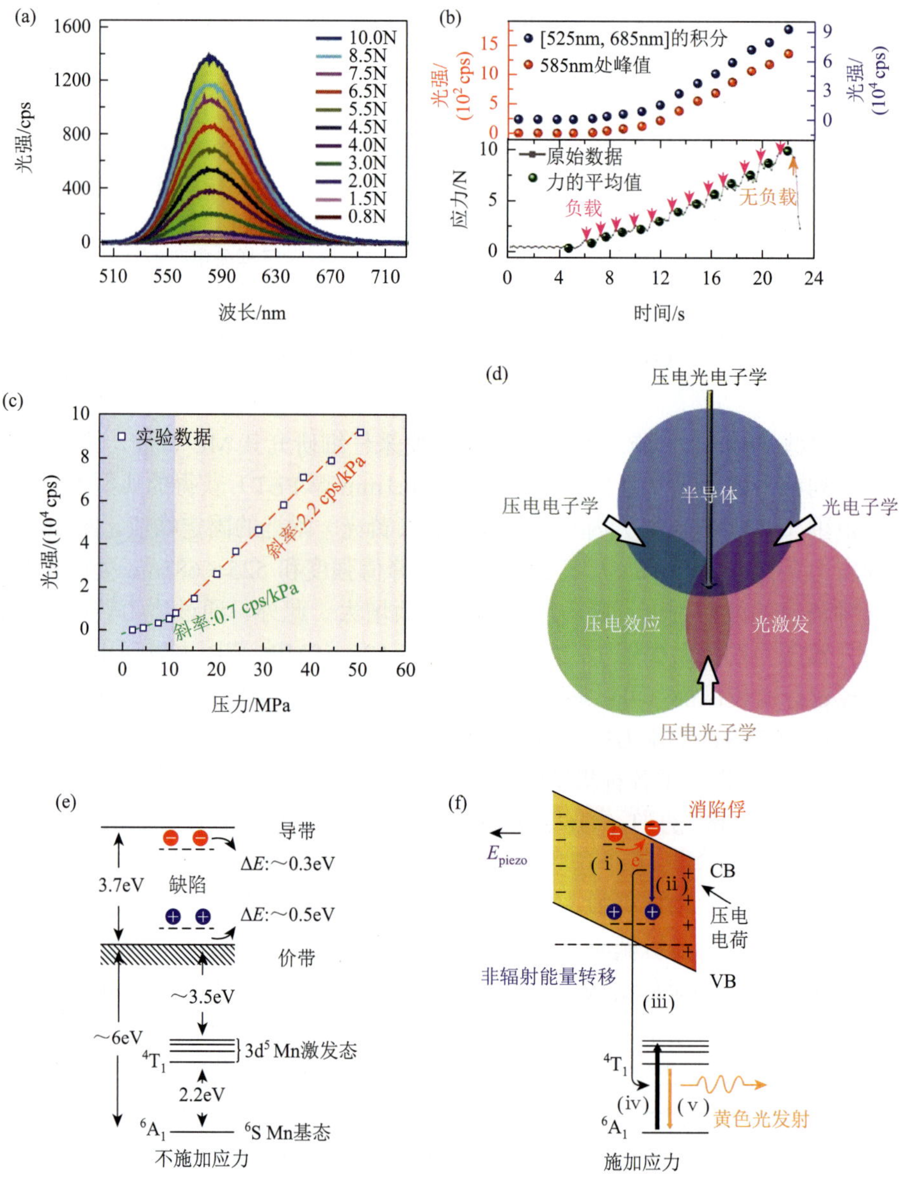

图 16.2　力致发光特性和提出的工作机制。（a）施加不同应力时，由 0.5g ZMP 和 0.1mm 厚的 PET 薄膜制成的 PSM 器件得到的 ML 光谱；（b）施加不同应力时，585nm 峰值强度（红点）和 525 ~ 685nm 范围内的积分强度（蓝点）与应力之间的关系（绿点）；（c）施加不同应力下，525 ~ 685nm 范围内的积分强度；（d）压电电子学、光电子学、压电光电子学和压电光子学领域的示意图；（e）Mn 掺杂硫化锌的能带示意图；（f）压电光子学效应引发的 ML 过程，（i）为应变产生的压电势引起电子消陷俘，（ii）～（iv）为电子和空穴之间的非辐射复合将能量转移至 Mn^{2+}，（v）为激发的 Mn^{2+}落回基态并发射可见光[16]

16.4　实验观察

通过研究图 16.3（a）和（b）所示的 ML 强度-压力曲线的斜率，可评估 PSM 器件的灵敏度。对于不同厚度的 PET 薄膜和不同数量 EVA 黏合的 ZMP，得出了以下结论（图 16.3（a））：PET 薄膜越薄，灵敏度越高，因为 PET 薄膜具有更小的变形抗力，外加压力更容易通过较薄的 PET 传递给 ZMP。此外，用更多 ZMP 制备的 PSM 器件表现出更好的灵敏度。因为在相同的压力条件下，更多的 ZMP 会发射更多的光子。如图 16.3（a）和（b）的插图所示，ML 强度可检测的最低阈值压力为 600kPa，这意味着 PSM 压力映射器件具有许多潜在的应用。

针对实际应用，通过对器件施加 15MPa 的周期性压力并超过 10000 次循环，对 PSM 器件的稳定性和重复性进行了仔细研究，如图 16.3（c）所示。一般来说，PSM 器件在整个测试过程中表现出稳定的 ML 强度，但初始阻尼（1000 次循环之前）除外，这可以解释为变形过程中 ZMP 的凝结和稳定。此外，通过将 PSM 器件连接到来回移动的线性电机上进行循环弯曲测试，研究了 PSM 器件的柔性和机械强度，如图 16.3（f）和（g）所示。在每一千个弯曲周期之后，既没有观察到 ML 强度的明显下降，也没有观察到器件明显的物理损坏（图 16.3（g））。这些结果清楚地表明了 PSM 器件在经过长时间运行后在机械和 ML 特性方面的稳定，在实际应用中非常可靠。

实时压力映射的实现依赖于 PSM 器件的快速响应时间。考虑到 ML 强度的半峰全宽，我们计算了响应时间，如图 16.3（d）所示，并进行了高斯拟合。从 80 个测量中得到的半峰全宽响应时间统计结果显示，平均值为（9.88±0.36）ms（97.5%置信区间），

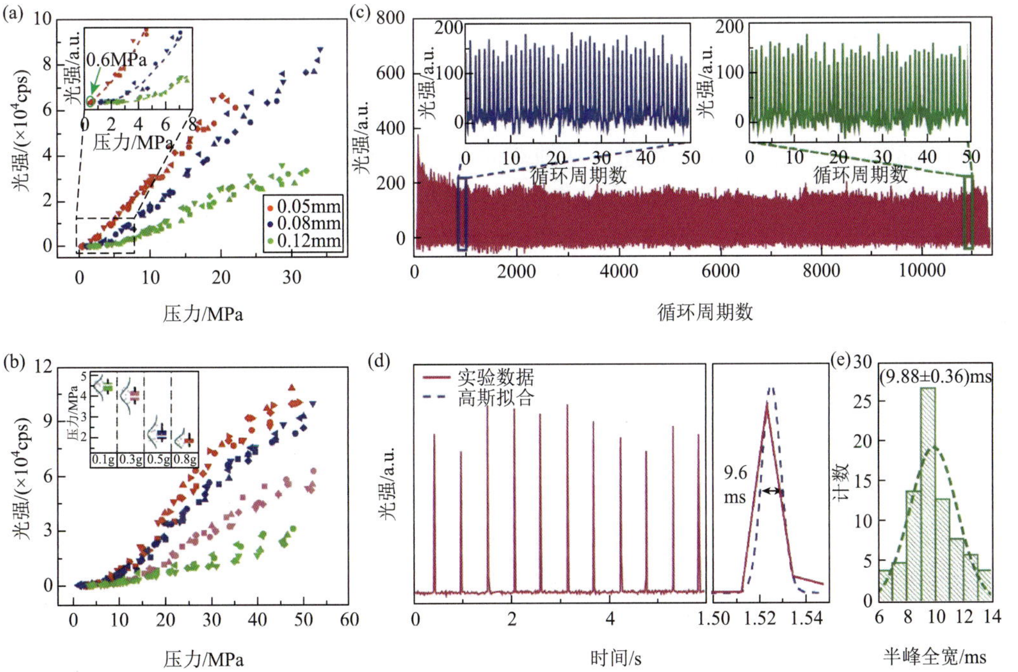

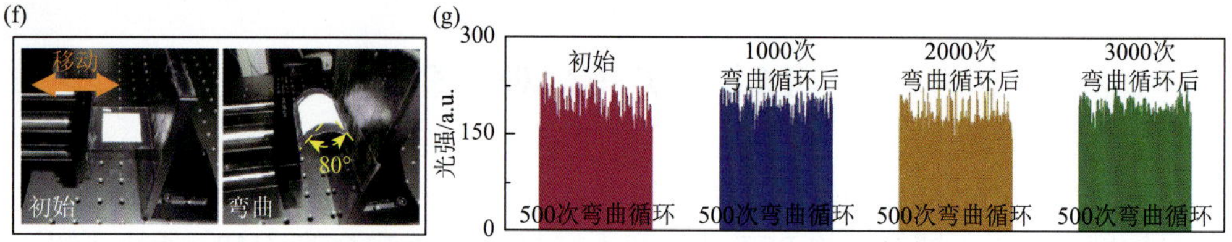

图 16.3　PSM 器件的性能。从（a）具有不同 PET 膜厚度和（b）具有不同封装 ZMP 数量的器件中获得的 ML 响应，每种颜色下的三个符号（圆形、矩形、三角形）代表从一台器件中得到的三个测量值，（a）插图为低压（0～8MPa）下 ML 响应的放大图，（b）插图为不同器件阈值压力的箱线图和正态分布曲线；（c）超过 10000 个周期弯曲后 PSM 器件（0.5g ZMP，0.1mm 厚的 PET 薄膜）的稳定性和重复性测试；（d）在动态压力映射测试中 PSM 器件的响应时间，使用高斯拟合；（e）响应时间的统计结果为（9.88±0.36）ms（97.5%置信区间）；（f）PSM 器件的柔性测试；（g）PSM 器件的稳定性测试，超过 3000 个周期[16]

如图 16.3（e）所示。考虑到我们光谱仪的时间分辨率为 8ms，PSM 器件的实际响应时间可能更短。通过并行读取施加压力时器件发射的光信号，可以实现快速响应的实时压力映射，对于那些电信号处理器件提供了巨大的优势[26-29]。

在静态和动态压力情况下，基于 ZMP 的 PSM 器件通过 ML 过程，将机械应力转换为光发射。通过并行记录和处理光信号，利用图像采集和处理系统从而实时将详细的二维压力分布可视化，如图 16.4（a）所示。将 CCD 图像传感器连接到个人计算机，以捕捉 PSM 器件在施加压力时的光发射作为图像采集单元；利用自主开发的计算机软件处理获取的图像进行压力映射，作为信号处理单元。图 16.4（b）显示了在 PSM 器件上按下“玫瑰形”印章来演示静态压力可视化。如图 16.4（c）所示，实时捕捉手写字母“*e*”来呈现动态压力可视化。通过提取实时捕获图像的灰度，得到相对 ML 强度对应的二维分布，如图 16.4（d）所示。图 16.4（e）显示了图 16.4（d）中绿色矩形区域的线剖面，清楚地显示了点 A 和点 B 之间相对强度的差异，表明 PSM 器件可以从手写签名中获取详细的压力信息，以分析签名者的签名习惯，用于更安全的签名采集应用。此外，基于一定的时间间隔，签名速度也可以通过从捕获的视频中提取帧数来动态监测。由计算机程序控制，以 80ms 的时间间隔从动态捕获的签名视频中提取帧数，并叠加显示为连续的几个图像，如图 16.4（f）和（g）所示。签名速度较快的签名者会产生较少的图像（图 16.4（f）），而签名速度较慢的签名者会产生较多的图像（图 16.4（g））。通过这种方式，PSM 器件可以精确监控每个签名者的签名速度，这是分析签名习惯的另一个关键参数，用于高级安全目的。

图 16.4（h）显示了使用基于 ZMP 的 PSM 器件安全签名采集系统的演示，可以记录手写签名和几个签名者的签名习惯。根据从四个签名者采集的手写签名“*piezo*”和相应的相对 ML 分布强度（图 16.4（h）），四个签名之间的形态差异是明显的。PSM 器件能够提供更加个性化的书写行为，例如签名时施加在每个像素上的压力和签名速度。如图 16.4（h）所示，第一个签名者和第二个签名者在整个签名过程中都意图稳定地签名，压力均匀分布，而第一个签名者（图 16.4（h）中的（i））明显比第二个签名者施加了更大的力度（图 16.4（h）中的（ii））。第三个签名者（图 16.4（h）中的（iii））在签名过程的末

尾施加了更多的压力，而第四个签名者（图 16.4（h）中的（iv））更喜欢在签名过程的末尾和某些转折点处施加更多的压力。因此，这些 PSM 器件记录了签名者的手写签名和签字习惯。

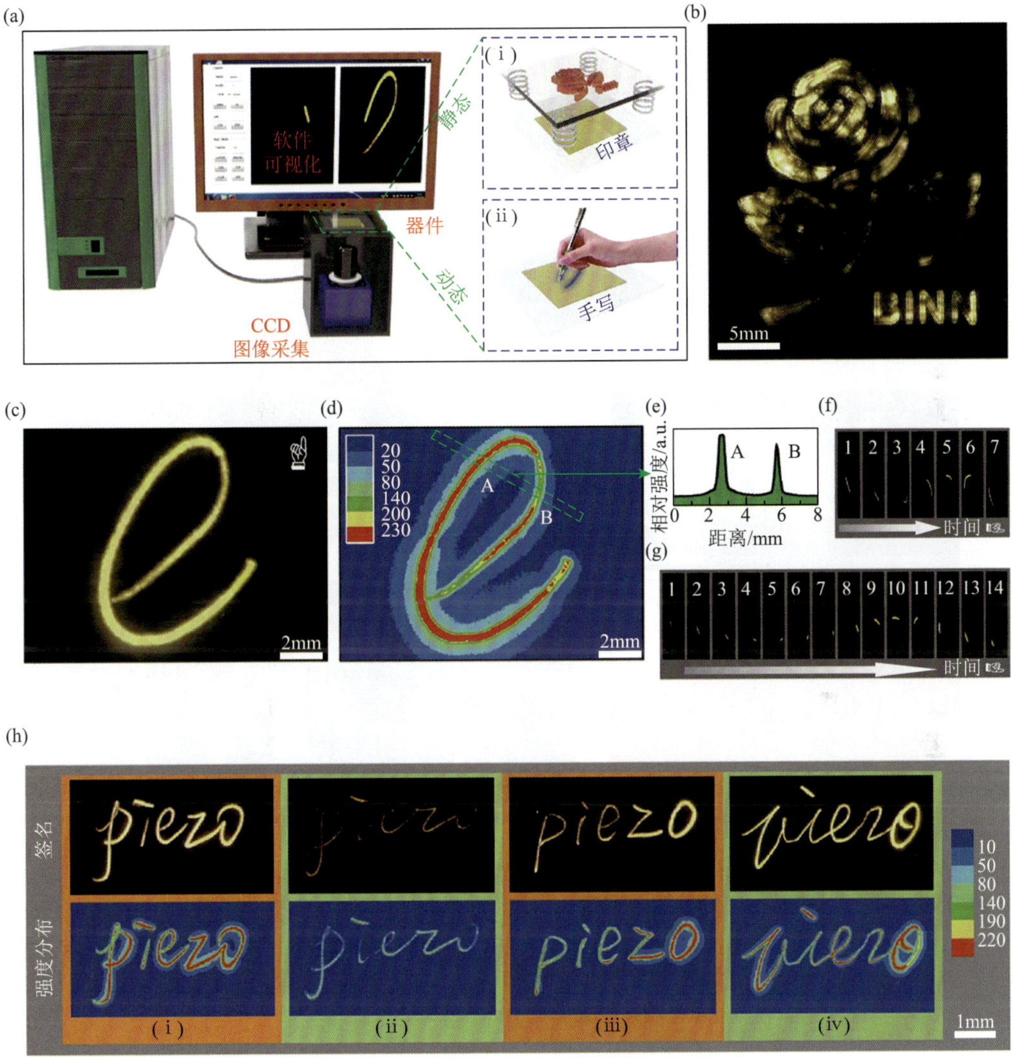

图 16.4　静态和动态压力分布的可视化。(a) 图像采集和处理系统的示意图，(i) 静态和 (ii) 动态压力映射测量；(b) 由印章产生的静态压力分布的可视化；(c) 手写“*e*”产生动态压力分布的可视化：(d) 通过图 (c) 中提取灰度得到相对 ML 强度的二维分布；(e) 图 (d) 中绿色框线区域相对 ML 强度的线轮廓；基于 80ms 时间间隔从动态捕获签名过程视频中提取的连续帧数，以显示签名速度：(f) 签名速度快，(g) 签名速度慢；(h) 通过 PSM 器件记录了四位签名者签名习惯的演示，(i) 在签名过程中，压力均匀分布，施加了较大的力量，(ii) 在签名过程中，压力均匀分布，施加了较小的力量，(iii) 在签名过程的末尾施加更多的压力，(iv) 在签名过程的末尾和一些转折点施加更大的压力

16.5 器件性能的改善

尽管 PSM 器件可以在照明条件下工作，但信噪比相对较低，如图 16.5（a）和（e）（红色）所示。因此，在顶部 PET 层的内侧组装一个遮光层（图 16.5（b）），通过反射（银膜，图 16.5（c））或吸收（黑色涂料，图 16.5（c））入射的环境光来改善信噪比。采用图 16.5（a）中相同的签名和照明条件下，改进后的 PSM 设备具有更好的信噪比，如图 16.5（d）和（e）（绿色）所示。

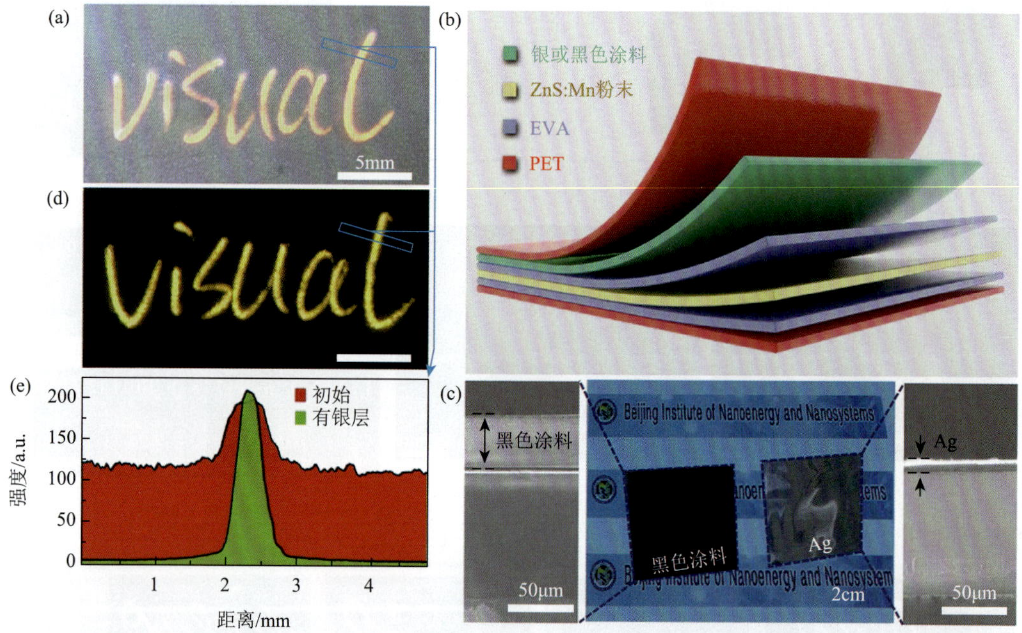

图 16.5 信噪比的改进。（a）在 100μW/cm² 光照下，没有遮光层的 PSM 器件的动态压力映射性能；（b）具有遮光层的改进型 PSM 器件的示意图；（c）改进型 PSM 器件的形态，带有 50μm 厚的黑色涂料遮光层（左图）和 3μm 厚的银薄膜遮光层（右图）的 PET 薄膜截面的 SEM 图像；（d）在 100μW/cm² 光照下，具有遮光层的 PSM 器件动态压力映射的性能；（e）ML 强度的线轮廓，用于说明没有（红色）和有（绿色）遮光层 PSM 器件的信噪比

PSM 器件的空间分辨率取决于制备过程中采用的微图案技术。在这项工作中，我们通过紫外光刻技术显示了 100μm 的压力映射分辨率，如图 16.6（a）所示。通过标准的光刻工艺，将 ZMP 与光刻胶混合，在 PET 基底上制备了大尺度的力致发光 ZMP：光刻胶阵列。整个器件由另一层 EVA 和 PET 封装，以保护其免受污染和损坏（图 16.6（a））。透明 PSM 器件的数字图像如图 16.6（b）所示。该器件的详细尺寸通过 SEM 顶视图（图 16.6（c））和侧视图（图 16.6（d），（e））进行表征，显示出 50μm×50μm 的 ML 像素尺寸和 100μm 的中心距离。截面 SEM 图像（图 16.6（d），（e））清晰地显示了层状结构和 13μm 的像素高度。动态压力映射是通过在该器件顶部签名“*nano*”来演示，

如图 16.6（f）和（g）所示。图 16.6（h）中显示了标记区域（图 16.6（g）中的红色矩形）的放大视图，清楚地显示了压力下像素的可见光发射。从水平和垂直方向收集的 20 个像素 ML 强度分布（图 16.6（h）中紫色和红色箭头所示）展示了相邻像素之间干扰的消除。仅施加压力的像素可观察到光发射，而其他像素没有采集到光信号。这些优异的特

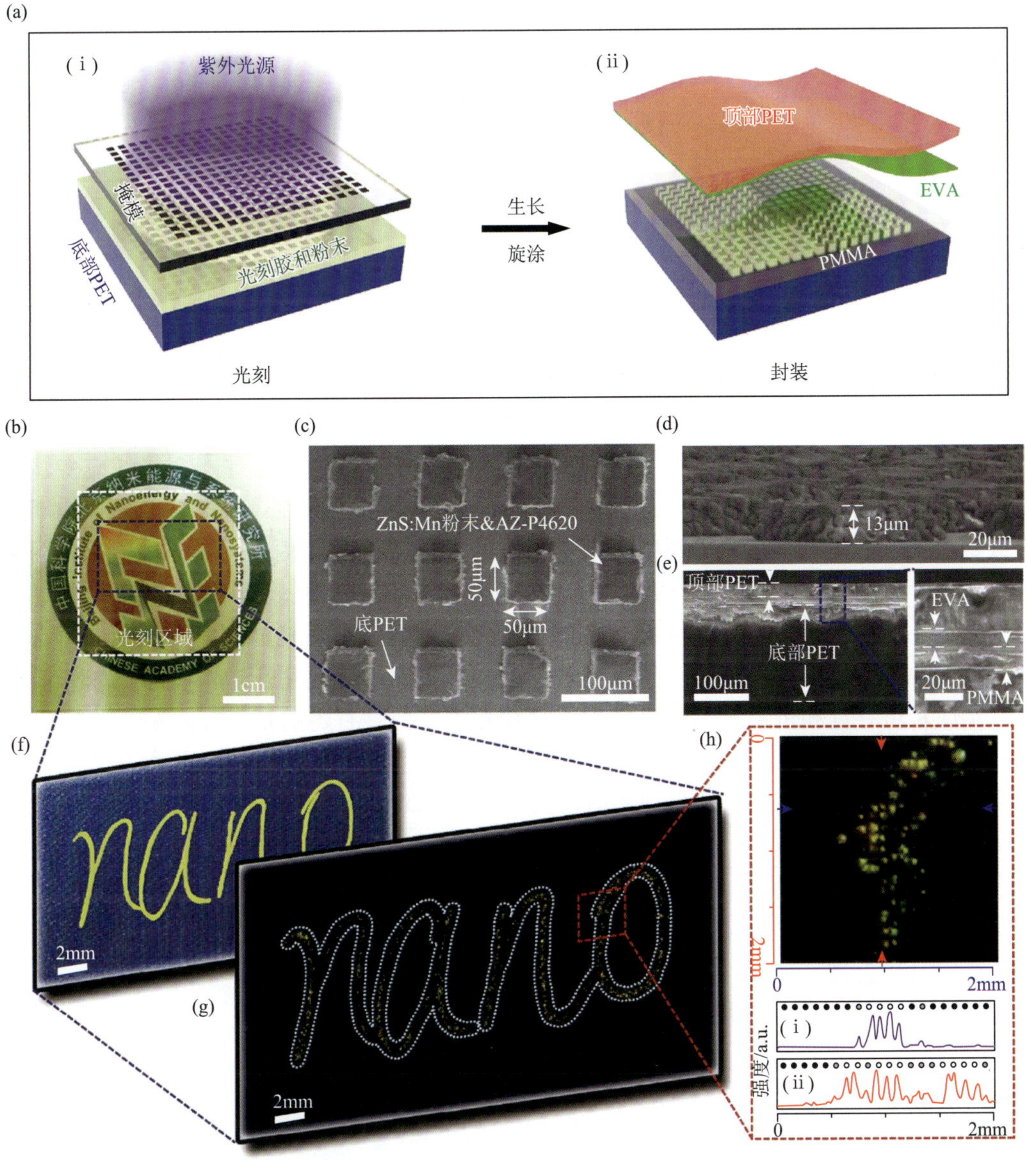

图 16.6　空间分辨率。(a) PSM 器件紫外光刻制备工艺的示意图；(b) 透明 PSM 器件的数字图像；(c)～(e) ZMP 的 SEM 图像：(c) 顶视图和 (d)，(e) 侧视图中的光刻胶阵列结构 PSM 器件，像素尺寸为 50μm×50μm，高度为 13μm，中心距离为 100μm；(f)，(g) 对阵列结构的 PSM 器件手写“*nano*”产生的动态压力分布的可视化；(h) 为图 (g) 中标记区域的放大视图，底部图为水平方向（紫色箭头）和垂直方向（红色箭头）像素 ML 强度的线剖面，相邻像素之间没有干扰，显示出良好的分辨率和可区分性

性极大地提高了压力映射应用的精度。因此，PSM 器件为静态和动态应力的实时高分辨率二维压力映射应用提供了一种新方法。

与传统技术相比，基于 ZMP 的 PSM 器件为智能电子签名采集提供了更安全的方法。这些 PSM 器件不仅会同时记录手写签名，还会记录签名者独特的签名特点。PSM 器件完全记录了签名过程中每个像素的动态压力分布和签名速度，以支持对不同签名者签名习惯的分析。这些功能为电子签名采集技术提供了不同的路径，以满足高级安全需求。

16.6 应用范例

最近，将压电光子学材料应用于多功能应用的趋势非常明显。本节将简要介绍该领域的一些最新研究案例。一般来说，使用传统弹性发光材料仍然很难预测和量化低于 100μst 的微应变。因此，开发具有无阈值高灵敏度和量化微应变发射强度的新材料非常重要。最近，Xu 等发现了一种高性能的压电多功能材料，其同时具有压电性和高效的发光性能[7]。该研究将镧系元素 Pr^{3+}掺杂到 $LiNbO_3$ 材料。通过精确调节非化学计量的 $LiNbO_3$：Pr^{3+}中的 Li/Nb 比例，得到了一种具有高发光强度的材料。图 16.7（a）显示了 $Li_{1.00}NbO_3$：Pr^{3+}片在拉伸应变测试中的发光。特别是，$Li_{1.00}NbO_3$：Pr^{3+}在最低应变情况下表现出优异的应变灵敏度，无应力传感阈值。这些多压电特性对于多功能器件应用非常重要。如上所述，有趣的是利用压电 PMN-PT 执行器在材料内产生的压电电势，展示压电光子学效应。在压电光子学效应的研究基础上，Hao 等进一步开发了基于复合材料的混合器件，能够感应不同类型的外部刺激，包括电场、单轴拉伸应变和机械书写，以及压电双轴应变（图 16.7（b））[30]。此外，Zhang 等最近通过用压电薄膜替代 PMN-PT 晶体实现了可寻址和可调颜色的压电光子学发光条纹[31]。有趣的是，Pan 等制备了 ZnS：Mn 基聚合物组成的压力传感器阵列[32]。图 16.7（c）为压电光子学效应进行压力映射的示意图。这种动态压力映射器件在实时压力传感和 3D 书写等领域具有潜在的应用前景。

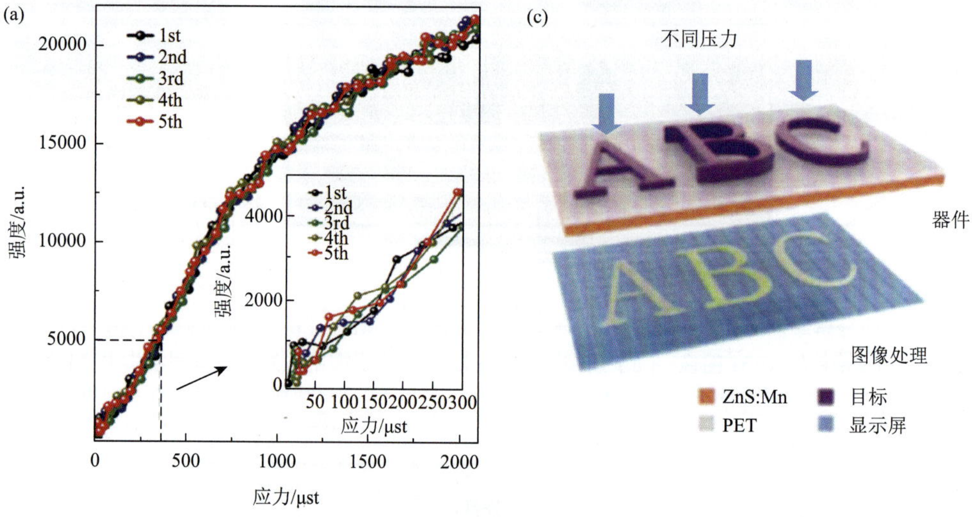

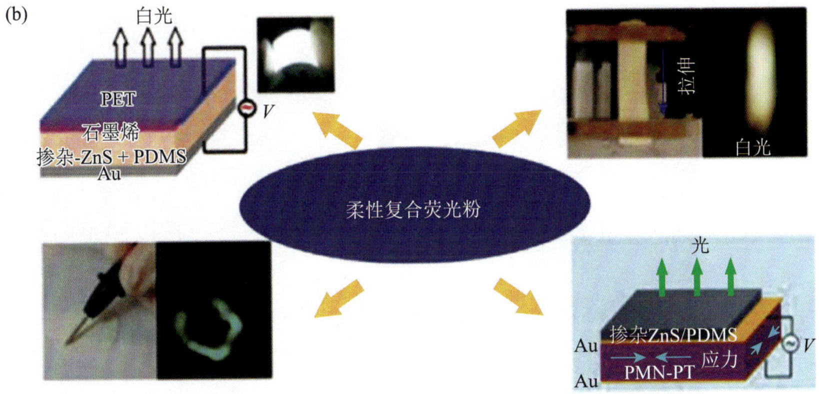

图 16.7　（a）$LiNbO_3$：Pr^{3+}薄片的 ML 特性，插图显示了在 0～300μst 应变范围内薄片的 ML 响应[7]；（b）复合荧光粉以及响应不同类型外部刺激的器件[21]；（c）压电光子学效应作用下，压力映射过程的示意图[32]

除了上述应力光学传感器之外，相关材料也被应用于其他新兴领域[33]。如图 16.8（a）所示，Xu 等首先在生物成像和光疗中使用 ML 光源作为荧光探针分子，甚至在黑暗的生物组织中也是如此[34]。超声波产生的光源也被证明可用于二氧化钛光催化剂的光活化[35]。Jeong 等展示了一种风驱动装置，能够从铜掺杂的硫化锌基复合材料中发出暖/中性/冷的白光[36]。这种新型显示/照明系统可以为新型环保灯光铺平道路，并减少能源浪费，促进可持续发展（图 16.8（b））。与 PL 和 EL 相比，通过磁场产生发光面临着巨大的挑战，因此本征的 MIL 现象非常罕见。Hao 等提出了一种通过磁效应与压电光子学效应耦合来观察 MIL 的方法[37, 38]。最近，还研究了实时远程调控的发光，实现了可调白光和红绿蓝的全彩显示，如图 16.8（c）所示[39]。

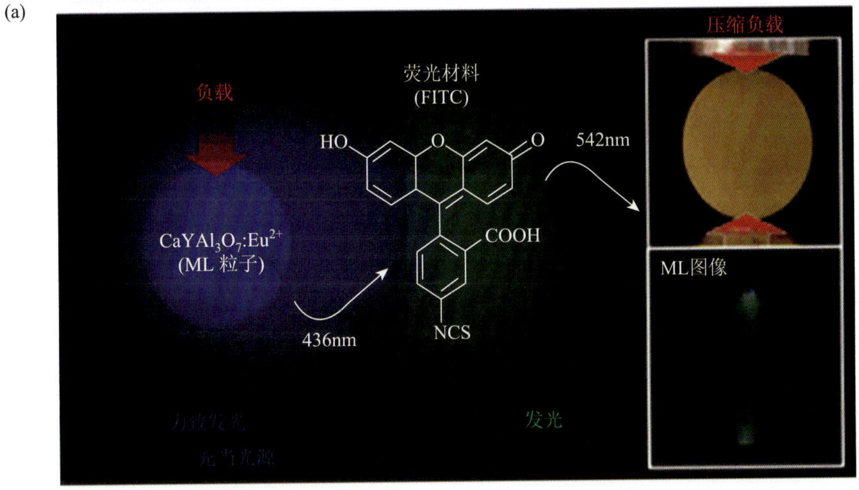

(b)

(c)

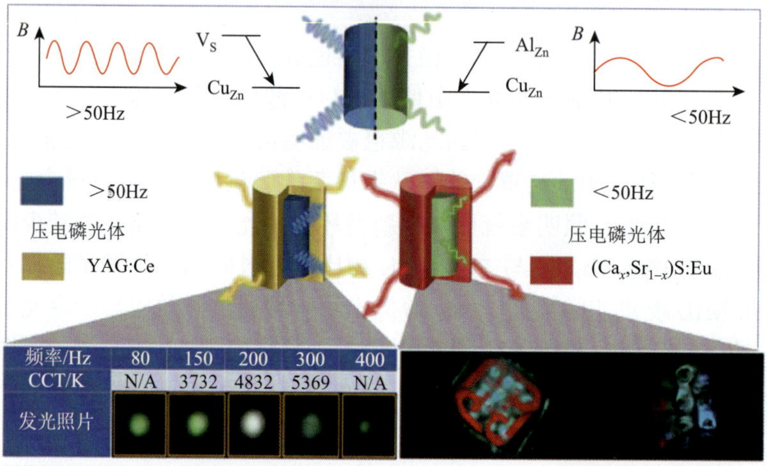

图 16.8 （a）用于生物应用中荧光探针分子的 ML 光源[34]；（b）基于 ZnS：Cu 复合材料的风驱动显示/照明器件[36]；（c）通过压电磷光体（ZnS：Al，Cu）与其他磷光体（YAG：Ce 和（Ca_x, Sr_{1-x}）S：Eu）耦合的压电光子学效应，实时远程调控色域范围，实现全彩显示[39]

16.7 总　　结

总之，压电光子学效应的机制是压电效应和光激发特性之间的耦合。本章阐述了该效应的基本原理及潜在应用。通过记录签名者的手写签名和签名行为/习惯，这些 PSM 器件可用于安全的电子签名信息采集。与现有技术相比，器件在签名过程中可采集更多独特且可靠的个性化信息，为实现高级别安全需求的电子签名提供了新的方法。由于压电势引起掺杂元素的光发射，PSM 器件实现了快速的响应时间（小于 10ms）和高空间分辨率（100μm，254dpi），在经过数千次循环测试后保证了出色的稳定性和重复性能。我们的 PSM 器件可能在实时压力映射、智能传感器网络、高级别安全系统、人机界面和人工皮肤等领域具有潜在的应用。

参考文献

[1] Xu C N，Watanabe T，Akiyama M，et al. Direct view of stress distribution in solid by mechanoluminescence. Applied Physics Letters，1999，74（17）：2414-2416.

[2] Xu C N，Schwartz M. Encyclopedia of Smart Materials. New York：John Wiley & Sons，2002：190-201.

[3] Wang Z L. Piezopotential gated nanowire devices：piezotronics and piezo-phototronics. Nano Today，2010，5（6）：540-552.

[4] Matsui H，Xu C N，Liu Y，et al. Origin of mechanoluminescence from Mn-activated $ZnAl_2O_4$：triboelectricity-induced electroluminescence. Physical Review B，2004，69（23）：235109.

[5] Botterman J，Eeckhout K V D，Baere I D，et al. Mechanoluminescence in $BaSi_2O_2N_2$：Eu. Acta Materialia，2012，60（15）：5494-5500.

[6] Sagara Y，Kato T. Mechanically induced luminescence changes in molecular assemblies. Nature Chemistry，2009，1（8）：605-610.

[7] Tu D，Xu C N，Yoshida A，et al. $LiNbO_3$：Pr^{3+}：a multipiezo material with simultaneous piezoelectricity and sensitive piezoluminescence. Advanced Materials，2017，29（22）：1606914.

[8] Zhang J C，Xu C N，Kamimura S，et al. An intense elastico-mechanoluminescence material CaZnOS：$Mn^{2+}$for sensing and imaging multiple mechanical stresses. Optics Express，2013，21（11）：12976-12986.

[9] Li J，Xu C N，Tu D，et al. Tailoring bandgap and trap distribution via Si or Ge substitution for Sn to improve mechanoluminescence in $Sr_3Sn_2O_7$：Sm^{3+}layered perovskite oxide. Acta Materialia，2018，145：462-469.

[10] Wang Z L. Towards self-powered nanosystems：from nanogenerators to nanopiezotronics. Advanced Functional Materials，2008，18（22）：3553-3567.

[11] Pan C F，Dong L，Zhu G，et al. High-resolution electroluminescent imaging of pressure distribution using a piezoelectric nanowire LED array. Nature Photonics，2013，7（9）：752-758.

[12] Yu R M，Dong L，Pan C F，et al. Piezotronic effect on the transport properties of GaN nanobelts for active flexible electronics. Advanced Materials，2012，24（26）：3532-3537.

[13] Chandra B P，Baghel R N，Chandra V K. Mechanoluminescence glow curve of ZnS：Mn. Chalcogenide Letters，2010，7（1）：1-9.

[14] Olawale D O，Dickens T，Sullivan W G，et al. Progress in triboluminescence-based smart optical sensor system. Journal of Luminescence，2011，131（7）：1407-1418.

[15] Chandra B P，Xu C N，Yamada H，et al. Luminescence induced by elastic deformation of ZnS：Mn nanoparticles. Journal of Luminescence，2010，130（3）：442-450.

[16] Wang X D，Zhang H L，Yu R M，et al. Dynamic pressure mapping and physiological analysis of personalized handwriting by a flexible sensor matrix based on mechanoluminescence process. Advanced Materials，2015，27（14）：2324-2331.

[17] Alzetta G，Minnaja N，Santucci S. Piezoluminescence in zinc-sulphide phosphors. Nuovo Cimento，1962，23（5）：910-913.

[18] Chudacek I. The kinetics of the triboluminescence of zinc sulphide Ⅰ. Czechoslovak Journal of Physics B，1967，17（1）：34-42.

[19] Zink J I. Triboluminescence. Accounts of Chemical Research，1978，11（8）：289-295.

[20] Bhargava R N，Gallagher D，Hong X，et al. Optical-properties of manganese-doped nanocrystals of ZnS. Physical Review Letters，1994，72（3）：416-419.

[21] Zhang Y，Gao G Y，Chan H L W，et al. Piezo-phototronic effect-induced dual-mode light and ultrasound

emissions from ZnS：Mn/PMN-PT thin-film structures. Advanced Materials，2012，24（13）：1729-1735.
[22] Weidemann R，Gumlich H E，Kupsch M，et al. Partial density of Mn 3d states and exchange-splitting changes in $Zn_{1-x}Mn_xY$（Y = S, Se, Te）. Physical Review B，1992，45（3）：1172-1180.
[23] Parrot R，Boulanger D，Diarra M N，et al. Model for the electronic and vibronic structure of 4T1 levels of d5 ions coupled to Evibrational modes：case of the fluorescent level of Mn^{2+}in ZnS. Physical Review B，1996，54（3）：1662-1672.
[24] Gumlich H E，Pfrogner R L，Shaffer J C，et al. Optical absorption and energy levels of manganese in ZnS：Mn crystals. The Journal of Chemical Physics，1966，44（10）：3929-3934.
[25] Xu C N，Watanabe T，Akiyama M，et al. Artificial skin to sense mechanical stress by visible light emission. Applied Physics Letters，1999，74（9）：1236-1238.
[26] Takei K，Takahashi T，Ho J C，et al. Nanowire active-matrix circuitry for low-voltage macroscale artificial skin. Nature Materials，2010，9（10）：821-826.
[27] Someya T，Sekitani T，Iba S，et al. A large-area，flexible pressure sensor matrix with organic field-effect transistors for artificial skin applications. Proceedings of the National Academy of Sciences，2004，101（27）：9966-9970.
[28] Mannsfeld S C B，Tee B C K，Stoltenberg R M，et al. Highly sensitive flexible pressure sensors with microstructured rubber dielectric layers. Nature Materials，2010，9（10）：859-864.
[29] Lipomi D J，Vosgueritchian M，Tee B C K，et al. Skin-like pressure and strain sensors based on transparent elastic films of carbon nanotubes. Nature Nanotechnology，2011，6（12）：788-792.
[30] Chen L，Wong M C，Bai G X，et al. White and green light emissions of flexible polymer composites under electric field and multiple strains. Nano Energy，2015，14：372-381.
[31] Chen Y，Zhang Y，Karnaushenko D，et al. Addressable and color-tunable piezophotonic light-emitting stripes. Advanced Materials，2017，29（19）：1605165.
[32] Wang X D，Ling R，Zhang Y F，et al. Oxygen-assisted preparation of mechanoluminescent ZnS：Mn for dynamic pressure mapping. Nano Research，2018，11（4）：1967-1976.
[33] Peng D F，Chen B，Wang F. Recent advances in doped mechanoluminescent phosphors. ChemPlusChem，2015，80（8）：1209-1215.
[34] Terasaki N，Zhang H W，Yamada H，et al. Mechanoluminescent light source for a fluorescent probe molecule. Chemical Communications，2011，47（28）：8034-8036.
[35] Terasaki N，Yamada H，Xu C N. Ultrasonic wave induced mechanoluminescence and its application for photocatalysis as ubiquitous light source. Catalysis Today，2013，201：203-208.
[36] Jeong S M，Song S，Joo K I，et al. Bright，wind-driven white mechanoluminescence from zinc sulphide microparticles embedded in a polydimethylsiloxane elastomer. Energy & Environmental Science，2014，7（10）：3338-3346.
[37] Wong M C，Chen L，Tsang M K，et al. Magnetic-induced luminescence from flexible composite laminates by coupling magnetic field to piezophotonic effect. Advanced Materials，2015，27（30）：4488-4495.
[38] Graydon O. Magnetic opportunities. Nature Photonics，2015，9（9）：558-558.
[39] Wong M C，Chen L，Bai G X，et al. Temporal and remote tuning of piezophotonic-effect-induced luminescence and color gamut via modulating magnetic field. Advanced Materials，2017，29（43）：1701945.

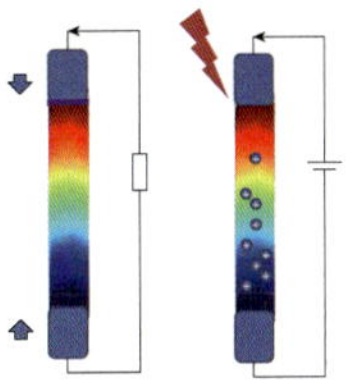

第 17 章

挠曲电效应

摘　要

挠曲电效应作为力电耦合的高阶效应，可以通过应变梯度产生极化，或者通过电场梯度产生应变。当晶体受到非均匀应变时，其晶格在局域应变下发生扭曲。由于应变梯度破坏了材料的反演对称性，扭曲的晶格会引起束缚电荷的重新分布，从而在宏观上产生极化。挠曲电效应也可存在于许多具有立方晶体结构的材料中。本章回顾了挠曲电效应的实验和相关的理论描述。

17.1　中心对称半导体内的挠曲电电子学效应

利用压电[1-4]、热电[5, 6]和铁电[7-9]效应引入局部极化的界面工程引起了广泛关注，作为具有研究与应用前景的方法，可用于电子学/光电子学、人机接口以及人工智能等领域。该方法主要应用于具有非中心对称晶体结构的半导体，例如纤锌矿结构的氧化锌和氮化镓，从而限制了其应用范围。挠曲电电子学效应通过应变梯度产生的极化来调节电子器件的输运特性，可以应用于硅、锗和砷化镓等传统半导体，为实现应变调控电子器件提供了一种途径，并且为在中心对称半导体中实现局部极化电场控制电子学和高性能机电应用铺平了道路[10-13]。本章介绍了挠曲电效应的基本机制及其潜在应用。

17.1.1　挠曲电电子学效应

图 17.1（a）显示了挠曲电电子学的概念。当对半导体施加不均匀的应变或应力时，由于挠曲电效应，半导体内会产生挠曲电极化电场[14-17]。由于大的局部非均匀应变，挠曲电极化电场不仅存在于材料表面，而且还分布在晶体内部一定长度或体积范围内。晶体内部的极化电场可以影响金属-半导体界面以及半导体内部自由载流子的浓度和分布（图 17.1（a）中的（i）)，从而调控金属-半导体界面和晶体内部的能带结构。一般来说，

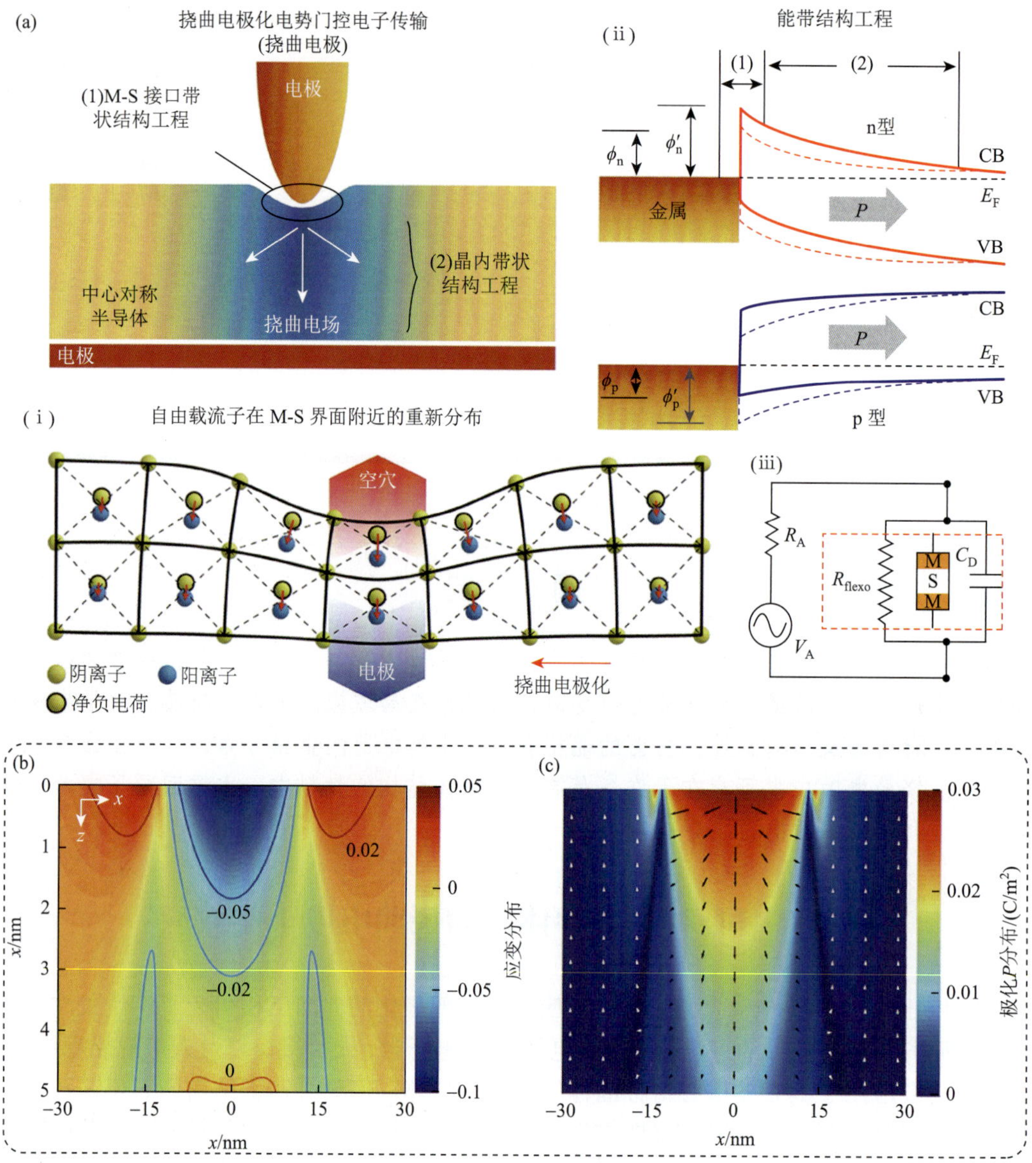

图 17.1 （a）挠曲电电子学概念的示意图。中心对称半导体内产生的挠曲电极化电势可以控制电子输运。(i) 非均匀应变条件下的中心对称晶体结构，中心对称半导体中产生的挠曲电极化电场可以影响界面附近自由载流子的浓度和分布，改变肖特基势垒高度，从而调节（ii）能带结构，其中包括（1）金属-半导体界面能带结构和（2）晶体内部能带结构。ϕ_n / ϕ_n' 和 ϕ_p / ϕ_p' 分别表示在没有（虚线）和有（实线）应变的情况下金属与 n 型或 p 型半导体接触形成的肖特基势垒高度。CB、VB 和 E_F 分别代表导带、价带和费米能级，红线和蓝线分别代表 n 型半导体和 p 型半导体的能带结构。灰色箭头表示纳米压痕下挠曲电极化的大小和方向。(iii) 挠曲电电子学器件的等效电路图。红色虚线内的区域是一个两端口器件，其中 R_{flexo} 表示由应变梯度调节的等效可调电阻。挠曲电电子学的基本原理是利用应变梯度在晶体内产生的挠曲电极化电势作为“栅极”信号来调节界面势垒，从而调控电子输运特性。R_A、V_A 和 C_D 分别代表串联电阻、电压源和等效并联电容。(b)，(c) 硅内通过理论模拟计算得到的挠曲电极化，模型显示了原子力显微镜针尖施加 25 μN 力条件下对应的（b）应变分布和（c）挠曲电极化分布。(c) 中的箭头表示极化方向。力由原子力显微镜针尖（半径 25nm）向下施加，位于原点中心

在半导体一侧产生的负挠曲电极化电势会排斥界面附近的电子，同时吸引空穴，使能带向上弯曲。类似于压电电子学效应，应变梯度引起的挠曲电极化可以有效地调控界面肖特基势垒的高度和宽度，从而控制电荷输运（图 17.1（a）中的（ii））[18-22]。挠曲电极化电势的大小和方向取决于所施加的非均匀应力或应变。挠曲电电子学效应在大多数半导体中广泛存在，其基本原理是利用晶体内部的挠曲电极化电势作为“栅极”控制信号来调控势垒，从而调节电子器件的性能（图 17.1（a）中的（iii））。

挠曲电电子学效应是通过施加到硅单晶表面的点状力引起的。AFM 针尖施加的点状力在表面接触处引起局部非均匀应变，从而引起局部中心对称结构的破坏。使用 AFM 测量系统可以表征纳米压痕下器件的直流输运特性。AFM 针尖可以近似为半球，可以通过赫兹接触理论计算应变梯度的空间分布[23]。图 17.1（b）显示了硅材料内的应变分布，包括 x 和 z 分量，以及应变分布相对于 z 的导数。计算得到的应变梯度高达 $10^6 m^{-1}$，远高于使用传统微米/纳米梁弯曲方法可达到的应变梯度（通常在 10^{-1}～$10^2 m^{-1}$ 范围内）[14, 24]。事实上，在实验中得到的应变梯度可能比理论结果小，因为在计算中假设针尖刚度趋于无限大。图 17.1（c）显示了相同机械加载条件下模拟的挠曲电极化分布。在接触区域中心下方，垂直于平面的极化强度 P 达到最大值，约为 $0.03 C/m^2$。事实上，实验值比模拟结果高出几个数量级。这种差异的主要原因是，理论上的有效挠曲电系数（u_{eff}）是在 0K 条件下计算的，并且通常将材料视为无缺陷的晶体，而实验结果通常是在室温下获得的，并且强烈依赖于样品的掺杂和静态介电常数[1]。例如，硅的挠曲电系数实验上发现可达约 78nC/m，而理论值约为 1nC/m（参考文献[1]）。此外，在大应变梯度下会发生非线性的挠曲电响应，这可能会增大挠曲电耦合系数。

17.1.2　低掺杂 p 型硅单晶内的挠曲电电子学效应

AFM 针尖可以对低掺杂的商用 p 型硅单晶施加压痕，并表征其输运特性。对于该器件，伏安特性表现出典型的整流特性和高度不对称（图 17.2（c））。正向电流随着负载力的增加而稳定增加，反向电流则保持在与噪声水平相当的大小，如图 17.2（d）中的（i）和（ii）所示。伏安特性在约 7μN 的临界力时表现出最大不对称。然而，随着力继续增加，反向电流开始大幅增加，而正向电流仅略有增加，对应于图 17.2（d）中的（ii）和（iv）过程。在实验中测得块体 p 型硅的应变系数大于 2650，这比传统块体应变传感器（约 0.7～11.45）和先进的硅纳米线应变传感器（约 200）大几个数量级，甚至远高于压阻/压电/铁电纳米传感器的应变系数（约 2～2000）[25, 26]。

这种情况不能简单地用接触面积的增加和压阻效应来解释[27]。首先，针尖引起的非均匀应变引起 p 型硅表面局部变形，增加针尖与 p 型硅表面的接触面积而产生压阻效应。然而，压阻效应是一种没有极性且对称的体积效应，其中应变所引起的带隙或载流子密度的变化可以调制硅的电阻，因此伏安曲线从正向偏压到反向偏置应该对称地变化。理论分析还显示，块体硅中的压阻效应太小，无法解释观测结果。其次，p 型硅内电流电压特性的机械控制是高度不对称和可逆的，这些特性不能完全归因于显微镜针尖与硅表面之间接触面积的变化。

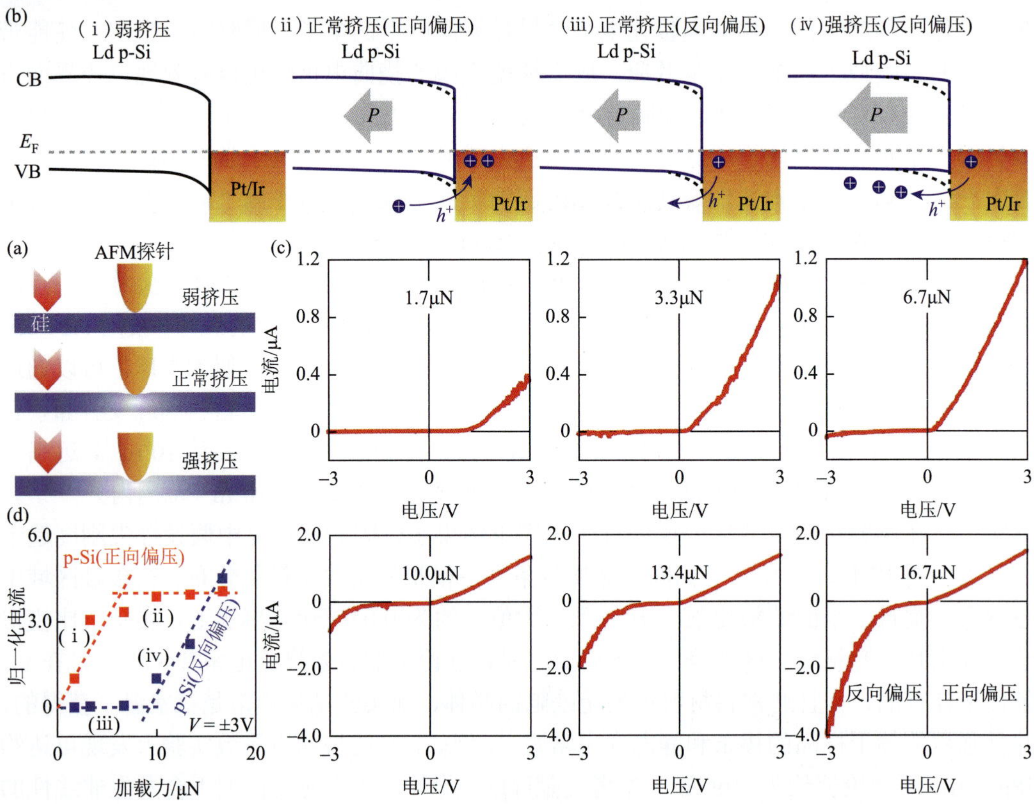

图 17.2 低掺杂 p 型单晶硅内的挠曲电电子学效应。（a）实验装置示意图，显示了 AFM 针尖与样品之间的接触随着接触力的增加而变化，红色箭头代表接触的过程；（b）能带图显示了低掺杂（Ld）p 型硅单晶（约 10 Ω·cm）中应变调控过程的机制，对应于图（a）中所示的接触变化，蓝色实线和黑色虚线分别代表有和没有挠曲电极化的能带结构，灰色箭头表示在纳米压痕条件下挠曲电极化的大小和方向；（c）在 p 型单晶硅器件内，相反偏压下应力和/或应变梯度所引起的挠曲电极化电场对电流电压特性的不对称调控，显示了挠曲电电子学效应的特征；（d）归一化电流分布与负载力的关系，显示了低掺杂 p 型硅内的挠曲电电子学效应，对应于图（b）所示能带结构的变化，标签（i）～（iv）代表负载力情况下电流变化的阶段

这种机械应变调节载流子输运特性的机制是挠曲电电子学效应。图 17.2（b）显示了 p 型硅内应变调控载流子输运过程的机制，对应于负载力增加时接触的变化(图 17.2(a))。在弱压痕条件下，金属-半导体界面处存在接触势垒，并且随着负载力的增加而逐渐减小（图 17.2（b）中的（i））。同时，局部应变梯度所引起的挠曲电极化吸引界面附近的空穴，引起界面势垒降低（图 17.2（b）中的（ii））。两种效应的共同作用增加了正向偏压下的电荷输运（图 17.2（d）中的（i））。然而，在反向偏压情况下，局部势垒（图 17.2（b）中的（iii））较大，限制了器件内电荷输运（图 17.2（d）中的（iii））。在强压痕情况下，较大应变梯度所引起的强挠曲电极化降低了肖特基势垒高度（图 17.2（b）中的（iv）），这提高了反向偏压下的电输运（图 17.2（d）中的（iv）），在正向偏压下对电输运有微弱的影响（图 17.2（d）中的（iii））。

17.1.3　纳米压痕条件下其他类型硅内的挠曲电电子学效应

本节研究了低掺杂 n 型单晶硅在针尖力情况下的输运特性。随着施加应力，电流先稳定增加，然后逐渐减小，并且在约 10μN 的临界力处达到最大值，如图 17.3（b）的过程（1）、（2）和（3）所示。电输运调控过程的相反情况可归因于接触面积增加所引起的势垒减小与应变梯度所引起的挠曲电极化之间的竞争（图 17.3（a）中的（i）和（ii））。与 p 型硅的情况一样，针尖-硅表面界面处接触势垒的减少提高了电输运。在强压痕下，较大应变梯度引起的挠曲电极化对能带结构的调节开始主导肖特基接触的电荷输运（图 17.3（a）中的（iii）），降低了电输运（图 17.3（b）、（d））。理论模拟进一步表明，挠曲电极化可以有效地调控载流子分布、界面势垒，从而调节低掺杂硅的电输运。

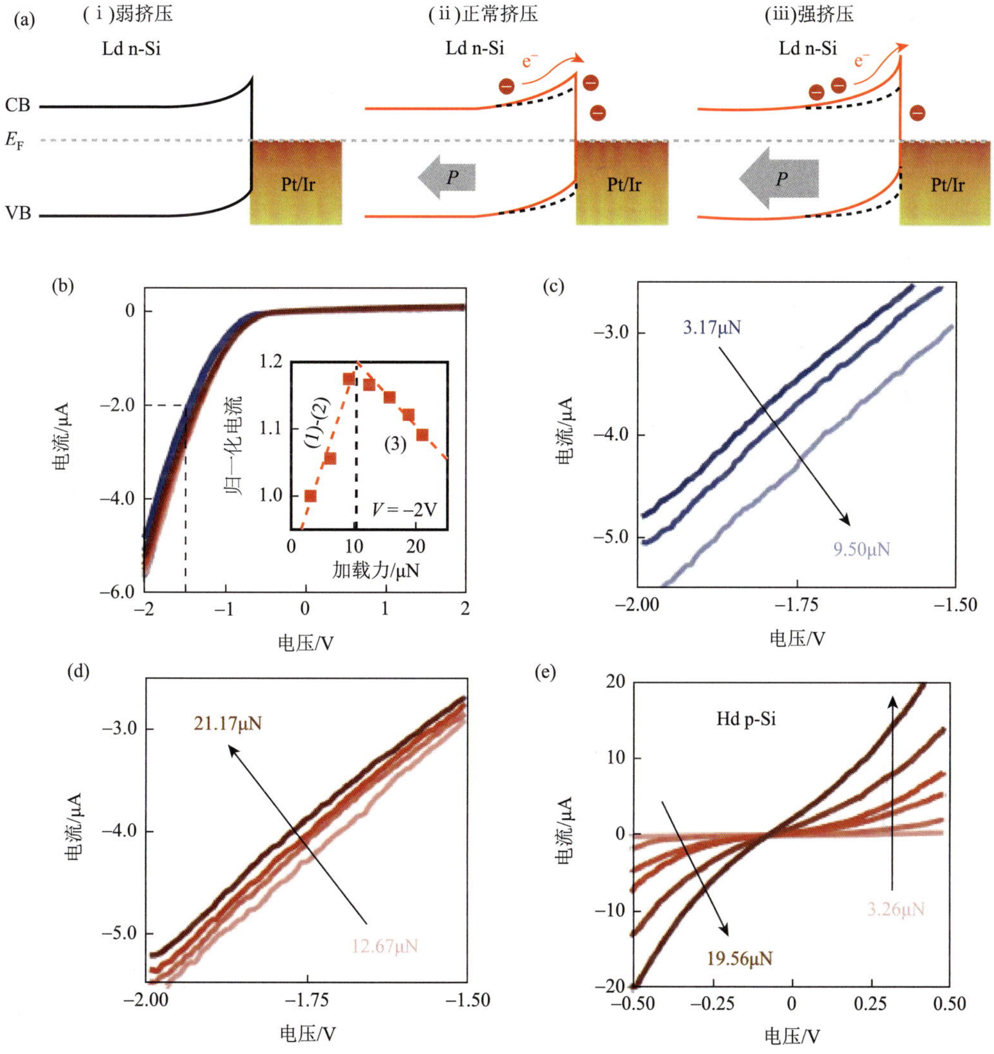

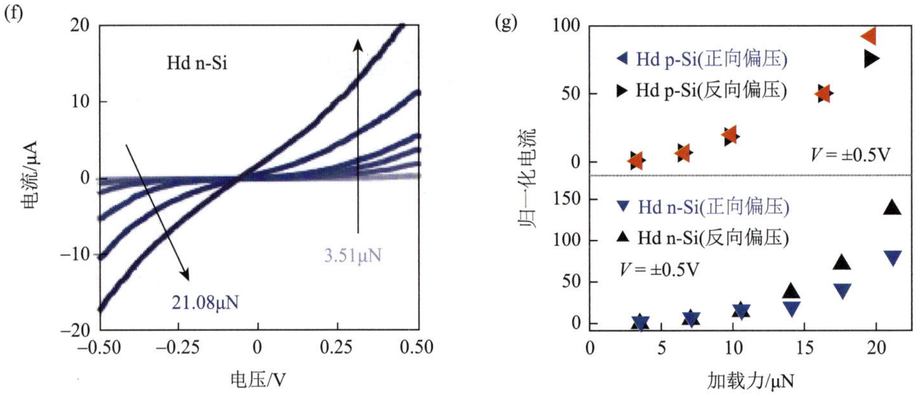

图 17.3　纳米压痕下其他类型硅中的电子输运。（a）能带图显示了低掺杂（Ld）n 型硅（约 10 Ω·cm）中调制过程的机制，对应于图 17.2（a）中所示的接触变化，红色实线和黑色虚线分别代表有和没有挠曲电极化的能带分布，灰色箭头表示纳米压痕下挠曲电极化的大小和方向。（b）～（d）n 型硅单晶器件中应力引起的挠曲电极化场对电子输运的反向调制显示了挠曲电电子学效应的特征。（b）中插图为归一化电流分布与接触力（在–2 V 电压下）的关系，显示低掺杂 n 型硅中的挠曲电电子学过程，对应于（a）中所示能带图的变化。（b）中的（1）～（3）表示负载力下电流变化的阶段，插图黑色虚线表示临界力；（c）和（d）是图（b）中虚线框的放大图，渐变颜色表示负载力下的电流变化。（e），（f）在重掺杂（Hd）（约 0.001 Ω cm）（e）p 型和（f）n 型硅基器件中，相反偏压下的负载力对载流子输运的对称调制表现出类似压阻的响应特性。（g）基于重掺杂硅的器件中的归一化电流变化作为负载力的函数，也显示出对称特性

该研究排除了表面贡献对结果的可能影响，在材料弯曲的情况下，表面贡献总是与体挠曲电极化结合在一起。

实际上，硅内自由电荷的存在可能会屏蔽挠曲电极化电荷[28]，从而降低挠曲电效应调控作用。然而，由于器件内仅屏蔽了部分挠曲电极化电荷，因此在低掺杂硅中可以观察到挠曲电电子学效应。然而，自由电荷对挠曲电极化的屏蔽在重掺杂硅中可能很大。在图 17.2（b）和图 17.3（a）内所提出的机制可能无效。对重掺杂晶体硅进行相同的实验。在这种情况下，块体硅器件的响应本质上是压阻式的：电流随着负载力对称地增加，并且这种效应与掺杂类型无关（图 17.3（e）～（g））。

17.1.4　离子半导体中的挠曲电电子学效应

挠曲电电子学效应不仅存在于共价晶体。使用单晶金红石-二氧化钛和 Nb-钛酸锶（NSTO）进行了同一系列的实验。针尖纳米压痕可以在二氧化钛和 NSTO 中产生大的应变梯度和有效的挠曲电极化。二氧化钛和 NSTO 在机械负载力下的伏安特性与低掺杂 n 型硅相似（图 17.4（a）、（b）、（d）、（e））。负载力条件下的电输运特性是两个相反调控过程的结果（图 17.4（c）、（f）），这主要是由于接触面积增加所导致的势垒降低与应变梯度产生的挠曲电极化所引起的肖特基势垒增加之间的竞争（图 17.3（a））。进一步定量分析基于离子半导体的挠曲电电子学器件的性能，可以用应变系数来表征应变灵敏度。二氧化钛和NSTO的应变灵敏度值分别约为472 和 183，比传统块体应变传感器（0.7～11.45）

大几个数量级（参考文献[25]、[26]）。二氧化钛和 NSTO 之间的差异可能是由于前者具有更有效的挠曲电极化，这可能是由载流子浓度和迁移率降低而导致的对挠曲电极化的屏蔽降低。理论模拟还强调了离子半导体内的挠曲电极化在调控载流子输运特性方面起关键作用。这些结果证明了静态纳米压痕下块体中心对称半导体（包括共价晶体和离子晶体）中挠曲电电子学效应的有效性和普遍性。

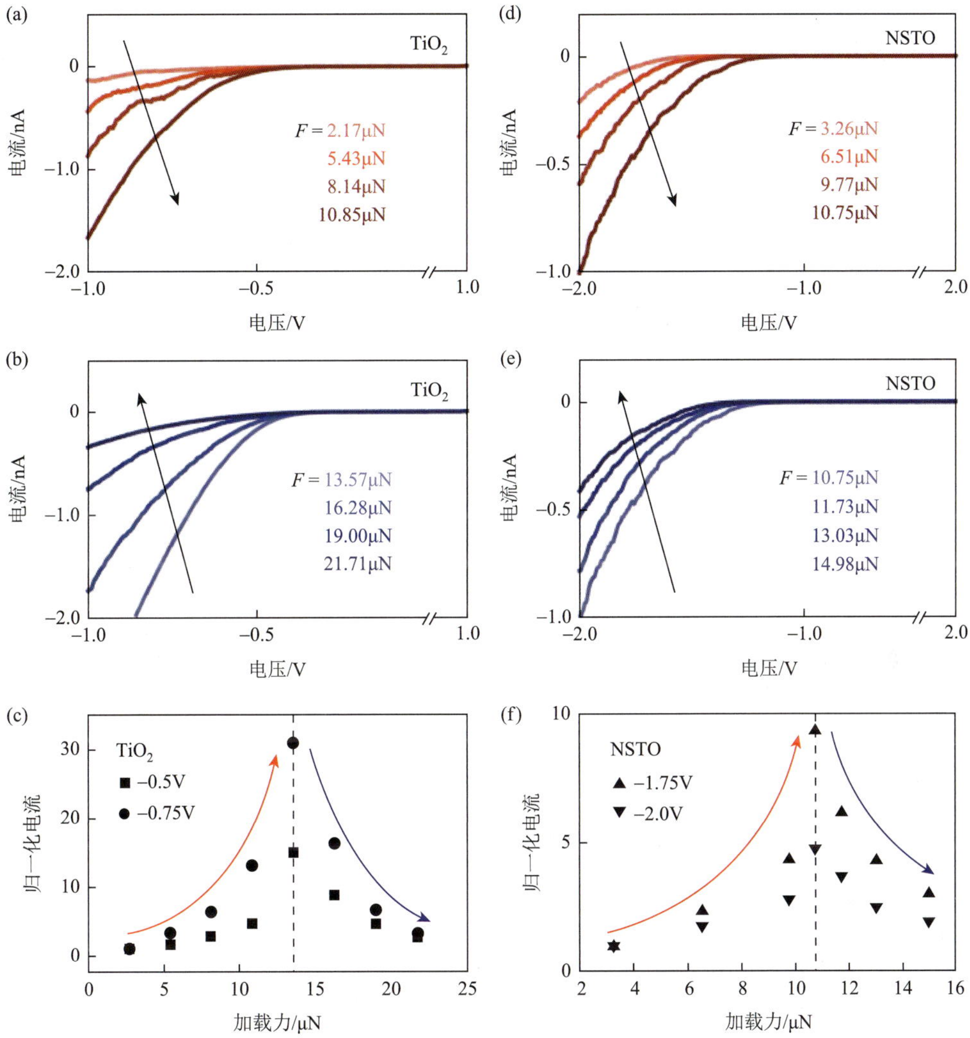

图 17.4 离子半导体内的挠曲电电子学效应。通过 AFM 测量了（a），（b）单晶二氧化钛和（d），（e）NSTO 的伏安特性，针尖负载力由 AFM 的反馈回路精确控制，黑色箭头表示负载力条件下的电流变化，随着负载力的增加，基于离子半导体的器件内电输运的调控过程有两个不同的阶段，显示电输运存在两种调控机制，类似于低掺杂 n 型硅基器件中的调控机制。归一化电流分布与负载力的关系显示了离子半导体（c）二氧化钛和（f）NSTO 中的调控过程（红色和蓝色曲线），离子半导体内电输运的反向调控显示了应力和/或应变梯度产生的挠曲电极化电场所引起的挠曲电效应，红色和蓝色箭头显示了负载力下的两个相反的调控过程

为了深入了解挠曲电电子学效应的动态特性，通过 AFM 在半导体（包括硅、二氧化钛和 NSTO）表面进行二维扫描（图 17.5（a）、（b））。由于挠曲电效应，针尖产生的应变梯度可以有效产生挠曲电极化电场，并且挠曲电极化电场在针尖运动时比静态情况下大得多[29]。当挠曲电极化电场较大时，可以调节界面周围的自由电荷输运，从而影响局部金属-半导体接触，可以通过控制针尖扫描力来实现电子开关。图 17.5（c）、（e）、（g）、（i）、（k）显示了在固定偏压和各种扫描力下进行机械扫描情况下，硅、二氧化钛和 NSTO 的电流映射图像，并在 0.2μm×0.2μm 区域内精确确定电流值。相应的平均电流变化与扫描力的关系是根据电流映射值的统计分布计算得出的，它显示了金属-半导体接触电输运的机械调控过程（图 17.5（d）、（f）、（h）、（j）、（l））。与静态电输运特性测量类似，p 型硅中的电流在正偏压和负偏压下逐渐增加，而 n 型硅、二氧化钛和 NSTO 中的电流随着扫描力先增加然后减少。并非每个像素都得到有效调控，可能是由于动态扫描过程中样品表面的不均匀导致接触的局部变化，但这些中心对称半导体内的挠曲电电子学效应仍然很明显，并且可以在未来通过结构设计进一步改善。此外，通过机械二维扫描实现的动态挠曲电电子学器件的响应时间小于 4ms，像素尺寸为 0.78nm，这对于未来快速响应和高分辨率电子器件的设计具有广阔的前景。这种统计方法也消除了人为造成的问题，并显示了动态挠曲电极化电场可以有效调控电子器件的输运特性。而表面电荷和机械扫描过程中的摩擦起电效应等其他因素，可能对结果有一定影响，但不起主要作用。

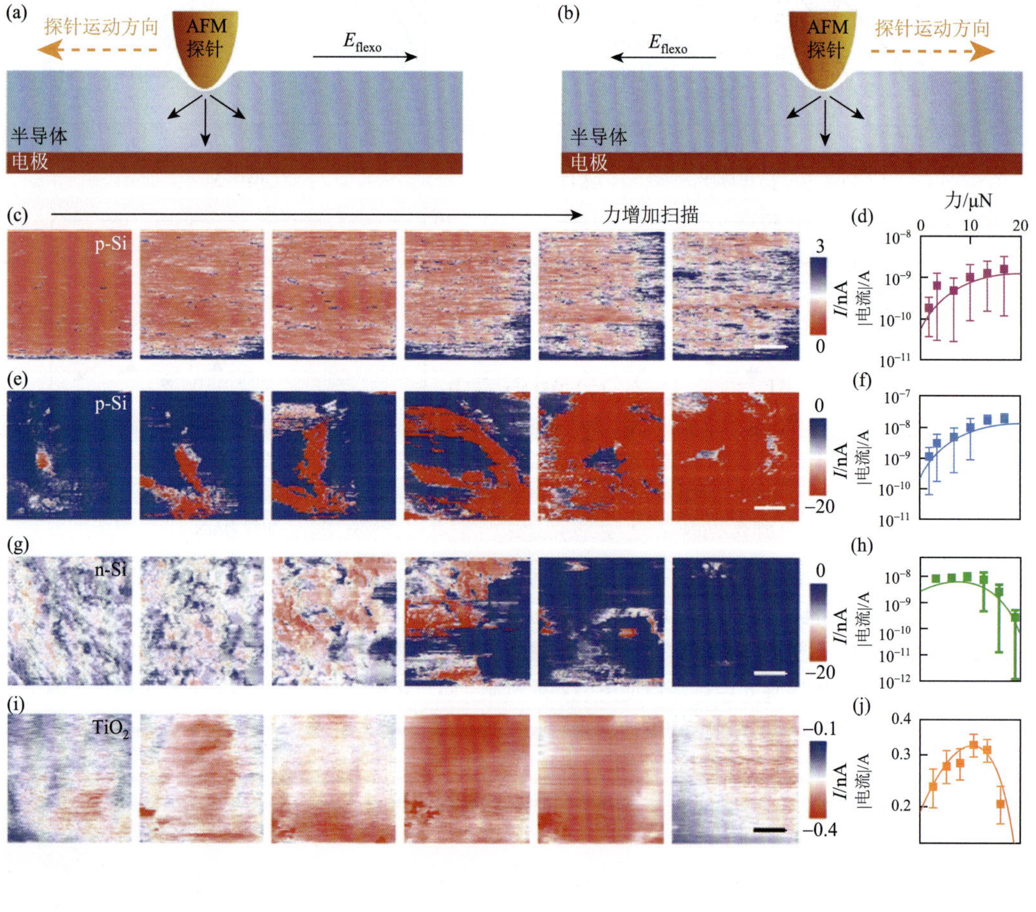

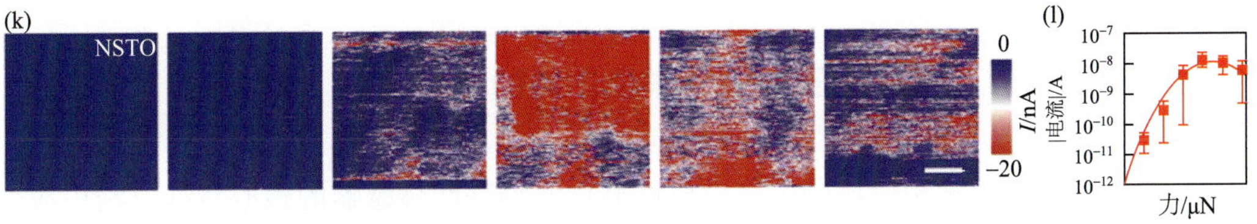

图 17.5 通过机械应力二维扫描显示挠曲电电子学。(a),(b)示意图显示了在固定偏压和固定接触力下使用探针进行机械 2D 扫描，以及针尖沿半导体表面运动产生的挠曲电极化电场(E_{flexo});(c)在 0.5 V 的固定正向偏压情况下 p 型硅内相应的电流映射,(e)在−1.0 V 的固定反向偏压条件下 p 型硅内相应的电流映射,(g)n 型硅在−1.0 V 的固定偏压下,(i)二氧化钛在−1.0 V 的固定偏压下,(k)NSTO 在−2.0 V 的固定偏压下和增加接触负载力情况下，比例尺为 50nm；(d),(f),(h),(j),(l)为根据(c),(e),(g),(i),(k)中显示的电流映射值的统计分布计算出的相应的绝对平均电流变化与负载力的关系，显示了应力和/或应变对电输运的调控过程，机械二维扫描结果与静态结果一致，进一步显示了中心对称半导体内的挠曲电电子学效应，不同颜色表示半导体在机械二维扫描过程中相应的平均电流变化，误差线表示标准偏差

挠曲电电子学效应与压电电子学效应不同，但又密切相关[18-21]。这两种效应都是界面效应，利用极化电荷不对称地调控金属-半导体接触的局部肖特基接触。压电电子学效应在压电/铁电半导体中表现出来，而应变梯度所引起的挠曲电电子学效应可以在所有半导体中出现，无论其晶体结构如何。此外，压电电子学效应的调控比中心对称结构晶体内的挠曲电电子学效应更有效。在压电半导体中，压电极化电荷存在于材料表面的一或两个原子层内，因此主要影响金属-半导体界面的载流子输运特性，而挠曲电极化依赖于应变梯度的大小，可分布在半导体内部一定范围的长度或体积内，能够影响半导体界面附近自由载流子的浓度和分布。因此，挠曲电电子学效应可以近似为压电电子学效应在长度、体积或面积上的积分，即许多压电电子学部分的“积分”，这类似于微积分中的积分和微分。同时，应该指出的是，具有压电电子学效应的材料也具有挠曲电电子学效应。这项研究有可能促进基于中心对称结构半导体的挠曲电电子学器件的发展，例如增强太阳能电池性能[30]、可拉伸电子/光电器件以及混合自旋电子和谷电子器件。

17.2 基于非均匀应变的高性能压电电子学器件

压电电子学和压电光电子学器件可应用于自供能传感器、压电电子学逻辑器件和柔性能量收集器件等领域。外部施加的应变产生的压电电荷可以调控载流子的输运特性，且压电电子学器件在均匀应变条件下已经进行了广泛的研究。由于挠曲电效应，非均匀应变可以提高压电极化，从而有效增强压电电子学器件的性能。本节提出了一个在压电半导体材料机械应变沿轴向梯度分布的模型[31]，通过有限元法模拟了非均匀应变条件下压电电子学 p-n 结的电学特性，包括电流电压特性和载流子浓度。利用应变梯度的压电电子学 p-n 结由于压电极化电荷的增大而具有超高灵敏度（GF（gauge factor）超过 2500）。本节拓宽了压电电子学的基础理论，为设计超高性能压电电子学器件提供了理论指导。

17.2.1 非均匀应变条件下压电电子学晶体管的示意图

高灵敏度、低功耗和快速响应是自供能器件和物联网传感器的核心特征。利用应变来调节压电电子学器件内的载流子输运特性，是开发超高灵敏度应变传感器的重要方法之一。由于电流对压电势具有指数依赖关系，压电电子学器件具有传感和放大功能，对动态应变具有高灵敏度响应[32, 33]。通过增加压电半导体的应变，可以产生更大的压电势，从而调节载流子输运特性，使压电电子学器件具有更高的响应[20]。除了施加大应变之外，高压电常数和低介电常数的材料也可以产生更高的压电场从而提高器件性能[34]。二硫化钼、二硫化钨等二维压电半导体材料可以利用其高压电效应（高的压电常数与介电常数比值）来提高能量转换的输出[2]。总之，具有高压电常数和低介电常数的半导体材料可应用于开发高性能压电电子学器件。此外，施加非均匀应变可以产生大的压电电场，从而提高压电材料的极化电荷密度[35-39]。因此，在压电半导体施加非均匀应变可以通过增强压电极化来显著提高压电电子学器件的性能。

如图 17.6（a）所示，压电电子学 p-n 结的基本结构是由 p 型非压电材料和 n 型压电材料组成的。在热力学平衡状态下，载流子在结区耗尽，使结区的载流子浓度低于 p 型和 n 型材料两端的载流子浓度[40]，如图 17.6（b）所示。当向 p-n 结施加拉伸和压缩应变时，界面处将产生压电电荷，压电电荷所引起的压电势具有相反的方向，如图 17.6（c）和（d）

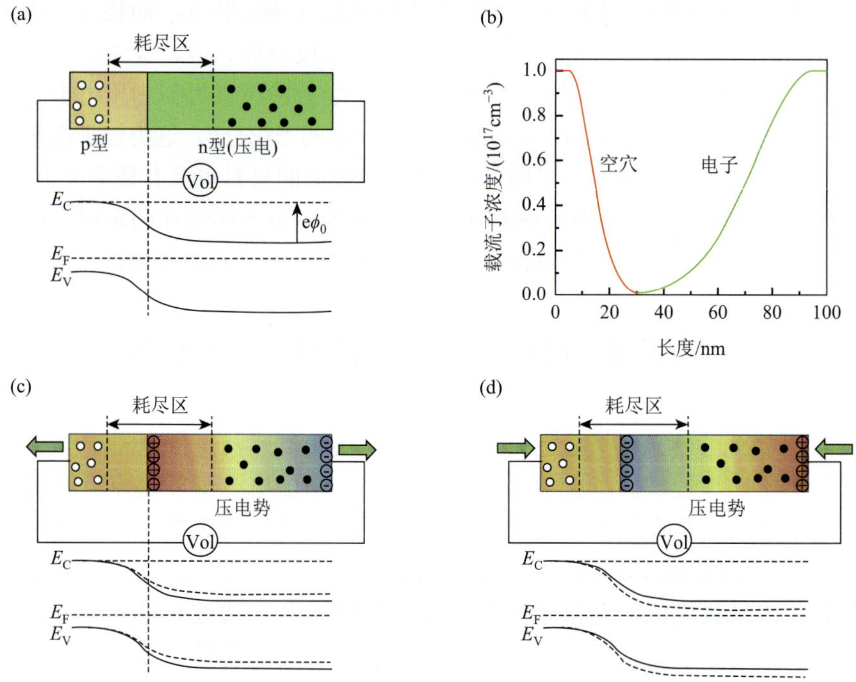

图 17.6 （a）无应变条件下压电电子学 p-n 结的示意图；（b）器件中载流子浓度的分布；（c）和（d）分别是在拉伸和压缩应变条件下压电电子学 p-n 结的示意图，n 型氧化锌为压电半导体材料，且拉伸应变和压缩应变产生的压电势分别具有相反的方向

所示。本节研究了非均匀应变条件下压电电子学 p-n 结的伏安特性和载流子浓度分布。结果表明，应变梯度条件下氧化锌纳米线的有效压电常数被提高到 $1.37 C/m^2$（典型的氧化锌纳米线压电常数值为 $1.22 C/m^2$），从而使压电电子学 p-n 结的输出电流提高了 12.3%。因此，应变梯度可以有效提高压电极化，实现超高性能的压电电子学器件。

以一维模型为例，计算掺杂压电半导体内的载流子分布、应变分布，以及受到外部应力时的电流。为简单起见，忽略结构中的晶格失配和相关参数的张量性质。

半导体的漂移扩散方程是[41]

$$\frac{\partial n}{\partial t}=\frac{1}{e}\frac{\partial J_{\mathrm{n}}}{\partial x} \tag{17.1}$$

$$\frac{\partial p}{\partial t}=-\frac{1}{e}\frac{\partial J_{\mathrm{p}}}{\partial x} \tag{17.2}$$

其中，

$$J_{\mathrm{n}}=eD_{\mathrm{n}}\frac{\partial n}{\partial x}+e\mu_{\mathrm{n}}n\left[E+\frac{1}{e}\frac{\mathrm{d}E_{\mathrm{C}}}{\mathrm{d}x}+\frac{1}{e}\frac{\mathrm{d}(D_{\mathrm{C}}S)}{\mathrm{d}x}\right] \tag{17.3}$$

$$J_{\mathrm{p}}=-eD_{\mathrm{p}}\frac{\partial p}{\partial x}+e\mu_{\mathrm{p}}p\left[E+\frac{1}{e}\frac{\mathrm{d}E_{\mathrm{V}}}{\mathrm{d}x}+\frac{1}{e}\frac{\mathrm{d}(D_{\mathrm{V}}S)}{\mathrm{d}x}\right] \tag{17.4}$$

这里，n、p、J_{n}、J_{p}、D_{n}、D_{p}、μ_{n}、μ_{p}、E、E_{C}、E_{V}、S、D_{C}、D_{V}、e、x 分别是电子密度、空穴密度、电子电流密度、空穴电流密度、电子扩散率、空穴扩散率、电子迁移率、空穴迁移率、电场、导带边、价带边、应变、电子形变势、空穴形变势、（正）元电荷和位置坐标。

在 p-n 结中，基本的麦克斯韦-泊松方程是[41-43]

$$\frac{\partial D}{\partial x}=e\left[N_{\mathrm{D}}(x)-n(x)-N_{\mathrm{A}}(x)+p(x)\right] \tag{17.5}$$

其中，$N_{\mathrm{D}}(N_{\mathrm{A}})$是施主（受主）浓度；$D$ 是电位移矢量，由下式给出：

$$D=\varepsilon E+P+e_{\mathrm{p}}S \tag{17.6}$$

式中，ε 是介电常数；P 是自发极化；e_{p} 是压电常数。为了引入应变梯度的影响，弹性方程由下式给出[43]：

$$\rho\frac{\partial^2 u}{\partial t^2}=c\frac{\partial S}{\partial x}-e_{\mathrm{p}}\frac{\partial E}{\partial x} \tag{17.7}$$

其中，u、ρ、c 和 t 分别是材料位移、质量密度、刚度和时间。应变和位移之间的联系是

$$S=\frac{\partial u}{\partial x} \tag{17.8}$$

上述方程（加上下面的边界条件）足以求解四个未知的自变量：电子密度 n、空穴密度 p、电场 E 和应变 S（或位移 u）。

应变可以是不均匀的。在这里的计算中，应变场沿着压电半导体 ZnO 的 c 轴。举个简单的例子，应变沿 c 轴方向近似呈线性分布。式（17.7）可以写作

$$e_{\mathrm{p}}=e_{33}+c\frac{\partial S}{\partial x}\bigg/\frac{\partial E}{\partial x} \tag{17.9}$$

其中，e_{33} 定义为均匀应变情况下的压电常数。当 p-n 结界面引入压电电荷时，式（17.5）可以写作

$$\frac{\partial D}{\partial x}=\varepsilon\frac{\partial E}{\partial x}=e\left[N_{\mathrm{D}}(x)-n(x)-N_{\mathrm{A}}(x)+p(x)+\rho_{\mathrm{piezo}}(x)\right] \tag{17.10}$$

在此方程中，$\rho_{\mathrm{piezo}}(x)$ 是压电电荷的空间密度。因此，式（17.10）可写为

$$e_{\mathrm{p}}=e_{33}+\frac{c\cdot\varepsilon}{e\left[N_{\mathrm{D}}(x)-n(x)-N_{\mathrm{A}}(x)+p(x)+\rho_{\mathrm{piezo}}(x)\right]}\cdot\frac{\partial S}{\partial x} \tag{17.11}$$

由于耗尽层内载流子发生扩散，压电电荷密度比掺杂所引起的载流子浓度高 2 或 3 个数量级，式（17.11）可以写作

$$e_{\mathrm{p}}\approx e_{33}+\frac{c\cdot\varepsilon}{e\rho_{\mathrm{piezo}}(x)}\cdot\frac{\partial S}{\partial x} \tag{17.12}$$

因此，对一维器件施加非均匀应变时，式（17.12）可以简化为

$$e_{\mathrm{p}}=e_{33}+\frac{c\cdot\varepsilon\cdot W_{\mathrm{piezo}}}{e_{33}s_0}\cdot\frac{\partial S}{\partial x} \tag{17.13}$$

其中，W_{piezo} 和 s_0 分别是压电电荷的分布宽度和均匀应变分量。值得注意的是，当存在应变梯度时，有效压电常数可以随着应变梯度的增大而显著增大。对于该模型，材料的相对介电常数和轴向压电常数分别为 8.91C/m^2 和 1.22C/m^2[20]。此外，刚度 c 为 146GPa[44]。此时，在非均匀应变条件下有效压电常数可以达到 1.37C/m^2。压电电子学和压电光电子学器件将机械激励转换为电信号并放大该信号[19]。压电电子学器件具有高灵敏度、快速响应和低功耗特性，可用于下一代自供能、柔性电子学和可穿戴应用等领域[45]。在过去的研究中，压电电子学和压电光电子学器件的性能增强主要集中在材料生长、增强材料的特性，以及器件结构的设计和制备[46]。此外，均匀应变条件下的压电电子学和压电光电子学器件的调控机制已经被广泛研究[20, 47]。由于应变梯度可以在压电材料以及非压电材料内产生挠曲电极化，当挠曲电效应所引起的极化方向与压电极化方向相同时，非均匀应变将通过提高极化电荷密度而显著提高压电电子学和压电光电子学器件的性能。因此，应变梯度可以用于发展高性能压电电子学器件。

17.2.2 基于非均匀应变的压电电子学 p-n 结的数值模拟

这里研究了压电电子学 p-n 结在施加非均匀应变时的伏安特性。在模拟中，应变梯度产生的压电电荷空间分布也是梯度变化的，如图 17.7（a）所示。利用有限元软件包 COMSOL 中的对流扩散方程、静电方程和连续性方程来计算压电电子学 p-n 结的电流电压特性和载流子浓度分布。假设压电电子学器件两端的接触是理想的欧姆接触，并采用狄利克雷边界条件[20]。图 17.7（a）是用于数值模拟的压电电子学 p-n 结的示意图。

对于 p-n 结器件，使用高斯函数描述掺杂浓度分布：

$$N=N_{\mathrm{Dn}}+N_{\mathrm{Dnmax}}\mathrm{e}^{-\left[\left(\frac{r_x^-}{l}\right)^2+\left(\frac{r_x^+}{l}\right)^2\right]}-N_{\mathrm{Apmax}}\mathrm{e}^{-\left[\left(\frac{r_x^-}{l}\right)^2+\left(\frac{r_x^+}{l}\right)^2\right]} \tag{17.14}$$

其中，N 是沿器件的掺杂浓度；N_{Dn} 是由本征缺陷而产生的 n 型背景掺杂浓度；N_{Dnmax} 和 N_{Apmax} 分别是最大施主和受主掺杂浓度；l 是器件的长度；r_x^- 和 r_x^+ 是高斯函数的中心。由于 p 型和 n 型掺杂向电流提供相反的电荷，因此 N 在 p 型区域中应具有负值，而在 n 型区域中具有正值。

在该模拟中，没有外部光激发，因此空穴和电子的生成率为 $G_n = G_p = 0$。整个器件的长度设置为 100nm（p 型材料的长度为 30nm，n 型材料的长度为 70nm），p-n 结的横截面积为 A。n 型材料为纤锌矿氧化锌，p 型材料为非压电材料。假设压电电荷的分布宽度为 0.25nm。温度为 $T = 300\text{K}$。

图 17.7（b）显示了压电电子学 p-n 结在应变范围为–0.09%～0.09%情况下的伏安曲线。当施加电压增加时，电流呈现明显的增加。对于给定的电压，电流也会随着外部施加的应变增加而增加，这主要是由于应变产生的压电电荷对载流子输运特性的调控。实际上，应变产生的压电电荷是调控电流的核心因素。压缩应力（负值应变）产生的负压电电荷将增大内建电势，从而减小电流。相反，拉伸应力（正值应变）会降低内建电势，使电流增加。

图 17.7（c）和（d）分别显示了固定偏压 $V = 0.7\text{V}$ 时不同应变下空穴和电子浓度的分布。图 17.7（c）显示了空穴浓度随着应变的减小而增加，对于大的压应力，界面处会出现明显的浓度峰值。这主要是由于应变产生的负压电电荷在界面处吸引了大量的空穴，从而屏蔽压电电场。对于拉伸应变，空穴被正压电电荷排斥，浓度峰值在界面处消失。相反，图 17.7（d）显示电子浓度随着应变的增加而增加。当施加拉伸应变时，由于正压

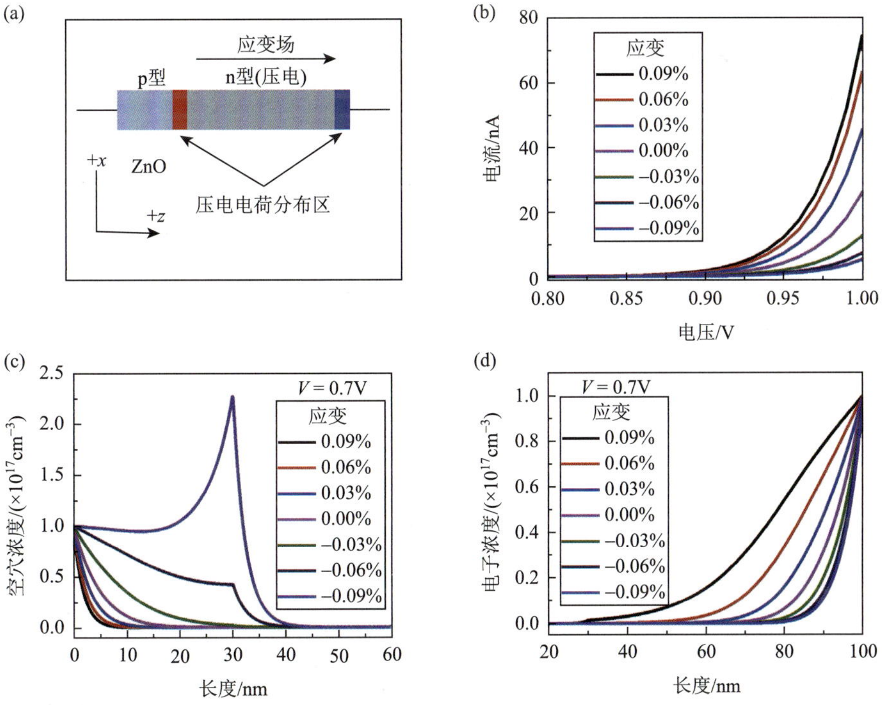

图 17.7　（a）压电电子学 p-n 结的示意图；（b）不同应变条件下，计算得到的伏安特性曲线；（c）和（d）分别显示了在–0.09%～0.09%的不同应变下，0.7V 固定偏压下空穴浓度和电子浓度的分布

电电荷吸引电子，电子浓度略有增加。由于右电极是欧姆接触（$z = 100$nm），因此载流子浓度屏蔽了接触处的压电电荷。由于 p-n 结处的电子浓度较低，p-n 结界面的压电电荷主导器件的输运过程。因此，压电电子学器件的原理是应变产生的压电电荷调节和控制器件中的载流子分布。

在该模拟中，研究了载流子浓度分布和不同掺杂浓度条件下器件的伏安特性。n 型背景掺杂浓度设置为 $N_{Dn}=1\times10^{15}cm^{-3}$，应变固定为 0.09%。图 17.8（a）显示了压电电子学器件在不同 N_{Dnmax} 下的伏安曲线。电流随着电压的增大而增大，随着 N_{Dnmax} 的增加而减小。事实上，当耗尽区宽度不变时，随着 N_{Dnmax} 的增加，内建电势升高，从而阈值电压升高，电流减小。此外，图 17.8（b）显示了 n 型背景掺杂浓度 N_{Dn} 对电流的影响。最大施主和受主浓度为 $N_{Dnmax}=N_{Apmax}=1\times10^{17}cm^{-3}$。结果表明，当 n 型背景掺杂浓度 N_{Dn} 在 $4\times10^{13}\sim1\times10^{15}cm^{-3}$ 改变时，器件的伏安特性曲线几乎没有变化。在放大图中，可以看到电流略有变化；电流随着背景浓度 N_{Dn} 的增加而减小。为了探讨载流子浓度对电流的影响，图 17.8（c）和（d）分别显示了 0.5V 固定电压下空穴和电子浓度的分布。这些结果说明了载流子浓度通过影响电子和空穴浓度而影响器件的伏安特性。此外，应变灵敏度因子由参考文献给出[48]：

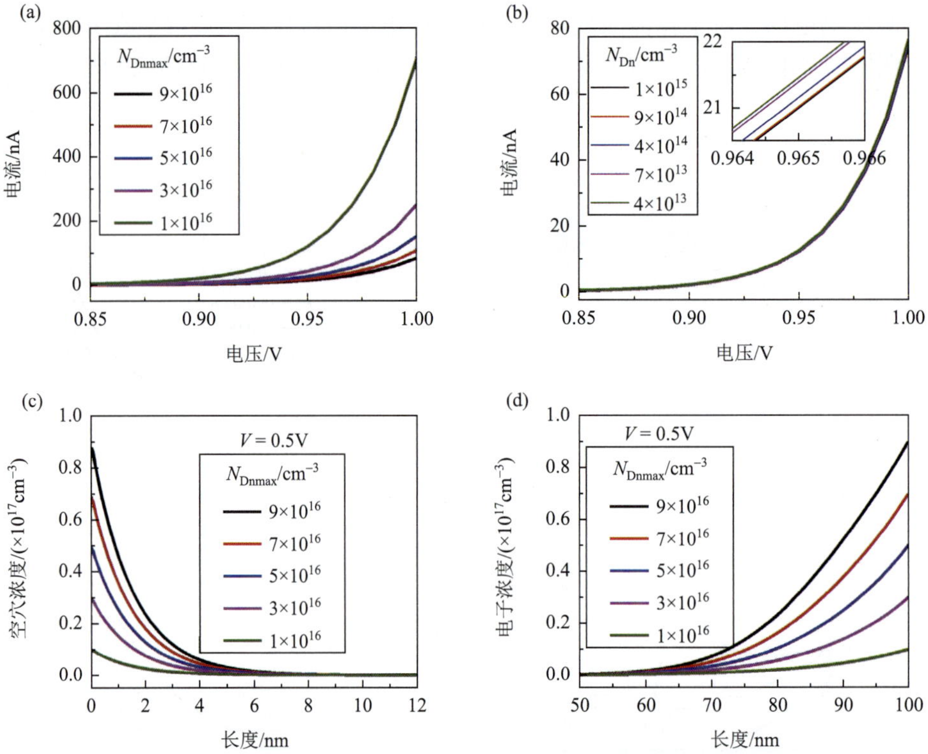

图 17.8 （a）不同最大施主和受主浓度条件下，压电电子学 p-n 结的伏安曲线；（b）不同 n 型背景掺杂浓度条件下，器件的伏安曲线；（c）在 0.5V 固定电压和不同最大施主与受主掺杂浓度下，压电电子学 p-n 结的空穴浓度分布；（d）相同条件下的电子浓度分布

$$G=\frac{\Delta J/J_0}{s_p}\approx\frac{ee_pW_{piezo}}{2\varepsilon k_BT}\exp\left(\frac{ee_ps_pW_{piezo}}{2\varepsilon k_BT}\right) \tag{17.15}$$

式中，J_0 为压电电子学 p-n 结在无应变时的电流；ΔJ 为压电电子学 p-n 结在施加应变与无应变时的电流差。

图 17.9（a）显示了不同固定电压下电流与应变的函数关系。在–0.09%～0.09%的应变范围内，电流在负应变（压应力）下缓慢增加，在正应变（拉伸应力）下快速增加。它还表明，对于拉伸应变，电流随着外部偏压的增大而显著提高，这与图 17.7（b）中的结果一致。电流灵敏度如图 17.9（b）所示。这里的计算结果显示了最大电流值会出现在拉伸应变中。图 17.9（c）表明，在–3%～3%的应变范围内，理论应变灵敏度因子在小应变值时缓慢增加，但在较大应变时增长非常快。这表明压电电子学 p-n 结的灵敏度在实验可达到的应变范围内可以达到 10^3 以上！应变灵敏度因子可以通过数值模拟计算得到，如图 17.9（d）所示。在不同的固定偏压条件下，0.04%的应变处可以观察到应变灵敏度因子的最大值，且超过了 2.0×10^3，这远高于基于碳纳米管（应变灵敏度因子约为 1000）应变传感器的灵敏度[48]和第一个压电电子学应变传感器的灵敏度（应变灵敏度因子约为 1250）[48]。过去的工作显示了压电电子学双极晶体管理论上具有超高灵敏度（应变灵敏度因子约为 10^4）[48]。利用非均匀应变可进一步提高压电电子学双极晶体管的灵敏度。此外，

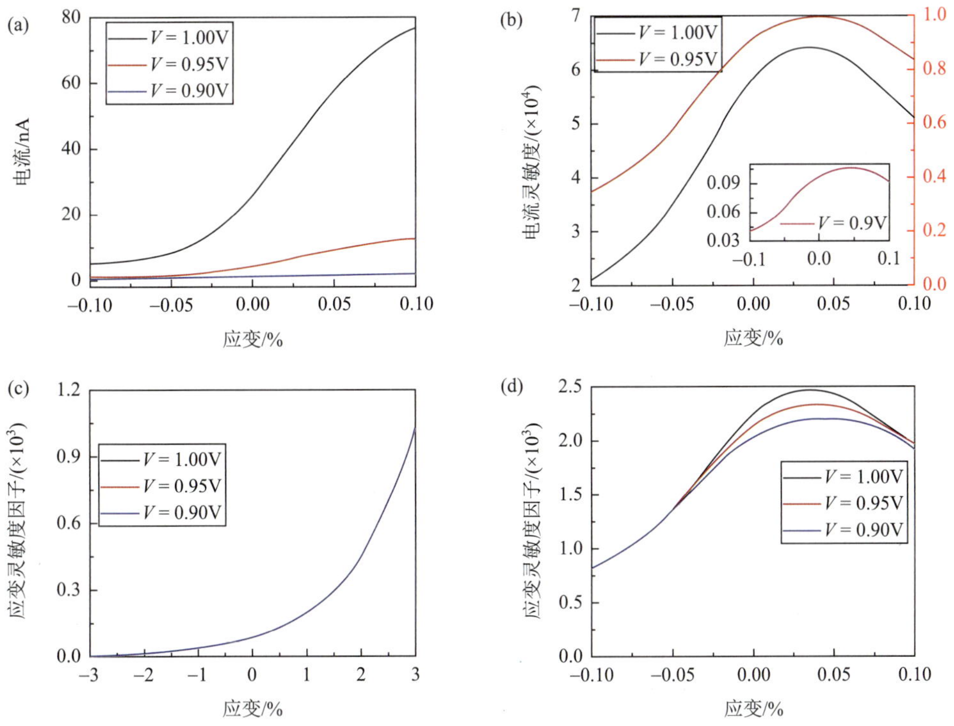

图 17.9　（a）不同固定电压下压电 p-n 结的计算电流-应变曲线；（b）计算出一组固定电压的电流灵敏度曲线；（c）不同固定电压下的理论应变灵敏度因子-应变曲线；（d）不同固定电压下的数值模拟应变灵敏度因子-应变曲线

当施加的电压从 0.9V 变化到 1.0V 时，应变系数的峰值显著提高。对于与峰值点（0.04%）不同的应变条件，在不同的偏压下应变灵敏度因子观察不到明显的变化。过去的工作已经展示了对微纳器件施加非均匀应变的实验设计[35, 36, 49]。压电电子学晶体管可使用针尖施加非均匀应变，或制备成圆台和圆柱壳等结构[35, 39, 49]。此外，由于应变梯度可以破坏晶体的反演对称性，过去的工作中显示了应变梯度可以在非压电半导体（例如钛酸锶、二氧化钛和硅）产生极化电荷[24, 49]。因此，基于非均匀应变的非压电半导体可用于制备压电电子学器件，这将扩展压电电子学器件的材料选择。这些结果显示了压电电子学 p-n 结可用于超高灵敏度的传感器件。

17.3 总　　结

在本章，我们发现中心对称半导体内存在强的挠曲电电子学效应，挠曲电极化可以有效地调控器件的能带结构和载流子输运特性。基于中心对称半导体的挠曲电电子学器件具有高应变灵敏度、快速响应和高分辨率。挠曲电电子学效应的有效性和普遍性为半导体基电子器件的设计和机电应用等领域提供了新的道路。

基于实验观察，对非均匀应变下压电电子学 p-n 结的电学特性进行了理论研究。对于压电电子学器件，应变产生的压电势可以有效地调控载流子输运特性和伏安特性。此外，数值模拟显示，由于挠曲电效应，非均匀应变可以增强压电极化。在应变梯度条件下，压电电子学 p-n 结内的极化电荷密度可提高 10%以上，从而器件具有超高灵敏度（可达 3000 以上）。由于极化电荷密度的提高，基于 p-n 结的压电电子学器件在应变梯度下具有超高的灵敏度。该理论不仅扩展了压电电子学器件的基础理论，而且为超高性能压电电子学器件的设计提供了指导。

参 考 文 献

[1] Wu W Z，Wen X N，Wang Z L. Taxel-addressable matrix of vertical-nanowire piezotronic transistors for active and adaptive tactile imaging. Science，2013，340（6135）：952-957.

[2] Wu W Z，Wang L，Li Y L，et al. Piezoelectricity of single-atomic-layer MoS_2 for energy conversion and piezotronics. Nature，2014，514（7523）：470-474.

[3] Pan C F，Dong L，Zhu G，et al. High-resolution electroluminescent imaging of pressure distribution using a piezoelectric nanowire LED array. Nature Photonics，2013，7（9）：752-758.

[4] Qi J J，Lan Y W，Stieg A Z，et al. Piezoelectric effect in chemical vapour deposition-grown atomic-monolayer triangular molybdenum disulfide piezotronics. Nature Communications，2015，6（1）：7430.

[5] Stewart J W，Vella J H，Li W，et al. Ultrafast pyroelectric photodetection with on-chip spectral filters. Nature Materials，2020，19（2）：158-162.

[6] Wang Z N，Yu R M，Pan C F，et al. Light-induced pyroelectric effect as an effective approach for ultrafast ultraviolet nanosensing. Nature Communications，2015，6（1）：1-7.

[7] Maksymovych P，Jesse S，Yu P，et al. Polarization control of electron tunneling into ferroelectric surfaces. Science，2009，324（5933）：1421-1425.

[8] Garcia V, Bibes M, Bocher L, et al. Ferroelectric control of spin polarization. Science, 2010, 327（5969）: 1106-1110.

[9] Zhang Y, Lu H D, Xie L, et al. Anisotropic polarization-induced conductance at a ferroelectric-insulator interface. Nature Nanotechnology, 2018, 13（12）: 1132-1136.

[10] Kogan S M. Piezoelectric effect during inhomogeneous deformation and acoustic scattering of carriers in crystals. Soviet Physics-Solid State, 1964, 5（10）: 2069-2070.

[11] Bursian E V, OI Z. Changes in curvature of a ferroelectric film due to polarization. Soviet Physics Solid State, USSR, 1968, 10（5）: 1121.

[12] Catalan G, Lubk A, Vlooswijk A H G, et al. Flexoelectric rotation of polarization in ferroelectric thin films. Nature Materials, 2011, 10（12）: 963-967.

[13] Lu H, Bark C W, De Los Ojos D E, et al. Mechanical writing of ferroelectric polarization. Science, 2012, 336（6077）: 59-61.

[14] Bhaskar U K, Banerjee N, Abdollahi A, et al. A flexoelectric microelectromechanical system on silicon. Nature Nanotechnology, 2016, 11（3）: 263-266.

[15] Wen X, Li D F, Tan K, et al. Flexoelectret: an electret with a tunable flexoelectriclike response. Physical review letters, 2019, 122（14）: 148001.

[16] Das S, Wang B, Paudel T R, et al. Enhanced flexoelectricity at reduced dimensions revealed by mechanically tunable quantum tunnelling. Nature Communications, 2019, 10（1）: 537.

[17] Narvaez J, Vasquez-Sancho F, Catalan G. Enhanced flexoelectric-like response in oxide semiconductors. Nature, 2016, 538（7624）: 219-221.

[18] Wang Z L. Nanopiezotronics. Advanced Materials, 2007, 19（6）: 889-892.

[19] Wu W Z, Wang Z L. Piezotronics and piezo-phototronics for adaptive electronics and optoelectronics. Nature Reviews Materials, 2016, 1（7）: 1-17.

[20] Zhang Y, Liu Y, Wang Z L. Fundamental theory of piezotronics. Advanced Materials, 2011, 23（27）: 3004-3013.

[21] Wang Z L, Wu W Z. Piezotronics and piezo-phototronics: fundamentals and applications. National Science Review, 2014, 1（1）: 62-90.

[22] Wang L F, Liu S H, Feng X L, et al. Flexoelectronics of centrosymmetric semiconductors. Nature Nanotechnology, 2020, 15（8）: 661-667.

[23] Fischer-Cripps A C. Factors affecting nanoindentation test data//Introduction to Contact Mechanics. Berlin: Springer, 2000, 61-82.

[24] Zubko P, Catalan G, Buckley A, et al. Strain-gradient-induced polarization in $SrTiO_3$ single crystals. Physical Review Letters, 2007, 99（16）: 167601.

[25] Trung T Q, Lee N E. Flexible and stretchable physical sensor integrated platforms for wearable human-activity monitoringand personal healthcare. Advanced Materials, 2016, 28（22）: 4338-4372.

[26] Amjadi M, Kyung K U, Park I, et al. Stretchable, skin-mountable, and wearable strain sensors and their potential applications: a review. Advanced Functional Materials, 2016, 26（11）: 1678-1698.

[27] Conley H J, Wang B, Ziegler J I, et al. Bandgap engineering of strained monolayer and bilayer MoS_2. Nano Letters, 2013, 13（8）: 3626-3630.

[28] Gao Y F, Wang Z L. Equilibrium potential of free charge carriers in a bent piezoelectric semiconductive nanowire. Nano Letters, 2009, 9（3）: 1103-1110.

[29] Park S M, Wang B, Das S, et al. Selective control of multiple ferroelectric switching pathways using a trailing flexoelectric field. Nature Nanotechnology, 2018, 13（5）: 366-370.

[30] Chu K，Jang B K，Sung J H，et al. Enhancement of the anisotropic photocurrent in ferroelectric oxides by strain gradients. Nature Nanotechnology，2015，10（11）：972-979.
[31] Zhang Y M，Hu G W，Zhang Y，et al. High performance piezotronic devices based on non-uniform strain. Nano Energy，2019，60：649-655.
[32] Wu J M，Chen C Y，Zhang Y，et al. Ultrahigh sensitive piezotronic strain sensors based on a $ZnSnO_3$ nanowire/microwire. ACS Nano，2012，6（5）：4369-4374.
[33] Wang L F，Liu S H，Feng X L，et al. Ultrasensitive vertical piezotronic transistor based on ZnO twin nanoplatelet. ACS Nano，2017，11（5）：4859-4865.
[34] Tong K，Zhou C R，Li Q N，et al. Enhanced piezoelectric response and high-temperature sensitivity by site-selected doping of $BiFeO_3$-$BaTiO_3$ ceramics. Journal of the European Ceramic Society，2018，38（4）：1356-1366.
[35] Zhang X T，Pan Q，Tian D X，et al. Large flexoelectriclike response from the spontaneously polarized surfaces in ferroelectric ceramics. Physical Review Letters，2018，121（5）：057602.
[36] Zhou W F，Chen P，Pan Q，et al. Lead-free metamaterials with enormous apparent piezoelectric response. Advanced Materials，2015，27（41）：6349-6355.
[37] Fousek J，Cross L E，Litvin D B. Possible piezoelectric composites based on the flexoelectric effect. Materials Letters，1999，39（5）：287-291.
[38] Wang X D. Piezoelectric nanogenerators—harvesting ambient mechanical energy at the nanometer scale. Nano Energy，2012，1（1）：13-24.
[39] Zhang X T，Liu J L，Chu M J，et al. Flexoelectric piezoelectric metamaterials based on the bending of ferroelectric ceramic wafers. Applied Physics Letters，2016，109（7）：072903.
[40] Luo L，Zhang Y，Li L J. Piezotronic PIN diode for microwave and piezophototronic devices. Semiconductor Science and Technology，2017，32（4）：044002.
[41] Guin L，Jabbour M，Triantafyllidis N. Strain effects in deformable semiconductors. 2017.
[42] Mork J，Willatzen M，Mark J，et al. Characterization and modelling of ultrafast carrier dynamics in quantum well optical amplifiers//Physics and Simulation of Optoelectronic Devices Ⅱ. SPIE，1994，2146：52-67.
[43] White D L. Amplification of ultrasonic waves in piezoelectric semiconductors. Journal of Applied Physics，1962，33（8）：2547-2554.
[44] Kulkarni A J，Zhou M，Ke F J. Orientation and size dependence of the elastic properties of zinc oxide nanobelts. Nanotechnology，2005，16（12）：2749-2756.
[45] Wang Z L，Wu W Z，Falconi C. Piezotronics and piezo-phototronics with third-generation semiconductors. MRS Bulletin，2018，43（12）：922-927.
[46] Zhang Y，Leng Y S，Willatzen M，et al. Theory of piezotronics and piezo-phototronics. MRS Bulletin，2018，43（12）：928-935.
[47] Wang Z L. Progress in piezotronics and piezo-phototronics. Advanced Materials，2012，24（34）：4632-4646.
[48] Zhu P，Zhao Z M，Nie J H，et al. Ultra-high sensitivity strain sensor based on piezotronic bipolar transistor. Nano Energy，2018，50：744-749.
[49] Yang M M，Kim D J，Alexe M. Flexo-photovoltaic effect. Science，2018，360（6391）：904-907.

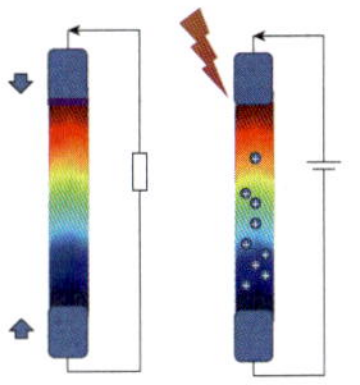

第 18 章

热释电光电子学效应

摘　要

在 n 型氧化锌等压电半导体与 p 型半导体或金属-半导体界面之间的 p-n 异质结处，光照引起的局域温度快速升高，可使压电半导体材料极化，显示出热释电效应，也可产生热应变。光照所引起的热释电电荷可以有效、快速地调节/控制界面/结上的电荷传输，并影响局域载流子的光电过程，如载流子产生、分离、扩散和复合等，这就是热释电光电子学效应，是热释电效应、光激发和半导体特性之间的三方耦合效应，为利用光电过程实现超快光传感性能提供了新的选择。本章介绍了热释电光电子学效应的基本机制及其潜在应用。

18.1　热　释　电

室温紫外（UV）检测在国防技术、航空航天技术、火焰预警和化学/生物分析等领域引起了广泛关注[1]。从氧化锌晶体宽带隙（3.3eV）、高激子结合能（60meV）和环境友好等特性考虑[2-4]，氧化锌业已成为室温 UV 传感应用的理想材料之一[5-9]。文献报道多种基于氧化锌的 UV 光电探测器（PD）可具有高光响应或者探测率，甚至二者兼而有之，但是这些 PD 的典型响应和恢复时间在大多数情况下，从几十微秒到几个小时不等[10-16]。此外，由于受制于氧气在氧化锌纳米线表面吸附和解吸过程控制的捕获机制，其响应/恢复时间高度依赖于周围气体条件[6, 14, 17]。通常在真空或氧气不足的环境中，氧化锌 UV 传感器的响应时间更长[6, 17]。上述问题长期以来限制了氧化锌 UV 传感性能的改善以及实际应用[18]。

纤锌矿结构的氧化锌纳米线，由于其非中心对称晶体结构，材料中的温度变化可引起热电极化[19, 20]。光照下氧化锌纳米线内温度可快速升高，在纳米线两端产生热极化电荷，从而产生沿着纳米线轴向上的热电势分布[19, 21]。通过 n 型氧化锌和 p 型半导体之间形成的 p-n 异质结，光照温变所引起的热释电极化电荷可以有效、快速地调节/控制跨界面/结的载流子输运，并且影响局域载流子产生、分离、扩散、复合等光电过程，这种现象称为热释电光电子学效应[22]，是热释电效应、光激发和半导体特性之间的三方耦合效应，利用其光电过程可以实现超快光传感器件的构造。

18.2　金属-半导体界面的热释电光电子学效应[22]

18.2.1　器件设计及原理

自驱动氧化锌/钙钛矿异质结构（ZPH）光电探测器（ZPH PD）的结构如图 18.1（a）所示。其截面和表面形貌的 SEM 图像如图 18.1（b）所示，氟掺杂的锡氧化物（FTO）玻璃上均匀且致密覆盖着直径为 50～70nm、长度为 500nm 的氧化锌纳米线阵列（图 18.1（b2）），其上覆盖的平均厚度为 500nm 的 $MAPbI_3$ 钙钛矿并不均匀（图 18.1（b3）），厚度为 500～1000nm 的空穴传输材料（HTM）spiro-OMeTAD 和厚度为 250nm 的铜顶电极则完全覆盖其上。图 18.1（c）给出覆盖氧化锌纳米线阵列的 $MAPbI_3$ 钙钛矿薄膜的 XRD 谱。

用于制备自驱动 ZPH PD 材料的能级如图 18.1（d）所示。$MAPbI_3$ 钙钛矿的价带和导带相对于真空分别为–5.4eV 和–3.9eV[23, 24]。在 UV 照射下，根据吸收光谱在氧化锌层中产生激子，氧化锌纳米线阵列和氧化锌/$MAPbI_3$ 钙钛矿薄膜器件的能带结构，使得电子从氧化锌光激发层注入并被 FTO 电极收集，而价带空穴通过空穴传输层到达铜电极。

UV 照射在热释电氧化锌纳米线内产生快速的升温，可促进光吸收，由于非中心对称晶体结构，极化产生的纳米线热释电势沿着氧化锌纳米线阵列的 *c* 轴方向，并且在 HTM/铜电极一侧为正，而在 FTO 电极一侧为负，如图 18.1（e）所示。光照产生的热释电势与外部电路上的光伏方向一致，从而增强瞬态短路电流和开路电压。更为重要的是，氧化锌纳米线中的热释电势可以加速界面处载流子分离，减少氧化锌光生电子与异质结处的空穴复合，从而改善 UV PD 的响应时间。自驱动 ZPH PD 在 325nm 光照下测得的伏安特性（图 18.1（f）中的红色曲线）与暗电流（图 18.1（f）中的黑色曲线）比较，当 HTM/铜电极偏置为 0.5V 时，器件输出电流具有良好的 UV 响应，从 1.5μA（暗）增加到 143μA（3.7×10^{-3}W/cm^2）。从放大的伏安曲线（图 18.1（f）的右图）可以看出，零偏压、UV 光照下可测得光电流约为 1μA，这得益于器件能带结构设计（图 18.1（d））。

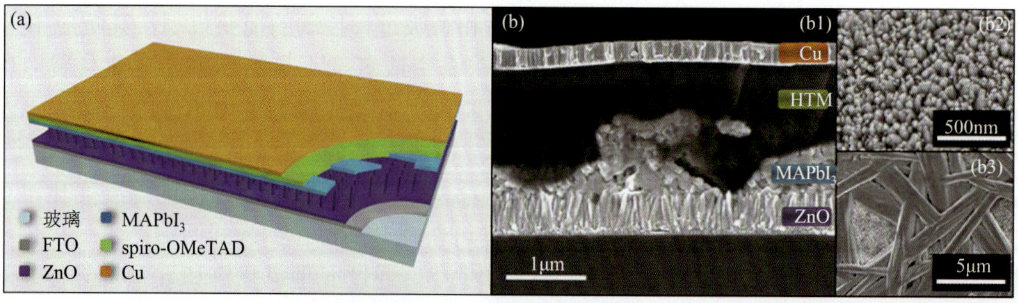

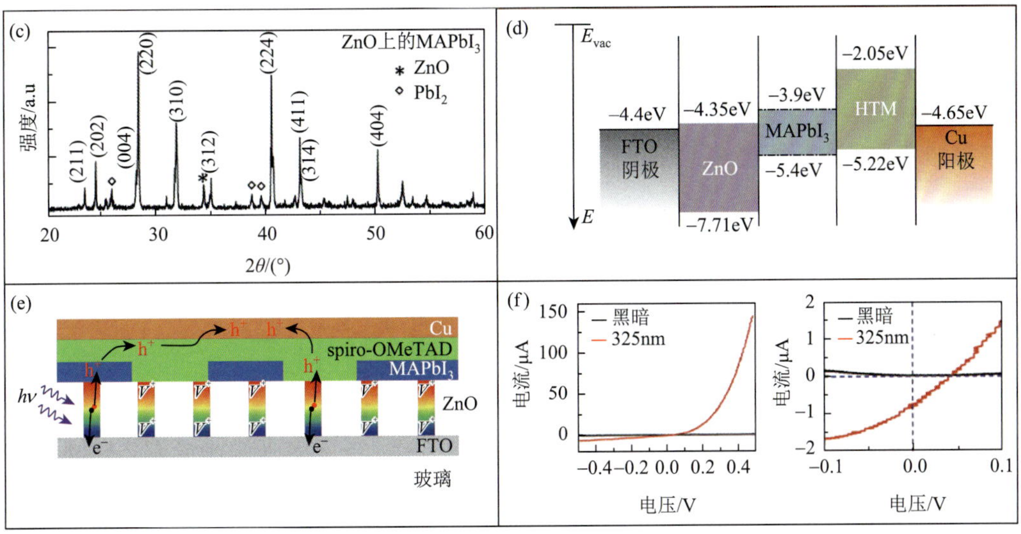

图 18.1　自驱动 ZPH PD 的结构、表征和设计机制。(a) 自驱动 ZPH PD 结构的示意图，FTO 充当透明电极；(b) 自驱动 ZPH PD 的 SEM 图像：(b1) 为氧化锌被钙钛矿、空穴传输材料 (spiro-OMeTAD) 和铜电极依次包覆的截面图，(b2)，(b3) 分别氧化锌纳米线阵列在旋涂钙钛矿之前和之后的表面形貌；(c) 氧化锌纳米线阵列层上的钙钛矿 ($MAPbI_3$) 的 XRD 谱；(d) 自驱动 ZPH PD 的能带图，能量以 eV 为单位，以真空中的电子能级为参考，氧化锌、$MAPbI_3$ 和 spiro-OMeTAD 的导带边能级分别为 –4.35eV、–3.9eV 和–2.05eV，钙钛矿的价带边为–5.4eV；(e) 自驱动 ZPH PD 工作机制示意图；(f) 在无光照和 325nm、功率密度为 3.7mW cm^{-2} 的激光照射下自驱动 ZPH PD 的伏安特性[22]

18.2.2　器件性能

通过将光功率密度从 $3.7\times10^{-3}W/cm^2$ 改变到 $9\times10^{-6}W/cm^2$，我们对 ZPH PD 在 UV 照射下的短路电流响应进行了系统研究并总结在图 18.2（a）中。在每个功率密度下都得到了明显的短路电流。在第一阶段，光照时光伏效应和热释电效应的结合引起了氧化锌内部的瞬时升温，从而产生了一个尖峰。相应的短路电流记为 $I_{pyro+photo}$，下标 pyro 和 photo 分别表示热释电效应和光伏效应感应的输出电流。在第二阶段，通过保持 UV 照射，随着温度趋于稳恒，热释电势消失，短路电流达到稳定，直到关闭激光，此时电流为 I_{photo}。两个阶段的相应电流被分别绘制在图 18.2（b）中，分别由黑点和红点表示，显示 ZPH PD 输出信号的热释电增强现象。多种光照条件下，短路电流 $I_{pyro+photo}$ 和 I_{photo} 都随着光照功率密度增加而单调增加，第一阶段电流均大于第二阶段电流。

为了更好地理解热释电效应对 ZPH PD 性能的增强作用，图 18.2（c）显示电流比探测率 D^*，定义为 $D^*=R/(2e\cdot I_{dark}/S)^{0.5}$，描述将 10^{-11}A 量级的暗电流 I_{dark} 看作主要噪声，从而确定最小的可检测信号[25]，其中 S 是 PD 的有效面积，R 是相应的光响应率，计算公式为 $R=\dfrac{I_{light}-I_{dark}}{P_{ill}}=\dfrac{\eta_{ext}q}{h\nu}\cdot\gamma_G$[26]，其中 $P_{ill}=I_{ill}\times S$ 是 PD 上的光照功率，I_{light} 表示光照下的短路电流，γ_G 为内部增益，η_{ext} 为外量子效率（EQE），q 是电子电荷，h 是普朗克常量，ν 是光的频率，I_{ill} 是激励功率密度。结合热释电效应和光伏效应（标记为 $D^*_{pyro+photo}$）的

第一阶段得出的 D^*和 R 都比仅有光伏过程起作用的第二阶段（标记为 D^*）的值更大。在功率密度为 1.9×10^{-5}W/cm^2 时，第一级和第二级的 D^*最大值分别为 4.0×10^{10}Jones 和 1.3×10^{10}Jones。相同条件下，两个 R 的最大值分别为 26.7mA/W 和 8.3mA/W。热释电效应使探测率和光响应率提高了 332%。

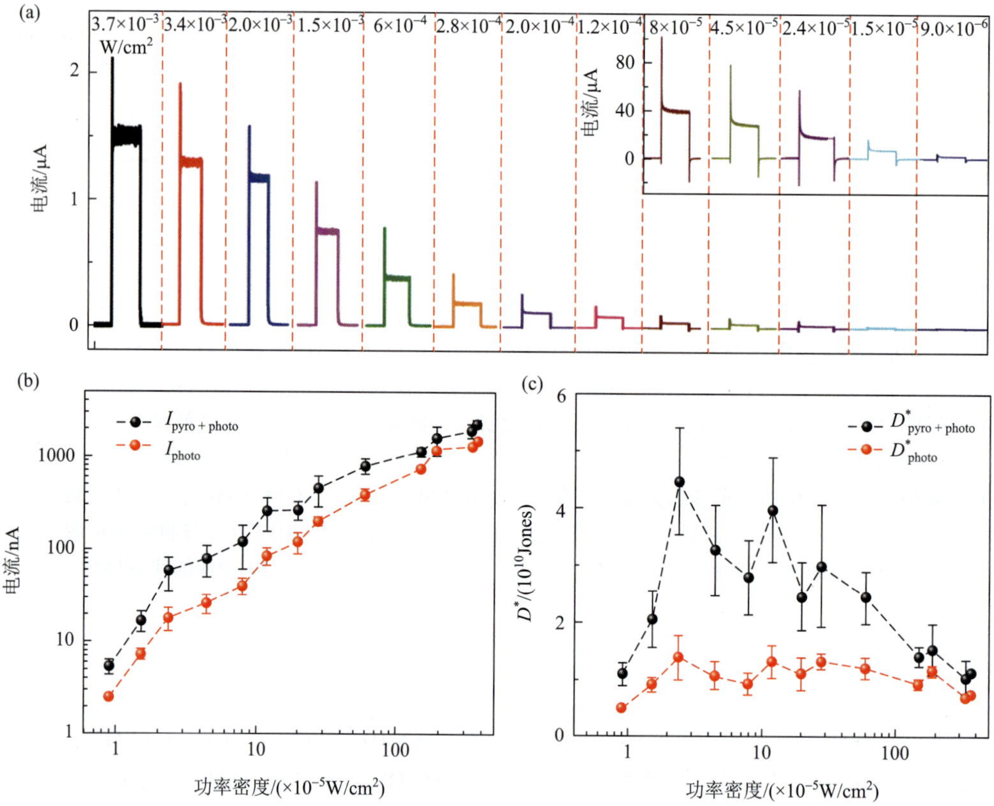

图 18.2　热释电效应增强自驱动 ZPH PD 的性能。（a）自驱动 ZPH PD 在 325nm 光照下，不同功率密度从 3.7×10^{-3}W/cm^2 变化到 9.0×10^{-6}W/cm^2 的 I-t 特性，插图是对应其光照条件的放大 I-t 曲线；（b）短路电流响应；（c）热释电效应结合光激发过程（黑点）和光激发过程（红点）的比探测率 D^*响应，给出热释电效应增强效果；（b）和（c）中报告的数据是根据 30 天内在不同功率密度下进行的 20 次 I-t 测量曲线计算得到[22]

18.2.3　器件工作机制

通过光学分频器以 1∶1 的时间比率，在 100Hz 下，测量了自驱动的 ZPH PD 在 325nm（图 18.3（a）的顶部）和 442nm（图 18.3（a）的底部）光照下的短路 I-t 特性，以研究光子传感过程与热释电效应相结合的物理机制。氧化锌纳米线对 442nm 光照是透明的，因此仅在 325nm 下观察到热释电效应，如图 18.3（a）和（b）中所示。325nm 光照的信号显示出一个陡峭的上升边缘、一个稳定的平台和一个下降边缘（图 18.3（b）中的黑色实线）；而 442nm 光照的信号（图 18.3（b）中的红色虚线）与之前报道的氧化锌基 PD

的信号相同[13]。我们进行了额外的测量，以研究自驱动 ZPH PD 在 325nm 和 442nm 光照下的频率依赖性。

在图 18.3（b）和（c）中，325nm 下的短路 I-t 曲线被分为四个阶段，标记为Ⅰ、Ⅱ、Ⅲ、Ⅳ，来说明自供电 ZPH PD 的热释电效应与光子传感性能的物理机制。在阶段Ⅰ，325nm 紫外光照产生载流子形成光电流，通过外部电路从铜传输到 FTO 电极；同时，紫外照射下氧化锌内部产生瞬时温度升高，导致极化热释电电荷在纳米线上分布，在 HTM/铜电极侧具有正热电势，在 FTO 电极侧具有负热电势。光照引起的热电势遵循外部电路中的光电流方向，从而增强了具有陡峭上升边缘的输出信号（Ⅰ，图 18.3（b）和（c））。在阶段Ⅱ，光照保持不变，温度保持恒定。因此，由于电荷泄漏，热释电势迅速消失（小于 1ms），并且输出电流达到稳定的平台（Ⅱ，图 18.3（b）和（c））。在阶段Ⅲ，光照消失，光电流消失，而在此过程中引起的瞬时温度下降导致热电势分布与Ⅰ方向相反，电流从 FTO 流出到铜电极作为负电流幅度的下降峰值（Ⅲ，图 18.3（b）和（c））。在阶段Ⅳ，温度回落到室温并保持稳定，因此热电势由于电荷泄漏而再次消失，输出返回到暗电流（Ⅳ，图 18.3（b）和（c））。

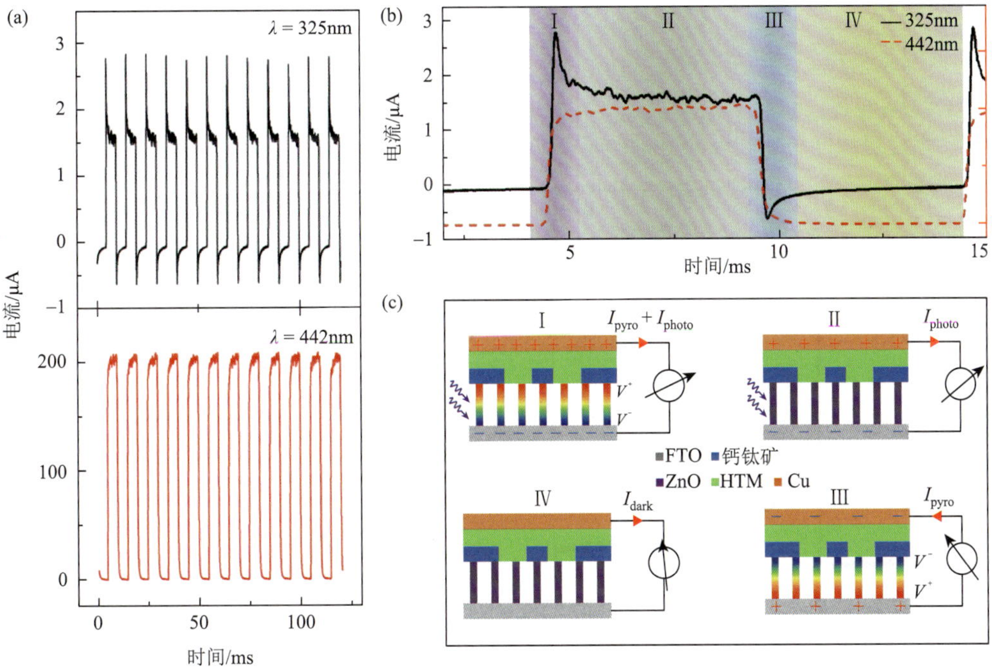

图 18.3　自驱动 ZPH PD 的工作机制。（a）自驱动 ZPH PD 在 325nm（顶部）和 442nm（底部）激光照射下通过光学斩波器（时间比为 1∶1）在 100Hz 下的 I-t 特性；（b）在图（a）中显示的 325nm 和 442nm 光照的单个输出周期的放大图，分为四个阶段，标记为Ⅰ、Ⅱ、Ⅲ和Ⅳ；（c）热释电效应结合光激发过程的工作机制示意图，对应图（b）中标记的四个阶段[22]

基于瞬态热传导方程，采用有限元方法模拟 UV 光照的加热过程，我们计算了氧化锌纳米线的温度分布、温度变化率 dT/dt 以及热释电效应所引起的相应输出电流，如图 18.4（a）和（b）所示。此外，我们采用波长为 355nm 的纳秒脉冲激光来实验研究 ZPH PD 的热释电响应，如图 18.4（c）和（d）所示。这些理论模拟和实验结果为建立氧化锌纳米线中观察到的光电性能与 UV 照射所引起的热释电效应之间的直接相关性提供了证据。我们进行了更多的实验来确认热释电效应对自驱动 ZPH PD 的光子传感性能的作用。图 18.5（a）显示在 27～70℃不同背景环境温度、325nm 光照（功率密度为 $3.7\times10^{-3}W/cm^2$）下 PD 的短路电流响应。随着环境温度的升高，与热释电效应 $I_{pyro+photo}$ 相关的短路电流尖峰减小，而由光激发过程控制的电流的稳定平台 I_{photo} 保持不变。这些结果进一步验证了氧化锌纳米线中光照引起的热释电效应的机制。此外，通过去除钙钛矿层，制备并测试了硅/氧化锌 PD 的新结构，如图 18.5（b）所示。在 325nm 光照下获得了类似的 *I-t* 特性（图 18.5（b）），证实了热释电效应是在氧化锌而不是其他材料中引起的。

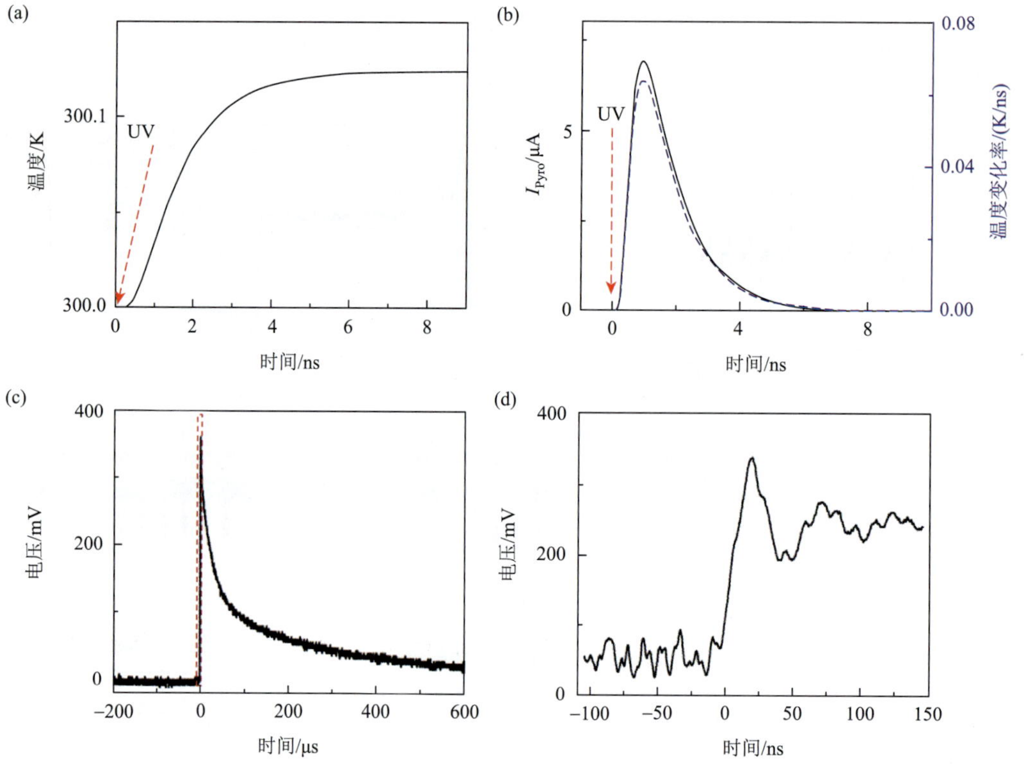

图 18.4　UV 光照下氧化锌纳米线的热释电效应。（a）在 UV 照射下异质结处的氧化锌纳米线的模拟温度与时间的关系；（b）器件相应的温度变化率（蓝色虚线）和热释电效应所引起的短路电流（黑色实线）；ZPH PD 对波长 355nm 纳秒脉冲激光的时间响应——（c）微秒和（d）纳秒时间尺度的 *V-t* 曲线

18.2.4　热释电效应对响应时间的改善

通过比较在不同偏置电压（0V、0.08V、0.12V、0.3V）下工作的器件性能，我们仔细研究了热释电效应对 ZPH PD 响应时间的改善，如图 18.5（c）～（f）所示。较高的偏置电压会引起较大的暗电流，进而增加器件的背景温度，从而降低氧化锌纳米线中的热释电势，如图 18.5（c）～（f）的插图所示。在图 18.5（c）～（f）中呈现的 *I-t* 特性显示，随着偏压增加，由热释电效应引起的尖峰逐渐消失。在零偏压下，自驱动的 ZPH PD 的上升时间和下降时间分别为 53μs 和 63μs。考虑到光信号切换的光学光栅系统响应时间（约为 28μs），这些 PD 的实际响应时间可能更短。因此，ZPH PD 的光子响应时间从几秒降低到几微秒（提高了 105 倍），这是通过氧化锌纳米线中由光照引起的热释电效应实现的。此外，这些结果还表明，在不施加任何偏压的情况下自驱动方式 PD 非常重要，可以最大限度地增强热释电效应。

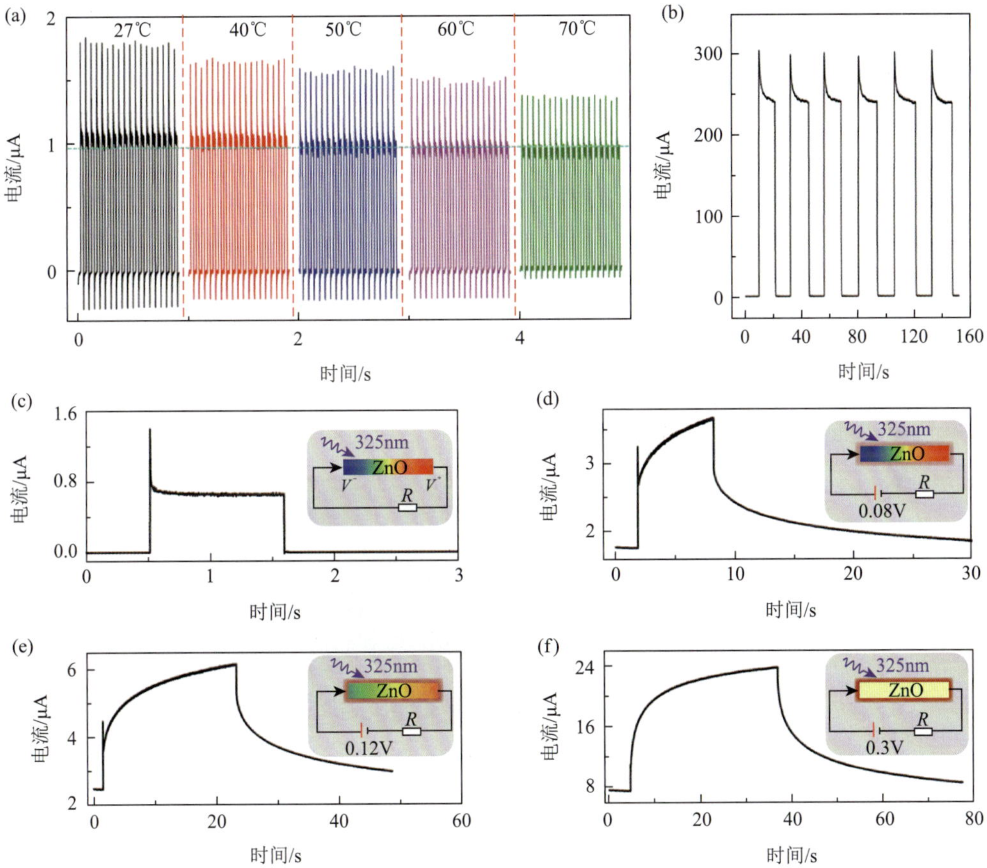

图 18.5　自驱动 ZPH PD 的热释电效应对响应时间的改善。（a）自驱动 ZPH PD 对 325nm 照射（光功率密度为 1.8mW/cm²）的 *I-t* 响应，测量在不同背景环境温度下进行，显示其热释电效应；（b）在 325nm 激光照射下，p 型硅/氧化锌光电探测器在−2.0V 偏压下的 *I-t* 曲线，激光功率密度为 $2.6\times10^{-4}W/cm^2$。（c）～（f）在不同的偏压下（分别为 0V、0.08V、0.12V 和 0.3V），ZPH PD 的 *I-t* 曲线，以计算热释电效应改善的响应时间，插图为响应的电路图，包括电流加热效应（氧化锌周围的红光）和氧化锌的热释电效应（氧化锌的颜色变化）[22]

18.3 p-n 结处的热释电光电子学效应[27]

通过对基于 p 型硅/n 型氧化锌纳米线异质结的 UV 纳米传感器的仔细研究和系统表征，氧化锌中的光照引起的热释电光电子学效应用于调节光电过程，从而增强不同环境气体条件（即空气和真空）下的 UV 传感性能。由于空气中的热释电光电子学效应，这些 p 型硅/n 型氧化锌 UV PD 的响应时间在上升沿从 59μs 降低到 19μs，在下降沿从 40μs 降低到 22μs。对于空气中瞬态电流的相对变化，光响应率 R 提高达 599%。在真空中也能获得类似的 UV 传感性能。这项工作提供了一种新颖的设计机制，可在室温空气/真空中实现超快 UV 传感性能。超快 UV 传感装置可能在光传感、光热检测、健康监测和其他光电过程中获得广泛的应用。

18.3.1 器件制备

p 型硅/n 型氧化锌光电二极管的结构如图 18.6（a）所示。首先，将 p 型硅晶片用去离子水和酒精清洗，并在室温下干燥，然后通过溅射法在其上沉积一层薄的氧化锌（100nm）作为低温水热生长氧化锌纳米线阵列的种子层，以形成 p 型硅/n 型氧化锌异质结[28, 29]。图 18.6（b1）和（b2）中呈现的 SEM 图像显示了直径为 50～70nm、长度为 500nm 的氧化锌纳米线阵列。在氧化锌纳米线上沉积了 ITO 作为透明的顶电极，铜被溅射在 p 型硅上作为底部电极。

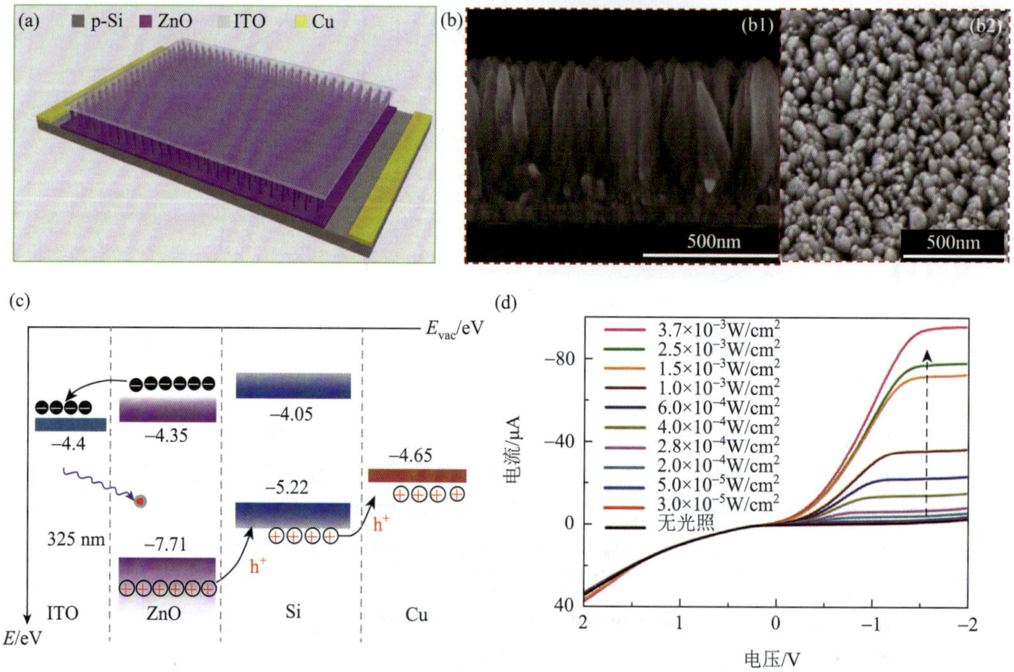

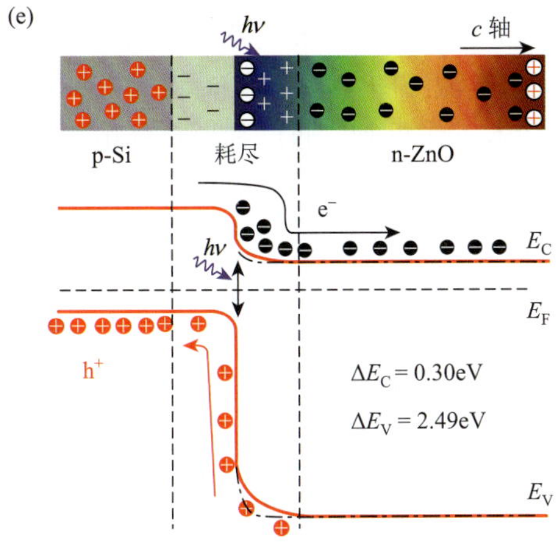

图 18.6 基于热释电效应的紫外传感器的结构、表征和工作机制。(a)基于热释电效应的紫外传感器结构的示意图;(b)氧化锌纳米线阵列的 SEM 图像:(b1)断面和(b2)表面形貌;(c)基于热释电效应的紫外传感器能带图,能量以 eV 为单位表示,以真空中的电子能级为参考;(d)基于热释电效应的光电二极管在暗处和 325nm 激光照射时不同功率密度下的伏安特性,箭头指示为激光功率密度增加方向;p 型硅/n 型氧化锌异质结的示意能带图:(e)开启和(f)关闭光照下基于热释电效应的光电二极管的工作机制

图 18.6(c)显示了用于制造 p 型硅/n 型氧化锌 UV 传感器的材料的相关能级,硅的价带和导带相对真空的能级分别为–5.22eV 和–4.05eV[30],氧化锌的则分别为–7.71eV 和–4.35eV[31]。在 325nm UV 照射下,根据氧化锌纳米线阵列的透射光谱,氧化锌层中会产生光生载流子。器件的能带对齐,确保电子从光敏层(氧化锌)注入,并在 ITO 电极处收集,而价带空穴通过硅到达铜电极[32]。图 18.6(d)所示为 325nm UV 照射下 p 型硅/n 型氧化锌光电二极管的伏安特性曲线,显示出反向偏压器件的良好 UV 响应。在–2.0V 偏压下,输出电流从 3.0μA(暗态)增加到 95.8μA($3.7\times10^{-3}W/cm^2$)随着每个偏压下功率密度的增加,反向饱和电流单调增加。

18.3.2 工作机制

基于热释电光电子学效应的 PD 的工作机制如图 18.6(e)和(f)所示。在 UV 照射下,在纳秒级的快速过程中,氧化锌纳米线内出现由光照引起的瞬时温度升高[22],这导致分布在 p-n 异质结局部界面处的负热释电极化,如图 18.6(e)所示。根据 Anderson 模型,p-n 结界面处氧化锌的导带和价带均增加(图 18.6(e))[30, 33]。因此,在此过程中,载流子跨异质结的传输显著增强,从测量中观察到瞬态高输出电流(图 18.7(a))。温度变化迅速消失[22],并且由于光激发过程相对缓慢,光电流逐渐稳定在某个特定值。在关闭 UV 光照的瞬间,氧化锌纳米线内会发生类似的瞬态温度下降的快速过程,导致局部 p-n 结处出现正热释电极化。由于正热释电极化,氧化锌的导带和价带减小并形成“载流子陷阱”效应,如图 18.6(f)所示[30, 33]。这种“陷阱”极大地阻碍了载流子穿过 p-n 结的传输，暗电流大大减少。此外，由于这种快速过程所引起的热电势与偏置电压的方向相反，因此在低偏置电压情况下会瞬时观察到反向电流（图 18.7（a））。这是热释电光电子学效应增强 p 型硅/n 型氧化锌 UV PD 性能的基本工作机制。通过利用热释电光电子学效应，这些传感器的响应时间和光响应性得到显著改善，如下文详细阐述。

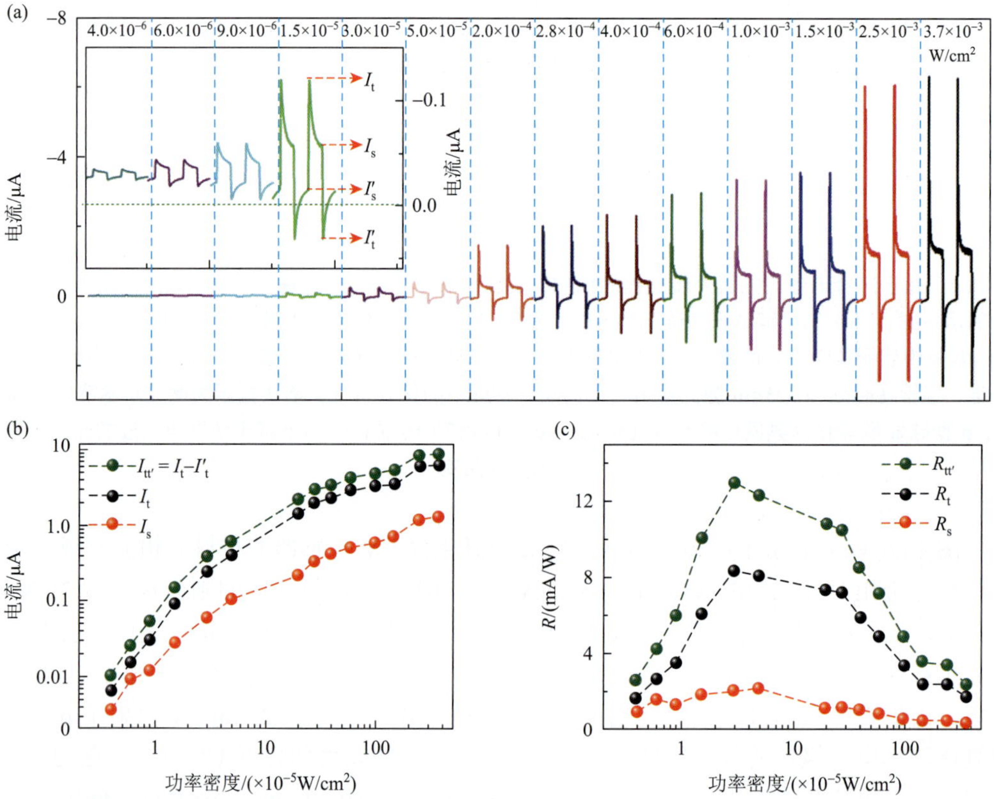

图 18.7　热释电光电子学效应增强 p 型硅/n 型氧化锌 UV 传感器的性能。(a) 基于热释电光电子学效应的 PD 在 325nm UV 照射下，功率密度从 4.0×10^{-6}W/cm² 到 3.7×10^{-3}W/cm² 变化时的 *I-t* 特性，插图是相应光照条件下放大的 *I-t* 曲线；(b) 瞬态电流（I_t，黑色）、稳定电流（I_s，红色）和相对瞬态电流（$I_{tt'}$，橄榄色），以及 (c) 相应的光响应率 *R* 随着功率密度的变化而变化，显示出热释电光电子学效应的增强效果；图 (b) 和 (c) 中数据是根据图 (a) 中的 *I-t* 曲线计算得出的

18.3.3　器件性能

在图 18.7（a）中，我们通过将功率密度从 4.0×10^{-6}W/cm² 变化到 3.7×10^{-3}W/cm²，并在顶部 ITO 电极偏置为 0.04V 时，系统地研究和总结了 p-n 异质结 PD 对 UV 照射的输出电流响应。在每个功率密度下，在光脉冲周期内得到了典型的四阶段电流响应。在第一阶段，由于氧化锌内的瞬时温度升高，325nm UV 照射下的热释电光电子学效应引起了尖峰，相应的最大输出电流标记为 I_t，其中下标 t 表示瞬态输出电流；在第二阶段，通过保持 UV 光照的功率强度，随着温度变化消失，热释电势逐渐减小并消失，输出电流达

到稳定的平台，标记为 I_s，其中下标 s 表示稳定的输出电流；在第三阶段，关闭 UV 光照，并且由于瞬时温度下降，观察到由反向热释电势分布引起的输出电流（标记为 I_t）急剧下降；第四阶段，温度恢复到室温并保持稳定，由于泄漏和屏蔽，热释电势再次缓慢消失，因此输出电流返回到稳定的平台（暗电流），标记为 I'_s。

图 18.7（b）总结并绘制了对各种光照光强度的典型四阶段电流响应，包括输出电流 I_t、I_s 和相对峰峰值输出电流 $I_{tt'} = I_t - I'_t$。这些结果表明，电流随着光照功率密度的增加而单调增加，并且绝对电流和相对电流都可以用来评估基于热释电光电子学效应的 PD 的光传感性能。

为了更好地理解基于热释电光电子学效应的 PD 的光传感性能，根据 $R = \dfrac{I_{light} - I'_s}{P_{ill}} = \dfrac{\eta_{ext} q}{h\nu} \cdot \gamma_G$ [26]计算了相应的光响应率 R，如图 18.7（c）所示。其中 $P_{ill} = I_{ill} \times S$ 是 PD 上的光照功率；I_{light} 表示在光照下的绝对和/或相对输出电流；γ_G 为内部增益；η_{ext} 为外量子效率；q 为电子电荷；h 是普朗克常量；ν 是光的频率；I_{ill} 是激发功率密度；S 是 PD 的有效面积。对于传统的稳定输出电流 I_s，在功率密度为 5.0×10^{-5}W/cm^2 的光照下，得出 R 的最大值为 2.17mA/W。而在功率密度为 3.0×10^{-5}W/cm^2 时，相对峰峰值瞬态电流的最大 R 值达到 13mA/W，绝对瞬态电流的最大 R 值达到 8.32mA/W，表明热释电光电子学效应的增强因子分别为 599%和 383%。所实现的光响应率大于氧化锌/CuSCN UV PD 的光响应率（约 7.5mA/W），并且与从硅/氧化锌核壳纳米线阵列 PD 获得的光响应率（1.0×10^{-2}A/W，480nm，−1.0V）处于同一数量级[34, 35]。相应的比探测率 D^*计算为 $D^* = R / (2q \cdot I'_s / S)^{0.5}$，以暗电流为主要噪声[25]。热释电光电子学效应增强的相对/绝对瞬态电流得出的 D^*（标记为 $D^*_{tt'}$ 和 D^*_t）显示出比纯光激发过程相关的传统稳定电流得出的 D^*（标记为 D^*_s）具有更大值。

通过比较在施加 3.7×10^{-3}W/cm^2 功率密度光照时在不同偏置电压下工作的器件的性能，研究了偏置电压对热释电光电子学效应的影响，如图 18.8 所示。图 18.8（a）显示了在 0.004～3.0V 电压范围内反向偏置的 PD 的 I-t 特性。在小于 0.4V 的反向偏置电压下，输出电流在每个周期内显示出明显的四阶段响应，清楚地显示了氧化锌纳米线中的热释电光电子学效应。随着反向偏压的增加，暗态电流增加，而瞬态电流 I_t 和 I'_t 逐渐消失，这是焦耳热补偿热释电光电子学效应的结果。这些结果表明，热释电光电子学效应是可控且高度依赖于偏置电压的。此外，正向和反向瞬态电流和稳定电流之间的差异（I_t–I_s）和（$I'_t - I'_s$）被绘制为偏置电压的函数，如图 18.8（b）所示。打开 UV 时，在 0.4V 的反向偏压下观察到局部极值，因为随着偏压的增加，氧化锌纳米线内的热释电极化降低，光电导率增加，从而相互竞争。当关闭 UV 时，随着反向偏压的增加，由于反向热释电极化单调减少，没有任何竞争机制，反向峰值比正向峰值更早消失。

从图 18.8（c）所示的 I-t 曲线中观察到，在正向偏置电压为 1.0V 时，观察到热释电光电子学效应和光激发在相反方向上的组合。由于热释电极化和偏置电压在正向偏置电压下彼此相反（图 18.8（c）的插图），因此在打开/关闭光照的瞬间观察到与稳定电流方向相反的瞬态电流现象。这些结果进一步证实了由光照引起的热释电光电子学 PD 的工作

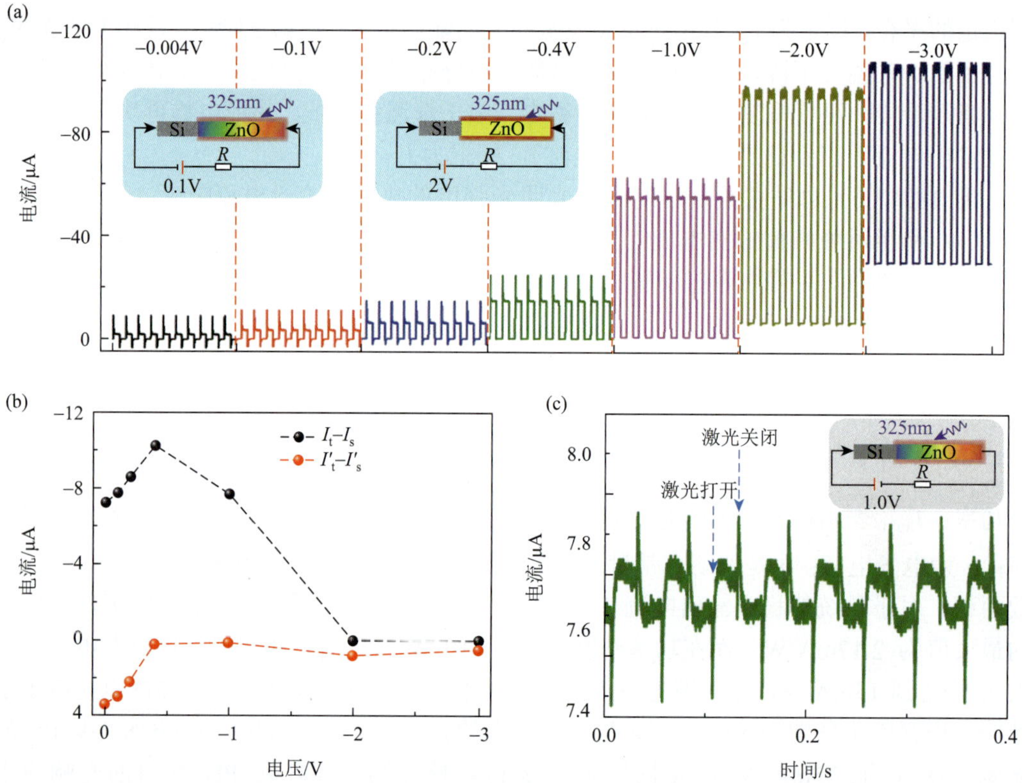

图 18.8　偏置电压对热释电光电子学效应的影响。（a）基于热释电光电子学效应的 PD 在 0.004～3.0V 不同反向偏压下的 *I-t* 特性（功率密度为 3.7×10^{-3}W/cm^2）；（b）正向（黑色）和反向（红色）方向的瞬态电流和稳定电流之间的差异作为偏置电压的函数，数据是从图（a）中的 *I-t* 曲线中提取的；（c）在正向偏置电压为 1.0V 时基于热释电光电子学效应的 PD 的 *I-t* 曲线。图（a）和（c）中的插图为具有电流加热效应（氧化锌周围的红色光）和氧化锌中的热释电势（氧化锌中颜色变化）的相应电路图

机制，并为通过调整热释电极化和偏置电压来提高光传感性能，从而用于设计此类光电探测器提供指导。

通过比较在 0.04V 和 2.0V 反向偏压、3.7×10^{-3}W/cm^2 功率密度下工作的器件性能，研究了 p 型硅/n 型氧化锌 PD 响应时间的热释电光电子学效应增强，如图 18.9（a）和（b）所示。上升时间定义为从最大光电流的 10%到 90%的时间，恢复时间定义为从最大光电流的 90%到 10%的时间[25, 34]。从图 18.9（b）中可以看出，具有热释电光电子学效应增强功能（−0.04V 偏置电压）的 PD 在上升沿和下降沿的响应时间分别为 19μs 和 22μs。与没有光照引起的热释电光电子学效应增强的 PD（−2.0V 偏压）在上升边缘（59μs）和下降边缘（40μs）的响应时间相比，氧化锌纳米线中的光自激光热效应实现了上升时间的改善（311%）和下降时间的改善（182%）。考虑到实验中光照是由一个工作在 1000Hz 光栅控制的情况下，这些光电二极管的实际响应时间可能会更快。与传统的 UV 探测器不同，传统 UV 探测器在弱光下响应迅速，但在强光下响应较慢。与之不同的是，这些光电二极管的上升和下降时间都会随着功率密度的增加而减小，表明利用光照引起的热释电光电子学效应可能存在制造用于强光检测的快速响应光电二极管的潜在机会。

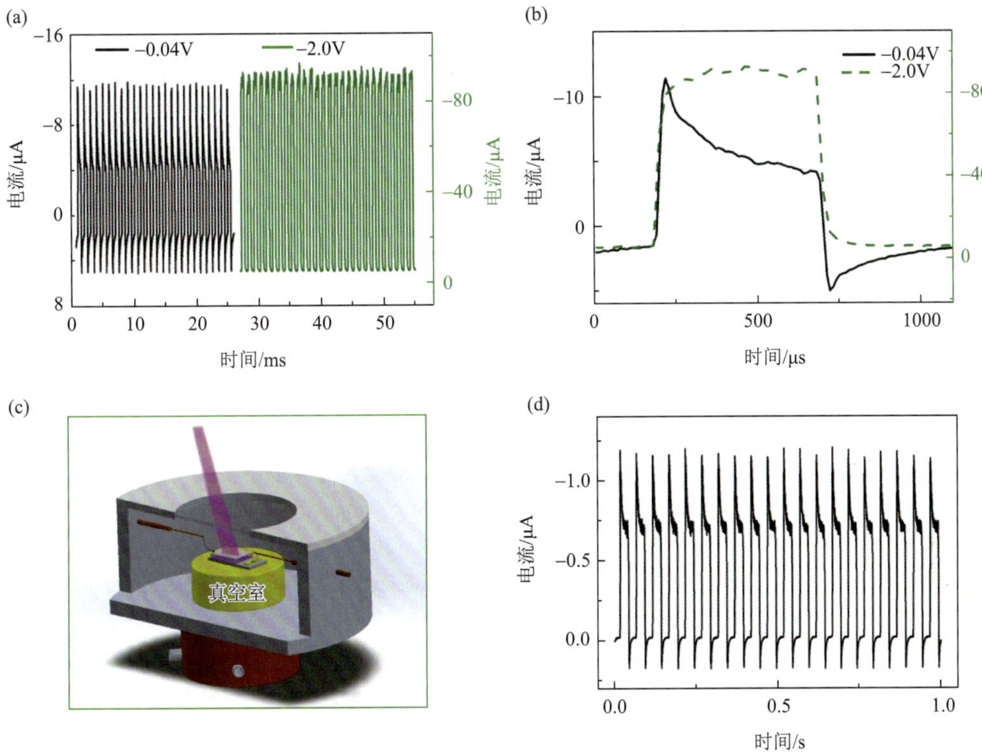

图 18.9 基于热释电光电子学效应的 UV 传感器的响应时间。（a）在偏置电压为–0.04V（黑色）和–2.0V（橄榄色）以及 325nm 激光照射下，通过光学斩波器以 1∶1 的时间比（1000Hz）照射热释电光电子学 PD 的 *I-t* 特性；（b）放大显示了图（a）中所示的单个输出周期的情况，显示出热释电光电子学效应的作用并计算响应时间；（c）高真空室的实验装置的示意图；（d）在真空条件（2×10^{-8}bar）下，通过选择偏置电压为–0.04V 和功率密度为 3.7×10^{-3}W/cm^2，热释电光电子学光电二极管的 *I-t* 特性显示，对 UV 明显呈现出四阶段电流响应

在真空条件下，通过选择偏置电压为–0.04V 和功率密度为 3.7×10^{-3}W/cm^2，研究了基于热释电光电子学效应的光电二极管的光电感应性能，如图 18.9（d）所示。低温探针系统（Janis，型号 ST-500-2）的真空室用于提供真空条件（2×10^{-8}bar），如图 18.9（c）所示。显然，在真空条件下观察到对 UV 照射的典型四阶段电流响应，如图 18.9（d）所示。计算得出，相对峰峰值瞬态电流的相应光响应率 R 为 9.3mA/W，绝对瞬态电流为 8.1mA/W，与空气条件下的最佳结果相当（分别为 13mA/W 和 8.32mA/W）。此外，即使没有校正测量系统的电子响应，上升沿和下降沿的响应时间也分别为 1.5ms 和 1.2ms[14, 36]。该结果表明，热释电光电子学 PD 在真空条件下具有超快的光响应，这与之前报道的氧化锌 UV PD 在真空中表现出弱且超慢的光响应不同[6, 17]。

18.4 总　结

综上所述，光的瞬时加热导致了热释电光电子学效应，这是热释电极化、半导体特性和光激发之间的三方耦合效应。我们将这种效应作为一种有效方法，在金属-半导体界面和 p-n 结制成的传感器中实现超快响应 UV 传感。因此，以氧化锌-硅为例，上升沿的响应时间从 59μs 降低到 19μs，下降沿的响应时间从 40μs 降低到 22μs。此外，这些 PD 的响应时间随着光照功率强度的增加而缩短，为强光的超快速检测提供了潜在的应用机会。此外，瞬态电流的相对变化响应度提高了 599%。这种超快 UV 纳米新型传感器设计与硅基电子/光电子技术兼容，因此可能在超快光传感、光热检测、健康监测和其他光电过程中具有潜在的应用前景。

参考文献

[1] Monroy E，Omnes F，Calle F. Wide-bandgap semiconductor ultraviolet photodetectors. Semiconductor Science and Technology，2003，18（4）：R33.

[2] Yu R M，Pan C F，Wang Z L. High performance of ZnO nanowire protein sensors enhanced by the piezotronic effect. Energy & Environmental Science，2013，6（2）：494-499.

[3] Yu R M，Pan C F，Chen J，et al. Enhanced performance of a ZnO nanowirebased self-powered glucose sensor by piezotronic effect. Advanced Functional Materials，2013，23（47）：5868-5874.

[4] Pan C F，Dong L，Zhu G，et al. High-resolution electroluminescent imaging of pressure distribution using a piezoelectric nanowire LED array. Nature Photonics，2013，7（9）：752-758.

[5] Kim D C，Jung B O，Kwon Y H，et al. Highly sensible ZnO nanowire ultraviolet photodetectors based on mechanical Schottky contact. Journal of the Electrochemical Society，2011，159（1）：K10.

[6] Soci C，Zhang A，Xiang B，et al. ZnO nanowire UV photodetectors with high internal gain. Nano Letters，2007，7（4）：1003-1009.

[7] Kind H，Yan H，Messer B，et al. Nanowire ultraviolet photodetectors and optical switches. Advanced Materials，2002，14（2）：158-160.

[8] Wang Z N，Yu R M，Wen X N，et al. Optimizing performance of silicon-based p-n junction photodetectors by the piezo-phototronic effect. ACS Nano，2014，8（12）：12866-12873.

[9] Yang Q，Guo X，Wang W H，et al. Enhancing sensitivity of a single ZnO micro-/nanowire photodetector by piezo-phototronic effect. ACS Nano，2010，4（10）：6285-6291.

[10] Ahn S E，Lee J S，Kim H，et al. Photoresponse of sol-gel-synthesized ZnO nanorods. Applied Physics Letters，2004，84（24）：5022-5024.

[11] Keem K，Kim H，Kim G T，et al. Photocurrent in ZnO nanowires grown from Au electrodes. Applied Physics Letters，2004，84（22）：4376-4378.

[12] Jeong M C，Oh B Y，Lee W，et al. Optoelectronic properties of three-dimensional ZnO hybrid structure. Applied Physics Letters，2005，86（10）：103105.

[13] Hu Y F，Zhou J，Yeh P H，et al. Supersensitive，fast-response nanowire sensors by using Schottky contacts. Advanced Materials，2010，22（30）：3327-3332.

[14] Cheng G，Wu X H，Liu B，et al. ZnO nanowire schottky barrier ultraviolet photodetector with high sensitivity and fast recovery speed. Applied Physics Letters，2011，99（20）：203105.

[15] Wang Z N，Yu R M，Pan C F，et al. Piezo-phototronic UV/visible photosensing with optical-fiber-nanowire hybridized structures. Advanced Materials，2015，27（9）：1553-1560.

[16] Bai S，Wu W W，Qin Y，et al. High-performance integrated ZnO nanowire UV sensors on rigid and flexible substrates. Advanced Functional Materials，2011，21（23）：4464-4469.

[17] Li Q H，Gao T，Wang Y G，et al. Adsorption and desorption of oxygen probed from ZnO nanowire films by photocurrent measurements. Applied Physics Letters，2005，86（12）：123117.

[18] Razeghi M，Rogalski A. Semiconductor ultraviolet detectors. Journal of Applied Physics，1996，79(10)：7433-7473.

[19] Hsiao C C，Yu S Y. Improved response of ZnO films for pyroelectric devices. Sensors，2012，12（12）：17007-17022.

[20] Yang Y，Guo W X，Pradel K C，et al. Pyroelectric nanogenerators for harvesting thermoelectric energy. Nano Letters，2012，12（6）：2833-2838.

[21] Hsiao C C，Huang S W，Chang R C. Temperature field analysis for ZnO thin-film pyroelectric devices with partially covered electrode. Sens. Mater，2012，24（8）：421-441.

[22] Wang Z N，Yu R M，Pan C F，et al. Light-induced pyroelectric effect as an effective approach for ultrafast ultraviolet nanosensing. Nature Communications，2015，6：8401.

[23] Malinkiewicz O，Yella A，Lee Y H，et al. Perovskite solar cells employing organic charge-transport layers. Nature Photonics，2014，8（2）：128-132.

[24] Kim H S，Lee C R，Im J H，et al. Lead iodide perovskite sensitized all-solid-state submicron thin film mesoscopic solar cell with efficiency exceeding 9%. Scientific Reports，2012，2（1）：591.

[25] Liu X，Gu L L，Zhang Q P，et al. All-printable band-edge modulated ZnO nanowire photodetectors with ultra-high detectivity. Nature Communications，2014，5（1）：4007.

[26] Konstantatos G，Sargent E H. Nanostructured materials for photon detection. Nature Nanotechnology，2010，5（6）：391-400.

[27] Wang Z N，Yu R M，Wang X F，et al. Ultrafast response p-Si/n-ZnO heterojunction ultraviolet detector based on pyro-phototronic effect. Advanced Materials，2016，28（32）：6880-6886.

[28] Liu Y，Das A，Xu S，et al. Hybridizing ZnO nanowires with micropyramid silicon wafers as superhydrophobic high-efficiency solar cells. Advanced Energy Materials，2012，2（1）：47-51.

[29] Xie Y，Madel M，Li Y J，et al. Polarity-controlled ultraviolet/visible light ZnO nanorods/p-Si photodetector. Journal of Applied Physics，2012，112（12）：123111.

[30] Sze S M. Physics of semiconductor-devices. CC/Eng Tech Appl Sci，1982，27：28.

[31] Aranovich J A，Golmayo D，Fahrenbruch A L，et al. Photovoltaic properties of ZnO/CdTe heterojunctions prepared by spray pyrolysis. Journal of Applied Physics，1980，51（8）：4260-4268.

[32] Mridha S，Basak D. Ultraviolet and visible photoresponse properties of n-ZnO/p-Si heterojunction. Journal of Applied Physics，2007，101（8）：083102.

[33] Liu Y，Niu S M，Yang Q，et al. Theoretical study of piezophototronic nano-LEDs. Advanced Materials，2014，26（42）：7209-7216.

[34] Hatch S M，Briscoe J，Dunn S. A self-powered ZnO-nanorod/CuSCN UV photodetector exhibiting rapid response. Advanced Materials，2013，25（6）：867-871.

[35] Sun K，Jing Y，Park N，et al. Solution synthesis of large-scale，high-sensitivity ZnO/Si hierarchical nanoheterostructure photodetectors. Journal of the American Chemical Society，2010，132（44）：15465-15467.

[36] Zhou J，Gu Y D，Hu Y F，et al. Gigantic enhancement in response and reset time of ZnO UV nanosensor by utilizing Schottky contact and surface functionalization. Applied Physics Letters，2009，94（19）：191103.

